공기업 기계직 전공 대비

실제 기출문제 | 에너지공기업편

기계의 진리

[문제편]

장태용 지음

(주)도서출판 **성안당**

머리말

"공기업은 어느 정도 깊이까지 공부를 해야 할까?"

공기업 기계직 전공시험에서는 "기초부터 심화 내용"에 이르기까지 다양한 문제가 출제되고 있다. 기초라 함은 일반기계기사 수준에서 충분히 풀 수 있는 내용"을 말하고, 심화라 함은 일반기계기사 수준으로는 해결할 수 없는 내용을 의미한다. 따라서, 대부분의 수험생들은 어느 정도의 깊이까지 기계공학을 공부해야 할지 감이 잡히지 않을 것이다.

[이 책의 특징]

첫째, 이해하기 쉽게 해설을 매우 상세하게 달았다. 이 책만으로도 학습하는 데 부족함이 없도록 하였으며, 중요한 핵심 내용을 모두 담았다.

둘째, 기초부터 심화 내용까지 모두 잡을 수 있도록 노력을 기울였다. 고득점을 위한 이해 위주의 학습에 매우 효과적이며 시간을 절약할 수 있다.

셋째, 어떤 시험이든 기출문제는 매우 중요하다. 실제로 출제된 공기업 기계직 기출문제와 실전 대비 모의고사를 수록하였다.

필자는 기출문제 분석에 많은 시간을 투자하며 연구하고 있다. 이렇게 축적된 데이터와 노하우 등을 수험생 여러분들과 공유하며 여러분들이 합격이라는 목적지까지 빠른 시간 안에 도착할 수 있도록 내비게이션이 되고자 노력하고 있다.

또한, 필자는 시험을 준비하는 여러분의 노력이 헛된 시간이 되어서는 안 된다는 사명감으로 이 도서를 집필하였다. 이 책을 통해 반드시 자신의 목표를 이루어 국가와 사회에 기여하는 사람이 될 수 있기를 진심으로 응원한다.

이 책을 통해 초심을 잃지 않고, 기초부터 심화까지 모두 학습하길 권한다. 이 책의 모든 내용을 하나씩 모두 자신의 것으로 만들면서, 합격의 목적지까지 한 걸음씩 나아가길 바란다.

여러분은 할 수 있습니다.
여러분을 응원합니다.

지은이 장태용

에너지공기업이란?

전기, 가스 등 에너지 플랫폼을 제작하고 활용하여 국민들의 안전과 삶을 영위하게 도와주는 공기업을 말한다. 에너지공기업은 크게 다음과 같이 분류할 수 있다.

1. 전력에너지공기업

한국전력공사 외에 한국수력원자력, 한국남동발전, 한국중부발전, 한국서부발전, 한국남부발전, 한국동서발전 등의 발전 자회사들이 있다. 발전회사에서 전력을 생산하면 한국전력공사가 구매하여 전국 곳곳으로 송전하고 판매한다.

2. 가스에너지공기업

가스에너지공기업에는 한국가스공사, 한국가스안전공사, 한국가스기술공사 등이 있다. 이 외에도 한국석유공사, 한국지역난방공사 등 다양한 에너지공기업들이 있다.

✓ 출제 경향

공기업 기계직 전공시험은 "기초부터 심화 내용"까지 다양하게 출제되고 있다. 즉, 일반기계기사 수준을 넘어서는 문제가 출제되는 경우가 많다.

- 기초: 일반기계기사 수준에서 충분히 해결할 수 있는 내용
- 심화: 일반기계기사 수준으로는 해결할 수 없는 내용

✓ 기출문제의 중요성

1. 처음 입문하는 과정에서 무엇이 중요한지 파악하고 방향성이 확실한 효과적인 공부를 할 수 있다.

2. 여러 공기업에서 반복적으로 자주 출제되고 있는 개념 및 문제 유형은 정해져 있다. 즉, 문제은행식 시험으로 기출문제는 돌고 도는 경우가 많다.
- 똑같은 문제가 출제되는 경우(단, 계산문제일 경우는 수치만 달라진다.)
- 거의 유사하게 출제되는 경우
- 문제는 다르지만 같은 이론 개념을 요구하는 경우

3. 기출문제를 많이 풀어봐야 자주 출제되는 개념이나 문제 유형을 스스로 파악할 수 있다. 이에 따라 공부의 방향 설정과 부족한 점을 개선할 수 있으며, 또한 기본적인 문제를 틀렸다면 해당 개념에 대한 부족함을 깨닫고 이론 및 해설을 보며 리마인드할 수 있다. 즉, 기출문제를 풀면서 시험 대비를 위한 최종 마무리 이론을 정리할 수 있다.

4. 이론학습을 어느 정도 마무리하였다고 해도 그 이론과 관련된 모든 문제를 풀 수 있는 것은 아니다. 같은 이론을 다룬 문제의 경우에도 보기의 내용에 따라 문제의 난이도가 달라지기 때문에 실제 100% 기출문제는 매우 중요하다. 따라서, 문제가 어떤 형식으로 출제되는지 다양한 기출문제를 통해 연습해야 하는 과정은 필수이다.

이와 같이 기출문제를 많이 풀어보고 경험해보고 틀려도 보고, 이 과정을 수없이 거친다면 여러분들의 전공 실력은 매우 탄탄해질 것이다.

✓ 학습법

1. 기계직 전공 공부는 이해와 더불어 수험생 자신의 반복 학습이 함께 결합되어야만 고득점을 얻을 수 있다. 점수가 빠르게 상승하지 않는다고 너무 조급해하지 말고, 매일 꾸준하게 시간 투자를 한다면 분명 원하는 결과를 얻을 수 있을 것이다. 지치지 않고 과정을 완주하는 일에 집중할 것을 권한다.

2. 반드시 **"이해 위주"**로 복습해야 한다. 해설에 나와 있는 풀이와 내용을 최대한 이해와 흐름을 통해 복습하길 권장한다. 또한, 단순히 눈으로 복습하는 것이 아니라, 말로써 누군가에게 설명할 수 있도록 복습해야 100% 자신의 것이 된다.

차 례

• *Truth of Machine* *•*

- 머리말
- 가이드

[문제편]

차 례

••• Truth of Machine •••

[정답 및 해설편]

Truth of Machine

과년도 기출문제

01
2019 상반기
한국가스공사 기출문제

[⇨ 정답 및 해설편 p. 2]

난이도 ●●○○○ | 출제빈도 ★★☆☆☆

01 다음 그림처럼 L형 모양의 트러스 ABC를 강선 BD로 당기고 있다. 지점 C에는 500N의 물체가 매달려 있다. 이때 강선 BD에 작용하는 힘 $F[\text{N}]$는 얼마인가? [단, A점은 회전할 수 있는 회전지지이다.]

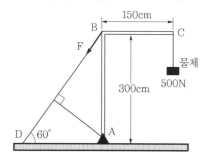

① 250 ② 500
③ 750 ④ 1,000
⑤ 1,250

난이도 ●○○○○ | 출제빈도 ★★★★☆

02 다음 그림의 용접 기본기호가 의미하는 용접의 명칭은?

① 플러그용접
② 점용접
③ 필릿용접
④ 프로젝션용접
⑤ 심용접

난이도 ●○○○○ | 출제빈도 ★★★★★

03 두께 2cm, 내측 반경이 10cm인 얇은 원통형 용기에 내압이 5MPa 작용하고 있다. 이때 용기에 발생하는 원주응력[MPa]과 길이방향 응력[MPa]은 각각 순서대로 얼마인가?

① 12.5, 6.25 ② 6.25, 12.5
③ 25, 12.5 ④ 12.5, 25
⑤ 50, 25

난이도 ●●○○○ | 출제빈도 ★★★★☆

04 다음 〈보기〉가 설명하는 무차원수의 종류로 옳은 것은?

> 같은 유체층에서 일어나는 대류와 전도의 비율로 전도계수에 대한 대류계수의 비를 말한다.

① 그라쇼프(Grashof)수
② 프란틀(Prandtl)수
③ 비오트(Biot)수
④ 누셀트(Nusselt)수
⑤ 레이놀즈(Reynolds)수

난이도 ●○○○○ | 출제빈도 ★★★★★

05 층류와 난류를 구분하는 척도로 사용되는 무차원수는?

① 마하(Mach)수
② 프란틀(Prandtl)수
③ 레이놀즈(Reynolds)수
④ 프루드(Froude)수
⑤ 웨버(Weber)수

06 다음 〈보기〉는 비중에 대한 정의를 설명한 것이다. ( ) 안은 무엇인가?

> 비중이란 물질의 고유 특성이며 기준이 되는 물질의 밀도에 대한 상대적인 비를 말하기 때문에 무차원수이다. 액체의 경우, 1기압하에서 ( )℃ 물을 기준으로 한다.

① 2   ② 4   ③ 6
④ 8   ⑤ 10

07 다음 그림과 같은 직사각형 단면적($b \times h$)을 갖는 외팔보에 등분포하중(w)이 작용할 때, 최대굽힘응력($\sigma_{\max}$)은?

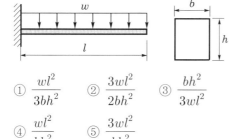

① $\dfrac{wl^2}{3bh^2}$ ② $\dfrac{3wl^2}{2bh^2}$ ③ $\dfrac{bh^2}{3wl^2}$

④ $\dfrac{wl^2}{bh^2}$ ⑤ $\dfrac{3wl^2}{bh^2}$

08 다음 그림의 단순보에서 A점과 B점에서의 수직반력이 같을 때, B점에 작용하는 모멘트 M의 크기[kN·m]는 얼마인가?

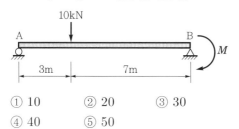

① 10   ② 20   ③ 30
④ 40   ⑤ 50

09 다음 중 주철의 일반적인 특징으로 옳지 않은 것은?

① 일반적인 주철의 탄소함유량은 2.11~6.68%이며 압축강도는 크지만 인장강도가 작은 특징을 가지고 있다.
② 유동성이 좋아 주조성이 우수하기 때문에 복잡한 형상의 주물재료로 많이 사용된다.
③ 내마모성과 절삭성은 우수하나 가공이 어렵다.
④ 내식성은 있으나 내산성이 낮다.
⑤ 취성이 커 잘 깨질 수 있으나 용접성이 우수하다.

10 다음 중 탄소강에서 탄소(C)함유량이 많아짐에 따라 증가하는 성질로 옳지 않은 것은?

① 경도   ② 전기저항
③ 비열   ④ 항자력
⑤ 단면수축률

11 다음 중 재결정과 관련된 설명으로 옳지 않은 것은?

① 재결정온도는 냉간가공과 열간가공을 구분하는 기준이 된다.
② 재결정온도는 1시간 안에 90% 이상의 재결정이 생기도록 가열하는 온도이다.
③ 금속의 재결정은 재료의 강도를 저하시키고, 연신율 및 연성을 증가시킨다.
④ 재결정온도 이상으로 장시간 유지하면 결정립의 크기가 점점 커진다.
⑤ 가공도가 큰 재료는 재결정온도가 낮다.

난이도 ●●○○○○ | 출제빈도 ★★★★☆

12 다음 중 부력과 관련된 설명 중 옳지 않은 것은?

① 부력의 크기는 물체가 밀어낸 부피에 해당하는 액체의 무게와 같다.
② 부력은 아르키메데스의 원리이다.
③ 부력은 물체에 수직 상방향으로 작용하는 힘이다.
④ 물체가 유체에 완전히 잠겨 있는 경우, 물체에 작용하는 부력의 크기는 깊이에 상관없이 일정하다.
⑤ 물체가 유체에 일부만 잠겨 있는 경우, 물체에 작용하는 부력의 크기는 유체의 비중량과 물체의 전체 부피의 곱으로 표현된다.

난이도 ●●○○○○ | 출제빈도 ★★★★☆

13 다음 중 효율이 가장 높은 나사는 무엇인가?

① 삼각나사
② 유니파이나사
③ 관용나사
④ 미터나사
⑤ 둥근나사

난이도 ●●○○○○ | 출제빈도 ★★★★☆

14 내벽이 $50℃$, 외벽이 $10℃$, 전열면적이 $10\mathrm{m}^2$인 구조물 벽을 통한 1차원 정상상태 열전달률이 $20\mathrm{kW}$일 때, 구조물의 벽 두께 $[\mathrm{cm}]$는 얼마인가? [단, 벽의 열전도도는 $0.5\mathrm{W/m\cdot℃}$ 이다.]

① 0.05
② 5
③ 0.01
④ 1
⑤ 2

난이도 ●○○○○○ | 출제빈도 ★★★★☆

15 유체의 유속과 유량을 측정하는 기구 중에서 유속을 측정하기 위해 사용되는 기구로 옳은 것은?

① 위어
② 로터미터
③ 피토관
④ 벤투리미터
⑤ 유동노즐

난이도 ●●●○○○ | 출제빈도 ★★☆☆☆

16 수조로부터 지름이 $20\mathrm{cm}$인 작은 오리피스를 통해서 유출되는 물을 양동이로 받고 있다. 오리피스 중심에서 수조의 수면까지 높이가 $0.75\mathrm{m}$이며 오리피스의 유량계수가 0.4일 때, 오리피스를 통해서 유출되는 물의 유량$[\mathrm{m}^3/\mathrm{s}]$은 얼마인가? [단, 중력가속도는 $10\mathrm{m/s}^2$이고, 오리피스 중심에서 수조의 수면까지의 높이 차는 일정하게 유지되는 것으로 가정한다.]

① $0.002\,\pi\,\sqrt{10}$
② $0.004\,\pi\,\sqrt{10}$
③ $0.002\,\pi\,\sqrt{15}$
④ $0.004\,\pi\,\sqrt{15}$
⑤ $0.006\,\pi\,\sqrt{15}$

난이도 ●●○○○○ | 출제빈도 ★★★★☆

17 다음 중 피스톤 펌프에 대한 특징으로 옳지 않은 것은?

① 초고압($210\mathrm{kgf/cm}^2$ 이상)에 적합하다.
② 대용량이며 펌프 중 전체 효율이 가장 좋다.
③ 가변용량형 펌프로 제작이 가능하다.
④ 소음이 작은 편이다.
⑤ 수명이 길다.

난이도 ●○○○○ | 출제빈도 ★★★★☆

18 다음 중 무차원인 것은?

① 항력
② 체적탄성계수
③ 표면장력
④ 변형률
⑤ 압력수두

난이도 ●○○○○ | 출제빈도 ★★★★☆

19 완전진공을 기준으로 측정한 압력은?

① 계기압력
② 포화압력
③ 절대압력
④ 진공압
⑤ 국소대기압

난이도 ●○○○○ | 출제빈도 ★★★★☆

20 기계재료의 기호와 용도 중에서 회주철의 KS 강재기호로 옳은 것은?

① SM
② GCD
③ STS
④ STC
⑤ GC

난이도 ●●○○○○ | 출제빈도 ★★★★☆

21 기계가공법에 대한 설명으로 옳지 않은 것은?

① 리밍은 드릴로 뚫은 구멍의 치수정확도와 표면정도를 향상시키는 공정이다.
② 보링은 구멍 내면을 확장하거나 마무리하는 내면선삭 공정이다.
③ 태핑은 탭을 이용하여 구멍에 암나사를 내는 공정이다.
④ 카운터보링은 작은나사, 둥근머리볼트의 머리부분이 공작물에 묻힐 수 있도록 단이 있는 구멍을 뚫는 공정이다.
⑤ 브로칭은 회전하는 단인절삭공구를 공구의 축방향으로 이동하며 절삭하는 공정이다.

난이도 ●●○○○ | 출제빈도 ★★★★☆

22 체적이 0.4m^3로 일정한 용기 내부에 압력이 1MPa, 온도가 500K의 이상기체가 가열되어 압력이 2MPa이 되었다. 이 과정에서의 엔트로피 변화량$[\text{kJ/K}]$은? [단, 이상기체의 정압비열(C_p)과 기체상수(R)는 각각 $1.0\text{kJ/kg}\cdot\text{K}$, $0.4\text{kJ/kg}\cdot\text{K}$이며 $\ln 2$는 0.7로 계산한다.]

① 0.42
② 0.84
③ 1.26
④ 1.68
⑤ 2.12

난이도 ●○○○○ | 출제빈도 ★★★★★

23 온도가 $1,000\text{K}$인 고열원과 온도가 200K인 저열원 사이에서 작동하는 카르노 열기관의 열효율$[\%]$은 얼마인가?

① 10%
② 20%
③ 40%
④ 60%
⑤ 80%

난이도 ●○○○○ | 출제빈도 ★★★☆☆

24 다음 중 숫돌의 결합제의 종류와 기호를 잘못 짝지은 것은?

① 셸락 − E
② 비트리파이드 − V
③ 고무 − R
④ 레지노이드 − L
⑤ 실리케이트 − S

난이도 ●○○○○ | 출제빈도 ★★★★☆

25 다음 〈보기〉는 강의 열처리 방법에 대한 설명이다. 이에 해당하는 열처리의 종류로 옳은 것은?

강 속에 있는 내부응력을 완화시켜 강의 성질을 개선하는 열처리의 종류로 노나 공기 중에서 서서히 냉각시킨다.

① 불림(normalizing)
② 담금질(quenching)
③ 풀림(annealing)
④ 뜨임(tempering)
⑤ 침탄법(carburization)

난이도 ●●○○○ | 출제빈도 ★★★★☆

26 다음 중 리벳이음의 특징으로 옳지 않은 것은?

① 잔류응력이 발생하지 않아 변형이 적다.
② 강판 또는 형강을 반영구적으로 접합하는 방법으로 분해 시 파괴해야 한다.
③ 경합금처럼 용접하기 곤란한 금속을 이음할 수 있다.
④ 구조물 등에서 현장 조립할 때는 용접이음보다 쉽다.
⑤ 작업에 숙련도를 요하지 않으며 검사도 간단하다.

난이도 ●●○○○ | 출제빈도 ★★★★☆

27 $\sigma_x = 150\mathrm{MPa}$, $\sigma_y = 50\mathrm{MPa}$, $\tau_{xy} = 30\mathrm{MPa}$인 평면응력상태에 있는 미소요소에서 발생할 수 있는 최대주응력의 크기 [MPa]는 얼마인가?

① 80
② 100
③ 140
④ $100 + \sqrt{3,400}$
⑤ $100 - \sqrt{3,400}$

난이도 ●○○○○ | 출제빈도 ★★★★★

28 길이가 l인 외팔보의 전 길이에 걸쳐 등분포하중 w가 작용하고 있을 때, 자유단에서의 최대처짐각($\theta_{\max}$)과 최대처짐량($\delta_{\max}$)은? [단, 보의 굽힘강성은 EI로 일정하다.]

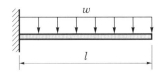

① $\theta_{\max} = \dfrac{wl^3}{8EI}$, $\delta_{\max} = \dfrac{wl^4}{6EI}$

② $\theta_{\max} = \dfrac{wl^3}{2EI}$, $\delta_{\max} = \dfrac{wl^4}{3EI}$

③ $\theta_{\max} = \dfrac{wl^3}{EI}$, $\delta_{\max} = \dfrac{wl^4}{2EI}$

④ $\theta_{\max} = \dfrac{wl^3}{8EI}$, $\delta_{\max} = \dfrac{wl^4}{12EI}$

⑤ $\theta_{\max} = \dfrac{wl^3}{6EI}$, $\delta_{\max} = \dfrac{wl^4}{8EI}$

난이도 ●●○○○ | 출제빈도 ★★★☆☆

29 다음 중 끼워맞춤과 관련된 설명으로 옳지 않은 것은?

① 틈새는 구멍의 치수가 축의 치수보다 클 때 구멍과 축과의 치수 차를 말한다.
② 죔새는 구멍의 치수가 축의 치수보다 작을 때 축과 구멍의 치수 차를 말한다.
③ 억지끼워맞춤은 헐거운 끼워맞춤과 반대로 구멍의 크기가 항상 축보다 작으며 분해 및 조립을 하지 않는 부품에 적용한다.
④ 중간끼워맞춤은 헐거운 끼워맞춤과 억지끼워맞춤으로 규정하기 곤란한 것으로 틈새와 죔새가 동시에 존재한다.
⑤ 최소죔새는 축의 최대허용치수에서 구멍의 최소허용치수를 뺀 것이다.

난이도 ●○○○○ | 출제빈도 ★★★☆☆

30 다음 중 전자빔용접의 특징으로 옳은 것은?

① 장비가 저렴하다.
② 용입이 얕다.
③ 열영향부가 작다.
④ 변형이 많다.
⑤ 융점이 높은 금속에 적용할 수 없다.

난이도 ●●○○○ | 출제빈도 ★★★☆☆

31 다음 중 영구주형을 사용하는 주조방법으로 옳지 않은 것은?

① 다이캐스팅주조법
② 슬러시주조법
③ 가압주조법
④ 원심주조법
⑤ 인베스트먼트주조법

난이도 ●○○○○ | 출제빈도 ★★★★☆

32 다음 중 열역학 제2법칙과 관련된 설명으로 옳지 않은 것은?

① 열은 스스로 저온체에서 고온체로 이동하지 않는다.
② 열기관에서 작동물질이 일을 하게 하려면 그보다 더 저온의 물질이 필요하다.
③ 효율이 100%인 제2종의 영구기관은 존재할 수 없다.
④ 물질 A와 B가 접촉하여 서로 열평형을 이루고 있으면 이 둘은 열적 평형상태에 있으며 알짜 열의 이동은 없다는 것과 관련이 있다.
⑤ 외부의 도움 없이 스스로 자발적으로 일어나는 반응은 열역학 제2법칙과 관련이 있다.

난이도 ●●○○○ | 출제빈도 ★★☆☆☆

33 다음 중 보온병을 만들 때, 복사에 의한 열의 이동을 방지하기 위해 무엇을 사용하는가?

① 스티로폼
② 헝겊
③ 포장비닐
④ 알루미늄호일
⑤ 이중벽

난이도 ●●○○○ | 출제빈도 ★★★☆☆

34 회전수가 16,650rpm인 볼베어링의 기본 동정격하중이 베어링 하중의 4배일 때, 수명시간[hr]은?

① 16
② 32
③ 64
④ 128
⑤ 256

난이도 ●○○○○ | 출제빈도 ★★★★☆

35 다음 〈보기〉에서 설명하는 열전달방법으로 옳은 것은?

> 전자기파에 의해 열이 매질을 통하지 않고 고온물체에서 저온물체로 직접 열이 전달되는 현상을 말한다. 즉, 액체나 기체라는 매질 없이 바로 열만 이동하는 현상이다.

① 전도
② 대류
③ 복사
④ 확산
⑤ 진동

난이도 ●●○○○ | 출제빈도 ★★★☆☆

36 다음 중 유체의 압력과 관련된 설명으로 옳지 않은 것은?

① 동일한 유체의 경우, 깊이가 같은 곳에서의 압력은 모두 같다.
② 깊이가 깊을수록 유체의 압력이 커진다.
③ 유체의 압력에 의한 힘의 방향은 물체의 모든 면에 수직으로 작용한다.
④ 부력은 깊이에 따른 유체의 압력 차이에 의해 발생하는 힘이다.
⑤ 높이가 h인 수조에 물이 가득 채워져 있을 때, 수조 바닥에 작용하는 압력은 수조 바닥의 모양 및 단면적에 따라 달라질 수 있다.

난이도 ●●●○○ | 출제빈도 ★★★☆☆

37 다음 〈보기〉에서 설명하는 가공방법으로 옳은 것은?

> 주축과 함께 회전하며 반지름 방향으로 왕복운동하는 다수의 다이로 선, 관, 봉재 등의 재료를 타격하여 지름을 줄이는 가공이다.

① 스웨이징   ② 인발
③ 압연   ④ 전조
⑤ 압출

난이도 ●○○○○ | 출제빈도 ★★★☆☆

38 다음 중 비틀림(T)에 의한 탄성에너지(U)를 구하는 식으로 옳은 것은? [단, 비틀림모멘트는 T이며 비틀림각은 θ이다.]

① $T\theta$ ② $\dfrac{1}{2}T\theta$

③ $\dfrac{1}{4}T\theta$ ④ $\dfrac{1}{6}T\theta$

⑤ $\dfrac{1}{8}T\theta$

난이도 ●○○○○ | 출제빈도 ★★★★★

39 다음 중 종량성 상태량(extensive property, 시량성질)에 속하는 것은?

① 압력
② 밀도
③ 비체적
④ 질량
⑤ 온도

난이도 ●○○○○ | 출제빈도 ★★★★☆

40 주형을 이용한 주조를 통해 제품을 생산한 후, 가공성을 향상시키기 위해 풀림공정을 실시하였다. 이에 대한 설명으로 옳지 않은 것은?

① 조직이 미세화된다.
② 제품의 인성이 증가한다.
③ 제품의 내부응력이 제거된다.
④ 제품의 재질이 연화된다.
⑤ 가스 및 불순물의 방출과 확산을 일으킨다.

난이도 ●○○○○ | 출제빈도 ★★★★★

41 다음 중 체인전동(chain drive)의 특징에 대한 설명으로 옳지 않은 것은?

① 큰 동력을 전달할 수 있고 전동효율이 높다.
② 미끄럼이 없어 일정한 속도비가 얻어진다.
③ 체인의 길이 조정이 가능하나, 유지 및 보수가 어렵다.
④ 초기 장력이 필요하지 않으며 충격을 흡수할 수 있다.
⑤ 진동과 소음이 발생하기 쉽고 고속회전에 부적당하다.

난이도 ●○○○○ | 출제빈도 ★★★★☆

42 정적비열(C_v)에 대한 정압비열(C_p)의 비를 의미하는 것은?

① 압력비 ② 비열비
③ 체적비 ④ 단절비
⑤ 압축비

난이도 ●●○○○ | 출제빈도 ★★★★☆

43 다음 중 응력집중(stress concentration)을 방지하는 방법에 대한 설명으로 옳지 않은 것은?

① 테이퍼지게 설계하거나 체결 부위에 리벳, 볼트 따위의 체결 수를 증가시켜 집중된 응력을 리벳, 볼트 따위에 일부 분산시킨다.
② 필릿 반지름을 최대한 작게 하여 단면이 급격하게 변하지 않도록 한다.
③ 단면변화 부분에 보강재를 결합하여 응력집중을 완화시킨다.
④ 단면변화 부분에 숏피닝, 롤러압연처리, 열처리 등을 하여 응력집중 부분을 강화시킨다.
⑤ 축단부에 2~3단의 단부를 설치하여 응력의 흐름을 완만하게 한다.

난이도 ●○○○○ | 출제빈도 ★★★★☆

44 금속침투법은 재료를 가열하여 표면에 철과 친화력이 좋은 금속을 표면에 침투시켜 확산에 의해 합금 피복층을 얻는 방법이다. 그렇다면 금속침투법 중 하나인 세라다이징은 어떤 금속원소를 침투시키는 방법인가?

① 알루미늄(Al) ② 붕소(B)
③ 크롬(Cr) ④ 아연(Zn)
⑤ 규소(Si)

난이도 ●○○○○ | 출제빈도 ★★★★☆

45 다음 중 표면장력(surface tension)에 대한 특징으로 옳지 않은 것은?

① 물방울의 표면장력 크기는 비눗방울의 표면장력 크기의 2배이다.
② 액체 표면이 면적을 최대화하려는 힘의 성질이다.
③ 표면장력의 단위는 N/m이다.
④ 응집력이 부착력보다 큰 경우에 표면장력이 발생한다.
⑤ 소금쟁이가 물에 뜰 수 있는 이유 또는 잔잔한 수면 위에 바늘이 뜨는 이유가 대표적인 표면장력의 예이다.

난이도 ●○○○○ | 출제빈도 ★★★★☆

46 다음 중 오토 사이클(Otto cycle)에 대한 설명으로 옳지 않은 것은?

① 가솔린기관의 이상 사이클이다.
② 2개의 정적과정과 2개의 단열과정으로 구성되어 있다.
③ 정적하에서 열이 공급되어 연소되므로 정적연소 사이클이라고도 한다.
④ 비열비가 일정한 값으로 정해지면 압축비가 높을수록 이론 열효율이 감소한다.
⑤ 동작물질의 종류에 따라 이론 열효율이 달라질 수 있다.

난이도 ●●○○○ | 출제빈도 ★★★★☆

47 초기 온도가 400K이고 초기 압력이 4bar의 상태에 있는 이상기체(ideal gas)가 가역단열팽창되어 나중 온도가 200K가 되었다. 이때 이상기체의 나중 압력[bar]은? [단, $C_p = 2R$이며 R은 이상기체의 기체상수를 의미한다.]

① 1 ② 2 ③ 4
④ 6 ⑤ 8

PART I 과년도 기출문제

난이도 ●○○○○ | 출제빈도 ★★★★☆

48 닫힌 계(closed system)에서 압력 $1kPa$, 부피 $2m^3$인 공기가 가역정압과정을 통해 부피가 $4m^3$로 팽창하였다. 팽창 중에 내부에 너지가 $6kJ$만큼 증가하였다면, 팽창에 필요한 열량[J]은?

① 4,000J, 유입

② 4,000J, 방출

③ 7,000J, 유입

④ 8,000J, 방출

⑤ 8,000J, 유입

난이도 ●○○○○ | 출제빈도 ★★★★☆

49 다음 중 순철, 강, 주철을 나누는 기준으로 가장 옳은 것은?

① 비열   ② 용융점

③ 비중   ④ 탄소함유량

⑤ 열전도율

난이도 ●○○○○ | 출제빈도 ★★★★☆

50 다음 중 엔트로피와 관련된 설명으로 옳지 않은 것은?

① 비가역과정에서는 총엔트로피 변화량이 항상 증가한다.

② 엔트로피는 무질서도를 뜻하며 일반적으로 기체의 엔트로피가 액체의 엔트로피보다 크다.

③ 가역과정에서는 총엔트로피 변화량이 항상 감소한다.

④ 비가역을 명시하는 법칙은 열역학 제2법칙이다.

⑤ 단열과정에서는 등엔트로피 변화가 일어난다.

02

2019 상반기
한국중부발전 기출문제

[⇨ 정답 및 해설편 p. 30]

난이도 ●○○○○ | 출제빈도 ★★★★☆

01 일의 단위를 포함하지 않는 것은?

① 하중
② 토크
③ 모멘트
④ 운동에너지

난이도 ●○○○○ | 출제빈도 ★★★★☆

02 물체에 인장, 압축, 굽힘, 비틀림 등의 외력이 작용하면 물체 내부에서 그 크기에 대응하여 재료 내부에 저항력이 생긴다. 이와 관련하여 응력은 무엇이라고 정의하는가?

① 단위면적당 내력
② 단위체적당 내력
③ 단위길이당 내력
④ 단위면적당 밀도

난이도 ●○○○○ | 출제빈도 ★★★★☆

03 다음 그림은 응력-변형률 선도이다. 선도를 보고 탄성계수 E를 구하면 얼마인가? [단, 단위는 생략한다.]

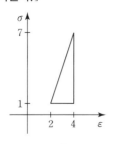

① 2
② 3
③ 4
④ 5

난이도 ●○○○○ | 출제빈도 ★★★★☆

04 인장력과 압축력을 받고 있는 원통형 재료가 있다. 가로변형률을 최소화하기 위해서 어떤 재료를 사용하는 것이 유리한가?

① 푸아송비가 큰 재료
② 푸아송비가 작은 재료
③ 인장강도가 큰 재료
④ 인장강도가 작은 재료

난이도 ●○○○○ | 출제빈도 ★★★★☆

05 단면이 꽉 찬 중심축에 비틀림이 작용하고 있다. 그렇다면 축지름을 결정하기 위해 필요한 단면 성질은 무엇인가?

① 단면 1차 모멘트
② 극단면계수
③ 단면 2차 모멘트
④ 단면계수

난이도 ●◑○○○ | 출제빈도 ★★★★☆

06 어떤 물질의 체적만 알려져 있다면, 이 체적으로부터 물질의 중량을 바로 계산할 수 있는 물성치는 무엇인가?

① 비중
② 비체적
③ 밀도
④ 비중량

난이도 ●○○○○ | 출제빈도 ★★★★★

07 압력과 동일한 단위를 갖는 것은?

① 압축률 ② 체적탄성계수
③ 표면장력 ④ 각속도

난이도 ●●○○○ | 출제빈도 ★★★★★

08 평면응력 상태가 $\tau_{\max} = 40\mathrm{MPa}$, $\sigma_{\min} = 30\mathrm{MPa}$이다. 그렇다면 $\sigma_{\max}$는 얼마인가?

① 80 ② 90
③ 100 ④ 110

난이도 ●○○○○ | 출제빈도 ★★★★★

09 길이 8m의 외팔보에 다음 그림과 같이 등분포하중 w가 작용하고 있다. 이 등분포하중을 집중하중으로 바꾸면 집중하중 P는 얼마이며, 고정단에서의 최대모멘트값은 얼마인가?

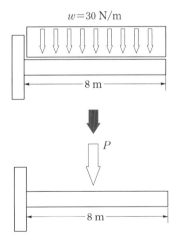

① 120N, 960N·m
② 120N, 1,920N·m
③ 240N, 960N·m
④ 240N, 1,920N·m

난이도 ●●○○○ | 출제빈도 ★★★☆☆

10 주조법에서 쇳물의 주입속도 V를 4배 증가시키려고 한다. 그렇다면 탕구계의 높이는 어떻게 해야 하는가? [단, 중력가속도와 유량계수(C)는 동일하다.]

① 4배 크게
② 16배 크게
③ 1/4배 크게
④ 1/16배 크게

난이도 ●○○○○ | 출제빈도 ★★★★☆

11 다음 중 보링의 정의로 옳은 것은?

① 드릴로 이미 뚫어져 있는 구멍을 넓히는 공정으로, 편심을 교정하기 위한 가공이다.
② 이미 드릴로 뚫은 구멍의 내면을 정밀 다듬질하는 작업이다.
③ 일감을 회전시키고 공구의 수평왕복운동으로 작업을 하는 공정이다.
④ 공작물을 고정시키고 공구의 수평왕복운동으로 작업을 하는 공정이다.

난이도 ●○○○○ | 출제빈도 ★★★☆☆

12 어떤 물체가 등속운동을 한다. 그렇다면 시간에 따른 이동거리를 식으로 표현하면 어떻게 표현할 수 있는가? [단, x : 시간에 대한 변위, x_0 : 초기변위, v : 시간에 대한 속도, v_0 : 초기속도, t : 시간]

① $x = x_0 + vt$
② $x = v_0 + vt$
③ $x = x_0 + x_0 t$
④ $x = v_0 + xt$

PART 1 과년도 기출문제

13 난이도 ●●○○○ | 출제빈도 ★★☆☆☆

숫돌을 사용하여 연삭가공을 하고자 한다. 연삭력은 300N이며, 연삭동력은 10kW이다. 연삭가공의 효율이 30% 이상 나오게 하려면 숫돌의 원주속도는 최소 몇 이상이 되어야 하는가?

① 5   ② 10
③ 15   ④ 20

14 난이도 ●●○○○ | 출제빈도 ★★★☆☆

시간에 대한 변위가 $x(t) = 3\sin 8\pi t$로 표현된다. 그렇다면 주기는 얼마인가?

① 0.25   ② 0.5
③ 1   ④ 2

15 난이도 ●○○○○ | 출제빈도 ★★★★☆

회전하는 원이 있다. 반지름을 2배로 증가시키고 각속도를 2배로 증가시키면 선속도는 어떻게 되는가?

① 4배로 증가한다.
② 1/4배가 된다.
③ 2배로 증가한다.
④ 변함없다.

16 난이도 ●●○○○ | 출제빈도 ★★★★☆

길이가 L인 단진자가 진자운동을 하고 있다. 단진자의 길이를 4배 증가시키면 단진자의 주기는 어떻게 되는가?

① 2배로 증가한다.
② 1/2배가 된다.
③ 4배로 증가한다.
④ 1/4배가 된다.

17 난이도 ●○○○○ | 출제빈도 ★★★★★

이상기체의 교축과정은 무슨 변화인가?

① 등엔트로피 변화   ② 등엔탈피 변화
③ 정압 변화   ④ 엔탈피 증가

18 난이도 ●○○○○ | 출제빈도 ★★★★☆

다음 그림은 랭킨 사이클의 계통도이다. 그림에서 단열팽창이 이루어지는 구간은?

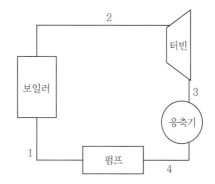

① 1-2 구간   ② 2-3 구간
③ 3-4 구간   ④ 4-1 구간

19 난이도 ●●○○○ | 출제빈도 ★★★☆☆

디젤 사이클의 열효율을 증가시키려면 어떻게 해야 하는가?

① 압축비를 크게, 단절비를 작게
② 압축비를 작게, 단절비를 크게
③ 압축비를 크게, 단절비를 크게
④ 압축비를 작게, 단절비를 작게

20 난이도 ●○○○○ | 출제빈도 ★★★★★

표준 냉동 사이클을 수행하는 냉동장치의 4대 요소가 아닌 것은?

① 압축기   ② 실외기
③ 응축기   ④ 증발기

난이도 ●○○○○ | 출제빈도 ★★★★☆

21 어떤 장치의 동력이 30W이며, 5m/s의 속도로 운전되고 있다. 그렇다면 하중 P는 얼마가 필요한가?

① 3N
② 4N
③ 5N
④ 6N

난이도 ●○○○○ | 출제빈도 ★★★★☆

22 완전진공을 기준으로 측정한 압력을 무엇이라고 하는가?

① 계기압력
② 표준대기압
③ 절대압력
④ 국소대기압

난이도 ●○○○○ | 출제빈도 ★★★★★

23 물체 A와 B가 서로 열평형 상태에 있다. 그리고 물체 B와 C도 각각 서로 열평형 상태에 있다. 따라서 결국 A, B, C 모두 열평형 상태에 있다고 볼 수 있다. 이와 같은 설명과 관계가 있는 열역학 법칙은 무엇인가?

① 열역학 제0법칙
② 열역학 제1법칙
③ 열역학 제2법칙
④ 열역학 제3법칙

난이도 ●○○○○ | 출제빈도 ★★★★★

24 길이 L의 단순보 중앙에 집중하중 P가 작용한다. 중앙점의 처짐량에 대한 설명으로 옳지 않은 것은?

① 하중에 비례한다.
② 단면 2차 모멘트에 반비례한다.
③ 세로탄성계수에 반비례한다.
④ 길이의 4승에 비례한다.

난이도 ●●○○○ | 출제빈도 ★★★☆☆

25 다음 설명 중 옳지 않은 것은?

① 감쇠비는 감쇠계수를 임계감쇠계수로 나눈 값이다.
② 임계감쇠계수란 물체가 외부로부터 외란을 받았을 때 전혀 진동을 일으키지 않고 곧바로 정지상태로 안정화되는 감쇠계수의 값이다.
③ 임계감쇠계수(C_{cr})는 $2\sqrt{mk}$ 이다. [단, m : 질량, k : 스프링 상수]
④ 임계감쇠계수 단위는 $[\mathrm{N \cdot m/s}]$이다.

난이도 ●●○○○ | 출제빈도 ★★★☆☆

26 어떤 물질의 비열이 온도에 무관한 C_0이다. 그렇다면 그림에 나타난 면적은 무엇을 의미하는가?

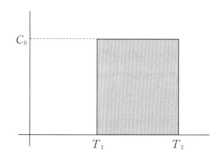

① 총열량
② 총내부에너지 변화
③ 단위질량당 열량
④ 단위체적당 비열

난이도 ●○○○○ | 출제빈도 ★★★★★

27 어떤 시스템의 내부에너지가 20J에서 40J로 변했고, 외부로 50J의 일을 하였다. 그렇다면 이 시스템의 열량은?

① 40J
② 50J
③ 60J
④ 70J

난이도 ●●●○○ | 출제빈도 ★★★☆☆

28 다음 중 옳지 않은 것은 무엇인가?

① 정압비열은 정적비열보다 항상 크다.

② 폐쇄계는 외부와 에너지의 교환은 있지만 물질의 출입은 없는 계이다.

③ 분자 간 상호작용을 하지 않고 그 상태를 나타내는 양인 압력, 온도, 체적 사이에 보일-샤를의 법칙이 적용된다고 가정한 것은 이상기체이다.

④ 유체속도가 40m/s 이하의 느린 유동에서 단위시간에 임의 단면을 유체와 함께 유동하는 에너지의 양은 그곳을 유동하는 유체가 보유한 엔트로피와 같다.

난이도 ●●○○○ | 출제빈도 ★★★☆☆

29 유압모터의 회전속도 제어방법은 무엇인가?

① 감압밸브 사용

② 유량조절밸브 사용

③ 릴리프밸브 사용

④ 방향조절밸브 사용

난이도 ●●●○○ | 출제빈도 ★★★☆☆

30 공기압 장치에서 사용하는 윤활기에 적용된 원리는?

① 아르키메데스 원리

② 벤투리 효과

③ 보일의 법칙

④ 샤를의 법칙

난이도 ●○○○○ | 출제빈도 ★★★★★

31 다이에 소재를 넣고 통과시켜 기계힘으로 잡아당겨 단면적을 줄이고 길이방향으로 늘리는 가공은?

① 인발　② 압출　③ 압연　④ 전조

난이도 ●●○○○ | 출제빈도 ★★★★☆

32 질화법은 암모니아 가스 분위기 속에 강재를 넣어 (　)도로 가열하는 표면경화법 중 하나이다. 강재의 표면층에 질소를 확산시키거나 투입시켜 표면층을 경화하며, 침탄법에 비해 경화층이 얇고 크랭크축이나 피스톤 핀 등에 사용된다. (　)의 온도는 얼마인가?

① 300　　　　② 500

③ 700　　　　④ 900

난이도 ●●●○○ | 출제빈도 ★★★☆☆

33 다음 공정은 무엇과 관계가 있는가?

선삭, 밀링, 드릴링, 평삭, 방전

① 접합　　　　② 소성가공

③ 열처리　　　④ 절삭

난이도 ●●○○○ | 출제빈도 ★★☆☆☆

34 유압모터의 종류로 옳지 않은 것은?

① 기어모터　　② 베인모터

③ 터빈모터　　④ 회전 피스톤모터

난이도 ●○○○○ | 출제빈도 ★★★★★

35 비중의 역할을 옳게 기술한 것은?

① 경금속과 중금속을 나누는 무차원수이다.

② 층류와 난류를 구분하는 무차원수이다.

③ 물질의 온도를 나타내는 무차원수이다.

④ 물질의 비열을 나타내는 무차원수이다.

난이도 ●●○○○○ | 출제빈도 ★★★★☆

36 재료가 파단될 때까지의 소성변형의 정도를 단면변화율 및 단면수축률로 나타낼 수 있는 성질은 무엇인가?

① 인성 　② 취성 　③ 강성 　④ 연성

난이도 ●●○○○○ | 출제빈도 ★★★★☆

37 불림의 목적으로 옳지 않은 것은?

① 조직을 조대화
② 내부응력 제거
③ 소르바이트 조직을 얻음
④ 탄소강의 표준조직을 얻음

난이도 ●●●○○ | 출제빈도 ★★★★☆

38 여러 주철의 설명으로 옳지 않은 것은?

① 구상흑연주철은 회주철 용탕에 Mg, Ca, Ce 등을 첨가하고 Fe−Si, Ca−Si 등으로 접종하여 응고과정에서 흑연을 구상으로 정출시켜 만든다.
② 가단주철은 보통 주철의 여리고 약한 인성을 개선하기 위해 백주철을 장시간 뜨임 처리하여 시멘타이트를 분해 소실시켜 연성과 인성을 확보한 주철이다.
③ 반주철은 함유된 탄소 일부가 유리흑연으로 존재하며, 나머지는 화합탄소로 존재하는 주철이다. 즉, 회주철과 백주철의 중간의 성질을 가진 주철이다.
④ 회주철은 C, Si의 함유량이 많아 탄소가 흑연 상태로 유지된 주철이다.

난이도 ●●●○○ | 출제빈도 ★★★☆☆

39 다음 중 라그랑주 관점만 묘사할 수 있는 것은?

① 유선 　　　　② 유맥선
③ 유적선 　　　④ 유관

난이도 ●○○○○ | 출제빈도 ★★★★★

40 다음 그림처럼 단면적이 A인 곳에 무게 1N의 추가 있다. 단면적이 B인 곳에 $F_2 = 10\text{N}$을 얻으려면 A와 B의 단면적 관계는 어떻게 되어야 하는가?

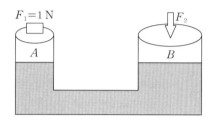

① $A/B = 10$
② $B/A = 10$
③ $A \cdot B = 10$
④ $A = B$

난이도 ●●○○○ | 출제빈도 ★★★★☆

41 베르누이 방정식과 오일러 운동방정식의 공통점이 아닌 것은?

① 정상류이다.
② 비점성이다.
③ 비압축성이다.
④ 유체입자는 유선을 따라 흐른다.

난이도 ●○○○○ | 출제빈도 ★★★★☆

42 평판에 흐르는 유체의 평균 속도는 20m/s이다. 그렇다면 평판에 흐르는 유체의 최대 속도는 얼마인가?

① 40m/s
② 15m/s
③ 30m/s
④ 10m/s

43 관의 손실수두를 구하는 데 관마찰계수가 필요하다. 그렇다면 층류유동의 Re 수가 640이라면, 이 층류유동의 관마찰계수는 얼마인가?

① 0.64 　　　② 0.1

③ 1 　　　　④ 0.01

44 아관성력과 표면장력의 비로, 물방울 형성에 관계가 있는 무차원수는?

① 프란틀수

② 레이놀즈수

③ 오일러수

④ 웨버수

45 2차원 정상상태 유동의 속도포텐셜은 $\nabla = 3x^2 + 4y^2$이다. 그렇다면 x성분의 속도와 y성분의 속도는 각각 어떻게 표현되는가?

① $V_x = 3x, \ V_y = 4y$

② $V_x = 6x, \ V_y = 8y$

③ $V_x = 8x, \ V_y = 6y$

④ $V_x = 4x, \ V_y = 3y$

46 다음 중 유량 측정장치가 아닌 것은?

① 위어

② 시차액주계

③ 벤투리미터

④ 오리피스

47 훅의 법칙이 성립되는 구간에서 순수굽힘 상태의 보에 대해 중립면으로부터의 거리가 y인 지점의 굽힘응력이 4MPa이다. 그렇다면 중립면으로부터의 거리가 $2y$인 지점의 굽힘응력은 얼마인가? [단, 곡률 ρ와 탄성계수 E는 일정]

① 4MPa 　　　② 6MPa

③ 8MPa 　　　④ 0MPa

48 다음 중 공기압 장치와 비교해서 유압장치에만 있는 기기는 무엇인가?

> 펌프, 축압기, 열교환기, 액추에이터,
> 제어밸브

① 펌프, 축압기, 열교환기

② 펌프, 액추에이터, 제어밸브

③ 열교환기, 액추에이터, 제어밸브

④ 축압기, 열교환기, 액추에이터

49 공기압 장치에서 다음 기기들의 공통적인 역할은 무엇인가?

> 공기탱크, 애프터쿨러, 냉각기

① 공기 냉각

② 압력 조절

③ 수분 제거

④ 먼지 제거

난이도 ●●○○○ | 출제빈도 ★★☆☆☆

50 다음 그림과 같은 트러스 구조에 수직방향으로 P가 작용하고 있다. 이때 2개의 Y강선이 점점 X강선에 근접한다면, 즉 h가 점점 작아져 극단적으로 0에 근접한다면 X, Y에 각각 작용하는 힘은 얼마인가?

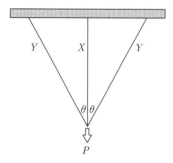

① $X = 0$, $Y = P$

② $X = 2P/3$, $Y = P/3$

③ $X = P/3$, $Y = P/3$

④ $X = P$, $Y = 0$

03 2019 상반기 한국가스안전공사 기출문제

[⇨ 정답 및 해설편 p. 40]

난이도 ●●○○○ | 출제빈도 ★★★★☆

01 고압탱크, 보일러와 같이 기밀을 필요로 할 때, 리벳공정이 끝난 후 리벳머리 주위 및 강판의 가장자리를 해머로 때려 완전히 밀착시켜 틈을 없애는 작업은?

① 코킹　　　　　② 플러링
③ 리벳팅　　　　④ 리벳

난이도 ●○○○○ | 출제빈도 ★★★★☆

02 다음 그림에서 나타낸 용접부의 기본 기호로 옳은 것은?

① 필릿용접
② 플러그
③ 덧붙임
④ 비드 살돋음

난이도 ●●○○○ | 출제빈도 ★★★★☆

03 다음 〈보기〉에서 설명하는 것은 무엇인가?

- 주물의 두께 차이로 인한 냉각속도 차이를 줄이기 위해 설치한다.
- 수축공을 방지하기 위해 설치한다.

① 덧붙임　　　　② 냉각쇠
③ 콜드셧　　　　④ 수축공

난이도 ●○○○○ | 출제빈도 ★★★★★

04 유체를 정의하고자 한다. 어떻게 정의할 수 있는가?

① 유체는 작은 힘에도 비교적 큰 변형을 일으키지 않는다.
② 유체는 전단력을 받았을 때, 변형에 저항할 수 있는 물질이다.
③ 유체는 유체 내부에 수직응력이 작용하는 한 변형은 계속된다.
④ 유체는 유체 내부에 전단응력이 작용하는 한 변형은 계속된다.

난이도 ●●●○○ | 출제빈도 ★★☆☆☆

05 두 재료를 천천히 가까이 접촉시키면 접촉면에 단락 대전류가 흘러 예열되고 이를 반복하여 접촉면이 적당한 온도로 가열되었을 때 강한 압력을 주어 압접하는 방법은?

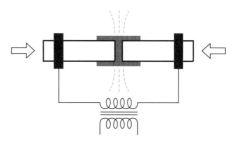

① 업셋용접
② 플래시용접
③ 퍼커션용접
④ 점용접

난이도 ●○○○○ | **출제빈도** ★★★★★

06 다음 그림과 같이 어떤 재료에 서로 직각으로 압축응력 300MPa, 인장응력 100MPa이 작용할 때, 그 재료 내부에 생기는 최대전단 응력은 몇 MPa인가?

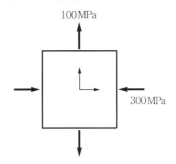

① 100MPa
② 200MPa
③ 300MPa
④ 400MPa

난이도 ●●○○○ | **출제빈도** ★★★★☆

07 다음 영구주형 주조의 종류가 아닌 것은?

① 다이캐스팅
② 원심주조법
③ 세라믹주조법
④ 가압주조법

난이도 ●●○○○ | **출제빈도** ★★★★☆

08 허용전단응력이 2kg/mm²이고, 길이가 200mm인 성크키에 4,000kg의 하중이 작용할 때, 이 키의 폭은 몇 mm로 설계할 수 있는가?

① 10mm　　② 20mm
③ 30mm　　④ 40mm

난이도 ●●○○○ | **출제빈도** ★★★★☆

09 부력에 대한 설명으로 옳지 않은 것은?

① 부력은 잠겨있고 떠 있는 물체의 작용하는 수평방향의 힘이다.
② 부력은 잠겨있고 떠 있는 물체의 작용하는 수직상방향의 힘이다.
③ 부력은 정지유체 속에 있는 물체 표면에 작용하는 표면력의 합력을 의미한다.
④ 부력은 물체가 밀어낸 부피만큼의 액체의 무게를 의미한다.

난이도 ●●○○○ | **출제빈도** ★★★★☆

10 다음은 응력–변형률 선도이다. 여기서 [A]가 나타내는 것은 무엇인지 고르시오.

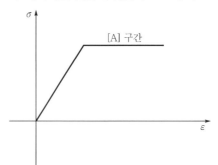

① 탄성한계　　② 완전소성
③ 극한강도　　④ 항복점

난이도 ●○○○○ | **출제빈도** ★★★★☆

11 다음의 유량계측기 중 계측용 부자가 유량에 따라 정지하는 위치가 달라지는 성질을 이용한 유량 측정기는?

① 로터미터
② 오리피스
③ 벤투리미터
④ V노치위어

12 티타늄과 같이 열전도도가 낮고 온도상승에 따라 강도가 급격히 감소하는 금속에서 발생하는 칩은?

① 열단형칩　　　② 톱니형칩
③ 균열형칩　　　④ 유동형칩

13 다음 중 정밀입자에 의한 가공법이 아닌 것은 무엇인가?

① 호닝　　　　　② 래핑
③ 버니싱　　　　④ 버핑

14 다음 중 탄소 주강품을 의미하는 KS 강재기호는 무엇인가?

① SC　　　　　② GC
③ STD　　　　　④ SPS

15 다음 중 축을 설계할 때 고려해야 할 대상이 아닌 것은?

① 강도　　　　　② 경도
③ 부식　　　　　④ 열팽창

16 다음 중 단위가 틀린 것은 무엇인가?

① 변형률: mm
② 체적탄성계수: N/m^2
③ 표면장력: N/m
④ 영률: N/m^2

17 다음 설명을 보고 어떤 것을 의미하는지 고르시오.

- 대표적으로 W계와 Mo계열이 존재한다.
- 500~600°C 고온에서도 경도가 저하되지 않고 내마멸성이 커서 고속절삭의 공구로 적당하다.
- V 원소를 첨가하였을 때, 강력한 탄화물을 형성해 절삭능력을 증가시킨다.

① 고속도강　　　② 주조경질합금
③ 초경합금　　　④ 게이지강

18 다음 설명은 응력집중에 대한 설명이다. 다음 중 응력집중에 대한 설명 중 옳지 않은 것은?

어떤 부분에 힘이 가해졌을 때 균일한 단면 형상을 갖는 부분보다 ① 키 홈, 구멍, 단, 또는 노치 등과 같이 ② 단면형상이 급격히 변화하는 부분에서 힘의 흐름이 심하게 변화함으로 인해 쉽게 파손되는 이유는 응력집중과 관련이 깊다. 응력집중을 완화하기 위해서는 ③ 단면이 진 부분에 필릿 반지름을 되도록 크게 한다. 또한 ④ 체결 수를 감소시키고 테이퍼지게 설계하면 된다.

19 슈미트수와 프란틀수의 비로 열과 물질의 동시이동을 다룰 때의 무차원수는?

① 마하수
② 레이놀즈수
③ 프로드수
④ 루이스수

난이도 ●●○○○○ | 출제빈도 ★★★★☆

20 다음 중 페라이트에 대한 설명으로 아닌 것은 무엇인가?

① 순철이며, 전연성이 우수하다.

② 투자율이 높으며 단접성, 용접성이 우수하다.

③ 열처리가 불량하다.

④ 유동점, 항복점, 인성이 작고 충격값, 단면수축률, 인장강도가 크다.

난이도 ●○○○○ | 출제빈도 ★★★★★

21 다음 중 무차원수가 아닌 것은 무엇인가?

① 비중　　　　　② 변형량

③ 푸아송비　　　④ 변형률

난이도 ●●●○○ | 출제빈도 ★★★★☆

22 다음 단식 볼록 브레이크를 우회전했을 때의 브레이크 레버의 조작력, $F[\text{N}]$을 구하는 식을 고르시오. [단, $c < 0$]

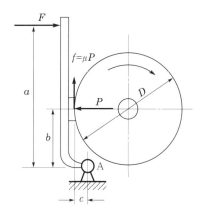

① $F = \dfrac{f(b - \mu c)}{\mu a}$ ② $F = \dfrac{f(b + \mu c)}{\mu a}$

③ $F = \dfrac{f(b + c)}{\mu a}$ ④ $F = \dfrac{fb}{\mu a}$

난이도 ●●●○○ | 출제빈도 ★★★☆☆

23 내부지름이 10cm이고, 외부지름이 20cm인 강철관의 길이가 5m라면, 이 관에서의 열전도율은 얼마인가? [단, 이 관의 내부온도는 10°C이고, 외부온도는 20°C이며, 열전달량은 314kJ/h이다.]

① $\ln 2$　　　　② $\ln 5$

③ $\ln 9$　　　　④ $\ln 10$

난이도 ●●○○○ | 출제빈도 ★★★★☆

24 두께 1cm, 면적 0.5m^2의 석고판의 뒤쪽 면에서 500W의 열을 주입하고 있다. 열은 앞쪽 면으로만 전달된다고 할 때 석고판의 뒤쪽 면은 몇 도인가? [단, 석고판의 열전도율은 $0.8\text{J/m} \cdot \text{s} \cdot {}^\circ\text{C}$, 앞쪽 면의 온도는 120°C이다.]

① 121°C

② 129°C

③ 132°C

④ 141°C

난이도 ●●●○○ | 출제빈도 ★★★☆☆

25 전단가공 종류에 대한 설명으로 옳지 않은 것은?

① 블랭킹은 공구에, 펀칭은 다이에 전단각을 준다.

② 트리밍은 판금공정에서 판재에 펀칭작업을 한 후에 불필요한 부분은 제외시켜 버리고 남은 부분을 제품으로 만드는 작업이다.

③ 노칭은 재료의 일부분을 다양한 모양으로 따내어 제품을 가공하는 작업이다.

④ 세이빙은 가공된 제품의 각진 부분을 깨끗하게 다듬질하는 방법이다.

26 두께 2cm의 강판의 양쪽 면의 온도가 각각 100°C, 50°C일 때 전열면 $1m^2$당 한 시간에 전달되는 열량은? [단, 강판의 열전도율은 $15kJ/m \cdot h \cdot °C$이다.]

① 12,500kJ/h ② 22,500kJ/h
③ 37,500kJ/h ④ 52,500kJ/h

27 강을 변태점 이상으로 가열하여 노 안에서 서서히 냉각시키는 열처리로 옳은 것은?

① 퀜칭 ② 소둔 ③ 소준 ④ 소려

Bonus 문제 다음 중 옳지 않은 것은?

① 불림은 A_3, A_{cm} 보다 30~50°C 높게 가열한 후 공기 중에서 냉각시켜 미세한 소르바이트 조직을 얻고 결정조직의 표준화와 조직의 미세화, 내부응력을 제거시키는 열처리이다.

② 담금질은 아공석강을 A_1 변태점보다 30~50°C, 과공석강을 A_3 변태점보다 30~50°C 정도 높은 온도로 일정 시간 가열하여 이 온도에서 탄화물을 고용시켜 균일한 오스테나이트(γ)가 되도록 충분한 시간 유지한 후 물 또는 기름과 같은 담금질제 중에서 급랭해 마텐자이트 조직으로 변태하는 열처리이다.

③ 풀림은 A_1 또는 A_3 변태점 이상으로 가열하여 냉각시키는 열처리로 내부응력을 제거하며 재질의 연화를 목적으로 하는 열처리이다.

④ 뜨임은 담금질한 강은 경도가 크나 취성을 가지므로 경도가 다소 저하되더라도 인성을 증가시키기 위해 A_1 변태점 이하에서 재가열하여 냉각시키는 열처리이다.

28 다음 중 베르누이 방정식에 대한 설명으로 옳지 않은 것은?

① 베르누이 방정식의 가정 중 하나는 '유체 입자는 유선을 따라 움직인다.'이다.
② 베르누이 방정식의 가정 중 하나는 '유체 입자는 마찰이 없는 비점성이다.'이다.
③ 유동하는 유체에서의 압력은 임의의 면에서 수직방향으로 작용한다.
④ 베르누이 방정식을 실제 유체에 적용시키려면 위치 수두를 수정하면 된다.

29 단열재가 시공되어 있는 외벽의 외부에서 내부로의 열전달을 고려할 때 실내 온도가 20K, 실외 온도가 30K인 사무실의 외벽의 두께가 10cm이다. 이 외벽에 단열재가 시공되어 있다면 다음과 같은 조건에서 단열재의 두께는 얼마인가?

- 외벽의 넓이: $10m^2$
- 외벽과 단열재의 열전도도: $0.8W/m \cdot K$
- 외부대류 열전달 계수: $100W/m^2 \cdot K$
- 내부대류 열전달 계수: $200W/m^2 \cdot K$
- 열 전달량: 600W

① 1cm ② 2cm ③ 3cm ④ 4cm

30 압력이 150kPa, 체적 $0.7m^2$, 질량이 1kg의 기체가 일정한 압력으로 팽창하여 처음 온도 252°C에서 나중온도 477°C가 되었다. 이때 팽창과정에서 900kJ의 열을 흡열했다면 이 기체의 정압비열은 얼마인가? [단, 이 기체의 기체상수는 $2kJ/kg \cdot K$이다.]

① $1kJ/kg \cdot K$ ② $2kJ/kg \cdot K$
③ $3kJ/kg \cdot K$ ④ $4kJ/kg \cdot K$

난이도 ●●●○○ | 출제빈도 ★★★★☆

31 다음 설명 중 옳지 않은 것은?

① 내부에너지는 물체가 가지고 있는 총에너지로부터 역학적, 전기적 에너지를 제외한 나머지 에너지를 말하며, 분자 간의 운동활발성을 나타낸다.

② 비가역계의 엔트로피는 항상 증가한다.

③ 평형상태에서 시간은 시스템의 주요 변수가 된다.

④ 완전가스(이상기체)에서 내부에너지와 엔탈피는 온도만의 함수이다.

난이도 ●●○○○ | 출제빈도 ★★★★☆

32 다음 그림과 같이 지름이 $2m$인 원형 단면을 갖는 단순지지보에 $2kN/m$의 균일분포하중이 작용한다고 할 때, 이 보가 받는 최대굽힘응력은 얼마인가? [단, 이 보의 길이는 $6m$이며, $\pi = 3$으로 계산한다.]

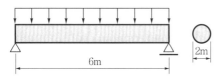

6m 2m

① $5kN/m^2$ ② $7kN/m^2$

③ $10kN/m^2$ ④ $12kN/m^2$

난이도 ●●○○○ | 출제빈도 ★★★★☆

33 초기온도와 압력이 $27°C$, $250kPa$의 기체를 폴리트로픽 변화를 하여 $57°C$까지 온도를 올렸다면, 이 기체의 압축 후의 압력은? [단, 폴리트로픽지수$(n) = 1.4$이며, $1.1^{\frac{1.4}{0.4}} = 1.4$ 이다.]

① $250kPa$ ② $300kPa$

③ $350kPa$ ④ $400kPa$

난이도 ●●○○○ | 출제빈도 ★★★★☆

34 역카르노 사이클에 대한 설명으로 틀린 것은? [단, $T_1 > T_2$]

① 냉동기의 이상 사이클로 최대 효율을 낼 수 있는 사이클이다.

② 열펌프의 성능계수(ε_h)를 $\frac{T_1}{T_1 - T_2}$으로 나타낼 수 있다.

③ 역카르노 사이클에서 방열과 흡열은 등엔트로피 과정에서 일어난다.

④ 냉동기의 성능계수와 열펌프의 성능계수는 1만큼 차이가 난다.

난이도 ●●○○○ | 출제빈도 ★★★☆☆

35 다음 그림과 같이 균일분포하중(ω)을 받을 때 일단고정 타단지지보에서 최대처짐(δ_{max})은 얼마인가? [단, 해당 보의 길이는 l, 탄성계수는 $E[N/m^2]$, 단면 2차 모멘트는 $I[m^4]$로 한다.]

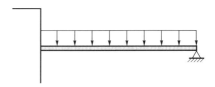

① $\delta_{max} = 1.5 \times 10^{-3} \times \frac{wl^4}{EI}$

② $\delta_{max} = 2.7 \times 10^{-3} \times \frac{wl^4}{EI}$

③ $\delta_{max} = 4.4 \times 10^{-3} \times \frac{wl^4}{EI}$

④ $\delta_{max} = 5.4 \times 10^{-3} \times \frac{wl^4}{EI}$

36 체적이 변하지 않는 밀폐용기 안에 공기가 초기 압력 100kPa, 온도 20℃ 상태에서 이 용기를 가열하여 나중 압력이 150kPa이 되었다. 이 공기를 이상기체로 취급하면 1kg당 가열량은 얼마인가? [단, 공기의 정적비열은 $0.717kJ/kg \cdot K$이다.]

① 58kJ/kg   ② 105kJ/kg
③ 128kJ/kg   ④ 211kJ/kg

37 공기가 '$PV = $일정'인 과정을 통해 압력이 초기 압력이 100kPa, 비체적이 $0.5m^3/kg$인 상태에서 비체적이 $2m^3/kg$인 상태로 팽창하였다. 공기를 이상기체로 가정하였을 때, 시스템이 이 과정에서 한 단위 질량당 일은 약 얼마인가? [단, $\ln4 = 1.4$]

① 70kJ/kg   ② 100kJ/kg
③ 120kJ/kg   ④ 150kJ/kg

38 다음 그림과 같이 질량이 10kg 박스를 우측방향을 향해 F_1의 힘으로 당기고 있다. 이때 좌측방향으로 F_2의 마찰력이 작용한다면 이 물체가 우측으로 10m/s의 속력이 될 때까지의 시간은 얼마가 걸리겠는가? [단, 박스의 바닥면에 작용하는 마찰계수는 0.5, 중력가속도는 $10m/s^2$이다.]

① 1초   ② 2초   ③ 3초   ④ 4초

39 다음 중 열역학 제2법칙에 관한 설명으로 옳지 않은 것은?

① 일을 하는 만큼 열이 발생하지만 열을 내는 만큼 일을 할 수는 없다.
② 클라우지우스에 의해 에너지의 방향성을 밝힌 법칙이다.
③ 제2영구기관, 즉 열효율이 100%인 기관은 있을 수가 없다.
④ 마찰에 의해 발생하는 열의 변화를 가역변화로 설명할 수 있다.

40 길이가 5m이고, 폭이 0.3m, 높이가 0.2m의 직사각형 단면을 가지는 외팔보에 등분포하중(ω)이 작용하여 최대굽힘응력이 5,000kPa이 생길 때, 최대전단응력은 약 몇 kPa인가?

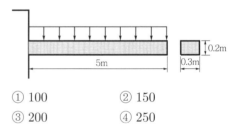

① 100   ② 150
③ 200   ④ 250

04

2019 하반기
한국동서발전 기출문제

[⇨ 정답 및 해설편 p. 54]

난이도 ●●○○○ | 출제빈도 ★★★★☆

01 응력-변형률 선도에서 재료의 거동이 다음과 같다면 A구간은 무엇인가?

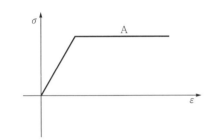

① 항복점　　　② 변형경화
③ 완전소성　　④ 선형구간

난이도 ●●○○○ | 출제빈도 ★★★★☆

02 응력집중계수를 구하는 식으로 옳은 것은?
[단, α : 응력집중계수]

① $\alpha = \dfrac{\text{노치부의 최대응력}}{\text{단면부의 최대응력}}$

② $\alpha = \dfrac{\text{노치부의 최소응력}}{\text{단면부의 평균응력}}$

③ $\alpha = \dfrac{\text{단면부의 평균응력}}{\text{노치부의 최대응력}}$

④ $\alpha = \dfrac{\text{노치부의 최대응력}}{\text{단면부의 평균응력}}$

난이도 ●○○○○ | 출제빈도 ★★★★★

03 강도성 상태량의 종류로 옳지 않은 것은?

① 압력　　　② 밀도
③ 비체적　　④ 온도

난이도 ●●●○○ | 출제빈도 ★★★☆☆

04 업세팅 공정 시, 소재의 옆면이 볼록해지는 불완전한 상태를 베럴링 현상이라고 한다. 다음 〈보기〉 중 베럴링 현상을 방지하는 방법으로 옳은 것을 모두 고르면 몇 개인가?

- 열간가공 시 다이(금형)를 예열한다.
- 금형과 제품 접촉면에 윤활유나 열차폐물을 사용한다.
- 초음파로 압축판을 진동시킨다.
- 고온의 소재를 냉각된 금형으로 업세팅한다.

① 1개　② 2개　③ 3개　④ 4개

난이도 ●●●○○ | 출제빈도 ★★★★☆

05 푸아송비와 관련된 설명으로 옳지 않은 것은?

① 납의 푸아송비는 약 0.28이다.
② 고무는 체적 변화가 거의 없는 재료로 푸아송비가 0.5이다.
③ 일반적인 금속의 푸아송비는 약 0.25~0.35이다.
④ 코르크의 푸아송비는 0이다.

난이도 ●●○○○ | 출제빈도 ★★★★☆

06 열과 일에 대한 설명으로 옳지 않은 것은?

① 열과 일은 단위가 J(Joule)로 동일하다.
② 열과 일은 천이현상으로 시스템에서 보유되지 않는다.
③ 열과 일은 계의 상태변화 과정에서 나타날 수 있으며 계의 경계에서 관찰된다.
④ 열과 일은 열역학적 상태량이다.

난이도 ●●●○○ | 출제빈도 ★★★★☆

07 냉각쇠에 대한 설명으로 옳지 않은 것은?

① 주물 두께 차이에 따른 응고속도 차이를 줄이기 위해 사용하며 수축공을 방지할 수 있다.

② 냉각쇠는 주물의 두께가 두꺼운 부분에 설치한다.

③ 냉각쇠는 주물의 응고속도를 증가시킨다.

④ 냉각쇠는 가스배출을 고려하여 주형의 하부보다는 상부에 부착해야 한다.

난이도 ●○○○○ | 출제빈도 ★★★★★

08 다음 중 층류와 난류를 구분해주는 척도인 무차원수는?

① 프루드수 ② 웨버수
③ 레이놀즈수 ④ 누셀트수

난이도 ●○○○○ | 출제빈도 ★★★★★

09 다음 중 무차원수는 무엇인가?

① 비중량 ② 비체적
③ 비중 ④ 밀도

난이도 ●○○○○ | 출제빈도 ★★★★☆

10 다음 〈보기〉에서 설명하는 원소로 옳은 것은?

- 탄소강에 함유되면 강도 및 경도를 증가시킨다.
- 탄소강에 함유되면 용접성을 저하시킨다.
- 인장강도, 연신율, 충격치를 저하시킨다.
- Mn과 결합하여 절삭성을 향상시키며 적열취성의 원인이 된다.

① P ② Si
③ Cu ④ S

난이도 ●○○○○ | 출제빈도 ★★★★☆

11 부력에 대한 설명으로 옳지 않은 것은?

① 부력은 물체가 밀어낸 부피만큼의 액체 무게로 정의된다.

② 어떤 물체가 유체 안에 잠겨있다면 물체가 잠긴 부피만큼의 유체의 무게가 부력과 같다.

③ 부력은 수직상방향의 힘이다.

④ 부력은 파스칼의 원리와 관련이 있다.

난이도 ●●○○○ | 출제빈도 ★★★★☆

12 다음 그림과 같이 길이가 4m, 반경이 100mm인 원형 봉이 있다. 축의 비틀림각 [rad]이 0.03rad이라면, 끝단에서의 토크는 얼마인가? [단, 철에 대해 $G = 80\text{GPa}$, $\pi = 3$]

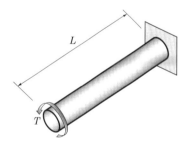

① $5,625\text{N} \cdot \text{m}$ ② $562.5\text{N} \cdot \text{m}$
③ $900\text{N} \cdot \text{m}$ ④ $90,000\text{N} \cdot \text{m}$

난이도 ●●○○○ | 출제빈도 ★★★☆☆

13 회전자에 방사상으로 설치된 홈에 삽입된 베인이 캠링에 내접하여 회전함으로써 유체를 송출하는 펌프는?

① 기어펌프
② 피스톤펌프
③ 나사펌프
④ 베인펌프

14 다음 〈보기〉에서 설명하는 법칙은 무엇인가?

> • 힘과 가속도와 질량의 관계를 나타낸 법칙이다.
> • $F = m\left(\dfrac{dV}{dt}\right)$
> • 검사 체적에 대한 운동량 방정식의 근원이 되는 법칙이다.

① 뉴턴의 제0법칙
② 뉴턴의 제1법칙
③ 뉴턴의 제2법칙
④ 뉴턴의 제3법칙

15 길이 L의 외팔보에 다음 그림과 같이 등분포하중 $\omega[\mathrm{N/m}]$가 작용하고 있다. 이때 외팔보 끝단에서의 처짐량을 A, 처짐각을 B라고 한다면 $\dfrac{A}{B}$는? [단, E: 세로탄성계수, I: 단면 2차 모멘트]

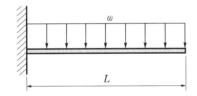

① $\dfrac{3}{4}L$ ② $\dfrac{1}{3}L$

③ $\dfrac{1}{3L}$ ④ $\dfrac{4}{3L}$

16 다음 중 불꽃점화, 점화 스파크를 기반으로 한 사이클은?

① 스털링 사이클   ② 디젤 사이클
③ 오토 사이클   ④ 브레이턴 사이클

17 단면의 폭이 $4\mathrm{mm}$, 높이가 $8\mathrm{mm}$이고, 길이가 $3\mathrm{m}$인 직사각형 외팔보의 자유단에 100N의 집중하중이 작용할 때 보에 생기는 최대굽힘응력[MPa]은 얼마인가?

① 7031.25kPa
② 7031.25MPa
③ 703.125kPa
④ 703.125MPa

18 다음 설명 중 옳지 않은 것은?

① 유체입자가 곡선을 따라 움직일 때 그 곡선이 갖는 법선과 유체입자가 갖는 속도 벡터의 방향을 일치하도록 해석할 때 그 곡선을 유선이라고 말한다.
② 유적선은 주어진 시간 동안 유체입자가 지나간 흔적을 말한다. 유체입자는 항상 유선의 접선방향으로 운동하기 때문에 정상류에서 유적선은 유선과 일치한다.
③ 비압축성, 비점성, 정상류로 유동하는 이상유체가 임의의 어떤 점에서 보유하는 에너지의 총합은 위치에 상관없이 동일한 값을 가진다.
④ 베르누이 방정식은 에너지보존법칙과 관련이 있다.

19 유압장치의 특징이 아닌 것은?

① 오염물질에 민감하다.
② 배관이 까다롭다.
③ 과부하 방지가 용이하다.
④ 에너지 손실이 작다.

난이도 ●●○○○ | 출제빈도 ★★★★☆

20 어떤 기계재료의 응력 상태가 다음 그림과 같을 때 응력 상태를 모어원에 도시한 것으로 옳은 것은?

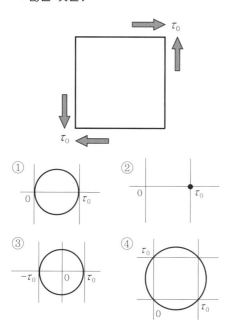

①
②
③
④

난이도 ●○○○○ | 출제빈도 ★★★★☆

21 탄소강에서 탄소함유량이 많아지면 발생하는 현상으로 옳은 것은?

① 경도 증가, 연성 증가
② 경도 증가, 연성 감소
③ 경도 감소, 연성 감소
④ 경도 감소, 연성 증가

난이도 ●●●○○ | 출제빈도 ★★★☆☆

22 다음 중 절삭가공의 특징으로 옳지 않은 것은?

① 재료의 낭비가 심하다.
② 우수한 치수정확도를 얻을 수 있다.
③ 대량생산 시 경제적이다.
④ 평균적으로 가공시간이 길다.

난이도 ●●○○○ | 출제빈도 ★★★☆☆

23 다음 중 연삭가공의 특징으로 옳지 않은 것은?

① 연삭입자는 입도가 클수록 입자의 크기가 작다.
② 연삭속도는 절삭속도보다 빠르며 절삭가공보다 치수효과에 의해 단위체적당 가공에너지가 크다.
③ 연삭점의 온도가 높고 많은 양을 절삭하지 못한다.
④ 연삭입자는 불규칙한 현상을 하고 있으며 평균적으로 양의 경사각을 갖는다.

난이도 ●●●○○ | 출제빈도 ★★★★☆

24 초기온도 150K, 압력 2MPa의 이상기체 2kg이 이상적인 단열과정으로 압력이 1MPa로 변화할 때, 이상기체가 외부에 한 일은 얼마인가? [단, 폴리트로픽 지수 $n = 1.4$, $2^{-\frac{0.4}{1.4}} = 0.6$이고, 정적비열 $Cv = 0.8\,\mathrm{kJ/kg \cdot K}$이다.]

① 48kJ ② 96kJ ③ 192kJ ④ 384kJ

난이도 ●●○○○ | 출제빈도 ★★★★☆

25 랭킨 사이클과 비교한 재생 사이클의 특징으로 옳지 않은 것은?

① 랭킨 사이클보다 열효율이 크다.
② 보일러의 공급열량이 작다.
③ 터빈출구온도를 더 높일 수 있다.
④ 응축기의 방열량이 작다.

난이도 ●●○○○ | 출제빈도 ★★★★☆

26 정압하에서 273°C의 가스 $4\mathrm{m}^3$를 546°C로 가열할 경우 체적$[\mathrm{m}^3]$의 변화는 얼마인가?

① $1\mathrm{m}^3$ ② $2\mathrm{m}^3$ ③ $3\mathrm{m}^3$ ④ $6\mathrm{m}^3$

난이도 ●○○○○ | 출제빈도 ★★★★★

27 어떤 금속 2kg을 20°C부터 T°C까지 가열하는 데 필요한 열량이 250kJ이라면, T[°C]는 얼마인가? [단, 금속의 비열은 2kJ/kg·K이다.]

① 52.5°C　　　　② 62.5°C
③ 72.5°C　　　　④ 82.5°C

난이도 ●○○○○ | 출제빈도 ★★★★★

28 성능계수(COP)는 에어컨, 냉장고, 열펌프 등에서 온도를 낮추거나 올리는 기구의 효율을 나타내는 척도이다. 다음 중 냉동기의 성능계수(ε_r)를 구하는 식으로 옳은 것은? [단, Q_1: 고온체로 방출되는 열량, Q_2: 저온체로부터 흡수한 열량, W: 냉동기에 투입된 기계적인 일]

① $\dfrac{Q_2}{Q_1}$　　　　② $\dfrac{Q_1 - Q_2}{Q_1}$
③ $\dfrac{Q_2}{W}$　　　　④ $\dfrac{Q_1}{W}$

난이도 ●●○○○ | 출제빈도 ★★★★☆

29 길이가 L, 지름이 d인 원형봉 아래에 무게 W인 물체가 매달려 있다. 이때 원형봉에 작용하는 응력 $\sigma = \dfrac{\mathrm{A}\,W}{\pi d^2} + \dfrac{\mathrm{B}\gamma L}{\mathrm{C}}$ 은 다음과 같다. 이때 상수값 A, B, C를 모두 더하면 얼마인가? [단, 원형봉의 자중을 고려한다.]

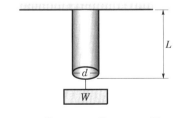

① 4　　② 6　　③ 8　　④ 10

난이도 ●○○○○ | 출제빈도 ★★★★★

30 부피가 3m³인 용기에 투입된 기체의 압력은 500kPa, 온도는 300K이다. 이때 기체의 질량[kg]은? [단, 기체는 이상기체이고, 기체상수 $R = 500$J/kg·K, $Cp = 1.05$kJ/kg·K, $k = 1.3$이다.]

① 5kg　　　　② 10kg
③ 15kg　　　　④ 20kg

난이도 ●●○○○ | 출제빈도 ★★★☆☆

31 유압 작동유의 점도가 너무 높을 경우 발생하는 현상으로 옳지 않은 것은?

① 동력손실 증가로 기계효율이 저하된다.
② 소음이나 공동현상이 발생한다.
③ 내부오일 누설이 증대된다.
④ 내부마찰 증대에 의해 온도가 상승되며 유동저항의 증가로 압력손실이 증대된다.

난이도 ●○○○○ | 출제빈도 ★★★★☆

32 온도가 변해도 탄성률 또는 선팽창계수가 변하지 않는 강을 불변강이라고 한다. 다음 중 Fe-Ni 44~48% 합금으로 열팽창계수가 백금, 유리와 비슷하며 전구의 도입선으로 사용되는 불변강은?

① 엘린바　　　　② 인바
③ 코엘린바　　　　④ 플래티나이트

난이도 ●●○○○ | 출제빈도 ★★★☆☆

33 벤투리미터, 유동노즐, 오리피스의 압력손실 크기 순서를 옳게 표현한 것은?

① 벤투리미터 > 유동노즐 > 오리피스
② 벤투리미터 > 오리피스 > 유동노즐
③ 오리피스 > 유동노즐 > 벤투리미터
④ 오리피스 > 벤투리미터 > 유동노즐

34 질량이 5kg, 반경이 2.5m인 원판이 다음 그림처럼 각속도 12rad/s로 굴러가고 있다. 이때 원판의 중심점 G에서의 속도[m/s]는? [단, 원판은 미끄럼 없이 구름운동을 한다.]

난이도 ●●○○○ | 출제빈도 ★★★☆☆

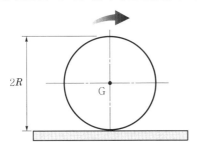

① 12.5m/s ② 30m/s
③ 40m/s   ④ 60m/s

35 다음 〈보기〉에서 설명하는 유압회로의 종류는?

난이도 ●●○○○ | 출제빈도 ★★★☆☆

유량제어밸브를 실린더 출구 쪽에 달아 귀환유의 유량을 제어함으로써 실린더를 제어한다. 따라서 실린더에 항시 배압이 작용하고 있다.

① 미터인회로
② 미터아웃회로
③ 블리드오프회로
④ 진리회로

36 어떤 물체를 초기 속도 50m/s로 수직 상방향으로 던졌을 때 물체가 최고점에 도달했을 때의 높이[m]는? [단, 중력가속도 $g = 10\text{m}/\text{s}^2$]

난이도 ●●○○○ | 출제빈도 ★★★☆☆

① 75m   ② 100m
③ 125m ④ 150m

37 스프링에 달려있는 질량 $m = 0.1\text{kg}$인 물체가 $V = 10\text{m/s}$ 인 직선운동으로 벽에 충돌하여 스프링이 5m만큼 압축되었다. 그렇다면 스프링상수 k값은 얼마인가? [단, 마찰은 무시하며 스프링과 물체의 중심은 같다.]

난이도 ●●○○○ | 출제빈도 ★★★☆☆

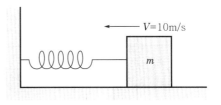

① 0.2N/m   ② 0.4N/m
③ 0.6N/m   ④ 0.8N/m

38 다음 중 γ철에 최대 2.11%C까지 용입되어 있는 고용체는?

난이도 ●○○○○ | 출제빈도 ★★★★☆

① 페라이트   ② 펄라이트
③ 오스테나이트 ④ 레데뷰라이트

39 길이 L의 가늘고 긴 일정한 단면적을 가진 봉이 다음 그림과 같이 핀 지지로 되어 있다. 봉을 수평으로 하여 정지시킨 후 이를 놓으면 중력에 의해 자유롭게 회전할 수 있다. 봉이 수직위치로 되는 순간 봉의 각가속도 $\alpha = \dfrac{\text{A}g}{\text{B}L}$ 로 표현된다. 이때 상수 A와 B를 더한 값은 얼마인가? [단, 모든 마찰은 무시하며 중력가속도는 g이다.]

난이도 ●●●○○ | 출제빈도 ★★☆☆☆

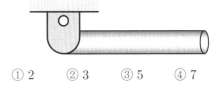

① 2   ② 3   ③ 5   ④ 7

난이도 ●●○○○ | 출제빈도 ★★★☆☆

40 단면적이 A와 $2A$인 U자형 관에 밀도가 d 인 기름이 담겨져 있다. 단면적이 $2A$인 관에 관벽과는 마찰이 없는 물체를 놓았더니 그림과 같이 평형을 이루었다. 이때 이 물체의 질량은 얼마인가?

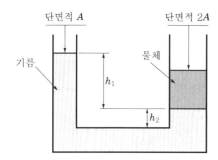

① Ah_1d

② $2Ah_1d$

③ $2Ah_2d$

④ $A(h_1+h_2)d$

05 2019 하반기
한국서부발전 기출문제

[⇨ 정답 및 해설편 p. 67]

난이도 ●●○○○○ | 출제빈도 ★★★★★

01 다음 M.L.T 차원계 해석으로 올바르게 연결되지 않은 것은? [단, M: 질량, T: 시간, L: 길이]

① 힘: MLT^{-2}

② 가속도: LT^{-2}

③ 압력: $ML^{-1}T^{-2}$

④ 점성계수: $ML^{-2}T^{-1}$

난이도 ●○○○○ | 출제빈도 ★★★★☆

02 다음 중 단위환산이 올바르지 않은 것은? [단, 중력가속도 $g = 10\text{m/s}^2$]

① $20\text{m/s} = 7.2\text{km/h}$

② $1,000\text{N} = 10,000\text{kgf}$

③ $20\text{Pa} = 20\text{N/m}^2$

④ $1\text{stoke} = 1\text{cm}^2/\text{s}$

난이도 ●○○○○ | 출제빈도 ★★★☆☆

03 다음 중 운동량에 대한 설명으로 옳지 않은 것은?

① 물체가 빠를수록 운동량은 커진다.

② 두 물체가 같은 속도로 달리고 있을 때, 무거운 물체를 멈추게 하는 데 더 큰 힘을 요구한다.

③ 무거운 물체의 운동량은 항상 가벼운 물체의 운동량보다 크다.

④ 아무리 무거운 물체라도 정지상태일 때의 운동량은 0이다.

난이도 ●●○○○ | 출제빈도 ★★★★☆

04 정지상태일 때 질량 20kg인 물체에 10초 동안 40N의 일정한 힘을 가했을 경우 최종 속도(V)와 이때 10초 동안 움직인 이동거리는 얼마인가?

	최종 속도	이동거리
①	20	100
②	40	100
③	30	880
④	40	880

난이도 ●●○○○ | 출제빈도 ★★★☆☆

05 어떤 물체가 높이 90m에서 자유낙하할 때, 운동에너지와 위치에너지가 같아지는 지점에서 물체의 속도(V)는 얼마인가? [단, 중력가속도 $g = 10\text{m/s}^2$이며, 외부에 마찰력, 공기저항 등 다른 힘이 작용하지 않는다.]

① 10m/s ② 20m/s

③ 30m/s ④ 40m/s

난이도 ●○○○○ | 출제빈도 ★★★☆☆

06 드릴링 작업 중 드릴의 지름을 2배 증가시켰을 때 절삭속도는 몇 배가 되는가?

① 2배   ② 0.5배

③ 4배   ④ 0.25배

난이도 ●●○○○ | 출제빈도 ★★★☆☆

07 다음 〈보기〉에서 설명하는 특수 제조법은 무엇인가?

> • 치수의 정밀도를 보장받을 수 있는 대표적인 주조법이다.
> • 복잡한 형상의 코어 제작에 적합하여 정밀도가 높은 주형을 만들 수 있다.

① 진공 주조법
② 이산화탄소 주조법
③ 인베스트먼트법
④ 다이캐스팅법

난이도 ●●●○○ | 출제빈도 ★★★☆☆

08 다음 중 전단각에 대한 설명으로 옳지 않은 것은?

① 전단각이 클수록 절삭력이 감소한다.
② 전단각이 작아질수록 가공면의 치수정밀도는 좋아진다.
③ 칩 두께가 커질수록 공구와 칩 사이의 마찰이 커져 전단각이 작아진다.
④ 경사각이 감소하면 전단각이 감소하고 전단변형률이 증가한다.

난이도 ●●○○○ | 출제빈도 ★★★★☆

09 다음 중 질화법에 대한 설명으로 옳지 않은 것은?

① 질화층이 단단하고 두껍다.
② 마모와 부식 저항이 크다.
③ 변형 생성이 적다.
④ 침탄 후 담금질 처리가 필요 없다.

난이도 ●○○○○ | 출제빈도 ★★★★★

10 다음 중 구성인선 방지법으로 옳지 않은 것은?

① 절삭깊이를 깊게 한다.
② 절삭속도를 크게 한다.
③ 절삭공구의 인선을 예리하게 한다.
④ 윤활성이 좋은 절삭유를 사용한다.

난이도 ●●○○○ | 출제빈도 ★★★☆☆

11 밀링의 부속장치 중 수평 및 수직면에서 임의의 각도로 선회시킬 수 있는 부속장치는?

① 수직밀링장치　　② 슬로팅장치
③ 만능밀링장치　　④ 레크밀링장치

난이도 ●●○○○ | 출제빈도 ★★★☆☆

12 가스용접에서 용제를 사용하는 이유로 옳은 것은?

① 용접 중 불순물이 용접부에 침입하는 것을 막기 위해서
② 침탄작용을 촉진하기 위해서
③ 용착효율을 높이기 위해서
④ 용융금속의 과냉을 방지하기 위해서

난이도 ●●●●○ | 출제빈도 ★★☆☆☆

13 다음 자유도와 관련된 설명으로 옳지 않은 것은?

① 자유도란 물리계의 모든 상태(위치 등)를 완전히 기술하기 위한 독립좌표들의 최소수이다.
② 회전할 수 있는 방향의 개수와 물체가 이동하는 방향의 개수를 합한 값이다.
③ 2차원 평면운동에서 질점의 자유도는 3이고, 강체의 자유도는 2이다.
④ 3차원 공간에서 질점의 자유도는 3이고, 강체의 자유도는 6이다.

14 짧은 시간 동안 상대적으로 운동하는 두 물체 또는 입자가 근접 또는 접촉해서 강한 상호작용을 하는 경우를 충돌현상이라고 한다. 충돌현상에 대한 설명으로 옳지 않은 것은?

① 뉴턴 운동방정식에 의하면 충격량과 운동변화량은 같으며, 단위는 $kg \cdot m/s$ 이다.
② 외부에서 힘이 가해지지 않을 때 두 물체가 서로 힘을 주고받을 경우 힘을 받기 전의 운동량과 후의 운동량은 항상 같다.
③ 두 물체가 충돌하여 되튀어 나가는 정도를 나타내는 수치로 충돌 전후의 상대속도의 비로 주어지는 것을 반발계수라 한다.
④ 불완전한 탄성충돌일 경우 충돌 전후의 운동에너지는 보존되고 운동량은 보존되지 않는다.

15 단순조화운동에서 각속도를 2배 높였을 경우 나타나는 현상은?

① 각진동수 변화가 없다.
② 주기가 0.5배 낮아진다.
③ 진동수가 0.5배 낮아진다.
④ 원진동수 변화가 없다.

16 감쇠자유운동에서 진동이 발생하지 않을 경우의 감쇠비 조건은? [단, 감쇠비를 ζ라 한다.]

① $\zeta = 0$ ② $\zeta \geq 1$
③ $\zeta \leq 1$ ④ $\zeta = 1$

17 다음 그림과 같이 스프링에 달려있는 질량 $m = 0.1kg$인 물체가 속도 $V = 10m/s$인 직선운동을 하여 벽과 충돌하였다. 이때의 최대처짐량(δ)은 몇 m 인가? [단, 마찰은 무시하며 스프링과 물체의 중심은 같고, 스프링상수 $k = 0.4$이다.]

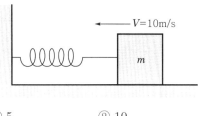

① 5 ② 10
③ 15 ④ 20

18 감쇠를 무시할 수 있을 때 전달률은 1이다. 이때의 진동수비는 몇인가?

① $\gamma = \sqrt{2}$ ② $r > \sqrt{2}$
③ $r < \sqrt{2}$ ④ $r = 1$

19 다음 열역학 법칙에 대한 설명으로 옳지 않는 것은?

① 에너지 보존법칙을 나타낸 것은 열역학 제1법칙이다.
② 정량성 상태량의 종류에는 체적, 온도, 압력, 밀도 등이 있다.
③ 전기에너지를 무시한 상태에서 운동에너지와 위치에너지를 고려하지 않을 때 총에너지의 합은 내부에너지이다.
④ 열과 일은 편미분이 되며 경로함수이다.

상태량에 대한 설명으로 옳지 않은 것은?

관련
문제

① 강도성 상태량은 물질의 질량과 관계가 없다.

② 강도성 상태량에는 온도, 압력, 체적 등이 있다.

③ 종량성 상태량에는 내부에너지, 엔탈피, 엔트로피 등이 있다.

④ 종량성 상태량은 어떤 계를 n등분하면 그 크기도 n등분만큼 줄어드는 상태량이다.

난이도 ●●○○○ | 출제빈도 ★★★★☆

20 다음 중 운전 중에도 축이음을 차단시킬 수 있는 동력전달장치는?

① 마찰클러치   ② 자재이음

③ 올덤커플링   ④ 유니버설커플링

난이도 ●○○○○ | 출제빈도 ★★★☆☆

21 다음 그림은 이상기체를 등온선에 따라 상태변화하는 과정이다. 이때 압력과 체적의 관계는 어떻게 되는가?

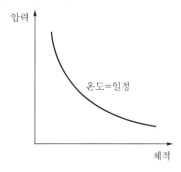

① (압력)/(체적) = 일정

② (압력)×(체적) = 일정

③ (체적)×(압력)^2 = 일정

④ (체적)/(압력)^2 = 일정

난이도 ●●○○○ | 출제빈도 ★★★★☆

22 키에 작용하는 두 응력 전단응력(τ_k)과 압축응력(σ_k)의 힘이 관계가 $\dfrac{\tau_k}{\sigma_k}=\dfrac{1}{2}$일 경우, h와 b의 관계는?

① $h = 0.5b$ ② $h = b$

③ $h = 2b$ ④ $h = 4b$

난이도 ●●●○○ | 출제빈도 ★★★☆☆

23 스퍼기어에 대한 각부 명칭에 대한 설명으로 옳지 않은 것은?

① 이끝틈새: 한편의 기어의 이끝원에서 그것과 맞물리고 있는 기어의 이뿌리원까지의 거리

② 이끝높이: 피치원에서 이끝원까지의 거리

③ 이뿌리높이: 피치원에서 이끝원까지의 거리

④ 유효 이높이: 한 쌍의 기어의 이끝 높이의 합

난이도 ●●○○○ | 출제빈도 ★★★☆☆

24 다음 그림은 어떤 물질의 비열이 온도에 따라 측정된 값을 표현한 것이다. 그림에서 나타난 면적은 무엇을 의미하는가? [단, G: 물질의 질량, Q: 열량]

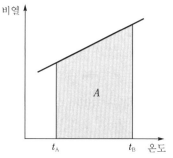

① $\dfrac{Q}{G}$ ② QG ③ $\dfrac{G}{Q}$ ④ $\dfrac{Q}{2G}$

난이도 ●●○○○ | 출제빈도 ★★☆☆

25 다음 중 공기압 장치에서 냉각기의 역할로 옳은 것은?

① 수분 제거
② 압축공기 저장
③ 압축공기 건조
④ 공기 압축

난이도 ●●○○○ | 출제빈도 ★★★☆

26 탄성곡선의 미분방정식인 처짐곡선의 방정식을 이용하여 구할 수 있는 것은?

① 처짐각, 굽힘 강성계수
② 처짐각, 처짐량
③ 처짐량, 굽힘 강성계수
④ 굽힘 강성계수, 단위길이당 하중의 세기

난이도 ●●●○○ | 출제빈도 ★★☆☆

27 다음 중 상사의 법칙의 종류로 옳지 않은 것은?

① 기하학적 상사
② 운동학적 상사
③ 역학적 상사
④ 위치적 상사

난이도 ●●○○○ | 출제빈도 ★★★☆

28 다음 〈보기〉에서 설명하는 마찰차는 무엇인가?

마찰차에서 큰 동력을 전달하기 위해서는 마찰계수가 크거나 미는 힘이 커야 한다. 하지만 미는 힘이 너무 크면 베어링에 가해지는 힘이 커져 베어링에 큰 무리를 줄 수 있다. 이를 방지하고자 더 큰 동력 전달을 하는 마찰차를 사용하는 데 개량한 마찰차는 무엇인가?

① 에반스마찰차
② 원판마찰차
③ 구면마찰차
④ 홈마찰차

난이도 ●○○○○ | 출제빈도 ★★★★

29 다음 중 카르노 사이클 열기관의 열효율에 대한 설명으로 옳지 않은 것은?

① 카르노 사이클은 열기관의 이상 사이클로 가장 큰 열효율을 갖는다.
② 동일한 두 열저장조 사이에서 작동하는 용량이 다른 두 카르노 사이클의 열효율은 서로 다르다.
③ 고온 열저장조의 온도가 높을수록 열효율은 높아진다.
④ 저온 열저장조의 온도가 높을수록 열효율은 낮아진다.

난이도 ●○○○○ | 출제빈도 ★★★★

30 단면이 꽉 찬 중실축에 비틀림이 작용하고 있다. 이때 전단응력을 구하기 위해 필요한 단면의 성질은 무엇인가?

① 단면 1차 모멘트
② 극단면계수
③ 단면 2차 모멘트
④ 단면계수

난이도 ●●○○○ | 출제빈도 ★★★★

31 다음 중 볼나사의 장점으로 옳지 않은 것은?

① 토크의 변동이 적고 고속에서도 조용하다.
② 미끄럼 나사보다 전달효율이 크고 공작기계의 이송나사, NC기계의 수치제어 장치에 사용한다.
③ 피치를 작게 하는 데 한계가 있다.
④ 마찰이 작아 정확하고 미세한 이송이 가능하다.

난이도 ●●○○○○ | 출제빈도 ★★★★☆

32 다음 조직 중 경도가 가장 높은 조직과 가장 낮은 조직을 순서대로 옳게 나열한 것은?

ㄱ. 오스테나이트	ㄴ. 펄라이트
ㄷ. 페라이트	ㄹ. 시멘타이트
ㅁ. 소르바이트	ㅂ. 마텐자이트
ㅅ. 트루스타이트	ㅇ. 베이나이트

① ㄱ, ㄴ　　　　② ㄱ, ㄷ
③ ㄹ, ㄴ　　　　④ ㄹ, ㄷ

난이도 ●○○○○ | 출제빈도 ★★★★★

33 카르노 사이클에서 고열원에서 100J의 열을 흡수하고 저열원에서 70J의 열을 방출할 때, 이 카르노 사이클의 열효율은?

① 30%　② 35%　③ 40%　④ 45%

난이도 ●●●○○ | 출제빈도 ★★★☆☆

34 유압펌프의 각종 효율에 대한 설명 중 옳지 않은 것은?

① 전효율은 축동력을 펌프 동력으로 나눈 값이다.
② 기계효율은 유체동력을 축동력으로 나눈 값이다.
③ 용적효율은 실제 펌프 토출량을 이론 펌프 토출량으로 나눈 값이다.
④ 전효율은 용적효율, 기계효율, 수력효율의 곱으로 표현된다.

난이도 ●○○○○ | 출제빈도 ★★★★★

35 다음 기체상수가 $3J/kg \cdot K$일 때, 정압비열과 정적비열의 차는 무엇인가?

① $1J/kg \cdot K$　　② $2J/kg \cdot K$
③ $3J/kg \cdot K$　　④ $4J/kg \cdot K$

난이도 ●●○○○ | 출제빈도 ★★★★★

36 다음 중 하겐-푸아죄유 방정식에 대한 설명으로 옳지 않은 것은 무엇인가?

① 층류유동에서만 사용할 수 있는 유량관계식이다.
② 점성으로 인한 압력손실은 점성계수, 관의 길이, 유량에 반비례한다.
③ 점성으로 인한 압력손실은 관지름의 4제곱에 반비례한다.
④ 하겐-푸아죄유 방정식은 원형단면에서만 적용된다.

난이도 ●●○○○ | 출제빈도 ★★★★★

37 평균속도 $30m/s$로 원통 관에 $0°C$의 물이 흐르고 있다. 이 흐름의 레이놀즈수는 1,000이다. 이때 $0°C$의 물은 지름이 몇 cm인 원통 관에서 흐르고 있는가? [단, $0°C$ 물의 동점성계수 $= 9 \times 10^{-4} m^2/s$]

① 0.03　② 3　　③ 0.01　④ 1

난이도 ●○○○○ | 출제빈도 ★★★★★

38 이상기체의 질량 $m = 5kg$이며 압력 $p = 5N/m^2$이고 온도 $T = 400K$이다. 이때의 가스상수[$J/kg \cdot K$]는 얼마인가? [단, 부피 $V = 4m^3$]

① 0.1　② 0.2　③ 0.01　④ 0.02

난이도 ●●○○○ | 출제빈도 ★★★★☆

39 길이 $l = 100cm$인 원통에 압축하중 $P = 10kN$이 작용하여 지름이 $0.0002cm$만큼 증가하고 길이가 $0.01cm$만큼 줄어들었을 때, 압축하중이 작용하기 전의 지름 d는 몇 cm인가? [단, 푸아송비는 0.2이다.]

① 7cm　② 8cm　③ 9cm　④ 10cm

40

난이도 ●○○○○ | 출제빈도 ★★★☆☆

다음 〈보기〉에서 설명하는 밸브는 무엇인가?

> 주 회로의 압력을 일정하게 유지하면서 조작의 순서를 제어할 때 사용하며 작동이 행해지는 동안 먼저 작동한 유압 실린더를 설정압으로 유지시킬 수 있는 압력제어밸브

① 시퀀스밸브
② 무부하밸브
③ 카운터밸런스밸브
④ 감압밸브

41

난이도 ●●○○○ | 출제빈도 ★★★★☆

다음 〈보기〉 중 항온열처리의 종류는 몇 개인가?

> 오스포밍,　　오스템퍼링,　　마퀜칭,
> 마템퍼링,　　Ms 퀜칭,　　마래징

① 3개　　　　　② 4개
③ 5개　　　　　④ 6개

42

난이도 ●●○○○ | 출제빈도 ★★★★☆

다음 중 응력집중현상에 대한 설명으로 옳지 않은 것은?

① 응력집중을 완화시키기 위해서는 단면이 진 부분에 필릿의 반지름을 작게 한다.
② 재료에 '노치, 구멍' 등을 가공하여 단면 현상이 변화하면 그 부분에서의 응력이 불규칙해 국부적으로 매우 증가하게 되어 응력집중현상이 일어난다.
③ 체결 수를 증가시키고 경사(테이퍼)지게 하면 응력집중현상은 완화된다.
④ 응력집중계수는 재료의 크기나 재질에 관계없이 노치의 형상과 작용하는 하중의 종류에 따라 달라진다.

43

난이도 ●○○○○ | 출제빈도 ★★★★☆

다음 원소 중 탄소강에 가장 많은 영향을 미치는 원소는?

① C　　　② Mn　　　③ S　　　④ Si

44

난이도 ●●○○○ | 출제빈도 ★★★★☆

다음 중 탄소강에 함유된 5대 원소들의 특징으로 옳지 않은 것은?

① 탄소강에 인을 첨가하면 결정립이 조대화되고 연신율과 충격값을 감소시킨다.
② 탄소강에 망간을 첨가하면 연신율 감소를 억제시킨다.
③ 탄소강에 규소를 첨가하면 결정립을 미세화시킨다.
④ 탄소강에 황을 첨가하면 절삭성을 좋게 하나 유동성을 저해시킨다.

45

난이도 ●●○○○ | 출제빈도 ★★★☆☆

탄성과 소성 영역의 경계를 나누는 기준점은?

① 항복점　　　　② 비례한도
③ 탄성한도　　　④ 사용응력

46

난이도 ●○○○○ | 출제빈도 ★★★★☆

다음 〈보기〉의 슈테판-볼츠만 법칙에 대한 설명에서 (　) 안에 들어갈 말은 무엇인가?

> 슈테판-볼츠만의 법칙에 따르면 복사체에서 발산되는 복사에너지 $E_b[\mathrm{kJ/m^2 \cdot hr}]$는 복사체 (　)의 4제곱에 비례한다.

① 흡수열　　　　② 방사열
③ 절대온도　　　④ 투과율

47 다음 〈보기〉에서 설명하는 현상에 해당되는 법칙은?

난이도 ●○○○○ | 출제빈도 ★★★★☆

> 호스로 물을 뿌리고 있는 상태에서 호스 끝을 엄지손가락으로 눌러 끝단의 면적을 줄이면 물은 더 빠르고 멀리 분출된다.

① 뉴턴의 점성법칙 ② 베르누이 방정식
③ 오일러 방정식 ④ 연속방정식

48 다음 중 밀도에 대한 설명으로 옳지 않은 것은?

난이도 ●●○○○ | 출제빈도 ★★★★☆

① 밀도는 질량을 체적으로 나눈 것이다.
② 액체의 밀도는 기체의 밀도보다 크다.
③ 일정한 온도에서 압력은 밀도에 반비례한다.
④ 일정한 압력에서 온도는 밀도에 반비례한다.

49 다음 중 종량성 상태량의 종류로 옳지 않은 것은?

난이도 ●○○○○ | 출제빈도 ★★★★★

① 내부에너지 ② 엔트로피
③ 비체적 ④ 체적

50 누셀트수는 대류열전달과 전도열전달의 비를 나타내는 무차원수이다. 그렇다면 누셀트수는 어떤 무차원수의 곱으로 표현될 수 있는가?

난이도 ●●●●○ | 출제빈도 ★★★☆☆

① 레이놀즈수 × 프란틀수
② 레이놀즈수 × 비오트수
③ 그라쇼프수 × 비오트수
④ 비오트수 × 프란틀수

51 다음 그림과 같은 응력−변형률 선도의 기울기 중 구조물 재료에 가장 적합한 것은?

난이도 ●●○○○ | 출제빈도 ★★★☆☆

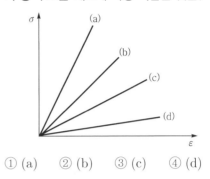

① (a) ② (b) ③ (c) ④ (d)

52 다음 그림과 같이 외팔보에 수직하중이 작용하고 있다. 임의의 위치에서 보를 수직으로 잘랐을 때, 잘라진 단면에서 발생하는 것은?

난이도 ●○○○○ | 출제빈도 ★★★☆☆

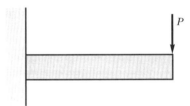

① 전단력, 굽힘모멘트
② 처짐각, 처짐량
③ 전단력, 처짐각
④ 비틀림모멘트, 굽힘모멘트

53 정육면체의 각 면에 x, y, z축에 대하여 각각 P_x, P_y, P_z의 인장하중을 받을 때, 체적변형률(ε_v)은 종변형률(ε)의 몇 배인가? [단, $P_x = P_y = P_z$]

난이도 ●○○○○ | 출제빈도 ★★★☆☆

① $\dfrac{1}{3}$배 ② $\dfrac{1}{2}$배
③ 2배 ④ 3배

54 난이도 ●○○○○ | 출제빈도 ★★★☆☆

다음은 폴리트로픽 변화를 T−S 선도로 나타낸 것이다. 폴리트로픽 지수를 n이라고 할 때, $1 \to 2$로의 변화를 보이려면 폴리트로픽 지수(n)는? [단, k: 비열비]

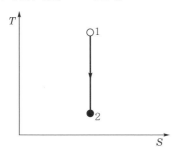

① $n = 0$ ② $n = 1$

③ $n = \infty$ ④ $n = k$

55 난이도 ●○○○○ | 출제빈도 ★★★★★

가역이상 사이클로서 열기관에서 효율이 최대를 나타내는 카르노 사이클에서 180kJ의 열을 공급하여 126kJ을 방열하였다면, 이 카르노 사이클의 열효율은?

① 10% ② 30%

③ 50% ④ 70%

56 난이도 ●○○○○ | 출제빈도 ★★★★★

평면응력 상태에서 x축 방향의 응력(σ_x)이 10kPa이고, y축 방향의 응력(σ_y)이 2kPa일 때, 전단응력(τ_{xy}) 3kPa이 작용하였다. 이 재료의 최대주응력($\sigma_{n \cdot \max}$)은? [단, 경사각 $\theta = 0°$]

① 7 ② 9

③ 11 ④ 13

57 난이도 ●●○○○ | 출제빈도 ★★★☆☆

다음 그림처럼 물체 A와 물체 B 사이에 물체 C가 있을 때, 물체 A와 물체 B 사이의 열전달량을 줄일 수 있는 방법으로 옳지 않은 것은? [단, $T_A > T_B$]

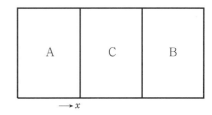

① 물체 A에 닿는 물체 C의 면적은 줄이고 물체 B에 닿는 물체 C의 면적은 늘린다.
② 물체 C의 길이 x를 늘린다.
③ 물체 C의 열전달계수를 작게 한다.
④ 물체 A와 물체 B의 온도 차이를 줄인다.

58 난이도 ●○○○○ | 출제빈도 ★★★★☆

다음 중 브레이튼 사이클에 대한 설명으로 옳지 않은 것은?

① 가스터빈의 이상 사이클이다.
② 2개의 정압과 2개의 등온과정을 가진다.
③ 정압하에서 연소되는 사이클로 정압연소 사이클이라고 불린다.
④ 열효율은 압력비만의 함수로, 압력비가 증가할수록 열효율은 증가한다.

59 난이도 ●●○○○ | 출제빈도 ★★★☆☆

다음 중 구조가 복잡하고 고가이며, 유압펌프 중에 신뢰성과 수명이 가장 우수한 펌프는?

① 베인펌프   ② 피스톤펌프

③ 나사펌프   ④ 기어펌프

난이도 ●●○○○ | 출제빈도 ★★★★☆

60 다음과 같이 자유흐름속도로 흐르던 유체가 A지점에서 층류흐름으로 10cm의 경계층을 형성하였다면, 같은 흐름 상태에서 B지점에 도달하였을 때의 경계층의 두께는? [단, 이 유체의 흐름에 다른 외력은 없으며 마찰에 의한 손실은 고려하지 않는다.]

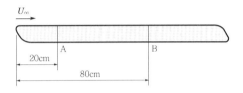

① 10cm
② 20cm
③ 30cm
④ 40cm

난이도 ●●○○○ | 출제빈도 ★★★★☆

61 다음 중 표준대기압 상태에서 포화수의 비엔탈피(h')가 100kJ/kg, 건포화증기의 비엔탈피(h'')가 600kJ/kg이다. 이때의 건도가 0.4라면, 습증기의 비엔탈피는 몇 kJ/kg인가?

① 300   ② 350
③ 400   ④ 450

난이도 ●○○○○ | 출제빈도 ★★★☆☆

62 베어링 압력이 3MPa이고 저널의 지름이 10cm, 저널의 길이가 20cm라면 베어링에 작용하는 하중 P는 얼마인가?

① 60N   ② 150N
③ 60kN   ④ 150kN

난이도 ●●●○○ | 출제빈도 ★★★☆☆

63 다음 그림과 같이 도심이 C인 평면체가 $\frac{2}{3}$cm 깊이에 잠겨있다. 이때 평면체에 유체의 전압력 F가 작용한다면 이 전압력이 작용하는 작용점은 도심으로부터 얼마나 떨어져 있는가?

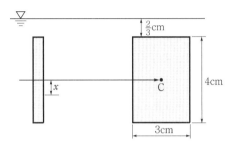

① 0.1cm   ② 0.3cm
③ 0.5cm   ④ 1.0cm

난이도 ●●○○○ | 출제빈도 ★★★☆☆

64 질량이 5kg, 반경이 3m인 원판이 다음 그림처럼 오른쪽으로 각속도 12rad/s으로 굴러가고 있다. 이때 A점에서의 속도를 V_A, B점에서의 속도를 V_B라고 할 때 $\frac{V_A}{V_B}$는 얼마인가? [단, 원판은 미끄럼 없이 구름운동을 한다.]

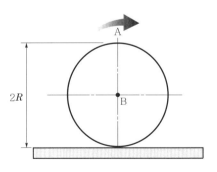

① 1   ② 0.5
③ 2   ④ 4

65 난이도 ●●○○○○ | 출제빈도 ★★★★☆

다음 수평원관에서의 층류유동에 대한 설명으로 옳지 않은 것은?

① 속도의 분포는 관 벽에서 0이며, 관 중심에서 최대로 포물선 형태를 띤다.
② 전단응력의 분포는 관 벽에서 최대이며, 관 중심에서 0으로 선형적인 변화를 띤다.
③ 수평원관에서의 최대유속은 평균유속의 1.5배이다.
④ 수평원관에서의 전단응력은 관의 길이에 반비례하며, 직경에 비례한다.

66 난이도 ●●○○○○ | 출제빈도 ★★★☆☆

다음 그림처럼 열이 단면적이 100m^2인 벽을 통해 1점에서 2점으로 이동한다. 그리고 1점에서 2점까지 이동하는 데 걸린 시간이 5초라면 열플럭스는 얼마인가? [단, 1점에서 2점까지 이동한 열량은 200J이다.]

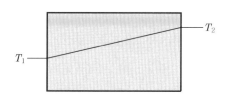

① 0.1W/m^2 ② 0.2W/m^2
③ 0.3W/m^2 ④ 0.4W/m^2

67 난이도 ●●●○○○ | 출제빈도 ★★☆☆☆

공기압 실린더의 출력을 증가시키는 방법으로 옳은 것은?

① 실린더의 지름을 증가시킨다.
② 실린더의 지름을 감소시킨다.
③ 실린더의 사용 압력을 줄인다.
④ 실린더의 출력은 정해진 값으로 변화시킬 수 없다.

68 난이도 ●●●○○ | 출제빈도 ★★☆☆☆

펌프와 관련된 설명으로 옳지 않은 것은?

① 실양정은 배관의 마찰손실, 곡관부, 와류, 증기압 등을 고려하지 않은 양정이다.
② 흡입양정은 흡입 측 액면으로부터 펌프 중간까지의 높이이다.
③ 토출양정은 펌프 송출구에서부터 높은 곳에 위치한 수조의 수면까지 이르는 높이이다.
④ 전양정은 펌프를 중심으로 가능한 한 가까운 위치에 흡입관 측에 진공계기, 송출관 측에 압력계기를 부착하여 각 계기의 결과값으로 결정된 양정값이다.

69 난이도 ●○○○○ | 출제빈도 ★★★★☆

이상기체의 가역과정에서 등온과정의 전열량(Q)은?

① 무한대이다.
② 0이다.
③ 비유동과정의 일과 같다.
④ 엔트로피 변화와 같다.

70 난이도 ●●○○○○ | 출제빈도 ★★★☆☆

다음 그림처럼 볼트 아래에 하중 P가 작용한다. 이때 볼트 내부에 주로 발생하는 응력은?

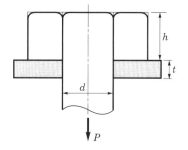

① 좌굴응력   ② 압축응력
③ 전단응력   ④ 굽힘응력

06
2020 상반기
한국전력공사 기출문제

[⇨ 정답 및 해설편 p. 92]

난이도 ●○○○○ | 출제빈도 ★★★★★

01 레이놀즈수에 대한 설명으로 옳은 것은?

① 실체유체와 이상유체를 구별하여 주는 척도가 된다.

② 정상류와 비정상류를 구별하여 주는 척도가 된다.

③ 층류와 난류를 구별하여 주는 척도가 된다.

④ 등류와 비등류를 구별하여 주는 척도가 된다.

난이도 ●○○○○ | 출제빈도 ★★★★☆

02 오일러의 좌굴응력에 대한 설명으로 틀린 것은?

① 단면의 회전반경의 제곱에 비례한다.

② 길이의 제곱에 반비례한다.

③ 세장비의 제곱에 비례한다.

④ 탄성계수에 비례한다.

난이도 ●○○○○ | 출제빈도 ★★★★★

03 베르누이 방정식의 기본 가정으로 옳지 않은 것은?

① 비점성이어야 한다.

② 정상류이어야 한다.

③ 유체입자는 유선을 따라 움직여야 한다.

④ 압축성이다.

난이도 ●○○○○ | 출제빈도 ★★★☆☆

04 클라우지우스 적분값으로 옳은 것은? [단, 비가역 과정일 때]

① $\oint \dfrac{\delta Q}{T} < 0$ ② $\oint \dfrac{\delta Q}{T} > 0$

③ $\oint \dfrac{\delta Q}{T} = 0$ ④ $\oint \dfrac{\delta Q}{T} \leq 0$

난이도 ●○○○○ | 출제빈도 ★★★★☆

05 이상기체의 폴리트로프 변화에 대한 식은 $PV^n = C$이다. 등온과정의 경우에 n의 값은?

① 0   ② 무한대

③ k ④ 1

난이도 ●○○○○ | 출제빈도 ★★★★★

06 열역학법칙과 관련된 설명으로 옳지 않은 것은?

① 열역학 제2법칙은 에너지의 방향성을 나타낸다.

② 열역학 제1법칙은 에너지보존의 법칙과 관련이 있다.

③ 열역학 제2법칙에 따르면 열효율이 100%인 기관은 존재할 수 있다.

④ 열역학 제1법칙에 따르면 제1종 영구기관은 존재할 수 없다.

---

07 푸아송비가 0.25, 종탄성계수가 200GPa이다. 그렇다면 횡탄성계수는 얼마인가?

① 80GPa   ② 160GPa

③ 250GPa   ④ 500GPa

08 방향제어밸브의 종류로 옳은 것은?

① 릴리프밸브   ② 카운터밸런스밸브

③ 무부하밸브   ④ 역지밸브

09 다음 중 강도성 상태량의 종류로 옳지 않은 것은?

① 압력   ② 온도

③ 비체적   ④ 체적

10 금속에 대한 설명으로 옳지 않은 것은?

① 수은을 제외하고 대부분 금속은 상온에서 고체이다.

② 이온화시키면 음이온(−)화 된다.

③ 전연성이 매우 우수하며 열과 전기의 양도체이다.

④ 비중이 5 이상인 금속은 중금속에 속한다.

11 완전비탄성충돌(완전소성충돌)에 대한 설명으로 옳지 않은 것은?

① 충돌 후에 반발되는 것이 전혀 없이 한 덩어리가 되어 충돌 후 두 질점의 속도는 같다.

② 충돌 후 한 덩어리가 되기 때문에 반발계수는 0이다.

③ 운동에너지가 보존된다.

④ 전체 운동량이 보존된다.

12 금속의 표면에 작은 강구를 고속으로 분사시켜 압축잔류응력을 발생시켜 피로한도와 피로수명을 증가시키는 표면경화법은?

① 하드페이싱   ② 침탄법

③ 청화법   ④ 숏피닝

13 응력−변형률 선도와 관련된 설명으로 옳지 않은 것은?

① 재료가 견딜 수 있는 최대응력을 극한강도라고 한다.

② 훅의 법칙은 비례한도 내에서 응력과 변형률이 서로 비례하지 않는다는 것을 나타내는 법칙이다.

③ 응력은 외력 작용 시에 변형에 저항하기 위해 발생하는 내력을 단면적으로 나눈 값이다.

④ 푸아송비는 세로변형률에 대한 가로변형률의 비이다.

14 어떤 부재에 비틀림모멘트 T가 작용하고 있을 때 그 부재의 지름을 결정하기 위해 필요한 단면 성질은?

① 단면계수   ② 극단면계수

③ 굽힘모멘트   ④ 비중

15 비중을 측정하는 방법으로 옳지 않은 것은?

① 피크노미터를 사용하는 방법

② 피에조미터를 사용하는 방법

③ U자관을 사용하는 방법

④ 아르키메데스의 원리를 사용하는 방법

07 2020 하반기 한국중부발전 기출문제

[⇨ 정답 및 해설편 p. 98]

난이도 ●○○○○ | 출제빈도 ★★★★☆

01 다음 그림은 비례한도 내에서의 응력(stress)-변형률(strain) 선도를 나타낸 것이다. 탄성계수 E가 $200\mathrm{GPa}$일 때, A는 얼마인가?

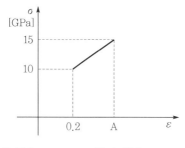

① 0.225　　② 0.250

③ 0.350　　④ 0.425

난이도 ●●○○○ | 출제빈도 ★★★★☆

02 다음 중 응력집중(stress concentration)과 관련된 설명으로 옳지 않은 것은?

① 응력집중이란 단면이 불균일하여 응력이 순간적으로 분산되는 것을 말한다.

② 반복하중으로 인해 노치부분에 응력이 집중되면 피로한도가 감소하여 재료가 파괴되기 쉬운 성질을 갖게 된다.

③ 응력집중계수는 단면부의 평균응력에 대한 노치부의 최대응력의 값으로 정의된다.

④ 탄성영역에서만 그 의미를 갖는 응력집중계수(형상계수)는 재료의 크기, 형상 및 작용하는 하중의 종류에 따라 그 값이 변한다.

난이도 ●●●●○ | 출제빈도 ★★☆☆☆

03 다음 그림 (a)처럼 길이가 L인 정육면체 부재에 인장하중 P가 작용하고 있다. 그림 (b)는 인장하중 P를 받고 있는 부재가 δ만큼 변형되었을 때의 세로 방향 수직단면도를 나타낸 것이다. 부재의 세로변형률은 ε이며 A는 변형 전의 단면적, A_1는 변형 후의 단면적이다. 주어진 조건하에서 단면적의 비(A_1/A)를 푸아송비 μ가 포함된 식으로 옳게 표현한 것은?

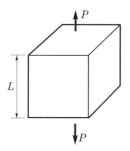

(a) 인장하중 P를 받고 있는 정육면체 부재

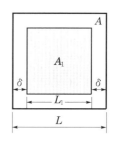

(b) 세로 방향 수직단면도

① $1 + \mu\varepsilon$

② $1 - \mu\varepsilon$

③ $(1 - \mu\varepsilon)^2$

④ $(1 + \mu\varepsilon)^2$

04 $\sigma_x = 10\mathrm{MPa}$, $\sigma_y = 2\mathrm{MPa}$, $\tau_{xy} = 3\mathrm{MPa}$의 조합응력상태에 있는 미소응력요소에서 발생할 수 있는 최대전단응력의 크기[MPa]는 얼마인가?

① 1　　② 5　　③ 6　　④ 11

05 탄성계수가 $100\mathrm{GPa}$, 굽힘강성계수가 $800 \times 10^9\mathrm{N \cdot m^2}$인 기둥이 있다. 이 기둥의 단면적이 $2\mathrm{m^2}$이고 길이가 $5\mathrm{m}$일 때, 이 기둥의 세장비는 얼마인가?

① 1.5　　　　② 2.0
③ 2.5　　　　④ 3.0

06 길이가 L인 단순보의 중앙에 집중하중 P가 작용할 때 발생하는 최대처짐량에 대한 설명으로 옳지 않은 것은?

① 굽힘강성계수에 비례한다.
② 단면 2차 모멘트에 반비례한다.
③ 집중하중 P에 비례한다.
④ 보의 길이 L의 3승에 비례한다.

07 회전축을 중심으로 회전하는 원이 있다. 이 원의 반지름을 0.5배로, 각속도를 2배로 하면 원의 원주 표면의 임의의 한 점의 선속도는 어떻게 변하는가?

① 0.5배가 된다.
② 2배가 된다.
③ 변함이 없다.
④ 4배가 된다.

08 다음 그림은 회전력 P가 작용하고 있는 축의 단면이다. 회전력 P에 의해 발생하는 비틀림모멘트(T)는 $500\mathrm{N \cdot m}$이며 최대비틀림응력이 $100\mathrm{Pa}$이다. 이때 축의 극관성모멘트가 $4\mathrm{m^4}$이라고 가정할 경우, 축의 반경(R)은 얼마인가?

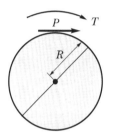

① 0.2m　　　　② 0.4m
③ 0.6m　　　　④ 0.8m

09 스프링상수가 $25\mathrm{N/m}$, 질량이 $100\mathrm{kg}$이고 감쇠비가 0.4일 때, 감쇠계수는 몇 $\mathrm{N \cdot s/m}$인가?

① 20　　　　② 40
③ 60　　　　④ 80

10 물체가 스프링에 수직으로 매달려서 $200\mathrm{Hz}$의 진동수로 조화운동을 한다. 이때 최대속도가 $6\mathrm{m/s}$일 때, 조화운동의 진폭은 몇 mm인가? [단, π는 3으로 계산한다.]

① 0.005　　　② 5
③ 0.01　　　　④ 10

난이도 ●●○○○○ | 출제빈도 ★★★★★

11 탄성계수가 $200\,\text{GPa}$이고 한 변의 길이가 $10\,\text{cm}$인 정사각형 단면의 보가 있다. 이 보의 온도를 $10\,℃$ 상승시켜도 보의 길이가 늘어나지 않도록 하기 위해 보에 $1,000\,\text{kN}$의 압축하중을 가했다면 선팽창계수가 얼마인 재료를 선정해야 하는가?

① $5 \times 10^{-3}/℃$
② $5 \times 10^{-4}/℃$
③ $5 \times 10^{-5}/℃$
④ $5 \times 10^{-6}/℃$

난이도 ●●○○○ | 출제빈도 ★★★☆☆

12 일정한 압력하에서 물을 가열하여 증발시키는 열역학적 상태변화에서 등온과정에 가장 적합한 상태 변화는 무엇인가?

① 습포화증기에서 과열증기로
② 건포화증기에서 과열증기로
③ 포화수에서 건포화증기로
④ 포화수에서 습포화증기로

난이도 ●●○○○ | 출제빈도 ★★★★★

13 다음 그림처럼 유체가 층류 유동으로 흐르고 있을 때 관을 통과하는 유체의 동점성계수는 $3 \times 10^{-5}\,\text{m}^2/\text{s}$이고 지름이 $0.2\,\text{m}$인 관에서의 레이놀즈수가 $1,500$이다. 이때 지름이 $0.3\,\text{m}$인 관에서의 유체속도$[\text{m/s}]$는 얼마인가?

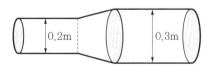

① 0.25   ② 0.5
③ 0.75   ④ 0.1

난이도 ●●○○○ | 출제빈도 ★★★★☆

14 다르시-바이스바흐 방정식을 적용하기에 가장 적합한 유동흐름상태는?

① 층류에만 적용한다.
② 난류에만 적용한다.
③ 층류, 난류에 모두 적용한다.
④ 층류, 난류에 모두 적용할 수 없다.

난이도 ●●●●○○ | 출제빈도 ★★☆☆☆

15 다음 〈보기〉 중에서 가솔린기관의 열효율에 영향을 주는 인자를 모두 고른 것은 무엇인가? [단, 혼합기의 특성은 이미 결정되어 있다.]

ㄱ. 압축비	ㄴ. 단절비
ㄷ. 비열비	ㄹ. 체절비

① ㄱ
② ㄱ, ㄴ
③ ㄱ, ㄴ, ㄷ
④ ㄱ, ㄴ, ㄷ, ㄹ

난이도 ●●○○○ | 출제빈도 ★★★☆☆

16 다음 중 여러 진동의 종류에 대한 정의가 잘못된 것은 무엇인가?

① 자유진동: 중력, 탄성복원력, 외력에 의해서만 발생되는 진동이다.
② 강제진동: 주기적 또는 간헐적으로 외력이 가해지는 진동이다.
③ 감쇠진동: 감쇠가 있어 마찰이 고려되는 진동이다.
④ 비감쇠진동: 감쇠가 없어 마찰이 무시되는 계에서 계속해서 진행되는 진동이다.

PART I 과년도 기출문제

난이도 ●○○○○ | 출제빈도 ★★★★☆

17 다음 중 표면장력이 유지되기 위한 기본 조건으로 옳은 것은?

① 응집력 > 부착력
② 응집력 < 부착력
③ 응집력 = 부착력
④ 응집력 = 0

난이도 ●○○○○ | 출제빈도 ★★★★☆

18 다음 〈보기〉에서 설명하는 무차원수로 옳은 것은?

> • 물리적인 의미로는 '관성력'을 '표면장력'으로 나눈 무차원수이다.
> • 물방울의 형성, 기체−액체 또는 비중이 서로 다른 액체−액체의 경계면, 표면장력, 위어, 오리피스에서 중요한 무차원수이다.

① 웨버수
② 레이놀즈수
③ 오일러수
④ 프란틀수

난이도 ●○○○○ | 출제빈도 ★★★★☆

19 다음 〈보기〉에서 설명하는 사이클은 무엇인가?

> • 가스터빈의 기본 이상 사이클임
> • 2개의 정압과정과 2개의 단열과정으로 구성되어 있는 사이클임

① 오토 사이클
② 브레이턴 사이클
③ 랭킨 사이클
④ 디젤 사이클

난이도 ●○○○○ | 출제빈도 ★★★★☆

20 다음 중 옳지 않은 설명은?

① 비열은 어떤 물질 1kg 및 1g을 1℃ 올리는 데 필요한 열량으로 비열이 클수록 물질을 가열 시, 물질의 온도 상승이 느리다.
② 압축성인자(Z)는 이상기체일 경우에 1이며, 이상기체 방정식으로부터 벗어나는 정도의 척도로 사용된다.
③ 냉매는 저온부의 열을 고온부로 옮기는 역할을 하는 매체이며, 압축기에서 외부로부터 일을 받아 압축되어 고온, 고압의 냉매가스가 되며 응축기, 팽창밸브, 증발기를 거쳐 냉동작용을 하는 사이클을 이룬다.
④ 열역학 제1법칙은 두 물체 A, B가 각각 물체 C와 열적 평형상태에 있다면, 물체 A와 물체 B도 열적 평형상태에 있다는 것과 관련이 있는 법칙이다.

난이도 ●○○○○ | 출제빈도 ★★★★☆

21 체적 $5m^3$에 해당하는 유체의 중량이 $10,000N$일 때, 이 유체의 비중은 얼마인가? [단, 1기압 및 4℃에서 물의 밀도는 $1,000kg/m^3$이며 중력가속도는 $10\,m/s^2$으로 가정한다.]

① 0.2
② 0.4
③ 0.6
④ 0.8

난이도 ●○○○○ | 출제빈도 ★★★★☆

22 내부에너지가 $50kJ$이고 엔탈피가 $100kJ$일 때, 유동일은 얼마인가?

① 25kJ
② 50kJ
③ 150kJ
④ 300kJ

난이도 ●○○○○ | 출제빈도 ★★★★☆

23 다음 사이클에 대한 설명으로 옳지 않은 것은?

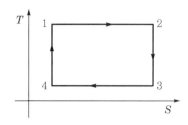

① 위 사이클의 열효율은 온도만의 함수로 표현될 수 있으며, 저열원의 온도가 높을수록 열효율이 높아진다.

② 위 사이클에서 열의 공급은 등온과정에서만 이루어지고 일의 전달은 등온과정과 단열과정에서 둘 다 이루어진다.

③ 열기관의 이상 사이클로 이상기체를 동작물질로 사용하며 이론상 가장 높은 열효율을 갖는 사이클이다.

④ 위 사이클을 역으로 작동시켜주면 이상적인 냉동기의 원리가 된다.

난이도 ●●●○○ | 출제빈도 ★★★☆☆

24 다음 재료역학과 관련된 설명 중에서 가장 옳지 않은 것은? [단, $\sqrt{\pi} = 1.8$로 계산한다.]

① 단면계수가 클수록 경제적인 단면이다.

② 지름이 d인 원형단면과 한 변의 길이가 a인 정사각형 단면의 단면적이 서로 동일할 때, 원형단면의 단면계수 Z_1, 정사각형 단면의 단면계수 Z_2의 비인 (Z_2/Z_1)는 1보다 작다.

③ 보 속에 작용하는 굽힘응력은 보의 중립축과의 거리가 최대일 때 가장 크다.

④ 보 속에 작용하는 전단응력은 단면 1차 모멘트에 비례하고 단면 2차 모멘트에는 반비례한다.

난이도 ●●○○○ | 출제빈도 ★★★☆☆

25 다음 그림의 몰리에 선도에서 비엔탈피가 300kJ/kg에서 100kJ/kg이 될 때, 증기 3kg이 행하는 공업일(kJ)은 얼마인가?

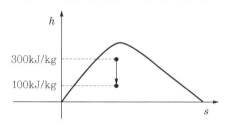

① 100kJ/kg ② 200kJ/kg
③ 400kJ/kg ④ 600kJ/kg

난이도 ●●○○○ | 출제빈도 ★★★☆☆

26 모형 잠수함의 거동을 조사하기 위해 바닷물 속에서 실험을 수행하고자 한다. 모형 잠수함의 크기는 실제 잠수함 크기의 $(1/10)$에 해당한다. 실제 잠수함이 V_1의 속도로 운전되기 위한 모형 잠수함의 속도가 V_2라면 (V_1/V_2)은 얼마인가?

① 10   ② 100
③ 0.1 ④ 0.01

난이도 ●○○○○ | 출제빈도 ★★★★★

27 압력이 200kPa인 기체가 부피가 0.5m³인 용기에 가득 차 있다. 이 기체의 온도가 80K이고, 질량이 5kg이라면 이 기체의 기체상수는 얼마인가?

① 0.1kJ/kg · K

② 0.15kJ/kg · K

③ 0.2kJ/kg · K

④ 0.25kJ/kg · K

난이도 ●●●○○ | 출제빈도 ★★★★☆

28 길이가 L, 지름이 d인 봉에 인장하중 P가 다음 그림처럼 작용하여 변형량이 δ만큼 발생하였다. 이때 수직응력에 의한 탄성에너지를 표현한 식으로 옳지 않은 것은 무엇인가? [단, 재료의 종탄성계수: E, 봉의 단면적: A, 봉의 변형률: ε]

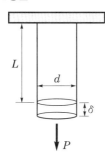

① $U = (0.5 \cdot P \cdot \delta)$
② $U = (0.5 \cdot P^2 \cdot L) / (E \cdot A)$
③ $U = (\delta^2 \cdot E \cdot A) / 2 \cdot L$
④ $U = (\varepsilon \cdot \sigma) / 2$

난이도 ●○○○○ | 출제빈도 ★★★★☆

29 베르누이 방정식과 오일러 운동방정식의 공통점이 아닌 것은 무엇인가?

① 정상류이어야 한다.
② 유선을 따라 유체입자가 움직여야 한다.
③ 비점성이어야 한다.
④ 비압축성이어야 한다.

난이도 ●●●●○ | 출제빈도 ★☆☆☆☆

30 기어펌프에서 이끝원 면적과 이뿌리원 면적의 차이가 2배가 된다면, 매분 송출유량(Q)은 어떻게 되는가? [단, 다른 모든 조건은 변함이 없다.]

① 2배   ② 0.5배   ③ 4배
④ 유량(Q)은 변하지 않는다.

난이도 ●●○○○ | 출제빈도 ★★★★☆

31 다음 랭킨 사이클과 관련된 설명 중 옳지 않은 것은?

① 랭킨 사이클의 열효율은 터빈 입구 증기의 온도, 보일러 압력, 복수기 압력이 높을수록 증가한다.
② 단열팽창 구간에서의 엔탈피 차이가 클수록 랭킨 사이클의 열효율이 증가한다.
③ 재열 사이클은 터빈을 빠져 나온 증기의 온도를 재가열시킴으로써 터빈의 유효일을 증가시켜 열효율을 개선시킨다.
④ 재생 사이클은 단열팽창 과정이 일어나는 터빈 내에서 팽창 도중인 증기의 일부를 추기하여 보일러로 들어가는 급수를 미리 예열함으로써 열효율을 개선시킨다.

난이도 ●●○○○ | 출제빈도 ★★★★☆

32 다음 〈보기〉에서 설명하고 있는 측정기기의 명칭은 무엇인가?

> 관로 도중에 일부 단면이 축소된 관을 두어 압력강하를 일으킴으로써 유량을 측정하는 기기

① 피토관   ② 벤투리미터
③ 로터미터   ④ 위어

난이도 ●●○○○ | 출제빈도 ★★☆☆☆

33 탄소강의 열처리 목적으로 옳지 않은 것은?

① 표면을 경화시켜 재료를 단단하게 만든다.
② 조직을 미세화시킨다.
③ 내부응력 제거에 따른 재료의 변형을 방지한다.
④ 조직을 연질화하여 가공성을 향상시킨다.

PART I 과년도 기출문제

난이도 ●●○○○○ | 출제빈도 ★★★★☆

34 다음 경계층과 관련된 설명 중 옳지 않은 것은?

① 유체의 경계층은 유체가 유동할 때 점성의 영향으로 생긴 얇은 층을 말한다.

② 층류흐름일 때, 평판에서의 경계층 두께는 레이놀즈수의 $(1/2)$승에 반비례하며 평판 선단으로부터 떨어진 거리 x의 제곱에 비례한다.

③ 층류의 경계층은 얇고 난류의 경계층은 두꺼우며 층류는 항상 난류 앞에 있다.

④ 경계층 두께는 유체의 점성이 작을수록 얇아지고 레이놀즈수가 작을수록 두꺼워지며 평판 선단으로부터 하류로 갈수록 두꺼워지는 특징을 가지고 있다.

난이도 ●●○○○○ | 출제빈도 ★★★★☆

35 다음 중 샤를의 법칙과 관련된 설명으로 옳지 않은 것은?

① 샤를의 법칙은 기체의 압력이 일정할 때, 기체의 절대온도와 부피는 비례한다는 법칙이다.

② 샤를의 법칙에 따르면 외부에서 열량이 공급될 때, 내부에너지의 변화량은 항상 0이 된다.

③ 샤를의 법칙에 따르면 공급된 열량은 엔탈피 변화량과 같다.

④ 샤를의 법칙이 적용되는 조건에서 기체를 가열하면 기체의 부피와 온도는 각각 증가한다.

난이도 ●●●○○ | 출제빈도 ★★★☆☆

36 다음 중 합금강에 첨가되어 강인성, 내식성, 내산성을 증가시키는 원소는?

① W ② Ni ③ Mo ④ Cr

난이도 ●●○○○○ | 출제빈도 ★★★★☆

37 질량이 m인 물체가 2m/s의 속도로 날아가 스프링에 충돌하였다. 충돌 후 스프링이 최대로 압축된 길이가 0.2m라면, 물체의 질량은 몇 kg인가? [단, 스프링 상수 $k = 2\text{N/m}$]

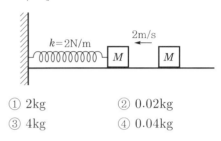

① 2kg ② 0.02kg
③ 4kg ④ 0.04kg

난이도 ●○○○○ | 출제빈도 ★★★★★

38 다음 중 열가소성수지의 종류로 옳지 않은 것은?

① 폴리에틸렌 ② 폴리우레탄
③ 폴리염화비닐 ④ 폴리아미드수지

난이도 ●●●○○ | 출제빈도 ★★★☆☆

39 다음 중 고속도강에 대한 설명으로 옳지 않은 것은?

① 드릴, 리머, 앤드밀, 밀링커터, 탭 등 거의 모든 절삭용 공구로 사용되며 냉간금형용, 열간금형용 재료로 사용되기도 한다.

② 고속도강은 담금질을 한 후 뜨임을 하면 담금질한 것보다 오히려 경도가 더욱 향상되고 절삭성 및 내마모성이 증가하는데 이 현상을 2차 경화라고 한다.

③ 주조상태에서 인성이 크기 때문에 주조 조직을 그대로 유지할 수 있다.

④ 고속도강은 기호 SKH로 표기되어 사용된다.

난이도 ●●●○○ | 출제빈도 ★★☆☆☆

40 복동실린더의 실린더의 작동속도를 높이려면 어떻게 해야 하는가?

① 유량을 증가시킨다.
② 실린더의 내경을 증가시킨다.
③ 피스톤 로드의 직경을 감소시킨다.
④ 공기의 압력을 증가시킨다.

난이도 ●●●○○ | 출제빈도 ★★★★☆

41 다음 축압기 및 여러 밸브에 대한 설명 중 옳지 않은 것은?

① 축압기는 유압에너지의 축적, 압력 보상, 사이클 시간 단축 등을 위해 유압기기에서 사용되는 부속기기이다.
② 방향제어밸브는 흐름의 방향을 제어하는 밸브로 체크밸브(역지밸브)가 이에 포함된다.
③ 감압밸브를 사용하면 압력에 따른 과부하를 줄일 수 있어 유압모터의 성능이 떨어지는 것을 막을 수 있다.
④ 릴리프밸브는 유압회로의 최대유량을 제한하는 밸브로 유압회로의 압력을 설정치까지 일정하게 유지시켜 관로나 장치를 과도한 압력으로부터 보호한다.

난이도 ●●●○○ | 출제빈도 ★★★☆☆

42 다음 〈보기〉의 설명에 가장 적합한 가공방법으로 옳은 것은?

> 주조조직을 파괴하고 재료 내부의 기포를 압착하여 제거하기 위한 목적을 가짐

① 제관 ② 단조
③ 압연 ④ 압출

난이도 ●●●○○ | 출제빈도 ★★★★☆

43 다음 중 펌프의 여러 효율 및 구동토크와 관련된 설명으로 옳지 않은 것은?

① 전효율, 용적효율, 기계효율을 알고 있으면 수력효율을 구할 수 있다.
② 체적효율(용적효율)은 이론 펌프토출량에 대한 실제 펌프토출량의 비로 구할 수 있다.
③ 펌프의 전효율은 축동력에 대한 펌프동력의 비로 구할 수 있다.
④ 펌프의 구동토크는 유압에 의해서만 정해진다.

난이도 ●●○○○ | 출제빈도 ★★★☆☆

44 다음 기계공작법과 관련된 여러 설명 중 옳지 않은 것은?

① 주조란 노(furnace) 안에서 철금속 또는 비철금속 따위를 가열하여 용해된 쇳물을 거푸집(mold) 또는 주형틀 속에 부어 넣은 후 냉각 응고시켜 원하는 모양의 제품을 만드는 방법이다.
② 가주성은 재료의 녹는점이 낮고 유동성이 좋아 녹여서 거푸집(mold)에 부어 제품을 만들기에 알맞은 성질을 말한다. 즉, 재료를 가열했을 때 유동성을 증가시켜 주물(제품)로 할 수 있는 성질이다.
③ 금속재료를 담금질(퀜칭, 소입) 처리하면 금속재료의 가공 및 변형을 용이하게 할 수 있다.
④ 플랜징(flanging) 가공은 소재의 단부를 직각으로 굽히는 작업으로 프레스 가공법에 포함된다.

난이도 ●●○○○ | 출제빈도 ★★☆☆☆

45 실제 유체의 유동에서 유동압력 손실의 원인으로 옳지 않은 것은?

① 고체 벽면의 마찰에 의한 에너지 손실
② 유체의 부력에 의한 에너지 손실
③ 유체의 점성에 의한 에너지 손실
④ 유체 분자 충돌에 의한 에너지 손실

난이도 ●○○○○ | 출제빈도 ★★★★☆

46 다음 중 유압 작동유의 점성(점도)이 너무 클 때 발생하는 현상으로 옳지 않은 것은?

① 동력 손실의 증가로 기계효율이 저하된다.
② 내부 마찰의 증가로 온도가 상승한다.
③ 유동저항의 증가로 인한 압력 손실이 증가한다.
④ 압력 유지가 곤란해진다.

난이도 ●○○○○ | 출제빈도 ★★★★☆

47 다음 중 가공의 종류가 서로 다른 하나는 무엇인가?

① 노칭   ② 시밍
③ 트리밍   ④ 펀칭

난이도 ●○○○○ | 출제빈도 ★★★★★

48 구성인선의 발생 원인으로 옳지 않은 것은?

① 절삭깊이가 깊다.
② 바이트의 윗면경사각이 작다.
③ 마찰계수가 큰 공구를 사용한다.
④ 절삭속도가 크다.

난이도 ●●●○○ | 출제빈도 ★★★☆☆

49 카르노 사이클(Carnot cycle)로 작동되는 열기관이 있다. 이 열기관이 외부로 일을 $213.5\text{kgf} \cdot \text{m}$을 만드는 데 필요한 공급열량이 1kcal라면, 열기관의 고열원의 온도($℃$)는 얼마인가? [단, 열의 일상당량은 $427\text{kgf} \cdot \text{m/kcal}$이며 저열원의 온도는 $27℃$이다.]

① $127℃$
② $227℃$
③ $327℃$
④ $427℃$

난이도 ●●●○○ | 출제빈도 ★★★☆☆

50 다음 〈보기〉 중 스칼라가 아닌 것은?

에너지, 전계, 온도, 질량

① 에너지
② 전계
③ 온도
④ 질량

08

2020 하반기
한국수력원자력 기출문제

[⇨ 정답 및 해설편 p. 134]

난이도 ●●●○○ | 출제빈도 ★☆☆☆☆

01 냉동기에서 불응축가스가 발생하는 원인으로 옳지 않은 것은?

① 분해수리를 위해 개방한 냉동기 계통을 복구할 때 공기의 배출이 불충분하여 발생한다.

② 냉매 및 윤활유의 보충작업 시에 공기가 침입하여 발생한다.

③ 오일 탄화 시 발생하는 오일의 증기로 인해 발생한다.

④ 흡입가스의 압력이 대기압 이상으로 올라가 저압부의 누설되는 개소에서 공기가 유입되어 발생한다.

난이도 ●○○○○ | 출제빈도 ★★★★★

02 벨트와 비교한 체인에 대한 설명으로 옳지 않은 것은?

① 초기장력이 필요하지 않다.

② 체인속도의 변동이 없다.

③ 전동효율이 높다.

④ 열, 기름, 습기에 잘 견딘다.

난이도 ●○○○○ | 출제빈도 ★★★★★

03 다음 중 구성인선(빌트업에지, built-up edge)을 방지하는 방법으로 옳지 않은 것은?

① 윤활성이 좋은 절삭유제를 사용한다.

② 공구의 윗면 경사각을 크게 한다.

③ 고속으로 절삭한다.

④ 절삭깊이를 크게 한다.

난이도 ●○○○○ | 출제빈도 ★★★★★

04 유체의 정의에 대해 가장 옳게 설명한 보기는?

① 어떤 전단력에도 저항하며 연속적으로 변형하는 물질이다.

② 어떤 전단력에도 저항하며 연속적으로 변형하지 않는 물질이다.

③ 아무리 작은 전단력일지라도 저항하지 못하고 연속적으로 변형하는 물질이다.

④ 아무리 작은 전단력일지라도 저항하지 못하고 변형하지 않는 물질이다.

난이도 ●○○○○ | 출제빈도 ★★★★★

05 펌프 내 발생하는 공동현상을 방지하기 위한 설명으로 가장 옳지 않은 것은?

① 펌프의 설치 위치를 낮춘다.

② 펌프의 회전수를 감소시킨다.

③ 양흡입 펌프를 단흡입 펌프로 만든다.

④ 흡입관의 직경을 크게 한다.

난이도 ●○○○○ | 출제빈도 ★★★★☆

06 어떤 열기관이 초당 1kJ의 일을 외부로 발생시킨다. 이 열기관의 열효율이 40%라면 초당 공급열량은 얼마인가?

① 0.4kJ

② 0.8kJ

③ 2.5kJ

④ 5.0kJ

난이도 ●○○○○ | 출제빈도 ★★★★☆

07 열역학 제2법칙에 대한 설명 중 틀린 것은?

① 열은 스스로 저온체에서 고온체로 이동하지 않는다.

② 효율이 100%인 제 2종의 영구기관은 존재할 수 없다.

③ 열기관에서 작동물질이 일을 하게 하려면 그보다 더 저온의 물질이 필요하다.

④ 열은 에너지의 한 형태로서 일을 열로 변환하거나 열을 일로 변환하는 것이 가능하다.

난이도 ●●○○○ | 출제빈도 ★★★☆☆

08 다음 중 펌프의 전효율로 옳은 것은?

① 축동력을 유체동력으로 나눈 값이다.

② 실제 펌프 토출량을 이론 펌프 토출량으로 나눈 값이다.

③ 펌프동력을 축동력으로 나눈 값이다.

④ 실제 펌프 토출량과 이론 펌프 토출량의 곱이다.

난이도 ●●●○○ | 출제빈도 ★★★☆☆

09 어떤 재료의 항복응력이 $25\,\text{kgf/mm}^2$이다. 이 재료의 응력상태가 $\sigma_x = 11\,\text{kgf/mm}^2$, $\sigma_y = 3\,\text{kgf/mm}^2$이며 $\tau_{xy} = 3\,\text{kgf/mm}^2$일 때, 이 재료의 최대전단응력설에 의한 안전계수(S)는 얼마인가? [단, 최대전단응력설에서 항복응력은 $\sigma_y = 2\tau_{\max}$이다.]

① 1.5　　　　② 2.5

③ 3.5　　　　④ 4.5

난이도 ●○○○○ | 출제빈도 ★★★★★

10 다음 중 강도성 상태량의 종류로 옳지 않은 것은?

① 압력　　　　② 온도

③ 체적　　　　④ 비체적

난이도 ●●○○○ | 출제빈도 ★★★☆☆

11 다음과 같은 조건에서 랭킨 사이클의 열효율은 약 몇 %인가?

> • 보일러 입구에서의 엔탈피: 250
> • 보일러 출구에서의 엔탈피: 3,500
> • 터빈 출구에서의 엔탈피: 2,600
> • 응축기 출구에서의 엔탈피: 240
> 　[단, 엔탈피의 단위는 kJ/kg이다.]

① 22%　　　　② 27%

③ 31%　　　　④ 38%

난이도 ●●●○○ | 출제빈도 ★★★☆☆

12 다음 중 여러 절삭작업에 대한 설명으로 옳지 않은 것은? (기출 변형)

① 일반적인 밀링은 공작물의 회전운동과 공구의 직선이송운동으로 절삭이 진행된다.

② 드릴링은 일반적으로 공구의 회전운동 및 직선이송운동으로 절삭이 진행되며 가공을 정밀하게 하기 위해 공작물이 회전하기도 한다.

③ 호닝은 공구의 회전운동 및 수평왕복운동으로 가공이 진행된다.

④ 셰이퍼에 의한 평삭은 공작물의 직선이송운동과 공구의 직선절삭운동으로 절삭이 진행된다.

13 다음 중 윤활유의 역할로 옳지 않은 것은?

① 냉각작용 ② 밀봉작용
③ 응력분산작용 ④ 보온작용

---

14 다음 중 유량조절밸브로 옳은 것은?

① 체크밸브(check valve)
② 감압밸브(pressure reducing valve)
③ 스로틀밸브(throttle valve)
④ 릴리프밸브(relief valve)

---

15 다음 그림처럼 피스톤–실린더 장치 내에 초기에 150kPa의 기체 0.06m^3가 들어 있었다. 이 상태에서 스프링상수가 120kN/m인 선형 스프링이 피스톤에 닿아 있지만, 가하지는 않는다. 이제 기체에 열이 전달되어 내부 체적이 2배가 될 때까지 피스톤은 상승하고 스프링은 압축된다. 이때 기체가 한 전체 일은 얼마인가? [단, 팽창과정은 준평형 과정이며 마찰이 없고 스프링은 선형스프링이다. 또한 피스톤의 단면적이 0.3m^2이다.]

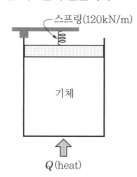

① 2.4kJ ② 9.0kJ
③ 11.4kJ ④ 13.8kJ

---

16 폭이 1m, 높이가 10m인 직사각형 수문이 다음 그림처럼 깊이가 6m인 물에 잠겨 있다. 이때 힌지로부터 5m 떨어진 위치에 매달려 있는 물체의 질량[kg]은 얼마인가?

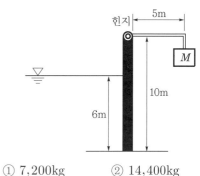

① 7,200kg ② 14,400kg
③ 28,800kg ④ 57,600kg

---

17 소요전력이 30W인 소형 모터를 하루에 4시간씩 한달 동안 사용하면 총 전기요금은 얼마인가? [단, 100Wh당 전기단가는 2,500원이다.] (기출 변형)

① 25,000원
② 50,000원
③ 75,000원
④ 90,000원

---

18 다음 중 오일리스 베어링의 특징이 아닌 것은?

① 구리(Cu), 주석(Sn), 흑연을 소결해서 만든다.
② 고속 및 중하중에 부적합하다.
③ 주유가 곤란한 부분에 사용된다.
④ 주석(Sn), 납(Pb)의 합금이다.

난이도 ●○○○○ | 출제빈도 ★★★☆☆

19 다음 중 밀도가 가장 큰 액체는 무엇인가?

① 밀도가 $1g/cm^3$인 액체

② 밀도가 $1,200kg/m^3$

③ 비중이 1.5인 액체

④ 비중량이 $8,000N/m^3$인 액체

난이도 ●○○○○ | 출제빈도 ★★★★★

20 탄소강이 $950℃$ 전후의 고온에서 적열취성 (red brittleness)을 일으키는 원인이 되는 원소는?

① 규소(Si) ② 구리(Cu)

③ 인(P) ④ 황(S)

난이도 ●●○○○ | 출제빈도 ★★★☆☆

21 유속 $3m/s$로 흐르는 물속에 흐름방향의 직각으로 피토관을 세웠을 때, 유속에 의해 올라가는 수주의 높이는 약 몇 m인가?

① 0.46

② 0.92

③ 4.6

④ 9.2

난이도 ●○○○○ | 출제빈도 ★★★★☆

22 '응력(stress)−변형률(strain) 선도'의 비례한도(proportional limit) 내에서는 응력과 변형률은 서로 비례한다. 이것과 관련된 법칙은?

① 파스칼의 법칙

② 아르키메데스 원리

③ 보일의 법칙

④ 훅의 법칙

난이도 ●○○○○ | 출제빈도 ★★★★☆

23 다음 중 감쇠비(ζ)를 구하는 식으로 옳은 것은? [단, c는 감쇠계수, m은 질량, k는 스프링상수이다.]

① $\dfrac{2\sqrt{mk}}{c}$ ② $2mkc$

③ $\dfrac{c}{2mk}$ ④ $\dfrac{c}{2\sqrt{mk}}$

난이도 ●●○○○ | 출제빈도 ★★★☆☆

24 안지름이 $50cm$인 원관에 물이 $2m/s$의 속도로 흐르고 있다. 역학적 상사를 위해 관성력과 점성력만을 고려하여 $(1/5)$로 축소된 모형에서 같은 물로 실험할 경우 모형에서의 유량은 약 몇 L/s인가? [단, 물의 동점성계수는 $1\times10^{-6}m^2/s$이며 $\pi=3$으로 계산한다.]

① 35 ② 75

③ 118 ④ 256

난이도 ●●●●○ | 출제빈도 ★☆☆☆☆

25 다음 중 산업안전보건과 관련된 설명으로 옳지 않은 것은?

① 수직갱은 길이가 $15m$ 이상일 때 $10m$ 이내마다 계단참을 설치한다.

② 높이 $8m$를 초과하는 비계다리에는 $7m$ 이내마다 계단참을 설치해야 한다.

③ 산업안전보건기준에 따르면 사업주는 통로면으로부터 높이 $2m$ 이내에는 장애물이 없도록 하여야 하며 사업주는 근로자가 안전하게 통행할 수 있도록 통로에 75 럭스 이상의 채광 또는 조명시설을 하여야 한다.

④ 높이가 $30m$를 초과하는 계단에는 높이 $3m$ 이내마다 너비 $1.2m$ 이상의 계단참을 설치한다.

2020 상반기
한국가스안전공사 기출문제

[⇨ 정답 및 해설편 p. 147]

난이도 ●●○○○○ | 출제빈도 ★★★★☆

01 금속재료를 소성변형 영역까지 인장하중을 가하다가 그 인장의 반대방향으로 하중을 가했을 때 항복점과 탄성한도 등이 저하되는 현상을 무엇이라 하는가?

① 크리프
② 변형경화
③ 탄성후기
④ 바우싱거 효과

난이도 ●●○○○○ | 출제빈도 ★★★★☆

02 수직응력에 따른 탄성에너지에 대한 설명으로 옳은 것은?

① 응력에 비례하고, 탄성계수에 반비례한다.
② 응력에 비례하고, 탄성계수에 비례한다.
③ 응력의 제곱에 비례하고, 탄성계수에 반비례한다.
④ 응력의 제곱에 비례하고, 탄성계수에 비례한다.

난이도 ●○○○○ | 출제빈도 ★★★★☆

03 길이 L의 양단고정보의 중심에 집중하중을 작용시켰더니 1.034cm의 최대처짐량이 발생했다. 같은 조건에서 단순지지보로 변경했을 때 최대처짐량은 어떻게 되는가?

① 1.034cm
② 2.068cm
③ 4.136cm
④ 5.170cm

난이도 ●●○○○○ | 출제빈도 ★★★☆☆

04 코일스프링에 400N의 하중이 작용하여 0.06m의 처짐량이 발생했을 때, 탄성에너지 값은?

① 6J
② 12J
③ 18J
④ 20J

난이도 ●●○○○○ | 출제빈도 ★★★☆☆

05 다음 중 크기와 방향이 바뀌는 하중은?

① 전단하중
② 교변하중
③ 인장하중
④ 충격하중

난이도 ●○○○○ | 출제빈도 ★★★★☆

06 바깥지름이 d_2, 안지름이 d_1인 중공축의 극단면모멘트값으로 옳은 것은?

① $\frac{\pi}{16}(d_2^4 - d_1^4)$
② $\frac{\pi}{16}(d_2^3 - d_1^3)$
③ $\frac{\pi}{32}(d_2^4 - d_1^4)$
④ $\frac{\pi}{32}(d_2^3 - d_1^3)$

난이도 ●○○○○ | 출제빈도 ★★★☆☆

07 굽힘모멘트와 곡률, 곡률반지름에 대한 설명으로 옳지 않은 것은?

① 굽힘모멘트는 곡률반지름에 비례한다.
② 굽힘모멘트가 커지면 곡률반지름이 작아진다.
③ 굽힘모멘트는 곡률과 비례한다.
④ 굽힘모멘트가 0이 되면 곡률반지름은 무한히 커진다.

난이도 ●●○○○ | 출제빈도 ★★★☆☆

08 냉동기의 몰리에르 선도에서 y축과 x축이 나타내는 것은?

① 압력－비체적 ② 압력－엔탈피
③ 압력－엔트로피 ④ 엔탈피－엔트로피

난이도 ●○○○○ | 출제빈도 ★★★★☆

09 20kJ의 열이 가해지고 외부에 20kJ의 일을 할 때, 내부에너지의 변화량은?

① -40kJ
② 20kJ
③ 40kJ
④ 내부에너지는 변화 없다.

난이도 ●●○○○ | 출제빈도 ★★★☆☆

10 브레이튼 사이클의 열효율값으로 옳은 것은?

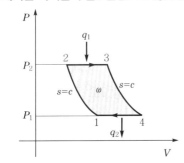

① $\dfrac{T_4 - T_1}{T_3 - T_2}$ ② $\dfrac{T_3 - T_1}{T_4 - T_2}$

③ $1 - \dfrac{T_4 - T_1}{T_3 - T_2}$ ④ $1 - \dfrac{T_3 - T_1}{T_4 - T_2}$

난이도 ●○○○○ | 출제빈도 ★★★☆☆

11 30kW의 충격을 발생시키는 디젤기관에서 20%의 마찰손실이 발생할 때, 마찰손실에 의해 손실된 출력값은?

① 3kJ/s ② 6kJ/s
③ 9kJ/s ④ 12kJ/s

난이도 ●○○○○ | 출제빈도 ★★★★★

12 다음 중 오토 사이클과 같은 것은?

① 복합 사이클 ② 정적 사이클
③ 정압 사이클 ④ 혼합 사이클

난이도 ●●○○○ | 출제빈도 ★★★★★

13 동작계수가 0.8인 냉동기에 7,600kJ/h의 열량이 가해졌을 때의 동력값은?

① 1.32kW ② 2.64kW
③ 3.96kW ④ 5.28kW

난이도 ●○○○○ | 출제빈도 ★★★★☆

14 압력이 200Pa, 체적의 변화가 0.6m^3일 때 외부에 행한 일의 값은?

① 100J ② 120J
③ 140J ④ 240J

난이도 ●●○○○ | 출제빈도 ★★★★★

15 다음 중 단위에 대한 설명으로 옳지 않은 것은?

① 비중량: $ML^{-2}T^{-2}$
② 속도: LT^{-1}
③ 밀도: $ML^{-3}T$
④ 동점성계수: L^2T^{-1}

난이도 ●●○○○ | 출제빈도 ★★★☆☆

16 1차 수직 충격파가 발생할 때의 현상으로 옳은 것은?

① 엔트로피가 일정하다.
② 압력, 밀도, 온도가 증가한다.
③ 속도, 밀도, 온도가 증가한다.
④ 속도, 압력, 비중량이 증가한다.

17 수력도약에 대한 설명으로 옳은 것은?

① 개수로 흐름 중 운동에너지가 위치에너지로 변환되는 현상

② 개수로 흐름 중 단면의 직경이 확대되면서 팽창하는 현상

③ 개수로 흐름 중 속도가 빨라지고 깊이가 점점 얕아지는 현상

④ 개수로 흐름 중 상류에서 사류로 변화하는 흐름

18 다음 중 압력의 단위가 아닌 것은?

① Pa　　　　② atm

③ N　　　　④ bar

19 강의 담금질 작업 중 냉각효과가 가장 좋은 냉각제는?

① 물　　　　② 비눗물

③ 소금물　　④ 기름

20 프란틀의 혼합거리에 대한 설명으로 옳은 것은?

① 거리에 비례한다.

② 거리에 반비례한다.

③ 거리 제곱에 비례한다.

④ 거리 제곱에 반비례한다.

21 자유와류(free vortex)에서 반지름과 속도의 관계로 옳은 것은?

① 반지름은 속도에 비례한다.

② 반지름은 속도의 제곱에 비례한다.

③ 반지름은 속도에 반비례한다.

④ 반지름은 속도의 제곱에 반비례한다.

22 관의 바깥지름이 d_2, 안지름이 d_1일 때, 수력반경을 구하는 식으로 옳은 것은?

① $\dfrac{d_2 + d_1}{2}$　　② $d_2 - d_1$

③ $\dfrac{d_2 + d_1}{4}$　　④ $\dfrac{d_2 - d_1}{4}$

23 $10°C$에서 $150°C$까지 온도를 높일 때 정적비열이 $0.71\text{kcal/kg}\cdot°C$라면, 내부에너지의 변화량은?

① 99.4kcal/kg

② 131.5kcal/kg

③ 157.2kcal/kg

④ 184.3kcal/kg

24 터보제트엔진에서 공기 35kg/s, 연료 1kg/s의 혼합비율일 때, 추력 2,500kg을 발생하는 제트기의 연료분사 속도는?

① 415m/s　　② 572m/s

③ 681m/s　　④ 735m/s

난이도 ●●○○○○ | **출제빈도** ★★★★☆

25 다음 중 내연기관이 아닌 것은?

① 증기기관　　　② 가솔린기관
③ 디젤기관　　　④ 석유기관

난이도 ●○○○○ | **출제빈도** ★★★★☆

26 열처리 조직 중 γ철의 고용 또는 응고 시 급랭 조직은?

① 마텐자이트
② 오스테나이트
③ 트루스타이트
④ 소르바이트

난이도 ●●○○○ | **출제빈도** ★★★☆☆

27 양 롤러 사이의 중심거리 $L = 400\text{mm}$일 때, 블록 게이지의 높이(H)는 얼마인가?
[단, $h = 40\text{mm}$, $\sin 10° = 0.2$]

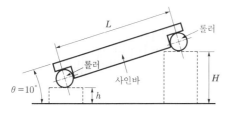

① 40mm　　　② 80mm
③ 120mm　　　④ 160mm

난이도 ●●○○○ | **출제빈도** ★★★☆☆

28 주물사의 구비조건으로 옳지 않은 것은?

① 성형성이 좋아야 한다.
② 화학적으로 안정적이어야 한다.
③ 무거운 중량을 견딜 정도의 강도를 가져야 한다.
④ 열전도율이 좋아야 한다.

난이도 ●●○○○ | **출제빈도** ★★★★☆

29 절삭속도가 140m/min, 절삭깊이가 7mm, 이송속도가 0.35mm/rev, 지름이 100mm인 원형 단면의 길이 600mm를 선삭할 때 걸리는 시간은? [단, $\pi = 3$]

① 약 3분　　　② 약 4분
③ 약 7분　　　④ 약 9분

관련문제 선반에 지름 100mm의 재료를 이송 0.25mm/ver, 길이 60mm로 2회 가공시간이 90초일 때, 선반의 회전수[rpm]는?

① 320rpm　　　② 22rpm
③ 420rpm　　　④ 520rpm

난이도 ●○○○○ | **출제빈도** ★★★★☆

30 다음 중 전달력이 가장 큰 키는?

① 성크키　　　② 접선키
③ 새들키　　　④ 플랫키

난이도 ●○○○○ | **출제빈도** ★★★★☆

31 필릿용접에 대한 설명으로 옳은 것은?

① 2장의 판을 T자 형으로 맞붙이기도 하고, 겹쳐 붙이기도 할 때 생기는 코너 부분을 용접
② 산화철 분말과 알루미늄 분말의 혼합물을 이용하는 용접
③ 플러그용접의 구멍 대신 가늘고 긴 홈을 만들어 하는 용접
④ 접합하고자 하는 모재의 한쪽에 구멍을 뚫고 용접하여 다른 쪽의 모재와 접합하는 용접

32 테일러의 공구수명식으로 옳은 것은?

① $T^n = \dfrac{C}{V}$ ② $T^n = \dfrac{V}{C}$

③ $V^n = \dfrac{C}{T}$ ④ $V^n = \dfrac{T}{C}$

33 모듈(m)이 6이며, 잇수가 각각 $Z_1 = 60$, $Z_2 = 85$인 기어의 중심거리(C)는 얼마인가?

① 145mm ② 290mm
③ 435mm ④ 870mm

34 다음의 용접방법 중 열손실 가장 작은 방법은?

① 플래시용접 ② 전자빔용접
③ 피복아크용접 ④ 불가시용접

35 원주속도가 10m/s이고 마찰차에 동력이 6PS가 작용할 때, 마찰차를 누르는 힘은? [단, 마찰계수는 0.2이다.]

① 1,418N ② 2,205N
③ 3,737N ④ 4,277N

36 θ를 radian에서 degree(도)로 변환하는 공식으로 옳은 것은?

① $\dfrac{\pi}{180}\theta$ ② $\dfrac{180}{\pi \times \theta}$

③ $\dfrac{180}{\pi}\theta$ ④ $\dfrac{\pi}{180 \times \theta}$

37 금속의 성질 중 기계적 성질이 아닌 것은?

① 용접성 ② 인성
③ 취성 ④ 피로

38 250kg의 하중이 작용하는 스프링에서 처짐이 20cm일 때 스프링상수는?

① 12.5kg/cm ② 15.5kg/cm
③ 18.5kg/cm ④ 21.5kg/cm

39 다음 중 마텐자이트의 조직으로 옳은 것은?

① 침상 조직 ② 쇄상 조직
③ 망상 조직 ④ 층상 조직

40 다음 탄소공구강 중 탄소함유량이 가장 많은 것은?

① STC1 ② STC2
③ STC3 ④ STC4

PART I 난이도 기출문제

10

2021 상반기
한국가스공사 기출문제

[⇨ 정답 및 해설편 p. 158]

난이도 ●●○○○○ | 출제빈도 ★★☆☆☆

01 스프링상수가 20N/cm인 4개의 스프링으로 평판 A를 벽 B에 그림과 같이 장착하였다. 유량 $0.4\text{m}^3/\text{s}$, 속도 1m/s인 물 제트가 평판 A의 중앙에 직각으로 충돌할 때, 평판과 벽 사이에서 줄어드는 거리는 약 몇 cm인가?

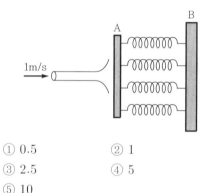

① 0.5   ② 1
③ 2.5   ④ 5
⑤ 10

난이도 ●○○○○ | 출제빈도 ★★★☆☆

02 고정된 하나의 평판과 10mm의 간격을 두고 평행하게 놓인 평판이 2m/s의 속도로 오른쪽으로 움직이고 있다. 이때 판과 판 사이에는 점성계수가 20P인 유체가 채워져 있다면 평판에 작용하는 전단응력의 크기는 얼마인가?

① 4Pa
② 40Pa
③ 400Pa
④ $4,000\text{Pa}$
⑤ $40,000\text{Pa}$

난이도 ●○○○○ | 출제빈도 ★★★☆☆

03 관내 유동 해석 등의 역학적 상사에 적용하는 무차원수와 관련된 중요 인자는?

① 관성력, 중력
② 관성력, 표면장력
③ 관성력, 점성력
④ 관성력, 압축력
⑤ 점성력, 중력

난이도 ●○○○○ | 출제빈도 ★★★☆☆

04 연직 유리관 A와 연직 유리관 B의 지름비가 $1:4$일 때, 모세관 현상에 의한 액면상승높이의 비는 얼마인가?

① $1:1$ ② $2:1$
③ $1:4$ ④ $2:1$
⑤ $4:1$

난이도 ●○○○○ | 출제빈도 ★★★☆☆

05 폭 a, 높이 b인 직사각형 수문이 물에 잠겨 있다. 수면에서 직사각형 도심까지의 거리는 h이다. 이때 수면으로부터 수문에 작용하는 전압력의 작용점 위치는?

① $h + \dfrac{b^2}{12h}$ ② $h + \dfrac{a^2}{12h}$

③ $h + \dfrac{bh^2}{12}$ ④ $h + \dfrac{bh^2}{12a}$

⑤ $h + ah^2$

06 다음 중 1냉동톤에 대한 정의로 가장 옳은 것은?

① 1시간에 1kcal의 열량을 제거시킬 수 있는 능력
② 1시간에 3320kcal의 열량을 제거시킬 수 있는 능력
③ 1시간에 79.68kcal의 열량을 제거시킬 수 있는 능력
④ 1시간에 539kcal의 열량을 제거시킬 수 있는 능력
⑤ 1시간에 598kcal의 열량을 제거시킬 수 있는 능력

07 회전수가 N, 유량이 Q인 원심펌프가 있다. 이때 유량이 1.1배가 되도록 펌프의 회전수를 변화시킨다면 전양정은 몇 배가 되는가? [단, 초기 전양정은 H이며 다른 이 외의 조건들은 동일하다.]

① $1.1H$ ② $1.21H$
③ $1.4H$ ④ $0.1H$
⑤ $1H$

08 압력이 300kPa이고, 온도가 $27℃$인 이상기체 1kg이 온도 $27℃$를 유지하면서 압력 100kPa이 될 때까지 팽창할 때, 이상기체가 한 일[kJ]은? [단, 이상기체의 기체상수는 $2\text{kJ/kg}\cdot\text{K}$이다.]

① 600 ② $600\ln\dfrac{1}{3}$
③ $600\ln3$ ④ $54\ln3$
⑤ $300\ln3$

09 다음 중 오토 사이클(Otto cycle)의 이론 열효율(η_{otto})을 구하는 식으로 옳은 것은? [단, ε는 압축비이며 k는 작동유체의 비열비이다.]

① $\eta_{otto} = 1 - \varepsilon^{k-1}$
② $\eta_{otto} = 1 - \left(\dfrac{1}{\varepsilon}\right)^{\frac{k-1}{k}}$
③ $\eta_{otto} = 1 - \left(\dfrac{1}{\varepsilon}\right)^{\frac{k}{k-1}}$
④ $\eta_{otto} = 1 - \varepsilon^{k}$
⑤ $\eta_{otto} = 1 - \left(\dfrac{1}{\varepsilon}\right)^{k-1}$

10 다음 〈보기〉 중에서 일과 열에 대한 설명으로 옳은 것만을 고르면?

> ㉠ 일의 단위는 줄(joule)이다.
> ㉡ 일과 열은 에너지지, 열역학적 상태량이 아니다.
> ㉢ 밀폐계에서 일과 열은 경계를 통과할 수 있는 에너지의 일종이다.
> ㉣ 일과 열은 점함수이다.
> ㉤ 일과 열은 완전미분이 가능하다.

① ㉠, ㉡, ㉢, ㉤   ② ㉠, ㉡, ㉣, ㉤
③ ㉠, ㉢, ㉤   ④ ㉠, ㉡, ㉢
⑤ ㉠, ㉤

11 직경이 0.5m인 관로에서 관 벽 마찰에 의한 손실수두가 속도수두와 같을 때, 관의 길이는? [단, 마찰손실계수 $f = 0.02$]

① 2.5m   ② 5.0m   ③ 10.0m
④ 20.0m   ⑤ 25.0m

12 피스톤 – 실린더 장치 내에 있는 공기가 체적 $0.2m^3$에서 체적 $0.1m^3$으로 압축되었다. 압축되는 동안 압력(P)과 체적(V) 사이에 $P=aV^{-2}$의 관계가 성립하며, 계수 $a=3kPa\cdot m^6$이다. 이 과정 동안 공기가 한 일[kJ]은 얼마인가?

① $-3kJ$
② $-6kJ$
③ $-9kJ$
④ $-12kJ$
⑤ $-15kJ$

13 다음 중 주철의 성장을 방지하는 방법으로 옳지 않은 것은?

① 편상흑연을 구상화한다.
② 흑연을 미세화시켜 조직을 치밀하게 한다.
③ 탄소(C)와 규소(Si)의 양을 적게 한다.
④ 탄화안정화원소(Cr, V, Mo, Mn)를 첨가한다.
⑤ 약 723℃ 이상의 온도에서 가열 후 냉각을 반복한다.

14 상률은 물질이 여러 가지 상으로 되어 있을 때 상률 사이의 열적 평형상태를 나타낸 것이다. 이때 깁스의 일반계 상률에 따른 자유도(F)를 구하는 식은? [단, C는 성분의 수, P는 상의 수이다.]

① $F=C-P-2$
② $F=C-P+1$
③ $F=C+P+2$
④ $F=C\times P+2$
⑤ $F=C-P+2$

15 다음 〈보기〉에서 ㉠과 ㉡에 각각 들어갈 말로 옳은 것은?

• 탄소강을 담금질할 때, 내부와 외부의 냉각속도 차이로 인해 내외부의 담금질 효과가 서로 달라지는 현상을 (㉠)이라 한다.
• 심랭처리(sub-zero)는 잔류 오스테나이트를 0℃ 이하로 냉각시켜 (㉡) 조직으로 완전히 변태시키는 방법이다.

① ㉠: 질량효과　㉡: 펄라이트
② ㉠: 취성효과　㉡: 마텐자이트
③ ㉠: 질량효과　㉡: 시멘타이트
④ ㉠: 취성효과　㉡: 시멘타이트
⑤ ㉠: 질량효과　㉡: 마텐자이트

16 구조용 특수강의 한 종류로 건축, 차량, 교량 등의 일반구조용 등에 사용되며 듀콜강이라고도 불리는 강은?

① 고망간강
② Cr-Mo강
③ Cr강
④ 저망간강
⑤ Ni-Cr강

17 구리(Cu) – 니켈(Ni) 65~70%의 합금으로 내식성과 내열성이 우수하며 기계적 성질이 좋아 펌프의 임펠러, 터빈 블레이드 등의 재료로 사용되는 합금은?

① 일렉트론
② 콘스탄탄
③ 니켈로이
④ 퍼멀로이
⑤ 모넬메탈

18 다음 〈보기〉에서 ㉠과 ㉡에 각각 들어갈 말로 옳은 것은?

> • 순철에는 존재하지 않고 강에만 존재하는 변태점은 (㉠)이다.
> • 탄소강의 표준조직은 (㉡)에 의해 얻어지는 조직이다.

① ㉠ : A_0 변태점　㉡ : 불림
② ㉠ : A_0 변태점　㉡ : 담금질
③ ㉠ : A_0 변태점　㉡ : 풀림
④ ㉠ : A_1 변태점　㉡ : 불림
⑤ ㉠ : A_1 변태점　㉡ : 담금질

19 삼침법에 의해 미터나사의 유효지름을 측정하고자 할 때, 유효지름(d_e)을 계산하기 위한 식은? [단, M : 3침 삽입 후 바깥지름, d : 와이어의 지름, p : 나사의 피치]

① $d_e = M + 3d + 0.866025p$
② $d_e = M - 3d + 0.866025p$
③ $d_e = M - 3d - 0.866025p$
④ $d_e = M - 3d - 0.766025p$
⑤ $d_e = M - 3d + 0.766025p$

20 정상 상태, 정상 유동의 교축과정(throttling process)은 팽창밸브에서 일어난다. 이때 팽창밸브의 입구(1)와 팽창밸브의 출구(2)에서의 상태와 관련된 수식으로 옳은 것은?

① $P_1 = P_2$　　② $S_1 = S_2$
③ $T_1 = T_2$　　④ $U_1 = U_2$
⑤ $h_1 = h_2$

21 다음 중 탄소강에 함유된 여러 원소의 영향으로 옳지 않은 것은?

① 수소(H_2) : 백점이나 헤어크랙의 원인이 된다.
② 망간(Mn) : 압연 시 균열의 원인이 된다.
③ 인(P) : 강도 및 경도를 증가시키나 상온취성을 일으킨다.
④ 규소(Si) : 강도, 경도, 탄성한계를 증가시키나 연신율과 충격값을 저하시킨다.
⑤ 황(S) : 용접성을 저하시키고 적열취성을 일으킨다.

22 다음 중 도가니로의 크기(용량)를 표시하는 방법으로 옳은 것은?

① 1시간에 용해 가능한 구리의 중량을 번호로 표시한다.
② 1회에 용해 가능한 주철의 중량을 번호로 표시한다.
③ 1시간에 용해 가능한 주철의 중량을 번호로 표시한다.
④ 1회에 용해 가능한 구리의 중량을 번호로 표시한다.
⑤ 24시간에 용해 가능한 구리의 중량을 번호로 표시한다.

23 세로탄성계수가 $100GPa$인 재료의 푸아송비가 0.25라면 가로탄성계수(GPa)는?

① 250
② 500
③ 40
④ 80
⑤ 120

난이도 ●●○○○ | 출제빈도 ★★★★☆

24 다음 중 여러 사이클에 대한 설명으로 옳은 것은?

① 2유체 사이클(수은−물)에서 수은이 사용되는 궁극적인 이유는 수은의 포화압력이 높기 때문이다.
② 랭킨 사이클에서 복수기(응축기) 압력이 낮을수록 이론 열효율이 낮아진다.
③ 랭킨 사이클에서 보일러 압력이 높을수록 이론 열효율이 낮아진다.
④ 재열 사이클의 주요 목적은 터빈 출구의 건도를 낮추는 것이다.
⑤ 재생 사이클은 보일러 공급 열량을 감소시켜 열효율을 높인다.

난이도 ●○○○○ | 출제빈도 ★★★★★

25 탄성한도 내에서 길이가 L, 지름이 d인 강봉에 인장하중 P가 작용하였더니 δ만큼 변형이 발생하였다. 이때 수직응력(σ)에 의한 단위체적당 변형에너지(탄성에너지)를 표현한 식으로 옳은 것은? [단, E는 봉의 세로탄성계수이며, ν는 푸아송비이다.]

① $\dfrac{\sigma^2}{2E} \times \nu$ ② $\dfrac{\sigma^2}{4E} \times \nu$

③ $\dfrac{\sigma^2}{6E} \times \nu$ ④ $\dfrac{\sigma^2}{2E}$

⑤ $\dfrac{\sigma}{2E}$

난이도 ●○○○○ | 출제빈도 ★★★★☆

26 흑체의 온도가 2배가 되었다면 방사하는 복사에너지는 몇 배가 되는가?

① $\sqrt{2}$ ② 2
③ 4 ④ 8
⑤ 16

난이도 ●●●○○ | 출제빈도 ★★★★☆

27 다음 〈보기〉 중에서 여러 무차원수에 대한 설명으로 옳은 것만을 모두 고르면?

> ㉠ 누셀트수(Nusselt number)는 전도 열전달에 대한 대류 열전달의 비로 이 값이 크다는 것은 대류에 의한 열전달이 크다는 것을 의미한다.
> ㉡ 비오트수(Biot number)는 점성력에 대한 부력의 비로 온도차에 의한 부력이 속도 및 온도 분포에 미치는 영향을 나타내는 무차원수이다.
> ㉢ 그라쇼프수(Grashof number)는 열과 물질 전달 사이의 상관관계를 나타내는 무차원수이다.
> ㉣ 프란틀수(Prandtl number)는 열전달계수에 대한 운동량전달계수의 비로 이 값이 1보다 매우 큰 경우에는 운동량 확산이 빨라 전도보다 대류에 의하여 열이 전달된다.

① ㉠, ㉡, ㉢, ㉣ ② ㉠, ㉣
③ ㉠, ㉢, ㉣ ④ ㉠, ㉢
⑤ ㉢, ㉣

난이도 ●○○○○ | 출제빈도 ★★★★☆

28 다음 중 무단변속마찰차의 종류로 옳지 않은 것은?

① 구면마찰차 ② 에반스마찰차
③ 원추마찰차 ④ 홈마찰차
⑤ 원판마찰차

난이도 ●○○○○ | 출제빈도 ★★★★☆

29 $5\,\mathrm{m/s}$의 속도로 동력을 전달하고 있는 평벨트의 긴장측 장력이 $5\mathrm{kN}$, 이완측 장력이 $2\mathrm{kN}$일 때, 전달되는 동력[kW]은?

① 5 ② 10 ③ 15
④ 20 ⑤ 25

▶▶

30 다음 비등(boiling)에 대한 여러 설명 중 옳지 않은 것은?

① 비등은 액체 속의 포화온도보다 높은 표면에서 액체가 주변의 열을 흡수하여 기체로 상 변화하는 과정을 말한다.

② 비등 시 생성된 기포와 주변 액체는 서로 평형상태가 아니며 생성된 기포에서 액체로 열전달이 일어난다.

③ 풀비등은 액체의 전체적인 흐름이 없는 경우에서의 비등이다. 즉, 유체가 정지하고 있으므로 유체의 비등은 부력에 의한 자연대류와 기포의 운동에 따른다.

④ 핵비등에서는 표면온도와 포화온도 간의 차이가 커질수록 핵비등은 점점 줄어들며 열유속도 매우 감소한다.

⑤ 막비등은 액체와 고체면이 완전히 분리되어 액체막이 고체 표면을 완전히 뒤덮게 된다.

31 다음 중 대류(convection)에 대한 설명으로 옳지 않은 것은?

① 대류 열전달의 크기는 온도차에 비례한다.

② 대류 열전달의 크기는 표면적에 비례한다.

③ 대류 열전달계수의 단위는 $W/(m^2 \cdot K)$이다.

④ 물의 비등, 수증기의 응축과 같은 현상에서는 대류 열전달계수의 크기가 작다.

⑤ 대류 열전달계수는 층류보다 난류에서 크다.

32 다음 중 구성인선(빌트업 엣지, built-up edge)을 방지하는 방법으로 옳은 것은?

① 절삭깊이를 크게 한다.

② 절삭공구의 인선을 무디게 한다.

③ 절삭속도를 빠르게 한다.

④ 공구의 윗면경사각을 작게 한다.

⑤ 윤활성이 좋지 않은 절삭유제를 사용한다.

33 강판에 인장하중이 작용하고 있을 때, 하중에 의해 파괴되는 강판의 효율과 리벳의 효율을 구하는 식으로 옳은 것은 각각 무엇인가? [단, n : 1피치 내 리벳의 개수, d : 리벳의 구멍 지름, p : 피치, τ : 전단응력, σ_t : 인장응력, t : 판의 두께]

① $1 - \dfrac{p}{d}$, $\dfrac{\sigma_t \dfrac{\pi d^2}{4} n}{\tau p t}$

② $1 - \dfrac{d}{p}$, $\dfrac{\sigma_t \dfrac{\pi d^2}{4} n}{\tau p t}$

③ $p - \dfrac{d}{p}$, $\dfrac{\tau \dfrac{\pi d^2}{4} n}{\sigma_t p t}$

④ $1 - \dfrac{d}{p}$, $\dfrac{\tau \dfrac{\pi d^2}{4} n}{\sigma_t p}$

⑤ $1 - \dfrac{d}{p}$, $\dfrac{\tau \dfrac{\pi d^2}{4} n}{\sigma_t p t}$

34 난이도 ●○○○○ | 출제빈도 ★★★★☆

다음 〈보기〉의 조건에 따라 계산한 압축 코일스프링의 처짐량[mm]은 얼마인가?

- 소선의 지름: 1mm
- 코일의 평균지름: 10mm
- 전단탄성계수: $10 \times 10^3 \text{kgf/mm}^2$
- 축 방향으로 작용하는 인장하중: 2kgf
- 유효감김수: 10

① 2 ② 4
③ 8 ④ 16
⑤ 32

35 난이도 ●●○○○ | 출제빈도 ★★☆★☆

다음 중 래핑가공의 특징으로 옳지 않은 것은?

① 다듬질면이 매끈하고 정밀도가 우수하다.
② 가공면에 랩제가 잔류하지 않아 제품 사용 시 마멸이 발생하지 않는다.
③ 고정밀도의 제품 생산 시, 높은 숙련이 요구된다.
④ 자동화가 쉽고 대량생산을 할 수 있다.
⑤ 가공면은 내식성, 내마멸성이 좋다.

36 난이도 ●●○○○ | 출제빈도 ★★★☆☆

묻힘키(sunk key)의 길이를 선정하려고 한다. 이때 축의 지름(직경)이 32mm이고 키의 폭이 4πmm라면, 키의 길이[mm]는 얼마인가? [단, 키(key)와 축이 동일한 재료를 사용하고 전단응력이 같다.]

① 8 ② 16
③ 32 ④ 64
⑤ 72

37 난이도 ●●○○○ | 출제빈도 ★★★★☆

축 이음에 사용하는 여러 커플링에 대한 설명 중 옳은 것은?

① 플랜지 커플링: 전달하고자 하는 동력, 즉 전달 토크가 크면 평행키를 사용한다.
② 플렉시블 커플링: 회전축이 자유롭게 움직일 수 있는 장점이 있으나, 충격 및 진동을 흡수할 수 없다.
③ 원통 커플링: 두 축의 중심선이 어느 각도로 교차할 때 사용한다.
④ 머프 커플링: 주철제 원통 속에서 두 축을 키로 결합한 커플링으로 축지름과 하중이 클 때 사용한다.
⑤ 올덤 커플링: 두 축이 서로 평행하거나 두 축의 거리가 가까운 경우, 두 축의 중심선이 서로 어긋날 때 사용한다.

38 난이도 ●●○○○ | 출제빈도 ★★★★☆

974rpm의 회전수로 회전하고 있는 축에 20000kgf·mm의 비틀림모멘트가 작용하고 있다. 이때 축이 전달할 수 있는 동력[kW]은?

① 5 ② 10 ③ 15
④ 20 ⑤ 25

39 난이도 ●●○○○ | 출제빈도 ★★☆☆☆

다음 중 테일러의 공구수명식으로 옳은 것은? [단, V는 절삭속도, T는 공구수명, n은 공구와 공작물에 의한 지수, C는 공구수명상수로 공구수명을 1분으로 했을 때의 절삭속도를 말한다.]

① $VT = C$ ② $TV^n = C$
③ $VT^{-n} = C$ ④ $VT^{n-1} = C$
⑤ $VT^n = C$

40 다음 중 불활성가스 아크용접에 대한 설명으로 옳지 않은 것은?

① 대기 중의 산소로부터 보호하여 산화 및 질화를 방지한다.

② 철 및 비철금속 등 대체로 모든 금속의 용접이 가능하다.

③ 아르곤, 헬륨 등의 불활성가스를 사용하여 용접을 진행한다.

④ 청정작용을 위해 용제를 사용한다.

⑤ 열의 집중이 좋아 용접능률이 높다.

난이도 ●●●○○ | 출제빈도 ★☆☆☆☆

41 밀링작업에서 브라운 샤프형의 21구멍 분할판을 사용하여 7등분하고자 한다. 이를 행하기 위한 크랭크의 회전수와 구멍의 수로 옳은 것은?

① 7회전하고 40구멍씩 돌린다.

② 5회전하고 15구멍씩 돌린다.

③ 7회전하고 21구멍씩 돌린다.

④ 15회전하고 5구멍씩 돌린다.

⑤ 15회전하고 7구멍씩 돌린다.

난이도 ●●●○○ | 출제빈도 ★★★★☆

42 $10\text{cm} \times 10\text{cm}$의 균일한 단면적을 가진 길이 2m의 봉이 상단에 고정되어 있다. 이 봉의 단위길이당 중량이 $1{,}000\text{N/m}$일 때, 봉의 하단에서 발생하는 변형량[mm]은 얼마인가? [단, 봉의 종탄성계수는 200GPa이며 변형량은 자유단에서 늘어난 길이를 말한다.]

① 1×10^{-6}　　② 1×10^{-3}

③ 2×10^{-3}　　④ 2×10^{-6}

⑤ 4×10^{-3}

난이도 ●●○○○ | 출제빈도 ★★★★☆

43 다음 그림과 같은 평면응력상태에서 발생하는 최대전단응력[MPa]의 크기와 최대전단응력이 발생할 때의 경사각 θ는 각각 얼마인가?

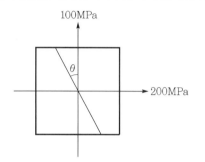

	최대전단응력	θ
①	50	90°
②	150	90°
③	50	45°
④	150	45°
⑤	50	30°

난이도 ●○○○○ | 출제빈도 ★★★★★

44 길이가 L인 외팔보의 자유단에 집중하중 P가 작용할 때의 최대처짐량(δ_1)과 길이가 L인 외팔보의 전역에 균일분포하중 w가 작용할 때의 최대처짐량(δ_2)은 각각 얼마인가? [단, 굽힘강성 EI는 두 경우 모두 동일하다.]

	δ_1	δ_2
①	$\dfrac{PL^3}{EI}$	$\dfrac{wL^4}{6EI}$
②	$\dfrac{PL^3}{8EI}$	$\dfrac{wL^4}{3EI}$
③	$\dfrac{PL^3}{6EI}$	$\dfrac{wL^4}{8EI}$
④	$\dfrac{PL^3}{2EI}$	$\dfrac{wL^4}{8EI}$
⑤	$\dfrac{PL^3}{3EI}$	$\dfrac{wL^4}{8EI}$

난이도 ●○○○○ | 출제빈도 ★★★☆☆

45 반지름이 r인 원형축의 양단에 비틀림모멘트 M_t가 작용될 경우, 축의 양단 사이의 최대 비틀림각은? [단, 축의 길이는 L이고, 전단 탄성계수는 G이다.]

① $\dfrac{2M_t L}{\pi\,Gr^4}$ ② $\dfrac{2M_t L}{\pi\,Gr^2}$

③ $\dfrac{M_t L}{\pi\,Gr^2}$ ④ $\dfrac{3M_t L^2}{4\pi\,Gr^4}$

⑤ $\dfrac{2M_t L^4}{\pi\,Gr^4}$

난이도 ●○○○○ | 출제빈도 ★★★★☆

46 브레이크 드럼의 지름이 $500\,\mathrm{mm}$인 블록 브레이크에서 $500\,\mathrm{N\cdot m}$의 토크가 작용하고 있을 때, 브레이크의 최소제동력[kN]은 얼마인가?

① $0.5\,\mathrm{kN}$ ② $1\,\mathrm{kN}$

③ $2\,\mathrm{kN}$ ④ $4\,\mathrm{kN}$

⑤ $8\,\mathrm{kN}$

난이도 ●○○○○ | 출제빈도 ★★★★☆

47 표면적(단면적)이 $1\,\mathrm{m}^2$이고 표면의 온도가 $A\,℃$인 고체 표면을 $B\,℃$의 공기 대류 열전달에 의해서 냉각한다. 이때 평균 대류 열전달 계수가 $40\,\mathrm{W/m^2 K}$라고 할 때, 1분당 손실되는 열에너지는 몇 kJ인가? [단, '$A-B$'는 $50℃$이다.]

① 12 ② $2{,}000$

③ 2 ④ $1{,}200$

⑤ 120

난이도 ●●○○○ | 출제빈도 ★★☆☆☆

48 다음 중 압력각이 커졌을 때 기어에서 발생하는 현상이 아닌 것은?

① 이의 강도가 증가한다.
② 물림률이 감소한다.
③ 잇면의 미끄럼률이 감소한다.
④ 언더컷이 발생한다.
⑤ 베어링에 작용하는 하중이 증가한다.

난이도 ●●○○○ | 출제빈도 ★★☆☆☆

49 사각나사 잭을 이용하여 축 방향으로 하중 W을 작용시키는 물체를 들어 올리려고 한다. 이때 나사를 죌 때 필요한 회전력 F는 어떻게 되는가? [단, 마찰각은 ρ이며 리드각은 λ이다.]

① $F = W\tan(\rho-\lambda)$
② $F = W\tan(\rho+\lambda)^2$
③ $F = W\tan(\rho)$
④ $F = W\tan(\lambda)$
⑤ $F = W\tan(\rho+\lambda)$

난이도 ●○○○○ | 출제빈도 ★★☆☆☆

50 다음 그림에서 도심 O에서의 극관성 모멘트 I_P를 구하면?

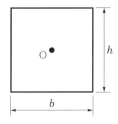

① $\dfrac{bh^2}{6}$ ② $\dfrac{bh^3}{12}$

③ $\dfrac{bh^3}{36}$ ④ $\dfrac{bh(b^2+h^2)}{12}$

⑤ $\dfrac{bh(b^2+h^2)}{6}$

11 2021 상반기 한국남동발전 기출문제

[⇨ 정답 및 해설편 p. 186]

난이도 ●○○○○ | 출제빈도 ★★★★★

01 다음 중 질량이 $\frac{1}{2}$로 줄었을 때 변하지 않는 상태량은?

① 엔탈피 　　② 체적
③ 엔트로피 　④ 밀도

난이도 ●●○○○ | 출제빈도 ★★★☆☆

02 다음 그림처럼 길이가 $3\mathrm{m}$인 단순보에 등분포하중$(w = 400\mathrm{N/m})$이 작용하고 있다. 이때 보에 발생하는 최대굽힘응력(MPa)의 크기는 얼마인가? [단, 보는 직사각형 단면$(b \times h = 3\mathrm{cm} \times 6\mathrm{cm})$을 갖는다.]

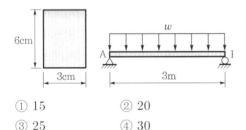

① 15 　　② 20
③ 25 　　④ 30

난이도 ●○○○○ | 출제빈도 ★★★★★

03 재료의 세로탄성계수가 $210\mathrm{GPa}$이고 푸아송비가 0.4일 때 가로탄성계수는 얼마인가?

① $75\mathrm{GPa}$
② $150\mathrm{GPa}$
③ $294\mathrm{GPa}$
④ $588\mathrm{GPa}$

난이도 ●●●○○ | 출제빈도 ★★☆☆

04 동점성계수가 $4\mathrm{stokes}$, 점성계수가 $0.4\mathrm{Poise}$인 유체의 비중은 얼마인가?

① 0.1 　　② 0.15
③ 0.2 　　④ 0.25

난이도 ●○○○○ | 출제빈도 ★★★★☆

05 물방울의 직경이 $50\mathrm{mm}$, 물방울의 내·외부 압력차가 $40\mathrm{Pa}$일 때 물방울의 표면장력$[\mathrm{N/m}]$은 얼마인가?

① 0.05 　　② 5
③ 0.5 　　④ 50

난이도 ●●○○○ | 출제빈도 ★★★★☆

06 다음 〈보기〉에서 오토 사이클(Otto cycle)에 대한 설명으로 옳지 않은 것은 모두 몇 개인가?

> ㉠ 압축착화기관의 기본 사이클이다.
> ㉡ 2개의 단열과정과 2개의 정적과정으로 이루어진 사이클이다.
> ㉢ 가솔린기관의 이상 사이클이며, 가솔린기관의 압축비 범위는 12~22이다.
> ㉣ 비열비가 일정할 경우, 압축비가 증가하면 열효율이 증가한다.
> ㉤ 작동물질(가스)의 종류가 결정되면 오토 사이클의 열효율은 압축비만의 함수이다.

① 1개 　　② 2개
③ 3개 　　④ 4개

난이도 ●○○○○ | 출제빈도 ★★★☆☆

07 강판으로 만든 안지름 50cm의 얇은 원통에 3MPa의 내압이 작용할 때 강판에 발생하는 후프응력이 50MPa이었다. 이때 원통 강판의 두께는 얼마인가?

① 5mm　　　　② 10mm
③ 15mm　　　　④ 20mm

난이도 ●●○○○ | 출제빈도 ★★★★☆

08 부재의 양단이 자유롭게 회전할 수 있도록 설계된 길이가 4m인 압축 부재의 좌굴하중은 얼마인가? [단, 세로탄성계수는 100GPa, 단면$(b \times h) = 6\text{cm} \times 3\text{cm}$이며 π는 3으로 가정한다.]

① 5.6kN　　　　② 6.6kN
③ 7.6kN　　　　④ 8.6kN

난이도 ●○○○○ | 출제빈도 ★★★★☆

09 소선의 직경이 5mm이고 코일의 반직경이 50mm인 스프링이 있다. 이 스프링에 축 방향으로 $P = 10N$의 하중을 가했더니 처짐량이 4cm일 때, 이 스프링의 유효감김수는 얼마인가? [단, 스프링 소재의 전단탄성계수는 80GPa이다.]

① 25　　　　② 50
③ 100　　　　④ 200

난이도 ●○○○○ | 출제빈도 ★★★★☆

10 어떤 가스의 정압비열과 정적비열이 각각 다음과 같을 때 이 가스의 기체상수(R)는 얼마인가?

① $0.079\text{kJ/kg} \cdot \text{K}$
② $0.159\text{kJ/kg} \cdot \text{K}$
③ $0.318\text{kJ/kg} \cdot \text{K}$
④ $0.555\text{kJ/kg} \cdot \text{K}$

난이도 ●○○○○ | 출제빈도 ★★★★★

11 질량이 0.5kg인 이상기체의 압력이 100kPa이고 온도가 27℃이다. 이때 이상기체의 정압비열(C_p)이 $1\text{kJ/kg} \cdot \text{K}$, 정적비열$(C_v)$이 $0.8\text{kJ/kg} \cdot \text{K}$일 때, 이상기체의 체적$[\text{m}^3]$은 얼마인가?

① 0.1　　　　② 0.2
③ 0.3　　　　④ 0.4

난이도 ●○○○○ | 출제빈도 ★★★★☆

12 체적이 일정한 용기 안에 질량 3kg의 이상기체가 들어 있다. 이 이상기체를 온도 40℃에서 180℃로 증가시켰을 때 가해진 열량은 얼마인가? [단, 이상기체의 정적비열(C_v)은 $0.7\text{kJ/kg} \cdot \text{K}$이다.]

① 224kJ　　　　② 264kJ
③ 294kJ　　　　④ 324kJ

난이도 ●○○○○ | 출제빈도 ★★★★☆

13 압력이 100kPa, 온도가 10℃인 이상기체의 밀도는 약 얼마인가? [단, 이상기체의 기체상수$(R) = 287\text{J/kg} \cdot \text{K}$]

① 0.74kg/m^3　　　② 1.06kg/m^3
③ 1.23kg/m^3　　　④ 1.78kg/m^3

14 난이도 ●●○○○ | 출제빈도 ★★★☆☆

질량이 1kg인 가스 A와 질량이 4kg인 가스 B로 구성된 기체 혼합물의 기체상수[J/kg · K]는 얼마인가? [단, 가스 A의 기체상수는 200J/kg · K이며 가스 B의 기체상수는 100J/kg · K이다. 또한 두 가스는 이상기체의 거동을 보인다.]

① 110J/kg · K 　② 120J/kg · K
③ 130J/kg · K 　④ 140J/kg · K

15 난이도 ●●○○○ | 출제빈도 ★★★★☆

부피(체적)이 10^{-3}m^3인 물체를 물속에서 측정하였더니 무게가 10.2N이었다. 물의 비중량이 $9,800\text{N}/\text{m}^3$일 때, 공기 중에서의 물체의 무게[N]는 얼마인가?

① 0.4
② 10.4
③ 20
④ 24

16 난이도 ●○○○○ | 출제빈도 ★★★★★

엔탈피가 110kJ이고, 압력이 100kPa, 부피가 0.3m^3일 때, 내부에너지는?

① 80kJ 　② 100kJ
③ 120kJ 　④ 140kJ

17 난이도 ●○○○○ | 출제빈도 ★★★★☆

분자량이 29인 이상기체의 정적비열(C_v)은 약 얼마인가? [단, k는 1.4이다.]

① 0.51kJ/kg · K
② 0.72kJ/kg · K
③ 1.01kJ/kg · K
④ 1.22kJ/kg · K

18 난이도 ●●○○○ | 출제빈도 ★★★★☆

지름이 2m인 두께가 얇은 풀리(pulley)를 600rpm으로 회전시킬 때, 풀리(pulley)에 발생하는 인장응력[MPa]은? [단, 표준 중력가속도는 $10\text{m}/\text{s}^2$, 풀리(pulley)의 비중량은 $5,000\text{N}/\text{m}^3$이며 π는 3으로 가정한다.]

① 1.2 　② 1.4
③ 1.6 　④ 1.8

19 난이도 ●○○○○ | 출제빈도 ★★★★

수평원관 내의 층류 흐름에서 하겐−푸아죄유 법칙(Hagen−Poiseuille's law)에 대한 설명 중 옳은 것은?

① 유량은 점성계수에 비례한다.
② 유량은 압력강하에 반비례한다.
③ 유량은 관의 지름의 4승에 비례한다.
④ 유량은 관의 길이에 비례한다.

20 난이도 ●○○○○ | 출제빈도 ★★★☆☆

세로탄성계수가 200GPa인 재료로 만들어진 원형 봉에 인장하중 20kN을 가했을 때 원형 봉의 내부에 저장되는 탄성변형에너지[N · m]는 얼마인가? [단, 원형 봉의 단면적은 15cm^2이며 길이는 15cm이다.]

① 0.01 　② 0.1
③ 1 　④ 10

21 난이도 ●●○○○ | 출제빈도 ★★☆☆☆

다음 〈보기〉에서 강자성체는 모두 몇 개인가?

철, 코발트, 크롬, 니켈, 알루미늄

① 1개　② 2개　③ 3개　④ 4개

22 구상흑연주철에서 흑연의 구상화를 위해 첨가하는 원소로 가장 옳은 것은?

① 바나듐(V)　② 망간(Mn)
③ 철(Fe)　④ 마그네슘(Mg)

난이도 ●○○○○ | 출제빈도 ★★★★☆

23 외경이 9cm, 내경이 7cm인 중공축의 극단면 2차 모멘트는 얼마인가? [단, π는 3으로 가정한다.]

① 330cm^4　② 360cm^4
③ 390cm^4　④ 420cm^4

난이도 ●●●○○ | 출제빈도 ★★☆☆☆

24 다음 중 공업용 순철의 종류로 옳지 않은 것은?

① 카보닐철　② 암코철
③ 회선철　④ 전해철

난이도 ●○○○○ | 출제빈도 ★★★★☆

25 밀도가 $1,000\text{kg}/\text{m}^3$인 물이 단면적 0.01m^2인 관 속을 $4\text{m}/\text{s}$의 속도로 흐를 때, 질량유량[kg/s]은 얼마인가?

① 0.4　② 4
③ 40　④ 400

난이도 ●○○○○ | 출제빈도 ★★★★★

26 온도가 $T_H = 3,500\text{K}$, $T_L = 2,100\text{K}$인 2개의 열 저장조 사이에서 작동하는 열펌프의 성능계수는 얼마인가?

① 1.5　② 2.5
③ 3.5　④ 4.5

난이도 ●●○○○ | 출제빈도 ★★★☆☆

27 피복아크용접에서 사용하는 용접봉의 피복제의 역할로 옳지 않은 것은?

① 용착금속에 필요한 합금원소를 보충하여 기계적 강도를 높인다.
② 대기 중의 산소와 질소로부터 모재를 보호하여 산화 및 질화를 방지한다.
③ 슬래그를 제거하며 스패터링을 작게 한다.
④ 용착금속의 냉각속도를 빠르게 한다.

난이도 ●●●○○ | 출제빈도 ★☆☆☆☆

28 다음 중 고내식강의 용도로 가장 옳지 않은 것은?

① 해수용 열교환기
② 쇄빙선
③ 화력발전소의 탈황설비
④ 공작기계 본체의 구성 재료

난이도 ●●○○○ | 출제빈도 ★★★★☆

29 다음 〈보기〉에서 용접이음의 장점으로 옳은 것은 모두 몇 개인가?

> ㉠ 모재 재질의 변형 없이 이음이 가능하다.
> ㉡ 잔류응력과 응력집중이 발생하지 않는다.
> ㉢ 용접이음에 따른 기밀성이 우수하다.
> ㉣ 용접하는 재료의 두께 제한이 없다.
> ㉤ 용접부의 비파괴검사(결함검사)가 용이하다.
> ㉥ 이음효율이 우수하다.

① 1개　② 2개
③ 3개　④ 4개

30 다음 중 자동하중 브레이크의 종류로 옳은 것은?

① 드럼브레이크
② 원판브레이크
③ 블록브레이크
④ 코일브레이크

31 다음 중 V-벨트의 특징에 대한 설명으로 옳지 않은 것은?

① 미끄럼이 적어 큰 동력 전달이 가능하다.
② 소음 및 진동이 적으며 운전이 정숙하다.
③ 고속 운전이 가능하다.
④ 큰 장력으로 큰 회전력을 얻기 때문에 베어링에 작용하는 하중이 크다.

32 다음 〈보기〉에서 두 축이 평행하지도 교차하지도 않는 기어는 모두 몇 개인지 고르시오.

> 내접기어, 하이포이드기어, 베벨기어
> 헬리컬기어, 웜기어, 나사기어

① 1개
② 2개
③ 3개
④ 4개

33 프레스가공을 전단가공, 굽힘ㆍ성형가공, 압축가공으로 분류하는 경우, 압축가공에 포함되지 않는 가공은?

① 코이닝(압인가공)
② 셰이빙
③ 스웨이징
④ 엠보싱

34 온도가 $150℃$ 인 고열원과 온도가 $34℃$ 인 저열원 사이에서 작동되는 냉동기의 성능계수는 약 얼마인가? [단, 냉동기는 역카르노 사이클이다.]

① 2.21
② 2.45
③ 2.65
④ 2.81

35 관 내에 유체가 흐를 때 지름이 $150mm$ 인 곳에서의 유속이 $2m/s$ 였다. 이때 관의 지름이 줄어들어 유속이 변한다. 지름이 $100mm$ 인 곳에서의 유속은?

① 1.5
② 2.5
③ 3.5
④ 4.5

36 다음 중 점성계수 단위의 MLT 차원으로 옳은 것은?

① $ML^{-1}T^{-1}$
② MLT^{-2}
③ $ML^{-1}T^{-2}$
④ ML^2T^{-3}

37 지름이 $20mm$ 인 환봉에 $6kN$ 의 전단력이 작용할 때, 이 환봉에 발생하는 전단응력 [MPa]은 약 얼마인가? [단, π는 3으로 가정한다.]

① 10
② 15
③ 20
④ 25

난이도 ●●○○○○ | 출제빈도 ★★★☆☆

38 축 방향의 수직으로 작용하는 하중만을 지지하는 저널은 무엇인가?

① 피벗저널　　　② 칼라저널
③ 중간저널　　　④ 원추저널

난이도 ●○○○○ | 출제빈도 ★★★★☆

39 개수로 흐름은 경계면의 일부가 항상 대기에 접해 흐르는 유체 흐름으로 대기압이 작용하는 자유표면을 가진 수로를 개수로 유동이라고 한다. 그렇다면 자유표면을 갖는 유동과 밀접한 관계가 있는 무차원수와 관련된 힘으로 옳은 것은 무엇인가?

① 관성력, 점성력　　② 관성력, 탄성력
③ 관성력, 중력　　　④ 관성력, 표면장력

난이도 ●●○○○ | 출제빈도 ★★★★☆

40 여러 키(Key)에 대한 설명 중 접선키의 설명으로 가장 옳은 것은 무엇인가?

① 키 홈이 깊게 가공되어 축의 강도가 저하될 수 있으나 키와 키 홈을 가공하기가 쉽고 키 박음을 할 때 키가 자동적으로 축과 보스 사이에 자리를 잡는 키이다.
② 설계할 때 역회전을 할 수 있도록 중심각을 120°로 하여 보스의 양쪽 대칭으로 2개의 키를 한 쌍으로 설치한 키이다.
③ 가장 많이 사용되는 키로 단면의 모양은 직사각형과 정사각형이 있으며 종류로는 윗면이 평행한 평행키와 윗면에 1/100 테이퍼를 준 경사키 등이 있다.
④ 축에는 키 홈을 가공하지 않아 축의 강도를 감소시키지 않는 장점이 있으나 축과 키의 마찰력만으로 회전력을 전달하므로 큰 동력을 전달하지 못하는 키이다.

난이도 ●●○○○○ | 출제빈도 ★★★☆☆

41 다음 〈보기〉는 전기저항 용접의 종류를 나열한 것이다. 이 중에서 겹치기용접에 해당하는 것을 올바르게 고른 것은 무엇인가?

> ㉠ 프로젝션용접　　㉡ 플래시용접
> ㉢ 업셋용접　　　　㉣ 점용접
> ㉤ 퍼커션용접　　　㉥ 맞대기심용접
> ㉦ 심용접

① ㉠, ㉣, ㉤
② ㉡, ㉢, ㉦
③ ㉠, ㉣, ㉥
④ ㉠, ㉣, ㉦

난이도 ●●○○○○ | 출제빈도 ★★★★☆

42 다음 그림처럼 외팔보의 자유단에 우력모멘트 $60\,\text{N}\cdot\text{mm}$이 작용할 때, 외팔보 자유단에서 발생하는 최대처짐량($\delta_{\max}$)은 몇 cm 인가?
[단, 보의 세로탄성계수(E) $= 200\text{MPa}$, 보의 길이(L) $= 1\text{m}$, 보의 단면 2차 모멘트(I) $= 30\text{cm}^4$이다.]

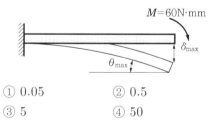

① 0.05　　　② 0.5
③ 5　　　　　④ 50

난이도 ●○○○○ | 출제빈도 ★★★★☆

43 대기압이 100kPa인 장소에 있는 용기의 게이지 압력이 80kPa을 나타내고 있을 때, 이 용기의 절대압력은?

① 20kPa　　　② 90kPa
③ 180kPa　　④ 360kPa

44 다음 중 인장 또는 압축하중을 받는 축을 결합하기 위해 사용하는 기계적 결합 요소는 무엇인가?

① 키(key)
② 리벳(rivet)
③ 핀(pin)
④ 코터(cotter)

난이도 ●●○○○ | 출제빈도 ★★★★☆

45 원형 관에서 물이 8m/s 의 유속으로 초당 15L 유출된다. 이때 관의 직경은 몇 cm 인가? [단, 물은 정상류로 흐르며 π 는 3으로 가정한다.]

① 25
② 0.05
③ 2.5
④ 5

난이도 ●○○○○ | 출제빈도 ★★★★☆

46 다음 중 항온담금질의 종류로 옳지 않은 것은?

① 마템퍼링
② 마퀜칭
③ 오스템퍼링
④ 칼로라이징

난이도 ●○○○○ | 출제빈도 ★★★☆☆

47 다음 중 보링(boring)가공에 대한 설명으로 옳은 것은?

① 재료에 암나사를 가공하는 작업이다.
② 볼트나 너트 등을 고정할 때 접촉부가 안정되게 자리를 만드는 작업이다.
③ 재료에 구멍을 뚫는 작업이다.
④ 드릴로 뚫은 구멍의 내경을 정밀하게 넓히는 작업이다.

난이도 ●○○○○ | 출제빈도 ★★★★☆

48 반지름이 100mm 의 원관을 통과하는 유체의 밀도가 100kg/m^3, 점성계수가 $0.5\text{Pa}\cdot\text{s}$, 흐름의 속도가 25m/s 일 때, 유동의 레이놀즈수의 값과 유동의 흐름 상태는 각각 무엇인가?

① 500, 층류
② 1,000, 층류
③ 500, 난류
④ 1,000, 난류

난이도 ●●○○○ | 출제빈도 ★★★★☆

49 $45,000\text{N}\cdot\text{mm}$ 의 토크가 작용하는 지름 50mm 의 회전축에 사용하는 묻힘키(sunk key)의 길이가 100mm, 폭이 15mm, 높이가 8mm 이다. 이때 키에 발생하는 전단응력은 얼마인가? [단, 전단응력의 단위는 MPa 이다.]

① 0.3
② 0.6
③ 0.9
④ 1.2

난이도 ●●○○○ | 출제빈도 ★★★★☆

50 너클 핀 이음은 포크와 로드에 수직으로 핀을 끼워 축 방향의 인장하중을 받는 2개의 축을 연결하는 데 사용된다. 이 너클 핀 이음으로 인장하중 450N 을 지지하려고 한다. 이때 전단하중을 고려하여 설계 할 경우, 너클 핀의 지름[mm]은 약 얼마인가? [단, 허용전단응력은 3MPa 이며 π 는 3으로 가정한다.]

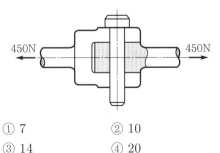

① 7
② 10
③ 14
④ 20

51 압력이 일정한 정압하에서 물을 가열하여 증발시킬 때, 물의 상태 과정의 순서로 옳은 것은?

① 포화액 → 과냉각액 → 습증기 → 건포화증기 → 과열증기
② 과냉각액 → 포화액 → 건포화증기 → 습증기 → 과열증기
③ 과냉각액 → 포화액 → 습증기 → 건포화증기 → 과열증기
④ 포화액 → 과냉각액 → 건포화증기 → 습증기 → 과열증기

52 다음 그림과 같은 길이가 1m, 지름이 30mm인 강봉에 인장력 P가 작용하여 강봉이 축 방향으로 3mm 늘어나고 지름은 0.027mm 줄어들었다. 이때 강봉의 푸아송비는 얼마인가?

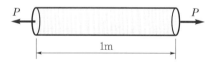

① 0.15
② 0.2
③ 0.25
④ 0.3

53 다음 중 절삭과정이 이루어지지 않는 비절삭 가공으로 옳지 않은 것은?

① 주조
② 용접
③ 래핑
④ 압출

54 코일의 평균 지름이 48mm, 소선의 지름이 6mm라면 스프링지수는?

① 6
② 8
③ 10
④ 12

55 1kg의 이상기체가 27℃로 유지되면서 $\text{m}150\text{kJ}$의 일을 할 때, 단위질량당 엔트로피 변화량$[\text{kJ/kg}\cdot\text{K}]$은 얼마인가?

① 0.3
② 0.4
③ 0.5
④ 0.6

56 지름이 30mm이고 회전수가 510rpm으로 동력 20kW를 전달하고 있는 회전축에 평행키(묻힘키)가 고정되어 있다. 허용전단응력이 50N/mm^2인 평행키의 치수가 b(폭)이 10mm, h(높이)가 8mm일 때, 키의 길이$[\text{mm}]$는 약 얼마인가? [단, 키의 전단응력만을 고려한다.]

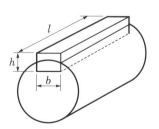

① 20 　　② 30
③ 40 　　④ 50

57 다음 그림은 블록 브레이크이다. 드럼은 시계 방향으로 회전을 하고 있다. 드럼과 블록 사이의 마찰계수(μ)는 0.25이며 브레이크의 제동력이 $1,000\text{N}$일 때, 브레이크 레버에 가하는 힘 $F[\text{N}]$는 얼마인가? [단, $a : 4,000\text{mm}$, $b : 2,100\text{mm}$, $c : 400\text{mm}$]

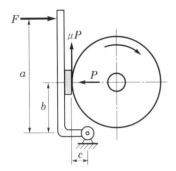

① 2,000   ② 2,200
③ 4,000   ④ 4,200

58 유속 4m/s로 흐르는 물 속에 흐름방향의 직각으로 피토관을 세웠을 때, 유속에 의해 올라가는 수주의 높이[m]는 약 얼마인가?

① 0.82   ② 0.94
③ 1.15   ④ 1.36

59 다음 그림과 같은 연강의 응력 – 변형률 선도에서 E점은 무엇을 의미하는가?

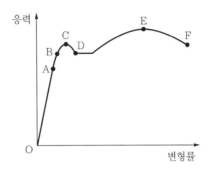

① 탄성한도
② 항복점
③ 파단강도
④ 극한강도

60 극한강도가 960N/mm^2이고 허용강도가 320N/mm^2일 때, 안전계수는?

① 2   ② 3
③ 4   ④ 5

12 2021 상반기
한국서부발전 기출문제

[⇨ 정답 및 해설편 p. 216]

난이도 ●●●●○○ | 출제빈도 ★★☆☆☆

01 다음 그림과 같은 양단고정보의 C점에 집중하중 $25kN$ 이 작용하고 있다. 이때 B점에서의 반력 크기$[kN]$는 얼마인가?

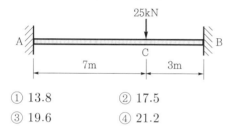

① 13.8
② 17.5
③ 19.6
④ 21.2

난이도 ●●○○○○ | 출제빈도 ★★★★☆

02 다음 그림처럼 양단고정보의 중앙점(C점)에 집중하중 $4kN$ 이 작용하고 있을 때, 중앙점에서 발생하는 모멘트의 크기$[kN \cdot m]$는 얼마인가?

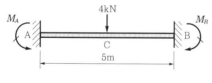

① 2.5 ② 5.0 ③ 10 ④ 20

난이도 ●○○○○ | 출제빈도 ★★★★★

03 평면응력상태의 응력요소가 다음 〈보기〉와 같을 때, 최대전단응력의 크기$[MPa]$는?

$$\sigma_x = 150MPa, \ \sigma_y = -400MPa$$

① 125
② 250
③ 275
④ 525

난이도 ●○○○○ | 출제빈도 ★★★★☆

04 다음 그림처럼 U자관에 물과 기름이 채워져 있다. 이때 기름의 밀도(ρ_o)는 $800kg/m^3$ 이고 물의 밀도(ρ_w)는 $1,000kg/m^3$이라면 물이 채워져 있는 높이가$(h_w)[cm]$는 얼마인가? [단, 물과 기름은 혼합되지 않으며 화학적으로 반응하지 않는다.]

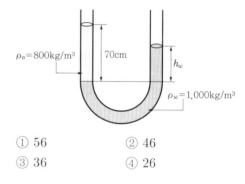

① 56
② 46
③ 36
④ 26

난이도 ●●○○○○ | 출제빈도 ★★★☆☆

05 푸아송비 ν가 0.2인 균일단면봉에 인장하중 $50kN$이 작용하고 있다. 이때 균일단면봉의 지름이 $50mm$, 종탄성계수가 $100GPa$이라면 체적변형률은 얼마인가? [단, $\pi = 3$으로 계산한다.]

① 1.6×10^{-1}
② 1.6×10^{-2}
③ 1.6×10^{-3}
④ 1.6×10^{-4}

난이도 ●○○○○ | 출제빈도 ★★★★☆

06 다음 〈보기〉 중에서 열응력과 관련된 인자는 모두 몇 개인가?

| ㉠ 온도차 | ㉡ 세로탄성계수 |
| ㉢ 비중 | ㉣ 열팽창계수 |

① 1개　　　　　　② 2개
③ 3개　　　　　　④ 4개

난이도 ●○○○○ | 출제빈도 ★★★☆☆

07 재료의 가로탄성계수가 75GPa이고 재료에 발생하는 최대전단응력이 0.03GPa일 때, 전단변형률[라디안]은 얼마인가?

① 0.0001　　　　② 0.0002
③ 0.0003　　　　④ 0.0004

난이도 ●○○○○ | 출제빈도 ★★★★☆

08 정사각형 단면의 기둥에 수직으로 압축하중 90kN이 작용하고 있다. 이때 기둥에 발생한 압축응력이 1MPa이라면, 단면의 한 변의 길이[cm]는 얼마인가?

① 10　　　　　　② 20
③ 30　　　　　　④ 40

난이도 ●●○○○ | 출제빈도 ★★★★★

09 원형봉의 유효지름이 100mm이고 길이가 $1{,}200\text{mm}$일 때, 양단회전된 기둥의 유효세장비는 얼마인가?

① 24　　　　　　② 48
③ 96　　　　　　④ 192

난이도 ●○○○○ | 출제빈도 ★★★★☆

10 밀폐된 계(system)가 외부로부터 26kJ의 일을 받는 동안 주위로부터 158kJ의 열을 흡수하였다. 이때 밀폐된 계(system)의 내부에너지 변화량[kJ]은?

① 132　　　　　　② 156
③ 184　　　　　　④ 208

난이도 ●●○○○ | 출제빈도 ★★★★☆

11 다음 〈보기〉 중에서 디젤 사이클(diesel cycle)에 대한 설명으로 옳은 것만을 모두 고르면 몇 개인가?

㉠ 압축비가 약 9이다.
㉡ 불꽃점화기관의 이상 사이클이다.
㉢ 정압하에서 열이 공급되고 정적하에서 열이 방출된다.
㉣ 비열비가 일정할 때, 열효율은 압축비와 단절비의 함수이다.

① 1개　　　　　　② 2개
③ 3개　　　　　　④ 4개

난이도 ●●○○○ | 출제빈도 ★★★★★

12 다음 〈보기〉 중에서 카르노 사이클(Carnot cycle)에 대한 설명으로 옳은 것만을 모두 고르면 몇 개인가?

㉠ 열기관의 이상 사이클로 이상기체를 동작물질로 사용한다.
㉡ 2개의 가역과정이 존재한다.
㉢ 가역 사이클 중 열효율이 가장 우수하다.
㉣ 밀폐계 또는 정상유동계에서 사용될 수 있는 사이클이다.

① 1개　　　　　　② 2개
③ 3개　　　　　　④ 4개

난이도 ●○○○○ | 출제빈도 ★★★★☆

13 내부에너지가 $80kJ$이고 엔탈피가 $120kJ$, 압력이 $100kPa$이다. 이때 부피$[m^3]$는?

① 0.1　　　　② 0.2

③ 0.3　　　　④ 0.4

난이도 ●○○○○ | 출제빈도 ★★★★☆

14 효율이 40%인 카르노 열기관이 고열원에서 $200kJ$의 공급 열량을 받아 1순환 과정 동안 외부에 일을 한다. 이때 저열원으로 방출되는 열량$[kJ]$은 얼마인가?

① 80　　　　② 100

③ 120　　　　④ 140

난이도 ●○○○○ | 출제빈도 ★★★★★

15 이상기체(ideal gas)로 간주되는 가스의 압력이 $150kPa$, 온도가 $27°C$이다. 이때 가스의 체적이 $18m^3$, 가스의 기체상수가 $0.3kJ/kg \cdot K$이라면 가스의 질량$[kg]$은?

① 10　　　　② 20

③ 30　　　　④ 40

난이도 ●●○○○ | 출제빈도 ★★☆☆☆

16 코일 스프링에서 스프링 재료(소선)의 지름이 $10mm$이며 스프링 소재의 허용전단응력이 $200MPa$일 때, 스프링이 지지할 수 있는 최대하중이 $3kN$이다. 이때 코일의 평균지름$[mm]$은 얼마인가? [단, 왈(wahl)의 응력수정계수(K)는 1이며 $\pi = 3$으로 가정한다.]

① 5　　　　② 15

③ 25　　　　④ 35

난이도 ●●○○○ | 출제빈도 ★★★★☆

17 길이가 L인 외팔보의 중앙과 끝단에 집중하중 P가 각각 작용하고 있다. 이때 외팔보의 최대처짐량은? [단, 굽힘강성은 EI로 일정하며 구조물의 자중은 무시한다.]

① $\dfrac{5PL^3}{48EI}$　　　　② $\dfrac{PL^3}{3EI}$

③ $\dfrac{5PL^3}{384EI}$　　　　④ $\dfrac{21PL^3}{48EI}$

난이도 ●○○○○ | 출제빈도 ★★★★☆

18 지름이 $5cm$인 원형 봉이 천장에 수직으로 고정되어 있다. 이 봉에 $2.5kN$의 인장하중을 작용시켰을 때 원형 봉의 변형량$[mm]$은 얼마인가? [단, 봉의 종탄성계수는 $0.25GPa$, 길이는 $3m$이다. 또한 봉의 자중은 무시하며 $\pi = 3$으로 가정하여 계산한다.]

① 4　　　　② 8

③ 16　　　　④ 32

난이도 ●●○○○ | 출제빈도 ★★★☆☆

19 다음 〈보기〉에 따른 증기압축 냉동 사이클의 성적계수는 얼마인가?

┌─────────────────────────────┐
│ ㉠ 증발기 출구에서의 엔탈피: $235kcal/hr$ │
│ ㉡ 응축기 입구에서의 엔탈피: $261kcal/hr$ │
│ ㉢ 팽창밸브 출구에서의 엔탈피: $92kcal/hr$ │
└─────────────────────────────┘

① 3.5　　　　② 4.5

③ 5.5　　　　④ 6.5

20 실린더 내에 압력이 600kPa인 기체가 0.8m^3 채워져 피스톤으로 막아져 있다. 이때 열을 가하여 기체의 부피가 1.5m^3로 팽창하였을 때, 기체가 한 팽창일[kJ]은?

① 420
② 560
③ 480
④ 900

21 이상기체의 등온과정에 대한 설명으로 옳지 않은 것은?

① 절대일과 공업일이 같다.
② 압력과 체적은 비례한다.
③ 엔탈피 변화는 0이다.
④ 내부에너지 변화는 0이다.

22 정지하고 있는 물체에 5초 동안 일정한 힘을 가했더니 5초 후의 속도가 63m/s가 되었다. 물체의 가속도는 얼마인가?

① 11.6
② 12.6
③ 13.6
④ 14.6

23 선철 중의 불순물을 제거하고 정련시키는 것을 제강법이라고 한다. 이때 전기로 제강법에 대한 설명으로 옳지 않은 것은?

① 전력 소모량이 적다.
② 고온을 쉽게 얻을 수 있으며 온도 제어가 용이하다.
③ 산화, 환원 조절이 쉬워 황, 인의 제거가 용이하므로 탈황, 탈인이 우수하다.
④ 순도가 높은 고품질의 제품, 고급강 및 특수강의 제조에 사용된다.

24 금속침투법(metallic cementation)은 철강 재료의 표면에 철과 친화력이 좋은 금속을 침투시켜 표면을 경화시키는 방법이다. 여러 금속침투법(metallic cementation)에 침투시키는 금속을 올바르게 짝지은 보기는?

① 보로나이징 – 베릴륨
② 칼로라이징 – 칼슘
③ 크로마이징 – 알루미늄
④ 세라다이징 – 아연

25 다음 중 단조에 대한 설명으로 가장 옳은 것은 무엇인가?

① 금속 봉이나 관 등을 다이에 넣고 축 방향으로 잡아당겨 지름을 줄임으로써 가늘고 긴 선이나 봉재 등을 만드는 가공방법이다.
② 상온 또는 가열된 금속을 용기 내의 다이를 통해 밀어내어 봉이나 관 등을 만드는 가공방법이다.
③ 금속재료를 소성유동하기 쉬운 상태에서 금형이나 공구(해머 따위)로 압축력 또는 충격력을 가해 성형하는 가공방법이다.
④ 열간, 냉간에서 재료를 회전하는 두 개의 롤러 사이에 통과시켜 두께를 줄이는 가공방법이다.

26 건포화증기가 단면 확대노즐 내를 흐르는 사이에 비엔탈피가 500kcal/kg만큼 감소하였다. 입구의 속도를 무시할 수 있을 경우, 노즐 출구의 속도[m/s]는 약 얼마인가?

① 1,000
② 2,000
③ 3,000
④ 4,000

PART I 과년도 기출문제

27 난이도 ●○○○○ | 출제빈도 ★★★☆☆

어떤 이상기체의 정적비열(C_v)과 기체상수(R)가 다음과 같을 때, 이 이상기체의 정압비열(C_p)는?

> ㉠ 정적비열(C_v) = 0.7545kJ/kg·K
>
> ㉡ 기체상수(R) = 0.1855kJ/kg·K

① 0.569kJ/kg·K
② 0.669kJ/kg·K
③ 0.855kJ/kg·K
④ 0.940kJ/kg·K

28 난이도 ●●○○○ | 출제빈도 ★★☆☆☆

선반에서 사용되는 척의 종류는 여러 가지가 있다. 이때 연동척에 대한 설명으로 가장 옳은 것은?

① 4개의 조가 각각 단독으로 움직이며 공작물의 바깥지름이 불규칙하거나 중심이 편심되어 있을 때 사용한다.
② 척 내부에 전자석을 설치한 것으로 얇은 일감을 변형시키지 않고 고정할 수 있다.
③ 공기의 압력을 이용하여 공작물을 고정한다.
④ 3개의 조를 가지고 있으며 중심잡기가 편리하나, 조임력이 약하다.

29 난이도 ●○○○○ | 출제빈도 ★★★☆☆

다음 〈보기〉 중 뉴턴의 점성법칙과 관련이 있는 변수로 옳은 것은 모두 몇 개인가?

> ㉠ 속도구배   ㉡ 기체상수
>
> ㉢ 전단응력   ㉣ 관마찰계수
>
> ㉤ 압력   ㉥ 점성계수

① 2개
② 3개
③ 4개
④ 5개

30 난이도 ●○○○○ | 출제빈도 ★★★☆☆

관로의 단면적의 변화로 인한 부차적 손실을 고려하기 위해 손실수두를 계산할 때, 부차적 손실계수(K)를 곱하여 계산한다. 이때 부차적 손실을 고려하기 위한 관의 상당길이(L_e)로 옳은 것은? [단, 관의 직경은 D이며 점성에 의한 관마찰계수는 f이다.]

① $L_e = \dfrac{fD}{K}$ ② $L_e = \dfrac{Kf}{D}$

③ $L_e = \dfrac{f}{KD}$ ④ $L_e = \dfrac{KD}{f}$

31 난이도 ●●○○○ | 출제빈도 ★★★☆☆

다음 중 공구용 특수강의 종류로 옳지 않은 것은?

① 탄소공구강
② 초경합금
③ 고속도강
④ 강인강

32 난이도 ●○○○○ | 출제빈도 ★★★★☆

비중량이 $6,500\text{N}/\text{m}^3$, 체적이 10L인 디젤(diesel)유의 무게는?

① 55
② 65
③ 75
④ 85

33 난이도 ●○○○○ | 출제빈도 ★★★☆☆

연직 유리관 A와 연직 유리관 B의 지름비가 1 : 4 일 때, 모세관 현상에 의한 액면상승높이의 비는 얼마인가?

① 1 : 1
② 2 : 1
③ 4 : 1
④ 1 : 4

34 수평원관 내의 층류 흐름에서 하겐-푸아죄유 법칙(Hagen-Poiseuille's law)에 대한 설명 중 옳지 않은 것은?

① 압력강하는 유량의 1승에 비례한다.
② 압력강하는 점성계수의 1승에 비례한다.
③ 압력강하는 관의 지름의 4승에 비례한다.
④ 압력강하는 관의 길이의 1승에 비례한다.

35 지름이 5cm인 야구공이 공기 중에서 속도 20m/s로 날아갈 때, 야구공이 받는 항력이 1.8N이다. 이때 항력계수(C_D)는? [단, 공기의 밀도는 1.2kg/m^3이며 $\pi = 3$으로 계산한다.]

① 3.5 　　　　② 4.0
③ 4.5 　　　　④ 5.0

36 다음 중 동력의 단위를 MLT 차원으로 나타낸 보기로 옳은 것은?

① ML^2T^{-2}
② $\text{ML}^{-1}\text{T}^{-1}$
③ ML^2T^{-3}
④ $\text{ML}^{-2}\text{T}^{-2}$

37 물을 가열하여 온도를 15℃에서 75℃로 증가시키는 데 필요한 열량이 1,200kcal이다. 이때 물의 질량[kg]은 얼마인가? [단, 물의 비열은 1kcal/kg·℃이다.]

① 10 　　　　② 20
③ 30 　　　　④ 40

38 질량이 3kg, 온도가 15℃인 어떤 이상기체(ideal gas)가 압력이 일정한 정압하에서 열이 공급되어 체적이 2배가 되었다. 이때 공급된 열량[kJ]은 얼마인가? [단, 이상기체의 정압비열은 1kJ/kg·K이다.]

① 288 　　　　② 576
③ 864 　　　　④ 1,152

39 일반적으로 뉴턴 유체에서 온도 상승에 따른 기체와 액체의 점성계수(점성, 점도)의 변화를 가장 바르게 설명한 것은?

① 기체, 액체 모두 증가한다.
② 기체, 액체 모두 감소한다.
③ 기체의 점성계수는 감소하고 액체의 점성계수는 증가한다.
④ 기체의 점성계수는 증가하고 액체의 점성계수는 감소한다.

40 다음 중 주조경질합금의 대표적인 상품인 스텔라이트의 구성 원소로 옳지 않은 것은?

① Cr 　　　　② W
③ V 　　　　④ Co

41 다음 〈보기〉 중에서 불변강에 속하는 것을 모두 고르면 몇 개인가?

㉠ 플래티나이트	㉡ 배빗메탈
㉢ 인바	㉣ 엘린바
㉤ 모넬메탈	

① 1개 　② 2개 　③ 3개 　④ 4개

난이도 ●○○○○ | 출제빈도 ★★★★☆

42 다음 중 선철에 함유된 기본 구성 원소로 옳지 않은 것은?

① P ② Mn
③ Ni ④ S

난이도 ●●○○○ | 출제빈도 ★★★☆☆

43 다음 중 크리프(creep) 현상에 대한 설명으로 가장 옳은 것은?

① 작은 힘이라도 반복적으로 힘을 가하게 되면 점점 변형이 증대되는 현상을 말한다.
② 고온에서 연성재료가 정하중을 받을 때, 시간에 따라 변형이 서서히 증대되는 현상을 말한다.
③ 재료에 인장하중을 가했을 때, 길이 방향으로 가늘고 길게 잘 늘어나는 현상을 말한다.
④ 재료에 외력을 가하면 변형이 되고, 다시 외력을 제거하면 원래의 상태로 복귀하는 현상을 말한다.

난이도 ●●○○○ | 출제빈도 ★★★☆☆

44 다음 〈보기〉 중 비교측정기만을 모두 고르면 몇 개인가?

> ㉠ 공기마이크로미터
> ㉡ 버니어캘리퍼스
> ㉢ 옵티미터
> ㉣ 마이크로미터
> ㉤ 다이얼게이지
> ㉥ 전기마이크로미터

① 2개 ② 3개
③ 4개 ④ 5개

난이도 ●●○○○ | 출제빈도 ★★★☆☆

45 다음 중 비용적형 펌프(터보형 펌프)로 옳지 않은 것은?

① 원심펌프 ② 사류펌프
③ 베인펌프 ④ 축류펌프

난이도 ●●○○○ | 출제빈도 ★★★★☆

46 다음 〈보기〉 중 유압 작동유의 구비 조건으로 옳은 것만을 모두 고르면 몇 개인가?

> ㉠ 비등점이 낮고, 증기압이 높아야 한다.
> ㉡ 체적탄성계수가 커야 한다.
> ㉢ 비중이 커야 한다.
> ㉣ 공기의 흡수성이 낮아야 한다.
> ㉤ 열팽창계수가 커야 한다.
> ㉥ 비열이 작아야 한다.

① 1개 ② 2개
③ 3개 ④ 4개

난이도 ●●○○○ | 출제빈도 ★★★☆☆

47 다음 중 강의 절삭성을 향상시키기 위해 첨가하는 원소로 가장 옳은 것은?

① Cr ② W
③ V ④ Pb

난이도 ●●○○○ | 출제빈도 ★★★★★

48 표면장력이 $0.45\text{N}/\text{m}$인 비눗방울의 내부 초과압력이 $60\text{N}/\text{m}^2$일 때, 비눗방울의 지름(직경)$[\text{cm}]$은 얼마인가?

① 2 ② 4
③ 6 ④ 8

49 난이도 ●●○○○○ | 출제빈도 ★★★★☆

화학적 표면경화법 중 침탄법과 비교한 질화법에 대한 특징으로 가장 옳지 않은 것은?

① 질화법 후 수정이 불가능하다.
② 경도는 침탄법보다 높다.
③ 처리시간이 침탄법보다 길다.
④ 침탄법보다 변형이 크다.

50 난이도 ●●○○○○ | 출제빈도 ★★★☆☆

다음 중 마그네슘(Mg)의 특징으로 옳지 않은 것은?

① 대기 중에서는 내식성이 양호하나, 산이나 해수에는 침식되기 쉽다.
② 열전도율은 알루미늄과 구리에 비해 낮은 편이다.
③ 비중이 1.74로 가벼운 비철금속이다.
④ 냉간가공성이 우수하다.

51 난이도 ●●●○○○ | 출제빈도 ★☆☆☆☆

다음 중 프로판가스와 관련된 설명으로 옳은 것은?

① 액체상태의 프로판이 기화되면 230배로 체적이 증가한다.
② 공기보다 가볍다.
③ 액화석유가스이다.
④ 일반적으로 독성이 강하다.

52 난이도 ●○○○○ | 출제빈도 ★★★☆☆

두께가 2.5mm인 강판에 지름이 500mm인 구멍을 압축하중 1,500 πN 을 가해 펀치로 뚫었을 때, 강판에 발생하는 전단응력 [MPa]은?

① 0.6
② 1.2
③ 2.4
④ 4.8

53 난이도 ●○○○○ | 출제빈도 ★★★★☆

다음 〈보기〉에서 설명하는 가공방법으로 가장 옳은 것은?

입도가 작고 연한 숫돌 입자를 공작물 표면에 접촉시킨 후, 낮은 압력과 미세한 진동을 주어 고정밀도의 표면으로 다듬질하는 가공방법이며 원통면, 평면, 구면에 적용시킬 수 있다.

① 래핑
② 슈퍼피니싱
③ 호닝
④ 리밍

54 난이도 ●●○○○ | 출제빈도 ★★★☆☆

다음 〈보기〉는 전기저항 용접법의 종류를 나열해 놓은 것이다. 이 중 맞대기용접의 종류에 해당되는 것만을 모두 고르면 몇 개인가?

| ㉠ 심용접 | ㉡ 업셋용접 |
| ㉢ 점용접 | ㉣ 퍼커션용접 |

① 1개
② 2개
③ 3개
④ 4개

55 난이도 ●○○○○ | 출제빈도 ★★★★☆

다음 중 여러 밸브에 대한 설명으로 옳지 않은 것은?

① 감압밸브: 일부 회로의 압력을 주회로의 압력보다 낮은 압력으로 하고자 할 때 사용하는 밸브이다.
② 릴리프밸브: 유체를 한 방향으로만 흐르게 하기 위한 역류 방지용 밸브이다.
③ 교축밸브: 유체의 유동 단면적을 감소시켜 유체 흐름에 대한 저항을 가해 유량을 제어하는 밸브이다.
④ 시퀀스밸브: 2개 이상의 구동기기를 제어하는 회로에서 압력에 따라 구동기기의 작동순서를 자동적으로 제어하는 밸브로 순차작동밸브라고도 한다.

난이도 ●●●○○ | 출제빈도 ★★☆☆☆

56 청동의 종류 중에서 강도 및 경도가 가장 우수한 청동은 무엇인가?

① 포금 ② 니켈 청동
③ 실진 청동 ④ 베릴륨 청동

난이도 ●○○○○ | 출제빈도 ★★★★☆

57 파이프의 안지름이 50cm이고, 파이프 속을 흐르는 유체의 유량이 $0.6\text{m}^3/\text{s}$이다. 이때 파이프 속을 흐르는 유체의 평균 유속[m/s]은? [단, $\pi = 3$으로 가정하여 계산한다.]

① 0.8 ② 1.6
③ 3.2 ④ 4.8

난이도 ●●○○○ | 출제빈도 ★★★★☆

58 다음 〈보기〉에서 설명하는 유체역학적 측정 기구로 옳은 것은?

> 흐르는 물의 정수압을 측정하는 측정기구로 개수로, 관수로 등의 벽의 측정 지점에 작은 구멍을 뚫고 파이프를 연결한다. 이후 수은주나 수주 압력계 등의 기구에 연결하여 정수압을 측정한다.

① 로터미터 ② 벤투리미터
③ 오리피스 ④ 피에조미터

난이도 ●●○○○ | 출제빈도 ★★★☆☆

59 특정 물체를 개발하여 물속에서 모형실험을 하고자 한다. 이때 실형 물체의 속도가 7.5m/s이며 실형 물체와 모형 물체의 길이의 비가 $8:1$이라면, 모형 물체의 속도[m/s]는 얼마로 해야 하는가?

① 20 ② 40
③ 60 ④ 80

난이도 ●●○○○ | 출제빈도 ★★★☆☆

60 다음 그림과 같은 $T\text{-}S$ 선도에서 T_1, T_2, T_3, T_4가 각각 200K, 900K, $1,300\text{K}$, 400K인 오토 사이클(Otto cycle)의 이론 열효율[%]은 얼마인가?

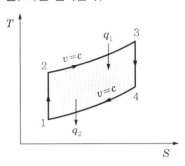

① 35 ② 40
③ 45 ④ 50

난이도 ●○○○○ | 출제빈도 ★★★★☆

61 두께 40mm인 얇은 판재로 만든 구형 용기의 안지름이 1m이다. 이 용기의 길이 방향 응력이 벽 두께에 걸쳐 균일하게 10MPa로 분포되어 작용하고 있을 때, 용기에 작용하는 내압 p의 크기[MPa]는 얼마인가?

① 0.8 ② 1.6
③ 3.2 ④ 4.8

난이도 ●●○○○ | 출제빈도 ★★★☆☆

62 직사각형 단면($b \times h = 12\text{cm} \times 20\text{cm}$)을 가진 외팔보(켄틸레버보)의 고정단에서의 굽힘응력이 300MPa일 때, 외팔보의 자유단에서 5mm의 처짐이 발생하였다. 이때 보의 길이[m]는 얼마인가? [단, 이 보의 탄성계수는 200GPa이고 굽힘강성 EI는 일정하며, 자중 및 전단의 영향은 무시한다.]

① 1.0 ② 1.5 ③ 2.0 ④ 2.5

63 난이도 ●○○○○ | 출제빈도 ★★★★☆

속이 뚫린 중공축의 바깥지름$(d_2) = 60cm$이고, 안지름$(d_1) = 40cm$이다. 이 중공축에 압축하중 $300kN$이 작용할 때, 축에 발생하는 압축응력$[MPa]$은 얼마인가? [단, $\pi = 3$으로 가정하여 계산한다.]

① 0.5　　　　② 1.0
③ 1.5　　　　④ 2.0

64 난이도 ●○○○○ | 출제빈도 ★★★★☆

저열원으로부터 $2,400kJ/hr$의 열량을 흡수하여 고열원으로 $3,200kJ/hr$의 열량을 방출하는 열펌프의 성능계수는 얼마인가?

① 1　　　　② 2
③ 3　　　　④ 4

65 난이도 ●●○○○ | 출제빈도 ★★★☆☆

상온에서의 열전도도가 큰 순서대로 바르게 나열한 것은?

① 백금 > 알루미늄 > 물 > 공기
② 알루미늄 > 백금 > 물 > 공기
③ 백금 > 알루미늄 > 공기 > 물
④ 알루미늄 > 백금 > 공기 > 물

66 난이도 ●●○○ | 출제빈도 ★★★★☆

회전축에 대한 질량관성모멘트가 $5kg \cdot m^2$인 플라이휠이 $3,200rpm$으로 회전하는 경우, 플라이휠의 운동에너지$[kJ]$는?

① 256
② 356
③ 456
④ 556

67 난이도 ●○○○○ | 출제빈도 ★★★★☆

다음 슈테판–볼츠만의 법칙에 대한 설명에서 ( ) 안에 들어가야 할 말로 가장 옳은 것은?

슈테판–볼츠만의 법칙에 따르면 복사체에서 발산되는 복사에너지는 복사체의 ( )의 4제곱에 비례한다.

① 방사열　　　　② 투과율
③ 흡수율　　　　④ 절대온도

68 난이도 ●●○○○ | 출제빈도 ★★★★☆

직각삼각형 단면에서 밑변의 길이가 b이고 높이가 h일 때, 밑변에 대한 단면 2차 모멘트의 값으로 옳은 것은?

① $\dfrac{bh^3}{36}$　　　　② $\dfrac{hb^3}{36}$

③ $\dfrac{bh^3}{12}$　　　　④ $\dfrac{bh^3}{64}$

69 난이도 ●○○○○ | 출제빈도 ★★★★★

다음 중 종량성 상태량에 해당하는 것은 무엇인가?

① 압력　　　　② 비체적
③ 체적　　　　④ 밀도

70 난이도 ●○○○○ | 출제빈도 ★★★★☆

다음 〈보기〉에서 설명하는 탄소강의 조직으로 옳은 것은?

γ철에 최대 $2.11\%C$까지 탄소가 용입되어 있는 고용체로 γ고용체라고도 한다.

① 페라이트　　　　② 시멘타이트
③ 레데뷰라이트　　④ 오스테나이트

13 2021 상반기
한국수자원공사 기출문제

[⇨ 정답 및 해설편 p. 254]

난이도 ●○○○○ | 출제빈도 ★★★★☆

01 다음 보기는 여러 나사의 종류이다. 이들 중 용도가 다른 것은?

① 관용나사　　② 유니파이나사
③ 미터나사　　④ 사각나사

난이도 ●○○○○ | 출제빈도 ★★★★☆

02 두 축이 서로 평행 및 두 축의 거리가 가까운 경우에 사용하거나 각속도의 변화 없이 동력을 전달하고자 할 때 사용하는 커플링은?

① 셀러 커플링　　② 클램프 커플링
③ 올덤 커플링　　④ 유니버설 커플링

난이도 ●○○○○ | 출제빈도 ★★★☆☆

03 다음 중 키(key)가 전달할 수 있는 토크, 즉 동력 전달 크기가 가장 큰 키(key)는 무엇인가?

① 납작키　　② 묻힘키
③ 접선키　　④ 안장키

난이도 ●●○○○ | 출제빈도 ★★★☆☆

04 다음 중 응력집중(stress concentration)을 완화시키는 방법으로 옳지 않은 것은?

① 단면이 변화되는 부분에 보강재를 결합한다.
② 필릿 반지름을 최대한 작게 한다.
③ 단면이 변화되는 부분에 숏피닝, 열처리 등을 하여 응력집중 부분을 강화시킨다.
④ 테이퍼지게 설계한다.

난이도 ●○○○○ | 출제빈도 ★★★★☆

05 다음 중 오일러 운동방정식의 가정 조건으로 옳지 않은 것은?

① 정상류이어야 한다.
② 비점성이어야 한다.
③ 비압축성이어야 한다.
④ 마찰이 존재하지 않아야 한다.

난이도 ●●●○○ | 출제빈도 ★★★☆☆

06 원형 관에 유체가 층류 유동으로 흐르고 있을 때, 단면적을 2배로 하면 손실수두는 몇 배가 되는가?

① $\frac{1}{2}$　② $\frac{1}{4}$　③ $\frac{1}{8}$　④ $\frac{1}{16}$

난이도 ●●○○○ | 출제빈도 ★★☆☆☆

07 다음 중 상온에서 정적비열에 대한 정압비열의 비($k = C_p / C_v$)가 가장 작은 것은? [단, k는 비열비이다.]

① 공기(Air)　　② Ar
③ He　　④ CO_2

난이도 ●○○○○ | 출제빈도 ★★★★☆

08 이상기체의 여러 열역학 과정 중에서 이상기체의 엔탈피가 변하지 않는 과정은?

① 등적과정　　② 등압과정
③ 가역단열과정　　④ 교축과정

09 온도가 $10℃$, 질량이 2.5kg인 물체가 50m의 높이에서 지상으로 떨어졌을 때, 물체의 온도는 몇 $℃$가 되는가? [단, 과정 중에 열적 에너지 손실과 마찰은 존재하지 않으며 물체의 비열은 $0.4\text{kJ/kg}\cdot℃$, 중력가속도(g)는 10m/s^2으로 계산한다.]

① 1.25 ② 8.75
③ 11.25 ④ 13.25

10 다음 중 카르노 사이클(Carnot cycle)의 구성으로 가장 옳은 것은?

① 2개의 정적과정과 2개의 단열과정
② 2개의 등온과정과 2개의 정적과정
③ 2개의 등온과정과 2개의 단열과정
④ 2개의 정압과정과 2개의 단열과정

11 어떠한 이상기체가 폴리트로픽(polytropic) 변화에 의하여 처음 상태에서는 압력이 P_1, 체적이 V_1이었는데 끝 상태에서는 압력이 P_2, 체적이 V_2로 되었다. 이 기체의 폴리트로픽 지수 n은 얼마인가?

① $n = \dfrac{\ln(P_2/P_1)}{\ln(V_1/V_2)}$

② $n = \dfrac{\ln(V_1/V_2)}{\ln(P_2/P_1)}$

③ $n = \dfrac{\ln(P_2/P_1)}{\ln(V_2/V_1)}$

④ $n = \dfrac{\ln(V_2/V_1)}{\ln(P_2/P_1)}$

12 다음 중 부양체의 안정상태에 관한 설명으로 옳은 것은?

① 부양체의 무게중심 및 경심은 부양체의 안정상태와 관련이 없다.
② 부양체의 무게중심과 경심이 같을 때 부양체는 안정하다.
③ 부양체의 무게중심보다 경심이 아래에 있을 때 부양체는 안정하다.
④ 부양체의 무게중심보다 경심이 위에 있을 때 부양체는 안정하다.

13 지름이 D_B인 관에서의 유체속도가 9m/s일 때, 지름이 D_A인 관에서의 유체속도는? [단, $D_A = 3D_B$의 관계를 갖는다.]

① 1m/s
② 3m/s
③ 9m/s
④ 18m/s

14 한 쌍의 기어가 맞물렸을 때 치면 사이에 생기는 틈새를 백래시(backlacsh, 치면놀이, 엽새, 뒤틈)라고 한다. 기어에 백래시를 주는 목적으로 가장 옳지 않은 것은?

① 윤활유 공급에 따른 유막 두께를 위한 공간 확보하기 위해
② 소음 및 진동을 방지하기 위해
③ 가공성의 오차, 피치 오차, 치형 오차에 대응하기 위해
④ 기어와 연결된 축이 부하에 의해 변형되는 것을 방지하기 위해

난이도 ●●○○○○ | **출제빈도** ★★☆☆☆

15 일정한 단면적을 가진 원기둥의 용기 속에 들어 있는 물(water)이 회전수 300rpm의 등속회전운동을 받고 있다. 이때 수면의 최대높이와 최소높이의 차이는? [단, 용기의 지름은 20cm이며 π와 중력가속도(g)는 각각 3, 10m/s^2으로 계산한다.]

① 45cm ② 90cm
③ 180cm ④ 360cm

난이도 ●●○○○○ | **출제빈도** ★★★☆☆

16 축 설계 시 고려해야 할 사항에는 강도, 변형, 열응력, 충격, 부식, 위험속도, 진동수, 강성 등이 있다. 이때 수차축, 펌프축, 선박의 프로펠러축 등과 같이 항상 액체 중에 있는 축 같은 경우에는 위 고려사항 중 어떤 것을 특히 고려해야 하는가?

① 열응력 ② 충격
③ 부식 ④ 진동수

난이도 ●○○○○○ | **출제빈도** ★★★★★

17 직경(지름)이 20mm이고 표면장력이 100kgf/mm인 물방울의 내부초과압력[kgf/mm²]은 얼마인가?

① 10 ② 20 ③ 40 ④ 80

난이도 ●●●●○○ | **출제빈도** ★☆☆☆☆

18 유동장 내에서 유체의 가속도를 표현하는 물질도함수의 가속도 편미분방정식으로 옳은 것은?

① $v\left(\dfrac{dv}{ds}\right)+\dfrac{dv}{dt}$ ② $\dfrac{dv}{ds}+v\left(\dfrac{dv}{dt}\right)$

③ $v\left(\dfrac{dv}{ds}+\dfrac{dv}{dt}\right)$ ④ $\dfrac{dv}{ds}+\dfrac{dv}{dt}$

난이도 ●○○○○○ | **출제빈도** ★★★★★

19 정압하에서 압력이 200kPa인 이상기체가 부피 0.1m^3에서 0.4m^3로 팽창하였다. 이때 이상기체의 내부에너지가 100kJ이 증가하였다면, 공급된 열량은 얼마인가?

① 40kJ ② 60kJ
③ 140kJ ④ 160kJ

난이도 ●○○○○○ | **출제빈도** ★★★☆☆

20 다음 사이클 중 팽창일에 비해 압축일이 가장 작은 사이클은?

① 오토 사이클 ② 브레이턴 사이클
③ 랭킨 사이클 ④ 디젤 사이클

난이도 ●●●●○ | **출제빈도** ★☆☆☆☆

21 다음 중 수격펌프 도수관의 길이(L)를 구하는 식으로 옳은 것은? [단, h는 양정[m], H는 낙차[m]이다.]

① $L = H+\dfrac{0.3h}{H}$ [m]

② $L = h+0.3H$ [m]

③ $L = h+\dfrac{0.3h}{H}$ [m]

④ $L = H+0.3h$ [m]

난이도 ●●●○○ | **출제빈도** ★★★☆☆

22 왕복 피스톤 펌프에서 에어챔버(air chamber)를 설치하는 이유로 가장 옳은 것은?

① 유량을 일정하게 유지해 수격현상을 방지하기 위해서
② 흡입관으로 물 속의 불순물이 들어가는 것을 방지하기 위해서
③ 흡입관 안에 들어간 물을 역류하지 못하게 하기 위해서
④ 서징현상으로부터 펌프를 보호하기 위해서

난이도 ●●○○○ | 출제빈도 ★★★★☆

23 1,200rpm의 회전수로 회전하는 펌프의 양정이 36m, 유량이 $0.2m^3/s$ 이다. 이때 이 펌프와 상사이면서 회전수가 800rpm이고 치수가 2배인 펌프의 양정은?

① 16m   ② 32m

③ 64m   ④ 128m

난이도 ●●●●○ | 출제빈도 ★★☆☆☆

24 다음 중 원심펌프의 누설 손실이 일어나는 곳으로 옳지 않은 것은?

① 축추력 평형장치부
② 봉수용에 쓰이는 압력수
③ 회전차 출구측의 웨어링 링 부분
④ 패킹박스

난이도 ●○○○○ | 출제빈도 ★★★★★

25 화력발전소에서 사용하는 증기의 최고사용온도가 606℃, 최저사용온도가 20℃일 때, 이론적으로 구할 수 있는 화력발전소의 최대열효율은 약 몇 %인가?

① 22.2   ② 33.3

③ 66.7   ④ 77.6

난이도 ●●○○○ | 출제빈도 ★★★☆☆

26 토출량(유량)이 $20m^3/min$인 펌프를 사용하여 물을 토출할 때, 펌프의 소요 축동력 [kW]은? [단, 실양정은 5.6m, 총 손실수두는 0.4m, 펌프의 효율은 80%이며 물의 비중량은 $10kN/m^3$으로 계산한다.]

① 25   ② 30

③ 35   ④ 40

난이도 ●●○○○ | 출제빈도 ★★★☆☆

27 물의 위치에너지를 압력에너지와 속도에너지로 변환하여 이용하는 것이 수차이다. 즉, 물이 안내날개를 지나는 동안 물의 압력에너지와 속도에너지가 수차의 기계적 에너지로 변환되는 과정을 통해 회전력을 얻는 수차의 종류로 옳은 것은?

① 펠톤수차, 중력수차
② 펌프수차, 펠톤수차
③ 프로펠러수차, 펠톤수차
④ 프로펠러수차, 프란시스수차

난이도 ●●○○○ | 출제빈도 ★★☆☆☆

28 원심펌프의 성능곡선에서 유량(Q)이 증가할수록 일반적으로 효율, 축동력, 전양정은 어떻게 변하는가?

① 효율 증가, 축동력 증가, 양정 감소
② 효율 증가, 축동력 감소, 양정 증가
③ 효율 감소, 축동력 증가, 양정 감소
④ 효율 감소, 축동력 감소, 양정 증가

난이도 ●○○○○ | 출제빈도 ★★★★★

(추가 문제)

29 지름이 40cm인 속이 꽉 찬 봉에 비틀림모멘트가 150N·m이 작용하고 있을 때, 봉에 발생하는 최대전단응력[kPa]은 얼마인가? [단, π는 3으로 계산한다.]

① 7.5
② 12.5
③ 15.5
④ 24.5

난이도 ●●○○○ | 출제빈도 ★★☆☆☆

(추가 문제)

30 $25\mathrm{kgf/cm^2}$의 수증기가 등엔탈피 변화로 압력이 $5\mathrm{kgf/cm^2}$으로 감소하고 온도가 $450\,℃$에서 $350\,℃$가 되었다면 수증기의 평균 Joule-Thompson 계수$[℃ \cdot \mathrm{cm^2/kgf}]$는?

① 2.5   ② 5.0

③ 7.5   ④ 10.0

14

2021 상반기
한국지역난방공사 기출문제

[⇨ 정답 및 해설편 p. 269]

난이도 ●●○○○○ | 출제빈도 ★★★☆☆

01 다음 중 미끄럼 베어링과 비교한 구름 베어링의 특징으로 옳지 않은 것은?

① 소음 및 진동이 발생하기 쉽다.
② 과열의 위험이 적다.
③ 충격에 강하다.
④ 윤활유가 절약된다.
⑤ 기동마찰이 작다.

난이도 ●○○○○ | 출제빈도 ★★☆☆☆

02 다음 중 절삭유의 구비조건으로 옳지 않은 것은?

① 휘발성이 없고 인화점이 낮아야 한다.
② 마찰계수가 작아야 한다.
③ 냉각성 및 윤활성이 우수해야 한다.
④ 칩의 분리가 용이하여 회수가 쉬워야 한다.
⑤ 화학적으로 안전하고 위생상 해롭지 않아야 한다.

난이도 ●○○○○ | 출제빈도 ★★★★☆

03 리벳이음과 비교한 용접이음의 장점으로 옳은 것은?

① 진동감쇠 능력이 우수하다.
② 열에 의한 변형이 적고 잔류응력 및 응력집중이 발생하지 않는다.
③ 비파괴검사가 용이하다.
④ 이음효율이 우수하다.
⑤ 구조물 등에서 현장 조립할 때는 리벳이음보다 쉽다.

난이도 ●●○○○ | 출제빈도 ★★★☆☆

04 다음 중 구리(Cu)합금 중 하나인 황동의 종류에 대한 설명으로 옳은 것은?

① 문쯔메탈은 구리(Cu)에 아연(Zn)이 40% 함유된 황동으로 전연성이 풍부하다.
② 쾌삭황동은 황동 중에서 가격이 가장 저렴하며 강도가 높으나 전연성이 낮다.
③ 톰백은 구리(Cu) 70%에 아연(Zn)이 30% 함유된 황동으로 전구의 소켓, 탄피 재료로 사용된다.
④ 에드미럴티 황동은 구리(Cu)에 아연(Zn)이 5~20% 함유된 황동으로 금박, 단추, 화폐, 메달 등에 사용된다.
⑤ 델타메탈은 강도가 크고 내식성이 좋아 선박용 기계, 광산기계 등에 사용된다.

난이도 ●●○○○ | 출제빈도 ★★★☆☆

05 다음 중 철(Fe) 성분이 함유되지 않은 여러 비철금속에 대한 특징으로 옳지 않은 것은?

① Ti : 강탈산제이자 동시에 흑연화 촉진제 역할을 하나, 많이 첨가되면 오히려 흑연화가 방지된다.
② Mg : 알칼리에는 강하나, 산과 염기성에는 약하며 조밀육방격자에 포함된다.
③ Ni : 고온강도, 고온경도, 내식성, 내열성 등이 우수하며 가스터빈 재료로 사용된다.
④ Cu : 내식성이 우수하여 공기 중에서 거의 부식되지 않는다.
⑤ Al : 내식성, 내열성이 우수하며 면심입방격자에 포함된다.

06 길이(L)가 6m, 단면 2차 모멘트(I)가 0.5cm^4인 기둥이 양단 고정되어 지지되어 있다. 이 기둥의 오일러 임계하중은 얼마인가? [단, 기둥의 탄성계수(E)는 200GPa 이며 π는 3으로 계산한다.]

① 600N   ② 800N
③ 1,000N   ④ 1,200N
⑤ 1,400N

07 다음 재료역학적 설명에 대한 보기 중 옳지 않은 것은?

① 봉을 인장시험을 할 때, 파괴가 발생하는 단면에서의 실제 단면적을 고려하여 계산한 응력을 진응력이라 한다.
② 기계, 설비, 구조물 등을 장시간 안전하게 사용하는 데 허용되는 최대한도의 응력을 허용응력이라 한다.
③ 재료를 인장시험 시, 응력-변형률 선도에서 나타나는 단계의 순서는 선형구간, 항복구간, 변형경화, 네킹의 순서이다.
④ 연성재료를 인장시험 시, 초기에는 수직응력과 변형률이 선형적인 관계를 갖는다.
⑤ 진응력-진변형률 선도에서의 파괴강도는 공칭응력-공칭변형률 선도에서 나타나는 값보다 작다.

08 회전수가 400rpm인 연강의 전동축에서 25 마력의 동력을 전달시키려면 전동축의 지름[mm]을 얼마로 설계해야 하는가? [단, 전동축은 속이 꽉 찬 중실축이다.]

① 20   ② 30   ③ 40
④ 50   ⑤ 60

09 다음 〈보기〉에서 설명하는 경도 시험방법은 무엇인가?

- 압흔 자국이 극히 작으며 시험하중을 변화시켜도 경도 측정치에는 변화가 없다.
- 침탄층, 질화층, 탈탄층의 경도 시험에 적합하다.

① 쇼어 경도 시험법
② 로크웰 경도 시험법
③ 비커즈 경도 시험법
④ 브리넬 경도 시험법
⑤ 마르텐스 긁힘 시험법

10 다음 중 침탄법의 특징으로 옳지 않은 것은?

① 침탄 후 열처리가 필요하다.
② 가열시간이 짧다.
③ 가열온도가 900~950℃로 높다.
④ 침탄 후 수정이 불가능하다.
⑤ 질화법에 비해 경도가 낮다.

11 길이가 L인 외팔보에서 등분포하중 w가 작용하고 있을 때, 외팔보의 자유단(끝단)에서의 처짐량으로 옳은 것은?

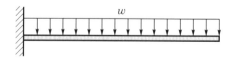

① $\delta = \dfrac{wL^4}{2EI}$ ② $\delta = \dfrac{wL^4}{3EI}$

③ $\delta = \dfrac{wL^4}{4EI}$ ④ $\delta = \dfrac{wL^4}{6EI}$

⑤ $\delta = \dfrac{wL^4}{8EI}$

12 다음 그림과 같이 지름이 d인 원형 단면의 $x-x$축에 대한 단면 2차 모멘트는?

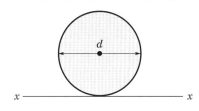

① $\dfrac{\pi d^4}{64}$ ② $\dfrac{5\pi d^4}{64}$ ③ $\dfrac{5\pi d^4}{32}$

④ $\dfrac{5\pi d^4}{4}$ ⑤ $\dfrac{5\pi d^4}{16}$

13 단단하게 경화된 작은 강구를 재료 표면에 고속으로 분사시켜 재료 표면의 강도 및 피로한도를 증가시키는 방법은?

① 슈퍼피니싱 ② 호닝
③ 폴리싱 ④ 숏피닝
⑤ 하드페이싱

14 다음 중 탄소강과 관련된 조직에 대한 설명 중 옳은 것은?

① 펄라이트는 철과 탄소의 금속간 화합물로 취성이 크며 강도 및 경도가 높다.
② 오스테나이트는 α철과 시멘타이트의 혼합 조직이다.
③ 시멘타이트는 FCC 구조이며 철도 레일의 용도에 사용된다.
④ 마텐자이트는 α고용체로 BCC 구조를 가지며 열처리가 불량하다.
⑤ 레데뷰라이트는 γ철과 시멘타이트의 혼합 조직이다.

15 어떠한 이상기체가 가역단열과정을 통해 나중 체적이 초기 체적의 $(1/4)$이 되었고, 나중 온도가 $290\,℃$가 되었다. 이때 이상기체의 초기 온도는 약 얼마인가? [단, 이상기체의 비열비는 1.5이다.]

① 4 ② 8
③ 12 ④ 16
⑤ 20

16 다음 중 일과 열에 대한 설명으로 옳지 않은 것은?

① 일과 열은 경로함수이다.
② 일과 열은 완전미분과 편미분 모두 가능하다.
③ 일과 열은 에너지지, 열역학적 상태량이 아니다.
④ 일과 열은 성질이 아니다.
⑤ 일과 열의 단위는 J(joule)이다.

17 다음 중 베르누이 방정식의 기본 가정 조건으로 옳지 않은 것은?

① 유체입자가 하나의 유선을 따라 흘러야 한다.
② 유선이 경계층을 통과해야 한다.
③ 비압축성이어야 한다.
④ 점성이 존재하지 않아야 한다.
⑤ 시간의 변화에 대한 유동의 특성이 일정한 정상류이어야 한다.

난이도 ●●●○○ | 출제빈도 ★★★☆☆

18 다음 항온열처리에 대한 설명 중 옳지 않은 것은?

① 마템퍼링을 통해 마텐자이트와 베이나이트의 혼합 조직을 얻을 수 있다.

② 오스템퍼링은 공기 중에서 냉각하여 베이나이트 조직을 얻기 위한 항온열처리법이다.

③ 항온풀림은 강을 A_1점 바로 위 온도로 가열하여 강을 오스테나이트화 한 후, A_1점 바로 밑 온도까지 서서히 공랭시키는 방법이다.

④ M_s 퀜칭은 M_s보다 약간 낮은 온도에서 담금질 후, 물 또는 기름 중에서 급랭하여 잔류 오스테나이트를 감소시키는 방법이다.

⑤ 마퀜칭은 M_s 바로 위 온도의 염욕에서 담금질 후 공기 중에서 냉각시켜 마텐자이트 조직을 얻는 방법이다.

난이도 ●●○○○ | 출제빈도 ★★★★☆

19 대류 열전달계수[h]에 영향을 주는 요인으로 옳지 않은 것은?

① 열전달 표면　　② 유체의 종류

③ 유로의 형상　　④ 유체의 유속

⑤ 고체의 열전도도

난이도 ●○○○○ | 출제빈도 ★★★★★

20 다음 중 구성인선(빌트업 엣지, built-up edge) 방지 방법으로 옳지 않은 것은?

① 마찰계수가 큰 공구를 사용한다.

② 윤활성이 좋은 절삭유제를 사용한다.

③ 절삭공구의 인선을 예리하게 한다.

④ 절삭깊이를 작게 한다.

⑤ 절삭속도와 윗면경사각을 크게 한다.

난이도 ●●○○○ | 출제빈도 ★★★★☆

21 외접하여 동력을 전달하고 있는 2개의 원통 마찰차가 있다. 이때 원동 마찰차의 회전수와 종동 마찰차의 회전수는 각각 200rpm, 100rpm이고 축간 거리가 300mm일 때, 두 마찰차의 지름 합[mm]은 얼마인가?

① 500　　　　② 600

③ 700　　　　④ 800

⑤ 900

난이도 ●●●●○ | 출제빈도 ★★☆☆☆

22 헬리컬기어에서 $Z_1 = 40$개, $Z_2 = 80$개, 치직각 모듈이 3, 피니언의 회전수(N_1)가 500rpm이다. 이때 전달되는 동력이 10kW라면, 헬리컬기어에서 축 방향으로 작용하는 추력[kN]은 약 얼마인가? [단, 비틀림각은 $60°$이며 $\tan 60°$은 2, π는 3으로 계산한다.]

① 1.6kN　　　② 3.3kN

③ 5.5kN　　　④ 6.7kN

⑤ 8.8kN

난이도 ●○○○○ | 출제빈도 ★★★★☆

23 지름이 4cm, 길이가 50cm, 전단탄성계수가 $10 \times 10^9 \, \mathrm{kgf/m^2}$인 강봉의 양쪽에 토크($T$) $= 48 \, \mathrm{kgf \cdot m}$이 작용할 때 최대전단응력은 얼마인가? [단, $\pi = 3$으로 계산한다.]

① $1 \times 10^6 \, \mathrm{kgf/m^2}$

② $2 \times 10^6 \, \mathrm{kgf/m^2}$

③ $3 \times 10^6 \, \mathrm{kgf/m^2}$

④ $4 \times 10^6 \, \mathrm{kgf/m^2}$

⑤ $5 \times 10^6 \, \mathrm{kgf/m^2}$

24 온도가 127℃, 질량이 1kg인 공기가 가역 등온과정을 거쳤더니 3kJ/kg·K의 엔트로피가 증가하였다. 이때 공기가 외부에 한 일[kJ]은 얼마인가?

① 400
② 800
③ 1,200
④ 1,600
⑤ 2,000

25 평균 열전도율이 50kJ/mhr℃인 단열재로 만든 강판의 두께가 5mm이다. 강판의 안쪽 면과 바깥쪽 면의 온도가 각각 350℃, 100℃일 때, 강판을 통한 단위면적 $1m^2$당 열전달량은 얼마인가?

① $2,250,000kJ/m^2\,hr$
② $2,500,000kJ/m^2\,hr$
③ $2,700,000kJ/m^2\,hr$
④ $3,250,000kJ/m^2\,hr$
⑤ $3,750,000kJ/m^2\,hr$

26 내벽이 32℃, 외벽이 17℃이고 두께가 15mm, 전열면적이 $4m^2$인 구조물의 벽을 통한 1차원 정상상태 열전달률[kW]은? [단, 벽의 열전도도는 30W/m℃이다.]

① 80
② 100
③ 120
④ 140
⑤ 160

27 선반에서 다음 그림과 같이 테이퍼 가공을 할 때 필요한 심압대의 편위량[mm]은 얼마인가?

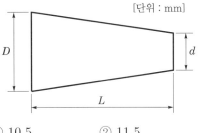

① 10.5
② 11.5
③ 12.5
④ 13.5
⑤ 14.5

28 다음 그림과 같이 일반적으로 보일러, 터빈, 응축기(복수기), 펌프로 구성되어 있는 사이클을 랭킨 사이클이라고 한다. 다음과 같은 조건에서 랭킨 사이클의 열효율은 몇 %인가?

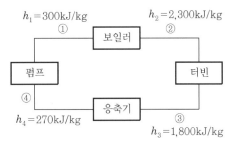

① 23.5%
② 25.0%
③ 27.5%
④ 30.0%
⑤ 32.5%

난이도 ●●●○○ | 출제빈도 ★★☆☆☆

29 다음 그림처럼 피토정압관에 물이 $4\mathrm{m/s}$의 유속으로 흐르고 있다. 이때 액체의 비중은 얼마인가? [단, 중력가속도는 $10\mathrm{m/s^2}$로 계산한다.]

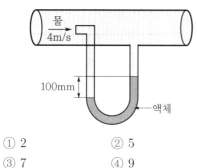

① 2
② 5
③ 7
④ 9
⑤ 11

난이도 ●●○○○ | 출제빈도 ★★★☆☆

30 다음 그림처럼 용기 안에 물(밀도 $\rho_w = 1,000\mathrm{kg/m^3}$), 기름(밀도 $\rho_{oil} = 800\mathrm{kg/m^3}$), 공기(압력 $P_a = 300\mathrm{kPa}$)가 들어 있다고 할 때, 점 A에서의 압력[kPa]은 약 얼마인가?

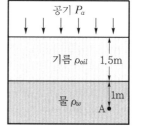

① 316
② 322
③ 328
④ 334
⑤ 340

15

2022 상반기
한국수자원공사 기출문제

[▷ 정답 및 해설편 p. 287]

난이도 ●●○○○○ | 출제빈도 ★★★☆☆

01 3,000rpm의 회전수로 회전하는 펌프의 사양을 1,500rpm으로 변경하고 펌프 임펠러의 직경을 2배로 하였을 때, 양정은 어떻게 변하는가?

① 16배   ② $(1/8)$배
③ $(1/16)$배   ④ 변함이 없다.

난이도 ●●○○○○ | 출제빈도 ★★★☆☆

02 다음 〈보기〉에서 설명하는 수차의 종류로 옳은 것은?

> 물을 노즐로부터 분출시켜 위치에너지를 모두 운동에너지로 바꾸는 수차의 종류이며, 물을 수차 날개에 충돌시켜 회전력을 얻는 충격수차로 주로 고낙차(200∼1,800m)와 저유량에 적합하다.

① 프란시스수차
② 프로펠러수차
③ 카플란수차
④ 펠톤수차

난이도 ●●○○○○ | 출제빈도 ★★★☆☆

03 다음 중 정압을 측정하기 위한 기구로 옳은 것은?

① 로터미터
② 열선풍속계
③ 피에조미터
④ 벤투리미터

난이도 ●●○○○○ | 출제빈도 ★★☆☆☆

04 다음 〈보기〉에서 개수로 유동에서 레이놀즈수(Re)를 계산할 때, 필요한 것으로 옳은 것은 모두 몇 개인가?

> 속도, 밀도, 점성계수, 수력반경

① 1개   ② 2개
③ 3개   ④ 4개

난이도 ●●○○○○ | 출제빈도 ★★★★☆

05 다음 중 공동현상(cavitation)과 관련된 설명으로 옳지 않은 것은?

① 펌프의 설치 위치를 낮추거나 펌프 흡입측 배관의 유속을 낮추면 공동현상을 방지할 수 있다.
② 수원의 온도가 낮아짐에 따라 공동현상의 발생 가능성도 낮아진다.
③ 공동현상은 펌프의 임펠러 입구보다 임펠러 출구에서 자주 발생하는 현상이다.
④ 양흡입펌프를 사용하여 펌프의 흡입측을 가압하면 공동현상을 방지할 수 있다.

난이도 ●○○○○ | 출제빈도 ★★★★☆

06 다음 중 두 축이 서로 평행할 때 사용하는 기어로 옳은 것은?

① 웜기어
② 하이포이드기어
③ 헬리컬기어
④ 베벨기어

난이도 ●○○○○ | 출제빈도 ★★★★☆

07 다음 〈보기〉 중에서 볼나사 특징으로 옳은 것을 모두 고르면?

> ㉠ 고속에서는 소음이 발생한다.
> ㉡ 미터나사보다 효율이 좋지 못하다.
> ㉢ 축 방향의 백래시(backlash)를 작게 할 수 없다.
> ㉣ 정밀도가 높고 윤활은 소량으로도 충분하다.
> ㉤ 자동체결이 곤란하다.

① ㉠, ㉢, ㉤   ② ㉠, ㉢, ㉣
③ ㉠, ㉡, ㉢   ④ ㉠, ㉣, ㉤

난이도 ●●○○○ | 출제빈도 ★★★★☆

08 다음 중 인벌류트 치형 곡선과 사이클로이드 치형 곡선에 대한 설명으로 옳지 않은 것은?

① 인벌류트 치형 곡선은 사이클로이드 치형 곡선에 비해 가공이 용이하다.
② 인벌류트 치형 곡선은 압력각이 일정하나, 사이클로이드 치형 곡선은 압력각이 일정하지 않다.
③ 사이클로이드 치형 곡선은 인벌류트 치형 곡선에 비해 미끄럼이 적어 소음과 마멸이 적다.
④ 사이클로이드 치형 곡선은 호환성이 우수하나, 인벌류트 치형 곡선은 호환성이 적다.

난이도 ●○○○○ | 출제빈도 ★★★★★

09 다음 중 웨버수(Weber number)의 물리적 의미로 가장 옳은 것은?

① 관성력에 대한 표면장력의 비이다.
② 표면장력에 대한 압축력의 비이다.
③ 표면장력에 대한 관성력의 비이다.
④ 중력에 대한 관성력의 비이다.

난이도 ●○○○○ | 출제빈도 ★★★★★

10 이상기체(ideal gas)로 간주되는 가스의 질량이 $4kg$, 압력이 $200kPa$, 온도가 $27℃$이다. 이때 가스의 체적은 얼마인가? [단, 가스의 정압비열과 정적비열은 각각 $0.9kJ/kg \cdot K$, $0.6kJ/kg \cdot K$이며 온도는 273을 고려한 절대온도를 사용한다.]

① $1.8m^3$ ② $2.6m^3$
③ $3.4m^3$ ④ $4.2m^3$

난이도 ●○○○○ | 출제빈도 ★★★★★

11 랭킨 사이클(Rankine cycle)은 보일러, 터빈, 복수기, 펌프 구간으로 구성되어 있다. 이때 터빈 구간에서 일어나는 과정으로 옳은 것은?

① 정압가열   ② 등온팽창
③ 단열팽창   ④ 단열압축

난이도 ●○○○○ | 출제빈도 ★★★★☆

12 지름이 $10cm$인 야구공이 공기 중에서 속도 $10m/s$로 날아갈 때, 야구공이 받는 항력 [N]은? [단, 공기의 밀도는 $1.2kg/m^3$, 항력계수는 1이며 $\pi = 3$으로 계산한다.]

① 0.25 ② 0.35
③ 0.45 ④ 0.55

난이도 ●○○○○ | 출제빈도 ★★★★☆

13 온도가 $300K$와 $240K$인 열저장소 사이에서 역 Carnot cycle 기반으로 작동하고 있는 냉동기가 있다. 이 냉동기의 성적계수는 얼마인가?

① 3 ② 4
③ 5 ④ 6

14 난이도 ●○○○○ | 출제빈도 ★★★★★

압축착화기관의 이상 사이클로 2개의 단열과정, 1개의 정압과정, 1개의 정적과정으로 구성되어 있으며 정압하에서 열이 공급되기 때문에 정압 사이클이라고도 불리는 사이클은?

① 오토 사이클
② 사바테 사이클
③ 아트킨슨 사이클
④ 디젤 사이클

15 난이도 ●○○○○ | 출제빈도 ★★★★★

다음 중 열역학 제2법칙과 관련된 설명으로 옳은 것은?

① 열역학 제2법칙에 따르면 열효율이 100%인 열기관을 얻을 수 있다.
② 열은 에너지의 한 형태로서 일을 열로 변환하거나 열을 일로 변환하는 것이 가능하다.
③ 열은 항상 외부의 도움 없이 스스로 고온에서 저온으로 이동한다.
④ 모든 물질이 열역학적 평형상태에 있을 때 절대온도가 0에 가까워지면 엔트로피도 0에 가까워진다.

16 난이도 ●○○○○ | 출제빈도 ★★★☆☆

아이볼트(eye bolt)에 축 방향으로 하중이 6kN이 작용할 때, 하중을 지지하기 위한 아이볼트의 최소 골지름[mm]은? [단, 아이볼트의 허용인장응력은 80MPa이며 아이볼트는 골지름 단면에서 파괴된다고 가정한다. 또한, $\pi = 3$으로 계산한다.]

① 10   ② 12
③ 14   ④ 16

17 난이도 ●●○○○ | 출제빈도 ★★★☆☆

토출량이 $0.6\text{m}^3/\text{min}$인 펌프를 사용하여 물을 토출할 때, 펌프의 소요 축동력은 얼마인가? [단, 전양정은 60m이고 펌프의 효율은 40%이다.]

① 4.4kW
② 8.8kW
③ 14.7kW
④ 22.4kW

18 난이도 ●○○○○ | 출제빈도 ★★★☆☆

코터에 $300\text{N}/\text{cm}^2$의 전단응력이 발생하고 있다. 이때 코터에 작용하는 압축력의 크기[kN]는 얼마인가? [단, 코터의 폭은 0.03m이며 두께는 0.02m이다.]

① 1.2   ② 2.4
③ 3.6   ④ 4.8

19 난이도 ●●○○○ | 출제빈도 ★★★☆☆

다음 그림의 몰리에 선도에서 비엔탈피가 300kJ/kg에서 100kJ/kg이 될 때, 증기 3kg이 행하는 공업일(kJ)은 얼마인가?

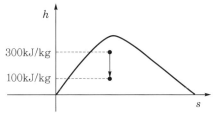

① 100kJ/kg
② 200kJ/kg
③ 400kJ/kg
④ 600kJ/kg

난이도 ●●○○○ | 출제빈도 ★★★☆☆

20 소요 축동력이 25kW인 펌프를 사용하여 물을 토출할 때, 펌프에서 토출되는 유량 $[m^3/min]$은 약 얼마인가? [단, 실양정은 5.6m, 총 손실수두는 0.4m, 펌프의 효율은 80%이며 물의 비중량은 $10kN/m^3$으로 계산한다.]

① 20   ② 25

③ 30   ④ 35

16

2022 하반기
한국가스기술공사 기출문제

[⇨ 정답 및 해설편 p. 298]

난이도 ●○○○○ | 출제빈도 ★★★★★

01 다음 〈보기〉 중 상태함수(state function)에 해당되는 것만을 모두 고르면?

> ㉠ 엔탈피 ㉡ 열
> ㉢ 엔트로피 ㉣ 일
> ㉤ 내부에너지

① ㉠, ㉡, ㉢ ② ㉠, ㉢, ㉤
③ ㉠, ㉣, ㉤ ④ ㉡, ㉢, ㉣
⑤ ㉡, ㉢, ㉤

난이도 ●●○○○ | 출제빈도 ★★★★☆

02 완전히 단열된 밀폐 상태에서 온도가 100℃인 금속 4kg을 온도가 20℃인 물 6kg에 담궜더니 평형온도 40℃에 도달하였다. 이때 금속의 비열은 얼마인가? [단, 물의 비열은 1kcal/kg·K이다.]

① 0.5kcal/kg·K
② 1.5kcal/kg·K
③ 2.5kcal/kg·K
④ 3.5kcal/kg·K
⑤ 4.5kcal/kg·K

난이도 ●○○○○ | 출제빈도 ★★★★★

03 어떤 계에서 외부로 일을 300J하고, 계의 내부에너지가 540J 증가하였을 때, 외부로부터 이 계가 받은 열량은 얼마인가?

① 100cal ② 200cal
③ 300cal ④ 400cal
⑤ 500cal

난이도 ●●○○○ | 출제빈도 ★★★★★

04 다음 〈보기〉 중 열역학 제2법칙에 대한 설명으로 옳은 것만을 모두 고르면?

> ㉠ 계가 흡수한 열을 계에 의해 이루어지는 일로 완전히 변환시키는 효과를 가진 장치는 없다.
> ㉡ 에너지 전환의 방향성과 비가역성을 명시하는 법칙이다.
> ㉢ 제2종 영구기관은 존재할 수 없다.
> ㉣ 어떤 방법에 의해서도 물질의 온도를 절대영도까지 내려가게 할 수 없다.
> ㉤ 밀폐계에서 내부에너지의 변화량이 없다면, 경계를 통한 열전달의 합은 계의 일의 총합과 같다.
> ㉥ 일과 열은 모두 에너지이며, 서로 상호 전환이 가능하다.

① ㉠, ㉡, ㉢
② ㉠, ㉡, ㉣
③ ㉡, ㉢, ㉤
④ ㉡, ㉣, ㉥
⑤ ㉢, ㉤, ㉥

난이도 ●○○○○ | 출제빈도 ★★★★☆

05 왕복형 증기기관(steam engine)이나 증기 터빈에서 수증기를 물로 바꿔주는 열전달 장치는?

① 절탄기 ② 복수기
③ 과열기 ④ 인젝터
⑤ 팽창밸브

난이도 ●●○○○○ | 출제빈도 ★★★★☆

06 다음 그림처럼 온도가 480K, 120K의 동일한 열저장소 사이에서 작동되는 2개의 열기관이 직렬로 연결되어 있다. 2개의 열기관은 카르노 사이클을 기반으로 구동되고, 이때 두 열기관의 열효율이 서로 같다면 중간 지점에서의 온도는 얼마인가?

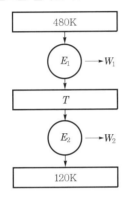

① 240K   ② 260K
③ 280K   ④ 300K
⑤ 320K

난이도 ●○○○○○ | 출제빈도 ★★★★☆

07 다음 중 냉매(refrigerant)의 구비 조건에 대한 설명으로 옳지 않은 것은?

① 비체적이 작다.
② 증발잠열이 크다.
③ 표면장력이 작다.
④ 임계온도가 높다.
⑤ 점도가 크고 응축압력이 높다.

난이도 ●○○○○○ | 출제빈도 ★★★★☆

08 위어(weir)는 유체의 어떤 성질을 측정하는 기구인가?

① 비중   ② 체적
③ 유량   ④ 압력
⑤ 점성

난이도 ●●●○○ | 출제빈도 ★★★☆☆

09 다음 〈보기〉 중 내연기관에 대한 설명으로 옳은 것만을 모두 고르면?

> ㉠ 디젤기관은 혼합기 형성에서 공기만 따로 흡입하여 압축한 후, 연료를 분사하여 압축착화시키는 기관으로 가솔린기관보다 열효율이 높다.
> ㉡ 배기량이 동일한 가솔린기관에서 연료소비율은 4행정기관이 2행정기관보다 크다.
> ㉢ 노크를 저감시키기 위해 가솔린기관은 실린더 체적을 크게 하고, 디젤기관은 압축비를 작게 한다.
> ㉣ 디젤기관은 평균유효압력의 차이가 크지 않아 회전력의 변동이 작다.
> ㉤ 옥탄가는 연료의 노킹 저항성을, 세탄가는 연료의 착화성을 나타내는 수치이다.

① ㉠, ㉡, ㉢   ② ㉠, ㉡, ㉣
③ ㉠, ㉡, ㉤   ④ ㉠, ㉣, ㉤
⑤ ㉡, ㉢, ㉣

난이도 ●○○○○○ | 출제빈도 ★★★★☆

10 다음 중 유체의 점성(viscosity)에 대한 설명으로 옳지 않은 것은?

① 점성의 측정에 따라 뉴턴유체와 비뉴턴유체를 구분할 수 있다.
② 뉴턴유체에 있어 점성계수는 전단응력과 속도구배 사이의 비례상수이다.
③ 상대운동을 유발하는 외력에 저항하는 전단력이 생기게 하는 성질을 점성이라고 한다.
④ 액체는 온도가 높아질수록 응집력이 증가하여 점성이 증가한다.
⑤ 기체의 점성은 분자충돌에 기인하므로 온도가 높아질수록 증가한다.

11 난이도 ●○○○○ | 출제빈도 ★★★★★
다음 물리량들을 MLT 차원으로 변환시켰을 때, 옳은 것은?

① 체적탄성계수: $ML^{-2}T^{-3}$
② 점성계수: $ML^{-1}T^{-1}$
③ 동력: $ML^{-2}T^{-2}$
④ 전단응력: $ML^{-2}T^{-2}$
⑤ 일률: $ML^{-1}T^{-3}$

12 난이도 ●○○○○ | 출제빈도 ★★★★★
1atm, 20℃에서 표면장력(surface tension)이 0.098N/m인 물방울의 내부압력이 외부압력보다 98N/m² 만큼 크게 되려면 물방울의 지름은 얼마가 되어야 하는가?

① 1mm
② 2mm
③ 3mm
④ 4mm
⑤ 5mm

13 난이도 ●○○○○ | 출제빈도 ★★★★☆
연속방정식(continuity equation)은 관로나 수로에 흐르는 유체에 어느 법칙을 적용시켜 얻은 것인가?

① 에너지보존법칙(law of energy conservation)
② 질량보존법칙(law of mass conservation)
③ 배수비례법칙(law of multiple proportions)
④ 운동량보존법칙(law of momentum conservation)
⑤ 일정성분비법칙(law of definite proportions)

14 난이도 ●●○○○ | 출제빈도 ★★★★☆
유량 $0.2m^3/s$, 전양정 45m, 축동력 60kW인 원심펌프(centrifugal pump)의 회전차의 지름을 $\frac{1}{2}$배, 회전수를 2배로 할 때, 유량은?

① $0.02m^3/s$
② $0.5m^3/s$
③ $0.2m^3/s$
④ $0.05m^3/s$
⑤ $0.4m^3/s$

15 난이도 ●○○○○ | 출제빈도 ★★★☆☆
다음 그림처럼 d_1이 15mm, d_2는 30mm인 실린더의 피스톤이 있다. 이때 F_1이 50kN으로 작용하여 지름이 15mm인 피스톤을 누른다면, 지름이 30mm인 피스톤을 들어 올리는 힘 F_2는 얼마인가? [단, 실린더 내에는 비압축성 유체가 들어 있다.]

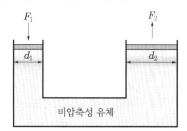

① 100kN
② 200kN
③ 300kN
④ 400kN
⑤ 500kN

16 난이도 ●○○○○ | 출제빈도 ★★★★☆
다음 중 레이놀즈수(Reynolds number)에 대한 설명으로 옳은 것은?

① 유체의 속도에 반비례한다.
② 점성에 비례한다.
③ 관내 유동에서는 관의 지름에 비례한다.
④ 압력에 반비례한다.
⑤ 중력에 비례한다.

17 길이가 4m인 외팔보의 자유단에 40kN의 집중하중이 작용하였을 때, 허용굽힘응력이 80Mpa이라면 높이가 20cm인 사각형 단면의 폭은?

① 10cm ② 20cm
③ 30cm ④ 40cm
⑤ 50cm

18 다음 그림처럼 안지름이 150cm이며 두께가 얇은 원통형 박판(sheet) 압력용기에 1Mpa의 최대내압(p)이 작용하고 있다. 이때 압력용기 재질의 항복응력이 300MPa이라면 압력용기의 최소두께는 얼마인가? [단, 안전계수는 2이다.]

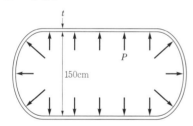

① 0.5cm ② 1.0cm
③ 1.5cm ④ 2.0cm
⑤ 2.5cm

19 두께 20mm, 폭 80mm인 평판의 중앙에 지름 40mm의 구멍이 파여 있고, 평판의 양단에 20kN의 인장하중이 작용하고 있다. 이때 구멍 부분의 응력집중계수[K]가 2.0일 때, 최대응력은 얼마인가?

① 10MPa ② 20MPa
③ 30MPa ④ 40MPa
⑤ 50MPa

20 다음 중 평면도형의 성질로 옳은 것은?

① 단면 2차 모멘트의 단위는 cm^3이다.
② 단면계수는 도심축에 대한 단면 2차 모멘트에 도심축으로부터 최외단까지의 거리를 곱한 값이다.
③ 단면계수가 클수록 굽힘응력이 커지기 때문에 단면계수가 작을수록 경제적인 단면이다.
④ 도심축에 대한 단면 1차 모멘트의 합은 항상 1이다.
⑤ 원형 단면의 경우, 극단면 2차 모멘트(I_P)와 단면 2차 모멘트(I)는 $I_P = 2I$의 관계를 갖는다.

21 동일 재료의 속이 꽉 찬 중실축(solid shaft)의 지름을 2배로 했을 때, 비틀림 강도는 몇 배가 되는가?

① 2배 ② 4배
③ 8배 ④ 16배
⑤ 32배

22 어떤 기계장치의 부품에 인장응력 6Mpa, 전단응력 4MPa이 작용하고 있다. 이 부품의 소재가 전단응력에 의해 파괴되는 응력이 15MPa이면 최대전단응력설의 관점에서 볼 때 받을 수 있는 최대하중은 작용되고 있는 하중의 몇 배인가?

① 1.5배 ② 2.0배
③ 2.5배 ④ 3.0배
⑤ 3.5배

23 바깥지름이 d_2, 안지름이 d_1, 축지름비 $(x) = \dfrac{d_1}{d_2}$인 속이 빈 중공축에 정하중이 작용하여 굽힘모멘트만이 발생하였다. 허용굽힘응력이 σ_a일 때, 바깥지름 d_2를 구하는 식으로 옳은 것은?

① $d_2 = \sqrt[3]{\dfrac{32M}{\pi(1-x^3)\sigma_a}}$

② $d_2 = \sqrt[3]{\dfrac{32M}{\pi(1-x^4)\sigma_a}}$

③ $d_2 = \sqrt[3]{\dfrac{64M}{\pi(1-x^3)\sigma_a}}$

④ $d_2 = \sqrt[3]{\dfrac{64M}{\pi(1-x^4)\sigma_a}}$

⑤ $d_2 = \sqrt[3]{\dfrac{\pi(1-x^4)\sigma_a}{32M}}$

24 스프링 전체 평균 지름이 10mm, 소선의 지름이 2mm, 유효 감김수가 40인 코일스프링의 스프링 상수는 얼마인가? [단, 전단탄성계수는 80GPa이다.]

① 2N/mm ② 4N/mm
③ 6N/mm ④ 8N/mm
⑤ 10N/mm

25 반복하중을 받는 기계부품의 설계 시, 허용응력을 설정하기 위한 기준강도로 옳은 것은?

① 극한강도 ② 항복강도
③ 크리프한도 ④ 피로한도
⑤ 좌굴응력

26 다음 중 오일러 공식(Euler's formula)에 의한 탄성 좌굴하중에 대한 설명으로 옳은 것은?

① 단면 2차 모멘트와 탄성계수에 비례하고, 길이에 반비례한다.
② 탄성계수에 비례하고, 단면 2차 모멘트와 길이에 반비례한다.
③ 탄성계수와 길이에 비례하고, 단면 2차 모멘트의 제곱 승에 반비례한다.
④ 단면 2차 모멘트와 탄성계수에 반비례하고, 길이의 제곱 승에 비례한다.
⑤ 단면 2차 모멘트와 탄성계수에 비례하고, 길이의 제곱 승에 반비례한다.

27 두 축이 교차하는 경우에 사용되는 원추(cone) 형태의 기어로 옳은 것은?

① 헬리컬기어
② 베벨기어
③ 스퍼기어
④ 나사기어
⑤ 웜기어

28 다음 중 기계운동부분의 에너지를 흡수하여 그 운동을 정지시키거나 운동속도를 조절하여 위험을 방지하는 기계요소로 옳은 것은?

① 스프링
② 브레이크
③ 로프
④ 베어링
⑤ 플라이휠

29 난이도 ●○○○○ | 출제빈도 ★★★★☆

강판의 효율이 85%인 리벳 이음(rivet joint)에서 리벳의 피치가 20mm라면 리벳 구멍의 지름은 얼마인가?

① 1mm ② 2mm
③ 3mm ④ 4mm
⑤ 5mm

30 난이도 ●○○○○ | 출제빈도 ★★★★★

다음 〈보기〉 중에서 조밀육방격자(HCP) 구조에 속하는 금속만을 모두 고르면?

| ㉠ Mg | ㉡ Cr | ㉢ Cd |
| ㉣ Al | ㉤ Ti | ㉥ Cu |

① ㉠, ㉡, ㉢ ② ㉠, ㉡, ㉣
③ ㉠, ㉢, ㉤ ④ ㉢, ㉣, ㉤
⑤ ㉢, ㉤, ㉥

31 난이도 ●●○○○ | 출제빈도 ★★☆☆☆

친화력이 큰 성분의 금속이 화학적으로 결합하면 각 성분의 금속과는 현저하게 다른 성질을 갖는 독립된 물질이 만들어지는데 이것은 무엇인가?

① 포정 ② 편정
③ 금속간 화합물 ④ 공석
⑤ 공정

32 난이도 ●●○○○ | 출제빈도 ★★★★☆

불안정한 조직을 재가열하여 원자들을 좀더 안정적인 위치로 이동시킴으로써 인성을 증대시키는 강의 열처리 방법은?

① 풀림 ② 담금질
③ 뜨임 ④ 불림
⑤ 표면경화법

33 난이도 ●●○○○ | 출제빈도 ★★☆☆☆

코일스프링에 작용하는 진동수가 코일스프링의 고유진동수와 같아질 때, 고진동 영역에서 스프링 자체의 고유진동이 유발되어 고주파 탄성진동을 일으키는 현상은?

① 스프링의 서징(surging) 현상
② 스프링의 좌굴(buckling) 현상
③ 스프링의 마모(wear) 현상
④ 스프링의 충돌(collision) 현상
⑤ 스프링의 피로(fatigue) 현상

34 난이도 ●●○○○ | 출제빈도 ★★★☆☆

접합면을 중심으로 제한된 부위에서만 발열되므로 열영향부(HAZ)를 좁게 할 수 있는 용접법은?

① 플래시용접
② 마찰용접
③ 테르밋용접
④ 서브머지드용접
⑤ TIG용접

35 난이도 ●●○○○ | 출제빈도 ★★★★☆

다음 중 탄소강(carbon steel)에서 탄소함유량이 많아질 때의 영향으로 옳은 것은?

① 탄소함유량이 많아지면 비중이 증가한다.
② 탄소함유량이 많아지면 열전도율이 증가한다.
③ 탄소함유량이 많아지면 비열이 증가한다.
④ 탄소함유량이 많아지면 열팽창계수가 증가한다.
⑤ 탄소함유량이 많아지면 전기전도율이 증가한다.

36 유압장치(hydraulic system)의 기본 원리와 관련된 법칙은?

① 베르누이 방정식
② 아르키메데스의 원리
③ 파스칼의 법칙
④ 샤를의 법칙
⑤ 보일의 법칙

37 기계재료 시험 중 전단강도와 전단탄성계수 등의 기계적 성질을 측정하기 위한 시험법은?

① 경도 시험
② 피로 시험
③ 충격 시험
④ 비틀림 시험
⑤ 크리프 시험

38 다음 중 여러 비철금속의 특징으로 옳지 않은 것은?

① Mg은 비중이 1.74로 실용금속 중 가장 가벼우나, 고온에서 발화되기 쉽다.
② Cu의 열전도율은 Al보다 크나, 강도 및 경도가 작다.
③ Zr은 고온강도와 연성이 우수하며, 중성자 흡수율이 낮기 때문에 원자력용 부품 등에 사용된다.
④ Mo은 체심입방격자이며, 고온에서의 강도 및 경도가 높다.
⑤ Al은 체심입방격자이며, 유동성이 크고 수축률이 작다.

39 다음 중 유압기기에 사용하는 유압작동유의 구비 조건으로 옳지 않은 것은?

① 확실한 동력전달을 위해 비압축성이며, 점도지수가 커야 한다.
② 체적탄성계수가 작고, 비등점이 낮아야 한다.
③ 열팽창계수와 비중이 작아야 한다.
④ 인화점과 발화점이 높아야 한다.
⑤ 화학적으로 안정해야 한다.

40 다음 중 드릴로 가공하는 가공방법에 해당되지 않는 것은?

① 리밍(reaming)
② 보링(boring)
③ 슬로팅(slotting)
④ 스폿페이싱(spot facing)
⑤ 카운터싱킹(counter sinking)

41 다음 중 방전가공(Electric Discharge Machining, EDM)에 대한 설명으로 옳지 않은 것은?

① 절연액 속에서 음극과 양극 사이의 거리를 접근시킬 때 발생하는 스파크 방전을 이용하여 금속을 녹이거나 증발시켜 재료를 가공하는 방법이다.
② 방전가공에 사용되는 절연액은 냉각제의 역할도 할 수 있다.
③ 공구 전극의 재료로 흑연, 황동 등이 사용된다.
④ 공작물을 가공할 때, 공구 전극의 소모가 없다.
⑤ 재료의 경도나 인성에 관계없이 전기 도체이면 모두 가공이 가능하다.

난이도 ●●●○○ | 출제빈도 ★★★☆☆

42 다음 중 여러 가공방법에 대한 설명으로 옳지 않은 것은?

① 게링법은 프레스 베드에 놓인 성형 다이 위에 블랭크를 놓고, 위틀에 채워져 있는 고무 탄성에 의해 블랭크를 아래로 밀어 눌러 다이의 모양으로 성형하는 방법이다[단, 판 누르개의 역할을 하는 부판은 없다].

② 압출은 재료를 용기 안에 넣고 높은 압력을 가해 다이 구멍으로 밀어내어 봉이나 관 등을 만드는 가공법이다.

③ 헤밍은 조각된 형판이 붙은 한조의 다이 사이에 재료를 넣고 압력을 가하여 표면에 조각 도형을 성형시키는 가공법이다.

④ 하이드로포밍은 튜브 형상의 소재를 금형에 넣고 유체압력을 이용하여 소재를 변형시켜 가공하는 작업으로 자동차 산업 등에서 많이 활용하는 기술이다.

⑤ 아이어닝은 금속 판재의 딥드로잉 시 판재의 두께보다 펀치와 다이 간의 간극을 작게 하여 두께를 줄이거나 균일하게 하는 공정이다.

난이도 ●○○○○ | 출제빈도 ★★★★☆

43 각도를 측정하는 측정기기로 옳은 것은?

① 한계게이지
② 다이얼게이지
③ 수준기
④ 버니어캘리퍼스
⑤ 블록게이지

난이도 ●●○○○○ | 출제빈도 ★★★★★

44 다음 중 냉간가공과 열간가공에 대한 특징으로 옳지 못한 것은?

① 열간가공은 소재의 변형저항이 적어 소성가공이 용이하다.

② 냉간가공은 재결정온도 이하에서, 열간가공은 재결정온도 이상에서 실시하는 가공이다.

③ 냉간가공은 열간가공에 비해 깨끗한 표면을 얻을 수 있으나, 필요 동력이 크다.

④ 열간가공은 가공경화가 발생하여 제품의 강도 및 경도가 증가한다.

⑤ 열간가공은 냉간가공에 비해 균일성이 적어 치수정밀도가 좋지 못하다.

난이도 ●●○○○ | 출제빈도 ★★★☆☆

45 다음 중 절삭가공에 대한 일반적인 설명으로 옳은 것은?

① 일반적으로 철강은 냉간가공을 하면 절삭성이 저하된다.

② 절삭깊이를 작게 하면 구성인선이 적어져 표면조도가 좋아진다.

③ 절삭속도가 증가하면 절삭저항이 증가하여 표면조도가 불량해진다.

④ 일반적으로 철강의 탄소함유량이 증가하면 절삭성이 향상된다.

⑤ 경질재료일수록 절삭저항이 감소하여 표면조도가 좋아진다.

난이도 ●●○○○ | 출제빈도 ★★☆☆☆

46 작동유 압력이 $300N/cm^2$이고, 1회전당 배출유량이 $80cc/rev$일 때, 유압모터의 구동 토크는? [단, $\pi = 3$으로 가정한다.]

① $40N \cdot m$ ② $60N \cdot m$
③ $80N \cdot m$ ④ $100N \cdot m$
⑤ $120N \cdot m$

난이도 ●●○○○ | 출제빈도 ★★★★☆

47 밀링절삭에서 상향절삭과 하향절삭을 비교했을 때, 하향절삭의 특징으로 옳지 않은 것은?

① 밀링 커터의 날이 마찰 작용을 하지 않아 날의 마멸이 적고 수명이 길다.
② 절삭 날이 공작물을 들어올리는 방향으로 작용하므로 공작물의 고정이 불안정하고, 동력손실이 크다.
③ 밀링 커터의 절삭작용이 공작물을 누르는 방향으로 작용하므로 기계에 무리를 준다.
④ 절삭 날이 절삭을 시작할 때, 절삭저항이 가장 크므로 날이 부러지기 쉽다.
⑤ 밀링 커터의 회전방향과 공작물의 이송방향이 서로 같은 방향이므로 백래시 제거장치가 필요하다.

난이도 ●○○○○ | 출제빈도 ★★★☆☆

48 다음 중 사형주조(sand casting)에서 사용되는 주물사의 구비조건으로 옳지 않은 것은?

① 내화성이 크고 화학반응을 일으키지 않아야 한다.
② 내열성 및 신축성이 있어야 한다.
③ 열전달률이 높고 통기성이 좋아야 한다.
④ 주물의 표면에서 이탈이 용이해야 한다.
⑤ 반복적인 사용이 가능해야 한다.

난이도 ●○○○○ | 출제빈도 ★★★★☆

49 회전수를 240rpm으로 하였을 때, 각속도는 얼마인가? [단, $\pi = 3$으로 가정한다.]

① 2.4rad/s ② 24rad/s
③ 240rad/s ④ 1.2rad/s
⑤ 12rad/s

난이도 ●●○○○ | 출제빈도 ★★★☆☆

50 질량이 25kg인 물체를 용수철 저울로 측정하였을 때, 표시되는 무게[kgf]로 옳은 것은? [단, 중력가속도는 $9.8m/s^2$이다.]

① 25kgf ② 0.25kgf
③ 9.8kgf ④ 98kgf
⑤ 980kgf

Truth of Machine

실전 모의고사

01 제1회 실전 모의고사

[⇨ 정답 및 해설편 p. 330]

01 폭 $200\,\mathrm{mm}$, 높이 $600\,\mathrm{mm}$인 직사각형 단면을 가진 단순보의 길이가 $2\,\mathrm{m}$이다. 허용휨응력이 $50\,\mathrm{MPa}$일 때, 보의 중앙에 작용시킬 수 있는 수직 집중하중 P의 최대 크기$[\mathrm{kN}]$는? [단, 휨강성 EI는 일정하고, 구조물의 자중은 무시한다.]

① 240 　　　　② 480
③ 960 　　　　④ 1,200

02 다음 그림과 같이 두 외팔보에서 자유단의 처짐이 같을 때, $\left(\dfrac{P_1}{P_2}\right)$은? [단, 두 보의 굽힘강성 EI는 일정하고 동일하며, 구조물의 자중은 무시한다.]

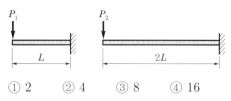

① 2 　　② 4 　　③ 8 　　④ 16

03 다음 그림은 단면적이 $0.2\,\mathrm{m}^2$, 길이가 $2\,\mathrm{m}$인 인장재료의 하중−변위 곡선을 나타낸 것이다. 이 재료의 탄성계수 $E[\mathrm{MPa}]$는?

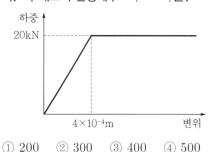

① 200 　② 300 　③ 400 　④ 500

04 원형 단면의 단순보에서 단면의 직경은 $0.2\,\mathrm{m}$이고 탄성처짐곡선의 곡률반지름이 $1,000\,\pi\,\mathrm{m}$일 때, 굽힘모멘트의 크기 $[\mathrm{kN\cdot m}]$는? [단, 조건으로는 보의 탄성계수는 $E = 200,000\,\mathrm{MPa}$이다.]

① 5 　　② 6 　　③ 7 　　④ 8

05 직경이 $D = 20\,\mathrm{mm}$, 길이가 $L = 1\,\mathrm{m}$인 강 봉이 축 방향으로 인장력 P를 받을 때, 축 방향 길이는 $1.0\,\mathrm{mm}$ 늘어나고 단면의 직경은 $0.008\,\mathrm{mm}$ 줄어들었다. 재료가 탄성 범위에 있을 때, 봉의 전단탄성계수 $G[\mathrm{GPa}]$는? [단, 재료의 탄성계수 $E = 280\,\mathrm{GPa}$이다.]

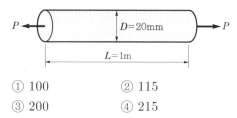

① 100 　　　　② 115
③ 200 　　　　④ 215

06 다음 그림과 같은 직사각형 단면(폭 b, 높이 h)을 갖는 단순보가 있다. 이 보의 최대휨응력이 최대전단응력의 2배라면 보의 길이 (L)와 단면 높이(h)의 비$\left(\dfrac{L}{h}\right)$는? [단, 보의 자중은 무시한다.]

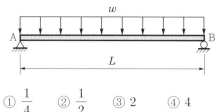

① $\dfrac{1}{4}$ 　② $\dfrac{1}{2}$ 　③ 2 　④ 4

07 다음 그림과 같은 직사각형 단면적을 갖는 외팔보에 등분포하중이 작용할 때 최대굽힘응력과 최대전단응력의 비($\sigma_{\max}/\tau_{\max}$)는?

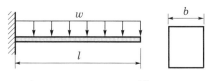

① $\dfrac{l}{b}$

② $\dfrac{2l}{b}$

③ $\dfrac{2l}{h}$

④ $\dfrac{l}{2h}$

08 다음 그림과 같은 직사각형 단면을 갖는 단주에 하중 $P = 10,000\text{kN}$이 상단 중심으로부터 1.0m 편심된 A점에 작용하였을 때, 단주의 하단에 발생하는 최대응력($\sigma_{\max}$)과 최소응력($\sigma_{\min}$)의 응력차($\sigma_{\max} - \sigma_{\min}$)[MPa]는? [단, 단주의 자중은 무시한다.]

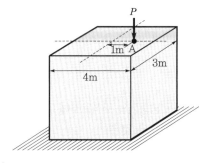

① 1.25

② 2.0

③ 2.5

④ 4.0

09 길이 2m, 직경 100mm인 강봉에 길이 방향으로 인장력을 작용시켰더니 길이가 2mm 늘어났다. 직경의 감소량[mm]은? [단, 푸아송비는 0.4이다.]

① 0.01

② 0.02

③ 0.03

④ 0.04

10 다음 그림과 같은 직경이 $2d$인 원형단면의 x축에 대한 단면 2차 모멘트는?

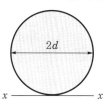

① $\dfrac{3}{2}\pi d^4$

② $\dfrac{4}{3}\pi d^4$

③ $\dfrac{5}{4}\pi d^4$

④ $\dfrac{6}{5}\pi d^4$

11 다음 〈보기〉 중 내연기관에 해당되는 것으로 옳은 것은 모두 몇 개인가?

> ㉠ 가솔린기관
> ㉡ 디젤기관
> ㉢ 증기 왕복동기관
> ㉣ 가스터빈기관

① 1개

② 2개

③ 3개

④ 4개

12 디젤기관에서 압축비, 차단비가 열효율에 미치는 영향으로 옳은 것은?

① 압축비가 클수록, 차단비가 작을수록 열효율이 증가한다.

② 압축비가 작을수록, 차단비가 클수록 열효율이 증가한다.

③ 압축비와 차단비가 클수록 열효율이 증가한다.

④ 압축비와 차단비가 작을수록 열효율이 증가한다.

13 다음 그림의 $V-T$ 선도를 따라 변화하는 이상기체의 초기 압력(P_1)이 500kPa이다. 이때 이상기체의 T_1이 200K이고 T_2가 350K일 때, 이상기체의 나중 압력(P_2)은 얼마인가?

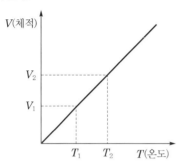

① 875kPa
② 500kPa
③ 285kPa
④ 250kPa

14 어떤 이상기체가 폴리트로픽(polytropic) 변화에 의하여 처음 상태에서는 압력이 P_1, 체적이 V_1이었는데 끝상태에서는 압력이 P_2, 체적이 V_2로 되었다. 이 기체의 폴리트로픽 지수 n은 얼마인가?

① $n = \dfrac{\ln(P_2/P_1)}{\ln(V_1/V_2)}$

② $n = \dfrac{\ln(V_1/V_2)}{\ln(P_2/P_1)}$

③ $n = \dfrac{\ln(P_2/P_1)}{\ln(V_2/V_1)}$

④ $n = \dfrac{\ln(V_2/V_1)}{\ln(P_2/P_1)}$

⑤ $n = \infty$

15 이상기체의 여러 열역학 과정에 대한 설명으로 옳은 것은 모두 몇 개인가?

- 등온과정에서 내부에너지 변화는 없다.
- 정적과정에서 기체가 외부에 한 일은 0이다.
- 단열과정에서 내부에너지 변화의 크기와 기체가 외부에 한 일의 크기는 같다.
- 엔탈피 변화량의 크기와 내부에너지 변화량의 크기가 같은 과정은 등온과정이다.

① 1개
② 2개
③ 3개
④ 4개

16 $10\mathrm{kgf/cm^2}$의 수증기가 등엔탈피 변화로 압력이 $2\mathrm{kgf/cm^2}$으로 감소하고 온도가 $300℃$에서 $280℃$가 되었다면 수증기의 평균 Joule−Thompson 계수[$℃\cdot\mathrm{cm^2/kgf}$]는?

① 2.5
② 0.4
③ 0.5
④ 1.5

17 다음 냉동기의 구성요소에 대한 설명 중 가장 옳지 않은 것은?

① 응축기는 압축기로부터 나온 냉매가스를 냉각하여 액화시킨다.
② 팽창밸브는 액체냉매를 저압으로 만들어 증발기에서 쉽게 증발할 수 있도록 하며 냉매량을 조절하기도 한다.
③ 유분리기는 냉매 중에 섞인 윤활유를 분리하여 압축기로 보내는 장치로 압축기 입구 측에 설치된다.
④ 액분리기는 증발기에서 증발하지 않은 액체냉매를 분리하여 증발기 입구로 되돌려 보낸다.

18 다음 중 냉동장치에 대한 설명으로 옳지 않은 것은 모두 몇 개인가?

> ㉠ 이상적인 냉동 사이클은 두 개의 등온과정과 두 개의 단열과정으로 이루어진 역카르노 사이클이다.
>
> ㉡ 1냉동톤(1RT)이란 0℃의 물 1t을 24시간 동안에 0℃의 얼음이 되게 하는 능력이며, 3,320kcal/h의 열량을 피냉동 물체로부터 제거하는 능력이다.
>
> ㉢ 이론적 냉동 사이클의 순서는 단열팽창 → 등온팽창 → 단열압축 → 등온압축이다.
>
> ㉣ 성적 계수란 냉동기의 냉각 성능을 나타내는 값이며, 압축일량에 대한 증발기에서 흡수한 열량비로 나타낸다.
>
> ㉤ 1제빙톤은 1냉동톤보다 크다.

① 1개   ② 2개   ③ 3개   ④ 4개

19 다음 그림과 같이 재가열(re–heating) 과정을 갖는 랭킨 사이클 기관의 에너지 효율은? [단, 지점 1~6의 엔탈피[kJ]는 각각 $H_1 = 500$, $H_2 = 1,000$, $H_3 = 9,500$, $H_4 = 8,000$, $H_5 = 9,500$, $H_6 = 7,500$이며, 지점 1과 지점 6은 각각 포화액체와 포화기체상태이다.]

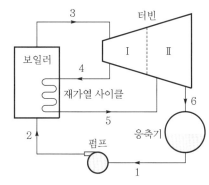

① 0.25   ② 0.30
③ 0.35   ④ 0.45

20 습증기의 건도는 액체와 증기의 혼합물 질량에 대한 포화증기의 질량의 비로 나타낸다. 어떤 포화액체(포화수)의 비엔탈피가 $200kJ/kg$, 습증기의 비엔탈피가 $400kJ/kg$, 포화증기의 비엔탈피가 $1,200kJ/kg$일 때, 이 습증기(1kg)의 건도는 얼마인가?

① 0.1   ② 0.15
③ 0.2   ④ 0.25

21 유체 흐름의 압축성 또는 비압축성 판별에 가장 적합한 무차원수는?

① 레이놀즈수   ② 마하수
③ 프란틀수   ④ 오일러수

22 반지름이 R인 수평 관 안에서 비압축성 뉴턴유체가 층류로 흐르고 있다. 이 흐름은 Hagen–Poiseuille 관계식을 만족하며 완전발달된 속도분포를 보인다. 관 안에서 유체의 최대속도(v_{max})는? [단, $\triangle P$는 압력차의 절대값이고, L은 관의 길이이며, μ는 유체의 점도이다.]

① $\left(\dfrac{\triangle P}{L}\right)\dfrac{R^2}{2\mu}$ ② $\left(\dfrac{\triangle P}{L}\right)\dfrac{R^2}{4\mu}$

③ $\left(\dfrac{\triangle P}{L}\right)\dfrac{R^2}{8\mu}$ ④ $\left(\dfrac{\triangle P}{L}\right)\dfrac{R^2}{12\mu}$

23 물에 띄웠을 때 부피의 50%가 물속에 잠기는 공이 있다. 이 공을 어떤 액체에 띄웠더니 부피의 80%가 액체 속에 잠겼다. 이 액체의 밀도[kg/m³]는 얼마인가? [단, 공의 내부 밀도는 균일하다.]

① 400   ② 600
③ 625   ④ 800

24 다음 그림처럼 A지점과 B지점의 단면적이 각각 S와 $3S$인 가는 관과 굵은 관을 연결한 후, 관 속에 물을 흐르게 하였다. A지점에서 물의 속력이 0.3m/s 일 때, A지점 압력과 B지점 압력의 차이는 얼마인가? [단, 물의 밀도는 균일하며 점성은 무시한다.]

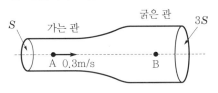

① 10Pa ② 20Pa
③ 40Pa ④ 80Pa

25 10kg의 물체가 줄에 매달려 물에 완전히 잠겨있다. 줄의 장력에 가장 가까운 값은 얼마인가? [단, 줄의 질량은 무시하며 물체의 비중은 19.3이다.]

① 50N ② 70N
③ 90N ④ 110N
⑤ 130N

26 다음 중 항력계수에 대한 설명으로 옳지 않은 것은?

① 압축성 유체에서 Mach수가 0.6 이상일 경우에는 Mach수에 따라 항력계수가 증가한다.
② Stokes 법칙이 적용될 때 구의 항력계수는 $C_D = 24/Re$ 로 나타낸다.
③ 비압축성 유체 중에서 매끈한 고체의 항력계수는 Re 수와 형상비에 따라 달라진다.
④ Re 수가 $2,100$ 미만이면 구에 대한 항력은 Stokes 법칙을 적용할 수 있다.

27 정상상태에서 원통관 내부를 흐르는 뉴턴유체의 층류에 대한 설명으로 옳지 않은 것은?

① 일반적으로 레이놀즈는 $2,100$ 미만이다.
② 유체속도 분포는 포물선형이다.
③ 원통관 내부 중심의 유체속도는 평균 유체속도의 1.5배이다.
④ 원통관의 내부 중심에서의 전단응력은 0이다.

28 질량이 0.2kg인 물체가 마찰이 없는 평면 위에 탄성계수 $k = 5\text{N/m}$의 용수철에 달려 있다. 이 물체를 잡아 당겨서 용수철을 0.1m 까지 늘였다가 가만히 놓았다. 이 물체의 최고속도는 몇 m/s 인가?

① 2.5 ② 2.0
③ 1.5 ④ 1.0
⑤ 0.5

29 물체의 물리적 복제품인 모형을 이용하여 유체(물 등)에서 이루어지는 실험인 수리실험에 적용되는 상사법칙에 대한 설명으로 옳지 않은 것은?

① 상사법칙에는 일반적으로 기하학적 상사, 운동학적 상사, 동역학적 상사가 있다.
② 수리학적으로 완전한 동역학적 상사가 성립되기 위해서는 먼저 기하학적 상사와 운동학적 상사가 성립되어야 한다.
③ 수리실험 시 중력이 역학 시스템에서 가장 중요한 힘이라면 Froude수가 모형과 원형이 동일한 것이 일반적이다.
④ 원형과 모형은 닮은 꼴에 대응하는 각 변의 길이의 비가 같아야 운동학적 상사를 만족한다.

30 상온에서 물은 원통관 안을 초당 0.1m 의 속도로 흐른다. 이 흐름의 패닝(Fanning) 마찰계수가 0.4 라면 원통관 내 벽면에서 전단응력은 얼마인가? [단, 물의 밀도는 $1\text{g}/\text{cm}^3$ 이다.]

① 1Pa ② 2Pa
③ 10Pa ④ 20Pa

31 다음 설명 중 옳지 않은 것은?

① 벡터양은 크기와 방향을 갖는 물리량이다.
② 길이, 면적, 부피, 온도는 스칼라양이다.
③ 마찰력은 두 물체의 접촉면 사이에 발생하며 그 힘의 방향은 물체의 운동방향과 같다.
④ 마찰계수에는 움직이기 직전까지의 정지마찰계수와 움직일 때의 동마찰계수가 있다.

32 수심이 2m, 폭이 3m 인 직사각형 수로에서 체적유량이 $6\text{m}^3/\text{s}$ 일 때의 비에너지 값은? [단, 에너지 보정계수(α)는 1이다.]

① 1.05m ② 1.20m
③ 2.05m ④ 2.50m

33 다음 중 단진자의 주기를 줄이는 방법으로 옳은 것은 모두 몇 개인가? [단, 추의 진동폭은 크지 않고 공기저항, 추의 크기 및 추를 지탱하는 실의 무게는 모두 무시한다.]

- 현재 사용하는 추보다 질량이 작은 추를 사용한다.
- 실의 길이를 줄인다.
- 추가 진동하는 진폭을 크게 한다.

① 0개 ② 1개
③ 2개 ④ 3개
⑤ 위 조건만으로 판단할 수 없다.

34 공을 수평면으로부터 $45°$의 경사를 가지고 위로 던졌더니 2초 후에 떨어졌다. 이 공이 떨어질 때까지 수평으로 날아간 거리는 얼마인가? [단, 표준중력가속도는 $10\text{m}/\text{s}^2$으로 계산하며 공기저항과 공의 크기는 모두 무시한다.]

① $5\sqrt{2}\,\text{m}$ ② 10m
③ $10\sqrt{2}\,\text{m}$ ④ 20m
⑤ $20\sqrt{2}\,\text{m}$

35 반지름이 R인 원주 위를 일정한 속력 V로 움직이는 질량 m인 물체에 대한 설명 중 옳은 것은 모두 몇 개인가?

- ㉠ 회전운동의 각속도는 V/R이다.
- ㉡ 원의 중심점에 대한 토크의 크기는 0이다.
- ㉢ 원의 중심점에 대한 각운동량의 크기는 mVR이다.
- ㉣ 물체는 중심 방향으로 mV^2/R의 힘을 받고 있다.
- ㉤ 물체의 운동에너지는 $mV^2/2$이다.

① 1개 ② 2개
③ 3개 ④ 4개
⑤ 5개

36 줄의 길이가 L, 추의 질량이 m인 단진자의 주기는 T이다. 질량만 $5m$으로 했을 때의 주기를 T_1, 길이만 $4L$로 했을 때의 주기를 T_2라고 할 경우 서로의 관계를 나타낸 것으로 가장 옳은 것은?

① $T = T_1 < T_2$ ② $T = T_1 > T_2$
③ $T < T_1 = T_2$ ④ $T < T_1 < T_2$

37 다음 그림과 같이 수평면에 정지해 있던 질량이 $2kg$인 물체에 수평 방향으로 $8N$의 힘을 2초 동안 작용하였다. 물체가 수평면을 지나서 경사면을 따라 도달할 수 있는 수평면으로부터의 최대높이 $h[m]$는? [단, 수평력이 작용되는 동안 물체는 수평면에 있고, 물체의 크기 및 모든 마찰과 공기저항은 무시하며 중력가속도는 $10m/s^2$이다.]

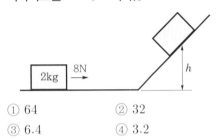

① 64   ② 32
③ 6.4   ④ 3.2

38 스프링 상수가 k인 스프링이 연직으로 매달려 있다. 늘어나지 않은 상태의 스프링에 질량 m인 물체를 매달아 가만히 놓으면 물체는 진동수 f의 단진동을 한다. 만약 동일한 물체에 대해 스프링 상수가 $2k$인 스프링을 이용하였다면, 단진동의 진동수는? [단, 스프링의 질량, 마찰, 공기저항은 무시해도 된다.]

① $0.5f$ ② $\dfrac{f}{\sqrt{2}}$

③ f ④ $\sqrt{2}\,f$

39 지면으로부터 $20m$ 높이에서 가만히 떨어뜨린 물체가 자유낙하 도중 물체의 운동에너지와 지면을 기준으로 하는 중력 퍼텐셜 에너지가 같아질 때의 물체의 속력은 얼마인가? [단, 중력가속도는 $10m/s^2$이고, 공기저항과 물체의 크기는 무시한다.]

① $5\sqrt{2}\,m/s$ ② $10\,m/s$
③ $10\sqrt{2}\,m/s$ ④ $20\,m/s$

40 다음 그림은 직선도로를 달리던 자동차가 브레이크를 밟는 순간부터 멈출 때까지의 속도를 시간에 따라 나타낸 것이다. 이 자동차가 브레이크를 밟아 멈출 때까지 이동한 거리는?

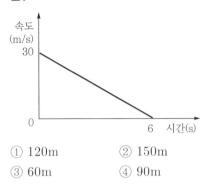

① 120m   ② 150m
③ 60m   ④ 90m

41 다음 현상에서 열의 이동방식 중 전도에 해당하는 예로 가장 적절한 것은?

① 압력솥의 작은 구멍을 빠져나오면서 팽창된 증기는 손바닥에 닿아도 괜찮을 정도로 빨리 식는다.
② 해변에서 낮에는 바다에서 육지 쪽으로 바람이 불고, 밤에는 육지에서 바다 쪽으로 바람이 분다.
③ 달궈진 프라이팬을 맨손으로 만졌다가 손에 화상을 입었다.
④ 금속 병에 뜨거운 물을 넣으면 흰 병보다 검은 병의 온도가 더 빨리 내려간다.

42 자연대류(natural convection) 열전달 해석 시 Nusselt수를 함수로 나타낼 때, 함수의 변수를 옳게 짝지은 것은?

① 레이놀즈수, 프란틀수
② 슈미트수, 프란틀수
③ 그라쇼프수, 프란틀수
④ 레이놀즈수, 그라쇼프수

43 대류열전달과 관련된 무차원수에 대한 설명으로 가장 옳지 않은 것은?

① 강제대류에서의 누셀트수는 프란틀수와 레이놀즈수의 관계식으로 표현된다.

② 누셀트수는 유체에서의 대류 열저항에 대한 전도 열저항의 비이다.

③ 프란틀수는 운동량 확산도와 열 확산도의 비를 나타낸다.

④ 누셀트수를 정의하는 데 사용되는 열전도도는 유체 속에 있는 고체의 열전도도이다.

44 다음 그림처럼 직렬로 연결된 벽을 통해 열이 전달된다. 각 층에서의 열전도도는 $k_A = 3k_B = 2k_C$의 관계를 가지고 있고 초기에 각 벽의 두께는 모두 동일하다. 열이 전달되는 벽면의 면적을 일정하게 유지하면서 벽 C의 두께만 초기 두께의 2배로 증가시켰을 때, 직렬로 연결된 벽 전체의 열저항은 처음의 몇 배가 되는가?

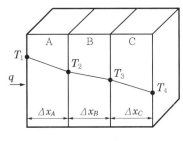

① $\dfrac{1}{3}$　　　② $\dfrac{2}{3}$

③ 1　　　④ $\dfrac{4}{3}$

45 다음 중 열전도도에 대한 설명으로 옳지 않은 것은?

① 일반적인 열전도도의 크기는 액체 > 고체 > 기체 순서이다.

② 푸리에(Fourier)의 법칙에서 비례상수 k는 열전도도이며, 온도의 함수이다.

③ 일반적으로 기체의 열전도도는 온도 상승에 따라 증가한다.

④ 이상기체의 열전도도는 평균 분자속도에 비례한다.

46 유체에 잠겨 냉각되는 고체의 비정상상태 열전달 해석에 사용되는 비오트수(Bi)에 대한 설명으로 옳지 않은 것은?

① 비오트수가 작아지면 고체 내부의 온도 구배는 커진다.

② 비오트수가 작은 경우($Bi \ll 0.1$), 고체 내부의 전도 저항이 유체의 대류 저항에 비해 작다.

③ 비오트수가 큰 경우($Bi \gg 50$), 표면에서 대류에 의해 나갈 수 있는 열의 양이 전도에 의해 표면에 도달하는 열의 양보다 큰 것을 의미한다.

④ 비오트수는 고체 내부와 유체 경계층의 온도 분포에 영향을 준다.

47 상온에서의 열전도도가 큰 순서대로 바르게 나열한 것은?

① 백금 > 알루미늄 > 물 > 공기

② 알루미늄 > 백금 > 물 > 공기

③ 백금 > 알루미늄 > 공기 > 물

④ 알루미늄 > 백금 > 공기 > 물

48 다음 〈보기〉에서 열전달 현상과 관련된 설명 중 옳은 것은 모두 몇 개인가?

> ㉠ 열전달 흐름이 기계적 장치에 의하여 일어날 때를 강제대류라고 한다.
> ㉡ 유체의 흐름이 점도차에 의해 유발되는 부력과 온도차로 인할 때 그 작용을 자연대류라고 한다.
> ㉢ 대류는 뜨거운 표면으로부터 흐르는 유체 쪽으로 열전달되는 것과 같이 유체의 흐름과 연관된 열의 흐름을 말한다.
> ㉣ 복사는 공간을 통해 전자기파에 의한 에너지 전달이다.

① 1개 ② 2개
③ 3개 ④ 4개

49 대류 열전달계수가 큰 것부터 순서대로 올바르게 나열한 것은?

① 공기의 자연대류 > 물의 강제대류 > 수증기의 응축
② 공기의 자연대류 > 수증기의 응축 > 물의 강제대류
③ 수증기의 응축 > 물의 강제대류 > 공기의 자연대류
④ 물의 강제대류 > 수증기의 응축 > 공기의 자연대류

50 면적 1m^2, 두께 30mm인 유리창을 통해 실내에서 실외로 열손실이 발생하고 있다. 유리창을 경계로 실내 온도와 실외 온도가 각각 300K, 255K인 경우 유리창을 통한 열손실속도[W]는? [단, 조건으로는 유리창의 열전도도(k)는 $0.6\text{W/m}\cdot\text{k}$, 유리창 안쪽과 바깥쪽에서의 열전달계수$(h_i$와 $h_0)$는 $5\text{W/m}^2\cdot\text{k}$으로 동일하다.]

① 1 ② 10
③ 100 ④ 1,000

02 제2회 실전 모의고사

[⇨ 정답 및 해설편 p. 357]

01 지름 d인 강봉의 지름을 2배로 했을 때, 비틀림 강도는 몇 배가 되는가? [단, 지름 이외의 모든 조건은 동일하다.]

① 2배　　　　② 4배
③ 8배　　　　④ 16배

02 수소 1kg이 완전 연소할 때 필요한 산소량은 몇 kg인가?

① 4kg　　　　② 8kg
③ 16kg　　　　④ 32kg

03 무차원수의 종류 중 하나인 스트라홀수와 관련이 없는 것은?

① 속도　　　　② 진동수
③ 지름　　　　④ 압축력

04 다음 설명 중 옳지 않은 것은?

① 비열은 일반적으로 평균 비열로 표시한다.
② 열용량의 단위는 [K/J]이다.
③ 비열은 물질 1kg을 1℃ 올리는 데 필요한 열량이다.
④ 비열은 물질의 온도 상승에 대한 기준으로 비열이 클수록 덥히거나 식히기 어렵다.

05 공기표준 사이클을 해석할 때 필요한 가정으로 옳지 않은 것은?

① 동작물질은 이상기체로 보는 공기이며, 비열은 일정하다.
② 동작물질의 연소과정은 가열과정으로 하며, 개방 사이클을 이루고 고열원에서 열을 받아 저열원에 열을 방출한다.
③ 연소과정 중 열해리 현상은 발생하지 않는다.
④ 각 과정은 모두 내부적으로 가역과정이며, 압축 및 팽창과정은 단열(등엔트로피)과정이다.

06 배관의 색깔에서 공기는 무슨 색깔인가?

① 진한 적색　　　② 백색
③ 황색　　　　　④ 청색

07 열응력이 발생하는 곳이 사용하는 이음은?

① 용접이음　　　② 신축이음
③ 플랜지이음　　④ 나사이음

08 유체의 흐름을 90도로 바꾸어 주는 밸브는?

① 볼밸브　　　　② 앵글밸브
③ 체크밸브　　　④ 안전밸브

09 산소용접의 특징으로 옳지 않은 것은?

① 주로 박판에 적용된다.
② 전력이 필요없다.
③ 열영향부가 좁다.
④ 변형이 많다.

10 유효온도의 정의로 옳은 것은? 그리고 유효온도에서 반영하고 있는 인자 3개를 각각 옳게 서술한 것은?

유효온도의 정의	유효온도에서 반영하고 있는 인자
① 인체가 느끼는 춥고 더움의 감각에 대한 쾌감의 지표	온도, 습도, 기류
② 태양 일사량을 고려한 온도 지표	온도, 습도, 청정도
③ 인체가 느끼는 춥고 더움의 감각에 대한 쾌감의 지표	온도, 습도, 청정도
④ 태양 일사량을 고려한 온도 지표	온도, 습도, 기류

11 공기조화 설비의 구성으로 옳은 것은?
① 열원장치, 열운반장치, 자동제어, 공기조화장치
② 열원장치, 열운반장치, 열팽창장치, 공기조화장치
③ 열원장치, 열운반장치, 열팽창장치, 자동제어
④ 열원장치, 열팽창장치, 자동제어, 공기조화장치

12 냉동기의 크기 결정 및 냉동기의 운전상태를 알 수 있는 선도는?
① $P-V$ 선도
② $H-S$ 선도
③ $P-H$ 선도
④ $T-S$ 선도

13 3줄 나사에서 나사를 60mm 전진시키려면 10회전이 필요하다. 이때 피치[mm]를 구하시오.
① 1.5
② 2
③ 3
④ 20

14 탄성한도를 넘어서 소성변형을 시킨 경우에도 하중을 제거하면 원래 상태로 돌아가는 성질을 무엇이라고 하는가?
① 초소성 효과
② 초탄성 효과
③ 신소재 효과
④ 시효경화 효과

15 표준 대기압 상태에서 100℃의 포화수 2kg을 100mm의 건포화증기로 만드는 데 필요한 열량은 얼마인가?
① 2,435kcal
② 539kcal
③ 1,196kcal
④ 1,078kcal

16 등가속도운동에 관한 설명으로 옳은 것은?
① 변위는 속도의 세제곱에 비례하여 증가하거나 감소한다.
② 속도는 시간의 제곱에 비례하여 증가하거나 감소한다.
③ 속도는 시간에 대하여 선형적으로 증가하거나 감소한다.
④ 변위는 시간에 대하여 선형적으로 증가하거나 감소한다.

17 크리프에 대한 설명으로 옳지 않은 것은?
① 시간에 대한 변형률의 변화를 크리프 속도라고 한다.
② 고온에서 작동하는 기계 부품 설계 및 해석에서 중요하게 고려된다.
③ 크리프 현상은 결정립계를 가로지르는 전위에 기인한다.
④ 통상적으로 온도와 작용하중이 증가하면 크리프 속도가 커진다.

18 냉매로서 갖추어야 할 조건으로 옳지 않은 것은?

① 증발잠열이 커야 한다.
② 비체적이 작아야 한다.
③ 임계온도가 높아야 한다.
④ 열전도율이 낮아야 한다.

19 다음 중 동일한 액체의 물성치를 나타낸 것이 아닌 것은?

① 비중이 0.8
② 밀도가 800kg/m^3
③ 비중량이 $7,840\text{N/m}^3$
④ 비체적이 $0.0125\text{m}^3/\text{kg}$

20 여러 가지의 절삭가공법에 대한 설명으로 옳지 않은 것은?

① 선삭: 선반가공으로 일감을 회전시키고, 공구의 직선 이송 운동을 통해 가공하는 방법이다.
② 밀링: 원주에 많은 절삭 날을 가진 공구를 회전 절삭 운동시키면서 일감에는 직선 이송 운동을 시켜 평면을 절삭하는 가공법으로, 수직 밀링 머신에서는 엔드밀을 가장 많이 사용한다.
③ 리밍: 내면의 정도를 높이려고 내면을 다듬질하는 것으로, 가공 여유는 1mm당 0.5mm이다.
④ 드릴링: 드릴을 사용하여 회전 절삭 운동과 회전 중심 방향에 직선적인 이송 운동을 주면서 가공물에 구멍을 뚫는 가공방법이다.

21 기체상수가 가장 큰 것은 무엇인가?

① 산소
② 질소
③ 공기
④ 이산화탄소

22 정상류의 압축일이 가장 큰 것은?

① 단열압축
② 폴리트로픽압축
③ 등온압축
④ 정적압축

23 액체의 경우에 체적탄성계수와 압력의 관계로 옳은 것은? [단, K: 체적탄성계수, k: 비열비]

① $K = kP$
② $K = P$
③ $K = 0.5P$
④ $K = 2P$

24 가스터빈에 대한 설명으로 옳지 않은 것은?

① 공기는 산소를 공급하고 냉각제의 역할을 한다.
② 압축, 연소, 팽창, 냉각의 4과정으로 작동되는 내연기관이다.
③ 실제 가스터빈은 밀폐 사이클이다.
④ 증기터빈에 비해 중량당 동력이 크다.

25 다음 〈보기〉 중 초기 재료의 형태가 분말인 신속조형기술은 무엇인가?

> 선택적 레이저 소결, 융해융착법,
> 3차원 인쇄, 박판적층법, 광조형법

① 융해융착법, 3차원 인쇄
② 선택적 레이저 소결, 3차원 인쇄
③ 박판적층법, 3차원 인쇄
④ 광조형법, 융해융착법

26 기준치수에 대한 구멍공차 $\phi 50(+0.05, -0.01)\text{mm}$이고, 축 공차가 $50(+0.03, -0.03)\text{mm}$인 경우, 끼워맞춤의 종류는 무엇인가?

① 헐거운 끼워맞춤
② 아주 헐거운 끼워맞춤
③ 중간 끼워맞춤
④ 억지 끼워맞춤

27 엔트로피 및 열역학 법칙에 대한 설명 중 틀린 것은?

① 엔트로피는 상태함수이다.
② 열역학 제2법칙은 절대 엔트로피와 관계가 있다.
③ 순환 과정에서 계의 엔트로피의 변화는 0이다.
④ 비가역 변화에서 그 계의 엔트로피는 증가한다.

28 일을 M, L, T 차원을 사용하여 표현한 것으로 옳은 것은? [단, M: 질량, L: 길이, T: 시간]

① $M \cdot T^2 / L$
② M / L^2
③ $M \cdot T \cdot L^2$
④ $M \cdot L^2 \cdot T^{-2}$

29 뉴턴유체에 대한 설명으로 옳은 것은?

① 유체 유동 시 속도구배와 전단응력의 변화가 원점을 통하는 실제 유체이다.
② 유체 유동 시 속도구배와 전단응력의 변화가 원점을 통하는 직선적인 관계를 갖는 유체이다.
③ 유체 유동 시 속도구배와 전단응력의 변화가 원점을 통하는 포물선적인 관계를 갖는 유체이다.
④ 유체 유동 시 속도구배와 전단응력의 변화가 원점을 통하지 않는 직선적인 관계를 갖는 유체이다.

30 취성 재료가 상온에서 정하중을 받았을 때의 기준 강도는 무엇인가?

① 크리프 한도　　② 항복점
③ 극한 강도　　　④ 피로 한도

31 다음 〈보기〉 중에서 압력강하를 이용하여 유량을 측정하는 기구를 옳게 고른 것은?

> 오리피스, 유동노즐, 위어, 로터미터, 벤투리미터

① 벤투리미터, 유동노즐, 로터미터
② 벤투리미터, 유동노즐, 오리피스
③ 벤투리미터, 위어, 로터미터
④ 벤투리미터, 위어, 오리피스

32 한쪽이 고정된 원통 봉재가 있다. 이때 지름이 3배, 길이가 9배 증가한다면 봉재의 비틀림각은 어떻게 변화하는가? [단, 지름과 길이를 제외한 모든 조건은 동일하다.]

① 비틀림각의 크기는 3배 늘어난다.
② 비틀림각의 크기는 9배 늘어난다.
③ 비틀림각의 크기는 1/3배 줄어든다.
④ 비틀림각의 크기는 1/9배 줄어든다.

33 물림률의 정의로 옳은 것은?

① $\dfrac{접촉호의 \ 길이}{법선피치}$　② $\dfrac{물림길이}{원주피치}$

③ $\dfrac{접촉호의 \ 길이}{물림길이}$　④ $\dfrac{접촉호의 \ 길이}{원주피치}$

34 기본 상태량으로 옳은 것은?

① 내부에너지
② 엔탈피
③ 온도
④ 엔트로피

35 강도성 상태량과 종량성 상태량에 대한 설명으로 옳지 않은 것은?

① 강도성 상태량은 물질의 질량과 관계가 없다.
② 강도성 상태량에는 온도, 압력, 체적 등이 있다.
③ 종량성 상태량에는 내부에너지, 엔탈피, 엔트로피 등이 있다.
④ 종량성 상태량은 어떤 계를 n등분하면 그 크기도 n등분만큼 줄어드는 상태량이다.

36 길이가 1m인 직사각형 외팔보가 있다. 자유단에 60kg의 집중하중을 받을 때 이 보에 생기는 최대굽힘응력[kg/cm^2]은 얼마인가? [단, 단면의 폭은 10cm, 높이는 5cm이다.]

① 36   ② 72
③ 108   ④ 144

37 응력집중에 관련된 설명으로 옳지 않은 것은?

① 응력집중을 완화시키려면 필릿부의 곡률반지름을 크게 한다.
② 응력집중은 모서리부분, 단면적이 천천히 변하는 부분, 구멍 등에서 발생한다.
③ 응력집중계수는 노치부의 최대응력/단면부의 평균응력의 비이다.
④ 단면 변화 부분에 숏피닝, 롤러압연처리 및 열처리를 시행하여 그 부분을 강화시키거나 표면가공 정도를 좋게 하여 응력집중을 완화시킬 수 있다.

38 180rpm인 회전수의 각속도 w는 몇 rpm/s인가? [단, $\pi = 3$]

① 3   ② 6   ③ 18   ④ 20

39 국가별 산업규격 표시 기호로 옳지 않은 것은?

① 프랑스산업규격 − NF
② 호주산업규격 − AT
③ 독일산업규격 − DIN
④ 영국산업규격 − BS

40 계란 낙하시험을 진행한다. 최초 계란의 높이가 5m일 때 계란이 땅에 닿기 직전의 속도 [m/s]는 얼마인가? [단, 중력가속도는 10m/s^{2}로 계산한다.]

① 5   ② 10
③ 15   ④ 20

41 제3각법의 투상 순서는?

① 눈 → 물체 → 투상
② 물체 → 투상 → 눈
③ 물체 → 눈 → 투상
④ 눈 → 투상 → 물체

42 벨트의 거는 방법에 대한 특징으로 옳지 않은 것은?

① 바로걸기는 엇걸기보다 접촉각이 크다.
② 엇걸기의 너비는 가능한 한 좁게 설계한다.
③ 엇걸기는 바로걸기보다 전달할 수 있는 동력이 크다.
④ 엇걸기는 전달동력이 크지만 벨트에 비틀림이 발생하여 벨트의 마멸이 발생하기 쉽다.

43 V벨트에 대한 설명으로 옳지 않은 것은 무엇인가?

① 규격 E형은 단면치수가 가장 크고 인장강도는 작다.

② 규격 M형은 바깥둘레로 호칭번호를 나타낸다.

③ V벨트의 종류는 A, B, C, D, E, M형 총 6가지가 있다.

④ V벨트는 수명을 고려하여 10~18m/s의 속도로 운전한다.

44 뉴턴의 제1법칙의 예시로 옳지 않은 것은?

① 이불을 털면 먼지가 떨어진다.

② 달리던 버스가 갑자기 정지하면 승객이 앞으로 쏠린다.

③ 로켓이 가스를 뿜으면 가스는 로켓을 밀어 올린다.

④ 카드 위에 동전을 올려놓고 카드를 갑자기 빼면 동전이 컵 안으로 떨어진다.

45 그림과 같은 $P-V$ 선도에서 $T_1 = 100K$, $T_2 = 1,100K$, $T_3 = 650K$, $T_4 = 250K$인 공기(정압비열 $1kJ/kg \cdot K$)를 작동유체로 하는 이상적인 브레이튼 사이클의 열효율은?

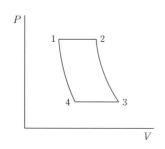

① 0.3   ② 0.4

③ 0.5   ④ 0.6

46 이상적인 랭킨 사이클의 각 과정에 대한 설명으로 옳은 것은?

① 터빈은 열에너지를 기계에너지로 바꾸며 터빈을 통과하면 증기의 압력과 온도는 낮아진다.

② 응축기에서 증기의 나머지 열을 흡수하여 증기는 액으로 응축된다.

③ 보일러에서 압축액은 정압가열 상태를 거쳐 최종적으로 습증기로 변한다.

④ 펌프에서 등엔트로피 팽창을 하며 포화액을 보일러 입구 압력까지 압축한다.

47 이상기체 1kg을 35℃에서 65℃까지 정적과정에서 가열하는 데 필요한 열량이 118kJ이라면 정압비열은 얼마인가? [단, 이 기체의 분자량은 4, 일반 기체상수는 $8.314kJ/kmol \cdot K$이다.]

① $2.11kJ/kg \cdot K$ ② $3.93kJ/kg \cdot K$

③ $5.23kJ/kg \cdot K$ ④ $6.01kJ/kg \cdot K$

48 어떤 물체가 높이 10m에서 0m의 지상으로 떨어지고 있다. 그렇다면 물체가 높이 5m에 도달했을 때의 속도는 얼마인가? [단, 중력가속도 $= 10m/s^2$]

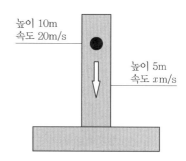

① 11m/s   ② 22m/s

③ 33m/s   ④ 44m/s

49 그림 A의 진동계를 그림 B와 같이 모형화한다면, 그림 B에서의 등가스프링 상수는 얼마인가? [단, $K_1 = 1\text{N/m}$, $K_2 = 2\text{N/m}$, $K_3 = 3\text{N/m}$)

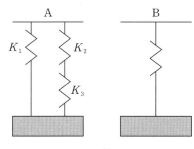

① 1.2　　　② 2.2
③ 3.6　　　④ 4.0

50 금속 재료를 소성변형 영역까지 인장하중을 가하다가 그 인장의 반대 방향으로 하중을 가했을 때 항복점과 탄성한도 등이 저하되는 현상을 무엇이라 하는가?

① 고용경화　　　② 시효경화
③ 스프링백　　　④ 바우싱거 효과

Bonus 문제 A나사와 B나사가 있다. A나사의 효율이 B나사의 효율보다 좋지 못하다. 이때 결합용 나사로 사용하려면 어떤 나사를 사용하는 것이 적합한가?

① A나사
② B나사
③ A, B나사 둘 다 사용해도 된다.
④ 위 조건으로 파악할 수 없다.

03 제3회 실전 모의고사

[⇨ 정답 및 해설편 p. 366]

01 자연급기와 자연배기를 사용하는 환기법으로 옳은 것은?

① 제1종 환기 ② 제2종 환기
③ 제3종 환기 ④ 제4종 환기
⑤ 제5종 환기

02 다음 설명 중 옳지 않은 것은 무엇인가?

① 1보일러 마력은 8435.35kcal/h이다.
② 과열열량은 건포화증기에서 임의의 과열 증기까지 가열하는 데 필요한 열량이다.
③ 증발열은 포화액에서 건포화증기까지 가열하는 데 필요한 열량이다.
④ 과열도는 과열온도와 포화온도의 차이로, 이 값이 클수록 완전가스에 가까워진다.
⑤ 액체열은 정압하에서 100℃에서 포화온도까지 가열하는 데 필요한 열량이다.

03 금속에 대한 특징으로 옳지 않은 것은?

① 열 및 전기의 양도체이다. 또한 수은을 제외한 금속은 상온에서 고체이다.
② 비중 및 경도가 크며, 용융점이 높다. 또한 고체 상태에서 결정구조를 갖는다.
③ 전성 및 연성이 풍부하여 가공하기 쉽다.
④ 금속 특유의 광택을 가지고 있고, 빛을 잘 반사한다.
⑤ 모든 금속은 응고 시 팽창하는 특성을 가지고 있다.

04 금속이나 합금은 온도의 변화에 따라 내부 상태, 즉 결정격자의 변화가 생긴다. 이것을 무엇이라고 하는가?

① 변태점 ② 공석변태
③ 동소변태 ④ 소성변형
⑤ 자기변태

05 압연에 대한 설명으로 옳지 않은 것은?

① 롤러의 중간 부위는 열간압연에서는 오목하게, 냉간에서는 볼록하게 제작한다.
② 중립점에서는 롤러의 압력이 최대이다.
③ 중립점을 경계로 압연재료와 롤러의 마찰력 방향이 반대가 된다(바뀐다).
④ 마찰이 증가하면 중립점은 출구 쪽에 가까워지고, 마찰이 줄어들면 입구 쪽에 가까워진다.
⑤ 출구 쪽에서는 소재의 통과 속도가 롤러의 회전 속도보다 빠르다.

06 다음 중 공정주철의 탄소 함유량은 얼마인가?

① 0.1% ② 0.77%
③ 2.11% ④ 4.3%
⑤ 6.67%

07 탄소강에서 탄소량 증가에 따른 현상이 아닌 것은?

① 비중 감소 ② 비열 증가
③ 열전도율 감소 ④ 전기저항 증가
⑤ 충격값 증가

08 내면정밀도가 가장 우수한 가공방법은 무엇인가?

① 리밍　　　　② 드릴링
③ 호닝　　　　④ 보링
⑤ 래핑

09 비정질합금의 특징으로 옳지 않은 것은?

① 기계적 강도가 우수하다.
② 뛰어난 내식성을 지니고 있다.
③ 주조 시 응고 수축이 적다.
④ 우수한 연자기 특성을 가지고 있다.
⑤ 전기 전도성이 우수하다.

10 대형 파이프, 대형 주물일 때 사용하는 목형의 종류로 가장 적절한 것은?

① 현형　　　　　② 골격목형
③ 부분목형　　　④ 회전목형
⑤ 고르개목형

11 모양공차의 종류로 옳지 않은 것은?

① 진원도　　　　② 경사도
③ 평면도　　　　④ 진직도
⑤ 원통도

12 주물의 변형과 균열의 방지책으로 옳지 않은 것은?

① 주물을 급랭하지 않는다.
② 각이 진 부분을 둥글게 한다.
③ 각 부의 온도 차이를 적게 한다.
④ 주형의 통기성을 좋게 하여 주형에서 가스 발생을 방지한다.
⑤ 주물의 두께 차이를 작게 한다.

13 용접봉에 대한 설명으로 옳지 않은 것은 무엇인가?

① 용접봉은 용접할 모재에 대한 보충 재료이다.
② 용접봉은 반드시 건조한 상태로 사용해야 한다.
③ 용접봉은 사용하려면 될 수 있는 한 모재와 같은 성분을 사용한다.
④ 용접봉은 심선과 피복제로 구성되어 있으며, 심선은 탄소 함유량이 적어야 한다.
⑤ 용접봉과 모재 두께의 관계는 $D = T/2 + 2[\text{mm}]$이다. [단, D : 용접봉 지름, T : 판 두께)

14 아크용접에서 아크 길이가 너무 짧을 때 나타나는 현상은?

① 아크열의 손실이 많다.
② 용접봉이 비경제적이다.
③ 용착이 얇고 표면이 지저분하다.
④ 용접을 연속적으로 하기가 곤란하다.
⑤ 용접부의 금속 조직이 취약하게 되어 강도가 감소된다.

15 용접 결함 중 하나인 오버랩의 원인이 아닌 것은?

① 전류 과소　　　② 아크 과소
③ 용접 속도 과소　④ 용접봉 불량
⑤ 공기 중의 산소 과다

16 직류아크용접기에 해당되는 것은?

① 탭전환형 용접기
② 정류기식 용접기
③ 가동철심형 용접기
④ 가동코일형 용접기
⑤ 가포화 리액터형 용접기

17 주조에서 덧쇳물의 역할로 옳지 않은 것은?

① 주형 내 공기를 제거해 주입량을 알 수 있다.

② 주형 내 쇳물에 압력을 주어 조직이 치밀해진다.

③ 주형 내 가스를 배출시켜 수축공 현상을 방지한다.

④ 주형 내 불순물과 용체의 일부를 밖으로 내보낸다.

⑤ 금속이 응고할 때 체적 증가로 인한 쇳물 부족을 보충한다.

18 콜슨합금에 대한 설명으로 옳지 않은 것은 무엇인가?

① Cu-Ni 합금에 소량의 Si를 첨가한 것이다.

② 통신선, 전화선으로 많이 사용된다.

③ 강도가 크며, 도전율이 양호하다.

④ 일명 K합금이라고 불린다.

⑤ 담금질 시효경화가 큰 합금이다.

19 목형재료의 종류 중 박달나무의 특징으로 옳은 것은?

① 재질이 연하고 값이 싸며, 구하기 쉬운 장점이 있다.

② 재질이 치밀하고 견고하며, 균열이 적은 특징이 있다.

③ 질이 단단하고 질겨 작고 복잡한 형상의 목형 제작에 사용된다.

④ 조직이 치밀하고 강하며, 건·습에 대해 신축성이 작고, 비교적 값이 비싸다.

20 다음 중 선의 종류 및 용도에서 가는 2점 쇄선의 용도는?

① 기준선　② 가상선

③ 숨은선　④ 외형선

⑤ 치수보조선

21 베인펌프의 4대 구성요소로 옳지 않은 것은?

① 캠링　② 입/출구 포트

③ 베인　④ 압축기

⑤ 로터

22 KS 산업부분 설명으로 옳지 않은 것은?

① KS A – 일반　② KS B – 기계

③ KS C – 전기　④ KS D – 금속

⑤ KS H – 항공

23 화재의 종류가 옳게 짝지어진 것은?

① A급 화재 – 유류화재

② B급 화재 – 전기화재

③ D급 화재 – 일반화재

④ E급 화재 – 가스화재

⑤ C급 화재 – 금속화재

24 비교측정에 속하는 것은 무엇인가?

① 하이트게이지　② 삼침법

③ 마이크로미터　④ 다이얼게이지

⑤ 버니어캘리퍼스

25 KS규격에서 정한 습도는 몇 %인가?

① 18%　② 28%

③ 38%　④ 48%

⑤ 58%

26 높이 측정 및 금긋기에 사용되는 게이지는?

① 와이어게이지　② 센터게이지
③ 반지름게이지　④ 틈새게이지
⑤ 하이트게이지

27 배관의 흐름을 90도 바꾸어 주는 데 사용하는 배관 부속기기는?

① 티　　　　　② 소켓
③ 밸브　　　　④ 엘보
⑤ 마찰차

28 식물성 또는 동물성 기름 및 지방 등의 가연성 튀김기름을 포함한 조리로 인한 화재는 무엇인가?

① A급 화재　　② B급 화재
③ C급 화재　　④ E급 화재
⑤ K급 화재

29 매뉴얼 밸브라 하며 하나의 축 상에 여러 개의 밸브 면을 두어 직선운동으로 유로를 구성하여 오일의 흐름 방향을 변환하는 밸브는?

① 셔틀밸브　　② 스풀밸브
③ 체크밸브　　④ 전환밸브
⑤ 포핏밸브

30 $P-H$ 선도의 등건조도선의 설명으로 옳지 않은 것은?

① 습증기 구역 내에서만 존재하는 선이다.
② 포화액의 건도는 0이다.
③ 건조포화증기의 건도는 1이다.
④ 등건조도선을 이용하여 팽창밸브 통과 후 발생한 플래스 가스량을 알 수 있다.
⑤ 건도가 0.3이라는 것은 습증기 중 30%는 액체, 70%는 건조포화증기가 있다는 의미이다.

31 유압 작동유의 구비조건으로 옳지 않은 것은?

① 인화점과 발화점이 높아야 한다.
② 열을 방출시킬 수 있어야 한다.
③ 소포성과 윤활성, 방청성이 좋아야 한다.
④ 확실한 동력 전달을 위해 압축성이어야 한다.
⑤ 장시간 사용해도 물리적, 화학적으로 안정되어야 한다.

32 작동유에 공기가 혼입될 때의 영향으로 옳지 않은 것은?

① 공동현상 발생
② 윤활작용의 촉진
③ 작동유의 열화 촉진
④ 실린더의 작동불량 및 숨돌리기 현상 발생
⑤ 압축성이 증대되어 유압기기 작동의 불규칙

33 유압 작동유의 점도가 너무 낮을 경우 일어나는 현상으로 옳은 것은?

① 내부오일 누설의 증대
② 소음이나 공동현상 발생
③ 동력 손실 증가로 기계효율의 저하
④ 내부마찰의 증대에 의한 온도의 상승
⑤ 유동저항의 증가로 인한 압력 손실의 증대

34 리벳의 재료로 사용될 수 없는 것은 무엇인가?

① 주철　　　　② 두랄루민
③ 알루미늄　　④ 구리
⑤ 저탄소강

35 유압장치의 특징으로 옳지 않은 것은 무엇인가?

① 먼지나 이물질에 의해 고장 발생 우려가 없다.
② 소형장치로 큰 출력을 낼 수 있다.
③ 입력에 대한 출력의 응답이 빠르다.
④ 유량의 조절을 통해서 무단 변속이 가능하다.
⑤ 제어가 쉽고 조작이 간단하다.

36 유압 작동유의 점도지수를 구하는 식은?
[단, L : $V_I = 0$인 기준유의 $100°F$에서의 동점도, H : $V_I = 100$인 기준유의 $100°F$에서의 동점도, U : 구하고자 하는 기름의 $100°F$에서의 동점도)

① $V_I = \dfrac{L + U}{L + H} \times 100$

② $V_I = \dfrac{L - U}{L + H} \times 100$

③ $V_I = \dfrac{L + U}{L - H} \times 100$

④ $V_I = \dfrac{L - U}{L - H} \times 100$

⑤ $V_I = \dfrac{L - H}{L - U} \times 100$

37 열간가공과 냉간가공에 대한 설명이다. 빈칸에 공통으로 들어갈 내용은 무엇인가?

> (가) ( ) 이상의 온도에서 작업하는 가공을 열간가공이라고 한다.
> (나) ( ) 이하에서 작업하는 가공을 냉간가공이라고 한다.

① 포화온도　　　② 재결정온도
③ 이슬점온도　　④ 천이온도
⑤ 단조완료온도

38 다음 중 재료를 회전하는 2개의 롤러 사이에 넣어 판의 두께를 줄이는 가공 방법을 무엇이라고 하는가?

① 인발　　　　② 압출
③ 전조　　　　④ 압연
⑤ 프레스가공

39 인성에 대한 설명으로 옳은 것은?

① 가느다란 선으로 늘릴 수 있는 성질을 말한다.
② 충격에 대한 저항 성질을 말한다.
③ 외력을 받으면 넓게 펼쳐지는 성질을 말한다.
④ 국부 소성변형 저항성을 말한다.
⑤ 외력에 대한 저항력을 말한다.

40 불가시아크용접과 같은 용접은 무엇인가?

① 테르밋용접
② 탄산가스용접
③ 원자수소용접
④ 불활성가스용접
⑤ 서브머지드용접

41 전기저항용접에서 접합할 모재의 한쪽 판에 돌기를 만들어서 고정전극 위에 겹쳐 놓고 가동전극으로 통전과 동시에 가압하여 저항열로 가열된 돌기를 접합시키는 용접법을 무엇이라 하는가?

① 점용접　　　　② 심용접
③ 업셋용접　　　④ 플래시용접
⑤ 프로젝션용접

42 불림의 목적에 대한 설명으로 옳은 것은 모두 몇 개인가?

> • 공기 중에서 냉각하여 마텐자이트 조직을 얻는다.
> • 상온 가공 후의 인성을 향상시킨다.
> • 주조 때 결정조직을 미세화시킨다.
> • 가공에 의해 생긴 내부응력을 제거한다.
> • 결정조직, 기계적 성질, 물리적 성질 등을 표준화시킨다.

① 0개 ② 1개
③ 2개 ④ 3개
⑤ 4개

43 베어링 합금이 갖추어야 할 조건으로 옳지 않은 것은?

① 열전도율이 작아야 한다.
② 주조성, 절삭성이 좋아야 한다.
③ 충분한 인성을 가져야 한다.
④ 마찰계수가 작고 저항력이 커야 한다.
⑤ 하중에 견딜 수 있는 경도와 내압력을 가져야 한다.

44 주물사의 구비조건으로 옳은 것은 모두 몇 개인가?

> • 주형 제작이 용이하고 적당한 강도를 가질 것
> • 내열성 및 신축성이 있을 것
> • 열전도성이 크고 보온성이 있을 것
> • 내화성이 크고, 화학반응을 일으키지 않을 것

① 0개 ② 1개
③ 2개 ④ 3개
⑤ 4개

45 마텐자이트가 큰 경도를 갖는 원인으로 옳지 않은 것은?

① 초격자
② 내부응력의 증가
③ 무확산 변태에 의한 체적 변화
④ 급랭
⑤ 불규칙한 원자의 격자 구조

46 압력제어밸브 종류 중 하나인 카운터밸런스 밸브에 대한 설명 중 옳은 것은?

① 주회로의 압력을 일정하게 유지하면서 조작의 순서를 제어하고 싶을 때 사용하는 밸브이다.
② 유압회로에서 어떤 부분회로의 압력이 주회로의 압력보다 저압으로 만들어 사용하고자 할 때 사용하는 밸브이다.
③ 회로의 최고압력을 제한하는 밸브로서, 과부하를 제거하고 유압회로의 압력을 설정치까지 일정하게 유지시켜 주는 밸브이다.
④ 회로 내 압력이 설정압력에 이르렀을 때 이 압력을 떨어뜨리지 않고 펌프송출량을 그대로 기름탱크에 되돌리기 위해 사용하는 밸브이다.
⑤ 회로의 일부에 배압을 발생시키고자 할 때 사용하며, 한 방향의 흐름에는 설정된 배압을 주고 반대 방향의 흐름을 자유 흐름으로 만들어 주는 밸브이다.

47 검사체적에 대한 운동량 방정식의 근원이 되는 법칙 또는 방정식은?

① 연속 방정식
② 베르누이 방정식
③ 질량보존법칙
④ 뉴턴의 운동 제1법칙
⑤ 뉴턴의 운동 제2법칙

48 플라이휠에 대한 설명으로 옳은 것은? (복수 정답)

① 회전모멘트를 증대시키기 위해 사용된다.
② 회전 방향을 바꾸기 위해 사용된다.
③ 에너지를 비축하기 위해 사용된다.
④ 구동력을 일정하게 유지하기 위해 사용된다.
⑤ 속도 변화를 일으키기 위해 사용된다.

49 회전하고 있는 주형에 쇳물을 주입하고 그 원심력으로 중공 주물을 제작하는 주조법은?

① 다이캐스팅　　② 인베스트먼트법
③ 셀주조법　　　④ 원심주조법
⑤ 칠드주조법

50 진원도를 측정하는 방법으로 옳은 것은 몇 개인가?

3점법, 반경법, 삼침법, 직경법, 활줄

① 1개　　　　　② 2개
③ 3개　　　　　④ 4개
⑤ 5개

04 제4회 실전 모의고사

[⇨ 정답 및 해설편 p. 377]

01 열역학 제3법칙에 대한 설명으로 옳은 것은?

① 절대 0도에서 계의 엔트로피는 항상 0이 된다.

② 에너지는 여러 형태를 취하지만 총 에너지양은 일정하다.

③ 하나의 열원에서 얻어진 열을 모두 일로 바꾸는 기관은 존재하지 않는다.

④ 고온 물체와 저온 물체가 만나면 열교환을 통해 결국 온도가 같아진다.

02 글레이징에 대한 설명으로 옳지 않은 것은?

① 원주속도가 빠를 때 발생한다.

② 숫돌의 재질과 일감의 재질이 다를 때 발생한다.

③ 결합도가 클 때 발생한다.

④ 숫돌입자가 탈락하여 마멸에 의해 납작해진 현상을 말한다.

03 공구의 경도와 피삭제의 경도와의 관계로 옳은 것은?

① 공구의 경도는 피삭제보다 약 1.5배 이상 커야 한다.

② 공구의 경도는 피삭제보다 약 2배 이상 커야 한다.

③ 공구의 경도는 피삭제보다 약 3배 이상 커야 한다.

④ 공구의 경도는 피삭제보다 약 4배 이상 커야 한다.

04 목재의 수분함유량은 A~B%이며, 사용할 때에는 C% 이하로 건조시켜 사용한다. A + B + C를 모두 더하면 얼마인가?

① 60 ② 70 ③ 80 ④ 90

05 V-벨트의 영구신장률에 대한 설명으로 옳은 것은?

① V-벨트의 영구신장률은 0.4% 이하이다.

② V-벨트의 영구신장률은 0.5% 이하이다.

③ V-벨트의 영구신장률은 0.6% 이하이다.

④ V-벨트의 영구신장률은 0.7% 이하이다.

06 표면적이 $2m^2$이고 표면 온도가 $60°C$인 교체 표면을 $20°C$의 공기 대류 열전달에 의해서 냉각한다. 평균 대류 열전달계수가 $30W/m^2 \cdot K$라고 할 때, 고체 표면의 열손실은 몇 W인가?

① 600 ② 1200

③ 2,400 ④ 3,600

07 냉각속도에 따른 담금질 조직의 연결이 잘못된 것은?

① 수중 냉각 – 마텐자이트

② 기름 냉각 – 트루스타이트

③ 공기 중 냉각 – 소르바이트

④ 노 중 냉각 – 페라이트

08 자동하중브레이크의 종류로 옳지 않은 것은?

① 웜브레이크 　② 나사브레이크
③ 블록브레이크 　④ 캠브레이크

09 지름에 비해 비교적 짧은 축으로 비틀림과 휨이 동시에 작용하나 주로 비틀림을 받는 축이다. 또한 치수가 정밀하여 변형량이 적고 길이가 짧은 축으로 주로 공작기계의 주축으로 사용되는 축은 무엇인가?

① 차축 　② 플렉시블축
③ 스핀들축 　④ 전동축

10 노즐의 단면적이 70m^2, 유속이 10m/s, 비체적이 $7\text{m}^3/\text{kg}$일 때, 질량유량은?

① 70kg/s 　② 100kg/s
③ 140kg/s 　④ 210kg/s

11 영구주형을 사용하는 주조법으로 옳지 않은 것은?

① 진공주조법 　② 슬러시주조법
③ 가압주조법 　④ 인베스트먼트법

12 제도의 모양 기호 중 C가 뜻하는 것은?

① 반경 　② 두께
③ 직경 　④ 모따기

13 두 원관 속을 기체가 미소한 압력차로 흐르고 있을 때, 이 압력차를 측정하려면 어떤 것을 사용해야 하는가?

① 로터미터
② 마이크로마노미터
③ 레이저도플러유속계
④ 피토튜브

14 왕복운동을 회전운동으로 변환 또는 회전운동을 왕복운동으로 변환하는 기계요소는?

① 캠과 캠기구 　② 실린더
③ 크랭크축 　④ 가솔린 기관

15 터빈의 역할로 올바른 것은?

① 속도에너지를 압력에너지로 바꾸어 준다.
② 열에너지를 기계에너지로 바꾸어 준다.
③ 유압에너지를 기계에너지로 바꾸어 준다.
④ 기계에너지를 전기에너지로 바꾸어 준다.

16 기본단위 7가지의 종류로 옳은 것은?

① A, K, N, mol, m, cd, kg
② A, K, mol, s, m, cd, rad
③ A, K, N, J, m, cd, kg
④ A, K, mol, s, m, cd, kg

17 도면에서 두 종류 이상의 선이 같은 장소에서 겹치게 되는 경우, 우선순위를 가장 옳게 서술한 것은?

① 외형선 > 절단선 > 숨은선 > 중심선 > 무게중심선 > 치수보조선
② 외형선 > 숨은선 > 무게중심선 > 중심선 > 절단선 > 치수보조선
③ 외형선 > 숨은선 > 절단선 > 중심선 > 무게중심선 > 치수보조선
④ 외형선 > 절단선 > 숨은선 > 무게중심선 > 중심선 > 치수보조선

18 흡수식 냉동기 사이클을 구성하는 기기로 옳은 것은?

① 증발기, 흡수기, 압축기
② 증발기, 흡수기, 응축기
③ 증발기, 재생기, 기화기
④ 증발기, 응축기, 압축기

19 다음 중 기화에 관한 설명으로 옳은 것은?

① 고체가 액체로 변하는 과정을 융해라고 한다.

② 액체가 기체로 변하는 과정을 융해라고 한다.

③ 액체가 고체로 변하는 과정을 융해라고 한다.

④ 고체가 기체로 변하는 과정을 융해라고 한다.

20 나사의 각부 명칭에 대한 설명으로 옳지 않은 것은?

① 피치는 나사산과 나사산의 거리이다.

② 비틀림각과 리드각을 더하면 180°가 된다.

③ 리드는 나사가 1회전하여 축방향으로 나아간 거리를 말한다.

④ 유효지름은 수나사와 암나사가 접촉하고 있는 부분의 평균지름이다.

21 연삭숫돌을 사용하는 작업의 경우, 작업을 시작하기 전에는 최소 몇 분 이상 시운전을 실시해야 하는가?

① 1분 이상 ② 2분 이상
③ 3분 이상 ④ 4분 이상

22 고속도강에 대한 설명으로 옳지 않은 것은?

① 고속도강의 절삭속도는 초경합금의 절삭속도의 1/4배이다.

② 550~580도에서 뜨임의 목적은 2차 경화로 불안정한 탄화물을 형성해 경화시키는 것이다.

③ 표준 고속도강의 구성은 W(18%)−Cr(4%)−V(1%)−C(0.8%)이다.

④ 고속도강의 풀림온도는 1,260~1,300도이다.

23 용도별 탄소강의 분류 시 KS 재료기호 중 리벳용 압연강재는 무엇인가?

① SV ② SS
③ SBB ④ SWS

24 절대온도가 0에 접근할수록 순수 물질의 엔트로피는 0에 근접한다는 법칙은?

① 열역학 제0법칙
② 열역학 제1법칙
③ 열역학 제2법칙
④ 열역학 제3법칙

25 벤투리미터에 대한 설명으로 옳지 않은 것은?

① 압력강하를 사용하여 유량을 측정하는 대표적 기구이다.

② 오리피스와 원리가 비슷하나, 압력강하는 오리피스가 더 크다.

③ 벤투리미터 상류 원뿔은 유속이 증가되면서 이 압력강하로 유량을 측정한다.

④ 벤투리미터 하류 원뿔은 유속이 감소되면서 원래 압력의 80%가 회복된다.

26 오리피스가 벤투리미터보다 압력강하가 더 큰 이유는?

① 오리피스는 예리하여 하류 유체 중에 free−flowing jet을 형성하기 때문

② 오리피스는 예리하여 상류 유체 중에 free−flowing jet을 형성하기 때문

③ 오리피스는 예리하여 하류 유체 중에 free−flowing jet을 형성하지 않아서

④ 오리피스는 예리하여 상류 유체 중에 free−flowing jet을 형성하지 않아서

27 압력강하를 거의 일정하게 유지하면서 유체가 흐르는 유로의 단면적이 유량에 따라 변하도록 하며 float의 위치로 유량을 직접 측정할 수 있는 것은?

① 체적식 유량계
② 면적식 유량계
③ 비중식 유량계
④ 온도식 유량계

28 축에 응력집중이 생겼을 때 응력집중계수는 무엇과 무엇에 영향을 받는가?

① 재질과 작용하는 하중의 종류
② 노치의 형상과 재질
③ 노치의 형상과 작용하는 하중의 종류
④ 축의 중량과 재질

29 푸아송비와 관련된 설명으로 옳지 않은 것은?

① 일반적인 금속의 푸아송비는 0~0.5 사이이다.
② 코르크의 푸아송수는 0이다.
③ 푸아송비는 가로변형률/세로변형률이다.
④ 납의 푸아송비는 대략 0.43이다.

30 유압기기의 4대 요소로 옳지 않은 것은?

① 유압탱크
② 유압펌프
③ 오일탱크
④ 유압모터

31 길이 2m인 강재에 인장력이 작용하여 강재의 길이가 4cm 신장되었을 때, 강재의 변형률은 얼마인가?

① 0.015
② 0.02
③ 0.025
④ 0.03

32 재료시험 방법 중에서 재료의 연성능력을 측정하기 위해 시험하는 방법은?

① 피로시험
② 비틀림시험
③ 크리프시험
④ 에릭슨시험

33 열간가공의 특징으로 옳지 않은 것은?

① 가공도가 커서 거친 가공에 적합하다.
② 성형하는 데 필요한 동력이 적게 든다.
③ 강력한 가공을 짧은 시간에 할 수 있다.
④ 열간가공의 마찰계수는 냉간가공의 마찰계수보다 작다.

34 피로파괴 및 $S-N$ 곡선에 대한 설명으로 옳지 않은 것은?

① 피로강도란 피로한도나 시간강도를 의미한다.
② $S-N$ 곡선에 있어서 수직부분의 응력은 피로한도 또는 내구한도라고 부른다.
③ 피로파괴는 반복하중을 가하여 항복응력보다 낮은 응력을 가해도 부서지는 것을 말한다.
④ $S-N$ 곡선 경사부분의 어느 반복수에 있어서의 응력은 그 반복수 N에 있어서의 시간강도라고 부른다.

35 다음의 설명 중 옳지 않은 것은?

① 훅의 법칙은 비례한도 이내에서 응력과 변형률은 비례한다는 것을 말한다.
② 탄성계수의 단위는 변형률이 무차원량이므로 응력과 동일하다.
③ 세로탄성계수는 영률이라고도 불리운다.
④ 경강인 경우에는 비례한도와 탄성한도가 거의 일치한다.

36 인장력이 증가하지 않아도 강의 변화량이 현저히 증가하는 구간은?

① 네킹구간
② 비례구간
③ 변형경화구간
④ 완전소성구간

37 가죽, 목재 등을 다듬질할 때 사용하는 줄날의 형식은?

① 두줄날
② 홑줄날
③ 라스프줄날
④ 곡선줄날

38 방전가공의 종류로 옳지 않은 것은?

① 코로나가공
② 아크가공
③ 스파크가공
④ 기화가공

39 결정금속의 결함 중에서 불순물, 공공 등은 어떤 결함에 속하는가?

① 면결함
② 선결함
③ 점결함
④ 체적결함

40 KS 강재기호와 명칭을 분류한 것으로 옳지 않은 것은?

① SK : 자석강
② SEH : 내열강
③ DC : 구상흑연주철품
④ SBB : 일반구조용 압연강재

41 풀림의 목적으로 알맞지 않은 것은?

① 재질의 연화
② 내부응력 제거
③ 기계적 성질 개선
④ 주조 시 결정조직 미세화

42 탄소강에서 탄소량이 많아지면 나타나는 현상으로 알맞은 것은?

① 충격값 저하, 연신율 저하
② 경도 저하, 연신율 증가
③ 충격값 증가, 연신율 증가
④ 전기저항 감소, 연신율 감소

43 니켈에 대한 특징으로 옳지 않은 것은?

① 담금질성을 증대시킨다.
② 페라이트 조직을 안정화시키며, 자기변태와 동소변태가 동일한 온도에서 시작된다.
③ 특수강에 첨가하면 강인성, 내식성, 내산성을 증가시킨다.
④ 자기변태점은 358도이며, 그 온도 이상이 되면 상자성체에서 강자성체로 변한다.

44 주철의 성장에 관한 설명으로 옳지 않은 것은?

① 주철의 성장을 방지하려면 C, Si량을 적게 한다.
② 주철의 성장은 고용 원소인 Si의 산화가 발생하여 산화막이 생기기 때문에 일어난다.
③ 주철의 성장을 방지하려면 Si 대신 내산화성이 큰 Ni로 치환한다.
④ 탄화안정화원소인 Cr, Mn, Mo, V 등을 첨가하여 펄라이트 중의 Fe_3C 분해를 막는다.

45 실루민이 시효경화성이 없는 이유는 무엇인가?

① 자연시효가 가능하기 때문
② 내부의 원자 확산이 잘 안되기 때문
③ 장시간 방치해도 경화되기 때문
④ 인공시효가 가능하기 때문

46 알루미늄 방식법 중 양극산화처리법에 해당하는 것을 모두 고르면?

(가) 수산법	(나) 황산법
(다) 염산법	(라) 크롬산법

① (가), (나)
② (나), (다)
③ (가), (나), (라)
④ (나), (다), (라)

47 다음 중 무차원수는 무엇인가?

① 밀도   ② 비중
③ 비중량   ④ 비체적

48 정압하에서 0℃의 가스 3m^{3}를 273℃로 높일 경우 체적[m^3]의 변화는?

① 2   ② 3
③ 4   ④ 6

49 주철에 나타나는 흑연 기본 형상을 모두 고르면?

(가) 공정상	(나) 괴상
(다) 성상	(라) 응집상

① (가), (나)
② (나), (라)
③ (나), (다),(라)
④ (가), (나), (다), (라)

50 냉동기가 시간당 50,000kcal의 열을 제거한다면 냉동기는 약 몇 냉동톤[RT]인가?

① 3.28RT
② 7.64RT
③ 12.04RT
④ 15.06RT

05 제5회 실전 모의고사

[⇨ 정답 및 해설편 p. 387]

01 1atm하에서 건도 30%인 습증기를 같은 압력의 건포화증기로 만드는 데 필요한 공급 열량을 구하시오. [단, 증발잠열은 600kcal라고 가정한다.]

① 18kcal

② 180kcal

③ 42kcal

④ 420kcal

02 부력에 관한 설명으로 옳지 않은 것은?

① 물체에 따라서 물에 뜨거나 잠기는 것은 부력의 차이 때문이다.

② 액체에 잠긴 물체에 작용하는 부력은 물체를 제외한 액체의 무게와 같다.

③ 어떤 물체를 물, 수은, 알코올 속에 각각 일부만 잠기게 넣었다고 가정하면, 물에 넣었을 때의 부력이 가장 크다.

④ 물체가 유체 속에 잠겨 있을 때, 중력의 반대 방향으로 물체를 밀어 올리려는 힘이다.

03 열전달 면적이 A이고 온도 차이가 10℃, 벽의 열전도율이 10W[m·K], 두께 25cm인 벽을 통한 열류량은 100W이다. 동일한 열전달 면적에서 온도 차이가 2배, 벽의 열전도율이 4배가 되고 벽의 두께가 2배가 되는 경우, 열류량은 약 몇 W인가?

① 50

② 200

③ 400

④ 800

04 반경이 10cm인 비눗방울의 내부초과압력이 $5kgf/m^2$일 때, 표면장력 σ는 몇 kgf/m인가?

① 0.0625kgf/m

② 0.125kgf/m

③ 0.375kgf/m

④ 0.5kgf/m

05 전체 질량이 2,000kg인 자동차의 속력을 4초 만에 시속 36km에서 72km로 가속하는 데 필요한 동력은 몇 kW인가?

① 36

② 144

③ 75

④ 288

06 다음 그림과 같은 단순보에 20N, 40N의 집중하중이 작용하고 있다. 이때 C점의 굽힘모멘트는? [단, AC = 4m, CD = 8m, BD = 4m]

① 25N·m

② 50N·m

③ 100N·m

④ 200N·m

07 주물 제품의 결함 중 기공의 발생 원인으로 옳지 않은 것은?

① 용탕에 흡수된 가스
② 주형과 코어에서 발생하는 수증기
③ 쇳물의 응고로 인한 수축
④ 주형 내부의 공기

08 야구공, 골프공 등 회전운동을 가하면 공이 커브를 이루는 것은 양력으로 인해 발생하는 것이다. 이것과 관련된 것은?

① 뉴턴의 제2법칙
② 쿠타 – 쥬코프스키의 정리
③ 나비에 – 스토크스 법칙
④ 베르누이 법칙

09 주소의 의미를 잘못 설명한 것은?

① G00 – 위치보간
② M06 – 공구교환
③ M08 – 절삭유 공급 off
④ G32 – 나사절삭기능

10 여러 공구에 대한 용도와 특징으로 옳지 않은 것은?

① 하이트게이지: 높이측정 및 금긋기에 사용하며, 종류는 HT, HA, HM형이 있다.
② 스크레이퍼: 더욱더 정밀한 평면으로 다듬질할 때 사용한다.
③ 서피스게이지: 금긋기 및 중심내기에 사용한다.
④ 블록게이지: 길이측정의 기준으로 사용한다.

11 선반의 부속공구 중 척으로 고정할 수 없는 큰 공작물이나 불규칙한 일감을 고정시킬 때 이용하는 장치는?

① 센터(center)
② 면판(face plate)
③ 맨드릴(mandrel)
④ 돌림판(driving plate)

12 자유단조의 특징으로 옳지 않은 것은?

① 금형을 사용하지 않는다.
② 제품의 형태가 간단하다.
③ 정밀한 제품에 적합하다.
④ 눌러붙이기는 자유단조의 작업 중 하나이다.

13 IT 기본공차는 몇 등급으로 되어 있는가?

① 18등급 　　　② 19등급
③ 20등급 　　　④ 21등급

14 소성이 큰 재료에 압력을 가하여 다이의 구멍으로 밀어내는 작업으로, 일정한 단면의 제품을 만드는 가공법은?

① 단조 　　　② 전조
③ 압연 　　　④ 압출

15 주물 결함 중 기공의 방지책에 대한 설명으로 옳지 않은 것은?

① 덧쇳물을 붙여서 쇳물의 부족을 보충한다.
② 쇳물 주입 온도를 필요 이상으로 높게 하지 않는다.
③ 주형의 통기성을 좋게 한다.
④ 쇳물 아궁이를 크게 한다.

16 산소-아세틸렌가스 용접에서 프랑스식 팁 300번의 1시간당 아세틸렌 소비량은 몇 L인가?

① 100 ② 150
③ 300 ④ 450

17 바하의 축 공식에 따르면 축의 길이 1m에 대해 처짐을 몇 mm 이내로 오도록 설계해야 하는가?

① 33mm ② 0.33mm
③ 3.3mm ④ 0.033mm

18 황동의 열전도율은 아연 함유량이 몇 %일 때 최대가 되는가?

① 4% ② 20%
③ 50% ④ 70%

19 다음 중 체력(body force)의 종류가 아닌 것은?

① 전기력 ② 탄성력
③ 관성력 ④ 표면장력

20 다음 그림은 무슨 용접인가?

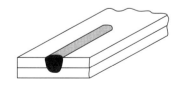

① 전자빔용접
② 플러그용접
③ 필릿용접
④ 슬롯용접

21 NC 프로그램에서 사용하는 코드들에 대한 설명으로 옳은 것은?

① G 코드는 NC 장치의 보조기능 코드이다.
② N 코드는 주어진 공정에 대한 반복 가공 수를 지정하는 코드이다.
③ S 코드는 주축 회전수를 지정하는 코드이다.
④ F 코드는 절삭속도를 지정하는 코드이다.

22 유압펌프의 고장 원인으로 옳지 않은 것은?

① 오일이 토출되지 않는다.
② 소음 및 진동이 크다.
③ 오일의 압력이 과대하다.
④ 유량이 부족하다.

23 칩브레이커의 종류로 옳지 않은 것은?

① 각도형
② 홈달린형
③ 수직형
④ 평행형

24 다음 중 단위 환산에 대한 설명으로 옳지 않은 것은?

① $1kW=102kgf \cdot m/s$
② $1HP=76kgf \cdot m/s$
③ $1PS=632kcal$
④ $1PS=75kgf \cdot m/s$

25 수평배관에서 역류를 방지하는 밸브는 무엇인가?

① 스모렌스키 체크밸브
② 스윙식 체크밸브
③ 리프트식 체크밸브
④ 스프링식 안전밸브

26 액체인 경우, 동점성계수는 무슨 함수인가?

① 온도와 밀도 ② 압력과 온도
③ 온도 ④ 압력

27 엔트로피에 대한 설명으로 옳지 않은 것은?

① 가역 단열변화는 엔트로피 변화가 없다.
② 가역 현상이 존재할 수 없는 자연계에서는 엔트로피는 항상 증가한다.
③ 비가역 단열변화에서 엔트로피는 최초 상태와 최종 상태에 기인된다.
④ 비가역 단열변화에서 엔트로피는 상태 전보다 상태 후가 크다.

28 지그의 주요 구성요소가 아닌 것은?

① 로케이터 ② 부시
③ 클램프 ④ 가이드 플레이트

29 증기원동소의 각 과정을 옳게 나열한 것은?

① 보일러(정압가열) – 터빈(단열팽창) – 복수기(정적방열) – 급수펌프(단열압축)
② 보일러(정적가열) – 터빈(단열팽창) – 복수기(정적방열) – 급수펌프(단열압축)
③ 보일러(정압가열) – 터빈(단열압축) – 복수기(정압방열) – 급수펌프(단열팽창)
④ 보일러(정압가열) – 터빈(단열팽창) – 복수기(정압방열) – 급수펌프(단열압축)

30 서로 다른 두 금속이 2개의 접점을 갖고 붙어 있을 때, 전위차가 생기면서 열의 이동이 발생하는 것과 관련이 있는 것은?

① 갈바니 효과
② 제백 효과
③ 펠티어 효과
④ 줄톰슨 효과

31 전도에 대한 설명으로 옳지 않은 것은?

① 분자에서 분자로의 직접적인 열의 전달이다.
② 분자 사이의 운동에너지의 전달이다.
③ 고체, 액체, 기체에서 발생할 수 있다.
④ 고체 내에서 발생하는 유일한 열전달이다.

32 모든 물질이 열역학적 평형상태에 있을 때 절대온도가 0에 가까워지면 엔트로피도 0에 가까워진다는 것을 표현한 것과 관련이 있는 것은?

① 네른스트의 열역학 제3법칙
② 플랑크의 열역학 제3법칙
③ 클라우지우스의 열역학 제3법칙
④ 나비에의 열역학 제3법칙

33 한 변의 길이가 a인 정사각형관의 수력반경은?

① a ② $2a$
③ $a/2$ ④ $a/4$

34 물체가 스프링에 수직으로 매달려서 1Hz의 주파수와 10mm의 진폭으로 진동한다. 물체가 정적평형지점(변위＝0mm인 지점)을 통과한 후, 0.5초 경과된 시점의 변위[mm]와 진동수[rad/s]로 옳은 것은? [단, 원주율은 3이다.]

① 0, 6
② 5, 3
③ 0, 3
④ 10, 6

35 안쪽 표면과 바깥 표면의 온도가 각각 $30℃$ 와 $5℃$인 벽을 통한 두께 방향 일차원 열유속 이 50일 때, 벽의 두께는 몇 mm인가? [단, 벽의 열전도율은 $0.05W/m \cdot mK$이다.]

① 0.025
② 0.05
③ 25
④ 50

36 표준 평기어의 중심거리가 240mm이고 모 듈이 4일 때, 회전비가 1/2로 감속된다면 두 기어의 잇수의 차이는 몇 개인가?

① 20
② 40
③ 60
④ 80

37 중앙에 무게 W의 회전체가 있는 축이 있다. 이 회전체의 무게를 1/2배로 감소시키고 축 의 길이 및 축의 단면 2차 모멘트를 각각 4배 로 증가시킨다면 축의 위험속도는 어떻게 되 는가? [단, 축의 자중은 무시한다.]

① 2배 증가
② $\sqrt{2}$ 배 증가
③ 1/2배 감소
④ $1/2\sqrt{2}$ 배 감소

38 5m/s의 속도로 전동되고 있는 평벨트의 긴 장측의 장력이 500N이고, 이완측의 장력이 300N이라면 전달하고 있는 동력은 몇 PS 인가?

① 0.36
② 1
③ 1.36
④ 2

39 다음 용접 기호 중에서 플러그 용접은 무엇인 가?

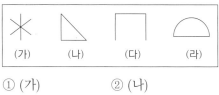

(가) (나) (다) (라)

① (가)
② (나)
③ (다)
④ (라)

40 $30,000kgf \cdot mm$의 비틀림모멘트와 $40,000$ $kgf \cdot mm$의 굽힘모멘트를 동시에 받는 축의 상당 굽힘모멘트는 약 몇 $kgf \cdot mm$인가?

① 45,000
② 55,000
③ 70,000
④ 90,000

41 길이가 0.5m이고, 직경이 10mm인 원형단 면봉이 수직하중만 받고 있으며, 이때의 응 력이 σ이다. 원형단면봉의 길이를 1m로 늘 리고 직경을 5mm로 줄였을 때, 수직응력으 로 옳은 것은? [단, 동일한 하중 조건]

① 2σ
② 4σ
③ $\frac{1}{4}\sigma$
④ $\frac{1}{2}\sigma$

42 효율이 40%인 윈치가 50kN의 화물을 24m 올리는 데 2분이 걸렸다. 윈치의 소요동력은 몇 kW인가?

① 4
② 10
③ 25
④ 28

43 두께 10mm, 직경 2.5m의 원통형 압력용기가 있다. 용기에 작용하는 최대내부압력이 1,200kPa일 때, 용기에 작용하는 최대전단응력은 얼마인가?

① 75MPa

② 150MPa

③ 37.5MPa

④ 300MPa

44 10m/s의 속도로 30kW의 동력을 전달하는 평벨트 전동장치가 있다. 긴장측 장력이 이완측 장력의 4배일 때, 긴장측 장력과 유효장력을 옳게 짝지은 것은? [단, 벨트에 작용하는 원심력은 무시한다.]

	긴장측 장력	이완측 장력
①	1,000N	2,000N
②	2,000N	1,000N
③	1,000N	4,000N
④	4,000N	1,000N

45 질량이 다른 공 A와 B가 일직선 상에서 각각 20m/s, 10m/s의 속도로 우측으로 이동하고 있다. 그렇다면 공 A와 B가 충돌한 후, 두 공의 속도로 옳은 것은? [단, 모든 마찰은 무시하며, 반발계수는 0.7, A의 질량은 15kg, B의 질량은 5kg이다.]

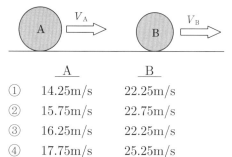

	A	B
①	14.25m/s	22.25m/s
②	15.75m/s	22.75m/s
③	16.25m/s	22.25m/s
④	17.75m/s	25.25m/s

46 다음 중 기계적 성질로 옳게 짝지어진 것은 무엇인가?

① 비중, 용융점, 비열, 열팽창계수

② 인장강도, 탄성계수, 피로, 강도

③ 내열성, 내식성, 충격, 자성

④ 주조성, 단조성, 용접성, 절삭성

47 구리에 아연 5%를 첨가하여 화폐, 메달 등의 재료로 사용되는 것은?

① 델타메탈　　　② 톰백

③ 길딩메탈　　　④ 네이벌황동

48 구리 85%, 아연 15%를 첨가한 황동은?

① 네이벌황동　　② 에드미럴티황동

③ 레드브레스　　④ 쾌삭황동

49 저융점합금에 대한 설명으로 옳지 않은 것은?

① 통상적으로 가용합금이라고도 한다.

② 저융점합금은 272도 이하의 융점을 가진 합금을 말한다.

③ 저융점합금은 퓨즈의 재료로 사용된다.

④ 저융점합금은 납, 주석, 비스무트, 카드뮴과 관계가 있다.

50 다음 〈보기〉는 보일러 취급 시 발생하는 이상현상 중 하나이다. 이것은 무엇인가?

보일러수 중에 용해 고형물이나 수분이 발생 증기 중에 다량으로 함유되어 증기의 순도를 저하시킨다. 이에 따라 관내 응축수가 생겨 워터 해머링의 원인이 되고, 터빈이나 과열기 등의 여러 설비의 고장 원인이 되기도 한다.

① 플라이밍　　　② 캐리오버

③ 포밍　　　　　④ 수격작용

06 제6회 실전 모의고사

[⇨ 정답 및 해설편 p. 399]

01 x 방향과 y 방향으로 각각 인장응력이 작용하고 있다. 이와 관련된 모어원에 대한 설명으로 옳지 않은 것은? [단, $\sigma_x > \sigma_y$이며 각각 양수이다.]

① 최대주응력의 크기는 σ_x와 σ_y의 평균값에 모어원의 반지름(R)을 더한 값이다.

② 최대전단응력의 크기는 최대주응력의 크기에서 원점에서 모어원의 중심까지의 거리를 뺀 값이다.

③ 경사각 30°에서의 전단응력의 크기는 모어원의 반지름(R)의 크기보다 크다.

④ 경사각 30°에서의 수직응력의 크기는 σ_x와 σ_y의 평균값보다 크다.

02 원형 파이프에서 빠져나오는 물의 유량이 $2,000\text{m}^3/\text{s}$이다. 이때 1시간 동안 물이 빠져나온다면 빠져나온 물의 무게[N]는 얼마인가? [단, 중력가속도는 $10\text{m}/\text{s}^2$이다.]

① 20×10^9
② 7.2×10^9
③ 72×10^9
④ 72×10^{10}

03 다음 〈보기〉에서 파스칼의 법칙과 관련된 것은 모두 몇 개인가?

유압기기, 파쇄기, 축구공 감아차기, 무회전 슛, 굴삭기

① 1개
② 2개
③ 3개
④ 4개

04 다음 그림과 같이 원통형 실린더 내부의 기체가 단면적 60cm^2, 질량이 12kg인 움직임이 가능한 피스톤과 균형을 이루고 있으며 실린더 외부는 1기압이다. 실린더 내부에 80J의 열에너지가 유입될 때, 피스톤이 위로 5cm 움직였다면 이때 기체의 내부에너지 변화량[J]은 얼마인가? [단, 피스톤의 움직임 이외의 에너지 손실은 무시하며, 1기압은 $100,000\text{Pa}$, 중력가속도는 $10\text{m}/\text{s}^2$이다.]

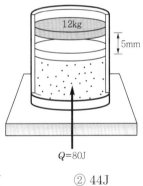

① 40J
② 44J
③ 50J
④ 54J

05 물 위에 떠 있던 배 밑바닥에 20cm^2의 넓이만큼의 구멍이 생겼다. 이 구멍은 수면으로부터 80cm 아래에 있다고 할 때, 1초당 배 안으로 유입되는 물의 양은 대략 얼마인가? [단, 중력가속도는 $10\text{m}/\text{s}^2$이며 배는 가라앉지 않는다.]

① 0.002m^3
② 0.004m^3
③ 0.006m^3
④ 0.008m^3

06 다음 그림은 단열 용기에 담긴 90°C인 물과 0°C인 얼음을 나타낸 것이다. 물과 얼음의 질량은 같다. 얼음을 물에 넣은 후, 얼음이 모두 녹아 열평형 상태가 되었을 때, 물의 온도[°C]는 얼마인가? [단, 얼음의 녹는점은 0°C, 얼음의 융해열은 A[J/kg], 물의 비열은 C[J/kg · °C]이다.]

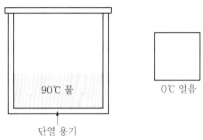

① $45 + \dfrac{A}{2C}$

② $45 - \dfrac{A}{2C}$

③ $45 - \dfrac{A}{4C}$

④ 45

07 수평면과 30°의 경사를 가진 빗면에 놓인 질량이 m인 물체에 빗면에 평행한 방향으로 힘 F를 가했더니 정지해 있는 것을 나타낸 그림이다. 빗면의 경사각이 60°로 증가할 때 물체가 정지해 있기 위해 빗면에 평행한 방향으로 가해 주어야 하는 힘은 얼마인가? [단, 빗면과 물체 사이의 마찰은 무시한다.]

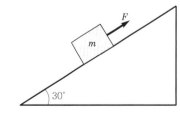

① $\sqrt{3}\,F$ ② $2\sqrt{3}\,F$
③ $2F$ ④ $\sqrt{2}\,F$

08 다음 중 벡터 물리량이 아닌 것은?

① 힘 ② 충격량
③ 전위 ④ 전계

09 열효율이 40%인 어떤 열기관이 열을 공급받아 매 순환마다 9,000J의 폐열을 방출한다. 이 열기관의 일률이 3kW라면 각 순환에 걸리는 시간[초, s]은?

① 0.5초 ② 1초
③ 2초 ④ 3초

10 다음 그림은 경사면의 높이 h인 지점에 가만히 놓인 동일한 원통이 각각 구르지 않고 미끄러지는 것과 미끄러지지 않고 구르는 것을 나타낸 것이다. 경사면을 벗어나는 순간, (a)와 (b)에서 원통의 운동에너지는 각각 A와 B이다. 그렇다면 $\dfrac{A}{B}$는 얼마인가? [단, 원통의 밀도는 균일하다.]

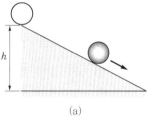

(a)

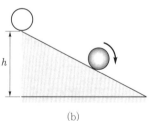

(b)

① 0.5 ② 1.0
③ 1.5 ④ 2.0

11 반지름이 10cm이고 밀도가 균일한 구를 물에 넣었더니 중심이 수면에 위치한 채 정지해 있다. 이 구의 질량[kg]에 가장 가까운 것은? [단, 물의 밀도는 $1\text{g}/\text{cm}^3$이고 물의 부력과 중력을 제외한 다른 효과는 무시한다.]

① 1kg   ② 2kg

③ 3kg   ④ 4kg

12 수조의 작은 구멍에서 물이 새고 있다. 구멍의 단면적은 1cm^2이고 물이 새어 나오는 동안 구멍의 중심에서 수면까지의 높이는 5m로 일정하게 유지된다. 물이 베르누이 법칙을 만족한다고 할 때, 새어 나온 물의 양이 200kg가 될 때까지 걸리는 시간은? [단, 중력가속도는 10m/s^2이며, 물의 밀도는 $1,000\text{kg/m}^3$이다.]

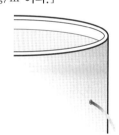

① 1분 40초   ② 3분 20초

③ 5분   ④ 6분 40초

13 힘에 대한 설명으로 옳지 않은 것은?

① 힘은 물체 사이에서 항상 쌍으로 작용한다.

② 힘은 반드시 물체가 접촉한 상태에서만 작용한다.

③ 힘은 물체의 모양이나 운동상태를 변화시키는 원인이다.

④ 힘을 표시할 때에는 크기, 방향, 작용점을 모두 나타내야 한다.

14 다음은 우리가 일상생활에서 경험하는 열의 이동과 관련된 여러 가지 현상들이다. 열의 전달방법이 같은 것들로 짝지어진 것은?

> ㄱ. 추운 겨울날 마당의 철봉과 나무는 온도가 같지만 손으로 만지면 철봉이 더 차게 느껴진다.
> ㄴ. 감자에 쇠젓가락을 꽂으면 속까지 잘 익는다.
> ㄷ. 난로는 바닥에, 냉풍기는 위에 설치하는 것이 좋다.
> ㄹ. 아무리 먼 곳이라도 열은 전달된다.

① ㄱ, ㄴ   ② ㄱ, ㄷ

③ ㄴ, ㄷ   ④ ㄴ, ㄹ

15 외부로부터 고립된 2개의 계가 열적 접촉한 상태이다. 온도 500K인 계에서 250J의 열이 온도 250K인 계로 이동하였을 때, 두 계의 총엔트로피 변화는 얼마인가? [단, 열이 이동하는 과정에서 두 계의 온도 변화는 없다.]

① 0.5J/K 감소

② 0.5J/K 증가

③ 1.0J/K 감소

④ 1.0J/K 증가

16 수평 도로에서 속력 V로 달리는 자동차가 브레이크를 급히 밟았더니 거리 d만큼 미끄러지다가 정지하였다. 이 자동차가 $2V$의 속력으로 같은 도로를 달릴 때, 급브레이크를 밟으면 d의 몇 배 거리를 미끄러지다가 정지하겠는가? [단, 공기의 저항은 무시한다.]

① 0.25   ② 0.5

③ 2   ④ 4

17 평균응력이 240MPa이고 응력비(R)가 0.2 이다. 이때 최대응력($\sigma_{\max}$)과 최소응력($\sigma_{\min}$)은 각각 얼마인가?

① 80, 400   ② 400, 80

③ 300, 180   ④ 180, 300

18 고속으로 회전하는 회전체는 그 회전축을 일정하게 유지하려는 성질이 있는데 이 성질을 무엇이라 하는가?

① 마그누스 힘

② 카르만 소용돌이

③ 자이로 효과

④ 라이덴프로스트 효과

19 랭킨 사이클의 구성은 펌프, 보일러, 터빈, 응축기로 구성된다. 각 구성요소가 수행하는 열역학적 변화 과정으로 옳지 않은 것은?

① 펌프: 단열압축

② 보일러: 정압가열

③ 터빈: 단열팽창

④ 응축기: 정적방열

20 온도 300K, 압력 1bar로 각각 동일하게 유지된 채 계의 상태가 변하고 있다. 이때 계의 엔탈피와 엔트로피는 각각 8kJ, 30J/K씩 감소한다. 이 상태 변화에 대한 깁스 자유에너지 변화를 계산하고, 이 과정이 자발적인지, 비자발적인지 판단한 것으로 옳은 것은?

① 1kJ, 비자발적

② 1kJ, 자발적

③ −17kJ, 비자발적

④ −17kJ, 자발적

21 엔트로피와 관련된 설명으로 옳지 않은 것은?

① 열기관이 가역 사이클이면 엔트로피는 일정하다.

② 엔트로피는 자연현상의 비가역성을 나타내는 척도이다.

③ 엔트로피를 구할 때 적분 경로는 반드시 가역변화이어야 한다.

④ 열기관이 비가역 사이클이면 엔트로피는 감소한다.

22 비압축성 뉴턴 유체에 적용되는 나비에-스토크스식에 포함되지 않는 것은?

① 시간에 따른 운동량 변화

② 유체에 가해지는 중력

③ 시간에 따른 전단응력 변화

④ 위치에 따른 압력 변화

23 평형방정식에 관계되는 지지점과 반력에 대한 설명으로 옳은 것은?

① 고정지지점은 수직 및 수평반력과 회전모멘트 등의 3개의 반력이 발생한다.

② 롤러지지점은 수직 및 수평 방향으로 구속되어 2개의 반력이 발생한다.

③ 힌지지지점은 1개의 반력이 발생한다.

④ 롤러지지점은 수평반력만 발생한다.

24 수직으로 놓인 지름 1m의 원통형 탱크에 높이 1.8m까지 물이 채워져 있다. 탱크 바닥에 내경 5cm의 관을 연결하여 1.2m/s의 일정한 관 내 평균 유속으로 물을 배출한다면, 탱크의 물이 모두 배출되는 데 걸리는 시간은?

① 10분   ② 20분

③ 30분   ④ 40분

25 전도에 대한 설명으로 옳지 않은 것은?

① 고체에서의 전도 현상은 격자 내부 분자의 진동과 자유 전자의 에너지 전달에 의해 발생한다.

② 기체, 액체에서의 전도 현상은 분자들이 공간에서 움직이면서 그에 따른 충돌과 확산에 의해 발생한다.

③ 고체, 액체, 기체에서 모두 발생할 수 있다.

④ 입자 간의 상호작용에 의해서 보다 에너지가 적은 입자에서 에너지가 많은 입자로 에너지가 전달되는 현상이다.

26 질량이 m 이고 비열이 c 인 물체 A를 높이 h 에서 떨어뜨려 바닥에 있는 질량과 온도가 동일한 또 다른 물체 B와 합쳐졌다. 외부의 열교환이 없는 상태에서 열평형이 이루어졌다면 충돌 전후의 온도 변화는? [단, 중력가속도는 g 이며 공기와의 저항에 의한 온도 변화는 무시한다.]

① $\dfrac{gh}{c}$ ② $\dfrac{gh}{2c}$

③ $\dfrac{gh}{3c}$ ④ $\dfrac{gh}{4c}$

27 대류 열전달에 대한 설명으로 옳은 것은?

① 대부분의 액체에서 프란틀(Prandtl)수는 1보다 크다.

② 자연대류에서 누셀트(Nusselt)수는 레이놀즈(Reynolds)수와 프란틀수의 함수로 표현된다.

③ 강제대류에서 누셀트수는 그라쇼프(Grashof)수와 프란틀수의 함수로 표현된다.

④ 누셀트수가 크다는 것은 전도에 의한 열전달이 크다는 것을 의미한다.

28 유체의 흐름의 압축성 또는 비압축성 판별에 가장 적합한 수는 무엇인가?

① 마하수
② 오일러수
③ 레이놀즈수
④ 프란틀수

29 다음 중 열전달에서 사용되는 운동량 확산도와 열 확산도의 비를 나타내는 무차원수는?

① 프란틀(Prandtl)수, Pr
② 누셀트(Nusselt)수, Nu
③ 레이놀즈(Reynolds)수, Re
④ 그라쇼프(Grashof)수, Gr

30 길고 곧은 관을 통과하는 난류 흐름에서 유체에 가해지는 열전달계를 차원해석했다. 이때 얻어진 무차원수인 레이놀즈수(Re), 누셀트수(Nu), 프란틀수(Pr), 스탠턴수(St)와의 상관관계가 옳은 것은?

① $Nu = Re \times Pr \times St$
② $Re = St \times Pr \times Nu$
③ $St = Re \times Pr \times Nu$
④ $Pr = Re \times St \times Nu$

31 한 변의 길이가 10cm이고 밀도가 640kg/m^3 인 정육면체 물체가 물에 떠 있다. 물체의 맨 위 표면을 수면과 같게 하려면 그 표면 위에 놓여야 할 금속의 질량은?

① 240g   ② 320g
③ 360g   ④ 480g

32 성연이가 지상에서 3,000m 상공에 떠 있는 비행기에서 점프를 한다. 공기 저항을 무시한다면 2,000m 상공에서 성연이의 낙하속도는 약 얼마인가? [단, 중력가속도(g)는 10m/s^{2}이다.]

① 200m/s

② 300m/s

③ 250m/s

④ 140m/s

33 야구공이 공기 중에서 시계 방향으로 회전하며 오른쪽으로 날아가고 있다. 분명 공은 한쪽 방향으로 굴절되면서 운동할 것이다. A, B는 공의 위와 아래의 한 점이다. 이에 대한 설명으로 옳은 것은 모두 몇 개인가?

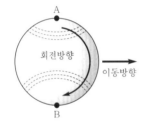

| ㉠ 공기의 속력은 B보다 A에서 더 빠르다. |
| ㉡ 공은 위쪽으로 휘어서 진행한다. |
| ㉢ 공기에 의한 압력은 B보다 A에서 더 크다. |

① 0개   ② 1개

③ 2개   ④ 3개

34 우리가 살고 있는 지구에서 2초의 주기를 갖는 단진자가 있다. 이 단진자를 중력가속도가 지구의 1/4인 행성에 가져갔을 때 이 단진자의 주기는?

① 2.4초   ② 3초

③ 4초   ④ 1초

35 운동마찰계수가 0.2인 어떤 바닥면 위에서 물체가 수평 방향으로 20m/s의 속력으로 운동하기 시작하여 일정 거리를 진행한 후 정지했다. 이 물체의 이동거리는 몇 m인가? [단, 중력가속도는 10m/s^{2}이고 모든 저항은 무시한다.]

① 25m   ② 50m

③ 75m   ④ 100m

36 다음 중 유량계의 종류로 옳게 짝지어지지 않은 것은?

① 차압식 유량계: 오리피스, 유동노즐, 벤투리미터

② 유속식 유량계: 피토관, 열선식 유량계

③ 용적식 유량계: 루츠식, 로터리 피스톤

④ 면적식 유량계: 플로트형, 피스톤형, 가스미터, 와류식

37 수평으로 된 테이블에서 질량이 4kg인 물체 A가 질량 8kg인 물체 B와 실로 연결되어 지름 40cm로 등속 원운동을 하고 있다. 물체 A의 접선 방향 선속도[m/s]와 구심 가속도[m/s^2]의 크기는 각각 얼마인가? [단, 중력가속도는 10m/s^{2}이고, 이외 모든 것은 무시한다.]

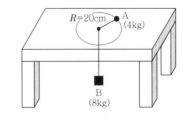

① 2, 10   ② 2, 20

③ 4, 10   ④ 4, 20

38 질량이 10kg인 물체가 정지 상태에서 등가속도 직선 운동하여 속도가 5m/s가 되었다. 이 과정에서 물체가 받은 역적의 크기는 몇 N·s인가?

① 25   ② 50
③ 75   ④ 100

39 어떤 이상기체를 등온 압축하여 부피를 반으로 줄이는 데 200J의 일이 필요했다. 그렇다면 부피를 1/8로 줄이려면 얼마의 일[J]이 필요하겠는가?

① 25J   ② 600J
③ 800J   ④ 1,600J

40 어느 과열증기의 온도가 325°C일 때 과열도를 구하면 몇 °C인가? [단, 이 증기의 포화온도는 495K이다.]

① 93   ② 103
③ 113   ④ 170

41 안지름이 50cm인 원관에 물이 2m/s의 속도로 흐르고 있다. 역학적 상사를 위해 관성력과 점성력만을 고려하여 1/5로 축소된 모형에서 같은 물로 실험할 경우 모형에서의 유량은 약 몇 L/s인가? [단, 물의 동점성계수는 $1 \times 10^{-6} m^2/s$ 이며 $\pi = 3$으로 계산한다.]

① 35L/s   ② 75L/s
③ 118L/s   ④ 256L/s

42 다음 그림처럼 피스톤−실린더 장치 내에 초기에 150kPa의 기체 $0.06m^3$가 들어있다. 이 상태에서 스프링상수가 120kN/m인 선형 스프링이 피스톤에 닿아 있지만 가하지는 않는다. 이제 기체에 열이 전달되어 내부 체적이 2배가 될 때까지 피스톤은 상승하고 스프링은 압축된다. 이때 기체가 한 전체 일은 얼마인가? [단, 팽창 과정은 준평형 과정이며 마찰이 없고 스프링은 선형스프링이다. 또한, 피스톤의 단면적은 $0.3m^2$이다.]

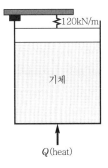

① 2.4kJ
② 9.0kJ
③ 11.4kJ
④ 13.8kJ

43 수평면 위에 정지하고 있는 0.2kg의 공을 향해 수평 방향으로 0.01kg의 초소형 미사일이 발사되었다. 공이 8m 미끄러진 후 정지할 때 공과 수평면 사이의 마찰계수가 0.4라면, 충돌 전 초소형 미사일의 속력은? [단, 중력가속도는 $10m/s^2$이며 미사일은 공에 박힌다.]

① 108m/s
② 168m/s
③ 224m/s
④ 284m/s

44 무차원수에 대한 설명으로 옳지 않은 것은?

① Schmidt수는 운동학점도에 대한 분자확산도의 비율로 나타낸다.

② Prandtl수는 열확산도에 대한 운동량 확산도의 비율로 나타낸다.

③ Grashof수는 점성력에 대한 부력의 비율로 나타낸다.

④ Stanton수는 유체의 열용량에 대한 유체에 전달된 열의 비율로 나타낸다.

45 복사열전달에 대한 설명으로 옳지 않은 것은?

① 방사율(emissivity)은 같은 온도에서 흑체가 방사한 에너지에 대한 실제 표면에서 방사된 에너지의 비율로 정의된다.

② 열복사의 파장범위는 $1,000\mu m$보다 큰 파장 영역에 존재한다.

③ 흑체는 표면에 입사되는 모든 복사를 흡수하며, 가장 많은 복사에너지를 방출한다.

④ 두 물체 간의 복사열전달량은 온도 차이뿐만 아니라 각 물체의 절대온도에도 의존한다.

46 다음 중 대류에 의한 열전달에 해당하는 법칙은?

① Stefan−Boltzmann 법칙

② Fourier의 법칙

③ Pascal의 법칙

④ Newton의 냉각법칙

47 수력도약의 시각적 관찰과 수학적 해석방법으로부터 충격파를 다루는 데 사용하는 Froude수에 포함되지 않는 것은?

① 속도　　　　② 중력가속도

③ 길이　　　　④ 압력

48 밀도가 $600kg/m^3$인 직육면체 모양의 물체가 밀도 $1,000kg/m^3$인 물에 떠 있다. 물에 잠겨 있는 물체의 깊이 h가 3cm일 때, 물체의 높이 H는 몇 cm인가?

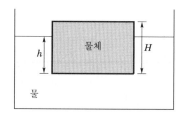

① 4.0　　　　② 4.5

③ 5.0　　　　④ 5.5

49 다음 그림과 같이 주어진 평면응력상태에서 최소주응력 $\sigma_2 = 0MPa$인 경우, 최대주응력 σ_1의 크기[MPa]는 얼마인가?

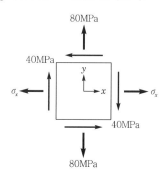

① 80 MPa　　　② 100MPa

③ 120MPa　　　④ 140MPa

50 무게가 3,000kg인 물체의 부피가 $10m^3$이다. 이 물체의 밀도는? [단, 중력가속도는 $10m/s^2$로 계산한다.]

① $300kg/m^3$

② $3,000kg/m^3$

③ $30,000kg/m^3$

④ $300,000kg/m^3$

07 제7회 실전 모의고사

[⇨ 정답 및 해설편 p. 424]

01 다음 중 절삭가공의 특징으로 옳지 않은 것은?

① 치수정확도가 우수하며 주조나 소성가공으로는 불가능한 외형 또는 내면을 정확하게 가공할 수 있다.
② 소재의 낭비가 많이 발생하므로 비경제적이다.
③ 주조나 소성가공에 비해 더 많은 에너지와 많은 가공시간이 소요된다.
④ 생산 개수가 많은 대량 생산에 적합하다.

02 다음 중 나사 절삭 시 두 번째 이후의 절삭시기를 알려주는 것은?

① 하프너트　　　② 센터게이지
③ 체이싱 다이얼　④ 스플릿너트

03 다음 〈보기〉에서 급랭 조직으로 옳은 것은 모두 몇 개인가?

> 시멘타이트, 소르바이트, 트루스타이트,
> 마텐자이트, 오스테나이트

① 1개　　　② 2개
③ 3개　　　④ 4개

04 유체를 수송하는 파이프의 단면적이 급격히 확대 및 축소될 때 흐름의 충돌이 생겨 소용돌이가 일어나 압력손실이 발생한다. 이와 같은 마찰을 무엇이라고 하는가?

① 표면마찰　　② 흐름마찰
③ 충돌마찰　　④ 형상마찰

05 여러 금속에 대한 설명으로 옳지 않은 것은?

① 니켈은 황산 및 염산에 부식되지만, 유기화합물 등 알칼리에는 잘 견딘다.
② 순수 알루미늄은 강도가 크고 여러 금속들을 첨가하여 합금으로 주로 사용한다.
③ 규소는 탄성한계, 강도, 경도를 증가시키며 연신율, 충격치를 감소시킨다.
④ 마그네슘의 비중은 1.74로 가벼워 경량화 부품 등에 사용되며 조밀육방격자이다.

06 압출 과정에서 속도가 너무 크거나 온도 및 마찰이 클 때 제품 표면의 온도가 급격하게 상승하여 표면에 균열이 발생하는 결함은?

① 대나무균열
② 심결함
③ 파이프결함
④ 셰브론결함

07 항복점이 뚜렷하지 않은 재료에서 내력을 정하는 방법으로 옳은 것은?

① 비례한도로 정한다.
② 0.02%의 영구 strain이 발생할 때의 응력으로 정한다.
③ 0.05%의 영구 strain이 발생할 때의 응력으로 정한다.
④ 0.2%의 영구 strain이 발생할 때의 응력으로 정한다.

08 다음 중 경도시험법에 대한 설명으로 옳지 않은 것은?

① 로크웰 경도시험법: 다이아몬드 원추나 강구 압입자를 이용해서 경도를 평가한다.
② 비커스 경도시험법: 피라미드 형상의 다이아몬드 압입자를 이용해서 경도를 평가한다.
③ 브리넬 경도시험법: 강이나 초경합금으로 만든 구형 압입자를 이용해서 경도를 평가한다.
④ 마이어 경도시험법: 한쪽 대각선이 긴 피라미드 형상의 다이아몬드 압입자를 이용해서 경도를 평가한다.

09 충격파에 대한 설명으로 옳지 않은 것은?

① 충격파의 앞쪽과 뒤쪽의 압력차가 충격파의 강도를 나타낸다.
② 충격파를 지나온 공기입자의 압력과 밀도는 증가되고 속도는 감소된다.
③ 초음속 흐름에서 충격파로 인하여 발생하는 항력을 마찰항력이라고 한다.
④ 충격파의 종류에는 수직충격파, 경사충격파, 팽창파가 있다.

10 다음 〈보기〉가 설명하는 것은 무엇인가?

> 물체 주위의 순환 흐름에 의해 생기는 양력, 즉 흐름에 놓인 물체에 순환이 있으면 물체는 흐름의 직각 방향으로 양력이 생긴다.

① 아르키메데스의 원리
② 파스칼의 법칙
③ 쿠타–주코프스키의 정리
④ 슈테판–볼츠만의 정리

11 다음 중 베르누이 방정식과 관련된 설명으로 옳지 않은 것은?

① 에너지 보존의 법칙을 기반으로 하는 방정식이다.
② 베르누이 방정식의 기본 가정으로는 유체입자가 같은 유선상을 따라 움직이며 정상류, 비점성, 비압축성이어야 한다.
③ 베르누이 방정식을 통해 관의 면적에 따른 속도와 압력의 관계를 알 수 있다.
④ $Pv + \dfrac{1}{2}mv^2 + mgh = C$로 표현되는 방정식이다. [여기서, P: 압력, V: 부피, m: 질량, v: 속도, g: 중력가속도, h: 높이, C: 상수]

12 다음 〈보기〉가 설명하는 것은 어떤 가공인가?

> 뚫려 있는 구멍에 그 안지름보다 큰 지름의 펀치를 이용하여 구멍의 가장자리를 판면과 직각으로 구멍 둘레에 테를 만드는 가공

① 비딩(beading)
② 로터리스웨이징(rotary swaging)
③ 버링(burling)
④ 버니싱(burnishing)

13 다음 중 엔트로피가 증가하는 상황으로 옳지 않은 것은?

① 자연계에 비가역적 상태가 많을 때
② 손흥민이 맨시티와의 경기에서 골을 넣고 세레모니로 슬라이딩을 했을 때
③ 변화가 불안정된 상태 쪽으로 일어나는 경우
④ 여자친구를 만나러 가기 위해 방에서 향수를 뿌렸더니 향수 냄새가 방 내부에 확산되었을 때

14 여러 무차원수에 대한 설명으로 옳지 않은 것은?

① 강제대류에 의한 물질전달계에서 셔우드수는 레이놀즈와 슈미트수에 의존한다.
② 강제대류에 의한 열전달계에서 누셀트수는 레이놀즈수와 프란틀수에 의존한다.
③ 비오트수가 1보다 작을 때 물체 내의 온도가 일정하다고 가정할 수 있다.
④ 그라쇼프수는 자연대류에서 층류와 난류를 결정하는 역할을 한다.

15 열전도도에 대한 설명으로 옳은 것은?

① 열전도도의 크기는 기체 > 액체 > 고체 순서이다.
② 고체상의 순수 금속은 전기전도도가 증가할수록 열전도도는 높아진다.
③ 액체의 열전도도는 온도 상승에 따라 증가한다.
④ 기체의 열전도도는 온도 상승에 따라 감소한다.

16 마모된 암나사를 재생하거나 강도가 불충분한 재료의 나사 체결력을 강화시키는 데 사용되는 기계요소는?

① 분할핀
② 로크너트
③ 플라스틱 플러그
④ 헬리서트

17 다음 중 물질전달계수와 관계가 없는 무차원수는?

① Reynolds수
② Schmidt수
③ Lewis수
④ Sherwood수

18 직접전동장치와 간접전동장치에 대한 설명으로 옳은 것은 모두 몇 개인가?

- 마찰차, 기어, 캠은 간접전동장치이며, 벨트, 체인, 로프는 직접전동장치이다.
- 로프전동장치는 두 축 사이의 거리가 매우 짧고 평벨트보다 작은 동력을 전달할 때 적합하다.
- 기어는 회전 운동에서 정확한 속도비를 전달하지 못한다.

① 0개   ② 1개   ③ 2개   ④ 3개

19 마찰이 없는 수평면에서 물체 A가 6m/s의 속도로 다가와 정지해있는 물체 B와 완전탄성충돌을 하였다. 충돌 후 물체 B의 속도는 3m/s이고, 충돌 전후 A의 운동이 한 직선상에서 이루어졌다. A와 B의 질량을 각각 m_A, m_B라고 할 때, $\dfrac{m_A}{m_B}$는 얼마인가?

① $\dfrac{1}{5}$ ② $\dfrac{1}{4}$

③ $\dfrac{1}{3}$ ④ $\dfrac{1}{2}$

20 다음 중 층류와 난류에 대한 설명으로 옳은 것은 모두 몇 개인가?

- 층류의 경계층은 얇고 난류의 경계층은 두꺼우며 층류는 항상 난류 앞에 있다.
- 난류는 층류에 비해서 마찰력이 크다.
- 층류에서는 근접하는 두 개의 층 사이에 혼합이 없고, 난류에서는 혼합이 있다.
- 점성저층 속에서의 흐름의 특성은 층류와 유사하다.
- 박리(이탈점)는 난류에서보다 층류에서 더 잘 일어나며 박리는 항상 천이점보다 뒤에 있다.

① 2개   ② 3개   ③ 4개   ④ 5개

21 다음 그림과 같이 바닥면이 고정되고 전단탄성계수가 G인 고무받침의 윗면에 전단력 V가 작용할 때 고무받침 윗면의 수평변위 d는? [단, 전단력은 고무받침 단면에 균일하게 전달되고 전단변형의 크기는 매우 작다고 가정한다.]

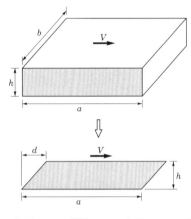

① $\dfrac{hV}{abG}$ ② $\dfrac{GV}{abh}$ ③ $\dfrac{abV}{Gh}$ ④ $\dfrac{V}{abhG}$

22 다음 그림과 같이 단면적 10m^2인 부재에 축방향 인장하중 P가 작용하고 있다. 이 부재의 경사면 ab에 25Pa의 법선응력을 발생시키는 인장하중 $P[\text{N}]$의 크기와 인장하중 P에 의해 부재에 발생하는 최대전단응력 $\tau_{\max}[\text{Pa}]$을 각각 구하면 얼마인가?

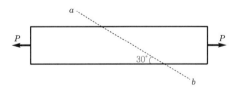

① $1,000\text{N},\ 25\sqrt{3}\,\text{Pa}$

② $\dfrac{1,000}{3}\text{N},\ 45\text{Pa}$

③ $\dfrac{1,000}{3}\text{N},\ 60\text{Pa}$

④ $1,000\text{N},\ 50\text{Pa}$

23 열역학 제2법칙과 관련이 없는 것은?

① 모든 자발적인 과정에서 계와 주위의 엔트로피 변화의 합은 항상 0보다 크다.

② $\triangle S_{우주(전체)} = \triangle S_{계} + \triangle S_{주위} > 0$을 명시하는 법칙이다.

③ 자발적인 과정은 비가역적이므로 우주 전체 엔트로피는 모든 자발적 과정에서 증가한다.

④ $\lim\limits_{t \to 0} \triangle S = 0$과 관련이 있는 법칙이다.

24 다음 그림과 같은 구조용 강의 응력-변형률 선도에 대한 설명으로 옳지 않은 것은?

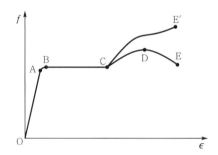

① 직선 OA의 기울기는 탄성계수이며, A점의 응력을 비례한도(proportional limit)라고 한다.

② 곡선 OABCE′를 진응력-변형률 곡선(true stress-strain curve)이라 하고 곡선 OABCDE를 공학적 응력-변형률 곡선(engineering stress-strain curve)이라 한다.

③ 구조용 강의 레질리언스(Resilience)는 재료가 소성구간에서 에너지를 흡수할 수 있는 능력을 나타내는 물리량이며 곡선 OABCDE 아래의 면적으로 표현된다.

④ D점은 극한응력으로 구조용 강의 인장강도를 나타낸다.

25 다음 그림과 같이 단면적을 제외한 조건이 모두 동일한 두 개의 봉에 각각 동일한 하중 P 가 작용한다. 봉의 거동을 해석하기 위한 두 봉의 물리량 중에서 값이 동일한 것은?

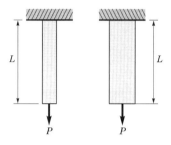

① 신장량　　② 변형률
③ 응력　　　④ 단면력

26 과열증기를 이용하여 열교환기에 공급되는 액체의 온도를 50°C에서 100°C로 올리고자 한다. 과열증기가 액체에 공급하는 열량은 500cal/kg이고, 액체는 1,000kg/hr로 공급되고 있다. 이때 단위시간당 요구되는 과열증기의 양은 몇 kg인가? [단, 액체의 비열은 0.5cal/kg·°C로 가정한다.]

① 50kg　　② 60kg
③ 80kg　　④ 100kg

27 유체에 작용하는 힘에 대한 설명 중 옳은 것은?

① 유체의 압축성은 주어진 압력변화에 대한 팽창·수축 등 변형의 크기와 관계된다.
② 응집력이란 서로 다른 종류의 분자 사이에서 작용하는 인력이다.
③ 부착력이 응집력보다 클 경우 모세관 안의 유체표면이 하강한다.
④ 자유수면 부근에 막을 형성하는 데 필요한 단위 면적당 당기는 힘을 표면장력이라 한다.

28 다음 그림처럼 하중 P를 받는 켄틸레버보(외팔보)에서 B점의 수직변위(처짐량)를 나타내는 일반식으로 옳은 것은? [단, 휨강성 EI는 일정하며, 구조물의 자중은 무시한다.]

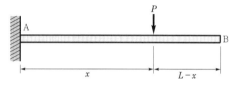

① $\dfrac{Px^2(3L-x)}{5EI}$

② $\dfrac{Px^2(3L-x)}{2EI}$

③ $\dfrac{Px^2(5L-x)}{6EI}$

④ $\dfrac{Px^2(3L-x)}{6EI}$

29 다음 〈보기〉에 나열된 여러 주철의 인장강도를 크기 순으로 옳게 서술한 것은?

> 펄라이트가단주철, 고급주철,
> 구상흑연주철, 백심가단주철, 합금주철,
> 미하나이트주철

① 구상흑연주철 > 펄라이트가단주철 > 백심가단주철 > 미하나이트주철 > 고급주철 > 합금주철
② 구상흑연주철 > 펄라이트가단주철 > 백심가단주철 > 고급주철 > 합금주철 > 미하나이트주철
③ 구상흑연주철 > 펄라이트가단주철 > 백심가단주철 > 미하나이트주철 > 합금주철 > 고급주철
④ 구상흑연주철 > 펄라이트가단주철 > 미하나이트주철 > 백심가단주철 > 합금주철 > 고급주철

30 디젤기관과 오토기관에 대한 설명으로 옳지
않은 것은?

① 디젤기관에서 공기는 연료의 자연발화
온도 이상까지 압축되고, 연소는 연료가
이 고온의 공기 속으로 분사되어 접촉함
으로써 시작된다.

② 실제 디젤기관에서는 오토기관의 압축비
보다 높은 압축비를 사용한다.

③ 압축비가 같다면 디젤기관이 오토기관보
다 열효율이 높다.

④ 디젤기관은 압축착화 왕복기관이고 오토
기관은 불꽃점화 왕복기관이다.

08 제8회 실전 모의고사

[⇨ 정답 및 해설편 p. 439]

01 유압장치에 관한 설명으로 옳은 것은?

① 액추에이터(유압실린더, 유압모터)는 유압에너지를 기계에너지로 변환시켜주는 기기이다.

② 유압장치는 입력에 대한 출력의 응답이 빠르며 소형장치로 큰 출력을 얻을 수 있다.

③ 유압장치는 오염물질에 민감하며 배관이 까다롭고 에너지의 손실이 크다.

④ 비압축성이어야 정확한 동력을 전달할 수 있고 유압장치는 과부하에 대해 안전장치로 만드는 것이 용이하다.

02 피치가 3mm인 두 줄 나사를 $90°$ 회전시켰을 때 축 방향으로 이동하는 거리는 얼마인가?

① 6mm   ② 3mm

③ 27mm   ④ 1.5mm

03 평면응력 상태와 관련된 주응력과 전단응력에 대한 설명으로 옳지 않은 것은?

① 모어원을 통해 최대전단응력, 최대주응력, 최소주응력, 주응력의 방향을 알 수 있다.

② 주응력은 면에 작용하는 최대수직응력과 최소수직응력을 말한다.

③ 평면응력상태에서 $\sigma_x = 20\text{MPa}$, $\sigma_y = 4\text{MPa}$, $\tau_{xy} = 6\text{MPa}$이라면, 최대주응력 σ_1은 22MPa이다.

④ 최대전단응력의 크기는 최대수직응력과 최소수직응력의 합을 반으로 나눈 값이다.

04 완전 복사체(흑체)로부터 에너지 방사속도는? [단, $\dfrac{q}{A}$: 단위면적당 전열량, σ : 스테판–볼츠만 상수, T : 절대온도]

① $\dfrac{q}{A} = \sigma T^{\frac{1}{4}}$ ② $qA = \sigma T^4$

③ $\dfrac{q}{A} = \sigma T^4$ ④ $\dfrac{q}{A} = \dfrac{T^4}{\sigma}$

05 펌프의 비교회전도를 구하는 식으로 옳은 것은? [단, n : 펌프의 임펠라 회전수(rpm), Q : 유량(m^3/min), H : 전양정(m)]

① $n_s(\text{비교회전도}) = \dfrac{n\sqrt{Q}}{H^{\frac{3}{4}}}$

② $n_s(\text{비교회전도}) = \dfrac{n\sqrt{Q}}{H^{\frac{4}{3}}}$

③ $n_s(\text{비교회전도}) = \dfrac{n\sqrt{Q}}{H^{\frac{3}{2}}}$

④ $n_s(\text{비교회전도}) = \dfrac{n\sqrt{Q}}{H^{\frac{2}{3}}}$

06 무인 엘리베이터는 무슨 제어인가?

① 추종 제어

② 프로그램 제어

③ 시퀀스 제어

④ 서보 제어

07 열역학에 대한 설명 중 옳지 않은 것은?

① 평형상태에서 시스템의 주요 변수는 시간이 아닌 온도이다.

② 내부에너지는 분자 간 운동 활동성을 나타내며, 물체가 가지고 있는 총에너지로부터 역학에너지와 전기에너지를 포함한 에너지를 말한다.

③ 줄의 법칙에 의거하여 완전가스 상태에서 내부에너지와 엔탈피는 온도만의 함수이다.

④ 엔탈피는 열의 함량을 나타내며, 엔트로피는 무질서도를 나타낸다.

08 프로세스 제어의 제어량으로 옳은 것은?

① 위치 ② 압력
③ 방위 ④ 자세

09 액백(리퀴드 백 현상)에 대한 설명으로 옳지 않은 것은?

① 액백 현상은 증발기에서 모든 냉매액이 증발되지 못하고 약간의 냉매액이 혼합되어 압축기로 넘어가는 현상을 말한다.

② 액백 현상은 냉매가 과충전될 때, 액분리기가 불량할 때, 팽창밸브의 개도가 작을 때 발생할 수 있다.

③ 액백 현상이 발생하면 압축기의 효율이 저하되거나 고장의 원인이 될 수 있다.

④ 액백 현상을 방지하기 위해 액분리기는 압축기와 응축기 사이에 설치해야 한다.

10 배관 보온재의 구비조건으로 옳지 않은 것은?

① 다공성일 것
② 열전도율이 작고 비중이 작을 것
③ 사용온도에 견딜 수 있고 기계적 강도가 클 것
④ 흡수성이 클 것

11 다음 중 외형선을 그리는 데 사용하는 선은 무엇인가?

① 가는 파선
② 가는 1점 쇄선
③ 가는 실선
④ 굵은 실선

12 상대습도, 절대습도 등과 관련된 설명으로 옳지 않은 것은?

① 습구온도와 건구온도가 같다는 것은 상대습도가 100%인 포화공기임을 뜻한다.

② 공기를 냉각하면 상대습도는 높아지고 공기를 가열하면 상대습도는 낮아진다.

③ 공기를 냉각하거나 가열하여도 절대습도는 변하지 않는다.

④ 공기를 감습하면 건구온도가 증가하고 공기를 가습하면 건구온도가 감소한다.

13 냉간단조의 종류가 아닌 것은?

① 스웨이징 블록 ② 콜드헤딩
③ 프레스 단조 ④ 코이닝

14 절삭속도와 이송속도의 단위를 옳게 짝지은 것은?

① m/min, mm/rev
② m^2/s, mm/s
③ m^2/s, mm/hr
④ m/min, mm/s

15 다음 중 압력의 크기가 가장 작은 것은?

① 2.0265 bar ② 14.696 psi
③ 540 mmHg ④ 0.0712 MPa

16 어떤 이상기체의 정적비열과 기체상수가 각각 $6\mathrm{kJ/kg \cdot K}$, $3\mathrm{kJ/kg \cdot K}$ 라면 이 기체의 정압비열은?

① $3\mathrm{kJ/kg \cdot K}$ ② $6\mathrm{kJ/kg \cdot K}$

③ $9\mathrm{kJ/kg \cdot K}$ ④ $12\mathrm{kJ/kg \cdot K}$

17 대기압이 $14.696\mathrm{psi}$, 게이지압력이 $1,520$ mmHg일 때 절대압력은 얼마인가?

① $303.975\mathrm{mb}$ ② $303.975\mathrm{hPa}$

③ $0.303975\mathrm{bar}$ ④ $89.76\mathrm{inchHg}$

18 복합발전은 1차(가스터빈, 브레이턴 사이클) + 2차(증기터빈, 랭킨 사이클)로 구성되어 있다. 구체적으로 가스터빈 사이클은 압축기에서 LNG연료를 압축시켜 고온, 고압 상태로 만들고 연소기에서 LNG연료를 연소시킨다. 그리고 연소된 LNG가스는 가스터빈으로 들어가 가스터빈을 구동시키고 1차 팽창일을 얻는다. 그리고 버려지는 열량은 배열회수보일러(HRSG)를 통해 가스터빈을 돌릴 때 배출되는 에너지를 회수하여 다시 고온, 고압의 증기로 만들어 증기터빈을 가동한다. 다음 중 복합발전의 주요기기 구성이 아닌 것은 무엇인가?

① HRSG   ② 가스터빈

③ 탈황설비   ④ 압축기

19 배관의 반지름이 20mm일 때, 유량이 0.16 $\mathrm{m^3/s}$ 라면 유체가 흐르는 유속은? [단, $\pi = 3$으로 계산한다.]

① $33.33\mathrm{m/s}$ ② $133.33\mathrm{m/s}$

③ $333.33\mathrm{m/s}$ ④ $533.33\mathrm{m/s}$

20 질량이 M이고 반지름이 R인 어떤 속이 꽉 차 있는 구가 구 중심을 지나는 축에 대해서 회전운동을 하고 있고 이때의 각속도가 ω였다. 그렇다면 지름이 $4R$이고 질량이 M인 속이 꽉 차 있는 구가 반지름이 R인 구와 동일한 각운동량을 가지면서 중심축에 대해서 회전운동을 한다면 지름이 $4R$인 구의 각속도는 얼마인가?

① 4ω ② $\dfrac{1}{16}\omega$

③ 16ω ④ $\dfrac{1}{4}\omega$

21 다음에서 설명하는 자동화 생산방식은 무엇인가?

> 컴퓨터에 의한 통합적 생산시스템으로 컴퓨터를 이용해서 기술개발 · 설계 · 생산 · 판매 및 경영까지 전체를 하나의 통합된 생산체제로 구축하는 시스템이다.

① DNC(Distributed Numerical Control)

② FMS(Flexible Manufacturing System)

③ CAM(Computer Aided Manufacturing)

④ CIMS(Computer Integrated Manufacturing System)

22 공기조화설비의 주요 구성 장치로 옳지 않은 것은?

① 열 운반 장치

② 열원 장치

③ 공기처리 장치

④ 자동제어설비

23 세라믹과 관련된 설명으로 옳지 않은 것은?

① 열전도율이 낮기 때문에 내화제로 사용된다.

② 금속과 친화력이 크기 때문에 구성인선이 발생하지 않는다.

③ 경도는 1,200℃까지 변화가 없으며 충격에 약하다.

④ 도기라는 뜻으로 점토를 소결한 것이며 알루미나 주성분에 Cu, Ni, Mn을 첨가한 것이다.

24 NC 프로그램에서 보조기능인 M코드에서 M00, M02, M06, M30의 기능은 각각 무엇인가?

① 프로그램 정지, 프로그램 종료, 공구 교환, 프로그램 종료 후 리셋

② 프로그램 정지, 프로그램 종료, 공구 교환, 보조프로그램 호출

③ 프로그램 정지, 선택적 프로그램 정지, 공구 교환, 프로그램 종료 후 리셋

④ 프로그램 정지, 선택적 프로그램 정지, 공구 교환, 심압대 스핀들 전진

25 차압식 유량계의 종류로 옳은 것은?

① 로터미터　　　② 피에조미터

③ 오리피스　　　④ 시차액주계

26 비중이 0.6인 어떤 나무로 목형을 만들었을 때의 무게가 3.5kg이다. 이때 주물의 무게는 얼마인가? [단, 주물의 재료는 주철이며 주철의 비중은 7.2이다.]

① 0.29kg　　　② 1.23kg

③ 15.12kg　　　④ 42kg

27 압입자에 1~120kgf의 하중을 걸어 자국의 대각선 길이로 경도를 측정하는 방법은 비커스 경도시험법이다. 하중이 100kgf이고 대각선의 길이가 3mm일 때, 비커스 경도값은 얼마인가?

① 10.3kgf/mm^2

② 61.8kgf/mm^2

③ 33.3kgf/mm^2

④ 20.6kgf/mm^2

28 다음은 플래핑 현상의 발생조건에 대한 설명이다. (　) 안에 들어갈 말로 알맞은 것은?

> 플래핑 현상은 원동 풀리와 종동 풀리 사이의 축간거리가 (가깝고/멀고), (고속/저속)으로 벨트가 운전될 때 벨트가 마치 파도를 치는 듯한 현상이다.

① 가깝고, 고속　　　② 멀고, 고속

③ 가깝고, 저속　　　④ 멀고, 저속

29 냉동기의 기본 4대 요소로 가장 옳은 것은?

① 증발기, 압축기, 유분리기, 액분리기

② 증발기, 압축기, 수액기, 팽창밸브

③ 증발기, 압축기, 응축기, 팽창밸브

④ 증발기, 압축기, 액분리기, 팽창밸브

30 두께가 20mm인 탄소강판에 반지름 50mm의 구멍을 펀치로 뚫을 때의 전단력이 30,000kgf이다. 이 탄소강판에 발생하는 전단응력[kgf/mm^2]은 얼마인가? [단, $\pi = 3$]

① 5kgf/mm^2　　　② 10kgf/mm^2

③ 15kgf/mm^2　　　④ 20kgf/mm^2

31 여러 윤활제와 관련된 설명으로 옳지 않은 것은?

① 실리콘유는 규소수지 중의 기름 형태인 것으로 내열성과 내한성이 우수하며 가격이 매우 싸다.
② 고체윤활제의 종류로는 활성, 운모, 흑연 등이 있다.
③ 극압유는 인, 황, 염소, 납 등의 극압제를 첨가한 윤활제이다.
④ 동물성유는 유동성과 점도가 우수하다.

32 주철에 대한 설명으로 옳지 않은 것은?

① 절삭가공할 때 주철은 절삭유를 사용하지 않는다.
② 주철은 압축강도가 크고 주조성과 마찰저항이 우수하다.
③ 주철은 가공이 어렵지만 절삭성은 우수하다.
④ 주철은 담금질, 뜨임, 단조가 불가능하다.

33 캠의 압력각을 줄이는 방법으로 옳지 않은 것은?

① 기초원의 직경을 증가시킨다.
② 종동절의 전체 상승량을 줄이고 변위량을 변화시킨다.
③ 종동절의 변위에 대해 캠의 회전량을 감소시킨다.
④ 종동절의 운동 형태를 변화시킨다.

34 외접마찰차에서 축간거리가 900mm, $N_1 = 300$rpm, $N_2 = 150$rpm일 때 원동차와 종동차의 지름 D_1, D_2는 각각 얼마인가?

① 1,200mm, 600mm
② 800mm, 1,000mm
③ 600mm, 1,200mm
④ 1,000mm, 800mm

35 수격현상은 배관 속의 유체 흐름을 급히 차단시켰을 때 유체의 운동에너지가 압력에너지로 전환되면서 배관 내에 탄성파가 왕복하게 되어 배관이 파손되는 현상이다. 그렇다면 수격현상을 방지하는 방법으로 옳지 않은 것은?

① 관로 내의 유속을 통상적으로 1.5~2.0m/s로 낮게 설정한다.
② 조압수조를 관선에 설치하여 적정 압력을 유지한다.
③ 펌프 송출구에 수격을 방지하는 체크밸브를 달아 역류를 막는다.
④ 회전체의 관성 모멘트를 작게 한다.

36 냉각쇠에 대한 설명으로 옳지 않은 것은?

① 주물 두께 차이에 따른 응고속도 차이를 줄이기 위해 사용된다.
② 냉각쇠는 주물 두께가 두꺼운 부분에 설치한다.
③ 수축공을 방지하기 위해 사용된다.
④ 주물의 냉각속도를 저하시켜 주물에 발생하는 결함을 방지한다.

37 헬리컬기어와 관련된 설명으로 옳지 않은 것은?

① 헬리컬기어는 두 축이 평행한 기어이다.
② 축 방향으로 추력이 발생하기 때문에 스러스트 베어링을 사용한다.
③ 최소 잇수가 평기어보다 적어 큰 회전비를 얻을 수 있다.
④ 더블헬리컬기어는 비틀림각의 방향이 서로 반대이고 크기가 다른 한 쌍의 헬리컬기어를 조합한 기어이다. 비틀림각의 방향을 서로 반대로 놓아 기존 헬리컬기어에서 발생하는 추력을 없앨 수 있다.

38 1냉동톤은 (A)℃의 물 (B)ton을 (C)분 이내에 (D)℃의 얼음으로 바꾸는 데 제거해야 할 열량 및 그 능력이다. 빈칸 A + B + C + D를 모두 더한 값은?

① 25
② 225
③ 1,441
④ 1,641

39 잔류응력과 관련된 설명으로 옳은 것은 모두 몇 개인가?

- 잔류응력은 상의 변화, 온도구배, 불균일 변형이 제일 큰 원인이다.
- 잔류응력이 존재하는 표면을 드릴로 구멍을 뚫으면 그 구멍이 타원형상으로 변형될 수 있다.
- 실온에서 장시간 이완 작용을 증가시키면 잔류응력을 경감시킬 수 있다.
- 소성변형을 추가하여 잔류응력을 경감시킬 수 있다.

① 1개
② 2개
③ 3개
④ 4개

40 다음 중 절삭공정에 포함된 것은 모두 몇 개인가?

선삭, 밀링, 드릴링, 평삭, 방전

① 2개
② 3개
③ 4개
④ 5개

41 브라인의 구비조건으로 옳은 것은?

① 비열이 클 것
② 금속에 대한 부식성이 없을 것
③ 점도가 작을 것
④ 열전도율이 클 것

42 공기압축기의 규격을 표시할 때 사용하는 단위는?

① m/min
② m^3/min
③ m^3/kg
④ kg/m^2

43 NC 공작기계의 특징 중 옳은 것을 모두 고르면 몇 개인가?

- 공구가 표준화되어 공구수를 줄일 수 있는 장점을 가지고 있다.
- 다품종 소량생산 가공에 적합하다.
- 공장의 자동화 라인을 쉽게 구축할 수 있다.
- 항공기 부품과 같이 복잡한 형상의 부품 가공 능률화가 가능하다.
- 인건비 및 제조원가가 비싸진다.
- 가공조건을 일정하게 유지할 수 있고 생산성이 향상되지만 공구 관리비는 증가된다.

① 2개   ② 3개   ③ 4개   ④ 5개

44 주로 반복하중이 작용하는 스프링에 적용시켜 피로한도를 높이는 방법은 숏피닝이다. 숏피닝에 대한 설명으로 옳지 않은 것은?

① 숏피닝은 샌드블라스팅의 모래 또는 그릿 블라스팅의 그릿 대신에 경화된 작은 강구를 일감의 표면에 분사시켜 피로강도 및 기계적 성질을 향상시키는 가공방법이다.
② 숏피닝은 일종의 냉간가공법이며 숏피닝에 사용하는 주철 강구의 지름은 0.5~1.0mm이다.
③ 압축공기식은 압축공기를 노즐에서 숏과 함께 고속으로 분사시키는 방법으로 원심식보다 생산능률이 높다.
④ 숏피닝은 표면에 강구를 고속으로 분사하여 표면에 압축잔류응력을 발생시키기 때문에 피로한도와 피로수명을 증가시킨다.

45 비중에 대한 정의로 옳은 것은?

① 물질의 고유 특성이며 기준이 되는 물질의 밀도에 대한 상대적인 비를 말하기 때문에 무차원수이다. 액체의 경우 0기압 하에서 4°C 물을 기준으로 한다.

② 물질의 고유 특성이며 기준이 되는 물질의 밀도에 대한 상대적인 비를 말하기 때문에 무차원수이다. 액체의 경우 1기압 하에서 4°C 물을 기준으로 한다.

③ 물질의 고유 특성이며 기준이 되는 물질의 밀도에 대한 상대적인 비를 말하기 때문에 무차원수이다. 액체의 경우 0기압 하에서 7°C 물을 기준으로 한다.

④ 물질의 고유 특성이며 기준이 되는 물질의 밀도에 대한 상대적인 비를 말하기 때문에 무차원수이다. 액체의 경우 1기압 하에서 7°C 물을 기준으로 한다.

46 아래보기용접에 대한 수평보기용접의 효율은 몇 %인가?

① 90% ② 80%
③ 70% ④ 95%

47 감쇠강제진동을 의미하는 것은 무엇인가?
[단, $F(t)$: 시간종속하중, F_n : 초기하중]

① $m\ddot{x} + c\dot{x} + kx = F(t)$

② $m\ddot{x} + kx = F(t)$

③ $m\ddot{x} + c\dot{x} + kx = F_n$

④ $m\ddot{x} + kx = F_n$

48 취성의 종류는 상온 취성, 적열 취성, 고온 취성, 저온 취성, 청열 취성 등이 있다. 이와 관련된 설명으로 옳지 않은 것은?

① 청열 취성은 200~300°C 부근에서 인장강도나 경도가 상온에서의 값보다 높아지지만 여리게 되는 현상이다. 그리고 청열 취성의 주된 원인은 질소(N)이며 청열 취성이 발생하는 온도에서 소성가공은 피해야 한다.

② 적열 취성의 황(S)이 원인이 되어 950°C 이상에서 인성이 저하하는 현상으로 망간(Mn)을 첨가하여 방지할 수 있다.

③ 저온 취성은 재료가 상온보다 온도가 낮아질 때 발생하는 것으로 인장강도는 증가하지만, 경도, 연신율, 충격값은 감소한다.

④ 상온 취성은 인(P)이 원인이 되는 취성으로 인(P)을 많이 함유한 재료에서 나타나며 강을 고온에서 압연이나 단조할 때는 거의 나타나지 않지만 상온에서는 자주 나타나기 때문에 상온 취성이라고 부른다. 그리고 상온 취성은 강의 강도, 경도, 탄성한계 등을 높이지만 연성, 인성을 저하시키고 취성이 커지게 된다.

49 응력집중을 완화시키는 방법으로 옳지 않은 것은?

① 축단부 가까이에 5~6단의 단부를 설치해 응력의 흐름을 완만하게 한다.

② 테이퍼지게 설계하며, 체결부위에 체결수(리벳, 볼트)를 증가시킨다.

③ 단면 변화 부분에 보강재를 결합하여 응력집중을 경감한다.

④ 단면 변화 부분에 숏피닝, 롤러압연처리 및 열처리를 시행하여 그 부분을 강화시키거나 표면가공 정도를 좋게 하여 향상시킨다.

50 구성인선(빌트업 에지)과 관련된 설명으로 옳은 것은 모두 몇 개인가?

> • 구성인선이 발생하지 않을 임계속도는 120m/min이다.
> • 구성인선은 마멸 → 파괴 → 탈락 → 생성의 과정을 거친다.
> • 구성인선이 발생하면, 날 끝에 칩이 달라붙어 날 끝이 울퉁불퉁하게 된다. 따라서 표면을 거칠게 하거나 동력손실을 유발할 수 있다.
> • 구성인선은 공구면을 덮어 공구를 보호하는 역할을 할 수 있다.

① 1개 ② 2개
③ 3개 ④ 4개

09 제9회 실전 모의고사

[⇨ 정답 및 해설편 p. 459]

01 800rpm으로 전동축을 지지하고 있는 미끄럼 베어링에서 저널의 지름은 12cm, 저널의 길이는 20cm이다. 이때 레이디얼 하중은 몇 N인가? [단, 베어링의 압력은 약 0.35MPa 이다.]

① 4,900N   ② 2,800N

③ 8,400N   ④ 1,400N

02 다음 중 반지름 방향으로 왕복운동하여 관의 직경을 줄이는 가공방법은?

① 인발   ② 압연

③ 압출   ④ 스웨이징

03 다음 중 ICFTA에서 지정한 7가지 주물 표면 결함의 종류가 아닌 것은?

① Scar   ② 표면겹침

③ 기공   ④ 콜드셧

04 단면이 일정하고 길이가 L, 단면의 폭이 b, 두께가 h인 외팔보형 판스프링의 끝단에 하중 P가 작용했을 때 처짐이 64mm였다. 이때 폭을 $0.5b$로 두께를 $4h$로 변경시켰다면 처짐은 몇 mm인가? [단, 작용하는 하중과 길이는 일정하다.]

① 2mm   ② 4mm

③ 8mm   ④ 16mm

05 마하수와 관련된 설명으로 옳지 않은 것은?

① 압축성 효과는 마하수가 0.3보다 클 때 고려된다.

② 마하수는 관성력, 탄성력과 관련이 있는 무차원수이다.

③ 마하수를 알면 마하각을 알 수 있다.

④ 마하수가 1보다 작으면 아음속 유동이며 물체의 속도는 압력파의 전파속도보다 빠르다.

06 다음 중 표준연료의 옥탄가를 구하는 식은?

① $\dfrac{\text{세탄}}{\text{이소옥탄} + \text{정헵탄}} \times 100$

② $\dfrac{\text{세탄}}{\text{세탄} + (\alpha - \text{메틸나프탈렌})} \times 100$

③ $\dfrac{\text{이소옥탄}}{\text{세탄} + (\alpha - \text{메틸나프탈렌})} \times 100$

④ $\dfrac{\text{이소옥탄}}{\text{이소옥탄} + \text{정헵탄}} \times 100$

07 질량이 2kg, 체적이 0.08m^3인 습증기가 있다. 이 습증기의 건도는? [단, 포화액의 비체적은 0.02m^3, 포화증기의 비체적은 2.02m^3이다.]

① 0.005   ② 0.01

③ 0.015   ④ 0.02

08 다음 중 〈보기〉에 설명된 기계설비의 위험점은?

> 왕복운동 부분과 고정 부분 사이에 형성되는 위험점(프레스 및 창문 등)

① 절단점
② 물림점
③ 끼임점
④ 협착점

09 코일스프링의 제도법과 관련된 설명으로 옳지 않은 것은?

① 스프링의 종류와 모양만을 도시할 때에는 재료의 중심선만을 가는 실선으로 그린다.
② 스프링은 원칙적으로 무하중인 상태로 그린다.
③ 특별한 단서가 없는 한 모두 오른쪽 감기로 도시하고 왼쪽 감기로 도시할 때에는 감긴 방향을 왼쪽이라고 표시한다.
④ 코일 부분의 중간 부분을 생략할 때에는 생략한 부분을 가는 1점 쇄선으로 표시하거나 가는 2점 쇄선으로 표시해도 된다.

10 최소죔새는 어떻게 구해지는가?

① 구멍의 최대허용치수 – 축의 최소허용치수
② 구멍의 최소허용치수 – 축의 최대허용치수
③ 축의 최대허용치수 – 구멍의 최소허용치수
④ 축의 최소허용치수 – 구멍의 최대허용치수

11 다음에서 설명하는 것은 무엇인가?

> 통과측은 전 길이에 대한 치수 또는 결정량이 동시에 검사되고 정지측은 각각의 치수가 따로 따로 검사되어야 한다. 즉, 통과측 게이지는 제품의 길이와 같은 원통상이면 좋고 정지측은 그 오차의 성질에 따라 선택해야 한다.

① 테일러의 원리
② 아베의 원리
③ 보일의 법칙
④ 진리의 법칙

12 가공방법 기호와 가공 후 가공 줄무늬 모양에 대한 설명으로 옳지 않은 것은?

① = : 가공 후 가공 줄무늬 모양이 투상면에 평행하다.
② B: 브로칭 가공을 의미한다.
③ M: 가공 후 가공 줄무늬 모양이 여러 방향으로 교차하거나 무방향이다.
④ FF: 줄 다듬질을 의미한다.

13 회전차에서 나온 물이 가지는 속도수두와 회전차와 방수면 사이의 낙차를 유효하게 이용하기 위하여 회전차 출구와 방수면 사이에 설치하는 것은?

① 디플렉터
② 튜블러 수차
③ 흡출관
④ 노즐

14 체크밸브의 기호로 옳은 것은?

15 다음 중 단순입방구조의 충전율은?

① 52%   ② 68%   ③ 74%   ④ 84%

16 다음 중 스트레이너의 형상에 따른 종류가 아닌 것은?

① U형   ② V형   ③ S형   ④ Y형

17 왕복펌프에서 송출관 안의 유량을 일정하게 유지시켜 수격현상을 방지해주는 것은?

① 흡출관   ② 에어 챔버
③ 전향기   ④ 풋 밸브

18 주물 표면불량의 종류로 주형의 팽창이 크거나 주형의 일부 과열로 발생하는 표면불량은?

① 버클   ② 와시
③ 콜드셧   ④ 스캡

19 다음 중 용융금속이 주형을 완전히 채우지 못하고 응고된 것은?

① 콜드셧   ② 개재물
③ scar   ④ 주탕불량

20 다음 중 벨트전동장치와 관련된 설명으로 옳은 것은 모두 몇 개인가?

- 벨트의 속도가 7m/s이면 원심력을 무시해도 된다.
- 두 축의 회전 방향이 반대일 때에도 사용할 수 있다.
- 큰 하중이 작용하면 미끄럼에 의한 안전장치 역할을 할 수 있다.
- 구동축과 종동축 사이의 거리는 두 풀리 직경의 합으로 구할 수 없다.

① 1개   ② 2개
③ 3개   ④ 4개

21 압연공정에 대한 설명으로 옳지 않은 것은?

① 작업속도가 빠르며 조직의 미세화가 일어난다.
② 재질이 균일한 제품을 얻을 수 있다.
③ 중립점을 경계로 압연재료와 롤러의 마찰력 방향이 반대가 된다.
④ non－slip point에서 최소압력이 발생한다.

22 지름이 매우 작은 봉 형태의 일감을 고정시키는 데 사용하며, 터릿선반에서 대량생산을 위해 적합한 척은?

① 콜릿척   ② 마그네틱척
③ 스크롤척   ④ 단동척

23 보온재는 유기질 보온재와 무기질 보온재로 구분할 수 있다. 다음 중 무기질 보온재의 종류가 아닌 것은?

① 석면   ② 탄산마그네슘
③ 코크스   ④ 펄라이트

24 다음 〈보기〉에서 설명하는 사이클은?

기존 랭킨 사이클의 열효율을 증대시키기 위해 터빈에서 단열팽창 중인 과열증기의 일부를 추기하여 추기된 과열증기의 열을 이용하여 보일러로 들어가는 급수를 미리 예열시켜 급수의 온도를 높인다. 이에 따라 보일러의 공급 열량을 감소시켜 열효율을 증대시킨다.

① 재열 사이클

② 브레이턴 사이클

③ 재생 사이클

④ 오토 사이클

25 다음 빈칸에 들어갈 용어를 차례대로 옳게 서술한 것은?

> ( ): 고온, 정하중 상태에서 장시간 방치하면 시간에 따라 변형이 증가하는 현상
> ( ): 재료의 성질이 시간에 따라 변화하는 현상 및 그 성질
> ( ): 소성변형 후에 그 양이 시간에 따라 변화하는 현상 및 그 성질

① 크리프, 탄성후기 효과, 경년 변화
② 크리프, 경년 변화, 탄성후기 효과
③ 크리프, 바우싱거 효과, 가공 경화
④ 크리프, 가공경화, 경년 변화

26 부력과 관련된 설명으로 옳지 않은 것은?

① 어떤 물체를 물, 수은, 알코올 속에 각각 일부만 잠기게 넣었을 때의 부력 크기는 모두 동일하다. [단, 잠기게 넣은 부피는 모두 다르다.]
② 부력은 아르키메데스의 원리이며 물체가 밀어낸 부피만큼의 액체 무게라고 정의된다.
③ 물체가 완전히 잠겨있는 경우, 공기 중에서의 물체 무게는 부력의 크기와 액체 중에서의 물체 무게의 합과 같다.
④ 동일한 물체의 경우 깊은 곳에 완전히 잠겨있을 때의 부력은 얕은 곳에 완전히 잠겨있을 때의 부력보다 크다. [단, 동일한 유체일 경우]

27 황동을 브로칭 가공할 때, 적합한 절삭속도 [m/min]는 얼마인가?

① 3m/min   ② 7m/min
③ 16m/min   ④ 34m/min

28 체인의 평균 속도가 4m/s, 잇수가 40개인 스프로킷 휠이 300rpm으로 회전한다면 체인의 피치는 몇 m인가?

① 20   ② 0.02
③ 10   ④ 0.01

29 G04 코드에는 P, U, X가 있다. G04 P1500은 어떤 지령 방식인가?

① CNC 선반에서 홈 가공 시 1,500초 동안 공구의 이송을 잠시 정지시키는 지령 방식이다.
② CNC 선반에서 홈 가공 시 150초 동안 공구의 이송을 잠시 정지시키는 지령 방식이다.
③ CNC 선반에서 홈 가공 시 15초 동안 공구의 이송을 잠시 정지시키는 지령 방식이다.
④ CNC 선바에서 홈 가공 시 1.5초 동안 공구의 이송을 잠시 정지시키는 지령 방식이다.

30 다음 중 결합제의 종류와 기호가 잘못 짝지어진 것은?

① 셸락 – E   ② 실리케이트 – S
③ 레지노이드 – R   ④ 비트리파이드 – V

31 다음 중 진동의 3가지 기본 요소로 옳게 짝지은 것은?

> 고유진동수, 질량, 주파수 응답 함수, 감쇠, 스프링 상수, 모드 형상

① 고유진동수, 질량, 모드 형상
② 주파수 응답 함수, 감쇠, 모드 형상
③ 질량, 감쇠, 스프링 상수
④ 고유진동수, 주파수 응답 함수, 모드 형상

32 기어전동축을 위한 베어링 설계 시 축 방향 하중을 고려하지 않아도 되는 기어는?

① 웜기어
② 헬리컬기어
③ 하이포이드기어
④ 헤링본기어

33 고진공펌프의 종류로 옳지 않은 것은?

① 터보분자
② 오일 확산
③ 크라이오
④ 수봉식

34 압연가공의 자립 조건으로 옳은 것은?
[단, μ: 마찰계수, θ: 접촉각]

① $\mu \geq \tan\theta$
② $\mu \leq \tan\theta$
③ $\theta \geq \tan\mu$
④ $\mu = \tan\theta$

35 다음 중 〈보기〉에서 설명하는 압연 제품의 표면 결함은?

> 판재의 끝 부분이 출구부에서 양쪽으로 갈라지는 결함

① 지퍼크랙
② 에지크랙
③ 웨이브에지
④ 엘리게이터링

36 송풍기의 압력상승범위로 옳은 것은?

① 10kPa 이하
② 1kPa 이하
③ 10~100kPa
④ 100kPa 이상

37 주물사와 관련된 설명으로 옳지 않은 것은?

① 비철합금용(황동, 청동) 주물사는 내화성, 통기성보다 성형성이 좋으며 소량의 소금을 첨가하여 사용한다.
② 건조사는 건조형에 적합한 주형사로, 생형사보다 수분, 점토, 내열제를 더 적게 첨가한다. 균열 방지용으로 코크스 가루나 숯가루, 톱밥을 배합한다.
③ 주강용 주물사는 규사와 점결제를 이용하는 주물사로 내화성과 통기성이 우수하다.
④ 샌드밀은 입도를 고르게 갖춘 주물사에 흑연, 레진, 점토, 석탄가루 등을 첨가해서 혼합 반죽처리를 한 후에 첨가물을 고르게 분포시켜 강도, 통기성, 유동성을 좋게 하는 혼합기이다. 주철용 주물사는 신사와 건조사를 사용한다.

38 스플라인이 전달할 수 있는 토크값은 $T = P\dfrac{d_m}{2} Z\eta = (h - 2c)l\, q_a\dfrac{d_m}{2} Z\eta$이다. P는 이 한 개의 측면에 작용하는 회전력이며, d_m은 평균 지름, h는 이의 높이, c는 모따기 값, l은 보스의 길이, q_a는 허용면 압력, Z는 잇수, η는 접촉효율이다. 보통 η(접촉효율)는 이론적으로는 100%이지만 실제로는 절삭가공 정밀도를 고려하여 전달토크를 계산할 때, 전체 이의 ( )%가 접촉하는 것으로 가정하여 계산한다. ( ) 안에 들어갈 수로 알맞은 것은?

① 55%
② 65%
③ 75%
④ 85%

39 KS 규격표시가 옳게 짝지어진 것은 모두 몇 개인가?

KS A 일반(기본)	KS B 기계	KS C 전기	KS D 금속
KS E 광산	KS F 토건(건설)	KS G 일용품	KS H 식료품
KS I 환경	KS J 생물	KS K 섬유	KS L 요업
KS M 화학	KS P 의료	KS Q 품질경영	KS R 수송
KS S 서비스	KS T 물류	KS V 조선	KS W 항공
KS X 정보			

① 18개 ② 19개 ③ 20개 ④ 21개

40 다음 중 터보형 펌프의 종류가 아닌 것은?

① 와권펌프 ② 사류펌프
③ 제트펌프 ④ 축류펌프

41 다음 중 유압 펌프의 크기를 결정하는 것으로 옳게 짝지어진 것은?

압력, 유속, 토출량, 무게, 회전수

① 유속, 무게 ② 압력, 회전수
③ 압력, 토출량 ④ 유속, 토출량

42 테일러의 공구 수명식 $VT^n = C$에서 T는 공구수명이다. 그렇다면 공구수명에 가장 큰 영향을 미치는 요인을 크기 순서로 옳게 표현한 것은?

① 절삭속도 > 이송속도 > 절삭깊이
② 절삭속도 > 절삭깊이 > 이송속도
③ 절삭깊이 > 절삭속도 > 이송속도
④ 이송속도 > 절삭속도 > 절삭깊이

43 다음과 같은 상황을 고려했을 때, 옳지 않은 것은? [단, 두 물질의 질량은 같다.]

온도가 30℃인 물질 A, B에 200J의 열을 가했을 때, 물질 A는 35℃, 물질 B는 40℃가 되었다.

① 물질 A의 열용량은 40J/K이다.
② 물질 B의 열용량은 20J/K이다.
③ 물질 A는 물질 B보다 열에너지를 잘 축적하지 못한다.
④ 물질 A는 물질 B보다 온도가 쉽게 변하지 않는다.

44 다음 〈보기〉 중 금속조직검사의 종류로 옳은 것은 모두 몇 개인가?

비틀림시험, 매크로검사, 충격시험, 현미경조직검사, 와류탐상법, 설퍼프린트법, 인장시험

① 1개 ② 2개
③ 3개 ④ 4개

45 시퀀스 제어와 관련된 특징으로 옳지 않은 것은?

① 유접점 제어방식은 기계식인 릴레이, 타이머를 사용하는 제어방식이다.
② 시퀀스 제어는 조작이 쉽고 고도의 기술이 필요하지 않으며 취급정보가 이진정보이다.
③ 시퀀스 제어는 회로의 구성이 반드시 폐루프는 아니다.
④ 되먹임(피드백) 요소로 기준 입력과 비교하여 조건 변화에 대처할 수 있다.

46 절삭 공정 가공에서 절삭동력이 8PS, 절삭속도가 480m/min일 때, 주 분력[kgf]은 얼마인가? [단, $\eta = 100\%$]

① 75kgf   ② 102kgf
③ 60kgf   ④ 120kgf

47 다음 금속에 대한 설명 중 옳지 않은 것은?

① 금속의 전기전도율이 클수록 고유저항은 낮아진다.
② 선팽창계수는 온도가 1°C 변할 때 단위 길이당 늘어난 재료의 길이를 말한다.
③ 선팽창계수가 큰 순서는 Zn > Pb > Mg > Al > Cu > Fe > Cr이다.
④ 전기저항이 큰 순서는 Ag > Cu > Au > Al > Mg > Zn > Ni > Fe > Pb > Sb이다.

48 배관을 설계할 때 설계압력이 10~100 kgf/cm²라면 어떤 배관을 사용해야 하는가?

① SPP   ② SPHT
③ SPPS   ④ SPLT

49 블록 브레이크에서 브레이크 블록에 작용하는 힘이 5,000N이다. 500N·m의 토크가 작용하고 있을 때 브레이크 드럼과 블록 사이의 마찰계수는 얼마인가? [단, 브레이크 드럼의 지름은 500mm이다.]

① 0.1   ② 0.2
③ 0.3   ④ 0.4

50 가단성과 관련된 설명으로 옳지 않은 것은?

① 가단성은 재료가 외력에 의해 외형이 변형하는 성질을 말하며 전성이라고도 한다.
② 가단성은 재료가 균열을 일으키지 않고 재료가 겪을 수 있는 변형 능력이라고 봐도 된다.
③ 어떤 재료에 외력을 가했을 때 즉시 파괴되었다면 그 재료는 가단성이 큰 재료이다.
④ 상온에서 해머링의 경우, 가단성이 큰 순서는 금 > 은 > 알루미늄 > 구리 > 주석 > 백금 > 납 > 아연 > 철 > 니켈이다.

10 제10회 실전 모의고사

[⇨ 정답 및 해설편 p. 476]

01 뉴턴 유체의 점도에 대한 설명으로 옳은 것을 모두 고르면?

> ㄱ. 액체의 점도는 온도가 증가하면 감소한다.
> ㄴ. 기체의 점도는 온도가 증가하면 감소한다.
> ㄷ. 동점성계수는 밀도를 점성계수로 나눈 값이다.
> ㄹ. 다른 조건이 동일하다면 점도가 증가할수록 전단응력이 증가한다.

① ㄱ, ㄴ　　　　② ㄱ, ㄷ
③ ㄱ, ㄹ　　　　④ ㄴ, ㄷ

02 복사열전달에 대한 설명으로 옳지 않은 것은?

① 방사율(emissivity)은 같은 온도에서 흑체가 방사한 에너지에 대한 실제 표면에서 방사된 에너지의 비율로 정의된다.
② 열복사의 파장범위는 $1000\mu m$보다 큰 파장 영역에 존재한다.
③ 흑체는 표면에 입사되는 모든 복사를 흡수하며, 가장 많은 복사에너지를 방출한다.
④ 두 물체 간의 복사열전달량은 온도 차이뿐만 아니라 각 물체의 절대온도에도 의존한다.

03 물이 관 내부를 흐르고 SI단위계(m, kg, s)로 계산한 레이놀즈수가 100일 때, 영국단위계(ft, lb, s)로 계산한 레이놀즈수는? [단, 1ft는 0.3048m이고 1lb는 0.4536kg이다.]

① 100　② 387　③ 1,800　④ 3,217

04 단면이 원형인 매끈한 원관에서 뉴턴 유체가 흐를 때, 레이놀즈수의 증가와 관련하여 옳은 것은?

> ㄱ. 관성력에 비해 점성력이 상대적으로 증가한다.
> ㄴ. 유체의 평균 유속, 밀도, 관의 지름이 같다면 점도가 감소할수록 레이놀즈수가 증가한다.
> ㄷ. 난류에서 층류로 전이가 일어남에 따라 레이놀즈수가 증가한다.

① ㄱ　　　　　② ㄴ
③ ㄱ, ㄴ　　　④ ㄴ, ㄷ

05 수평원형관을 통한 유체흐름이 Hagen-Poiseuille식을 만족할 때 관의 반지름이 2배로 커지면 부피유량의 변화는? [단, 흐름은 정상상태이며 유체의 점도와 단위길이당 압력강하는 일정하다.]

① 4배 증가　　② 8배 증가
③ 16배 증가　④ 32배 증가

06 대류에 의한 열전달에 해당하는 법칙은?

① Stefan-Boltzmann 법칙
② Fourier의 법칙
③ Fick의 법칙
④ Newton의 냉각 법칙

07 다음 중 마모된 암나사를 재생하거나 강도가 불충분한 재료의 나사 체결력을 강화시키는 데 사용되는 기계요소는?

① 로크너트　　② 헬리컬 와셔
③ 헬리서트　　④ 캡너트

08 가솔린기관의 이상 사이클에 대한 설명으로 옳지 않은 것은?

① 압축비가 커지면 열효율이 증가한다.
② 불꽃점화 기관의 이상 사이클이다.
③ 열효율이 디젤 사이클보다 좋다.
④ 열의 공급이 일정한 체적하에서 일어난다.

09 열의 이동기구 중 하나인 전도는 분자의 진동에너지가 인접한 분자에 전해지는 것이다. 벽면을 통해 열이 전도된다고 가정할 때, 열전달속도를 빠르게 하는 방법으로 옳은 것은 모두 몇 개인가?

• 벽면의 면적을 증가시킨다.
• 벽면 양끝의 온도 차이를 작게 한다.
• 열전도도가 큰 벽면을 사용한다.
• 벽면의 두께를 감소시킨다.

① 1개　　② 2개
③ 3개　　④ 4개

10 수력도약의 시각적 관찰과 수학적 해석방법으로부터 충격파를 다루는 데 사용하는 Froude수에 포함되지 않는 것은?

① 속도　　② 중력가속도
③ 길이　　④ 압력

11 길고 곧은 관을 통과하는 난류 흐름에서 유체에 가해지는 열전달계를 차원해석하였다. 이때 얻어진 무차원수인 레이놀즈수(Re), 누셀트수(Nu), 프란틀수(Pr), 스탠턴수(St)와의 상관관계가 옳은 것은?

① $Nu = Re \times Pr \times \mathrm{St}$
② $Re = St \times Pr \times Nu$
③ $St = Re \times Pr \times Nu$
④ $Pr = Re \times St \times Nu$

12 다음 그림과 같이 지름 D, 길이 $2D$인 원형봉에 인장력 P를 작용시켰을 때 길이가 $0.2D$만큼 증가했다면, 변형 전 단면적에 대한 변형 후 단면적의 비는? [단, 푸아송비 $\nu = 0.25$이고, 원형봉의 자중은 무시한다.]

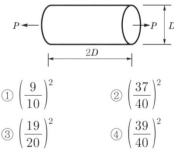

① $\left(\dfrac{9}{10}\right)^2$　　② $\left(\dfrac{37}{40}\right)^2$

③ $\left(\dfrac{19}{20}\right)^2$　　④ $\left(\dfrac{39}{40}\right)^2$

13 유체와 관련된 설명으로 옳지 않은 것은?

① 단위면적당 힘에 대한 예로는 압력과 전단응력이 있다.
② 주어진 유체의 표면장력과 단위면적당 에너지는 동일한 단위를 갖는다.
③ 유체는 아무리 작은 전단력이라도 저항하지 못하고 연속적으로 변형하는 물질이다.
④ 유체의 압력의 일종인 파스칼(Pa)의 단위는 kg/s·m과 같다.

14 이상기체 상태방정식이 가장 잘 적용될 수 있는 조건은?

① 고온 고압의 상태
② 고온 저압의 상태
③ 저온 고압의 상태
④ 저온 저압의 상태

15 레이놀즈수의 물리적 의미와 그라쇼프수의 물리적 의미의 역수를 곱한 후, 그 값을 역수시키고 관성력을 곱한다. 최종값과 관련된 것은?

① 파스칼의 법칙
② 아르키데메스의 원리
③ 베르누이 방정식
④ 연속 방정식

16 전동장치 중에서 축간거리를 가장 길게 할 수 있는 것은?

① 체인전동장치　② 벨트전동장치
③ 로프전동장치　④ 기어전동장치

17 중실축에서 동일한 비틀림모멘트를 작용시킬 때, 지름이 2배가 증가하면 저장되는 탄성에너지는 증가하기 전 탄성에너지의 몇 배인가?

① 1/2　　　② 1/4
③ 1/8　　　④ 1/16

18 물체를 100N의 힘으로 2초 동안 힘과 동일한 방향으로 10m 이동하기 위해 필요한 동력(일률)[W]은?

① 2,000　　② 500
③ 50　　　④ 20

19 벨트 전동장치의 전달동력에 대한 설명으로 옳지 않은 것은?

① 마찰계수가 클수록 큰 동력을 전달할 수 있다.
② 유효장력이 클수록 전달동력이 커진다.
③ 벨트의 속도가 커질수록 전달동력은 작아진다.
④ 접촉각이 클수록 전달동력이 커진다.

20 체인 동력전달 장치에서 전달동력이 일정할 때, 체인장력$[T]$이 $2T$로 변경되면 체인의 평균 속도는 변경 전의 몇 배가 되는가?

① 0.25　　② 0.5
③ 2　　　④ 4

21 압축원통 코일스프링에서 유효감김수(N)를 $2N$으로 변경하고, 동시에 횡탄성계수(G)가 $2G$인 스프링 소재로 변경하여 사용한다면 동일한 축하중에 대하여 변형량은 변경 전의 몇 배가 되는가?

① 1　　　② 2
③ 4　　　④ 8

22 축이음 중 두 축이 어떤 각도로 교차하면서 그 각이 다소 변화하더라도 자유롭게 운동을 전달할 수 있는 기계요소는?

① 플랜지 커플링
② 맞물림 클러치
③ 올덤 커플링
④ 유니버설 조인트

23 좀머펠트수(Sommerfeld number)에 대한 설명으로 옳은 것은?

① 베어링을 지지할 수 있는 하중을 말하며 차원이 있다.

② 틈새비의 역수의 제곱에 비례한다.

③ 베어링 정(계)수에 비례한다.

④ 설계 시 좀머펠트수가 같다면 같은 베어링으로 간주한다.

24 표준시편을 인장시험하여 얻는 응력−변형률 곡선에서 알 수 있는 재료상수가 아닌 것은?

① proof stress(내력)

② young's modulus(영계수, 영률, 탄성계수)

③ ultimate strength(극한강도, 인장강도)

④ Poisson's ratio(푸아송비)

25 고속하중의 기어에서 치면압력이 높아져 잇면 사이의 유막이 파괴되고 금속끼리 접촉하여 표면의 순간 온도가 상승해 눌어붙는 현상은?

① 스코링(scoring)

② 피팅(pitting)

③ 언더컷(undercut)

④ 간섭(interference)

26 카르노 사이클로 작동되는 효율이 28%인 기관이 고온체에서 100kJ의 열을 받아들일 때, 방출열량은 몇 kJ인가?

① 17   ② 28

③ 44   ④ 72

27 압력 90kPa에서 공기 1L의 질량이 1g이였다면 이때의 온도[k]는? [단, 기체상수(R)는 0.287kJ/kg·K이며 공기는 이상기체이다.]

① 273.7   ② 313.5

③ 430.2   ④ 446.3

28 산소를 일정 체적하에서 온도를 27℃도로부터 −3℃로 강하시켰을 경우 산소의 엔트로피[kJ/kg·K]의 변화는 약 얼마인가? [단, 산소의 정적비열은 0.654kJ/kg·K이고, ln0.9 = −0.11이다.]

① −0.07   ② −0.14

③ −0.21   ④ −0.28

29 1kg의 공기가 일정온도 200℃에서 팽창하여 처음 체적의 6배가 되었다. 전달된 열량[kJ]은 얼마인가? [단, 공기의 기체상수는 0.287kJ/kg·K이고, ln6 = 1.8이다.]

① 244   ② 321

③ 413   ④ 523

30 다음 (　) 안에 들어갈 내용을 순서대로 옳게 나열한 보기는?

> 잠열은 물체의 (　) 변화는 일으키지 않고, (　) 변화만을 일으키는 데 필요한 열량이며, 표준대기압하에서 물 1kg의 증발잠열은 (　)kcal/kg이고, 얼음 1kg의 융해잠열은 (　)kcal/kg이다.

① 상(phase), 온도, 539, 80

② 체적, 상(phase), 739, 90

③ 비열, 상(phase), 439, 90

④ 온도, 상(phase), 539, 80

31 과열증기에 대한 설명으로 옳은 것은?

① 건포화증기를 가열하여 압력과 온도를 상승시킨 증기이다.

② 건포화증기를 온도의 변동 없이 압력을 상승시킨 증기이다.

③ 건포화증기를 압축하여 온도와 압력을 상승시킨 증기이다.

④ 건포화증기를 가열하여 압력의 변동 없이 온도를 상승시킨 증기이다.

32 카르노 사이클(Carnot cycle)의 단점으로 옳은 것은 모두 몇 개인가?

- 건조증기 구역에서 보일러를 작동하는 것이 불가능하다.
- 액적(작은 액체방울)이 터빈 날개를 손상시킨다.
- 터빈의 수명이 단축된다.
- 습증기를 효율적으로 압축하는 펌프(pump)의 제작이 어렵다.

① 1개   ② 2개

③ 3개   ④ 4개

33 다음 중 유도단위로 옳지 않은 것은?

① m/s   ② J

③ K   ④ N

34 평균응력이 240MPa이고 응력비(R)가 0.2이다. 이때 최대응력과 최소응력은 각각 얼마인가?

① 80, 400   ② 400, 80

③ 300, 180   ④ 180, 300

35 다음 중 윤활유의 역할로 옳지 않은 것은?

① 냉각 작용   ② 밀봉 작용

③ 응력 분산 작용 ④ 보온 작용

36 종탄성계수 $E = 260\text{GPa}$, 횡탄성계수 $G = 100\text{GPa}$인 재료의 푸아송비는?

① 0.2   ② 0.25

③ 0.3   ④ 0.35

37 평벨트 전동에서 벨트의 속도가 7.5m/s, 이완측 장력이 30kg, 전달동력이 4PS라면 긴장측 장력은?

① 70kg   ② 75kg

③ 80kg   ④ 85kg

38 다음 축이음 중에서 두축 거리가 가깝고 중심선의 일치하지 않을 때, 각속도의 변화 없이 회전동력 전달에 적합한 방법은?

① 유연성 커플링(flexible coupling)

② 올덤 커플링(oldham coupling)

③ 유니버설 커플링(universal coupling)

④ 맞물림 클러치(claw clutch)

39 다음 중 응력과 변형률에 대한 설명으로 옳지 않은 것은?

① 푸아송비는 가로변형률과 세로변형률과의 비이다.

② 전단응력과 전단변형률 사이에는 훅의 법칙이 성립한다.

③ 가열끼움은 열응력을 이용한 대표적 방식이다.

④ 일반적으로 철의 푸아송비는 납의 푸아송비보다 크다.

40 다음 중 베어링에 대한 설명으로 옳지 않은 것은?

① 롤링 베어링은 구조상 윤활유 소비가 적다.

② 실링(sealing)으로 윤활유의 유출방지와 유해물 침입을 방지한다.

③ 오일리스 베어링은 주유가 곤란한 부분에 사용된다.

④ 스러스트 베어링은 축 반경방향으로 하중이 작용할 때 사용한다.

11 제11회 실전 모의고사

[⇨ 정답 및 해설편 p. 486]

01 벨트 설계 시 고려해야 하는 사항에 대한 설명으로 가장 옳은 것은?

① 벨트를 풀리에 거는 방법 중 바로걸기에서 큰 풀리의 접촉각과 작은 풀리의 접촉각 모두 180° 보다 크다.

② 접촉각을 증가시키기 위하여 사용하는 중간풀리는 벨트의 장력을 증가시키는 역할도 하므로 긴장풀리라고도 한다.

③ 벨트를 풀리에 거는 방법 중 엇걸기에서 큰 풀리의 접촉각은 180° 보다 크고, 작은 풀리의 접촉각은 180° 보다 작다.

④ 원동풀리의 동력을 벨트를 사용하여 정지 상태의 종동 풀리로 전달하려면 초기에 큰 장력이 필요하며, 이를 유효장력이라 한다.

02 다음 중 마찰력에 의해 구동되는 전동장치만으로 묶인 것은?

① 벨트, 기어, 로프
② 체인, 마찰차, 벨트
③ 벨트, 로프, 마찰차
④ 로프, 체인, 벨트

03 기밀을 더욱 완전하게 하기 위해 강판과 같은 두께의 공구로 때려서 리벳과 판재의 안쪽 면을 완전히 밀착시키는 것은?

① 코킹
② 리벳팅
③ 플러링
④ 클레코

04 다음 〈보기〉의 설명과 관계가 있는 것은?

> 회전축에 발생하는 진동의 주기는 축의 회전수에 따라 변한다. 이 진동수와 축 자체의 고유진동수가 일치하게 되면 공진을 일으켜 축이 파괴되는 현상과 관계가 있다.

① 축의 강성
② 축의 열응력
③ 축의 최대인장강도
④ 축의 위험속도

05 철사를 여러 번 구부렸다 폈다 반복했을 때 철사가 끊어지는 현상과 관계있는 것은?

① 시효경화
② 고용경화
③ 가공경화
④ 인공시효

06 터빈, 압축기, 노즐 등과 같은 정상유동장치의 유동해석에 사용되는 몰리에르 선도에서 가로축과 세로축이 나타내는 것은?

① 가로축: 엔트로피, 세로축: 압력
② 가로축: 엔트로피, 세로축: 엔탈피
③ 가로축: 엔탈피, 세로축: 엔트로피
④ 가로축: 부피, 세로축: 압력

07 카르노 냉동기 사이클과 카르노 열펌프 사이클에서 최고온도와 최저온도가 서로 같다. 이때 카르노 냉동기의 성적계수를 A라고 하고, 카르노 열펌프의 성적계수를 B라고 할 때, 옳은 것은?

① $A + B = 1$
② $A + B = 0$
③ $A - B = 1$
④ $B - A = 1$

08 어떤 기체 1kg이 압력 50kPa, 체적 2.0m³의 상태에서 압력 1,000kPa, 체적 0.2m³의 상태로 변화하였다. 이때 내부에너지의 변화가 없다고 가정한다면 엔탈피의 변화는 어떻게 되는가?

① 57kJ ② 79kJ
③ 91kJ ④ 100kJ

09 안장키에 대한 설명으로 옳은 것은?

① 임의의 축 위치에 키를 설치할 수 없다.
② 중심각이 120°인 위치에 2개의 키를 설치한다.
③ 중심각이 90°인 위치에 2개의 키를 설치한다.
④ 마찰력만으로 회전력을 전달시키므로 큰 토크의 전달에는 부적합하다.

10 열역학과 관련된 설명 중 옳지 않은 것은?

① 내부에너지는 시스템의 질량에 비례하므로 종량적 상태량이다.
② 단위질량당 물질의 온도를 1℃ 올리는 데 필요한 열량을 열용량이라고 한다.
③ 정압과정으로 시스템에 전달된 열량은 엔트로피 변화량과 같다.
④ 강도성 상태량의 종류에는 압력, 온도, 비체적, 밀도가 있다.

11 부력에 대한 설명으로 옳지 않은 것은?

① 부력은 파스칼의 원리와 관계가 있다.
② 부력의 크기는 물체의 잠긴 부피에 해당하는 물체의 무게이다.
③ 부력은 중력의 영향을 받지 않는 힘이다.
④ 어떤 물체가 물 위에 떠 있는 상태라면 그 물체에 작용하는 부력은 물체의 무게와 같다.

12 화력발전소에서 증기나 급수가 흐르는 순서로 옳은 것은?

① 보일러 → 절탄기 → 과열기 → 터빈 → 복수기
② 절탄기 → 보일러 → 과열기 → 터빈 → 복수기
③ 보일러 → 과열기 → 절탄기 → 터빈 → 복수기
④ 절탄기 → 과열기 → 보일러 → 터빈 → 복수기

13 숫돌입자의 표면이나 기공에 칩이 채워져 있는 상태를 무슨 현상이라 하는가?

① 드레싱 ② 눈무딤
③ 트루잉 ④ 눈메움

14 금속의 피로에 대한 설명으로 옳지 않은 것은?

① 표면이 거친 것이 고운 것보다 피로한도가 작다.
② 지름이 크면 피로한도는 작아진다.
③ 노치가 없을 때와 있을 때의 피로한도비를 노치계수라고 한다.
④ 노치가 있는 시험편의 피로한도는 크다.

15 압출과정에서 마찰이 너무 크거나 소재의 냉각이 심한 경우 제품 표면에 산화물이나 불순물이 중심으로 빨려 들어가 발생하는 결함은?

① 표면균열 ② 심결함
③ 파이프결함 ④ 셰브론균열

16 Al-Si 합금을 개량처리할 때 사용되는 것은?

① 마그네슘
② 구리
③ 나트륨
④ 니켈

17 절삭저항에 견디지 못하고 날 끝이 탈락하는 현상은 무엇인가?

① 플랭크 마모
② 크레이터 마모
③ 구성인선
④ 치핑

18 플라스틱 재료의 일반적인 성질로 옳지 않은 것은?

① 표면경도가 높다.
② 열에 약하다.
③ 성형성이 우수하다.
④ 대부분 전기절연성이 좋다.

19 전도에 대한 설명으로 옳지 않은 것은?

① 고체에서의 전도 현상은 격자 내부 분자의 진동과 자유전자의 에너지 전달에 의해 발생한다.
② 기체, 액체에서의 전도 현상은 분자들이 공간에서 움직이면서 그에 따른 충돌과 확산에 의해 발생한다.
③ 고체, 액체, 기체에서 모두 발생할 수 있다.
④ 입자 간의 상호작용에 의해서 보다 에너지가 적은 입자에서 에너지가 많은 입자로 에너지가 전달되는 현상이다.

20 평벨트 전동에서 유효장력이란?

① 벨트의 긴장측 장력과 이완측 장력과의 차를 말한다.
② 벨트의 긴장측 장력과 이완측 장력과의 비를 말한다.
③ 벨트의 긴장측 장력과 이완측 장력의 합을 말한다.
④ 벨트의 긴장측 장력과 이완측 장력의 평균값을 말한다.

21 다음 그림은 경사면의 높이 h인 지점에 가만히 놓인 동일한 원통이 각각 구르지 않고 미끄러지는 것(a)과 미끄러지지 않고 구르는 것(b)을 나타낸 것이다. 경사면을 벗어나는 순간, (a)와 (b)에서 원통의 운동 에너지는 각각 A와 B이다. 그렇다면 (A/B)는 얼마인가? [단, 원통의 밀도는 균일]

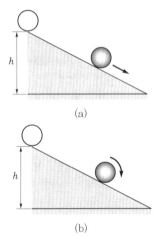

(a)

(b)

① 0.5   ② 1.0   ③ 1.5   ④ 2.5

22 20m/s의 속도로 40kW의 동력을 전달하는 평벨트 전동장치에서 긴장측의 장력은 얼마인가? [단, 긴장측의 장력은 이완측의 장력의 3배이고 원심력의 영향은 무시한다.]

① 2,000N   ② 2,500N   ③ 3,000N
④ 3,500N   ⑤ 4,000N

23 다음은 단열 용기에 담긴 90°C인 물과 0°C인 얼음을 나타낸 것이다. 물과 얼음의 질량은 같다. 얼음을 물에 넣은 후 얼음이 모두 녹아 열평형 상태가 되었을 때, 물의 온도[°C]는? [단, 얼음의 녹는점은 0°C, 얼음의 융해열은 A[J/kg], 물의 비열은 C[J/kg · °C]이다.]

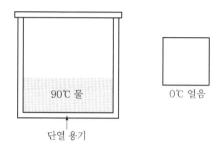

90℃ 물   0℃ 얼음

단열 용기

① $45 + \dfrac{A}{2C}$　　② $45 - \dfrac{A}{2C}$

③ $45 - \dfrac{A}{4C}$　　④ 45

24 다음 중 경도시험과 충격시험을 차례대로 한 가지씩 짝지은 것은?

① 브리넬 시험 – 아이조드 시험
② 샤르피 시험 – 비커스 시험
③ 쇼어 시험 – 로크웰 시험
④ 비커스 시험 – 브리넬 시험
⑤ 샤르피 시험 – 로크웰 시험

25 다음 중 2개의 원추차 사이에 가죽 또는 강철제 링을 접촉시켜서 회전비를 변화시키는 무단변속장치는?

① 원판 마찰차
② 원추 마찰차
③ 크라운 마찰차
④ 에반스 마찰차

26 두께 20mm, 폭 90mm인 평판에 지름 40mm인 원형 노치가 그림과 같이 파여져 있다. 평판의 양 끝단에 30kN의 인장하중이 작용하고 있고, 구멍 부분의 응력집중계수가 2이다. 이 평판 재료의 인장 시 극한강도는 150MPa이다. 가장 취약한 부위에서의 안전계수는?

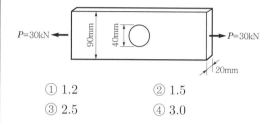

$P=30kN$ 90mm   40mm $P=30kN$ 20mm

① 1.2　　　　② 1.5
③ 2.5　　　　④ 3.0

27 단판클러치에서 전달토크가 70N · m, 마찰계수가 0.35, 축 방향으로 밀어 붙이는 힘이 2kN일 때, 접촉부의 바깥 지름이 260mm이라면 안지름의 크기는?

① 120mm　　　② 130mm
③ 140mm　　　④ 150mm

28 다음 중 키(key)가 전달할 수 있는 동력이 큰 순서대로 나열한 것은?

① 접선키 > 스플라인 > 세레이션 > 반달키
② 평키 > 안장키 > 묻힘키 > 스플라인
③ 세레이션 > 스플라인 > 묻힘키 > 안장키
④ 안장키 > 묻힘키 > 스플라인 > 세레이션

29 압축 코일스프링에서 유효감김수(n), 코일의 평균지름(D), 와이어의 지름(d)이 모두 2배 증가된다면 같은 크기의 축방향 하중에 대해 처짐량은 어떻게 되는가?

① 1/2배 증가　　② 2배 증가
③ 4배 증가　　　④ 변하지 않는다.

30 위 아래로 겹쳐진 판재의 접합을 위하여 한쪽 판재에 구멍을 뚫고, 이 구멍 안에 용가재를 녹여서 채우는 용접방법은?

① 홈용접　　　　② 필릿용접
③ 비드용접　　　④ 플러그용접

31 허용전단강도가 6kgf/mm^2이고, 지름이 12mm인 1줄 겹치기 리벳 이음작업을 한다고 할 때, 리벳의 허용전단강도를 고려하여 6ton의 하중을 버티기 위한 리벳의 최소수는 얼마인가?

① 6개　② 7개　③ 8개　④ 9개

32 6m/s의 속도로 동력을 전달하고 있는 평벨트의 긴장측 장력이 100kgf, 이완측 장력이 50kgf일 때, 전달되는 동력[PS]은 얼마인가?

① 2PS　　　　② 4PS
③ 6PS　　　　④ 8PS

33 두께가 20mm, 폭 100mm인 평판 중앙에 지름 40mm 구멍이 파여 있고, 평판의 양단에 9kN의 인장하중이 작용하고 있다. 구멍 부분의 응력집중계수가 2.4일 때 최대응력은 얼마인가?

① 10N/mm^2　　② 18N/mm^2
③ 20N/mm^2　　④ 22N/mm^2

34 나사에 축하중 Q가 작용할 때 나사부 머리부에 발생하는 전단응력 τ를 나사에서 발생하는 인장응력 σ의 0.5배까지 허용한다면 나사머리부의 높이 H는 나사지름 d의 몇 배가 되는가?

① 0.5　② 1　③ 2.5　④ 4/3

35 원심력을 무시할 만큼의 저속의 평벨트 전동에서 유효장력이 1.5kN이고 긴장측 장력이 이완측 장력의 2배라 하면 이 벨트의 폭은 얼마로 설계해야 하는가? [단, 벨트의 허용인장응력은 5N/mm^2, 벨트의 두께는 10mm, 이음 효율은 80%이다.]

① 55mm　　　　② 65mm
③ 75mm　　　　④ 85mm

36 재료의 허용응력 $\sigma a = 80\text{N/mm}^2$, 여유치수 $C = 1\text{mm}$이고 이음매가 없는 관을 사용할 때, 안지름 $D = 100\text{mm}$, 관 벽 두께 $t = 8\text{mm}$인 압력용기가 견딜 수 있는 최대 내부압력은 얼마인가?

① 9.2N/mm^2　　② 10.2N/mm^2
③ 11.2N/mm^2　　④ 12.2N/mm^2

37 접촉면의 안지름과 바깥지름이 각각 80mm, 120mm이고, 마찰면의 수가 3개인 다판클러치가 100kg의 축방향 하중을 받을 때, 전달토크는? [단, 마찰계수는 0.25이다.]

① $1{,}000\text{kg} \cdot \text{mm}$
② $1{,}250\text{kg} \cdot \text{mm}$
③ $2{,}500\text{kg} \cdot \text{mm}$
④ $3{,}750\text{kg} \cdot \text{mm}$

38 2축 인장응력 $\sigma_x = 2\text{kg/mm}^2$, $\sigma_y = 4\text{kg/mm}^2$을 받고 있는 평판에서 유효응력(Von Mises 응력)의 크기는?

① 1kg/mm^2
② 3kg/mm^2
③ $2\sqrt{5}\,\text{kg/mm}^2$
④ $2\sqrt{3}\,\text{kg/mm}^2$

39 구름 베어링의 기본 정정격하중에 대한 설명으로 가장 옳지 않은 것은?

① 베어링이 정하중을 받거나 저속으로 회전하는 경우에 정정격하중을 기준으로 베어링을 선정한다.

② 가장 큰 하중이 작용하는 접촉부에서 전동체의 변형량과 궤도륜의 영구 변형량의 합이 전동체 지름의 0.001이 되는 정지하중을 말한다.

③ 전동체 및 궤도륜의 변형을 일으키는 접촉응력은 헤르츠(Hertz)의 이론으로 계산한다.

④ 반경방향 하중을 받을 때는 주로 레이디얼 베어링을, 축방향 하중을 받을 때는 주로 스러스트 베어링을 선택한다.

40 열역학 제2법칙에 대한 설명 중 틀린 것은 모두 몇 개인가?

- 효율이 100%인 열기관은 얻을 수 없다.
- 열기관에서 작동 물질이 일을 하게 하려면 그보다 더 고온인 물질이 필요하다.
- 제 2종의 영구 기관은 작동 물질의 종류에 따라 가능하다.
- 열은 스스로 저온의 물질에서 고온의 물질로 이동하지 않는다.

① 1개 　　② 2개
③ 3개 　　④ 4개

12 제12회 실전 모의고사

[⇨ 정답 및 해설편 p. 497]

01 다음 〈보기〉에서 에너지의 차원은 모두 몇 개인가?

> ㄱ. 압력과 부피의 곱
> ㄴ. 엔트로피(entropy)와 절대온도의 곱
> ㄷ. 열용량과 절대온도의 곱
> ㄹ. 엔탈피

① 1개　② 2개　③ 3개　④ 4개

02 다음 그림이 나타내는 사이클의 명칭은 무엇인가?

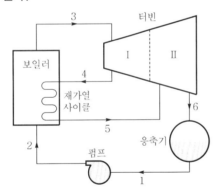

① 브레이턴 사이클　② 재생 사이클
③ 재열 사이클　④ 카르노 사이클

03 발열량이 $10,000$kcal/kg인 어떤 연료 1kg을 연소해서 30%가 유용한 일로 전환될 때, 이 일을 사용하여 500kg의 물체를 올릴 수 있는 최대 높이[m]는 약 얼마인가? [단, 중력가속도는 10m/s^2]

① 25.08　② 250.8
③ 2,508　④ 250,800

04 세기성질(intensive property)이 아닌 것은?

① 온도　② 압력
③ 표면장력　④ 엔트로피

05 원자력 발전소를 원자력 반응기의 온도와 강물의 온도 사이에서 운전되는 열기관으로 볼 때, 반응기의 온도가 500K이고 강물의 온도가 300K이며 $1,200$MW의 순일을 생산한다면 강물로 버려져야 할 최소 열[MW]은?

① 800　② 1,800
③ 2,000　④ 3,000

06 디젤기관과 오토기관에 대한 설명으로 옳지 않은 것은?

① 디젤기관에서 공기는 연료의 자연발화 온도 이상까지 압축되고, 연소는 연료가 이 고온의 공기 속으로 분사되어 접촉함으로써 시작된다.
② 압축비가 같다면 디젤기관이 오토기관보다 열효율이 높다.
③ 실제 디젤기관에서는 오토기관의 압축비보다 높은 압축비를 사용한다.
④ 디젤기관은 압축착화 왕복기관이고 오토기관은 불꽃점화 왕복기관이다.

07 다음 그림처럼 하중을 받는 캔틸레버보에서 B점의 수직변위의 크기는 $\dfrac{\mathrm{APL}^3}{\mathrm{EI}}$ 이다. 상수 A는? [단, 휨강성 EI는 일정하며, 구조물의 자중은 무시한다.]

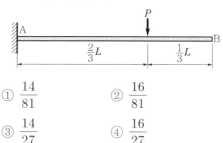

① $\dfrac{14}{81}$ ② $\dfrac{16}{81}$

③ $\dfrac{14}{27}$ ④ $\dfrac{16}{27}$

08 다음 중 Dalton의 법칙에 대한 설명으로 옳은 것은?

① 혼합기체의 온도는 일정하다.
② 혼합기체의 전체 압력은 각 성분의 분압의 합과 같다.
③ 혼합기체의 전체 부피는 각 성분의 부피의 합과 같다.
④ 혼합기체의 기체상수는 각 성분의 상수의 합과 같다.

09 온도 300K, 압력 1bar로 각각 동일하게 유지된 채 계의 상태가 변하고 있다. 이때 계의 엔탈피와 엔트로피는 각각 8kJ, 30J/K씩 감소한다. 이 상태 변화에 대한 깁스 자유에너지 변화를 계산하고, 이 과정이 자발적인지, 비자발적인지 판단하면?

① 1kJ, 비자발적
② 1kJ, 자발적
③ −17kJ, 비자발적
④ −17kJ, 자발적

10 평지에서 질량 1,000kg인 자동차가 30m/s의 속력으로 달리다가 제동을 시작하여 90m 진행한 후 정지했다. 제동하는 동안 자동차에 가해진 평균 마찰력[N]은? [단, 역학적 에너지는 마찰에 의해서만 손실된다고 가정한다.]

① 167 ② 333
③ 5,000 ④ 10,000

11 마찰을 무시할 수 있는 빙판 위에서, 질량 60kg인 스케이트 선수가 20m/s로 미끄러지다가 정지해 있던 질량 40kg인 선수를 밀어내고 그 자리에 정지했다. 정지해 있던 선수의 충돌 직후 속력 [m/s]은?

① 4 ② 20
③ 10 ④ 30

12 10rpm(분당 회전수)으로 회전하는 의자에 앉아 있는 한 학생이 양팔을 벌려 무거운 물체를 들고 있다. 이때 계의 총 회전관성은 $5\mathrm{kg} \cdot \mathrm{m}^2$이다. 그가 양팔을 몸 쪽으로 당겨서 계의 총 회전관성이 $2\mathrm{kg} \cdot \mathrm{m}^2$으로 되었을 때, 외부 토크가 작용하지 않는다면, 계의 새로운 회전수[rpm]는?

① 1 ② 4
③ 25 ④ 50

13 열역학 제2법칙과 관계가 먼 것은?
① 고립된 계의 엔트로피는 감소하지 않는다.
② 제2종 영구기관을 만들 수 없다.
③ 열은 낮은 온도에서 높은 온도로 저절로 흐르지 않는다.
④ 단열팽창하는 기체의 온도는 낮아진다.

14 용수철상수 k인 용수철에 질량 m인 추를 매달아 진동시킬 때 진동주기를 T라고 한다. 이 용수철 여러 개를 직렬 또는 병렬로 연결하여 같은 질량의 추를 매달았을 때 진동주기가 $2T$로 되도록 하려면 이 용수철들을 어떻게 연결하여야 하는가?

① 2개를 직렬로 연결
② 4개를 직렬로 연결
③ 4개를 병렬로 연결
④ 8개를 병렬로 연결

15 투수가 질량 0.2kg인 야구공을 수평으로 30m/s의 속력으로 던졌다. 이 공을 타자가 쳐서 투수에게 되돌아 왔을 때 수평속력이 40m/s였다. 야구공과 방망이가 0.002s 동안 접촉했다면 방망이가 야구공에 가한 평균힘의 수평성분[N]은? [단, 공기의 마찰은 무시]

① 1,000
② 3,000
③ 5,000
④ 7,000

16 밀도 600kg/m^3인 물체가 밀도 800kg/m^3인 액체에 떠 있다. 물체가 액체 위로 드러나는 부분은 전체의 몇 %인가?

① 10
② 25
③ 75
④ 90

17 지표면으로부터 높이 $5R$인 곳에서 원 궤도를 도는 인공위성이 있다. 여기서 R은 지구의 평균반지름이다. 이 인공위성의 2배 속력으로 원 궤도를 도는 위성은 지표면으로부터 얼마의 높이에 있는가?

① $0.25R$
② $0.5R$
③ $1.25R$
④ $1.5R$

18 열에 관한 설명 중 옳은 것을 모두 고르면 몇 개인가?

ㄱ. 열접촉을 하고 있는 두 계 사이에서 열은 에너지가 큰 계에서 작은 계로 이동한다.
ㄴ. 대류는 유체의 이동에 의한 열전달 방식이다.
ㄷ. 물체가 방출하는 에너지의 복사율은 그 물체의 절대온도의 4제곱에 비례한다.
ㄹ. 금속 막대의 한 쪽 끝을 불 속에 놓아두면 열전도에 의해 다른 쪽 끝이 뜨거워진다.
ㅁ. 1cal는 물 1g의 온도를 $14.5°\text{C}$에서 $15.5°\text{C}$로 올리는 데 필요한 열의 양으로 정의한다.

① 2개
② 3개
③ 4개
④ 5개

19 $10°\text{C}$의 물이 계속 에너지를 잃어 $-10°\text{C}$의 얼음으로 되는 동안 이 물질의 엔트로피 변화는?

① 변화가 없다.
② 계속 감소한다.
③ $0°\text{C}$에서 물이 얼음으로 되는 동안만 변화가 없고 계속 감소한다.
④ $0°\text{C}$에서 물이 얼음으로 되는 동안만 변화가 없고 계속 증가한다.

20 온도가 800K인 고열원과 온도가 200K인 저열원 사이에서 작동하는 이상적인 열기관이 매초 $1,000\text{J}$의 열을 저열원으로 방출한다. 이 열기관이 매초 외부에 하는 일은?

① 250J
② 750J
③ 1,000J
④ 3,000J

21 구상흑연주철에 첨가하는 원소로 옳은 것은?

① Ni   ② Mo

③ Cr   ④ Mg

22 재결정과 관련된 설명으로 옳지 않은 것은?

① 재결정이 발생하면 연성이 증가하고 강도는 저하된다.

② 냉간가공과 열간가공의 기준이 되는 것은 재결정온도이다.

③ 텅스텐(W)과 금(Au)에 각각 동일한 열량을 가하면 텅스텐(W)에서 먼저 재결정이 이루어진다.

④ 재결정온도 이상으로 장시간 유지하면 결정립이 점점 커진다.

23 다음 보기는 유체에 작용하고 있는 힘을 설명한 것이다. 이와 가장 관련이 있는 것은 무엇인가?

> 액체 속에서 물체는 물체의 부피로 인해 밀어낸 액체의 무게만큼 그 액체로부터 수직 상방향으로 부력이라는 힘을 받는다.

① 토리첼리의 정리

② 베르누이 법칙

③ 파스칼의 원리

④ 아르키메데스의 원리

24 물 위에 떠 있던 배 밑바닥에 $10cm^2$의 넓이만큼의 구멍이 생겼다. 이 구멍은 수면으로부터 80cm 아래에 있다고 할 때, 1초당 배 안으로 유입되는 물의 양은 대략 얼마인가? [단, 중력가속도는 $10m/s^2$이며 배는 가라앉지 않는다.]

① 2L   ② 4L

③ 8L   ④ 16L

25 일정량의 기체에 5kcal의 열량을 가했더니 기체가 팽창하면서 외부에 8,400J의 일을 했다. 이때 기체의 내부에너지 증가량은 얼마인가?

① 0J   ② 8,400J

③ 12,500J   ④ 29,400J

26 한 밀폐계가 190kJ의 열을 받으면서 외부에 20kJ의 일을 한다면 이 계의 내부에너지의 변화는 약 얼마인가?

① 170kJ만큼 감소한다.

② 170kJ만큼 증가한다.

③ 210kJ만큼 감소한다.

④ 210kJ만큼 증가한다.

27 다음 중 응력-변형률 선도로부터 구할 수 없는 것은 모두 몇 개인가?

> 인장강도, 극한강도, 경도, 푸아송비, 최대공칭응력, 비례한도, 안전계수, 탄성계수

① 1개   ② 2개

③ 3개   ④ 4개

28 평벨트의 이음방법 중 효율이 가장 높은 것은?

① 이음쇠 이음   ② 아교 이음

③ 관자 보틀 이음   ④ 가죽 끈 이음

29 열응력에 대한 다음 설명 중 틀린 것은?

① 재료 탄성계수와 관계있다.

② 재료의 비중과 관계있다.

③ 재료의 선팽창계수와 관계있다.

④ 온도차와 관계있다.

30 이상기체의 폴리트로프변화에 대한 식이 $PV^n = C$ 라고 할 때 다음의 변화에 대하여 표현이 틀린 것은?

① $n = \infty$ 일 때는 정적변화를 한다.
② $n = 0$ 일 때는 정압변화를 한다.
③ $n = k$ 일 때는 등온 및 정압변화를 한다.
④ $n = 1$ 일 때는 등온변화를 한다.

31 재료를 인장시험할 때, 재료에 작용하는 하중을 변형 전의 원래 단면적으로 나눈 응력은?

① 전단응력　　　② 진응력
③ 인장응력　　　④ 공칭응력

32 리벳 이음에 대한 설명 중 옳지 않은 것은?

① 강판 또는 형강을 영구적으로 접합하는 데 사용하는 체결 기계요소이다.
② 초기 응력에 의한 잔류 변형이 발생한다.
③ 구조물 등에서 현장 조립할 때는 용접이음보다 쉽다.
④ 경합금과 같이 용접이 곤란한 재료에 신뢰성이 있다.

33 다음 중 체인 전동(chain drive)의 특성에 대한 설명으로 옳은 것은 모두 몇 개인가?

- 큰 동력을 전달할 수 있고 전동효율이 높다.
- 미끄럼이 없어 일정한 속도비가 얻어진다.
- 초기장력이 필요 없다.
- 충격 흡수가 어렵다.
- 진동과 소음이 발생하기 쉽다.
- 고속회전에 적합하다.

① 1개　　　　② 2개
③ 3개　　　　④ 4개

34 열역학과 관련된 설명 중 옳은 것을 모두 고르면?

ㄱ. 엔탈피는 내부에너지와 유동에너지의 합으로 표현된다.
ㄴ. 엔트로피는 가역일 때 일정하며 비가역일 때 항상 감소한다.
ㄷ. 엔트로피는 일반적으로 기체 상태가 액체 상태보다 크다.
ㄹ. 비가역과정은 본래의 상태로 되돌아갈 수 없는 과정을 의미한다.

① ㄱ
② ㄱ, ㄴ
③ ㄱ, ㄹ
④ ㄱ, ㄷ, ㄹ

35 영구기관과 관련된 설명으로 옳지 않은 것은?

① 제1종 영구기관은 외부로부터 에너지를 공급받지 않고 영구적으로 일을 할 수 있는, 즉 에너지의 공급 없이 계속 일을 할 수 있는 가상적인 기관이다.
② 영구기관이 되기 위한 조건으로는 외부에서 에너지를 공급받지 않고 계속 일을 해야 하며, 계속 일을 하기 위해서는 순환 과정으로 이루어져 있어야 하며, 1회 순환이 끝나면 처음 상태로 되돌아와야 한다. 그리고 순환 과정이 1번 반복될 때마다 외부에 일정량의 일을 해야 한다.
③ 제2종 영구기관은 열효율이 100% 이상인 열기관으로, 열에너지를 전부 일로 변환할 수 있는 가상적인 장치이다.
④ 제1종 영구기관은 열역학 제1법칙에 위배되며, 제2종 영구기관은 열역학 제2법칙에 위배된다.

36 구성인선(빌트업에지, built-up edge)을 방지하는 방법으로 옳지 않은 것은?

① 윤활성이 좋은 절삭유제를 사용한다.
② 공구의 윗면경사각을 크게 한다.
③ 고속으로 절삭한다.
④ 절삭깊이를 크게 한다.

37 다음 〈보기〉에서 외연기관의 종류를 모두 고르면 몇 개인가?

> 가솔린기관, 제트기관, 석유기관,
> 증기기관, 디젤기관, 로켓기관, 증기터빈

① 1개 　　　　 ② 2개
③ 3개 　　　　 ④ 4개

38 주철의 성질에 대한 설명으로 옳지 않은 것은?

① 주철은 깨지기 쉬운 것이 큰 결점이나 고급주철은 어느 정도 충격에 견딜 수 있다.
② 주철은 자체의 흑연이 윤활제 역할을 하고, 흑연 자체가 기름을 흡수하므로 내마멸성이 커진다.
③ 흑연은 윤활작용으로 유동형 절삭칩이 발생하므로 절삭유를 사용하면서 가공해야 한다.
④ 압축강도가 매우 크기 때문에 기계류의 몸체나 배드 등의 재료로 많이 사용된다.

39 최고온도와 최저온도가 모두 동일한 이상적인 가열 사이클 중 효율이 다른 하나는? [단, 사이클 작동에 사용되는 가스는 모두 동일하다.]

① 카르노 사이클
② 브레이튼 사이클
③ 스털링 사이클
④ 에릭슨 사이클

40 금속의 결정구조에 대한 설명으로 옳지 않은 것은?

① 결정입자의 경계를 결정입계라 한다.
② 결정체를 이루고 있는 각 결정을 결정입자라 한다.
③ 물질을 구성하고 있는 원자가 입체적으로 규칙적인 배열을 이루고 있는 것을 결정이라 한다.
④ 체심입방격자는 단위격자 속에 있는 원자수가 3개이다.

13 제13회 실전 모의고사

[⇨ 정답 및 해설편 p. 509]

01 다음 중 점도 μ와 동점도 v에 대한 설명으로 옳은 것을 모두 고른 것은?

> ㄱ. 공기의 점도는 온도가 증가하면 증가한다.
> ㄴ. 물의 점도는 온도가 증가하면 감소한다.
> ㄷ. 동점도의 단위는 m^2/s이다.
> ㄹ. 점도의 단위는 $N/m \cdot s$이다.

① ㄱ, ㄴ, ㄷ ② ㄱ, ㄴ, ㄹ
③ ㄱ, ㄷ, ㄹ ④ ㄴ, ㄷ, ㄹ

02 한계게이지 중 플러그 게이지의 통과쪽과 정지쪽의 가공 치수로 가장 옳은 것은?

	통과 쪽	정지 쪽
①	축의 최대 허용치수	축의 최소 허용치수
②	축의 최소 허용치수	축의 최대 허용치수
③	구멍의 최대 허용치수	구멍의 최소 허용치수
④	구멍의 최소 허용치수	구멍의 최대 허용치수

03 1,000K 고온과 300K 저온 사이에서 작동하는 카르노 사이클이 있다. 한 사이클 동안 고온에서 50kJ의 열을 받고 저온으로 30kJ의 열을 방출하면서 일을 발생시킨다. 한 사이클 동안 이 열기관의 손실일(lost work)은?

① 5kJ ② 10kJ
③ 15kJ ④ 20kJ

04 반도체 기판으로 사용되며 단결정, 다결정, 비정질의 3종으로 사용되는 금속은?

① 텅스텐 ② 크롬
③ 니켈 ④ 규소

05 다이캐스팅에 대한 설명으로 가장 옳지 않은 것은?

① 쇳물을 금형에 압입하여 주조하는 방법이다.
② 매끄러운 표면과 높은 치수 정확도를 갖는 제품을 생산할 수 있다.
③ 장치비용이 비싸지만 공정이 많이 자동화되어 있어 대량 생산에 경제적이다.
④ 용탕이 금형 벽에서 느리게 식는다.

06 펌프에 대한 설명으로 가장 옳지 않은 것은?

① 원심 펌프는 임펠러를 고속으로 회전시켜 양수 또는 송수한다.
② 터빈 펌프는 효율이 높아 비교적 높은 양정일 때 사용하는 원심 펌프이다.
③ 버킷 펌프(bucket pump)는 피스톤에 배수 밸브를 장치한 원심 펌프의 일종이다.
④ 벌류트 펌프(volute pump)는 날개차의 외주에 맴돌이형 실을 갖고 있는 펌프로 원심 펌프의 일종이다.

07 부품의 잔류응력에 대한 설명으로 가장 옳지 않은 것은?

① 부품 표면의 압축잔류응력은 제품의 피로수명 향상에 도움이 된다.

② 풀림처리(annealing)를 통해 잔류응력을 제거하거나 감소시킬 수 있다.

③ 부품 표면의 인장잔류응력은 부품의 피로수명과 피로강도를 저하시킨다.

④ 숏피닝(shot peening)이나 표면압연(surface rolling)을 통해 표면의 압축잔류응력을 제거할 수 있다.

08 연삭가공에 사용되는 숫돌의 경우 구성요소가 되는 항목을 표면에 표시하도록 규정하고 있다. 이 항목 중 숫자만으로 표시하는 항목은?

① 결합제　　　② 숫돌의 입도

③ 입자의 종류　　④ 숫돌의 결합도

09 응력의 분포상태가 국부적인 곳에서 큰 응력이 발생하는 현상을 응력집중(stress concentration)이라 한다. 그림과 같이 작은 구멍이 있는 사각 평판에 인장하중이 작용할 때 단면상 응력이 가장 크게 발생하는 곳은? [단, 검은 점은 위치를 나타내기 위한 기호이다.]

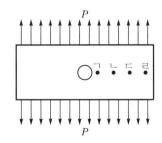

① ㄱ　　　　　② ㄴ

③ ㄷ　　　　　④ ㄹ

10 냉동기의 COP가 2이다. 저온부에서 1초당 5kJ의 열을 흡수할 때 고온부에서 방출하는 열량은?

① 5.5kW　　　② 6.5kW

③ 7.5kW　　　④ 8.5kW

11 x면에 작용하는 수직응력 $\sigma_x = 100\text{MPa}$, y면에 작용하는 수직응력 $\sigma_y = 100\text{MPa}$, x방향의 단면에서 작용하는 y방향 전단응력 $\tau_{xy} = 20\text{MPa}$일 때, 주응력 σ_1, σ_2의 값 [MPa]은?

① 120MPa, 80MPa

② −100MPa, 300MPa

③ −300MPa, 500MPa

④ 220MPa, 180MPa

12 다음 중 (가)와 (나)에 해당하는 것을 순서대로 바르게 나열한 것은?

> (가) 재료가 파단하기 전에 가질 수 있는 최대응력
>
> (나) 0.05%에서 0.3% 사이의 특정한 영구 변형률을 발생시키는 응력

① 항복강도, 극한강도

② 극한강도, 항복강도

③ 항복강도, 탄성한도

④ 극한강도, 탄성한도

13 기압계의 수은 눈금이 750mm이고, 중력 가속도 $g = 10\text{m/s}^2$인 지점에서 대기압의 값 [kPa]은? [단, 수은의 온도는 10°C이고, 이 때의 밀도는 10,000kg/m³로 한다.]

① 75kPa　　　② 150kPa

③ 300kPa　　　④ 750kPa

14 습증기의 건도는 액체와 증기의 혼합물 질량에 대한 포화증기 질량의 비로 나타낸다. 어느 습증기 1kg의 건도가 0.6일 때, 이 습증기의 엔탈피의 값[kJ/kg]은? [단, 포화액체의 엔탈피는 500kJ/kg이며, 포화증기의 엔탈피는 2,000kJ/kg으로 계산한다.]

① 1,200kJ/kg ② 1,400kJ/kg
③ 1,700kJ/kg ④ 2,300kJ/kg

15 아주 매끄러운 원통관에 흐르는 공기가 층류유동일 때, 레이놀즈수(Reynolds number)는 공기의 밀도, 점성계수와 어떤 관계에 있는가?

① 공기의 밀도와 점성계수 모두와 반비례 관계를 갖는다.
② 공기의 밀도와 점성계수 모두와 비례 관계를 갖는다.
③ 공기의 밀도에는 반비례하고, 점성계수에는 비례한다.
④ 공기의 밀도에는 비례하고, 점성계수에는 반비례한다.

16 압력이 600kPa, 비체적이 $0.1m^3/kg$인 유체가 피스톤이 부착된 실린더 내에 들어 있다. 피스톤은 유체의 비체적이 $0.4m^3/kg$이 될 때까지 움직이고, 압력은 일정하게 유지될 때 유체가 한 일의 값[kJ/kg]은? [단, 피스톤이 움직일 때 마찰은 없으며, 이 과정은 등압가역과정이라 가정한다.]

① 60kJ/kg
② 120kJ/kg
③ 180kJ/kg
④ 240kJ/kg

17 다음의 설명에 해당하는 용접방법으로 가장 옳은 것은?

- 원판 모양으로 된 전극 사이에 용접 재료를 끼우고, 전극을 회전시키면서 용접하는 방법이다.
- 기체의 기밀, 액체의 수밀을 요하는 관 및 용기 제작 등에 적용된다.
- 통전 방법으로 단속 통전법이 많이 쓰인다.

① 업셋용접(upset welding)
② 프로젝션용접(projection welding)
③ 스터드용접(stud welding)
④ 심용접(seam welding)

18 보통선반의 구조에 대한 설명으로 가장 옳지 않은 것은?

① 주축대: 공작물을 고정하며 회전시키는 장치
② 왕복대: 주축에서 운동을 전달 받아 이송축까지 전달하는 장치
③ 심압대: 공작물의 한 쪽 끝을 센터로 지지하는 장치
④ 베드: 선반의 주요 부분을 얹는 부분

19 다음에서 구성인선(Built-Up Edge, BUE)을 억제하는 방법에 해당하는 것을 옳게 짝지은 것은?

ㄱ. 절삭깊이를 깊게 한다.
ㄴ. 공구의 절삭각을 크게 한다.
ㄷ. 절삭속도를 빠르게 한다.
ㄹ. 칩과 공구 경사면상의 마찰을 작게 한다.
ㅁ. 절삭유제를 사용한다.
ㅂ. 가공재료와 서로 친화력이 있는 절삭공구를 선택한다.

① ㄴ, ㄹ, ㅁ   ② ㄱ, ㄴ, ㄷ, ㄹ
③ ㄱ, ㄴ, ㄹ, ㅂ   ④ ㄷ, ㄹ, ㅁ

20 다음에서 설명한 특징을 모두 만족하는 입자 가공방법으로 가장 옳은 것은?

> • 원통 내면의 다듬질 가공에 사용된다.
> • 회전운동과 축방향의 왕복운동에 의해 접촉면을 가공하는 방법이다.
> • 여러 숫돌을 스프링/유압으로 가공면에 압력을 가한 상태에서 가공한다.

① 호닝(honing)
② 전해 연마(electrolytic polishing)
③ 버핑(buffing)
④ 숏 피닝(shot peening)

21 펌프 내 발생하는 공동현상을 방지하기 위한 방법으로 가장 옳지 않은 것은?

① 펌프의 설치 위치를 낮춘다.
② 펌프의 회전수를 증가시킨다.
③ 단흡입 펌프를 양흡입 펌프로 만든다.
④ 흡입관의 직경을 크게 한다.

22 체인 전동의 특징에 대한 설명으로 가장 옳지 않은 것은?

① 속비가 일정하며 미끄럼이 없다.
② 유지 및 수리가 어렵고 체인의 길이조절이 불가능하다.
③ 체인의 탄성에 의해 외부 충격을 어느 정도 흡수할 수 있다.
④ 초기 장력이 필요가 없어 작용 베어링에 예압이 거의 없다.

23 유량이 $0.5\text{m}^3/\text{s}$ 이고 유효낙차가 5m일 때 수차에 작용할 수 있는 최대동력에 가장 가까운 값[PS]은? [단, 유체의 비중량은 $1,000\text{kgf}/\text{m}^3$이다.]

① 15PS   ② 24.7PS
③ 33.3PS   ④ 40PS

24 가공 재료의 표면을 다듬는 입자가공에 대한 설명으로 가장 옳지 않은 것은?

① 래핑(lapping)은 랩(lap)과 가공물 사이에 미세한 분말상태의 랩제를 넣고 이들 사이에 상대운동을 시켜 매끄러운 표면을 얻는 방법이다.
② 호닝(honing)은 주로 원통내면을 대상으로 한 정밀 다듬질 가공으로 공구를 축방향의 왕복운동과 회전운동을 동시에 시키며 미소량을 연삭하여 치수 정밀도를 얻는 방법이다.
③ 배럴가공(barrel finishing)은 회전 또는 진동하는 다각형의 상자 속에 공작물과 연마제 및 가공액 등을 넣고 서로 충돌시켜 매끈한 가공면을 얻는 방법이다.
④ 숏피닝(shot peening)은 정밀 다듬질된 공작물 위에 미세한 숫돌을 접촉시키고 공작물을 회전시키면서 축 방향으로 진동을 주어 치수 정밀도가 높은 표면을 얻는 방법이다.

25 냉동기에서 불응축가스가 발생하는 원인으로 옳지 않은 것은?

① 분해수리를 위해 개방한 냉동기 계통을 복구할 때 공기의 배출이 불충분하여 발생한다.
② 냉매 및 윤활유의 충전 작업 시에 공기가 침입하여 발생한다.
③ 오일 탄화 시 발생하는 오일의 증기로 인해 발생한다.
④ 흡입가스의 압력이 대기압 이상으로 올라가 저압부의 누설되는 개소에서 공기가 유입되어 발생한다.

26 기어에서 이의 간섭이 발생하는 것을 방지하기 위한 방법으로 가장 옳지 않은 것은?

① 피니언의 잇수를 최소 치수 이상으로 한다.
② 기어의 잇수를 한계치수 이하로 한다.
③ 압력각을 크게 한다.
④ 기어와 피니언의 잇수비를 매우 크게 한다.

27 다음 중 주철에 대한 설명으로 옳은 것을 모두 고르면 몇 개인가?

- 많이 사용되는 주철의 탄소함유량은 보통 2.5~4.5% 정도이다.
- 회주철은 진동을 잘 흡수하므로 진동을 많이 받는 기계 몸체 등의 재료로 많이 사용된다.
- 주철은 탄소강보다 용융점이 높고 유동성이 커 복잡한 형상의 부품을 제작하기 쉽다.
- 탄소강에 비하여 충격에 약하고 고온에서도 소성가공이 되지 않는다.
- 가단주철은 보통주철의 쇳물을 금형에 넣고 표면만 급랭시켜 단단하게 만든 주철이다.

① 1개　　　　② 2개
③ 3개　　　　④ 4개

28 알루미늄(Al)의 일반적 특징으로 옳지 않은 것은 모두 몇 개인가?

- 원료는 수반토 등을 주성분으로 하는 보크사이트 원광석을 주로 이용한다.
- 용융점은 약 660°C이며 면심입방격자(FCC)를 이룬다.
- 유동성이 작고 수축률이 큰 편이다.
- 염산, 황산 등에 강해서 산성물질의 보관용기의 재료로도 적합하다.

① 1개　　　　② 2개
③ 3개　　　　④ 4개

29 연강재료에서 일반적으로 극한강도, 사용응력, 항복점, 탄성한도, 허용응력에 관한 크기 관계를 가장 적절히 표현한 것은?

① 극한강도 > 사용응력 > 항복점
② 항복점 > 허용응력 > 사용응력
③ 사용응력 > 항복점 > 탄성한도
④ 극한강도 > 사용응력 > 허용응력

30 다음 중 뜨임에 관한 설명으로 옳은 것은?

① 재질의 조직이 단단하게 굳어지는 것이다.
② 강을 표준상태로 만들기 위한 열처리로 강을 단련한 후, 오스테나이트의 단상이 되는 온도 범위에서 가열하고 대기 속에 방치하여 자연 냉각하여, 주조 또는 과열 조직을 미세화하고, 냉간가공 및 단조 등에 의한 내부응력을 제거하며, 결정조직, 기계 및 물리적 성질 등을 표준화시킨다.
③ 단조, 주조, 기계 가공으로 발생하는 내부응력을 제거하며 상온 가공 또는 열처리에 의해 경화된 재료를 연화하기 위한 열처리이다.
④ 강을 담금질하면 경도는 커지는 반면 메지기 쉬우므로 이를 적당한 온도로 재가열했다가 강인성을 부여하고 내부응력을 제거하기 위해 실시하는 열처리이다.

31 다음 중 금속의 특징으로 옳은 것은 모두 몇 개인가?

- 상온에서 고체이며, 고체 상태에서 결정구조를 갖는다(단, 수은은 예외이다).
- 전성 및 연성이 풍부하여 가공하기 쉽다.
- 금속특유의 광택을 지니며 빛을 잘 반사한다.
- 열 및 전기의 양도체이다.
- 비중 및 경도가 크며, 용융점이 높다.

① 2개　　② 3개　　③ 4개　　④ 5개

32 마그네슘 합금의 특징으로 옳지 않은 것은?

① 감쇠능이 주철보다 커서 소음방지 구조 재로서 우수하다.
② 소성가공성이 높아 상온변형이 쉽다.
③ 주조용 합금은 Mg-Al 및 Mg-Zn 합금 등이 있다.
④ 가공용 합금은 Mg-Mn 및 Mg-Al-Zn 합금 등이 있다.

33 초소성 재료의 특징으로 옳지 않은 것은?

① 외력을 받았을 때 슬립 변형이 쉽게 일어난다.
② 초소성 재료는 낮은 응력으로 변형하는 것이 특징이다.
③ 초소성은 일정한 온도영역과 변형속도의 영역에서 나타난다.
④ 초소성 재료는 300~500% 이상의 연신율을 가질 수 없다.

34 회주철이 우수한 제진기능을 가지고 있는 이유로 가장 옳은 것은?

① 약한 인성
② 큰 압축강도
③ 흑연의 진동에너지 흡수
④ 깨지는 성질

35 선형 탄성재료로 된 균일 단면봉이 인장하중을 받고 있다. 선형 탄성범위 내에서 인장하중을 증가시켜 신장량을 2배로 늘리면 변형에너지는 몇 배가 되는가?

① 2 　　　　　② 4
③ 8 　　　　　④ 16

36 취성 재료의 분리 파손과 가장 잘 일치하는 이론은?

① 최대 주응력설
② 최대 전단응력설
③ 총 변형 에너지설
④ 전단 변형 에너지설

37 펄라이트(pearlite) 상태의 강을 오스테나이트(austenite) 상태까지 가열하여 급랭할 경우 발생하는 조직은?

① 시멘타이트(cementite)
② 마텐사이트(martensite)
③ 펄라이트(pearlite)
④ 베이나이트(bainite)

38 서로 맞물려 돌아가는 기어 A와 B의 피치원의 지름이 각각 100mm, 50mm이다. 이에 대한 설명으로 옳지 않은 것은?

① 기어 B의 전달 동력은 기어 A에 가해지는 동력의 2배가 된다.
② 기어 B의 회전각속도는 기어 A의 회전각속도의 2배이다.
③ 기어 A와 B의 모듈은 같다.
④ 기어 B의 잇수는 기어 A의 잇수의 절반이다.

39 표면경화를 위한 질화법(nitriding)을 침탄경화법(carburizing)과 비교하였을 때, 옳지 않은 것은?

① 질화법은 침탄경화법에 비하여 경도가 높다.
② 질화법은 침탄경화법에 비하여 경화층이 얇다.
③ 질화법은 경화를 위한 담금질이 필요없다.
④ 질화법은 침탄경화법보다 가열 온도가 높다.

40 기어를 가공하는 방법에 대한 설명으로 옳지 않은 것은?

① 주조법은 제작비가 저렴하지만 정밀도가 떨어진다.

② 전조법은 전조공구로 기어소재에 압력을 가하면서 회전시켜 만드는 방법이다.

③ 기어모양의 피니언공구를 사용하면 내접 기어의 가공은 불가능하다.

④ 호브를 이용한 기어가공에서는 호브공구 가 기어축에 평행한 방향으로 왕복이송 과 회전운동을 하여 절삭하며, 가공될 기 어는 회전이송한다.

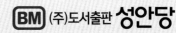

공기업 기계직 전공 대비

실제 기출문제 | 에너지공기업편

기계의 진리

★ 학습의 편의를 위해 [문제편]과 [정답 및 해설편]으로 분권하여 제작했습니다.

📑 문제편

📖 정답 및 해설편

정가 : 38,000원

ISBN 978-89-315-1127-7

http://www.cyber.co.kr

BM Book Multimedia Group

성안당은 선진화된 출판 및 영상교육 시스템을 구축하고
항상 연구하는 자세로 독자 앞에 다가갑니다.

공기업 기계직 SERIES 01

공기업 기계직 전공 대비

실제 기출문제 | 에너지공기업편

기계의 진리

[정답 및 해설편]

장태용 지음

BM (주)도서출판 성안당

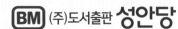

공기업 기계직 전공 대비

실제 기출문제 | 에너지공기업편

기계의 진리

[정답 및 해설편]

장태용 지음

BM (주)도서출판 성안당

차 례

••• Truth of Machine •••

Truth of Machine

PART

I

과년도 기출문제 정답 및 해설

01 2019 상반기 한국가스공사 기출문제

01	②	02	③	03	③	04	④	05	③	06	②	07	⑤	08	②	09	⑤	10	⑤
11	②	12	⑤	13	⑤	14	④	15	③	16	④	17	④	18	④	19	③	20	⑤
21	⑤	22	②	23	⑤	24	④	25	③	26	②	27	⑤	28	⑤	29	⑤	30	③
31	⑤	32	④	33	④	34	③	35	④	36	⑤	37	①	38	②	39	④	40	①
41	③	42	②	43	②	44	④	45	②	46	④	47	①	48	⑤	49	④	50	③

01 [한국중부발전, 한국가스공사 등에서 유사문제 출제]   정답 ②

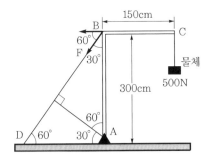

ⓐ A지점에서의 모멘트 합력(모멘트의 합)은 0이다. 그래야 어느 쪽으로도 치우치지 않고, 안정한 상태를 유지할 수 있기 때문이다. 즉, $\sum M_A = 0$이 된다.

※ 항상 힌지점 또는 지지대에서 모멘트의 합력이 0이 되게 만들면 된다.

ⓑ 모멘트는 '힘×거리'이며 모멘트가 성립되기 위해서는 힘의 방향이 작용하는 거리와 수직이어야 한다. 따라서 위의 그림과 같이 각도에 따라 힘(F)을 분배해야 한다. 직각삼각형을 이용하여 A지점으로부터 떨어진 거리에 수직하게 작용하는 힘의 크기는 $F\cos 60°$가 된다. 이제 모멘트를 각각 구하여 모멘트 합력이 0이 되게 식을 만들면 된다.

ⓒ 우선, 트러스에 작용하는 힘(하중)은 총 2개가 있다. 위에서 구한 $F\cos 60°$라는 힘과 물체의 무게에 의한 힘이 있다.

1. **$F\cos 60°$에 의한 모멘트(M_1)**
   → $F\cos 60°$라는 힘이 작용하는 위치는 A지점으로부터 300cm 떨어져 있으므로 다음과 같다. 다만, 이 힘에 의해서 A지점이 반시계 방향으로 회전하려고 하므로 부호는 (+)를 사용한다. 일반적으로 반시계 방향으로 회전하려고 하면 모멘트의 부호를 (+)로 잡는다. 따라서 $M_1 = -F\cos 60°(300\text{cm})$가 된다.

2. **물체의 무게에 의한 모멘트(M_2)**
   → 물체의 무게는 500N이며, 무게가 작용하는 위치는 A지점으로부터 150cm 떨어져 있다. 이 거리는 무게가 작용하는 방향과 수직한 방향으로 측정된 거리이다. 무게는 수직 하방향(위에서 아래로)으로 작용하므로 A지점이 시계 방향으로 회전하려고 한다. 즉, 부호는 (−)를 사용한다.

일반적으로 시계 방향으로 회전하려고 하면 모멘트의 부호를 (−)로 잡는다. 따라서 $M_2 = 500\text{N}(150\text{cm})$가 된다.

㉣ $\sum M_A = 0 \ \rightarrow \ M_1 + M_2 = 0 \ \rightarrow \ -F\cos 60°(300\text{cm}) + 500\text{N}(150\text{cm}) = 0$

$\rightarrow \ 500\text{N}(150\text{cm}) = F\left(\dfrac{1}{2}\right)(300\text{cm}) \ \rightarrow \ \therefore \ F = 500\text{N}$

02
정답 ③

(가)　　　　　(나)　　　　　(다)　　　　　(라)

(가) 점용접, 심용접, 프로젝션용접
(나) 필릿용접
(다) 플러그용접, 슬롯용접
(라) 비드용접

03
정답 ③

원통용기에 발생하는 응력

• 축 방향 응력(길이 방향 응력, σ_s): $\dfrac{pD}{4t} = \dfrac{p(2R)}{4t} = \dfrac{pR}{2t}$

• 후프응력(원주 방향 응력, σ_θ): $\dfrac{pD}{2t} = \dfrac{p(2R)}{2t} = \dfrac{pR}{t}$

　[여기서, p: 내압, D: 내경(안지름), t: 용기의 두께]

※ 원주응력이 길이방향 응력보다 크므로 **길이에 평행한 방향으로 균열**이 생긴다. 즉, 세로 방향으로 균열이 생긴다.

풀이

㉠ 문제에서는 내측 반경이 주어져 있으므로 ×2를 하여 내경(안지름)을 먼저 구한다. 반지름과 지름을 혼동하는 실수를 절대 하지 않도록 한다.
　→ $D = 2R = 2(10\text{cm}) = 20\text{cm}$

㉡ $\sigma_\theta = \dfrac{pD}{2t} = \dfrac{(5\text{MPa})(20\text{cm})}{2(2\text{cm})} = 25\text{MPa}$

㉢ $\sigma_s = \dfrac{pD}{4t} = \dfrac{(5\text{MPa})(20\text{cm})}{4(2\text{cm})} = 12.5\text{MPa}$

04
정답 ④

[누셀트수(Nusselt number, Nu)]

㉠ $Nu = \dfrac{hL_c}{k} = \dfrac{\text{대류계수}}{\text{전도계수}} = \dfrac{\text{전도 열저항}}{\text{대류 열저항}}$

ⓛ $Nu = \dfrac{hD}{k} = \dfrac{\text{대류 열전달}}{\text{전도 열전달}} = \dfrac{\dfrac{1}{k}}{\dfrac{1}{kD}} = \dfrac{\text{전도 열저항}}{\text{대류 열저항}}$ (유체가 원통관 내부를 흐를 때)

[누셀트수(Nu)와 비오트수(Bi)의 비교]

누셀트수(Nu) : $\dfrac{hL_c}{k}$	같은 유체층에서 일어나는 대류와 전도의 비율로, 전도계수에 대한 대류계수의 비를 말한다.
비오트수(Bi) : $\dfrac{hL}{k}$	외부 물체의 표면에서 일어나는 대류의 크기와 물체 내부에서 일어나는 전도의 크기의 비이다.

05

정답 ③

<table>
<tr><td colspan="5" align="center">레이놀즈수(Re)
층류와 난류를 구분하는 척도로 사용되는 무차원수이다.</td></tr>
<tr>
<td rowspan="3">레이놀즈수
(Re)</td>
<td colspan="4">

$Re = \dfrac{\rho Vd}{\mu} = \dfrac{Vd}{\nu} = \dfrac{\text{관성력}}{\text{점성력}}$

• 레이놀즈수는 점성력에 대한 관성력의 비로 표현된다.
• 강제대류에서 유동 형태는 유체에 작용하는 점성력에 대한 관성력의 비를 나타내는 레이놀즈수에 좌우된다. 즉, **강제대류에서 층류와 난류를 결정하는 무차원수는 레이놀즈수이다.**
</td>
</tr>
<tr>
<td align="center">ρ</td><td align="center">V</td><td align="center">d</td><td align="center">ν</td>
</tr>
<tr>
<td align="center">유체의 밀도</td><td align="center">속도, 유속</td><td align="center">관의 지름(직경)</td><td align="center">유체의 점성계수</td>
</tr>
</table>

※ 동점성계수(ν) = $\dfrac{\mu}{\rho}$

레이놀즈수 (Re)의 범위	원형관	상임계 레이놀즈수 (층류 → 난류로 변할 때)	4,000
		하임계 레이놀즈수 (난류 → 층류로 변할 때)	2,000~2,100
	평판	임계 레이놀즈수	500,000(5×10^5)
	개수로	임계 레이놀즈수	500
	관 입구에서 경계층에 대한 임계 레이놀즈수		600,000(6×10^5)
	원형관(원관, 파이프)에서의 흐름 종류의 조건		
	층류 흐름		레이놀즈수(Re) < 2,000
	천이 구간		2000 < 레이놀즈수(Re) < 4,000
	난류 흐름		레이놀즈수 > 4,000

관련 내용	• 일반적으로 임계 레이놀즈수라고 하면 '하임계 레이놀즈수'를 의미한다.
	• 임계 레이놀즈수를 넘어가면 난류 흐름이다.
	• 관수로 흐름은 주로 '압력'의 지배를 받으며, 개수로 흐름은 주로 '중력'의 지배를 받는다.
	• 관내 흐름에서 자유수면이 있는 경우에는 개수로 흐름으로 해석한다.

06

정답 ②

	비중[*]
	물질의 고유 특성(물리적 성질)으로 경금속(가벼운 금속)과 중금속(무거운 금속)을 나누는 기준이 되는 무차원수이다.

비중 계산식	물질의 비중$(S) = \dfrac{\text{어떤 물질의 밀도}(\rho) \text{ 또는 어떤 물질의 비중량}(\gamma)}{4℃\text{에서의 물의 밀도}(\rho_{H_2O}) \text{ 또는 물의 비중량}(\gamma_{H_2O})}$
	• 중력가속도$(g) = 9.8\mathrm{m/s^2}$일 때
	※ 물의 비중량$(\gamma_{H_2O}) = 9,800\mathrm{N/m^3}$
	※ 물의 밀도$(\rho_{H_2O}) = 1,000\mathrm{kg/m^3}$

경금속과 중금속	경금속	• 가벼운 금속으로 비중이 4.5보다 작은 것을 말한다.

금속	비중	금속	비중
리튬(Li)	0.53	베릴륨(Be)	1.85
나트륨(Na)	0.97	알루미늄(Al)	2.7
마그네슘(Mg)	1.74	티타늄(Ti)	4.4~4.506

※ 티타늄은 재질에 따라 비중이 다르며, 그 범위는 4.4~4.506이다. 일반적으로 티타늄의 비중은 4.5로 경금속과 중금속의 경계에 있지만 티타늄은 경금속에 포함된다.
※ 나트륨은 소듐과 같은 말이다.

중금속: • 무거운 금속으로 비중이 4.5보다 큰 것을 말한다.

금속	비중	금속	비중
주석(Sn)	5.8~7.2	몰리브덴(Mo)	10.2
바나듐(V)	6.1	은(Ag)	10.5
크롬(Cr)	7.2	납(Pb)	11.3
아연(Zn)	7.14	텅스텐(W)	19
망간(Mn)	7.4	금(Au)	19.3
철(Fe)	7.87	백금(Pt)	21
니켈(Ni)	8.9	이리듐(Ir)	22.41
구리(Cu)	8.96	오스뮴(Os)	22.56

※ 이리듐은 운석에 가장 많이 포함된 원소이다.

07

• 길이가 l인 외팔보에 등분포하중(w)이 작용할 때의 최대굽힘(휨)모멘트(M_{max}) $= \dfrac{wl^2}{2}$

풀이

㉠ 먼저 다음 그림처럼 등분포하중(w)을 집중하중(wl)으로 변환시킨다. 이 집중하중이 작용하는 작용점의 위치는 등분포하중의 중앙점이므로 고정단(고정벽)으로부터 $0.5l$ 떨어진 위치이다.

㉡ 최대굽힘(휨)모멘트(M_{max})는 외팔보의 고정단(고정벽)에서 발생한다. 그 이유는 고정단(고정벽)에서 집중하중이 작용하는 작용점까지의 거리가 가장 멀기 때문이다. 즉, 모멘트(M)는 힘×거리이므로 거리가 가장 멀어야 최대굽힘(휨)모멘트를 구할 수 있다. 따라서 최대굽힘(휨)모멘트는 $wl \times \dfrac{l}{2} = \dfrac{wl^2}{2}$이 된다.

※ 직사각형 단면의 단면계수(Z) $= \dfrac{bh^2}{6}$

㉢ **최대휨응력(최대굽힘응력, σ_{max})** $= \dfrac{M_{max}}{Z} = \dfrac{\dfrac{wl^2}{2}}{\dfrac{bh^2}{6}} = \dfrac{6wl^2}{2bh^2} = \dfrac{3wl^2}{bh^2}$

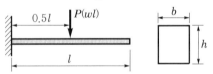

08

풀이 정석으로 풀어보기

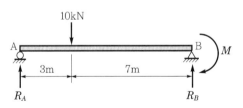

㉠ A지점에서의 모멘트 합력은 0이라는 것을 이용한다. 각 지점에서 모멘트를 모두 구하여 합하였을 때 0이 나와야 보가 어느 방향으로도 굽혀지지 않고(회전하지 않고) 안정한 상태를 유지할 수 있기 때문이다. 따라서 $\sum M_A = 0$이다.

  1. A지점으로부터 반력 R_A의 작용점 거리는 0이다. 따라서 반력 R_A에 의해서는 모멘트가 발생하지 않는다. 쉽게 생각하면 반력 R_A는 A지점을 받쳐주는 반력일 뿐 A지점을 회전시키는 데 영향을 미치지 못한다.

  2. 10kN에 의해서 A지점은 시계 방향으로 회전하려고 할 것이다. 따라서 모멘트의 부호는 $(-)$를 사용한다. 또한 10kN이 A지점으로부터 3m 떨어진 위치에 작용하고 있다. 따라서 모멘트는 '힘×거리'이므로 $M_1 = -(10\text{kN})(3\text{m})$가 된다.

3. 반력 R_B에 의해서 A지점은 반시계 방향으로 회전하려고 할 것이다. 따라서 모멘트의 부호는 (+)를 사용한다. 또한 R_B가 A지점으로부터 10m 떨어진 위치에 작용하고 있다. 따라서 모멘트는 '힘×거리'이므로 $M_2 = +(R_B)(10\text{m})$가 된다.

4. B지점에서 본래 작용하고 있던 모멘트(M)도 고려해야 한다. 이 모멘트(M)는 시계 방향으로 회전하고 있으므로 부호는 (−)를 사용한다. 따라서 $M_3 = -M$이 된다.

ⓛ $\sum M_A = 0 \rightarrow M_1 + M_2 + M_3 = 0 \rightarrow -(10\text{kN})(3\text{m}) + (R_B)(10\text{m}) - M = 0$

※ 여기서부터 단위는 생략한다.

$\rightarrow (R_B)(10) = M + (30) \rightarrow \therefore R_B = \dfrac{M}{10} + 3$

ⓒ 위와 같은 방법으로 $\sum M_B = 0$을 이용한다.

$\rightarrow -R_A(10) + 10(7) - M = 0 \rightarrow R_A(10) = 10(7) - M \rightarrow \therefore R_A = 7 - \dfrac{M}{10}$

ⓔ $R_A = R_B$이므로 $7 - \dfrac{M}{10} = \dfrac{M}{10} + 3 \rightarrow 70 - M = M + 30 \rightarrow 2M = 40 \rightarrow \therefore M = 20\text{kN} \cdot \text{m}$

09
정답 ⑤

주철의 특징

- 일반적으로 주철의 탄소함유량은 2.11~6.68%C이다.
- 압축강도는 크지만 인장강도는 작다.
- 용융점이 낮기 때문에 녹이기 쉬우므로 주형 틀에 녹여 흘러보내기 용이하여 유동성이 좋다. 따라서 주조성이 우수하며 복잡한 형상의 주물재료로 많이 사용된다.
- 내마모성과 절삭성은 우수하지만 가공이 어렵다.
- **탄소함유량이 많아 용접성이 불량하며 취성(메짐, 깨짐, 여림)이 크다.**
- 탄소강에 비하여 충격에 약하고 고온에서도 소성가공이 되지 않는다.
- 녹이 잘 생기지 않으며 마찰저항이 우수하고 값이 저렴하다.
- 탄소함유량이 많아 단단하므로 전연성이 작다.
- 주철 내의 흑연이 절삭유의 역할을 하기 때문에 주철을 절삭 시 일반적으로 절삭유를 사용하지 않는다.
- 주철 내의 흑연이 진동에너지를 흡수하기 때문에 감쇠능(진동을 흡수하는 성질)이 좋다.
- 용접, 단조가공, 담금질, 뜨임 등의 열처리 작업을 하기 어렵다.
- 용도로는 공작기계의 베드, 기계구조물 등에 사용된다.
- 내식성은 있으나 내산성은 낮다.

※ **감쇠능**: 진동을 흡수하여 열로 소산시키는 흡수능력을 말하며 내부마찰이라고도 한다.

10

정답 ⑤

[탄소강에서 탄소함유량에 따른 성질의 변화]

증가하는 성질	감소하는 성질
강도, 경도, 항복점, 전기저항, 비열, 항자력 등	용융점, 비중, 열전도율, 전기전도율, 충격값(충격치), 인성, 연성, 연신율, 단면수축률 등

11

정답 ②

재결정
회복온도에서 더 가열하게 되면 내부응력에 의해 제거되고 새로운 결정핵이 결정경계에 나타난다. 이 결정이 성장하여 새로운 결정으로 연화된 조직을 형성하는 것을 재결정이라고 한다. 즉 특정 온도에서 금속에 새로운 신결정이 생기고 그것이 성장하는 현상이다.

풀림처리 3단계	가공경화된 금속을 가열하면 회복현상이 나타난 후 새로운 결정립이 생성(재결정)되고 결정립이 성장(결정립 성장)하게 된다. 즉, **회복 → 재결정 → 결정립 성장의 단계**를 거치게 된다. ※ 회복: 가공경화된 금속을 가열하면 할수록 특정 온도 범위에서 내부응력이 완화되는 것을 말하며, **회복은 재결정온도 이하**에서 일어난다.
재결정 온도	**1시간 안에 95% 이상의 재결정이 완료**되는 온도이다. • 금속의 재결정온도(℃) (아래 표)

• 금속의 재결정온도(℃)

철(Fe)	니켈(Ni)	금(Au)	은(Ag)	구리(Cu)	알루미늄(Al)
450	600	200	200	200	180
텅스텐(W)	백금(Pt)	아연(Zn)	납(Pb)	몰리브덴(Mo)	주석(Sn)
1,000	450	18	−3	900	−10

재결정 특징	• 재결정온도 이하에서의 소성가공을 냉간가공, 재결정온도 이상에서의 소성가공을 열간가공이라고 한다. • 재결정온도(T_r)는 그 금속의 융점(T_m)에 대하여 약 $(0.3\sim0.5)\,T_m$이다[단, T_r과 T_m은 절대온도이다]. • 재결정은 재료의 연신율 및 연성을 증가시키고 강도를 저하시킨다. • 재결정온도 이상으로 장시간 유지할 경우 결정립이 커진다. • 가공도가 큰 재료는 재결정온도가 낮다. 그 이유는 재결정온도가 낮으면 금방 재결정이 이루어져 새로운 신결정이 발생하기 때문이다. 새로운 신결정은 무른 상태(연한 상태)이기 때문에 가공이 용이하다. • 냉간가공에 의한 선택적 방향성(이방성)은 재결정 후에도 유지되며(재결정이 선택적 방향성에 영향을 미치지 못한다), 선택적 방향성을 제거하기 위해서는 재결정온도보다 더 높은 온도에서 가열해야 등방성이 회복된다. • 재결정온도는 순도가 높을수록, 가열시간이 길수록, 조직이 미세할수록, 가공도가 클수록 낮아진다. ※ 이방성은 방향에 따라 재료의 물리적 특성이 달라지는 성질이며, 등방성은 방향이 달라져도 모든 방향에서 물리적 특성이 동일한 성질이다.

12

※ 어떤 물체가 액체 속에 일부만 잠긴 채 뜨게 되면 물체의 무게(중력, mg)와 액체에 의해 수직 상방향으로 물체에 작용하게 되는 부력($\gamma_{액체} V_{잠긴 부피}$)은 힘의 평형관계가 있게 된다. 이를 **중성부력** ($\underline{mg = 부력}$)이라 한다[단, 부력($\gamma_{액체} V_{잠긴 부피}$)은 $\rho_{액체} g V_{잠긴 부피}$와 같다].

양성부력	부력 > 중력에 의한 물체 무게(물체가 점점 뜬다.)
중성부력	부력 = 중력에 의한 물체 무게(물체가 수면에 떠 있는 상태)
음성부력	부력 < 중력에 의한 물체 무게(물체가 점점 가라앉는다.)

① 질량이 m인 물체가 어떤 유체에 일부만 잠겨 있거나 반만 잠겨 있을 때는 중력부력 상태에 있다는 것을 의미한다. 따라서 부력과 중력에 의한 물체의 무게는 서로 힘의 평형관계가 있으며, 부력의 크기는 mg가 된다. 즉, 부력의 크기는 물체가 밀어낸 부피에 해당하는 액체의 무게와 같다.

② 부력은 아르키메데스의 원리와 관련이 있다. 틀린 보기로 파스칼의 법칙이 자주 나온다.

③ 부력은 물체를 들어 올리는 힘이므로 아래에서 위로 작용한다. 따라서 수직 상방향이 맞다. 틀린 보기로 수직 하방향으로 자주 출제된다.

④ 부력의 크기는 '$\rho_{액체} g V_{잠긴 부피}$'이므로 물체가 유체에 완전히 잠겨 있는 경우, 잠긴 부피가 동일하므로 깊이에 관계없이 항상 일정한 크기를 가진다.

⑤ 물체가 유체에 일부만 잠겨 있는 경우, 물체에 작용하는 부력의 크기는 유체의 비중량과 **물체의 잠긴 부피**의 곱으로 표현된다.

※ 부력이 생기는 이유는 유체의 압력차 때문이다. 구체적으로 유체에 의한 압력(P)은 γh로 깊이(h)가 깊어질수록 커지게 된다. 즉, 하나의 물체가 물속에 있다면 상대적으로 깊은 부분과 얕은 부분(윗면과 아랫면)이 생기게 되고, 이에 따라 더 깊이 있는 부분이 더 큰 압력을 받아 위로 들어올리는 힘, 즉 부력이 생기게 된다.

13

체결용 나사 (체결할 때 사용하는 나사로 효율이 낮다.)	삼각나사	가스 파이프를 연결하는 데 사용한다.
	미터나사	나사산의 각도가 $60°$인 삼각나사의 일종이다.
	유니파이 나사	세계적인 표준나사로, 미국·영국·캐나다가 협정하여 만든 나사이다. 용도로는 좀용 등에 사용된다.
	관용나사	파이프에 가공한 나사로 누설 및 기밀 유지에 사용한다.
운동용 나사 (동력을 전달하는 나사로 체결용 나사보다 효율이 좋다.)	사다리꼴 나사	'재형나사 및 애크미나사'로도 불리는 사다리꼴나사는 양방향으로 추력을 받는 나사로 공작기계의 이송나사, 밸브 개폐용, 프레스, 잭 등에 사용된다. 효율 측면에서는 사각나사가 더 유리하나 가공하기 어렵기 때문에 대신 사다리꼴나사를 많이 사용한다. 사각나사보다 강도 및 저항력이 크다.
	톱니나사	힘을 한 방향으로만 받는 부품에 사용되는 나사로 압착기, 바이스 등의 이송나사에 사용된다.

너클나사 (둥근나사)	전구와 같이 먼지나 이물질이 들어가기 쉬운 곳에 사용되는 나사이다.
볼나사	공작기계의 이송나사, NC기계의 수치제어장치에 사용되는 나사로 효율이 좋고 먼지에 의한 마모가 적으며 토크의 변동이 적다. 또한 정밀도가 높고 윤활은 소량으로도 충분하며 축방향의 백래시를 작게 할 수 있다. 그리고 마찰이 작아 정확하고 미세한 이송이 가능한 장점이 있다. 하지만 너트의 크기가 커지고 피치를 작게 하는데 한계가 있으며 고속에서는 소음이 발생한다. 그리고 자동체결이 곤란하다.
사각나사	축방향의 하중을 받는 운동용 나사로 추력의 전달이 가능하다.

※ 나사산 각도

톱니나사	유니파이나사	둥근나사	사다리꼴나사	미터나사	관용나사	휘트워드나사
30°, 45°	60°	30°	• 인치계(Tw): 29° • 미터계(Tr): 30°	60°	55°	55°

14

정답 ④

[열전도]

$$Q = kA\frac{dT}{dx} \quad [\text{여기서}, \ Q: \text{열전달률}, \ k: \text{열전도도}, \ A: \text{전열면적}, \ dT: \text{온도차}, \ dx: \text{두께}]$$

풀이

$$Q = kA\frac{dT}{dx} \ \rightarrow \ \therefore \ dx = kA\frac{dT}{Q} = (0.5\text{W/m} \cdot \text{℃})(10\text{m}^2)\frac{(50\text{℃} - 10\text{℃})}{20 \times 10^3 \text{W}} = 0.01\text{m} = 1\text{cm}$$

※ 주의: 문제에서 구하라고 한 두께의 단위는 'cm'이다. 단위에 주의해야 한다. 실제로 많은 준비생들이 문제를 다 풀어 놓고 단위를 변환하지 않아 해당 문제를 틀린 경우가 많았다.

15

정답 ③

유속측정기기	피토관	유체 흐름의 총압과 정압의 차이를 측정하고 그것에서 유속을 구하는 장치로, 비행기에 설치하여 **비행기의 속도**를 측정하는 데 사용된다.
	피토정압관	동압$\left(\frac{1}{2}\rho V^2\right)$을 **측정**하여 유체의 유속을 측정하는 기기이다.
	레이저 도플러 유속계	유동하는 **흐름에 작은 알갱이를 띄워** 유속을 측정한다.
	시차액주계	**피에조미터와 피토관을 조합**하여 유속을 측정한다. ※ 피에조미터: **정압**을 측정하는 기기이다.
	열선풍속계	금속선에 전류가 흐를 때 일어나는 **온도와 전기저항과의 관계**를 사용하여 유속을 측정하는 기기이다.
	프로펠러 유속계	개수로 흐름의 유속을 측정하는 기기로, **수면 내에 완전히 잠기게 하여 사용**한다.

유량측정기기	벤투리미터	벤투리미터는 **압력강하를 이용**하여 유량을 측정하는 기기로, **베르누이 방정식과 연속방정식을 이용하여 유량을 산출하며 가장 정확한 유량을 측정할 수 있다.**	
	유동노즐	**압력강하를 이용**하여 유량을 측정하는 기기이다.	
	오리피스	**압력강하를 이용**하여 유량을 측정하는 기기로 벤투리미터와 비슷한 원리로 유량을 산출한다.	
	로터미터	유량을 측정하는 기기로 **부자 또는 부표**라고 하는 부품에 의해 유량을 측정한다.	
	위어	**개수로 흐름의 유량**을 측정하는 기기로 **수로 도중에서 흐름을 막아 넘치게 하고 물을 낙하시켜** 유량을 측정한다.	
		예봉(예연)위어	대유량 측정에 사용한다.
		광봉위어	대유량 측정에 사용한다.
		사각위어	중유량 측정에 사용한다. $Q = KLH^{\frac{3}{2}}[\mathrm{m^3/min}]$
		삼각위어 (V노치)	소유량 측정에 사용하며 비교적 정확한 유량을 측정할 수 있다. $Q = KH^{\frac{5}{2}}[\mathrm{m^3/min}]$
	전자유량계	**패러데이의 전자기유도법칙**을 이용하여 유량을 측정한다.	
압력강하 이용	**압력강하를 이용한 유량측정기기:** 벤투리미터, 유동노즐, 오리피스		
압력강하가 큰 순서	오리피스 > 유동노즐 > 벤투리미터 ※ 가격이 비싼 순서는 벤투리미터 > 유동노즐 > 오리피스		

※ **수역학적 방법(간접적인 방법):** 유속에 관계되는 다른 양을 측정하여 유량을 구하는 방법으로, 유체의 유량측정기기 중에 수역학적 방법을 이용한 측정기기로는 벤투리미터, 로터미터, 피토관, 언판 유속계, 오리피스미터 등이 있다.

16

풀이

㉠ 유량계수(C)를 고려한 유량(Q) $= CA\sqrt{2gh}$ 이다.

[여기서, A: 유체가 흐르는 단면적, g: 중력가속도, h: 다음 그림에서의 높이]

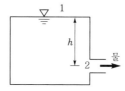

수면 1점에서는 $V_1 \approx 0$이다. 그리고 1점과 2점은 각각 대기압(P)을 받고 있다.

베르누이 방정식 $\dfrac{P_1}{\gamma} + \dfrac{V_1^2}{2g} + Z_1 = \dfrac{P_2}{\gamma} + \dfrac{V_2^2}{2g} + Z_2$를 사용하여 토출구의 속도 V_2를 구하면,

$$\dfrac{P_1}{\gamma} + \dfrac{V_1^2}{2g} + Z_1 = \dfrac{P_2}{\gamma} + \dfrac{V_2^2}{2g} + Z_2 \;\rightarrow\; \dfrac{P}{\gamma} + Z_1 = \dfrac{P}{\gamma} + \dfrac{V_2^2}{2g} + Z_2$$

$$\dfrac{V_2^2}{2g} = Z_1 - Z_2 = h \;\rightarrow\; V_2^2 = 2gh \;\rightarrow\; V_2 = \sqrt{2gh}$$

연속방정식에 의해 방출되는 유량 $Q = AV$이므로 $Q = AV_2 = A\sqrt{2gh}$ 가 된다.

ⓛ A는 $\dfrac{1}{4}\pi d^2 = \dfrac{1}{4}\pi (0.2\text{m})^2 = 0.01\,\pi\,\text{m}^2$이다.

ⓒ $\therefore\; Q = CA\sqrt{2gh} = (0.4)(0.01\,\pi\,\text{m}^2)\sqrt{2(10\text{m/s}^2)(0.75\text{m})} = 0.004\,\pi\sqrt{15}\;\text{m}^3/\text{s}$

※ 보기 문항 때문에 체감 난이도는 높으나, 사실 간단한 문제이다.

17

정답 ④

[피스톤 펌프]
실린더 블록 속에서 피스톤이 왕복운동을 하는 펌프로 플런저 펌프라고도 한다. 피스톤의 왕복운동을 활용하여 작동유에 압력을 주며 초고압(210kgf/cm^2)에 적합하다. 또한 대용량이며 토출압력이 최대인 고압 펌프로 펌프 중 전체 효율이 가장 좋고 가변용량이 가능하다. 반면 수명이 길지만 소음이 큰 편이다.

18

정답 ④

[단위기호 파악]
㉠ 항력: N
㉡ 체적탄성계수: $N/m^2 = Pa$
㉢ 표면장력: N/m
㉣ **변형률: 무차원수**
  → 변형률$\left(\dfrac{\delta}{L}\right) = \dfrac{\text{변형량}(\text{m 또는 cm 또는 mm})}{\text{초기 길이}(\text{m 또는 cm 또는 mm})}$ 이므로 단위가 서로 약분되어 무차원이 된다.
㉤ 압력수두: m

19

정답 ③

[절대압력과 게이지압력(계기압력)]

구분	개념
절대압력	완전진공을 기준으로 측정한 압력이다. • 절대압력 = 국소대기압 + 게이지압력(계기압력) • 절대압력 = 국소대기압 − 진공압 ※ 진공도 = $\dfrac{\text{진공압}}{\text{대기압}} \times 100\%$
게이지압력	측정 위치에서 국소대기압을 기준으로 측정한 압력이다.

[국소대기압과 표준대기압]

구분	개념
국소대기압	대기압은 지구의 위도에 따라 변하며 이러한 값을 국소대기압이라고 한다.
표준대기압	지구 전체의 국소대기압을 평균 처리한 값을 표준대기압이라고 한다.

[1기압, 1atm 표현]

$101,325 \mathrm{Pa}$	$10.332 \mathrm{mH_2O}$	$1013.25 \mathrm{hPa}$	$1013.25 \mathrm{mb}$
$1,013,250 \mathrm{dyne/cm^2}$	$1.01325 \mathrm{bar}$	$14.696 \mathrm{psi}$	$1.033227 \mathrm{kgf/cm^2}$
$760 \mathrm{mmHg}$	$29.92126 \mathrm{inHg}$	$406.782 \mathrm{inH_2O}$	$760 \mathrm{torr}$

20

정답 ⑤

[KS 강재기호와 명칭]

SM	기계구조용 탄소강	GC	회주철	STC	탄소공구강
SV	리벳용 압연강재	SC	탄소주강품	SS	일반구조용 압연강재
HSS, SKH	고속도강	SWS	용접구조용 압연강재	SK	자석강
WMC	백심가단주철	SBB	보일러용 압연강재	SF	탄소강 단강품, 단조품
BMC	흑심가단주철	STS	합금공구강, 스테인리스강	SPS	스프링강
GCD	구상흑연주철	SNC	Ni-Cr 강재	SEH	내열강
STD	다이스강				

※ 고속도강은 high-speed steel로, 이를 줄여 '하이스강'이라고도 한다.

21

정답 ⑤

브로칭은 회전하는 <u>다인절삭공구</u>를 공구의 축방향으로 이동하며 절삭하는 공정이다.

단인절삭공구	1개의 날(바이트 등)을 가진 절삭공구를 말한다. ※ **단인절삭공구를 사용하는 공정:** 선삭(선반가공), 평삭(슬로터, 세이퍼, 플레이너 등), 형삭
다인절삭공구	다수의 날(2개 이상의 날)을 가진 절삭공구를 말한다. ※ **다인절삭공구를 사용하는 공정:** 밀링, 보링, 드릴링, 브로칭

드릴링	드릴을 사용하여 구멍을 뚫는 작업이다.
리밍	드릴로 뚫은 구멍을 더욱 정밀하게 다듬는 가공이다.
보링	이미 뚫은 구멍을 넓히는 가공으로 편심교정이 목적이다.
태핑	탭을 이용하여 구멍에 암나사를 내는 가공이다.
카운터싱킹	접시머리나사의 머리부를 묻히게 하기 위해서 원뿔자리를 만드는 작업이다.
카운터보링	작은나사, 둥근머리볼트의 머리부분이 공작물에 묻힐 수 있도록 단이 있는 구멍을 뚫는 작업이다.
스폿페이싱	볼트나 너트 등을 고정할 때 접촉부가 안정되게 하기 위해 자리를 만드는 작업이다.

22

풀이

㉠ 이상기체 상태방정식($PV = mRT$)을 사용하여 질량(m)을 먼저 구한다.

$$\rightarrow PV = mRT \rightarrow m = \frac{P_1 V_1}{RT_1} = \frac{(1\text{MPa} = 1{,}000\text{kPa})(0.4\text{m}^3)}{(0.4\text{kJ/kg}\cdot\text{K})(500\text{K})} = 2\text{kg}$$

[여기서, P: 압력, V: 부피(체적), m: 질량, R: 기체상수, T: 절대온도]

㉡ 체적(부피)이 일정한 용기이므로 다음과 같은 식을 도출할 수 있다.

$$PV = mRT \rightarrow V = \frac{mRT_1}{P_1} = \frac{mRT_2}{P_2} \rightarrow \frac{T_1}{P_1} = \frac{T_2}{P_2} \rightarrow T_2 = P_2\left(\frac{T_1}{P_1}\right)$$

$$= (2\text{MPa})\left(\frac{500\text{K}}{1\text{MPa}}\right) = 1{,}000\text{K}$$

㉢ $\therefore \triangle S = m C_v \ln\left(\frac{T_2}{T_1}\right) = (2\text{kg})(0.6\text{kJ/kg}\cdot\text{K})\left(\ln\left[\frac{1000\text{K}}{500\text{K}}\right]\right)$

$$= (2)(0.6)(\ln[2]) = (2)(0.6)(0.7) = 0.84\text{kJ/K}$$

[단, $C_p - C_v = R$이므로 $C_v = C_p - R = 1.0\text{kJ/kg}\cdot\text{K} - 0.4\text{kJ/kg}\cdot\text{K} = 0.6\text{kJ/kg}\cdot\text{K}$이다.]

※ **주의**: 구하고자 하는 엔트로피 변화량의 단위가 'kJ/K'이므로 질량(m)이 곱해졌다는 것을 알 수 있다. 실제로 위와 같은 문제가 출제되었을 때, 다 구해 놓고 마지막에 질량(m)을 곱하지 않아서 답을 0.42로 선택하여 틀린 경우가 매우 많다. 항상 단위를 조심해야 한다.

23

[카르노 열기관의 열효율(η)]

$\eta = 1 - \dfrac{T_2}{T_1}$ [여기서, T_1: 고열원의 온도, T_2: 저열원의 온도]

※ 온도는 항상 절대온도(K)로 변환하여 대입해야 한다.

$$\rightarrow \eta = 1 - \frac{T_2}{T_1} = 1 - \frac{200\text{K}}{1000\text{K}} = 1 - 0.2 = 0.8 = 80\%$$

카르노 사이클(Carnot cycle)
• 열기관의 이상 사이클로 이상기체를 동작물질(작동유체)로 사용한다. • 이론적으로 사이클 중 **최고의** 효율을 가진다.

P-V 선도	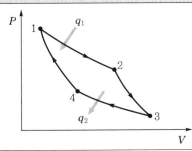

각 구간 해석	• **상태 1 → 상태 2**: q_1의 열이 공급되었으므로 팽창하게 된다. 1에서 2로 부피(V)가 늘어났음(팽창)을 알 수 있다. 따라서 <u>가역등온팽창과정</u>이다. • **상태 2 → 상태 3**: 위의 선도를 보면 2에서 3으로 압력(P)이 감소했음을 알 수 있다. 즉, 동작물질(작동유체)인 이상기체가 외부로 팽창일을 하여 압력(P)이 감소된 것이므로 <u>가역단열팽창과정</u>이다. • **상태 3 → 상태 4**: q_2의 열이 방출되고 있으므로 부피가 줄어들게 된다. 즉, 3에서 4로 부피(V)가 줄어들고 있다. 따라서 <u>가역등온압축과정</u>이다. • **상태 4 → 상태 1**: 4에서 1은 압력(P)이 증가하고 있다. 따라서 <u>가역단열압축과정</u>이다.
특징	• <u>**2개의 가역단열과정과 2개의 가역등온과정**</u>으로 구성되어 있다. 즉, 4개의 과정은 모두 가역과정이다. • **등온팽창 → 단열팽창 → 등온압축 → 단열압축**의 순서로 작동된다. • 효율(η)은 $1-(Q_2/Q_1)=1-(T_2/T_1)$로 구할 수 있다. 　[여기서, Q_1: 공급열, Q_2: 방출열, T_1: 고열원 온도, T_2: 저열원 온도] 　→ 카르노 사이클의 열효율은 열량(Q)의 함수로 온도(T)의 함수로 치환할 수 있다. • 같은 두 열원에서 사용되는 가역 사이클인 카르노 사이클로 작동되는 기관은 열효율이 동일하다. • 사이클을 역으로 작동시켜 주면 이상적인 냉동기의 원리가 된다. • 열의 공급은 등온과정에서만 이루어지지만, 일의 전달은 단열과정과 등온과정에서 둘 다 일어난다. • 동작물질(작동유체)의 밀도가 크거나 양이 많으면 마찰이 발생하여 효율이 떨어지므로 효율을 높이기 위해서는 동작물질(작동유체)의 밀도를 낮추거나 양을 줄인다.

24

정답 ④

[숫돌의 표시방법]

숫돌입자	입도	결합도	조직	결합제
WA	46	K	m	V

[숫돌의 3요소]
• 숫돌입자: 공작물을 절삭하는 날로, 내마모성과 파쇄성이 있다.
• 기공: 칩을 피하는 장소
• 결합제: 숫돌입자를 고정시키는 접착제

알루미나 (산화알루미나계_인조입자)	• A입자(암갈색, 95%): 일반강재(연강) • WA입자(백색, 99.5%): 담금질강(마텐자이트), 특수합금강, 고속도강
탄화규소계(SiC계_인조입자)	• C입자(흑자색, 97%): 주철, 비철금속, 도자기, 고무, 플라스틱 • GC입자(녹색, 98%): 초경합금
이 외의 인조입자	• B입자: 입방정계 질화붕소(CBN) • D입자: 다이아몬드 입자
천연입자	• 사암, 석영, 에머리, 코런덤

결합도는 E3-4-4-4-나머지라고 암기하면 편하다. EFG, HIJK, LMNO, PQRS, TUVWXYZ순으로 단단해진다. 즉, EFG[극히 연함], HIJK[연함], LMNO[중간], PQRS[단단], TUVWXYZ[극히 단단]! 입도는 입자의 크기를 체눈의 번호로 표시한 것으로, 번호는 Mesh를 의미하고 입도가 클수록 입자의 크기가 작다.

구분	거친 것	중간	고운 것	매우 고운 것
입도	10, 12, 14, 16, 20, 24	30, 36, 46, 54, 60	70, 80, 90, 100, 120, 150, 180	240, 280, 320, 400, 500, 600

※ 위의 표는 중앙공기업/지방공기업에서 모두 출제되었기 때문에 암기해 두는 것이 좋다.
※ 조직은 숫돌입자의 밀도, 즉 단위체적당 입자의 양을 의미하는데 C는 치밀한 조직, m은 중간, W는 거친 조직을 의미한다. 꼭 암기하자.

[결합제의 종류와 기호]
• 유기질 결합제: R(고무), E(셀락), B(레지노이드), PVA(비닐결합제)
• 무기질 결합제: S(실리케이트), V(비트리파이드)
• 금속결합제: M(메탈)

V	S	R	B	E	PVA	M
비트리파이드	실리케이트	고무	레지노이드	셀락	비닐결합제	메탈금속

[숫돌의 자생작용]
마멸 → 파괴 → 탈락 → 생성의 순서를 거치며, 연삭 시 숫돌의 마모된 입자가 탈락하고 새로운 입자가 나타나는 현상이다.
※ 숫돌의 자생작용과 가장 관련이 있는 것은 **결합도**이다. 너무 단단하면 자생작용이 발생하지 않아 입자가 탈락하지 않고 마멸에 의해 납작해지는 현상인 글레이징(눈무딤)이 발생할 수 있다.

25

정답 ③

[기본 열처리의 종류]

담금질 (퀜칭, 소입)	변태점 이상으로 가열한 후, 물이나 기름 등으로 급랭하여 재질을 경화시키는 것으로 마텐자이트 조직을 얻기 위한 열처리이다. 강도 및 경도를 증가시키기 위한 것으로 열처리 조직은 가열온도에 따라 변화가 크기 때문에 담금질온도에 주의해야 한다. 그리고 **담금질을 하면 재질이 경화되지만(단단해지지만) 인성이 저하되어 취성이 발생하기 때문에 담금질 후에는 반드시 강한 인성을 부여하는 뜨임처리를 실시해야 한다.** ※ **담금질액으로 물을 사용할 경우 소금, 소다, 산을 첨가하면 냉각능력이 증가한다.**
뜨임 (템퍼링, 소려)	담금질한 강은 경도가 크나 취성을 가지므로 경도가 다소 저하되더라도 인성을 증가시키기 위해 A_1변태점 이하에서 재가열하여 서랭시키는 열처리이다. 뜨임의 목적은 담금질한 조직을 안정한 조직으로 변화시키고 잔류응력을 감소시켜 필요한 성질을 얻는 것이다. 그중 가장 중요한 것이 강한 인성을 부여하는 것이다(강인성 부여).
풀림 (어닐링, 소둔)	A_1 또는 A_3변태점 이상으로 가열하여 냉각시키는 열처리로 내부응력을 제거하며 재질의 연화를 목적으로 하는 열처리이다. 풀림은 노 안에서 천천히 냉각한다.

불림 (노멀라이징, 소준)	A_3, A_{cm}보다 30~50℃ 높게 가열 후 공랭(공기 중에서 냉각)하여 소르바이트 조직을 얻는 열처리로, 결정조직의 표준화와 조직의 미세화 및 냉간가공이나 단조로 인한 내부응력을 제거한다. ※ A_{cm} 변태: γ고용체에서 Fe_3C가 석출하기 시작하는 변태

[각 열처리의 주 목적 및 주요 특징]

담금질	• 탄소강의 강도 및 경도 증대 • 재질의 경화(경도 증대) • 급랭(물 또는 기름으로 빠르게 냉각)
풀림	• 재질의 연화(연성 증가) • 균질화(균일화) • 노냉(노 안에서 서서히 냉각)
뜨임	• 담금질한 후 강인성 부여(강한 인성), 인성 개선 • 내부응력 제거 • 공랭(공기 중에서 서서히 냉각)
불림	• 결정조직의 표준화, 균질화 • 결정조직의 미세화 • 내부응력 제거 • 공랭(공기 중에서 서서히 냉각)

• 풀림도 인성을 향상시키지만 주 목적이 아니다. 인성을 향상시키는 것이 주 목적인 것은 '뜨임'이다.
• 불림은 기계적, 물리적 성질이 <u>표준화된 조직</u>을 얻기 때문에 강의 함유된 탄소함유량을 측정하기 용이하여 강의 탄소함유량을 측정하는 데 사용하기도 한다.

★ 냉각속도가 큰 순서: 수랭(급랭) > 유랭(급랭) > 공랭(서랭) > 노냉(서랭)

26　　　　　　　　　　　　　　　　　　　　　　　　정답 ②

[리벳이음의 특징]

장점	• 리벳이음은 잔류응력이 발생하지 않아 변형이 적다. • 경합금처럼 용접하기 곤란한 금속을 이음할 수 있다. • 구조물 등에서 현장 조립할 때는 용접이음보다 쉽다. • 작업에 숙련도를 요하지 않으며 검사도 간단하다.
단점	• 길이 방향의 하중에 취약하다. • 결합시킬 수 있는 강판의 두께에 제한이 있다. • 강판 또는 형강을 영구적으로 접합하는 데 사용하는 이음으로 분해 시 파괴해야 한다. • 체결 시 소음이 발생한다. • 용접이음보다 이음효율이 낮으며 기밀, 수밀의 유지가 곤란하다. • 구멍가공으로 인하여 판의 강도가 약화된다.

[용접이음의 특징]

장점	• 이음효율(수밀성, 기밀성)을 100%까지 할 수 있다. • 공정수를 줄일 수 있다. • 재료를 절약할 수 있다. • 경량화할 수 있다. • 용접하는 재료에 두께 제한이 없다. • 서로 다른 재질의 두 재료를 접합할 수 있다.
단점	• 잔류응력과 응력집중이 발생할 수 있다. • 모재가 용접열에 의해 변형될 수 있다. • 용접부의 비파괴검사가 곤란하다. • 용접의 숙련도가 요구된다. • 진동을 감쇠시키기 어렵다.

풀이

강판 또는 형강을 **영구적**으로 접합하는 방법으로 분해 시 파괴해야 한다.

[용접의 효율]

아래보기용접에 대한 위보기용접의 효율	80%
아래보기용접에 대한 수평보기용접의 효율	90%
아래보기용접에 대한 수직보기용접의 효율	95%
공장용접에 대한 현장용접의 효율	90%

※ 용접부의 이음효율: $\dfrac{\text{용접부의 강도}}{\text{모재의 강도}}$ = 형상계수(k_1) × 용접계수(k_2)

[용접자세 종류]

종류	전자세 All Position	위보기(상향자세) Overhead Position	아래보기(하향자세) Flat Position	수평보기(횡향자세) Horizontal Position	수직보기(직립자세) Vertical Position
기호	AP	O	F	H	V

27

정답 ④

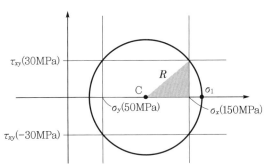

풀이

㉠ 문제에 주어진 응력상태를 통해 모어원을 그리면 위의 그림과 같다. 모어원의 중심(C)은 $\dfrac{\sigma_x + \sigma_y}{2}$이다.

따라서 $C = \dfrac{\sigma_x + \sigma_y}{2} = \dfrac{150\text{MPa} + 50\text{MPa}}{2} = 100\text{MPa}$이다. 이를 좌표로 표현하면 $(100, 0)$이다.

㉡ 위의 그림에서 음영처리된 직각삼각형을 통해 피타고라스의 정리를 이용하면 다음과 같다.

직각삼각형의 밑변의 길이는 $\sigma_x - C = 150 - 100 = 50$이고, 높이는 30이다. 이를 통해 피타고라스의 정리를 이용하면, $R^2 = 50^2 + 30^2 = 2,500 + 900$이므로 $R = \sqrt{3,400}$이 도출된다.

㉢ 최대주응력(σ_1)은 원점$(0, 0)$으로부터 가장 멀리 떨어진 거리에 있는 응력의 크기를 말한다. 단, 가장 멀리 떨어진 점은 모어원상에 있어야 하므로 위의 그림과 같이 최대주응력(σ_1)이 위치하게 된다. 모어원상에서 응력의 크기는 항상 원점$(0, 0)$으로부터 떨어진 거리를 의미한다. 따라서 $\sigma_1 = C + R$이 된다.

㉣ $\therefore \sigma_1 = C + R = 100 + \sqrt{3,400}$이 도출된다.

28

정답 ⑤

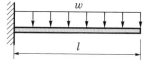

- 길이가 l인 외팔보의 전 길이에 걸쳐 등분포하중 w가 작용하고 있을 때

  → 자유단에서의 **최대처짐각**($\theta_{\max}$) $= \dfrac{wl^3}{6EI}$

- 길이가 l인 외팔보의 전 길이에 걸쳐 등분포하중 w가 작용하고 있을 때

  → 자유단에서의 **최대처짐량**($\delta_{\max}$) $= \dfrac{wl^4}{8EI}$

29

정답 ⑤

[끼워맞춤]

틈새	<u>구멍의 치수가 축의 치수보다 클 때</u> 구멍과 축과의 치수 차를 말한다. → 구멍에 축을 끼울 때 구멍의 치수가 축의 치수보다 커야 틈이 생긴다.
죔새	<u>구멍의 치수가 축의 치수보다 작을 때</u> 축과 구멍의 치수 차를 말한다. → 구멍에 축을 끼울 때 구멍의 치수가 축의 치수보다 작아야 꽉 끼워진다.
헐거운 끼워맞춤	구멍의 크기가 항상 축보다 크며 미끄럼운동이나 회전 등 움직임이 필요한 부품에 적용한다. ※ 구멍의 최소치수 > 축의 최대치수: 항상 틈새가 생겨서 헐겁다.
억지 끼워맞춤	헐거운 끼워맞춤과 반대로 구멍의 크기가 항상 축보다 작으며 분해 및 조립을 하지 않는 부품에 적용한다. 즉, 때려박아서 꽉 끼워 고정하는 것을 생각하면 된다. ※ 구멍의 최대치수 < 축의 최소치수: 항상 죔새가 생겨서 꽉 낀다.

중간 끼워맞춤	헐거운 끼워맞춤과 억지 끼워맞춤으로 규정하기 곤란한 것으로 **틈새와 죔새가 동시에 존재하면 '중간끼워맞춤'**이다. ※ 구멍의 최대치수 > 축의 최소치수: 틈새가 생긴다. ※ 구멍의 최소치수 < 축의 최대치수: 죔새가 생긴다.
최대틈새	구멍의 최대허용치수 − 축의 최소허용치수
최소틈새	구멍의 최소허용치수 − 축의 최대허용치수
최대죔새	축의 최대허용치수 − 구멍의 최소허용치수
최소죔새	축의 최소허용치수 − 구멍의 최대허용치수

30

정답 ③

[전자빔용접]
• 수많은 전자를 모재(용접할 재료)에 충돌시켜 그 충돌 발열로 접합하는 용접이다.
• 특징
  − 기어 및 차축의 용접에 적합하다.
  − 진공상태에서 용접을 실시한다.
  − 장비가 고가이다.
  − 용융점(융점)이 높은 금속에 적용할 수 있으며, 용입이 깊다.
  − 변형이 적으며 사용범위가 넓다.
  − 열영향부가 작다.

31

정답 ⑤

필수개념

• 영구주형을 사용하는 주조법 : 다이캐스팅, 가압주조법, 슬러시주조법, 원심주조법, 스퀴즈주조법, 반용융성형법, 진공주조법
• 소모성 주형을 사용하는 주조법 : 인베스트먼트법(로스트왁스법), 셸주조법(크로닝법)
  → 소모성 주형은 주형에 쇳물을 붓고 응고되어 주물을 꺼낼 때 주형을 파괴한다.

32

정답 ④

열역학 제0법칙	**[열평형의 법칙]** • 물질 A와 B가 접촉하여 서로 열평형을 이루고 있으면 이 둘은 열적 평형상태에 있으며 알짜열의 이동은 없다. • 온도계의 원리와 관계된 법칙이다.
열역학 제1법칙	**[에너지보존의 법칙]** • 계 내부의 에너지의 총합은 변하지 않는다. • 물체에 공급된 에너지는 물체의 내부에너지를 높이거나 외부에 일을 하므로 에너지의 양은 일정하게 보존된다.

	• 열은 에너지의 한 형태로서 일을 열로 변환하거나 열을 일로 변환하는 것이 가능하다. • 열효율이 100% 이상인 제1종 영구기관은 열역학 제1법칙에 위배된다(열효율이 100% 이상인 열기관을 얻을 수 없다).
열역학 제2법칙	**[에너지의 방향성을 명시하는 법칙]** • 열은 항상 고온에서 저온으로 흐르며, 스스로 저온의 물질에서 고온의 물질로 이동하지 않는다. • 열기관에서 작동물질이 일을 하게 하려면 그보다 더 저온인 물질이 필요하다. 열은 항상 고온에서 저온으로 이동하기 때문에 열기관에서 더 저온인 물질이 필요하다. 이는 열이 이동해야만 공급된 열과 방출된 열의 차이만큼 외부로 일이 만들어지기 때문이다. • 비가역성을 명시하는 법칙으로 엔트로피는 항상 증가한다. • 절대온도의 눈금을 정의하는 법칙이다. • 하나의 열원에서 얻어진 열을 모두 일로 바꾸는 기관은 존재하지 않는다. • 열효율이 100%인 제2종 영구기관은 열역학 제2법칙에 위배된다(열효율이 100%인 열기관을 얻을 수 없다). • 외부의 도움 없이 자발적으로 일어나는 반응은 열역학 제2법칙과 관련이 있다. ※ **비가역의 예시**: 혼합, 자유팽창, 확산, 삼투압, 마찰, 열의 이동, 화학반응 등 **[참고]** 자유팽창은 등온으로 간주하는 과정이다.
열역학 제3법칙	• **네른스트**: 어떤 방법에 의해서도 물질의 온도를 절대 영도까지 내려가게 할 수 없다. • **플랑크**: 모든 물질이 열역학적 평형상태에 있을 때 절대온도가 0에 가까워지면 엔트로피도 0에 가까워진다. $$\lim_{t \to 0} \Delta S = 0$$

33

정답 ④

[보온병의 원리]

	열을 차단하여 보온병 내 물질의 온도를 유지시킨다. 열을 차단한다는 것은 '단열'한다는 것이다. → '단열'한다는 것은 전도, 대류, 복사를 모두 막는 것이다.
원리	• 보온병의 겉부분은 **금속이나 플라스틱 재질**로 열전도율을 최소화시킨다. • 보온병의 마개는 **단열재료**로 플라스틱 재질 등을 사용한다. • 보온병 안의 유리로 된 **이중벽**이 진공상태를 유지하므로 대류로 인한 열 출입이 없다. • 보온병 내부는 **은도금**을 하여 복사에 의한 열을 최대한 줄인다. • 유리병의 고정 지지대는 **단열물질**로 만들어져 있다.
사용 재료	• 보온병을 만들 때 '**전도**'에 의한 열의 이동을 **방지**하기 위해 헝겊, 포장비닐, 스티로폼 등으로 보온병을 감싸서 열의 전달을 막는다. • 보온병을 만들 때 '**대류**'에 의한 열의 이동을 **방지**하기 위해 보온병 안에 유리로 된 **이중벽**을 만들어 진공상태를 유지하고 열의 출입을 막는다. • 보온병을 만들 때 '**복사**'에 의한 열의 이동을 **방지**하기 위해 **알루미늄호일** 등을 사용한다.

34

수명시간(L_h)	$L_h = 500 \times \dfrac{33.3}{N} \times \left(\dfrac{C}{P}\right)^r$ • N : 회전수(rpm) • C : 기본 동적부하용량(기본 동정격하중) • P : 베어링 하중 **단, 수명시간(L_h)에서 r값은 다음과 같다.** • 볼베어링일 때 $r = 3$ • 롤러베어링일 때 $r = (10/3)$
정격수명 (수명회전수, 계산수명, L_n)	$L_n = \left(\dfrac{C}{P}\right)^r \times 10^6$ rev • C : 기본 동적부하용량(기본 동정격하중) • P : 베어링 하중 ※ 기본 동적부하용량(C)이 베어링 하중(P)보다 크다.

풀이

㉠ 문제는 볼베어링에 대한 것이므로 수명시간(L_h)은 다음과 같다.

$$L_h = 500 \times \frac{33.3}{N} \times \left(\frac{C}{P}\right)^3$$

㉡ 기본 동정격하중이 베어링하중의 4배이므로 '$C = 4P$'의 관계가 도출된다.

㉢ $\therefore L_h = 500 \times \dfrac{33.3}{N} \times \left(\dfrac{C}{P}\right)^3 = 500 \times \dfrac{33.3}{16,650} \times \left(\dfrac{4P}{P}\right)^3 = 500 \times \dfrac{33.3}{16,650} \times 4^3 = 64\text{hr}$

35

[전도, 대류, 복사 현상의 관련 법칙]

전도(conduction)	푸리에(Fourier)의 법칙
대류(convection)	뉴턴의 냉각법칙
복사(radiation)	슈테판 – 볼츠만의 법칙

[전도, 대류, 복사 현상]

전도(conduction)	공을 전달한다. → 이웃한 분자들이 충돌하여 열을 전달한다. ※ 이웃한 분자라는 매질이 필요하다.
대류(convection)	공을 직접 들고 간다. → 분자가 직접 열을 업고 전달한다. ※ 분자(매질)가 직접 열을 전달하므로 매질이 필요하다.
복사(radiation)	공을 던진다. → 일정 거리를 둔 물체 사이에서 열만 이동한다. ※ 매질이 필요 없다.

36

[유체의 압력(P)]

$P = \gamma h$ [여기서, γ: 유체의 비중량, h: 유체의 깊이]

풀이

① 동일한 유체의 경우, 깊이가 같은 곳에서의 압력은 모두 같다. (○)
  → 동일한 유체의 경우, 비중량(γ)이 동일하다. 또한 깊이(h)가 같으면 '$P = \gamma h$'에 의해 압력이 모두 같음을 알 수 있다.

② 깊이가 깊을수록 유체의 압력이 커진다. (○)
  → '$P = \gamma h$'에 의해 깊이(h)가 깊을수록 유체의 압력(P)이 커진다.

③ 유체의 압력에 의한 힘의 방향은 물체의 모든 면에 수직으로 작용한다. (○)

④ 부력은 깊이에 따른 유체의 압력 차이에 의해 발생하는 힘이다. (○)
  → 어떤 물체를 유체에 완전히 잠기게 하였을 때, 물체의 윗면과 아랫면에 발생하는 압력의 크기 차이는 물체의 높이만큼에 해당하는 압력의 크기와 같다. 이 압력의 크기 차이로 인해 부력이 발생하는 것이다.

⑤ 높이가 h인 수조에 물이 가득 채워져 있을 때, 수조 바닥에 작용하는 압력은 수조 바닥의 모양 및 단면적에 따라 달라질 수 있다. (×)
  → 압력은 '$P = \gamma h$'의 식에 의한다. 즉, 비중량(γ)과 깊이(h)에 의해서만 영향을 받는다.

37

[프레스가공의 종류]

전단가공	블랭킹, 펀칭, 전단, 트리밍, 셰이빙, 노칭, 정밀블랭킹(파인블랭킹), 분단
굽힘가공	형굽힘, 롤굽힘, 폴더굽힘
성형가공	스피닝, 시밍, 컬링, 비딩, 벌징, 마폼법, 하이드로폼법
압축가공	코이닝(압인가공), 엠보싱, 스웨이징, 버니싱

※ **스웨이징이란 압축가공의 일종**으로 선, 관, 봉재 등을 공구 사이에 넣고 압축 성형하여 두께 및 지름 등을 감소시키는 공정방법으로, **봉 따위의 재료를 반지름 방향으로 다이를 왕복운동하여 지름을 줄인다.** 따라서 스웨이징을 반지름 방향 단조방법이라고도 한다. ← [한국가스공사 기출]

※ 주의: 실제 이 시험에서 많은 준비생들이 인발을 선택하여 틀린 경우가 많았다. 정확한 정의를 이해하고 숙지하길 바란다.

38

• 비틀림(T)에 의한 탄성에너지(U) $= \dfrac{1}{2} T\theta$

[여기서, T: 비틀림모멘트, θ: 비틀림각]

39

정답 ④

상태	• 평형상태에서 온도, 압력, 체적 또는 비체적과 같은 일정한 특성치에 의해 정해지는 것을 말한다. • 열역학적으로 평형은 **열적 평형, 역학적 평형, 화학적 평형**의 3가지가 있다.
성질	• 각 물질마다 특정한 값을 가지며 **상태함수 또는 점함수**라고도 한다. • **경로에 관계없이 계의 상태에만 관계**되는 양이다. [단, **일과 열량은 경로에 의한 경로함수＝도정함수**이다.]
상태량의 종류	**강도성 상태량**	• 물질의 질량에 관계없이 그 크기가 결정되는 상태량이다(세기의 성질, intensive property라고도 한다). • 압력, 온도, 비체적, 밀도, 비상태량, 표면장력
	종량성 상태량	• 물질의 질량에 따라 그 크기가 결정되는 상태량으로 그 물질의 질량에 정비례 관계가 있다(시량성질, extensive property라고도 한다). • 체적, 내부에너지, 엔탈피, 엔트로피, 질량

※ 점함수는 완전미분(전미분) 또는 편미분이 모두 가능하다. 하지만 과정함수(경로함수)는 편미분으로만 가능하다.
※ 비상태량(모든 상태량의 값을 질량으로 나눈 값)은 강도성 상태량으로 취급한다.
※ 기체상수는 열역학적 상태량이 아니다.
※ 열과 일은 에너지이지 열역학적 상태량이 아니다.

40

정답 ①

[각 열처리의 주 목적 및 특징]

담금질	• 탄소강의 강도 및 경도 증대 • 재질의 경화(경도 증대) • 급랭(물 또는 기름으로 빠르게 냉각)
풀림	• 재질의 연화(연성 증가) → 가공성 증대 • 재질의 연화(연성 증가) → 인성 증대 • 내부응력 제거 • 균질(일)화 • 가스 및 불순물의 방출과 확산 • 노냉(노 안에서 서서히 냉각)
뜨임	• 담금질한 후 강인성 부여(강한 인성), 인성 개선 • 내부응력 제거 • 공랭(공기 중에서 서서히 냉각)
불림	• 결정조직의 표준화, 균질화 • 결정조직의 미세화 • 내부응력 제거 • 공랭(공기 중에서 서서히 냉각)

41

정답 ③

[체인전동장치의 특징]

- 미끄럼이 없어 정확한 속도비(속비)를 얻을 수 있으며 큰 동력을 전달할 수 있다.
- 효율이 95% 이상이며 접촉각은 90도 이상이다.
- 초기 장력을 줄 필요가 없어 정지 시 장력이 작용하지 않고 베어링에도 하중이 작용하지 않는다.
- 체인의 길이 조정이 가능하며 다축 전동이 용이하다.
- 탄성에 의한 충격을 흡수할 수 있다.
- **유지 및 보수가 용이**하지만 소음과 진동이 발생하며 고속 회전에 부적합하다.
  - → 고속 회전하면 맞물려 있던 이와 링크가 빠질 수 있고 소음과 진동도 크게 발생할 수 있다(자전거 탈 때 자전거 체인을 생각하면 쉽다).
- 윤활이 필요하다.
- 체인속도의 변동이 있다.
- 두 축이 평행할 때만 사용이 가능하다(엇걸기를 하면 체인 링크가 꼬여 마모 및 파손이 될 수 있다).

42 정답 ②

- 비열비$(k) = \dfrac{\text{정압비열}(C_p)}{\text{정적비열}(C_v)}$

  → 정적비열(C_v)에 대한 정압비열(C_p)의 비이다.

※ '$C_p - C_v = R$'의 관계를 갖는다. [여기서, R: 기체의 기체상수]

43 정답 ②

응력집중(stress concentration)[★]	
<td colspan="2">• 단면이 급격하게 변하는 부분, 노치부분(구멍, 홈 등), 모서리부분에서 응력이 국부적으로 집중되는 현상을 말한다. • 하중을 가했을 때, 단면이 불균일한 부분에서 평활한 부분에 비해 응력이 집중되어 큰 응력이 발생하는 현상을 말한다. ※ 단면이 불균일하다는 것은 노치부분(구멍, 홈 등)을 말한다.</td>
응력집중계수 (형상계수, α)	$\alpha = \dfrac{\text{노치부의 최대응력}}{\text{단면부의 평균응력}} > 1$ ※ 응력집중계수(α)는 **항상 1보다 크며**, '노치가 없는 단면부의 평균응력(공칭응력)'에 대한 **노치부의 최대응력**'의 비이다. $\left[\text{단, } A\text{에 대한 } B = \dfrac{B}{A}\right]$
응력집중 방지법	• 테이퍼지게 설계하며, 테이퍼 부분은 될 수 있는 한 완만하게 한다. 또한 체결 부위에 리벳, 볼트 따위의 체결수를 증가시켜 집중된 응력을 분산시킨다. → 테이퍼 부분을 크게 하면 단면이 급격하게 변하여 응력이 국부적으로 집중될 수 있다. 따라서 테이퍼 부분은 될 수 있는 한 완만하게 한다. • 필릿 반지름을 최대한 크게 하여 단면이 급격하게 변하지 않도록 한다(굽어진 부분에 내접된 원의 반지름이 필릿 반지름이다).

	→ **필릿 반지름을 최대한 크게 하면 내접된 원의 반지름이 커진다. 즉, 덜 굽어지게 되어 단면이 급격하게 변하지 않고 완만하게 변한다.** • 단면변화 부분에 보강재를 결합하여 응력집중을 완화시킨다. • 단면변화 부분에 숏피닝, 롤러압연처리, 열처리 등을 하여 응력집중 부분을 강화시킨다. • 축단부에 2~3단의 단부를 설치하여 응력의 흐름을 완만하게 한다.
관련 특징	• 응력집중의 정도는 재료의 모양, 표면거칠기, 작용하는 하중의 종류(인장, 비틀림, 굽힘)에 따라 변한다. • 응력집중계수는 **노치의 형상과 작용하는 하중의 종류**에 영향을 받는다. 구체적으로 같은 노치라도 하중상태에 따라 다르며, 노치부분에 대한 응력집중계수(형상계수)는 일반적으로 인장, 굽힘, 비틀림의 순서로 인장일 때가 가장 크고, 비틀림일 때가 가장 작다. – **응력집중계수의 크기: 인장 > 굽힘 > 비틀림**
노치효과	• 재료의 노치부분에 피로 및 충격과 같은 외력이 작용할 때 집중응력이 발생하여 피로한도가 저하되므로 재료가 파괴되기 쉬운 성질을 갖게 되는 것을 노치효과라고 한다. • 반복하중으로 인해 노치부분에 응력이 집중되어 피로한도가 작아지는 현상을 노치효과라고 한다. ※ **재료가 장시간 반복하중을 받으면 결국 파괴되는 현상을 피로라고 하며 이 한계를 피로한도라고 한다.**
피로파손	최대응력이 항복강도 이하인 반복응력에 의하여 점진적으로 파손되는 현상이다. 단계는 한 점에서 미세한 균열이 발생 → 응력집중 → 균열전파 → 파손 이 되며 소성변형 없이 갑자기 파손된다.

44

정답 ④

• **금속침투법(시멘테이션)**: 재료를 가열하여 표면에 철과 친화력이 좋은 금속을 표면에 침투시켜 확산에 의해 합금 피복층을 얻는 방법이다. 금속침투법을 통해 재료의 내식성, 내열성, 내마멸성 등을 향상시킬 수 있다.
• **금속침투법(시멘테이션)의 종류**

칼로라이징	철강 표면에 **알루미늄(Al)**을 확산 침투시키는 방법으로, 확산제로는 알루미늄, 알루미나 분말 및 염화암모늄을 첨가한 것을 사용하며 800~1,000℃ 정도로 처리한다. 또한 **고온산화에 견디기 위해서** 사용된다.
실리콘나이징	철강 표면에 **규소(Si)**를 침투시켜 **방식성을 향상**시키는 방법이다.
보로나이징	표면에 **붕소(B)**을 침투 확산시켜 경도가 높은 보론화층을 형성시키는 방법으로, **저탄소강의 기어 이 표면의 내마멸성 향상**을 위해 사용된다. 경도가 높아 처리 후 담금질이 불필요하다.
크로마이징	강재 표면에 **크롬(Cr)**을 침투시키는 방법으로, **담금질한 부품을 줄질할 목적**으로 사용되며 **내식성이 증가**된다.
세라다이징	고체 **아연(Zn)**을 침투시키는 방법으로, 원자 간의 상호 확산이 일어나며 **대기 중 부식 방지 목적으로 사용**된다.

45

표면장력(σ, surface tension)[★]

- 액체 표면이 스스로 수축하여 되도록 <u>작은 면적(면적을 최소화)</u>을 취하려는 '힘의 성질'을 말한다.
- <u>응집력이 부착력보다 큰 경우</u>에 표면장력이 발생한다(동일한 분자 사이에 작용하는 잡아당기는 인력이 부착력보다 커야 동글동글하게 원 모양으로 유지된다).

※ 응집력: <u>동일한 분자 사이에 작용하는 인력</u>이다.

표면장력의 특징	• 자유수면 부근에 막을 형성하는 데 필요한 단위길이당 당기는 힘이다. • 분자 사이에 작용하는 힘에 따라 분자가 서로 접촉하여 응축하려고 하며 이에 따라 표면적이 작은 원 모양이 되려고 한다. • 주어진 유체의 표면장력(N/m)과 단위면적당 에너지($J/m^2 = N \cdot m/m^2 = N/m$)는 동일한 단위를 갖는다. • 모든 방향으로 같은 크기의 힘이 작용하여 합력은 0이다. • 수은 > 물 > 비눗물 > 에탄올의 순으로 표면장력이 크며 합성세제, 비누 같은 계면활성제는 물에 녹아 물의 표면장력을 감소시킨다. • 표면장력은 온도가 높아지면 낮아진다. • 표면장력이 클수록 분자 간의 인력이 강하므로 증발하는 데 시간이 많이 소요된다. • 표면장력은 물의 냉각효과를 떨어뜨린다. • 물에 함유된 염분은 표면장력을 증가시킨다. • 표면장력의 단위는 N/m이다. 다음은 물방울, 비눗방울의 표면장력 공식이다.

물방울	$\sigma = \dfrac{\triangle PD}{4}$ [여기서, $\triangle P$: 내부초과압력(내부압력−외부압력), D: 지름]
비눗방울	$\sigma = \dfrac{\triangle PD}{8}$ [여기서, $\triangle P$: 내부초과압력(내부압력−외부압력), D: 지름] ※ 비눗방울은 얇은 2개의 막을 가지므로 물방울의 표면장력의 0.5배

표면장력의 예	• 소금쟁이가 물에 뜰 수 있는 이유 • 잔잔한 수면 위에 바늘이 뜨는 이유

	SI 단위	CGS 단위
표면장력의 단위	$N/m = J/m^2 = kg/s^2$ $[1J = 1N \cdot m, \quad 1N = 1kg \cdot m/s^2]$	dyne/cm $[1dyne = 1g \cdot cm/s^2 = 10^{-5}N]$

※ 1dyne : 1g의 질량을 $1cm/s^2$의 가속도로 움직이게 하는 힘으로 정의
※ 1erg : 1dyne의 힘이 그 힘의 방향으로 물체를 $1cm$ 움직이는 일로 정의
　　($1erg = 1dyne \cdot cm = 10^{-7}J$이다) ← [인천국제공항공사 기출]

46

	가솔린기관(불꽃점화기관)
	• **가솔린기관**의 **이상 사이클**은 **오토(Otto) 사이클**이다.
	• 오토 사이클은 **2개의 정적과정**과 **2개의 단열과정**으로 구성되어 있다.
	• 오토 사이클은 정적하에서 열이 공급되므로 **정적연소 사이클**이라 한다.

오토 사이클의 효율(η)	$\eta = 1 - \left(\dfrac{1}{\varepsilon}\right)^{k-1}$ [여기서, ε: 압축비, k: 비열비] • 비열비(k)가 일정한 값으로 정해지면 **압축비(ε)가 높을수록 이론 열효율(η)이 증가한다.**
혼합기	**공기와 연료의 증기가 혼합된 가스를 혼합기**라 한다. 즉, 가솔린기관에서 혼합기는 기화된 휘발유에 공기를 혼합한 가스를 말하며, 이 가스를 태우는 힘으로 가솔린기관이 작동된다. ※ 문제에서 '혼합기의 특성은 이미 결정되어 있다'라는 의미는 **공기와 연료의 증기가 혼합된 가스**, 즉 혼합기의 조성 및 종류가 이미 결정되어 있다는 것으로 **비열비(k)가 일정한 값**으로 정해진다는 의미이다.

47

• 단열과정일 때, 다음 식이 성립된다.

$$\left(\frac{T_2}{T_1}\right) = \left(\frac{v_1}{v_2}\right)^{k-1} = \left(\frac{P_2}{P_1}\right)^{\frac{k-1}{k}}$$

풀이

㉠ 온도와 압력이 주어져 있으므로 위의 식에서 T, P와 관계된 식만 뽑아내어 사용하면 된다.

$$\rightarrow \left(\frac{T_2}{T_1}\right) = \left(\frac{P_2}{P_1}\right)^{\frac{k-1}{k}}$$

㉡ '$C_p - C_v = R$' [여기서, R: 기체의 기체상수]

$$\rightarrow 2R - C_v = R \rightarrow C_v = R$$

㉢ 비열비(k) $= \dfrac{\text{정압비열}(C_p)}{\text{정적비열}(C_v)}$

$\rightarrow$ 정적비열(C_v)에 대한 정압비열(C_p)의 비이다.

$$\rightarrow k = \frac{\text{정압비열}(C_p)}{\text{정적비열}(C_v)} = \frac{2R}{R} = 2$$

㉣ $\left(\dfrac{T_2}{T_1}\right) = \left(\dfrac{P_2}{P_1}\right)^{\frac{k-1}{k}} \rightarrow \left(\dfrac{T_2}{T_1}\right) = \left(\dfrac{P_2}{P_1}\right)^{\frac{2-1}{2}} \rightarrow \left(\dfrac{T_2}{T_1}\right) = \left(\dfrac{P_2}{P_1}\right)^{\frac{1}{2}}$

$\rightarrow \left(\dfrac{200\text{K}}{400\text{K}}\right) = \left(\dfrac{P_2}{4\text{bar}}\right)^{\frac{1}{2}} \rightarrow \left(\dfrac{1}{2}\right)^2 = \left(\dfrac{P_2}{4\text{bar}}\right) \rightarrow \dfrac{1}{4} = \left(\dfrac{P_2}{4\text{bar}}\right) \rightarrow \therefore P_2 = 1\text{bar}$

48

- $Q = dU + W = dU + PdV$

  [여기서, Q: 열량, dU: 내부에너지 변화량, $W = PdV$: 외부로 한 일, 팽창일]

풀이

㉠ $W = PdV = (1\text{kPa})(4\text{m}^3 - 2\text{m}^3) = 2\text{kJ} = 2,000\text{J}$

㉡ 내부에너지가 6kJ만큼 증가하였으므로 $dU = +6\text{kJ} = +6,000\text{J}$

㉢ $Q = dU + W = dU + PdV = +6,000\text{J} + 2,000\text{J} = +8,000\text{J}$로 도출된다. 열량($Q$)의 부호가 (+)이므로 열은 계(system)로 유입된다는 것을 알 수 있다.

49

[탄소함유량 범위]

- **순철**: $0.02\%\text{C}$ 이하
- **탄소강(강)**: $0.02 \sim 2.11\%\text{C}$
- **주철**: $2.11 \sim 6.68\%\text{C}$

  → 탄소(C)함유량의 범위에 따라 순철, 탄소강(강), 주철로 구분되는 것을 알 수 있다.

50

[엔트로피 변화량($\triangle S$)]

- 가역과정일 때: $\triangle S = 0$ (등엔트로피 변화)
- 비가역과정일 때: $\triangle S > 0$ (총엔트로피 변화량이 항상 증가)

02 2019 상반기 한국중부발전 기출문제

01	①	02	①	03	②	04	②	05	②	06	④	07	②	08	④	09	③	10	②
11	①	12	①	13	②	14	①	15	①	16	①	17	②	18	②	19	①	20	②
21	④	22	③	23	①	24	④	25	④	26	③	27	④	28	④	29	②	30	②
31	①	32	②	33	④	34	④	35	①	36	④	37	①	38	②	39	③	40	②
41	③	42	③	43	②	44	④	45	②	46	②	47	③	48	①	49	③	50	③

01
정답 ①

• 하중의 단위: N
• 토크, 모멘트의 단위: N·m
• 운동에너지의 단위: J(N·m)

02
정답 ①

• **응력**: 물체에 인장, 압축, 굽힘, 비틀림 등의 외력이 작용하면 물체 내부에 외력의 크기에 대응하여 재료 내부에 저항력이 생기는데, 이것을 내력이라고 한다. 이 내력을 단위면적으로 나눈 것이 바로 응력이다.

$$응력 = \frac{힘}{면적}$$

03
정답 ②

비례한도 구간에서 훅의 법칙($\sigma = E\varepsilon$)이 성립한다. 따라서 그래프의 기울기가 탄성계수 E이다. 즉, 탄성계수 E는 $(7-1)/(4-2) = 3$이다.

04
정답 ②

푸아송비(ν) $= \dfrac{\varepsilon'}{\varepsilon} = \dfrac{가로변형률}{세로변형률}$ 이므로 가로변형률을 최소화하려면 푸아송비가 작은 재료를 선택해야 한다.

05
정답 ②

비틀림모멘트(T) $= \tau Z_p$이므로 축지름을 결정하기 위해서는 극단면계수(Z_p)를 알면 된다.

$$Z_p = \pi \cdot d^3/16$$

06
정답 ④

비중량(γ)은 물질의 단위부피당 중량으로 나타낸 값으로, 단위는 $[\text{N/m}^3]$이다. 따라서 물질의 체적만 알고 있다면 비중량으로부터 중량을 구할 수 있다.

07

정답 ②

체적탄성계수는 압력과 동일한 단위$[\mathrm{N/m^2}]$를 갖는다. 체적탄성계수의 역수는 압축률이며, 체적탄성계수가 클수록 압축하기 어렵다.

08

정답 ④

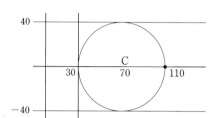

$$\frac{(최대주응력)+(최소주응력)}{2} = 원의\ 중심$$

(원의 중심-30) $=$ 모어원의 반지름 $=$ 최대전단응력

즉, $\dfrac{(최대주응력+30)}{2}-30=40$이므로, 최대주응력 $=110\,\mathrm{MPa}$

09

정답 ③

$P = w \cdot wL = 30\mathrm{N/m} \times 8\mathrm{m} = 240\mathrm{N}, \quad M_{\max} (고정단에서\ 발생) = 960\mathrm{N \cdot m}$

10

정답 ②

탕구계에서 쇳물의 주입속도는 $V = C\sqrt{2gh}$ 이므로, 주입속도를 4배가 되게 하려면 높이(h)는 16배 크게 해야 한다.

11

정답 ①

- **보링**: 드릴로 이미 뚫어져 있는 구멍을 넓히는 공정으로 편심을 교정하기 위한 가공이며, 구멍을 축방향으로 대칭을 만드는 가공이다.
- **리밍**: 드릴로 뚫은 구멍의 내면을 정밀 다듬질하는 작업이다.
- **선반(선삭)**: 일감을 회전시키며 공구의 수평왕복운동으로 작업하는 공정이다.
- **브로칭**: 브로치를 사용하여 각종 구멍이나 홈을 가공하는 공정이다.

[브로칭가공의 특징]
- 기어나 풀리의 키홈, 스플라인의 키홈 등을 가공하는 데 사용한다.
- 1회의 통과로 가공이 완료되므로 작업시간이 매우 짧아 대량생산에 적합하다.
- 가공 홈의 모양이 복잡할수록 가공속도를 느리게 한다.
- 절삭량이 많고 길이가 길 때는 절삭날수를 많게 하고, 절삭깊이가 너무 작으면 인선의 마모가 증가한다.
- 깨끗한 표면 정밀도를 얻을 수 있다. 다만, 공구값이 고가이다.

[필수 암기]

※ **표면정밀도 높은 순서**: 래핑 > 슈퍼피니싱 > 호닝 > 연삭

※ **구멍(내면)의 정밀도가 높은 순서**: 호닝 > 리밍 > 보링 > 드릴링

12 정답 ①

물체가 등속운동을 하기 때문에 물체는 일정 시간마다 일정 거리를 이동하므로 $v \cdot t$로 표현된다. 그리고 시간마다 이동한 거리에 초기변위(x_0)를 더하면 시간에 따른 물체의 이동거리를 표현할 수 있다.

13 정답 ②

P(동력, W)$= F \times v$이므로,

$10,000\text{W} \times 0.3 = 300\text{N} \times v \rightarrow 3,000 = 300 \times v \rightarrow \therefore v = 10\text{m/s}$

원주속도는 최소 10m/s 이상이 되어야 연삭가공효율을 30% 이상 나오게 할 수 있다.

14 정답 ①

$x(t) = x_0 \sin(\omega t)$에서 $\omega = 8\pi$, $f = \dfrac{\omega}{2\pi}$이므로 $f = \dfrac{8\pi}{2\pi} = 4$이다. f(진동수)와 T(주기)는 역수관계이므로 $T = \dfrac{1}{f} = \dfrac{4}{1} = 0.25$이다.

15 정답 ①

v(선속도)$= R \cdot \omega$

반지름을 2배로 증가시키고 각속도를 2배로 증가시키면 $v = 2R \times 2\omega \rightarrow 4v$가 된다.

16 정답 ①

$\omega = \sqrt{\dfrac{g}{l}}$ 에서 단진자의 길이(l)가 4배 증가되면 각속도는 1/2배가 된다. $T = \dfrac{2\pi}{\omega}$이므로 단진자의 주기 T는 2배 증가한다.

17 정답 ②

- **교축**: 밸브, 작은 틈, 콕 등 좁은 통로를 유체가 이동할 때 마찰이나 난류로 인해 압력이 급격하게 낮아지는 현상을 말한다. 즉, 압력을 크게 강하시켜 동작 물질의 증발을 목적으로 하는 과정이다.

  유체가 교축되면 유체의 마찰이나 난류로 인해 압력 감소와 더불어 속도가 감소한다. 이때 속도에너지의 감소는 열에너지로 바뀌어 유체에 회수되기 때문에 엔탈피는 원래의 상태로 되어 등엔탈피 과정이라고 한다. 또한 교축과정은 비가역 과정이므로 압력이 감소되는 방향으로 일어나며, 엔트로피는 항상 증가한다.

18

정답 ②

단열팽창이 일어나 팽창일을 만들어내는 곳은 '터빈'이다. 터빈은 열에너지를 기계에너지로 변환시킨다.

19

정답 ①

- **디젤 사이클**: 2개의 단열, 1개의 정압, 1개의 정적으로 이루어진 사이클
- **디젤 사이클의 효율**: $1 - \left(\dfrac{1}{\varepsilon}\right)^{k-1} \cdot \dfrac{\sigma^k - 1}{k(\sigma - 1)}$
- 디젤 사이클은 압축비(ε)와 단절비(σ)만의 함수이며, 압축비는 크고 단절비는 작을수록 열효율이 증가한다.

오토 사이클의 압축비	5~9	오토 사이클의 열효율	25~28%
디젤 사이클의 압축비	12~22	디젤 사이클의 열효율	33~38%

→ 압축비가 동일하다면 오토 사이클의 효율이 디젤 사이클의 효율보다 크다. 그러나 디젤 사이클에서는 압축비를 아무리 높여도 노킹의 염려가 없으므로 오토 사이클보다 효율을 더욱 증대시킬 수 있다.

20

정답 ②

- **냉동장치의 4대 요소**: 압축기, 응축기, 팽창밸브, 증발기
  ① **압축기**: 증발기에서 흡수된 저온, 저압의 냉매가스를 압축하여 압력을 상승시켜 분자 간 거리를 가깝게 함으로써 온도를 상승시킨다. 따라서 상온에서도 응축 액화가 가능해진다.
  ② **응축기**: 압축기에서 토출된 냉매가스를 상온에서 물이나 공기를 사용하여 열을 방출시켜 응축시킨다.
  ③ **팽창밸브**: 고온, 고압의 액냉매를 교축시켜 저온, 저압의 상태로 만들어 증발기의 부하에 따라 냉매 공급량을 적절하게 유지해 준다.
  ④ **증발기**: 저온, 저압의 냉매가 피냉각 물체로부터 열을 빼앗아 저온, 저압의 가스로 증발된다. 즉, 냉매는 열교환을 통해 열을 흡수하여 자신은 증발하고, 피냉각물체는 열을 빼앗겨서 냉각된다.
→ 실질적으로 냉동의 목적이 이루어지는 곳은 증발기이다.

21

정답 ④

$P(동력, \ W) = F \cdot v \rightarrow 30\text{W} = F \times 5\text{m/s} \rightarrow \therefore \ F = 6\text{N}$

22

정답 ③

- **국소대기압**: 대기압은 지구의 위도에 따라 변하는데, 이러한 값을 국소대기압이라고 한다.
- **표준대기압**: 지구 전체의 국소대기압을 평균한 값을 표준대기압이라고 한다.
- **계기압력(게이지압)**: 측정 위치에서 국소대기압을 기준으로 측정한 압력이다.
- **절대압력**: 완전진공을 기준으로 측정한 압력이다.

참고

※ **표준대기압**: 중력 가속도하의 0도에서 수은주의 높이가 760mm인 압력으로, 10,1325Pa이다.
※ **절대압력**: 대기압+계기압 = 대기압－진공압
※ 진공도 = (진공압/대기압)×100%

23

- **열역학 제0법칙**: 고온의 물체와 저온의 물체가 만나면 열교환을 통해 결국 온도가 같아진다(열평형 법칙).
- **열역학 제1법칙**: 에너지는 여러 형태를 취하지만 총에너지양은 일정하다(에너지보존법칙).
- **열역학 제2법칙**: 하나의 열원에서 얻어진 열을 모두 일로 바꾸는 기관은 존재하지 않는다.
- **열역학 제3법칙**: 절대 0도에서 계의 엔트로피는 항상 0이 된다.

24

길이 L의 단순보 중앙에 집중하중 P가 작용할 때의 처짐량$(\delta) = \dfrac{PL^3}{48EI}$

처짐량은 길이(L)의 3승에 비례한다는 것을 알 수 있다.

25

- **감쇠계수**: 물체의 단위속도당 물체의 운동을 방해하려는 힘
- **감쇠비**(ζ): $C/C_{cr} =$ 감쇠계수/임계감쇠계수
- **감쇠의 종류**: 유체감쇠라 불리는 점성감쇠(viscous damping), 마찰감쇠라 불리는 쿨롱감쇠(coulomb damping), 고체감쇠라 불리는 히스테리 감쇠(hysteric damping)가 있다.
- **임계감쇠계수의 단위**: $N \cdot Ts/m$

26

면적$(A) = C_0 \cdot \Delta T$

여기서, Q(열량) $= C \cdot m \cdot \Delta T$이므로 면적이 나타내는 것은 $\dfrac{Q}{m} = C \cdot \Delta T$이다. 즉, 단위질량당 열량이다. 또는 단위중량당 열량도 옳은 표현이다.

27

$Q = dU + PdV$ (열량 = 내부에너지 변화 + 일) → $Q = (40 - 20) + 50 = 70J$

28

- 유체속도가 40m/s 이하의 느린 유동에서 단위시간에 임의 단면을 유체와 함께 유동하는 에너지의 양은 그곳을 유동하는 유체가 보유한 엔탈피와 같다.
- 정압비열은 정적비열보다 항상 크므로 비열비(C_P/C_V)는 1보다 항상 크다.
- **밀폐계(폐쇄계)**: 물질의 이동은 자유롭지 못하지만 에너지(열, 일)는 이동이 가능하다. 즉, 질량에는 변화가 없다는 것을 의미한다.
- **개방계**: 계의 경계를 통과하는 질량과 에너지의 전달이 허용되는 계이다.
- **고립계**: 계의 경계를 통과하는 질량과 에너지가 없는 계이다.
- **단열계 또는 절연계**: 계의 경계를 통하여 열의 이동이 불가능한 계이다(로켓).
  → 단열계는 경계를 통하여 일은 통과할 수 있으며, 밀폐계와 개방계에 모두 적용할 수 있다.

※ **엔트로피**: 에너지 사용가치를 표시하는 열역학적 상태량

29

정답 ②

- **압력제어밸브**: 일의 크기를 제어
- **유량제어밸브**: 일의 속도를 제어
- **방향제어밸브**: 일의 방향을 제어
- **릴리프밸브**: 회로의 최고압력을 제한하는 밸브로, 과부하를 제거해 주며, 유압회로의 압력을 설정치까지 일정하게 유지시켜 주는 밸브이다.

30

정답 ②

- **윤활기(lubricator)**: 공압기기의 공압 실린더나 밸브 등의 작동을 원활하게 하려고 설치한다.
- **벤투리 효과**: 벤투리 관의 넓은 통로와 좁은 통로의 아랫 부분에 가는 유리관을 설치하고 이를 확인하면, 배관이 넓은 쪽 물기둥의 높이는 낮아지고 좁은 쪽 물기둥의 높이는 높아진다. 즉, 배관 내 넓은 통로에서의 압력과 좁아진 통로에서의 낮아진 압력과의 압력차로 인해 유체가 좁은 통로 쪽으로 빨려 올라가서 생기는 현상을 벤투리 효과라고 한다. 베르누이 효과라고 보면 된다.

참고

→ 압력과 속도는 반비례하며, 면적이 넓어질수록 속도가 감소하는 것을 생각하면 된다.

31

정답 ①

- **인발**: 다이에 소재를 넣고 통과시켜 기계힘으로 잡아당겨 단면적을 줄이고 길이방향으로 늘리는 가공(구멍의 모양과 같은 단면의 선, 봉, 파이프 등을 만든다.)
- **압출**: 단면이 균일한 긴 봉이나 관을 만드는 작업으로, 소재를 압출 컨테이너에 넣고 램을 강력한 힘으로 밀어 한쪽에 설치된 다이로 소재를 빼내는 가공
- **압연**: 회전하는 두 롤러 사이에 판재를 통과시켜 두께를 줄이는 작업의 공정
- **전조**: 다이나 금형 사이에 소재를 넣고 소성변형시켜 나사나 기어 등을 만드는 가공

32

정답 ②

- **침탄법**: 보통 900~950도로 가열하여 탄소를 표면에 투입시킨 후 담금질을 하여 표층부만을 경화하는 표면경화법이다.
- **질화법**: 강재를 500도 이상의 암모니아 가스 분위기 속에 넣어 가열하여 표면에 질소를 투입시키는 표면경화법이다. 보통 질화 깊이는 0.3~0.7mm이다.
- **고체침탄법**: 침탄제로 목탄, 골탄, 코크스를 사용하며, 촉진제로 탄산바륨, 탄산나트륨을 사용한다. 또한 침탄 깊이는 2~3mm이다.
- **청화법＝액체침탄법＝시안화법＝침탄질화법＝(침탄법+질화법)**: KCN, NaCN 등을 표면에 투입

33

• 선삭(선반가공), 밀링, 드릴링, 평삭(플레이너, 셰이퍼, 슬로터), 방전은 소재의 미소량을 깎아 원하는 형상으로 만드는 절삭가공이다.

34

• **유압모터의 종류**: 기어모터, 베인모터, 회전 피스톤모터

35

• 비중이 4.5보다 크면 중금속, 4.5보다 작으면 경금속으로 구분한다.
• **비중**: 물질의 고유 특성이며, 기준이 되는 물질의 밀도에 대한 상대적인 비를 말하기 때문에 무차원수이다. 액체의 경우 1기압하에서 4℃ 물을 기준으로 한다.

$$비중(S) = \frac{어떤\ 물질의\ 비중량\ 또는\ 밀도}{4℃에서\ 물의\ 비중량\ 또는\ 밀도}$$

36

• **인성**: 질긴 성질, 즉 충격에 대한 저항 성질(취성과 반대의 의미이며, 충격값/충격치와 같은 의미)
• **취성**: 재료가 외력을 받으면 영구변형을 하지 않고 파괴되거나 또는 극히 일부만 영구변형을 하고 파괴되는 성질
• **강성**: 재료가 파단될 때까지 외력에 의한 변형에 저항하는 정도
• **강도**: 외력에 대한 저항력
• **경도**: 단단한 성질로, 국부 소성변형 저항성을 의미
• **크리프**: 고온에서 연성재료가 정하중을 받으면 시간에 따라 변형이 증대되는 것을 의미
• **연성**: 인장력이 작용했을 때 변형하여 늘어나는 재료의 성질이며, 재료가 파단될 때까지의 소성변형의 정도를 단면변화율 및 단면수축률로 나타낼 수 있음
• **전성**: 재료가 넓고 얇게 퍼지는 성질을 의미

37

[불림의 목적]
• A_3, A_{cm} 점보다 30~50° 높게 가열하여 오스테나이트 조직을 얻은 후, 공기 중에서 냉각하여 소르바이트 조직을 얻음
• 조직을 미세화하고, 내부응력을 제거(🖊 **암기법**: 불 미 제))
• 탄소강의 표준조직을 얻음

38

• **가단주철**: 보통 주철의 여리고 약한 인성을 개선하기 위해 백주철을 장시간 풀림 처리하여 시멘타이트를 분해 소실시켜 연성과 인성을 확보한 주철이다.

- 가단주철은 만드는 데 시간과 비용이 많이 들며, 관이음쇠, 밸브 등의 용도로 사용된다.
- 보통 주철(회주철)은 취성이 있어 단조가 어렵지만, 가단주철은 연성과 인성을 확보하여 단조가 가능하다.

참고
- **합금주철**: 주철에 특수한 성질을 주기 위해 특수 원소를 첨가한 주철

39

정답 ③

유선과는 달리 라그랑주 방법에 따라 그리는 것을 유적선이라고 한다. 즉, 유체입자를 따라가면서 그 궤적을 표현한 것이다.

예 바다의 흐름을 알기 위해 종이배를 띄워서 어떻게 흘러가는지 관찰한다. 그리고 종이배가 통과한 경로를 표시한다.

참고
※ 정상류(정상흐름)의 경우 유적선 = 유선(유적선과 유선은 일치)

40

정답 ②

$$\frac{F_1}{A} = \frac{F_2}{B} \rightarrow \frac{1}{A} = \frac{10}{B} \rightarrow 10A = B \rightarrow \frac{B}{A} = 10$$

41

정답 ③

오일러 운동방정식은 비압축성이라는 가정이 없다. 나머지는 베르누이 방정식 가정과 동일하다.

[베르누이 가정]
- 정상류, 비압축성, 유선을 따라 입자가 흘러야 한다, 비점성(유체입자는 마찰이 없다는 의미)
- $\frac{\rho}{\gamma} + \frac{V^2}{2g} + Z = C$, 즉 압력 수두 + 속도 수두 + 위치 수두 = 일정(constant)
- 압력 수두 + 속도 수두 + 위치 수두 = 에너지선
- 압력 수두 + 위치 수두 = 수력 구배선

42

정답 ③

- 평판의 유체 최대속도($V_{\max}$) = 1.5 · 평균속도($V_{\min}$)
- 원관의 유체 최대속도($V_{\max}$) = 2 · 평균속도($V_{\min}$)
$\rightarrow V_{\max} = 1.5 \times 20 = 30\text{m/s}$

43

정답 ②

관마찰계수(f) = $64/R_e$ 이므로 $f = 64/640 = 0.1$

44

정답 ④

$$웨버수 = \frac{관성력}{표면장력}$$

45

정답 ②

속도포텐셜을 각각 x, y로 편미분하면 x성분의 속도와 y성분의 속도가 나온다.

$$V_x = \frac{d\nabla}{dx}, \ V_y = \frac{d\nabla}{dy} \text{이므로} \ V_x = \frac{3x^2 + 4y^2}{dx} = 6x, \ V_y = \frac{3x^2 + 4y^2}{dy} = 8y$$

참고

[각각 x, y로 편미분할 때 주의해야 할 사항]
- x로 편미분할 때는 y를 상수 취급
- y로 편미분할 때는 x를 상수 취급

46

정답 ②

- **유속 측정**: 피토관, 피토정압관, 레이저 도플러 유속계, 시차액주계 등
- **유량 측정**: 벤투리미터, 유동노즐, 오리피스, 로터미터, 위어 등

참고

※ **시차액주계**: 피에조미터와 피토관을 조합하여 유속을 측정한다.

※ **위어**: 개수로의 유량을 측정한다.

※ **벤투리미터, 노즐, 오리피스**: 압력 강하가 발생하여 그것으로 유량을 측정한다.

47

정답 ③

다음 그림은 원에 강선을 감은 상태이다.

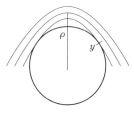

$$\sigma(굽힘응력) = E\frac{y}{\rho} \quad [여기서, \ y: \ 강선의 \ 중립축으로부터의 \ 거리]$$

위 식에서 보면, $y = 0$(중립축)일 때 굽힘응력은 0이며, 상하 표면으로 갈수록 선형적으로 증가함을 알 수 있다.

※ **Navier의 굽힘응력분포법칙**: 굽힘응력은 중립축에서 0이며, 상하 표면에서 최대이다. 즉, 분포 형태는 중립축에서 상하 표면으로 갈수록 선형적으로 증가한다. 따라서 중립축의 거리로부터 선형적으로 증가하기 때문에 $2y$ 지점에서의 굽힘응력은 y지점의 2배인 8MPa이 작용하게 됨을 알 수 있다.

48

정답 ①

[유압시스템의 구성요소]

※ **유압기기의 4대 요소**: 유압펌프, 유압탱크, 유압밸브, 액추에이터
- **유압동력원**: 펌프, 기름탱크, 여과기 등이 일체로 된 것
- **유압제어밸브**: 압력제어밸브, 유량제어밸브, 방향제어밸브
- **유압구동부**: 유압실린더, 유압모터 등의 액추에이터
- **부속기기**: 축압기, 열교환기, 압력게이지, 필터 등

[공압시스템의 구성요소]
- **공기탱크**: 필요한 양의 압축공기를 저장
- **압축기**: 대기로부터 들어오는 공기를 압축
- **애프터쿨러**: 공기 압축기에서 생산된 고온의 공기를 냉각
- **원동기**: 압축기를 구동하기 위한 전기모터
- **공압제어밸브**: 압력제어밸브, 유량제어밸브, 방향제어밸브
- **공압구동부**: 액추에이터(실린더, 모터)
- **관로**: 압축공기를 한 곳에서 다른 곳으로 수송

49
정답 ③

- **공기탱크**: 탱크 안에 공기가 쌓이면 위에는 공기 아래는 수분이 생겨 아래는 드레인하여 수분을 제거하는 역할도 함
- **에프터쿨러**: 갑자기 공기가 팽창하면 온도가 떨어져 수분이 생겨 효율이 떨어지므로 수분을 제거하기 위한 냉각장치
- **냉각기**: 고온의 압축공기를 공기건조기로 공급하기 전, 건조기의 입구 온도 조건에 맞도록 수분을 제거하는 장치

50
정답 ③

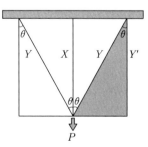

음영된 부분의 삼각형을 활용한다.

$Y' = Y \cdot \cos\theta$, $2Y' + X = P$, 각각 $\dfrac{P}{3}$이 작동하게 된다(수직하중 P를 동일하게 받으므로).

→ $\dfrac{P}{3} = Y \cdot \cos\theta$가 된다.

→ $h \approx 0$이라면 $\cos\theta = 1$이므로, $Y = \dfrac{P}{3}$이다.

즉, $X = \dfrac{P}{3}$, $Y = \dfrac{P}{3}$로 작용하게 된다.

03 2019 상반기 한국가스안전공사 기출문제

01	①	02	①	03	②	04	④	05	②	06	②	07	③	08	①	09	①	10	②
11	①	12	②	13	③	14	①	15	③	16	①	17	①	18	④	19	④	20	④
21	②	22	①	23	①	24	④	25	①	26	③	27	②	28	④	29	②	30	④
31	③	32	④	33	③	34	③	35	⑥	36	②	37	①	38	②	39	④	40	①

※ 27번 관련 Bonus 문제 ②

01
정답 ①

문제 해설 자체가 코킹의 정의를 의미한다. 기계설계 4단원 파트로서, 코킹, 플러링, 리벳팅을 비교하는 문제는 자주 출제되고 있는 추세이다.

[추가적인 용어 설명]
- **플러링**: 기밀을 더욱 완전하게 하기 위해서 또는 강판의 옆면 형상을 재차 다듬기 위해 강판과 같은 두께의 공구로 옆면을 때리는 작업
- **리벳팅**: 가열된 리벳의 생크 끝에 머리를 만들고 스냅을 대고 때려 제2의 리벳머리를 만드는 공정

02
정답 ①

(가) (나) (다) (라) .

(가) **점용접, 심용접, 프로젝션용접**   (나) **필릿용접**
(다) **플러그용접, 슬롯용접**   (라) **비드용접**

03
정답 ②

[수축공의 방지에 쓰이는 냉각쇠의 주요 특징]
- 주형보다 열흡수성이 좋은 재료를 사용한다.
- 고온부와 저온부가 동시에 응고되기 위해서 사용한다. 즉, 주물의 두께 차이로 인한 냉각속도 차이를 줄인다.
- 가스 배출을 고려하여 **주형의 하부**에 부착한다. 가스는 가볍기 때문에 주형의 윗부분을 통해 배출된다. 따라서 냉각쇠를 주형의 상부에 설치하면, 주형 상부로 이동하는 가스가 냉각쇠에 접촉하자마자 바로 응축되어 가스액이 되고 쇳물에 떨어져 주물에 결함을 발생시킬 수 있다.
- 두꺼운 부분과 얇은 부분이 동시에 응고되도록 하기 위하여 사용한다.
- 주물의 응고속도를 증가시키기 위해 사용한다.

[냉각쇠의 종류]
선, 와이어, 판 등이 있다.

04
정답 ④

유체의 정의를 정확하게 알지 못하면 틀릴 수밖에 없는 문제이다.

[유체의 정의]
전단력을 받았을 때 저항하지 못하고 연속적으로 변형하는 물질로, 유체는 **유체 내부에 전단응력이 작용하는 한 변형**은 계속된다.

05
정답 ②

2019년도 상반기 한국가스안전공사에서는 이 문제와 같이 그림과 이에 대한 방법을 설명해주는 형태의 문제가 나왔다. '**플래시용접 = 불꽃용접**'임을 안다면, 그림만 보고도 쉽게 문제를 해결할 수 있을 것이다. 플래시용접은 이처럼 두 모재에 전류를 공급하고 서로 가까이 하면 **접합할 단면과 단면 사이에 '아크'가 발생**해 고온의 상태로 **모재를 길이방향으로 압축하여 접합**하는 용접이다. 즉, 철판에 전류를 통전하여 '외력'을 이용해 용접하는 방법으로 비소모 용접방법이다.

✓ **용도**: 레일, 보일러 파이프, 드릴의 용접, 건축재료, 파이프, 각종 봉재 등 중요 부분 용접에 사용한다.

06
정답 ②

최대전단응력($\tau_{\max}$) $= \dfrac{1}{2}(\sigma_x - \sigma_y)$으로 구한다.

$\sigma_x = -300\text{MPa}$, $\sigma_y = 100\text{MPa}$

$\tau_{\max} = \dfrac{1}{2}(-300 - 100)\text{MPa} = \dfrac{1}{2} \times (-400\text{MPa}) = -200\text{MPa}$

∴ 최대전단응력 크기는 200MPa이다.

07
정답 ③

이 문제는 영구주형 주조(비소모성 주형)의 종류에 대해 알고 있는가에 대한 문제이다. '**다가슬원스반**'을 기억하자.

[영구주형의 종류]
• **다이캐스팅**: 용융금속을 영구주형 내에 대기압 이상의 높은 압력으로 빠르게 주입하여 용융금속이 응고할 때까지 압력을 가하여 압입하는 주조 방법
• **가압주조**: 저압수조라고도 불리며, 용탕이 아래에서 위로 주입되도록 가압 주입
• **슬러시(slush) 주조**: 미응고된 용탕을 거꾸로 쏟아내는 주조법으로, 장난감·장식품 등을 만들 때 사용되는 주조 방법
• **원심주조**: 고속회전하는 사형 또는 금형주형에 쇳물을 주입하여 원심력에 의하여 주형내면에 압착시켜 응고되도록 주물을 주조하는 방법
• **스퀴즈 캐스팅(squeeze casting)**: 주조와 단조의 조합으로 용탕을 주입한 후 펀치 금형으로 가압하는 주조방법으로, 제품 내 미세기공이 없고 기계적 성질이 좋아 후가공이 불필요

• **반응용융주조법**: 고체와 액체의 공존상태의 합금재료에 기계적인 회전 교반을 가해 균질한 변형이 가능한 미세한 결정립 재료를 만드는 방법

08

키의 허용전단응력 식을 알고 있는가를 묻는 문제이다. 실제 가스안전공사 시험문제에서도 조건을 주고 주어진 식에 대입해 응력값을 알아내는 문제가 나왔다.

[키의 허용전단응력]

$$\tau_k = \frac{W}{A} = \frac{W}{bl}$$

$$\therefore \ b(키의 \ 폭) = \frac{W}{\tau_k \times l} = \frac{4,000}{2 \times 200} = 10\text{mm}$$

09

부력에 대한 설명은 상반기에 자주 출제되었던 개념이다. 예전에는 부력의 정의를 활용한 계산문제가 나왔다면, 요새는 부력의 정의를 정확하게 알고 있는지를 물어보고 있다.

[부력]
• 부력은 아르키메데스의 원리이다.
• 물체가 밀어낸 부피만큼의 액체 무게라고 정의된다.
 – 어떤 물체에 가해지는 부력은 그 물체가 대체한 유체의 무게와 같다.
 – 어떤 물체가 유체 안에 있으면, 물체가 잠긴 부피만큼의 유체의 무게가 부력과 같다.
 – 부력은 **중력과 반대방향으로 작용(수직상향의 힘)**하며, 한 물체를 각기 다른 액체 속에 일부만 잠기게 넣으면 결국 부력은 물체의 무게[mg]와 동일하게 작용하여 물체가 액체 속에서 일부만 잠긴 채 뜨게 된다. 따라서 부력의 크기는 모두 동일하다[부력 $= mg$].
 – 부력은 결국 대체된 유체의 무세와 같다.
 – 부력은 유체의 압력차 때문에 생긴다. 구체적으로 유체에 의한 압력은 $P = rh$에 따라 깊이가 깊어질수록 커지게 된다. 즉, 한 물체가 물속에 있다면 상대적으로 깊은 부분과 얕은 부분(윗면과 아랫면)이 생긴다. 따라서 더 깊이 있는 부분이 더 큰 압력을 받아 위로 향하는 힘, 즉 부력이 생기게 된다.

물에 떠 있는 경우	물에 완전히 잠겨 있는 경우
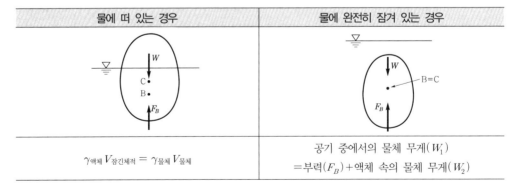	
$\gamma_{액체} V_{잠긴체적} = \gamma_{물체} V_{물체}$	공기 중에서의 물체 무게(W_1) $=$ 부력(F_B) $+$ 액체 속의 물체 무게(W_2)

10

[A] 구간은 완전소성 구간이다.

기존 응력-변형률 선도의 모양과는 다른 형태라 넓게 보지 않았으면 생소했을 수도 있는 문제이다. 문제의 그림에서 꺾이는 부분이 항복점이며 그 구간 이후로 일직선 형태인 [A] 구간은 인장력이 증가하지 않아도 강의 변화량이 현저히 증가하는 구간으로 외력을 가해도 탄성한계가 넘으면 응력값이 일정하게 유지된다.

[필수사항]
• **비례구간:** 선형구간이라고도 하며, 응력과 변형률이 비례하는 구간으로 훅의 법칙이 된다. 또한 이 구간의 기울기가 탄성계수 E이다.
• **변형경화:** 결정구조 변화에 의해 저항력이 증대되는 구간이다.
• **완전소성:** 인장력이 증가하지 않아도 강의 변화량이 현저히 증가하는 구간이다.
• **네킹구간:** 단면 감소로 인해 하중이 감소하는 데도 불구하고 인장하중을 받는 재료는 계속 늘어나는 구간이다.

11

정답 ①

2018년도 하반기 1차 한국가스공사에서 판스프링(=리프스프링)의 사진이 나오고 그에 대한 특징에 관한 문제가 출제되었다. 평소 공부할 때 사진이나 그림을 찾아보지 않고 글로만 공부한 사람들은 이 문제를 보고 사진이 뭔지 몰라서 오답을 냈다. 전공을 공부할 때 이론서만을 보고 공부하는 것도 좋지만 이해를 돕기 위해 귀찮더라도 인터넷을 통해 사진들을 찾아보면서 눈에 익히면 많은 도움이 될 것이라 생각한다.
① **로터미터:** 계측용 부자가 유량에 따라 떠오르는 위치가 달라지는 성질을 이용한 유량계이다.
② **오리피스:** 작은 구멍이 있는 조임판을 관 내에 설치하여 전후 압력차로 유량을 측정한다.
③ **벤투리미터:** 관수로 내의 유량을 측정하기 위한 장치로, 관수로 도중에 단면이 좁은 관을 설치하고 유속을 증가시켜 수축부에서 압력이 저하할 때 이 압력차에 의하여 유량을 구한다.
④ **V노치위어:** 관로가 아닌 개수로에서의 유량을 측정하여 소유량을 측정한다.

12

정답 ②

평소 ①, ③, ④는 자주 볼 수 있는 형태였지만, ②는 잘 출제되지 않는 칩의 종류이므로 이번 기회에 숙지하길 바란다.

[칩의 종류]
① **열단형 칩(경작형 칩):** 찢어지는 형태, 즉 점성이 큰 재질을 작은 경사각의 공구로 절삭할 때 생성되는 칩의 형태이다.
② **톱니형 칩(불균질칩 또는 미디형 칩):** 전단변형률을 크게 받은 영역과 작게 받은 영역이 반복되는 반연속형칩의 형태로 마치 톱날과 같은 형상을 가진다. **주로 티타늄과 같이 열전도도가 낮고 온도 상승에 따라 강도가 급격히 감소하는 금속의 절삭 시 생성**된다.
③ **균열형 칩(공작형 칩):** 주철과 같은 취성(메짐)이 큰 재료를 **저속절삭**할 때 순간적으로 발생하는 칩의 형태이다. 진동 때문에 날 끝에 작은 파손이 생성되고 깎인 면도 매우 나쁘기 때문에 채터(chatter, 잔진동)가 발생할 확률이 매우 크다.
④ **유동형 칩(연속형 칩):** 가장 이상적인 칩의 형태로 연강, 구리, 알루미늄과 같은 연성재료를 고속절삭할 때 발생한다. 유동형칩이 생기는 경우는 바이트 윗면경사각(=공구의 상면경사각)이 클 때, 절삭 깊이가 작을 때, 유동성이 있는 절삭제를 사용할 때, 공구면을 매끈하게 연마하여 마찰력이 작을 때 등이다.

13

정답 ③

버니싱은 기계적 에너지를 이용한 가공법으로 정밀도가 높은 면을 얻을 수 있는 소성가공이다.
① **호닝(honing)**: 분말입자를 가공하는 것이 아니라 연삭숫돌로 공작물을 가볍게 문질러 **정밀 다듬질**하는 기계가공법이다. 특히 구멍 내면을 정밀 다듬질하는 방법 중 가장 우수한 가공법이다.
② **래핑(lapping)**: 공작물과 랩(lap) 공구 사이에 미세한 분말상태의 랩제와 윤활유를 넣고 공작물을 누르면서 상대운동을 시켜 매끈한 다듬질면을 얻는 가공법이다. 래핑은 표면 거칠기(=표면 정밀도)가 가장 우수하므로 다듬질면의 정밀도가 가장 우수하다.
④ **버핑**: 모, 직물 등으로 닦아내는 작업으로 윤활제를 사용하여 광택을 내는 것이 주목적인 가공법이다. 버핑은 주로 폴리싱 작업을 한 뒤에 가공한다.

14

정답 ①

[KS 강재기호와 명칭]

SM	기계구조용 탄소강	GC	회주철	STC	탄소공구강
SV	리벳용 압연강재	SC	탄소주강품	SS	일반구조용 압연강재
HSS, SKH	고속도강	SWS	용접구조용 압연강재	SK	자석강
WMC	백심가단주철	SBB	보일러용 압연강재	SF	탄소강 단강품, 단조품
BMC	흑심가단주철	STS	합금공구강, 스테인리스강	SPS	스프링강
GCD	구상흑연주철	SNC	Ni-Cr 강재	SEH	내열강
STD	다이스강				

※ 고속도강은 high-speed steel로, 이를 줄여 '하이스강'이라고도 한다.

15

정답 ②

축을 설계할 때에는 주어진 운전조건과 하중조건에서 파손과 변형이 일어나지 않도록 충분한 강도와 강성을 가지며 위험속도로부터 25% 이상 떨어진 상태에서 사용할 수 있도록 해야 한다.
축 설계에서는 먼저 **강성의 조건하에서 설계한 후 강도를 검토하도록 해야 한다.**

> **참고**

[축의 설계에 있어서 고려해야 할 사항]
강성, 강도, 진동, 부식, 열팽창, 응력집중, 열응력, 위험속도

16

정답 ①

$$변형률 = \frac{변형량}{부재의\ 길이}$$

변형량과 부재의 길이는 둘 다 단위가 [mm] 또는 [m]이므로 서로 상쇄되어 무차원수가 된다.

17

정답 ①

고속도강의 특징은 많이 출제되기 때문에 확실하게 알아두는 것이 좋다.

[고속도강의 특징]

- W계와 Mo계로 구분한다. 고속도강의 **가장 중요한 성질은 고온경도**이다.
  → **마텐자이트가 안정되어 600℃까지 고속으로 절삭이 가능**하다.
- 텅스텐 고속도강(W계)
  - 0.8%C + 18%W + 4%Cr + 1%V [18(W)-4(Cr)-1(V)형]
  - 텅스텐(W)을 첨가하면 복탄화물이 생기고 내마모성이 향상되지만 인성이 감소된다.
  - 바나듐(V)은 강력한 탄화물 형성용 원소이며 절삭능력을 증가시킨다.
  - 풀림(800~900℃), 담금질 온도(1,260~1,300℃, 1차 경화), 뜨임 온도(550~580℃, 2차 경화)
    ※ **2차 경화: 저온에서 불안정한 탄화물이 형성되어 경화하는 현상(꼭 알고 가자!)**

18

정답 ④

[응력집중현상]

재료에 **노치, 구멍, 키홈, 단** 등을 가공하여 단면현상이 변화하면 그 부분에서의 응력은 불규칙하여 국부적으로 매우 증가하게 되어 응력집중현상이 일어난다. 응력집중현상이 재료의 한계강도를 초과하게 되면 균열이 발생하게 되고 이는 파손을 초래하는 원인이 되므로 응력집중현상은 완화시켜야 한다.

[응력집중현상을 완화시키는 방법]

- 단면이 진 부분에 필릿의 반지름을 크게 한다. 또한 단면변화가 완만하게 변하도록 만들어야 한다.
- 축단부 가까이에 2~3단 단부를 설치해 응력흐름을 완만하게 한다.
- 단면변화부분에 보강재를 결합시켜 응력집중을 완화시킨다.
- 단면변화부분에 숏피닝, 롤러 압연처리 및 열처리를 시행하면 단면변화부분이 강화되거나 표면 가공정도가 향상되어 응력집중이 완화된다. 또한 체결 수를 증가시키고 테이퍼지게 설계한다.
- 하나의 노치보다는 인접한 곳에 노치를 하나 이상 더 가공해서 **응력집중 분산효과**로 응력집중을 감소시킨다.

19

정답 ④

최근 무차원수에 관한 문제는 점점 증가하고 있기 때문에 무차원수에 대한 암기는 필수!

[레이놀즈수(Re)]

- 층류와 난류를 구분하는 척도가 되는 값
  - 하임계 레이놀즈수: 임계 레이놀즈수의 기준, 난류에서 층류로 바뀌는 임계값($Re = 2,100$)
  - 상임계 레이놀즈수: 층류에서 난류로 바뀌는 임계값($Re = 4,000$)
- 물리적인 의미: 관성력/점성력, 관성력과 점성력의 비 → 유체 유동 시, Re가 작은 경우 점성력이 크게 영향을 미친다.
- 레이놀즈수의 계산식

$$Re = \frac{Vd}{\nu} = \frac{\rho Vd}{\mu}$$

[여기서, ρ: 밀도(Ns^2/m^4), d: 관의 직경(m)

ν: 동점성계수(m^2/s), 즉 $\nu = \frac{\mu}{\rho}$, μ: 점성계수($N \cdot s/m^2$)]

만약, 평판일 경우에는 → $Re = \dfrac{Vl}{\nu}$, l = 평판의 길이

[마하수]

$$\dfrac{V}{a} = \dfrac{속도}{음속} = \dfrac{관성력}{탄성력}$$

마하수의 압축성 효과는 0.3 이상으로 고려되어야 한다. 비압축성 효과는 0.3 미만!

[프로드수(Fr)]
자유표면을 갖는 흐름으로 상류와 사류를 나누는 기준이 된다.

$$\dfrac{관성력}{중력} = \dfrac{평균유속(v)}{표면파의\ 전파속도(v_0)} = \dfrac{유속(v)}{\sqrt{gh}}$$

[여기서, g: 중력, h: 수로단면의 평균수심, v: 유속]

[루이스수(Le)]
슈미트수와 프란틀수의 비로 열과 물질이 동시이동을 다룰 때의 무차원수

$$\dfrac{열전달(확산계수)}{물질전달(확산계수)} = \dfrac{Sc}{Pr}$$

20
정답 ④

순철(페라이트)은 매우 중요한 부분이므로 반드시 암기가 필요하다.

[순철(α고용체이며 페라이트 조직)의 특징]
• 유항인 = 유동성, 항복점, 인장강도가 작다(연예인 유아인 생각하세요. 유아인은 키가 작다). → 즉 유항인 작다.
  순철은 용융점이 1,538℃로 높아 녹이기 어려워 유동성이 작다.
• 열처리 효과가 작다(= 열처리성이 떨어진다).
• 투자율이 높고 단접성, 용접성이 우수하다.
• 전연성이 매우 우수하며, **충격값, 단면수축률, 인성**이 크다.
  → 순철은 전연성이 좋기 때문에 취성이 없다. 또한 탄소함유량이 적기 때문에 물렁물렁하며 깨지지 않는다. 즉, 취성과 반대의 성질인 인성과 충격값이 크다고 이해하면 된다.
• 비중은 7.87이고 용융점은 1,538℃이며 탄소함유량이 0.02%이다.
  → 탄소함유량이 적기 때문에 연한 성질을 가지게 된다.

21
정답 ②

① **비중**

$$\dfrac{어떤\ 물질의\ 비중량(\gamma)\ or\ 밀도(\rho)}{4℃에서의\ 물의\ 비중량(\gamma_{H_2O})\ or\ 물의\ 밀도(\rho_{H_2O})}$$ 이므로 단위가 상쇄되어 무차원수가 된다.

② **변형량**: (변형 후 상태 − 변형 전 상태)이므로, [m] 단위를 가진다.
③ **푸아송비**: 탄성한도 내에서 가로와 세로의 변형률비가 같은 재료에서는 항상 일정한 값을 가지는 것으로 체적의 변화를 나타낸다. 푸아송비는 푸아송수와 반비례 관계이다.

$$\mu = \frac{\text{횡변형률}}{\text{종변형률}} = \frac{\varepsilon'}{\varepsilon} = \frac{1}{m} \leq 0.5 \quad [\text{여기서, } m : \text{푸아송수}]$$

- $\mu = 0.5$, 고무는 푸아송비가 0.5인 상태로 체적이 거의 변하지 않는 상태이다.
- 금속은 주로 $\mu = 0.2 \sim 0.35$의 값을 갖는다.
- 푸아송비는 진응력-변형률 곡선에서는 알 수 없고 인장시험으로 구할 수 있다.
- 코르크의 푸아송비는 0이다. 그러므로 코르크의 푸아송수는 무한대이다.

④ 변형률 $= \dfrac{\text{변형량}}{\text{부재의 길이}}$, 변형량과 부재의 길이는 둘 다 단위가 [mm] 또는 [m]이므로 서로 상쇄된다.

22

정답 ①

기존 브레이크의 조작력을 구하는 문제를 풀 때, $c > 0$인 형태가 많았을 것이다. 이 문제의 포인트는 '$c < 0$, 제2형식'이라는 부분이다. 늘 문제의 조건까지 제대로 보고 문제의 답을 찾는 습관을 가지도록 하자.

[제2형식($c < 0$)인 경우]: 외작용선

- 브레이크 드럼이 우회전하는 경우: 브레이크 레버의 지점 A에 관한 모멘트는 다음과 같다. 단, 부호의 규약에 의하면 우회전은 (+), 좌회전은 (-)로 한다. 일반적으로 브레이크 조작력 F는 양(+)으로 취한다.
$Fa - Pb + fc = 0$　[여기서, F: 브레이크 레버의 조작력[N], P: 브레이크 드럼을 누르는 힘[N],
　　　　　　　　　　　　f: 브레이크의 제동력[N], a, b, c: 브레이크 레버의 치수[mm]]
[단, $f = \mu P$로, μ은 블록과 드럼 사이의 마찰계수를 의미한다.]

$$F = \frac{Pb - fc}{a} = \frac{Pb - \mu Pc}{a} = \frac{P(b - \mu c)}{a} = \frac{f(b - \mu c)}{\mu a} \left(\text{단, } f = \mu P, \ P = \frac{f}{\mu}\right)$$

$$\therefore \ F = \frac{f(b - \mu c)}{\mu a}$$

- 브레이크 드럼이 좌회전하는 경우(우회전을 구한 방식으로 하되 부호에 유의한다.)
$Fa - Pb - fc = 0$

$$F = \frac{Pb + fc}{a} = \frac{Pb + \mu Pc}{a} = \frac{P(b + \mu c)}{a} = \frac{f(b + \mu c)}{\mu a} \left(\text{단, } f = \mu P, \ P = \frac{f}{\mu}\right)$$

$$\therefore \ F = \frac{f(b + \mu c)}{\mu a}$$

23

정답 ①

[전도]

고체의 내부 및 정지유체의 액체, 기체와 같이 물체 내의 온도차에 따른 열의 전달을 말한다. 강철관의 경우 원통으로 판단하고 해석한다. 전도에 대해 원통의 열전달식은 다음과 같다.

$$Q = \frac{2\pi l k \Delta T}{\ln\left(\dfrac{r_2}{r_1}\right)} \ \rightarrow \ 314 = \frac{2 \times 3.14 \times 5 \times k \times (20 - 10)}{\ln\left(\dfrac{0.2}{0.1}\right)} = \frac{314 \times k}{\ln 2}$$

$\therefore$ 열전도율 $k = \ln 2$

24

정답 ③

$Q = \dfrac{kA dT}{t}$ [여기서, k: 열전도율(kJ/m·h·°C), A: 전열면적(m²), t: 강판의 두께(m)]

$500 = \dfrac{0.8 \times 0.5 \times (T_1 - 120)}{0.01}$ $\therefore T_1 = 132.5 \, °C$

25

정답 ①

②~④도 전단가공의 종류이므로 정의를 반드시 알아야 한다.

[블랭킹과 펀칭]

• 블랭킹(blanking) [남폐 뽑제] = 다이에 전단가공

판재에서 펀치로서 소정의 제품을 뽑아내는 가공('남은 쪽'이 폐품 / '뽑아낸 것'이 제품)

→ <u>원하는 형상을 뽑아내는 가공법</u>

→ 펀치와 다이를 이용해 판금재료로부터 제품의 '외형을 따내는 가공법'

• 펀칭(punching, piercing = 피어싱) [남제 뽑폐] = 공구에 전단가공

판재에서 소정의 구멍을 뚫는 가공('뽑아낸 것'이 폐품 / '남는 쪽' 제품)

종류	블랭킹	펀칭
원하는 형태	판재에서 필요한 형상의 제품을 잘라냄	잘라낸 쪽은 폐품이 되고 구멍이 뚫리고 남은 쪽이 제품
소요 치수 위치	다이 구멍을 소요 치수형상으로 다듬음	펀치 쪽을 소요 치수형상으로 다듬음
쉬어(Shear) 부착 위치	다이면에 붙임	펀치면에 붙임

26

정답 ③

[전도]

고체의 내부 및 정지유체의 액체, 기체와 같이 물체 내의 온도차에 따른 열의 전달을 말한다. 강판의 경우 '평판'으로 판단하고 해석한다. 우선 전도에 대해 원통의 열전달 식은 다음과 같다.

$Q = \dfrac{kA dT}{t}$ [여기서, k: 열전도율(kJ/m·h·°C), A: 전열면적(m²), t: 강판의 두께(m)]

$Q = \dfrac{15 \times 1 \times (100 - 50)}{0.02} = 37,500 \text{kJ/h}$

27

정답 ②

열처리의 종류는 매우 중요하다. 관련 용어, 정의 무조건 모두 암기!

[열처리의 종류]

1. **담금질(퀜칭, quenching, 소입): 재질을 경화(hardening), 마텐자이트 조직(α')을 얻기 위한 열처리 방법**, 즉 아공석강을 A_3변태점보다 30~50°C, 과공석강을 A_1변태점보다 30~50°C 정도 높은 온도로 일정 시간 가열하여 이 온도에서 탄화물을 고용시켜 균일한 오스테나이트(γ)가 되도록 충분한 시

간 유지 한 후 물 또는 기름과 같은 담금질제 중에서 급랭해 마텐자이트 조직으로 변태하는 열처리로 이를 통해 재질이 경화된다.

- 담금질 효과를 좌우하는 요인: 냉각제, 담금질 온도, 냉각속도, 냉각제 비열, **끓는점**, 점도, 열전도율
- 담금질의 요구 조건: 담금질의 경도가 높을 것, 경화 깊이가 깊을 것, 담금질 균열 발생이 없을 것

2. 뜨임(템퍼링, tempering, 소려): 담금질한 강은 경도가 크나 **취성을 가지므로 경도가 다소 저하되더라도 인성을 증가시키기 위해** A_1변태점 이하에서 재가열하여 냉각시키는 열처리로 **강한 인성(질긴 성질)을 부여한다.** 즉, 마르텐자이트 조직에서 소르바이트로 변화시켜주는 열처리를 말한다.

[뜨임에 의한 조직변화]

$$A(오스테나이트) \longrightarrow M(마르텐자이트) \longrightarrow T(트루스타이트) \longrightarrow S(소르바이트) \longrightarrow P(펄라이트)$$
$$200°C \qquad\qquad 400°C \qquad\qquad 600°C \qquad\qquad 700°C$$

3. 풀림(어닐링, annealing, 소둔): A_1 또는 A_3변태점 이상으로 가열하여 냉각시키는 열처리로 내부응력을 제거하며 재질의 연화를 목적으로 하는 열처리를 말한다. 또한 <u>노 안에서 냉각(노냉처리)</u>한다.

- 풀림의 목적
  - 강의 재질을 연화
  - 내부응력을 제거
  - 기계적 성질을 개선
  - 담금질 효과를 향상
  - 결정조직의 불균일을 제거시켜 재질을 균일화
  - 흑연을 구상화시켜 인성, 연성, 전성이 증가
- 풀림의 목적에 맞는 풀림의 종류
  - **완전풀림**: 강을 연하게 하여 기계의 가공성 향상 → **조대한 펄라이트**를 얻음
  - **응력제거 풀림**: 내부응력 제거
  - **구상화 풀림**: 기계적 성질 개선(시멘타이트의 연화가 주목적)
  - **연화풀림(중간풀림)**: 냉간가공 도중에 경화된 재료를 연화시킴
  - **저온풀림**: 500~600°C에서 내부응력을 제거하여 재질을 연화시킴
  - **확산풀림**: 편석을 제거시킴

4. 불림(노멀라이징, normalizing, 소준): A_3, A_{cm}보다 30~50°C 높게 가열한 후 공기 중에서 냉각시켜(공랭) 미세한 소르바이트조직을 얻고 결정조직의 표준화와 조직의 미세화 및 내부응력을 제거시켜주는 열처리를 말한다.

- 불림의 목적
  - 결정조직을 '미세화'
  - 냉간가공, 단조에 의해 생긴 내부응력 제거
  - 결정조직, 기계적·물리적 성질 표준화

[Bonus 문제]

정답 ②

28

정답 ④

④ 베르누이 방정식을 실제 유체에 적용시키려면 손실수두를 삽입시키면 된다.

[베르누이 방정식]

이상유체에 대하여 유체에 가해지는 일이 없을 경우에 대하여 유체의 속도, 압력, 위치에너지 사이의 관계를 나타내는 방정식으로 '유선상에서 모든 형태의 에너지의 합은 일정하다.'를 보여주는 식이다. 즉, '에너지보존법칙'과 관련이 있는 방정식이다.

- 정상흐름 상태(정상류)에서 적용된다(베르누이 방정식 가정).
- 동일한 유선상에서 적용된다.
- 유체입자는 유선에 따라 흐른다(베르누이 방정식 가정).
- 유체입자는 마찰이 없는 비점성유체이다(베르누이 방정식 가정).

$$\frac{P}{r} + \frac{V^2}{2g} + Z = C \quad [\text{압력수두} + \text{속도수두} + \text{위치수두} = \text{constant} = \text{에너지선} = \text{전수두선}]$$

수력구배선: $\frac{P}{r} + Z = C \quad [\text{압력수두} + \text{위치수두} = \text{constant}]$

수력구배선은 에너지선보다 늘 속도수두 $\left(\dfrac{V^2}{2g}\right)$ 만큼 아래에 있다.

29
정답 ②

관류열량 $Q = KAdT$

여기서, 총열전달계수 K를 구하면, $600 = K \times 10 \times (30 - 20)$

$\therefore K = 6\,\text{W/m}^2 \cdot \text{K}$

$\dfrac{1}{K} = \dfrac{1}{\alpha_1} + \dfrac{L}{\lambda} + \dfrac{1}{\alpha_2}$ [여기서, $\alpha_{1,2}$: 열전달계수, λ : 열전도도, L : 열전달면의 두께]

$\dfrac{1}{6} = \dfrac{1}{100} + \dfrac{L}{0.8} + \dfrac{1}{200}$ 을 계산하면, $L = 0.12\text{m}$ 이다.

여기서, 외벽과 단열재의 두께 L이 0.12m이므로 외벽의 두께를 빼면 단열재의 두께는

$0.12 - 0.1 = 0.02\text{m} = 2\text{cm}$ 이다.

30
정답 ④

$dQ = dh - vdp$ (일정한 압력일 때 $vdp = 0$)

$dQ = dh = mc_p dT$

$900 = 1 \times c_p \times (477 - 252)$

$\therefore c_p = 4\,\text{kJ/kg} \cdot \text{K}$

31
정답 ③

평형상태에서 시스템의 주요 변수는 시간이 아니라 '온도'이다.

- 내부에너지: 물체 내부의 분자 간 운동활발성을 나타내며, 물체가 가지고 있는 총에너지로부터 역학에너지와 전기에너지를 뺀 나머지 에너지를 말한다.
- 줄의 법칙: 완전가스 상태에서 내부에너지와 엔탈피는 온도만의 함수이다.

32

- 길이 L의 단순보에서 균일분포하중이 작용할 때, 최대모멘트$(M_{\max}) = \dfrac{wl^2}{8}$

- 굽힘응력과 굽힘모멘트의 관계식 $M_{\max} = \sigma_b Z \;\rightarrow\; \sigma_b = \dfrac{M_{\max}}{Z} = \dfrac{\dfrac{wl^2}{8}}{\dfrac{\pi d^3}{32}} = \dfrac{4wl^2}{\pi d^3}$

$\rightarrow\; \sigma_{\max} = \dfrac{4wl^2}{\pi d^3} = \dfrac{4 \times 2 \times 6^2}{3 \times 2^3} = 12\mathrm{kN/m}^2 \left[\text{원형단면의 단면계수 } Z = \dfrac{\pi d^3}{32}\right]$

33

[폴리트로픽 변화]

$$\frac{T_2}{T_1} = \left(\frac{v_1}{v_2}\right)^{n-1} = \left(\frac{P_2}{P_1}\right)^{\frac{n-1}{n}} \;\rightarrow\; \frac{T_2}{T_1} = \left(\frac{P_2}{P_1}\right)^{\frac{n-1}{n}}$$

문제에서 주어진 수치를 대입한다.

$$\frac{57+273}{27+273} = \left(\frac{P_2}{250}\right)^{\frac{0.4}{1.4}} \;\rightarrow\; P_2 = (1.1)^{\frac{1.4}{0.4}} \times 250 = 1.4 \times 250$$

$$\therefore\; P_2 = 350\mathrm{kPa}$$

34

[역카르노 사이클은 냉동기 이상 사이클]

열펌프의 성능계수$(\varepsilon_h) = \dfrac{T_1}{T_1 - T_2}$

냉동기의 성능계수$(\varepsilon_r) = \dfrac{T_2}{T_1 - T_2}$ 로 나타낼 수 있다.

이 식들을 정리하면 $\varepsilon_h = \varepsilon_r + 1$이 성립한다.

역카르노 사이클에서 방열과 흡열은 등엔트로피 과정이 아닌 **등온과정**에서 일어난다.

35

- 길이 L의 일단고정 타단지지보(고정지지보)에 균일분포하중이 작용할 때

  최대처짐$(\delta_{\max}) = \dfrac{wL^4}{185EI} = 0.0054\dfrac{wL^4}{EI}$

- 길이 L의 일단고정 타단지지보(고정지지보)에 집중하중이 작용할 때

  최대처짐$(\delta_{\max}) = \dfrac{7PL^3}{768EI}$

※ 일단고정 타단지지보(고정지지보)에 대한 처짐량은 암기를 해주는 것이 좋다.

36

정답 ②

[정적과정]

$\dfrac{P_1}{T_1} = \dfrac{P_2}{T_2}$ 에서 $T_2 = \dfrac{P_2}{P_1} \times T_1 = \dfrac{150}{100} \times (20 + 273) = 439.5\mathrm{K}$

또한, $dQ = du + Pdv$ 에서 정적과정이므로 $dv = 0$

$dQ = du = mC_v dT$ 가 된다. 단위질량당 가열량이므로

$\dfrac{dQ}{m} = 0.717 \times (439.5 - 293) = 105\mathrm{kJ/kg}$

37

정답 ①

[등온과정의 일]

등온과정에서는 절대일 = 공업일 = 열량이다.

$dQ = du + pdv$ 에서 줄의 법칙에 의해 내부에너지와 엔탈피는 온도만의 함수이다!

등온과정이므로 $dQ = du + Pdv$ 에서 내부에너지의 변화(du)가 0이므로 $dQ = pdv$가 성립하게 된다.

$dQ = pdv = \dfrac{RT}{v}dv$ $\left[\text{이상기체 상태방정식 } pv = RT \text{에서} \rightarrow p = \dfrac{RT}{v} \right]$

$Q_{12} = RT\ln\dfrac{v_2}{v_1} = p_1 v_1 \ln\dfrac{2}{0.5} = 100 \times 0.5 \times \ln 4 = 70\mathrm{kJ/kg}$

38

정답 ②

[힘의 합력]

$\sum F = F_1 + F_2 = F_1 - \mu mg$

F_2와 마찰력은 서로 반대방향이므로 부호가 반대이다. [단, $F_2 = \mu mg$(마찰력)]

$\sum F = F_1 - \mu mg = 100 - 0.5 \times 10 \times 10 = 50\mathrm{N}\,(\mathrm{N} = \mathrm{kg} \cdot \mathrm{m/s^2})$

운동량 방정식 $Ft = mdv$(힘의 합력 × 시간 = 질량 × 속도)이므로,

$Ft = mdv \rightarrow 50\mathrm{kg} \cdot \mathrm{m/s^2} \times t = 10\mathrm{kg} \times 10\mathrm{m/s} \rightarrow \therefore t = 2$초

39

정답 ④

④ 마찰, 혼합, 교축, 확산, 삼투압, 열의 이동은 비가역의 예시이다.

[열역학 법칙]

• **열역학 제0법칙**: 열평형에 대한 법칙으로 온도계 원리와 관련이 있는 법칙이다. 고온체와 저온체가 만나면 열교환을 통해 결국 온도가 동일해진다(**열평형 법칙**).
• **열역학 제1법칙**: 에너지보존법칙과 관련이 있는 법칙이다. 에너지는 여러 형태를 취하지만 총 에너지양은 일정하다(**에너지보존법칙**).
• **열역학 제2법칙**: 비가역을 명시하는 법칙, 절대눈금을 정의하는 법칙이다. 하나의 열원에서 얻어진 열을 모두 일로 바꾸는 기관은 존재하지 않는다.
• **열역학 제3법칙**: 절대영도에서의 엔트로피에 관한 법칙이다. 절대 0도에서 계의 엔트로피는 항상 0이 된다.

[열역학 제2법칙]

에너지 전환의 방향성을 제시한다.

• Clausius의 표현: 열은 그 자신만으로 저온체에서 고온체로 이동할 수 없다. 즉, 에너지의 방향성을 제시한다. 그리고 성능계수가 무한대인 냉동기의 제작은 **불가능**하다.

• Kelvin-Plank의 표현: 단열 열저장소로부터 열을 공급받아 자연계에 어떤 변화도 남기지 않고 계속적으로 열을 일로 변환시키는 열기관은 존재할 수 없다. 즉, 열효율이 100% 기관은 존재할 수 없다.

• Ostwald의 표현: 자연계에 어떤 변화도 남기지 않고 어느 열원의 열을 계속 일로 바꾸는 제2영구기관은 존재하지 않는다.

※ 제1종 영구기관: 입력보다 출력이 더 큰 기관으로 열효율이 100% 이상인 기관, 열역학 제1법칙 위배

※ 제2종 영구기관: 입력과 출력이 같은 기관으로 열효율이 100%인 기관, 열역학 제2법칙에 위배

[열역학 제3법칙의 표현]

• 네른스트: 어떤 방법에 의해서도 물질의 온도를 절대영도까지 내려가게 할 수 없다.

• 플랑크: 모든 물질이 열역학적 평형상태에 있을 때 절대온도가 0에 가까워지면 엔트로피도 0에 가까워진다.

40

정답 ①

$$M = \sigma_b Z \quad \left[\text{직사각형 단면계수 } Z = \frac{bh^2}{6} \right]$$

먼저 등분포하중을 집중하중으로 바꿔준다.

등분포하중을 집중하중으로 바꾸려면 길이와 등분포하중을 서로 곱해주면 집중하중 크기가 도출된다. 즉, 집중하중의 크기는 $5w$가 된다.

집중하중이 작용하는 작용점 위치는 곱한 길이의 중앙 지점이 된다. 즉, 보의 중앙 = 고정단으로부터 2.5m 떨어진 지점에 집중하중이 작용하게 된다.

외팔보에서 최대모멘트(M_{max})는 고정단에서 발생하므로 집중하중 크기에 고정단으로부터 집중하중이 작용하는 거리를 곱해주면 최대모멘트의 크기를 구할 수 있다. 즉, $5w \times 2.5m$가 최대모멘트가 된다.

$M = \sigma_b Z$ 에서 $5w \times 2.5 = 5,000 \times \dfrac{0.3 \times 0.2^2}{6}$ $\therefore w = 0.8\text{kN/m}$

등분포하중$(w) = \dfrac{dF}{dx}$ $\rightarrow$ $F = w \times dx = 0.8 \times 5 = 4\text{kN}$

$\tau_{max} = \dfrac{3}{2} \times \dfrac{F}{A} = \dfrac{3 \times 4}{2 \times 0.3 \times 0.2} = 100\text{kPa}$

[필수]

• 원형단면의 수평전단응력: $\dfrac{4}{3} \times \dfrac{F}{A}$ [여기서, F: 전단력, A: 단면적] → 평균전단응력의 1.33배 크다.

• 사각단면의 수평전단응력: $\dfrac{3}{2} \times \dfrac{F}{A}$ [여기서, F: 전단력, A: 단면적] → 평균전단응력의 1.5배 크다.

04 2019 하반기 한국동서발전 기출문제

01	③	02	④	03	정답 없음	04	③	05	①	06	④	07	④	08	③	09	③	10	④
11	④	12	④	13	④	14	③	15	①	16	③	17	②	18	①	19	④	20	③
21	②	22	②	23	④	24	③	25	③	26	②	27	④	28	③	29	②	30	②
31	③	32	④	33	③	34	②	35	②	36	③	37	②	38	③	39	③	40	②

01

정답 ③

- **비례구간**: 선형구간이라고도 하며, 응력과 변형률이 비례하는 구간으로 훅의 법칙이 된다. 또한 이 구간의 기울기가 탄성계수 E이다.
- **변형경화**: 결정구조 변화에 의해 저항력이 증대되는 구간이다.
- **완전소성**: 인장력이 증가하지 않아도 강의 변화량이 현저히 증가하는 구간이다.
- **네킹구간**: 단면 감소로 인해 하중이 감소하는데도 불구하고 인장하중을 받는 재료는 계속 늘어나는 구간이다.

02

정답 ④

응력집중: 단면이 급격하게 변하는 부분, 모서리 부분, 구멍 부분에서 응력이 집중되는 현상

응력집중계수: $\alpha = \dfrac{\text{노치부의 최대응력}}{\text{단면부의 평균응력}}$

참고

[응력집중 완화 방법]
- 필릿 반지름을 최대한 크게 하고, 단면변화부분에 보강재를 결합하여 응력집중을 완화시킨다.
- 축단부에 2~3단의 단부를 설치해 응력 흐름을 완만하게 한다.
- 단면변화부분에 숏피닝, 롤러압연 처리, 열처리 등을 통해 응력집중부분을 강화시킨다.
- 경사(테이퍼)지게 설계하며, 체결 부위에 체결 수(리벳, 볼트)를 증가시킨다.

03

정답 정답 없음

- **강도성 상태량**: 물질의 질량에 관계없이 그 크기가 결정되는 상태량(온도, 압력, 밀도, 비체적)
- **종량성 상태량**: 물질의 질량에 따라 그 크기가 결정되는 상태량(체적, 내부에너지, 질량, 엔탈피, 엔트로피)

04

정답 ③

배럴링: 소재의 옆면이 볼록해지는 불완전한 상태를 말하며, 고온의 소재를 **냉각**된 금형으로 업세팅할 때 발생한다.

[베럴링 현상을 방지하는 방법]
• 열간가공 시 다이(금형)를 예열한다.
• 금형과 제품 접촉면에 윤활유나 열차폐물을 사용한다.
• 초음파로 압축판을 진동시킨다.

05

정답 ①

일반적인 금속의 푸아송비는 0.25~0.35이다.

[푸아송비]

철강	납	콘크리트	구조용 강	알루미늄	고무
0.28	0.43	0.1~0.2	0.2	0.33	0.5

• 코르크의 **푸아송비**는 0이다. 푸아송수는 푸아송비의 역수이기 때문에 코르크의 푸아송수는 **무한대**가 된다.
• 코르크는 인장으로 인한 변형이 거의 일어나지 않으므로 병의 마개로 쓰인다.

$$\nu(\text{푸아송비}) = \frac{\varepsilon'}{\varepsilon} = \frac{\text{가로변형률}}{\text{세로변형률}} = \frac{\text{횡변형률}}{\text{종변형률}} = \frac{\dfrac{\delta}{d}}{\dfrac{\lambda}{L}} = \frac{L\delta}{d\lambda}$$

✓ 고무의 푸아송비는 0.5이므로, $\triangle V = \varepsilon(1-2\mu)V$에 대입하면 $\triangle V = 0$으로 **체적 변화가 없다.**
✓ 납의 푸아송비 0.43은 실제 공기업 시험에 출제된 적이 있다. 철강을 포함하여 꼭 알아두자.

06

정답 ④

① 열과 일은 단위가 J(Joule)로 동일하다.
② 열과 일은 천이현상으로 시스템에서 보유되지 않고, 시간의 흐름에 따라 시스템과 주변 사이에서 변환을 반복한다.
③ 열과 일은 계의 상태변화 과정에서 나타날 수 있으며 계의 경계에서 관찰된다.
④ 열과 일은 에너지지 열역학적 상태량이 아니다.

참고

[물질의 상태와 성질]
• 상태
  – 평형상태에서 온도, 압력, 체적 또는 비체적과 같은 일정한 특성치에 의해 정해지는 것을 말한다.
  – 열역학적으로 평형은 **열적 평형, 역학적 평형, 화학적 평형** 3가지 종류가 있다.
• 성질
  – 각 물질마다 특정한 값을 가지며 **상태함수 또는 점함수**라고도 한다.
  – 경로에 관계없이 계의 상태에만 관계되는 양이다.

[일과 열량은 경로에 의한 경로함수, 도정함수이다]
✓ 점함수는 완전미분(전미분) 또는 편미분이 모두 가능하다. 다만, 과정함수는 편미분으로만 가능하다.
✓ 비상태량은 모든 상태량의 값을 질량으로 나눈 값으로 **강도성 상태량**으로 취급한다.
✓ 기체상수는 열역학적 상태량이 아니다.

07

정답 ④

냉각쇠(chiller)는 주물 두께에 따른 응고속도 차이를 줄이기 위해 사용한다. 주물을 주형에 넣어 냉각시키는 데 있어 주물 두께가 다른 부분이 있다면 두께가 얇은 쪽이 먼저 응고되면서 수축하게 된다. 따라서 그 부분은 쇳물이 부족하여 수축공이 발생한다. 따라서 **주물 두께가 두꺼운 부분에 냉각쇠를 설치하여 두꺼운 부분의 응고속도를 증가시켜서** 주물 두께 차이에 따른 응고속도 차이를 줄여 수축공을 방지할 수 있다.

냉각쇠의 종류로는 핀, 막대, 와이어가 있으며 주형보다 열흡수성이 좋은 재료를 사용한다. 그리고 고온부와 저온부가 동시에 응고되거나, 두꺼운 부분과 얇은 부분이 동시에 응고되도록 하는 목적으로 설치한다. 그리고 마지막으로 제일 중요한 것으로 **냉각쇠는 가스배출을 고려하여 주형의 상부보다는 하부에 부착해야 한다.** 만약, 상부에 부착한다면 가스가 주형 위로 배출되려고 하다가 상부에 부착된 냉각쇠에 의해 빠르게 냉각되면서 응축하여 가스액이 되고 그 가스액이 주물 내부로 떨어져 결함을 발생시킬 수 있다.

08

정답 ③

[레이놀즈수]
층류와 난류를 구분해주는 척도(파이프, 잠수함, 관유동 등의 역학적 상사에 적용)

$$레이놀즈수(Re) = \frac{Vl}{\mu} = \frac{u_\infty x}{\nu} = \frac{관성력}{점성력}$$

- **평판의 임계 레이놀즈수**: $500,000$(50만)
- **개수로 임계 레이놀즈수**: 500
- **상임계 레이놀즈수(층류에서 난류로 변할 때)**: $4,000$
- **하임계 레이놀즈수(난류에서 층류로 변할 때)**: $2,000 \sim 2,100$
- **층류** $Re < 2,000$, **천이구간** $2,000 < Re < 4,000$, **난류** $Re > 4,000$

일반적으로 임계 레이놀즈수라고 하면, **하임계 레이놀즈수**를 말한다.

09

정답 ③

무차원수란 단위가 모두 생략되어 단위가 없는 수, 즉 차원이 없는 수를 말한다.
(**예** 변형률, 비중, 마하수, 레이놀즈수 등)

- **비중**: 물질의 고유 특성이며 기준이 되는 물질의 밀도에 대한 상대적인 비를 말하기 때문에 무차원수이다. 액체의 경우 1기압 하에서 4℃ 물을 기준!
- 비중$(S) = \dfrac{어떤\ 물질의\ 비중량\ 또는\ 밀도}{4℃에서\ 물의\ 비중량\ 또는\ 밀도}$
- 비중이 4.5보다 크면 중금속, 4.5보다 작으면 경금속으로 구분한다.

10

정답 ④

탄소강의 5대 원소는 C, Mn, P, S, Si이다.

[탄소강에 함유된 원소의 영향]
- P(인)
  - 강도, 경도를 증가시키며 상온취성의 원인이다.

- 결정립을 조대화시킨다.
- 주물의 경우 기포를 줄인다.
- 제강 시 편석을 일으키고 담금균열의 원인이 된다.
- Si(규소)
  - 탄성한계, 강도, 경도를 증가시키며 연신율, 충격치를 감소시킨다.
  - 냉간가공성과 단접성을 해친다.
- Mn(망간): 고온에서 결정립의 성장을 억제시키며 흑연화, 적열취성을 방지한다.
- S(황): 절삭성을 좋게 하나, 유동성을 감소시킨다. 또한 적열취성의 원인이 된다.

11

정답 ④

부력은 **아르키메데스의 원리**와 관련이 있다.

[부력]

물체가 밀어낸 부피만큼의 액체 무게라고 정의된다.
- 어떤 물체에 가해지는 부력은 그 물체가 대체한 유체의 무게와 같다.
- 어떤 물체가 유체 안에 있으면, 물체가 잠긴 부피만큼의 유체의 무게가 부력과 같다.
- 부력은 **중력과 반대방향으로 작용(수직상향의 힘)**하며, 한 물체를 각기 다른 액체 속에 일부만 잠기게 넣으면 결국 부력은 물체의 무게[mg]와 동일하게 작용하여 물체가 액체 속에서 일부만 잠긴 채 뜨게 된다. 따라서 부력의 크기는 모두 동일하다(부력 = mg).
- 부력은 결국 대체된 유체의 무게와 같다.
- 부력은 유체의 압력차 때문에 생긴다. 구체적으로 유체에 의한 압력은 $P = rh$에 따라 깊이가 깊어질수록 커지게 된다. 즉, 한 물체가 물속에 있다면 상대적으로 깊은 부분과 얕은 부분(윗면과 아랫면)이 생기고, 더 깊이 있는 부분이 더 큰 압력을 받아 위로 향하는 힘, 즉 부력이 생기게 된다.

12

정답 ④

$$\theta[\text{rad}] = \frac{TL}{GIp} = \frac{32\,TL}{G\pi d^4} \quad \rightarrow \quad T = \frac{\theta\,G\pi d^4}{32L} = \frac{0.03 \times 80 \times 10^9 \times 3 \times 0.2^4}{32 \times 4} = 90,000\text{N} \cdot \text{m}$$

$5,625\text{N} \cdot \text{m}$를 선택한 경우도 있을 것으로 생각된다. 실제 시험에서도 지름, 반지름으로 혼선을 주는 문제가 많으니 항상 문제를 꼼꼼하게 읽어 지름, 반지름을 혼동하지 않도록 주의하자.

13

정답 ④

- **기어펌프**: 케이싱 속에 1쌍의 스퍼기어가 밀폐된 용적을 갖는 밀실 속에서 회전할 때 기어의 물림에 의한 운동으로 진공부분에서 흡입한 후 기어의 계속적인 회전에 의해 토출구를 통해 유체를 토출하는 원리이며, 비교적 구조가 간단하고 경제성이 있어 일반적인 유압펌프로 가장 많이 사용된다.
- **피스톤펌프**: 실린더 블록 속에서 피스톤이 왕복운동을 하는 펌프로 플런저펌프라고도 한다. 피스톤의 왕복운동을 활용하여 작동유에 압력을 주며 초고압($210\text{kgf}/\text{cm}^2$)에 적합하다. 대용량이며 토출압력이 최대인 고압펌프로 펌프 중 전체 효율이 가장 좋다. 또한 가변용량이 가능하며 수명이 길지만 소음이 큰 편이다.
- **나사펌프**: 토출량의 범위가 넓어 윤활유 펌프나 각종 액체의 이송펌프로도 사용된다.

– 대용량펌프로 적합하며 토출압력이 가장 작다.
– 소음이나 진동이 적어 고속운전을 해도 정숙하다.
• **베인펌프**: 회전자에 방사상으로 설치된 홈에 삽입된 베인이 캠링에 내접하여 회전함에 따라 기름이 흡입쪽에서 송출구 쪽으로 이동된다.
  – **베인펌프의 구성**: 입/출구 포트, 캠링, 베인, 로터
  – **베인펌프에 사용되는 유압유의 적정점도**: 35centistokes(ct)

14

정답 ③

• **뉴턴의 제1법칙**: 관성의 법칙
• **뉴턴의 제2법칙**: 가속도의 법칙
  – 힘과 가속도와 질량과의 관계를 나타낸 법칙이다.
  – $F = m\left(\dfrac{dV}{dt}\right)$
  – 검사 체적에 대한 운동량 방정식의 근원이 되는 법칙이다.
• **뉴턴의 제3법칙**: 작용반작용의 법칙

15

정답 ①

• 길이 L의 외팔보에 등분포하중 ω가 작용할 때, 외팔보 끝단의 처짐각: $\dfrac{wL^3}{6EI}$

• 길이 L의 외팔보에 등분포하중 ω가 작용할 때, 외팔보 끝단의 처짐량: $\dfrac{wL^4}{8EI}$

$$\rightarrow \quad \frac{\dfrac{wL^4}{8EI}}{\dfrac{wL^3}{6EI}} = \frac{6EIwL^4}{8EIwL^3} = \frac{6}{8}L = \frac{3}{4}L$$

16

정답 ③

• **스털링 사이클**: 2개의 정적과정과 2개의 등온과정으로 이루어진 사이클로, 순서는 등온압축 → 정적가열 → 등온팽창 → 정적방열이다. 또한 증기원동소의 이상 사이클인 랭킨 사이클에서 이상적인 재생기가 있다면 스털링 사이클에 가까워진다. 참고로 역스털링 사이클은 헬륨을 냉매로 하는 극저온가스냉동기의 기본 사이클이다.
• **디젤 사이클**: 2개의 단열과정과 1개의 정압과정, 1개의 정적과정으로 이루어진 사이클로, 정압하에서 열이 공급되고 정적하에서 열이 방출된다. 정압하에서 열이 공급되므로 정압 사이클이라고 하며 저속디젤기관의 기본 사이클이다. 또한 압축착화기관의 이상 사이클이다.
• **오토 사이클**: 2개의 정적과정 과 2개의 단열과정으로 이루어진 사이클로, 정적연소 사이클이라고 하며, 불꽃점화, 즉 가솔린기관의 이상 사이클이다.
• **브레이턴 사이클**: 2개의 정압과정과 2개의 단열과정으로 구성되어 있으며 가스터빈의 이상 사이클이다. 또한 가스터빈은 압축기, 연소기, 터빈의 3대 요소로 구성되어 있다.

17

정답 ②

$$\sigma_{\max} = \frac{M_{\max}}{Z} = \frac{PL}{\dfrac{bh^2}{6}} = \frac{6PL}{bh^2} = \frac{6 \times 100 \times 3,000}{4 \times 8^2} = 7031.25\text{MPa}$$

18

정답 ①

- 유선: 유체입자가 곡선을 따라 움직일 때, 그 곡선이 갖는 접선과 유체입자가 갖는 속도 벡터의 방향을 일치하도록 해석할 때 그 곡선을 유선이라고 말한다.
- 유적선: 주어진 시간 동안 유체입자가 지나간 흔적을 말한다. 유체입자는 항상 유선의 접선방향으로 운동하기 때문에 정상류에서 유적선은 유선과 일치한다.
- 비압축성, 비점성, 정상류로 유동하는 이상유체가 임의의 어떤 점에서 보유하는 에너지의 총합은 베르누이 정리에 의해 위치에 상관없이 동일하다.
- 베르누이 방정식은 에너지보존법칙과 관련이 있다.

[베르누이 가정]
- 정상류, 비압축성, 유선을 따라 입자가 흘려야 한다. 유체입자는 마찰이 없다(비점성).
- $\dfrac{\rho}{\gamma} + \dfrac{V^2}{2g} + Z = C$, 즉 압력수두 + 속도수두 + 위치수두 = constant
- 압력수두 + 속도수두 + 위치수두 = 에너지선
- 압력수두 + 위치수두 = 수력구배선

19

정답 ④

[유압장치의 특징]
- 입력에 대한 출력의 응답이 빠르다. 또한 비압축성이어야 정확한 동력을 전달할 수 있다.
- 소형장치로 큰 출력을 얻을 수 있고 자동제어 및 원격제어가 가능하다.
- 제어가 쉽고 조작이 간단하며 유량 조절을 통해 무단변속이 가능하다.
- 에너지의 축적이 가능하며, 먼지나 이물질에 의한 고장의 우려가 있다.
- 과부하에 대해 안전장치로 만드는 것이 용이하다.
- 오염물질에 민감하며 배관이 까다롭다. 그리고 에너지의 손실이 크다.

참고

[유압장치의 구성]
- 유압발생부(유압을 발생시키는 곳): 오일탱크, 유압펌프, 구동용전동기, 압력계, 여과기
- 유압제어부(유압을 제어하는 곳): 압력제어밸브, 유량제어밸브, 방향제어밸브
- 유압구동부(유압을 기계적인 일로 바꾸는 곳): 엑추에이터(유압실린더, 유압모터)

[유압기기의 4대 요소]
유압탱크, 유압펌프, 유압밸브, 유압작동기(액추에이터)

[부속기기]
축압기(어큐뮬레이터), 스트레이너, 오일탱크, 온도계, 압력계, 배관, 냉각기 등

20

정답 ③

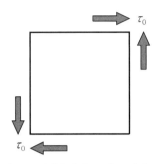

응력 상태를 보면, 1사분면과 3사분면으로 전단응력이 모이고 있다. 그리고 x, y 방향으로의 수직응력은 작용하지 않고 있다. 즉, 순수전단만이 작용하고 있음을 알 수 있다. 따라서 τ_0 크기의 전단응력만이 작용하는 응력 상태이다.

즉, τ_0 크기만큼의 반지름을 가진 모어원으로 그려지기 때문에 답은 ③으로 도출된다.

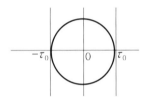

21

정답 ②

[탄소함유량이 많아질수록 나타나는 현상]

• 강도, 경도, 전기저항, 비열 증가
• 용융점, 비중, 열팽창계수, 열전도율, 충격값, 연신율, 연성 감소
✓ 탄소가 많아지면 주철에 가까워지므로 취성이 생기게 된다. 즉, 취성과 반대 의미인 인성이 저하된다는 것을 뜻하므로 충격값도 저하된다.
✓ 인성: 충격에 대한 저항 성질
✓ 충격값과 인성도 비슷한 의미를 가지고 있으므로 같게 봐도 무방하다.

22

정답 ③

절삭가공은 바이트 등의 공구를 사용하여 재료를 절삭하여 원하는 형상을 얻어내는 공정으로 대량생산에는 경제적이지 못한 특징을 가지고 있다. 예를 들어, 조각칼을 사용하여 나무를 조각한다면 원하는 완성품을 대량생산하는 데 시간이 많이 걸릴 것이다.

[절삭가공의 특징]

• 재료의 낭비가 심하다.
• 우수한 치수정확도를 얻을 수 있다.
• 대량생산 시 경제적이지 못하다.
• 평균적으로 가공시간이 길다.

23

[연삭가공의 특징]

- 연삭입자는 입도가 클수록 입자의 크기가 작다.
- 연삭입자는 불규칙한 형상을 하고 있으며 평균적으로 **음의 경사각**을 가진다.
- 연삭속도는 절삭속도보다 빠르며 절삭가공보다 치수효과에 의해 단위체적당 가공에너지가 크다.
- 단단한 금속재료도 가공이 가능하며 치수정밀도가 높고 우수한 다듬질 면을 얻는다.
- 연삭점의 온도가 높고 많은 양을 절삭하지 못한다.
- 모든 입자가 연삭에 참여하지 않는다. 각각의 입자는 절삭, 긁음, 마찰의 작용을 하게 된다.

용어설명

- **절삭**: 칩을 형성하고 제거한다.
- **긁음**: 재료가 제거되지 않고 표면만 변형시킨다. 즉, 에너지가 소모된다.
- **마찰**: 일감표면에 접촉해 오직 미끄럼마찰만 발생시킨다. 즉, 재료가 제거되지 않고 에너지가 소모된다.
- **연삭비**: '연삭에 의해 제거된 소재의 체적/숫돌의 마모 체적'이다.

24

$$T_2 = T_1 \left(\frac{P_2}{P_1} \right)^{\frac{n-1}{n}} = T_1 \left(\frac{1}{2} \right)^{\frac{0.4}{1.4}} = T_1 \times 2^{-\frac{0.4}{1.4}} = 0.6\,T_1$$

단열과정이기 때문에 $Q_{12} = 0$으로 도출된다.

$Q = du + pdv$에서 $Q = 0$이므로 $pdv = W = -du$로 도출된다.

$W = -(U_2 - U_1) = -m\,C_v(T_2 - T_1) = -m\,C_v(0.6\,T_1 - T_1) = 0.4\,m\,C_v\,T_1$

주어진 값을 대입하면

$W = 0.4 \times 2 \times 0.8 \times 150 = 96\text{kJ}$

25

터빈출구온도를 더 높일 수 있는 것은 재열 사이클의 특징이다.

[재생 사이클]

재생 사이클은 터빈으로 들어가는 과열증기의 일부를 추기하여(뽑아서) 보일러로 들어가는 급수를 미리 예열해준다. 따라서 급수는 미리 달궈진 상태이기 때문에 보일러에서 공급하는 열량을 줄일 수 있다. 또한 기존 터빈에 들어간 과열증기가 가진 열에너지를 100이라고 가정하면 일을 하고 나온 증기는 일한 만큼 열에너지가 줄어들어 50 정도가 있을 것이다. 이때 50의 열에너지는 응축기에서 버려질텐데 이 버려지는 열량을 미리 일부를 추기하여 급수를 예열하는 데 사용했으므로 응축기에서 버려지는 방열량은 자연스레 감소하게 된다. 그리고 $\eta = \dfrac{W}{Qb}$ 효율식에서 보일러의 공급열량이 줄어들어 효율은 상승하게 된다.

26

$PV = mRT$ 식에서 정압이므로 P는 상수 취급을 한다.

$\rightarrow\ V = mRT$에서 mR은 문제에서 일정한 상수이므로 $\dfrac{V}{T} = \text{constant}$가 된다.

즉, $\dfrac{V_1}{T_1} = \dfrac{V_2}{T_2}$ → $\dfrac{4}{273+273} = \dfrac{V_2}{546+273}$ → $\dfrac{4}{546} = \dfrac{V_2}{819}$

$V_2 = 6\text{m}^3$가 도출된다. 즉, 체적변화량 $\triangle V = 6-4 = 2\text{m}^3$

✓ 온도는 절대온도로 변환하여 공식에 대입한다.

27 정답 ④

$Q = Cm\triangle T$ → $250 = (2)(2)(T-20)$ → $T = 82.5℃$

✓ 비열이란 어떤 물질 1kg 또는 1g을 1℃ 올리는 데 필요한 열량을 말한다.

28 정답 ③

냉동기의 성능계수 $\varepsilon_r = \dfrac{Q_2}{W} = \dfrac{Q_2}{Q_1 - Q_2}$의 식으로 구할 수 있다.

29 정답 ②

[자중에 의한 응력]

균일단면봉의 경우: $\sigma = \gamma L$, $\lambda = \dfrac{\gamma L^2}{2E}$

원추형 봉의 경우: $\sigma = \dfrac{\gamma L}{3}$, $\lambda = \dfrac{\gamma L^2}{6E}$

꼭 자중에 의한 응력의 값과 변형량의 값을 암기하자.

✓ 원형봉(균일단면봉) 자중에 의한 응력 + 무게 W인 물체에 의한 응력 $= \gamma L + \dfrac{4W}{\pi d^2}$

즉, 원형봉에 작용하는 전체 응력 $\sigma = \dfrac{4W}{\pi d^2} + \gamma L$

$\sigma = \dfrac{4W}{\pi d^2} + \gamma L = \dfrac{(4)W}{\pi d^2} + \dfrac{(1)\gamma L}{(1)}$

∴ A + B + C = 4 + 1 + 1 = 6

30 정답 ②

$PV = mRT = 500 \times 10^3 \times 3 = m \times 500 \times 300$

∴ $m = 10\text{kg}$

31 정답 ③

[유압 작동유의 점도가 너무 높은 경우]

• 동력손실 증가로 기계효율이 저하되고, 소음이나 공동현상이 발생한다.

• 내부마찰 증대에 의해 온도가 상승하고, 유동저항의 증가로 인해 압력손실이 증대된다.

• 유압기기의 작동성이 떨어진다.

[유압 작동유의 점도가 너무 낮은 경우]
• 기기마모가 증대되고, 압력유지가 곤란하다.
• 내부오일 누설이 증대되고, 유압모터 및 펌프 등의 용적효율이 저하된다.

[유압 작동유에 공기가 혼입될 경우]
• 공동현상이 발생하며, 실린더의 작동불량 및 숨돌리기 현상이 발생한다.
• 작동유의 열화가 촉진되고, 윤활작용이 저하된다.
• 공기가 혼입됨으로써 압축성이 증대되어 유압기기의 작동성이 떨어진다.

32

정답 ④

불변강(고−니켈강)이란 온도가 변해도 탄성률, 선팽창계수가 변하지 않는 강을 말한다.

[불변강의 종류]
• **인바**: Fe−Ni 36%로 구성된 불변강으로 선팽창계수가 매우 작다. 즉, 길이의 불변강이다. 시계의 추, 줄자, 표준자 등에 사용된다.
• **초인바**: 기존의 인바보다 선팽창계수가 더 작은 불변강으로 인바의 업그레이드 형태이다.
• **엘린바**: Fe−Ni 36% − Cr 12%로 구성된 불변강으로 탄성률(탄성계수)이 불변이다. 정밀저울 등의 스프링, 고급시계, 기타 정밀기기의 재료에 적합하다.
• **코엘린바**: 엘린바에 Co(코발트)를 첨가한 것으로 공기나 물에 부식되지 않는다. 스프링, 태엽 등에 사용된다.
• **플래티나이트**: Fe−Ni 44~48%로 구성된 불변강으로 열팽창계수가 백금, 유리와 비슷하다. 전구의 도입선으로 사용된다.

33

정답 ③

오리피스는 벤투리미터와 원리가 비슷하지만, 예리하기 때문에 하류 유체 중에 free−flowing jet을 형성한다. 이 jet으로 인해 벤투리미터보다 오리피스의 압력강하가 더 크다.
★ 압력손실 크기 순서: 오리피스 > 유동노즐 > 벤투리미터

중요

• **유속측정**: 피토관, 피토정압관, 레이저 도플러 유속계, 시차액주계 등
• **유량측정**: 벤투리미터, 유동노즐, 오리피스, 로터미터, 위어 등
• **압력강하를 이용하는 것**: 벤투리미터, 노즐, 오리피스(벤투리, 노즐, 오리피스는 차압식 유량계)

[필수 암기 1]
• **로터미터**: 유량을 측정하는 기구로 부자 또는 부표라고 하는 부품에 의해 유량을 측정한다.
• **마이크로마노미터**: 두 원관 속을 기체가 미소한 압력차로 흐르고 있을 때 이 압력차를 측정한다.
• **레이저 도플러 유속계**: 유동하는 흐름에 작은 알갱이를 띄워서 유속을 측정한다.
• **피토튜브**: 국부유속을 측정할 수 있다.

[필수 암기 2]
• **벤투리미터**: **압력강하**를 이용하여 유량을 측정하는 기구로 **가장 정확한 유량**을 측정할 수 있다.
  − 상류 원뿔: 유속이 증가하면서 압력 감소, 이 압력 강하를 이용하여 유량을 측정

– 하류 원뿔: 유속이 감소하면서 원래 압력의 90%를 회복
- **피에조미터**: **정압**을 측정하는 기구이다.
- **오리피스**: 오리피스는 **벤투리미터와 원리가 비슷**하다. 다만, 예리하기 때문에 하류 유체 중에 free-flowing jet을 형성하게 된다.

34
정답 ②

선속도 $V = rw = 2.5 \times 12 = 30 \mathrm{m/s}$

35
정답 ②

[유량제어 밸브를 사용하는 회로]
- **미터인 회로**: 유량제어밸브를 실린더 입구 쪽에 직렬로 달아 유입하는 유량을 조절함으로써 실린더의 속도를 제어한다.
- **미터아웃 회로**: 유량제어밸브를 실린더 출구 쪽에 달아 귀환유의 유량을 조절함으로써 실린더를 제어한다. 따라서 실린더 로드 측에 항상 배압이 작용한다. 또한 회로의 효율이 좋지 못하다.
- **블리드 오프 회로**: 유량제어밸브를 실린더와 병렬로 설치하고, 그 출구를 기름탱크로 접속하여 펌프의 송출량 중 일정량을 탱크로 귀환하여 실린더의 속도제어에 필요한 유량을 간접적으로 제어한다. 즉, 공급 쪽 관로에 바이패스 관로를 설치하여 바이패스 흐름을 제어함으로써 속도를 제어한다. 특징으로는 실린더 입구측이 불필요한 압유를 배출시켜 작동효율이 좋으나 유량제어가 부정확하다.

✓ **기본적으로 미터인과 미터아웃은 실린더로 공급되는 유압과 실린더에서 배출되는 유압 중 어느 쪽의 압력을 조절하느냐에 따라 구분된다.**

36
정답 ③

다음 그림과 같이 어떤 물체를 수직 상방향으로 던졌을 때, 최고점에 도달했을 때의 높이를 구한다. 물체는 중력가속도를 받고 있으므로 등가속도운동을 할 것이다. 따라서 다음과 같은 식을 유도할 수 있다. 단, **최고점에 도달했을 때 물체의 속도는 0이 된다.**

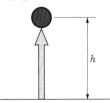

[등가속도운동 관련 공식]
- $V = V_0 + at$
- $S = V_0 t + \dfrac{1}{2} at^2$
- $2as = V^2 - V_0^2$

$$2as = V^2 - V_0^2 \rightarrow 2(-g)h = 0^2 - V^2 \rightarrow h = \frac{V^2}{2g} = \frac{50^2}{2 \times 10} = 125 \mathrm{m}$$

[여기서, V: 나중 속도, V_0: 초기 속도]

37

정답 ②

스프링에 달린 질량이 0.1kg인 물체는 속도 10m/s의 속도로 직선운동을 한다면, **총 운동에너지는** $\frac{1}{2}mv^2 = \frac{1}{2} \times 0.1 \times 100 = 5$J이고 이 물체는 바닥에 닿아 있기 때문에 위치에너지는 0이다.

또한 **스프링의 탄성에너지는** $\frac{1}{2}kx^2 = \frac{1}{2} \times k \times 5^2 = 12.5k$이다.

[여기서, x: 스프링의 처짐량]

물체의 운동 전 총에너지와 운동 후 총에너지는 운동에너지 보존법칙에 의해 일정하므로, 5J $= 12.5k$이다. 따라서 $k = 0.4$N/m가 된다.

38

정답 ③

- **페라이트**: α고용체라고도 하며 α철에 최대 0.0218%C까지 고용된 고용체로 전연성이 우수하며 A_2점 이하에서는 강자성체이다. 또한 투자율이 우수하고 열처리는 불량하다(체심입방격자).
- **펄라이트**: 0.77%C의 γ고용체(오스테나이트)가 723℃에서 분열하여 생긴 α고용체(페라이트)와 시멘타이트(Fe_3C)가 층을 이루는 조직으로 723℃의 공석반응에서 나타난다. 강도가 크며 어느 정도의 연성을 가진다.
- **시멘타이트**: 철과 탄소가 결합된 탄화물로 탄화철이라고 불리며 탄소량이 6.68%인 조직이다. 단단하고 취성이 크다.
- **레데뷰라이트**: 2.11%C의 γ고용체(오스테나이트)와 6.68%C의 시멘타이트(Fe_3C)의 공정조직으로 4.3%C인 주철에서 나타나는 조직이다.
- **오스테나이트**: γ철에 최대 2.11%C까지 용입되어 있는 고용체이다(면심입방격자).

39

정답 ③

$$\sum M = J_0\theta \rightarrow mg \times \frac{L}{2} = \frac{mL^2}{3} \times \theta'' \rightarrow \theta'' = \alpha(각가속도) = \frac{3g}{2L}$$

A = 3, B = 2

∴ A + B = 3 + 2 = 5

$$\left[단, J_0 = J_G + ml^2 = \frac{mL^2}{12} + m\left(\frac{L}{2}\right)^2 = \frac{4mL^2}{12} = \frac{mL^2}{3} \right]$$

★ **평행축정리**: $J_0 = J_G + ml^2$

[여기서, J_0: 0점의 질량관성모멘트, J_G: 도심축에 대한 질량관성모멘트, l: 평행이동한 거리]

📎 암기법 ┄┄

[도심축에 대한 질량관성모멘트]

막대	원판	구
$J_G = \dfrac{ml^2}{12}$	$J_G = \dfrac{mr^2}{2}$	$J_G = \dfrac{2mr^2}{5}$

40

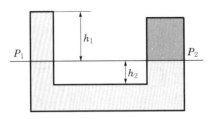

위 그림처럼 동일선상의 높이에서 $P_1 = P_2$의 관계가 성립된다. 따라서 P_1과 P_2를 각각의 식으로 표현하여 관계식을 두어 풀면 된다.

$P = \gamma h$ [단, γ: 비중량, h: 높이, $\gamma = \rho g$(밀도×중력가속도)]

$P_1 = dgh_1$, $P_2 = \dfrac{F}{A} = \dfrac{물체의\ 무게}{단면적} = \dfrac{Mg}{2A}$

$P_1 = P_2 \quad \rightarrow \quad dgh_1 = \dfrac{Mg}{2A}$

$\therefore\ M = 2Ah_1 d$

05 2019 하반기 한국서부발전 기출문제

01	④	02	①,②	03	③	04	①	05	③	06	①	07	②	08	②	09	①	10	①
11	③	12	①	13	③	14	④	15	②	16	②	17	①	18	①	19	②	20	①
21	②	22	②	23	③	24	①	25	①	26	②	27	④	28	④	29	②	30	②
31	①	32	③	33	①	34	①	35	③	36	①	37	③	38	①	39	①	40	①
41	③	42	①	43	①	44	④	45	①	46	③	47	④	48	③	49	③	50	①
51	①	52	③	53	④	54	④	55	②	56	①	57	①	58	②	59	②	60	②
61	①	62	③	63	③	64	③	65	③	66	④	67	①	68	④	69	③	70	③

※ 19번 관련문제 ②

01

정답 ④

M.L.T 차원계 해석은 기출이 많이 되는 부분이다. 간단하지만 실수할 수 있기에 차근차근 풀어 보자.

• 힘(F): $F = m \times a = \mathrm{kg(m/s^2)} = MLT^{-2}$

• 가속도(a): $a = \mathrm{m/s^2} = LT^{-2}$

• 압력(P): $P = \dfrac{F}{A} = \mathrm{N/m^2} = MLT^{-2} \times L^{-2} = ML^{-1}T^{-2}$

• 점성계수(μ): $\mu = \tau\,(\text{전단응력}) \times \dfrac{dh}{du} = \mathrm{N/m^2} \times \dfrac{\mathrm{m}}{\mathrm{m/s}} = \mathrm{N \cdot s/m^2}$

  $\rightarrow \mathrm{N \cdot s/m^2} = MLT^{-2} \times T \times L^{-2} = ML^{-1}T^{-1}$

02

정답 ①, ②

쉬울수록 실수하기 쉽다. 이와 같은 문제는 절대 틀리지 않도록 주의하자.

① $7.2\mathrm{km/h} = 7{,}200\mathrm{m}/3{,}600\mathrm{s} = 2\mathrm{m/s}$

② $1\mathrm{kgf} \rightarrow$ 지구의 표준중력가속도에 $1\mathrm{kg}$의 질량을 가진 물체가 가진 힘이다. 문제에서 중력가속도 $g = 10\mathrm{m/s^2}$이라 했으므로 $1\mathrm{kgf} = 10\mathrm{N}$이다. 따라서, $100{,}000\mathrm{N} = 10{,}000\mathrm{kgf}$이다.

③ $P = \dfrac{F}{A}$이므로 $1\mathrm{Pa} = 1\mathrm{N/m^2}$이다.

④ $1\mathrm{stoke}$는 동점성계수(ν)의 또다른 단위의 표현이다. $1\mathrm{stoke} = 1\mathrm{cm^2/s} = 10^{-4}\mathrm{m^2/s} = 100\mathrm{cts}$

03

정답 ③

공기업 시험에서는 계산기를 사용할 수 없기 때문에 정의를 묻는 문제가 많이 출제된다.
'운동량'에 대해 정확하게 이해하여 운동량 문제는 다 맞추도록 하자.

• **운동량(P): 물체의 질량과 속도의 곱인 벡터량으로, 단위는 $[\mathrm{kg \cdot m/s}]$이다.**
  따라서 물체의 질량과 속력, 운동방향을 나타내므로 운동상태에 대해서 알려준다.

  $P = mV = kg \cdot m/s = [MLT^{-1}] \cdots \bigcirc$

① 식 ㉠을 통해 알 수 있듯이 물체의 속도(V)가 **빠를수록** 운동량(P)은 커진다.

② $m_1 > m_2$이고 $V_1 = V_2$이면, $m_1 V_1 > m_2 V_2$이므로 같은 속도일 경우, 무거운 물체가 더 큰 운동량을 가지게 되므로 무거운 물체를 멈추는 데 더 큰 힘이 필요하다.

③ $m_1 = 10\text{kg}$, $V_1 = 10\text{m}/\text{s}$이고 $m_2 = 2\text{kg}$, $V_2 = 200\text{m}/\text{s}$인 물체를 가정해 보면, $m_1 V_1 < m_2 V_2 \rightarrow 100 < 400$이므로, m_1이 더 무겁지만 속도는 더 느리기 때문에 운동량이 작아지는 경우가 생길 수 있다.

④ 식 ㉠에 의해 운동량은 속도에 영향을 받는다. 즉, 정지상태이면 속도는 0값을 가지므로 아무리 무거운 물체라도 운동량값은 0이다.

04

정답 ①

일정한 질량에 일정한 힘이 가해지고 있으므로 '**등가속도운동**'을 하고 있다. 등가속도운동에서 주로 쓰이는 다음 공식을 이용해 값을 구한다.

(1) $V = V_0 + at$ (2) $S = S_0 + V_0 t + \dfrac{1}{2}at^2$ (3) $V^2 = V_0^2 + 2a(S - S_0)$

[여기서, V: 최종속도, V_0: 초기속도]

• **주어진 조건**

1. 정지상태: $V_0 = 0$, $S_0 = 0$

2. 질량 20kg, 일정한 힘 40N

   $F = ma \rightarrow 40\text{N} = 20\text{kg} \times a \rightarrow a = 2\text{m}/\text{s}^2$

3. 시간(t) = 10s

   ① $V = V_0 + at = 0 + (2 \times 10) = 20\text{m}/\text{s}$

   ② $S = S_0 + V_0 t + \dfrac{1}{2}at^2 = 0 + 0 + \dfrac{1}{2} \times (2 \times 10^2) = 100\text{m}$

[별해]

다음 그래프는 $[v-t]$ 그래프이다.

$[v-t]$ 그래프에서 면적은 '**이동거리(s)**'를 나타낸다.

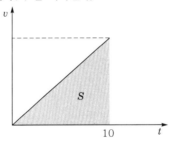

① v(속도)를 구해준다. 주어진 문제에서는 가속도를 통해 속도를 구한다($a = 2\text{m}/\text{s}^2$). 가속도는 물체의 속도가 시간에 따라 변할 때 단위시간당 변화의 비율을 의미한다.

$a = \dfrac{dv}{dt} = \dfrac{v - v_0}{t - t_0} \rightarrow v_0 = 0, t_0 = 0 \quad \therefore v = at = 2 \times 10 = 20\text{m}/\text{s}$

② $[v-t]$ 그래프의 면적이 이동거리이므로 삼각형의 넓이를 구해보면,

$S = \dfrac{1}{2}vt = \dfrac{1}{2} \times 20 \times 10 = 100\text{m}$

05

정답 ③

다음 그래프는 물체가 자유낙하했을 때, 운동에너지와 위치에너지의 변화를 나타낸 것이다. 그래프를 통해서도 알 수 있듯이 두 에너지의 교차점은 전체 길이의 절반이 되는 지점이다. 그러므로 45m 지점에서의 속도를 구해주면 된다.

$$mgh = \frac{1}{2}mv^2 \rightarrow v = \sqrt{2gh} \quad (g = 10\mathrm{m/s^2},\ h = 45\mathrm{m})$$

$$\therefore v = \sqrt{2 \times 10 \times 45} = 30\mathrm{m/s}$$

또는 초기 위치에너지값이 900m이므로 같아질 때는 위치에너지, 운동에너지가 각각 450m일 것이다. 따라서

$$0.5m\,V^2 = 450m \rightarrow V^2 = 900 \quad \therefore V = 30\mathrm{m/s}$$

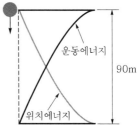

06

정답 ①

드릴링의 절삭속도 $v = \dfrac{\pi d N}{1,000}[\mathrm{m/min}]$을 안다면, 1분 만에 풀 수 있는 문제이다. 드릴의 지름 d은 절삭속도와 비례관계이므로 지름을 두 배 증가시키면 절삭속도 또한 2배가 된다.

07

정답 ②

- 이산화탄소(CO_2) 주형법: 규사(SiO_2)에 점결제로 규산소다를 3~6% 첨가하여 혼합시킨 후, 주형에 **이산화탄소를 불어넣어 빠른 시간 내에 경화시키는 방법**
  → 주물을 꺼낼 때 주형 해체가 어려울 수도 있지만 **치수의 정밀도를 보장**받을 수 있는 주조법
- 주요 특징
  – **복잡한 형상의 코어 제작에 적합**하므로 정밀도가 높은 주형과 강도 높은 주형을 얻을 수 있다.
  – 이산화탄소를 단시간 내에 경화시키기 때문에 주형 건조시간의 단축이 가능하다.

08

정답 ②

전단각: 전단공구에 있어서 작은 힘으로 절단할 수 있도록 아랫날에 대해서 윗날을 경사지게 하는 각도

① 전단각이 클수록 전단력(절삭력)이 작아지고 경사각은 크다.
  → 전단각과 절삭력은 반비례 관계라 보면 된다.
② 전단각이 작아질수록 절삭력은 커지고 가공면의 치수정밀도는 나빠진다.
③ 칩 두께가 커질수록 공구와 칩 사이의 마찰이 커져 전단각이 작아진다.
  → 전단각이 작아지면 큰 절삭력을 필요하게 되어 칩 두께가 두꺼워진다.
④ 경사각이 감소하면 전단각이 감소하고 전단변형률이 증가한다. 따라서 제거되는 재료 부피당 에너지가 증가하고 절삭력은 증가하게 된다.

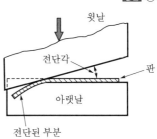

09

[질화법]

• **강의 표면경화법** 중 하나로 **화학적인 표면경화법**이다. 즉, 강을 500~550°C의 암모니아 NH_3가스 중에서 장시간 가열하면 **질소(N)가** 흡수되어 질화물을 형성해 표면에 질화 경화층을 만드는 방법이다.

• 내식성, 내마멸성이 있어 고온에서 안정해 **마모 및 부식에 대한 저항이 크다.**

• 기어의 잇면, 크랭크 축 머리부, 고급내연기관의 실린더 내면, 동력전달용 체인에 사용된다.

✓ 질화법과 침탄법의 특징 비교가 많이 출제되므로 함께 암기하자.

침탄법	질화법
경도↓	경도↑
침탄 후 열처리(담금질) 필요함	침탄 후 열처리(담금질) 필요 없음
침탄 후 수정 가능	침탄 후 수정 불가능
단시간에 표면경화 가능	표면경화 시간이 긺
변형 생성	변형 적음
침탄층 단단(두꺼움)	질화층 얇음
가열온도 높음(900~950°C)	가열온도 낮음(500~550°C)

✓ 질화효과를 높이기 위해 첨가되는 원소   &   강에 첨가되어 있으면 질화가 잘되는 원소
         Al, Cr, Mo   Al, Ti, V

10

구성인선(Built up edge): 연성재료를 절삭할 때 칩이 고온·고압으로 공구인선에 응착하여 실제의 절삭날 역할을 하는 것으로 공구 끝에 칩이 가공경화 되서 조금씩 부착된 형태이다. 구성인선이 있으면 경사각이 커져 절삭저항이 작아져 공구 날끝이 구성인선으로 보호되어 공구의 수명을 연장시켜줄 수도 있지만, 계속 발생하게 되면 날끝이 탈락되는 치핑현상이 발생되어 공구수명을 단축시키므로 구성인선은 방지해줘야 한다.

[구성인선 방지법]

'유동형 칩'이 생성되는 조건으로 만들어 준다고 생각한다.

• 절삭깊이를 작게 한다. = 칩 두께를 줄여준다.

• 윗면경사각을 크게 하며 절삭속도를 높여준다.

  → 구성인선 발생을 없애는 구성인선의 임계속도(절삭속도) = 120m/min

• 절삭공구의 인선(날 끝)을 예리하게 해준다.

• 윤활성이 좋은 절삭유를 사용한다.

• 마찰계수가 작은 초경합금과 절삭공구를 사용한다.

• 칩의 두께를 감소시킨다.

• 세라믹 공구를 사용한다.

  → 세라믹은 금속(철)과의 친화력이 없기 때문에 칩이 세라믹 공구의 날 끝에 달라붙지 않아 구성인선이 발생하지 않는다.

11

정답 ③

[밀링머신 부속장치의 종류] → 간단하게 정의를 주는 문제가 많아지므로 꼭 암기하자.
- **수직밀링장치**: 수평 및 밀링머신의 주축단 기둥면에 설치하여 밀링커터 축을 수직 상태로 사용한다.
- **슬로팅장치**: 수평 및 만능 밀링머신의 기둥면에 설치하여 **주축의 회전운동을 공구대의 왕복운동으로 변환시키는 장치**로, 평면 위에서 임의의 각도로 경사시킬 수 있다. 주로 **키 홈, 스플라인, 세레이션 등을 가공할 때 사용**한다.
- **만능밀링장치**: **수평 및 수직면에서 임의의 각도로 선회**시킬 수 있으며 수평밀링머신의 테이블 위에 설치하여 사용(단, **45도 이하**에서 회전 가능)한다.
- **레크밀링장치**: 긴 레크를 깎는 데 사용되며 별도의 테이블을 요구하는 피치만큼 정확하게 이송하여 분할할 수 있는 장치이다.

12

정답 ①

용제의 의미를 알면 왜 가스용접에서 용제를 사용하는지를 알 수 있다.
용제란 피복제가 용접 열에 녹아 유동성이 있는 보호막이다. 즉, 용제는 대기 중 산소와의 접촉을 차단시켜 **불순물이 용접부에 생성되어 들어가는 것을 방지하는 역할**을 한다.

13

정답 ③

자유도는 회전할 수 있는 방향의 개수와 물체가 이동하는 방향의 개수를 합한 값이다. 어떤 물체가 특정한 한 방향으로만 움직인다면, 그 물체는 특정한 방향에 대해 1자유도를 가진다. 만약 **2차원의 평면운동**이라고 하면 **강체의 경우**는 x, y축에 대한 병진운동과 z축에 대한 회전운동을 하기 때문에 **3자유도를 가진다.** **질점의 경우**는 x, y축에 대한 병진운동만 하기 때문에 **2자유도를 갖는다.** 1차원 직선운동에서는 강체와 질점 모두 병진운동만 하므로 **1자유도만 갖는다.**

　부피를 가진 강체는 3차원 공간에서 회전운동과 병진운동을 표현해야 하므로 6자유도를 갖는다. 그 이유는 위-아래, 왼쪽-오른쪽, 앞-뒤의 3가지 방향으로 운동할 수 있어 병진운동에서는 3자유도를 갖고 앞, 옆, 사선으로 회전할 수 있으므로 회전운동에서도 3자유도를 갖는다. 따라서 물체의 운동을 해석하려면 최소 6자유도가 필요하다.

　3차원 공간에서 질점은 부피를 갖지 않으므로 회전운동이 없어 병진운동에 대한 3자유도를 갖는다.

용어설명
- **병진운동**: 질점계의 모든 질점이 평행이동을 하는 운동
- **회전운동**: 물체가 회전 축을 중심으로 회전하는 운동

14

정답 ④

① 충격량 Ft는 운동변화량 $m(v_2 - v_1)$과 같으며 단위는 질량단위에서 속도단위를 곱한 kg·m/s이다.
② 운동량보존의 법칙과 관계된 내용으로 외력이 가해지지 않았을 때 충돌하는 두 물체는 매우 짧은 시간에 서로 힘을 교환하게 된다. 작용과 반작용의 법칙에 의해 서로의 힘의 크기가 같고 접촉시간이 같으므로 충격량(Ft)은 같다. 충격량이 같다면 운동량의 변화량 또한 같으므로 충격 전의 총운동량과 충격 후의 총운동량은 같다.

③ 반발계수(e)는 변형의 회복 정도를 나타내는 값으로 $0 \leq e \leq 1$의 값을 나타내며,

반발계수$(e) = \dfrac{\text{충돌 후의 상대속도}(v_2' - v_1')}{\text{충돌 전의 상대속도}(v_2 - v_1)}$ 로 나타낼 수 있다.

④ **충돌의 종류**
- 완전탄성충돌($e = 1$): 충돌 전후의 운동량과 운동에너지가 모두 보존된다.
- 완전비탄성충돌($e = 0$): 충돌 후 반발 없이 하나로 합쳐져서 충돌 후 두 질점의 속도가 같아진다 (**예** 진흙). 운동량은 보존되지만 운동에너지는 보존되지 않는다.
- 불완전탄성충돌($0 < e < 1$): 운동량은 보존되지만 운동에너지는 보존되지 않는다.

용어설명

- **운동량방정식**: 운동량방정식은 뉴턴의 운동 제2법칙 $F = ma$에서 출발한다. 가속도는 속도의 변화량을 시간의 변화량으로 나눈 것이므로 식으로 표현하면 $F = ma = m\dfrac{dv}{dt}$로 나타낼 수 있다. dt를 이항하면 $Fdt = mdv$가 된다. 이 식을 적분하면 $Ft = m(v_2 - v_1)$라는 식이 나오는데 여기서 Ft를 역적 또는 충격량이라 하며, $m(v_2 - v_1)$을 운동량의 변화량이라 한다.

15

정답 ②

단순조화운동: 주기 중에서 가장 단순한 $\sin$함수 또는 $\cos$함수의 형태를 나타내는 운동을 말한다.

- **주기(T)**: 한 사이클을 진행하는 데 걸리는 시간을 말하며, $T = \dfrac{2\pi}{\omega}$로 나타낸다.

- **진동수(= 주파수, f)**: 주기의 역수를 말하며, 단위시간 동안에 이룬 사이클의 수를 나타낸다.
$f = \dfrac{1}{T} = \dfrac{\omega}{2\pi}$

여기서, 각속도(ω)를 2배 높이면, $T = \dfrac{2\pi}{\omega}$에 의해 주기는 0.5배 줄어든다. 참고로 진동에서는 각속도(ω)를 각진동수 또는 원진동수라고 표현한다.

16

정답 ②

[임계감쇠계수(C_{cr})]

진동을 일으킬 수 있느냐 없느냐를 결정해 주는 값으로 $C_{cr} = 2\sqrt{mk}$로 나타난다.

[감쇠비(ζ)]

감쇠계수를 C로 두었을 때 진동을 일으킬 수 있는지를 판단하는 임계감쇠계수 C_{cr}보다 클수록 감쇠비가 커지기 때문에 과도감쇠가 일어나 진동이 일어나지 않는다. 그 반대의 경우에는 감쇠가 적기 때문에 진동이 일어날 소지가 충분히 많아지게 된다. 이처럼 감쇠의 정도로 진동의 발생 유무를 판단하기 위한 비를 감쇠비라고 하며, **감쇠비는** $\zeta = \dfrac{C}{C_{cr}}$로 표현이 가능하다.

- $\zeta < 1$일 때, 감쇠계수가 임계감쇠계수보다 작으므로 진동을 없애기 위한 감쇠가 적기 때문에 진동이 일어날 수 있다. 이를 **아임계감쇠 또는 부족감쇠**라고 한다.
- $\zeta = 1$일 때, 물체가 외부로부터 외란을 받을 때 진동을 일으키지 않고 정지상태로 점점 안정화되는 것을 **임계감쇠**라고 한다.

- $\zeta > 1$ 일 때, 감쇠계수가 임계감쇠계수보다 크므로 진동을 억제하기 위해 충분히 감쇠시키기 때문에 진동이 일어나지 않는다. 이를 **초임계감쇠 또는 과도감쇠**라고 한다.

17

정답 ①

스프링에 달린 질량이 0.1kg인 물체가 10m/s의 속도로 직선운동을 한다면,

총운동에너지는 $\frac{1}{2}mv^2 = \frac{1}{2} \times 0.1 \times 100 = 5$J이고 물체가 바닥에 닿아 있기 때문에 위치에너지는 0이다.

또한 **스프링의 탄성에너지는** $\frac{1}{2}kx^2 = \frac{1}{2} \times 0.4 \times x^2 = 0.2x^2$이다.

[여기서, x: **스프링의 처짐량**]

→ 물체의 운동 전 총에너지와 운동 후 총에너지는 운동에너지 보존법칙에 의해 일정하므로, 5J $= 0.2x^2$이고, $x = 5$m가 된다.

18

정답 ①

전달률: 위력을 가하여 강제적으로 진동시키는 경우 진동전달률$(TR) = \dfrac{\text{피진력진폭}}{\text{가진력진폭}}$이다.

진동수비와의 관계로는 $TR = \dfrac{1}{r^2 - 1}$로 표현할 수 있다.

문제에서, 전달률(TR)이 1이므로 진동수비(r)는 $\sqrt{2}$가 된다.

- $TR = 1$이면 $r = \sqrt{2}$: 임계값
- $TR < 1$이면 $r > \sqrt{2}$: 진동절연, 전달률이 커질수록 감쇠비(ζ)는 커진다.
- $TR > 1$이면 $r < \sqrt{2}$: 전달률이 커질수록 감쇠비(ζ)는 작아진다.

19

정답 ②

[열역학 법칙]

- **열역학 제0법칙**: 열평형의 법칙
- **열역학 제1법칙**: 에너지보존의법칙으로 어떤 계의 내부에너지의 증가량은 계에 더해진 열에너지에서 계가 외부에 해준 일을 뺀 양과 같다. 즉, 열과 일의 관계를 설명하는 법칙으로 열과 일 사이에는 전환이 가능한 일정한 비례관계가 성립한다. 따라서 열량은 일량으로 일량은 열량으로 환산이 가능하므로 **열과 일 사이에 에너지보존의법칙이 적용**된다. 열역학 제1법칙은 가역·비가역을 막론하고 모두 성립한다.
- **열역학 제2법칙**: 에너지의 방향성을 밝힌 법칙
- **열역학 제3법칙**: 온도가 0K에 근접하면 엔트로피는 0에 근접한다.

[상태량]

- **종량적 상태량(크기 성질)**: 계의 크기(질량) 또는 범위에 따라 값이 변하게 되는 상태량을 말한다.
  예 실량, 체적, 내부에너지, 엔탈피, 엔트로피 등 반으로 나뉘면 반으로 줄어드는 상태
- **강도성 상태량(정량성 상태량, 세기 성질)**: 계의 크기(질량) 또는 범위와는 무관한 상태량(비상태량)으로 물질의 크기와 관계없이 물질의 강도만을 고려한 물성치를 말한다.
  예 온도, 압력, 밀도, **비체적** 등 반으로 나뉘어도 일정한 것
- **내부에너지**(U, kcal or kJ): 물체가 가지고 있는 총에너지로부터 **역학적 에너지(위치에너지 + 운동에너지)**를 뺀 나머지 에너지를 의미한다. 내부 $E(U) = $ 총$E - ($역학적 $E + $ 전기적 $E)$

• **일과 열은 과정함수**(path function, **경로함수, 도정함수)라** 한다.
  일과 열은 상태변화의 경로에 의존하므로 처음과 마지막의 상태만으로 결정되지 않는다. 따라서 일과
  열의 미소량은 성질의 미소량과 달라 어떤 함수의 완전미분(전미분)으로 나타낼 수 없고 편미분으로만
  가능하다.

[관련 문제]

정답 ②

20

정답 ①

클러치: 원동축에서 종동축에 토크를 전달시킬 때 간단히 두 축을 연결하기도 하고 분리시키도 할 필요성
이 있을 경우 사용하는 축이음
→ 운전 중에도 축이음을 차단시킬 수 있는 동력전달 장치로 두 축을 빨리 단속할 필요가 있는 축이음

[클러치의 종류]
맞물림클러치, 마찰클러치(원판클러치 & 원추클러치), 유체클러치, 마그네틱클러치, 일방향클러치, 원심
클러치

21

정답 ②

[이상기체(완전가스) 상태방정식]
$PV = mRT$ [여기서, P: 압력, V: 체적, m: 질량, R: 기체상수, T: 온도]
이상기체(완전가스)란 보일(Boyle)의 법칙과 샤를(Charles)의 법칙 및 줄(Joule)의 법칙이 적용되는 가
상적인 가스 중 '비열이 일정한 것'으로 이상기체(완전가스) 상태방정식($PV = mRT$)을 만족하는 가스
이다.

[실제 가스가 이상기체(완전가스) 상태방정식을 만족하는 조건]
• 압력이 낮을수록
• 분자량이 작을수록
• 온도가 높을수록
• 비체적이 클수록
① **보일의 법칙**[등온법칙, $T = C$(일정)]: 기체의 온도가 일정($T = C$)할 때 **기체의 체적은 절대압력에
  반비례**한다.
  문제에서 조건은 $T = C$(일정)이다. 이때 질량과 기체상수는 값이 정해져 있는 조건이므로 $PV = C$,
  (압력)×(체적) = 일정
② **샤를의 법칙**[게이뤼삭의 법칙, $P = C$(일정)]: 기체의 압력이 일정($P = C$)할 때 **기체의 체적은 절대
  온도에 비례**한다.

22

정답 ②

[Key에 작용하는 응력]

• **축회전에 따른 키의 전단응력** $\tau_k = \dfrac{W}{A} = \dfrac{W}{bl} = \dfrac{\frac{2T}{d}}{bl} = \dfrac{2T}{bld}$

• 키 홈 측면의 압축응력 $\sigma_k = \dfrac{W}{A} = \dfrac{W}{tl}$ $(IF,\ t = \dfrac{h}{2}$일 경우$) = \dfrac{\dfrac{2T}{d}}{\dfrac{hl}{2}} = \dfrac{4T}{hld}$

문제에서 $\dfrac{\tau_k}{\sigma_k} = \dfrac{1}{2}$이라 했으므로 $\dfrac{\dfrac{2T}{bld}}{\dfrac{4T}{hld}} = \dfrac{1}{2} \ \rightarrow \ h = b$

23

정답 ②

[스퍼기어 각부 명칭]
• **이끝틈새**: 한편의 기어의 이끝원에서 그것과 맞물리고 있는 기어의 이뿌리원까지의 거리
• **이끝높이**: 피치원에서 이끝원까지의 거리[어덴덤(a)]
• **이뿌리높이**: 피치원에서 이뿌리원까지의 거리[디덴덤(d)]
• **유효 이높이**(물림이높이): 한 쌍의 기어의 이끝 높이의 합
• **총이높이**(h): 어덴덤(a)과 디덴덤(d)의 합

24

정답 ①

그래프의 면적(A)는 $\triangle T \times \triangle C$ [온도와 비열의 곱으로 표현된다.]

여기서, Q(열량)$= G \cdot \triangle(C \cdot T)$이므로 $\dfrac{Q}{G} = \triangle(C \cdot T)$이다. 즉, 면적이 나타내는 것은 **단위질량당 열량**이다.

25

정답 ①

[공기압 장치의 구성요소]
• **냉각기**: 고온의 압축공기를 공기건조기로 공급하기 전 건조기의 입구온도 조건에 맞도록 **수분을 제거하는 장치**
• **공기탱크**: 탱크 안에 공기가 쌓이면 위에는 공기 아래는 수분이 생기는데 이를 드레인하여 **수분을 제거하는 역할**
• **에프터 쿨러**: 갑자기 공기가 팽창하면 온도가 떨어져 수분이 생기고 효율이 떨어지므로 **수분을 제거하기 위한** 냉각장치
• **압축기**: 대기로부터 들어오는 공기를 압축하는 장치
• **원동기**: 압축기를 구동하기 위한 전기 모터
• **공압 제어밸브**: 압력제어밸브, 유량제어밸브, 방향제어밸브
• **공압구동부**: 액추에이터(실린더, 모터)
• **관로**: 압축공기를 한 곳에서 다른 곳으로 수송

26

정답 ②

탄성곡선의 미분 방정식인 '처짐 곡선의 미분방정식' $\dfrac{d^2 y}{dx^2} = -\dfrac{M}{EI}$ … ㉠

㉠의 식을 정리하면, $EI\dfrac{d^2y}{dx^2} = -M \cdots$ ㉡

㉡을 미분하면, 1) $EI\dfrac{d^3y}{dx^3} = \dfrac{dM}{dx} = F$ (전단력)

2) $EI\dfrac{d^4y}{dx^4} = \dfrac{d^2M}{dx^2} = \dfrac{dF}{dx} = w$ (분포하중)

㉡을 적분하면, 1) $EI\dfrac{dy}{dx} = \displaystyle\int Mdx = EI\theta$, $\theta =$ 처짐각

2) $EIy = \displaystyle\iint Mdx = EI\delta$, $\delta =$ 처짐량

∴ 탄성곡선의 미분방정식인 '처짐 곡선의 미분방정식'을 통해 분포하중, 처짐각, 처짐량을 알 수 있다.

27
정답 ④

상사법칙: 모형실험을 통해 원형에서 발생하는 여러 특성을 예측하는 수학적 기법을 말하며, 이론적으로 해석이 어려운 경우 실제 구조물과 주변 환경 등 원형을 축소시켜 작은 규모로 제작한 모형을 통해 원형에서 발생하는 현상 및 역학적인 특성을 미리 예측하고 설계에 반영하여 원형과 모형 간의 특성의 관계를 연구하는 기법이다.

[상사법칙의 종류]
- **기하학적 상사**: 원형과 모형은 닮은꼴의 대응하는 각 변의 길이의 비가 같아야 **기하학적 상사**를 만족한다.
- **운동학적 상사**: 모형과 원형에서 서로 대응하는 입자가 대응하는 시간에 대응하는 위치로 이동할 경우 **운동학적 상사**를 만족한다.
- **역학적 상사**: 모형과 원형의 유체에 작용하는 상응하는 힘의 비가 전체 흐름 내에서 같아야 한다는 것을 의미한다.

28
정답 ④

홈마찰차: 밀어붙이는 힘을 증가시키지 않고 전달동력을 크게 할 수 있도록 개량한 마찰차

[특징]
- 보통 양 바퀴를 모두 주철로 한다.
- 홈의 각도: $2\alpha = 30 \sim 40°$
- 홈의 피치(p): $3 \sim 20mm$, 보통 $10mm$
- 홈의 수는 너무 많으면 홈이 동시에 정확하게 끼워지지 않으므로 보통 5개

29
정답 ②

카르노 사이클(carnot cycle): 열기관의 이론상 이상 사이클로 '2개의 가역등온변화와 2개의 가역단열변화'로 구성된 '열기관에서 최고 열효율'을 갖는 사이클
- 같은 두 열원에서 작동하는 가역 사이클인 카르노 사이클로 작동되는 기관은 모두 열효율이 같다.
- 카르노 사이클의 열효율은 동작물질에 관계없이 두 열저장소의 절대온도에만 관계된다.

- 카르노 사이클의 열효율은 **열량의 함수를 온도의 함수로 치환가능**하다.

$$\eta_c = \frac{W}{Q_1} = \frac{Q_1 - Q_2}{Q_1} = 1 - \frac{Q_2}{Q_1} = 1 - \frac{T_2}{T_1}$$

- **카르노 사이클의 열효율을 높이려면**
  - 고열원의 온도(T_1)가 높아야 한다.
  - 저열원의 온도(T_2)는 낮아야 한다.
  - 동작물질의 밀도는 작아야 한다.

30

정답 ②

비틀림모멘트(T) = τZ_P = **전단응력 × 극단면계수**

즉, 비틀림이 작용했을 경우 전단응력을 구하기 위해서는 극단면계수(Z_P)를 알면 된다.

31

정답 ①

볼나사: 운동용 나사 종류 중 하나로 수나사와 너트부분에 나선 모양의 홈을 파 두 개의 홈을 맞대어 향하도록 맞추고, 그 홈 사이에 수많은 볼들을 배치한 구조이다. 수나사와 너트는 상호 간에 '**직선운동과 회전운동**'을 한다.

[볼나사의 장점과 단점]
- 장점
  - **나사의 효율이 좋다.**
    → 미끄럼나사보다 전달효율이 크므로 '**공작용 기계의 이송나사, NC기계의 수치 제어장치, 정밀기계**' 등에 사용된다.
  - **축방향의 백래시를 작게 할 수 있다.**
  - 마찰이 작아서 정확하고 미세한 이송이 가능하다.
  - 윤활에 그다지 주의하지 않아도 된다.
  - 먼지에 의한 마모가 적고 토크의 변동이 적다.
  - 높은 정밀도를 오래 유지할 수 있다.
- 단점
  - 자동체결이 불가능하다.
  - 가격이 비싸며 **고속에서 소음이 발생**한다.
  - 너트의 크기가 크게 되어 **피치를 작게 하는 데 한계가 있다.**

32

정답 ④

최근 조직의 경도 순서를 물어보는 문제가 자주 출제되고 있다. 경도 순서는 확실하게 외우도록 한다.

[여러 조직의 경도 순서]
시멘타이트 > 마텐자이트 > 트루스타이트 > 베이나이트 > 소르바이트 > 펄라이트 > 오스테나이트 > 페라이트

33

정답 ①

카르노 사이클: 가역 이상 사이클로 열기관에서 효율이 최대를 나타내는 사이클이다. **2개의 등온과정과 2개의 단열과정**으로 구성되어 있다.

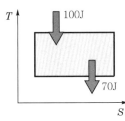

열효율$(\eta) = \dfrac{출력}{입력}$으로 나타낼 수 있다.

문제에서 100J의 열을 흡수하였고 70J의 힘을 방출하였다면 이 카르노 사이클이 사용한 열은 30J이다. 즉, 30J을 출력했다라고 할 수 있다.

100J의 입력으로 30J을 출력했으므로, 열효율$(\eta) = \dfrac{30}{100} \times 100\% = 30\%$

34

정답 ①

유압펌프의 효율을 물어보는 문제는 자주 출제되므로 꼭 알아두자.

[유압펌프의 각종 효율]

- 전효율 $\eta = \dfrac{펌프동력}{축동력}$

- 용적효율 $\eta_v = \dfrac{실제\ 펌프\ 토출량}{이론\ 펌프\ 토출량}$

- 기계효율 $\eta_m = \dfrac{유체동력}{축동력}$

- η(전효율) $= \eta_v$(용적효율) $\times \eta_m$(기계효율)

35

정답 ③

- **정압비열**(C_p): 압력을 일정하게 유지한 채로 물질 1g을 1℃ 올리는 데 필요한 열량
- **정적비열**(C_v): 체적을 일정하게 유지한 채로 물질 1g을 1℃ 올리는 데 필요한 열량
- **기체상수**(R): 등온의 법칙이라 불리는 보일의 법칙인 $Pv = C$와 정압법칙이라 불리는 샤를의 법칙 $\dfrac{v}{T} = C$를 합한 보일-샤를법칙$(\dfrac{Pv}{T} = C)$에서 상수 C가 바로 기체상수(R)이다. 이는 기체의 종류에 따라 바뀌지 않으며 이상기체 1mol을 취하면 기체상수 R은 8.314J/K·mol의 값을 가진다. 이 기체상수 $R = C_p - C_v$로 나타낼 수 있다.

36

정답 ②

[하겐-푸아죄유 방정식]

다르시-바이스바흐 공식에서 하겐-푸아죄유 방정식으로 유도를 해서 이 문제의 답을 찾도록 하자. 우선 **다르시-바이스바흐의 공식** $h_l = f \times \dfrac{l}{d} \times \dfrac{v^2}{2g}$ 에서 출발한다. 마찰계수 f가 **층류**일 때 $\dfrac{64}{Re}$ 이며, 레이놀

즈수를 풀면 $\dfrac{64\mu}{\rho vd}\left(Re=\dfrac{\rho vd}{\mu}\right)$가 된다. 이를 정리하면, $h_l=\dfrac{32\mu lv}{\rho d^2 g}$가 된다.

이를 v에 관해 표현하면, $v=\dfrac{\rho gh_l d^2}{32\mu l}=\dfrac{\gamma h_l d^2}{32\mu l}(\gamma=\rho g)=\dfrac{\triangle Pd^2}{32\mu l}(\triangle Pg=\gamma h_l)$이다.

양변에 **원형** 단면적$(A=\dfrac{\pi d^2}{4})$을 곱해 보면, $A\times v=\dfrac{\triangle P\pi d^4}{128\mu l}$이 나오며, 연속방정식에 의해 $Q=Av$

이므로 유량으로 바꿔주면 우리가 익히 아는 **하겐–푸아죄유 방정식** $Q=\dfrac{\triangle P\pi d^4}{128\mu l}$이 나온다.

즉, **층류상태에서 원형단면일 경우** 다르시–바이스바흐의 공식을 정리하면 하겐–푸아죄유 방정식이 나오게 된다. 이를 통해 보기 ①, ④는 맞는 보기이며, $Q=\dfrac{\triangle P\pi d^4}{128\mu l}$의 식을 통해 점성계수$(\mu)$는 관 지름$(d)$의 4제곱과 서로 반비례 관계임을 알 수 있기 때문에 ③도 맞는 보기이다.

37
정답 ②

[레이놀즈수]

$\dfrac{관성력}{점성력}$이며 식으로 표현하면 레이놀즈수$(Re)=\dfrac{vd}{\nu}=\dfrac{\rho vd}{\mu}\left(\nu=\dfrac{\mu}{\rho}\right)$이다.

[여기서, ν: 동점성계수, μ: 점성계수]

따라서 $1,000=\dfrac{30[\mathrm{m/s}]\times d[\mathrm{m}]}{9\times10^{-4}[\mathrm{m}^2/\mathrm{s}]}\ \rightarrow\ \therefore\ d=0.03\mathrm{m}=3\mathrm{cm}$

→ 시험에서 이처럼 쉬운 문제는 혹시 본인이 실수한 부분이 없는지 확실히 체크하고 넘어가기 바란다. 이 문제처럼 계산 시 m로 나오는데 답은 cm로 물어보는 형식이나, 반지름과 지름이 같이 나와 혼동을 주는 문제는 정말 많이 나온다. 참고로 2018년도 한국공항공사 기출에서 마찰차의 속도비를 구하는 문제가 나왔었는데 원동은 반지름이 주어지고 종동은 지름이 주어진 문제가 출제되었고 많은 취준생들이 실수를 하였다. 단위 문제는 항상 혼란을 줄 수 있으므로 쉽게 생각하지 말고 어떤 부분에 혼란의 요소가 있을지 항상 주의해야 한다.

38
정답 ③

기체상수(R): 등온의 법칙이라 불리는 **보일의 법칙**$(Pv=C)$과 정압법칙이라 불리는 **샤를의 법칙**$\left(\dfrac{v}{T}=C\right)$을 합한 **보일–샤를법칙**$\left(\dfrac{Pv}{T}=C\right)$에서 상수 C가 바로 기체상수(R)이다. 이는 기체의 종류에 따라 바뀌지 않으며 이상기체 1mol을 취하면 기체상수 R은 $8.314\mathrm{J/K}\cdot\mathrm{mol}$의 값을 가진다.

보일–샤를의 법칙을 정리하면 $Pv=RT$가 되며, v는 비체적이므로 체적으로 고치면 $\dfrac{V}{m}$이다. 이를 대입하면 이상기체방정식 $PV=mRT$가 된다.

문제에서 주어진 수치를 그대로 대입하면

$5\mathrm{N/m}^2\times4\mathrm{m}^3=5\mathrm{kg}\times\mathrm{R}\times400\mathrm{K}\ \rightarrow\ \therefore\ 0.01\mathrm{J/kg}\cdot\mathrm{K}$

(참고로, 기체상수 $8.314\mathrm{J/K}\cdot\mathrm{mol}$은 1mol에 대한 값이다.)

39

정답 ④

[푸아송비]

탄성한도 내에서 가로와 세로의 변형률비가 같은 재료에서는 항상 일정한 값을 가지는 것으로 체적의 변화를 나타낸다. 푸아송비는 푸아송수와 반비례 관계이다.

$$\mu = \frac{횡변형률}{종변형률} = \frac{\varepsilon'}{\varepsilon} = \frac{1}{m} \le 0.5 \quad [여기서, \ m : 푸아송비]$$

- $\mu = 0.5$, 고무는 푸아송비가 0.5인 상태로 체적이 거의 변하지 않는 상태이다.
- 금속은 주로 $\mu = 0.2 \sim 0.35$의 값을 갖는다.
- 푸아송비는 진응력-변형률 곡선에서는 알 수 없다. 하지만 인장시험에서 구할 수 있다.
  - 종변형률$(\varepsilon) = \dfrac{길이변형률(\lambda)}{길이(l)}$
  - 횡변형률$(\varepsilon') = \dfrac{지름의 변화량(\delta)}{지름(d)}$

$$푸아송의 \ 비(\mu) = \frac{\varepsilon'}{\varepsilon} = \frac{\dfrac{\delta}{d}}{\dfrac{\lambda}{l}} = \frac{\dfrac{0.0002}{d}}{\dfrac{0.01}{100}} = \frac{0.02}{0.01d} = \frac{2}{d} = 0.2 \rightarrow \therefore d = 10\text{cm}$$

40

정답 ①

[압력제어밸브]

- **릴리프밸브(상시 밀폐형 밸브, 안전밸브, 이스케이프밸브)** : 용기 내 유체가 최고압력을 초과할 때 유체를 외부로 방출하는 밸브
- **감압밸브(상시 개방형 밸브, 리듀싱밸브)** : 유압회로에서 어떤 부분회로의 압력을 주 회로의 압력보다 낮은 압력으로 해서 사용하고자 할 때 사용하는 밸브
- **시퀀스밸브(순차동작밸브)** : 주 회로의 압력을 일정하게 유지하면서 조작의 순서를 제어할 때 사용하는 밸브로 다음 작동이 행해지는 동안 먼저 작동한 유압실린더를 설정압으로 유지시킬 수 있음
- **카운터밸런스밸브(체크밸브가 내장, 자유낙하방지밸브라고 불림)** : 연직방향으로 작동하는 램이 중력에 의해 낙하하는 것을 방지하는 밸브로 자중에 의한 하강을 방지하는 데 주로 쓰임
- **무부하밸브(=언로딩밸브)** : 회로 내의 압력이 설정압력에 이르렀을 때 압력을 떨어뜨리지 않고 그대로 기름탱크에 되돌리기 위해 사용하며 동력 절감을 시도하고자 할 때 사용하는 밸브

41

정답 ③

마래징이란 마레이징강(18~25%Ni)에 대한 **경화 열처리**로 마텐자이트를 450~510℃로 3시간 동안 시효처리하는 특수 열처리이다.

[항온열처리]

- **항온담금질**
  - **오스템퍼링** : 베이나이트를 얻기 위한 열처리로, 담금 균열과 변형이 없으며 뜨임이 필요 없다.
  - **마템퍼링** : 마텐자이트와 베이나이트 혼합조직을 얻으며 M_s와 M_f점 사이에서의 항온열처리로 경도, 인성이 큰 조직, 즉 충격값이 큰 조직을 얻을 수 있다.

- **마퀜칭**: 담금 균열과 변형이 적은 마르텐자이트 조직을 얻을 수 있으며 복잡한 모양이 요구되는 제품의 담금질에 쓰인다.
- **Ms 퀜칭**: M_s보다 약간 낮은 온도에서 항온 유지 후 급랭하여 잔류 오스테나이트를 감소시키는 과정의 열처리를 말한다.
- **항온풀림**: 완전풀림으로 연화가 어려운 합금강인 대형단조품 또는 고속도강 등을 A_3 또는 A_1 이상 $30 \sim 50℃$로 가열 유지한 다음 A_1 바로 아래의 온도에서 급랭 유지하여 항온 변태처리를 하여 **거친 펄라이트 조직**을 얻는 열처리를 말한다.
- **항온뜨임**: 뜨임 온도로부터 $M_s(250℃)$의 열욕에 넣어 항온을 유지시켜 **2차 베이나이트** 조직을 얻는 것으로 **베이나이트 뜨임**이라고도 한다.
- **오스포밍**: 과냉 오스테나이트 상태에서 소성가공하고 그 후 냉각 중에 마텐자이트화하는 항온열처리 방법으로 준안정 오스테나이트 영역에서 성형 가공하여 **고인성강을 얻는다.**

42

정답 ①

[응력집중현상]
재료에 **노치, 구멍, 키홈, 단** 등을 가공하여 단면현상이 변화하면 그 부분에서의 응력은 불규칙하여 국부적으로 매우 증가하게 되어 응력집중현상을 일어나게 된다. 응력집중현상이 재료의 한계강도를 초과하게 되면 **균열**이 발생하게 되고 이는 파손을 초래하는 원인이 되므로 응력집중현상을 완화시켜야 한다.

[응력집중현상을 완화시키는 방법]
- 단면이 진 부분에 필릿의 반지름을 크게 한다.
- 단면 변화가 완만하게 변하도록 만들어야 한다.
- 축단부 가까이에 2~3단 단부를 설치해 응력흐름을 완만하게 한다.
- 단면변화부분에 보강재를 결합시켜 응력집중을 완화시킨다.
- 단면변화부분에 숏피닝, 롤러 압연처리 및 열처리를 시행하면 단면변화부분이 강화되거나 표면 가공정도가 향상되어 응력집중이 완화된다.
- 하나의 노치보다는 인접한 곳에 노치를 하나 이상 더 가공해서 **응력집중 분산효과**로 응력집중을 감소시킨다.
- 체결 수를 증가시키고 경사(테이퍼)지게 설계한다.
  → α_k(응력집중계수)는 재료의 크기나 재질에 관계없이 노치의 형상과 작용하는 하중의 종류에 따라 달라진다. 같은 형상의 노치인 경우에 **인장 > 굽힘 > 비틀림** 순으로 α_k(응력집중계수)가 커진다.

43

정답 ①

탄소강: 철에 $0.03 \sim 1.7\%$의 탄소를 가한 일종의 합금강으로, 탄소 외에도 규소, 망간, 인, 황이 대표적으로 함유되고 있다. 이들 각 성분 중에서 **탄소는 강의 강도를 좌우하는 중요한 원소**가 된다. 탄소의 함유량에 따라서 탄소강의 성질은 크게 바뀐다.

[탄소함유량에 따른 탄소강의 성질]
- **C함량 증가**: 항복점, 항자력, 비열, 전기저항, 강도, 경도 증가
- **C함량 감소**: 비중, 열팽창계수, 열전도율, 용융점, 충격치, 연성, 인성 감소

44

정답 ③

탄소강 중에 함유된 **대표적인 5원소는 C, Si, Mn, P, S이다.**

[탄소 이외의 Si, Mn, P, S이 탄소강에 미치는 영향]
- **규소(Si)**
  - 탄성한계, 경도, 강도를 증가시키며 단접성 및 냉간가공성을 해치고, 연신율, 충격치를 감소시킨다.
  - **결정립을 조대화**시킨다.
  - 스프링강에 반드시 첨가해야 하는 원소이다.
  - 오스테나이트 공정평형온도를 증가시키며 탄소와 더불어 주철 성질을 조절하는 데 가장 큰 영향을 끼친다.
- **망간(Mn)**
  - 흑연화와 적열취성을 방지한다.
    - → MnS는 적열취성의 원인이 되는 FeS의 발생을 억제하여 고온가공을 용이하게 한다.
  - 인장강도와 고온가공성을 증가시킨다.
  - 주조성과 담금질 효과를 향상시킨다.
  - **고온에서 결정립성장을 억제**한다. → 연신율 감소를 억제시킨다.
- **인(P)**
  - 강도와 경도를 증가시키지만 상온취성의 원인이 된다.
  - 제강 시 편석을 일으키며 담금균열의 원인이 된다.
  - **결정립이 조대화**되며 연신율 및 충격값이 감소된다.
  - 강이 여려지게 되고 가공의 경우 균열이 생기기 쉽다.
- **황(S)**
  - 절삭성을 좋게 하나 유동성을 저해시킨다.
  - 적열상태에서는 메짐성이 커져 압연이나 단조가 불가능해진다. → **적열취성을 발생시킨다.**

45

정답 ①

항복점(yielding point) : 힘을 받는 물체가 더 이상 탄성을 유지하지 못하고 영구적 변형이 시작될 때의 **변형력으로, 탄성한계(elastic limit)라고도 한다.** 물체가 외부의 힘을 받으면 변형이 일어난다. 이때 약한 힘에 대해서 물체는 탄성을 유지하며, 힘을 제거하면 원상태로 회복된다. 그러나 어느 한계를 넘어서면 물체는 소성변형을 일으켜 힘을 제거해도 원래 상태로 되돌아오지 못하게 된다. 이렇게 **탄성과 소성의 경계를 이루는 점을 항복점**이라 한다.

46

정답 ③

[복사(radiation)]
- 열이 고온물체로부터 전자파가 되어 공간을 지나 저온물체에 도달한 후 열이 되는 현상을 복사라고 한다. 즉, 어떤 물체를 구성하는 원자들이 전자기파의 형태로 열을 방출하는 현상이다. 복사를 통해 전달되는 복사열은 대류나 전도를 통해 전달되지 않고 물체에서 전자기파의 형태로 직접적인 전달이 이루어지므로 복사체와 흡수체 사이의 공기 등 매질의 상태와 관련 없이 순간적이고 직접적인 전달이 이루어진다.

- 복사를 모두 흡수하는 이상적인 면을 흑체면이라 한다. 물체가 단위면적, 단위시간에 방출되는 복사열량을 복사도라고 하며, 복사도의 크기는 물체의 온도와 표면의 상태에 따라 결정된다.
- 온도 $T[\mathrm{K}]$가 일정할 때, 흑체면의 복사도가 가장 크고, 그 복사에너지 $E_b[\mathrm{kJ/m^2 \cdot hr}]$는 슈테판–볼츠만의 법칙에 따른다.

[슈테판–볼츠만의 법칙(Stefan–Boltz-mann's law)]
흑체가 방출하는 열복사에너지는 절대온도의 4제곱에 비례한다는 법칙

$$E_b = \sigma T^4 \fallingdotseq T^4$$

[여기서, σ: 슈테판–볼츠만상수$[\mathrm{kJ/m^2 \cdot K^4}] \fallingdotseq 5.67 \times 10^{-8} \mathrm{Js^{-1}m^{-2}K^{-4}}$,
T: 흑체표면의 절대온도(K)]

47

정답 ④

연속방정식(18년도 하반기 2차 한국가스공사에 개념을 묻는 문제가 출제): **흐르는 유체에 질량보존의 법칙을 적용한 것**
① 질량유량: $Q = \rho A V$ (압축성 유체일 때)　　② 체적유량: $Q = A V$ (비압축성 유체일 때)
이런 문제는 우리가 익히 공부했던 이론들이 실제상황에 어떻게 적용할 수 있는지를 파악하는 문제이다. 호스로 물을 뿌리는 상태에 있으면 뿌리는 상태의 조절이 따로 언급되지 않았기 때문에 유량(Q)은 일정하다. 또한 물은 비압축성이기 때문에 체적유량 공식인 $Q = A V$가 적용된다. 호스 끝을 엄지손가락으로 눌러 끝단의 면적을 줄이게 되면, 유량(Q)이 일정한 상태에서 면적(A)이 줄어들기 때문에 **연속방정식에 의해 물은 더 빠르고 멀리 분출하게 된다.**

48

정답 ③

[밀도(ρ), 비질량]

$\rho = \dfrac{m(\text{질량})}{V(\text{체적})} = \mathrm{kg/m^3}$**으로 표현되며, 물의 밀도는** $\rho_{\mathrm{H_2O}} = 1,000 \mathrm{kg/m^3}$**이다.**

[밀도의 단위표현]

$$\rho \quad = \quad 1\mathrm{kg/m^3} \quad = \quad \frac{1}{9.8}\mathrm{kgf \cdot s^2/m^4} \quad = \quad 1\mathrm{N \cdot {}^2/m^4}$$
$$\text{(절대단위)} \qquad \text{(중력단위)} \qquad \text{(SI 단위)}$$

✓ 일정한 온도에서 압력은 밀도에 비례한다.

$PV = mRT$에서 일정한 온도이므로 $PV = \mathrm{constant}$가 성립한다. 부피는 $V = \dfrac{m}{\rho}$이므로 $PV = \mathrm{constant}$에 대입하면, $P\left(\dfrac{m}{\rho}\right) = \mathrm{constant} \rightarrow Pm = \rho(\mathrm{constant})$가 되므로 압력과 밀도는 등온에서 비례함을 알 수 있다.

✓ 일정한 압력에서 온도는 밀도에 반비례한다.

$PV = mRT$에서 일정한 압력이므로 $\dfrac{V}{T} = \mathrm{constant}$가 성립한다. 부피는 $V = \dfrac{m}{\rho}$이므로 $\dfrac{V}{T} = \mathrm{constant}$에 대입하면, $\dfrac{\frac{m}{\rho}}{T} = \dfrac{m}{\rho T} = \mathrm{constant} \rightarrow \rho T(\mathrm{constant}) = m$이 된다. 즉, 온도는 밀도에 반비례함을 알 수 있다.

49

정답 ③

[상태량의 종류]
- **강도성 상태량**: 물질의 질량에 관계없이 그 크기가 결정되는 상태량으로 압력, 온도, 비체적, 밀도 등이 있다(압온비밀).
- **종량성 상태량**: 물질의 질량에 따라 그 크기가 결정되는, 즉 그 물질의 질량에 정비례 관계가 있는 상태량으로 체적, 내부에너지, 엔탈피, 엔트로피 등이 있다.

50

정답 ①

[누셀트수(Nusselt number, Nu)]
물체 표면에서 대류와 전도 열전달의 비율로 다음과 같이 나타낼 수 있다.
- $N = \dfrac{대류열전달}{전도열전달} = \dfrac{hL}{k}$ [여기서, h: 대류열전달계수, L: 길이, k: 전도열전달계수]
- 누셀트수는 스탠턴수×레이놀즈수×프란틀수로 나타낼 수 있으며, 스탠턴수가 생략되어도 레이놀즈수× 프란틀수만으로 누셀트수를 표현하여 해석하는 데 큰 무리가 없다.
- 누셀트수는 유체와 고체 표면 사이에서 열을 주고받은 비율을 나타낸다.
- 누셀트수가 크다는 것은 열전도속도에 미치는 유체의 분자운동의 영향이 작다는 것을 의미한다.

51

정답 ①

[탄성계수]
- 비례한도 내에서는 응력과 변형률은 비례하는데 이때 비례정수가 탄성계수이다.
- 탄성물질이 응력을 받았을 때 일어나는 변형률의 정도를 말한다.
  문제에 주어진 그래프는 [응력-변형률] 선도를 나타내며 그래프의 기울기는 탄성계수를 나타낸다. 탄성 계수가 클수록 재료가 단단하므로 기울기가 제일 큰 (a)의 재료가 가장 단단하며 이는 구조물 재료로서 가장 적합하다.

52

정답 ①

[정정보]
옆의 그림처럼 보를 임의의 위치에서 자르게 되면, 잘린 단면에서 아래 방향으로 전단력(V)이, 그리고 반시계 방향으로 작용하는 굽힘모멘트(M)가 작용하게 된다.

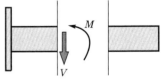

- 정정보는 평형방정식만으로 모든 미지수가 해결되며, **반력수가 3개인 보**를 말한다. 벽으로부터 보의 끝단까지의 거리를 l이라 가정하고 자유단에 하중(P)이 작용하게 되면, 고정단에서 최대굽힘모멘트 $M_{max} = Pl$이 작용한다.
- 굽힘모멘트는 B.M.D 선도의 기울기로 표현되는데, 이 굽힘모멘트를 미분$\left(\dfrac{dM}{dx}\right)$하게 되면 S.F.D 선도가 된다. 이는 **전단력**을 나타내어 전단력선도라고도 한다$\left(F = \dfrac{dM}{dx}\right)$.

53

정답 ④

체적변형률$(\varepsilon_v) = \dfrac{\triangle V(\text{체적의 변화량})}{V(\text{체적})} = \varepsilon_x + \varepsilon_y + \varepsilon_z = \dfrac{\sigma_x + \sigma_y + \sigma_z}{E}(1 - 2\mu)$ [μ = 푸아송의비]

종변형률$(\varepsilon) = \dfrac{\lambda}{l} = \dfrac{\sigma}{E} = \dfrac{P}{AE}$

문제에서 주어진 물체는 정육면체이므로 각 축에 대한 면적(A)은 같으며 하중 $P_x = P_y = P_z$이므로,

$\varepsilon_x = \varepsilon_y = \varepsilon_z \left(\dfrac{P_x}{A_x E} = \dfrac{P_y}{A_y E} = \dfrac{P_z}{A_z E} \right)$이다.

즉, **체적변형률** $\varepsilon_v = \varepsilon_x + \varepsilon_y + \varepsilon_z = 3\varepsilon$이며 체적변형률은 종변형률의 3배임을 알 수 있다.

54

정답 ④

[폴리트로픽 변화]

정적변화, 정압변화, 등온변화, 단열변화의 각 변화만으로는 실제로 가스가 변화하는 경우를 설명하기 곤란한 부분이 많기 때문에 고려되는 변화가 폴리트로픽 변화이며, 위의 4가지 변화를 모두 포함하는 변화이다. $PV^n = C$로 나타내며, 폴리트로픽 비열(C_n)은 $\dfrac{n-k}{n-1}C_v$로 나타낼 수 있다. n은 폴리트로픽 지수를 말하며 폴리트로픽 지수의 값에 따라 각 변화를 표현할 수 있다.

① $n = 0$일 때 $P = C$가 되므로 정압변화

② $n = 1$일 때 $PV = mRT = C$이며, m과 R은 고정 값이므로 $T = C$가 되므로 등온변화

③ $n = \infty$일 때 $C_n = \dfrac{n-k}{n-1}C_v = C_v$($n$이 무한대이기 때문에 약분하면 1이다)이므로 정적변화

④ $n = k$일 때 $PV^k = C$가 되므로 단열변화

그래프에서 엔트로피가 일정한 변화를 가지고 있다. 이는 단열변화를 나타내며 단열변화는 $PV^k = C$이다.

55

정답 ②

[카르노 사이클]

2개의 등온변화, 2개의 단열변화로 구성되며, 가역이상 사이클로서 열기관에서 효율이 최대를 나타내는 사이클이다. 열효율$(\eta_c) = \dfrac{\text{유효열량}}{\text{공급열량}}$, 즉 $\dfrac{\text{출력}}{\text{입력}}$으로 표현된다. 여기서 입력은 180kJ이며, 126kJ이 방열되었으므로 실제 열기관에서 쓰인 출력은 $180 - 126 = 54$kJ이다.

즉, 효율 $= \dfrac{\text{출력}}{\text{입력}} = \dfrac{54}{180} \times 100 = 30\%$이며, 이를 식으로 나타내면,

$\eta_c = \dfrac{Q_1 - Q_2}{Q_1} = 1 - \dfrac{Q_2}{Q_1} = 1 - \dfrac{126}{180} = 0.3 \times 100\% = 30\%$이다.

56

정답 ③

[모어원]

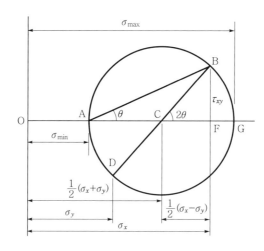

우선, 원의 반경($\overline{CB}$)은

$$\overline{CB}^2 = \overline{CF}^2 + \overline{BF}^2 = \frac{1}{4}[((\sigma_x - \sigma_y)^2 + 4\tau_{xy}^2] = \left[\frac{1}{2}(\sigma_x - \sigma_y)\right]^2 + \tau_{xy}^2$$

$$\therefore \overline{CB} = \frac{1}{2}\sqrt{(\sigma_x - \sigma_y)^2 + 4\tau_{xy}^2}$$

$$\sigma_{max} = \overline{OG} = \overline{OC} + \overline{CG}\,(\text{원의 반경} = \overline{CB}) = \frac{1}{2}(\sigma_x + \sigma_y) + \frac{1}{2}\sqrt{(\sigma_x - \sigma_y)^2 + 4\tau_{xy}^2}$$

$$= \frac{1}{2}(10+2) + \frac{1}{2}\sqrt{(10-2)^2 + 4 \cdot 3^2} = 11$$

57

정답 ①

조건 변경이 없을 때, 기존 100이라는 열이 C에 도달 시에 50, 그 50이 B에 도달 시에 30으로 전달됐다고 가정한다. 이때 A-C 면적을 줄이면 100이라는 열이 C에 도달 시에 40이라고 가정한다. 닿는 면적이 줄었기 때문에 전달되는 열이 감소된 것이다. 이때 다시 B-C 면적을 늘리면 40이라는 열이 B에 도달 시에 30으로 전달될지 30보다 클지 판단할 수 없으므로 ①의 경우 열전달량이 동일할 수도 더 커질 수도 있는 등 확정짓기 어렵다.

58

정답 ②

브레이튼 사이클: 가스터빈의 이상 사이클이며 정압 연소 사이클 또는 줄 사이클, 공기 냉동기의 역 사이클이라고도 한다. 이는 2개의 정압과정과 2개의 단열과정으로 구성된다.

• 압력비(γ) = $\dfrac{\text{최대압력}}{\text{최소압력}}$ • 열효율(η_B) = $1 - \left(\dfrac{1}{\gamma}\right)^{\frac{k-1}{k}}$

즉, 열효율은 압력비만의 함수이며, 압력비가 클수록 열효율은 증가한다.

참고 ·······

가스터빈의 3대 구성요소는 압축기, 연소기, 터빈이며 터빈에서 생산되는 일의 40~80%를 압축기에서 소모한다.

59

정답 ②

용적형 유압펌프: 토출량이 일정하며, 중압 또는 고압에서 압력 발생을 주된 목적으로 하는 펌프

[펌프의 종류]
- **기어펌프(치차펌프)**: 한쌍의 스퍼기어가 밀폐된 용적을 갖는 밀실에서 회전할 때 기어의 물림에 의한 운동하며 기어의 계속적인 회전에 의해서 토출구를 통해 유체를 토출하는 원리
  - 구조가 간단하고 가격이 싸며 **내접형과 외접형**이 있다.
  - 흡입구 측이 약간의 **진공상태로 되어 있어 흡입능력이 크다.** 점도가 높은 액체를 송출하는 데 사용된다.
  - 역회전은 불가능하며 토출량을 변화시킬 수 없다.
  - 토출량의 맥동이 적으므로 **소음과 진동이 작다.**
  - **누설량이 많으며 효율이 낮은** 편이다.
- **베인펌프(편심펌프)**: 원통형 케이싱 안에 편심회전차가 있고 그 홈 속에 판상의 깃이 들어 있으며 베인이 캠링에 내접하여 회전함에 따라 기름의 흡입 쪽에서 송출구 쪽으로 이동된다.
  - 토출압력의 맥동이 적으므로 **소음도 작다.**
  - 단위무게당 용량이 커서 형상치수가 작다. 형상이 소형이다.
  - 베인의 마모로 인한 압력저하가 작아 수명이 길다.
  - 작동유 점도에 제한이 존재한다.
  - **호환성이 좋고 보수가 용이하다. 경제적이지만 압력저하량과 기동토크가 작다.**
- **나사펌프**: 토출량의 범위가 넓어 윤활유펌프나 각종 액체의 이송펌프로 사용된다.
  - 대용량펌프로 적합하다.
  - 소음이나 진동이 작어 고속운전을 해도 조용하다.
  - 토출압력이 가장 작다.
- **피스톤펌프(플런저펌프)**: 피스톤의 왕복운동을 활용하여 작용유에 압력을 주는 것으로 초고압에 적합하다.
  - **대용량이며 송출압이 210kg/cm^2 이상의 초고압펌프로 토출압력이 최대이다.** 펌프 중에 전체 효율이 가장 좋고 신뢰성과 수명이 유압펌프 중에 가장 우수하다.
  - 구조가 복잡하고 고가이며, 작동유의 오염관리에 주의해야 한다.
  - 소음이 크고 가변용량이 가능하며 수명이 길다.
  - 누설이 적아 체적효율이 좋은 편이다.

60

정답 ②

유체의 경계층: 유체가 유동할 때 점성의 영향으로 생긴 얇은 층
- **교란두께(δ)**: 정상상태인 자유흐름속도(U_∞)가 작용할 때 경계층이 생기는 지점은 평판선단으로부터 자유흐름속도의 99%가 되는 점이며 이 점에서의 두께를 해석한 방법

$$(1) \ \text{층류}: \ \frac{\delta}{x} = \frac{4.65}{Re_x^{\frac{1}{2}}} \qquad (2) \ \text{난류}: \ \frac{\delta}{x} = \frac{0.376}{Re_x^{\frac{1}{5}}}$$

- **배제두께**(δ^*) : 관성력이 큰 이상유체영역의 유선이 경계층을 형성하여 점성력이 큰 점성유체에 의하여 바깥쪽으로 밀려나가는 평균거리, 즉 주 흐름에서 배제된 거리

$$\delta^* = \int_0^\delta (1 - \frac{u}{u_\infty})dy$$

- **운동량두께**(δ_m) : 단위시간에 유체가 얇은 운동량을 대상으로 잡아 표시한 평균적인 경계층 두께

$$\delta_m = \int_0^\delta \frac{u}{u_\infty}(1 - \frac{u}{u_\infty})dy$$

교란두께 해석법에 의해 층류상태의 경계층 두께는 $\dfrac{\delta}{x} = \dfrac{4.65}{Re_x^{\frac{1}{2}}}$ 로 나타낼 수 있다.

이를 정리하면, $\delta = \dfrac{4.65x}{Re_x^{\frac{1}{2}}} = \dfrac{4.65x}{\left(\dfrac{u_\infty x}{\nu}\right)^{\frac{1}{2}}} \propto \dfrac{x}{x^{\frac{1}{2}}} = x^{\frac{1}{2}}$ 이다.

x가 20cm에서 80cm로 증가했다면 4배가 증가한 것이며, 경계층의 두께(δ)는 $x^{\frac{1}{2}}$ 과 비례관계에 있기 때문에 2배가 증가한다고 볼 수 있다. 20cm에서 경계층의 두께는 10cm이므로, 80cm에서는 2배가 증가한 20cm이다.

✓ 실제 시험에 출제되었을 때, 많은 사람들이 x가 4배로 증가했으므로 경계층의 두께도 4배라고 풀어 오답이 된 경우가 많았다. 경계층의 두께 공식에 레이놀즈수를 조심해야 한다.

61

정답 ①

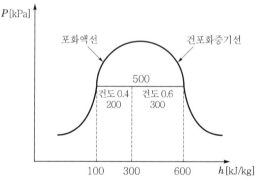

위 선도와 같이 포화수와 건포화증기의 비엔탈피 차는 500kJ/kg이다. 건도가 0.4이기 때문에 포화수와 습증기의 비엔탈피 차는 200kJ/kg이 된다. 포화수의 비엔탈피가 100kJ/kg이므로, 습증기의 비엔탈피는 300kJ/kg이다.

참고

건도 + 습기도 = 1

62

정답 ③

베어링 압력 $p = \dfrac{하중}{투영한\ 면적} = \dfrac{P}{dl}$

$p = \dfrac{P}{dl}$

$P = pdl = 3\text{MPa} \times 0.1\text{m} \times 0.2\text{m} = 3,000,000\text{N/m}^2 \times 0.1\text{m} \times 0.2\text{m}$
$\quad = 60,000\text{N} = 60\text{kN}$

63

정답 ③

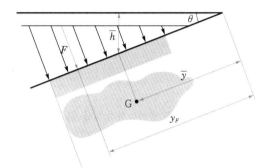

경사면에 작용하는 유체의 전압력$(F) = \gamma \bar{h} A$이며, 여기서 $\bar{h}$는 평면체의 도심까지 거리이며 $\bar{h} = \bar{y}\sin\theta$ 이다. 만약 평면체가 $90°$로 잠겨 있다면 $\sin 90 = 1$ 이므로, $\bar{h} = \bar{y}$ 이다. 이 전압력은 압력프리즘의 도심점에 작용한다. 압력프리즘의 도심점인 작용점의 위치는 $y_F = \bar{y} + \dfrac{I_G}{A\bar{y}}$ 이다.

여기서, $\bar{y} = \bar{h} = \dfrac{2}{3} + 2 = \dfrac{8}{3}\text{cm}$ (수면에서 평면체의 중심 C까지 거리)

$\quad I_G = \dfrac{bh^3}{12} = \dfrac{3 \times 4^3}{12} = 16\text{cm}^4$ (직사각형의 단면 2차 모멘트 $I = \dfrac{bh^3}{12}$)

$\quad A = 3 \times 4 = 12\text{cm}^2$

이를 대입하면, $y_F = \bar{y} + \dfrac{I_G}{A\bar{y}} = \dfrac{8}{3} + \dfrac{16}{12 \times \dfrac{8}{3}} = \dfrac{8}{3} + \dfrac{1}{2} = \dfrac{19}{6}\text{cm}$ 이다.

작용점의 위치(y_F)는 수면에서 압력프리즘의 도심점까지의 거리를 나타낸 것이다.

$\therefore\ x = y_F - \bar{h}$ (수면에서 평면체의 중심까지 거리) $= \dfrac{19}{6} - \dfrac{8}{3} = 0.5\text{cm}$

64

정답 ③

선속도의 개념을 묻는 문제이다. 선속도 $V = rw$이므로 A점과 B점에서 각각의 선속도를 구하면 된다.
$V_A = rw = 6 \times 12 = 72\text{m/s}$, $V_B = rw = 3 \times 12 = 36\text{m/s}$

$\therefore\ \dfrac{V_A}{V_B} = \dfrac{72}{36} = 2$

65

[수평원관에서의 층류유동]

• **속도의 분포:** 관 벽에서 0이며, 관 중심에서 최대 → 관 벽에서 관 중심으로 포물선 변화 ⋯ ①

• **전단응력의 분포:** 관 중심에서 0이며, 관 벽에서 최대
  → 관 중심에서 관 벽으로 직선적(선형적)인 변화 ⋯ ②

• **평균속도(v)와 최대속도(v_{max}):** 원관($v_{max} = 2v$), 평판($v_{max} = 1.5v$) ⋯ ③

• **수평원관에서의 전단응력:** $\tau_{max} = \dfrac{\triangle Pd}{4l}$ ⋯ ④

• **유량(Q)** $= \dfrac{\triangle P \pi d^4}{128 \mu l}$ [하겐–푸아죄유 방정식] ⋯ 층류일 때만 가능

$$y_F = \bar{y} + \frac{I_G}{A\bar{y}} = \frac{8}{3} + \frac{16}{12 \times \frac{8}{3}} = \frac{8}{3} + \frac{1}{2} = \frac{19}{6} \, \text{cm 이다.}$$

66

열플럭스: 단위시간당 단위면적을 통해 이동한 열에너지의 양을 열플럭스라고 한다. 다른 말로는 열플럭스 밀도이다. SI 단위로는 $\text{J/m}^2 \cdot \text{s}$, W/m^2**이다.** 열플럭스는 단위시간당 단위면적을 통해 이동한 열에너지의 양이므로 다음과 같이 수식을 작성할 수 있다.

$$\rightarrow \frac{Q}{At} = \frac{200 \text{J}}{100 \text{m}^2 \times 5 \text{s}} = 0.4 \text{J/m}^2 \cdot \text{s}$$

67

공기압 실린더의 출력은 실린더 튜브의 안지름과 로드의 지름, 압축공기의 압력에 따라 결정된다.

실린더의 출력 $F = PA$ $\left[\text{단, } P: \text{사용압력, } A: \text{단면적}\left(\dfrac{\pi d^2}{4}\right) \right]$

따라서 실린더의 출력을 높이려면 실린더의 직경을 증가시켜 단면적을 증가시키거나, 사용압력을 높이면 된다.

68

펌프란 낮은 곳에 있는 액체를 높은 곳으로 이송하기 위한 기계장치이다.

• **양정(head):** 펌프가 유체를 운송할 수 있는 높이를 말한다. 양정은 액체의 종류와 온도에 따라 달라지는데, 보통 액체의 밀도가 낮을수록, 온도가 높을수록 양정은 높다.

• **흡입양정:** 흡입 측 액면으로부터 펌프 중간까지의 높이이다.

• **토출양정:** 펌프 송출구에서부터 높은 곳에 위치한 수조의 수면까지 이르는 높이이다.

• **실양정:** 흡입수면과 토출수면 사이의 수직거리를 말하며 흡입실양정＋토출실양정으로 표현된다. 펌프를 중심으로 하여 흡입 측 액면으로부터 송출 액면까지의 수직 높이를 흡입 실양정, 중심선으로부터 송출 액면까지의 높이를 송출 실양정이라고 한다.

• **계기양정:** 펌프를 중심으로 가능한 한 가까운 위치에 흡입관 측에 진공계기, 송출관 측에 압력계기를 부착하여 각 계기의 결과 값으로 결정된 양정 값이다.

- **전양정**: 실양정과 총손실수두를 합친 양정을 말한다. → 흡입실양정 + 토출실양정 + 총손실수두
※ 실양정은 배관의 마찰손실, 곡관부, 와류, 증기압 등을 고려하지 않은 개념으로 실제로 펌프를 설계할 때는 양정이 더 큰 펌프를 선정해야 한다. 그 이유는 실제 양정은 여러 요인에 방해를 받기 때문이다.

69

정답 ③

이상기체의 가역과정에서 등온과정은 $W_{12} = W_t = Q_{12}$(절대일 = 공업일 = 열량이 동일)

- 절대일 = 밀폐계일 = 비유동일 = 팽창일 = 가역일
- 공업일 = 개방계일 = 유동일 = 압축일 = 소비일 = 가역일

70

정답 ③

풀이

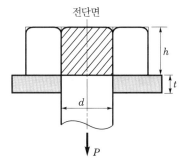

ⓐ 축방향으로 하중(P)이 작용하면, 위의 그림처럼 '빗선' 부분이 전단될 것이다. 즉, 지름이 d, 높이가 h인 원기둥의 옆면을 테두리로 하여 전단될 것이다.

ⓑ 따라서 전단되는 단면적(전단면적)은 지름이 d, 높이가 h인 원기둥의 옆면 넓이가 된다. 원기둥의 옆면을 다음 그림처럼 전개도로 펼치면 '가로는 πd(지름이 d인 원의 둘레), 세로는 h인 직사각형'이 된다. 결국 **전단면적은 가로×세로＝$\pi d \times h = \pi dh$가 된다.**

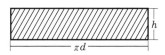

ⓒ 전단응력(τ) = $\dfrac{P(작용하중)}{A(전단면적)} = \dfrac{P}{\pi dh}$

06 2020 상반기 한국전력공사 기출문제

| 01 | ③ | 02 | ③ | 03 | ④ | 04 | ① | 05 | ④ | 06 | ③ | 07 | ① | 08 | ④ | 09 | ④ | 10 | ② |
| 11 | ③ | 12 | ④ | 13 | ② | 14 | ② | 15 | ② | | | | | | | | | | |

01

정답 ③

[레이놀즈수]

$$레이놀즈수(Re) = \frac{\rho Vd}{\mu} = \frac{관성력}{점성력}$$

점성력에 대한 관성력의 비로 층류와 난류를 구분해 주는 무차원수이다.

• **평판의 임계 레이놀즈**: 500,000(50만) [단, 관 입구에서 경계층에 대한 임계 레이놀즈: 600,000]
• **개수로 임계 레이놀즈**: 500
• **상임계 레이놀즈수(층류에서 난류로 변할 때)**: 4,000
• **하임계 레이놀즈수(난류에서 층류로 변할 때)**: 2,000~2,100
• **층류는** $Re < 2,000$, **천이구간은** $2,000 < Re < 4,000$, **난류는** $Re > 4,000$

일반적으로 임계 레이놀즈라고 하면 **하임계 레이놀즈수**를 말한다.

02

정답 ③

오일러 좌굴응력은 세장비(λ)의 제곱에 반비례한다(세장비: 기둥이 얼마나 가는지를 알려주는 척도).

$$\sigma_B = n\pi^2 \frac{EI}{AL^2} \quad [여기서, \ n: \ 단말계수, \ E: \ 종탄성계수, \ I: \ 단면 \ 2차 \ 모멘트, \ A: \ 단면적, \ L: \ 길이]$$

$$K = \sqrt{\frac{I}{A}} \quad [여기서, \ K: \ 회전반경]$$

이므로 대입하면, $\sigma_B = n\pi^2 \dfrac{EI}{AL^2} = n\pi^2 \dfrac{EK^2}{L^2}$

세장비(λ)는 $\dfrac{L}{K}$이므로 대입하면, $\sigma_B = n\pi^2 \dfrac{EI}{AL^2} = n\pi^2 \dfrac{EK^2}{L^2} = n\pi^2 \dfrac{E}{\lambda^2}$

03

정답 ④

[베르누이 방정식 _ 에너지보존법칙 기반]

• 베르누이 방정식에 필요한 가정: 정상류, 비압축성, 유선을 따라 입자가 흘려야 한다. 비점성(마찰이 존재하지 않는다)이어야 한다.
• $\dfrac{\rho}{\gamma} + \dfrac{V^2}{2g} + Z = C$, 즉 압력수두 + 속도수두 + 위치수두 = constant
• 압력수두 + 속도수두 + 위치수두 = 에너지선, 압력수두 + 위치수두 = 수력구배선

✓ 오일러 운동방정식은 압축성을 기반으로 한다(나머지는 베르누이 방정식 가정과 동일).

04

정답 ①

[클라우지우스 적분값]

클라우지우스 적분값	
가역일 때	비가역일 때
$\displaystyle\oint \frac{\delta Q}{T} = 0$	$\displaystyle\oint \frac{\delta Q}{T} < 0$

문제에서는 비가역일 때를 물어봤기 때문에 답은 $\displaystyle\oint \frac{\delta Q}{T} < 0$이 된다. **어떠한 조건도 명시되어 있지 않다면 가역일 때와 비가역일 때를 동시에 만족해야 하므로 클라우지우스 적분값은** $\displaystyle\oint \frac{\delta Q}{T} \leq 0$으로 표현이 된다.

✓ **조심**: 만약 문제에 열역학 제2법칙이라는 기준이 있다면 클라우지우스 적분값은 $\displaystyle\oint \frac{\delta Q}{T} < 0$이다. 열역학 제2법칙은 비가역을 명시하는 법칙이다. 따라서 비가역에서의 클라우지우스 적분값은 $\displaystyle\oint \frac{\delta Q}{T} < 0$이 되는 것이다.

05

정답 ④

$n = \infty$	정적변화(isochoric)
$n = 1$	등온변화(isothermal)
$n = 0$	정압변화(isobaric)
$n = k$	단열변화(adiabatic)

✓ 영어표현도 반드시 숙지해야만 한다. 공기업에서 간혹 출제되는 부분이다.

06

정답 ③

열역학 제0법칙	• 열평형의 법칙 • 물질 A와 B가 접촉하여 서로 열평형을 이루고 있으면 이 둘은 열적 평형 상태에 있으며 알짜열의 이동은 없다. • 온도계의 원리와 관계된 법칙
열역학 제1법칙	• 에너지보존의 법칙 • 계 내부의 에너지의 총합은 변하지 않는다. • 물체에 공급된 에너지는 물체의 내부에너지를 높이거나 외부에 일을 하므로 에너지의 양은 일정하게 보존된다. • 열은 에너지의 한 형태로서 일을 열로 변환하거나 열을 일로 변환하는 것이 가능하다. • 열효율이 100% 이상인 제1종 영구기관은 열역학 제1법칙에 위배된다(열효율이 100% 이상인 열기관을 얻을 수 없다).
열역학 제2법칙	• 에너지의 방향성을 명시하는 법칙(열은 항상 고온에서 저온으로 흐른다, 열은 스스로 저온의 물질에서 고온의 물질로 이동하지 않는다) • 열기관에서 작동물질이 일을 하게 하려면 그보다 더 저온인 물질이 필요하다(열은 항

	상 고온에서 저온으로 이동하기 때문에 열기관에서 더 저온인 물질이 필요하며 열이 이동해야만 공급된 열과 방출된 열의 차이만큼 외부로 일이 만들어지기 때문이다). • 비가역성을 명시하는 법칙으로 엔트로피는 항상 증가한다. • 절대온도의 눈금을 정의하는 법칙 • 하나의 열원에서 얻어진 열을 모두 일로 바꾸는 기관은 존재하지 않는다. • 열효율이 100%인 제2종 영구기관은 열역학 제2법칙에 위배된다(열효율이 100%인 열기관을 얻을 수 없다). • 외부의 도움 없이 스스로 자발적으로 일어나는 반응은 열역학 제2법칙과 관련이 있다. • 비가역의 예시: 혼합, 자유팽창, 확산, 삼투압, 마찰, 열의 이동, 화학 반응 등이 있다. ※ **자유팽창은 등온으로 간주하는 과정이다.**
열역학 제3법칙	• **네른스트의 정의**: 어떤 방법에 의해서도 물질의 온도를 절대 영도까지 내려가게 할 수 없다. • **플랑크의 정의**: 모든 물질이 열역학적 평형상태에 있을 때 절대온도가 0에 가까워지면 엔트로피도 0에 가까워진다. $(\lim_{t \to 0} \Delta S = 0)$

07

정답 ①

[종탄성계수(E, 세로탄성계수, 영률), 횡탄성계수(G, 전단탄성계수), 체적탄성계수(K)의 관계식]

$mE = 2G(m+1) = 3K(m-2)$ [여기서, m : 푸아송수]

푸아송수(m)과 푸아송비(ν)는 서로 역수의 관계를 갖기 때문에 위 식이 다음처럼 변환된다.

$E = 2G(1+\nu) = 3K(1-2\nu)$ [여기서, ν : 푸아송비]

$\rightarrow 200 = 2G(1+0.25) \rightarrow 200 = 2G \times 1.25 = 2.5G$

$\therefore G = 80\text{GPa}$

08

정답 ④

압력제어밸브(일의 크기를 결정)	릴리프밸브, 감압밸브, 시퀀스밸브, 카운터밸런스밸브, 무부하밸브(언로딩밸브), 압력스위치, 이스케이프밸브, 안전밸브, 유체퓨즈
유량제어밸브(일의 속도를 결정)	교축밸브(스로틀밸브), 유량조절밸브, 집류밸브, 스톱밸브, 바이패스유량제어밸브
방향제어밸브(일의 방향을 결정)	체크밸브(역지밸브), 셔틀밸브, 감속밸브, 전환밸브, 포핏밸브, 스풀밸브

09

정답 ④

상태	• 평형상태에서 온도, 압력, 체적 또는 비체적과 같은 일정한 특성치에 의해 정해지는 것을 말한다. • 열역학적으로 평형은 **열적 평형, 역학적 평형, 화학적 평형** 3가지가 있다.

성질		• 각 물질마다 특정한 값을 가지며 **상태함수 또는 점함수**라고도 한다. • **경로에 관계없이 계의 상태에만 관계**되는 양이다[단, **일과 열량은 경로에 의한 경로함수 = 도정함수**이다].
상태량의 종류	강도성 상태량	• 물질의 질량에 관계없이 그 크기가 결정되는 상태량이다 (세기의 성질, intensive property이라고도 한다). • 압력, 온도, 비체적, 밀도, 비상태량, 표면장력
	종량성 상태량	• 물질의 질량에 따라 그 크기가 결정되는 상태량으로 그 물질의 질량에 정비례 관계가 있다. • 체적, 내부에너지, 엔탈피, 엔트로피, 질량

✓ 점함수는 완전미분(전미분) 또는 편미분이 모두 가능하다. 하지만 과정함수(경로함수)는 편미분으로만 가능하다.

✓ 비상태량(모든 상태량의 값을 질량으로 나눈 값)은 강도성 상태량으로 취급한다.

✓ 기체상수는 열역학적 상태량이 아니다.

✓ 열과 일은 에너지지 열역학적 상태량이 아니다.

10
정답 ②

[금속의 특징]

• 수은을 제외하고 상온에서 고체이며 고체상태에서 결정구조를 갖는다(수은은 상온에서 액체이다).

• 광택이 있고 빛을 잘 반사하며 가공성과 성형성이 우수하다.

• 연성과 전성이 우수하고 가공하기 쉬우며 자유전자가 있기 때문에 열전도율과 전기전도율이 좋다.

• 열과 전기의 양도체이며 일반적으로 비중과 경도가 크며 용융점이 높은 편이다.

• 열처리를 하여 기계적 성질을 변화시킬 수 있으며 **이온화하면 양(+)이온이 된다.**

• 대부분의 금속은 응고 시 수축한다(단, 비스뮤트(Bi, 창연)와 안티몬(Sb)은 응고 시 팽창한다).

11
정답 ③

• **완전탄성충돌**($e = 1$): 충돌 전후의 전체 에너지가 보존된다. 즉, 충돌 전후의 운동량과 운동에너지가 보존된다(충돌 전후의 질점의 속도가 같다).

• **완전비탄성충돌**(완전소성충돌, $e = 0$): 충돌 후 반발되는 것이 전혀 없이 한 덩어리가 되어 충돌 후 두 질점의 속도는 같다. 즉, 충돌 후 상대속도가 0이므로 반발계수는 0이 된다. 또한 전체 운동량은 보존되나 운동에너지는 보존되지 않는다.

• **불완전탄성충돌**(비탄성충돌, $0 < e < 1$): 운동량은 보존되나 운동에너지는 보존되지 않는다.

12
정답 ④

숏피닝: 숏피닝은 샌드 블라스팅의 모래 또는 그릿 블라스팅의 그릿 대신에 경화된 작은 강구를 금속의 표면에 분사시켜 피로강도 및 기계적 성질을 향상시키는 가공방법이다.

[숏피닝의 특징]

• 숏피닝은 일종의 냉간가공법이다.

- 숏피닝 작업에는 청정작업과 피닝작업이 있다.
- 소재의 두께가 두꺼울수록 숏피닝의 효과가 크다.
- 숏피닝은 표면에 강구를 고속으로 분사하여 표면에 압축잔류응력을 발생시키기 때문에 피로한도와 피로 수명을 증가시킨다. → 숏피닝은 **표면에 압축잔류응력을 발생**시켜 피로한도를 증가시키므로 반복하중이 작용하는 부품에 적용시키면 효과적이다. 즉, **주로 반복하중이 작용하는 스프링에 적용시켜 피로한도를 높이는 것은 숏피닝**이다.
- ✓ 인장잔류응력은 응력부식균열을 발생시킬 수 있으며 피로강도와 피로수명을 저하시킨다. 또한 잔류응력이 존재하는 표면을 드릴로 구멍을 뚫으면 그 구멍이 타원형상으로 변형될 수 있다.

[숏피닝의 종류]
- **압축공기식**: 압축공기를 노즐에서 숏과 함께 고속으로 분사시키는 방법으로 노즐을 이용하기 때문에 임의의 장소에서 노즐을 이동시켜 구멍 내면의 가공이 편리하다.
- **원심식**: 압축공기식보다 생산능률이 높으며 고속 회전하는 임펠러에 의해서 가속된 숏을 분사시키는 방법이다.
- ✓ **숏피닝에 사용하는 주철 강구의 지름**: 0.5~1.0mm
- ✓ **숏피닝에 사용하는 주강 강구의 지름**: 평균적으로 0.8mm

13 정답 ②

- 재료가 견딜 수 있는 최대응력을 극한강도(인장강도)라고 한다.
- **훅의 법칙은 비례한도 내에서 응력(σ)과 변형률(ε)이 비례하는 법칙**이다.
  즉, $\sigma = E\varepsilon$가 되며 E는 탄성계수이다. 마찬가지로 $\tau = G\gamma$에도 적용된다.
  [여기서, τ: 전단응력, G: 횡탄성계수(전단탄성계수), γ: 전단변형률]
- 응력은 외력이 작용 시에 변형에 저항하기 위해 발생하는 내력을 단면적으로 나눈 값이다.
- 푸아송비(ν) = $\dfrac{\text{가로변형률}}{\text{세로변형률}}$ → 세로변형률에 대한 가로변형률의 비이다.

★ 여러 금속의 푸아송비

코르크	유리	콘크리트
0	0.18~0.3	0.1~0.2
강철(steel)	알루미늄	구리
0.28	0.32	0.33
티타늄	금	고무
0.27~0.34	0.42~0.44	0.5

↑ 위 표의 수치는 공기업 및 공무원에서 자주 출제되는 내용이기 때문에 **반드시 암기**해야 한다.

14 정답 ②

$T(\text{비틀림모멘트}) = \tau Z_p = \tau \dfrac{\pi d^3}{16}$ [여기서, Z_p: 극단면계수, d: 부재의 지름]

15

정답 ②

피에조미터는 **정압을 측정**하는 장치이다.

[비중을 측정하는 방법]
- 아르키메데스의 원리를 사용하는 방법
- 비중병(피크노미터)을 사용하는 방법
- 비중계를 사용하는 방법
- U자관을 사용하는 방법

07 2020 하반기 한국중부발전 기출문제

01	①	02	①	03	③	04	②	05	③	06	①	07	③	08	④	09	②	10	②
11	③	12	③	13	④	14	③	15	①	16	①	17	①	18	①	19	③	20	④
21	①	22	②	23	①	24	②	25	④	26	③	27	④	28	④	29	②	30	①
31	①	32	②	33	답없음	34	②	35	③	36	②	37	③	38	②	39	①	40	①
41	④	42	②	43	④	44	③	45	②	46	④	47	②	48	④	49	③	50	②

01

정답 ①

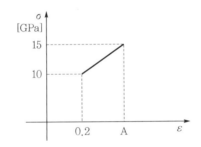

- 응력(stress)−변형률(strain) 선도에서 '비례한도' 내 구간(선형구간)에서의 기울기는 탄성계수(E)를 의미한다.

※ 이유: 훅의 법칙($\sigma = E\varepsilon$)은 비례한도 내에서 응력(σ)과 변형률(ε)이 비례한다는 법칙이다. 따라서 **비례한도 내에서의 기울기가 바로 탄성계수(E)**이다.

즉, 응력(stress)−변형률(strain) 선도에서 x축은 변형률(ε) 축이며 y축은 응력(σ) 축이다. 기울기 (E)는 $\dfrac{y값의\ 변화량}{x값의\ 변화량} = \dfrac{\triangle y}{\triangle x} = \dfrac{\sigma값의\ 변화량}{\varepsilon값의\ 변화량} = \dfrac{\triangle \sigma}{\triangle \varepsilon}$ 가 된다.

→ 훅의 법칙 $\sigma = E\varepsilon$에서 ∴ $E = \dfrac{\sigma}{\varepsilon}$ 식이 도출되는 것이 바로 위의 내용과 같은 의미다.

풀이

$E = \dfrac{\sigma값의\ 변화량}{\varepsilon값의\ 변화량} = \dfrac{\triangle \sigma}{\triangle \varepsilon} \rightarrow 200\text{GPa} = \dfrac{(15-10)\text{GPa}}{A - 0.2}$ 이 된다.

→ $200\text{GPa}(A - 0.2) = 5\text{GPa}$

→ $200(A - 0.2) = 5$

→ $200A - 40 = 5$

→ $200A = 45 \rightarrow$ ∴ $A = \dfrac{45}{200} = 0.225$

02

[응력집중(stress concentration)*

- 단면이 급격하게 변하는 부분, 노치부분(구멍, 홈 등), 모서리부분에서 응력이 국부적으로 집중되는 현상을 말한다.
- 하중을 가했을 때 단면이 불균일한 부분에서 평활한 부분에 비해 응력이 집중되어 큰 응력이 발생하는 현상을 말한다.

※ 단면이 불균일하다는 것은 노치부분(구멍, 홈 등)을 말한다.

응력집중계수 (형상계수, α)	$\alpha = \dfrac{\text{노치부의 최대응력}}{\text{단면부의 평균응력}} > 1$ ※ 응력집중계수(α)는 항상 1보다 크며, '노치가 없는 단면부의 평균응력(공칭응력)에 대한 <u>노치부의 최대응력</u>'의 비이다. $\left[\text{단, } A \text{에 대한 } B = \dfrac{B}{A}\right]$

응력집중
방지법
	• 테이퍼지게 설계하며, 테이퍼 부분은 될 수 있는 한 완만하게 한다. 또한 체결 부위에 리벳, 볼트 따위의 체결수를 증가시켜 집중된 응력을 분산시킨다.
	  → 테이퍼 부분을 크게 하면 단면이 급격하게 변하여 응력이 국부적으로 집중될 수 있다. 따라서 테이퍼 부분은 될 수 있는 한 완만하게 한다.
	• 필릿 반지름을 최대한 크게 하여 단면이 급격하게 변하지 않도록 한다(굽어진 부분에 내접된 원의 반지름이 필릿 반지름이다).
	  → 필릿 반지름을 최대한 크게 하면 내접된 원의 반지름이 커진다. 즉, 덜 굽어지게 되어 단면이 급격하게 변하지 않고 완만하게 변한다.
	• 단면변화부분에 보강재를 결합하여 응력집중을 완화시킨다.
	• 단면변화부분에 숏피닝, 롤러압연처리, 열처리 등을 하여 응력집중부분을 강화시킨다.
	• 축단부에 2~3단의 단부를 설치하여 응력의 흐름을 완만하게 한다.

관련 특징	• 응력집중의 정도는 재료의 모양, 표면거칠기, 작용하는 하중의 종류(인장, 비틀림, 굽힘)에 따라 변한다. • 응력집중계수는 <u>노치의 형상과 작용하는 하중의 종류</u>에 영향을 받는다. 구체적으로 같은 노치라도 하중상태에 따라 다르며, 노치부분에 대한 응력집중수(형상계수)는 일반적으로 인장, 굽힘, 비틀림의 순서로 인장일 때가 가장 크고, 비틀림일 때가 가장 작다. − <u>응력집중계수의 크기: 인장 > 굽힘 > 비틀림</u>
노치효과	• 재료의 노치부분에 피로 및 충격과 같은 외력이 작용할 때 집중응력이 발생하여 피로한도가 저하되므로 재료가 파괴되기 쉬운 성질을 갖게 되는 것을 노치효과라고 한다. • 반복하중으로 인해 노치부분에 응력이 집중되어 피로한도가 작아지는 현상을 노치효과라고 한다. ※ <u>재료가 장시간 반복하중을 받으면 결국 파괴되는 현상을 피로라고 하며 이 한계를 피로한도라고 한다.</u>
피로파손	최대응력이 항복강도 이하인 반복응력에 의하여 점진적으로 파손되는 현상이다. 단계는 한 점에서 미세한 균열이 발생 → 응력집중 → 균열전파 → 파손이 되며 소성변형 없이 갑자기 파손된다.

03

정답 ③

$$\frac{\text{변형 후의 단면적}}{\text{변형 전의 단면적}} = \frac{A_1}{A} = \frac{L_1^2}{L^2} = \frac{(L-2\delta)^2}{L^2}$$

$$= \frac{L^2 - 2(2\delta L) + (2\delta)^2}{L^2} = 1 - 2\left(\frac{2\delta}{L}\right) + \frac{(2\delta)^2}{L^2} = 1 - 2\left(\frac{2\delta}{L}\right) + \left(\frac{2\delta}{L}\right)^2$$

㉠ 가로변형률 $\varepsilon' = \dfrac{2\delta}{L}$

$$\rightarrow \frac{A_1}{A} = 1 - 2\left(\frac{2\delta}{L}\right) + \left(\frac{2\delta}{L}\right)^2 = 1 - 2\varepsilon' + (\varepsilon')^2$$

㉡ 푸아송비 $\mu = \dfrac{\varepsilon_{\text{가로변형률}}}{\varepsilon_{\text{세로변형률}}} = \dfrac{\varepsilon'}{\varepsilon} \rightarrow \varepsilon_{\text{가로변형률}} = \mu\varepsilon_{\text{세로변형률}} \rightarrow \varepsilon' = \mu\varepsilon *$

$$\rightarrow \therefore \left(\frac{A_1}{A}\right) = 1 - 2\varepsilon' + (\varepsilon')^2 = 1 - 2(\mu\varepsilon) + (\mu\varepsilon)^2 = (1 - \mu\varepsilon)^2$$

[여기서, *를 식 $\dfrac{A_1}{A} = 1 - 2\varepsilon' + (\varepsilon')^2$에 대입한 것이다.]

04

정답 ②

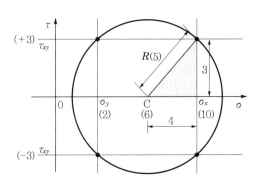

모어원을 위처럼 도시할 수 있다.

㉠ σ_x, σ_y, τ_{xy}의 좌표를 먼저 $\sigma(x$축$)-\tau(y$축$)$ 그래프에 찍는다.

※ $\sigma_x(10, 0)$, $\sigma_y(2, 0)$, $\tau_{xy}(0, 3)$, $\tau_{xy}(0, -3)$ 이다.

※ τ_{xy}의 크기가 A[MPa] 또는 $-A$[MPa]라고 명시되어 있으면 τ_{xy}의 좌표는 반드시 $\tau_{xy}(0, A)$, $\tau_{xy}(0, -A)$ 2개를 그래프에 찍는다.

㉡ 찍은 좌표에서 수직선을 그린다. 위처럼 수직선은 총 4개가 그려질 것이다.

㉢ 4개의 수직선에 의해 만들어진 교점을 위처럼 4개를 찍는다.

㉣ 수직선에 의해 만들어진 4개의 교점을 지나는 원을 그리면 그 원이 바로 '모어원'이 된다.

㉤ 모어원의 중심(C) $= \dfrac{\sigma_x + \sigma_y}{2} = \dfrac{2 + 10}{2} = \dfrac{12}{2} = 6$이 되므로 좌표는 $C(6, 0)$이다.

㉥ 위의 모어원에서 '회색 삼각형' 부분의 밑변의 길이는 4, 높이는 3이다.

㉦ '회색 삼각형'에서 피타고라스의 정리를 활용하면 빗변의 길이는 다음과 같다.

$$\therefore R = \sqrt{4^2 + 3^2} = \sqrt{16 + 9} = \sqrt{25} = 5$$

◎ 빗변의 길이가 모어원의 반지름(R)이므로 $R=5$로 도출된다.

→ ∴ <u>모어원의 반지름(R)이 **최대전단응력**($\tau_{\max}$)이므로 답은 5MPa로 도출된다.</u>

05   정답 ③

탄성계수 $E = 100\text{GPa} = 100 \times 10^9 \text{N/m}^2$

굽힘강성계수(휨강성) $EI = 800 \times 10^9 \text{N} \cdot \text{m}^2$ [여기서, I: 단면 2차 모멘트]

$$\rightarrow I = \frac{800 \times 10^9 \text{N} \cdot \text{m}^2}{E} = \frac{800 \times 10^9 \text{N} \cdot \text{m}^2}{100 \times 10^9 \text{N/m}^2} = 8\text{m}^4$$

※ $K = \sqrt{\dfrac{I}{A}}$ [여기서, K: 회전반경, I: 단면 2차 모멘트, A: 단면적]

$$\rightarrow K = \sqrt{\frac{I}{A}} = \sqrt{\frac{8\text{m}^4}{2\text{m}^2}} = \sqrt{4\text{m}^2} = 2\text{m}$$

※ 세장비(λ) $= \dfrac{L}{K}$ [여기서, λ: 세장비, L: 기둥의 길이, K: 회전반경]

$$\rightarrow \lambda = \frac{L}{K} = \frac{5\text{m}}{2\text{m}} = 2.5$$

06   정답 ①

굽힘강성계수가 EI라는 것을 모르는 사람들이 많았으므로 난이도는 ●●○○○○으로 설정을 하였다. EI가 굽힘강성계수를 뜻한다는 것을 알고 있었다면 난이도는 ●○○○○○이다.

• 길이가 L인 단순보의 중앙에 집중하중 P가 작용할 때 발생하는 최대처짐량

$$\therefore \delta_{\max} = \frac{PL^3}{48EI}$$

[여기서, EI: 굽힘강성계수, P: 집중하중, L: 보의 길이, E: 탄성계수, I: 단면 2차 모멘트]

① 위 식에 따라 최대처짐량은 굽힘강성계수(EI)에 반비례함을 알 수 있다.
② 위 식에 따라 최대처짐량은 단면 2차 모멘트(I)에 반비례함을 알 수 있다.
③ 위 식에 따라 최대처짐량은 집중하중(P)에 비례함을 알 수 있다.
④ 위 식에 따라 최대처짐량은 보의 길이(L)의 3승에 비례함을 알 수 있다.

07   정답 ③

• $V_{선속도} = R\omega$ [여기서, R: 반경, ω: **각속도**(rad/s)]

→ $V_{선속도}{}' = 0.5R(2\omega) = R\omega = V_{선속도}$가 되므로 처음 상태와 동일하다.

08   정답 ④

※ 비틀림응력은 전단응력(τ)의 일종이므로 다음 식을 사용하여 계산한다.

$$\to \quad T = \tau Z_P = \tau\left(\frac{I_P}{R}\right) \quad \to \quad 500\,\mathrm{N \cdot m} = 100\mathrm{Pa}\left(\frac{4m^4}{R}\right) \quad [\text{여기서, } 1\mathrm{Pa} = 1\mathrm{N/m^2}]$$

$$\to \quad 500\,\mathrm{N \cdot m} = 100\mathrm{N/m^2}\left(\frac{4m^4}{R}\right) \quad \to \quad \therefore \quad R = 100\mathrm{N/m^2}\left(\frac{4m^4}{500\mathrm{N \cdot m}}\right) = 0.8\mathrm{m}$$

※ $T = \tau Z_P$ [여기서, T: 비틀림모멘트, τ: 전단응력, Z_P: 극단면계수]

※ 극단면계수(Z_P): 축의 도심에 대한 극관성모멘트를 반지름으로 나눈 값이다. 따라서 다음과 같이 표기할 수 있다.

$$Z_P = \frac{I_P}{R} \quad (\text{단위는 } \mathrm{m^3},\ \mathrm{mm^3} \text{ 등으로 표현된다.})$$

[여기서, Z_P: 극단면계수, I_P: 극관성모멘트, R: 축의 반지름]

※ 극관성모멘트(단면 2차 극모멘트, I_P): 비틀림에 저항하는 성질로 돌림힘이 작용하는 물체의 비틀림을 계산하기 위해 필요한 단면 성질이다. 이 값이 클수록 같은 돌림힘이 작용했을 때 비틀림은 작아진다.

$$I_P = I_x + I_y \quad (\text{단위는 } \mathrm{m^4},\ \mathrm{mm^4} \text{ 등으로 표현된다.})$$

[여기서, I_x: x축에 대한 단면 2차 모멘트, I_y: y축에 대한 단면 2차 모멘트]

09

정답 ②

• 감쇠비(ζ) $= c/c_{cr} = (c)/(2\sqrt{mk})$

[여기서, ζ: 감쇠비, c: 감쇠계수, c_{cr}: 임계감쇠계수, m: 질량(kg), k: 스프링상수(N/m)]

$$\to \quad \zeta = \frac{c}{2\sqrt{mk}} \quad \to \quad 0.4 = \frac{c}{2\sqrt{(100)(25)}} = \frac{c}{2\sqrt{2500}} = \frac{c}{100} \quad \to \quad \therefore \quad c = 0.4(100) = 40$$

	감쇠: 에너지의 소실로 진동운동이 점차적으로 감소되어 가는 현상을 말한다.	
감쇠비(ζ)	감쇠계수(c)가 진동을 일으킬 수 있는지를 판단하는 임계감쇠계수(c_{cr})보다 크면 클수록 감쇠비(ζ)가 커지기 때문에 과도감쇠가 일어나 진동이 일어나지 않는다. 이처럼 감쇠의 정도로 진동의 발생 유무를 판단하기 위한 비가 감쇠비(ζ)이며 $\zeta = c/c_{cr} = (c)/(2\sqrt{mk})$로 표현할 수 있다. ※ 감쇠계수($c$): 물체의 단위속도당 물체의 운동을 방해하려는 힘	
감쇠비(ζ) 범위	$\zeta > 1$	감쇠계수(c)가 임계감쇠계수(c_{cr})보다 크므로 충분히 감쇠시키기 때문에 진동이 일어나지 않는다. 이를 과도감쇠 또는 초임계감쇠라고 한다.
	$\zeta = 1$	감쇠계수(c)가 임계감쇠계수(c_{cr})의 크기와 같은 임계감쇠를 말한다. 이 경우는 물체가 외부로부터 외력을 받을 때 진동을 일으키지 않고 정지상태로 점점 안정화된다.
	$\zeta < 1$	감쇠계수(c)가 임계감쇠계수(c_{cr})보다 작으므로 감쇠가 충분하지 않기 때문에 진동이 일어날 수 있다. 이를 부족감쇠 또는 아임계감쇠라고 한다.

감쇠의 종류	유체감쇠	점성감쇠(viscous damping)라고도 한다.
	마찰감쇠	쿨롱감쇠(coulomb damping)라고도 한다.
	고체감쇠	히스테리 감쇠(hysteric damping)라고도 한다.
임계감쇠계수(c_{cr})의 단위		$c_{cr} = 2\sqrt{mk}$ 이다. 질량과 스프링상수의 단위를 이 식에 대입하면 다음과 같다. [여기서, m: 질량(kg), k: 스프링상수(N/m)] $\bigcirc$ $c_{cr} = 2\sqrt{(\text{kg})(\text{N/m})}$ $\left[\text{여기서, } 1\text{N} = 1\text{kg}\cdot\text{m/s}^2\text{이므로 } 1\text{kg} = \dfrac{1\text{N}}{\text{m/s}^2}\right]$ $\bigcirc$ $c_{cr} = 2\sqrt{\left(\dfrac{1\text{N}}{\text{m/s}^2}\right)(\text{N/m})} = 2\sqrt{\left(\dfrac{1\text{N}\cdot\text{s}^2}{\text{m}}\right)(\text{N/m})} = 2\sqrt{\left(\dfrac{1\text{N}^2\cdot\text{s}^2}{\text{m}^2}\right)} = 2\left(\dfrac{\text{N}\cdot\text{s}}{\text{m}}\right)$ $\bigcirc$ 따라서 임계감쇠계수(c_{cr})의 단위는 N·s/m로 도출이 된다. (유도를 해보고 암기를 하는 것이 편리하다. 임계감쇠계수(c_{cr})의 단위 자체를 물어보는 문제도 자주 출제가 되고 있기 때문이다.)

10
정답 ②

• 진동수(주파수, f): $= \dfrac{\omega}{2\pi}$ [여기서, f: 진동수(주파수, Hz), ω: 각속도(rad/s)]

$\rightarrow f = \dfrac{\omega}{2\pi} \rightarrow 200 = \dfrac{\omega}{2(3)}$ $\rightarrow \therefore \omega = 1,200\text{rad/s}$

※ 조화운동의 변위 함수: $X(t) = X\sin(\omega t)$ [여기서, X: 진폭, ω: 각속도, t: 시간]
   변위함수를 시간(t)에 대해서 미분하면 속도의 함수[$V(t)$]가 된다. 그리고 속도함수[$V(t)$]를 시간(t)에 대해서 미분하면 가속도의 함수[$a(t)$]가 된다.

$\bigcirc$ $X(t) = X\sin(\omega t)$ $\xrightarrow{\text{미분}}$ $V(t) = X\omega\cos(\omega t)$

$\bigcirc$ $V(t) = X\omega\cos(\omega t)$, 최대속도($V_{\max}$)가 6m/s라고 주어져 있다. 최대속도($V_{\max}$)는 $\cos(\omega t)$의 값이 1일 때를 말한다($\cos\theta$의 값은 $-1 \sim 1$의 값을 갖는다).

$\bigcirc$ $V_{\max(\cos\omega t = 1)} = X\omega \rightarrow 6\text{m/s} = X(1,200)$

$\therefore$ 진폭(X) $= \dfrac{6}{1,200} = 0.005\text{m} = 5\text{mm}$ 로 도출된다.

11
정답 ③

• $\sigma_{열응력} = \dfrac{P}{A} = E\alpha\Delta T$

[여기서, P: 하중, A: 단면적, E: 탄성계수, α: 선팽창계수, ΔT: 온도차]

$\rightarrow \sigma_{열응력} = \dfrac{P}{A} = E\alpha\Delta T$

$\rightarrow \therefore \alpha = \dfrac{P}{AE\Delta T} = \dfrac{1,000\text{kN}}{(0.1\text{m} \times 0.1\text{m})(200 \times 10^9\text{Pa})(10℃)}$

※ $1\text{Pa} = 1\text{N/m}^2$

$$\rightarrow \alpha = \frac{P}{AE\Delta T} = \frac{10^6\text{N}}{(0.1\text{m}\times0.1\text{m})(200\times10^9\text{N/m}^2)(10\text{℃})}$$

$$\rightarrow \alpha = \frac{10^6\text{N}}{(0.1\text{m}\times0.1\text{m})(200\times10^9\text{N/m}^2)(10\text{℃})} = \frac{1}{2}\times10^{-4}/\text{℃}$$

$$\rightarrow \therefore \ \alpha = \frac{1}{2}\times10^{-4}/\text{℃} = 5\times10^{-5}\text{℃} \ \text{가 되므로 답은 ③이다.}$$

12

정답 ③

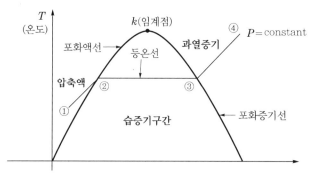

풀이	$P = \text{constant}$, 즉 압력이 일정한 정압선을 따라 과정을 이루며 동시에 등온과정을 거치기 위해서는 '습증기 구간(②−③)'이어야만 한다. 습증기 구간에서는 위 선도에서 보이는 것과 같이 **정압선($P = \text{constant}$)과 등온선이 수평으로 일치하기 때문이다.** ∴ 따라서 문제에서 요구된 조건에 해당하는 상태변화는 **②−③ 구간이다. 즉, 포화액(포화수)에서 포화증기(건포화증기)로** 변하는 상태변화 과정이 답으로 도출된다.
①	압축액 구간에 있으므로 점 ①의 상태는 압축액 상태이다. ※ **압축액(압축수, 과냉액체)**: 포화온도 이하에 있는 상태의 액으로 열을 가해도 쉽게 기체상태로 증발하지 않는 액체를 말한다.
②	점 ②의 상태는 포화액선에 접해 있으므로 포화상태에 도달한 액이다. 즉, 포화온도에 도달한 액으로 건도는 0이며 열을 가하면 쉽게 기체상태로 증발하는 액체를 말한다. 즉, 이제 막 증발을 준비하는 액이다. ※ **포화액선에 접하면 건도는 0이다. 건도가 0이라는 것은 증기의 비율이 없다는 것이다.** ※ **건도:** $\dfrac{\text{증기의 질량}}{\text{습증기의 전체 질량}}$ **(습증기 전체 질량에 대한 증기 질량의 비)**
③	점 ③의 상태는 점 ②의 상태에서 습증기 구간을 거쳐(증발과정을 모두 거쳐) 수분이 모두 증발한 상태의 증기이다. 즉, 포화증기 또는 건포화증기의 상태이다. 또한 점 ②에서 수평으로 그대로 이어져 포화증기선에 접해 있으므로 점 ③은 포화온도 상태에 도달해 있으며 포화증기선에 접해 있기 때문에 건도는 1이다. ※ **포화증기선에 접하면 건도는 1이다. 건도가 1이라는 것은 수분이 모두 증발하여 증기의 비율이 100%라는 것이다.**

	※ **습증기(습포화증기)**: 증기와 습분(수분)이 혼합되어 있는 상태로 포화온도 상태이며 건도는 0 과 1 사이이다.
④	과열증기 구간에 있으므로 점 ④의 상태는 과열증기 상태이다. ※ **과열증기**: 점 ③의 포화증기를 가열하여 증기의 온도를 높인 것으로 포화온도 이상인 증기를 말한다.
필수내용	• 임계점(k)은 포화액선과 포화증기선이 만나는 점이다. → 임계점(k) 압력 이상이 되면 증발과정을 거치지 않고(습증기 구간을 거치지 않고) 바로 과열 증기가 된다. 따라서 임계점(k)에 가까워질수록 증발잠열은 0에 수렴하게 되며 임계점(k) 에서는 증발잠열이 0이다. • 포화온도와 포화압력은 비례관계를 갖는다. • 포화액(포화수)은 어느 압력하에서 포화온도에 도달한 액이다. ※ 포화온도는 어느 압력하에서 증발하기 시작하는 온도이다. • 과열증기의 비열비(k)는 1.3, 건포화증기의 비열비(k)는 1.13이다. • 과열증기는 잘 응축되지 않는 증기이며 건포화증기는 쉽게 응축되려는 증기이다. • 압축액은 쉽게 증발되지 않는 액체이며 포화액은 쉽게 증발되려는 액체이다.

13

정답 ④

• 레이놀즈수(Re) $= \dfrac{\rho V d}{\mu} = \dfrac{V d}{\nu}$

※ ν(동점성계수): $\dfrac{\mu}{\rho}$ [여기서, μ: 점성계수, ρ: 유체의 밀도, V: 속도, d: 관 지름(직경)]

ㄱ $Re = \dfrac{V_1 d}{\nu} \rightarrow 1,500 = \dfrac{V_1(0.2\text{m})}{3 \times 10^{-5}\text{m}^2/\text{s}} \rightarrow \therefore V_1 = 0.225\text{m/s}$

※ 연속방정식($Q = A_1 V_1 = A_2 V_2$)를 사용하여 지름이 0.3m 인 관에서의 유체속도(유속)을 구해본다.

ㄴ $A_1 V_1 = A_2 V_2 \rightarrow \dfrac{1}{4}\pi d_1^2 V_1 = \dfrac{1}{4}\pi d_2^2 V_2 \rightarrow d_1^2 V_1 = d_2^2 V_2$

ㄷ $d_1^2 V_1 = d_2^2 V_2 \rightarrow (0.2\text{m})^2(0.225\text{m/s}) = (0.3\text{m})^2(V_2) \rightarrow \therefore V_2 = 0.1\text{m/s}$

14

정답 ③

[다르시-바이스바흐 방정식(Darcy-Weisbach equation)]

다르시-바이스바흐 방정식 (Darcy-Weisbach equation)	일정한 길이의 원관 내에서 유체가 흐를 때 발생하는 마찰로 인한 압력 손실 또는 수두 손실과 비압축성 유체의 흐름의 평균속도와 관련된 방정식이다. → 직선 원관 내에 유체가 흐를 때 관과 유체 사이의 마찰로 인해 발생하는 직접 적인 손실(h_l)을 구할 수 있다. • $h_l = f_D \dfrac{l}{d}\dfrac{V^2}{2g}$ [여기서, h_l: 손실수두, f_D: 다르시 관마찰계수, l: 관의 길이, d: 관의 직경, V: 유속, g: 중력가속도] • $\dfrac{\triangle P}{\gamma} = f_D \dfrac{l}{d}\dfrac{V^2}{2g}$ [여기서, $\triangle P = \gamma h_l$이며 $\triangle P$: 압력강하, γ: 비중량]

	★ <u>다르시-바이스바흐 방정식</u>은 <u>층류, 난류에서 모두 적용</u>이 가능하나 <u>하겐-푸</u> <u>아죄유 방정식</u>은 <u>층류에서만 적용</u>이 가능하다.
패닝(Fanning) 마찰계수	패닝 마찰계수는 **난류의 연구에 유용**하다. 그리고 비압축성 유체의 완전발달흐름 이면 **층류에서도 적용**이 가능하다. ※ 다르시 관마찰계수와 패닝 마찰계수의 관계: $f_D = 4f_f$ $\qquad\qquad\qquad\qquad\qquad$[여기서, f_f: 패닝 마찰계수]

[수평원관에서의 하겐-푸아죄유(Hagen-Poiseuille) 방정식]

수평원관에서의 하겐-푸아죄유 (Hagen-Poiseuille) 방정식	$Q[\mathrm{m^3/s}] = \dfrac{\triangle P \pi d^4}{128\mu l}$ [여기서, Q: 체적유량, $\triangle P$: 압력강하, d: 관의 지름, $\qquad\qquad\qquad\qquad\qquad\quad \mu$: 점성계수, l: 관의 길이] $\to Q = AV = \dfrac{\gamma h_l \pi d^4}{128\mu l}$ [여기서, $\triangle P = \gamma h_l$이며 $\triangle P$: 압력강하, γ: 비중량] ※ **완전발달 층류흐름에만 적용이 가능하다(난류는 적용하지 못한다).**

직접적인 손실과 국부저항손실(부차적 손실, 형상손실)_필수 빈출 내용	
직접적인 손실	**직선 원관** 내에서 유체가 흐를 때, **유체와 관벽 사이의 마찰**로 인해 발생하는 손실이다. 이 손실은 **다르시-바이스바흐 방정식**으로 구할 수 있다.
국부저항손실	• 밸브류, 이음쇠 및 굴곡관에서 발생하는 손실이다. • 관의 축소 및 확대에 의해 발생하는 손실이다.

15

정답 ①

풀이

$$\eta = 1 - \left(\dfrac{1}{\varepsilon}\right)^{k-1} \quad \text{[여기서, } \varepsilon\text{: 압축비, } k\text{: 비열비]}$$

• 비열비(k)는 일정한 값으로 정해져 있으므로 열효율(η)에 영향을 미치는 인자는 압축비(ε) 밖에 없다.
따라서 답은 ①이다.

16

정답 ①

[진동의 종류]

감쇠진동	감쇠가 있어 마찰이 고려되는 진동이다.
비감쇠진동	감쇠가 없어 마찰이 무시되는 계에서 계속해서 진행되는 진동이다.
자유진동	<u>외력 없이</u> 중력, 탄성복원력에 의해서만 발생되는 진동이다.
강제진동	주기적 또는 간헐적으로 외력이 가해지는 진동이다.

<u>진동의 3가지 기본 요소</u>: 질량(m), 감쇠(c), 스프링 상수(k)

17

[표면장력(σ, surface tension)*]

> • 액체 표면이 스스로 수축하여 되도록 <u>작은 면적(면적을 최소화)</u>을 취하려는 '힘의 성질'을 말한다.
> • 응집력이 부착력보다 큰 경우에 표면장력이 발생한다(동일한 분자 사이에 작용하는 잡아당기는 인력이 부착력보다 커야 동글동글하게 원 모양으로 유지된다).
>
> ※ 응집력: <u>동일한 분자 사이에 작용하는 인력이다.</u>

표면장력의 특징	• 자유수면 부근에 막을 형성하는 데 필요한 단위길이당 당기는 힘이다. • 분자 사이에 작용하는 힘에 따라 분자가 서로 접촉하여 응축하려고 하며 이에 따라 표면적이 작은 원 모양이 되려고 한다. • 주어진 유체의 표면장력(N/m)과 단위면적당 에너지($J/m^2 = N \cdot m / m^2 = N/m$)는 동일한 단위를 갖는다. • 모든 방향으로 같은 크기의 힘이 작용하여 합력은 0이다. • 수은 > 물 > 비눗물 > 에탄올 순으로 표면장력이 크며 합성세제, 비누 같은 계면활성제는 물에 녹아 물의 표면장력을 감소시킨다. • 표면장력은 온도가 높아지면 낮아진다. • 표면장력이 클수록 분자 간의 인력이 강하므로 증발하는 데 시간이 많이 소요된다. • 표면장력은 물의 냉각효과를 떨어뜨린다. • 물에 함유된 염분은 표면장력을 증가시킨다. • 표면장력의 단위는 N/m이다. 아래는 물방울, 비눗방울의 표면장력 공식이다. 물방울 $\quad \sigma = \dfrac{\triangle PD}{4} \quad$ [여기서, $\triangle P$: 내부초과압력(내부압력−외부압력), D: 지름] 비눗방울 $\quad \sigma = \dfrac{\triangle PD}{8} \quad$ [여기서, $\triangle P$: 내부초과압력(내부압력−외부압력), D: 지름] ※ 비눗방울은 얇은 2개의 막을 가지므로 물방울 표면장력의 0.5배
표면장력의 예	• 소금쟁이가 물에 뜰 수 있는 이유 • 잔잔한 수면 위에 바늘이 뜨는 이유

	SI 단위	CGS 단위
표면장력의 단위	$N/m = J/m^2 = kg/s^2$ $[1J = 1N \cdot m, \quad 1N = 1kg \cdot m/s^2]$	$dyne/cm$ $[1dyne = 1g \cdot cm/s^2 = 10^{-5}N]$

※ 1dyne : $1g$의 질량을 $1cm/s^2$의 가속도로 움직이게 하는 힘으로 정의

※ 1erg : 1dyne의 힘이 그 힘의 방향으로 물체를 $1cm$ 움직이는 일로 정의

$\quad$ ($1erg = 1dyne \cdot cm = 10^{-7}J$) ← [인천국제공항공사 기출]

[모세관 현상(capillary phenomenon)★]

• 액체의 응집력과 관과 액체 사이의 부착력에 의해 발생되는 현상이다.

※ 응집력: 동일한 분자 사이에 작용하는 인력이다.

모세관 현상의 특징	• 물의 경우 응집력보다 부착력이 크기 때문에 모세관 안의 유체 표면이 상승(위로 향한다)하게 된다. • 수은의 경우 응집력이 부착력보다 크기 때문에 모세관 안의 유체 표면이 하강(아래로 향한다)하게 된다. • 관이 경사져도 액면상승높이에는 변함이 없다. • 접촉각이 90° 보다 클 때(둔각)에는 액체의 높이는 하강한다. • 접촉각이 0 ~ 90°(예각)일 때는 액체의 높이는 상승한다.
모세관 현상의 예	• 식물은 토양 속의 수분을 모세관현상에 의해 끌어올려 물속에 용해된 영양물질을 흡수한다. • 고체(파라핀) → 액체 → 모세관현상으로 액체가 심지를 타고 올라간다. • 종이에 형광펜을 이용하여 그림을 그린다. • 종이에 만년필을 이용하여 글씨를 쓴다.
액면상승 높이	관의 경우 $h = \dfrac{4\sigma \cos \beta}{\gamma d}$ [여기서, h: 액면상승높이, σ: 표면장력, β: 접촉각, γ: 비중량, d: 지름] 평판의 경우 $h = \dfrac{2\sigma \cos \beta}{\gamma d}$ [여기서, h: 액면상승높이, σ: 표면장력, β: 접촉각, γ: 비중량, d: 지름]

18

정답 ①

웨버 (Weber)수	웨버수 $= \dfrac{\rho V^2 L}{\sigma} = \dfrac{관성력}{표면장력}$ • 물리적 의미로는 관성력을 표면장력으로 나눈 무차원수이다. → 표면장력에 대한 관성력의 비이다. • 물방울의 형성, 기체 및 액체 또는 비중이 서로 다른 액체−액체의 경계면, 표면장력, 위어, 오리피스에서 중요한 무차원수이다.

<table>
<tr><td colspan="5" align="center">레이놀즈수(Re)
층류와 난류를 구분하는 척도로 사용되는 무차원수이다.</td></tr>
<tr>
<td rowspan="5">레이놀즈수
(Re)</td>
<td colspan="4">$Re = \dfrac{\rho Vd}{\mu} = \dfrac{Vd}{\nu} = \dfrac{관성력}{점성력}$
• 레이놀즈수(Re)는 점성력에 대한 관성력의 비라고 표현된다.
• 강제대류에서 유동형태는 유체에 작용하는 점성력에 대한 관성력의 비를 나타내는 레이놀즈수에 좌우된다. 즉, 강제대류에서 층류와 난류를 결정하는 무차원수는 레이놀즈수이다.</td>
</tr>
<tr>
<td align="center">ρ</td>
<td align="center">V</td>
<td align="center">d</td>
<td align="center">ν</td>
</tr>
<tr>
<td align="center">유체의 밀도</td>
<td align="center">속도, 유속</td>
<td align="center">관의 지름(직경)</td>
<td align="center">유체의 점성계수</td>
</tr>
<tr>
<td colspan="4">※ 동점성계수$(\nu) = \dfrac{\mu}{\rho}$</td>
</tr>
</table>

레이놀즈수 (Re)의 범위	원형관	상임계 레이놀즈수 (층류 → 난류로 변할 때)	4,000
		하임계 레이놀즈수 (난류 → 층류로 변할 때)	2,000 ~ 2,100
	평판	임계 레이놀즈수	$500,000(5 \times 10^5)$
	개수로	임계 레이놀즈수	500
	관 입구에서 경계층에 대한 임계 레이놀즈수		$600,000(6 \times 10^5)$

원형관(원관, 파이프)에서의 흐름 종류의 조건	
층류 흐름	레이놀즈수(Re) < 2,000
천이 구간	2,000 < 레이놀즈수(Re) < 4,000
난류 흐름	레이놀즈수 > 4,000

관련 내용	※ 일반적으로 임계 레이놀즈수라고 하면 '하임계 레이놀즈수'를 의미한다. ※ 임계 레이놀즈수를 넘어가면 난류 흐름이다. ※ 관수로 흐름은 주로 '압력'의 지배를 받으며, 개수로 흐름은 주로 '중력'의 지배를 받는다. ※ 관내 흐름에서 자유수면이 있는 경우에는 개수로 흐름으로 해석한다.

오일러수	• $Eu = \dfrac{\Delta P}{\rho V^2} = \dfrac{압축력}{관성력}$ • 물리적 의미로는 압축력을 관성력으로 나눈 무차원수이다. → 관성력에 대한 압축력의 비이다. • 압축력이 고려되는 유동의 상사법칙에 사용된다.

프란틀수	프란틀수(Pr)에 따른 열경계층(δ_t)과 유동(속도)경계층(δ)의 관계	
	$Pr \gg 1$	• 열경계층 두께(δ_t)가 유동경계층 두께(δ)보다 작다. → $\delta_t < \delta$ • 유동경계층이 열경계층보다 빠른 속도로 증가(확산)한다.
	$Pr = 1$	• 열경계층 두께(δ_t)와 유동경계층 두께(δ)가 같다. → $\delta_t = \delta$ • 유동경계층이 열경계층과 같은 속도로 증가(확산)한다.
	$Pr \ll 1$	• 열경계층 두께(δ_t)가 유동경계층 두께(δ)보다 크다. → $\delta_t > \delta$ • 유동경계층이 열경계층보다 느린 속도로 증가(확산)한다.

19

정답 ②

[여러 사이클의 종류]

오토 사이클	<u>가솔린기관(불꽃점화기관)의 이상 사이클</u>: 2개의 정적과정과 2개의 단열과정으로 구성된 사이클로, 정적하에서 열이 공급되기 때문에 **정적연소 사이클**이라고 한다.
사바테 사이클	<u>고속디젤기관의 이상 사이클(기본 사이클)</u>: 2개의 단열과정, 2개의 정적과정, 1개의 정압과정으로 구성된 사이클로, 가열과정이 정압 및 정적과정에서 동시에 이루어지기 때문에 **정압－정적 사이클**(복합 사이클, 이중연소 사이클, '디젤 사이클＋오토 사이클')이라고 한다.
디젤 사이클	<u>저속디젤기관 및 압축착화기관의 이상 사이클(기본 사이클)</u>: 2개의 단열과정, 1개의 정압과정, 1개의 정적과정으로 구성된 사이클로, 정압하에서 열이 공급되고 정적하에서 열이 방출되기 때문에 **정압연소 사이클**, **정압 사이클**이라고 한다.
브레이턴 사이클	<u>가스터빈의 이상 사이클</u>: 2개의 정압과정과 2개의 단열과정으로 구성된 사이클로, 가스터빈의 이상 사이클이며 가스터빈의 3대 요소는 압축기, 연소기, 터빈이다.
랭킨 사이클	증기원동소 및 화력발전소의 이상 사이클(기본 사이클): 2개의 단열과정과 2개의 정압과정으로 구성된 사이클이다.
에릭슨 사이클	2개의 정압과정과 2개의 등온과정으로 구성된 사이클로, 사이클의 순서는 '**등온압축 → 정압가열 → 등온팽창 → 정압방열**'이다.
스털링 사이클	2개의 정적과정과 2개의 등온과정으로 구성된 사이클로, 사이클의 순서는 '**등온압축 → 정적가열 → 등온팽창 → 정적방열**'이다. ※ 증기원동소의 이상 사이클인 랭킨 사이클에서 이상적인 재생기가 있다면 스털링 사이클에 가까워진다(역스털링 사이클은 헬륨(He)을 냉매로 하는 극저온 **가스냉동기의 기본 사이클이다**).
아트킨슨 사이클	2개의 단열과정, 1개의 정압과정, 1개의 정적과정으로 구성된 사이클로 사이클의 순서는 '**단열압축 → 정적가열 → 단열팽창 → 정압방열**'이다. ※ 디젤 사이클과 사이클의 구성과정은 같으나, 아트킨슨 사이클은 가스동력 사이클이다.
르누아 사이클	1개의 단열과정, 1개의 정압과정, 1개의 정적과정으로 구성된 사이클로 사이클의 순서는 '**정적가열 → 단열팽창 → 정압방열**'이다. ※ 동작물질(작동유체)의 압축과정이 없으며 펄스제트 추진계통의 사이클과 유사하다.

※ <u>**가스동력 사이클의 종류**</u>: 브레이턴 사이클, 에릭슨 사이클, 스털링 사이클, 아트킨슨 사이클, 르누아 사이클

비열(C)		• 비열은 어떤 물질 1kg 또는 1g을 1℃ 올리는 데 필요한 열량이다. • 단위질량당 열용량으로 기호 C로 표시한다. ※ 열용량은 물체의 온도를 1K 상승시키는 데 필요한 열량으로 단위는 J/K이다. • 비열이 클수록 물질을 가열할 때 물질의 온도 상승이 느리다.
	정압비열	완전가스(이상기체) 1kg을 압력이 일정한 정압하에서 1℃ 올리는 데 필요한 열량이다. 기호는 C_p이다.
	정적비열	완전가스(이상기체) 1kg을 부피가 일정한 정적하에서 1℃ 올리는 데 필요한 열량이다. 기호는 C_v이다.
	1kcal	물 1kg을 1℃ 올리는 데 필요한 열량이다. → 따라서 물의 비열값은 1kcal/kg · ℃ 이다. → 따라서 물의 비열값은 4.18kJ/kg · ℃ 이다. ※ 1kcal = 4180J = 4.18kJ
	1cal	물 1g을 1℃ 올리는 데 필요한 열량이다.
	1chu	어떤 물질 1lb를 1℃ 올리는 데 필요한 열량이다. ※ 1chu = 0.4536kcal
	1btu	어떤 물질 1lb를 1°F 올리는 데 필요한 열량이다. ※ 1btu = 0.252kcal

압축성 인자 (Z)	이상기체에 대해서 압축성 인자(Z)는 1이다. 이 Z가 1로부터 벗어남이 이상기체 방정식으로부터 벗어나는 정도의 척도가 된다. 즉, Z가 1에 가까워질수록 이상기체에 가까워진다. ($Z = PV/RT$) ※ 실제기체의 경우 압력이 0에 가까워지면 이상기체에 가까워진다. 따라서 Z도 1에 가까워진다.

증기압축식 냉동 사이클		• **증기압축식 냉동 사이클의 주요 구성장치**: 압축기, 응축기, 팽창밸브, 증발기 • **증기압축식 냉동 사이클의 냉매 순환경로**: 압축기 → 응축기 → 팽창밸브 → 증발기
	압축기	증발기에서 흡수된 저온 · 저압의 냉매가스를 압축하여 압력을 상승시켜 분자 간 거리를 가깝게 함으로써 온도를 상승시킨다. 따라서 상온에서도 응축액화가 가능해진다. 압축기 출구를 빠져나온 냉매의 상태는 '**고온 · 고압의 냉매가스**'이다.
	응축기	압축기에서 토출된 냉매가스를 상온에서 물이나 공기를 사용하여 열을 방출함으로써 응축시킨다. 응축기 출구를 빠져나온 냉매의 상태는 '**고온 · 고압의 냉매액**'이다.
	팽창밸브	고온 · 고압의 냉매액을 교축시켜 저온 · 저압의 상태로 만들어 증발하기 용이한 상태로 만든다. 또한 증발기의 부하에 따라 냉매공급량을 적절하게 유지해준다. 팽창밸브 출구를 빠져나온 냉매의 상태는 '**저온 · 저압의 냉매액**'이다.

증발기	저온·저압의 냉매액이 피냉각물체로부터 열을 빼앗아 저온·저압의 냉매가스로 증발된다. 즉, 냉매는 열교환을 통해 열을 흡수하여 자신은 증발하고, 피냉각물체는 열을 잃어 냉각이 되게 된다. 실질적으로 냉동의 목적이 달성되는 곳은 증발기이다. 증발기 출구를 빠져나온 냉매의 상태는 '**저온·저압의 냉매가스**'이다.

※ 냉매는 저온부의 열을 고온부로 옮기는 역할을 하는 작동물질(작동매체, 동작물질)이며 저온부에서는 액으로부터 가스로, 고온부에서는 가스로부터 액으로 상태 변화를 한다.

※ 냉매는 압축기에서 외부로부터 일을 받아 압축되어 고온·고압의 냉매가스가 되며 응축기, 팽창밸브, 증발기를 거쳐 냉동작용을 하는 사이클을 이룬다.

※ 증발잠열이 큰 냉매(동작물질, 작동유체)일수록 냉동효과가 좋다. 증발잠열이란 액체상태에서 기체(가스)상태로 상태 변화하는 데 필요한 열량이다. 따라서 증발잠열이 클수록 증발기에서 냉매가 피냉각물체로부터 더 많은 열을 빼앗아 냉매액이 기체(가스)로 상태 변화하게 된다. 즉, 더 많은 열을 빼앗기 때문에 냉동효과가 좋아진다.

[열역학 법칙 요약]

열역학 제0법칙	• **열평형의 법칙** • 두 물체 A, B가 각각 물체 C와 열적 평형상태에 있다면, 물체 A와 물체 B도 열적 평형상태에 있다는 것과 관련이 있는 법칙으로 이때 알짜 열의 이동은 없다. • 온도계의 원리와 관계된 법칙
열역학 제1법칙	• **에너지보존의 법칙** • 계 내부의 에너지의 총합은 변하지 않는다. • 물체에 공급된 에너지는 물체의 내부에너지를 높이거나 외부에 일을 하므로 에너지의 양은 일정하게 보존된다. • 열은 에너지의 한 형태로서 일을 열로 변환하거나 열을 일로 변환하는 것이 가능하다. • 열효율이 100% 이상인 제1종 영구기관은 열역학 제1법칙에 위배된다(열효율이 100% 이상인 열기관을 얻을 수 없다).
열역학 제2법칙	• **에너지의 방향성을 명시하는 법칙**(열은 항상 고온에서 저온으로 흐른다. 열은 스스로 저온의 물질에서 고온의 물질로 이동하지 않는다) • 열기관에서 작동물질이 일을 하게 하려면 그보다 더 저온인 물질이 필요하다(열은 항상 고온에서 저온으로 이동하기 때문에 열기관에서 더 저온인 물질이 필요하며 열이 이동해야만 공급된 열과 방출된 열의 차이만큼 외부로 일이 만들어지기 때문이다). • 비가역성을 명시하는 법칙으로 엔트로피는 항상 증가한다. • 절대온도의 눈금을 정의하는 법칙이다. • 하나의 열원에서 얻어진 열을 모두 일로 바꾸는 기관은 존재하지 않는다. • 열효율이 100%인 제2종 영구기관은 열역학 제2법칙에 위배된다. → 열효율이 100%인 열기관을 얻을 수 없다. • 외부의 도움 없이 스스로 자발적으로 일어나는 반응은 열역학 제2법칙과 관련이 있다. ※ **비가역의 예시**: 혼합, 자유팽창, 확산, 삼투압, 마찰, 열의 이동, 화학반응 [참고] 자유팽창은 등온으로 간주하는 과정이다.

열역학 제3법칙	• 네른스트: 어떤 방법에 의해서도 물질의 온도를 절대 영도까지 내려가게 할 수 없다. • 플랑크: 모든 물질이 열역학적 평형상태에 있을 때 절대온도가 0에 가까워지면 엔트로피도 0에 가까워진다. $$\lim_{t \to 0} \triangle S = 0$$

PART I 과녁도 기출문제 정답 및 해설

21

정답 ①

㉠ 비중량(γ)은 단위체적(부피, V)당 무게(중량, $W[mg]$)로 단위는 N/m^3이다. 따라서 다음과 같다.

$$\therefore \gamma = \frac{W}{V} = \frac{mg}{V} \quad [\text{여기서, } m\text{은 물체(물질)의 질량, } g: \text{중력가속도}]$$

$$\rightarrow \quad \therefore \gamma_{유체} = \frac{10,000N}{5m^3} = 2,000N/m^3$$

㉡ 비중량(γ)은 밀도(ρ)×중력가속도(g)이다. 즉, $\gamma = \rho g$이다.

$$\rightarrow \quad \therefore \gamma_{물(H_2O)} = \rho_{물(H_2O)}g = (1,000kg/m^3)(10m/s^2) = 10,000N/m^3$$

여기서, $1N = 1kg \cdot m/s^2$이므로

㉢ 물질의 비중(S) = $\dfrac{\text{어떤 물질의 밀도}(\rho) \text{ 또는 어떤 물질의 비중량}(\gamma)}{4℃\text{에서의 물의 밀도}(\rho_{H_2O}) \text{ 또는 물의 비중량}(\gamma_{H_2O})}$

$$\rightarrow \quad \therefore S = \frac{\text{어떤 물질의 비중량}(\gamma_{유체})}{4℃\text{에서의 물의 비중량}(\gamma_{H_2O})} = \frac{2,000N/m^3}{10,000N/m^3} = 0.2$$

[비중*]

물질의 고유 특성(물리적 성질)으로 <u>경금속</u>(가벼운 금속)과 <u>중금속</u>(무거운 금속)을 나누는 기준이 되는 <u>무차원수</u>이다.	
비중 계산식	• 물질의 비중(S) = $\dfrac{\text{어떤 물질의 밀도}(\rho) \text{ 또는 어떤 물질의 비중량}(\gamma)}{4℃\text{에서의 물의 밀도}(\rho_{H_2O}) \text{ 또는 물의 비중량}(\gamma_{H_2O})}$ ※ 중력가속도(g) $= 9.8m/s^2$일 때 　– 물의 비중량(γ_{H_2O}) $= 9,800N/m^3$ 　– 물의 밀도(ρ_{H_2O}) $= 1,000kg/m^3$

22

정답 ②

• 엔탈피(H)의 표현

$$\therefore H = U + PV$$

　[여기서, H: 엔탈피, U: 내부에너지, P: 압력, V: 부피(체적), PV: 유동에너지(유동일)]

$$\rightarrow H = U + PV \rightarrow 100kJ = 50kJ + PV \rightarrow \therefore PV = 50kJ$$

2020 하반기 한국중부발전 기출문제　113

23

정답 ①

제시된 사이클은 카르노 사이클(Carnot cycle)의 T(온도)$-S$(엔트로피) 선도이다.

→ 카르노 사이클(Carnot cycle)의 효율은 $\eta = 1 - \dfrac{Q_2}{Q_1} = 1 - \dfrac{T_2}{T_1}$ 이다.

[여기서, Q_1: 공급열량, Q_2: 방출열량, T_1: 고열원의 온도, T_2: 저열원의 온도]

'$\eta = 1 - (T_2 / T_1)$' 식에서 보면 저열원의 온도(T_2)가 높을수록 열효율(η)이 감소한다.

[카르노 사이클(Carnot cycle)]

• 열기관의 이상 사이클로 이상기체를 동작물질(작동유체)로 사용한다.	
• 이론적으로 사이클 중 **최고의 효율**을 가진다.	
$P-V$ 선도	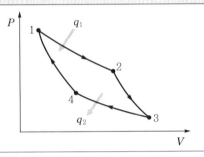
각 구간 해석	• **상태 1 → 상태 2**: q_1의 열이 공급되었으므로 팽창하게 된다. 1에서 2로 부피(V)가 늘어났음(팽창)을 알 수 있다. 따라서 <u>가역등온팽창과정</u>이다. • **상태 2 → 상태 3**: 위의 선도를 보면 2에서 3으로 압력(P)이 감소했음을 알 수 있다. 즉, 동작물질(작동유체)인 이상기체가 외부로 팽창일을 하여 압력(P)이 감소된 것이므로 <u>가역단열팽창과정</u>이다. • **상태 3 → 상태 4**: q_2의 열이 방출되고 있으므로 부피가 줄어들게 된다. 즉, 3에서 4로 부피(V)가 줄어들고 있다. 따라서 <u>가역등온압축과정</u>이다. • **상태 4 → 상태 1**: 4에서 1은 압력(P)이 증가하고 있다. 따라서 <u>가역단열압축과정</u>이다.
특징	• <u>**2개의 가역단열과정과 2개의 가역등온과정**</u>으로 구성되어 있다. 즉, 4개의 과정은 모두 가역과정이다. • <u>등온팽창 → 단열팽창 → 등온압축 → 단열압축</u>의 순서로 작동된다. • 효율(η)은 $1 - (Q_2 / Q_1) = 1 - (T_2 / T_1)$으로 구할 수 있다. [여기서, Q_1: 공급열, Q_2: 방출열, T_1: 고열원 온도, T_2: 저열원 온도] → 카르노 사이클의 열효율은 열량(Q)의 함수로 온도(T)의 함수를 치환할 수 있다. • 같은 두 열원에서 사용되는 가역 사이클인 카르노 사이클로 작동되는 기관은 열효율이 동일하다. • 사이클을 역으로 작동시켜주면 이상적인 냉동기의 원리가 된다. • 열의 공급은 등온과정에서만 이루어지지만, 일의 전달은 단열과정과 등온과정에서 둘 다 일어난다. • 동작물질(작동유체)의 밀도가 크거나 양이 많으면 마찰이 발생하여 효율이 떨어지므로 효율을 높이기 위해서는 동작물질(작동유체)의 밀도를 낮추거나 양을 줄인다.

24

정답 ②

① 단면계수(Z)는 단면의 형태에 의해서 정해지는 상수값으로 굽힘을 해석하는 데 매우 중요한 단면 성질이다. 어떤 부재가 일정한 굽힘모멘트(M, 휨모멘트)를 받고 있을 때 굽힘모멘트(M)와 발생하는 굽힘응력(σ_b) 사이에는 다음과 같은 관계식이 성립한다.

$\therefore\ M = \sigma_b Z$

→ 이 식에서 보면 단면계수(Z)가 커질수록 굽힘응력(σ_b)이 작아지는 것을 볼 수 있다[굽힘모멘트(M, 휨모멘트)는 일정하기 때문]. 굽힘응력(σ_b)이 작다라는 것은 부재에 굽힘(휨)이 덜 발생했다는 의미로 **단면계수(Z)가 클수록 경제적인 단면**이다.

② • 지름이 d인 원형단면의 단면적: $\dfrac{1}{4}\pi d^2$

   • 한 변의 길이가 a인 정사각형 단면의 단면적: a^2

   ※ 단면적이 서로 동일하므로 $\dfrac{1}{4}\pi d^2 = a^2$이 성립한다.

   $\rightarrow\ \dfrac{1}{4}\pi d^2 = a^2\ \rightarrow\ \dfrac{1}{2}\sqrt{\pi}\,d = a\ \rightarrow\ \dfrac{1}{2}(1.8)d = a\ \rightarrow\ \therefore\ a = 0.9d$

   • 지름이 d인 원형단면의 단면계수(Z_1) $= \dfrac{\pi d^3}{32}$

   • 한 변의 길이가 a인 정사각형 단면의 단면계수(Z_2) $= \dfrac{a^3}{6}$

   $\rightarrow\ \therefore\ \left(\dfrac{Z_2}{Z_1}\right) = \dfrac{\dfrac{a^3}{6}}{\dfrac{\pi d^3}{32}} = \dfrac{32a^3}{6\pi d^3} = \dfrac{16a^3}{3\pi d^3} = \dfrac{16(0.9d)^3}{3(3.14)d^3} = \dfrac{11.664d^3}{9.42d^3} = $ 약 1.24로 1보다 큼

③ $M = \sigma_b Z\ \rightarrow\ \therefore\ \sigma_b = \dfrac{M}{Z} = \dfrac{M}{\left(\dfrac{I}{y}\right)} = \dfrac{M}{I}y$ [여기서, y: 중립축과의 거리]

   → 위의 식 $\sigma_b = \dfrac{M}{I}y$에서 보면 굽힘응력(σ_b)과 중립축과의 거리(y)는 비례한다. 즉, 중립축과의 거리(y)가 클수록 보 속에 작용하는 굽힘응력(σ_b)이 커지므로 중립축과의 거리(y)가 최대일 때 굽힘응력(σ_b)도 가장 크다.

④ 보 속에 작용하는 전단응력(τ) $= \dfrac{VQ}{bI}$이다. 여기서, Q는 단면 1차 모멘트, I는 단면 2차 모멘트이므로 τ는 Q에 비례하고 I에 반비례함을 알 수 있다.

25

정답 ④

비엔탈피가 300kJ/kg에서 100kJ/kg으로 되는 과정을 보면, s(비엔트로피)축의 값이 일정하므로 등엔트로피 과정이라는 것을 알 수 있다. 엔트로피 변화($\triangle S$)는 다음과 같다.

$\rightarrow\ \triangle S = \dfrac{\delta Q}{T}$

※ 등엔트로피 과정이라는 것은 엔트로피의 변화가 없으므로 $\triangle S = s_2 - s_1 = 0$이다.

따라서 $\triangle S = \dfrac{\delta Q}{T} = 0$이므로 $\delta Q = 0$이 된다. 즉, 등엔트로피 과정을 통해 이 과정이 단열변화임을 알 수 있다. 발전설비에 대해서는 터빈은 증기가 단열팽창되면서 팽창일을 하는 곳이며, 급수펌프는 복수기에서 응축된 급수를 단열압축하여 보일러 내로 급수하는 기계이다. 위 과정은 엔탈피가 감소되는 과정이므로 터빈에서 이루어지는 등엔트로피 팽창과정임을 유추할 수 있다.

→ $dQ = dh - vdP$에서 $dQ = 0$이므로 다음과 같다.

→ $0 = dh - vdP$ → $dh = vdP$ → $\therefore -vdP = -dh$

→ $W_t(\text{공업일}) = -vdP = -dh = -(h_2 - h_1) = h_1 - h_2 = (300 - 100)\text{kJ/kg} = 200\text{kJ/kg}$

→ 따라서 증기 1kg당 행하는 공업일이 200kJ이므로 **증기 3kg이 행하는 공업일은 600kJ이 된다.**
$$[\, W_{t(\text{증기}3\text{kg})} = (200\text{kJ/kg})(3\text{kg}) = 600\text{kJ}\,]$$

※ **비엔탈피**: 단위질량(kg)당 엔탈피를 비엔탈피라고 한다. 상태량 앞에 '비'가 붙으면 모두 단위질량(kg) 당이라고 이해하면 된다.

[몰리에르(몰리에)선도]

$P-H$ 선도 (몰리에르-냉동)	• 세로(종축)가 '압력', 가로(횡축)가 '엔탈피'인 선도 • 냉동기의 크기 결정, 압축기 열량 결정, 냉동능력 판단, 냉동장치 운전상태, 냉동기의 효율 등을 파악할 수 있다.
$H-S$ 선도 (몰리에르-증기)	• 세로(종축)가 '엔탈피', 가로(횡축)가 '엔트로피'인 선도 • 증기 사이클, 증기 원동소를 해석할 때 사용한다. 즉, 증기의 교축변화를 해석하며 포화수의 엔탈피는 잘 알 수 없다.

※ 냉동기 관련 몰리에르라고 언급되어 있지 않을 경우에는 '$P-H$ 선도'를 뜻한다.

• 단열변화
 – 동작유체가 상태 1에서 상태 2로 상태변화하는 동안 계에 열(Q)의 출입이 전혀 없는 상태 변화를 단열변화 또는 등엔트로피 변화라고 한다. 즉, $\delta Q = 0$인 변화를 말한다.
 – 완전가스가 주위와의 열교환을 하지 않고, 변화될 때 마찰이나 와류 등으로 인한 열손실이 전혀 없는 이상적인 가역단열변화를 할 경우에는 $dQ = 0$이므로 $dQ = TdS$에서 $dS = 0$이 된다. 따라서 변화 전후의 엔트로피가 같은 등엔트로피 변화가 된다. 하지만 마찰이나 와류 등에 의한 손실이 발생하는 비가역 단열변화는 등엔트로피 변화가 아니므로 엔트로피가 증가한다.

26
정답 ③

• **레이놀즈수(Re)**: 층류와 난류를 구분해주는 척도이다. 보통 파이프, 잠수함, 관유동 등의 역학적 상사에 사용되는 무차원수이다. 이 문제는 잠수함의 역학적 상사에 대한 문제이므로 레이놀즈수를 사용하면 된다.

$$(Re)_{\text{실제}} = (Re)_{\text{모형}} \rightarrow \left(\dfrac{V_1 d_1}{\nu}\right)_{\text{실제}} = \left(\dfrac{V_2 d_2}{\nu}\right)_{\text{모형}}$$

※ 모형 잠수함의 크기는 실제 잠수함 크기의 $(1/10)$에 해당하므로 실제 잠수함의 크기가 모형 잠수함보다 10배 크다는 것을 알 수 있다. 따라서 크기와 관련된 인자인 d는 다음과 같은 관계를 가진다.

※ 동점성계수(ν)는 같은 환경에서 실험을 시행하므로 동일한 값으로 취급한다.

→ $d_1 = 10d_2$

→ $\left(\dfrac{V_1 d_1}{\nu} \right)_{실제} = \left(\dfrac{V_2 d_2}{\nu} \right)_{모형}$ → $(V_1 d_1)_{실제} = (V_2 d_2)_{모형}$

→ $(V_1 10 d_2)_{실제} = (V_2 d_2)_{모형}$

→ $(V_1 10 d_2)_{실제} = (V_2 d_2)_{모형}$ → $(V_1 10)_{실제} = (V_2)_{모형}$

→ $\therefore \dfrac{V_1}{V_2} = \dfrac{1}{10} = 0.1$

27
정답 ④

• 이상기체 상태방정식($PV = mRT$)

$$PV = mRT \rightarrow \therefore R = \frac{PV}{mT} = \frac{(200\text{kPa})(0.5\text{m}^3)}{(5\text{kg})(80\text{K})} = 0.25\text{kJ/kg} \cdot \text{K}$$

28
정답 ④

• 수직응력에 의한 탄성에너지(U)

㉠ $U = \dfrac{1}{2}P\delta$ [여기서, P: 하중, $\delta(\lambda)$: 변형량]

※ $\delta = \dfrac{PL}{EA}$ [여기서, P: 하중, L: 길이, E: 종탄성계수(세로탄성계수, 영률), A: 단면적]

㉡ $\left\{ U = \dfrac{1}{2}P\delta = \dfrac{1}{2}P\left(\dfrac{PL}{EA} \right) = \dfrac{P^2 L}{2EA} \right\}$ (㉣에서 이용할 식)

㉢ $\delta = \dfrac{PL}{EA} \rightarrow \therefore P = \dfrac{\delta EA}{L}$ 로 도출된다. $U = \dfrac{1}{2}P\delta$ 에 '$P = \dfrac{\delta EA}{L}$'를 대입한다.

→ $\therefore U = \dfrac{1}{2}P\delta = \dfrac{1}{2}\left(\dfrac{\delta EA}{L} \right)\delta = \dfrac{\delta^2 EA}{2L}$ 로 표현할 수 있다.

㉣ $U = \dfrac{P^2 L}{2EA}$ 의 분모, 분자에 각각 A를 곱한다.

→ $\therefore U = \dfrac{P^2 L}{2EA}\left(\dfrac{A}{A} \right) = \dfrac{P^2 LA}{2EA^2} = \left(\dfrac{P^2}{A^2} \right)\dfrac{LA}{2E} = \left(\dfrac{P}{A} \right)^2 \dfrac{LA}{2E}$

※ $\dfrac{P}{A} = \sigma$(응력)이며, 봉의 길이(L)와 단면적(A)의 곱인 LA는 봉의 부피(V)이다.

따라서 다음과 같은 식이 표현될 수 있다.

→ $U = \dfrac{P^2 L}{2EA}\left(\dfrac{A}{A} \right) = \dfrac{P^2 LA}{2EA^2} = \left(\dfrac{P^2}{A^2} \right)\dfrac{LA}{2E} = \left(\dfrac{P}{A} \right)^2 \dfrac{LA}{2E} = \dfrac{\sigma^2 V}{2E}$

※ 훅의 법칙에 따라 $\sigma = E\varepsilon$ 이므로 위 식에 대입하면,

→ $U = \dfrac{\sigma^2 V}{2E} = \dfrac{(E\varepsilon)^2 V}{2E} = \dfrac{E^2 \varepsilon^2 V}{2E} = \dfrac{E\varepsilon^2 V}{2} = \dfrac{(E\varepsilon)\varepsilon V}{2} = \dfrac{\sigma\varepsilon V}{2}$ 로 최종적으로 표현된다.

※ <u>보기 ④는 부피(V)가 빠졌으므로 틀린 표현식이다.</u>

수직응력에 의한 탄성에너지 U를 부재의 부피(체적, V)로 나눈 값은 단위체적당 탄성에너지(최대탄성에너지, 변형에너지밀도, 레질리언스계수, u)라고 정의된다.

※ **레질리언스계수**: 위의 탄성에너지 U를 부피(V)로 나눠주면 다음과 같다.

$$\rightarrow \ \therefore \ \frac{U}{V} = u = \frac{\sigma^2}{2E} = \frac{(E\varepsilon)^2}{2E} = \frac{E^2\varepsilon^2}{2E} = \frac{E\varepsilon^2}{2} = \frac{(E\varepsilon)\varepsilon}{2} = \frac{\sigma\varepsilon}{2} [\text{N} \cdot \text{m/m}^3]$$

※ **단위체적당 탄성에너지(최대탄성에너지, 변형에너지밀도, 레질리언스계수)**는 기호로 u라고 표시하며 단위는 'N·m/m³'이다. 매우 중요한 개념이므로 반드시 숙지해야만 한다. 2018년 인천국제공항공사 전공필기 시험에서 레질리언스를 계산하는 문제가 출제된 적이 있다. 공식만 암기하고 있으면 대입하여 쉽게 풀 수 있는 문제이다.

29

정답 ④

[베르누이 방정식]

'**흐르는 유체**가 갖는 에너지의 총합은 항상 보존된다'는 **에너지보존법칙**을 기반으로 하는 방정식이다.

기본식	$\dfrac{P}{\gamma} + \dfrac{v^2}{2g} + Z = \text{constant}$
	
	[여기서, $\dfrac{P}{\gamma}$: 압력수두, $\dfrac{v^2}{2g}$: 속도수두, Z: 위치수두]
	
	㉠ 에너지선: 압력수두 + 속도수두 + 위치수두
	㉡ 수력구배선(수력기울기선): 압력수두 + 위치수두
	
	※ 베르누이 방정식은 에너지(J)로 표현할 수도 있고, 수두(m)로 표현할 수도 있고, 압력(Pa)으로 표현할 수도 있다.
	
	   ㉠ 수두식: $\dfrac{P}{\gamma} + \dfrac{v^2}{2g} + Z = \text{constant}$
	
	   ㉡ 압력식: $P + \rho\dfrac{v^2}{2} + \rho gh = \text{constant}$
	
	     → 식 ㉠의 양변에 비중량(γ)을 곱하고 $\gamma = \rho g$이다.
	
	   ㉢ 에너지식: $PV + \dfrac{1}{2}mv^2 + mgh = \text{constant}$ [여기서, v: 속도]
	
	     → 식 ㉡의 양변에 부피(V)를 곱하면 밀도(ρ) = $\dfrac{m(질량)}{V(부피)}$이다.

가정조건	• 정상류이며 비압축성이어야 한다. • 유선을 따라 입자가 흘러야 한다. • 비점성이어야 한다(마찰이 존재하지 않아야 한다).
설명할 수 있는 예시	• 피토관을 이용한 유속 측정 원리 • 유체 중 날개에서의 양력 발생 원리 • 관의 면적에 따른 속도와 압력의 관계
적용 예시	• 2개의 풍선 사이에 바람을 불면 풍선이 서로 붙는다. • 마그누스의 힘(축구공 감아차기, 플레트너 배 등)

※ <u>오일러 운동방정식은 압축성을 기반으로 한다(나머지는 베르누이 방정식 가정과 동일).</u>
※ <u>필수 비교:</u> 베르누이 방정식 – 에너지보존법칙

　　　　　　　연속방정식 – 질량보존법칙

30

정답 ①

• 이끝원 면적과 이뿌리원 면적의 차이: $\frac{1}{4}\pi D_0^2 - \frac{1}{4}\pi D_1^2 = \frac{1}{4}\pi(D_0^2 - D_1^2)$

[여기서, D_0: 이끝원의 지름, D_1: 이뿌리원의 지름]

　→ ∴ 매분 송출유량$(Q) = 2abzN = \frac{1}{4}\pi(D_0^2 - D_1^2)bN$에서 이끝원 면적과 이뿌리원 면적의 차이인

　　$\frac{1}{4}\pi(D_0^2 - D_1^2)$이 <u>2배가 되면 매분 송출유량$(Q)$도 2배가 되는 것을 알 수 있다.</u>

※ $2az = \frac{1}{4}\pi(D_0^2 - D_1^2)$

[기어펌프의 송출유량(유량, Q)]

치형 사이의 용적에서 맞물림 부분을 뺀 양이다.

유량$(Q) = 2abz$이며 **매분 송출유량**은 다음과 같이 표현된다.

　→ ∴ $Q_{매분} = 2abzN$

　　[여기서, a: 치형과 치형 사이의 면적, b: 이의 폭(기어의 축방향), z: 잇수, N: 회전수(rpm)]

※ $2az = \frac{1}{4}\pi(D_0^2 - D_1^2)$

　→ ∴ $Q_{매분} = 2abzN = \frac{1}{4}\pi(D_0^2 - D_1^2)bN$

31

정답 ①

① • 터빈 입구 증기의 온도가 높아지면 단열팽창 구간의 길이가 늘어나므로 터빈의 팽창일이 증가하여 랭킨 사이클의 이론 열효율은 증가한다.
　• 보일러 압력이 높아지면 단열팽창 구간의 길이가 늘어나므로 터빈의 팽창일이 증가하여 랭킨 사이클의 이론 열효율은 증가한다.
　• <u>복수기(응축기) 압력이 높아지면 단열팽창 구간의 길이가 짧아지므로 터빈의 팽창일이 감소하여 랭킨 사이클의 이론 열효율은 감소한다.</u>
② 단열팽창 구간에서의 엔탈피 차이가 클수록 터빈의 팽창일이 증가하므로 랭킨 사이클의 이론 열효율은 증가한다.
③ 재열 사이클은 터빈을 빠져 나온 증기의 온도를 재가열함으로써 터빈의 유효일을 증가시켜 열효율을 개선시킨다.
④ 재생 사이클은 단열팽창 과정이 일어나는 터빈 내에서 팽창 도중인 증기의 일부를 추기하여(뽑아서) 보일러로 들어가는 급수를 미리 예열함으로써 열효율을 개선시킨다.

32

- **유속측정기기**: 피토관, 피토정압관, 레이저 도플러 유속계, 시차액주계, 열선풍속계, 프로펠러 유속계 등

유속측정기기	피토관	유체 흐름의 총압과 정압의 차이를 측정하고 그것에서 유속을 구하는 장치로, 비행기에 설치하여 **비행기의 속도**를 측정하는 데 사용된다.
	피토정압관	동압$\left(\dfrac{1}{2}\rho V^2\right)$을 **측정**하여 유체의 유속을 측정하는 기기이다.
	레이저 도플러 유속계	유동하는 **흐름에 작은 알갱이를 띄워서** 유속을 측정한다.
	시차액주계	**피에조미터와 피토관을 조합**하여 유속을 측정한다. ※ 피에조미터: **정압**을 측정하는 기기이다.
	열선풍속계	금속선에 전류가 흐를 때 일어나는 **온도와 전기저항과의 관계**를 사용하여 유속을 측정하는 기기이다.
	프로펠러 유속계	개수로 흐름의 유속을 측정하는 기기로, **수면 내에 완전히 잠기게 하여 사용**하는 기기이다.

- **유량측정기기**: 벤투리미터, 유동노즐, 오리피스, 로터미터, 위어, 전자유량계

유량측정기기	벤투리미터		벤투리미터는 **압력강하를 이용**하여 유량을 측정하는 기구로 **베르누이 방정식과 연속방정식을 이용하여 유량을 산출하며 가장 정확한 유량을 측정할 수 있다.**
	유동노즐		**압력강하를 이용**하여 유량을 측정하는 기기이다.
	오리피스		**압력강하를 이용**하여 유량을 측정하는 기기로, 벤투리미터와 비슷한 원리로 유량을 산출한다.
	로터미터		유량을 측정하는 기구로, **부자 또는 부표**라고 하는 부품에 의해 유량을 측정한다.
	위어		**개수로 흐름의 유량**을 측정하는 기기로, **수로 도중에서 흐름을 막아 넘치게 하고 물을 낙하시켜** 유량 측정한다.
		예봉(예연)위어	대유량 측정에 사용한다.
		광봉위어	대유량 측정에 사용한다.
		사각위어	중유량 측정에 사용한다. $Q = KLH^{\frac{3}{2}}[\text{m}^3/\text{min}]$
		삼각위어 (V노치)	소유량 측정에 사용하며 비교적 정확한 유량을 측정할 수 있다. $Q = KH^{\frac{5}{2}}[\text{m}^3/\text{min}]$
	전자유량계		**패러데이의 전자기 유도법칙**을 이용하여 유량을 측정한다.

압력강하 이용	압력강하를 이용한 유량측정기기: 벤투리미터, 유동노즐, 오리피스
압력강하 큰 순서	오리피스 > 유동노즐 > 벤투리미터 ※ 가격이 비싼 순서는 벤투리미터 > 유동노즐 > 오리피스

※ **수역학적 방법(간접적인 방법)**: 유체의 유량측정기기 중에 수역학적 방법을 이용한 측정기기는 벤투리미터, 로터미터, 피토관, 언판 유속계, 오리피스미터 등이 있다.
→ 수역학적 방법은 유속에 관계되는 다른 양을 측정하여 유량을 구하는 방법이다.

33

정답 답 없음

[열처리]

재료를 가열하고 냉각을 반복함으로써 목적 및 용도에 맞는 원하는 기계적 성질을 얻기 위해 금속재료에 행하는 처리이다.

기본 열처리의 종류	담금질(퀜칭, 소입), 뜨임(템퍼링, 소려), 풀림(어닐링, 소둔), 불림(노멀라이징, 소준)
열처리에 영향을 주는 요소	가열온도, 가열방법, 냉각방법, 탄소함유량

열처리의 목적	<table><tr><td>강도 및 경도 향상</td><td>조직의 미세화</td><td>조직의 안정화</td></tr><tr><td>표면을 경화</td><td>조직을 연질화(가공성 증대)</td><td>응력 제거</td></tr></table> · 경도나 항장력을 확대시킨다. 항장력이란 재료를 잡아당겼을 때 버티는 힘을 말하며, 재료가 끊어지도록 잡아당겼을 때 그 재료가 견디는 최대하중을 단면적으로 나눈 값이다. 재료의 단단한 정도를 나타내는 경도와 항장력을 확대시킴으로써 우리가 원하는 정도로 단단하게 만드는 것이 목적이다. · 조직을 미세화시킨다. 강의 조직을 미세화시킴으로써 방향성을 줄이고, 금속이 응고할 때 먼저 굳는 부분과 나중에 굳는 부분에 따라 조직이 달라지는 편석을 작고 균일한 상태로 만드는 것이 목적이다. · 조직의 안정화, 자성의 향상, 표면 경화(표면을 단단하게) 등이 목적이다. · 조직을 연화시켜 우리가 원하는 가공성을 얻는 것이 목적이다. · 응력을 제거함으로써 재료의 변형을 방지하는 것이 목적이다. · 내식성이란 부식이나 침식에 견디는 성질을 말하며, 재료의 특성을 우리가 원하는 정도로 만드는 것이 목적이다. · 점인화는 끈끈하고 질기게 되는 것으로 이 또한 재료의 특성을 우리가 원하는 정도로 만드는 것이 열처리의 목적 중 하나이다. · 냉간가공을 하면 연성이 떨어지는 단점이 있는데 이때 중간풀림 열처리를 통해 이를 제거하는 것이 목적이다. 즉, 냉간가공의 영향을 제거하는 목적을 가지고 있다.

34

정답 ②

[층류에서의 경계층 두께(δ)_평판]

$$\delta = \frac{4.65x}{\sqrt{Re_x}} = \frac{4.65x}{\sqrt{\frac{U_\infty x}{\nu}}} = \frac{4.65x^{\frac{1}{2}}}{\sqrt{\frac{U_\infty}{\nu}}} = \frac{4.65x^{\frac{1}{2}}\sqrt{\nu}}{\sqrt{U_\infty}} \rightarrow \therefore \delta \propto x^{\frac{1}{2}} \text{의 관계식이 도출}$$

→ 즉, 층류에서의 경계층 두께(δ)는 위의 식에 근거하여 레이놀즈수(Re_x)의 $(1/2)$승에 반비례하며 평판으로부터 떨어진 거리(x)의 $(1/2)$승에 비례함을 알 수 있다.

[경계층(boundary layer)]

- 유체가 유동할 때 점성(마찰)의 영향으로 생긴 얇은 층을 말한다.
- 경계층 두께(δ)는 유체의 속도(U)가 자유흐름 속도(U_∞, 균일속도)의 99%가 되는 지점까지의 수직거리를 말한다. 즉, $U/U_\infty = 0.99$가 되는 지점까지의 수직거리이다.

층류에서의 경계층 두께	$\delta = \dfrac{4.65x}{\sqrt{Re_x}} \fallingdotseq \dfrac{5x}{\sqrt{Re_x}} \fallingdotseq \dfrac{5x}{Re_x^{\frac{1}{2}}}$ ※ $Re_x = \dfrac{U_\infty x}{\nu}$ [여기서, ν: 동점성계수, x: 평판 선단으로부터 떨어진 거리]
난류에서의 경계층 두께	$\delta = \dfrac{0.376x}{\sqrt[5]{Re_x}} = \dfrac{0.376x}{Re_x^{\frac{1}{5}}}$ ※ $Re_x = \dfrac{U_\infty x}{\nu}$ [여기서, ν: 동점성계수, x: 평판 선단으로부터 떨어진 거리]
관련 특징	• 층류 경계층은 얇고 난류 경계층은 두꺼우며 층류는 항상 난류 앞에 있다. • 경계층 두께(δ)는 균일속도가 크고 유체의 점성이 작을수록 얇아진다. 그리고 레이놀즈수(Re_x)가 작을수록 두꺼워지며 평판 선단으로부터 하류로 갈수록 두꺼워진다. • 난류 경계층은 유동박리를 늦춰준다.
층류저층	• **층류저층**: 난류경계층 내에서 성장한 층류층으로 층류흐름에서 속도분포는 거의 포물선의 형태로 변화하나 난류층 내의 벽면 근처에서는 선형적으로 변한다. • ※ **층류저층의 경계층 두께**(δ) $= \dfrac{11.6\nu}{V\sqrt{\dfrac{f}{8}}}$ 　[여기서, ν: 동점성계수, V: 속도(유속), f: 관마찰계수] • 층류저층(점성저층, 층류막) 속에서의 흐름의 특성은 층류와 유사하다.

35

정답 ②

[샤를의 법칙]
① 기체의 압력(P)이 일정할 때, 기체의 부피(V)가 기체의 절대온도(T)에 비례한다는 법칙이다.
　∴ $V \propto T \rightarrow V = kT$ [여기서, V: 부피(체적), T: 절대온도, k: 비례상수]
② 샤를의 법칙에 따르면 기체의 압력(P)은 일정하다. (P=constant)
　따라서 '$Q = dU + PdV$'에서 $dU = Q - PdV$로 도출된다. 즉, 내부에너지 변화량(dU)은 0이 될 수도($Q = PdV$일 때) 0이 아닐 수도 있다.
③ 샤를의 법칙에 따르면 기체의 압력(P)은 일정하다. (P=constant)
　따라서 '$Q = dh - VdP$'에서 압력(P)은 일정하므로 압력변화량(dP)은 0이다.
　$Q = dh - VdP = dh - V(0) = dh$

→ ∴ $Q = dh$로 도출된다. 즉, 공급된 열량(Q)은 엔탈피 변화량(dh)과 같다.

④ 샤를의 법칙이 적용되는 조건에서는 기체의 부피(V)가 기체의 절대온도(T)에 비례하므로 기체를 가열하면 기체의 온도가 증가할 것이고 이에 비례하여 기체의 부피도 증가할 것이다.

36

정답 ②

[합금강(특수강)에 첨가되는 특수원소들의 영향]

W (텅스텐)	• 고온에서 경도 및 인장강도를 증가시킨다. • 탄화물을 만들기 쉽다.
Ni (니켈)	• **강인성, 내식성, 내산성, 담금질성, 저온충격치, 내충격성을 증가**시킨다. • 오스테나이트 조직을 안정화시킨다.
Mo (몰리브덴)	• 담금질 깊이를 깊게 한다. • 뜨임취성(뜨임메짐)을 방지한다. • 경도, 내마멸성, 강인성, 담금질성 등을 증가시킨다.
Cr (크롬)	• 강도, 경도, 내열성, 내마멸성, 내식성을 증가시킨다(단, 4% 이상 함유되면 단조성이 저하된다). • 페라이트 조직을 안정화시킨다.

37

정답 ②

• 물체의 운동에너지$\left(\dfrac{1}{2}mV^2\right)$가 스프링 내부에 저장되는 탄성에너지$\left(\text{탄성력에 의한 위치에너지, } \dfrac{1}{2}kx^2\right)$로 변환되는 운동이므로 다음과 같은 식을 만들 수 있다.

$$\frac{1}{2}mV^2 = \frac{1}{2}kx^2 \rightarrow mV^2 = kx^2 \rightarrow \therefore m = \frac{kx^2}{V^2} = \frac{(2\text{N/m})(0.2\text{m})^2}{(2\text{m/s})^2} = 0.02\text{kg}$$

[여기서, m: 물체의 질량, V: 물체의 속도, k: 스프링 상수, x: 변형량(압축량 또는 인장량)]

38

정답 ②

[합성수지]

유기물질로 합성된 가소성 물질을 플라스틱 또는 합성수지라고 한다.	
합성수지의 특징	• 전기절연성과 가공성 및 성형성이 우수하다. • 색상이 매우 자유로우며 가볍고 튼튼하다. • **화학약품, 유류, 산, 알칼리에 강하지만 열과 충격에 약하다.** → **화기에 약하고 연소 시에 유해물질의 발생이 많다.** • 무게에 비해 강도가 비교적 높은 편이다. • 가공성이 높기 때문에 대량생산에 유리하다.
열경화성 수지	주로 그물모양의 고분자로 이루어진 것으로 가열하면 경화되는 성질을 가지며, 한번 경화되면 가열해도 연화되지 않는 합성수지이다. ※ 모르면 찍을 수밖에 없는 내용이기 때문에 <u>그물모양인지 선모양인지 반드시 암기</u>해야 한다 <u>(서울시설공단, SH 등에서 기출되었다)</u>.

열가소성 수지	주로 선모양의 고분자로 이루어진 것으로 가열하면 부드럽게 되어 가소성을 나타내므로 여러 가지 모양으로 성형할 수 있으며, 냉각시키며 성형된 모양이 그대로 유지되면서 굳는다. 다시 열을 가하면 물렁물렁해지며, 계속 높은 온도로 가열하면 유동체가 된다.
특징	• 열가소성수지는 가열에 따라 연화 · 용융 · 냉각 후 고화하지만, 열경화성수지는 가열에 따라 가교 결합하거나 고화된다. • 열가소성수지의 경우 성형 후 마무리 및 후가공이 많이 필요하지 않으나, 열경화성수지는 플래시(flash)를 제거해야 하는 등 후가공이 필요하다. • 열가소성수지는 재생품의 재용융이 가능하지만, 열경화성수지는 재용융이 불가능하기 때문에 재생품을 사용할 수 없다. • 열가소성수지는 제한된 온도에서 사용해야 하지만, 열경화성수지는 높은 온도에서도 사용할 수 있다.
종류 구분	**열경화성수지와 열가소성수지 종류를 물어보는 문제는 단골 기출문제로, 한 종류만 암기하는 것이 효율적이다.** 열경화성수지 / 폴리에스테르, 아미노수지, 페놀수지, 프란수지, 에폭시수지, 실리콘수지, 멜라민수지, 요소수지, 폴리우레탄 열가소성수지 / 폴리염화비닐, 불소수지, 스티롤수지, 폴리에틸렌수지, 초산비닐수지, 메틸아크릴수지, 폴리아미드수지, 염화비닐론수지, ABS수지, 폴리스티렌, 폴리프로필렌 ※ **Tip**: 폴리에스테르를 제외하고 폴리가 들어가면 열가소성수지이다. ※ **참고**: 폴리우레탄은 열경화성과 열가소성 2가지 종류가 있다. ※ **폴리카보네이트**: 플라스틱 재료 중에서 내충격성이 매우 우수한 열가소성 플라스틱으로 보석방의 진열유리 재료로 사용된다. ※ **베이클라이트**: 페놀수지의 일종으로 전기절연성, 강도, 내열성 등이 우수하다.

분류	종류	용도
열경화성수지	페놀수지	적층품, 성형품
	요소수지(우레아수지)	접착제, 섬유, 종이가공품
	멜라민수지	화장판, 도료
	알키드수지	도료
	불포화 폴리에스테르	FRP(성형품)
	에폭시수지	도료, 접착제, 절연재
	규소수지	성형품(내열, 절연), 오일, 고무
	폴리우레탄수지	발포제, 합성피혁, 접착제
열가소성수지	폴리에틸렌(PE)	필름, 시트, 성형품, 섬유
	폴리프로필렌(PP)	성형품, 필름, 파이프, 섬유
	폴리스틸렌(PS)	성형품, 발포재료
	염화비닐(PVC)	파이프, 호스, 시트, 판

플루오르수지	내약품, 기계부품
아크릴수지	성형품(건축재, 디스플레이), 투명부품, 조명기구
폴리아세트산 비닐수지	도료, 접착제, 추잉껌
폴리아미드수지	기계부품
폴리카보네이트수지	기계부품, 보석방 진열유리
폴리아세탈(POM)	금속스프링과 같은 탄성을 가지며 피로수명이 높은 수지 (용도: 소형기어휠, 안경프레임, 볼베어링)
폴리초산비닐	접착제, 껌, 전기절연재료

※ **엔지니어링 플라스틱**: 합성 고분자 물질로 이루어진 강도가 높은 플라스틱으로 공업재료, 구조재료 등으로 사용된다. 폴리아미드, 폴리카보네이트, 폴리아세틸 등이 있다.

[합성수지의 성형방법]

사출성형	**열가소성 플라스틱을 대량생산**할 때 **가장 적합한 성형방법**으로 사출기 안에 액체 상태의 플라스틱을 넣고 플런저로 금형 속에 가압 및 주입하여 플라스틱을 성형하는 방법이다. ★ → 물론 열가소성 합성수지를 성형하는 데 사용할 수도 있다.
압출성형	**열가소성 합성수지를 성형하는 방법**이다.
압축성형	**대표적으로 열경화성 합성수지를 성형하는 방법**이다. → 물론 열가소성 합성수지를 성형하는 데 사용할 수도 있다.

※ **모든 사출성형된 플라스틱 제품은 냉각 수축이 발생한다.**

39

정답 ③

[고속도강(high speed steel, HSS, SKH)]

• 표준형 고속도강[18-4-1형]은 <u>W(18%)-Cr(4%)-V(1%)-C(0.8%)</u>의 합금으로 600℃의 절삭열에도 경도의 변화가 없다(마텐자이트 조직이 안정되어 600℃까지 고속으로 절삭이 가능하다).
• 고속도강의 가장 중요한 기계적 성질은 <u>고온 경도(</u>접촉 부위의 온도가 높아져도 경도를 유지하는 성질)이다.

용도	• 고속도강은 냉간이나 열간금형용으로 많이 사용되고 있다. • 고속도강(HSS, SKH)은 절삭공구, 드릴, 강력절삭바이트, 밀링커터용 재료 등에 사용된다. • 합금 공구강보다 W, Cr, V, Mo 등의 합금원소를 더 많이 함유하는 고합금 공구강이다. 이 종류는 내열성이 뛰어나고 인성도 양호하므로 절삭공구재료로 널리 사용되고 있다. • 내연기관의 연료 분사 밸브에도 쓰인다.
특징	• 단속절삭에 견디는 강인성을 갖고 있으며 자경성이 있는 절삭공구의 대표이다. • 고속절삭 시 온도상승에 상당하는 600℃ 정도에서도 연화하지 않는다. ※ <u>고속절삭과 중절삭(heavy cutting)에 견디는 것으로, 약 600℃에 달하더라도 날이 연화되지 않고, 냉각 후에는 원래의 경도로 회복된다. 이러한 성질을 적열 경도 (red hardnees) 또는 제2차 경화(secondary hardening)라 하며, 이것은 다른 강종에서는 볼 수 없는 성질이다.</u> • 고온경도가 초경합금보다는 낮고 탄소공구강보다는 높다.

	• 탄소강보다 6~7배의 절삭속도로 가공이 가능하다.
	• 600°C까지는 HB 650~700 정도이고 800°C가 되면 HB 200 이하로 된다.
	• M계열이 T계열보다 열처리에 의한 변형이 적다.
	• **열전도율이 나쁘며 주조상태에서는 취성이 크므로 주조조직을 파괴한다.**
	  → 고속도강에는 W, Cr, V 등의 특수원소(합금원소)가 함유되어 있어 열전도율이 불량하다.
	    그 이유는 함유된 특수원소가 내부의 자유전자 움직임을 방해하여 열이 잘 운반되지 않기
	    때문이다(합금의 특징을 그대로 따라온다고 생각하면 편하다).

종류	• **W계 고속도강**
	  – 표준조성: W(18%)−Cr(4%)−V(1%)
	  – SKH1~2종이 이에 해당되며 고속도강의 표준형은 SKH2종이다.
	  – 적당한 담금질 후 뜨임하면 고온경도를 높이고 내마모성이 증가한다.
	  ※ 열처리
	    – 예열 및 풀림온도 : 880~900°C(풀림처리하면 경도는 낮으나 공구제작이 용이하다.)
	    – 담금질 1,250~1,300°C에서 유랭, 뜨임은 550~600°C(뜨임하면 2차 경화[저온에서 불
	      안정한 탄화물이 형성되어 경화하는 현상]가 일어난다.)
	    – 고속도강을 담금질, 뜨임하여 로크웰 C(HRC) 경도 64 이상으로 하려면 담금질 온도는
	      1220°C이다.
	
	• **Mo계 고속도강**
	  – Mo을 4.0~10.0% 첨가한 고속도강이다.
	  – W량을 5.0~6.0% 감소시켜 W−Mo형으로 만들어 많이 사용한다.
	  – 인성이 높으며 담금질온도가 낮고 열전도율이 좋아서 열처리가 쉽다.
	
	• **Co계 고속도강**
	  – W계의 표준 고속도강에 Co를 3.0% 이상 첨가하면 경도가 더욱 크고 동시에 인성이 우수해
	    지며 용융점이 높기 때문에 담금질온도(1,350°C)를 높이는 것이 특징이다.
	• 뜨임경도를 높이고 고온경도는 크나 단조가 곤란하며 균열이 발생한다.
	• 강력절삭공구에 적당하며 고급 고속도강으로 SKH3~5종과 8종에 해당한다.
	
	* **W계와 Mo계 비교**: 이 두 종류는 거의 유사한 성능을 가지고 있지만, Mo계열이 W계열보다
	저렴하고 전체 고속도강 생산의 95% 이상을 차지하고 있다. 고속도강의 대부분은 절삭공구용
	으로 쓰이나 경우에 따라 냉간압조 공구, 전조 다이스, 펀치, 블랭킹 다이스 용도로 쓰이는
	것도 있다. 특히 SKH50계열은 고강도강의 절삭공구로 쓰인다.

원소 영향	W(텅스텐)	내마모성이 증대된다.
	V(바나듐)	강력한 탄화물을 형성시키며 절삭능력을 증가시킨다. → 고속도강이 고온에서도 경도를 유지할 수 있는 가장 큰 이유는 **탄화물 형성** 이다.
	Cr(크롬)	담금질성 향상 및 점성을 증가시킨다.

[KS 강재기호와 명칭]

SM	기계구조용 탄소강	GC	회주철	STC	탄소공구강
SV	리벳용 압연강재	SC	탄소주강품	SS	일반구조용 압연강재
HSS, SKH	고속도강	SWS	용접구조용 압연강재	SK	자석강
WMC	백심가단주철	SBB	보일러용 압연강재	SF	탄소강 단강품, 단조품
BMC	흑심가단주철	STS	합금공구강, 스테인리스강	SPS	스프링강
GCD	구상흑연주철	SNC	Ni-Cr 강재	SEH	내열강
STD	다이스강				

※ 고속도강은 high-speed steel로, 이를 줄여 '하이스강'이라고도 한다.

40

정답 ①

[실린더의 작동속도]

실린더의 작동속도(V)는 실린더에 공급되는 유량(Q)에 의해 결정된다.

유압에 있어서 연속방정식은 $Q = AV$이다. [여기서, Q: 유량, A: 단면적, V: 속도]

→ ∴ 작동속도(V) = $\dfrac{Q}{A}$

※ **인입속도**를 구할 때는 $A = \dfrac{1}{4}\pi D^2 - \dfrac{1}{4}\pi d^2$ [여기서, D: 실린더 내경, d: 로드의 직경]

※ **인출속도**를 구할 때는 $A = \dfrac{1}{4}\pi D^2$ [여기서, D: 실린더 내경, d: 로드의 직경]

① 작동속도(V) = $\dfrac{Q}{A}$에서 유량(Q)을 증가시키면 작동속도(V)도 증가한다.

② 실린더의 내경(D)을 증가시키면 단면적(A)이 증가되므로 '작동속도(V) = $\dfrac{Q}{A}$' 식에 따라 작동속도 (V)가 감소한다.

③ 피스톤 로드의 직경(d)을 감소시키면 단면적 '$A = \dfrac{1}{4}\pi D^2 - \dfrac{1}{4}\pi d^2$'이 커지므로 '작동속도($V$) = $\dfrac{Q}{A}$' 식에 따라 작동속도(V)가 감소한다.

④ 공기의 압력(p)은 실린더의 출력에 영향을 미친다.

※ 공기압 실린더의 출력(F) = pA [여기서, F: 실린더의 이론 출력(kgf), p: 공기의 압력(kgf/cm^2), A: 피스톤의 수압면적(cm^2)]

참고

※ **유량제어밸브**: 공압 액추에이터(공압 실린더 등)의 작동속도(작업속도)는 배관 내의 유량 조절에 의해 제어 되므로 유량을 교축하는 스로틀기구에 의해 속도를 제어하는 밸브이다. 종류로는 교축밸브, 속도제어밸 브(제어방식에는 미터인, 미터아웃, 블리드오프 회로)가 있다.

[공기압 실린더의 종류]

단동 실린더	한쪽 방향은 공기압에 의해, 다른 방향은 스프링의 반력에 의해 작동된다.
복동 실린더	양쪽으로 움직이는 복동 실린더는 실린더의 전진 및 후진 시 공기압력에 의해 작동되는 가장 일반적인 실린더이다. 수압면적이 피스톤의 양쪽이 다르므로 정확한 중간정지는 어렵다.
양 로드 실린더	구조는 복동 실린더와 동일하나 피스톤 로드가 양방향 모두 부착되어 있다.
가변행정 실린더	실린더의 행정거리를 50mm 이내의 범위에서 조정이 가능하며, 전진행정 조정형과 후진행정 조정형이 있다. 상황에 따라 행정의 조정이 필요한 경우 사용된다.
엔드 록 실린더	실린더의 로드측 또는 헤드측에 부착되어 실린더 내의 압축공기가 대기로 방출될 경우, 실린더의 동작(낙하)에 따른 위험을 예방하기 위해 각각 LOCK 장치를 부착한 실린더이다. 용도로는 상하 동작하는 실린더의 낙하 방지용에 사용된다.
브레이크 부착 실린더	실린더의 정확한 중간정지 및 낙하 등의 위험요소를 예방하기 위해 실린더의 로드측에 브레이크를 장착한 실린더이다. 용도로는 리프터 및 반송기에 사용된다.
다단 실린더	실린더 2개를 직렬 동일 방향으로 연결한 실린더로, 전후진 도중에 정지를 시켜야 할 경우에 사용된다.
탠덤 실린더	제한된 공간에서 큰 출력을 요하는 경우에 사용되는 실린더로, 실린더 2개가 직렬로 연결된 실린더로서 일반 실린더에 비해 2배의 출력을 얻을 수 있다.

41

정답 ④

[축압기(어큐뮬레이터, accumulator)]

정의	유압기기 및 유압회로에서 사용하는 **부속기기**로, 유체를 에너지원으로 사용하기 위해 가압상태로 에너지를 축적하는 용기이다.
역할	• 유압에너지 축적 • 충격파의 흡수(충격완화) • 사이클 시간 단축 • 서지압력 방지 • 유압펌프에서 발생하는 맥동을 흡수하여 소음 및 진동 방지 • 오일 누설에 의한 압력강하를 보상(압력보상) • 펌프 대용(액체 수송) • 2차, 3차 회로의 구동 • 안전장치 역할 수행 ※ 축압기는 충격을 완화시키는 용도로 사용되기 때문에 충격이 발생하는 곳에 **가까이** 설치한다.

[밸브의 분류]

압력제어밸브 (일의 크기를 결정)	릴리프밸브, 감압밸브, 시퀀스밸브(순차작동밸브), 카운터밸런스밸브, 무부하밸브(언로딩밸브), 압력스위치, 이스케이프밸브, 안전밸브, 유체퓨즈
유량제어밸브 (일의 속도를 결정)	교축밸브(스로틀밸브), 유량조절밸브, 집류밸브, 스톱밸브, 바이패스유량제어밸브
방향제어밸브 (일의 방향을 결정)	체크밸브(역지밸브), 셔틀밸브, 감속밸브, 전환밸브, 포핏밸브, 스풀밸브

[감압밸브와 릴리프밸브]

감압밸브	일부 회로의 압력을 주회로의 압력보다 **낮은 압력**으로 하고자 할 때 사용한다.
릴리프밸브	릴리프밸브는 회로의 압력이 설정치에 도달하면 유체의 일부 또는 전부를 탱크 쪽으로 복귀시켜 회로의 압력을 설정치 이내로 유지하여 유압 구동기기의 보호와 출력을 조정한다. 즉, 릴리프밸브의 주역할은 **최고압력을 제한**하는 것이다.

42

정답 ②

[단조]

정의	금속재료를 소성유동하기 쉬운 상태에서 금형이나 공구로 압축력 또는 충격력을 가하여 성형하는 가공법이다(재료를 기계나 해머로 두들겨서 성형하는 가공법이다).
특징	• 재료 내부의 기포나 불순물이 제거된다. • 거친 입자가 파괴되어 미세하고 치밀하고도 강인하게 된다. • 한 방향으로 가공하면 섬유상 조직이 나타나 강도가 증대된다. • 산화에 의한 스케일이 발생한다. • 복잡한 구조의 소재 가공에는 적합하지 않다. • 재료 내부의 기포를 압착시켜 균질화하여 기계적 및 물리적 성질을 개선하며 소재 내부에 존재하는 기공 등 불량이 압착 및 제거되어 안전성이 높다.
목적	• 주조조직 파괴　　　　　• 기공 압착 • 형상화　　　　　　　　• 조직의 미세화 • 조직의 균질화(재질적 개선)　• 화학성분 균일화 • 섬유상 조직 강화　　　• 기계적 성질 향상

단조방법에 따른 분류	자유단조	가열된 단조물을 앤빌 위에 놓고 해머나 손공구로 타격하여 목적하는 형상으로 제품을 생산하는 방법으로 금형을 사용하지 않는다.
	형단조	상하 2개의 단조 다이 사이에 가열된 소재를 놓고 순간적인 타격이나 높은 압력을 가하여 소재를 단조 다이 내부의 형상대로 성형 가공하는 방법이다. 특징으로는 제품을 대량으로 생산할 수 있고 스패너, 랜치, 크랭크 제작에 사용된다.

제관	관을 만드는 가공방법이다. • **이음매 있는 관**: 접합방법에 따라 단접관과 용접관이 있다. • **이음매 없는 관**: 만네스만법, 압출법, 스티펠법, 에르하르트법 등
압연	회전하는 2개의 롤러 사이에 판재를 통과시켜 두께를 줄이고 폭은 증가시키는 가공이다.
압출	단면이 균일한 봉이나 관 등을 제조하는 가공방법으로 선재나 관재, 여러 형상의 일감을 제조할 때 재료를 용기 안에 넣고 램으로 높은 압력을 가해 다이 구멍으로 밀어내면 재료가 다이를 통과하면서 가래떡처럼 제품이 만들어진다.

43

정답 ④

[펌프의 효율(η) 및 구동토크(T)]

전효율	• $\eta_{전효율} = \eta_{기계(m)} \times \eta_{수력(h)} \times \eta_{체적(용적, v)}$ → 펌프의 전효율은 기계효율×수력효율×용적효율의 곱이다. • $\eta_{전효율} = \dfrac{L_p}{L_s} = \dfrac{펌프동력}{축동력}$ → 펌프의 전효율은 축동력에 대한 펌프동력의 비이다. ※ A에 대한 $B = (B/A)$
체적효율 (용적효율)	• $\eta_{체적(용적, v)} = \dfrac{실제\ 펌프토출량}{이론\ 펌프토출량}$ → 펌프의 체적효율은 이론 펌프토출량에 대한 실제 펌프토출량의 비이다. ※ A에 대한 $B = (B/A)$
구동토크(T)	• $T = \dfrac{pq}{2\pi}$ [N·m] [여기서, p: 유압, q: 1회전 당 유량(cm^3 = cc)] ※ $Q = q_{1회전\ 당\ 유량} \times N_{회전수}$ **→ 펌프의 구동토크(T)를 구하기 위해서는 유압과 1회전당 유량값을 알고 있어야 한다.**

44

정답 ③

주조	• 액체상태의 재료를 주형틀에 부은 후, 응고시켜 원하는 모양의 제품을 만드는 방법을 말한다. 즉, 노(furnace) 안에서 철금속 또는 비철금속 따위를 가열하여 용해된 쇳물을 거푸집(mold) 또는 주형틀 속에 부어 넣은 후 냉각 응고시켜 원하는 모양의 제품을 만드는 방법이다. • 원하는 모양으로 만들어진 거푸집(mold)의 공동에 용융된 금속을 주입하여 성형시킨 뒤 용융된 금속이 냉각 응고되어 굳으면 모형과 동일한 금속 물체(제품)가 된다.
가주성	• 쇠붙이가 녹는점이 낮고 유동성이 좋아 녹여서 거푸집(mold)에 부어 물건을 만들기에 알맞은 성질을 말한다. • 가열했을 때 유동성을 증가시켜 주물(제품)로 할 수 있는 성질이다. • 용융금속의 주조의 난이도를 말한다.
담금질	**담금질 처리를 하면 재질이 경화되어 재료의 경도가 증가하므로 단단해진다. 단단해지기 때문에 가공 및 변형시키기 어려워진다.**
플랜징 가공	플랜징(flanging) 가공은 소재의 단부를 직각으로 굽히는 작업으로 프레스 가공법에 포함되며 굽힘선의 형상에 따라 3가지(스트레이트 플랜징, 스트레치 플랜징, 슈링크 플랜징)로 분류된다.

45

정답 ②

실제 유체가 관 속을 유동하고 있을 때 유동에 따른 압력손실의 원인은 다음과 같다.

• **유체와 관 벽 사이의 마찰에 의한 에너지 손실**
• **유체의 점성에 따른 마찰로 인한 에너지 손실**
• **유동하는 유체의 분자 충돌로 인한 에너지 손실**

46

정답 ④

[유압 작동유의 점성(점도)의 크기에 따라 발생하는 현상]

점성(점도)이 너무 클 때	• 동력 손실의 증가로 기계효율이 저하된다. • 소음 및 공동현상(캐비테이션)이 발생한다. • 내부 마찰의 증가로 온도가 상승한다. • 유동저항의 증가로 인한 압력 손실이 증가한다. • 유압기기의 작동성이 떨어진다.
점성(점도)이 너무 작을 때	• 기기의 마모가 증대된다. • 압력 유지가 곤란해진다. • 내부 오일 누설이 증가한다. • 유압모터 및 펌프 등의 용적효율이 저하된다.

47

정답 ②

[프레스 가공의 종류]

전단가공	블랭킹, 펀칭, 전단, 트리밍, 셰이빙, 노칭, 정밀블랭킹(파인블랭킹), 분단
굽힘가공	형굽힘, 롤굽힘, 폴더굽힘
성형가공	스피닝, 시밍, 컬링, 비딩, 벌징, 마폼법, 하이드로폼법
압축가공	코이닝(압인가공), 엠보싱, 스웨이징, 버니싱

※ 스웨이징: 압축가공의 일종이며 선, 관, 봉재 등을 공구 사이에 넣고 압축 성형하여 두께 및 지름 등을 감소시키는 공정방법으로, 봉 따위의 재료를 반지름 방향으로 다이를 왕복운동하여 지름을 줄인다. 따라서 **스웨이징을 반지름 방향 단조방법**이라고도 한다.

48

정답 ④

[구성인선(빌트업에지, built-up edge)]

절삭 시에 발생하는 칩의 일부가 날 끝에 용착되어 마치 절삭날의 역할을 하는 현상	
발생 순서	발생 → 성장 → 분열 → 탈락의 주기를 반복한다(발성분탈). ※ 주의: 자생과정의 순서는 '마멸 → 파괴 → 탈락 → 생성'이다.
특징	• 칩이 날 끝에 점점 붙으면 날 끝이 커지기 때문에 끝단 반성은 점점 커진다. 　→ 칩이 용착되어 날 끝의 둥근 부분(nose, 노즈)이 커지기 때문이다.

	• 구성인선이 발생하면 날 끝에 칩이 달라붙어 날 끝이 울퉁불퉁해지므로 표면을 거칠게 하거나 동력손실을 유발할 수 있다. • 구성인선의 경도값은 공작물이나 정상적인 칩보다 상당히 크다. • 구성인선은 공구면을 덮어 공구면을 보호하는 역할도 할 수 있다. • 구성인선이 발생하지 않을 임계속도는 $120\mathrm{m/min}(2\mathrm{m/s})$이다. • 일감(공작물)의 변형경화지수가 클수록 구성인선의 발생가능성이 크다. • 구성인선을 이용한 절삭방법은 SWC이다. 은백색의 칩을 띠며 절삭저항을 줄일 수 있는 방법이다.
구성인선 방지법	• 30° 이상으로 공구경사각을 크게 한다. → **공구의 윗면경사각을 크게 하여** 칩을 얇게 절삭해야 용착되는 양이 적어진다. • **절삭속도를 빠르게 한다.** → 고속으로 절삭한다. 고속으로 절삭하면 칩이 날 끝에 용착되기 전에 칩이 떨어져 나가기 때문이다. • **절삭깊이를 작게 한다.** → 절삭깊이가 크다면 깎여서 발생하는 칩과 공구의 접촉면적이 넓어지기 때문에 오히려 칩이 날 끝에 용착될 가능성이 더 커져 구성인선의 발생 가능성이 높아진다. 따라서 절삭깊이를 작게 하여 공구와 칩의 접촉면적을 줄여 칩이 용착되는 가능성을 줄여 구성인선을 방지할 수 있다. • 윤활성이 좋은 절삭유를 사용한다. • 공구반경을 작게 한다. • 절삭공구의 인선을 예리하게 한다. • 마찰계수가 작은 공구를 사용한다. • 칩의 두께를 감소시킨다. • 세라믹 공구를 사용한다. → 세라믹은 금속(철)과의 친화력이 없기 때문에 칩이 세라믹 공구의 날 끝에 달라붙지 않아 구성인선이 발생하지 않는다.

49

정답 ③

• 카르노 사이클(Carnot cycle)의 효율(η)

$$\left(1 - \frac{T_2}{T_1}\right) \times 100\% = \frac{W(출력, 일)}{Q_1(입력, 공급열)} \times 100\% = \left(\frac{Q_1 - Q_2}{Q_1}\right) \times 100\%$$
$$= \left(1 - \frac{Q_2}{Q_1}\right) \times 100\%$$

※ 열기관이 외부로 한 일(W) $= Q_1 - Q_2$

[여기서, T_1: 고열원의 온도, T_2: 저열원의 온도, Q_1: 고열원으로부터 열기관으로 공급되는 열량,
Q_2: 열기관으로부터 저열원으로 방출되는 열량]

일의 열상당량	일을 열로 환산해주는 환산값(A) • **일의 열상당량**: $(1/427)\mathrm{kcal/kgf \cdot m}$
열의 일상당량	열을 일로 환산해주는 환산값($1/A$) • **열의 일상당량**: $(427)\mathrm{kgf \cdot m/kcal}$

풀이

열의 일상당량 '$(427)\,\mathrm{kgf}\cdot\mathrm{m/kcal}$'의 의미는 $1\mathrm{kcal}$의 열에 상응하는 일의 값이 $427\mathrm{kgf}\cdot\mathrm{m}$라는 것이다. 따라서 열기관이 외부로 일을 $213.5\mathrm{kgf}\cdot\mathrm{m}$을 만드는 데 필요한 공급열량이 $1\mathrm{kcal}$라는 것은 열기관이 외부로 일을 $213.5\mathrm{kgf}\cdot\mathrm{m}$을 만드는 데 필요한 공급 열량이 $427\mathrm{kgfkgf}\cdot\mathrm{m}$라는 것과 같다. 쉽게 말해 다음과 같다.

※ $1\mathrm{kcal} =$ 약 $4180\mathrm{J} = 4.18\mathrm{kJ} = 427\mathrm{kgf}\cdot\mathrm{m}$이다.

$(427\mathrm{kgf}\cdot\mathrm{m} = 427[9.8\mathrm{N}]\cdot\mathrm{m} = 4184.6\mathrm{N}\cdot\mathrm{m} = 4184.6\mathrm{J})$

[여기서, $1\mathrm{kgf} = 9.8\mathrm{N}$, $1\mathrm{J} = 1\mathrm{N}\cdot\mathrm{m}$이며 열과 일은 결국 에너지이기 때문에 열이 곧 일이고 일이 곧 열이라고 생각해도 된다.]

결국, 열기관이 외부로 일(W)을 $213.5\mathrm{kgf}\cdot\mathrm{m}$을 만드는 데 필요한 공급열량($Q_1$)이 $427\mathrm{kgf}\cdot\mathrm{m}$이므로 다음과 같이 식을 세우면 된다.

카르노 사이클(Carnot cycle)의 효율$(\eta) = \left(1 - \dfrac{T_2}{T_1}\right) \times 100\% = \left(1 - \dfrac{Q_2}{Q_1}\right) \times 100\%$

㉠ 열기관이 외부로 한 일(W) $= Q_1 - Q_2 \rightarrow 213.5\mathrm{kgf}\cdot\mathrm{m} = 427\mathrm{kgf}\cdot\mathrm{m} - Q_2$

$\rightarrow \therefore Q_2 = 213.5\mathrm{kgf}\cdot\mathrm{m}$

㉡ $\eta = \left(1 - \dfrac{T_2}{T_1}\right) = \left(1 - \dfrac{Q_2}{Q_1}\right) \rightarrow \dfrac{T_2}{T_1} = \dfrac{Q_2}{Q_1} \rightarrow \dfrac{(27 + 273\mathrm{K})}{T_1} = \dfrac{213.5\mathrm{kgf}\cdot\mathrm{m}}{427\mathrm{kgf}\cdot\mathrm{m}} = \dfrac{1}{2}$

㉢ $\dfrac{(300\mathrm{K})}{T_1} = \dfrac{1}{2} \rightarrow \therefore T_1 = 600\mathrm{K} = (600 - 273)\,^\circ\mathrm{C} = 327\,^\circ\mathrm{C}$

50

정답 ②

벡터	• **크기와 방향을 모두** 가지고 있는 물리량이다. • **벡터의 종류**: 힘, 변위, 위치, 속도, 가속도, 운동량, 충격량(역적), 전계, 자계, 토크 등
스칼라	• **크기만**을 가지고 있는 물리량이다. • **스칼라의 종류**: 이동거리, 속력, 에너지, 전위, 온도, 질량, 길이 등

08 2020 하반기 한국수력원자력 기출문제

01	④	02	②	03	④	04	③	05	③	06	③	07	④	08	③	09	②	10	③
11	②	12	①	13	④	14	③	15	③	16	③	17	④	18	④	19	③	20	④
21	①	22	④	23	④	24	②	25	④										

01
정답 ④

불응축가스가 발생하는 원인
- 냉매를 충전하기 전 계통 내의 진공이 불충분할 때 발생
- 분해수리를 위해 개방한 냉동기 계통을 복구할 때 공기의 배출이 불충분하여 발생
- 냉매나 윤활유가 분해되어 불응축가스가 발생
- **흡입가스의 압력이 대기압 이하가 되어 저압부의 누설되는 개소에서 공기가 유입되어 발생**(압력은 높은 곳 [고압]에서 낮은 곳[저압]으로 밀기 때문에)
- 냉매나 윤활유의 충전작업 시에 공기가 침입하여 발생
- 오일 탄화 시 발생하는 오일의 증기로 인해 발생

02
정답 ②

체인의 특징
- 동력을 전달하는 두 축 사이의 거리가 비교적 멀어 기어전동이 불가능한 곳에 사용한다.
- 미끄럼이 없어 정확한 속도비(속비)를 얻을 수 있으며 큰 동력을 확실하고 효율적으로 전달할 수 있다(체인의 전동효율은 95% 이상이다. 참고로 V벨트의 전동효율은 90~95% 또는 95% 이상이다).
- 접촉각은 90° 이상이다.
- 소음과 진동이 커서 고속 회전에는 부적합하다.
  → **고속 회전하면 맞물려 있던 이와 링크가 빠질 수 있고 소음과 진동도 크게 발생될 수 있다(자전거 탈 때 자전거 체인을 생각하면 쉽다).**
- 윤활이 필요하다.
- 링크의 수를 조절하여 길이 조정이 가능하며 다축 전동이 가능하다.
- 탄성변형으로 충격을 흡수할 수 있다.
- 유지보수가 용이하다.
- 내유성, 내습성, 내열성이 우수하다(열, 기름, 습기에 잘 견딘다).
- 초기장력을 줄 필요가 없어 정지 시 장력이 작용하지 않는다.
- 고른 마모를 위해 스프로킷 휠의 잇수는 홀수개가 좋다.
- 체인의 링크 수는 짝수개가 적합하며 옵셋 링크를 사용하면 홀수개도 가능하다.
- **체인속도의 변동이 있다(속도변동률이 있다).**
- **두 축이 평행할 때만 사용이 가능하다(엇걸기를 하면 체인 링크가 꼬여 마모 및 파손이 될 수 있다).**

03

정답 ④

[구성인선(빌트업에지, built-up edge)]

절삭 시에 발생하는 칩의 일부가 날 끝에 용착되어 마치 절삭날의 역할을 하는 현상	
발생 순서	발생 → 성장 → 분열 → 탈락의 주기를 반복한다(발성분탈).
	※ 주의: 자생과정의 순서는 '마멸 → 파괴 → 탈락 → 생성'이다.
특징	• 칩이 날 끝에 점점 붙으면 날 끝이 커지기 때문에 끝단 반경은 점점 커진다. 　→ 칩이 용착되어 날 끝의 둥근 부분(nose, 노즈)이 커지기 때문이다. • 구성인선이 발생하면 날 끝에 칩이 달라붙어 날 끝이 울퉁불퉁해지므로 표면을 거칠게 하거나 동력손실을 유발할 수 있다. • 구성인선의 경도값은 공작물이나 정상적인 칩보다 상당히 크다. • 구성인선은 공구면을 덮어 공구면을 보호하는 역할도 할 수 있다. • 구성인선이 발생하지 않을 임계속도는 120m/min(2m/s)이다. • 일감(공작물)의 변형경화지수가 클수록 구성인선의 발생가능성이 크다. • 구성인선을 이용한 절삭방법은 SWC이다. 은백색의 칩을 띠며 절삭저항을 줄일 수 있는 방법이다.
구성인선 방지법	• 30° 이상으로 공구경사각을 크게 한다. 　→ **공구의 윗면경사각을 크게 하여** 칩을 얇게 절삭해야 용착되는 양이 적어진다. • **절삭속도를 빠르게 한다.** 　→ 고속으로 절삭한다. 고속으로 절삭하면 칩이 날 끝에 용착되기 전에 칩이 떨어져 나가기 때문이다. • **절삭깊이를 작게 한다.** 　→ 절삭깊이가 크다면 깎여서 발생하는 칩과 공구의 접촉면적이 넓어지기 때문에 오히려 칩이 날 끝에 용착될 가능성이 더 커져 구성인선의 발생 가능성이 높아진다. 따라서 절삭깊이를 작게 하여 공구와 칩의 접촉면적을 줄여 칩이 용착되는 가능성을 줄여 구성인선을 방지할 수 있다. • **윤활성이 좋은 절삭유를 사용한다.** • **공구반경을 작게 한다.** • **절삭공구의 인선을 예리하게 한다.** • **마찰계수가 작은 공구를 사용한다.** • **칩의 두께를 감소시킨다.** • **세라믹 공구를 사용한다.** 　→ 세라믹은 금속(철)과의 친화력이 없기 때문에 칩이 세라믹 공구의 날 끝에 달라붙지 않아 구성인선이 발생하지 않는다.

04

정답 ③

유체

• 액체나 기체와 같이 흐를 수 있는 물질을 유체라고 한다.
　예) 공기, 물, 수증기 등

※ <u>유체라고 하면 액체와 기체를 모두 포함하는 단어이다. 다음과 같이 출제가 된 경우가 있으니 참고하길 바란다.</u>

Q. "유체는 온도가 증가하면 점성이 감소한다."

　→ 위 표현은 옳지 못한 표현이다. 이유는 다음과 같다.

> **해설**
>
> 기체는 온도가 증가하면 분자의 운동이 활발해져 서로 분자끼리 충돌하면서 운동량을 교환하여 점성이 증가한다. 하지만 액체는 온도가 증가하면 응집력이 감소하여 점성이 감소한다. 문제에서는 '유체는'이라고 나와 있는데 유체는 기체와 액체 둘 다를 의미하기 때문에 점성의 증감을 확정지을 수 없다. **따라서 옳지 못한 표현이다.**
>
> • 일정한 모양이 없고, 담는 용기의 모양에 따라 달라진다.
> • 고체에 비해 변형하기 쉽고 자유로이 흐르는 특성을 지닌다.
> • 유체의 어느 부분에 힘을 가하면 유체 전체가 움직이지 않고 힘을 받은 유체층만 움직인다.
> • **아무리 작은 전단력이라도 저항하지 못하고 연속적으로 변형하는 물질이다.**

해당 문제는 유체의 기본 정의로, 공기업에서 가장 많이 출제되는 유체 정의 문제이다. 2019년 한국가스안전공사, 2020년 인천교통공사 등 다수의 공기업에서 출제된 바 있다.

05 〔정답 ③〕

[공동현상(캐비테이션)]

> 펌프의 흡입측 배관 내 물의 정압이 기존의 증기압보다 낮아져서 기포가 발생하는 현상으로, 펌프의 흡수면 사이의 수직거리가 너무 길 때, 관 속을 유동하고 있는 물속의 어느 부분이 고온도일수록 포화증기압에 비례해서 상승할 때 발생한다. 또한 공동현상이 발생하게 되면 침식 및 부식작용의 원인이 되며 진동과 소음이 발생할 수 있다.

발생원인	• 유속이 빠를 때 • 펌프와 흡수면 사이의 수직거리가 너무 길 때 • 관 속을 유동하고 있는 물속의 어느 부분이 고온도일수록 포화증기압에 비례하여 상승할 때
방지방법	• 실양정이 크게 변동해도 토출량이 과대하게 증가하지 않도록 한다. • 스톱밸브를 지양하고 슬루스밸브를 사용한다. • **펌프의 흡입수두(흡입양정)를 작게 하고 펌프의 설치 위치를 수원보다 낮게 한다.** • 유속을 3.5m/s 이하로 유지하고 펌프의 설치 위치를 낮춘다. • 흡입관의 구경을 크게 하여 유속을 줄이고 **배관을 완만하고 짧게 한다.** • **마찰저항이 작은 흡입관을 사용**하여 흡입관의 손실을 줄인다. • **펌프의 임펠러속도(회전수)를 작게 한다**(흡입비교회전도를 낮춘다). • 단흡입 펌프 대신 **양흡입 펌프를 사용**하여 펌프의 흡입측을 가압한다. • 펌프를 2개 이상 설치한다. • 관 내의 물의 정압을 그때의 증기압보다 높게 한다. • 입축펌프를 사용하고 회전차를 수중에 완전히 잠기게 한다.

06 〔정답 ③〕

열기관의 열효율은 입력(공급) 대비 출력(외부로 발생시킨 일)이다.

즉, '얼마나 먹고 얼마나 싸는가?'를 의미한다.

$$\therefore \eta(\text{열효율}) = \frac{\text{출력}}{\text{입력}} = \frac{W}{Q} \rightarrow 0.4 = \frac{\text{출력}}{\text{입력}} = \frac{1\text{KJ}}{Q} \quad \therefore Q = 2.5\text{kJ}$$

[열기관(내연기관과 외연기관 종류에 관한 문제는 공기업 빈출문제이다.)*]

연료를 연소시켜 발생한 열에너지를 일(역학적 에너지)로 바꾸는 장치이다.	
내연기관	• 실린더 안에서 연료를 연소시키는 기관 • **종류:** 가솔린기관, 디젤기관, 제트기관, 석유기관, 로켓기관, 자동차 엔진
외연기관	• 실린더 밖에서 연료를 연소시키는 기관 • **종류:** 증기기관, 증기터빈

07

열역학 제0법칙	• **열평형의 법칙** • 물질 A와 B가 접촉하여 서로 열평형을 이루고 있으면 이 둘은 열적 평형상태에 있으며 알짜 열의 이동은 없다. • 온도계의 원리와 관계된 법칙이다.
열역학 제1법칙	• **에너지보존의 법칙** • 계 내부의 에너지의 총합은 변하지 않는다. • 물체에 공급된 에너지는 물체의 내부에너지를 높이거나 외부에 일을 하므로 에너지의 양은 일정하게 보존된다. • 열은 에너지의 한 형태로서 일을 열로 변환하거나 열을 일로 변환하는 것이 가능하다. • 열효율이 100% 이상인 제1종 영구기관은 열역학 제1법칙에 위배된다(열효율이 100% 이상인 열기관을 얻을 수 없다).
열역학 제2법칙	• **에너지의 방향성을 명시하는 법칙:** 열은 항상 고온에서 저온으로 흐른다. 열은 스스로 저온의 물질에서 고온의 물질로 이동하지 않는다. • 열기관에서 작동물질이 일을 하게 하려면 그보다 더 저온인 물질이 필요하다(열은 항상 고온에서 저온으로 이동하기 때문에 열기관에서 더 저온인 물질이 필요한데 열이 이동해야만 공급된 열과 방출된 열의 차이만큼 외부로 일이 만들어지기 때문이다). • 비가역성을 명시하는 법칙으로 엔트로피는 항상 증가한다. • 절대온도의 눈금을 정의하는 법칙이다. • 하나의 열원에서 얻어진 열을 모두 일로 바꾸는 기관은 존재하지 않는다. • 열효율이 100%인 제2종 영구기관은 열역학 제2법칙에 위배된다(열효율이 100%인 열기관을 얻을 수 없다). • 외부의 도움 없이 스스로 자발적으로 일어나는 반응은 열역학 제2법칙과 관련이 있다. ※ **비가역의 예시:** 혼합, 자유팽창, 확산, 삼투압, 마찰, 열의 이동, 화학반응 등이 있다. [참고] 자유팽창은 등온으로 간주하는 과정이다.
열역학 제3법칙	• **네른스트:** 어떤 방법에 의해서도 물질의 온도를 절대 영도까지 내려가게 할 수 없다. • **플랑크:** 모든 물질이 열역학적 평형상태에 있을 때 절대온도가 0에 가까워지면 엔트로피도 0에 가까워진다. $(\lim_{t \to 0} \triangle S = 0)$

	열역학 제2법칙 보충 설명

열역학 제2법칙 보충 설명
- 열 또는 에너지 이동에 방향성이 있다는 것을 명시하는 법칙이다.
- 자발적인 반응 및 과정, 비가역을 명시하는 법칙이다.

※ 자발적인 반응 및 과정이라는 것은 외부의 도움 없이 스스로 일어나는 것을 말한다.
※ 비가역이라는 것은 다시 원래의 상태(초기상태)로 되돌아갈 수 없는 것을 말한다.

- 열은 외부의 도움 없이 스스로 고온에서 저온으로 이동한다(자발적이다).
- 일은 100% 열로 바꿀 수 있지만 열은 100% 일로 바꿀 수 없다.
  → **이유**: 열은 방향성이 없는 에너지이다. 즉, 마구잡이로 움직이면서 전달된다. 하지만 일은 방향성이 있는 에너지이다.
    – 방향성이 있는 것을 방향성이 없는 것으로 바꾸는 것은 자연적이다.
    – 방향성이 없는 것을 방향성이 있는 것으로 바꾸려면 외부에서 에너지(일) 등의 도움이 필요하다. 예를 들어, 길거리에서 사람들이 걸어 다닌다고 생각해보자. 방향성이 있는가? 서로 반대로 걷는 사람들도 있고, 뛰는 사람들도 있고 너무 다양한 운동형태를 가지고 있다. 즉, 방향성이 없다. 이처럼 방향성이 없는 사람들을 질서 있게 한 방향으로만 움직이게 하기 위해서는(방향성 있게 만들기 위해서는) 외부에서 조치가 필요하다. 즉, 외부에서 에너지(일) 등의 도움이 필요하다. 다시 말해 열은 100% 일로 바꿀 수 없다.
- 계에서는 무질서도가 커지는 방향으로, 즉 엔트로피(무질서도)가 증가하는 방향으로 비가역 현상이 일어난다.
- 방 안에서 향수를 뿌리면 외부의 도움(에너지, 일)없이 자연적으로 스스로 방 안에서 확산한다. 즉, 자발적이다. 이것이 바로 비가역 현상의 예이며 열역학 제2법칙과 관련이 있다.
- **비가역의 예시**: 혼합, 자유팽창, 확산, 삼투압, 마찰, 열의 이동, 화학반응 등이 있다.

08

정답 ③

펌프의 전효율	• $\eta_{전효율} = \dfrac{L_p}{L_s} = \dfrac{펌프\ 동력}{축\ 동력} = \eta_m \eta_h \eta_v$ (축동력에 대한 펌프 동력의 비) [여기서, η_m: 기계효율(토크효율): η_h: 수력효율: η_v: 체적효율(용적효율)] ※ L_p(펌프동력, 유체동력, 수동력): P(압력)·Q(토출량)
용적효율 (체적효율)	• $\eta_v = \dfrac{실제\ 펌프\ 토출량}{이론\ 펌프\ 토출량}$
토크효율	• $\eta_t = \dfrac{출력\ 토크}{이론\ 토크}$

09

정답 ②

- 최대전단응력설에서 항복응력(σ_y)은 최대전단응력(τ_{max})과 다음과 같은 관계를 갖는다.

$$\therefore \sigma_y = 2\tau_{max}$$

- 최대전단응력설에 의한 안전계수(S) $= \dfrac{\sigma_{주어진\ 부품(재료)의\ 항복응력값}}{\sigma_y}$

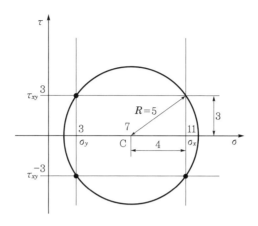

㉠ 최대전단응력(τ_{max})을 먼저 구해야 최대전단응력설에서의 항복응력(σ_y)을 구할 수 있으므로 모어원을 위 그림처럼 그린다. 그려진 모어원의 반지름(R)이 최대전단응력(τ_{max})이다.

→ ∴ $\tau_{max} = 5\mathrm{kgf/mm^2}$

※ 해당 문제에 주어진 값을 이용하여 모어원을 도시하면 위와 같다. 모어원의 반지름(R)이 최대전단응력 (τ_{max})이므로 최대전단응력(τ_{max})은 5로 도출된다. 모어원의 반지름(R)은 직각삼각형에서 피타고라 스 정리를 이용하면 된다. $R^2 = 4^2 + 3^2 = 25$ ∴ $R = 5$

㉡ '$\sigma_y = 2\tau_{max}$'에 의해 ∴ $\sigma_y = 2\tau_{max} = 2(5\mathrm{kgf/mm^2}) = 10\mathrm{kgf/mm^2}$

㉢ ∴ 최대전단응력설에 의한 안전계수

$$S = \frac{\sigma_{주어진\ 부품(재료)의\ 항복응력\ 값}}{\sigma_y} = \frac{25\mathrm{kgf/mm^2}}{10\mathrm{kgf/mm^2}} = 2.5$$

10

정답 ③

상태	• 평형상태에서 온도, 압력, 체적 또는 비체적과 같은 일정 특성치에 의해 정해지는 것을 말한다. • 열역학적으로 평형은 **열적 평형, 역학적 평형, 화학적 평형** 3가지가 있다.		
성질	• 각 물질마다 특정한 값을 가지며 **상태함수 또는 점함수**라고도 한다. • **경로에 관계없이 계의 상태에만 관계**되는 양이다. [단, **일과 열량은 경로에 의한 경로함수 = 도정함수**이다.]		
상태량의 종류	강도성 상태량	• 물질의 질량에 관계없이 그 크기가 결정되는 상태량이다(세기의 성질, intensive property이라고도 한다). • 압력, 온도, 비체적, 밀도, 비상태량, 표면장력	
	종량성 상태량	• 물질의 질량에 따라 그 크기가 결정되는 상태량으로 그 물질의 질량에 정비례 관계가 있다(시량성질, extensive property라고도 한다). • 체적, 내부에너지, 엔탈피, 엔트로피, 질량	

※ 점함수는 완전미분(전미분) 또는 편미분이 모두 가능하다. 하지만 과정함수(경로함수)는 편미분으로만 가능하다.

※ 비상태량(모든 상태량의 값을 질량으로 나눈 값)은 강도성 상태량으로 취급한다.

※ 기체상수는 열역학적 상태량이 아니다.

※ 열과 일은 에너지지 열역학적 상태량이 아니다.

11

• 랭킨 사이클의 이론 열효율

$$\eta_{이론\,열효율} = \frac{W_{터빈} - W_{펌프}}{Q_{공급}} = \frac{(h_2 - h_3) - (h_1 - h_4)}{(h_2 - h_1)} \quad [여기서, \ h_1 ≒ h_4]$$

[단, 펌프일(W_p)은 터빈일(W_t)에 비해 무시할 정도로 작기 때문에 펌프일은 무시할 수 있다.]

$$\therefore \eta_{이론\,열효율} = \frac{W_{터빈}}{Q_{공급}} = \frac{(h_2 - h_3)}{(h_2 - h_1)} = \frac{보일러\ 출구 - 응축기\ 입구}{보일러\ 출구 - 보일러\ 입구} = \frac{3,500 - 2,600}{3,500 - 250} = 0.277 = 27.7\%$$

※ 랭킨 사이클 순서: 보일러 → 터빈 → 응축기(복수기, 콘덴서) → 펌프

보일러 입구(1) = 펌프 출구(1)	보일러 출구(2) = 터빈 입구(2)
터빈 출구(3) = 응축기 입구(3)	응축기 출구(4) = 펌프 입구(4)

12

밀링에도 테이블이 회전하는 밀링머신이 존재하지만, 문제에서는 밀링(일반 밀링, 기본적인 밀링)에 대해 물어보는 문제이므로 답은 ①번이다.

셰이퍼에 의한 평삭	• 공작물 – 직선이송운동	• 공구 – 직선절삭운동
드릴링	• 공구 – 회전절삭운동 및 직선이송운동	
밀링	• 공작물 – 직선이송운동	• 공구 – 회전절삭운동
호닝	• 공구 – 회전운동과 수평왕복운동	
선삭	• 공작물 – 회전절삭운동	• 공구 – 직선이송운동

13

• 윤활유: 기계장치의 사용에 있어서 기계의 마찰면에 생기는 마찰력을 줄이거나 마찰면에서 발생하는 마찰열을 분산시킬 목적으로 사용하는 물질

• **윤활유의 역할**: 마찰저감작용, 냉각작용, 응력분산작용, 밀봉작용, 방청작용, 세정작용, 응착방지작용 등

14

정답 ③

압력제어밸브 (일의 크기를 결정)	릴리프밸브, 감압밸브, 시퀀스밸브(순차작동밸브), 카운터밸런스밸브, 무부하밸브(언로딩밸브), 압력스위치, 이스케이프밸브, 안전밸브, 유체퓨즈
유량제어밸브 (일의 속도를 결정)	교축밸브(스로틀밸브), 유량조절밸브, 집류밸브, 스톱밸브, 바이패스유량제어밸브
방향제어밸브 (일의 방향을 결정)	체크밸브(역지밸브), 셔틀밸브, 감속밸브, 전환밸브, 포핏밸브, 스풀밸브

15

정답 ③

[선형 스프링이 부착된 피스톤-실린더 장치의 팽창 문제]

㉠ 실린더 내의 최종압력(P_2)

- 피스톤과 스프링의 변위(x) $= \dfrac{\Delta V}{A} = \dfrac{V_2 - V_1}{A} = \dfrac{(0.12\mathrm{m}^3 - 0.06\mathrm{m}^3)}{0.3\mathrm{m}^2} = 0.2\mathrm{m}$

- 최종상태에서 스프링에 부가된 힘(F) $= kx = (120\mathrm{kN/m})(0.2\mathrm{m}) = 24\mathrm{kN}$

- 최종상태에서 스프링에 작용하는 기체압력(P_{spring}) $= \dfrac{F}{A} = \dfrac{24kN}{0.3\mathrm{m}^2} = 80\mathrm{kN/m}^2 = 80\mathrm{kPa}$

- 실린더 내의 최종압력(P_2) $= P_1 + P_{\mathrm{spring}} = 150\mathrm{kPa} + 80\mathrm{kPa} = 230\mathrm{kPa}$

㉡ 기체가 한 전체 일(P[압력]$-V$[부피, 체적] 선도에서 과정 곡선 밑의 면적) $= 11.4\mathrm{kJ}$

$$\therefore W = (0.12\mathrm{m}^3 - 0.06\mathrm{m}^3) \times 150\mathrm{kPa} + \dfrac{1}{2} \times (0.12\mathrm{m}^3 - 0.06\mathrm{m}^3) \times (230\mathrm{kPa} - 150\mathrm{kPa})$$
$$= 11.4\mathrm{kJ}$$

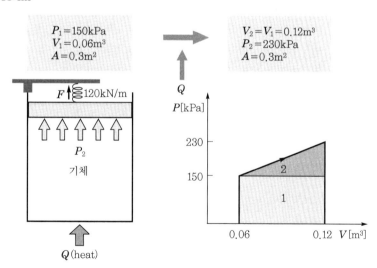

※ 스프링을 압축하기 위하여 스프링에 한 일

$$W = \frac{1}{2}kx^2 = \frac{1}{2}(120\text{kN/m})(0.2\text{m})^2 = 2.4\text{kJ}$$

16
정답 ③

㉠ 작용점의 위치(y_F): $y_F = \bar{y} + \dfrac{I_G}{A\bar{y}} = \bar{y} + \dfrac{\dfrac{bh^3}{12}}{A\bar{y}} = 3 + \dfrac{\dfrac{1(6^3)}{12}}{(1\times6)(3)} = 4\text{m}$

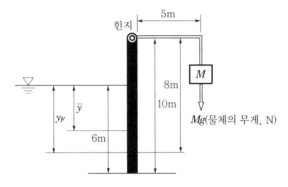

㉡ 전압력 크기(F): $F = \gamma\bar{h}A = (9,800\text{N/m}^3)(3\text{m})(1\times6\text{m}^2) = 176,400\text{N}$

[단, 비중량(γ)은 물의 비중량이므로 $9,800\text{N/m}^3$이다.]

㉢ 힌지점에서 모멘트의 합력(알짜힘) $= 0$

$$\sum M_{힌지} = (176,400\text{N})(8\text{m}) - (Mg)(5\text{m}) = 0$$

$$\rightarrow\ 5\text{M}(9.8\text{m/s}^2) = (176,400\text{N})(8\text{m})\ \rightarrow\ \therefore M = 28,800\text{kg}$$

17
정답 ④

전력량의 단위 와트시(Wh)는 전력(W)에 시간(h)을 곱해서 표현된다.

하루에 4시간(4h)씩 한 달(30일)은 120시간(120h)이다. 소요전력(W)은 30W이므로

∴ 전력량(Wh) $= (30\text{W})(120\text{h}) = 3,600\text{Wh}$ 가 된다.

100Wh당 전기단가가 2,500원이므로 $(2,500\text{원})(36) = 90,000\text{원}$이 도출된다.

18
정답 ④

[베어링용 합금]

• 마찰계수 및 열변형이 적을 것 • 내마모성, 내식성, 내충격성, 피로한도, 열전도성이 클 것	
소결 베어링 합금	• 오일리스 베어링 – '구리(Cu) + 주석(Sn) + 흑연'을 고온에서 소결시켜 만든 것이다. – 분말야금공정으로 오일리스 베어링을 생산할 수 있다.

	– 다공질재료이며 구조상 급유가 어려운 곳에 사용한다. – 급유 시에 기계가동 중지로 인한 생산성의 저하를 방지할 수 있다. – 식품기계, 인쇄기계 등에 사용되며 고속 중하중에 부적합하다. ※ **다공질인 이유**: 많은 구멍 속으로 오일이 흡착되어 저장되므로 급유가 곤란한 곳에 사용될 수 있기 때문이다.
화이트메탈 [주석(Sn)과 납(Pb)의 합금으로 자동차 등에 사용]	• 주석계, 납(연)계, 아연계, 카드뮴계 – 주석계에서는 배빗메탈이 대표적이다. – 배빗메탈은 주요 성분이 안티몬(Sb)-아연(Zn)-주석(Sn)-구리(Cu)인 합금으로, 내열성이 우수하므로 내연기관용 베어링 재료로 사용된다.
구리계	청동, 인청동, 납청동, 켈밋

19

정답 ③

①	밀도$(\rho) = \dfrac{\text{질량}(m)}{\text{부피}(V)}$ 이므로 $\rho = \dfrac{1\text{g}}{\text{cm}^3} = \dfrac{0.001\text{kg}}{(10^{-2}\text{m})^3} = 1,000\text{kg/m}^3$
②	밀도(ρ): $1,200\text{kg/m}^3$
③	물질의 비중$(S) = \dfrac{\text{어떤 물질의 밀도}(\rho) \text{ 또는 어떤 물질의 비중량}(\gamma)}{4℃\text{에서의 물의 밀도}(\rho_{\text{H}_2\text{O}}) \text{ 또는 물의 비중량}(\gamma_{\text{H}_2\text{O}})}$ $\rightarrow S_{물질} = \dfrac{\text{어떤 물질의 밀도}(\rho)}{4℃\text{에서의 물의 밀도}(\rho_{\text{H}_2\text{O}})}$ [여기서, $(\rho_{\text{H}_2\text{O}}) = 1,000\text{kg/m}^3$] $\rightarrow 1.5 = \dfrac{\text{어떤 물질의 밀도}(\rho)}{1,000\text{kg/m}^3}$ $\rightarrow$ 어떤 물질의 밀도(ρ) : $1.5 \times 1,000\text{kg/m}^3$ $\rightarrow \therefore$ 어떤 물질의 밀도$(\rho_{\text{비중이 }1.5})$: $1.5 \times 1,000\text{kg/m}^3 = 1,500\text{kg/m}^3$
④	$S_{물질} = \dfrac{\text{어떤 물질의 비중량}(\gamma)}{\text{물의 비중량}(\gamma_{\text{H}_2\text{O}})}$ [여기서, 물의 비중량$(\gamma_{\text{H}_2\text{O}}) = 9,800\text{N/m}^3$] $\rightarrow S_{물질} = \dfrac{8,000\text{N/m}^3}{9,800\text{N/m}^3} ≒ 0.82$, 물질의 비중$(S)$이 약 0.82이므로 이 물질의 밀도(ρ)는 $0.82 \times 1,000\text{kg/m}^3 = 820\text{kg/m}^3$로 도출된다.

따라서 밀도가 가장 큰 액체는 '$1,500\text{kg/m}^3$'의 밀도를 가진 ③번 액체이다.

20

정답 ④

[탄소강에 영향을 주는 원소]

규소(Si)	• 단접성, 냉간가공을 해치고 충격강도를 감소시켜 저탄소강의 경우 규소(Si)의 함유량을 0.2% 이하로 제한한다. • 경도 및 탄성한도 및 강도를 증가시키며 연신율과 충격값을 감소시킨다. • 결정입자 크기를 증가시켜 전연성을 감소시킨다.

	• 용융금속의 유동성을 좋게 하여 주물을 만드는 데 도움을 준다. • 조직상 탄소(C)를 첨가하는 것과 같은 효과를 낼 수 있다. ※ 규소(Si)는 탄성한도(탄성한계)를 증가시키기 때문에 스프링강에 첨가하는 주요 원소이다. 하지만 규소를 많이 첨가하면 오히려 탈탄이 발생하기 때문에 이를 방지하기 위해 스프링강에는 반드시 망간(Mn)을 첨가해야 한다.
망간(Mn)	• 주조성을 향상시킨다. • 강에 끈끈한 성질(점성)을 주어 높은 온도에서 절삭을 용이하게 한다. • 강도, 경도, 인성을 증가시키며 담금질성을 향상시킨다. • 고온가공성을 증가시키며 고온에서 결정이 거칠어지는 것을 방지한다. 즉, 고온에서 결정립의 성장을 억제한다. • 황화망간(MnS)이 적열 메짐의 원인인 황화철(FeS)의 생성을 방해하여 적열취성을 방지한다. 또한 흑연화를 방지한다.
인(P)	• 강도, 경도를 증가시키나 상온취성을 일으킨다. • 제강 시 편석을 일으키고 담금질 균열의 원인이 되며 연성을 감소시킨다. • 결정립을 조대화시킨다. • 주물의 경우에 기포를 줄이는 역할을 한다.
황(S)	• 가장 유해한 원소로 연신율과 충격값을 저하시키며 **적열취성을 일으킨다.** • 절삭성을 향상시킨다. • 유동성을 저하시키며 용접성을 떨어뜨린다.
탄소(C)	• 탄소의 함량이 증가하면 강도 및 경도가 증가하지만 연신율, 전연성이 감소하며 취성이 커지게 된다. • 용접성이 떨어진다.
수소(H_2)	• 백점이나 헤어크랙의 원인이 된다. ※ 백점은 강의 표면에 생긴 미세 균열이며, 헤어크랙은 머리카락 모양의 미세 균열이다.

※ 탄소강의 5대 원소: 황(S), 인(P), 탄소(C), 망간(Mn), 규소(Si) → 황인탄망규
※ <u>위의 내용은 기출문제에서 많이 등장하는 기계재료 내용이므로 반드시 숙지해야 한다.</u>
이 중 가장 많이 출제되는 것이 망간(Mn), 규소(Si)이다.

21

정답 ①

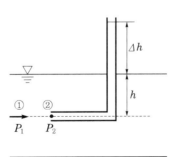

- 베르누이 방정식을 사용한다.

$$\frac{P_1}{\gamma} + \frac{V_1^2}{2g} + Z_1 = \frac{P_2}{\gamma} + \frac{V_2^2}{2g} + Z_2 = \text{constant}$$

점 ②는 정체점이므로 $V_2 = 0$이다. 그리고 높이는 동일하므로 $Z_1 = Z_2$가 된다.

→ 따라서 $\dfrac{P_1}{\gamma} + \dfrac{V_1^2}{2g} = \dfrac{P_2}{\gamma}$가 된다. 양변에 비중량($\gamma$)을 곱한다.

→ $P_1 + \dfrac{\gamma V_1^2}{2g} = P_2$ [여기서, $P_1 = \gamma h$, $P_2 = \gamma(h + \triangle h)$]

→ $\gamma h + \dfrac{\gamma V_1^2}{2g} = \gamma(h + \triangle h) = \gamma h + \gamma \triangle h$ → $V_1 = \sqrt{2g\triangle h}$로 도출된다.

→ $V_1 = \sqrt{2g\triangle h}$ → $3\text{m/s} = \sqrt{2(9.8)\triangle h}$ → $9 = 2(9.8)\triangle h$

→ ∴ $\triangle h = 0.46\text{m}$

22

정답 ④

파스칼의 법칙	밀폐된 곳에 담긴 유체의 표면에 압력이 가하질 때, 유체의 모든 지점에 같은 크기의 압력이 전달된다는 법칙이다. → $\dfrac{F_1}{A_1} = \dfrac{F_2}{A_2}$
아르키메데스의 원리	유체 안에 완전히 또는 부분적으로 잠겨있는 물체가 받는 부력은 그 물체가 밀어낸 부피만큼의 유체의 무게와 동일한 크기로 중력의 반대 방향으로 작용한다.
보일의 법칙	기체의 온도가 일정하면 기체의 압력과 부피는 서로 반비례한다는 법칙이다. → $P \propto \dfrac{1}{V}$ → $PV = C$
샤를의 법칙	압력이 일정한 상태에서 기체의 부피는 기체의 절대온도에 비례한다는 법칙이다. → $\dfrac{V}{T} = k$ → $V = kT$ [여기서, k는 비례상수]
훅의 법칙	'응력–변형률 선도'의 비례한도(proportional limit) 내에서는 응력(σ)과 변형률(ε)은 서로 비례한다는 법칙이다. → $\sigma = E\varepsilon$

23

정답 ④

- 감쇠비(ζ): $\dfrac{c}{c_{cr}} = \dfrac{c}{2\sqrt{mk}}$ [여기서, c_{cr}: 임계감쇠계수, c: 감쇠계수, m: 질량, k: 스프링상수]

24

정답 ②

'관성력과 점성력만'을 고려하라는 것을 통해 레이놀즈수(Re)를 이용하라는 것을 알 수 있다.

◎ 상사법칙을 이용한다.

$$(Re)_{\text{모형}} = (Re)_{\text{원형}} \rightarrow \left(\frac{Vd}{\nu}\right)_{\text{모형}} = \left(\frac{Vd}{\nu}\right)_{\text{원형}} \rightarrow \left(\frac{V(0.1\text{m})}{\nu}\right)_{\text{모형}} = \left(\frac{(2\text{m/s})(0.5\text{m})}{\nu}\right)_{\text{원형}}$$

$$\rightarrow \left(\frac{V(0.1\mathrm{m})}{\nu}\right)_{\text{모형}} = \left(\frac{(2\mathrm{m/s})(0.5\mathrm{m})}{\nu}\right)_{\text{원형}}$$

$$\rightarrow V(0.1\mathrm{m})_{\text{모형}} = (2\mathrm{m/s})(0.5\mathrm{m})_{\text{원형}} \qquad \therefore V_{\text{모형}} = 10\mathrm{m/s}$$

※ <u>모형은 원형을 $(1/5)$로 축소했으므로 모형의 안지름(d)은 $50\mathrm{cm} = 0.5\mathrm{m}$의 $(1/5)$배이다. 따라서 모형의 안지름(d)은 $(0.5\mathrm{m}) \times \left(\dfrac{1}{5}\right) = 0.1\mathrm{m}$이다.</u>

결론적으로 모형과 원형 간의 역학적 상사가 성립되려면 모형의 속도가 $10\mathrm{m/s}$가 되어야 한다는 것을 알 수 있다.

$\rightarrow$ 모형에서의 유량(Q)을 구하라고 되어 있으므로

$$Q_{\text{모형}} = AV = \frac{1}{4}\pi(0.1\mathrm{m})^2(10\mathrm{m/s}) = \frac{1}{4}(3)(0.01\mathrm{m}^2)(10\mathrm{m/s}) = 0.075\mathrm{m}^3/\mathrm{s} \text{ 가 도출된다.}$$

여기서, '$1L = 0.001\mathrm{m}^3$'이므로 <u>$Q_{\text{모형}} = 0.075\mathrm{m}^3/\mathrm{s} = 75[\mathrm{L/s}]$가 도출된다.</u>

25

정답 ④

[산업안전]

계단참 설치위치

- **수직갱**: 수직갱은 길이가 $15\mathrm{m}$ 이상일 때 $10\mathrm{m}$ 이내마다 계단참을 설치한다.
- **계단**: 높이가 <u>$3\mathrm{m}$</u>를 초과하는 계단에는 높이 $3\mathrm{m}$ 이내마다 너비 $1.2\mathrm{m}$ 이상의 계단참을 설치한다.
- **비계다리**: 높이 $8\mathrm{m}$를 초과하는 비계다리에는 $7\mathrm{m}$ 이내마다 계단참을 설치해야 한다.

통로의 설치

사업주는 통로면으로부터 높이 $2\mathrm{m}$ 이내에는 장애물이 없도록 하여야 한다. 다만, 부득이하게 통로면으로부터 높이 $2\mathrm{m}$ 이내에 장애물을 설치할 수밖에 없거나 통로면으로부터 높이 $2\mathrm{m}$ 이내의 장애물을 제거하는 것이 곤란하다고 고용노동부장관이 인정하는 경우에는 근로자에게 발생할 수 있는 부상 등의 위험을 방지하기 위한 안전조치를 하여야 한다.

통로의 조명

사업주는 근로자가 안전하게 통행할 수 있도록 통로에 75럭스 이상의 채광 또는 조명시설을 하여야 한다. 다만, 갱도 또는 상시 통행을 하지 아니하는 지하철 등을 통행하는 근로자에게 휴대용 조명기구를 사용하도록 한 경우에는 그러하지 아니하다.

01	④	02	③	03	③	04	②	05	②	06	③	07	①	08	②	09	④	10	③
11	②	12	②	13	②	14	②	15	③	16	②	17	①	18	③	19	③	20	①
21	③	22	④	23	①	24	③	25	①	26	②	27	③	28	④	29	②	30	②
31	①	32	①	33	③	34	④	35	②	36	③	37	①	38	③	39	①	40	①

※ 29번 관련문제 ①

01
정답 ④

④ **바우싱거 효과:** 금속재료를 소성변형 영역까지 인장하중을 가하다가 그 인장의 반대방향으로 하중을 가했을 때 항복점과 탄성한도 등이 저하되는 현상
① **크리프:** 연성재료가 고온에서 정하중을 받을 때 시간에 따라 변형이 증가되는 현상
② **변형경화:** 결정구조 변화에 의해 저항력이 증대되는 구간
③ **탄성후기:** 소성변형 후에 그 양이 시간에 따라 변화하는 현상 및 그 성질

02
정답 ③

$$U = \frac{1}{2}P\lambda = \frac{1}{2}P\left(\frac{PL}{EA}\right) = \frac{P^2L}{2EA} = \frac{P^2}{2EA^2}LA = \frac{\sigma^2}{2E}AL = \frac{\sigma^2}{2E}[\text{J}]$$

$$\left[\text{여기서, 변형량}(\lambda) = \frac{PL}{EA}, \ V: \text{체적}\right]$$

$$\therefore \frac{U}{V} = u = \frac{\sigma^2}{2E} \ (\text{변형에너지밀도 = 최대탄성에너지 = 레질리언스 계수})$$

$$U = \frac{\sigma^2}{2E}V[\text{J}] \ [\text{단}, \ \sigma = \varepsilon E] \ \rightarrow \ U = \frac{\varepsilon^2E^2}{2E}V = \frac{\varepsilon^2E}{2}V$$

$$U = \frac{1}{2}P\lambda = \frac{1}{2}P\left(\frac{PL}{EA}\right) = \frac{P^2L}{2EA} = \frac{P^2}{2}\left(\frac{L}{EA}\right) \ \left[\text{여기서}, \ \frac{L}{EA} = \text{유연도}\right]$$

03
정답 ③

양단고정보의 중심에 집중하중이 작용했을 때의 최대처짐량$(\delta_{max}) = \dfrac{PL^3}{196EI}$

단순지지보의 중심에 집중하중이 작용했을 때의 최대처짐량$(\delta_{max}) = \dfrac{PL^3}{48EI}$

→ 단순지지보의 중심에 집중하중이 작용했을 때의 최대처짐량이 양단고정보의 경우보다 4배가 크다.
$\quad \therefore \ 1.034\text{cm} \times 4 = 4.136\text{cm}$

04

$$U = \frac{1}{2}P\delta = \frac{1}{2} \times 400 \times 0.06 = 12\text{N} \cdot \text{m} = 12\text{J}$$

[여기서, U: 탄성에너지, P: 하중, δ: 처짐량(변형량)]

05

[동하중(활하중)의 종류]
- 연행하중: 일련의 하중(등분포하중), 기차레일이 받는 하중
- 반복하중(편진하중): 반복적으로 작용하는 하중
- 교번하중(양진하중): 하중의 크기와 방향이 계속 바뀌는 하중(가장 위험)
- 이동하중: 하중의 작용점이 자꾸 바뀌는 하중(예 움직이는 자동차)
- 충격하중: 비교적 짧은 시간에 갑자기 작용하는 하중
- 변동하중: 주기와 진폭이 바뀌는 하중

06

$$I_P = I_x + I_y = \frac{\pi(d_2^4 - d_1^4)}{64} + \frac{\pi(d_2^4 - d_1^4)}{64} = \frac{\pi(d_2^4 - d_1^4)}{32}$$

07

$$\frac{1}{\rho} = \frac{M}{EI}$$

[여기서, $\frac{1}{\rho}$: 곡률, ρ: 곡률반지름, M: 굽힘모멘트, E: 세로탄성계수, I: 단면 2차 모멘트]

→ 굽힘모멘트는 곡률반지름에 반비례한다.

참고
- 큰 곡률반지름은 상대적으로 곡선이 덜 휜 경우이다.
- 곡률반지름이 무한대가 되면 부분적으로 평평한 곡선이 된다.
- 곡률반지름이 작을수록 상대적으로 곡선이 많이 휜 경우이다.

08

몰리에르 선도($P-H$)는 냉동기 크기 결정, 압축기 열량 결정, 냉동능력 판단, 냉동장치 운전상태, 냉동기의 효율을 파악할 수 있다.

[몰리에르 선도]
- $P-H$ 선도: 냉매 관련, 냉동장치 해석
- $H-S$ 선도: 증기 관련 해석

09

정답 ④

$Q = dU + PdV$

$dU = Q - PdV = 20 - 20$

$\therefore dU = 0$

즉, 내부에너지는 변화 없다.

10

정답 ③

[브레이턴 사이클의 열효율]

$$\eta_B = 1 - \frac{T_4 - T_1}{T_3 - T_2} = 1 - \left(\frac{1}{\gamma}\right)^{\frac{k-1}{k}} \quad [\text{여기서, } \gamma: \text{압력비, } k: \text{비열비}]$$

11

정답 ②

20%의 마찰손실이 발생했으므로 출력에 20%를 곱하여 답을 도출한다.

$30\text{kW} = 30\text{kJ/s}$

$30\text{kJ/s} \times 0.2 = 6\text{kJ/s} \quad [\text{여기서, } \text{W} = \text{J/s}]$

참고

W는 동력(출력)의 단위로 **단위시간(s)당 얼마의 일(J)을 했는가**를 나타내는 단위이다.

12

정답 ②

[가스터빈 사이클의 종류]

• **브레이턴 사이클**: 2개의 정압과정과 2개의 단열과정으로 구성되어 있으며, 가스터빈의 이상 사이클이다. 또한 가스터빈은 압축기, 연소기, 터빈의 3대 요소로 구성되어 있다.

• **에릭슨 사이클**: 2개의 정압과정과 2개의 등온과정으로 구성되어 있으며, 사이클의 순서는 등온압축 → 정압가열 → 등온팽창 → 정압방열이다.

• **스털링 사이클**: 2개의 정적과정과 2개의 등온과정으로 구성되어 있으며, 사이클의 순서는 등온압축 → 정적가열 → 등온팽창 → 정적방열이다. 또한 증기원동소의 이상 사이클인 랭킨 사이클에서 이상적인 재생기가 있다면 스털링 사이클에 가까워진다. 참고로 역스털링 사이클은 헬륨을 냉매로 하는 극저온 가스냉동기의 기본 사이클이다.

• **아트킨슨 사이클**: 2개의 단열과정과 1개의 정압과정, 1개의 정적과정으로 구성되어 있으며, 사이클의 순서는 단열압축 → 정적가열 → 단열팽창 → 정압방열이다. 디젤 사이클과 과정은 같으나, 아트킨슨 사이클은 가스동력 사이클임을 알고 있어야 한다.

• **르누아 사이클**: 1개의 단열과정과 1개의 정압과정, 1개의 정적과정으로 구성되어 있으며, 사이클의 순서는 정적가열 → 단열팽창 → 정압방열이다. 동작물질의 압축과정이 없으며 펄스제트 추진계통의 사이클과 유사하다.

참고

• **사바테 사이클**: 가열과정이 정압 및 정적과정에서 동시에 이루어지기 때문에 정압–정적 사이클, 즉 복합사이클 또는 이중연소 사이클이라고 한다(디젤 사이클 + 오토 사이클, 고속디젤기관의 기본 사이클).

- **오토 사이클:** 2개의 정적과정과 2개의 단열과정으로 구성되며, 정적연소 사이클이라고 한다. 불꽃점화, 즉 가솔린기관의 이상 사이클이다.
- **디젤 사이클:** 2개의 단열과정과 1개의 정압과정, 1개의 정적과정으로 구성되어 있으며, 정압하에서 열이 공급되고 정적하에서 열이 방출된다. 정압하에서 열이 공급되므로 정압 사이클이라고 하며 저속디젤기관의 기본 사이클이다.
- **랭킨 사이클:** 2개의 단열과정과 2개의 정압과정으로 이루어져 있으며, 화력발전소의 기본 사이클이다.

13
정답 ②

$$7,600\text{kJ/h} = \frac{7600\text{kJ}}{3600\text{s}} = 2.11\text{kJ/s} = 2.11\text{kW}$$

$$\varepsilon_r = \frac{Q_2}{W} \quad \rightarrow \quad 0.8 = \frac{2.11}{W} \quad \rightarrow \quad \therefore \; W(\text{동력}) = \frac{2.11}{0.8} = 2.6375\text{kW}$$

14
정답 ②

$$W = PdV = 200 \times 0.6 = 120\text{J}$$

15
정답 ③

① **비중량:** $\text{N/m}^3 \rightarrow \dfrac{(\text{kg})(\text{m/s}^2)}{\text{m}^3} = (\text{kg})(\text{m}^{-2})(\text{s}^{-2}) = ML^{-2}T^{-2}$

② **속도:** $\text{m/s} = LT^{-1}$

③ **밀도:** $\text{kg/m}^3 = ML^{-3}$

④ **동점성계수:** $\text{cm}^2/\text{s} = L^2T^{-1}$

16
정답 ②

[충격파]
- 유체 속에서 전파되는 파동의 일종으로 음속보다도 빨리 전파되어 압력, 밀도, 온도 등이 급격하게 변화하는 파동이다.
- 비가역 현상이므로 엔트로피가 증가한다.
- 매우 좁은 공간에서 기체입자의 **운동에너지가 열에너지**로 변한다.
- 충격파의 영향으로 **마찰열이 발생**(온도 증가)한다.
- 충격파가 발생하면 **압력, 밀도, 비중량이 증가하며 속도는 감소**한다.
- ✓ TIP: 속도만 감소한다고 알고 있으면 된다.

참고 ···

소닉붐: 음속의 벽을 통과할 때 발생한다. 즉, 물체가 음속 이상의 속도가 되어 음속을 통과하면, 앞서가던 소리의 파동을 따라잡아 파동이 겹치면서 원뿔모양의 파동이 된다. 그리고 발생한 충격파에 의해 급격하게 압력이 상승하여 지상에 도달했을 때 그것이 소리로 '쾅' 느껴지는 것이 소닉붐이다.

※ 음속 돌파 → 물체 주변에 충격파 발생 → 공기의 압력 변화로 인한 큰 소음

17

[수력도약]

- 개수로의 유동에서 빠른 흐름이 갑자기 느린 흐름으로 변할 때 수심이 깊어지면서 **운동에너지가 위치에 너지로 변하는 현상**이다.
- **사류(급한 흐름)에서 상류(정적 흐름)**로 바뀔 때 주로 발생한다.
- **급경사에서 완만한 경사**로 바뀔 때 주로 발생한다.

18

N(뉴턴)은 힘의 단위이다. 압력은 $\dfrac{P}{A}$ → N/m^2의 단위를 갖는다.

[1atm, 1기압]

101,325Pa	10.332mH$_2$O	1013.25hPa	1013.25mb
1,013,250dyne/cm^2	1.01325bar	14.696psi	1.033227kgf/cm^2
760mmHg	29.92126inHg	406.782inH$_2$O	–

19

냉각효과가 큰 순서: 소금물(식염수) > 물 > 기름 > 공기

20

[프란틀의 혼합거리]

- 유체입자가 난류 속에서 자신의 운동량을 상실하지 않고 진행하는 거리를 말한다.
- 프란틀의 혼합거리 $L = ky$(k는 매끈한 원관의 경우 실험치로 0.4)이다.
- 프란틀의 혼합거리는 관벽($y = 0$)에서 0이 된다.
- 관벽으로부터 떨어진 임의의 거리 y에 비례한다.

21

[와류]

어떤 유체 전체가 어느 축 주위를 회전하는 것을 와류운동이라고 한다. 크게 분류하면 **와류운동은 자유와류**(free vortex), **강제와류**(forced vortex) 그리고 자유와류와 강제와류가 복합된 **랭킨와류**(rankine vortex)가 있다. 그리고 와류 내의 유체 압력은 중심이 가장 낮고 중심에서 멀어질수록 급격하게 상승하며 와류 흐름은 주위의 유선이 나선형 운동을 하는 것을 말한다.

[자유와류]

사연상태에서 압력 및 위치 차이로 발생하는 와류로 **와류의 중심에서 최대속도이며 와류의 중심에서 멀어질수록 속도가 감소**한다. 자유와류는 **에너지 소모가 없는 회전운동**을 한다. 이 자유와류 현상 속에서는 **유선이 동심원 운동**을 하게 되고 유속은 **회전축과의 반경에 반비례하여 변화**한다.

ⓔ 욕조에서 물이 빠져 나가면서 일으키는 현상이나 대기 현상 중에서 회오리바람, 태풍 등의 현상에서 볼 수 있다. 또한 용기 밑 부분의 오리피스에 의해 물이 유출될 때 자유와류가 형성된다.

[강제와류]

에너지를 가해야 발생하는 와류로 **와류의 중심에서는 속도가 0이며 와류 중심에서 멀어질수록 속도가 증가**한다. 또한 강제와류는 유체이면서도 마치 고체인 것과 같은 회전운동을 하며 이 운동에너지는 전부 열이 되어 소실된다. 만약, 강제와류 내 모든 입자가 중심축을 기준으로 동일한 각속도를 가질 경우, 강제와류의 각속도, 와류반경, 유속의 관계식은 다음과 같다.

$\omega = \dfrac{V}{r}$ [여기서, V: 유속, r: 와류 반경, ω: 강제와류의 각속도]

📵 세탁기, 교반기 등이 있다.

22

정답 ④

바깥지름 d_2, 안지름 d_1인 환형관

1. 물과 벽면이 접해 있는 길이(접수길이, P)는 바깥지름(d_2)에 의한 원의 둘레(πd_2)와 안지름(d_1)에 의한 원의 둘레(πd_1)의 합만큼이다. 따라서 $P = \pi d_2 + \pi d_1 = \pi(d_2 + d_1)$이다.

2. 물이 흐르고 있는 유동단면적(A)은 환형관이므로 바깥지름(d_2)에 의한 원의 단면적$\left(\dfrac{1}{4}\pi d_2{}^2\right)$에서 안지름($d_1$)에 의한 원의 단면적$\left(\dfrac{1}{4}\pi d_1{}^2\right)$을 뺀 값이다. 따라서 다음과 같다.

$A = \dfrac{1}{4}\pi d_2{}^2 - \dfrac{1}{4}\pi d_1{}^2 = \dfrac{1}{4}\pi(d_2{}^2 - d_1{}^2) = \dfrac{1}{4}\pi(d_2 + d_1)(d_2 - d_1)$

3. 수력반경(R_h) $= \dfrac{A}{P} = \dfrac{\dfrac{1}{4}\pi(d_2 + d_1)(d_2 - d_1)}{\pi(d_2 + d_1)} = \dfrac{d_2 - d_1}{4}$이 된다.

※ 수력직경(수력지름, d) $= 4R_h$이므로 $d = 4\left(\dfrac{d_2 - d_1}{4}\right) = d_2 - d_1$이 된다.

23

정답 ①

$Q = C_v \triangle T = 0.71 \times (150 - 10) = 99.4\text{kcal/kg}$

보기의 단위는 kg으로 제시되어 있는데, 이는 질량이 곱해지지 않았다는 것을 의미한다. 문제에서는 질량이 언급되지 않아 비교적 쉬운 문제에 속하지만, 항상 실제 공기업 시험을 볼 때에는 보기의 단위를 보고 질량을 곱하는지 곱하지 않는지 확인하여 실수를 줄여야 한다.

24

$F = \dot{m} V$

$2,500 \times 9.8 = (35 + 1) V$

$\therefore V = 680.55 \mathrm{m/s}$

$1 \mathrm{kgf} = 9.8 \mathrm{N}$이며 kgf에서 f를 생략하고 kg으로 쓰는 경우도 있으므로 숙지해야 한다.

25

[외연기관]

기관 본체 외부에서 연료를 연소시켜 발생되는 열에너지를 물과 같은 유체에 가하여 증기를 만들고 이 증기가 작동유체가 되어 왕복기관이나 증기터빈을 움직여 기계적인 일을 발생시키는 기관이다. 연소라는 화학반응에 의해 발생한 연소가스가 직접 기관을 움직이는 것이 아니라 증기가 기관에서 일을 한다. 즉, 외연기관은 증기기관의 경우 연료의 연소가 보일러 내에서 일어나는 것처럼 기관 이외의 장소에서 연소가 진행된다. 외연기관은 기관의 몸체와는 별도로 연소장치를 가지고 있으며 전열효율이 나쁘며 대형이다. 증기기관, 증기터빈이 이에 해당한다.

[내연기관]

연료의 연소가 기관의 내부에서 이루어진다. 즉, 가스나 액체상태의 연료와 공기로 된 혼합기, 즉 작동유체를 기관의 연소실 내에서 간헐적으로 폭발 연소시켜 가스의 열에너지를 기계적 에너지(일)로 변환시켜 주는 기관으로, 일반적으로 체적형 내연기관이라고 한다. 비교적 높은 출력과 고속 회전을 할 수 있다. 가솔린기관, 디젤기관, 가스터빈기관, 제트기관, 석유기관, 로켓기관 등이 이에 해당한다.

26

- **오스테나이트**: γ철에 최대 $2.11\%C$까지 용입되어 있는 고용체이며 **고온조직으로 냉각 중에 변태를 일으키지 못하도록 급랭하여 고온에서의 조직(γ철)을 상온에서도 유지시킨 것이다.** 비자성체이며 전기저항이 크고 경도가 낮아 연신율이 크다. 또한 면심입방격자이다.
- **페라이트**: α고용체라고도 하며 α철에 최대 $0.0218\%C$까지 고용된 고용체로 전연성이 우수하며 A_2 점 이하에서는 강자성체이다. 또한 투자율이 우수하고 열처리는 불량하다(체심입방격자).
- **펄라이트**: $0.77\%C$의 γ고용체(오스테나이트)가 $7,275°C$에서 분열하여 생긴 α고용체(페라이트)와 시멘타이트(Fe_3C)가 층을 이루는 조직으로 $723°C$의 공석반응에서 나타난다. 강도가 크며 어느 정도의 연성을 가진다.
- **시멘타이트**: 철과 탄소가 결합된 탄화물로 탄화철이라고 불리며 탄소량이 6.68%인 조직이다. 단단하고 취성이 크다.
- **레데뷰라이트**: $2.11\%C$의 γ고용체(오스테나이트)와 $6.68\%C$의 시멘타이트(Fe_3C)의 공정조직으로 $4.3\%C$인 주철에서 나타나는 조직이다.

27

정답 ③

[사인바가 이루는 각(θ)]

$$\sin\theta = \frac{H-h}{L} \quad \cdots \quad \bigcirc$$

[여기서, L: 양 롤러 사이의 중심거리(호칭 치수), 보통 100mm, 200mm를 사용함]

식 ㉠에 주어진 조건을 대입하면, 사인바의 높은 쪽 높이 H[mm]는

$$\sin\theta = \frac{H-h}{L} \quad \rightarrow \quad \sin 10 = 0.2 = \frac{H-40}{400} \quad \rightarrow \quad \therefore H = 120\text{mm}$$

참고
사인바: 각도를 측정하기 위해 삼각법을 이용하는 측정기구이다. 블록 게이지를 사용하며 $\theta = 45°$ 이상이 되면 오차가 심해진다.

28

정답 ④

[주물사의 구비조건]
- 적당한 강도와 통기성이 좋을 것
- 주물 표면에서 이탈이 용이할 것(=붕괴성이 우수할 것)
- 알맞은 입도 조성과 분포를 가질 것
- **열전도성이 불량**하여 보온성이 있을 것
- 성형성이 좋아야 하며, 충분한 강도가 있어야 하고 화학적으로 안정적일 것

29

정답 ②

[선반의 1회 기준 가공시간(T)]

$$V = \frac{\pi DN}{1,000} \quad \rightarrow \quad N = \frac{1,000\,V}{\pi D} = \frac{1,000 \times 140}{3 \times 100} = 466.67\text{rpm}$$

$$T = \frac{L}{NS} = \frac{600}{466.67 \times 0.35} = 3.67\text{분} \quad [\text{여기서}, \ L: \text{길이}, \ N: \text{회전수}, \ S: \text{이송}]$$

[관련 문제]

정답 ①

문제에서 가공시간 T는 min(분)이 기준이므로 1회 기준으로 바꿔주면 1회 가공 시 $\frac{45}{60}$ 분의 시간이 걸리게 된다$\left(\because 2\text{회 } 90\text{초} \rightarrow 1\text{회 } 45\text{초} \rightarrow T[\text{min}] = \frac{45}{60} \right)$.

따라서 회전수 N[rpm]은 다음과 같다.

$$N = \frac{L}{TS} = \frac{60}{\dfrac{45}{60} \times 0.25} = \frac{60 \times 60 \times 4}{45} = 320\text{rpm}$$

→ 해당 문제는 2회 가공시간으로 주어졌기 때문에 많은 준비생들이 틀린 문제이다. 가공시간 공식은 1회 기준이므로 항상 조심해야 한다.

30

정답 ②

[키의 전달력 크기 순서(회전력, 토크 전달 크기 순서]

세레이션 > 스플라인 > 접선키 > 묻힘키(성크키) > 반달키(우드러프키) > 평키(플랫키) > 안장키(새들키) > 핀키(둥근키)

31

정답 ①

필릿용접: 용접할 부재를 직각으로 겹쳐(т, ⊥ 형태 등) 코너 부분을 용접하는 방법이다.

② 테르밋용접에 대한 설명이다.

③ 슬롯용접에 대한 설명이다. 플러그용접의 둥근 구멍 대신에 가늘고 긴 홈에 비드를 붙이는 용접법이다.

④ 플러그용접에 대한 설명이다.

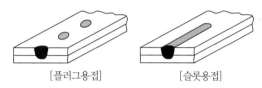

[플러그용접]　　　　[슬롯용접]

32

정답 ①

[테일러의 공구수명식]

$VT^n = C$

• V는 절삭속도, T는 공구수명이며 공구수명에 가장 큰 영향을 주는 것은 절삭속도이다.

• C는 공구수명을 1분으로 했을 때의 절삭속도이며 일감, 절삭조건, 공구에 따라 변한다.

• n은 공구와 일감에 의한 지수로 세라믹 > 초경합금 > 고속도강 순으로 크다.

• 테일러의 공구수명식을 대수선도로 표현하면 직선으로 표현된다.

33

정답 ③

$$C = \frac{D_1 + D_2}{2} = \frac{mZ_1 + mZ_2}{2} = \frac{m(Z_1 + Z_2)}{2} = \frac{6(60+85)}{2} = 435\text{mm} \quad [\text{여기서}, \ D = mZ]$$

34

정답 ④

시험에 자주 출제되는 각 용접의 주요 특징을 정리해두었으니 꼭 암기하자.

• **마찰용접:** 선반과 비슷한 구조로 용접을 실시하며 **열영향부**(Heat Affected Zone, HAZ)를 가장 좁게 할 수 있는 용접이다(서울시설공단, SH, 중앙공기업 등 기출).

• **전자빔용접:** 진공상태에서 용접을 실시하며 장비가 고가이다. 융점이 높은 금속에 적용이 가능하며 용입이 깊다. 그리고 **열 변형이 매우 작으며** 사용범위가 넓고 기어 및 차축용접에 사용되는 용접이다.

✓ TIP: 전자빔용접은 거의 다 좋은 특징을 가지고 있으며, 장비가 고가이다. 암기가 어려우면 특징이 거의 다 좋다고 생각하고 특징을 눈으로 숙지하자.

• **산소용접:** **열영향부**(HAZ)가 넓다(서울시설공단 기출).

• **불가시 아크용접:** 모재 표면 위에 미세한 입상의 용제를 살포하고 이 용제 속에 용접봉을 쑤셔 박아 용

접하는 방법이다. 서브머지드 아크용접, 자동금속 아크용접, 유니언 멜트, 링컨용접, 잠호용접과 같은 말이며 **열손실이 작은 용접법**이다. 그 이유는 용제를 용접부 표면에 덮고 심선이 용제 속에 들어 있어 아크가 발생될 때 열 발산이 적기 때문이다.

- **플래시용접**
  - 두 모재에 전류를 공급하고 서로 가까이 하면 **접합할 단면과 단면 사이에 아크가 발생**해 고온의 상태로 **모재를 길이방향으로 압축하여 접합**하는 용접이다. 즉, 철판에 전류를 통전하여 **외력**을 이용해 용접하는 방법으로 비소모 용접방법이다.
  - 용접할 재료를 적당한 거리에 놓고 서로 서서히 접근시켜 용접재료가 서로 접촉하면 돌출된 부분에서 전기회로가 생겨 이 부분에 전류가 집중되어 스파크(spark)가 발생되고 접촉부가 백열상태로 된다. 용접부를 더욱 접근시키면 다른 접촉부에도 같은 방식으로 스파크가 생겨 모재가 가열됨으로써 용융상태가 되면 강한 압력을 가하여 압접하는 방법이다.
  - 레일, 보일러 파이프, 드릴의 용접, 건축재료, 파이프, 각종 봉재 등 중요 부분 용접에 사용한다.

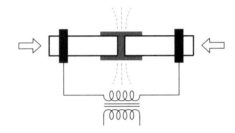

- **테르밋용접**: 알루미늄과 산화철의 분말을 혼합한 것을 테르밋이라고 하며, 이것에 점화시키면 강력한 화학작용으로 알루미늄은 산화철을 환원하여 유리시키고 알루미나(Al_2O_3)가 된다. 이때의 화학 반응열로 $3,000^\circ C$ 정도의 고열을 얻을 수 있어 용융된 철을 용접부분에 주입하여 모재를 용접하는 방법이다.
  - 작업이 단순하고 결과의 재현성이 높으며 전력이 필요 없다.
  - 용접용 기구가 간단하고 설비비가 저렴하며, 장소이동이 용이하다.
  - 작업 후의 변형이 작고 용접접합강도가 낮다. 또한 용접하는 시간이 비교적 짧다.

35
정답 ②

$1\text{kW} = 1.36\text{PS} \rightarrow 1\text{PS} = 0.735\text{kW}$

$\therefore 6\text{PS} = 0.735 \times 6 = 4.41\text{kW}$

$H = 4.41\text{kW} = \dfrac{\mu PV}{1,000} = \dfrac{0.2 \times P \times 10}{1,000}$

$\therefore P = 2,205\text{N}$

36
정답 ③

[도($^\circ$, degree)]
- 원 1바퀴를 360°로 표현하는 방법이다.
- 반원은 180°, 직각은 90°로 표현한다.

[라디안(rad, radian)]
- 1rad은 원주 호의 길이가 반지름과 같은 길이가 될 때의 각도로 정의한다.
- 1rad을 도($^\circ$, degree)로 환산하면 약 57.3°이다.

37

정답 ①

- **기계적 성질:** 강도, 경도, 전성, 연성, 인성, 탄성률, 탄성계수, 항복점, 내력, 연신율, 굽힘, 피로, 인장 강도, 취성 등
- **물리적 성질:** 비중, 용융점, 열전도율, 전기전도율, 열팽창계수, 밀도, 부피, 온도, 비열 등
- **화학적 성질:** 내식성, 환원성, 폭발성, 생성엔탈피, 용해도, 가연성 등
- **제작상 성질:** 주조성, 단조성, 절삭성, 용접성 등

38

정답 ①

$$F = k\delta$$
$$k = \frac{F}{\delta} = \frac{250}{20} = 12.5\,\text{kg/cm}$$

39

정답 ①

침상 조직: 침상(길고 끝이 뾰족한 조직)을 나타내는 조직으로, **마텐자이트, 하부 베이나이트**가 대표적인 침상 조직이다.

40

정답 ①

[STC 탄소공구강]

STC1	STC2	STC3	STC4
1.3~1.5%C	1.1~1.3%C	1.0~1.1%C	0.9~1.0%C

- **STC1:** 고탄소강으로 줄, 톱날, 정의 재질로 많이 쓰인다.
- 탄소공구강은 **1~7번**까지의 공구강이 있으며 번호가 커질수록 탄소함유량이 적다.
- 탄소공구강은 탄소량이 0.6~1.5% 정도 함유된 고탄소강으로 P(인), S(황), 비금속 개재물이 적고 담금질, 뜨임처리를 해서 사용한다.

📝 암기 ....

[KS 강재기호와 명칭]

SM	기계구조용 탄소강	GC	회주철	STC	탄소공구강
SV	리벳용 압연강재	SC	탄소주강품	SS	일반구조용 압연강재
HSS, SKH	고속도강	SWS	용접구조용 압연강재	SK	자석강
WMC	백심가단주철	SBB	보일러용 압연강재	SF	탄소강 단강품, 단조품
BMC	흑심가단주철	STS	합금공구강, 스테인리스강	SPS	스프링강
GCD	구상흑연주철	SNC	Ni-Cr 강재	SEH	내열강
STD	다이스강				

※ 고속도강은 high-speed steel로, 이를 줄여 '하이스강'이라고도 한다.

10 2021 상반기 한국가스공사 기출문제

01	④	02	③	03	③	04	⑤	05	①	06	②	07	②	08	③	09	⑤	10	④
11	⑤	12	⑤	13	⑤	14	⑤	15	⑤	16	④	17	⑤	18	④	19	②	20	⑤
21	②	22	④	23	③	24	⑤	25	④	26	⑤	27	②	28	④	29	③	30	④
31	④	32	③	33	⑤	34	④	35	②	36	⑤	37	⑤	38	④	39	⑤	40	④
41	②	42	②	43	③	44	⑤	45	①	46	③	47	⑤	48	④	49	⑤	50	④

01

정답 ④

• 여러 개의 스프링을 직렬 또는 병렬 연결할 때의 등가스프링상수(k_e) 구하기

[여기서, k_1, k_2, k_3, k_4: 각 스프링의 스프링상수]

- 직렬일 때

$$\frac{1}{k_e} = \frac{1}{k_1} + \frac{1}{k_2} + \frac{1}{k_3} + \frac{1}{k_4} \therefore$$

- 병렬일 때

$$k_e = k_1 + k_2 + k_3 + k_4 \cdots$$

풀이

㉠ 물 제트에 의한 '힘$(F) = \rho Q V$'를 사용하여 힘(F)을 구한다.

[여기서, ρ: 물의 밀도, Q: 체적유량, V: 물 제트의 속도] (물의 밀도는 $1{,}000\mathrm{kg/m^3}$)

→ $F = \rho Q V = (1{,}000\mathrm{kg/m^3})(0.4\mathrm{m^3/s})(1\mathrm{m/s}) = 400\mathrm{N}$

㉡ 스프링들이 병렬로 연결되어 있으므로 등가스프링상수(k_e)는 다음과 같다.

→ $k_e = 20\mathrm{N/cm} + 20\mathrm{N/cm} + 20\mathrm{N/cm} + 20\mathrm{N/cm} = 80\mathrm{N/cm}$

㉢ 400N의 힘에 의해 병렬로 연결된 스프링들은 압축된다. 즉, 평판과 벽 사이의 거리는 줄어들게 된다.

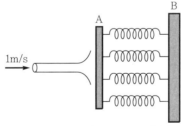

㉣ $F = kx$를 사용한다. [여기서, F: 작용하는 힘, k: 스프링상수, x: 변형량]

(단, 직렬 또는 병렬로 이루어진 시스템의 경우, k 대신에 등가스프링상수 k_e를 대입해야 한다.)

→ $F = kx$ → $\therefore x = \frac{F}{k} = \frac{400\mathrm{N}}{80\mathrm{N/cm}} = 5\mathrm{cm}$

[단, 힘이 평판을 누르는 압축력으로 작용하므로 변형량(x)은 압축된 길이 또는 압축량이라고 해석하면 된다.]

02

- 뉴턴의 점성법칙: $\tau = \mu\left(\dfrac{du}{dy}\right)$

τ	μ	$\dfrac{du}{dy}$
전단응력	점성계수	속도구배, 속도변형률, 전단변형률, 각변형률, 각변형속도
du	dy	
속도	틈 간격	

풀이

㉠ 점성계수가 $20\mathrm{P}$라는 것은 $20\,\mathrm{Poise}$를 말한다.

→ $1\,\mathrm{Poise} = 0.1\mathrm{N}\cdot\mathrm{s/m}^2$이므로 $20\mathrm{P} = 20\times 0.1\mathrm{N}\cdot\mathrm{s/m}^2 = 2\mathrm{N}\cdot\mathrm{s/m}^2$이다.

㉡ $\tau = \mu\left(\dfrac{du}{dy}\right)$를 사용하여 계산한다.

→ $\therefore \ \tau = \mu\left(\dfrac{du}{dy}\right) = (2\mathrm{N}\cdot\mathrm{s/m}^2)\left(\dfrac{2\mathrm{m/s}}{0.01\mathrm{m}}\right) = 400\mathrm{N/m}^2 = 400\mathrm{Pa}$

[여기서, $1\mathrm{N/m}^2 = 1\mathrm{Pa}$이며 $10\mathrm{mm} = 0.01\mathrm{m}$이다.]

03

[레이놀즈수(Re)]

	충류와 난류를 구분하는 척도로 사용되는 무차원수이다.			
레이놀즈수 (Re)	$$Re = \dfrac{\rho V d}{\mu} = \dfrac{Vd}{\nu} = \dfrac{관성력}{점성력}$$ • 레이놀즈수(Re)는 점성력에 대한 관성력의 비라고 표현된다. • 강제대류에서 유동 형태는 유체에 작용하는 점성력에 대한 관성력의 비를 나타내는 레이놀즈수에 좌우된다. 즉, **강제대류에서 충류와 난류를 결정하는 무차원수는 레이놀즈수이다.**			

ρ	V	d	ν
유체의 밀도	속도, 유속	관의 지름(직경)	유체의 점성계수

※ 동점성계수$(\nu) = \dfrac{\mu}{\rho}$

레이놀즈수 (Re)의 범위	원형관	상임계 레이놀즈수(충류 → 난류로 변할 때)	4,000
		하임계 레이놀즈수(난류 → 충류로 변할 때)	2,000 ~ 2,100
	평판	임계 레이놀즈수	$500,000(5\times 10^5)$
	개수로	임계 레이놀즈수	500
	관 입구에서 경계층에 대한 임계 레이놀즈수		$600,000(6\times 10^5)$

원형관(원관, 파이프)에서의 흐름 종류의 조건	
층류 흐름	레이놀즈수(Re) < 2,000
천이 구간	2,000 < 레이놀즈수(Re) < 4,000
난류 흐름	레이놀즈수 > 4,000

관련 내용	※ 일반적으로 임계 레이놀즈수라고 하면 '하임계 레이놀즈수'를 의미한다. ※ 임계 레이놀즈수를 넘어가면 난류 흐름이다. ※ 관수로 흐름은 주로 '압력'의 지배를 받으며, 개수로 흐름은 주로 '중력'의 지배를 받는다. ※ 관내 흐름에서 자유수면이 있는 경우에는 개수로 흐름으로 해석한다.

04

[모세관 현상(capillary phenomenon)★]

액체의 응집력과 관과 액체 사이의 부착력에 의해 발생되는 현상이다. ※ 응집력: 동일한 분자 사이에 작용하는 인력이다.	
모세관 현상의 특징	• 물의 경우 응집력보다 부착력이 크기 때문에 모세관 안의 유체 표면이 상승(위로 향한다)하게 된다. • 수은의 경우 응집력이 부착력보다 크기 때문에 모세관 안의 유체 표면이 하강(아래로 향한다)하게 된다. • 관이 경사져도 액면상승높이에는 변함이 없다. • 접촉각이 90°보다 클 때(둔각)에는 액체의 높이는 하강한다. • 접촉각이 0 ~ 90°(예각)일 때는 액체의 높이는 상승한다.
모세관 현상의 예	• 식물은 토양 속의 수분을 모세관 현상에 의해 끌어올려 물속에 용해된 영양물질을 흡수한다. • 고체(파라핀) → 액체 → 모세관 현상으로 액체가 심지를 타고 올라간다. • 종이에 형광펜을 이용하여 그림을 그린다. • 종이에 만년필을 이용하여 글씨를 쓴다.
액면상승 높이	관의 경우 $$h = \frac{4\sigma \cos \beta}{\gamma d}$$ [여기서, h: 액면상승높이, σ: 표면장력, β: 접촉각, γ: 비중량, d: 지름] 평판의 경우 $$h = \frac{2\sigma \cos \beta}{\gamma d}$$ [여기서, h: 액면상승높이, σ: 표면장력, β: 접촉각, γ: 비중량, d: 지름]

풀이

㉠ 유리관이므로 $h = \dfrac{4\sigma \cos \beta}{\gamma d}$ 를 사용한다.

→ 액면상승높이(h)는 위 식에 따라 지름(d)에 반비례한다. 즉, $h \propto \dfrac{1}{d}$ 이다.

㉡ 따라서 '$h \propto \dfrac{1}{d}$'이므로 지름(d)비가 1 : 4이면 액면상승높이(h)의 비는 역수의 관계이므로 4 : 1이 된다.

05

정답 ①

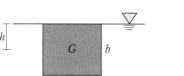

- 작용점의 위치(압력 중심)

$$y_F = \bar{y} + \frac{I_G}{A\bar{y}} = h + \frac{\frac{ab^3}{12}}{ab \times h} = h + \frac{ab^3}{12abh} = h + \frac{b^2}{12h}$$

※ 작용점의 위치는 평판의 도심점(G)보다 $\dfrac{I_G}{A\bar{y}}$만큼 아래에 작용한다.

※ 전압력$= F = pA = \gamma hA$

　[여기서, c: 액체의 비중량, h: 수면에서 평판의 무게중심까지의 거리, A: 평판의 단면적)

06

정답 ②

	단위시간에 증발기에서 흡수하는 열량을 냉동능력(kcal/hr)이라고 한다. 냉동능력의 단위로는 1냉동톤(1RT)이 있다. • **1냉동톤(1RT): 0℃의 물 1ton을 24시간 동안에 0℃의 얼음으로 바꾸는 데 제거해야 할 열량 또는 그 능력** • 1미국냉동톤(1USRT): 32℉의 물 1ton(2,000lb)을 24시간 동안에 32℉의 얼음으로 만드는 데 제거해야 할 열량 또는 그 능력		
냉동능력	1RT	3,320kcal/hr = 3.86kW [단, 1kW = 860kcal/hr, 1kcal = 4.18kJ] ※ 0℃의 얼음을 0℃의 물로 상변화시키는 데 필요한 융해잠열: 79.68kcal/kg ※ 0℃의 물에서 0℃의 얼음으로 변할 때 제거해야 할 열량: 79.68kcal/kg 　→ 물 1ton이므로 1,000kg이다. 이를 식으로 표현하면 (1,000kg)(79.68kcal/kg) = 79,680kcal가 된다. 24시간 동안 얼음으로 바꾸는 것이므로 79,680kcal/24hr = 3,320kcal/hr가 된다.
	1USRT	3,024kcal/hr
냉동효과	증발기에서 냉매 1kg이 흡수하는 열량을 말한다.	
제빙톤	25℃의 물 1ton을 24시간 동안에 -9℃의 얼음으로 만드는 데 제거해야 할 열량 또는 그 능력을 말한다(열손실은 20%로 가산한다). • 1제빙톤: 1.65RT	
냉각톤	냉동기의 냉동능력 1USRT당 응축기에서 제거해야 할 열량으로, 이때 압축기에서 가하는 엔탈피를 860kcal/hr로 가정한다. • 1냉각톤(1CRT): 3,884kcal/hr	

보일러마력	100℃의 물 15.65kg을 1시간 이내에 100℃의 증기로 만드는 데 필요한 열량을 말한다.
	※ **100℃의 물에서 100℃의 증기로 상태 변화시키는 데 필요한 증발잠열**: 539kcal/kg • 1보일러마력: 8435.35kcal/hr $= (539 \times 15.65)$

07
정답 ②

[펌프의 상사법칙]

유량(Q)	양정(H)	동력(L)
$\dfrac{Q_2}{Q_1} = \left(\dfrac{N_2}{N_1}\right)^1 \left(\dfrac{D_2}{D_1}\right)^3$	$\dfrac{H_2}{H_1} = \left(\dfrac{N_2}{N_1}\right)^2 \left(\dfrac{D_2}{D_1}\right)^2$	$\dfrac{L_2}{L_1} = \left(\dfrac{N_2}{N_1}\right)^3 \left(\dfrac{D_2}{D_1}\right)^5$

[송풍기의 상사법칙] [여기서, ρ: 밀도]

유량(Q)	양정(H)	동력(L)
$\dfrac{Q_2}{Q_1} = \left(\dfrac{N_2}{N_1}\right)^1 \left(\dfrac{D_2}{D_1}\right)^3$	$\dfrac{H_2}{H_1} = \left(\dfrac{N_2}{N_1}\right)^2 \left(\dfrac{D_2}{D_1}\right)^2 \left(\dfrac{\rho_2}{\rho_1}\right)^1$	$\dfrac{L_2}{L_1} = \left(\dfrac{N_2}{N_1}\right)^3 \left(\dfrac{D_2}{D_1}\right)^5 \left(\dfrac{\rho_2}{\rho_1}\right)^1$

풀이

㉠ 펌프에 대한 문제이므로 펌프의 상사법칙을 사용한다. 먼저 유량이 1.1배가 되도록 펌프의 회전수를 변화시킨다고 나와 있으므로 다음 식을 통해 회전수(N)를 파악한다.

→ $\dfrac{Q_2}{Q_1} = \left(\dfrac{N_2}{N_1}\right)^1 \left(\dfrac{D_2}{D_1}\right)^3$ → $Q_2 = Q_1 (\dfrac{N_2}{N_1})^1$

→ 나중 유량(Q_2)이 처음 유량(Q_1)의 1.1배가 되려면, 나중 회전수(N_2)가 처음 회전수(N_1)의 1.1배

가 되면 된다. ∵ $Q_2 = Q_1 \left(\dfrac{1.1N_1}{N_1}\right)^1 = 1.1Q_1$이 되기 때문이다.

㉡ 이때 전양정이 몇 배가 되는가를 물어보고 있다. 양정에 관한 식을 이용한다.

→ $\dfrac{H_2}{H_1} = \left(\dfrac{N_2}{N_1}\right)^2 \left(\dfrac{D_2}{D_1}\right)^2$ → $\dfrac{H_2}{H_1} = \left(\dfrac{N_2}{N_1}\right)^2$ → $H_2 = H_1 \left(\dfrac{N_2}{N_1}\right)^2$

→ $H_2 = H_1 (\dfrac{1.1N_1}{N_1})^2 = H_1 (1.1)^2 = 1.21H_1$이 도출된다.

→ 즉, 나중 전양정(H_2)은 처음 전양정(H_1)의 1.21배가 됨을 알 수 있다.

08
정답 ③

• 등온과정에서 외부로 하는 일(W)

$$= P_1 V_1 \ln\left(\dfrac{V_2}{V_1}\right) = P_1 V_1 \ln\left(\dfrac{P_1}{P_2}\right) = mRT \ln\left(\dfrac{V_2}{V_1}\right) = mRT \ln\left(\dfrac{P_1}{P_2}\right)$$

풀이

㉠ 온도 27℃를 유지한다고 나와 있으므로 온도가 일정한 등온과정 또는 등온변화임을 알 수 있다. 따라

서 위 공식을 활용하면 된다.

ⓛ $W = mRT \ln\left(\dfrac{P_1}{P_2}\right) \rightarrow W = (1\text{kg})(2\text{kJ/kg} \cdot \text{K})(27 + 273\text{L})\ln\left(\dfrac{300\text{kPa}}{100\text{kPa}}\right)$

$\rightarrow \therefore W = (1\text{kg})(2\text{kJ/kg} \cdot \text{K})(300\text{K})\ln 3 = 600\ln 3\,\text{kJ}$

09

정답 ⑤

[가솔린기관(불꽃점화기관)]

- 가솔린기관의 이상 사이클은 <u>오토(Otto) 사이클</u>이다.
- 오토 사이클은 <u>2개의 정적과정과 2개의 단열과정</u>으로 구성되어 있다.
- 오토 사이클은 정적하에서 열이 공급되므로 <u>정적연소 사이클</u>이라 한다.

오토 사이클의 효율(η)	$\eta = 1 - \left(\dfrac{1}{\varepsilon}\right)^{k-1}$ [여기서, ε: 압축비, k: 비열비]
	• 비열비(k)가 일정한 값으로 정해지면 <u>압축비(ε)가 높을수록 이론 열효율(η)이 증가한다.</u>
혼합기	<u>공기와 연료의 증기가 혼합된 가스를 혼합기</u>라 한다. 즉, 가솔린기관에서 혼합기는 기화된 휘발유에 공기를 혼합한 가스를 말하며, 이 가스를 태우는 힘으로 가솔린기관이 작동된다.
	※ 문제에서 '혼합기의 특성은 이미 결정되어 있다.'라는 의미는 <u>공기와 연료의 증기가 혼합된 가스</u>, 즉 혼합기의 조성 및 종류가 이미 결정되어 있다는 것으로, <u>비열비(k)가 일정한 값</u>으로 정해진다는 의미이다.

10

정답 ④

상태	• 평형상태에서 온도, 압력, 체적 또는 비체적과 같은 일정한 특성치에 의해 정해지는 것을 말한다. • 열역학적으로 평형은 <u>열적 평형, 역학적 평형, 화학적 평형</u> 3가지가 있다.
성질	• 각 물질마다 특정한 값을 가지며 <u>상태함수 또는 점함수</u>라고도 한다. • <u>경로에 관계없이 계의 상태에만 관계</u>되는 양이다. [단, <u>일과 열량은 경로에 의한 경로함수 = 도정함수</u>이다.]
상태량의 종류	**강도성 상태량** : • 물질의 질량에 관계없이 그 크기가 결정되는 상태량이다(세기의 성질, intensive property라고도 한다). • 압력, 온도, 비체적, 밀도, 비상태량, 표면장력
	종량성 상태량 : • 물질의 질량에 따라 그 크기가 결정되는 상태량으로 그 물질의 질량에 정비례 관계가 있다. • 체적, 내부에너지, 엔탈피, 엔트로피, 질량

※ <u>점함수는 완전미분(전미분) 또는 편미분이 모두 가능하다. 하지만 과정함수(경로함수)는 편미분으로만 가능하다.</u>

※ <u>비상태량(모든 상태량의 값을 질량으로 나눈 값)은 강도성 상태량으로 취급한다.</u>

※ <u>기체상수는 열역학적 상태량이 아니다.</u>

※ <u>열과 일은 에너지이다. 열역학적 상태량이 아니다.</u>

풀이

㉠ 일의 단위는 줄(joule)이다. (○)

→ 일과 열의 기본 단위는 줄(joule, J)을 사용한다.

㉡ 일과 열은 에너지지, 열역학적 상태량이 아니다. (○)

→ 일과 열은 에너지지 열역학적 상태량이 아니다. 상태량이라는 것은 초기 상태와 최종 상태에 의해서만 결정되는 것인데, 일과 열은 경로 및 과정과 관계가 있는 값으로 초기 상태와 최종 상태에 의해서만 결정되지 않는다.

㉢ 밀폐계에서 일과 열은 경계를 통과할 수 있는 에너지의 일종이다. (○)

→ 일과 열은 경계를 통과할 수 있는 에너지의 일종이 맞다. 경계를 통과하면서 서로 변환될 수 있다.

㉣ 일과 열은 점함수이다. (×)

→ 일과 열은 경로 및 과정과 관계가 있기 때문에 경로함수, 과정함수, 도정함수라고 한다.

㉤ 일과 열은 완전미분이 가능하다. (×)

→ 점함수는 완전미분(전미분) 또는 편미분이 모두 가능하다. 하지만 과정함수(경로함수)는 편미분으로만 가능하다. 따라서 과정함수인 일과 열은 완전미분이 불가능하다.

11

정답 ⑤

• 관로에서 관 벽 마찰에 의한 손실수두$(h_l) = f\dfrac{L}{d}\dfrac{V^2}{2g}$

• 속도수두 $= \dfrac{V^2}{2g}$

풀이

㉠ 손실수두와 속도수두가 같다고 주어져 있으므로 다음과 같이 식을 만들 수 있다.

$$\to f\frac{L}{d}\frac{V^2}{2g} = \frac{V^2}{2g} \quad \underset{\text{양변을 속도수두로 약분}}{\qquad} \quad f\frac{L}{d} = 1$$

㉡ 우리가 구해야 할 것은 관의 길이(L)이다. 따라서 $f\dfrac{L}{d} = 1$ 식을 L로 표현한다.

㉢ $\therefore L = \dfrac{d}{f} = \dfrac{0.5\mathrm{m}}{0.02} = 25\mathrm{m}$

12

정답 ⑤

㉠ 공기가 한 일$(_1W_2) = \displaystyle\int_1^2 W = \int_1^2 P\,dV = \int_1^2 aV^{-2}\,dV$

㉡ 위의 식을 적분하면 다음과 같다.

$$\to {}_1W_2 = \int_1^2 aV^{-2}\,dV = a[V^{-1}]_1^2 = a(V_2^{-1} - V_1^{-1})$$

㉢ $_1W_2 = a(V_2^{-1} - V_1^{-1}) = a\left(\dfrac{1}{V_2} - \dfrac{1}{V_1}\right)$

㉣ $_1W_2 = a\left(\dfrac{1}{V_2} - \dfrac{1}{V_1}\right) = 3\mathrm{kPa}\cdot\mathrm{m}^6\left(\dfrac{1}{0.2\mathrm{m}^3} - \dfrac{1}{0.1\mathrm{m}^3}\right)$

$$\rightarrow \ \therefore \ _1W_2 = 3\text{kPa} \cdot \text{m}^6 \left(\frac{1}{0.2\text{m}^3} - \frac{2}{0.2\text{m}^3} \right) = 3\text{kPa} \cdot \text{m}^6 \left(-\frac{1}{0.2\text{m}^3} \right) = -15\text{kJ}$$

13

정답 ⑤

[주철의 성장]

A_1 변태점 이상에서 가열과 냉각을 반복하면 주철의 부피가 커지면서 팽창하여 균열을 일으키는 현상을 말한다.

[주철의 성장 원인]

- 불균일한 가열에 의해 생기는 파열 팽창
- 흡수된 가스에 의한 팽창에 따른 부피 증가
- 고용 원소인 규소(Si)의 산화에 의한 팽창 → 페라이트 조직 중 규소(Si) 산화
- 펄라이트 조직 중의 시멘타이트(Fe_3C) 분해에 따른 흑연화에 의한 팽창

[주철의 성장 방지법]

- 탄소(C), 규소(Si)의 양을 적게 한다. → 규소(Si)는 산화하기 쉬우므로 규소(Si) 대신에 내산화성이 큰 니켈(Ni)로 치환한다.
- 편상흑연을 구상흑연화시킨다.
- 흑연의 미세화로 조직을 치밀하게 한다.
- 탄화안정화원소인 크롬(Cr), 바나듐(V), 몰리브덴(Mo), 망간(Mn)을 첨가하여 펄라이트 중의 시멘타이트(Fe_3C) 분해를 막는다.

14

정답 ⑤

[상률]

물질이 여러 가지 상으로 되어 있을 때 **상들 사이의 열적 평형상태**를 나타낸 것이다.	
깁스의 일반계 상률	자유도(F) $= C - P + 2$ [여기서, C: 성분 수, P: 상의 수]
금속재료	※ 금속재료는 대기압하에서 취급되므로 기압에는 관계가 없다고 생각하여 깁스의 일반계 상률자유도 공식에서 -1을 감해준다. 자유도(F) $= C - P + 1$ [여기서, C: 성분 수, P: 상의 수]
자유도(F) $= 0$	금속의 불균형 상태에서 상률 중 **자유도(F)가 0이라는 것은 '온도와 조성이 고정된 상태'라는 것을 의미한다.**
예	※ 탄소강의 상태도에서 공정반응, 공석반응, 포정반응선상에서는 3상이 공존하며 탄소강은 Fe-C의 2원 합금으로 자유도는 0이다. 자유도가 0이면 불변계로 순금속의 용융점(녹는점, 융점)은 일정한 온도로 정해진다. $\therefore F = 2 - 3 + 1 = 0$

15

정답 ⑤

[질량효과]

- 탄소강을 담금질할 때 **재료의 질량이나 크기에 따라 재료의 내부와 외부의 냉각속도 차이가 발생**하여 경화(단단하다)되는 깊이가 달라짐으로써 **담금질의 효과가 달라지는 것을 말한다.** 이로 인해 조직이나 경도와 같은 기계적 성질이 변하는 현상이다.
- 담금질 시 질량이 큰 재료일수록 내부에 존재하는 열이 많기 때문에 천천히 냉각된다.
  - → 따라서 담글질효과가 큰 물체의 형태는 '**얇은 철판 모양**'이다.

- **질량효과 특징**
  - 일반적으로 재료의 두께가 두꺼울수록 질량효과가 크다. 그리고 질량효과가 크면 경화능(담금질성)이 작다.
  - 질량효과가 크면 크기에 따라 열처리효과가 저하되므로 담금질성이 저하되며 질량효과가 작으면 열처리 효과가 좋아지므로 담금질성이 좋아진다.

질량효과가 큰 재료	탄소강
질량효과가 작은 재료	자경성(기경성)이 큰 Ni-Cr강과 고Mn강

- **질량효과를 줄이는 방법**
  - **크롬(Cr), 니켈(Ni), 몰리브덴(Mo), 망간(Mn)**을 첨가한다.
  - 열전도가 높은 재료를 선택한다.
  - 단면의 차이가 적고, 노치나 굴곡이 적은 재료를 선택한다.

[잔류 오스테나이트]

강을 담금질 할 때, 오스테나이트 조직(A)이 전부 마텐자이트 조직(M)으로 변태하지 못하고 일부가 그대로 남게 되는데 이것을 **잔류 오스테나이트**라고 한다.

※ 담금질강에서 잔류 오스테나이트 조직의 양은 고탄소강일수록 담금질온도가 높을수록 많으며 그 최댓값은 50~60%에 달한다. 그리고 **기름 담금질이 물 담금질보다 잔류 오스테나이트의 양이 많다.**

심랭처리[서브제로처리(Sub-Zero), 영하처리, 냉동처리]: 드라이아이스나 액체질소 등을 사용하는 저온 열처리

담금질강의 경도를 증가시키고 시효변형을 방지하기 위한 열처리 조작으로 잔류 오스테나이트를 0℃ 이하로 냉각시켜 마텐자이트(M)로 변태를 완전히 진행시키기 위한 방법이다(**잔류 오스테나이트를 감소**시키기 위한 열처리이다).

심랭처리의 목적

- 스테인리스강에서의 기계적 성질을 개선시킨다.
- 게이지 등 정밀기계부품의 조직을 안정화시키며 형상 및 **치수 변형을 방지**한다.
- 공구강의 경도 증대 및 성능이 향상되며 강을 강인하게 한다.
- 마텐자이트 변태를 완전히 진행시킨다.
- **게이지강을 만들 때 필수적인 처리**이다.
- 수축끼워맞춤

16

[구조용 특수강의 종류인 '강인강']

• **강인강**: 크롬(Cr), 니켈(Ni), 몰리브덴(Mo), 망간(Mn) 등을 첨가하여 여러 성질을 향상시킨 강
• **강인강의 용도**: 기어, 볼트, 키, 축 등
• **강인강의 종류**
　① **Ni-Cr강(니켈-크롬강)**: 철에 니켈과 크롬을 합금한 것으로, 특징으로는 전기저항 값이 커지기 때문에 전기가 흐를 때 열과 빛을 발산한다. 따라서 전구 필라멘트나 전기히터의 전열선으로 사용된다. 또한 가장 널리 사용되며 <u>뜨임메짐이 발생</u>한다.
　　→ <u>뜨임메짐은 몰리브덴(Mo)을 첨가하여 방지할 수 있다.</u>
　② **Ni-Cr-Mo강(니켈-크롬-몰리브덴강)**: 내열성, 내식성 등을 개선시킨 강이다.
　③ **Cr-Mo강**: <u>열간가공이 쉬우며 담금질이 우수하고 용접성이 좋다. 매끄러운 표면을 가지고 있다.</u>
　④ **Cr강**: 강도, 경도, 내열성, 내식성 등을 개선시킨 강이다.
　⑤ **Mn강**

저망간강 (듀콜강)	• <u>망간(Mn)이 0.8~2.0% 함유</u>되어 있다. • 기계적 성질, 전연성이 탄소강보다 우수하다. • 펄라이트 조직 상태로 <u>항복점과 인장강도가 우수</u>하다. • <u>일반구조용(건축, 차량, 교량 등)에 사용</u>된다.
고망간강 (하드필드강)	• <u>오스테나이트 조직이며 망간(Mn)이 약 11~14% 함유</u>되어 있다. • <u>오스테나이트 안정화 원소인 망간(Mn)</u>이 다량으로 함유되어 있기 때문에 오스테나이트 온도에서 급랭해도 상온에서 100% <u>오스테나이트 조직 상태</u>로 존재한다. • <u>강인성, 내마모성, 내충격성이 우수</u>하다. • 열팽창계수가 크고 <u>열전도성이 작다.</u> • **고망간강의 용도** 　- <u>기차레일 교차점, 광산기계, 불도저 등에 사용</u>된다. 　- 압연으로 만들어진 고망간강 판은 내마멸성이 우수하기 때문에 고속으로 숏(shot)을 재료에 분사하는 숏(shot)피닝 공정처리 룸의 벽면의 재료로 사용된다. 　→ **고망간강**은 고온에서 취성이 생겨 1,000~1,100℃에서 **수중 담금질**하는 <u>수인법(water toughening)으로 인성을 부여한 구조용강</u>이다. 즉, 고망간강은 <u>열처리에 수인법</u>이 사용된다.

17

[구리-니켈계 합금]

콘스탄탄	구리(Cu)-니켈(Ni) 40~50% 합금으로 온도계수가 작고 전기저항이 커서 전기저항선이나 열전대의 재료로 많이 사용된다.
모넬메탈	구리(Cu)-니켈(Ni) 65~70% 합금으로 내식성과 내열성이 우수하며 기계적 성질이 좋기 때문에 펌프의 임펠러, 터빈 블레이드 재료로 사용된다.
베네딕트메탈	구리(Cu)-니켈(Ni) 15% 합금으로 탄환의 외피 재료로 사용된다.
큐프로니켈	구리(Cu)-니켈(Ni) 10~30% 합금으로 전연성이 가장 우수하며 내식성, 고온에서 강도가 우수한다.

18

정답 ④

[변태점]

A_4 변태점	1,400℃에서 일어나는 변태로 철(Fe)의 동소변태점이다.
A_3 변태점	912℃에서 일어나는 변태로 철(Fe)의 동소변태점이다.
A_2 변태점	• 768℃에서 일어나는 변태로 순철의 자기변태점(큐리점)이다. • 강의 경우 770℃에서 일어나는 변태이다.
A_1 변태점	강에만 존재하는 변태점으로 723℃에서 일어난다(순철에는 존재하지 않는다).
A_0 변태점	시멘타이트의 자기변태점으로 210℃에서 일어난다.

[탄소강의 표준조직]

강을 A_3선 또는 A_{cm}선 이상 30~50℃까지 가열 후 서서히 공기 중에서 냉각(서랭)시켜 얻어지는 조직을 말한다(불림에 의해서 얻는 조직).

오스테나이트	γ철에 최대 2.11%C까지 탄소(C)가 용입되어 있는 고용체로 γ고용체라고도 한다. 냉각 속도에 따라 여러 종류의 조직을 만들며, 담금질 시에는 필수적인 조직이다.
	• 특징
	  – 비자성체이며 전기저항이 크다.
	  – 경도가 낮아 연신율 및 인성이 크다.
	  – 면심입방격자(FCC) 구조이다.
	    → 면심입방격자 구조이므로 체심입방격자 구조에 비해 탄소(C)가 들어갈 수 있는 큰 공간이 더 많다.
	  – 오스테나이트는 공석변태온도 이하에서 존재하지 않는다.

페라이트	α고용체라고도 하며 α철에 최대 0.0218%C까지 고용된 고용체로 전연성이 우수하며 A_2 변태점 이하에서는 강자성체이다. 또한 투자율이 우수하고 열처리는 불량하며 체심입 방격자(BCC)이다.
펄라이트	0.77%C의 γ고용체(오스테나이트)가 727℃에서 분열하여 생긴 α고용체(페라이트)와 시 멘타이트(Fe_3C)가 층을 이루는 조직으로 A_1 변태점(723℃)의 공석반응에서 나타난다. 그리고 진주(Pearl)와 같은 광택이 나기 때문에 펄라이트라고 불리우며 경도가 작으며 자 력성이 있다. 오스테나이트 상태의 강을 서서히 냉각했을 때 생긴다. 그리고 철강조직 중 에서 내마모성과 인장강도가 가장 우수하다.
시멘타이트 (금속간화합물)	Fe_3C, 철(Fe)과 탄소(C)가 결합된 탄화물로 탄화철이라고 불리우며 탄소량이 6.68%인 조직이다. 매우 단단하고 취성이 크다. 이처럼 매우 단단하고 잘 깨지기 때문에 압연이나 단조작업을 할 수 없고 인장강도에 취약하다. 또한 침상 또는 회백조직을 가지며 브리넬 경도가 800이고 상온에서 강자성체이다.
레데뷰라이트	2.11%C의 γ고용체(오스테나이트)와 6.68%C의 시멘타이트(Fe_3C)의 공정조직으로 4.3%C인 주철에서 나타난다.

19

정답 ②

[유효지름(d_e)을 측정하는 방법]

㉠ 삼침법을 이용한 측정

- 정밀도가 가장 우수한 측정방법이다.
- 삼침법을 이용하여 유효지름(d_e)을 구하는 식은 다음과 같다.

→ $d_e = M - 3d + 0.866025p$

[여기서, M: 마이크로미터 읽음 값, d: 와이어의 지름, p: 나사의 피치]

㉡ 나사 마이크로미터를 이용한 측정: 가장 일반적으로 많이 사용하는 측정방법이다.

㉢ 공구현미경을 이용한 측정

20

정답 ⑤

[교축과정(throttling process)]

밸브, 작은 틈, 콕 등 좁은 통로를 유체가 이동할 때 마찰이나 난류로 인해 압력이 급격하게 낮아지는 현상을 말한다. 즉, 압력을 크게 강하시켜 동작물질의 비등점(끓는점)을 낮춰 증발을 용이하게 만드는 목적을 갖는 과정이다. 유체가 교축되면 유체의 마찰이나 난류로 인해 압력의 감소와 더불어 속도가 감소하게 된다. 이때 속도에너지의 감소는 열에너지로 바뀌어 유체에 회수되기 때문에 엔탈피는 원래의 상태로 되며, 이를 **등엔탈피 과정**($h_1 = h_2$, $\triangle h = 0$)이라고 한다. 또한 교축과정은 비가역 과정이므로 압력이 감소되는 방향으로 일어나며 엔트로피는 항상 증가한다. 결국, 이상기체의 교축과정은 등엔탈피 과정이므로 초기 상태와 최종 상태의 엔탈피는 같다.

21

정답 ②

[탄소강(강)에 함유된 원소들의 영향]

※ 탄소강에는 5가지의 불순물인 황(S), 인(P), 탄소(C), 망간(Mn), 규소(Si)가 함유되어 있으며, 이를 탄소강의 5대 원소라고 한다.

규소(Si)	• 단접성, 냉간가공을 해치고 충격강도를 감소시켜 저탄소강의 경우 규소(Si)의 함유량을 0.2% 이하로 제한한다(탄소강 중에는 보통 0.2~0.6% 정도 함유되어 있다). • 강도, 경도, 탄성한도를 증가시키며 연신율과 충격값을 감소시킨다. • 결정입자 크기를 크게 한다(결정입자의 조대화). • 용융금속의 유동성을 좋게 하여 주물을 만드는 데 도움을 준다. • 내열성 및 내산성을 증가시키고, 전자기적 성질을 증가시킨다. ※ 규소(Si)는 탄성한도(탄성한계)를 증가시키기 때문에 스프링강에 첨가하는 주요 원소이다. **하지만 규소(Si)를 많이 첨가하면 오히려 탈탄이 발생하기 때문에 스프링강에 반드시 첨가해야 할 원소는 망간(Mn)**이다. 망간(Mn)을 넣어 탈탄이 발생하는 것을 방지해야 하기 때문이다.
망간(Mn)	• 주조성을 향상시킨다. • 강에 끈끈한 성질을 주어 높은 온도에서 절삭을 용이하게 한다. • 강도, 경도, 인성을 증가시키며 담금질성을 향상시킨다. • 고온가공성을 증가시키며 고온에서 결정이 거칠어지는 것을 방지한다. 즉, 고온에서 결정립의 성장을 억제한다.

	• 황화망간(MnS)이 적열메짐(적열취성)의 원인인 황화철(FeS)의 생성을 방해하여 적열취성을 방지한다. <u>따라서 적열메짐(적열취성)을 방지하기 위해 첨가하는 원소이다.</u> • 흑연화를 방지한다.
인(P)	• 강도, 경도를 증가시키나 상온취성을 일으킨다. • 제강 시 편석을 일으키고 담금질 균열의 원인이 되며 연성을 감소시킨다. • 결정립을 조대화시킨다. • 주물의 경우에 기포를 줄이는 역할을 한다.
황(S)	• 가장 유해한 원소로 연신율과 충격값을 저하시키며 적열취성을 일으킨다. • 절삭성을 향상시킨다. • 유동성을 저하시키며 용접성을 떨어뜨린다.
탄소(C)	• 탄소(C)의 함유량이 증가하면 강도 및 경도가 증가하지만 연신율, 전연성이 감소하며 취성 (깨지는 성질, 잘 파괴되는 성질, 여린 성질, 메짐)이 커지게 된다. • 용접성이 떨어진다.
수소(H_2)	• 백점이나 헤어크랙의 원인이 된다. ※ <u>백점은 강의 표면에 생긴 미세 균열, 헤어크랙은 머리카락 모양의 미세 균열이다.</u>

풀이

압연 시 균열의 원인이 되는 것은 구리(Cu)이다.

22
정답 ④

[노의 종류]

용광로	<u>철광석으로부터 선철을 만드는 데 사용되는 노로 고로라고도 하며</u>, 크기는 <u>24시간(1일) 동안 생산되는 선철을 무게(ton)로 표시한다.</u>
도가니로	• 불꽃이 직접 접촉되지 않도록 하는 간접용해방식으로 보통 **비철금속, 비철주물, 합금강 등 을 용해**할 때 사용한다. 용량은 <u>1회에 용해 가능한 구리(Cu)의 중량을 번호(구리 30kg을 용해하면 30번 도가니로)</u>로 표시한다. • 특징 　－ 화학적 변화가 적고 질 좋은 주물을 생산할 수 있다. 　－ 소용량 용해에 사용된다. 　－ 도가니의 제작 비용은 비싸다.
큐폴라(용선로)	• <u>주철을 용해</u>하며 크기는 <u>1시간에 용해할 수 있는 쇳물의 무게(ton)로 표시</u>한다. • 특징 　－ 경비가 가장 적게 든다. 　－ 열효율이 좋고 대량생산에 적합하다. 　－ 조업중에 성분의 변화가 발생할 수 있다.

23

- 세로탄성계수(종탄성계수, 영률, E)와 가로탄성계수(횡탄성계수, 전단탄성계수, G)의 관계:
$$mE = 2G(m+1) = 3K(m-2)$$

풀이

㉠ $mE = 2G(m+1) = 3K(m-2)$

→ 양변을 푸아송수(m)로 나누면 다음과 같다.

$$\left[\text{여기서, } \nu = \frac{1}{m} \text{이다. 즉, 푸아송비}(\nu)\text{와 푸아송수}(m)\text{는 역수의 관계이다.} \right]$$

→ $E = 2G(1+\nu) = 3K(1-2\nu)$

㉡ $E = 2G(1+\nu)$ → $\therefore G = \dfrac{E}{2(1+\nu)} = \dfrac{100\text{GPa}}{2(1+0.25)} = \dfrac{100\text{GPa}}{2(1.25)} = \dfrac{100\text{GPa}}{2.5} = 40\text{GPa}$

24

풀이

① 2유체 사이클(수은-물)에서 수은이 사용되는 궁극적인 이유는 수은의 포화압력이 높기 때문이다. (×)
   → 2유체 사이클(수은-물)에서 수은이 사용되는 궁극적인 이유는 수은의 포화압력이 **낮기** 때문이다. 포화압력이 낮으면 수은(동작물질)이 쉽게 증발할 수 있기 때문에 널리 사용되는 것이다. 기본적으로 동작물질은 상의 변화가 용이해야 하는 구비조건을 가지고 있다.

② 랭킨 사이클에서 복수기(응축기) 압력이 낮을수록 이론 열효율이 낮아진다. (×)
   - 터빈 입구 증기의 온도가 높아지면 단열팽창 구간의 길이가 늘어나므로 터빈의 팽창일이 증가하여 랭킨 사이클의 이론 열효율은 증가한다.
   - 복수기(응축기) 압력이 높아지면 단열팽창 구간의 길이가 짧아지므로 터빈의 팽창일이 감소하여 랭킨 사이클의 이론 열효율은 감소한다. 반대로 복수기(응축기) 압력이 낮아지면 단열팽창 구간의 길이가 길어지므로 터빈의 팽창일이 증가하여 랭킨 사이클의 이론 열효율은 증가한다.

③ 랭킨 사이클에서 보일러 압력이 높을수록 이론 열효율이 낮아진다. (×)
   → 보일러 압력이 높아지면 단열팽창 구간의 길이가 늘어나므로 터빈의 팽창일이 증가하여 랭킨 사이클의 이론 열효율은 증가한다.

④ 재열 사이클의 주요 목적은 터빈 출구의 건도를 낮추는 것이다. (×)
   → 재열 사이클(reheat cycle)은 고압 증기터빈에서 저압 증기터빈으로 유입되는 증기의 건도를 높여 상대적으로 높은 보일러 압력을 사용할 수 있게 하고, 터빈 일을 증가시키며, 터빈 출구의 건도를 높이는 사이클이다.
   → 터빈에서 증기가 팽창하면서 일한 만큼 터빈 출구로 빠져나가는 증기의 압력과 온도는 감소하게 된다(일한 만큼 증기 자신의 열에너지 및 엔탈피를 사용하므로 온도가 감소하는 것이다). 이때 온도가 감소하다 보면 습증기 구간에 도달하여 증기의 건도가 감소할 수 있다. 건도가 감소하면 증기에서 일부가 물(액체)로 상태 변화하여 터빈 출구에서 물방울이 맺혀 터빈 날개를 손상시킴으로써 효율이 저하될 수 있다. 따라서 1차 터빈 출구에서 빠져나온 증기를 재열기로 다시 통과시켜 증기의 온도를 한 번 더 높임으로써 **터빈 출구의 건도를 높이는 것이 재열 사이클의 주된 목적이다**(건도는 습증기의 전체 질량에 대한 증기의 질량으로 건도가 높을수록 증기의 비율이 높다).

⑤ 재생 사이클은 보일러 공급 열량을 감소시켜 열효율을 높인다. (○)

→ 재열 사이클은 터빈을 빠져 나온 증기의 온도를 재가열시킴으로써 터빈의 유효일을 증가시켜 열효율을 개선시킨다.

→ 재생 사이클은 단열팽창 과정이 일어나는 터빈 내에서 팽창 도중인 증기의 일부를 추가하여 보일러로 들어가는 급수를 미리 예열(미리 예열하므로 보일러에서 공급되는 열량을 줄여도 된다. 따라서 보일러 공급 열량을 감소시킨다)함으로써 열효율을 개선시킨다.

25

정답 ④

• 수직하중을 받을 때 재료 내부에 저장되는 탄성에너지 유도과정

㉠ $U = \dfrac{1}{2} P\delta$ [여기서, U: 탄성에너지(J), P: 하중(N), δ: 변형량]

㉡ $\delta = \dfrac{PL}{EA}$ [여기서, δ: 변형량, P: 하중, L: 길이, E: 탄성계수, A: 단면적]

→ $U = \dfrac{1}{2}P\left(\dfrac{PL}{EA}\right) = \dfrac{P^2 L}{2EA}$ → $U = \dfrac{P^2 L}{2EA} = \dfrac{P^2 LA}{2EA^2}$

• 여기서, 단면적(A)과 길이(L)를 곱한 것은 재료의 부피(V)이다. ($V = AL$)

• 응력(σ)은 하중(P)을 단면적(A)으로 나눈 값이다. ($\sigma = \dfrac{P}{A}$)

→ $U = \dfrac{P^2 LA}{2EA^2} = \dfrac{\sigma^2 V}{2E}$ 로 식이 정리된다.

• 레질리언스 계수(u)는 **단위체적(V)당 저장할 수 있는 탄성에너지(U)**: $u = \dfrac{U}{V}$

→ $U = \dfrac{\sigma^2 V}{2E}$ → $\dfrac{U}{V} = \dfrac{\sigma^2}{2E}$ → $\therefore u = \dfrac{U}{V} = \dfrac{\sigma^2}{2E}$ 로 도출된다. 단위는 단위체적당 탄성에너지이므로 단위는 '$\mathrm{J/m^3}$ 또는 $\mathrm{N \cdot m/m^3} = \mathrm{N/m^2} = \mathrm{Pa}$'이다.

[필수 개념]

레질리언스 계수(u)	레질리언스 계수는 **단위체적당 흡수할 수 있는 탄성에너지**로, 물체가 탄성에너지를 저장할 수 있는 능력을 측정하는 기준이 된다. **따라서 단위는 $\mathrm{J/m^3} = \mathrm{N \cdot m/m^3} = \mathrm{N/m^2} = \mathrm{Pa}$ (여기서, $1\mathrm{J} = 1\mathrm{N \cdot m}$)이며, '단위체적당 탄성에너지, 최대탄성에너지, 변형에너지밀도'**라고 불린다. 수직하중에 의한, 전단응력에 의한, 비틀림에 의한 레질리언스 계수는 다음과 같다.	
	수직하중에 의한 레질리언스 계수	$u = (\sigma^2)/(2E)$
	전단응력(전단하중)에 의한 레질리언스 계수	$u = (\tau^2)/(2G)$
	비틀림에 의한 레질리언스 계수	$u = (\tau^2)/(4G)$

★ 유도를 해보는 것도 중요하나, 수직하중이 작용할 때 레질리언스 계수(u)를 구하는 식을 암기하는 것이 더욱 중요하다.

※ <u>단위체적당 탄성에너지(최대탄성에너지, 변형에너지밀도, 레질리언스 계수)</u>는 기호 u로 표시하며 단위는 'N·m/m^3'이다. 매우 중요한 개념이므로 반드시 숙지해야 한다. 2018년 인천국제공항공사 전공필기 시험에서 레질리언스를 계산하는 문제가 출제되었는데 공식만 암기하고 있다면 대입하여 쉽게 풀 수 있는 문제였다.

26

정답 ⑤

[슈테판−볼츠만의 법칙]

흑체 복사의 파장에 따른 에너지 분포는 구성물질과는 무관하며 흑체 온도에 의해서만 달라진다. 즉, 완전 복사체(완전 방사체, 흑체)로부터 방출되는 에너지의 양을 절대온도(T)의 함수로 표현한 법칙이다. 이상적인 흑체의 경우 단위면적당, 단위시간당 모든 파장에 의해 방사되는 <u>총복사에너지(E)는 절대온도(T)의 4제곱에 비례</u>한다.

∴ **방사되는 복사에너지(E)** $\propto \left(\dfrac{T_{고온}}{T_{저온}} \right)^4$

　단, 섭씨온도[℃]는 절대온도[K]로 환산해야 한다.
　→ $T[\text{K}] = T[℃] + 273.15$

풀이

방사되는 총복사에너지(E)는 절대온도(T)의 4제곱에 비례한다. 온도가 2배가 되었으므로 방사되는 총복사에너지(E)는 $2^4 = 16$배가 된다.

27

정답 ②

㉠ 누셀트수(Nusselt number)는 전도 열전달에 대한 대류 열전달의 비로 이 값이 크다는 것은 대류에 의한 열전달이 크다는 것을 의미한다. (○)

㉡ 비오트수(Biot number)는 점성력에 대한 부력의 비로 온도차에 의한 부력이 속도 및 온도 분포에 미치는 영향을 나타내는 무차원수이다. (×)
　→ <u>점성력에 대한 부력의 비로 온도차에 의한 부력이 속도 및 온도 분포에 미치는 영향을 나타내는 무차원수는 그라쇼프수(Grashof number, Gr)이다.</u>
　※ $Gr = \dfrac{gL^3 \rho^2 \beta \triangle T}{\mu^2} = \dfrac{gD^3 \beta \triangle T}{\nu^2} = \dfrac{부력}{점성력}$

㉢ 그라쇼프수(Grashof number)는 열과 물질 전달 사이의 상관관계를 나타내는 무차원수이다. (×)
　→ <u>열과 물질 전달 사이의 상관관계를 나타내는 무차원수는 루이스수(Lewis number, Le)이다.</u>
　※ $Le = \dfrac{k}{\rho C_p D} = \dfrac{\alpha}{D} = \dfrac{\text{thermal diffusivity}}{\text{mass diffusivity}} = \dfrac{열확산계수}{질량확산계수_{= 물질전달계수}}$

㉣ 프란틀수(Prandtl number)는 열전달계수에 대한 운동량전달계수의 비로 이 값이 1보다 매우 큰 경우에는 운동량 확산이 빨라 전도보다 대류에 의하여 열이 전달된다. (○)

28

정답 ④

[무단변속마찰차의 종류]

에반스마찰차, **구**면마찰차, 원**판**마찰차(크라운마찰차), 원**추**마찰차

✎ 암기법 ┄┄┄

(에)(구) (빤)(쮜) 보일라~

29

정답 ③

[평벨트의 전달동력]

$$H[\text{kW}] = \frac{T_e V}{1,000}$$

[여기서, T_e : 유효장력, V : 속도]

풀이

㉠ $T_e = T_t - T_s$ [여기서, T_t : 긴장측 장력, T_s : 이완측 장력]

→ $T_e = T_t - T_s = 5\text{kN} - 2\text{kN} = 3\text{kN} = 3,000\text{N}$

㉡ ∴ $H[\text{kW}] = \dfrac{T_e V}{1,000} = \dfrac{(3,000\text{N})(5\text{m/s})}{1,000} = 15\text{kW}$

※ '1kW = 1.36PS', '1PS = 0.735kW'의 관계는 기본적으로 암기하고 있으면 매우 유용하다.

30

정답 ④

- **풀비등**(pool boiling) : 액체의 전체적인 흐름이 없는 경우에서의 비등이다. 유체가 정지하고 있으므로 유체의 비등은 부력에 의한 자연대류와 기포의 운동에 따른다.
- **포화액체의 풀비등**(pool boiling)은 다음 그림처럼 일반적으로 '**자연대류비등**(natural convection boiling) → **핵비등**(nucleate boiling) → **전이비등**(transition boiling, 천이비등) → **막비등**(film boiling)'의 네 구간으로 나눌 수 있다.

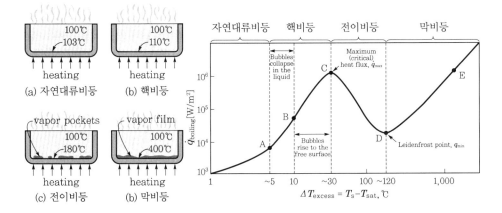

ⓐ **자연대류비등(natural convection boiling)**: 비등이 시작되는 구간으로 눈으로 확인되지 않는다.

ⓑ **핵비등(nucleate boiling)**: 핵비등은 2단계로 구분되는데 1단계는 비등으로 생성된 기포가 액체 속에서 붕괴되는 구간이며, 2단계는 그 기포가 자유표면까지 올라오는 구간이다. 표면온도와 포화온도 간의 차가 커질수록 핵비등은 점점 격해지며 열유속도 매우 증가한다. A점은 핵비등이 시작되는 곳이다.

ⓒ **전이비등(transition boiling, 천이비등)**: 전이비등은 핵비등에서 막비등으로 변화되는 구간으로 비등이 점점 안정되어 온도차가 커지면서 열유속이 작아지는 구간이다. D점은 Leidenfrost point로 열유속이 최소인 점이다.

ⓓ **막비등(film boiling)**: 막비등은 액체와 고체면이 완전히 분리되어 액체막이 고체 표면을 완전히 뒤덮게 된다. 따라서 열전달의 주요 저항이 가열표면을 덮고 있는 증기막에 의해 나타나며 이로 인해 열전달이 직접 전도에 의한 것보다는 **대류와 복사 열전달에 의해 일어난다. 즉, 막비등 구간에서는 복사 열전달이 중요한 역할을 한다.** 또한 열유속의 세기는 다시 증가한다.

※ 비등은 액체 속의 포화온도보다 높은 표면에서 액체가 주변의 열을 흡수하여 기체로 상 변화하는 과정을 말한다. 생성된 기포와 주변 액체와 평형상태가 아니며 생성된 기포에서 액체로 열전달이 일어난다 (포화온도는 비등이 시작되는 온도이다).

※ 증발은 물분자가 액체의 표면에서 표면장력을 이겨내고 공기 중으로 이탈하는 현상이다.

31

정답 ④

①, ② 대류(convection)공식(뉴턴의 냉각법칙): 대류는 '뉴턴의 냉각법칙'과 관련이 있으며 대류공식은 다음과 같다.

$$\therefore Q_{열전달량} = hA\triangle T = hA(T_w - T_f)$$

→ 대류 열전달의 크기는 전달되는 열의 양 또는 열량이라고 보면 된다. 위 식에 따라 **대류 열전달의 크기는 온도차($\triangle T$)에 비례함을 알 수 있다.**

→ 대류 열전달의 크기는 전달되는 열의 양 또는 열량이라고 보면 된다. 위 식에 따라 **대류 열전달의 크기는 표면적(A)에 비례함을 알 수 있다.**

③ 대류 열전달계수(h)의 **단위는 W/m²K = J/s m²K이다. (1W = 1J/s)**

④ 물의 비등, 수증기의 응축과 같은 현상에서는 대류 열전달계수(h)의 크기가 크다.

→ 대류 열전달계수가 큰 순서는 '수증기의 응축 > 물의 비등 > 물의 강제대류 > 공기의 강제대류 > 공기의 자연대류'이며 수증기의 응축과 물의 비등 같은 경우는 평균 대류 열전달계수가 5,000~100,000W/m²K, 2,500~25,000W/m²K로 매우 큰 값을 갖는다.

⑤ 일반적으로 난류는 층류보다 유속이 빠르거나 유량이 증가할 때 발생하는 것으로, 난류는 층류보다 유체입자의 흐름속도가 빠르다. 즉, 난류는 열을 전달 및 운반하는 유체입자의 속도가 빠르기 때문에 난류에서는 대류에 의한 열전달이 층류보다 잘 이루어진다. 따라서 **대류 열전달계수(h)는 난류가 층류보다 크다.**

32

정답 ③

[구성인선(빌트업에지, built-up edge)]

	절삭 시에 발생하는 칩의 일부가 날 끝에 용착되어 마치 절삭날의 역할을 하는 현상	
발생 순서	발생 → 성장 → 분열 → 탈락의 주기를 반복한다(발성분탈).	
	※ **주의**: 자생과정의 순서는 '마멸 → 파괴 → 탈락 → 생성'이다.	
특징	• 칩이 날 끝에 점점 붙으면 날 끝이 커지기 때문에 끝단 반경은 점점 커진다. → 칩이 용착되어 날 끝의 둥근 부분(노즈, nose)이 커지기 때문이다. • 구성인선이 발생하면 날 끝에 칩이 달라붙어 날 끝이 울퉁불퉁해지므로 표면을 거칠게 하거나 동력손실을 유발할 수 있다. • 구성인선의 경도값은 공작물이나 정상적인 칩보다 상당히 크다. • 구성인선은 공구면을 덮어 공구면을 보호하는 역할도 할 수 있다. • 구성인선이 발생하지 않을 임계속도는 120m/min(2m/s)이다. • 일감(공작물)의 변형경화지수가 클수록 구성인선의 발생가능성이 크다. • 구성인선을 이용한 절삭방법은 SWC이다. 은백색의 칩을 띠며 절삭저항을 줄일 수 있는 방법이다.	
구성인선 방지법	• 30° 이상으로 공구경사각을 크게 한다. → **공구의 윗면경사각을 크게 하여** 칩을 얇게 절삭해야 용착되는 양이 적어진다. • 절삭속도를 빠르게 한다. → 고속으로 절삭한다. 고속으로 절삭하면 칩이 날 끝에 용착되기 전에 칩이 떨어져 나가기 때문이다. • 절삭깊이를 작게 한다. → 절삭깊이가 크다면 깎여서 발생하는 칩과 공구의 접촉면적이 넓어지기 때문에 오히려 칩이 날 끝에 용착될 가능성이 더 커져 구성인선의 발생 가능성이 높아진다. 따라서 절삭깊이를 작게 하여 공구와 칩의 접촉면적을 줄여 칩이 용착되는 가능성을 줄여 구성인선을 방지할 수 있다. • 윤활성이 좋은 절삭유를 사용한다. • 공구반경을 작게 한다. • 절삭공구의 인선을 예리하게 한다. • 마찰계수가 작은 공구를 사용한다. • 칩의 두께를 감소시킨다. • 세라믹 공구를 사용한다. → 세라믹은 금속(철)과의 친화력이 없기 때문에 칩이 세라믹 공구의 날 끝에 달라붙지 않아 구성인선이 발생하지 않는다.	

33

정답 ⑤

• 강판의 효율$(\eta_1) = 1 - \dfrac{d}{p}$

• 리벳의 효율$(\eta_2) = \dfrac{\tau \dfrac{\pi d^2}{4} n}{\sigma_t pt}$

※ 단순하게 '식'을 물어보는 기본 문제에 속한다.

34

[압축 코일스프링]

[여기서, δ: 처짐량(변형량), n: 유효감김수, G: 전단탄성계수(횡탄성계수, 가로탄성계수),
T: 비틀림모멘트, I_P: 극단면 2차 모멘트, l: 스프링의 길이, R: 코일의 반지름(반경),
d: 스프링 재료(소선)의 지름(직경)]

처짐량(δ)	$$\delta = R\theta = \frac{8PD^3 n}{Gd^4}$$ [여기서, $R\theta$: 부채꼴의 호의 길이(처짐량)]
비틀림각(θ)	$$\theta = \frac{Tl}{GI_P}$$
스프링의 길이(l)	$$l = 2\pi R n$$ ※ 반지름이 R인 코일을 스프링처럼 n번 감으면 원통 코일스프링이 된다. 이때 $2\pi R$은 반지름이 R인 코일의 원둘레이다. 이 둘레에 감김수(n)를 곱하면 스프링의 길이(l)가 된다.
비틀림에 의한 전단응력(τ)	$$\tau = \frac{T}{Z_P} = \frac{16PR}{\pi d^3} = \frac{8PD}{\pi d^3}$$ [여기서, T: 비틀림모멘트, $T = P_{하중}R$] ※ 최대전단응력($\tau_{\max}$) $= \dfrac{8PDK}{\pi d^3}$ [여기서, K: 왈(Wahl)의 응력수정계수]

풀이

㉠ $\delta = \dfrac{8PD^3 n}{Gd^4}$ 을 사용한다.

㉡ $\therefore \delta = \dfrac{8PD^3 n}{Gd^4} = \dfrac{8(2\text{kgf})(10\text{mm})^3(10)}{(10 \times 10^3 \text{kgf/mm}^2)(1\text{mm})^4} = 16\text{mm}$

35

래핑	랩(lap)이라는 공구와 다듬질하려고 하는 일감 사이에 랩제를 넣고 양자를 상대운동시킴으로써 매끈한 다듬질을 얻는 가공방법이다. 용도로는 **블록게이지**, 렌즈, 스냅게이지, 플러그게이지, 프리즘, 제어기기 부품 등에 사용된다. 종류로는 습식 래핑과 건식 래핑이 있고 보통 **습식 래핑을 먼저 하고 건식 래핑을 실시**한다. ※ **랩제의 종류**: 다이아몬드, 알루미나, 산화크롬, 탄화규소, 산화철 • **습식 래핑**: 랩제와 래핑액을 혼합해서 가공하는 방법으로 래핑능률이 높다. • **건식 래핑**: 건조상태에서 래핑가공을 하는 방법으로 래핑액을 사용하지 않는다. 일반적으로 더 정밀한 다듬질 면을 얻기 위해 습식 래핑 후에 실시한다. • **구면 래핑**: 렌즈의 끝 다듬질에 사용되는 래핑방법이다.

	래핑가공의 특징	
장점	• 다듬질면이 매끈하고 정밀도가 우수하다. • 자동화가 쉽고 대량생산을 할 수 있다. • 작업방법 및 설비가 간단하다. • 가공면은 내식성, 내마멸성이 좋다.	
단점	• 고정밀도의 제품 생산 시 높은 숙련이 요구된다. • 비산하는 래핑입자(랩제)에 의해 다른 기계나 제품이 부식 또는 손상될 수 있으며 작업이 깨끗하지 못하다. • **가공면에 랩제가 잔류하기 쉽고, 제품 사용 시 마멸을 촉진시킨다.**	

36
정답 ③

• 키(key)에 발생하는 전단응력$(\tau_1) = \dfrac{2T}{bld}$

• 축의 전단응력$(\tau_2) = \dfrac{16T}{\pi d^3}$

풀이

㉠ $\tau_1 = \tau_2 \;\rightarrow\; \dfrac{2T}{bld} = \dfrac{16T}{\pi d^3} \;\rightarrow\; \dfrac{1}{bl} = \dfrac{8}{\pi d^2} \;\rightarrow\; 8bl = \pi d^2 \;\rightarrow\; \therefore\; l = \dfrac{\pi d^2}{8b}$

㉡ $\therefore\; l = \dfrac{\pi d^2}{8b} = \dfrac{\pi(32\mathrm{mm})^2}{8(4\pi\,\mathrm{mm})} = \dfrac{\pi(32\,\mathrm{mm})(32\,\mathrm{mm})}{\pi\,32\,\mathrm{mm}} = 32\mathrm{mm}$

37
정답 ⑤

[커플링의 종류]

올덤 커플링	두 축이 서로 평행하거나 두 축의 거리가 가까운 경우, 두 축의 중심선이 서로 어긋날 때 사용하고 각속도의 변화 없이 회전력 및 동력을 전달하고자 할 때 사용하는 커플링이다. 고속 회전하는 축에는 윤활과 관련된 문제와 원심력에 의한 진동문제로 부적합한 특징이 있다.		
유체 커플링	유체를 매개체로 하여 동력을 전달하는 커플링으로, 구동축에 직결해서 돌리는 날개차(터빈 베인)와 회전되는 날개차(터빈 베인)가 유체 속에서 서로 마주 보고 있는 구조의 커플링이다.		
유니버설 커플링	• 두 축이 같은 평면상에 있으면서 두 축이 중심선이 어느 각도(30° 이하)로 교차할 때 사용되며 운전 중 속도가 변해도 무방하며 상하 좌우로 굴절이 가능한 커플링이다. • 자재이음 및 훅조인트로도 불린다. • 자동차에 보편적으로 사용되는 커플링이다. • 사용 가능한 각도 범위		
	가장 이상적인 각도	5° 이하	
	일반적인 사용 각도	30° 이하	
	사용할 수 없는 각도	45° 이상	

셀러 커플링	• 머프 커플링을 셀러가 개량한 것으로, <u>2개의 주철제 원뿔통을 3개의 볼트로 조여서 사용</u>하며 원추형이 중앙으로 갈수록 지름이 가늘어진다. • 커플링의 바깥 통을 <u>벨트 풀리로 사용</u>할 수도 있다. • <u>테이퍼 슬리브 커플링</u>이라고도 한다.
플렉시블 커플링	• 원칙적으로 직선상에 있는 두 축의 연결에 사용하나 양축 사이에 다소의 상호 이동은 허용되며, 온도의 변화에 따른 축의 신축 또는 탄성변형 등에 의한 축심의 불일치를 완화하여 원활하게 운전할 수 있는 커플링이다. • 양 플랜지를 <u>고무나 가죽</u>으로 연결한다. • <u>회전축이 자유롭게 움직</u>일 수 있는 장점이 있다. • <u>충격 및 진동을 흡수</u>할 수 있다. • <u>탄성력</u>을 이용한다. • <u>토크의 변동이 심할 때 사용</u>한다.
클램프 커플링	• <u>분할 원통 커플링</u>이라고도 하며, 축의 양쪽으로 분할된 반원통 커플링으로 축을 감싸 축을 연결한다(<u>두 축을 주철 및 주강제 분할 원통에 넣고 볼트로 체결한다</u>). • 전달하고자 하는 동력이 작으면 키를 사용하지 않으며, 전달하고자 하는 동력, 즉 전달 토크가 크면 <u>평행키</u>를 사용한다. • 공작기계에 가장 일반적으로 많이 사용된다.

※ <u>두 축의 중심이 일치하지 않는 경우에 사용할 수 있는 커플링의 종류</u>: 올덤 커플링, 유니버설 커플링, 플렉시블 커플링

풀이

① 플랜지 커플링: 전달하고자 하는 동력, 즉 전달 토크가 크면 평행키를 사용한다. (×)
→ 전달하고자 하는 동력, 즉 전달 토크가 크면 평행키를 사용하는 것은 분할 원통 커플링이다.
② 플렉시블 커플링: 회전축이 자유롭게 움직일 수 있는 장점이 있으나, 충격 및 진동을 흡수할 수 없다. (×)
→ 플렉시블 커플링은 충격 및 진동을 흡수할 수 있다.
③ 원통 커플링: 두 축의 중심선이 어느 각도로 교차할 때 사용한다. (×)
→ 두 축의 중심선이 어느 각도로 교차할 때 사용하는 것은 유니버설 커플링이다.
④ 머프 커플링: 주철제 원통 속에서 두 축을 키로 결합한 커플링으로 축지름과 하중이 클 때 사용한다. (×)
→ 머프 커플링은 주철제 원통 속에서 두 축을 키로 결합한 커플링으로 축지름과 하중이 작을 때 사용한다.
⑤ 올덤 커플링: 두 축이 서로 평행하거나 두 축의 거리가 가까운 경우, 두 축의 중심선이 서로 어긋날 때 사용한다. (○)

38
정답 ④

[비틀림모멘트(토크) 계산식★]

동력(H)의 단위가 kW일 때	$T[\text{N} \cdot \text{mm}] = 9,549,000 \dfrac{H[\text{kW}]}{N[\text{rpm}]}$
동력(H)의 단위가 PS일 때	$T[\text{N} \cdot \text{mm}] = 7,023,500 \dfrac{H[\text{PS}]}{N[\text{rpm}]}$

풀이

㉠ 구하고자 하는 동력의 단위가 kW이므로 다음 식을 사용한다.

$$T[\text{N}\cdot\text{mm}] = 9{,}549{,}000\frac{H[\text{kW}]}{N[\text{rpm}]}$$

㉡ 비틀림모멘트의 단위가 N·mm이므로 20,000kgf·mm의 단위를 N이 포함되게 변환시킨다.

1kgf = 9.8N이므로 이를 20,000kgf·mm에 대입한다.

→ 20,000(9.8N)·mm ≒ 200,000N·mm가 도출된다.

㉢ $T[\text{N}\cdot\text{mm}] = 9{,}549{,}000\dfrac{H[\text{kW}]}{N[\text{rpm}]}$

→ ∴ $H[\text{kW}] = \dfrac{T(\text{N}\cdot\text{mm})\times N[\text{rpm}]}{9{,}549{,}000} = \dfrac{200{,}000\times 974}{9{,}549{,}000} ≒ 20\text{kW}$

39
정답 ⑤

[테일러의 공구수명식($VT^n = C$)]

• V는 절삭속도, T는 공구수명이며 공구수명에 가장 큰 영향을 주는 것은 절삭속도이다.

• C는 공구수명을 1분으로 했을 때의 절삭속도이며, 일감·절삭조건·공구에 따라 변한다.

• n은 공구와 일감에 의한 지수로, 세라믹 > 초경합금 > 고속도강의 순으로 크다.

• 테일러의 공구수명식을 대수선도로 표현하면 직선으로 표현된다.

40
정답 ④

불활성가스 아크용접의 종류에는 MIG와 TIG가 있다. MIG에서 M은 금속(metal)을 의미한다. 금속은 보통 가격이 싼 금속을 사용한다. 따라서 MIG 용접은 전극을 소모시켜 모재의 접합 사이에 흘러들어가 접합 매개체, 즉 용접봉의 역할을 하는 것과 같다. 따라서 MIG 용접의 경우는 전극이 소모되기 때문에 와이어(wire) 전극을 연속적으로 공급해야 한다. 그리고 MIG나 TIG 모두 용접 주위에 아르곤이나 헬륨 등을 뿌려 대기 중의 산소나 질소가 용접부에 접촉 반응하는 것을 막아주는 방어막 역할을 한다. 따라서 산화물 및 질화물 등을 방지할 수 있다. 아르곤이나 헬륨 등의 불활성가스가 용제의 역할을 하기 때문에 불활성가스 아크용접(MIG, TIG 용접)은 용제가 필요 없다.

TIG에서 T는 텅스텐(tungsten)을 의미한다. 텅스텐은 가격이 비싸기 때문에 텅스텐 전극을 소모성 전극으로 사용하지 않는다. 텅스텐 전극은 비소모성 전극으로 MIG 용접에서의 금속 전극처럼 용접봉의 역할을 하지 못하기 때문에 별도로 사선으로 용가재(용접봉)를 공급하면서 용접을 진행하게 된다.

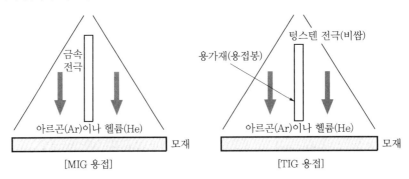

[MIG 용접]   [TIG 용접]

41

풀이

㉠ $n = \dfrac{40}{N}$ 을 사용한다. 등분수(N)가 7이므로 식에 대입하면 다음과 같다.

$$\rightarrow n = \frac{40}{N} = \frac{40}{7} = 5\frac{5}{7}$$

㉡ 브라운 샤프형 분할판 No. 2 분할에서 21구멍 분할판을 사용하면, 7의 3배인 21이 된다. 따라서 $\dfrac{5}{7} = \dfrac{5 \times 3}{7 \times 3} = \dfrac{15}{21}$ 가 된다.

㉢ 즉, 21구멍의 분할판을 사용하여 크랭크를 5회전하고 15구멍씩 돌리면 7등분이 된다.

42

[균일단면봉에서 자중(봉 자체 무게)에 의한 변형량(δ)]

구분	균일단면봉 (단면이 일정한 봉)	원추형봉 (원뿔 모양의 봉)
자중만의 응력(σ)	$\sigma = \gamma L$ (고정단에서의 최대응력)	$\sigma = (1/3)\gamma L$ (고정단에서의 최대응력)
자중만에 의한 변형량(δ)	$\delta = \dfrac{\gamma L^2}{2E}$	$\delta = \dfrac{\gamma L^2}{6E}$

여기서, γ: 봉의 비중량, L: 봉의 길이, E: 봉의 종탄성계수(세로탄성계수, 영률)

풀이

㉠ 이 봉 자체의 무게(마치 힘처럼 작용) 때문에 봉은 아래로 변형되게 될 것이다. 이것이 바로 우리가 구해야 할 자유단에서 늘어난 길이이며, 자중만에 의한 변형량이라고 한다. 또한 단면적이 균일하므로 '균일단면봉'임을 알 수 있다.

㉡ $\delta = \dfrac{\gamma L^2}{2E}$

- 비중량(γ)을 먼저 구한다. 단위길이당 중량(무게)이 1,000N/m로 주어져 있다. 이를 봉의 단면적으로 나누면 비중량(γ)을 구할 수 있다. 봉의 단면적은 0.1m × 0.1m = 0.01m^{2}이다.

- 비중량(γ) $= \dfrac{1{,}000\text{N/m}}{0.01\text{m}^2} = 100{,}000\text{N/m}^3 = 10^5\text{N/m}^3$로 도출된다.

- $\delta = \dfrac{\gamma L^2}{2E} = \dfrac{(10^5\text{N/m}^3)(2\text{m})^2}{2(200 \times 10^9\text{N/m}^2)} = \dfrac{(4 \times 10^5\text{N/m})}{(4 \times 10^{11}\text{N/m}^2)} = 1 \times 10^{-6}\text{m} = 1 \times 10^{-3}\text{mm}$

※ 단, $1\text{Pa} = 1\text{N/m}^2$이다.

※ G는 10^9이며 M은 10^6이다.

43

[문제에 주어진 조건으로 그린 '모어원']

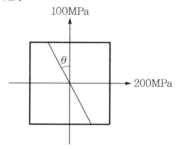

1. x축 방향으로 200MPa의 응력이 작용하고 있다. 잡아당기는 방향으로 작용하고 있으므로 인장응력이며 인장이므로 부호는 (+)이다. 즉, $\sigma_x = +200$MPa이다.

2. y축 방향으로 100MPa의 응력이 작용하고 있다. 잡아당기는 방향으로 작용하고 있으므로 인장응력이며 인장이므로 부호는 (+)이다. 즉, $\sigma_y = +100$MPa이다.

3. 전단응력은 작용하고 있지 않다.

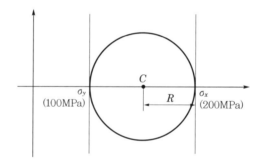

풀이

㉠ 모어원의 중심$(C) = \dfrac{\sigma_x + \sigma_y}{2} = \dfrac{200 + 100}{2} = 150$MPa이다. 좌표로는 $(150, 0)$이다.

㉡ 모어원의 반지름 크기$(R) = \sigma_x - C = 200 - 150 = 50$MPa이다. 모어원의 반지름 크기$(R)$가 바로 최대전단응력$(\tau_{max})$의 크기이다. 따라서 $\tau_{max} = 50$MPa이다.

㉢ 최대전단응력(τ_{max})이 발생하는 위치는 모어원상에서 가장 높은 곳(y축 방향으로)에 있을 때이다. 그 이유는 모어원 그래프 y축 방향이 전단응력의 크기를 말하기 때문이다. 즉, 90° 직각에서의 위치를 말한다. 여기서 주의해야 할 것은 모어원을 그릴 때는 실제 경사각의 2배로 그리기 때문에 실제 경사각은 90°의 절반값인 45°가 된다.

44

• 길이가 L인 외팔보의 자유단에 집중하중 P가 작용할 때의 **최대처짐량**$(\delta_1) = \dfrac{PL^3}{3EI}$

• 길이가 L인 외팔보의 전역에 균일분포하중 w가 작용할 때의 **최대처짐량**$(\delta_2) = \dfrac{wL^4}{8EI}$

45

정답 ①

- 비틀림각$(\theta) = \dfrac{TL}{GI_P}$

  [여기서, T: 비틀림모멘트, L: 축의 길이, G: 전단탄성계수, I_P: 극관성모멘트]

  또한 원형축이므로 극관성모멘트$(I_P) = \dfrac{\pi d^4}{32} = \dfrac{\pi r^4}{2}$ 이 된다.   [여기서, d: 지름, r: 반지름]

풀이

$$\theta = \frac{TL}{GI_P} = \frac{2M_t L}{G\pi r^4}$$

46

정답 ③

- 블록 브레이크의 토크$(T) = f\dfrac{D}{2}$

  [여기서, f: 제동력, D: 브레이크 드럼의 지름]

풀이

$$T = f\frac{D}{2} \ \rightarrow \ \therefore \ f = \frac{2T}{D} = \frac{2(500\text{N}\cdot\text{m})}{0.5\text{m}} = 2,000\text{N} = 2\text{kN}$$

47

정답 ⑤

[대류(convection) 공식(<u>뉴턴의 냉각법칙</u>)]

$\therefore \ Q_{\text{열전달량}} = hA\triangle T = hA(T_w - T_f)$

  [여기서, Q: 열전달량(W), h: 대류 열전달계수(W/m^{2}K), A: 면적(m^2), $\triangle T$: 온도 차이(℃),

  T_w: 유체의 온도(℃), T_f: 벽의 온도(℃)]

※ Q는 단위시간(s)당 얼마의 열에너지(J)를 전달할 수 있는가에 대한 의미로, 대류 열전달속도(J/s = W) 라고도 한다.

※ A는 열흐름 방향에 수직한 면적을 의미한다.

풀이

$Q_{\text{열손실량}} = hA\triangle T = hA(T_w - T_f)$

$\rightarrow \ Q_{\text{열손실량}} = hA(A - B) = (40\text{W/m}^2\text{K})(1\text{m}^2)(50\text{K}) = 2,000\text{W} = 2,000\text{J/s} = 2\text{kJ/s}$

  ※ 섭씨 온도차가 50℃ 이면 절대온도차도 50K이다.

$\rightarrow$ 문제에서는 1분(1min)당 손실되는 열에너지를 구하라고 되어 있다. 1min은 60s(60초)이므로 다음 과 같이 단위를 변환하면 된다.

  ※ $1\text{s} = \dfrac{1}{60}\min$

$\rightarrow \ \therefore \ Q_{\text{열손실량}} = 2\text{kJ/s} = 2\text{kJ}\Big/\left(\dfrac{1}{60}\min\right) = 120\text{kJ/min}$

48

[압력각이 증가할 때 기어에서 발생하는 현상]

• 베어링에 작용하는 하중이 증가한다.

• 이의 강도가 증가한다.

• 치면의 곡률반경이 증가한다.

• 지지할 수 있는 접촉압력이 증가한다.

• 물림률과 미끄럼률이 감소한다.

※ '물림률과 미끄럼률이 감소한다.'는 부분만 암기하고 나머지는 다 증가한다고 생각하면 쉽게 기억할 수 있다.

이의 간섭	• 큰 기어의 이 끝이 피니언의 이뿌리와 충돌하여 발생하는 현상이다. 따라서 이의 간섭을 방지하려면 이높이와 관련된 것을 줄이면 된다. • **이의 간섭을 방지하는 방법** 　– 이끝높이를 줄이거나 이뿌리를 파낸다. 　– <u>이의 높이를 줄이고</u> 압력각을 20° 이상으로 크게 한다. 　　→ 이의 높이를 줄여야 피니언(작은 기어) 또는 상대 기어의 이뿌리에 충돌하지 않아 이의 간섭을 방지할 수 있다. 　– 스터브기어를 사용한다.
언더컷	• 이의 간섭이 계속되어 피니언의 이뿌리를 파내 이의 강도와 물림률을 저하시킨다. • **언더컷을 방지하는 방법** 　– 이의 높이를 낮추며 전위기어를 사용한다. 　– 압력각을 20° 이상으로 크게 하고 한계잇수 이상으로 한다.

49

• 나사를 죌 때 필요한 회전력$(F) = Q\tan(\rho + \lambda)$

• 나사를 풀 때 필요한 회전력$(F') = Q\tan(\rho - \lambda)$

※ 단, Q는 축방향으로 작용하는 하중이다. 따라서 문제에서 주어진 W를 대입하면 다음과 같다.

$\rightarrow F = W\tan(\rho + \lambda)$

50

• 폭이 b, 높이가 h인 직사각형의 단면 2차 모멘트(I)

1. x축에 대한 단면 2차 모멘트$(I_x) = \dfrac{bh^3}{12}$

2. y축에 대한 단면 2차 모멘트$(I_y) = \dfrac{hb^3}{12}$

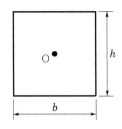

풀이

극관성 모멘트$(I_P) = I_x + I_y$이다. 따라서 다음과 같다.

$$\rightarrow \quad I_P = I_x + I_y = \frac{bh^3}{12} + \frac{hb^3}{12} = \frac{bh(b^2 + h^2)}{12}$$

11 2021 상반기 한국남동발전 기출문제

01	④	02	③	03	①	04	①	05	③	06	②	07	③	08	③	09	①	10	②
11	③	12	④	13	③	14	②	15	③	16	①	17	②	18	④	19	③	20	②
21	③	22	④	23	③	24	①	25	④	26	②	27	③	28	④	29	③	30	④
31	④	32	③	33	②	34	③	35	④	36	①	37	②	38	③	39	③	40	②
41	④	42	①	43	④	44	④	45	④	46	④	47	②	48	②	49	④	50	②
51	③	52	④	53	③	54	②	55	③	56	④	57	①	58	①	59	④	60	②

01

정답 ④

상태	• 평형상태에서 온도, 압력, 체적 또는 비체적과 같은 일정한 특성치에 의해 정해지는 것을 말한다. • 열역학적으로 평형은 **열적 평형, 역학적 평형, 화학적 평형**의 3가지가 있다.	
성질	• 각 물질마다 특정한 값을 가지며 **상태함수 또는 점함수**라고도 한다. • **경로에 관계없이 계의 상태에만 관계**되는 양이다. [단, 일과 열량은 경로에 의한 경로함수 = 도정함수이다.]	
상태량의 종류	강도성 상태량	• **물질의 질량에 관계없이 그 크기가 결정되는 상태량**이다(세기의 성질, intensive property라고도 한다). 즉, **질량이 변해도 변하지 않는 상태량**이다. • 압력, 온도, 비체적, 밀도, 비상태량, 표면장력
	종량성 상태량	• 물질의 질량에 따라 그 크기가 결정되는 상태량으로, 그 물질의 질량과 정비례 관계가 있다. • 체적, 내부에너지, 엔탈피, 엔트로피, 질량

※ 점함수는 완전미분(전미분), 편미분이 모두 가능하다. 하지만 과정함수(경로함수)는 편미분으로만 가능하다.
※ 비상태량(모든 상태량의 값을 질량으로 나눈 값)은 강도성 상태량으로 취급한다.
※ 기체상수는 열역학적 상태량이 아니다.
※ 열과 일은 에너지이다. 열역학적 상태량이 아니다.

02

정답 ③

• 길이가 L인 단순보에 등분포하중(w)이 작용할 때의 **최대굽힘(휨)모멘트**$(M_{\max}) = \dfrac{wL^2}{8}$

• **최대휨응력(최대굽힘응력,** $\sigma_{\max}) = \dfrac{M_{\max}}{Z} = \dfrac{\dfrac{wL^2}{8}}{\dfrac{bh^2}{6}} = \dfrac{6wL^2}{8bh^2} = \dfrac{3wL^2}{4bh^2}$

$$\rightarrow \ \therefore \ \sigma_{\max} = \frac{3wL^2}{4bh^2} = \frac{3(400\text{N/m})(3\text{m})^2}{4(0.03\text{m})(0.06\text{m})^2} = 25{,}000{,}000\text{Pa} = 25\text{MPa}$$

※ 직사각형 단면의 단면계수$(Z) = \dfrac{bh^2}{6}$

03

• 종탄성계수(세로탄성계수, E)와 전단탄성계수(가로탄성계수, G)의 관계: $mE = 2G(m+1)$

$\left[\text{단, } m\text{은 푸아송수이며 푸아송비}(\nu)\text{와 역수의 관계를 갖는다. } \left(\nu = \dfrac{1}{m}\right)\right]$

$\rightarrow$ '$mE = 2G(m+1)$' 식에서 양변을 m으로 나누면 다음과 같다.

$\rightarrow E = 2G(1+\nu) \ \rightarrow \ \therefore \ G = \dfrac{E}{2(1+\nu)} = \dfrac{210\text{GPa}}{2(1+0.4)} = \dfrac{210\text{GPa}}{2(1.4)} = 75\text{GPa}$

04

정답 ①

• ν(동점성계수)$= \dfrac{\mu}{\rho} = \dfrac{\mu}{\rho_{\text{H}_2\text{O}} S}$

[여기서, μ:점성계수, ρ:밀도, S: 비중]

$\rightarrow S = \dfrac{\mu}{\rho_{\text{H}_2\text{O}} \nu} = \dfrac{0.4\text{poise}}{(1{,}000\text{kg/m}^3)(4\text{stokes})} = \dfrac{0.4(0.1)\text{N}\cdot\text{s/m}^2}{(1{,}000\text{kg/m}^3)(4\times10^{-4}\text{m}^2\text{/s})} = 0.1$

※ $1\text{poise} = \dfrac{1}{10}\text{N}\cdot\text{s/m}^2$(점성계수 단위), $1\text{stokes} = 1\text{cm}^2\text{/s}$(동점성계수 단위)

✓ TIP: 위처럼 풀어도 되나, 실제 시험에서는 시간이 없다. 따라서 다음과 같은 팁으로 계산하면 된다. 점성계수가 poise의 단위로, 동점성계수가 stokes의 단위로 주어졌을 때, 유체의 비중을 구할 때는 poise의 수치를 stokes의 수치로 나눠주면 된다. 즉, 다음과 같다.

$\rightarrow \ \therefore \ $ 유체의 비중$(S) = \dfrac{0.4}{4} = 0.1$

이처럼 실제 시험에서 보자마자 쉽게 처리할 수 있는 문제이다. 이 'TIP'은 2021년 상반기 한국남동발전 기계직 필기시험 전에 '기계의 진리' 유튜브에 올린 적이 있다. 그리고 바로 2021년 상반기 한국남동발전 기계직 전공필기시험에 출제되었고 그대로 적중되었다. 이 영상을 본 사람들은 이 'TIP'을 사용하여 쉽게 처리할 수 있었다.

★ 해당 유튜브 링크: https://youtu.be/y8cRdwy8_Rg

05

정답 ③

[표면장력]

자유수면 부근에 막을 형성하는 데 필요한 **단위길이당 당기는 힘**을 표면장력이라고 한다.	
표면장력의 원리 예시	• 잔잔한 수면 위에 바늘이 뜨는 이유 • 소금쟁이

표면장력의 특징	• 응집력이 부착력보다 큰 경우에 표면장력이 발생한다. • 액체 표면이 스스로 수축하여 되도록 작은 면적을 취하려는 힘의 성질이다. • 유체의 표면장력(N/m)과 단위면적당 에너지($J/m^2 = N \cdot m/m^2 = N/m$)는 동일한 단위를 갖는다. • 분자 사이에 작용하는 힘에 따라 분자가 서로 접촉하여 응축하려고 하며, 이에 따라 표면적이 작은 원모양이 되려고 한다. 또한 모든 방향으로 같은 크기의 힘이 작용하여 합력은 0이다. • **수은 > 물 > 비눗물 > 에탄올**의 순으로 크며, 합성세제 및 비누 같은 계면활성제는 물에 녹아 물의 표면장력을 감소시킨다. 또한 표면장력은 온도가 높아지면 낮아진다. • 표면장력이 클수록 분자 간의 인력이 강하기 때문에 증발하는 데 시간이 많이 걸린다. • 표면장력의 단위는 [N/m]이며, 표면장력은 물의 냉각효과를 떨어뜨린다. • 물에 함유된 염분은 표면장력을 증가시킨다.

표면장력(σ)의 크기	물방울	$$\text{물방울의 표면장력}(\sigma) = \frac{\triangle PD}{4} = \frac{\triangle PR}{2}$$ [여기서, $\triangle P$: 내외부 압력 차(내부 초과압력), D: 지름, R: 반지름]
	비눗방울	$$\text{비눗방울의 표면장력}(\sigma) = \frac{\triangle PD}{8} = \frac{\triangle PR}{4}$$ [여기서, $\triangle P$: 내외부 압력 차(내부 초과압력), D: 지름, R: 반지름] ※ 비눗방울은 얇은 2개의 막이 존재하기 때문에 물방울의 표면장력 크기의 $(1/2)$배이다.

표면장력 단위	
SI 단위	CGS 단위
$N/m = J/m^2 = kg/s^2$ [$1J = 1N \cdot m$, $1N = kg \cdot m/s^2$]	$dyne/cm$ [$1dyne = 1g \cdot cm/s^2 = 10^{-5}N$]

1dyne	1g의 질량을 $1cm/s^2$의 가속도로 움직이게 하는 힘으로 정의 [$1dyne = 1g \cdot cm/s^2 = 10^{-5}N$]
1erg	1dyne(다인)의 힘이 그 힘의 방향으로 물체를 1cm 움직이는 일로 정의 [$1erg = 1dyne \cdot cm = 10^{-7}J$]

※ <u>1erg와 1dyne에 대한 정의 관련 문제는 공기업 기계직 전공필기시험에서 자주 출제된다. 특히 최근에는 인천국제공항공사에서 출제된 바 있다.</u>

풀이

$$\text{물방울의 표면장력}(\sigma) = \frac{\triangle PD}{4} = \frac{(40N/m^2)(0.05m)}{4} = 0.5N/m \quad (\text{단, } 1Pa = 1N/m^2\text{이다.})$$

06

정답 ②

[가솔린 기관(불꽃점화기관)]

- 가솔린기관의 이상 사이클은 오토(Otto) 사이클이다.
- 오토 사이클은 2개의 정적과정과 2개의 단열과정으로 구성되어 있다.
- 오토 사이클은 정적하에서 열이 공급되므로 정적연소 사이클이라 한다.

오토 사이클의 열효율(η)	$$\eta = 1 - \left(\frac{1}{\varepsilon}\right)^{k-1}$$ [여기서, ε: 압축비, k: 비열비] • 비열비(k)가 일정한 값으로 정해지면 압축비(ε)가 높을수록 이론열효율(η)이 증가한다. • 작동물질(가스)의 종류가 결정되면 비열비(k)가 일정하게 결정되는 것이므로 오토 사이클의 열효율(η)은 위 식에 따라 압축비(ε)만의 함수가 된다.
혼합기	공기와 연료의 증기가 혼합된 가스를 혼합기라고 한다. 즉, 가솔린기관에서 혼합기는 기화된 휘발유에 공기를 혼합한 가스를 말하며 이 가스를 태우는 힘으로 가솔린기관이 작동된다. ※ 문제에서 '혼합기의 특성은 이미 결정되어 있다'라는 의미는 공기와 연료의 증기가 혼합된 가스, 즉 혼합기의 조성 및 종류가 이미 결정되어 있다는 것으로, 비열비(k)가 일정한 값으로 정해진다는 의미이다.

[디젤 사이클(압축착화기관의 이상 사이클)]

- 2개의 단열과정＋1개의 정압과정＋1개의 정적과정으로 구성되어 있는 사이클로, 정압하에서 열이 공급되고 정적하에서 열이 방출된다. 정압하에서 열이 공급되기 때문에 정압 사이클이라고도 하며 저속디젤기관의 기본 사이클이다.

열효율(η)	$\therefore$ 디젤 사이클의 열효율(η) $= 1 - \left(\dfrac{1}{\varepsilon}\right)^{k-1} \cdot \dfrac{\sigma^k - 1}{k(\sigma - 1)}$ [여기서, ε: 압축비, σ: 단절비(차단비, 체절비, 절단비, 초크비, 정압팽창비), k: 비열비] • 디젤 사이클의 열효율(η)은 압축비(ε), 단절비(σ), 비열비(k)의 함수이다. • 압축비(ε)가 크고 단절비(σ)가 작을수록 열효율(η)이 증가한다.

압축비와 열효율		디젤 사이클(디젤기관)	오토 사이클(가솔린기관)
	압축비	$12 \sim 22$	$6 \sim 9$
	열효율(η)	$33 \sim 38$	$26 \sim 28\%$

07

정답 ③

[원통용기에 발생하는 응력]

㉠ 축 방향 응력(길이 방향 응력, σ_s): $\dfrac{pD}{4t} = \dfrac{p(2R)}{4t} = \dfrac{pR}{2t}$

㉡ 후프 응력(원주 방향 응력, σ_θ): $\dfrac{pD}{2t} = \dfrac{p(2R)}{2t} = \dfrac{pR}{t}$

[여기서, p: 내압, D: 용기의 지름, t: 용기의 두께]

※ 원주응력이 길이 방향 응력보다 크므로 **길이에 평행한 방향으로 균열이 생긴다.** 즉, 세로 방향으로 균열이 생긴다.

풀이

$$\sigma_\theta = \frac{pD}{2t} \ \rightarrow \ t = \frac{pD}{2\sigma_\theta} = \frac{(3\text{MPa})(500\text{mm})}{2(50\text{MPa})} = 15\text{mm}$$

08

정답 ③

[오일러의 좌굴하중(임계하중, P_{cr})]

오일러의 좌굴하중 (임계하중, P_{cr})	$$P_{cr} = n\pi^2 \frac{EI}{L^2}$$ [여기서, n: 단말계수, E: 종탄성계수(세로탄성계수, 영률), I: 단면 2차 모멘트, L: 기둥의 길이]
오일러의 좌굴응력 (임계응력, σ_B)	$$\sigma_B = \frac{P_{cr}}{A} = n\pi^2 \frac{EI}{L^2 A}$$ ㉠ 세장비는 $\lambda = \dfrac{L}{K}$ 이다. ㉡ 회전반경은 $K = \sqrt{\dfrac{I_{\min}}{A}}$ 이다. ㉢ 회전반경을 제곱하면 $K^2 = \dfrac{I_{\min}}{A} \ \rightarrow \ K^2 = \dfrac{I_{\min}}{A}$ ㉣ $\sigma_B = n\pi^2 \dfrac{EI}{L^2 A} \ \rightarrow \ \sigma_B = n\pi^2 \dfrac{E}{L^2}\left(\dfrac{I}{A}\right) = n\pi^2 \dfrac{E}{L^2}(K^2)$ ㉤ $\sigma_B = n\pi^2 \dfrac{E}{L^2}(K^2)$ 에서 $\left(\dfrac{1}{\lambda^2} = \dfrac{K^2}{L^2}\right)$ 이므로 다음과 같다. $\rightarrow \ \therefore \ \sigma_B = n\pi^2 \dfrac{E}{L^2}(K^2) = n\pi^2 \dfrac{E}{\lambda^2}$ 따라서 오일러의 좌굴응력(임계응력, σ_B)은 세장비(λ)의 제곱에 반비례함을 알 수 있다.
단말계수 (끝단계수, 강도계수, n)	둥을 지지하는 지점에 따라 정해지는 상수값으로, 이 값이 클수록 좌굴은 늦게 일어난다. 즉, 단말계수가 클수록 강한 기둥이다. 일단고정 타단자유 · $n = 1/4$ 일단고정 타단회전 · $n = 2$ <u>양단회전</u> · $n = 1$ 양단고정 · $n = 4$

풀이

$$\therefore \ P_{cr} = n\pi^2 \frac{EI}{L^2} = (1)(3^2) \frac{(100 \times 10^9 \text{N/m}^2)(1.35 \times 10^{-7}\text{m}^4)}{(4\text{m})^2} \doteqdot 7.6\text{kN}$$

$$\ast \ I = \frac{bh^3}{12} = \frac{(0.06\text{m})(0.03\text{m})^3}{12} = 1.35 \times 10^{-7}\text{m}^4$$

※ 문제 유형은 쉬우나 난이도가 ●●◐○○인 이유는 실제 시험장에서는 계산이 조금 까다로워 계산하면서 푸는 데 긴장이 많이 될 것이며 이에 따라 체감 난이도가 올라갈 것으로 판단되기 때문이다.

09

정답 ①

[원통코일스프링]

[여기서, δ: 처짐량(변형량), n: 유효 감김 수, G: 전단탄성계수(횡탄성계수, 가로탄성계수), T: 비틀림모멘트, I_p: 극단면 2차 모멘트, l: 스프링의 길이, R: 코일의 반지름(반경), d: 스프링 재료(소선)의 지름(직경)]

처짐량(δ)	$\delta = R\theta = \dfrac{8PD^3 n}{Gd^4}$ [여기서, $R\theta$: 부채꼴의 호의 길이(처짐량)]
비틀림각(θ)	$\theta = \dfrac{Tl}{GI_P}$
스프링의 길이(l)	$l = 2\pi R n$ ※ 반지름이 R인 코일을 스프링처럼 n번 감으면 원통코일스프링이 된다. 이때 $2\pi R$은 반지름이 R인 코일의 원둘레이다. 이 둘레에 감김 수(n)를 곱하면 스프링의 길이(l)가 된다.
비틀림에 의한 전단응력(τ)	$\tau = \dfrac{T}{Z_P} = \dfrac{16PR}{\pi d^3} = \dfrac{8PD}{\pi d^3}$ [여기서, T: 비틀림모멘트, $T = P_{하중}R$] ※ **최대전단응력**($\tau_{\max}$) $= \dfrac{8PDK}{\pi d^3}$ [여기서, K: 왈(Wahl)의 응력수정계수]

풀이

$$\delta = R\theta = \frac{8PD^3 n}{Gd^4} \ \rightarrow \ \therefore \ n = \frac{\delta Gd^4}{8PD^3} = \frac{(40\text{mm})(80{,}000\text{N/mm}^2)(5\text{mm})^4}{8(10\text{N})(100\text{mm})^3} = 25$$

※ $1\text{GPa} = 1{,}000\text{MPa} = 1{,}000\text{N/mm}^2$ [여기서, $1\text{MPa} = 1\text{N/mm}^2$]

※ $4\text{cm} = 40\text{mm}$

※ 반직경(반지름)

10

[비열비(k)와 기체상수(R)]

㉠ $k = \dfrac{C_p}{C_v}$ ㉡ $R = C_p - C_v$

    [여기서, k: 비열비, C_p: 정압비열, C_v: 정적비열, R: 기체상수]

풀이

$\therefore R = C_p - C_v = 0.857 - 0.698 = 0.159 \mathrm{kJ/kg \cdot K}$

11

[이상기체 상태방정식$(PV = mRT)$]

㉠ 이상기체라고 주어져 있으므로 이상기체 상태방정식을 사용한다.

㉡ $C_p - C_v = R$의 관계를 사용하여 기체상수(R)를 구한다.

    [여기서, C_p: 정압비열, C_v: 정적비열, R: 기체상수]

    → $R = C_p - C_v = 1.0 \mathrm{kJ/kg \cdot K} - 0.8 \mathrm{kJ/kg \cdot K}$ → $\therefore R = 0.2 \mathrm{kJ/kg \cdot K}$

    → $PV = mRT$ → $\therefore V = \dfrac{mRT}{P} = \dfrac{(0.5 \mathrm{kg})(0.2 \mathrm{kJ/kg \cdot K})(27 + 273 \mathrm{K})}{100 \mathrm{kPa}} = 0.3 \mathrm{m^3}$

12

[비열의 개념]

• 비열은 어떤 물질 1kg 또는 1g을 1℃ 올리는 데 필요한 열량이다.

• 단위질량당 열용량으로, 기호 C로 표시한다.

※ 열용량은 물체의 온도를 1K 상승시키는 데 필요한 열량으로 단위는 J/K이다.

• 비열이 클수록 물질을 가열 시, 물질의 온도 상승이 느리다.

[비열의 종류]

정압비열	완전가스(이상기체) 1kg을 압력이 일정한 정압하에서 1℃ 올리는 데 필요한 열량이다. 기호는 C_p이다.
정적비열	완전가스(이상기체) 1kg을 부피가 일정한 정적하에서 1℃ 올리는 데 필요한 열량이다. 기호는 C_v이다.

[열의 종류]

현열	상태 변화(상변화)에는 쓰이지 않고 오로지 온도 변화에만 쓰이는 열량이다. $\therefore Q(\text{열량}) = Cm \triangle T$로 구할 수 있다. [여기서, C: 물체(물질)의 비열, m: 물체(물질)의 질량, $\triangle T$: 온도 변화]

잠열		온도 변화에는 쓰이지 않고 오로지 상태 변화(상변화)에만 쓰이는 열량이다.
	증발잠열	액체 → 기체로 상태 변화(상변화)시키는 데 필요한 열량
		※ 100℃의 물 1kg을 100℃의 증기로 만드는 데 필요한 증발잠열은 539kcal/kg이다.
	융해잠열	고체 → 액체로 상태 변화(상변화)시키는 데 필요한 열량
		※ 0℃의 얼음 1kg을 0℃의 물로 상태 변화시키는 데 필요한 융해잠열은 약 80kcal/kg이다.

※ **상태 변화(상변화)**: '고체 → 액체', '액체 → 고체', '액체 → 기체', '기체 → 액체' 등처럼 상이 변화하는 일련의 과정을 말한다.

풀이

㉠ 체적이 일정한 용기, 즉 부피가 고정된 상태이므로 정적비열(C_v)을 사용해야 한다.

㉡ ∴ Q(열량) $= C_v m \triangle T = (0.7)(3)(180-40) = 294\text{kJ}$

13
정답 ③

[이상기체 상태방정식($PV = mRT$)]

㉠ 밀도(ρ) $= \dfrac{\text{질량}(m)}{\text{부피}(V)}$

㉡ 이상기체 상태방정식($PV = mRT$)을 다음과 같이 변형한다.

→ ∴ $\rho = \dfrac{m}{V} = \dfrac{P}{RT} = \dfrac{100\text{kPa}}{(0.287\text{kJ/kg}\cdot\text{K})(10+273\text{K})} \fallingdotseq 1.23\text{kg/m}^3$

※ $287\text{J/kg}\cdot\text{K} = 0.287\text{J/kg}\cdot\text{K}$

14
정답 ②

[달톤의 분압법칙]

㉠ 완전가스를 혼합할 때, 혼합가스의 압력은 각 성분가스의 분압의 합과 같다.

1. $P_{\text{혼합}\,Gas} V_{\text{혼합}\,Gas} = P_1 V_1 + P_2 V_2$
2. $M_{\text{혼합}\,Gas} R_{\text{혼합}\,Gas} = M_1 R_1 + M_2 R_2$
3. $M_{\text{혼합}\,Gas} C_{\text{혼합}\,Gas} = M_1 C_1 + M_2 C_2$

㉡ ㉠의 식 2를 사용한다.

→ $M_{\text{혼합}\,Gas} R_{\text{혼합}\,Gas} = M_1 R_1 + M_2 R_2$

→ $(1\text{kg} + 4\text{kg}) R_{\text{혼합}\,Gas} = (1\text{kg})(200\text{J/kg}\cdot\text{K}) + (4\text{kg})(100\text{J/kg}\cdot\text{K})$

→ $5 C_{\text{혼합}\,Gas} = 200 + 400 = 600$ → ∴ $C_{\text{혼합}\,Gas} = \dfrac{600}{5} = 120\text{J/kg}\cdot\text{K}$

15

정답 ③

※ $10^{-3}\text{m}^3 = 0.001\text{m}^3$

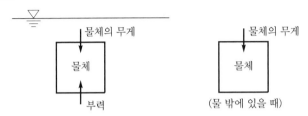

㉠ 물체가 액체(물 등) 속에 있거나, 액체(물 등)에 일부만 잠긴 채 떠 있으면 그 물체는 수직 상방향으로 위 그림처럼 부력이라는 힘을 받게 된다.

㉡ 물체의 무게($W = mg$)는 수직 하방향으로 위 그림처럼 작용하게 된다.

㉢ 물체가 유체(물 등) 속에 있을 때, 물체에 수직 상방향으로 부력이 작용하기 때문에 부력의 크기만큼 물체의 본래 무게(공기 중에서의 물체의 무게)에서 상쇄되어 물속에서의 물체의 무게(10.2N)가 측정될 것이다.

즉, 다음과 같다.

→ 공기 중에서 물체의 무게(mg) − 부력 = 10.2N

여기서, 부력 = $\gamma_\text{물} V_\text{잠긴 부피}$(단, 물속에 완전히 잠겨 있으므로 잠긴 부피는 물체의 전체 부피가 된다)이다.

$$\therefore \text{ 공기 중에서의 물체의 무게}(mg) = 10.2\text{N} + \gamma_\text{물} V_\text{잠긴 부피}$$
$$= 10.2\text{N} + (9{,}800\text{N/m}^3)(0.001\text{m}^3) = 20\text{N}$$

16

정답 ①

[엔탈피(H)의 표현]

$\therefore H = U + PV$

[여기서, H: 엔탈피, U: 내부에너지, P: 압력, V: 부피(체적), PV: 유동에너지(유동일)]

→ $H = U + PV$ → $110\text{kJ} = U + (100\text{kPa})(0.3\text{m}^3)$ → $110\text{kJ} = U + 30\text{kJ}$

→ $\therefore U = 80\text{kJ}$

17

정답 ②

[기체상수(R)]

$R = \dfrac{\overline{R}}{M}$ [여기서, $\overline{R}$: 일반기체상수(8.314kJ/kmol·K), M: 분자량]

→ 따라서 분자량이 29인 이상기체의 기체상수(R) $\dfrac{\overline{R}}{M} = \dfrac{8.314\text{kJ/kmol·K}}{29} ≒ 0.287$

[비열비(k), 정압비열(C_p), 정적비열(C_v)의 차]

$k = \dfrac{C_p}{C_v}$, $C_p - C_v = R$ [여기서, k: 비열비, C_p: 정압비열, C_v: 정적비열, R: 기체상수]

→ $k = \dfrac{C_p}{C_v}$ 에서 정적비열(C_v)에 대한 식으로 정리하면 $C_v = \dfrac{C_p}{k}$ 가 된다.

$C_v = \dfrac{C_p}{k}$ 를 $C_p - C_v = R$ 에 대입한다.

→ $C_p - \dfrac{C_p}{k} = R \rightarrow C_p\left(1 - \dfrac{1}{k}\right) = R \rightarrow C_p\left(\dfrac{k-1}{k}\right) = R$ 이 된다.

따라서 $C_p = \dfrac{kR}{k-1} = \dfrac{(1.4)(0.287\text{kJ/kg} \cdot \text{K})}{(1.4-1)} = 1.0045\text{kJ/kg} \cdot \text{K}$ 이 된다.

또한 $C_p - C_v = R$ 이므로 $1.0045\text{kJ/kg} \cdot \text{K} - R = C_v$ 가 된다.

→ $1.0045\text{kJ/kg} \cdot \text{K} - 0.287\text{kJ/kg} \cdot \text{K} = C_v \rightarrow \therefore C_v = 0.7175\text{kJ/kg} \cdot \text{K}$

필수 암기 분자량					
C(탄소)	12	H$_2$(수소)	2	<u>Air(공기)</u>	29
O$_2$(산소)	32	N$_2$(질소)	28	H$_2$O(물)	18

암기하면 편리한 공기의 수치들(필수 암기)			
공기의 비열비(k)	1.4	공기의 정적비열(C_v)	0.7175kJ/kg · K
공기의 정압비열(C_p)	1.0045kJ/kg · K	공기의 기체상수(R)	0.287kJ/kg · K

※ 분자량이 29이므로 '공기'임을 알 수 있다. 즉, 해당 문제는 공기의 정적비열을 고르는 문제와 같다. 공기의 정적비열을 암기하고 있으면 1초 컷으로 풀어낼 수 있다. 계산방법도 알고 있어야 하는 것은 당연하지만, 실제 시험에서 계산하고 있으면 얼마나 시간이 소비되겠는가. 암기하는 것이 가장 효율적이며 시간 절약을 하여 더 어려운 문제에 절약한 시간을 활용할 수 있다.

※ 공기의 정압비열(C_p)을 약 $1\text{kJ/kg} \cdot \text{K}$, 공기의 정적비열($C_v$)을 약 $0.71\text{kJ/kg} \cdot \text{K}$으로 암기해도 좋다. <u>이 수치들을 암기하느냐 안 하냐에 따라 실제 시험에서 시간을 절약할 수 있고 없고가 결정된다. 이 문제뿐만 아니라 실제 공기업 기계직 전공시험에서 공기의 수치들을 암기하고 있으면 쉽게 처리가 가능한 열역학 문제가 많이 출제된다.</u>

18

정답 ④

• 얇은 회전체(풀리, 림 등)에 발생하는 응력(σ) $= \dfrac{\gamma V^2}{g}$

$\left[$여기서, γ: 재료의 비중량, V: 원주속도, g: 중력가속도, $V_\text{원주속도} = \dfrac{\pi D_\text{물체의 지름} N_\text{회전수}}{60}\right]$

㉠ $V = \dfrac{\pi D_\text{물체의 지름} N_\text{회전수}}{60} = \dfrac{(3)(2\text{m})(600\text{rpm})}{60} = 60\text{m/s}$

㉡ $\sigma = \dfrac{\gamma V^2}{g} \rightarrow \therefore \sigma = \dfrac{\gamma V^2}{g} = \dfrac{(5,000\text{N/m}^3)(60\text{m/s})^2}{10\text{m/s}^2} = 1,800,000\text{Pa} = 1.8\text{MPa}$

19

[수평원관에서의 하겐-푸아죄유(Hagen-Poiseuille) 방정식]

수평원관에서의 하겐-푸아죄유 (Hagen-Poiseuille) 방정식	$Q[\text{m}^3/\text{s}] = \dfrac{\triangle P \pi d^4}{128 \mu l}$ [여기서, Q: 체적유량, $\triangle P$: 압력강하, d: 관의 지름, μ: 점성계수, l: 관의 길이] $\rightarrow \ Q = A V = \dfrac{\gamma h_l \pi d^4}{128 \mu l}$ [여기서, $\triangle P = \gamma h_l$, $\triangle P$: 압력강하, γ: 비중량] ※ <u>**완전발달 층류 흐름에만 적용이 가능하다(난류는 적용하지 못한다).**</u>

하겐-푸아죄유 방정식을 유도하기 위한 기본 가정조건

- 유체는 연속이며 뉴턴유체 및 비압축성 유체이어야 한다.
- 층류 흐름이어야 한다.

풀이

$Q[\text{m}^3/\text{s}] = \dfrac{\triangle P \pi d^4}{128 \mu l}$

① 유량은 점성계수(μ)에 반비례함을 알 수 있다.
② 유량은 압력강하($\triangle P$)에 비례함을 알 수 있다.
③ <u>유량은 관의 지름(d)의 4승에 비례함을 알 수 있다.</u>
④ 유량은 관의 길이(l)에 반비례함을 알 수 있다.

20

- 탄성변형에너지(U) $= \dfrac{1}{2} P \delta$

  [여기서, P: 하중, δ: 처짐량(변형량)]

※ $\delta = \dfrac{PL}{EA}$ [여기서, P: 하중, L: 봉의 길이, E: 세로탄성계수, A: 봉의 단면적]

※ $1\text{Pa} = 1\text{N/m}^2$

$\rightarrow$ ∴ 탄성변형에너지(U) $= \dfrac{1}{2} P \delta = \dfrac{1}{2} P \left(\dfrac{PL}{EA} \right) = \dfrac{P^2 L}{2EA} = \dfrac{(20,000\text{N})^2 (0.15\text{m})}{2(200 \times 10^9 \text{N/m}^2)(15 \times 10^{-4} \text{m}^2)}$
$= 0.1 \text{N} \cdot \text{m} = 0.1 \text{J}$

21

[자성체]
자성을 지닌 물질로 자기장 안에서 자화하는 물질을 말한다.

① <u>강자성체의 종류:</u> Ni, Co, Fe, $\alpha - \text{Fe}$(페라이트)
② <u>상자성체의 종류:</u> Al, Sn, Ir, Mo, Cr, Pt
③ <u>반자성체의 종류:</u> 유리, Bi, Sb, Zn, Au, Ag, Cu

22

정답 ④

[구상흑연주철]

- 구상흑연주철은 회주철 용탕에 Mg, Ca, Ce 등을 첨가하고 Fe−Si, Ca−Si 등으로 접종하여 응고 과정에서 흑연을 구상으로 정출시켜 만든다.

※ <u>흑연을 **구상화시키는 방법**</u>: 선철을 용해한 후에 **마그네슘(Mg), Ca(칼슘), Ce(세륨)을 첨가**한다. 흑연이 구상화되면 보통주철에 비해 인성과 연성이 우수해지며 강도도 좋아진다.

- **인장강도가 가장 크며 기계적 성질이 매우 우수하다.**
- 덕타일주철(미국), 노듈라주철(일본) 모두 구상흑연주철을 지칭하는 말이다.
- **구상흑연주철의 조직**: 시멘타이트, 펄라이트, 페라이트
  - 📝**암기법**: (시)(펄) (페)버릴라!

※ **페이딩 현상**: 구상화 후에 용탕상태로 방치하면 흑연을 구상화시켰던 효과가 점점 사라져 결국 보통주철로 다시 돌아가는 현상이다.
※ **불스아이 조직**: 바탕조직(기지조직)이 펄라이트이면서 구상흑연 주위를 유리된 흰색의 페라이트가 감싸고 있는 조직을 말한다. 이 형태가 황소의 눈과 닮았기 때문에 불스아이 조직이라고도 한다.

23

정답 ③

[지름이 d인 원형 단면(중실축)의 도심에 관한 단면 성질]

단면 2차 모멘트	극관성모멘트 (극단면 2차 모멘트)	단면계수	극단면계수
$I_x = I_y = \dfrac{\pi d^4}{64}$	$I_p = I_x + I_y = \dfrac{\pi d^4}{32}$	$Z = \dfrac{\pi d^3}{32}$	$Z_p = \dfrac{\pi d^3}{16}$

※ **극관성모멘트(단면 2차 극모멘트, I_P)**: 비틀림에 저항하는 성질로 돌림힘이 작용하는 물체의 비틀림을 계산하기 위해 필요한 단면 성질이다. 이 값이 클수록 같은 돌림힘이 작용했을 때 비틀림은 작아진다.
→ $I_P = I_x + I_y$ (단위는 m^4, mm^4 등으로 표현된다.)
  [여기서, I_x: x축에 대한 단면 2차 모멘트, I_y: y축에 대한 단면 2차 모멘트]

풀이

중공축이기 때문에 $I_p = \dfrac{\pi d^4}{32}$ 식을 $I_p = \dfrac{\pi(d_2^4 - d_1^4)}{32}$ 으로 계산하면 된다.

→ ∴ $I_p = \dfrac{\pi(d_2^4 - d_1^4)}{32} = \dfrac{3([9cm]^4 - [7cm]^4)}{32} = 390cm^4$

24

정답 ③

- **순철**
  - 탄소함유량이 0.02% 이하인 순도가 높은 철(불순물이 거의 없다)을 말한다.
  - 순철의 인장강도는 <u>18~25kgf/mm²</u>이며 브리넬 경도값(HB)은 <u>60~70kgf/mm²</u>이다.

순철의 특징(순철의 특징을 물어보는 문제는 매우 많이 출제된다.)
- 탄소함유량이 낮아 강도가 낮아서 기계구조용 재료로 적합하지 않다.
- 전기재료, 변압기 및 발전기용 철심 재료로 가장 많이 사용된다.
- 공업용 순철의 종류: 전해철, 암코철, 카보닐철

㉠ '유항인'이 작다. 즉, 유동성, 항복점, 인장강도가 작다.
　→ 순철은 탄소가 적어 용융점이 높기 때문에 녹이기 쉽지 않으므로 유동성이 작다.
　→ 순철은 탄소가 적어 연하므로 인장강도가 작다.

㉡ 열처리성이 불량하다.
　→ 열처리의 기본 목적은 기계적 성질을 개선시키는 것이며 재질의 경화이다. 하지만 순철은 탄소함유량이 매우 적기 때문에 열처리를 해도 열처리 효과가 좋지 못하다.

㉢ 순철은 연신율(연성이 우수하다), 단면수축률, 충격값, 인성이 크다.
　→ 순철은 탄소가 매우 적기 때문에 **전연성(전성 + 연성)**이 우수하다. 따라서 변형이 용이하므로 단면수축률이 크다.
　→ 순철은 탄소가 매우 적기 때문에 말랑말랑하므로 주철처럼 깨질 위험이 없다. 따라서 충격에 대한 저항 성질인 인성, 충격값이 크다.

㉣ 항자력이 낮고 투자율이 높아 발전기 및 변압기 철심 재료 등으로 사용된다.
　← [한국석유공사 기출]

㉤ 비중은 7.87, 용융점은 1538℃이며 탄소함유량은 0.02% 이하이다.

㉥ α 고용체이며 순철은 용접성과 단접성이 우수하다. 탄소함유량이 많은 주철 같은 경우는 용접이 곤란하다.
　(※ 페라이트 조직: 외관은 순철과 같으나 고용된 원소의 이름을 붙여 실리콘 페라이트 및 규소철이라고도 한다. ← [다수의 공기업 기출 내용])

※ 순철은 탄소함유량이 0.02% 이하이다. 회선철은 선철의 한 종류이며 선철은 주철의 성질과 거의 유사하다. 따라서 선철의 탄소함유량은 주철 탄소함유량 범위 안에 속하는 2.5~4.5%이다. 혹여나 2.5~4.5%의 수치를 알지 못해도 이 문제는 쉽게 풀 수 있다. 선철이 주철과 거의 유사하다는 것만 알아도 탄소함유량이 0.02% 이하일 리가 없다. 즉, 선철은 순철의 종류가 될 수 없다.

25
정답 ③

[유량의 종류]

체적유량	$Q[\text{m}^3/\text{s}] = A[\text{m}^2] \times V[\text{m/s}]$ [여기서, Q: 체적유량, A: 유체가 통하는 단면적, V: 유체 흐름의 속도(유속)]
중량유량	$G[\text{N/s}] = \gamma[\text{N/m}^3] \times A[\text{m}^2] \times V[\text{m/s}]$ [여기서, G: 중량유량, γ: 유체의 비중량, A: 유체가 통하는 단면적, V: 유체 흐름의 속도(유속)]
질량유량	$\dot{m}[\text{kg/s}] = \rho[\text{kg/m}^3] \times ktA[\text{m}^2] \times V[\text{m/s}]$ [여기서, $\dot{m}$: 질량유량, ρ: 유체의 밀도, A: 유체가 통하는 단면적, V: 유체 흐름의 속도(유속)]

풀이

$\dot{m}(\text{kg/s}) = \rho(\text{kg/m}^3) \times A(\text{m}^2) \times V(\text{m/s}) = 1{,}000 \times 0.01 \times 4 = 40\text{kg/s}$

26

[성능계수(성적계수, ε)]

• 냉동기의 성능계수 $(\varepsilon_r) = \dfrac{Q_2}{Q_1 - Q_2} = \dfrac{T_2}{T_1 - T_2}$

• 열펌프의 성능계수 $(\varepsilon_h) = \dfrac{Q_1}{Q_1 - Q_2} = \dfrac{T_1}{T_1 - T_2}$

$\varepsilon_h - \varepsilon_r = \dfrac{Q_1}{Q_1 - Q_2} - \dfrac{Q_2}{Q_1 - Q_2} = \dfrac{Q_1 - Q_2}{Q_1 - Q_2} = 1$

$\rightarrow \varepsilon_h - \varepsilon_r = 1 \rightarrow \therefore \varepsilon_h = 1 + \varepsilon_r$로 도출된다.

즉, 열펌프의 성능계수 (ε_h)는 냉동기의 성능계수 (ε_r)보다 1만큼 항상 크다는 관계가 나온다.

← (이 내용은 2021년 하반기 한국철도공사 기출문제이다.)

풀이

$\therefore$ 열펌프의 성능계수 $(\varepsilon_h) = \dfrac{T_1}{T_1 - T_2} = \dfrac{3,500}{3,500 - 2,100} = 2.5$

[여기서, $T_1 = T_H =$ 고열원의 온도, $T_2 = T_L =$ 저열원의 온도]

27

[피복제의 역할]

• 용착금속의 냉각속도를 지연시킨다.
• 대기 중의 산소와 질소로부터 모재를 보호하여 산화 및 질화를 방지한다.
• 슬래그를 제거하며 스패터링을 작게 한다.
• 용착금속에 필요한 합금원소를 보충하여 기계적 강도를 높인다.
• 탈산정련작용을 한다.
• 전기절연작용을 한다.
• 아크를 안정하게 하며 용착효율을 높인다.

28

[고내식강]
부식에 견딜 수 있는 성질인 '내식성'이 매우 높은 강으로 부식에 잘 견딜 수 있다.

[고내식강의 용도]
• **해수용 열교환기**: 해수에 의한 부식에 견디기 위해 고내식강을 사용한다.
• **쇄빙선**: 수면의 얼음을 깨뜨린 뒤, 얼음을 밀어서 항로를 열고 항해하는 배이다. 얼음에 의한 부식에 견디기 위해 고내식강을 사용한다.
• **화력발전소의 탈황설비**: 탈황설비는 석탄 화력발전소의 연돌(stack)에서 빠져나가는 배기가스 중의 황산화물을 제거하는 설비이다. 석회석 슬러리를 황산화물에 반응시켜 황산화물을 제거하며 부산물로 석고가 생성된다. 이때 석회석 슬러리는 고체 석회석과 액체 석회석이 섞여 있는 것으로, 이 석회석 슬러리에 의한 부식에 견디기 위해 고내식강을 사용한다.

※ 공작기계 본체의 구성 재료는 공작기계의 다양한 구성 요소들의 무게(하중)가 누르는 것을 견디기 위해 압축강도가 우수한 주철을 많이 사용한다. 즉, 압축강도가 우수한 주철은 공작기계류의 본체, 몸체 및 공작기계의 베드면 등의 재료로 많이 사용된다.

29

정답 ③

[용접이음의 특징]

장점	• 이음효율(수밀성, 기밀성)을 100%까지 할 수 있다. • 공정수를 줄일 수 있다. • 재료를 절약할 수 있다. • 경량화할 수 있다. • 용접하는 재료에 두께 제한이 없다. • 서로 다른 재질의 두 재료를 접합할 수 있다.
단점	• 잔류응력과 응력집중이 발생할 수 있다. • 모재가 용접열에 의해 변형될 수 있다. • 용접부의 비파괴검사가 곤란하다. • 용접의 숙련도가 요구된다. • 진동을 감쇠시키기 어렵다.

[용접의 효율]

아래보기용접에 대한 위보기용접의 효율	80%
아래보기용접에 대한 수평보기용접의 효율	90%
아래보기용접에 대한 수직보기용접의 효율	95%
공장용접에 대한 현장용접의 효율	90%

※ 용접부의 이음효율 : $\dfrac{\text{용접부의 강도}}{\text{모재의 강도}} =$ 형상계수$(k_1) \times$ 용접계수(k_2)

[용접자세 종류]

종류	전자세 All Position	위보기(상향자세) Overhead Position	아래보기(하향자세) Flat Position	수평보기(횡향자세) Horizontal Position	수직보기(직립자세) Vertical Position
기호	AP	O	F	H	V

[리벳이음의 특징]

장점	• 리벳이음은 잔류응력이 발생하지 않아 변형이 적다. • 경합금처럼 용접하기 곤란한 금속을 이음할 수 있다. • 구조물 등에서 현장 조립할 때는 용접이음보다 쉽다. • 작업에 숙련도를 요하지 않으며 검사도 간단하다.

단점	• 길이 방향의 하중에 취약하다. • 결합시킬 수 있는 강판의 두께에 제한이 있다. • 강판 또는 형강을 영구적으로 접합하는 데 사용하는 이음으로 분해 시 파괴해야 한다. • 체결 시 소음이 발생한다. • 용접이음보다 이음효율이 낮으며 기밀, 수밀의 유지가 곤란하다. • 구멍 가공으로 인하여 판의 강도가 약화된다.

30

정답 ④

[자동하중 브레이크]

윈치나 크레인 등에서 큰 하중을 감아올릴 때와 같은 정상적인 회전은 브레이크를 작용하지 않고 하중을 내릴 때와 같은 반대 회전의 경우에 자동적으로 브레이크가 걸려 하중의 낙하속도를 조절하거나 정지시킨다.

※ **자동하중 브레이크의 종류:** 웜, 나사, 원심, 로프, 캠, **코일** 등

31

정답 ④

[V벨트 전동장치]
• 홈 각도가 40°인 V벨트를 사용하여 동력을 전달하는 장치이다.
• 쐐기형 단면으로 인한 쐐기 효과로 인해 측면에 높은 마찰력을 형성하여 동력전달 능력이 우수하다(평벨트보다 동력전달능력이 우수하여 전동효율이 높다).
• 축간 거리가 짧고 속도비(1 : 7~10)가 큰 경우에 적합하며 접촉각이 작은 경우에 유리하다.
• 소음 및 진동이 작다(운전이 조용하며 정숙하다).
• **미끄럼이 적고 접촉면이 커서 큰 동력전달이 가능**하며 벨트가 벗겨지지 않는다.
• **바로걸기(오픈걸기)만 가능**하며 끊어졌을 때 접합이 불가능하고 길이 조정이 불가능하다[엇걸기(십사걸기, 크로스걸기)는 불가능하다].
• 고속운전이 가능하고, 충격 완화 및 효율이 95% 이상으로 우수하다.
• V벨트의 홈 각도는 40°이며 풀리 홈 각도는 34°, 36°, 38°이다. → 풀리 홈 각도는 40°보다 작게 해서 더욱 쪼이게 하여 마찰력을 증대시킨다. 이에 따라 전달할 수 있는 동력이 더 커진다.
• 작은 장력으로 큰 회전력을 얻을 수 있으므로 베어링의 부담이 적다.
• V벨트의 종류는 A, B, C, D, E, M형이 있다.
  → M형, A형, B형, C형, D형, E형으로 갈수록 인장강도, 단면치수, 허용장력이 커진다.
  → M형, A형, B형, C형, D형, E형 모두 동력전달용으로 사용된다.
  → M형은 바깥둘레로 호칭번호를 나타낸다.
• V벨트 A30 규격 : A30은 단면이 A형이며 벨트의 길이는 25.4mm × 30 = 762mm이다.
• V벨트는 수명을 고려하여 10~18m/s의 속도 범위로 운전한다.
• 밀링머신에서 가장 많이 사용하는 벨트이다.

32

정답 ③

[기어의 분류]

두 축이 평행한 것	스퍼기어(평기어), 헬리컬기어, 더블헬리컬기어(헤링본기어), 내접기어, 랙과 피니언 등
두 축이 교차한 것	베벨기어, 마이터기어, 크라운기어, 스파이럴 베벨기어 등
두 축이 평행하거나 교차하지 않고 엇갈린 것	스크루기어(나사기어), 하이포이드기어, 웜기어 등

33

정답 ②

[프레스가공의 종류]

전단가공	블랭킹, 펀칭, 전단, 트리밍, 셰이빙, 노칭, 정밀블랭킹(파인블랭킹), 분단
굽힘가공	형굽힘, 롤굽힘, 폴더굽힘
성형가공	스피닝, 시밍, 컬링, 플랜징, 비딩, 벌징, 마폼법, 하이드로폼법
압축가공	코이닝(압인가공), 스웨이징, 버니싱

※ 스웨이징이란 압축가공의 일종으로 선, 관, 봉재 등을 공구 사이에 넣고 압축 성형하여 두께 및 지름 등을 감소시키는 공정방법으로, 봉 따위의 재료를 반지름 방향으로 다이를 왕복 운동하여 지름을 줄인다. 따라서 스웨이징을 반지름 방향 단조방법이라고도 한다. ← [한국가스공사 기출]

※ '엠보싱'도 압축가공에 포함된다.

34

정답 ③

성능계수(성적계수, ε)	
냉동기의 성능계수$(\varepsilon_r) = \dfrac{Q_2}{Q_1 - Q_2} = \dfrac{T_2}{T_1 - T_2}$	열펌프의 성능계수$(\varepsilon_h) = \dfrac{Q_1}{Q_1 - Q_2} = \dfrac{T_1}{T_1 - T_2}$

풀이

$\therefore$ 냉동기의 성능계수$(\varepsilon_r) = \dfrac{T_2}{T_1 - T_2} = \dfrac{(34+273)\mathrm{K}}{(150+273)\mathrm{K} - (34+273)\mathrm{K}} \fallingdotseq 2.65$

[여기서, $T_1 = T_H =$ 고열원의 온도, $T_2 = T_L =$ 저열원의 온도]

35

정답 ④

• 연속방정식$(Q = A_1 V_1 = A_2 V_2)$ [여기서, Q: 체적유량$(\mathrm{m}^3/\mathrm{s})$]

관을 매초(s)마다 통과하는 물의 양(m^3)은 일정하다.

$\rightarrow A_1 V_1 = A_2 V_2 \rightarrow \dfrac{1}{4}\pi D_1^2 V_1 = \dfrac{1}{4}\pi D_2^2 V_2 \rightarrow \therefore D_1^2 V_1 = D_2^2 V_2$

$\rightarrow (0.15\mathrm{m})^2(2\mathrm{m/s}) = (0.1\mathrm{m})^2 V_2 \rightarrow \therefore V_2 = 4.5\mathrm{m/s}$

36

정답 ①

[차원 해석]

T	시간(s)의 차원이다.
L	길이(m)의 차원이다.
M	질량(kg)의 차원이다.

풀이

점성계수의 단위는 $\mathrm{N \cdot s^2}$이다.

㉠ $1\mathrm{N} = 1\mathrm{kg \cdot m/s^2}$이다. ($F = ma$이므로)

㉡ 점성계수의 단위 $\mathrm{N \cdot s/m^2}$에 $1\mathrm{N} = 1\mathrm{kg \cdot m/s^2}$를 대입한다.

→ 점성계수위의 단위: $\left(\dfrac{1\mathrm{kg \cdot m}}{\mathrm{s^2}}\right)\left(\dfrac{\mathrm{s}}{\mathrm{m^2}}\right) = \dfrac{1\mathrm{kg}}{\mathrm{s \cdot m}} = 1\mathrm{kg \cdot m^{-1} \cdot s^{-1}}$

− kg(킬로그램)은 질량의 단위이기 때문에 질량의 차원 M을 사용하여 대입한다.

− m(미터)는 길이의 단위이기 때문에 길이의 차원 L을 사용하여 대입한다.

− s(세크, 초)는 시간의 단위이기 때문에 시간의 차원 T를 사용하여 대입한다.

→ ∴ **점성계수위의 단위**: $\left(\dfrac{1\mathrm{kg \cdot m}}{\mathrm{s^2}}\right)\left(\dfrac{\mathrm{s}}{\mathrm{m^2}}\right) = \dfrac{1\mathrm{kg}}{\mathrm{s \cdot m}} = 1\mathrm{kg \cdot m^{-1} \cdot s^{-1}} = ML^{-1}T^{-1}$

37

정답 ③

• **전단응력**$(\tau) = \dfrac{P_s}{A} = \dfrac{P_s}{\frac{1}{4}\pi d^2} = \dfrac{4P_s}{\pi d^2}$ [여기서, P_s: 전단력, d: 봉의 지름]

→ ∴ $\tau = \dfrac{4P_s}{\pi d^2} = \dfrac{4(6{,}000\mathrm{N})}{(3)(20\mathrm{mm})^2} = 20\mathrm{N/mm^2} = 20\mathrm{MPa}$

※ $1\mathrm{N/mm^2} = 1\mathrm{MPa}$

38

정답 ③

[저널]

저널은 베어링에 의해 지지되는 축의 부분 및 베어링이 축과 접촉되는 부분이다.

[저널의 종류]

스러스트 저널	• 축 방향 하중을 지지 • 종류: 피벗저널(절구저널), 칼라저널
레이디얼 저널	• 축 직각 방향 하중을 지지 • 종류: 끝저널, 중간저널
그 외의 저널	원추저널, 추력저널, 가로저널

39

[개수로 유동]

개수로 흐름은 경계면의 일부가 항상 대기에 접해 흐르는 유체 흐름으로, 대기압이 작용하는 **자유표면을 가진 수로**를 개수로 유동이라고 한다.

$$※ \text{프루드수}(Fr) = \frac{V}{\sqrt{gL}} = \frac{\text{관성력}}{\text{중력}}$$

→ **자유표면을 가지는 유동의 역학적 상사시험에서 중요한 무차원수**이다. 보통 수력도약, 개수로, 배, 댐, 강에서의 모형 실험 등의 역학적 상사에 적용된다.

[추가 필수 내용_2021년 하반기 한국동서발전 기계직 기출 내용]

• 관수로 흐름은 주로 '압력'의 지배를 받고, 개수로 흐름은 주로 '중력'의 지배를 받는다.
• 관내 흐름에서 자유수면이 있는 경우에는 개수로 흐름으로 해석한다.

40

[키(key)의 종류]

묻힘키(성크키)	가장 많이 사용되는 키로, 축과 보스 양쪽에 키 홈을 파서 사용한다. 단면의 모양은 직사각형과 정사각형이 있다. 직사각형은 축지름이 큰 경우에, 정사각형은 축지름이 작은 경우에 사용한다. 또한 키의 호칭방법은 b(폭)×h(높이)×l(길이)로 표시하며 키의 종류에는 윗면이 평행한 평행키와 윗면에 1/100 테이퍼를 준 경사키 등이 있다.
안장키(새들키)	축에는 키 홈을 가공하지 않고 보스에만 1/100 테이퍼를 주어 홈을 파고 이 홈 속에 키를 박아버린다. 축에는 키 홈을 가공하지 않아 축의 강도를 감소시키지 않는 장점이 있지만, 축과 키의 마찰력만으로 회전력을 전달하므로 큰 동력을 전달하지 못한다.
원추키(원뿔키)	축과 보스 사이에 축 방향으로 쪼갠 원뿔을 때려 박아 축과 보스를 헐거움 없이 고정할 수 있고 축과 보스의 편심이 적은 키이다. 마찰에 의해 회전력을 전달하며 축의 임의의 위치에 보스를 고정할 수 있다.
반달키 (우드러프키)	키 홈에 깊게 가공되어 축의 강도가 저하될 수 있으나, 키와 키 홈을 가공하기가 쉽고 키 박음을 할 때 키가 자동적으로 축과 보스 사이에 자리를 잡는 기능이 있다. 보통 공작기계와 자동차 등에 사용되며 일반적으로 60mm 이하의 작은 축에 사용되고, 특히 테이퍼축에 사용된다.
접선키	**축의 접선 방향으로 끼우는 키로, 1/100의 테이퍼를 가진 2개의 키를 한 쌍으로 만들어 사용한다. 그때의 중심각은 120°이다.** ※ 케네디키: 접선키의 종류로 중심각이 90°인 키

41

[전기저항 용접법]
- 접합하려는 두 금속 사이에 전기적 저항을 일으켜 용접에 필요한 열을 발생시키고, 그 부분에 압력을 가해 용접하는 방법이다. 압력을 가해(가압함으로써) 용접하므로 전기저항 용접법은 압접법에 속한다.
- 전기저항 용접법의 3대 요소: 가압력, 용접전류, 통전시간

[전기저항 용접법의 분류]

겹치기용접(lap welding)	점용접, 심용접, 프로젝션용접(돌기용접)
맞대기용접(butt welding)	플래시용접, 업셋용접, 맞대기심용접, 퍼커션용접(일명 충돌용접)

42

정답 ①

- 길이가 L인 외팔보의 자유단에 우력모멘트가 작용할 때, 외팔보 자유단에서의 최대처짐량(δ_{max})

$$\therefore \delta_{max} = \frac{ML^2}{2EI} = \frac{(60)(1000)^2}{2(200)(30 \times 10^4)} = 0.5\text{mm} = 0.05\text{cm}$$

43

정답 ③

[절대압력과 게이지압력(계기압력)의 개념]

절대압력	완전 진공을 기준으로 측정한 압력이다. • **절대압력 = 국소대기압 + 게이지압력(계기압력)** • 절대압력 = 국소대기압 - 진공압 ※ 진공도 = $\dfrac{진공압}{대기압} \times 100\%$
게이지압력	측정 위치에서 국소대기압을 기준으로 측정한 압력이다.

[국소대기압과 표준대기압의 개념]

국소대기압	대기압은 지구의 위도에 따라 변하는데 이러한 값을 국소대기압이라고 한다.
표준대기압	지구 전체의 국소대기압을 평균처리한 값을 표준대기압이라고 한다.

풀이

절대압력 = 국소대기압 + 게이지압력(계기압력)
→ ∴ **절대압력 = 국소대기압 + 게이지압력(계기압력)** $= 100\text{kPa} + 80\text{kPa} = 180\text{kPa}$

44

정답 ④

① **키(key)**: 키는 기어, 벨트, 풀리, 핸들 등을 축에 고정시켜 회전을 전달하거나 회전을 전달하면서 축방향으로 이동할 때 사용하며, 축이 돌 때에 회전체가 미끄럼 없이 돌도록 축과 회전체에 홈을 파고 그 사이에 끼워 넣는 일종의 쐐기이다.
② **리벳(rivet)**: 강철판 등의 금속재료를 결합하는 데 사용되는 막대 모양의 기계요소이다.

③ 핀(pin): 큰 하중이 걸리지 않는 부분을 고정하거나 결합시키는 데 사용되는 기계요소이다.

④ <u>코터(cotter): 인장 또는 압축하중을 받는 축을 결합하기 위해 사용하는 기계적 결합 요소이다.</u>

45　　　　　　　　　　　　　　　　　　　　　　　정답 ④

※ $1\text{L} = 0.001\text{m}^3$이므로 $15\text{L} = 15(0.001\text{m}^3) = 0.015\text{m}^3$이다.

※ 초(s)당 $15\text{L} = 0.015\text{m}^3$가 유출되므로 $0.015\text{m}^3/\text{s}$가 된다(체적유량이 $0.015\text{m}^3/\text{s}$라는 의미).

$$Q(\text{m}^3/\text{s}) = A(\text{m}^2) \times V(\text{m/s})$$

[여기서, Q: 체적유량, A: 유체가 통하는 단면적(원의 면적), V: 유체 흐름의 속도(유속)]

$$\rightarrow Q = AV = \frac{1}{4}\pi d^2 V \rightarrow \therefore d = \sqrt{\frac{4Q}{\pi V}} = \sqrt{\frac{4(0.015\text{m}^3/\text{s})}{(3)(8\text{m/s})}} = \sqrt{0.0025\text{m}^2} = 0.05\text{m} = 5\text{cm}$$

46　　　　　　　　　　　　　　　　　　　　　　　정답 ④

기본 열처리	담금질(quenching, 소입), 뜨임(tempering, 소려), 풀림(annealing, 소둔), 불림(normalizing, 소준)
표면경화법	침탄법, 질화법, 청화법, 고주파경화법, 화염경화법, 숏피닝, 금속침투법 등
항온열처리	항온뜨임, 항온풀림, **항온담금질(오스템퍼링, 마템퍼링, 마퀜칭, MS퀜칭)**, 오스포밍

※ <u>칼로라이징은 금속침투법의 한 종류로 '표면경화법'에 속한다.</u>

47　　　　　　　　　　　　　　　　　　　　　　　정답 ④

[드릴링머신의 가공]

드릴링	드릴을 사용하여 구멍을 뚫는 작업이다.
리밍	드릴로 뚫은 구멍을 더욱 정밀하게 다듬는 가공이다.
보링	**이미 뚫은 구멍을 넓히는 가공으로, 편심교정이 목적이다.**
태핑	탭을 이용하여 구멍에 암나사를 내는 가공이다.
카운터싱킹	접시머리나사의 머리부를 묻히게 하기 위해서 원뿔자리를 만드는 작업이다.
카운터보링	작은나사, 둥근머리볼트의 머리 부분이 공작물에 묻힐 수 있도록 단이 있는 구멍을 뚫는 작업이다.
스폿페이싱	볼트나 너트 등을 고정할 때 접촉부가 안정되게 하기 위해 자리를 만드는 작업이다.

[추가 자료]

드릴가공	드릴로 가공하는 가공방법으로 리밍, 보링, 카운터싱킹 등이 있다.	
	리밍	리머라는 회전하는 절삭공구로 기존 구멍 내면의 치수를 정밀하게 만드는 가공방법이다.
	보링	드릴로 이미 뚫려 있는 구멍을 넓히는 공정으로, 편심을 교정하기 위한 가공이며 구멍을 축 방향으로 대칭을 만드는 가공이다.

카운터싱킹	나사 머리의 모양이 접시모양일 때 테이퍼 원통형으로 절삭하는 방법이다. 즉, 접시머리나사의 머리를 묻히게 하기 위해 원뿔자리를 만드는 가공이다.
카운터보링	볼트 또는 너트의 머리 부분이 가공물 안으로 묻히도록 드릴과 동심원의 2단 구멍을 절삭하는 방법이다.
스폿페이싱	볼트나 너트 등의 머리가 닿는 부분의 자리면을 평평하게 만드는 가공방법이다.

48

정답 ②

$$Re = \frac{\rho Vd}{\mu} = \frac{(100)(25)(0.2)}{0.5} = 1,000$$

원형관(원관, 파이프)에서의 흐름 종류의 조건에 따라 '레이놀즈수(Re) < 2,000'이므로 **층류 흐름이다.**

※ 48번 문제는 다수의 공기업에서 출제되는 유형이며, 최근 2021년 하반기 한국철도공사 기계직 전공필기시험에서 똑같이 출제되었다.

[레이놀즈수(Re)]

	충류와 난류를 구분하는 척도로 사용되는 무차원수이다.			
레이놀즈수 (Re)	$Re = \dfrac{\rho Vd}{\mu} = \dfrac{Vd}{\nu} = \dfrac{관성력}{점성력}$ 레이놀즈수(Re)는 점성력에 대한 관성력의 비라고 표현된다.			
	ρ	V	d	ν
	유체의 밀도	속도, 유속	관의 지름(직경)	유체의 점성계수
	※ 동점성계수(ν) $= \dfrac{\mu}{\rho}$			

	원형관	상임계 레이놀즈수 (층류 → 난류로 변할 때)	4,000
레이놀즈수 (Re)의 범위		하임계 레이놀즈수 (난류 → 층류로 변할 때)	2,000 ~ 2,100
	평판	임계 레이놀즈수	$500,000(5 \times 10^5)$
	개수로	임계 레이놀즈수	500
	관 입구에서 경계층에 대한 임계 레이놀즈수		$600,000(6 \times 10^5)$

원형관(원관, 파이프)에서의 흐름 종류의 조건	
층류 흐름	레이놀즈수(Re) < 2,000
천이 구간	2,000 < 레이놀즈수(Re) < 4,000
난류 흐름	레이놀즈수 > 4,000

※ 일반적으로 임계 레이놀즈수라고 하면 '하임계 레이놀즈수'를 말한다.
※ 임계 레이놀즈수를 넘어가면 난류 흐름이다.
※ 관수로 흐름은 주로 압력의 지배를 받으며, 개수로 흐름은 주로 중력의 지배를 받는다.
※ 관내 흐름에서 자유 수면이 있는 경우에는 개수로 흐름으로 해석한다.

49

- 키(key)에 작용하는 응력

○ 키(key)의 전단응력(τ) $= \dfrac{2T}{bld}$

　[여기서, T: 토크, b: 키의 폭, l: 키의 길이, d: 축의 지름]

○ 키(key)의 압축응력(σ_c) $= \dfrac{4T}{hld}$

　[여기서, T: 토크, h: 키의 높이, l: 키의 길이, d: 축의 지름]

풀이

$\therefore$ **키(key)의 전단응력**(τ) $= \dfrac{2T}{bld} = \dfrac{2(45{,}000\,\mathrm{N}\cdot\mathrm{mm})}{(15\,\mathrm{mm})(100\,\mathrm{mm})(50\,\mathrm{mm})} = 1.2\,\mathrm{N/mm^2} = 1.2\,\mathrm{MPa}$

50

너클핀 이음에서 너클핀의 단면에 수평방향으로 인장하중 P가 작용하면 다음 그림처럼 2곳이 전단된다. 다음 그림에서 ⬭표시가 된 부분이 전단되는 단면(전단면)이다. 즉, 전단되는 전단면의 면적은 지름이 d인 원의 면적이 되며 총 2개의 전단면이 존재하게 되므로 전단되는 면적의 2배를 해서 전단응력을 계산해야 한다.

$\tau = \dfrac{P}{2A}$　[여기서, τ: 핀에 발생하는 전단응력, P: 하중, A: 전단되는 면적]

$\rightarrow \tau = \dfrac{P}{2A} = \dfrac{P}{2\left(\dfrac{1}{4}\pi d^2\right)} = \dfrac{2P}{\pi d^2}$

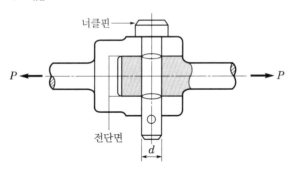

$\rightarrow \tau = \tau_{허용} = \dfrac{2P}{\pi d^2} \rightarrow \therefore d = \sqrt{\dfrac{2P}{\pi\tau_{허용}}} = \sqrt{\dfrac{2(450\,\mathrm{N})}{(3)(3\,\mathrm{N/mm^2})}} = 10\,\mathrm{mm}$

　[단, $1\,\mathrm{MPa} = 1\,\mathrm{N/mm^2}$]

※ 해당 문제는 빈출되는 기출 유형이다. 2021년 상반기 한국철도공사 기계직 전공필기시험에서도 출제된 바 있다.

51

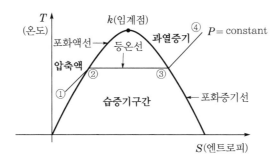

PART I 과년도 기출문제 정답 및 해설

풀이

압력이 일정한 정압하에서 물을 가열하여 증발시킬 때, 상태 과정의 순서는 다음과 같다.

① → ② → ③ → ④

①	압축액 구간에 있으므로 점 ①의 상태는 압축액 상태이다. ※ **압축액(압축수, 과냉액체)**: 포화온도 이하에 있는 상태의 액으로 열을 가해도 쉽게 기체상태로 증발 하지 않는 액체를 말한다.
②	점 ②의 상태는 포화액선에 접해 있으므로 포화상태에 도달한 액이다. 즉, 포화온도에 도달한 액으로 건도는 0이며 열을 가하면 쉽게 기체상태로 증발하는 액체를 말한다. 즉, 이제 막 증발을 준비하는 액이다. ※ <u>포화액선에 접하면 건도는 0이다. 건도가 0이라는 것은 증기의 비율이 없다.</u> ※ 건도: $\dfrac{증기의\ 질량}{습증기의\ 전체\ 질량}$ **(습증기 전체 질량에 대한 증기 질량의 비)**
③	점 ③의 상태는 점 ②의 상태에서 습증기 구간을 거쳐(증발과정을 모두 거쳐) 수분이 모두 증발한 상태 의 증기이다. 즉, 포화증기 또는 건포화증기의 상태이다. 또한 점 ②에서 수평으로 그대로 이어져 포화 증기선에 접해 있으므로 점 ③은 포화온도 상태에 도달해 있으며 포화증기선에 접해 있기 때문에 건도 는 1이다. ※ 포화증기선에 접하면 건도는 1이다. 건도가 1이라는 것은 수분이 모두 증발하여 증기의 비율이 100%라는 것이다. ※ <u>습증기(습포화증기)</u>: 증기와 습분(수분)이 혼합되어 있는 상태로, 포화온도 상태이며 건도는 0과 1 사이이다.
④	과열증기 구간에 있으므로 점 ④의 상태는 과열증기 상태이다. ※ **과열증기**: 점 ③의 포화증기를 가열하여 증기의 온도를 높인 것으로 포화온도 이상인 증기를 말한다.

※ <u>2020년 하반기 한국중부발전 기계직 전공필기에서 유사문제가 출제되었다.</u>

※ 2021년 상반기 한국남동발전 기계직 전공 기출문제 60문항 모두 다수의 공기업에서 자주 출제되는 유형이다.

52

[푸아송비(ν)]

세로변형률에 대한 가로변형률의 비로 최대 0.5의 값을 가진다.

정의	• 푸아송비$(\nu) = \dfrac{\varepsilon_{\text{가로변형률(횡변형률)}}}{\varepsilon_{\text{세로변형률(종변형률)}}} = \dfrac{1}{m(\text{푸아송수})} \leq 0.5$ ※ 원형 봉에 인장하중이 작용했을 때의 푸아송비(ν)는 다음과 같다. $\rightarrow$ 푸아송비$(\nu) = \dfrac{\varepsilon_{\text{가로변형률(횡변형률)}}}{\varepsilon_{\text{세로변형률(종변형률)}}} = \dfrac{\frac{\delta}{d}}{\frac{\lambda}{L}} = \dfrac{L\delta}{d\lambda}$ [여기서, L: 원형 봉(재료)의 길이, λ: 길이 변형량, d: 원형 봉(재료)의 지름(직경), δ: 지름 변형량]
푸아송비 수치	• 여러 재료의 푸아송비 수치 <table><tr><td>코르크</td><td>유리</td><td>콘크리트</td></tr><tr><td>0</td><td>0.18~0.3</td><td>0.1~0.2</td></tr><tr><td>강철(Steel)</td><td>알루미늄(Al)</td><td>구리(Cu)</td></tr><tr><td>0.28</td><td>0.32</td><td>0.33</td></tr><tr><td>티타늄(Ti)</td><td>금(Au)</td><td>고무</td></tr><tr><td>0.27~0.34</td><td>0.42~0.44</td><td>0.5</td></tr><tr><td>납(Pb)</td><td></td><td></td></tr><tr><td>0.43</td><td></td><td></td></tr></table> ※ 위의 표처럼 푸아송비(ν)는 재료마다 일정한 값을 가진다. ※ 고무는 푸아송비(ν)가 0.5이므로 체적이 변하지 않는 재료이다. $\rightarrow \dfrac{\triangle V}{V} = \varepsilon(1-2\nu) = \varepsilon(1-2[0.5]) = 0 \rightarrow \therefore \triangle V = 0$ 단면적 변화율 $\left(\dfrac{\triangle A}{A}\right)$: $\dfrac{\triangle A}{A} = 2\nu\varepsilon$ [여기서, $\triangle A$: 단면적 변화량, A: 단면적, ν: 푸아송비, ε: 변형률] 체적변화율 $\left(\dfrac{\triangle V}{V}\right)$: $\dfrac{\triangle V}{V} = \varepsilon(1-2\nu)$ [여기서, $\triangle V$: 체적 변화량, V: 체적, ν: 푸아송비, ε: 변형률]

풀이

$$\therefore \nu = \frac{\varepsilon_{\text{가로변형률(횡변형률)}}}{\varepsilon_{\text{세로변형률(종변형률)}}} = \frac{\frac{\delta}{d}}{\frac{\lambda}{L}} = \frac{L\delta}{d\lambda} = \frac{(1,000\,\text{mm})(0.027\,\text{mm})}{(30\,\text{mm})(3\,\text{mm})} = 0.3$$

53

① 주조
  ㉠ 액체상태의 재료를 주형틀에 부은 후 응고시켜서 원하는 모양의 제품을 만드는 방법을 말한다. 즉, 노(furnace) 안에서 철금속 또는 비철금속 따위를 가열하여 용해된 쇳물을 거푸집(mold) 또는 주형틀 속에 부어 넣은 후 냉각 응고시켜 원하는 모양의 제품을 만드는 방법이다.
  ㉡ 원하는 모양으로 만들어진 거푸집(mold)의 공동에 용용된 금속을 주입하여 성형시킨 뒤 용용된 금속이 냉각 응고되어 굳으면 모형과 동일한 금속물체(제품)가 된다.
② 용접: 같은 종류나 다른 종류의 금속재료에 열을 가해 녹인 후, 압력을 가해 접합시키는 방법이다.
③ **래핑(정밀입자가공): 랩(lap)이라는 공구와 다듬질하려고 하는 일감 사이에 랩제를 넣고 양자를 상대 운동시킴으로써 매끈한 다듬질을 얻는 가공방법**이다. 용도로는 **블록게이지**, 렌즈, 스냅게이지, 플러그게이지, 프리즘, 제어기기 부품 등에 사용된다. 종류로는 습식 래핑과 건식 래핑이 있고 보통 **습식 래핑을 먼저 하고 건식 래핑을 실시한다.**

※ **랩제의 종류**: 다이아몬드, 알루미나, 산화크롬, 탄화규소, 산화철
  • **습식 래핑**: 랩제와 래핑액을 혼합해서 가공하는 방법으로 래핑능률이 높다.
  • **건식 래핑**: 건조상태에서 래핑가공을 하는 방법으로, 래핑액을 사용하지 않는다. 일반적으로 더욱 정밀한 다듬질 면을 얻기 위해 습식 래핑 후에 실시한다.
  • **구면래핑**: 렌즈의 끝 다듬질에 사용되는 래핑방법이다.

※ **래핑은 정밀입자가공의 한 종류로, 정밀입자에 의해 '절삭이 이루어져' 공작물(일감)의 표면 등을 다듬질하는 방법이다.**

④ 압출: 단면이 균일한 봉이나 관 등을 제조하는 가공방법으로 선재나 관재, 여러 형상의 일감을 제조할 때 재료를 용기 안에 넣고 램으로 높은 압력을 가해 다이 구멍으로 밀어내면 재료가 다이를 통과하면서 기레떡처럼 제품이 만들어진다.

54

[**스프링 지수**(C)]

스프링 곡률의 척도를 의미하는 것으로 $C = \dfrac{D}{d}$ 이다.

[여기서, D: 코일의 평균 지름, d: 소선의 지름]

※ 스프링 지수(C)의 범위는 4~12가 적당하다.

[**스프링의 종횡비**(λ)]

$\lambda = \dfrac{H}{D}$

[여기서, H: 스프링의 자유높이(스프링에 하중이 작용하지 않을 때의 높이), D: 코일의 평균 지름]

※ 스프링의 종횡비(λ) 범위는 0.8~4가 적당하다. 종횡비(λ)가 너무 크면 작은 힘에도 스프링이 잘 휘어진다.

풀이

$$C = \frac{D}{d} = \frac{48\text{mm}}{6\text{mm}} = 8$$

55

- 등온과정에서의 일$(W) = P_1 V_1 \ln\left(\frac{V_2}{V_1}\right) = mRT\ln\left(\frac{V_2}{V_1}\right)$

- 등온과정에서의 엔트로피 변화량$(\triangle S) = C_v\ln\left(\frac{T_2}{T_1}\right) + R\ln\left(\frac{V_2}{V_1}\right)$

풀이

㉠ $W = mRT\ln\left(\frac{V_2}{V_1}\right) \rightarrow 150\text{kJ} = (1\text{kg})(R)(27+273\text{K})\ln\left(\frac{V_2}{V_1}\right) \rightarrow \therefore R\ln\left(\frac{V_2}{V_1}\right) = 0.5\text{kJ/kg}\cdot\text{K}$

㉡ $\triangle S = C_v\ln\left(\frac{T_2}{T_1}\right) + R\ln\left(\frac{V_2}{V_1}\right)$ 에서 등온과정(온도가 일정한 과정)이므로 $\ln\left(\frac{T_2}{T_1}\right) = \ln(1) = 0$이다.

$\rightarrow \triangle S = C_v(0) + R\ln\left(\frac{V_2}{V_1}\right) \rightarrow \therefore \triangle S = R\ln\left(\frac{V_2}{V_1}\right) = 0.5\text{kJ/kg}\cdot\text{K}$

56

[비틀림모멘트(토크) 계산식*]

동력(H)의 단위가 kW일 때	$T(\text{N}\cdot\text{mm}) = 9,549,000\frac{H[\text{kW}]}{N[\text{rpm}]}$
동력(H)의 단위가 PS일 때	$T(\text{N}\cdot\text{mm}) = 7,023,500\frac{H[\text{PS}]}{N[\text{rpm}]}$

- 비틀림모멘트(T) 구하기

   $T[\text{N}\cdot\text{mm}] = 9,549,000\frac{H[\text{kW}]}{N[\text{rpm}]} = 9,549,000\frac{(20\text{kW})}{510\,\text{rpm}} \fallingdotseq 374,500\text{N}\cdot\text{mm}$

- 키(key)에 작용하는 응력

   ㉠ 키(key)의 전단응력$(\tau) = \frac{2T}{bld}$

   [여기서, T: 토크, b: 키의 폭, l: 키의 길이, d: 축의 지름]

   ㉡ 키(key)의 압축응력$(\sigma_c) = \frac{4T}{hld}$

   [여기서, T: 토크, h: 키의 높이, l: 키의 길이, d: 축의 지름]

- 키(key)의 전단응력$(\tau) = \tau_{허용} = \frac{2T}{bld}$

   $\rightarrow \therefore l = \frac{2T}{b(\tau_{허용})d} = \frac{2(374,500\text{N}\cdot\text{mm})}{(10\text{mm})(50\text{N/mm}^2)(30\text{mm})} \fallingdotseq 50\text{mm}$

57

정답 ①

문제 푸는 순서

① 그림에 작용하는 힘들을 모두 표시한다.

② 기준이 되는 점을 정한다. 보통 힌지를 기준으로 잡는다.

③ 모멘트(M)는 반시계 방향을 (+)부호로 잡고 시계 방향을 (−)부호로 잡는다[시계 방향을 (+)부호로 잡고 반시계 방향을 (−)부호로 잡아도 상관없다].

④ 기준점에 대한 모멘트의 합력이 0이 된다는 것을 사용하여 평형방정식을 만든다.

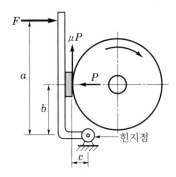

힌지점(O점으로 가정)에서 모멘트의 합력이 0이 된다는 것을 이용한다.

$$\sum M_O = 0$$

$-Fa + Pb - fc = 0$ 으로 평형방정식을 세울 수 있다.

(f는 드럼의 회전방향에 의해 접선방향으로 작용하는 제동력이다. 이 제동력은 드럼과 블록 접촉면에 작용하게 된다. $f = \mu P$이며 μ는 마찰계수, P는 브레이크 블록을 누르는 힘이다.)

풀이

$$\rightarrow \ -Fa + Pb - \mu Pc = 0 \ \rightarrow \ Fa = Pb - \mu Pc \ \rightarrow \ F = \frac{Pb - \mu Pc}{a}$$

$$\rightarrow \ \therefore F = \frac{P(b - \mu c)}{a} = \frac{4,000\text{N}\,[2,100\text{mm} - (0.25)(400\text{mm})]}{4,000\text{mm}} = 2,000\text{N}$$

[단, $f = \mu P$에서 f가 1000N이며 μ가 0.25이므로 1,000N = (0.25)P에서 P = 4,000N이다.]

58

정답 ①

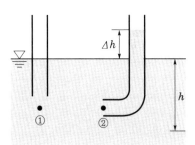

풀이

• 베르누이 방정식 적용(점 ①과 점 ②에서 적용)

$$\frac{P_1}{\gamma} + \frac{V_1^2}{2g} + Z_1 = \frac{P_2}{\gamma} + \frac{V_2^2}{2g} + Z_2$$

㉠ 점 ①과 점 ②의 위치는 동일 수평선상이므로 높이가 동일($Z_1 = Z_2$)하여 서로 상쇄된다.

㉡ $P_1 = \gamma h$, $P_2 = \gamma(h + \triangle h)$이므로 위 식에 대입하면 다음과 같다.

※ 단, 점 ②는 정체점으로 점 ②에서의 속도 $V_2 = 0$이다.

$$\frac{\gamma h}{\gamma} + \frac{V_1^2}{2g} = \frac{\gamma(h + \triangle h)}{\gamma} + \frac{V_2^2}{2g} \rightarrow h + \frac{V_1^2}{2g} = h + \triangle h + \frac{V_2^2}{2g} \rightarrow h + \frac{V_1^2}{2g} = h + \wedge h + \frac{0^2}{2g}$$

→ ∴ <u>유속에 의해 올라가는 수주의 높이($\triangle h$) $= \dfrac{V_1^2}{2g} = 0.816$</u>

59

정답 ④

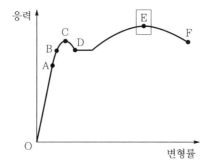

• A: 비례한도
• B: 탄성한도
• C: 상항복점
• D: 하항복점
• E: 인장강도
• F: 파단강도

※ 인장강도(극한강도, 점 E)는 재료가 견딜 수 있는 최대응력을 말한다.

60

정답 ②

[안전율, 안전계수(S)]

• 안전율은 일반적으로 플러스(+)값을 취한다.

• 기준강도가 50MPa이고, 허용응력이 25MPa이면 → 안전율$(S) = \dfrac{기준강도}{허용응력} = \dfrac{50}{25} = 2$

• 극한강도가 50MPa이고, 허용응력이 25MPa이면 → 안전율$(S) = \dfrac{극한강도(인장강도)}{허용응력} = \dfrac{50}{25} = 2$

<u>즉, 안전율(S)을 구하는 식에 의하면 허용응력은 극한강도를 안전율로 나누어 구할 수 있다.</u>

• 기준강도: 설계 시에 <u>허용응력을 설정하기 위해 선택하는 강도</u>로, 사용 조건에 적당한 재료의 강도를 말한다.

사용조건		기준강도
상온 · 정하중	연성재료	항복점 및 내력
	취성재료	극한강도(인장강도)
고온 · 정하중		크리프한도
반복하중		피로한도
좌굴		좌굴응력(좌굴강도)

• 안전율이 너무 크면 안전성은 좋지만 경제성이 떨어진다.
• 안전율이 1보다 커질 때 안전성이 좋아진다.

풀이

$$\therefore \textbf{안전율}(S) = \frac{\text{극한강도(인장강도)}}{\text{허용응력(허용강도)}} = \frac{960}{320} = 3$$

12 2021 상반기 한국서부발전 기출문제

01	③	02	①	03	③	04	①	05	④	06	③	07	④	08	③	09	②	10	①
11	②	12	④	13	④	14	③	15	③	16	③	17	④	18	③	19	③	20	①
21	②	22	②	23	①	24	③	25	③	26	②	27	④	28	④	29	②	30	④
31	④	32	②	33	③	34	③	35	⑤	36	③	37	②	38	③	39	④	40	③
41	③	42	③	43	③	44	④	45	③	46	③	47	④	48	③	49	④	50	④
51	③	52	②	53	②	54	②	55	②	56	④	57	③	58	④	59	③	60	④
61	②	62	①	63	④	64	④	65	②	66	①	67	④	68	③	69	③	70	④

01

정답 ③

• 길이가 L인 양단고정보에 집중하중(P)이 작용할 때, 고정벽에서의 굽힘모멘트(M)

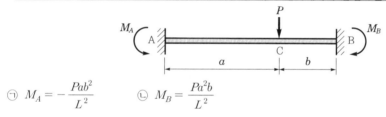

ㄱ $M_A = -\dfrac{Pab^2}{L^2}$ ㄴ $M_B = \dfrac{Pa^2b}{L^2}$

풀이

ㄱ $M_A = -\dfrac{Pab^2}{L^2} = -\dfrac{(25\text{kN})(7\text{m})(3\text{m})^2}{(10\text{m})^2} = -15.75\text{kN}\cdot\text{m}$

ㄴ $M_B = \dfrac{Pa^2b}{L^2} = \dfrac{(25\text{kN})(7\text{m})^2(3\text{m})}{(10\text{m})^2} = 36.75\text{kN}\cdot\text{m}$

ㄷ B점에서의 반력(R_B)을 구해야 하므로, 'A점에서의 모멘트 합력은 0이다$(\sum M_A = 0)$.'를 이용한다.

1. $\sum M_A = 0 \rightarrow -M_A + P(a) - R_B(a+b) + M_B = 0$이 된다.

2. 각 수치를 대입하면 다음과 같다.

3. $-(15.75) + 25(7) - R_B(10) + 36.75 = 0 \rightarrow 10R_B = 196 \rightarrow \therefore R_B = 19.6\text{kN}$

※ 위 문제에서는 시계 방향을 $(+)$로, 반시계 방향을 $(-)$로 잡았다.

※ 위 문제는 '블로그'에서 모의고사로 다룬 문제로, 해당 유형을 풀어보았다면 아주 쉽게 풀었을 것이다.

02

정답 ①

• 길이가 L인 양단고정보의 각 지점에서 발생하는 굽힘모멘트(M)의 크기

$$M_A = M_B = M_C = M_{\max} = \frac{PL}{8} = \frac{(4\text{kN})(5\text{m})}{8} = 2.5\text{kN}\cdot\text{m}$$

※ 양단고정보는 부정정보이기 때문에 처짐량, 처짐각, 굽힘모멘트 등을 유도하기가 귀찮은 경우가 많다. 따라서 양단고정보와 관련된 '여러 공식'은 암기를 권장한다. 실제 시험장에서는 시간 제한이 있어서 유도할 시간이 없기 때문이다.

※ 해당 문제는 2022년 상반기 한국토지주택공사 기계직 전공필기시험에서 수치만 다를 뿐 그대로 출제된 바 있다.

03

정답 ③

[모어원]

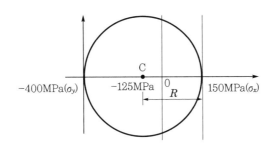

㉠ 주어진 응력 요소를 기반으로 모어원을 도시하면 위와 같다.
㉡ **최대전단응력($\tau_{\max}$)의 크기는 모어원의 반지름(R)이다.**
　→ $R = \tau_{\max} = 150 - (-125) = 275\mathrm{MPa}$

※ 모어원을 통해 응력을 해석하는 문제는 공기업 기계직 전공필기시험에서 자주 출제되는 유형의 문제이다.

04

정답 ①

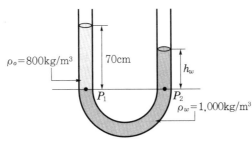

· **동일선상에 작용하는 액체에 의한 압력은 깊이가 동일하므로 압력이 같다.**

※ **액체에 의한 압력(액체의 압력)**: 압력을 구하고자 하는 해당 지점에서 액체에 의한 압력은 그 지점으로부터 위로 채워져 있는 액체의 양에 의해 눌려지는 압력이다. 깊이(높이)에 따른 압력은 '$P = \gamma h = \rho g h$'로 구할 수 있다[여기서, P: 압력, γ: 액체의 비중량, h: 깊이(높이), ρ: 액체의 밀도, g: 중력가속도, $\gamma = \rho g$].

· 1지점에서의 압력은 70cm의 높이에 해당하는 기름의 양에 의해 눌려지는 압력이다. 따라서 $P_1 = \rho_o g h_0 = \rho_o g (0.7\mathrm{m})$로 구할 수 있다.

· 2지점에서의 압력은 h_w의 높이에 해당하는 물의 양에 의해 눌려지는 압력이다. 따라서 $P_2 = \rho_w g h_w$로

구할 수 있다.

• 동일선상에 작용하는 액체에 의한 압력은 깊이(높이)가 동일하므로 압력이 같다. 그리고 관이 모두 대기 중으로 개방되어 있어 양쪽 모두 대기압의 영향을 받기 때문에 대기압이 상쇄되므로 대기압은 고려하지 않아도 된다.

$$\rightarrow P_1 = P_2 \rightarrow \rho_o g(0.7\text{m}) = \rho_w g h_w \rightarrow \therefore h_w = \frac{\rho_o g(0.7\text{m})}{\rho_w g} = \frac{\rho_o(0.7\text{m})}{\rho_w}$$

$$\rightarrow \therefore h_w = \frac{\rho_o(0.7\text{m})}{\rho_w} = \frac{(800\text{kg/m}^3)(0.7\text{m})}{(1000\text{kg/m}^3)} = 0.56\text{m} = 56\text{cm}$$

참고

※ 대기압을 고려한다면

$$\rightarrow P_1 = P_2 \rightarrow P_1 + 대기압 = P_2 + 대기압$$

$$\rightarrow P_1 + \boxed{대기압} = P_2 + \boxed{대기압} \text{의 식에서 좌변, 우변의 대기압 크기는 1기압으로 동일하므로 대기압}$$

부분이 상쇄된다.

※ 2021년 상반기 서울교통공사 9호선 기계직 전공필기시험에서 유사문제로 출제되었다.

05

정답 ④

• 체적변형률: $\dfrac{\triangle V}{V} = \varepsilon(1 - 2\nu)$

$$\rightarrow \varepsilon(1 - 2\nu) \quad [\text{단}, \ \sigma = E\varepsilon \text{이므로} \ \varepsilon = \frac{\sigma}{E} \text{이다.} \ E \text{는 종탄성계수이다.}]$$

㉠ 인장응력$(\sigma) = \dfrac{P}{A} = \dfrac{4P}{\pi d^2} = \dfrac{4(50{,}000\text{N})}{(3)(50\text{mm})^2} = \dfrac{80}{3}\text{N/mm}^2 = \dfrac{80}{3}\text{MPa}$

㉡ $\varepsilon = \dfrac{\sigma}{E} = \dfrac{\frac{80}{3}\text{MPa}}{100\text{GPa}} = \dfrac{\frac{80}{3}\text{MPa}}{100 \times 10^3\text{MPa}} = \dfrac{80}{3(100 \times 10^3)}$

㉢ $\therefore \dfrac{\triangle V}{V} = \varepsilon(1 - 2\nu) = \dfrac{80}{3(100 \times 10^3)}\left[1 - 2\left(\dfrac{1}{5}\right)\right] = \dfrac{80}{3(100 \times 10^3)}\left(\dfrac{3}{5}\right)$

$$= \dfrac{80}{(100 \times 10^3)}\left(\dfrac{1}{5}\right) = \dfrac{16}{(10^5)} = 16 \times 10^{-5} = 1.6 \times 10^{-4}$$

단면적 변형률 $\left(\dfrac{\triangle A}{A}\right)$	$\dfrac{\triangle A}{A} = 2\nu\varepsilon$ [여기서, $\triangle A$: 단면적 변화량, A: 초기 단면적, ν: 푸아송비, ε: 변형률]
체적변형률 $\left(\dfrac{\triangle V}{V}\right)$	$\dfrac{\triangle V}{V} = \varepsilon(1 - 2\nu)$ [여기서, $\triangle V$: 체적(부피) 변화량, V: 초기 체적, ν: 푸아송비, ε: 변형률]

※ 2021년 상반기 서울교통공사 9호선 기계직 전공필기시험에서 유사문제로 출제되었다.

06

[열응력]

열응력 (σ)	$\sigma = E\alpha \triangle T$ [여기서, E: 재료의 종탄성계수(세로탄성계수, 영률), α: 선팽창계수, $\triangle T$: 온도 변화]
열에 의한 변형량(δ)	$\delta = \alpha \triangle T L$ [여기서, α: 선팽창계수, $\triangle T$: 온도 변화, L: 부재(재료)의 길이]]
열에 의한 변형률(ε)	$\varepsilon = \alpha \triangle T$ [여기서, α: 선팽창계수, $\triangle T$: 온도 변화]
열에 의한 힘(P)	$P = E\alpha \triangle T A$ [여기서, E: 재료의 종탄성계수(세로탄성계수, 영률), α: 선팽창계수, $\triangle T$: 온도 변화, A: 단면적]

→ 열응력과 관련된 인자는 온도차$(\triangle T)$, 세로탄성계수(E), 열팽창계수, 선팽창계수(α)이다. 비중과는 관련이 없다.

07

- **전단응력(τ)과 전단변형률(γ)의 관계**

$\therefore \tau = G\gamma$

　[여기서, τ: 전단응력, G: 전단탄성계수(횡탄성계수, 가로탄성계수), γ: 전단변형률(rad)]

$\therefore \gamma = \dfrac{\tau}{G} = \dfrac{0.03\mathrm{GPa}}{75\mathrm{GPa}} = 0.0004\,\mathrm{rad}$

※ 2021년 상반기 서울물재생시설공단 기계직 전공필기시험에서 유사문제로 출제되었다.

08

- **수직응력(인장응력, 압축응력, σ)**: $\sigma = \dfrac{P}{A}$

　[여기서, P: 인장하중 또는 압축하중, A: 하중이 작용하고 있는 단면적]

풀이

㉠ 정사각형 단면의 한 변의 길이를 a라고 하면, 정사각형 단면의 단면적$(A) = a^2$이다.

㉡ $A = a^2 = \dfrac{P}{\sigma} = \dfrac{90,000\mathrm{N}}{1\mathrm{Mpa}} = \dfrac{90,000\mathrm{N}}{1\mathrm{N/mm}^2} = 90,000\mathrm{mm}^2$

㉢ $a^2 = 90,000\mathrm{mm}^2 \rightarrow \therefore a = 300\mathrm{mm} = 30\mathrm{cm}$

09

- **유효세장비**: $\lambda_n = \dfrac{\lambda}{\sqrt{n}}$ 　[여기서, λ: 세장비, n: 단말계수]

　→ 지름이 주어져 있는 것으로 보아 원형기둥이라는 것을 알 수 있다. 따라서 원형기둥일 때 세장비는 $\lambda = \dfrac{4L}{d}$ 이므로 위의 식에 대입하면 다음과 같다.

$$\to \quad \therefore \lambda_n = \frac{\dfrac{4L}{d}}{\sqrt{n}} = \frac{4L}{d\sqrt{n}}$$

→ 기둥을 지지하는 지지점이 양단고정이므로 단말계수 n은 4이다. 그리고 기둥의 지름 d는 50cm, 기둥의 길이 L은 800cm이므로 각 수치를 위 식에 대입하면 유효세장비(λ_n)를 구할 수 있다.

$$\to \quad \therefore \lambda_n = \frac{4L}{d\sqrt{n}} = \frac{4(1,200\text{cm})}{(100\text{cm})\sqrt{1}} = \frac{4(1,200\text{cm})}{(100\text{cm})(1)} = 48$$

(수치를 대입할 때 항상 단위를 m 또는 cm로 통일시켜야 한다.)

지름이 d인 원형기둥의 세장비(λ)
(세장비는 기둥이 얼마나 가는지를 알려주는 척도이다.)

◎ $\lambda = \dfrac{L}{K}$ [여기서, L: 기둥의 길이, K: 회전반경(단면 2차 반지름)]   ◎ $K = \sqrt{\dfrac{I_{\min}}{A}}$

- 지름이 d인 원형기둥의 x축에 대한 단면 2차 모멘트와 y축에 대한 단면 2차 모멘트가 각각 $I_x = I_y = \dfrac{\pi d^4}{64}$으로 동일하기 때문에 $I_{\min}$에 $\dfrac{\pi d^4}{64}$을 대입하면 된다. 단, 직사각형 단면을 가진 기둥의 경우에는 I_x와 I_y가 다르기 때문에 둘 중에 작은 '최소 단면 2차 모멘트'를 $I_{\min}$에 대입해야 한다. 그 이유는 $I_{\min}$이 최소가 되는 축을 기준으로 좌굴이 발생하기 때문이다.

- 원형기둥이기 때문에 $I_{\min} = \dfrac{\pi d^4}{64}$이다. 단면적은 $A = \dfrac{1}{4}\pi d^2$이다. 이것을 회전반경 'K' 식에 대입하면 $K = \sqrt{\dfrac{I_{\min}}{A}} = (\sqrt{\dfrac{\pi d^4}{64}})/(\sqrt{\dfrac{\pi d^2}{4}}) = \sqrt{\dfrac{d^2}{16}} = \dfrac{d}{4}$

- 세장비는 $\lambda = \dfrac{L}{K}$이므로 K에 $\dfrac{d}{4}$를 대입하면 $\lambda = \dfrac{4L}{d}$이 된다.

※ 원형기둥의 세장비를 구하는 공식 '$\lambda_{\text{원형기둥}} = 4L/d$'은 **시간 절약**을 위해 반드시 암기하도록 한다.
  [여기서, L: 기둥의 길이, d: 기둥의 지름]

※ 유효세장비(좌굴세장비, λ_n): $\dfrac{\lambda}{\sqrt{n}}$ [여기서, n: 단말계수]

※ 좌굴길이(유효길이, L_n): $\dfrac{L}{\sqrt{n}}$ [여기서, n: 단말계수]

- 단말계수(끝단계수, 강도계수, n)

기둥을 지지하는 지점에 따라 정해지는 상수값으로, 이 값이 클수록 좌굴은 늦게 일어난다. 즉, 단말계수가 클수록 강한 기둥이다.

일단고정 타단자유	$n = 1/4$
일단고정 타단회전	$n = 2$
양단회전	$n = 1$
양단고정	$n = 4$

※ 2021년 상반기 서울교통공사 9호선 기계직 전공필기시험에서 유사문제로 출제되었다.

10

$Q = dU + W = dU + PdV$

즉, 시스템(계)에 공급된 열량(Q)은 계의 내부에너지 변화(dU)에 쓰이고 나머지는 외부에 일($PdV = W$)을 한다. 즉, 손실이 없는 한 에너지는 보존된다.

풀이

$Q = dU + W \rightarrow \therefore dU = Q - W = +158 - (+26) = 132\text{kJ}$

11

[디젤 사이클(압축착화기관의 이상 사이클)]

2개의 단열과정+1개의 정압과정+1개의 정적과정으로 구성되어 있는 사이클로, **정압하에서 열이 공급되고 정적하에서 열이 방출**된다. 정압하에서 열이 공급되기 때문에 정압 사이클이라고도 하며 저속디젤기관의 기본 사이클이다.

열효율(η)	$\therefore$ 디젤 사이클의 열효율(η) $= 1 - \left(\dfrac{1}{\varepsilon}\right)^{k-1} \cdot \dfrac{\sigma^k - 1}{k(\sigma - 1)}$ [여기서, ε: 압축비, σ: 단절비(차단비, 체절비, 절단비, 초크비, 정압팽창비), k: 비열비] • **디젤 사이클의 열효율(η)은 압축비(ε), 단절비(σ), 비열비(k)의 함수이다.** → **비열비(k)가 일정할 때, 디젤 사이클의 열효율(η)은 압축비(ε), 단절비(σ)의 함수가 된다.** • 압축비(ε)가 크고 단절비(σ)가 작을수록 열효율(η)이 증가한다.

압축비와 열효율	구분	디젤 사이클(디젤기관)	오토 사이클(가솔린기관)
	압축비	$12 \sim 22$	$6 \sim 9$
	열효율(η)	$33 \sim 38$	$26 \sim 28\%$

[가솔린기관(불꽃점화기관)]

• **가솔린기관의 이상 사이클은 오토(Otto) 사이클**이다.
• 오토 사이클은 **2개의 정적과정과 2개의 단열과정**으로 구성되어 있다.
• 오토 사이클은 정적하에서 열이 공급되므로 **정적연소 사이클**이라고 한다.

오토 사이클의 열효율(η)	$\eta = 1 - \left(\dfrac{1}{\varepsilon}\right)^{k-1}$ [여기서, ε: 압축비, k: 비열비] 비열비(k)가 일정한 값으로 정해지면 **압축비(ε)가 높을수록 이론 열효율(η)이 증가한다.**
혼합기	**공기와 연료의 증기가 혼합된 가스를 혼합기**라고 한다. 즉, 가솔린기관에서 혼합기는 기화된 휘발유에 공기를 혼합한 가스를 말하며 이 가스를 태우는 힘으로 가솔린기관이 작동된다. ※ 문제에서 '혼합기의 특성은 이미 결정되어 있다'라는 의미는 **공기와 연료의 증기가 혼합된 가스**, 즉 혼합기의 조성 및 종류가 이미 결정되어 있다는 것으로 **비열비(k)가 일정한 값**으로 정해진다는 의미이다.

※ 디젤 사이클, 오토 사이클과 관련된 이론 문제는 공기업 기계직에서 자주 출제된다.

12

정답 ④

[카르노 사이클(Carnot cycle)]

- <u>열기관의 이상 사이클로, 이상기체를 동작물질(작동유체)</u>로 사용한다.
- 이론적으로 사이클 중 <u>최고의 효율</u>을 가질 수 있다.
- <u>밀폐계 또는 정상유동계에서 사용될 수 있는 사이클이다.</u>

$P-V$ 선도	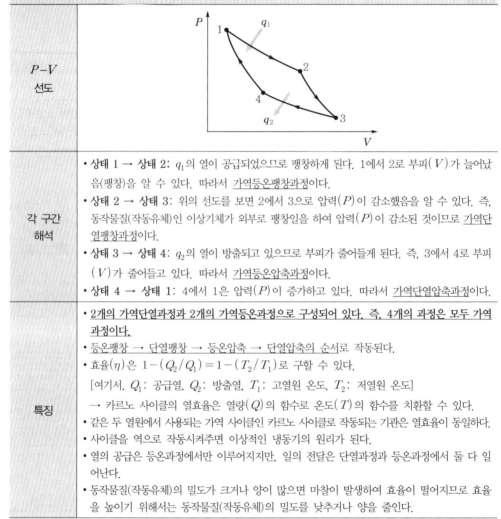
각 구간 해석	• **상태 1 → 상태 2**: q_1의 열이 공급되었으므로 팽창하게 된다. 1에서 2로 부피(V)가 늘어났음(팽창)을 알 수 있다. 따라서 <u>가역등온팽창과정</u>이다. • **상태 2 → 상태 3**: 위의 선도를 보면 2에서 3으로 압력(P)이 감소했음을 알 수 있다. 즉, 동작물질(작동유체)인 이상기체가 외부로 팽창일을 하여 압력(P)이 감소된 것이므로 <u>가역단열팽창과정</u>이다. • **상태 3 → 상태 4**: q_2의 열이 방출되고 있으므로 부피가 줄어들게 된다. 즉, 3에서 4로 부피(V)가 줄어들고 있다. 따라서 <u>가역등온압축과정</u>이다. • **상태 4 → 상태 1**: 4에서 1은 압력(P)이 증가하고 있다. 따라서 <u>가역단열압축과정</u>이다.
특징	• <u>2개의 가역단열과정과 2개의 가역등온과정으로 구성되어 있다. 즉, 4개의 과정은 모두 가역과정이다.</u> • <u>등온팽창 → 단열팽창 → 등온압축 → 단열압축</u>의 순서로 작동된다. • 효율(η)은 $1-(Q_2/Q_1)=1-(T_2/T_1)$로 구할 수 있다. [여기서, Q_1: 공급열, Q_2: 방출열, T_1: 고열원 온도, T_2: 저열원 온도] → 카르노 사이클의 열효율은 열량(Q)의 함수로 온도(T)의 함수를 치환할 수 있다. • 같은 두 열원에서 사용되는 가역 사이클인 카르노 사이클로 작동되는 기관은 열효율이 동일하다. • 사이클을 역으로 작동시켜주면 이상적인 냉동기의 원리가 된다. • 열의 공급은 등온과정에서만 이루어지지만, 일의 전달은 단열과정과 등온과정에서 둘 다 일어난다. • 동작물질(작동유체)의 밀도가 크거나 양이 많으면 마찰이 발생하여 효율이 떨어지므로 효율을 높이기 위해서는 동작물질(작동유체)의 밀도를 낮추거나 양을 줄인다.

※ 카르노 사이클 관련 이론 문제는 공기업 기계직 전공필기시험에서 자주 출제된다. 위의 개념만 숙지하면 99.9% 대비가 가능하다.

13

- **엔탈피(H)의 표현**

  $$H = U + PV$$

  [여기서, H: 엔탈피, U: 내부에너지, P: 압력, V: 부피(체적), PV: 유동에너지(유동일)]

풀이

㉠ $H = U + PV$

  → $120\text{kJ} = 80\text{kJ} + PV$ → $\therefore\ PV = 40\text{kJ}$

㉡ $PV = 40\text{kJ}$ → $\therefore\ V = \dfrac{40\text{kJ}}{\text{P}} = \dfrac{40\text{kJ}}{100\text{kPa}} = \dfrac{40\text{kN}\cdot\text{m}}{100\text{kN/m}^2} = 0.4\text{m}^3$

※ 2020년 하반기 한국중부발전 기계직 전공필기시험에서 유사문제로 출제되었다.

14

- **카르노 사이클의 열효율(η)**

  효율(η)은 $1 - \left(\dfrac{Q_2}{Q_1}\right) \times 100\% = 1 - \left(\dfrac{T_2}{T_1}\right) \times 100\%$로 구할 수 있다.

  [여기서, Q_1: 공급열, Q_2: 방출열, T_1: 고열원 온도, T_2: 저열원 온도]

풀이

㉠ $\eta = 1 - \left(\dfrac{Q_2}{Q_1}\right) \times 100\%$ → $40\% = 1 - \left(\dfrac{Q_2}{Q_1}\right) \times 100\%$ → $\underline{0.4 = 1 - \left(\dfrac{Q_2}{Q_1}\right)}$

㉡ 공급열량(Q_1)은 200kJ이다. 위의 식에 대입한다.

㉢ $0.4 = 1 - \left(\dfrac{Q_2}{200\text{kJ}}\right)$ → $\dfrac{Q_2}{200\text{kJ}} = 0.6$ → $\therefore\ Q_2 = 0.6(200\text{kJ}) = 120\text{kJ}$

※ 카르노 사이클 관련 계산 문제는 공기업 기계직 전공필기시험에서 자주 출제된다. 위의 개념만 숙지하면 99.9% 대비가 가능하다.

15

- **이상기체 상태방정식($PV = mRT$)**

  $$PV = mRT \rightarrow \therefore\ m = \frac{PV}{RT} = \frac{(150\text{kPa})(18\text{m}^3)}{(0.3\text{kJ/kg}\cdot\text{K})(27+273\text{K})} = 30\text{kg}$$

※ 이상기체 상태방정식을 이용하여 계산하는 기본 문제는 공기업 기계직 전공필기시험에서 자주 출제된다.

16

- 코일스프링에 발생하는 **최대전단응력**$(\tau_{\max}) = \dfrac{8PDK}{\pi d^3}$

  [여기서, P: 스프링에 작용하는 하중, D: 코일의 평균 지름, K: 왈의 응력수정계수,
  d: 소선의 지름(스프링 재료의 지름)]

풀이

$$\therefore D = \frac{\tau_{\max}(\pi d^3)}{8PK} = \frac{(200\text{MPa})(3)(10\text{mm})^3}{8(3 \times 10^3\text{N})(1)} = 25\text{mm}$$

※ 이는 2021년 상반기 한국철도공사 기계직 전공필기시험에서 유사문제로 출제되었다.

17

1. 길이가 L인 외팔보의 중앙에 집중하중 P가 작용할 때의 **최대처짐량**$(\delta_{\max}) = \dfrac{5PL^3}{48EI}$

2. 길이가 L인 외팔보의 끝단에 집중하중 P가 작용할 때의 **최대처짐량**$(\delta_{\max}) = \dfrac{PL^3}{3EI}$

풀이

㉠ 중앙과 끝단에 집중하중 P가 작용할 때의 최대처짐량을 각각 구한 후 더하면 된다.
㉡ '1'의 경우는 면적모멘트법으로 유도할 수 있으나, 자주 나오는 기본 형태이므로 암기하는 것이 좋다.
㉢ '2'의 경우도 여러 방법을 통해 유도할 수 있으나, 자주 나오는 기본 형태이므로 암기하는 것이 좋다.
㉣ $\therefore \delta_{\max}{}' = \dfrac{5PL^3}{48EI} + \dfrac{PL^3}{3EI} = \dfrac{5PL^3}{48EI} + \dfrac{16PL^3}{48EI} = \dfrac{21PL^3}{48EI}$

※ 외팔보의 처짐량을 구하는 문제는 공기업 기계직 전공필기시험에서 자주 출제된다. 이 문제도 다수의
공기업에서 출제된 바 있다.

18

- 수직하중(인장하중 또는 압축하중)이 작용했을 때의 **변형량**(δ)

  $$\delta = \frac{PL}{EA} \quad [\text{여기서, } P: 하중, L: 길이, E: 종탄성계수(세로탄성계수, 영률), A: 단면적]$$

풀이

$$\therefore \delta = \frac{PL}{EA} = \frac{PL}{E\left(\frac{1}{4}\pi d^2\right)} = \frac{(2.5 \times 10^3\text{N})(3{,}000\text{mm})}{(0.25 \times 10^3\text{N/mm}^2)\left(\frac{1}{4}3\,[50\text{mm}]^2\right)} = \frac{(2.5 \times 10^3\text{N})(3{,}000\text{mm})}{(0.25 \times 10^3\text{MPa})\left(\frac{1}{4}\pi\,[50\text{mm}]^2\right)}$$

$$= 16\text{mm}$$

※ 단, $1\text{MPa} = 1\text{N/mm}^2$이다.

※ 수직하중이 작용할 때, 변형량을 계산하는 문제는 공기업 기계직 전공필기시험에서 자주 출제되고 있
다. 이 문제도 다수의 공기업에서 출제된 바 있다.

19

정답 ③

• 증기압축 냉동 사이클

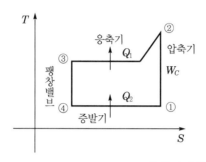

1. 증기압축 냉동 사이클의 성적계수(성능계수, COP ε_r) : $\dfrac{\text{증발기에서 흡수한 열량}}{\text{압축기 일량}} = \dfrac{Q_2}{W_C}$

2. W_C는 점 ②의 엔탈피에서 점 ①의 엔탈피를 뺀 값이다. 즉, $W_C = h_2 - h_1$이다.

3. Q_2는 점 ①의 엔탈피에서 점 ④의 엔탈피를 뺀 값이다. 즉, $Q_2 = h_1 - h_4$이다.

풀이

㉠ 증기압축 냉동 사이클의 작동순서는 '① → ② → ③ → ④'이다. 점 ①은 압축기의 입구 또는 증발기의 출구, 점 ②는 압축기의 출구 또는 응축기의 입구, 점 ③은 응축기의 출구 또는 팽창밸브의 입구, 점 ④는 팽창밸브의 출구 또는 증발기의 입구이다. 따라서 다음과 같이 구할 수 있다.

㉡ $Q_2 = h_1 - h_4 = 235\text{kcal/hr} - 92\text{kcal/hr} = 143\text{kcal/hr}$

㉢ $W_C = h_2 - h_1 = 261\text{kcal/hr} - 235\text{kcal/hr} = 26\text{kcal/hr}$

㉣ $\therefore \ \varepsilon_r = \dfrac{\text{증발기에서 흡수한 열량}}{\text{압축기 일량}} = \dfrac{Q_2}{W_C} = \dfrac{143\text{kcal/hr}}{26\text{kcal/hr}} = 5.5$

※ 증기압축 냉동 사이클의 성능계수를 계산하는 문제는 공기업 기계직 전공필기시험에서 자주 출제된다. 이 문제도 다수의 공기업에서 출제된 바 있다.

20

정답 ①

$W = P \Delta V$ [여기서, W: 기체가 한 팽창일, P: 압력, ΔV: 부피변화량]

$\rightarrow \ W = P\Delta V = P(V_2 - V_1) = (600\text{kPa})(1.5\text{m}^3 - 0.8\text{m}^3) = 420\text{kJ}$

※ **단위 파악**: $\text{kPa} = \text{kN/m}^2$에 부피의 단위 m^3가 곱해지면 다음과 같다.

$(\text{kN/m}^2)(\text{m}^3) = \text{kN} \cdot \text{m} = \text{kJ}$ [단, $1\text{J} = 1\text{N} \cdot \text{m}$]

[피스톤–실린더 장치]

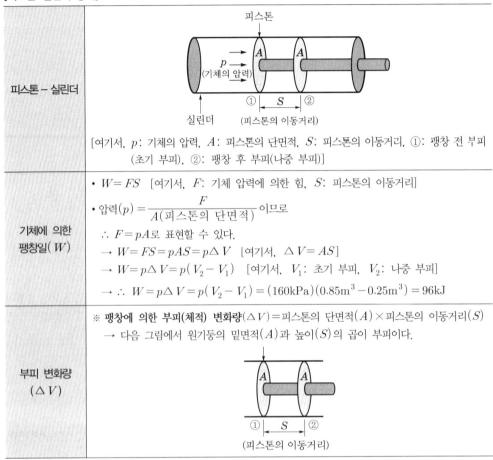

피스톤 – 실린더	[여기서, p: 기체의 압력, A: 피스톤의 단면적, S: 피스톤의 이동거리, ①: 팽창 전 부피 (초기 부피), ②: 팽창 후 부피(나중 부피)]
기체에 의한 팽창일(W)	• $W = FS$ [여기서, F: 기체 압력에 의한 힘, S: 피스톤의 이동거리] • 압력$(p) = \dfrac{F}{A(\text{피스톤의 단면적})}$ 이므로 ∴ $F = pA$로 표현할 수 있다. → $W = FS = pAS = p\triangle V$ [여기서, $\triangle V = AS$] → $W = p\triangle V = p(V_2 - V_1)$ [여기서, V_1: 초기 부피, V_2: 나중 부피] → ∴ $W = p\triangle V = p(V_2 - V_1) = (160\text{kPa})(0.85\text{m}^3 - 0.25\text{m}^3) = 96\text{kJ}$
부피 변화량 $(\triangle V)$	※ 팽창에 의한 부피(체적) 변화량$(\triangle V)$=피스톤의 단면적(A)×피스톤의 이동거리(S) → 다음 그림에서 원기둥의 밑면적(A)과 높이(S)의 곱이 부피이다.

※ 2021년 상반기 서울교통공사 9호선 기계직 전공필기시험에서 유사문제로 출제되었다.

21

정답 ②

[이상기체의 등온과정]

| 내부에너지 변화 (dU) | $dU = U_2 - U_1 = m C_v \triangle T = m C_v (T_2 - T_1)$
[여기서, m: 질량, C_v: 정적비열, $\triangle T$: 온도변화]
→ $dU = m C_v \triangle T = m C_v (T_2 - T_1)$에서 등온과정이므로 $T_1 = T_2$이다. 따라서 $dU = 0$이 된다.
즉, $U_2 - U_1 = 0$이므로 $U_1 = U_2 = \text{constant}$
초기 내부에너지 U_1과 나중 내부에너지 U_2가 같기 때문에 내부에너지의 변화는 0이다. |

엔탈피 변화 (dH)	$dH = H_2 - H_1 = m C_p \triangle T = m C_p (T_2 - T_1)$ [여기서, m: 질량, C_p: 정압비열, $\triangle T$: 온도변화] → $dH = m C_p \triangle T = m C_p (T_2 - T_1)$에서 등온과정이므로 $T_1 = T_2$이다. 따라서 $dH = 0$이 된다. 즉, $H_2 - H_1 = 0$이므로 $H_1 = H_2 = $ constant **초기 엔탈피 H_1과 나중 엔탈피 H_2가 같기 때문에 엔탈피의 변화는 0이다.**
절대일 $(W = PdV)$	$Q = dU + W = dU + PdV$ 시스템(계)에 공급된 열량(Q)은 계의 내부에너지 변화(dU)에 쓰이고 나머지는 외부에 일(PdV)을 한다. 즉, 손실이 없는 한 에너지는 보존된다. → 등온과정이므로 $dU = 0$이 된다. → $Q = 0 + W = 0 + PdV \rightarrow \therefore Q = W = PdV$ **즉, 등온과정에서의 열량(Q)은 절대일(W)과 같다.**
공업일 $(W_t = -VdP)$	$Q = dH + W_t = dH - VdP \rightarrow$ 등온과정이므로 $dH = 0$이 된다. → $Q = 0 + W_t = 0 - VdP \rightarrow \therefore Q = W_t = -VdP$ **즉, 등온과정에서의 열량(Q)은 공업일(W_t)과 같다.**

㉠ 절대일과 공업일이 같다. → 등온과정에서 공급된 열량(Q)이 절대일과 공업일로 각각 같기 때문에 절대일과 공업일도 같다는 것을 알 수 있다.

㉡ 압력과 체적은 비례한다. → $PV = mRT$에서 등온과정이기 때문에 온도(T)를 상수 취급할 수 있다. 질량(m)과 기체상수(R)도 상수이므로 우변은 모두 상수(C)이다. 즉, 등온과정에서 다음과 같은 식이 성립한다.

$PV = $ constant

→ 이 식을 통해 압력(P)과 부피(V)는 서로 **반비례**한다는 것을 알 수 있다.

※ 2021년 상반기 한국철도공사 기계직 전공필기시험에서 99% 유사문제로 출제되었다.

22

• **뉴턴의 운동 제2법칙(가속도의 법칙):** $F = ma$

[여기서, F: 물체에 작용하는 힘, m: 물체의 질량, a: 물체의 가속도]

※ '$F = ma$'의 본질적인 의미

> 질량이 m인 물체에 일정한 힘(외력)이 작용하면, 그 물체는 반드시 등가속도운동을 하게 된다.

풀이

㉠ 정지하고 있는 물체에 일정한 힘(외력)이 가해진다. 즉, 이 물체는 반드시 등가속도운동을 하게 될 것이며 일정한 가속도(a)를 가지게 될 것이다.

㉡ 정지 상태에서 일정한 가속도(a)를 갖게 되어, 5초 후가 되었을 때의 속도가 63m/s가 되는 물체의 속도−시간 그래프는 다음과 같이 나타낼 수 있다.

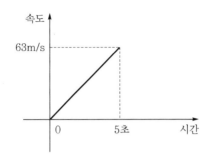

ⓒ 속도–시간 그래프에서의 기울기가 바로 물체의 가속도(a)의 크기이다. 기울기는 x방향 변화량에 대한 y방향 변화량이므로 $a = \dfrac{\triangle y}{\triangle x} = \dfrac{63-0}{5-0} = 12.6\mathrm{m/s^2}$가 된다.

※ 등가속도운동을 해석하는 문제는 공기업 기계직 전공필기시험에서 자주 출제된다. 이 문제도 다수의 공기업에서 출제된 바 있다.

※ $F = ma$ 공식만 암기하지 말고, $F = ma$의 본질적인 의미를 반드시 알아둔다. 응용문제가 출제되었을 때 큰 도움이 된다.

23
정답 ①

[전기로 제강법]
전기의 열로 파쇄, 선철을 용해하여 강을 제조하는 방법이다. 용량은 1회에 용해할 수 있는 무게를 톤(t)으로 표시하며 주로 5~200t까지 다양한 크기가 있다.

• 전기로 제강법의 특징
　① 고온을 쉽게 얻을 수 있으며 온도 제어가 용이하다.
　② 연료계통의 설비가 불필요하다.
　③ 제강의 원료 구입이 용이하다.
　④ 순도가 높은 고품질의 제품, 고급강, 특수강의 제조에 사용된다.
　⑤ 산화, 환원 조절이 쉬워 인(P), 황(S)의 제거가 용이하다.
　⑥ **전력 소모량이 많다.**

※ 전기로 제강법에 대한 문제는 2021년 하반기 한국동서발전 기계직 전공필기시험에서 출제된 바 있으며, 이 외에도 다수의 공기업에서 자주 출제되고 있다.

24
정답 ④

[금속침투법(시멘테이션)]
재료를 가열하여 철과 친화력이 좋은 금속을 표면에 침투시켜 확산에 의해 합금 피복층을 얻는 방법이다. 금속침투법을 통해 재료의 내식성·내열성·내마멸성 등을 향상시킬 수 있다.

칼로라이징	철강 표면에 **알루미늄(Al)**을 확산 침투시키는 방법으로, 확산제로는 알루미늄, 알루미나 분말 및 염화암모늄을 첨가한 것을 사용하며, 800~1000℃ 정도로 처리한다. 또한 **고온산화에 견디기 위해서** 사용된다.

실리콘나이징	철강 표면에 <u>규소(Si)</u>를 침투시켜 **방식성을 향상**시키는 방법이다.
보로나이징	표면에 **붕소(B)**를 침투 확산시켜 경도가 높은 보론화층을 형성시키는 방법으로, **저탄소 강의 기어 이 표면의 내마멸성 향상**을 위해 사용된다. 경도가 높아 처리 후 담금질이 불필요하다.
크로마이징	강재 표면에 <u>크롬(Cr)</u>을 침투시키는 방법으로, **담금질한 부품을 줄질할 목적**으로 사용되며 **내식성이 증가**된다.
세라다이징	고체 <u>아연(Zn)</u>을 침투시키는 방법으로, 원자 간의 상호 확산이 일어나며 **대기 중 부식 방지 목적**으로 사용된다.

※ 금속침투법에 대한 문제는 다수의 공기업에서 자주 출제된다.

25
정답 ③

① **인발**: 금속 봉이나 관 등을 다이에 넣고 축 방향으로 잡아당겨 지름을 줄임으로써 가늘고 긴 선이나 봉재 등을 만드는 가공방법이다.
② **압출**: 상온 또는 가열된 금속을 용기 내의 다이를 통해 밀어내어 봉이나 관 등을 만드는 가공방법이다.
③ **단조**: 금속재료를 소성유동하기 쉬운 상태에서 금형이나 공구(해머 따위)로 압축력 또는 충격력을 가해 성형하는 가공방법이다.
④ **압연**: 열간, 냉간에서 재료를 회전하는 두 개의 롤러 사이에 통과시켜 두께를 줄이는 가공방법이다.

※ 소성가공의 종류(단조, 인발, 압연, 압출 등)에 대한 문제는 2020년 하반기 인천교통공사 기계직 전공 필기시험에서 출제된 바 있으며, 이 외에도 다수의 공기업에서 자주 출제되고 있다.

26
정답 ②

• 노즐의 경우는 단열로 가정하며, 일의 출입은 없다. 또한 일반적으로 전·후의 위치에너지가 같기 때문에 '**엔탈피**(h)**의 감소량 → 운동에너지**(E)**의 변화량**'으로 변환된다. 이를 수식으로 표현하면 다음과 같다.

㉠ $\triangle h = h_2 - h_1 = -500\text{kcal/kg}$

㉡ $\triangle E = \frac{1}{2}(V_1^2 - V_2^2)$ → 입구의 속도(V_1)를 무시할 수 있으므로 $\triangle E = -\frac{1}{2} V_2^2$이 된다.

㉢ $\triangle h = \triangle E$ → $-500\text{kcal/kg} = -\frac{1}{2} V_2^2$

㉣ 양변에 1kg을 곱한다. $-500\text{kcal} = -\frac{1}{2} V_2^2 (1\text{kg})$

※ 운동에너지(E)의 변화량은 1kg에 대한 운동에너지(E)의 변화량이다. 또한 속도의 단위제곱과 질량의 단위를 곱하면 에너지의 기본 단위인 J이 도출된다. 그리고 $1\text{kcal} = 4,180\text{J}$이므로 다음과 같다.

㉤ $-500(4,180\text{J}) = -\frac{1}{2} V_2^2 [\text{J}]$

→ $500(4,180)(2) = V_2^2$ → $V_2^2 = 4,180,000$ → ∴ $V_2 = \sqrt{4,180,000} ≒ 2,000\text{m/s}$

※ 노즐과 관련된 계산 문제는 출제빈도가 낮은 편이나, 공기업 기계직 전공필기시험에서 가끔 출제되는 유형이다.

27

정답 ④

• 정압비열(C_p), 정적비열(C_v), 기체상수(R), 비열비(k)

㉠ $k = \dfrac{C_p}{C_v}$

㉡ $R = C_p - C_v$

풀이

∴ $C_p = R + C_v \equiv 0.1855 + 0.7545 = 0.940\,\text{kJ/kg} \cdot \text{K}$

• 암기하면 편리한 공기의 수치들(필수 암기)

공기의 비열비(k)	공기의 정압비열(C_p)	공기의 정적비열(C_v)	공기의 기체상수(R)
1.4	1.0045kJ/kg·K	0.7175kJ/kg·K	0.287kJ/kg·K

※ 공기의 정압비열(C_p)을 약 1kJ/kg·K, 공기의 정적비열(C_v)을 약 0.71kJ/kg·K으로 대략적으로 암기해도 좋다. 이 수치들을 암기해 두면 실제 시험에서 시간을 절약할 수 있다. 이 문제뿐만 아니라 실제 공기업 기계직 전공시험에서 공기의 수치들을 암기하고 있으면 열역학 문제를 쉽게 풀 수 있다.

※ 이러한 문제의 다수의 여러 공기업 기계직 전공필기시험에서도 출제된 바 있다.

28

정답 ④

[선반에서 사용되는 척의 종류]

연동척 (만능척, 스크롤척)	• 3개의 조가 1개의 나사에 의해 동시에 움직이는 척이다. • 특징 – 중심잡기가 편리하나, 조임력이 약하다.
단동척	• 4개의 조가 각각 단독으로 움직이는 척이다. • 특징 – 강력한 조임이 가능하며, 편심가공이 용이하다. – 불규칙한 모양의 일감을 고정하는 데 사용된다. – 중심을 잡는 데 시간이 많이 소요된다.
양용척	• 연동척과 단동척의 두 가지 작용을 할 수 있는 척이다. • 특징 – 불규칙한 공작물을 대량으로 고정할 때 편리하다.
마그네틱척	• 척 내부에 전자석을 설치한 척이다. • 특징 – 얇은 일감을 변형시키지 않고 고정할 수 있다. – 비자성체의 일감은 고정하지 못하며 강력한 절삭이 곤란하다. – 마그네틱척을 사용하면 일감에 잔류 자기가 남아 탈자기로 탈자시켜야 한다.
콜릿척	• 가는 지름의 봉재를 고정하는 데 사용하는 척이다. • 특징 – 터릿선반이나 자동선반에서 지름이 작은 공작물이나 각봉을 대량으로 가공할 때 사용한다.

공기척	• 압축공기를 이용하여 조를 자동으로 작동시켜 일감을 고정하는 척이다. • 특징 − 고정력은 공기의 압력으로 조정할 수 있다. − 운전 중에도 작업이 가능하다. − 기계운전을 정지시키지 않고 일감을 고정하거나 분리를 자동화할 수 있다.

※ 척의 종류에 대한 문제는 다수의 공기업에서 출제된 바 있다.

29

정답 ②

• 뉴턴의 점성법칙: $\tau = \mu\left(\dfrac{du}{dy}\right)$

τ	μ	$\dfrac{du}{dy}$
전단응력(Pa)	점성계수($N \cdot s/m^2 = Pa \cdot s$)	속도구배, 속도변형률, 전단변형률, 각변형률, 각변형속도

풀이

뉴턴의 점성법칙 식에 따라 관련이 있는 변수는 '전단응력, 점성계수, 속도구배'인 것을 알 수 있다. 따라서 3개이므로 답은 ②번이다.

※ 뉴턴의 점성법칙과 관련된 문제는 공기업 기계직 전공필기시험에서 자주 출제되는 내용이다. 2019년 하반기 서울주택도시공사(SH) 기계직 전공필기시험에서도 뉴턴의 점성법칙과 관련된 내용을 물어보는 문제가 출제된 바 있다. 2019년 하반기 서울주택도시공사(SH) 기계직 전공기출문제는 《기계의 진리 06》에 수록되어 있다.

※ 점성계수(μ)의 단위는 기본적으로 암기하고 있는 것이 공기업 기계직 전공필기시험을 대비하는 데 있어 큰 도움이 된다. 단위 자체를 물어보는 문제도 공기업에서 많이 출제되었다.

30

정답 ④

• 관의 등가길이(관의 상당길이, L_e): 관로의 단면적 변화로 인한 부차적 손실을 고려하기 위해 손실수두를 계산할 때, 부차적 손실계수(K)를 곱하여 계산한다. 이때 부차적 손실을 고려하기 위한 관의 길이를 관의 등가길이 또는 관의 상당길이라고 한다.

풀이

㉠ 관 벽과 유체 사이의 직접적인 마찰로 인해 발생하는 직접적인 손실수두(h_l) $= f\dfrac{L}{D}\dfrac{V^2}{2g}$

   [여기서, f: 관마찰계수, L: 관의 길이, D: 관의 직경, V: 유체속도, g: 중력가속도]

㉡ 부차적 손실을 고려한 손실수두(h_l) $= K\dfrac{V^2}{2g}$

   [여기서, K: 부차적 손실계수, V: 유체속도, g: 중력가속도]

㉢ ㉠과 ㉡을 같다고 놓고 구했을 때 관의 길이가 관의 등가길이(L_e)이다.

$$\rightarrow f\frac{L}{D}\frac{V^2}{2g} = K\frac{V^2}{2g}$$

※ 속도수두$\left(\dfrac{V^2}{2g}\right)$는 서로 약분된다. $\rightarrow f\dfrac{L}{D} = K \rightarrow \therefore L = L_e = \dfrac{KD}{f}$

※ 2019년 한전KPS 기계직 전공필기시험에서 90% 유사문제로, 2022년 상반기 한국토지주택공사(LH) 기계직 전공필기시험에서 동일문제로 출제되었다.

31
정답 ④

[특수강의 분류]

구조용 특수강	강인강, 표면경화용강, 쾌삭강, 스프링강 등
공구용 특수강	**탄소공구강, 고속도강, 합금공구강, 초경합금, 주조경질합금(스텔라이트), 세라믹 등**
특수용도용 특수강	스테인리스강, 규소강, 내열강, 불변강, 자석강 등

※ 특수강과 관련된 문제는 공기업 기계직 전공필기시험에서 자주 출제된다.

32
정답 ②

• 비중량(γ)은 단위부피당 무게(중량)를 의미한다. 따라서 비중량$(\gamma) = \dfrac{\text{무게(중량)}}{\text{부피}}$이다.

 → 단위부피(m^3)당 무게(중량, N)이므로 비중량(γ)의 단위는 N/m^3이 된다.

※ $1L = 0.001\text{m}^3$이다.

풀이

$$\gamma(\text{비중량}) = \frac{W(\text{무게})}{V(\text{부피})}$$

$$\therefore W(\text{무게}) = \gamma(\text{비중량}) \times V(\text{부피}) = (6{,}500\text{N/m}^3)(10 \times 0.001\text{m}^3) = 65\text{N}$$

※ 비중량과 관련된 기본 계산문제는 다수의 공기업 기계직 전공필기시험에서 자주 출제된다.

33
정답 ③

[모세관 현상(capillary phenomenon)★]

> **액체의 응집력과 관과 액체 사이의 부착력에 의해 발생되는 현상이다.**
> ※ **응집력: 동일한 분자 사이에 작용하는 인력**

모세관 현상의 특징	• 물의 경우 응집력보다 부착력이 크기 때문에 모세관 안의 유체 표면이 상승(위로 향한다)하게 된다. • 수은의 경우 응집력이 부착력보다 크기 때문에 모세관 안의 유체 표면이 하강(아래로 향한다)하게 된다. • 관이 경사져도 액면상승높이에는 변함이 없다. • 접촉각이 $90°$보다 클 때(둔각)에는 액체의 높이는 하강한다. • 접촉각이 $0 \sim 90°$(예각)일 때는 액체의 높이는 상승한다.

모세관 현상의 예	• 식물은 토양 속의 수분을 모세관 현상에 의해 끌어올려 물속에 용해된 영양물질을 흡수한다. • 고체(파라핀) → 액체 → 모세관 현상으로 액체가 심지를 타고 올라간다. • 종이에 형광펜을 이용하여 그림을 그린다. • 종이에 만년필을 이용하여 글씨를 쓴다.	
액면상승 높이	관의 경우	$h = \dfrac{4\sigma \cos \beta}{\gamma d}$ [여기서, h: 액면상승높이, σ: 표면장력, β: 접촉각, γ: 비중량, d: 지름]
	평판의 경우	$h = \dfrac{2\sigma \cos \beta}{\gamma d}$ [여기서, h: 액면상승높이, σ: 표면장력, β: 접촉각, γ: 비중량, d: 지름]

풀이

'관'이므로 $h = \dfrac{4\sigma \cos \beta}{\gamma d}$ 를 사용한다.

위 식을 기반으로 '$h \propto \dfrac{1}{d}$'의 관계를 알 수 있다. 즉, 액면상승높이(h)는 관의 지름(d)에 반비례한다.

→ 지름(d) 비가 1 : 4 이므로 액면상승높이(h)의 비는 4 : 1 이 된다(반비례 관계이므로).

※ 2021년 상반기 한국가스공사 기계직 전공필기시험에서 출제되었다.
※ 이 문제의 유형은 다수의 공기업에서 자주 출제되고 있다.

34
정답 ③

[수평원관에서의 하겐-푸아죄유(Hagen-Poiseuille) 방정식]

수평원관에서의 하겐-푸아죄유 (Hagen-Poiseuille) 방정식	$Q[\text{m}^3/\text{s}] = \dfrac{\triangle P \pi d^4}{128 \mu l}$ [여기서, Q: 체적유량, $\triangle P$: 압력 강하, d: 관의 지름, μ: 점성계수, l: 관의 길이] → $Q = AV = \dfrac{\gamma h_l \pi d^4}{128 \mu l}$ [여기서, $\triangle P = \gamma h_l$이며 $\triangle P$: 압력강하, γ: 비중량] ※ <u>완전발달 층류 흐름에만 적용이 가능하다(난류는 적용하지 못한다).</u>

풀이

$Q = \dfrac{\triangle P \pi d^4}{128 \mu l} \rightarrow \therefore \triangle P = \dfrac{128 Q \mu l}{\pi d^4}$

① 압력강하($\triangle P$)는 유량(Q)의 1승에 비례함을 알 수 있다.
② 압력강하($\triangle P$)는 점성계수(μ)의 1승에 비례함을 알 수 있다.
③ **압력강하($\triangle P$)는 관의 지름(d)의 4승에 반비례함을 알 수 있다.**
④ 압력강하($\triangle P$)는 관의 길이(l)의 1승에 비례함을 알 수 있다.

※ 이 문제는 다수의 공기업 기계직 전공필기시험에서 자주 출제된다.

[다르시-바이스바흐 방정식(Darcy-Weisbach equation)]

다르시- 바이스바흐 방정식 (Darcy-Weisbach equation)	일정한 길이의 원관 내에서 유체가 흐를 때 발생하는 마찰로 인한 압력 손실 또는 수두 손실과 비압축성 유체의 흐름의 평균 속도와 관련된 방정식이다. → 직선 원관 내에 유체가 흐를 때 관과 유체 사이의 마찰로 인해 발생하는 <u>직접적인 손실(h_l)</u>을 구할 수 있다. • $h_l = f_D \dfrac{l}{d} \dfrac{V^2}{2g}$ [여기서, h_l: 손실수두, f_D: 다르시 관마찰계수, l: 관의 길이, d: 관의 직경, V: 유속, g: 중력가속도] • $\dfrac{\triangle P}{\gamma} = f_D \dfrac{l}{d} \dfrac{V^2}{2g}$ [여기서, $\triangle P = \gamma h_l$, $\triangle P$: 압력강하, γ: 비중량] ★ 다르시-바이스바흐 방정식은 층류, 난류에서 모두 적용이 가능하나 하겐-푸아죄유 방정식은 층류에서만 적용이 가능하다.
패닝(Fanning) 마찰계수	패닝 마찰계수는 **난류의 연구에 유용**하다. 그리고 비압축성 유체의 완전발달흐름이면 **층류에서도 적용이 가능**하다. ※ 다르시 관마찰계수와 패닝 마찰계수의 관계: $f_D = 4f_f$ [여기서, f_f: Fanning 마찰계수]

직접적인 손실과 국부저항손실(부차적 손실, 형상 손실)	
직접적인 손실	직선 원관 내에서 유체가 흐를 때, **유체와 관 벽 사이의 마찰**로 인해 발생하는 손실이다. 이 손실은 **다르시-바이스바흐 방정식**으로 구할 수 있다.
국부저항손실	• 밸브류, 이음쇠 및 굴곡관에서 발생하는 손실이다. • 관의 축소 및 확대에 의해 발생하는 손실이다.

35

정답 ②

[항력(D)]

$D = C_D \dfrac{\rho V^2}{2} A$ [여기서, D: 항력, C_D: 항력계수, ρ: 밀도, V: 속도, A: 투영면적]

※ A는 **투영면적**이다. 야구공의 형상은 '구' 모양으로 '구'를 투영시키면 2차원 원이 된다. 즉, A는 투영면적으로 원의 면적$\left(\dfrac{1}{4}\pi d^2\right)$을 대입해야 한다.

풀이

$D = C_D \dfrac{\rho V^2}{2} A \rightarrow \therefore C_D = \dfrac{2D}{\rho V^2 A} = \dfrac{2(1.8\text{N})}{(1.2\text{kg/m}^3)(20\text{m/s})^2 \left[\dfrac{1}{4}(3)(0.05\text{m})^2\right]} = 4$

※ 2021년 상반기 한국철도공사 기계직 전공필기시험에서 유사문제로 출제되었다. 이 외에도 항력 관련 기본 계산문제는 다수의 공기업에서 출제된 바 있다.

36

정답 ③

[차원 해석]

F	힘(N)의 차원이다.
T	시간(s)의 차원이다.
L	길이(m)의 차원이다.
M	질량(kg)의 차원이다.

- **동력**: 단위시간(s)당 한 일(J = N·m)을 말한다. 즉, '단위시간(s)에 얼마의 일(J = N·m)을 하는가'를 나타내는 것으로 동력의 단위는 J/s = W(와트)이다(1W = 1J/s = 1N·m/s).

  따라서 동력은 $\dfrac{일}{시간} = \dfrac{W}{t} = \dfrac{F \cdot S}{t} = F \cdot V$로 구할 수 있다.

  [여기서, W: 일, F: 힘, S: 이동거리, t: 시간, V: 속도]

※ 일(W)의 기본 단위는 J이며 일(W) = $F \cdot S$이므로 일의 단위는 N·m로도 표현이 가능하다. 따라서 1J = 1N·m이다.

※ 속도(V) = $\dfrac{거리(S)}{시간(t)}$이다.

㉠ 동력의 단위는 힘×속도이므로 '1N·m/s = $\dfrac{1N \cdot m}{s}$'이다. 그리고 1N은 다음과 같이 단위를 쪼갤 수 있다. $1N = 1kg \cdot m/s^2$ ($F = ma$이기 때문)

  → 따라서 동력의 단위는 $1N \cdot m/s = \dfrac{1kg \cdot m \cdot m}{s \cdot s^2} = \dfrac{1kg \cdot m^2}{s^3}$가 된다. 이를 차원에 대한 식으로 바꿔주면 다음과 같다.

㉡ 단위를 차원으로 치환 작업한다.
  ㉮ kg(킬로그램)은 질량의 단위이기 때문에 질량의 차원 M을 사용하여 대입한다.
  ㉯ m(미터)는 길이의 단위이기 때문에 길이의 차원 L을 사용하여 대입한다.
  ㉰ s(세크, 초)는 시간의 단위이기 때문에 시간의 차원 T를 사용하여 대입한다.

  → ∴ **동력의 단위**: $1N \cdot m/s = \dfrac{1kg \cdot m^2}{s^3} = \dfrac{ML^2}{T^3} = ML^2 T^{-3}$ $\left[여기서, \ T^{-3} = \dfrac{1}{T^3} \right]$

※ 차원으로 바꾸는 문제 유형은 다수의 공기업 기계직 전공필기시험에서 자주 출제된다.

37

정답 ②

[열의 종류]

현열	상태 변화(상변화)에는 쓰이지 않고 오로지 온도 변화에만 쓰이는 열량이다. ∴ Q(열량) = $Cm \triangle T$로 구할 수 있다. [여기서, C: 물체(물질)의 비열, m: 물체(물질)의 질량, $\triangle T$: 온도 변화]

	온도 변화에는 쓰이지 않고 오로지 상태 변화(상변화)에만 쓰이는 열량이다.	
잠열	증발잠열	액체 → 기체로 상태 변화(상변화)시키는 데 필요한 열량
		※ 100℃의 물 1kg을 100℃의 증기로 만드는 데 필요한 증발잠열은 539kcal/kg이다.
	융해잠열	고체 → 액체로 상태 변화(상변화)시키는 데 필요한 열량
		※ 0℃의 얼음 1kg을 0℃의 물로 상태 변화시키는 데 필요한 융해잠열은 약 80kcal/kg이다.

※ **상태 변화(상변화)**: '고체 → 액체, 액체 → 고체, 액체 → 기체, 기체 → 액체'처럼 상이 변화하는 일련의 과정을 말한다.

풀이

㉠ 질량이 x[kg]인 물의 온도를 15℃에서 75℃로 증가시킨다. 즉, 물의 상태는 계속 액체(물은 100℃에서 끓기 시작함)이므로 상태 변화(상변화)는 없다. 오직 온도만 15℃에서 75℃로 변화될 뿐이다. 따라서 오로지 상태 변화(상변화)에 사용되는 잠열은 고려하지 않으며 온도 변화($\triangle T$)에만 사용되는 현열만 고려하면 되고, 그 현열값이 바로 물의 온도를 15℃에서 75℃로 증가시키는 데 필요한 열량값이 된다.

㉡ $Q = Cm\triangle T \rightarrow Q = (1\text{kcal/kg} \cdot ℃)(x\,\text{kg})(75-15℃) = 1,200\text{kcal}$

$\rightarrow \therefore x = 20\text{kg}$

※ 단, 1kcal = 4,180J이다.

※ 2021년 상반기 서울교통공사 9호선 기계직 전공필기시험 등 다수의 공기업에서 자주 출제되었다.

※ 단순히 'Q(열량) $= Cm\triangle T$' 식만 암기하지 말고, 개념, 정의, 이해에 대한 문제도 출제되므로 열의 종류에 대한 본질적인 정의, 이해를 하길 바란다.

38

정답 ③

[이상기체 상태방정식($PV = mRT$)]

1. 압력(P)이 일정한 정압상태이므로 압력은 일정한 상수값으로 고정된다.
2. 질량(m)과 기체상수(R)도 일정한 상수값으로 고정된다.
3. $V = kT(k$는 비례상수)
   → 즉, 부피(체적, V)와 절대온도(T)는 비례관계를 갖는다.
4. 따라서 문제에서 부피(체적, V)가 2배가 된다고 나와 있으므로 절대온도(T)도 2배가 된다.
   → 초기 온도는 $15+273 = 288$K이며 나중 온도는 2배인 576K이 된다.
5. 압력(P)이 일정한 상태에서 공급된 열량(Q)을 구해야 하므로 정압비열(C_p)을 사용한다.
   $\therefore Q = mC_p\triangle T = mC_p(T_2 - T_1) = (3\text{kg})(1\text{kJ/kg} \cdot \text{K})(576-288\text{K}) = 864\text{kJ}$

※ 이 문제는 다수의 공기업에서 자주 출제되는 유형이다.

39

액체	• 액체는 온도가 증가하면 응집력이 감소하여 점도가 감소한다. → 온도가 증가하면 분자와 분자 사이의 거리가 멀어지면서 인력이 감소하고 이에 따라 응집력이 감소하여 끈끈함(점도)이 작아진다.
	• 점도의 단위: $N \cdot s/m^2$ • 1poise $= 0.1N \cdot s/m^2$
기체	• 기체는 온도가 증가하면 기체 분자들의 운동 활발성이 증가하여 분자들끼리 서로 충돌하며 운동량을 교환하면서 점도가 증가한다. → 온도가 증가하면 기체 분자들이 활발하게 운동하고, 그에 따라 서로 충돌하면서 운동량을 교환하게 되고 이에 따라 끈끈함(점도)이 증가한다.
	• 점도의 단위: $N \cdot s/m^2$ • 1poise $= 0.1N \cdot s/m^2$

동점도(동점성계수)	
정의	단위
점도를 밀도로 나눈 값	• 동점도 단위: m^2/s • 1stokes $= 1cm^2/s$

※ 점도(점성) 관련 문제에서 이것은 실수하지 말자!
→ 유체는 온도가 증가하면 점도가 증가한다
→ 유체는 온도가 증가하면 점도가 감소한다
위 두 가지 보기는 모두 틀린 보기이다.
유체는 액체와 기체를 총칭하여 부르는 말이다. 기체일 경우는 온도가 증가할수록 점도가 증가하고 액체일 경우는 온도가 증가할수록 점도가 감소하므로 유체의 온도가 증가하면 점도가 증가하는지 감소하는지 확정지을 수 없다. 반드시 점도 증감의 문제는 액체 또는 기체라고 분명하게 명시되어야만 성립한다는 것을 기억하자.

※ 이 문제는 다수의 공기업에서 자주 출제되는 유형이다.

40

[스텔라이트]
공구용 특수강 중 하나인 스텔라이트는 주조경질합금의 대표적인 상품으로 코발트(Co)를 주성분으로 한 $W - Co - Cr - C - Fe$의 합금이다.

※ 이 문제는 2022년 상반기 한국토지주택공사 기계직 전공필기시험에서 유사문제로 출제되었다.

41

[불변강의 종류]

불변강(고니켈강, 고-Ni강): 온도가 변해도 탄성률 및 선팽창계수가 변하지 않는 강	
인바	철(Fe)-니켈(Ni) 36%로 구성된 불변강으로 선팽창계수가 매우 작아(20℃에서 선팽창계수가 1.2×10^{-6}) 길이의 불변강이다. 용도로는 시계의 추, 줄자, 표준자, 측정기기, 바이메탈 등에 사용된다.
초인바	기존의 인바보다 선팽창계수가 더 작은 불변강으로 인바의 업그레이드 형태이다.
엘린바	철(Fe)-니켈(Ni) 36%-크롬(Cr) 12%로 구성된 불변강으로 탄성률(탄성계수)이 불변이다. 용도로는 정밀저울 등의 스프링, 고급시계, 기타 정밀기기의 재료에 적합하다.
코엘린바	엘린바에 코발트(Co)를 첨가한 것으로 공기나 물에 부식되지 않는다. 용도로는 스프링, 태엽 등에 사용된다.
플래티나이트	철(Fe)-니켈(Ni) 44~48%로 구성된 불변강으로 선팽창계수가 유리 및 백금과 거의 비슷하다. 용도로는 전구의 도입선으로 사용된다.
니켈로이	철(Fe)-니켈(Ni) 50%의 합금으로 용도는 자성재료에 사용된다.
퍼멀로이	철(Fe)-니켈(Ni) 78.5%의 합금으로 투자율이 매우 우수하여 고투자율 합금이다. 용도로는 발전기, 자심재료, 전기통신 재료로 사용된다.

※ 불변강은 강에 니켈(Ni)이 많이 함유된 강으로 고니켈강과 같은 말이다. 따라서 강에 니켈(Ni)이 많이 함유된 합금이라면(Fe에 Ni이 많이 함유된 합금) 일반적으로 불변강에 포함된다.

※ 불변강과 관련된 문제는 한국철도공사, 5대 발전사, 부산교통공사 등 다수의 공기업 기계직 전공필기시험에서 자주 출제되고 있다.

[베어링용 합금]

마찰계수 및 열변형이 적을 것. 내마모성·내식성·내충격성·피로한도·열전도성이 클 것	

소결 베어링 합금	• 오일리스 베어링
	  - '구리(Cu) + 주석(Sn) + 흑연'을 고온에서 소결시켜 만든 것이다.
	  - 분말야금공정으로 오일리스 베어링을 생산할 수 있다.
	  - 다공질재료이며 구조상 급유가 어려운 곳에 사용한다.
	  - 급유 시에 기계가동 중지로 인한 생산성의 저하를 방지할 수 있다.
	  - 식품기계, 인쇄기계 등에 사용되며 고속 중하중에 부적합하다.
	
	※ 다공질인 이유: 많은 구멍 속으로 오일이 흡착되어 저장되므로 급유가 곤란한 곳에 사용될 수 있기 때문이다.

화이트메탈
[주석(Sn)과 납(Pb)의 합금으로 자동차 등에 사용]
	• 주석계, 납(연)계, 아연계, 카드뮴계
	  - 주석계에서는 배빗메탈[안티몬(Sb)-아연(Zn)-주석(Sn)-구리(Cu)]이 대표적이다.
	  - 배빗메탈은 주요 성분이 안티몬(Sb)-아연(Zn)-주석(Sn)-구리(Cu)인 합금으로 내열성이 우수하므로 내연기관용 베어링 재료로 사용된다.

구리계	• 청동, 인청동, 납청동, 켈밋

[모넬메탈]

구리(Cu)−니켈(Ni)계 합금인 모넬메탈은 구리(Cu)−니켈(Ni) 65~70%의 합금으로 내식성과 내열성이 우수하며 기계적 성질이 좋기 때문에 펌프의 임펠러, 터빈 블레이드 재료로 사용된다.

42

정답 ③

용광로(고로)에서 철광석을 넣어 만들어진 용융된 선철(용선) 속에는 철 성분뿐만 아니라, 다양한 불순물들이 혼합되어 있다. 이 불순물들에는 황(S), 인(P), 탄소(C), 망간(Mn), 규소(Si)가 있다. 이 5가지 불순물 원소는 탄소강(강)을 제조한 후에도 일부가 남아 있게 되며 이를 탄소강(강)의 5대 원소라고도 한다.

※ 탄소강의 5대 원소와 관련된 기본 문제는 다수의 공기업 기계직 전공필기시험에서 자주 출제되고 있다.

43

정답 ②

① **피로**: 작은 힘이라도 반복적으로 힘을 가하게 되면 점점 변형이 증대되는 현상을 말한다.
② **크리프 현상**: **고온에서 연성재료**가 **정하중**을 받을 때, **시간에 따라** 변형이 **서서히 증대**되는 현상을 말한다.

※ 크리프 현상은 시간에 따라 변형이 급격하게 일어나는 것이 아니라, **서서히 증대**되는 현상이다. **최근 한국수력원자력 기계직 전공필기시험에서 '크리프 현상은 시간에 따라 변형이 급격하게 일어나는 현상이다'라고 틀린 보기로 출제된 바 있다.**

③ **연성**: 재료에 인장하중을 가했을 때, 길이 방향으로 가늘고 길게 잘 늘어나는 현상을 말한다.
④ **탄성**: 재료에 외력을 가하면 변형이 되고, 다시 외력을 제거하면 원래의 상태로 복귀하는 현상을 말한다.

✓ 크시피반*
1. **크리프**는 '**시간**', '일정한 하중(정하중)', '고온', '연성재료'라는 단어로 표현되어 있을 것이다.
2. **피로**는 '**반복하중**'이라는 단어로 표현되어 있을 것이다.

※ 크리프, 피로, 연성, 전성, 탄성, 인성, 경도 등의 정의를 찾는 기본 문제는 다수의 공기업 기계직 전공 필기시험에서 자주 출제되고 있다.

44

정답 ③

직접 측정 (절대 측정)		• 일정한 길이나 각도가 표시되어 있는 측정기구를 사용하여 직접 눈금을 읽는 측정이다. 보통 소량이며 종류가 많은 품목에 적합하다(다품종 소량 측정에 유리하다). • **직접 측정의 종류**: 버니어캘리퍼스(노기스), 마이크로미터, 하이트게이지
	장점	• 측정범위가 넓고 측정치를 직접 읽을 수 있다. • 다품종 소량 측정에 유리하다.
	단점	• 판독자에 따라 치수가 다를 수 있다(측정오차). • 측정시간이 길며 측정기가 정밀할 때는 숙련과 경험을 요한다.

비교 측정		• 기준이 되는 일정한 치수와 측정물의 치수를 비교하여 그 측정치의 차이를 읽는 방법이다. • **비교 측정의 종류: 다이얼게이지, 미니미터, 옵티미터, 전기마이크로미터, 공기마이크로미터 등**
	장점	• 비교적 정밀측정이 가능하다. • 특별한 계산 없이 측정치를 읽을 수 있다. • 길이, 각종 모양의 공작기계의 정밀도 검사 등 사용 범위가 넓다. • 먼 곳에서 측정이 가능하며 자동화에 도움을 줄 수 있다. • 범위를 전기량으로 바꾸어 측정이 가능하다.
	단점	• 측정범위가 좁다. • 피측정물의 치수를 직접 읽을 수 없다. • 기준이 되는 표준게이지(게이지블록)가 필요하다.
간접 측정		• 측정물의 측정치를 직접 읽을 수 없는 경우에 측정량과 일정한 관계에 있는 개개의 양을 측정하여 그 측정값으로부터 계산에 의하여 측정하는 방법이다. 즉, 측정물의 형태나 모양이 나사나 기어 등과 같이 기하학적으로 간단하지 않을 경우에 측정부의 치수를 수학이나 기하학적인 관계에 의해 얻는 방법이다. • **간접 측정의 종류: 사인바를 이용한 부품의 각도 측정, 삼침법을 이용하여 나사의 유효지름을 측정, 지름을 측정하여 원주길이를 환산하는 것 등**

※ 비교측정기를 모두 고르는 문제는 다수의 공기업 기계직 전공필기시험에서 자주 출제되고 있으며, 2021년 상반기 서울물재생시설공단 기계직 전공필기시험에서 유사문제가 출제된 바 있다.

45
정답 ③

[유압펌프의 종류]

| 용적형 펌프 | • 회전펌프: 기어펌프, **베인펌프**, 나사펌프
• 왕복식 펌프: 피스톤펌프, 플런저펌프
• 특수펌프: 다단펌프, 마찰펌프(와류펌프, 웨스코펌프, 재생펌프), 수격펌프, 기포펌프, 제트펌프 등 |
| 비용적형 펌프
(터보형 펌프) | • <u>원심펌프: 터빈펌프(디퓨저펌프), 벌류트펌프</u>
• <u>축류펌프</u>
• <u>사류펌프</u> |

※ 용적형 펌프 또는 비용적형 펌프의 종류를 물어보는 기본 문제는 다수의 공기업 기계직 전공필기시험에서 자주 출제되고 있다. 2022년 상반기 한국토지주택공사 기계직 전공필기시험에서 유사문제가 출제된 바 있다.

46
정답 ②

[유압작동유의 구비조건]
• 확실한 동력전달을 위해 비압축성이어야 한다(비압축성이어야 밀어버린 만큼 그대로 밀리기 때문에 정확한 동력전달이 가능하다).
• 인화점과 발화점이 높아야 한다.

- 점도지수가 높아야 한다.
- 비열과 체적탄성계수가 커야 한다.
- 비중과 열팽창계수가 작아야 한다.
- 증기압이 낮고, 비등점이 높아야 한다.
- 소포성과 윤활성, 방청성이 좋아야 하며, 장기간 사용해도 안정성이 요구되어야 한다.

[유압기기에 사용하는 유압 작동유의 구비조건]
- 동력을 정확하게 전달시키기 위해 **비압축성**이어야 한다.
- 인화점과 발화점이 높아야 한다.
- 온도에 의한 점도 변화가 작아야 한다(점도지수가 커야 한다).
- 화학적으로 안정해야 한다.
- 축적된 열의 방출 능력이 우수해야 한다.
- 유연하게 유동할 수 있는 적절한 점도가 유지되어야 한다.

※ 비점은 비등점(끓는점)을 말한다. 비점이 커야 쉽게 증발하지 못한다.

※ 증기압이 높으면 쉽게 증발하기 때문에 증기압이 낮아야 한다.

※ 체적탄성계수가 커야 비압축성에 가깝다. 즉, 입력을 주면 압축되는 과정 없이 바로 출력이 발생할 수 있다.

※ 공기(압축성)가 흡수되면 압축되는 성질인 압축성이 커지기 때문에 정확한 동력을 제대로 전달할 수 없다. 따라서 공기의 흡수성이 낮아야 한다.

※ 2022년 상반기 한국토지주택공사 기계직 전공필기시험에서 유사문제로 출제된 바 있다.

47

정답 ④

[쾌삭강]
절삭성을 향상시키기 위해 황(S), 납(Pb), 인(P), 망간(Mn), 셀레늄(Se), 칼슘(Ca), 비스뮤트(Bi), 텔루륨(Te), 지르코늄(Zr), 아연(Zn) 등을 단독으로 또는 여러 종을 조합해서 첨가한 강이다. 황(S)은 절삭성을 향상시킨 쾌삭강을 만들기 위해 반드시 첨가해야 하는 원소이다.

※ **절삭성(피삭성)**: 재료를 절삭공작기계로 절삭할 때, 절삭의 쉽고 어려움을 나타내는 정도이다.

※ 쾌삭강과 관련된 문제는 공기업 기계직 전공필기시험에서 자주 기출되는 유형의 문제이다. 다만, 본 문제는 난이도가 매우 쉬운 기본 문제에 속한다.

※ 대부분의 준비생들은 쾌삭강에 첨가해야 할 원소로 황(S), 납(Pb), 인(P), 망간(Mn) 4가지만 알고 있을 것이다. 최근 부산교통공사 기계직 전공필기시험에서는 위의 4가지 외에 칼슘(Ca)이 보기에 있었다. 많은 준비생들이 칼슘(Ca)의 존재를 모르고 있었기에 대다수가 문제를 애매하게 풀었던 것으로 기억된다. 꼭 쾌삭강에 첨가되는 모든 원소를 숙지해주길 바란다.

48

정답 ③

[표면장력(surface tension, σ)★]

- 액체 표면이 스스로 수축하여 되도록 작은 면적(면적을 최소화)을 취하려는 '힘의 성질'
- 응집력이 부착력보다 큰 경우에 표면장력이 발생한다(동일한 분자 사이에 작용하는 잡아당기는 인력이 부착력보다 커야 동글동글하게 원 모양으로 유지된다).

※ 응집력: 동일한 분자 사이에 작용하는 인력이다.

표면장력의 특징	• 자유수면 부근에 막을 형성하는 데 필요한 단위길당 당기는 힘이다. • 분자 사이에 작용하는 힘에 따라 분자가 서로 접촉하여 응축하려고 하며 이에 따라 표면적이 작은 원 모양이 되려고 한다. • 주어진 유체의 표면장력(N/m)과 단위면적당 에너지($J/m^2 = N \cdot m/m^2 = N/m$)는 동일한 단위를 갖는다. • 모든 방향으로 같은 크기의 힘이 작용하여 합력은 0이다. • 수은 > 물 > 비눗물 > 에탄올 순으로 표면장력이 크며 합성세제, 비누 같은 계면활성제는 물에 녹아 물의 표면장력을 감소시킨다. • 표면장력은 온도가 높아지면 낮아진다. • 표면장력이 클수록 분자 간의 인력이 강하므로 증발하는 데 시간이 많이 소요된다. • 표면장력은 물의 냉각효과를 떨어뜨린다. • 물에 함유된 염분은 표면장력을 증가시킨다. • 표면장력의 단위는 N/m이다. • 아래는 물방울, 비눗방울의 표면장력 공식이다. 물방울 $\sigma = \dfrac{\triangle PD}{4}$ [여기서, $\triangle P$: 내부초과압력(내부압력−외부압력), D: 지름] 비눗방울 $\sigma = \dfrac{\triangle PD}{8}$ [여기서, $\triangle P$: 내부초과압력(내부압력−외부압력), D: 지름] ※ 비눗방울은 얇은 2개의 막을 가지므로 물방울의 표면장력의 0.5배
표면장력의 예	• 소금쟁이가 물에 뜰 수 있는 이유 • 잔잔한 수면 위에 바늘이 뜨는 이유
표면장력의 단위	SI 단위: $N/m = J/m^2 = kg/s^2$ [$1J = 1N \cdot m$, $1N = 1kg \cdot m/s^2$] CGS 단위: $dyne/cm$ [$1dyne = 1g \cdot cm/s^2 = 10^{-5}N$] ※ 1dyne: 1g의 질량을 $1cm/s^2$의 가속도로 움직이게 하는 힘으로 정의 ※ 1erg: 1dyne의 힘이 그 힘의 방향으로 물체를 1cm 움직이는 일로 정의 ($1erg = 1dyne \cdot cm = 10^{-7}J$이다.) ← [인천국제공항공사 기출]

풀이

$$\sigma = \frac{\triangle PD}{8} \rightarrow \therefore D = \frac{8\sigma}{\triangle P} = \frac{(8)(0.45N/m)}{60N/m^2} = 0.06m = 6cm$$

※ 위 해설은 신간 《하늘이》에서 발췌한 해설이다. 표면장력과 관련된 계산문제는 정말 많이 출제되는 기본 문제이므로 누구나 다 맞출 수 있을 것이다. 그러나 공기업 기계직 전공필기시험에서 정말 자주 출제되는 내용이지만 많은 준비생들이 틀리고 있다. 위 해설에 나온 표면장력과 관련된 모든 정의와 이론을 이해하여 숙지하길 바란다.

49

정답 ④

[침탄법]

순철에 0.2% 이하의 탄소(C)가 합금된 저탄소강을 목탄과 같은 침탄제 속에 완전히 파묻은 상태로 900~950℃로 가열하여 재료의 표면에 탄소를 침입시켜 고탄소강으로 만든 후, 급랭시킴으로써 **표면을 경화시키는 표면경화법**이다. 기어나 피스톤 핀을 표면경화시킬 때 주로 사용된다.

[질화법]

암모니아(NH_3)가스 분위기(영역) 안에 재료를 넣고 500℃에서 50~100시간을 가열하면 재료 표면에 알루미늄(Al), 크롬(Cr), 몰리브덴(Mo) 원소와 함께 질소(N)가 확산되면서 매우 단단한 질소화합물 층이 형성되어 강 재료의 표면이 단단해지는 **표면이 경화되는 표면경화법**이다. 기어의 잇면, 크랭크 축, 스핀들 등에 사용된다.

[침탄법과 질화법의 특징 비교]

	침탄법	질화법
경도	질화법보다 낮다.	침탄법보다 높다.
수정 여부	침탄 후 수정이 가능하다.	수정이 불가능하다.
처리시간	짧다.	길다.
열처리	침탄 후 열처리가 필요하다.	열처리가 불필요하다.
변형	<u>크다.</u>	<u>작다.</u>
취성	질화층보다 여리지 않다.	질화층부가 여리다.
경화층	질화법에 비해 깊다. (2~3mm)	침탄법에 비해 얕다. (0.3~0.7mm)
가열온도	900~950℃	500~550℃
시간과 비용	짧게 걸리고 저렴하다.	오래 걸리고 비싸다. (침탄법의 약 10배)

※ '여리다'는 말은 '메지다, 깨지기 쉽다, 취성이 있다'라는 말과 동일하다.

※ 침탄법과 질화법의 특징을 비교하는 문제는 공기업 기계직 전공필기시험에서 정말 자주 출제되는 유형이다. 최근 공기업에서도 많이 출제되었다. 위 해설은 신간 《하늘이》, 《공무원 지방직 9급 기계일반 기출문제풀이집》 등에서 발췌한 해설이다. 위 해설만 숙지해도 해당 관련 유형 문제는 매우 쉽게 풀어낼 수 있을 것이다.

50

[마그네슘(Mg)의 특징]

• 대기 중에서 내식성이 양호하다.

• 산, 염류, 해수에 침식되지만 알칼리에 강하다.

• 비중이 1.74로 경금속에 속하며 실용금속 중 가장 가볍다.

• 냉간가공성이 불량하다.

※ 열전도율 및 전기전도율 큰 순서★

<u>Ag(은) > Cu(구리) > Au(금) > Al(알루미늄) > Mg(마그네슘) > Zn(아연) > Ni(니켈) > Fe (철) > Pb(납) > Sb(안티몬)</u>

✎ 암기법: (은)이 (구)(금)됐어. (알)(마)(아)(니) 시계 훔쳐서. (철)(납)(안)

※ 마그네슘의 특징을 물어보는 문제는 가끔 출제된다. 출제되고 있는 중요 보기를 먼저 마스터하길 바란다.

※ 열전도율 및 전기전도율의 크기 순서를 물어보는 문제는 공기업 기계직 전공필기시험에서 정말 자주 출제되고 있다. 위의 암기법을 이용하여 숙지한다면 큰 효과를 발휘할 수 있을 것이다. 해당 암기법은 최신 신간 《하늘이》에 수록되어 있다.

51

[액화천연가스(LNG)]

• −162℃의 상태에서 냉각하여 액화시킨 뒤, 부피를 1/600로 압축시킨 것이다.

• 주성분은 메탄이다.

• 공기보다 가볍다.

• 도시가스는 LNG에 속한다.

[액화석유가스(LPG)]

• 주성분은 부탄 및 프로판이다.

• 액체상태의 LP가스가 기화되면 부탄은 230배, 프로판은 250배로 체적이 증가한다.

• 공기보다 무겁다.

• 일반적으로 무색, 무취, 무독성을 지닌다.

※ LNG와 LPG에 대한 문제는 공기업 기계직 전공필기시험에서 가끔 출제되는 유형이다. 최소한 위의 개념이라도 숙지하고 있을 것을 추천한다.

52

• 펀치로 구멍을 뚫었을 때의 전단응력$(\tau) = \dfrac{P}{\pi dt}$

풀이

$\therefore \tau = \dfrac{P}{\pi dt} = \dfrac{1500\,\pi\,\mathrm{N}}{\pi\,(500\mathrm{mm})(2.5\mathrm{mm})} = 1.2\mathrm{N/mm}^2 = 1.2\mathrm{MPa}$

※ 펀치를 이용하여 구멍을 뚫었을 때 발생하는 전단응력을 계산하는 문제는 공기업 기계직 전공필기시험

에서 자주 출제되는 유형이다. 해당 유형의 문제는 《기계의 진리 07》(역학편, 검정 표지) 및 《기계의 진리 벚꽃 에디션》 등에 수록되어 있을 정도로 자주 출제되는 기출문제이다.

53

정답 ②

[슈퍼피니싱]

입도가 작고 연한 숫돌 입자를 공작물 표면에 접촉시킨 후 낮은 압력과 미세한 진동을 주어 고정밀도의 표면으로 다듬질하는 가공방법이다. 원통면, 평면, 구면에 적용시킬 수 있다.

[래핑]

래핑	랩(lap)이라는 공구와 다듬질하려고 하는 일감 사이에 랩제를 넣고 양자를 상대운동시킴으로써 매끈한 다듬질을 얻는 가공방법이다. 용도로는 **블록게이지**, 렌즈, 스냅게이지, 플러그게이지, 프리즘, 제어기기 부품 등에 사용된다. 종류로는 습식 래핑과 건식 래핑에 있고 보통 <u>습식 래핑을 먼저 하고 건식 래핑을 실시한다.</u>

※ **랩제의 종류**: 다이아몬드, 알루미나, 산화크롬, 탄화규소, 산화철

- **습식 래핑**: 랩제와 래핑액을 혼합해서 가공하는 방법으로 래핑능률이 높다.
- **건식 래핑**: 건조상태에서 래핑가공을 하는 방법으로 래핑액을 사용하지 않는다. 일반적으로 더욱 정밀한 다듬질 면을 얻기 위해 습식 래핑 후에 실시한다.
- **구면 래핑**: 렌즈의 끝 다듬질에 사용되는 래핑방법이다.

래핑가공의 특징	
장점	• 다듬질면이 매끈하고 정밀도가 우수하다. • 자동화가 쉽고 대량생산을 할 수 있다. • 작업방법 및 설비가 간단하다. • 가공면은 내식성, 내마멸성이 좋다.
단점	• 고정밀도의 제품 생산 시 높은 숙련이 요구된다. • 비산하는 래핑입자(랩제)에 의해 다른 기계나 제품이 부식 또는 손상될 수 있으며 작업이 깨끗하지 못하다. • **가공면에 랩제가 잔류하기 쉽고, 제품 사용 시 마멸을 촉진시킨다.**

[호닝]

회전운동 + 왕복운동을 하는 숫돌로 공작물(일감)의 내면을 정밀하게 다듬질하는 가공방법이다. 물론 최근에는 외면을 다듬질하는 호닝방법도 사용되고 있다.

[리밍(리이밍)]

리머라는 회전하는 절삭공구로 기존 구멍 내면의 치수를 정밀하게 만드는 가공방법이다.

[필수 개념]

- **표면 정밀도가 우수한 순서**: 래핑 > 슈퍼피니싱 > 호닝 > 연삭
- **구멍의 내면 정밀도가 우수한 순서**: 호닝 > 리밍 > 보링 > 드릴링

※ 이 문제도 역시 공기업 기계직 전공필기시험에서 기본 문제로 많이 출제되고 있다. 이 문제에서 더 중요한 것은 저자가 기술한 해설을 반드시 숙지하는 것이다. 특히 래핑과 관련된 해설은 부산교통공사, 한국가스공사 등 다양한 기업에서 출제된 래핑 관련 내용의 핵심을 요약한 것이다.

54

[전기저항 용접법]

겹치기용접(lap welding)	점용접, 심용접, 프로젝션용접(돌기용접)
맞대기용접(butt welding)	플래시용접, 업셋용접, 맞대기심용접, 퍼커션용접(일명 충돌용접)

※ 해당 문제는 공기업 기계직 전공필기시험에서 자주 출제되는 유형이다. 2021년 상반기 한국남동발전 기계직 전공필기시험에서 유사문제로 기출된 바 있다.

55

[체크밸브(역지밸브)]

유체를 한 방향으로만 흐르게 하기 위한 역류 방지용 밸브이다.

[밸브의 분류]

압력제어밸브 (일의 크기를 결정)	릴리프밸브, 감압밸브, 시퀀스밸브(순차작동밸브), 카운터밸런스밸브, 무부하밸브 (언로딩밸브), 압력스위치, 이스케이프밸브, 안전밸브, 유체퓨즈
유량제어밸브 (일의 속도를 결정)	교축밸브(스로틀밸브), 유량조절밸브, 집류밸브, 스톱밸브, 바이패스유량제어밸브
방향제어밸브 (일의 방향을 결정)	체크밸브(역지밸브), 셔틀밸브, 감속밸브, 전환밸브, 포핏밸브, 스풀밸브

※ 해당 문제도 공기업 기계직 전공필기시험에서 자주 출제되는 유형으로 최근에도 많이 출제되었다.

56

① **포금(청동주물)**: 구리(Cu, 88%), 주석(Sn, 10%), 아연(Zn, 2%)을 첨가한 합금으로 주조성이 우수하다. 용도로는 기계부품, 밸브, 기어, 대포 등에 사용된다.
② **니켈 청동**: 열전대 및 뜨임시효경화성 합금으로 사용된다.
③ **실진 청동**: 구리(Cu), 아연(Zn), 규소(Si) 4%의 청동으로 내식성과 내해수성이 우수하며 강인한 주물용 청동이다. 용도로는 기계 부품용이나 터빈 날개에 사용된다.
④ **베릴륨 청동**: **구리합금 중에서 강도, 경도가 최대**이며 피로한도가 우수하기 때문에 고급 스프링 등에 사용된다.

※ 해당 문제는 공기업 기계직 전공필기시험에서 가끔 출제되는 유형이다.

57

[유량의 종류]

체적유량	$$Q[m^3/s] = A[\mathrm{m}^2] \times V[\mathrm{m/s}]$$ [여기서, Q: 체적유량, A: 유체가 통하는 단면적, V: 유체 흐름의 속도(유속)]

중량유량	$G[\mathrm{N/s}] = \gamma[\mathrm{N/m^3}] \times A[\mathrm{m^2}] \times V[\mathrm{m/s}]$ [여기서, G: 중량유량, γ: 유체의 비중량, A: 유체가 통하는 단면적, V: 유체 흐름의 속도(유속)]
질량유량	$\dot{m}[\mathrm{kg/s}] = \rho[\mathrm{kg/m^3}] \times A[\mathrm{m^2}] \times V[\mathrm{m/s}]$ [여기서, $\dot{m}$: 질량유량, ρ: 유체의 밀도, A: 유체가 통하는 단면적, V: 유체 흐름의 속도(유속)]

풀이

$Q[\mathrm{m^3/s}] = A[\mathrm{m^2}] \times V[\mathrm{m/s}] \;\rightarrow\; 0.6\mathrm{m^3/s} = \dfrac{1}{4}(3)(0.5\mathrm{m})^2 \times V[\mathrm{m/s}] \;\rightarrow\; \therefore\; V = 3.2\mathrm{m/s}$

※ 이 문제도 역시 공기업 기계직 전공필기시험에서 자주 출제되고 있는 기본 문제이다. 해당 유사 문제는 최신 신간 《하늘이》에 수록되어 있으며, 위 해설도 《하늘이》에서 발췌하였다.

58
정답 ④

[피에조미터]

흐르는 물의 정수압을 측정하는 측정기구로 개수로, 관수로 등의 벽의 측정 지점에 작은 구멍을 뚫고 파이프를 연결한다. 이후 수은주나 수주 압력계 등의 기구에 연결하여 정수압을 측정한다.

※ 유체역학과 관련된 유속측정기기, 유량측정기기 등에 대한 문제도 공기업 기계직 전공필기시험에서 자주 출제되고 있는 유형이다. 기출문제는 돌고 돌기 때문에 반드시 학습하길 바란다.

※ 다음 표에 유속측정기기, 유량측정기기에 대한 핵심 요약본을 수록하였으니 꼭 숙지하길 바란다. 핵심 요약본(신간 《하늘이》에서 발췌함)에서 전부 출제된다고 보면 된다.

유속측정기기	• 피토관: 유체 흐름의 총압과 정압의 차이를 측정하고 그것에서 유속을 구하는 장치로, 비행기에 설치하여 <u>비행기의 속도</u>를 측정하는 데 사용된다. • 피토정압관: 동압$\left(\dfrac{1}{2}\rho V^2\right)$을 측정하여 유체의 유속을 측정하는 기기이다. • 레이저 도플러 유속계: 유동하는 <u>흐름에 작은 알갱이를 띄워서</u> 유속을 측정한다. • 시차액주계: <u>피에조미터와 피토관을 조합</u>하여 유속을 측정한다. 　※ 피에조미터: <u>정압</u>을 측정하는 기기이다. • 열선풍속계: 금속 선에 전류가 흐를 때 일어나는 <u>온도와 전기저항과의 관계</u>를 사용하여 유속을 측정하는 기기이다. • 프로펠러 유속계: 개수로 흐름의 유속을 측정하는 기기로 <u>수면 내에 완전히 잠기게 하여 사용</u>하는 기기이다.
유량측정기기	• 벤투리미터: 벤투리미터는 <u>압력강하를 이용</u>하여 유량을 측정하는 기구로 <u>베르누이 방정식과 연속방정식을 이용하여 유량을 산출하며 가장 정확한 유량을 측정할 수 있다.</u> • 유동노즐: <u>압력강하를 이용</u>하여 유량을 측정하는 기기이다. • 오리피스: <u>압력강하를 이용</u>하여 유량을 측정하는 기기로 벤투리미터와 비슷한 원리로 유량을 산출한다. • 로터미터: 유량을 측정하는 기구로 <u>부자 또는 부표</u>라고 하는 부품에 의해 유량을 측정한다. • 위어: <u>개수로 흐름의 유량</u>을 측정하는 기기로 <u>수로 도중에서 흐름을 막아 넘치게 하고 물을 낙하시켜</u> 유량을 측정한다. 　– 예봉(예연)위어: 대유량 측정에 사용한다.

	– **광봉위어:** 대유량 측정에 사용한다.
	– **사각위어:** 중유량 측정에 사용한다.
	$$Q = KLH^{\frac{3}{2}} [\text{m}^3/\text{min}]$$
	– **삼각위어(V노치):** 소유량 측정에 사용하며 비교적 정확한 유량을 측정할 수 있다.
	$$Q = KH^{\frac{5}{2}} [\text{m}^3/\text{min}]$$
	• **전자유량계:** 패러데이의 전자기 유도법칙을 이용하여 유량을 측정
압력강하 이용	**압력강하를 이용한 유량측정기기:** 벤투리미터, 유동노즐, 오리피스
압력강하 큰 순서	오리피스 > 유동노즐 > 벤투리미터 ※ 가격이 비싼 순서는 벤투리미터 > 유동노즐 > 오리피스

※ **수역학적 방법(간접적인 방법):** 유체의 유량측정기기 중에 수역학적 방법을 이용한 측정기기는 벤투리미터, 로터미터, 피토관, 언판 유속계, 오리피스미터 등이 있다.
  → 수역학적 방법은 유속과 관계되는 다른 양을 측정하여 유량을 구하는 방법이다.

59
정답 ③

[레이놀즈수(Re)]
층류와 난류를 구분해주는 척도이다. 보통 파이프, 잠수함, 관유동 등의 역학적 상사에 사용되는 무차원수이다. 이 문제는 물속에서의 역학적 상사에 대한 문제이므로 레이놀즈수를 이용한 상사법칙을 통해 문제를 풀면 된다.

$$(Re)_{실형} = (Re)_{모형} \rightarrow \left(\frac{V_1 d_1}{\nu} \right)_{실형} = \left(\frac{V_2 d_2}{\nu} \right)_{모형}$$

※ 실형 물체와 모형 물체의 길이의 비가 $8 : 1$ 이므로 지름의 비가 $8 : 1$ 이다.
※ 동점성계수(ν)는 같은 환경에서 실험을 시행하므로 동일한 값으로 취급한다.

㉠ 실형과 모형의 지름의 비가 $8 : 1$이므로 $d_1 : d_2 = 8 : 1 \rightarrow d_1 = 8d_2$의 관계가 된다.

㉡ $\left(\dfrac{V_1 d_1}{\nu} \right)_{실형} = \left(\dfrac{V_2 d_2}{\nu} \right)_{모형} \rightarrow (V_1 d_1)_{실형} = (V_2 d_2)_{모형}$

㉢ $(V_1 8 d_2)_{실형} = (V_2 d_2)_{모형} \rightarrow (V_1 8)_{실형} = (V_2)_{모형}$

㉣ $\therefore (V_2)_{모형} = (V_1 8)_{실형} = 8(7.5\text{m/s}) = 60\text{m/s}$

※ 레이놀즈수를 이용한 상사법칙 계산 문제는 공기업 기계직 전공필기시험에서 자주 출제되고 있는 유형 중 하나이다. 최근 2020년 하반기 한국중부발전, 한국수력원자력 등의 기계직 전공필기시험에서 이 문제와 유사하게 출제되었다. 2020년 하반기 한국중부발전, 2020년 하반기 한국수력원자력 기계직 전공기출문제는 최신 신간 《하늘이》에 수록되어 있으니 참고하길 바란다.

60

정답 ④

오토 사이클의 열효율$(\eta_{otto}) = 1 - \dfrac{T_4 - T_1}{T_3 - T_2}$

풀이

$T_1 = 200K$, $T_2 = 900K$, $T_3 = 1,300K$, $T_4 = 400K$이다. 따라서 다음과 같다.

$\therefore \eta_{otto} = 1 - \dfrac{T_4 - T_1}{T_3 - T_2} = 1 - \dfrac{400K - 200K}{1,300K - 900K} = 1 - \dfrac{200K}{400K} = 1 - \dfrac{1}{2} = 0.5 = 50\%$

※ 온도가 주어지고 오토 사이클, 브레이턴 사이클의 열효율을 계산하는 문제는 공기업 기계직 전공필기시험에서 자주 출제되고 있다. 《기계의 진리 03》, 《기계의 진리 벚꽃 에디션 편》에 해당 유사 문제가 그대로 기출되어 수록해 놓았으니 참고하길 바란다. 이처럼 공기업 기계직 기출문제는 중요도가 있으며 기출문제집에도 자주 수록된다.

61

정답 ②

[얇은 '구형' 용기에 발생하는 응력]

㉠ 축 방향 응력(길이 방향 응력, σ_s): $\dfrac{pD}{4t}$

㉡ 후프응력(원주 방향 응력, σ_θ): $\dfrac{pD}{4t}$

　[여기서, p: 내압, D: 용기의 지름, t: 용기의 두께]

풀이

$\sigma_s = \dfrac{pD}{4t} \rightarrow \therefore p = \dfrac{\sigma_s 4t}{D} = \dfrac{10 \times 4 \times 40}{1,000} = 1.6\text{MPa}$

※ 원통 용기, 구형 용기 등의 길이 방향 응력, 원주응력을 계산하는 문제는 공기업 기계직 전공필기시험에서 자주 출제되고 있다. 이와 유사한 문제는 기계의 진리 전반에 걸쳐 다양하게 수록되어 있으니 참고하길 바란다. 이처럼 공기업 기계직 기출문제는 중요도가 있으며 기출문제집에도 자주 수록된다.

62

정답 ①

㉠ 길이가 L인 외팔보의 자유단에서 발생하는 최대처짐량$(\delta_{\max}) = \dfrac{PL^3}{3EI}$

　→ 길이(L)를 구해야 하므로 길이(L)에 대한 식으로 바꿔준다.

　→ $\therefore L^3 = \dfrac{(\delta_{\max})3EI}{P}$

㉡ 고정단에서의 굽힘응력(σ_B)이 주어져 있으므로 다음 식을 이용한다.

$\sigma_B = \dfrac{M}{Z} = \dfrac{PL}{\dfrac{bh^2}{6}} = \dfrac{6PL}{bh^2} \rightarrow \therefore P = \dfrac{\sigma_B bh^2}{6L}$

　→ 고정단에서의 굽힘응력이 나와 있으므로 굽힘모멘트(M)는 고정단에서의 굽힘모멘트(M)를 구하

여 대입한다. 작용하는 힘(P)과 고정단 사이의 거리가 L이므로 고정단에서의 굽힘모멘트(M)는 $P \times L$이 된다. 즉, $M = PL$이다. 이를 위 식에 대입할 것이다.

→ 직사각형 단면이므로 단면계수(Z) $= \dfrac{bh^2}{6}$이다. 이를 위 식에 대입할 것이다.

ⓒ 식 ⓐ에 식 ⓑ을 대입한다.

→ $L^3 = \dfrac{(\delta_{\max})3EI}{\dfrac{\sigma_B bh^2}{6L}} = \dfrac{6L(\delta_{\max})3EI}{\sigma_B bh^2}$ → $L^2 = \dfrac{(\delta_{\max})3EI}{\dfrac{\sigma_B bh^2}{6L}} = \dfrac{6(\delta_{\max})3EI}{\sigma_B bh^2}$

ⓓ 직사각형 단면이므로 단면 2차 모멘트(I) $= \dfrac{bh^3}{12}$이다. 이를 식 ⓒ에 대입할 것이다.

→ $L^2 = \dfrac{6(\delta_{\max})3E(\dfrac{bh^3}{12})}{\sigma_B bh^2} = \dfrac{(\delta_{\max})3Eh}{2\sigma_B}$ → $L^2 = \dfrac{3}{2}\dfrac{(\delta_{\max})Eh}{\sigma_B}$

→ $L^2 = \dfrac{3}{2}\dfrac{(\delta_{\max})Eh}{\sigma_B} = \dfrac{3}{2}\dfrac{(5\text{mm})(200 \times 10^3 \text{N/mm}^2)(200\text{mm})}{(300\text{N/mm}^2)} = 1{,}000{,}000\text{mm}$

→ ∴ $L = 1{,}000\text{mm} = 1\text{m}$

※ 단, $1\text{MPa} = 1\text{N/mm}^2$이다.

※ 외팔보와 관련된 계산 문제도 공기업 기계직 전공필기시험에서 자주 출제되고 있다. 위와 같은 문제와 유사한 유형은 신간 《하늘이》 모고에 수록되어 있으니 참고하기 바란다.

63 　정답 ④

• 압축응력(σ) $= \dfrac{P}{A} = \dfrac{P}{\dfrac{1}{4}\pi(d_2^2 - d_1^2)} = \dfrac{4P}{\pi(d_2^2 - d_1^2)}$

[단, 중공축이므로 $A = \dfrac{1}{4}\pi(d_2^2 - d_1^2)$이다.]

풀이

∴ $\sigma = \dfrac{4P}{\pi(d_2^2 - d_1^2)} = \dfrac{4(300 \times 10^3 \text{N})}{3([600\text{mm}]^2 - [400\text{mm}]^2)} = 2\text{N/mm}^2 = 2\text{MPa}$

※ 간단한 응력 계산 문제도 공기업 기계직 전공필기시험에서 기본 문제로 자주 출제되고 있다. 위와 같은 문제와 유사한 유형은 《기계의 진리》 시리즈 전반에 걸쳐 수록되어 있다.

64 　정답 ④

[성능계수(성적계수, ε)]

냉동기의 성능계수(ε_r)	$\varepsilon_r = \dfrac{Q_2}{Q_1 - Q_2} = \dfrac{T_2}{T_1 - T_2}$
열펌프의 성능계수(ε_h)	$\varepsilon_h = \dfrac{Q_1}{Q_1 - Q_2} = \dfrac{T_1}{T_1 - T_2}$

풀이

$$\varepsilon_h = \frac{Q_1}{Q_1 - Q_2} = \frac{3,200}{3,200 - 2,400} = \frac{3,200}{800} = 4$$

$$\text{※} \ \varepsilon_h - \varepsilon_r = \frac{Q_1}{Q_1 - Q_2} - \frac{Q_2}{Q_1 - Q_2} = \frac{Q_1 - Q_2}{Q_1 - Q_2} = 1$$

즉, $\varepsilon_h = \varepsilon_r + 1$의 관계식이 도출된다. 즉, 열펌프의 성능계수(ε_h)는 냉동기의 성능계수(ε_r)보다 1만큼 항상 크다는 관계가 나온다. → 이 내용은 2021년 하반기 한국철도공사 기계직 기출 내용

※ 열펌프, 냉동기의 성능계수를 구하는 문제도 공기업 기계직 전공필기시험에서 기본 문제로 자주 출제되고 있다. 위와 같은 문제와 유사한 유형은 《기계의 진리》 시리즈 전반에 걸쳐 수록되어 있다.

65

정답 ②

• 상온에서의 열전도도(k)가 큰 순서: 알루미늄 > 백금 > 물 > 공기
• 열전도율 및 전기전도율이 큰 순서 또는 열전도도 및 전기전도도가 큰 순서: Ag(은) > Cu(구리) > Au(금) > Al(알루미늄) > Mg(마그네슘) > Zn(아연) > Ni(니켈) > Fe(철) > Pt(백금) > Hg(수은) > Pb(납) > Sb(안티몬)

※ 열전도율 및 전기전도율의 크기 순서를 물어보는 문제는 공기업 기계직 전공필기시험에서 정말 자주 출제되고 있다. 위와 유사한 유형의 문제는 《기계의 진리 민트 에디션》 등에 걸쳐 다양하게 수록되어 있다.

66

정답 ①

[플라이휠(관성차)]

㉠ $w = \dfrac{2\pi N}{60} = \dfrac{2\pi(3,200)}{60} = 320$

㉡ 플라이휠의 운동에너지$(E) = \dfrac{1}{2}Iw^2$

→ $\therefore E = \dfrac{1}{2}(5)(320)^2 = 256,000\text{J} = 256\text{kJ}$

※ 플라이휠과 관련된 계산 문제는 공기업 기계직 전공필기시험에서 가끔 출제되는 유형이다. 따라서 생소할 부분일 수도 있기 때문에 체감 난이도를 고려하여 난이도를 ●●●○○로 설정하였다.
※ 간단한 공식을 이용한 문제이기 때문에 실제로 해당 개념만 잘 숙지하고 있다면 난이도가 쉬운 문제이다. 잘 몰랐다면 이번 기회에 꼭 숙지하길 바란다.

67

정답 ④

[슈테판-볼츠만의 법칙]
완전 복사체(완전 방사체, 흑체)로부터 방출되는 에너지의 양을 절대온도(T)의 함수로 표현한 법칙이다. 이상적인 흑체의 경우 단위면적당, 단위시간당 모든 파장에 의해 방사되는 **총복사에너지(E)는 절대온도 (T)의 4제곱에 비례**한다.

※ 슈테판-볼츠만의 법칙과 관련된 기본 문제는 공기업 기계직 전공필기시험에서 정말 자주 출제되고 있다. 위와 유사한 유형의 문제는 《기계의 진리 06》, 《기계의 진리》(역학편, 검정 표지) 등에 수록되어 있다.

68

정답 ③

삼각형의 무게중심(G)에 대한 단면 2차 모멘트값은 $I_x = \dfrac{bh^3}{36}$ 이다.

문제에서는 밑변에 대한 단면 2차 모멘트를 구하라고 했으므로 평행축 정리를 사용하면 된다.

※ **평행축 정리:** $I_x{}' = I_x + a^2 A$ [여기서, a: 평행이동한 거리, A: 단면적]

무게중심(G)은 중선을 2 : 1로 내분하기 때문에 다음 그림처럼 나타낼 수 있다. 기존 무게중심(G)에 대한 단면 2차 모멘트값은 $I_x = \dfrac{bh^3}{36}$ 이다. 기존 무게중심(G)에서 밑변까지 평행이동한 거리는 $\dfrac{h}{3}$ 이다.

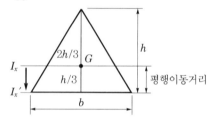

우리는 밑변에 대한 단면 2차 모멘트($I_x{}'$)를 구할 것이므로 평행축 정리를 사용한다.

$$I_x{}' = I_x + a^2 A = \frac{bh^3}{36} + \left(\frac{h}{3}\right)^2\left(\frac{bh}{2}\right) = \frac{bh^3}{36} + \frac{2bh^3}{36} = \frac{3bh^3}{36} = \frac{bh^3}{12}$$

※ 평행축 정리를 이용하는 계산 문제는 공기업 기계직 전공필기시험에서 정말 자주 출제되고 있다. 특히, 원형 단면에 대한 평행축 정리를 이용한 계산 문제가 많이 출제된다. 최근 부산교통공사 기계직 전공필기시험에서도 출제된 바 있다. 위와 유사한 유형의 문제는 《기계의 진리 민트 에디션》, 《기계의 진리》(역학편, 검정 표지), 최신 신간 《하늘이》 등에 수록되어 있다.

69

정답 ③

상태	• 평형상태에서 온도, 압력, 체적 또는 비체적과 같은 일정한 특성치에 의해 정해지는 것을 말한다. • 열역학적으로 평형은 **열적 평형, 역학적 평형, 화학적 평형** 3가지가 있다.		
성질	• 각 물질마다 특정한 값을 가지며 **상태함수 또는 점함수**라고도 한다. • **경로에 관계없이 계의 상태에만 관계**되는 양이다. [단, **일과 열량은 경로에 의한 경로함수 = 도정함수**이다.]		
상태량의 종류	강도성 상태량	• 물질의 질량에 관계없이 그 크기가 결정되는 상태량이다(세기의 성질, intensive property이라고도 한다). • 압력, 온도, 비체적, 밀도, 비상태량, 표면장력	
	종량성 상태량	• 물질의 질량에 따라 그 크기가 결정되는 상태량으로 그 물질의 질량에 정비례 관계가 있다(시량성질, extensive property라고도 한다). • **체적, 내부에너지, 엔탈피, 엔트로피, 질량**	

※ 점합수는 완전미분(전미분) 또는 편미분이 모두 가능하다. 하지만 과정함수(경로함수)는 편미분으로만 가능하다.

※ 비상태량(모든 상태량의 값을 질량으로 나눈 값)은 강도성 상태량으로 취급한다.

※ 기체상수는 열역학적 상태량이 아니다.

※ 열과 일은 에너지이다. 열역학적 상태량이 아니다.

※ 강도성 상태량 및 종량성 상태량에 대한 이론 문제는 공기업 기계직 전공필기시험에서 정말 자주 출제되고 있다. 최근 다양한 공기업에서도 많이 출제되고 있으며, 앞으로도 또 나올 것이다. 위와 유사한 유형의 문제는 《기계의 진리》(역학편, 검정 표지), 최신 신간 《하늘이》 등에 다양하게 수록되어 있다.

※ 상태량과 관련된 다소 어려운 내용도 해당 문제의 해설에 상세하게 기술하였다. 위 해설은 최신 신간 《하늘이》의 해설에서 발췌한 내용이며, 위 해설의 내용은 모두 공기업 기계직 전공필기시험에서 기출된 내용들이다. 특히, 위의 '※'의 내용은 최근 한국가스공사에서 기출된 내용이다.

70

정답 ④

① **페라이트**: α고용체라고 하며, 외관은 순철과 같으나 고용된 원소의 이름을 붙여 실리콘 페라이트 또는 규소철이라고도 한다. ← 2021년 하반기 한국동서발전 기계직 전공필기시험에서 그대로 기출되었다.

② **시멘타이트(금속 간 화합물)**: 시멘타이트(Fe_3C), 철(Fe)과 탄소(C)가 결합된 탄화물로 탄화철이라고도 불리우며, 탄소량이 $6.68\%C$인 조직이다. 특징으로는 매우 단단하고 취성이 크다.

③ **레데뷰라이트**: $2.11\%C$의 γ고용체(오스테나이트)와 $6.68\%C$의 시멘타이트(Fe_3C)의 공정조직으로 $4.3\%C$인 주철에서 나타난다.

④ **오스테나이트**: γ철에 최대 $2.11\%C$까지 탄소가 용입되어 있는 고용체로 γ고용체라고도 한다.

※ 여러 조직과 관련된 문제는 공기업 기계직 전공필기시험에서 정말 자주 출제되고 있다. 최근 다양한 공기업에서도 많이 출제되고 있으며, 앞으로도 또 나올 것이다. 위와 유사한 유형의 문제는 최신 신간 《하늘이》, 《기계의 진리 시리즈》 전반에 걸쳐 다양하게 수록되어 있다.

13 2021 상반기 한국수자원공사 기출문제

01	④	02	③	03	③	04	②	05	③	06	②	07	④	08	④	09	③	10	③
11	①	12	④	13	①	14	②	15	①	16	③	17	②	18	①	19	④	20	②
21	③	22	①	23	③	24	③	25	③	26	①	27	④	28	①	29	②	30	②

01
정답 ④

[나사의 종류]

체결용(결합용) 나사 [체결할 때 사용하는 나사로 효율이 낮음]	삼각나사	가스 파이프를 연결하는 데 사용한다.
	미터나사	나사산의 각도가 60°인 삼각나사의 일종이다.
	유니파이나사 (ABC나사)	세계적인 표준나사로 미국, 영국, 캐나다가 협정하여 만든 나사이다. 용도로는 죔용 등에 사용된다.
	관용나사	파이프에 가공한 나사로 누설 및 기밀 유지에 사용한다.
운동용 나사 [동력을 전달하는 나사로 체결용 나사보다 효율이 좋음]	사다리꼴나사 (애크미나사, 재형나사)	양방향으로 추력을 받는 나사로 공작기계 이송나사, 밸브 개폐용, 프레스, 잭 등에 사용된다. 효율 측면에서는 사각나사가 더욱 유리하나 가공하기 어렵기 때문에 대신 사다리꼴나사를 많이 사용한다. 사각나사보다 강도 및 저항력이 크다.
	사각나사	축 방향의 하중(추력)을 받는 운동용 나사로 추력의 전달이 가능하다.
	톱니나사	힘을 한 방향으로만 받는 부품에 사용되는 나사로 압착기, 바이스 등의 이송나사에 사용된다.
	둥근나사 (너클나사)	전구와 같이 먼지나 이물질이 들어가기 쉬운 곳에 사용되는 나사이다.
	볼나사	**공작기계의 이송나사, NC기계의 수치제어장치에 사용되는 나사**로 효율이 좋고 먼지에 의한 마모가 적으며 토크의 변동이 적다. 또한 정밀도가 높고 윤활은 소량으로도 충분하며 **축 방향의 백래시(backlash)를 작게 할 수 있다.** 그리고 마찰이 작아 정확하고 미세한 이송이 가능한 장점을 가지고 있다. 하지만 너트의 크기가 커지고 피치를 작게 하는 데 한계가 있으며 <u>고속에서는 소음이 발생한다. 또한 자동체결이 곤란하다.</u>

02
정답 ③

[커플링의 종류]

올덤 커플링	<u>두 축이 서로 평행하거나 두 축의 거리가 가까운 경우, 두 축의 중심선이 서로 어긋나거나 각속도의 변화 없이 회전력 및 동력을 전달</u>하고자 할 때 사용하는 커플링이다. 특징으로는 고속 회전하는 축에는 <u>윤활과 관련된 문제와 원심력에 의한 진동 문제로 부적합</u>하다.

유체 커플링	**유체를 매개체**로 하여 동력을 전달하는 커플링으로 구동축에 직결해서 돌리는 날개차(터빈 베인)와 회전되는 날개차(터빈 베인)가 유체 속에서 서로 마주 보고 있는 구조를 가지고 있는 커플링이다.
유니버설 커플링	두 축이 같은 평면상에 있으면서 두 축이 중심선이 **어느 각도(30° 이하)로 교차**할 때 사용된다. 운전중 속도가 변해도 무방하며 상하 좌우로 굴절이 가능한 커플링이다. • 자재이음 및 훅조인트로도 불린다. • 자동차에 보편적으로 사용되는 커플링이다. • 사용 가능한 각도 범위 {{TABLE1}}
셀러 커플링	머프 커플링을 셀러가 개량한 것으로 **2개의 주철제 원뿔통을 3개의 볼트로 조여서 사용**하며 원추형이 중앙으로 갈수록 지름이 가늘어진다. • 커플링의 바깥 통을 **벨트 풀리로도 사용**할 수 있다. • **테이퍼 슬리브 커플링**이라고도 한다.
플렉시블 커플링	원칙적으로 직선상에 있는 두 축의 연결에 사용하나 양축 사이에 다소의 상호 이동은 허용되며 온도의 변화에 따른 축의 신축 또는 탄성변형 등에 의한 축심의 불일치를 완화하여 원활히 운전할 수 있는 커플링이다. • 양 플랜지를 **고무나 가죽**으로 연결한다. • **회전축이 자유롭게 움직**일 수 있는 장점이 있다. • **충격 및 진동을 흡수**할 수 있다. • **탄성력**을 이용한다. • **토크의 변동이 심할 때 사용**한다.
클램프 커플링	분할 원통 커플링이라고도 하며, 축의 양쪽으로 분할된 반원통 커플링으로 축을 감싸 축을 연결한다(**두 축을 주철 및 주강제 분할 원통에 넣고 볼트로 체결한다**). • 전달하고자 하는 동력이 작으면 키를 사용하지 않으며, 전달하고자 하는 동력, 즉 전달 토크가 크면 **평행키를 사용**한다. • 공작기계에 가장 일반적으로 많이 사용된다.

{{TABLE1}}:

가장 이상적인 각도	5° 이하
일반적인 사용 각도	30° 이하
사용할 수 없는 각도	45° 이상

03

정답 ③

[전달할 수 있는 토크의 크기가 큰 키(key)의 순서]
세레이션 > 스플라인 > **접선키** > **묻힘키** > 반달키 > **평키(플랫키, 납작키)** > **안장키** > 핀키(둥근키)

04

[응력집중(stress concentration)★]

- 단면이 급격하게 변하는 부분, 노치부분(구멍, 홈 등), 모서리 부분에서 응력이 국부적으로 집중되는 현상을 말한다.
- 하중을 가했을 때 단면이 불균일한 부분에서 평활한 부분에 비해 응력이 집중되어 큰 응력이 발생하는 현상을 말한다.
※ 단면이 불균일하다는 것은 노치부분(구멍, 홈 등)을 말한다.

응력집중계수 (형상계수, α)	$$\alpha = \frac{\text{노치부의 최대응력}}{\text{단면부의 평균응력}} > 1$$ ※ 응력집중계수(α)는 항상 1보다 크며, '노치가 없는 단면부의 평균응력(공칭응력)'에 대한 노치부의 최대응력'의 비이다. [단, A에 대한 $B = \dfrac{B}{A}$]
응력집중 방지법	• 테이퍼지게 설계하며, 테이퍼 부분은 될 수 있는 한 완만하게 한다. 또한 체결 부위에 리벳, 볼트 따위의 체결수를 증가시켜 집중된 응력을 분산시킨다. → 테이퍼 부분을 크게 하면 단면이 급격하게 변하여 응력이 국부적으로 집중될 수 있다. 따라서 테이퍼 부분은 될 수 있는 한 완만하게 한다. • 필릿 반지름을 최대한 크게 하여 단면이 급격하게 변하지 않도록 한다(굽어진 부분에 내접된 원의 반지름이 필릿 반지름이다). → 필릿 반지름을 최대한 크게 하면 내접된 원의 반지름이 커진다. 즉, 덜 굽어지게 되어 단면이 급격하게 변하지 않고 완만하게 변한다. • 단면변화부분에 보강재를 결합하여 응력집중을 완화시킨다. • 단면변화부분에 숏피닝, 롤러압연처리, 열처리 등을 하여 응력집중 부분을 강화시킨다. • 축단부에 2~3단의 단부를 설치하여 응력의 흐름을 완만하게 한다.
관련 특징	• 응력집중의 정도는 재료의 모양, 표면거칠기, 작용하는 하중의 종류(인장, 비틀림, 굽힘)에 따라 변한다. • 응력집중계수는 노치의 형상과 작용하는 하중의 종류에 영향을 받는다. 구체적으로 같은 노치라도 하중상태에 따라 다르며, 노치부분에 대한 응력집중계수(형상계수)는 일반적으로 인장, 굽힘, 비틀림의 순서로 인장일 때가 가장 크고, 비틀림일 때가 가장 작다. – 응력집중계수의 크기: 인장 > 굽힘 > 비틀림
노치효과	• 재료의 노치부분에 피로 및 충격과 같은 외력이 작용할 때 집중응력이 발생하여 피로한도가 저하되므로 재료가 파괴되기 쉬운 성질을 갖게 되는 것을 노치효과라고 한다. • 반복하중으로 인해 노치부분에 응력이 집중되어 피로한도가 작아지는 현상을 노치효과라고 한다. ※ 재료가 장시간 반복하중을 받으면 결국 파괴되는 현상을 피로라고 하며 이 한계를 피로한도라고 한다.
피로파손	최대응력이 항복강도 이하인 반복응력에 의하여 점진적으로 파손되는 현상이다. 한 점에서 미세한 균열이 발생 → 응력 집중 → 균열 전파 → 파손의 단계를 거치며, 소성변형 없이 갑자기 파손된다.

05

[베르누이 방정식]

	'흐르는 유체가 갖는 에너지의 총합은 항상 보존된다'라는 **에너지보존법칙**을 기반으로 하는 방정식이다. 즉, 베르누이 방정식은 흐르는 유체에 적용되는 방정식이다.

기본 식	$\dfrac{P}{\gamma}+\dfrac{v^2}{2g}+Z=$ constant $\quad$ [여기서, $\dfrac{P}{\gamma}$: 압력수두, $\dfrac{v^2}{2g}$: 속도수두, Z : 위치수두] • **에너지선**: 압력수두 + 속도수두 + 위치수두 • **수력구배선(수력기울기선)**: 압력수두 + 위치수두 ※ 베르누이 방정식은 에너지(J)로 표현할 수도 있고, 수두(m)로 표현할 수도 있고, 압력 (Pa)으로도 표현할 수 있다. ㉠ 수두식: $\dfrac{P}{\gamma}+\dfrac{v^2}{2g}+Z=C$ ㉡ 압력식: $P+\rho\dfrac{v^2}{2}+\rho gh=C$ $\quad\rightarrow$ 식 ㉠의 양변에 비중량(γ)를 곱하면 $\gamma=\rho g$이다. ㉢ 에너지식: $PV+\dfrac{1}{2}mv^2+mgh=$ constant $\quad\rightarrow$ 식 ㉡의 양변에 부피(V)를 곱하면 밀도(ρ) $=m$(질량) $/V$(부피)이다. <table><tr><td>PV(압력에너지)</td><td>$\dfrac{1}{2}mv^2$(운동에너지)</td><td>mgh(위치에너지)</td></tr></table>
가정 조건	• 정상류이며 비압축성이어야 한다(비압축성: 압력이 변해도 밀도는 변하지 않는다). • 유선을 따라 입자가 흘러야 한다. • 비점성이어야 한다(마찰이 존재하지 않아야 한다). • 유선이 경계층을 통과하지 말아야 한다. $\quad\rightarrow$ 경계층 내부는 점성이 작용하므로 점성에 의한 마찰 작용이 있어 3번째 가정 조건에 위배되기 때문이다.
설명할 수 있는 예시	• 피토관을 이용한 유속측정 원리 • 유체 중 날개에서의 양력 발생 원리 • 관의 면적에 따른 속도와 압력의 관계(압력과 속도는 반비례)
적용 예시	• 2개의 풍선 사이에 바람을 불면 풍선이 서로 붙는다. • 마그누스의 힘(축구공 감아차기, 플레트너 배 등)

※ 오일러 운동방정식은 '압축성'을 기반으로 한다(나머지는 베르누이 방정식 가정과 동일).

※ 벤투리미터는 베르누이 방정식과 연속방정식을 이용하여 유량을 산출한다.

※ 베르누이 방정식은 '에너지보존법칙', 연속방정식은 '질량보존법칙'이다.

06

정답

[다르시-바이스바흐 방정식(Darcy-Weisbach equation)]

다르시-바이스바흐 방정식 (Darcy–Weisbach equation)	일정한 길이의 원관 내에서 유체가 흐를 때 발생하는 마찰로 인한 압력 손실 또는 수두 손실과 비압축성 유체의 흐름의 평균 속도와 관련된 방정식이다. → 직선 원관 내에 유체가 흐를 때 관과 유체 사이의 마찰로 인해 발생하는 직접적인 손실을 구할 수 있다. • $h_l = f \dfrac{l}{d} \dfrac{V^2}{2g}$ [여기서, h_l: 손실수두, f: 관마찰계수, l: 관의 길이, d: 관의 직경, V: 유속, g: 중력가속도] ★ 다르시-바이스바흐 방정식은 층류, 난류에서 모두 적용이 가능하나 하겐-푸아죄유 방정식은 층류에서만 적용이 가능하다.

[관마찰계수(f)]: 레이놀즈수(Re)와 관내면의 조도에 따라 변하며 실험에 의해 정해진다.

흐름이 층류일 때	$$f = \frac{64}{Re}$$ [여기서, $Re = \dfrac{\rho VD}{\mu} = \dfrac{VD}{\nu}$ 이며, ρ: 유체의 밀도, μ: 점성계수, V: 유속, D: 관의 지름(직경), ν: 동점성계수, $\nu = \dfrac{\mu}{\rho}$ 이다.]
흐름이 난류일 때	$$f = \frac{0.3164}{\sqrt[4]{Re}}$$

풀이

㉠ 손실수두$(h_l) = f \dfrac{l}{d} \dfrac{V^2}{2g}$

㉡ 층류 유동이므로 관마찰계수(f)는 $\dfrac{64}{Re}$ 이다.

㉢ 식 ㉠에 $f = \dfrac{64}{Re}$ 를 대입한다. → $(h_l) = f \dfrac{l}{d} \dfrac{V^2}{2g} = \dfrac{64}{Re} \dfrac{l}{d} \dfrac{V^2}{2g} = \dfrac{64}{\dfrac{\rho Vd}{\mu}} \dfrac{l}{d} \dfrac{V^2}{2g}$

→ $h_l \propto \dfrac{V}{d^2}$ 의 관계가 된다. 따라서 다음 조건에 의해 다음과 같이 된다.

∴ $h_l{}' \propto \dfrac{V}{d^2} = \dfrac{0.5 V}{(\sqrt{2} d)^2} = \dfrac{0.5 V}{2d^2} = \left(\dfrac{1}{4}\right)\dfrac{V}{d^2} = \dfrac{1}{4} h_l$ 이 된다. [단, V, d 이외의 모든 조건은 동일]

※ 단면적(A)을 2배로 하면, 연속방정식$(Q = AV)$에 따라 속도는 $0.5 V$가 된다.

$Q = A_1 V_1 = A_2 V_2 \rightarrow AV = 2A(V_2) \rightarrow \therefore V_2 = 0.5 V$

※ 단면적(A)을 2배로 한다는 것은 지름(d)를 $\sqrt{2}$ 배로 한다는 것$(\sqrt{2} d)$과 같다.

기존 $A = \dfrac{1}{4} \pi d^2$에서 $2A$가 되려면 기존 지름 d가 $\sqrt{2} d$가 되어야 한다.

07

[비열비(k)]

- 비열비(k)는 정적비열(C_v)에 대한 정압비열(C_p)의 비로 $k = \dfrac{C_p}{C_v}$로 표현할 수 있다.

- 비압축성 물질(고체나 액체 등)일 경우, 정압비열(C_p)과 정적비열(C_v)이 거의 비슷하여 비열비(k)가 1에 가까우나 1보다는 크다. 이는 정압비열(C_p)이 정적비열(C_v)보다 항상 크기 때문이다.

- 정압비열(C_p)이 정적비열(C_v)보다 항상 크다.

- 비열비(k)는 분자를 구성하는 원자 수에 관계되며 가스 종류에 상관없이 원자 수가 같다면 비열비(k)는 같다.

1원자 분자	$k = 1.66$	종류: Ar, He
2원자 분자	$k = 1.4$	종류: O_2, CO, N_2, H_2, Air
3원자 분자	$k = 1.33$	종류: CO_2, H_2O, SO_2

08

[이상기체의 교축과정(스로틀과정, 조름공정)]

밸브, 작은 틈, 콕 등 좁은 통로를 유체가 이동할 때 마찰이나 난류로 인해 압력이 급격하게 낮아지는 현상을 말한다. 즉, 압력을 크게 강하시켜 동작물질(작동물질, 작동유체)의 증발을 목적으로 하는 과정이다. 유체가 교축이 되면 유체의 마찰이나 난류로 인해 압력의 감소와 더불어 속도도 감소하게 된다. 이때 속도에너지의 감소는 열에너지로 바뀌어 유체에 회수되기 때문에 엔탈피는 원래의 상태로 되어 등엔탈피과정이라고 한다. 또한 교축과정은 비가역 과정이므로 압력이 감소되는 방향으로 일어나며 엔트로피는 항상 증가한다. 결국 **이상기체의 교축과정은 등엔탈피($\triangle h = 0$, $h_1 = h_2$) 과정이므로 초기 상태와 최종 상태의 엔탈피는 같다.**

09

㉠ 초기 정지상태의 물체가 50m에서 가지고 있는 위치에너지의 크기는 mgh이다.

㉡ 이 물체가 자유 낙하하여 지상으로 떨어지는 과정 동안 높이(h)가 점점 감소하여 위치에너지는 감소하게 된다. 그리고 자유낙하(등가속도운동) 운동에 의해 속도는 점점 증가하여 운동에너지는 증가하게 된다. 이후 물체가 지상에 완전히 떨어져 충돌하게 되면 속도가 0이 되어 운동에너지는 0이 된다. 운동에너지는 어디로 갔을까?

→ 물체의 온도가 초기 T_1에서 나중 T_2로 변하였다. 이때 $T_1 \rightarrow T_2$로 변하는 데 쓰이는 열에너지는 $Q = Cm \triangle T = Cm(T_2 - T_1)$이다. 바로 운동에너지는 이 열에너지로 변환된 것이다.

※ **에너지의 변환 과정**: 위치에너지 $\xrightarrow{변환}$ 운동에너지 $\xrightarrow{변환}$ 열에너지의 과정을 거친다.

풀이

$mgh = Cm(T_2 - T_1)$

$\rightarrow gh = C(T_2 - T_1) \rightarrow \therefore T_2 = \dfrac{gh}{C} + T_1 = \dfrac{(10)(50)}{400} + 10℃ = 11.25℃$

10

[카르노 사이클(Carnot cycle)]

- 열기관의 이상 사이클로 이상기체를 동작물질(작동유체)로 사용한다.
- 이론적으로 사이클 중 **최고의 효율**을 가질 수 있다.

$P-V$ 선도	
각 구간 해석	• **상태 1 → 상태 2**: q_1의 열이 공급되었으므로 팽창하게 된다. 1에서 2로 부피(V)가 늘어났음(팽창)을 알 수 있다. 따라서 <u>가역등온팽창과정</u>이다. • **상태 2 → 상태 3**: 위의 선도를 보면 2에서 3으로 압력(P)이 감소했음을 알 수 있다. 즉, 동작물질(작동유체)인 이상기체가 외부로 팽창일을 하여 압력(P)이 감소된 것이므로 <u>가역단열팽창과정</u>이다. • **상태 3 → 상태 4**: q_2의 열이 방출되고 있으므로 부피가 줄어들게 된다. 즉, 3에서 4로 부피(V)가 줄어들고 있다. 따라서 <u>가역등온압축과정</u>이다. • **상태 4 → 상태 1**: 4에서 1은 압력(P)이 증가하고 있다. 따라서 <u>가역단열압축과정</u>이다.
특징	• <u>2개의 가역단열과정과 2개의 가역등온과정</u>으로 구성되어 있다. 즉, 4개의 과정은 모두 가역과정이다. • <u>등온팽창 → 단열팽창 → 등온압축 → 단열압축</u>의 순서로 작동된다. • 효율(η)은 $1-(Q_2/Q_1)=1-(T_2/T_1)$으로 구할 수 있다. 　[여기서, Q_1: 공급열, Q_2: 방출열, T_1: 고열원 온도, T_2: 저열원 온도] 　→ 카르노 사이클의 열효율은 열량(Q)의 함수로 온도(T)의 함수를 치환할 수 있다. • 같은 두 열원에서 사용되는 가역 사이클인 카르노 사이클로 작동되는 기관은 열효율이 동일하다. • 사이클을 역으로 작동시켜주면 이상적인 냉동기의 원리가 된다. • 열의 공급은 등온과정에서만 이루어지지만, 일의 전달은 단열과정과 등온과정에서 둘 다 일어난다. • 동작물질(작동유체)의 밀도가 크거나 양이 많으면 마찰이 발생하여 효율이 떨어지므로 효율을 높이기 위해서는 동작물질(작동유체)의 밀도를 낮추거나 양을 줄인다.

11

- <u>폴리트로픽(polytropic) 변화 관련 식</u>: $\left(\dfrac{T_2}{T_1}\right)=\left(\dfrac{V_1}{V_2}\right)^{n-1}=\left(\dfrac{P_2}{P_1}\right)^{\frac{n-1}{n}}$

풀이

문제의 보기를 보니 압력(P)과 부피(V)로만 구성되어 있다. 따라서 폴리트로픽(polytropic) 변화 관련

식 $\left(\dfrac{T_2}{T_1}\right) = \left(\dfrac{V_1}{V_2}\right)^{n-1} = \left(\dfrac{P_2}{P_1}\right)^{\frac{n-1}{n}}$ 에서 온도(T)는 고려하지 않아도 된다. 즉, $\left(\dfrac{V_1}{V_2}\right)^{n-1} = \left(\dfrac{P_2}{P_1}\right)^{\frac{n-1}{n}}$

만을 이용하여 문제에서 요구한 폴리트로픽 지수(n)를 구하면 된다.

㉠ $\left(\dfrac{V_1}{V_2}\right)^{n-1} = \left(\dfrac{P_2}{P_1}\right)^{\frac{n-1}{n}}$ 의 양변에 $\left(\dfrac{n}{n-1}\right)$ 승을 곱한다.

$\rightarrow \left(\dfrac{V_1}{V_2}\right)^{n-1 \times \left(\frac{n}{n-1}\right)} = \left(\dfrac{P_2}{P_1}\right)^{\frac{n-1}{n} \times \left(\frac{n}{n-1}\right)} \rightarrow \left(\dfrac{V_1}{V_2}\right)^{n} = \left(\dfrac{P_2}{P_1}\right)$

㉡ $\left(\dfrac{V_1}{V_2}\right)^{n} = \left(\dfrac{P_2}{P_1}\right)$ 의 양변에 자연로그 $\ln$을 취한다.

$\rightarrow \ln\left(\dfrac{V_1}{V_2}\right)^{n} = \ln\left(\dfrac{P_2}{P_1}\right) \rightarrow n\ln\left(\dfrac{V_1}{V_2}\right) = \ln\left(\dfrac{P_2}{P_1}\right)$

$\rightarrow \therefore n = \dfrac{\ln\left(\dfrac{P_2}{P_1}\right)}{\ln\left(\dfrac{V_1}{V_2}\right)}$

12
정답 ④

[부양체의 상태]

안정상태	$\overline{MC} > 0$, 경심(M)이 무게중심(C)보다 위에 있을 때 안정하다.
중립상태	$\overline{MC} = 0$, 경심(M)이 무게중심(C)과 같을 때를 중립상태라 한다.
불안정상태	$\overline{MC} < 0$, 경심(M)이 무게중심(C)보다 아래에 있을 때 불안정하다.

13
정답 ①

• **연속방정식**($Q = A_1 V_1 = A_2 V_2$) [여기서, Q: 체적유량(m^3/s)]

관을 매초(s)마다 통과하는 물의 양(m^3)은 일정하다.

$\rightarrow Q = A_A V_A = A_B V_B \rightarrow \dfrac{1}{4}\pi D_A^{\,2} V_A = \dfrac{1}{4}\pi D_B^{\,2} V_B \rightarrow D_A^{\,2} V_A = D_B^{\,2} V_B$

$\rightarrow (3D_B)^2 V_A = D_B^{\,2} V_B \rightarrow 9D_B^{\,2} V_A = D_B^{\,2} V_B \rightarrow 9V_A = V_B$

$\rightarrow \therefore V_A = \dfrac{1}{9} V_B = \dfrac{1}{9}(9) = 1\,\text{m/s}$

14
정답 ②

[백래시(backlash, 치면놀이, 엽새, 뒤틈)]

한 쌍의 기어가 맞물렸을 때 치면 사이에 생기는 틈새를 말한다.

① 백래시가 너무 작으면 윤활이 불충분하게 되어 치면끼리의 마찰이 증가한다.

② 백래시가 너무 크면 소음과 진동의 원인이 되므로 **가능한 한 작은 편이 좋다.**

※ **백래시를 주는 주된 목적**

ㄱ 윤활유 공급에 따른 유막 두께를 위한 공간 확보하기 위해

ㄴ 고속 회전으로 인해 열이 발생하므로 이에 따른 열팽창에 대응하기 위해

ㄷ 가공성의 오차, 피치 오차, 치형 오차에 대응하기 위해

ㄹ 하중으로 인해 발생하는 기어 조립 시 축간거리 변형을 보정하기 위해

15

정답 ①

• 등속회전운동을 받는 유체(일정한 단면적을 가진 원기둥의 용기 속에서)

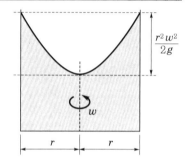

• 임의의 반경 r에서의 액면상승높이$(h) = \dfrac{r^2 w^2}{2g}$

[여기서, r: 반경(m), w: 각속도$(\mathrm{rad/s})$, g: 중력가속도$(\mathrm{m/s^2})$]

※ 각속도$(w) = \dfrac{2\pi N}{60}[\mathrm{rad/s}]$

ㄱ 각속도$(w) = \dfrac{2\pi N}{60} = \dfrac{2(3)(300)}{60} = 30\mathrm{rad/s}$

ㄴ 임의의 반경 r에서의 액면상승높이$(h) = \dfrac{r^2 w^2}{2g} = \dfrac{(0.1)^2(30)^2}{2(10)} = 0.45\mathrm{m} = 45\mathrm{cm}$

최대높이를 구해야 하므로 임의의 반경 r은 지름의 반인 반지름 $10\mathrm{cm} = 0.1\mathrm{m}$가 된다.

16

정답 ③

[축 설계 시 고려해야 할 사항]

• 강도

• 강성

• 변형(휨변형, 비틀림변형 등)

• 열응력

• 충격

• 위험속도

• 진동수

• **부식:** 수차축, 펌프축, 선박의 프로펠러축 등과 같이 항상 액체 중에 있는 축 같은 경우는 전기적 또는 화학적 **부식이 있으므로 축 설계 시 '부식'을 고려해야 한다.**

17

정답 ②

[표면장력(σ, surface tension)*]

- 액체 표면이 스스로 수축하여 되도록 작은 면적(면적을 최소화)을 취하려는 힘의 성질
- 응집력이 부착력보다 큰 경우에 표면장력이 발생한다(동일한 분자 사이에 작용하는 잡아당기는 인력이 부착력보다 커야 동글동글하게 원 모양으로 유지된다).

※ 응집력: 동일한 분자 사이에 작용하는 인력이다.

표면장력의 특징	• 자유수면 부근에 막을 형성하는 데 필요한 단위길이당 당기는 힘이다. • 분자 사이에 작용하는 힘에 따라 분자가 서로 접촉하여 응축하려고 하며 이에 따라 표면적이 작은 원 모양이 되려고 한다. • 주어진 유체의 표면장력(N/m)과 단위면적당 에너지($J/m^2 = N \cdot m/m^2 = N/m$)는 동일한 단위를 갖는다. • 모든 방향으로 같은 크기의 힘이 작용하여 합력은 0이다. • 수은 > 물 > 비눗물 > 에탄올 순으로 표면장력이 크며 합성세제, 비누 같은 계면활성제는 물에 녹아 물의 표면장력을 감소시킨다. • 표면장력은 온도가 높아지면 낮아진다. • 표면장력이 클수록 분자 간의 인력이 강하므로 증발하는 데 시간이 많이 소요된다. • 표면장력은 물의 냉각효과를 떨어뜨린다. • 물에 함유된 염분은 표면장력을 증가시킨다. • 표면장력의 단위는 N/m이다. • 다음은 물방울, 비눗방울의 표면장력 공식이다. 물방울: $\sigma = \dfrac{\triangle PD}{4}$ [여기서, $\triangle P$: 내부초과압력(내부압력−외부압력), D: 지름] 비눗방울: $\sigma = \dfrac{\triangle PD}{8}$ [여기서, $\triangle P$: 내부초과압력(내부압력−외부압력), D: 지름] ※ 비눗방울은 얇은 2개의 막을 가지므로 물방울의 표면장력의 0.5배
표면장력의 예	• 소금쟁이가 물에 뜰 수 있는 이유 • 잔잔한 수면 위에 바늘이 뜨는 이유
표면장력의 단위	SI 단위 / CGS 단위 표 아래 참조

SI 단위	CGS 단위
$N/m = J/m^2 = kg/s^2$ $[1J = 1N \cdot m, \ 1N = 1kg \cdot m/s^2]$	$dyne/cm$ $[1dyne = 1g \cdot cm/s^2 = 10^{-5}N]$

※ 1dyne: 1g의 질량을 $1cm/s^2$의 가속도로 움직이게 하는 힘으로 정의

※ 1erg: 1dyne의 힘이 그 힘의 방향으로 물체를 1cm 움직이는 일로 정의

  ($1erg = 1dyne \cdot cm = 10^{-7}J$) ← [인천국제공항공사 기출]

풀이

$$\sigma = \frac{\triangle PD}{4} \ \rightarrow \ \therefore \ \triangle P = \frac{4\sigma}{D} = \frac{4(100kgf/mm)}{20mm} = 20kgf/mm^2$$

18

정답 ①

• 유동장 내에서 유체의 가속도를 표현하는 물질도함수의 가속도(a) 편미분방정식

$$a = v\left(\frac{dv}{ds}\right) + \frac{dv}{dt}$$

※ 암기하고 있으면 매우 유용하다.

19

정답 ④

$Q = dU + W = dU + PdV$를 사용한다.

풀이

$Q = dU + PdV$

$\rightarrow\ Q = dU + PdV = +100\text{kJ} + (200\text{kPa})(0.4\text{m}^3 - 0.1\text{m}^3) = 100\text{kJ} + 60\text{kJ} = 160\text{kJ}$

※ 공급된 열 중 일부는 이상기체의 내부에너지를 증가시키는 데 사용되며, 나머지 일부는 일하는 데 사용된다(즉, 밥 먹으면 살찌고 일한다).

20

정답 ③

[랭킨 사이클의 이론 열효율(η)]

$$\therefore\ \eta_{\text{이론 열효율}} = \frac{W_{\text{터빈}} - W_{\text{펌프}}}{Q_{\text{공급}}} = \frac{(h_2 - h_3) - (h_1 - h_4)}{(h_2 - h_1)} \quad [\text{여기서, } h_1 \fallingdotseq h_4]$$

[단, 펌프일(W_p, 압축일)은 터빈일(W_t, 팽창일)에 비해 무시할 정도로 작기 때문에 펌프일은 무시할 수 있다. 즉, **팽창일 ≫ 압축일**이다.]

※ 랭킨 사이클 순서: 보일러 → 터빈 → 응축기(복수기, 콘덴서) → 펌프

보일러 입구(1) = 펌프 출구(1)	보일러 출구(2) = 터빈 입구(2)
터빈 출구(3) = 응축기 입구(3)	응축기 출구(4) = 펌프 입구(4)

21

정답 ③

• 수격펌프 도수관의 길이(L)

$$L = h + \frac{0.3h}{H}\,[\text{m}]$$

[여기서, h: 양정(m), H: 낙차(m)]

22

정답 ①

• 공기실(air chamber): 액체의 유출을 고르게 하기 위해서 공기가 들어 있는 방이다. 일반적으로 액체는 팽창성, 압축성이 작으므로 그 속도를 급변하게 되면 충돌이나 압력강하 현상이 일어나게 된다. 이는 곧 수격현상을 일으키게 되고 이를 방지하기 위해 설치된 공기가 차 있는 곳을 공기실이라고 한다.

✓ 공기실은 송출관 안의 유량을 일정하게 유지시켜 수격현상을 방지해준다.

※ 해당 문제는 2019년 하반기 서울주택도시공사 등 여러 공기업에서 유사하게 또는 그대로 출제된 바 있다.

23

정답 ③

[펌프의 상사법칙]

유량(Q)	양정(H)	동력(L)
$\dfrac{Q_2}{Q_1} = \left(\dfrac{N_2}{N_1}\right)^1 \left(\dfrac{D_2}{D_1}\right)^3$	$\dfrac{H_2}{H_1} = \left(\dfrac{N_2}{N_1}\right)^2 \left(\dfrac{D_2}{D_1}\right)^2$	$\dfrac{L_2}{L_1} = \left(\dfrac{N_2}{N_1}\right)^3 \left(\dfrac{D_2}{D_1}\right)^5$

[송풍기 상사법칙(단, ρ = 밀도)]

풍량, 유량(Q)	압력, 양정(H)	축동력(L)
$\dfrac{Q_2}{Q_1} = \left(\dfrac{N_2}{N_1}\right)^1 \left(\dfrac{D_2}{D_1}\right)^3$	$\dfrac{H_2}{H_1} = \left(\dfrac{N_2}{N_1}\right)^2 \left(\dfrac{D_2}{D_1}\right)^2 \left(\dfrac{\rho_2}{\rho_1}\right)^1$	$\dfrac{L_2}{L_1} = \left(\dfrac{N_2}{N_1}\right)^3 \left(\dfrac{D_2}{D_1}\right)^5 \left(\dfrac{\rho_2}{\rho_1}\right)^1$

풀이

양정(H)은 다음과 같은 **상사법칙**을 따른다.

$$\therefore \frac{H_2}{H_1} = \left(\frac{N_2}{N_1}\right)^2 \left(\frac{D_2}{D_1}\right)^2$$

$$\rightarrow \frac{H_2}{H_1} = \left(\frac{N_2}{N_1}\right)^2 \left(\frac{D_2}{D_1}\right)^2 \rightarrow H_2 = H_1 \left(\frac{800}{1,200}\right)^2 \left(\frac{2D_1}{D_1}\right)^2 = (36)\left(\frac{800}{1,200}\right)^2 (2)^2 = 64\text{m}$$

※ 치수가 2배라는 것은 지름(D)이 2배가 된다는 것과 같은 이치이다.

※ 펌프의 상사법칙을 이용한 계산 문제도 자주 기출되는 문제이다.

24

정답 ③

[누설 손실이 일어나는 곳]
- 회전차 입구부(입구측)의 웨어링 링 부분
- 축추력 평형장치부
- 패킹박스
- 봉수용에 쓰이는 압력수

25

[카르노 사이클(Carnot cycle)]

- 열기관의 이상 사이클로 이상기체를 동작물질(작동유체)로 사용한다.
- 이론적으로 사이클 중 최고의 효율을 가질 수 있다.

$P-V$ 선도	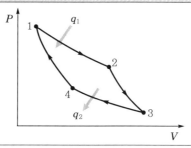
특징	• 2개의 가역단열과정과 2개의 가역등온과정으로 구성되어 있다. 즉, 4개의 과정은 모두 가역과정이다. • 등온팽창 → 단열팽창 → 등온압축 → 단열압축의 순서로 작동된다. • **효율**(η)은 $1-(Q_2/Q_1)=1-(T_2/T_1)$으로 구할 수 있다. 　　[여기서, Q_1: 공급열, Q_2: 방출열, T_1: 고열원 온도, T_2: 저열원 온도] 　→ 카르노 사이클의 열효율은 열량(Q)의 함수로 온도(T)의 함수를 치환할 수 있다. • 같은 두 열원에서 사용되는 가역 사이클인 카르노 사이클로 작동되는 기관은 열효율이 동일하다. • 사이클을 역으로 작동시켜주면 이상적인 냉동기의 원리가 된다. • 열의 공급은 등온과정에서만 이루어지지만, 일의 전달은 단열과정과 등온과정에서 둘 다 일어난다. • 동작물질(작동유체)의 밀도가 크거나 양이 많으면 마찰이 발생하여 효율이 떨어지므로 효율을 높이기 위해서는 동작물질(작동유체)의 밀도를 낮추거나 양을 줄인다.

풀이

효율$(\eta) = 1-\left(\dfrac{T_2}{T_1}\right)$　[여기서, T_1: 고열원 온도, T_2: 저열원 온도]

→ 효율$(\eta) = 1-\left(\dfrac{T_2}{T_1}\right) = 1-\left(\dfrac{[20+273]K}{[606+273]K}\right) = 1-0.333333 \fallingdotseq 0.67 = 67\%$

26

- **펌프의 소요 축동력**(P): $P = \dfrac{\gamma QH}{\eta_P}$　[여기서, γ: 비중량, Q: 토출량($\mathrm{m^3/s}$), H: 전양정]

　㉠ 물의 비중량(γ) = $10\mathrm{kN/m^3}$ = $10,000\mathrm{N/m^3}$

　㉡ 토출량(Q) = $20\mathrm{m^3/min}$ = $20\mathrm{m^3}/60\mathrm{s}$ = $\dfrac{1}{3}\mathrm{m^3/s}$

　㉢ 전양정(H) = 실양정+총 손실수두 = $5.6\mathrm{m}+0.4\mathrm{m}$ = $6\mathrm{m}$

　㉣ 펌프의 효율 = 80% = 0.8

$$\rightarrow \therefore P = \frac{\gamma QH}{\eta_P} = \frac{(10,000\mathrm{N/m^3})\left(\dfrac{1}{3}\mathrm{m^3/s}\right)(6\mathrm{m})}{0.8} = 25,000\mathrm{N\cdot m/s} = 25,000\mathrm{W} = 25\mathrm{kW}$$

※ 동력(H)은 단위시간(s)당 한 일(J)이다. 즉, $H = \dfrac{W[\text{J}]}{t[\text{s}]}$이다.

여기서, $W = (\text{힘}) \times (\text{이동 거리}) = F \times S$이다. 따라서 동력($H$)은 다음과 같다.

$H = \dfrac{F \times S}{t}$이다. $V(\text{속도}) = \dfrac{S}{t} = \dfrac{\text{이동 거리}}{\text{시간}}$이므로 다음과 같다.

$\therefore H = F \times V \ [\text{N} \cdot \text{m/s} = \text{J/s} = \text{W}]$ [단, $1\text{J} = 1\text{N} \cdot \text{m}, \ 1\text{W} = 1\text{J/s}$]

27

정답 ④

[수차]
유체에너지를 기계에너지로 변환시키는 기계로 수력발전에서 가장 중요한 설비이다.

[대표적인 수차들의 종류와 특징]

충동수차	반동수차
수차가 **물에 완전히 잠기지 않으며** 물은 수차의 일부 방향에서 공급된다. 운동에너지만을 전환시킨다.	물의 위치에너지를 압력에너지와 속도에너지로 변환하여 이용하는 수차이다. 물의 흐름 방향이 회전차의 날개에 의해 바뀔 때 회전차에 작용하는 충격력 외에 회전차 출구에서의 유속을 증가시켜줌으로써 반동력을 회전차에 작용하게 하여 회전력을 얻는 수차이다. 종류로는 **프란시스수차와 프로펠러수차**가 있다. • 프로펠러수차: 약 10~60m의 저낙차로 비교적 유량이 많은 곳에 사용된다. 날개각도를 조정할 수 있는 가동익형을 카플란수차라고 하며, 날개각도를 조정할 수 없는 고정익형을 프로펠러수차라고 한다.
펠톤수차(충격수차)★_빈출	프란시스수차
• **고낙차(200~1,800m)** 발전에 사용하는 **충동수차의 일종**으로 '물의 **속도에너지**'만을 이용하는 수차이다. • 고속 분류를 버킷에 **충돌**시켜 그 힘으로 회전차를 움직이는 수차이다. 그리고 회전차와 연결된 발전기가 돌아 전기가 생산된다. • 분류(jet)가 수차의 **접선 방향**으로 작용하여 날개차를 회전시켜서 기계적인 일을 얻는 충격수차이다.	반동수차의 대표적인 수차로 40~600m의 광범위한 낙차의 수력발전에 사용된다. 적용 낙차와 용량의 범위가 넓어 **가장 많이 사용**되며 물이 수차에 반경류 또는 **혼류**로 들어와서 **축 방향으로 유출**되며, 이때 날개에 반동작용을 주어 날개차를 회전시킨다. 비교적 효율이 높아 발전용으로 많이 사용된다.
중력수차	사류수차
물이 낙하할 때 **중력**에 의해서 움직이는 수차이다.	**혼류수차**라고도 하며 유체의 흐름이 회전날개에 경사진 방향으로 **통과**하는 수차로 구조적으로 프란시스수차나 카플란수차와 같다. 종류로는 데리아수차가 있다.
펌프수차	튜블러수차
펌프와 수차의 기능을 각각 모두 갖추고 있는 수차이다. 양수발전소에서 사용된다.	원통형 수차라고 하며 10m 정도의 저낙차, 조력발전용 수차이다.

28

정답 ①

[원심펌프의 성능곡선]

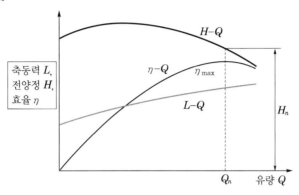

29

정답 ②

$$\therefore \ \tau = \frac{16\,T}{\pi d^3} = \frac{16(150\mathrm{N}\cdot\mathrm{m})}{(3)(0.4\mathrm{m})^3} = 12{,}500\mathrm{N/m}^2 = 12{,}500\mathrm{Pa} = 12.5\mathrm{kPa}$$

• 비틀림모멘트(T)에 의해 봉에 발생하는 전단응력(τ)

속이 꽉 찬 봉 (중실축)	$T = \tau Z_P$ [여기서, $Z_P = \dfrac{\pi d^3}{16}$: 중실축의 극단면계수]
	$\rightarrow \ \therefore \ \underline{T = \tau Z_P = \tau\left(\dfrac{\pi d^3}{16}\right)}$
속이 빈 봉 (중공축)	$T = \tau Z_P$
	[여기서, $Z_P = \dfrac{\pi(d_2^{\,4} - d_1^{\,4})}{16 d_2}$: 중공축의 극단면계수, d_2 : 중공축의 바깥지름, $\quad\quad d_1$: 중공축의 안지름]
	$\rightarrow \ \therefore \ T = \tau Z_P = \tau\left[\dfrac{\pi(d_2^{\,4} - d_1^{\,4})}{16 d_2}\right]$

30

정답 ②

• Joule$-$Thompson 계수(μ) : $\left(\dfrac{\delta T}{\delta P}\right)_H$

Joule$-$Thompson 계수(μ)는 엔탈피(H)가 일정할 때 압력(P)에 따른 온도(T)의 변화를 나타내는
계수이다.

$$\rightarrow \ \therefore \ \mu = \left(\frac{\delta T}{\delta P}\right)_H = \left(\frac{[350 - 450\,℃]}{[5 - 25\mathrm{kgf/cm}^2]}\right) = \frac{-100\,℃}{-20\mathrm{kgf/cm}^2} = 5\,℃\cdot\mathrm{cm}^2/\mathrm{kgf}$$

14 2021 상반기 한국지역난방공사 기출문제

01	③	02	①	03	④	04	⑤	05	③	06	③	07	⑤	08	⑤	09	③	10	④
11	⑤	12	②	13	④	14	⑤	15	②	16	②	17	②	18	③	19	⑤	20	①
21	②	22	②	23	④	24	③	25	②	26	③	27	③	28	①	29	④	30	②

01

정답 ③

[미끄럼 베어링과 구름 베어링의 특징 비교]

	미끄럼 베어링	구름 베어링
형상치수	바깥지름은 작고, 너비는 넓다.	바깥지름은 크고, 너비는 좁다.
마찰상태	유체마찰	구름마찰
마찰 특징	운동마찰을 작게 할 수 있다.	기동마찰이 작다.
기동토크	유막형성이 늦은 경우 크다.	작다.
충격	충격에 강하다.	**충격에 약하다.**
강성	작다.	크다.
동력손실	마찰에 의한 동력손실이 크다.	마찰에 의한 동력손실이 작다.
소음 및 진동	작다.	크다.
운전속도	공진 영역을 지나 운전될 수 있다.	공진 영역 이내에서 운전한다.
속도	고속 운전에 적합하다.	전동체가 있어서 고속 운전에 부적합하다.
윤활	별도의 윤활장치가 필요하다.	윤활이 용이하다(단, 윤활유가 비산한다).
과열	과열의 위험이 크다.	과열의 위험이 작다.
규격 및 호환	규격화되지 않아 자체 제작한다.	규격화되어 호환성이 우수하다.
구조	구조가 간단하며 값이 저렴하다.	전동체(볼, 롤러)가 있어 복잡하며 일반적으로 값이 고가이다.

※ 공진 영역 내에서는 구름 베어링이 더 고속으로 운전되나, 미끄럼 베어링은 공진 영역을 지나 운전이 가능하기 때문에 공진 영역 밖에서는 미끄럼 베어링이 더 고속이라고 간주한다. 따라서 공진에 관한 말이 없으면 일반적으로 미끄럼 베어링이 구름 베어링보다 더 고속 운전이 가능하다고 판단하면 된다.

※ 구름베어링은 설치 시 내·외륜의 끼워맞춤에 주의가 필요하다.

02

정답 ①

[절삭유]

절삭유의 3대 작용	• **냉각작용:** 공구와 일감의 온도 증가 방지(가장 기본적인 목적) • **윤활작용:** 공구의 윗면과 칩 사이의 마찰 감소 • **세척작용:** 칩을 씻어주는 작용(공작물과 칩 사이의 친화력을 감소)

사용 목적	• 공구의 인선을 냉각시켜 공구의 경도 저하를 방지한다. → 공구의 날끝 온도 상승 방지 → 구성인선 발생 방지 • 가공물(공작물)을 냉각시켜 절삭열에 의한 정밀도 저하를 방지한다. • 공구의 마모를 줄이고 윤활 및 세척작용으로 가공 표면을 양호하게 한다. • 칩을 씻어주고 절삭부를 깨끗하게 하여 절삭작용을 용이하게 한다.
구비조건	• 윤활성, 냉각성이 우수해야 한다. • 화학적으로 안전하고 위생상 해롭지 않아야 한다. • 공작물과 기계에 녹이 슬지 않아야 한다. • 칩 분리가 용이하여 회수가 쉬워야 한다. • 휘발성이 없고 인화점이 높아야 한다. • 값이 저렴하고 쉽게 구할 수 있어야 한다.

종류	수용성 절삭유	광물섬유를 화학적으로 처리하여 원액과 물을 혼합하여 사용하는 것으로, 점성이 낮고 비열이 커서 냉각효과가 크므로 고속절삭 및 연삭 가공액으로 많이 사용된다.
	광유	경유, 머신오일, 스핀들 오일, 석유 및 기타의 광유 또는 그 혼합유로 윤활성은 좋으나 냉각성이 적어 경절삭에 사용된다.
	유화유	광유와 비눗물을 혼합한 것이다.
	동물성유	라드유가 가장 많이 사용되며 식물성유보다는 점성이 높아 저속절삭 시 사용된다.
	식물성유	콩기름, 올리브유, 종자유, 면실유 등을 말한다.

03 정답 ④

[리벳이음의 특징]

장점	• 리벳이음은 잔류응력이 발생하지 않아 변형이 적다. • 경합금처럼 용접하기 곤란한 금속을 이음할 수 있다. • 구조물 등에서 현장 조립할 때는 용접이음보다 쉽다. • 작업에 숙련도를 요하지 않으며 검사도 간단하다.
단점	• 길이 방향의 하중에 취약하다. • 결합시킬 수 있는 강판의 두께에 제한이 있다. • 강판 또는 형강을 영구적으로 접합하는 데 사용하는 이음으로 분해 시 파괴해야 한다. • 체결 시 소음이 발생한다. • 용접이음보다 이음효율이 낮으며 기밀, 수밀의 유지가 곤란하다. • 구멍가공으로 인하여 판의 강도가 약화된다.

[용접이음의 특징]

장점	• 이음효율(수밀성, 기밀성)을 100%까지 할 수 있다. • 공정수를 줄일 수 있다. • 재료를 절약할 수 있다. • 경량화할 수 있다. • 용접하는 재료에 두께 제한이 없다. • 서로 다른 재질의 두 재료를 접합할 수 있다.

단점	• 잔류응력과 응력집중이 발생할 수 있다. • 모재가 용접 열에 의해 변형될 수 있다. • 용접부의 비파괴검사가 곤란하다. • 용접의 숙련도가 요구된다. • 진동을 감쇠시키기 어렵다.

[용접의 효율]

아래보기용접에 대한 위보기용접의 효율	80%
아래보기용접에 대한 수평보기용접의 효율	90%
아래보기용접에 대한 수직보기용접의 효율	95%
공장용접에 대한 현장용접의 효율	90%

※ 용접부의 이음효율 : $\dfrac{\text{용접부의 강도}}{\text{모재의 강도}}$ = 형상계수(k_1) × 용접계수(k_2)

[용접자세 종류]

종류	전자세 All Position	위보기 (상향자세) Overhead Position	아래보기 (하향자세) Flat Position	수평보기 (횡향자세) Horizontal Position	수직보기 (직립자세) Vertical Position
기호	AP	O	F	H	V

04

정답 ⑤

[황동의 종류]

문쯔메탈	• 6.4황동이라고도 하며, 구리(Cu)에 아연(Zn)이 40% 함유되어 인장강도가 최대인 합금이다. • 인장강도 등의 강도가 크므로 전연성은 낮다. • 아연(Zn)의 함유량이 많아 황동 중에서 가격이 가장 저렴하다. • 내식성이 작고, 탈아연 부식을 일으키지만 강도가 크므로 기계부품 등에 많이 사용된다.
쾌삭황동	• 6.4황동에 납(Pb)을 1.5~3.0% 첨가한 황동으로 납황동이라고도 한다. 단, 납(Pb)이 3% 이상이 되면 메지게 된다(깨진다). • 절삭성이 우수하므로 정밀절삭가공을 요하는 나사, 볼트 등의 재료로 사용된다.
톰백	• 구리(Cu)에 아연(Zn)이 5~20% 함유된 황동이다. • 강도가 낮지만 전연성이 우수하여 금박단추, 금대용품, 화폐, 메달 등에 사용된다.
에드미럴티 황동	• 주석황동의 일종으로 7.3황동에 주석(Sn)을 1% 이내로 첨가한 황동이다. • 소금물에도 부식이 발생하지 않고 연성이 우수하다. • 열교환기, 증발기, 해군제복단추의 재료로 사용된다.
델타메탈	• 6.4황동에 철(Fe) 1~2%를 함유한 것으로 철황동이라고도 한다. • **강도가 크고 내식성이 좋아 선박용 기계, 광산기계 등에 사용된다.** • 내해수성이 강한 고강도 황동이다.

05

정답 ③

[여러 비철금속]

티타늄 (Ti)	• 비중이 4.5, 용융점이 1,730℃이다. • **고온에서의 강도, 경도와 열에 견딜 수 있는 성질인 내열성, 부식에 견딜 수 있는 성질인 내식성이 우수하여 가스터빈 재료로 사용될 수 있다.** • 강탈산제이자 동시에 흑연화 촉진제 역할을 하나, 많이 첨가되면 오히려 흑연화가 방지된다. • 전기전도도가 가장 유해하다.
마그네슘 (Mg)	• 비중이 1.74로 실용금속 중에 가장 가벼우며, 용융점이 650℃이다. → 가볍기 때문에 항공기부품, 자동차 경량화 부품, 전자기기 등에 사용된다. • 알칼리에는 강하나, 산과 염기성에는 약하며 조밀육방격자에 포함된다.
니켈 (Ni)	• 비중이 8.9, 용융점이 1,453℃이다. • 내식성, 내열성, 내산성, 전연성, 담금질성 등이 좋다. → 전연성이 좋아 동전의 재료로도 사용될 수 있다. • 알칼리에는 강하나, 산에는 약하다. • 상온에서는 강자성체이나, 니켈(Ni)의 자기변태점인 358℃ 이상이 되면 자기변태가 일어나 어느 정도 자성을 잃어 상자성체가 된다.
구리 (Cu)	• 비중이 8.96, 용융점이 1,083℃이다. • 전연성이 우수하여 변형이 잘 되므로 가공이 용이하다. • 내식성이 우수하여 공기 중에서 거의 부식되지 않는다. • 전기와 열의 양도체로 전기와 열이 잘 통한다. • 비자성체이다.
알루미늄 (Al)	• 비중이 2.7, 용융점이 660℃이다. • 내식성, 내열성, 전연성이 우수하다. • 순도가 높을수록 연하다. • 전기와 열의 양도체로 전기와 열이 잘 통한다. • 면심입방격자에 포함된다.

[산, 알칼리, 염기성에 대한 저항성 분류]

	산	알칼리	염기성
청동	약함	약함	강함
마그네슘	약함	강함	약함
알루미늄	약함	약함	약함
니켈	약함	강함	
강	약함	강함	

06

[오일러의 좌굴하중(임계하중, P_{cr})]

오일러의 좌굴하중 (임계하중, P_{cr})	$P_{cr} = n\pi^2 \dfrac{EI}{L^2}$ [여기서, n: 단말계수, E: 종탄성계수(세로탄성계수, 영률), I: 단면 2차 모멘트, L: 기둥의 길이]
오일러의 좌굴응력 (임계응력, σ_B)	$\sigma_B = \dfrac{P_{cr}}{A} = n\pi^2 \dfrac{EI}{L^2 A}$ ㉠ 세장비는 $\lambda = \dfrac{L}{K}$ 이다. ㉡ 회전반경은 $K = \sqrt{\dfrac{I_{\min}}{A}}$ 이다. ㉢ 회전반경을 제곱하면 $K^2 = \dfrac{I_{\min}}{A} \rightarrow K^2 = \dfrac{I_{\min}}{A}$ ㉣ $\sigma_B = n\pi^2 \dfrac{EI}{L^2 A} \rightarrow \sigma_B = n\pi^2 \dfrac{E}{L^2}\left(\dfrac{I}{A}\right) = n\pi^2 \dfrac{E}{L^2}(K^2)$ ㉤ $\sigma_B = n\pi^2 \dfrac{E}{L^2}(K^2)$ 에서 $\left(\dfrac{1}{\lambda^2} = \dfrac{K^2}{L^2}\right)$ 이므로 다음과 같다. $\rightarrow \therefore \ \sigma_B = n\pi^2 \dfrac{E}{L^2}(K^2) = n\pi^2 \dfrac{E}{\lambda^2}$ 따라서 오일러의 좌굴응력(임계응력, σ_B)은 세장비(λ)의 제곱에 반비례함을 알 수 있다.
단말계수 (끝단계수, 강도계수, n)	기둥을 지지하는 지점에 따라 정해지는 상수 값으로 이 값이 클수록 좌굴은 늦게 일어난다. 즉, 단말계수가 클수록 강한 기둥이다. 표

일단고정 타단자유	$n = 1/4$
일단고정 타단회전	$n = 2$
양단회전	$n = 1$
양단고정	$n = 4$

풀이

$\therefore P_{cr} = n\pi^2 \dfrac{EI}{L^2} = (4)(3^2)\dfrac{(200 \times 10^9 \text{N/m}^2)(0.5 \times 10^{-8}\text{m}^2)}{(6\text{m})^2} = 1{,}000\text{N}$

07

진응력–진변형률 선도에서는 시편에 작용하는 인장하중에 따라 변화되는 단면적을 고려한다. 따라서 진응력–진변형률 선도에서 시편이 견디지 못해 최종적으로 '파괴될 때의 강도(파괴강도)'는 공칭응력–공칭변형률 선도에서 나타나는 '파괴될 때의 강도(파괴강도)'보다 크다.
→ 인장하중을 서서히 작용시키면 시편(재료)은 실처럼 점점 가늘어지다가 결국 중앙 부분이 끊어지면서

파괴(파단)되므로 파괴 직전의 중앙 부분 단면적은 매우 작을 것이다. 즉, 진응력-진변형률 선도에서의 파괴강도는 하중을 파괴 직전의 중앙 부분 단면적으로 나눈 값이고 공칭응력-공칭변형률 선도에서의 파괴강도는 변화되는 단면적을 고려하지 않고 오로지 초기 단면적으로만 판단하므로 <u>진응력-진변형률 선도에서의 파괴강도가 공칭응력-공칭변형률 선도에서의 파괴강도보다 크다</u>(강도는 하중을 단면적으로 나눈 값).

08

정답 ⑤

[회전수(N)와 동력(H)에 의한 속이 꽉 찬 중실축의 지름(바깥지름) 설계 방법]

동력(H)의 단위가 PS일 때	동력(H)의 단위가 kW일 때
$d = 120\sqrt[4]{\dfrac{H[\text{PS}]}{N}}\ (\text{mm})$	$d = 130\sqrt[4]{\dfrac{H[\text{kW}]}{N}}\ (\text{mm})$

풀이

일반적으로 '마력'이라고 하면, PS를 말한다. 따라서 문제에 명시된 25마력은 동력을 25PS 전달한다고 해석하면 된다.

→ 동력(H)의 단위가 PS일 때

$$\therefore d = 120\sqrt[4]{\frac{H[\text{PS}]}{N}} = 120\sqrt[4]{\frac{25}{400}} = 60\text{mm}$$

09

정답 ③

[대표적인 경도 시험법]

쇼어 경도 시험법 (HS)	• 시험 원리 : 추를 일정한 높이에서 <u>낙하</u>시킨 후, 이 추의 <u>반발 높이</u>를 측정하여 경도를 측정한다. • 압입자 : 다이아몬드 추 • 경도값 : $HS = \dfrac{10,000h}{65h_0}$ [여기서, h : 반발 높이, h_0 : 초기 낙하체의 높이] [특징]* • 측정자에 따라 오차가 발생할 수 있다. 　→ 탄성률이 큰 차이가 없는 곳에 사용해야 한다. 탄성률 차이가 큰 재료에는 부적당하다. • 재료에 흠을 내지 않는다. • 주로 완성된 제품에 사용한다. • 경도치의 신뢰도가 높다.
브리넬 경도 시험법 (HB)	• 시험 원리 : 압입자인 강구에 일정량의 하중을 걸어 시험편의 표면에 압입한 후, 압입자국의 <u>표면적 크기</u>와 하중의 비로 경도를 측정한다. • 압입자 : 강구 • 경도값 : $HB = \dfrac{P}{\pi dt}$ [여기서, πdt : 압입면적, P : 하중]

비커즈 경도 시험법 (HV)	• 시험 원리 : 압입자에 $1 \sim 120 \mathrm{kgf}$ 의 하중을 걸어 자국의 대각선 길이로 경도를 측정하고, 하중을 가하는 시간은 캠의 회전속도로 조절한다. • 압입자 : $136°$인 다이아몬드 피라미드 압입자 • 경도값 : $HV = \dfrac{1.854P}{L^2}$ [여기서, P : 하중, L : 대각선의 길이] [특징]★ • 압흔 자국이 극히 작으며 시험 하중을 변화시켜도 경도 측정치에는 변화가 없다. • 침탄층, 질화층, 탈탄층의 경도 시험에 적합하다.		

로크웰 경도 시험법 (HRB, HRC)	• 시험 원리 : 압입자에 하중을 걸어 압입 자국(홈)의 깊이를 측정하여 경도를 측정한다. • 압입자★		

	B 스케일	직경이 $(1/16'') = (1/16)$인치인 강구 → 직경이 $1.588\mathrm{mm}$인 강구 [단, 1인치는 $25.4\mathrm{mm}$이므로 $(1/16)$인치$=1.588\mathrm{mm}$] • 연한 재료의 경도 시험에 적합하다. • 예비하중은 $10\mathrm{kgf}$, 시험하중은 $100\mathrm{kg}$이다. • 경도값 : $HRB = 130 - 500h$ [여기서, h : 압입 깊이]

	C 스케일	$120°$의 다이아몬드 원뿔 콘 • 경한 재료의 경도 시험에 적합하다. • 예비하중은 $10\mathrm{kgf}$, 시험하중은 $150\mathrm{kg}$이다. • 경도값 : $HRC = 100 - 500h$ [여기서, h : 압입 깊이]

누프 경도 시험법 (HK)	• 시험 원리 : 정면 꼭지각이 $172°$, 측면 꼭지각이 $130°$인 다이아몬드 피라미드를 사용하고 대각선 중 긴 쪽을 측정하여 경도를 계산한다. 즉, 한쪽 대각선이 긴 피라미드 형상의 다이아몬드 압입자를 사용해서 경도를 측정한다. • 압입자 : 정면 꼭지각이 $172°$, 측면 꼭지각이 $130°$인 다이아몬드 피라미드 • 경도값 : $HK = \dfrac{14.2P}{L^2}$ [여기서, P : 하중, L : 긴 대각선의 길이] • 누프 경도 시험법은 '마이크로 경도 시험법'에 해당된다. • 시편의 크기가 매우 작거나 얇은 경우와 보석, 카바이드, 유리 등의 취성재료들에 대한 시험에 적합하다.		

10

정답 ④

[침탄법과 질화법의 특징 비교]

특성	침탄법	질화법
경도	질화법보다 낮음	침탄법보다 높음
수정여부	**침탄 후 수정 가능**	수정 불가
처리시간	짧음	김
열처리	침탄 후 열처리 필요	열처리 불필요

변형	변형이 큼	변형이 작음
취성	질화층보다 여리지 않음	질화층부가 여림
경화층	질화법에 비해 깊음(2~3mm)	침탄법에 비해 얇음(0.3~0.7mm)
가열온도	질화법보다 높음	침탄법보다 낮음
시간과 비용	짧게 걸리고 저렴	오래 걸리고 비쌈(침탄법보다 약 10배)

11

정답 ⑤

• 길이가 L인 외팔보에 등분포하중 w가 작용하고 있을 때, 외팔보의 자유단(끝단)에서의 최대처짐량

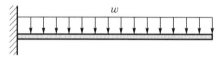

$\therefore \delta_{\max} = \dfrac{wL^4}{8EI}$ (유도해도 되나, 기본적으로 암기가 필요한 사항이다.)

12

정답 ②

• 평행축 정리를 사용한다.
• 평행축 정리: $I_x{}' = I_x + a^2 A$

[여기서, I_x: 도심을 지나는 x축에 대한 단면 2차 모멘트, a: 평행 이동한 거리, A: 단면적]

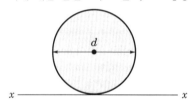

평행축 정리를 사용하여 지름이 d인 원형 단면의 원주면(상단 및 하단부)에 접하는 x축에 대한 단면 2차 모멘트를 구하게 되면 다음과 같다.

$\therefore I_{xx} = I_x + a^2 A = \dfrac{\pi d^4}{64} + \left(\dfrac{d}{2}\right)^2 \left(\dfrac{\pi d^2}{4}\right) = \dfrac{\pi d^4}{64} + \dfrac{\pi d^4}{16} = \dfrac{5\pi d^4}{64}$

※ 평행 이동한 거리(a)는 위 그림에서 지름의 반이므로 $\dfrac{d}{2}$가 된다.

※ 지름이 d인 원형 단면의 원주면(상단 및 하단부)에 접하는 x축에 대한 단면 2차 모멘트는 공기업 기계직 전공필기시험에서 자주 나오는 문제이기 때문에 위 자체의 결론 값을 암기하는 것이 매우 편리하다. 출제되면 바로 답을 골라내어 시간 절약을 할 수 있기 때문이다.

※ 지름이 $2d$인 원형 단면에 대한 것으로 지름이 d인 원형 단면의 원주면(상단 및 하단부)에 접하는 x축에 대한 단면 2차 모멘트 '$I_{xx} = \dfrac{5\pi d^4}{64}$'를 암기하고 있으면 다음과 같이 바로 풀 수 있다.

$\therefore I_{xx} = \dfrac{5\pi (2d)^4}{64} = \dfrac{5\pi d^4}{4}$ (기존 식에서 d 대신 $2d$를 대입하면 된다.)

13

정답 ④

[숏피닝]
물리적 표면경화법 중 하나로, 단단하게 경화된 작은 강구(주철, 주강 등으로 만들어진 강구)를 재료 표면에 고속(40~50m/s)으로 분사시켜 재료 표면의 강도 및 피로한도를 증가시키는 방법이다.
• 숏피닝은 재료 표면에 압축잔류응력을 발생시켜 피로한도 및 피로수명을 높인다.
• 숏피닝은 재료의 두께가 두꺼울수록 그 효과가 좋다.

14

정답 ⑤

[탄소강의 표준 조직]

강을 A_3선 또는 A_{cm}선 이상 30~50℃까지 가열 후 서서히 공기 중에서 냉각(서랭)시켜 얻어지는 조직을 말한다(불림에 의해서 얻는 조직).

오스테나이트	γ철에 최대 2.11%C까지 탄소(C)가 용입되어 있는 고용체로 γ고용체라고도 한다. 냉각속도에 따라 여러 종류의 조직을 만들며, **담금질 시에는 필수적인 조직**이다. • **특징** – 비자성체이며 전기저항이 크다. – 경도가 낮아 연신율 및 인성이 크다. – 면심입방격자(FCC) 구조이다. → **면심입방격자 구조이므로 체심입방격자 구조에 비해 탄소(C)가 들어갈 수 있는 큰 공간이 더 많다.** – 오스테나이트는 공석변태 온도 이하에서 존재하지 않는다.
페라이트	α고용체라고도 하며 α철에 최대 0.0218%C까지 고용된 고용체로 **전연성이 우수**하며 A_2변태점 이하에서는 **강자성체**이다. 또한 **투자율이 우수하고 열처리는 불량하며 체심입방격자(BCC)**이다.
펄라이트	**0.77%C의 γ고용체(오스테나이트)**가 727℃에서 분열하여 생긴 α고용체(페라이트)와 시멘타이트(Fe₃C)가 층을 이루는 조직으로 A_1변태점(723℃)의 공석반응에서 나타난다. 그리고 **진주(Pearl)와 같은 광택**이 나기 때문에 펄라이트라고 불리우며 **경도가 작으며 자력성이 있다.** 오스테나이트 상태의 강을 서서히 냉각했을 때 생긴다. **그리고 철강 조직 중에서 내마모성과 인장강도가 가장 우수하다.**
시멘타이트 (금속간화합물)	Fe₃C, 철(Fe)과 탄소(C)가 결합된 탄화물로 탄화철이라고 불리우며 **탄소량이 6.68%인 조직이다. 매우 단단하고 취성이 크다.** 이처럼 매우 단단하고 잘 깨지기 때문에 압연이나 단조작업을 할 수 없고 인장강도에 취약하다. **또한 침상 또는 회백조직을 가지며 브리넬 경도가 800이고 상온에서 강자성체이다.**
레데뷰라이트	2.11%C의 γ고용체(오스테나이트)와 6.68%C의 시멘타이트(Fe₃C)의 공정조직으로 4.3%C인 주철에서 나타난다.

※ 마텐자이트(M)

탄소와 철 합금에서 담금질할 때 생기는 준안정한 상태의 조직으로 탄소를 많이 고용할 수 있는 오스테나이트 조직을 급격하게 상온까지 끌고 내려와 상온에서도 탄소고용량이 높은 조직이다. 즉, 오스테나이트 조직을 물로 빠르게 냉각하여 얻어지는 조직이기 때문에 강의 급랭 조직이다.

마텐자이트 조직은 경도가 높으나 여리기 때문에 잘 깨진다. 자성이 있으며 뾰족한 침상 조직으로 되어 있다. 결정구조는 $\alpha-M$는 체심정방격자(BCT)이며, $\beta-M$는 체심입방격자(BCC)이다.

15
정답 ②

• 단열과정 관련 공식(**필히 암기**)

$$\left(\frac{T_2}{T_1}\right) = \left(\frac{V_1}{V_2}\right)^{k-1} = \left(\frac{P_2}{P_1}\right)^{\frac{k-1}{k}}$$

[여기서, T_1: 초기온도, T_2: 나중온도, V_1: 초기부피(초기체적), V_2: 나중부피(나중체적),
P_1: 초기압력, P_2: 나중압력, k: 비열비]

풀이

문제를 보니, 체적(V)과 온도(T)만 명시되어 있다.

따라서 단열과정 관련 식 $\left(\frac{T_2}{T_1}\right) = \left(\frac{V_1}{V_2}\right)^{k-1} = \left(\frac{P_2}{P_1}\right)^{\frac{k-1}{k}}$ 에서 압력(P)은 고려하지 않아도 된다.

즉, $\underline{\left(\frac{T_2}{T_1}\right) = \left(\frac{V_1}{V_2}\right)^{k-1}}$ 만을 이용하여 문제에서 요구한 초기 온도 T_1을 구하면 된다.

ⓐ $\left(\frac{T_2}{T_1}\right) = \left(\frac{V_1}{V_2}\right)^{k-1} \rightarrow T_2 = T_1\left(\frac{V_1}{V_2}\right)^{k-1}$

ⓑ $(290+273)\mathrm{K} = T_1\left(\frac{V_1}{\frac{1}{4}V_1}\right)^{1.5-1} \rightarrow 563\mathrm{K} = T_1(4)^{0.5}$

ⓒ $563\mathrm{K} = T_1(4)^{0.5} \rightarrow 563\mathrm{K} = 2T_1 \rightarrow \therefore T_1 = 281.5\mathrm{K} = 281.5 - 273 = 8.5℃$

16
정답 ②

상태	• 평형상태에서 온도, 압력, 체적 또는 비체적과 같은 일정한 특성치에 의해 정해지는 것을 말한다. • 열역학적으로 평형은 **열적 평형, 역학적 평형, 화학적 평형** 3가지가 있다.
성질	• 각 물질마다 특정한 값을 가지며 **상태함수 또는 점함수**라고도 한다. • **경로에 관계없이 계의 상태에만 관계되는** 양이다. [단, 일과 열량은 경로에 의한 경로함수 = 도정함수이다.]

상태량의 종류	강도성 상태량	• 물질의 질량에 관계없이 그 크기가 결정되는 상태량이다(세기의 성질, intensive property이라고도 한다). • 압력, 온도, 비체적, 밀도, 비상태량, 표면장력
	종량성 상태량	• 물질의 질량에 따라 그 크기가 결정되는 상태량으로 그 물질의 질량에 정비례 관계가 있다. • 체적, 내부에너지, 엔탈피, 엔트로피, 질량

※ 점함수는 완전미분(전미분) 또는 편미분이 모두 가능하다. 하지만 과정함수(경로함수)는 편미분으로만 가능하다.

※ 비상태량(모든 상태량의 값을 질량으로 나눈 값)은 강도성 상태량으로 취급한다.

※ 기체상수는 열역학적 상태량이 아니다.

※ 열과 일은 에너지이다. 열역학적 상태량이 아니다.

17
정답 ②

[베르누이 방정식]

'**흐르는 유체**가 갖는 에너지의 총합은 항상 보존된다'라는 **에너지보존법칙**을 기반으로 하는 방정식이다. 즉, 베르누이 방정식은 흐르는 유체에 적용되는 방정식이다.

기본 식	$\dfrac{P}{\gamma}+\dfrac{v^2}{2g}+Z=$ constant [여기서, $\dfrac{P}{\gamma}$: 압력수두, $\dfrac{v^2}{2g}$: 속도수두, Z: 위치수두] • 에너지선: 압력수두 + 속도수두 + 위치수두 • 수력구배선(수력기울기선): 압력수두 + 위치수두 ※ 베르누이 방정식은 에너지(J)로 표현할 수도 있고, 수두(m)로 표현할 수도 있고, 압력(Pa)으로도 표현할 수 있다. ㉠ 수두식: $\dfrac{P}{\gamma}+\dfrac{v^2}{2g}+Z=C$ ㉡ 압력식: $P+\rho\dfrac{v^2}{2}+\rho gh=C$ 　→ 식 ㉠의 양변에 비중량(γ)을 곱하면 $\gamma=\rho g$이다. ㉢ 에너지식: $PV+\dfrac{1}{2}mv^2+mgh=$ constant 　→ 식 ㉡의 양변에 부피(V)를 곱하면 밀도(ρ) = m(질량) / V(부피)이다.

PV(압력에너지)	$\dfrac{1}{2}mv^2$(운동에너지)	mgh(위치에너지)

가정 조건	• 정상류이며 비압축성이어야 한다(비압축성: 압력이 변해도 밀도는 변하지 않음). • 유선을 따라 입자가 흘러야 한다. • 비점성이어야 한다(마찰이 존재하지 않아야 한다). • <u>유선이 경계층을 통과하지 말아야 한다.</u> 경계층 내부는 점성이 작용하므로 점성에 의한 마찰 작용이 있어 3번째 가정 조건에 위배되기 때문이다.

설명할 수 있는 예시	• 피토관을 이용한 유속 측정 원리 • 유체 중 날개에서의 양력 발생 원리 • 관의 면적에 따른 속도와 압력의 관계(압력과 속도는 반비례)
적용 예시	• 2개의 풍선 사이에 바람을 불면 풍선이 서로 붙는다. • 마그누스의 힘(축구공 감아차기, 플레트너 배 등)

※ 오일러 운동방정식은 '압축성'을 기반으로 한다(나머지는 베르누이 방정식 가정과 동일).

※ 벤투리미터는 베르누이 방정식과 연속방정식을 이용하여 유량을 산출한다.

※ 베르누이 방정식은 '에너지보존법칙', 연속방정식은 '질량보존법칙'이다.

18

정답 ③

[항온풀림]

항온풀림은 강을 A_1점 바로 위 온도로 가열하여 일정시간 유지하고 강을 오스테나이트화 한 후, A_1점 바로 밑 온도까지 <u>신속하게 냉각시키는 방법이다.</u>

19

정답 ⑤

[열전달 방식의 종류]

대류	• 대류는 뉴턴의 냉각법칙과 관련이 있으며 대류공식은 다음과 같다. $$Q = hA(T_w - T_f)$$ [여기서, h: 대류 열전달계수, A: 표면적, T_w: 유체의 온도, T_f: 벽의 온도] • 대류는 뜨거운 표면으로부터 흐르는 유체 쪽으로 열전달되는 것과 같이 유체의 흐름과 연관된 열의 흐름을 말한다(매질이 필요).

대류의 종류	
자연대류	유체에 열이 가해지면 밀도가 작아져 부력이 생긴다. 이처럼 유체 내의 온도차에 의한 밀도차만으로 발생하는 대류를 자연대류라 한다.
강제대류	펌프 및 송풍기 등의 기계적 장치에 의하여 강제적으로 열전달 흐름이 이루어지는 대류를 강제대류라 한다.

※ 자연대류에서의 열전달계수는 강제대류에서의 열전달계수보다 작다.

※ <u>대류 열전달계수는 유체의 종류, 유속, 온도차, 유로 형상, 흐름의 상태, 열전달 표면 등에 따라 변한다.</u>

전도	• 전도는 푸리에 법칙과 관련이 있으며 전도공식은 다음과 같다. $$Q = kA\frac{dT}{dx}$$ [여기서, Q: 열전달률, k: 열전도도, A: 전열면적, dT: 온도차, dx: 두께] • 액체나 기체 내부의 열 이동은 주로 대류에 의한 것이지만 **고체 내부는 주로 열전도에 의해서 열이 이동한다.** 즉, 금속막대의 한 쪽 끝을 가열하면 가열된 부분의 원자들은 에너지를 얻어 진동하게 된다. 이러한 진동이 차례로 옆의 원자를 진동시켜 열전도가 일어난다. → 물체 내의 이웃한

	분사들의 연속적인 충돌에 의해 열(Q)이 물체의 한 부분에서 다른 부분으로 이동하는 현상으로 뜨거운 부분의 분자들은 활발하게 운동하므로 주변의 다른 분자들과 충돌하여 열을 전달한다(매질이 필요).
복사	• 복사는 슈테판 볼츠만의 법칙과 관련이 있으며, 복사는 공간을 통해 전자기파에 의한 에너지 전달을 말한다(매질이 불필요).

20
정답 ①

[구성인선(빌트업에지, built-up edge)]

절삭 시에 발생하는 칩의 일부가 날 끝에 용착되어 마치 절삭날의 역할을 하는 현상	
발생 순서	발생 → 성장 → 분열 → 탈락의 주기를 반복한다(발성분탈).
	※ **주의**: 자생과정의 순서는 '마멸 → 파괴 → 탈락 → 생성'이다.
특징	• 칩이 날 끝에 점점 붙으면 날 끝이 커지기 때문에 끝단 반경은 점점 커진다. → 칩이 용착되어 날 끝의 둥근 부분(nose, 노즈)이 커지기 때문이다. • 구성인선이 발생하면 날 끝에 칩이 달라붙어 날 끝이 울퉁불퉁해지므로 표면을 거칠게 하거나 동력손실을 유발할 수 있다. • 구성인선의 경도값은 공작물이나 정상적인 칩보다 상당히 크다. • 구성인선은 공구면을 덮어 공구면을 보호하는 역할도 할 수 있다. • 구성인선이 발생하지 않을 임계속도는 $120\text{m/min}(2\text{m/s})$이다. • 일감(공작물)의 변형경화지수가 클수록 구성인선의 발생가능성이 크다. • 구성인선을 이용한 절삭방법은 SWC이다. 은백색의 칩을 띠며 절삭저항을 줄일 수 있는 방법이다.
구성인선 방지법	• 30° 이상으로 공구경사각을 크게 한다. → <u>공구의 윗면경사각을 크게 하여</u> 칩을 얇게 절삭해야 용착되는 양이 적어진다. • 절삭속도를 **빠르게** 한다. → 고속으로 절삭한다. 고속으로 절삭하면 칩이 날 끝에 용착되기 전에 칩이 떨어져 나가기 때문이다. • 절삭깊이를 작게 한다. → 절삭깊이가 크다면 깎여서 발생하는 칩과 공구의 접촉면적이 넓어지기 때문에 오히려 칩이 날 끝에 용착될 가능성이 더 커져 구성인선의 발생 가능성이 높아진다. 따라서 절삭깊이를 작게 하여 공구와 칩의 접촉면적을 줄여 칩이 용착되는 가능성을 줄여 구성인선을 방지할 수 있다. • 윤활성이 좋은 절삭유를 사용한다. • 공구반경을 작게 한다. • 절삭공구의 인선을 예리하게 한다. • 마찰계수가 작은 공구를 사용한다. • 칩의 두께를 감소시킨다. • 세라믹 공구를 사용한다. → 세라믹은 금속(철)과의 친화력이 없기 때문에 칩이 세라믹 공구의 날 끝에 달라붙지 않아 구성인선이 발생하지 않는다.

21

[마찰차]

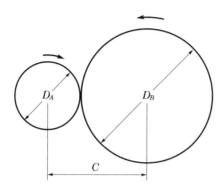

- 속도비$(i) = \dfrac{N_B}{N_A} = \dfrac{D_A}{D_B}$ [여기서, A: 원동차, B: 종동차, N: 회전수, D: 지름]

  → $(i) = \dfrac{N_B}{N_A} = \dfrac{D_A}{D_B}$ → $\dfrac{100}{200} = \dfrac{D_A}{D_B}$ → $\dfrac{1}{2} = \dfrac{D_A}{D_B}$ → $\therefore\ D_B = 2D_A$

- 축간거리$(C) = \dfrac{D_A + D_B}{2}$ [여기서, A: 원동차, B: 종동차]

  → $C = \dfrac{D_A + D_B}{2}$ 식에 $D_B = 2D_A$를 대입한다. → $C = \dfrac{D_A + 2D_A}{2} = \dfrac{3}{2}D_A$

  → $C = \dfrac{3}{2}D_A$ → $C = \dfrac{3}{2}D_A$ → $300 = \dfrac{3}{2}D_A$ → $\therefore\ D_A = 200$

  → $D_B = 2D_A = 2(200) = 400$

  → $\therefore\ D_A + D_B = 200 + 400 = 600\text{mm}$

22

[헬리컬기어 관련 공식]
- 축 방향으로 작용하는 추력$(P_t) = P\tan\beta$ [여기서, P: 회전력, β: 비틀림각]
- 치직각 모듈$(m_n) = m_s\cos\beta$ [여기서, m_s: 축직각 모듈]
- 피치원 지름$(d_1) = m_s Z_1$, 피치원 지름$(d_2) = m_s Z_2$
- 속도$(V) = \dfrac{\pi d_1 N_1}{60,000} = \dfrac{\pi(m_s Z_1)N_1}{60,000}$
- 동력$(H) = PV$

풀이

㉠ $m_s = \dfrac{m_n}{\cos\beta} = \dfrac{3}{\cos 60^\circ} = \dfrac{3}{\dfrac{1}{2}} = 6$

㉡ $V = \dfrac{\pi(m_s Z_1)N_1}{60,000} = \dfrac{(3)(6)(40)(500)}{60,000} = 6\text{m/s}$

ⓒ $H = PV \rightarrow 10{,}000\text{W} = P(6\text{m/s}) \rightarrow P \doteqdot 1{,}667\text{N}$

ⓔ $\therefore P_t = P\tan\beta = (1{,}667\text{N})(\tan 60°) = (1{,}667\text{N})(2) = 3{,}334\text{N} \doteqdot 3.3\text{kN}$

23

정답 ④

[비틀림모멘트, 토크(T)에 의해 봉에 발생하는 전단응력(τ)]

속이 꽉 찬 봉 (중실축)	$T = \tau Z_P$ $\left[\text{여기서, } Z_P = \dfrac{\pi d^3}{16} : \text{중실축의 극단면계수}\right]$ $\rightarrow \therefore T = \tau Z_P = \tau\left(\dfrac{\pi d^3}{16}\right)$
속이 빈 봉 (중공축)	$T = \tau Z_P$ $\left[\text{여기서, } Z_P = \dfrac{\pi(d_2^{\,4} - d_1^{\,4})}{16 d_2} : \text{중공축의 극단면계수}, \ d_2: \text{중공축의 바깥지름},\right.$ $\left. d_1: \text{중공축의 안지름}\right]$ $\rightarrow \therefore T = \tau Z_P = \tau\left[\dfrac{\pi(d_2^{\,4} - d_1^{\,4})}{16 d_2}\right]$

풀이

$\therefore \tau = \dfrac{16T}{\pi d^3} = \dfrac{16(48\text{kgf}\cdot\text{m})}{(3)(0.04\text{m})^3} = 4{,}000{,}000\text{kgf/m}^2 = 4 \times 10^6 \text{kgf/m}^2$

24

정답 ③

• 등온과정에서의 일(W) $= P_1 V_1 \ln\left(\dfrac{V_2}{V_1}\right) = mRT\ln\left(\dfrac{V_2}{V_1}\right)$

• 등온과정에서의 엔트로피 변화량($\triangle S$) $= C_v \ln\left(\dfrac{T_2}{T_1}\right) + R\ln\left(\dfrac{V_2}{V_1}\right)$

풀이

ⓐ $\triangle S = C_v \ln\left(\dfrac{T_2}{T_1}\right) + R\ln\left(\dfrac{V_2}{V_1}\right)$에서 등온과정이므로 $\ln\left(\dfrac{T_1}{T_1}\right) = \ln(1) = 0$이 된다.

$\rightarrow \triangle S = C_v(0) + R\ln\left(\dfrac{V_2}{V_1}\right) \rightarrow \triangle S = R\ln\left(\dfrac{V_2}{V_1}\right) \rightarrow \triangle S$가 $3\text{kJ/kg}\cdot\text{K}$이므로 다음과 같다.

$\rightarrow \therefore R\ln\left(\dfrac{V_2}{V_1}\right) = 3\text{kJ/kg}\cdot\text{K}$(다음 식에 대입할 수치)

ⓑ $\therefore W = mRT\ln\left(\dfrac{V_2}{V_1}\right) = mT\left(R\ln\left[\dfrac{V_2}{V_1}\right]\right) = (1\text{kg})(127 + 273\text{K})(3\text{kJ/kg}\cdot\text{K}) = 1{,}200\text{kJ}$

25

[열전도 공식(Fourier의 법칙)]

$Q = kA\dfrac{dT}{dx}$ [여기서, Q: 열전달량, k: 열전도율, A: 전열면적, dT: 온도차, dx: 두께]

→ 강판을 통한 단위면적 1m^2당 열전달량이므로 다음과 같다.

→ $\dfrac{Q}{A} = k\dfrac{dT}{dx} = (50\text{kJ/m}\,\text{hr}\,℃)\left(\dfrac{[350-100℃]}{0.005\text{m}}\right) = 2,500,000\text{kJ/m}^2\text{hr}$

26

[열전도 공식(Fourier의 법칙)]

$Q = kA\dfrac{dT}{dx}$ [여기서, Q: 열전달률, k: 열전도도, A: 전열면적, dT: 온도차, dx: 두께]

→ $\therefore\ Q = kA\dfrac{dT}{dx} = (30\text{W/m}\,℃)(4\text{m}^2)\dfrac{(32-17℃)}{0.015\text{m}} = 120,000\text{W} = 120\text{kW}$

27

[심압대 편위량 구하는 방법]

• **전체가 테이퍼일 경우**

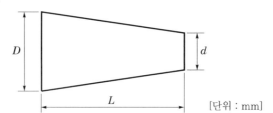

[단위 : mm]

※ **편위량**$(e) = \dfrac{(D-d)}{2}$ [mm]

　[여기서, D: 테이퍼의 큰 지름, d: 테이퍼의 작은 지름]

• **일부만 테이퍼일 경우**

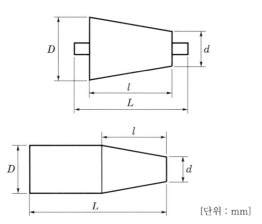

[단위 : mm]

※ 편위량$(e) = \dfrac{L(D-d)}{2l}$ [mm]

　[여기서, D: 테이퍼의 큰 지름, d: 테이퍼의 작은 지름, l: 테이퍼부의 길이, L: 공작물의 전체 길이]

풀이

문제는 **'일부만 테이퍼일 경우'**이므로 다음과 같이 심압대의 편위량을 구한다.

편위량$(e) = \dfrac{L(D-d)}{2l} = \dfrac{130(30-15)}{2(78)} = 12.5\,\text{mm}$

28
정답 ①

• 랭킨 사이클의 이론 열효율 ∴ $\eta_{\text{이론 열효율}} = \dfrac{W_{\text{터빈}} - W_{\text{펌프}}}{Q_{\text{공급}}} = \dfrac{(h_2 - h_3) - (h_1 - h_4)}{(h_2 - h_1)}$ [단, $h_1 \fallingdotseq h_4$]

　[단, 펌프일(W_p)은 터빈일(W_t)에 비해 무시할 정도로 작기 때문에 펌프일은 무시할 수 있으나, 해당
　문제에서는 펌프일(W_p)을 무시하라는 문구가 없기 때문에 펌프일(W_p)도 계산해주는 것이 좋다.]

$\therefore \eta_{\text{이론 열효율}} = \dfrac{W_{\text{터빈}} - W_{\text{펌프}}}{Q_{\text{공급}}} = \dfrac{(h_2 - h_3) - (h_1 - h_4)}{(h_2 - h_1)} = \dfrac{(2300 - 1800) - (300 - 270)}{2300 - 300}$
$= 0.235 = 23.5\%$

※ 랭킨 사이클 순서: 보일러 → 터빈 → 응축기(복수기, 콘덴서) → 펌프

보일러 입구(1) = 펌프 출구(1)	보일러 출구(2) = 터빈 입구(2)
터빈 출구(3) = 응축기 입구(3)	응축기 출구(4) = 펌프 입구(4)

29
정답 ④

• 피토정압관

유속$(V) = \sqrt{2gh\left(\dfrac{S_0}{S} - 1\right)} = \sqrt{2gh\left(\dfrac{\gamma_0}{\gamma} - 1\right)}$

[여기서, S: 물의 비중 $= 1$, S_o: 액체의 비중]

$\rightarrow 4 = \sqrt{2(10)(0.1)\left(\dfrac{S_0}{S} - 1\right)} \rightarrow 16 = 2\left(\dfrac{S_0}{S} - 1\right) \rightarrow 8 = 1\left(\dfrac{S_0}{1} - 1\right)$

$\rightarrow \therefore S_o = 9$

※ 유도가 가능하나, 위 식을 필히 암기하는 것이 효율적이다.

30

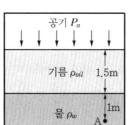

점 A의 총압력(P_A) = 공기의 압력(P_a) + 1.5m 의 기름 기둥에 의한 압력(P_o) + 1m 의 물 기둥에 의한 압력(P_w) 이다.

풀이

∴ 점 A의 총압력(P_A)

$= 300\text{kPa} + \rho_o g h_o + \rho_w g h_w = 300,000\text{Pa} + (800)(9.8)(1.5) + (1,000)(9.8)(1)$

$= 300,000\text{Pa} + 11,760\text{Pa} + 9,800\text{Pa} = 321,560\text{Pa} ≒ 322\text{kPa}$

15 2022 상반기 한국수자원공사 기출문제

| 01 | ④ | 02 | ④ | 03 | ③ | 04 | ④ | 05 | ③ | 06 | ③ | 07 | ④ | 08 | ④ | 09 | ③ | 10 | ① |
| 11 | ③ | 12 | ③ | 13 | ② | 14 | ④ | 15 | ③ | 16 | ① | 17 | ③ | 18 | ③ | 19 | ④ | 20 | ① |

01

정답 ④

$$\frac{H_2}{H_1} = (\frac{N_2}{N_1})^2(\frac{D_2}{D_1})^2 \rightarrow H_2 = H_1\left(\frac{\frac{1}{2}N_1}{N_1}\right)^2\left(\frac{2D_1}{D_1}\right)^2 = H_1\left(\frac{1}{4}\right)(4) = H_1$$

→ 따라서 양정은 변함이 없음을 알 수 있다.

[펌프의 상사법칙]

유량(Q)	양정(H)	동력(L)
$\frac{Q_2}{Q_1} = \left(\frac{N_2}{N_1}\right)^1\left(\frac{D_2}{D_1}\right)^3$	$\frac{H_2}{H_1} = \left(\frac{N_2}{N_1}\right)^2\left(\frac{D_2}{D_1}\right)^2$	$\frac{L_2}{L_1} = \left(\frac{N_2}{N_1}\right)^3\left(\frac{D_2}{D_1}\right)^5$

[송풍기의 상사법칙] [여기서, ρ = 밀도]

풍량, 유량(Q)	압력, 양정(H)	축동력(L)
$\frac{Q_2}{Q_1} = \left(\frac{N_2}{N_1}\right)^1\left(\frac{D_2}{D_1}\right)^3$	$\frac{H_2}{H_1} = \left(\frac{N_2}{N_1}\right)^2\left(\frac{D_2}{D_1}\right)^2\left(\frac{\rho_2}{\rho_1}\right)^1$	$\frac{L_2}{L_1} = \left(\frac{N_2}{N_1}\right)^3\left(\frac{D_2}{D_1}\right)^5\left(\frac{\rho_2}{\rho_1}\right)^1$

02

정답 ④

[수차]
유체에너지를 기계에너지로 변환시키는 기계로 수력발전에서 가장 중요한 설비이다.

[대표적인 수차들의 종류와 특징]

충동수차	반동수차
수차가 **물에 완전히 잠기지 않으며** 물은 수차의 일부 방향에서 공급, 운동에너지만을 전환시킨다.	물의 위치에너지를 압력에너지와 속도에너지로 변환하여 이용하는 수차이다. 물의 흐름 방향이 회전차의 날개에 의해 바뀔 때 회전차에 작용하는 충격력 외에 회전차 출구에서의 유속을 증가시켜줌으로써 반동력을 회전차에 작용하게 하여 회전력을 얻는 수차이다. 종류로는 **프란시스수차와 프로펠러수차**가 있다. • **프로펠러수차**: 약 $10 \sim 60$m의 저낙차로 비교적 유량이 많은 곳에 사용된다. 날개각도를 조정할 수 있는 가동익형을 카플란수차라고 하며, 날개각도를 조정할 수 없는 고정익형을 프로펠러수차라고 한다.

펠톤수차(충격수차)*_빈출	프란시스수차
• 고낙차(200~1,800m) 발전에 사용하는 **충동수차**의 일종으로 '물의 속도에너지'만을 이용하는 수차이다. • 고속 분류를 **버킷에 충돌**시켜 그 힘으로 회전차를 움직이는 수차이다. 그리고 회전차와 연결된 발전기가 돌아 전기가 생산된다. • **분류(jet)가 수차의 접선방향**으로 작용하여 날개차를 회전시켜서 기계적인 일을 얻는 충격수차이다.	반동수차의 대표적인 수차로 40~600m의 광범위한 낙차의 수력발전에 사용된다. 적용 낙차와 용량의 범위가 넓어 **가장 많이 사용된다.** 물이 수차에 반경류 또는 혼류로 들어와서 **축 방향으로 유출**되며, 이때 날개에 반동작용을 주어 날개차를 회전시킨다. 비교적 효율이 높아 발전용으로 많이 사용된다.
중력수차	사류수차
물이 낙하할 때 **중력**에 의해서 움직이는 수차이다.	**혼류수차**라고도 하며 유체의 흐름이 회전날개에 경사진 방향으로 통과하는 수차로 구조적으로 프란시스수차나 카플란수차와 같다. 종류로는 데리아수차가 있다.
펌프수차	튜블러수차
펌프와 수차의 기능을 각각 모두 갖추고 있는 수차이다. 양수발전소에서 사용된다.	원통형 수차라고 하며 10m 정도의 저낙차, 조력발전용 수차이다.

03

정답 ③

유속측정기기	• **피토관**: 유체 흐름의 총압과 정압의 차이를 측정하고 그것에서 유속을 구하는 장치로, 비행기에 설치하여 <u>비행기의 속도</u>를 측정하는 데 사용된다. • **피토정압관**: <u>동압$\left(\dfrac{1}{2}\rho V^2\right)$을 측정</u>하여 유체의 유속을 측정하는 기기이다. • **레이저 도플러 유속계**: 유동하는 <u>흐름에 작은 알갱이를 띄워서</u> 유속을 측정한다. • **시차액주계**: <u>피에조미터와 피토관을 조합</u>하여 유속을 측정한다. 　※ 피에조미터: **정압**을 측정하는 기기이다. • **열선풍속계**: 금속 선에 전류가 흐를 때 일어나는 <u>온도와 전기저항과의 관계</u>를 사용하여 유속을 측정하는 기기이다. • **프로펠러 유속계**: 개수로 흐름의 유속을 측정하는 기기로 <u>수면 내에 완전히 잠기게 하여 사용</u>하는 기기이다.
유량측정기기	• **벤투리미터**: 벤투리미터는 <u>압력강하를 이용</u>하여 유량을 측정하는 기구로 <u>베르누이 방정식과 연속방정식을 이용하여 유량을 산출하며 가장 정확한 유량을 측정할 수 있다.</u> • **유동노즐**: <u>압력강하를 이용</u>하여 유량을 측정하는 기기이다. • **오리피스**: <u>압력강하를 이용</u>하여 유량을 측정하는 기기로 벤투리미터와 비슷한 원리로 유량을 산출한다. • **로터미터**: 유량을 측정하는 기구로 **부자 또는 부표**라고 하는 부품에 의해 유량을 측정한다. • **위어**: <u>개수로 흐름의 유량</u>을 측정하는 기기로 <u>수로 도중에서 흐름을 막아 넘치게 하고 물을 낙하시켜</u> 유량을 측정한다. 　– 예봉(예연)위어: 대유량 측정에 사용한다.

	– **광봉위어**: 대유량 측정에 사용한다.
	– **사각위어**: 중유량 측정에 사용한다.
	$$Q = KLH^{\frac{3}{2}}(\mathrm{m}^3/\mathrm{min})$$
	– **삼각위어(V노치)**: 소유량 측정에 사용하며 비교적 정확한 유량을 측정할 수 있다.
	$$Q = KH^{\frac{5}{2}}(\mathrm{m}^3/\mathrm{min})$$
	• **전자유량계**: <u>패러데이의 전자기 유도법칙</u>을 이용하여 유량을 측정
압력강하 이용	**압력강하를 이용한 유량측정기기**: 벤투리미터, 유동노즐, 오리피스
압력강하 큰 순서	오리피스 > 유동노즐 > 벤투리미터 ※ 가격이 비싼 순서는 벤투리미터 > 유동노즐 > 오리피스

※ **수역학적 방법(간접적인 방법)**: 유체의 유량측정기기 중에 수역학적 방법을 이용한 측정기기는 벤투리미터, 로터미터, 피토관, 언판 유속계, 오리피스미터 등이 있다.
　→ 수역학적 방법은 유속에 관계되는 다른 양을 측정하여 유량을 구하는 방법이다.

04

정답 ④

[개수로 유동]

$Re = \dfrac{\rho V d}{\mu} = \dfrac{V d}{\nu}$ 이다. 이때 비원형단면(개수로 유동 등)일 때, $Re = \dfrac{\rho V(4R_h)}{\mu} = \dfrac{V(4R_h)}{\nu}$ 로 구할 수 있다.

[여기서, ρ: 유체의 밀도, V: 유체의 속도(유속), R_h: 수력반경, μ: 유체의 점성계수,
　　　ν: 유체의 동점성계수]

따라서 유체의 밀도, 유체의 속도(유속), 수력반경, 유체의 점성계수를 알고 있으면 개수로 유동에서의 레이놀즈수(Re)를 계산할 수 있다.

※ **수력반경**$(R_h) = \dfrac{A}{P}$

※ **수력직경**$(d_h) = 4R_h$

　[여기서, A: 유동단면적, P: 물과 벽면이 접해 있는 길이로 접수길이]

• **직사각형 개수로 유동**

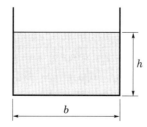

㉠ 물과 벽면이 접해 있는 길이(접수길이, P)는 $2h + b$이다.
㉡ 유동단면적(A)은 가로×세로이므로 bh이다.
㉢ 따라서 위와 같은 직사각형 개수로 유동의 수력반경$(R_h) = \dfrac{A}{P} = \dfrac{bh}{2h+b}$ 가 된다.

05

[공동현상(캐비테이션)]

펌프의 흡입측 배관 내의 물의 정압이 기존의 증기압보다 낮아져서 기포가 발생되는 현상으로, 펌프의 흡수면 사이의 수직거리가 너무 길 때, 관 속을 유동하고 있는 물속의 어느 부분이 고온도일수록 포화증기압에 비례해서 상승할 때 발생한다. 또한 공동현상이 발생하게 되면 침식 및 부식작용의 원인이 되며 진동과 소음이 발생할 수 있다.

※ 공동현상은 펌프의 임펠러 출구보다 임펠러 입구에서 자주 발생하는 현상이다.

발생 원인	• 유속이 빠를 때 • 펌프와 흡수면 사이의 수직거리가 너무 길 때 • 관 속을 유동하고 있는 물속의 어느 부분이 고온도일수록 포화증기압에 비례하여 상승할 때
방지방법	• 실양정이 크게 변동해도 토출량이 과대하게 증가하지 않도록 한다. • 스톱밸브를 지양하고 슬루스밸브를 사용한다. • **펌프의 흡입수두(흡입양정)를 작게 하고 펌프의 설치위치를 수원보다 낮게 한다.** • 유속을 3.5m/s 이하로 유지하고 펌프의 설치위치를 낮춘다. • 흡입관의 구경을 크게 하여 유속을 줄이고 **배관을 완만하고 짧게 한다.** • **마찰저항이 작은 흡입관을 사용**하여 흡입관의 손실을 줄인다. • **펌프의 임펠러속도(회전수)를 작게 한다**(흡입비교회전도를 낮춘다). • 단흡입펌프 대신 **양흡입펌프를 사용**하여 펌프의 흡입측을 가압한다. • 펌프를 2개 이상 설치한다. • 관 내의 물의 정압을 그때의 증기압보다 높게 한다. • 입축펌프를 사용하고 회전차를 수중에 완전히 잠기게 한다.

06

[기어의 분류]

구 분	두 축이 평행한 기어	두 축이 교차하는 기어	두 축이 엇갈린 기어
종 류	스퍼기어, 랙과 피니언, **헬리컬기어**, 내접기어, 더블헬리컬기어 등	베벨기어, 크라운기어, 마이터기어 등	스크류기어(나사기어), 웜기어, 하이포이드기어 등

07

체결용 나사 (체결할 때 사용하는 나사로 효율이 낮다.)	삼각나사	가스 파이프를 연결하는 데 사용한다.
	미터나사	나사산의 각도가 60°인 삼각나사의 일종이다.
	유니파이 나사	세계적인 표준나사로 미국, 영국, 캐나다가 협정하여 만든 나사이다. 용도로는 죔용 등에 사용된다.

	사다리꼴 나사	'재형나사 및 애크미나사'로도 불리는 사다리꼴나사는 양방향으로 추력을 받는 나사로 공작기계의 이송나사, 밸브 개폐용, 프레스, 잭 등에 사용된다. 효율 측면에서는 사각나사가 더욱 유리하나 가공하기 어렵기 때문에 대신 사다리꼴나사를 많이 사용한다. 사각나사보다 강도 및 저항력이 크다.
운동용 나사 (동력을 전달하는 나사로 체결용 나사보다 효율이 좋다)	톱니나사	힘을 한 방향으로만 받는 부품에 사용되는 나사로 압착기, 바이스 등의 이송나사에 사용된다.
	너클나사 (둥근나사)	전구와 같이 먼지나 이물질이 들어가기 쉬운 곳에 사용되는 나사이다.
	볼나사	공작기계의 이송나사, NC기계의 수치제어장치에 사용되는 나사로 **효율이 좋고** 먼지에 의한 마모가 적으며 토크의 변동이 적다. 또한 **정밀도가 높고 윤활은 소량으로도 충분**하며 **축 방향의 백래시를 작게 할 수 있다.** 그리고 마찰이 작아 정확하고 미세한 이송이 가능한 장점을 가지고 있다. 하지만 너트의 크기가 커지고, 피치를 작게 하는데 한계가 있으며 **고속에서는 소음이 발생하고 자동체결이 곤란하다.**
	사각나사	축 방향의 하중을 받는 운동용 나사로 추력의 전달이 가능하다.

※ 나사산 각도

톱니 나사	유니파이 나사	둥근 나사	사다리꼴 나사	미터 나사	관용 나사	휘트워드 나사
30°, 45°	60°	30°	• 인치계(Tw): 29° • 미터계(Tr): 30°	60°	55°	55°

08

정답 ④

[인벌류트 곡선과 사이클로이드 곡선의 특징]

인벌류트 곡선	사이클로이드 곡선
• 동력전달장치에 사용하며 값이 싸고 제작이 쉽다. • 치형의 가공이 용이하고 정밀도와 호환성이 우수하다. • 압력각이 일정하며 물림에서 축간거리가 다소 변해도 속비에 영향이 없다. • 이뿌리 부분이 튼튼하나, 미끄럼이 많아 소음과 마멸이 크다. • 인벌류트 치형은 압력각과 모듈이 모두 같아야 호환될 수 있다.	• 언더컷이 발생하지 않으며 중심거리가 정확해야 조립할 수 있다. • **치형의 가공이 어렵고 호환성이 적다.** • 압력각이 일정하지 않으며 피치점이 완전히 일치하지 않으면 물림이 불량하다. • **미끄럼이 적어 소음과 마멸이 적고 잇면의 마멸이 균일하다.** • 효율이 우수하다. • 용도로는 시계에 사용한다.

09

웨버수	웨버수 $= \dfrac{\rho V^2 L}{\sigma} = \dfrac{관성력}{표면장력}$ • **물리적 의미로는 관성력을 표면장력으로 나눈 무차원수이다.** → **표면장력에 대한 관성력의 비이다.** • 물방울의 형성, 기체 및 액체 또는 비중이 서로 다른 액체−액체의 경계면, 표면장력, 위어, 오리피스에서 중요한 무차원수이다.

10

[이상기체 상태방정식($PV = mRT$)]

• 이상기체라고 주어져 있으므로 이상기체 상태방정식을 사용한다.

• $C_p - C_v = R$의 관계를 사용하여 기체상수(R)를 구한다.

[여기서, C_p: 정압비열, C_v: 정적비열, R: 기체상수]

$\rightarrow R = C_p - C_v = 0.9\text{kJ/kg} \cdot \text{K} - 0.6\text{kJ/kg} \cdot \text{K} \rightarrow \therefore R = 0.3\text{kJ/kg} \cdot \text{K}$

$\rightarrow PV = mRT \rightarrow \therefore V = \dfrac{mRT}{P} = \dfrac{(4)(0.3)(27+273)}{200} = 1.8\text{m}^3$

11

• 랭킨 사이클(Rankine cycle): 증기원동소 및 화력발전소의 이상 사이클(기본 사이클): 2개의 단열과정과 2개의 정압과정으로 구성된 사이클이다.

※ 랭킨 사이클 순서: 보일러 → 터빈 → 응축기(복수기, 콘덴서) → 펌프

보일러 (정압가열)	석탄을 태워 얻은 열에너지로 물을 데워 과열증기를 만들어내는 장치이다.
터빈 (단열팽창)	• 보일러에서 만들어진 과열증기로 팽창일을 만들어내는 장치이다. • 터빈은 과열증기가 단열팽창되는 곳이며 과열증기가 가지고 있는 열에너지가 기계에너지로 변환되는 곳이라고 보면 된다.
응축기 (정압방열)	증기를 물로 바꿔주는 장치이다.
펌프 (단열압축)	응축기에서 다시 만들어진 물을 보일러로 보내주는 장치이다.

12

$D = C_D \dfrac{\rho V^2}{2} A$ [여기서, D: 항력, C_D: 항력계수, ρ: 밀도, V: 속도, A: 투영면적]

※ A는 **투영면적**이다. 야구공의 형상은 '구' 모양으로 '구'를 투영시키면 2차원 원이 된다. 즉, A는 투영면적으로 원의 면적$\left(\dfrac{1}{4}\pi d^2\right)$을 대입해야 한다.

$$\rightarrow D = C_D \frac{\rho V^2}{2} A = C_D \frac{\rho V^2}{2} \left(\frac{\pi d^2}{4} \right) = (1) \frac{(1.2)(10^2)}{2} \left(\frac{3(0.1^2)}{4} \right) = 0.45 \text{N}$$

13

정답 ②

성능계수(성적계수, ε)	
냉동기의 성능계수$(\varepsilon_r) = \dfrac{T_2}{T_1 - T_2}$	열펌프의 성능계수$(\varepsilon_h) = \dfrac{T_1}{T_1 - T_2}$
[여기서, T_1: 고열원 온도, T_2: 저열원 온도]	[여기서, T_1: 고열원 온도, T_2: 저열원 온도]

풀이

냉동기의 성능계수$(\varepsilon_r) = \dfrac{T_2}{T_1 - T_2} = \dfrac{240\text{K}}{300\text{K} - 240\text{K}} = \dfrac{240}{60} = 4$

※ $\varepsilon_h - \varepsilon_r = \dfrac{T_1}{T_1 - T_2} - \dfrac{T_2}{T_1 - T_2} = \dfrac{T_1 - T_2}{T_1 - T_2} = 1$

→ $\varepsilon_h - \varepsilon_r = 1$ → $\varepsilon_h = 1 + \varepsilon_r$로 도출된다. 즉, **열펌프의 성능계수$(\varepsilon_h)$는 냉동기의 성능계수$(\varepsilon_r)$보다 1만큼 항상 크다는 관계가 나온다.**

※ 위 내용은 2021년 하반기 한국철도공사 기계직 기출 내용이다.

14

정답 ④

[여러 사이클의 종류]

오토 사이클	• 가솔린기관(불꽃점화기관)의 이상 사이클: 2개의 정적과정과 2개의 단열과정으로 구성된 사이클로, 정적하에서 열이 공급되기 때문에 **정적연소 사이클**이라고 한다.
사바테 사이클	• 고속디젤기관의 이상 사이클(기본 사이클): 2개의 단열과정, 2개의 정적과정, 1개의 정압과정으로 구성된 사이클로, 가열과정이 정압 및 정적과정에서 동시에 이루어지기 때문에 **정압-정적 사이클(복합 사이클, 이중연소 사이클, 디젤 사이클＋오토 사이클)**이라고 한다.
디젤 사이클	• 저속디젤기관 및 압축착화기관의 이상 사이클(기본 사이클): 2개의 단열과정, 1개의 정압과정, 1개의 정적과정으로 구성된 사이클로, 정압하에서 열이 공급되고 정적하에서 열이 방출되기 때문에 **정압연소 사이클, 정압 사이클**이라고 한다.
브레이턴 사이클	• 가스터빈의 이상 사이클: 2개의 정압과정과 2개의 단열과정으로 구성된 사이클로, 가스터빈의 이상 사이클이며 가스터빈의 3대 요소는 **압축기, 연소기, 터빈**이다.
랭킨 사이클	• 증기원동소 및 화력발전소의 이상 사이클(기본 사이클): 2개의 단열과정과 2개의 정압과정으로 구성된 사이클이다.
에릭슨 사이클	2개의 정압과정과 2개의 등온과정으로 구성된 사이클로, 사이클의 순서는 '**등온압축 → 정압가열 → 등온팽창 → 정압방열**'이다.
스털링 사이클	2개의 정적과정과 2개의 등온과정으로 구성된 사이클로, 사이클의 순서는 '**등온압축 → 정적가열 → 등온팽창 → 정적방열**'이다.

	※ 증기원동소의 이상 사이클인 랭킨 사이클에서 이상적인 재생기가 있다면 스털링 사이클에 가까워진다(역스털링 사이클은 헬륨(He)을 냉매로 하는 극저온 가스냉동기의 기본 사이클이다).
아트킨슨 사이클	2개의 단열과정, 1개의 정압과정, 1개의 정적과정으로 구성된 사이클로, 사이클의 순서는 '**단열압축 → 정적가열 → 단열팽창 → 정압방열**'이다.
	※ 디젤 사이클과 사이클의 구성 과정은 같으나, 아트킨슨 사이클은 가스동력 사이클이다.
르누아 사이클	1개의 단열과정, 1개의 정압과정, 1개의 정적과정으로 구성된 사이클로, 사이클의 순서는 '**정적가열 → 단열팽창 → 정압방열**'이다.
	※ 동작물질(작동유체)의 압축과정이 없으며 펄스제트 추진계통의 사이클과 유사하다.

※ **가스동력 사이클의 종류**: 브레이턴 사이클, 에릭슨 사이클, 스털링 사이클, 아트킨슨 사이클, 르누아 사이클

15
정답 ③

[열역학 법칙 요약]

열역학 제0법칙	• 열평형의 법칙 • 두 물체 A, B가 각각 물체 C와 열적 평형상태에 있다면, 물체 A와 물체 B도 열적 평형상태에 있다는 것과 관련이 있는 법칙으로 이때 알짜 열의 이동은 없다. • 온도계의 원리와 관계된 법칙
열역학 제1법칙	• 에너지보존의 법칙 • 계 내부의 에너지의 총합은 변하지 않는다. • 물체에 공급된 에너지는 물체의 내부에너지를 높이거나 외부에 일을 하므로 에너지의 양은 일정하게 보존된다. • **열은 에너지의 한 형태로서 일을 열로 변환하거나 열을 일로 변환하는 것이 가능하다.** • 열효율이 100% 이상인 제1종 영구기관은 열역학 제1법칙에 위배된다(열효율이 100% 이상인 열기관을 얻을 수 없다).
열역학 제2법칙	• 에너지의 방향성을 명시하는 법칙 **(열은 항상 고온에서 저온으로 흐른다. 열은 스스로 저온의 물질에서 고온의 물질로 이동하지 않는다.)** • 열기관에서 작동물질이 일을 하게 하려면 그보다 더 저온인 물질이 필요하다(열은 항상 고온에서 저온으로 이동하기 때문에 열기관에서 더 저온인 물질이 필요하며 열이 이동해야만 공급된 열과 방출된 열의 차이만큼 외부로 일이 만들어지기 때문이다). • 비가역성을 명시하는 법칙으로 엔트로피는 항상 증가한다. • 절대온도의 눈금을 정의하는 법칙이다. • 하나의 열원에서 얻어진 열을 모두 일로 바꾸는 기관은 존재하지 않는다. • **열효율이 100%인 제2종 영구기관은 열역학 제2법칙에 위배된다.** → **열효율이 100%인 열기관을 얻을 수 없다.** • 외부의 도움 없이 스스로 자발적으로 일어나는 반응은 열역학 제2법칙과 관련이 있다. ※ **비가역의 예시**: 혼합, 자유팽창, 확산, 삼투압, 마찰, 열의 이동, 화학 반응 등 ※ **필수**: 자유팽창은 등온으로 간주하는 과정이다.

열역학 제3법칙	• **네른스트**: 어떤 방법에 의해서도 물질의 온도를 절대 영도까지 내려가게 할 수 없다. • **플랑크**: 모든 물질이 열역학적 평형상태에 있을 때 절대온도가 0에 가까워지면 엔트로피도 0에 가까워진다. $(\lim_{t \to 0} \triangle S = 0)$

열역학 제2법칙 보충 설명

• 열 또는 에너지 이동에 방향성이 있다는 것을 명시하는 법칙이다.
• 자발적인 반응 및 과정, 비가역을 명시하는 법칙이다.

※ 자발적인 반응 및 과정이라는 것은 외부의 도움 없이 스스로 일어나는 것을 말한다.
※ 비가역이라는 것은 다시 원래의 상태(초기 상태)로 되돌아갈 수 없는 것을 말한다.

• 열은 외부의 도움 없이 스스로 고온에서 저온으로 이동한다(자발적이다).
• 일은 100% 열로 바꿀 수 있지만 열은 100% 일로 바꿀 수 없다.
  → **이유**: 열은 방향성이 없는 에너지이다. 즉, 마구잡이로 움직이면서 전달된다. 하지만 일은 방향성이 있는 에너지이다.
• 방향성이 있는 것을 방향성이 없는 것으로 바꾸는 것은 자연적이다.
• 방향성이 없는 것을 방향성이 있는 것으로 바꾸려면 외부에서 에너지(일) 등의 도움이 필요하다. 예를 들어, 길거리에서 사람들이 걸어 다닌다고 생각해보자. 방향성이 있는가? 서로 반대로 걷는 사람들도 있고, 뛰는 사람들도 있고 너무 다양한 운동 형태를 가지고 있다. 즉, 방향성이 없다. 이처럼 방향성이 없는 사람들을 질서 있게 한 방향으로만 움직이게 하기 위해서는(방향성 있게 만들기 위해서는) 외부에서 조치가 필요하다. 즉, 외부에서 에너지(일) 등의 도움이 필요하다. 다시 말해 열은 100% 일로 바꿀 수 없다.
• 계에서는 무질서도가 커지는 방향, 즉 엔트로피(무질서도)가 증가하는 방향으로 비가역 현상이 일어난다.
• 방 안에서 향수를 뿌리면 외부의 도움(에너지, 일) 없이 자연적으로 스스로 방 안에서 확산한다. 즉, 자발적이다. 이것이 바로 비가역 현상의 예이며 열역학 제2법칙과 관련이 있다.
• **비가역의 예시**: 혼합, 자유팽창, 확산, 삼투압, 마찰, 열의 이동, 화학반응 등

16
정답 ①

$$\sigma_a = \frac{P}{A} = \frac{4P}{\pi d^2}$$

$$\to \therefore d = \sqrt{\frac{4P}{\pi \sigma_a}} = \sqrt{\frac{4(6,000\text{N})}{(3)(80\text{N/mm}^2)}} = 10\text{mm}$$

※ $1\text{MPa} = 1\text{N/mm}^2$이다.

17
정답 ③

• **펌프의 소요 축동력**(P): $P = \dfrac{\gamma QH}{\eta_P}$ [여기서, γ: 비중량, Q: 토출량(m^3/s), H: 전양정]

  ㉠ 물의 비중량(γ)은 $9,800\text{N/m}^3$이다.
  ㉡ 토출량은 $0.6\text{m}^3/\text{min} = 0.6\text{m}^3/60\text{s} = 0.01\text{m}^3/\text{s}$이다.
  ㉢ 전양정은 60m이며 펌프의 효율은 0.4이다.

$$\rightarrow \ P = \frac{\gamma QH}{\eta_P} = \frac{(9{,}800\text{N/m}^3)(0.01\text{m}^3/\text{s})(60\text{m})}{0.4} = 14{,}700\text{N} \cdot \text{m/s} = 14{,}700\text{W}$$

$$\rightarrow \ \therefore \ P = 14.7\text{kW}$$

18

정답 ③

- 코터에 발생하는 전단응력(τ): $\tau = \dfrac{P}{2bh}$

  [여기서, P: 코터에 작용하는 하중(힘), b: 코터의 너비(폭), h: 코터의 두께]

  $\rightarrow \ \therefore \ P = \tau(2bh) = (300\text{N/cm}^2)(2)(3\text{cm})(2\text{cm}) = 3{,}600\text{N} = 3.6\text{kN}$

19

정답 ④

비엔탈피가 300kJ/kg에서 100kJ/kg으로 되는 과정을 보면, s(비엔트로피)축의 값이 일정하므로 등엔트로피 과정이라는 것을 알 수 있다. 엔트로피 변화($\triangle S$)는 다음과 같다.

$$\rightarrow \ \triangle S = \frac{\delta Q}{T}$$

※ 등엔트로피 과정이라는 것은 엔트로피의 변화가 없으므로 $\triangle S = s_2 - s_1 = 0$이다.

따라서 $\triangle S = \dfrac{\delta Q}{T} = 0$이므로 $\delta Q = 0$이 된다. 즉, 등엔트로피 과정을 통해 이 과정이 단열변화임을 알 수 있다. 발전설비에 대해서는 터빈은 증기가 단열팽창되면서 팽창일을 하는 곳이며, 급수펌프는 복수기에서 응축된 급수를 단열압축하여 보일러 내로 급수하는 기계이다. 위 과정은 엔탈피가 감소되는 과정이므로 터빈에서 이루어지는 등엔트로피 팽창과정임을 유추할 수 있다.

$\rightarrow \ dQ = dh - vdP$에서 $dQ = 0$이므로 다음과 같다. $\rightarrow \ 0 = dh - vdP$

$\rightarrow \ dh = vdP \rightarrow \ \therefore \ -vdP = -dh$

$\rightarrow \ W_t$(공업일) $= -vdP = -dh = -(h_2 - h_1) = h_1 - h_2 = (300 - 100)\text{kJ/kg} = 200\text{kJ/kg}$

$\rightarrow$ **따라서 증기 1kg당 행하는 공업일이 200kJ이므로 증기 3kg이 행하는 공업일은 600kJ이 된다.**
  $[W_{t(증기\,3kg)} = (200\text{kJ/kg})(3\text{kg}) = 600\text{kJ}]$

※ **비엔탈피**: 단위질량(kg)당 엔탈피를 비엔탈피라고 한다. 상태량 앞에 '비'가 붙으면 모두 단위질량(kg)당이라고 이해하면 된다.

참고

[몰리에르(몰리에) 선도]

$P-H$ 선도 (몰리에르_냉동)	• 세로(종축)가 '압력', 가로(횡축)가 '엔탈피'인 선도 • 냉동기의 크기 결정, 압축기 열량 결정, 냉동능력 판단, 냉동장치 운전상태, 냉동기의 효율 등을 파악할 수 있다.
$H-S$ 선도 (몰리에르_증기)	• 세로(종축)가 '엔탈피', 가로(횡축)가 '엔트로피'인 선도 • 증기 사이클, 증기원동소를 해석할 때 사용한다. 즉, 증기의 교축변화를 해석하며 포화수의 엔탈피는 잘 알 수 없다.

※ <u>냉동기 관련 몰리에르라고 언급이 되어 있지 않을 경우에는 '$H-S$ 선도'를 뜻한다.</u>

▶▶

참고

[단열변화]

- 동작유체가 상태 1에서 상태 2로 상태변화하는 동안 계에 열(Q)의 출입이 전혀 없는 상태변화를 단열변화 또는 등엔트로피 변화라고 한다. 즉, $\delta Q = 0$인 변화를 말한다.
- 완전가스가 주위와의 열교환을 하지 않고, 변화될 때 마찰이나 와류 등으로 인한 열손실이 전혀 없는 이상적인 가역단열변화를 할 경우에는 $dQ = 0$이므로 $dQ = TdS$에서 $dS = 0$이 된다. 따라서 변화 전후의 엔트로피가 같은 등엔트로피 변화가 된다. 하지만 마찰이나 와류 등에 의한 손실이 발생하는 비가역단열변화는 등엔트로피 변화가 아니므로 엔트로피가 증가한다.

20

정답 ①

- **펌프의 소요 축동력**$(P) = \dfrac{\gamma QH}{\eta_P}$ [여기서, γ: 비중량, Q: 토출량($\mathrm{m^3/s}$), H: 전양정]

  ㉠ 물의 비중량(γ) $= 10\mathrm{kN/m^3} = 10{,}000\mathrm{N/m^3}$

  ㉡ 전양정 $=$ 실양정$+$총 손실수두 $= 5.6\mathrm{m} + 0.4\mathrm{m} = 6\mathrm{m}$

  ㉢ 펌프의 효율 $= 0.8$

  $\rightarrow \therefore Q = \dfrac{P\eta_P}{\gamma H} = \dfrac{(25{,}000\mathrm{W})(0.8)}{(10{,}000\mathrm{N/m^3})(6\mathrm{m})} = \dfrac{20{,}000}{60{,}000} = \dfrac{1}{3}\mathrm{m^3/s} = 20\mathrm{m^3/min}$

16 2022 하반기 한국가스기술공사 기출문제

01	②	02	①	03	②	04	①	05	②	06	①	07	⑤	08	③	09	④	10	④
11	②	12	④	13	②	14	④	15	②	16	③	17	③	18	①	19	⑤	20	⑤
21	③	22	④	23	②	24	②	25	④	26	⑤	27	②	28	③	29	③	30	③
31	③	32	③	33	①	34	②	35	③	36	③	37	④	38	⑤	39	②	40	③
41	④	42	③	43	③	44	④	45	③	46	①	47	③	48	③	49	②	50	①

01

정답 ②

상태	• 평형상태에서 온도, 압력, 체적 또는 비체적과 같은 일정한 특성치에 의해 정해지는 것을 말한다. • 열역학적으로 평형은 **열적 평형, 역학적 평형, 화학적 평형**의 3가지가 있다.
성질	• 각 물질마다 특정한 값을 가지며 **상태함수 또는 점함수**라고도 한다. • **경로에 관계없이 계의 상태에만 관계**되는 양이다. [단, **일과 열량은 경로에 의한 경로함수 = 도정함수**이다.]

상태량의 종류	강도성 상태량	• 물질의 질량에 관계없이 그 크기가 결정되는 상태량이다(세기의 성질, intensive property라고도 한다). • 압력, 온도, 비체적, 밀도, 비상태량, 표면장력
	종량성 상태량	• 물질의 질량에 따라 그 크기가 결정되는 상태량으로 그 물질의 질량에 정비례 관계가 있다(시량성질, extensive property라고도 한다). • 체적, 내부에너지, 엔탈피, 엔트로피, 질량

※ 점함수는 완전미분(전미분) 또는 편미분이 모두 가능하다. 하지만 과정함수(경로함수)는 편미분으로만 가능하다.

※ 비상태량(모든 상태량의 값을 질량으로 나눈 값)은 강도성 상태량으로 취급한다.

※ 기체상수는 열역학적 상태량이 아니다.

※ 열과 일은 에너지이다. 열역학적 상태량이 아니다.

풀이

→ 열과 일은 경로와 관계가 되어 있는 경로함수(도정함수, 과정함수)이다.

→ 상태량이라는 것은 점함수, 상태함수, 성질을 의미하는 것으로 초기 상태(1)와 나중 상태(2)만 결정되면, 해당 상태량의 변화량[(2)-(1)]을 쉽게 계산할 수 있는 체적, 온도, 압력, 엔탈피, 엔트로피, 내부에너지 등을 말한다.

02

정답 ①

열량$(Q) = Cm\triangle T \rightarrow$ 질량이 m인 물질의 온도를 $\triangle T$만큼 변화시키는 데 필요한 열량을 구하는 식이다. 즉, 상의 변화는 없고 오직 온도 변화를 일으키는 데 필요한 열량을 구하는 식이다.

[여기서, C: 비열, m: 질량, $\triangle T$: 온도 변화]

- 완전히 단열된 밀폐 상태이므로 외부와의 열 출입이 없기 때문에 열 손실도 없다.
- 물에 금속을 집어넣었다. 이때 열(Q)은 열역학 제 2법칙(에너지의 방향성)에 따라 항상 고온에서 저온으로 이동한다. 금속이 물보다 고온이므로 열(Q)은 금속에서 물로 이동하게 된다. 따라서 물의 온도는 점점 증가하고, 금속의 온도는 점점 감소하다가 결국 평형상태온도$(T_{평형})$로 도달할 것이다. 즉, 뜨거운 물과 차가운 물을 섞으면 미지근한 물로 되는 것과 같은 이치이다.
- 금속은 열(Q)을 잃었기 때문에 온도가 점점 떨어지다가 평형상태온도$(T_{평형})$로 되는 것이고, 물의 입장에서는 금속이 잃은 열(Q)을 얻었으므로 열(Q)에 의해 온도가 점점 상승하여 평형상태온도$(T_{평형})$에 도달하게 되는 것이다. 다시 말하면, 금속이 잃은 열(Q)은 곧 물이 얻은 열(Q)이 되므로 두 값은 같다.
  - 금속이 잃은 열$(Q) = C_{금속}m_{금속}\triangle T = C_{금속}m_{금속}(100 - T_{평형})$
  - 물이 얻은 열$(Q) = C_{물}m_{물}\triangle T = C_{물}m_{물}(T_{평형} - 20)$

풀이

㉠ 금속이 잃은 열(Q)=물이 얻은 열(Q)
   이때 평형상태온도$(T_{평형})$는 40℃이다.

㉡ $C_{금속}m_{금속}(100 - T_{평형}) = C_{물}m_{물}(T_{평형} - 20)$

㉢ $C_{금속}(4)(100-40) = (1)(6)(40-20)$

㉣ $C_{금속}(4)(60) = (1)(6)(20)$

㉤ $C_{금속} = \dfrac{120}{240}$

㉥ $\therefore\ C_{금속} = \dfrac{120}{240} = 0.5\text{kcal/kg}\cdot\text{K}$로 도출된다.

[단, 물의 비열은 $1\text{kcal/kg}\cdot℃ = 4,180\text{J/kg}\cdot℃ = 4.18\text{kJ/kg}\cdot℃$이다.]

03

정답 ②

[열역학 제 1법칙]

물체 또는 계(system)에 공급된 열에너지(Q) 중 일부는 물체의 내부에너지(U)를 높이고, 나머지는 외부에 일$(W = PdV)$을 하므로 전체 에너지의 양은 일정하게 보존된다. 즉, $Q = dU + PdV$이다.

풀이

㉠ $Q = dU + PdV = 540\text{J} + 300\text{J} = 840\text{J}$

※ 계에서 외부로 일을 하였으므로 일의 부호는 (+)의 부호를 갖는다.

※ 내부에너지가 증가하였으므로 내부에너지의 부호는 (+)의 부호를 갖는다.

㉡ $Q = 840\text{J}$가 도출되며, 이 값이 외부로부터 계가 받은 열량(계가 공급받은 열량)이다.

㉢ $1\text{kcal} ≒ 4,200\text{J}$이므로 $1,000\text{cal} = 4,200\text{J}$이 된다. 양변을 5로 각각 나누면, $200\text{cal} = 840\text{J}$이 도출된다. 따라서 답은 ②가 된다.

04

열역학 제0법칙	• **열평형의 법칙** • 두 물체 A, B가 각각 물체 C와 열적 평형 상태에 있다면, 물체 A와 물체 B도 열적 평형 상태에 있다는 것과 관련이 있는 법칙으로 이때 알짜 열의 이동은 없다. • 온도계의 원리와 관계된 법칙
열역학 제1법칙	• **에너지보존의 법칙** • 계 내부의 에너지의 총합은 변하지 않는다. • 물체에 공급된 에너지는 물체의 내부에너지를 높이거나 외부에 일을 하므로 에너지의 양은 일정하게 보존된다. • 열은 에너지의 한 형태로서 일을 열로 변환하거나 열을 일로 변환하는 것이 가능하다. • 열효율이 100% 이상인 제1종 영구기관은 열역학 제 1법칙에 위배된다(열효율이 100% 이상인 열기관을 얻을 수 없다).
열역학 제2법칙	• **에너지의 방향성을 명시하는 법칙**(열은 항상 고온에서 저온으로 흐른다. 열은 스스로 저온의 물질에서 고온의 물질로 이동하지 않는다.) • 열기관에서 작동물질이 일을 하게 하려면 그보다 더 저온인 물질이 필요하다(열은 항상 고온에서 저온으로 이동하기 때문에 열기관에서 더 저온인 물질이 필요하며 열이 이동해야만 공급된 열과 방출된 열의 차이만큼 외부로 일이 만들어지기 때문이다). • 비가역성을 명시하는 법칙으로 엔트로피는 항상 증가한다. • 절대온도의 눈금을 정의하는 법칙 • 하나의 열원에서 얻어진 열을 모두 일로 바꾸는 기관은 존재하지 않는다. • 열효율이 100%인 제2종 영구기관은 열역학 제2법칙에 위배된다(열효율이 100%인 열기관을 얻을 수 없다). • 외부의 도움 없이 스스로 자발적으로 일어나는 반응은 열역학 제2법칙과 관련이 있다. ※ **비가역의 예시**: 혼합, 자유팽창, 확산, 삼투압, 마찰, 열의 이동, 화학 반응 등 [참고]: 자유팽창은 등온으로 간주하는 과정이다.
열역학 제3법칙	• 네른스트: 어떤 방법에 의해서도 물질의 온도를 절대 영도까지 내려가게 할 수 없다. • 플랑크: 모든 물질이 열역학적 평형상태에 있을 때 절대온도가 0에 가까워지면 엔트로피도 0에 가까워진다. ($\lim_{t \to 0} \Delta S = 0$)

풀이

㉠ 계가 흡수한 열을 계에 의해 이루어지는 일로 완전히 변환시키는 효과를 가진 장치는 없다. (○)

→ 열기관의 열효율(η, 효율)은 공급된 에너지에 대한 유용하게 사용된 에너지의 비율로 입력 대비 출력이다. 따라서 공급된 열량(입력)과 외부로 한 일(출력)을 따지면 된다. 즉, 기관의 열효율(η, 효율)은 다음과 같다.

$$\therefore \ \textbf{열효율}(\eta) = \frac{출력(일)}{입력(열량)} = \frac{W}{Q}$$

위 정의에 따라 계가 흡수한 열(Q)을 계가 의해 이루어지는 일(W)로 완전히 변환시킨다는 것은 열효율이 100%라는 것을 의미한다. 열역학 제 2법칙에 따르면, 열효율이 100%인 장치 및 열기관은 얻을 수 없으므로 옳은 보기가 된다.

ⓛ 에너지 전환의 방향성과 비가역성을 명시하는 법칙이다. (○)
  → 열역학 제2법칙은 에너지 전환의 방향성을 명시하는 법칙이다.
  → 열역학 제2법칙은 비가역성을 명시하는 법칙이다.

ⓒ 제2종 영구기관은 존재할 수 없다. (○)
  → 제2종 영구기관은 입력과 출력이 같은 기관으로 열효율이 100%인 기관을 의미한다. 열역학 제2법칙에 따르면, 열효율이 100%인 장치 및 열기관은 얻을 수 없으므로 옳은 보기가 된다.

ⓔ 어떤 방법에 의해서도 물질의 온도를 절대영도까지 내려가게 할 수 없다. (×)
  → 해당 표현은 열역학 제 3법칙 네른스트의 표현이다.

ⓜ 밀폐계에서 내부에너지의 변화량이 없다면, 경계를 통한 열전달의 합은 계의 일의 총합과 같다. (×)
  → 열역학 제1법칙은 물체 또는 계(system)에 공급된 열에너지(Q) 중 일부는 물체의 내부에너지(U)를 높이고, 나머지는 외부에 일($W = PdV$)을 하므로 전체 에너지의 양은 일정하게 보존된다는 것을 의미하는 법칙이다. 즉, $Q = dU + PdV$이다. 이때 내부에너지의 변화량(dU)이 없으므로 $dU = 0$이 되어 $Q = PdV$가 성립한다. 즉, 경계를 통한 열전달의 합은 계의 일의 총합과 같다. 다만, 해당 내용은 열역학 제 1법칙에 대한 내용이다.

ⓗ 일과 열은 모두 에너지이며, 서로 상호전환이 가능하다. (×)
  → '열은 에너지의 한 형태로서 일을 열로 변환하거나 열을 일로 변환하는 것이 가능하다.'는 열역학 제 1법칙에 대한 내용이다.

05
정답 ②

• 복수기(응축기, condenser): 증기를 물로 바꿔주는 장치이다.

※ 절탄기(이코노마이저, economizer): 보일러에서 나온 연소 배기가스의 남은 열로 보일러로 공급되고 있는 급수를 미리 예열하는 장치이다.

06
정답 ①

[카르노 사이클(Carnot cycle)]

열기관의 이상적인 사이클로 2개의 가역등온과정과 2개의 가역단열과정으로 구성된다.		
열효율(η)	• 카르노 사이클 열효율$(\eta) = \left[1 - \left(\dfrac{Q_2}{Q_1}\right)\right] \times 100\% = \left[1 - \left(\dfrac{T_2}{T_1}\right)\right] \times 100\%$	
	Q_1	고열원에서 열기관으로 공급되는 열량
	Q_2	열기관에서 저열원으로 방출되는 열량
	T_1	고열원의 온도(K)
	T_2	저열원의 온도(K)
특징	• 이상기체를 동작물질(작동물질)로 사용하는 이상 사이클이다. • 이론적으로 사이클 중 최고의 효율을 가질 수 있다. • **등온팽창 → 단열팽창 → 등온압축 → 단열압축의 순서**로 작동된다. • 같은 두 열원에서 사용되는 가역 사이클인 카르노 사이클로 작동되는 기관은 열효율이 동일하다. • 열효율은 열량(Q)의 함수로 온도(T)의 함수를 치환할 수 있다.	

> - **사이클을 역으로 작동시키면 이상적인 냉동기의 원리가 된다.**
> - 열(Q)의 공급은 등온과정에서만 이루어지지만, 일(W)의 전달은 단열과정 및 등온과정에서 모두 일어난다.
> - 동작물질(열매체, 작동물질)의 밀도가 높으면 마찰이 발생하여 열효율이 저하되므로 밀도가 낮은 것이 좋다.

풀이

㉠ 카르노 사이클 열효율(η)$= 1 - \left(\dfrac{T_2}{T_1} \right)$을 이용한다.

㉡ 기관 E_1 입장에서 보면, 480K이 고열원이며, T가 저열원이다. 이에 대한 카르노 열효율을 구하면 다음과 같다.

$$\eta_1 = 1 - \left(\frac{T}{480} \right)$$

㉢ 기관 E_2 입장에서 보면, T가 고열원이며 120K이 저열원이다. 이에 대한 카르노 열효율을 구하면 다음과 같다.

$$\eta_2 = 1 - \left(\frac{120}{T} \right)$$

㉣ '$\eta_1 = \eta_2$'이므로 $1 - \left(\dfrac{T}{480} \right) = 1 - \left(\dfrac{120}{T} \right)$이 된다.

$$\rightarrow \frac{T}{480} = \frac{120}{T} \rightarrow \frac{T}{480}\frac{T}{120} = 1$$

$$\rightarrow T^2 = 480 \times 120 = (240 \times 2) \times 120 = (240)(240) = 240^2$$

$$\rightarrow T^2 = 240^2 \rightarrow \therefore\ T = 240\text{K}$$

07

정답 ⑤

[냉매의 구비 조건]
① 증발압력이 대기압보다 크고, 상온에서도 비교적 저압에서 액화될 것
② 임계온도가 높고, 응고온도가 낮을 것, 비체적이 작을 것
③ 증발잠열이 크고, 액체의 비열이 작을 것(**자주 문의되는 조건**)
④ 불활성으로 안전하며, 고온에서 분해되지 않고, 금속이나 패킹 등 냉동기의 구성 부품을 부식·변질·열화시키지 않을 것
⑤ 점성이 작고, 열전도율이 좋으며, 동작계수가 클 것
⑥ 폭발성·인화성이 없고, 악취나 자극성이 없어 인체에 유해하지 않을 것
⑦ 표면장력이 작고, 값이 싸며, 구하기 쉬울 것

※③ **증발 잠열이 크고, 액체의 비열이 작을 것**
　→ 우선 냉매란 냉동 시스템 배관을 돌아다니면서 증발, 응축의 상변화를 통해 열을 흡수하거나 피냉각체로부터 열을 빼앗아 냉동시키는 역할을 한다. 구체적으로 증발기에서 실질적 냉동의 목적이 이루어진다. 냉매는 피냉각체로부터 열을 빼앗아 냉매 자신은 증발이 되면서 피냉각체의 온도를 떨어뜨린다. 즉, 증발잠열이 커야 피냉각체(공기 등)으로부터 열을 많이 흡수하여 냉동의 효과가 더욱 증대

되게 된다. 그리고 액체 비열이 작아야 응축기에서 빨리 열을 방출하여 냉매 가스가 냉매액으로 응축된다. 각 구간의 목적을 잘 파악해야 한다.

※ **비열**: 어떤 물질 1kg을 1 ℃ 올리는 데 필요한 열량
※ **증발 잠열**: 온도의 변화 없이 상변화(증발)하는 데 필요한 열량

+ 증발기 내부 증기압 또는 증발 압력은 대기압보다 높아야 한다.
→ 증발기 내부 증기압이 대기압보다 낮으면 대기 중의 공기가 냉동장치 내에 침입할 수 있다.

+ 비열비(열용량비)는 작아야 한다.
→ 비열비가 크면 압축기의 토출가스온도가 상승하므로 비열비는 작아야 한다.

+ 점도가 작아야 한다.
→ 점도가 크면 냉매가 배관을 흐를 때, 마찰이 많이 발생할 수 있다.

+ 상온에서 응축압력이 낮아야 한다.
→ 응축압력이 낮으면 응축기에서 기체를 액체로 만들 때, 저압으로도 액체를 만들 수 있다.

08
정답 ③

유속측정기기	• **피토관**: 유체 흐름의 총압과 정압의 차이를 측정하고 그것에서 유속을 구하는 장치로, 비행기에 설치하여 **비행기의 속도**를 측정하는 데 사용된다. • **피토정압관**: **동압** $\left(\dfrac{1}{2}\rho V^2\right)$ **을 측정**하여 유체의 유속을 측정하는 기기이다. • **레이저 도플러 유속계**: 유동하는 **흐름에 작은 알갱이를 띄워서** 유속을 측정한다. • **시차액주계**: **피에조미터와 피토관을 조합**하여 유속을 측정한다. ※ **피에조미터**: **정압**을 측정하는 기기이다. • **열선풍속계**: 금속 선에 전류가 흐를 때 일어나는 **온도와 전기저항과의 관계**를 사용하여 유속을 측정하는 기기이다. • **프로펠러 유속계**: 개수로 흐름의 유속을 측정하는 기기로 **수면 내에 완전히 잠기게 하여 사용**하는 기기이다.
유량측정기기	• **벤투리미터**: 벤투리미터는 **압력강하를 이용**하여 유량을 측정하는 기구로 **베르누이 방정식과 연속방정식을 이용하여 유량을 산출하며 가장 정확한 유량을 측정할 수 있다.** • **유동노즐**: **압력강하를 이용**하여 유량을 측정하는 기기이다. • **오리피스**: **압력강하를 이용**하여 유량을 측정하는 기기로 벤투리미터와 비슷한 원리로 유량을 산출한다. • **로터미터**: 유량을 측정하는 기구로 **부자 또는 부표**라고 하는 부품에 의해 유량을 측정한다. • **위어**: **개수로 흐름의 유량**을 측정하는 기기로 **수로 도중에서 흐름을 막아 넘치게 하고 물을 낙하시켜** 유량을 측정한다. – **예봉(예연)위어**: 대유량 측정에 사용한다. – **광봉위어**: 대유량 측정에 사용한다. – **사각위어**: 중유량 측정에 사용한다. $$Q = KLH^{\frac{3}{2}}(\text{m}^3/\text{min})$$

	– 삼각위어(V노치): 소유량 측정에 사용하며 비교적 정확한 유량을 측정할 수 있다. $Q = KH^{\frac{5}{2}}(\text{m}^3/\text{min})$ • **전자유량계**: **패러데이의 전자기 유도법칙**을 이용하여 유량을 측정
압력강하 이용	압력강하를 이용한 유량측정기기: 벤투리미터, 유동노즐, 오리피스
압력강하 큰 순서	오리피스 > 유동노즐 > 벤투리미터 ※ 가격이 비싼 순서는 벤투리미터 > 유동노즐 > 오리피스

※ **수역학적 방법(간접적인 방법)**: 유속과 관계된 다른 양을 측정하여 유량을 구하는 방법으로 유체의 유량측정기기 중에 수역학적 방법을 이용한 측정기기는 벤투리미터, 로터미터, 피토관, 언판 유속계, 오리피스미터 등이 있다.

09

정답 ④

[가솔린기관(불꽃점화기관)]
• 흡입 → 압축 → 폭발 → 배기 4행정 1사이클로 공기와 연료를 함께 엔진으로 흡입한다.
• **가솔린기관의 구성**: 크랭크축, 밸브, 실린더 헤드, 실린더 블록, 커넥팅 로드, 점화 플러그
• **실린더 헤드란** 실린더 블록 뒷면 덮개 부분으로 밸브 및 점화 플러그 구멍이 있고 연소실 주위에는 물재 킷이 있는 부분이다. 재질은 주철 및 알루미늄 합금주철이다.

[디젤기관(압축착화기관)]
• 혼합기 형성에서 공기만 압축한 후, 연료를 분삭한다. 즉, 디젤 기관은 공기와 연료를 <u>따로</u> 흡입한다.
• **디젤기관의 구성**: 연료분사펌프, 연료공급펌프, 연료 여과기, 노즐, 공기 청정기, 흡기다기관, 조속기, 크랭크축, 분사시기 조정기
• 조속기는 연료의 분사량을 조절한다.
• 디젤기관의 연료 분사 3대 요건: 관통, 무화, 분포

[가솔린기관과 디젤기관의 특징 비교]

디젤기관	가솔린기관
인화점이 낮다.	인화점이 높다.
점화장치가 필요하다.	점화장치, 기화장치 등이 없어 고장이 적다.
연료소비율이 디젤보다 크다.	연료소비율과 연료소비량이 낮으며 연료가격이 싸다.
일산화탄소 배출이 많다.	일산화탄소 배출이 적다.
질소산화물 배출이 적다.	질소산화물이 많이 생긴다.
고출력 엔진 제작이 불가능하다.	사용할 수 있는 연료의 범위가 넓고 대출력 기관을 만들기 쉽다.
압축비 6~9	압축비 12~22
열효율 26~28%	열효율 33~38%
회전수에 대한 변동이 크다.	압축비가 높아 열효율이 좋다.

소음과 진동이 적다.	연료의 취급이 용이하고 화재의 위험이 적다.
연료비가 비싸다.	저속에서 큰 회전력이 생기며 회전력의 변화가 적다.
제작비가 디젤에 비해 비교적 저렴하다.	출력 당 중량이 높고 제작비가 비싸다.
	연소속도가 느린 중유, 경유를 사용해 기관의 회전속도를 높이기가 어렵다.

구분	2행정 기관	4행정 기관
출력	크다.	작다.
연료소비율	크다.	작다.
폭발	크랭크 축 1회전 시 1회 폭발	크랭크 축 2회전 시 1회 폭발
밸브기구	밸브 기구가 필요 없고 배기구만 있으면 된다.	밸브 기구가 복잡하다.

[노크 방지법]

	연료 착화점	착화지연	압축비	흡기온도	실린더 벽온도	흡기압력	실린더 체적	회전수
가솔린	높다	길다	낮다	낮다	낮다	낮다	작다	높다
디젤	낮다	짧다	높다	높다	높다	높다	크다	낮다

옥탄가	세탄가
• 연료의 내폭성, 연료의 노킹 저항성을 의미한다. • 표준 연료의 옥탄가 $$= \frac{이소옥탄}{이소옥탄 + 정헵탄} \times 100$$ • 옥탄가 90이라는 것은 이소옥탄 90% + 정헵탄 10%, 즉 90은 이소옥탄의 체적을 의미한다.	• 연료의 착화성을 의미한다. • 표준 연료의 세탄가 $$= \frac{세탄}{세탄 + \alpha - 메틸나프탈렌} \times 100$$ • 세탄가의 범위: 45~70

※ 가솔린기관은 연료의 옥탄가가 높을수록 연료의 노킹 저항성이 좋다는 것을 의미하므로 옥탄가가 높을수록 좋으며, 디젤기관은 연료의 세탄가가 높을수록 연료의 착화성이 좋다는 것을 의미하므로 세탄가가 높을수록 좋다.

풀이

㉠ 디젤기관은 혼합기 형성에서 공기만 따로 흡입하여 압축한 후, 연료를 분사하여 압축착화시키는 기관으로 가솔린기관보다 열효율이 높다. (○)

㉡ 배기량이 동일한 가솔린기관에서 연료소비율은 4행정기관이 2행정기관보다 크다. (×)
→ 연료소비율은 4행정기관이 2행정기관보다 작다.

㉢ 노크를 저감시키기 위해 가솔린기관은 실린더 체적을 크게 하고, 디젤기관은 압축비를 작게 한다. (×)
→ 노크를 저감시키기 위해 가솔린기관은 실린더 체적을 작게 하고, 디젤기관은 압축비를 크게 한다.

㉣ 디젤기관은 평균유효압력의 차이가 크지 않아 회전력의 변동이 작다. (○)

㉤ 옥탄가는 연료의 노킹 저항성을, 세탄가는 연료의 착화성을 나타내는 수치이다. (○)

10

• 뉴턴의 점성법칙: $\tau = \mu\left(\dfrac{du}{dy}\right)$

τ	μ	$\dfrac{du}{dy}$
전단응력(Pa)	점성계수($\mathrm{N \cdot s/m^2 = Pa \cdot s}$)	속도구배, 속도변형률, 전단변형률, 각변형률, 각변형속도

• 기체와 액체의 점성
　– 기체의 점성은 온도가 높아질수록 증가한다.
　　→ 기체의 경우, 온도가 높아질수록 분자의 운동이 활발해져 분자끼리 서로 충돌하면서 운동량을 교환하여 점성(점도)이 증가한다.
　– 액체의 점성은 온도가 높아질수록 감소한다.
　　→ 액체의 경우, 온도가 높아질수록 응집력이 감소하여 점성(점도)이 감소한다.

11

[차원 해석]

F	힘(N)의 차원이다.
T	시간(s)의 차원이다.
L	길이(m)의 차원이다.
M	질량(kg)의 차원이다.

풀이

㉠ 점성계수(μ)의 단위는 $\mathrm{N \cdot s/m^2 = Pa \cdot s}$이다.

㉡ 힘은 질량 × 가속도이므로 $F = ma$이다. 단위를 맞춰보면 다음과 같다.

힘(F)의 기본 단위	질량(m)의 기본 단위	가속도(a)의 기본 단위
N	kg	$\mathrm{m/s^2}$

위의 기본 단위를 '$F = ma$'에 대입하면 다음과 같다.
　→ $N = \mathrm{kg \cdot m/s^2}$
　→ 이를 점성계수(μ)의 단위에 대입하여 kg이 포함된 단위로 만든다.

㉢ 따라서 점성계수(μ)의 단위는 $\dfrac{\mathrm{N \cdot s}}{\mathrm{m^2}} = \dfrac{\mathrm{kg \cdot m}}{\mathrm{s^2}} \dfrac{\mathrm{s}}{\mathrm{m^2}} = \dfrac{\mathrm{kg}}{\mathrm{m \cdot s}}$ 이 된다.

㉣ 이를 차원으로 변환하면 된다. kg은 질량의 단위이므로 M을, m는 길이의 단위이므로 L을, s는 시간의 단위이므로 T를 대입한다.

$$\therefore \ \frac{M}{LT} = ML^{-1}T^{-1}$$

※ 동력은 일률과 같은 말이다.

12

[표면장력(surface tension, σ)]

- 액체 표면이 스스로 수축하여 되도록 작은 면적(면적을 최소화)을 취하려는 '힘의 성질'
- 응집력이 부착력보다 큰 경우에 표면장력이 발생한다(동일한 분자 사이에 작용하는 잡아당기는 인력이 부착력보다 커야 동글동글하게 원 모양으로 유지된다).

※ 응집력: 동일한 분자 사이에 작용하는 인력이다.

표면장력의 특징	• 자유수면 부근에 막을 형성하는 데 필요한 단위길이당 당기는 힘이다. • 분자 사이에 작용하는 힘에 따라 분자가 서로 접촉하여 응축하려고 하며 이에 따라 표면적이 작은 원 모양이 되려고 한다. • 주어진 유체의 표면장력(N/m)과 단위면적당 에너지($J/m^2 = N \cdot m/m^2 = N/m$)는 동일한 단위를 갖는다. • 모든 방향으로 같은 크기의 힘이 작용하여 합력은 0이다. • 수은 > 물 > 비눗물 > 에탄올 순으로 표면장력이 크며 합성세제, 비누 같은 계면활성제는 물에 녹아 물의 표면장력을 감소시킨다. • 표면장력은 온도가 높아지면 낮아진다. • 표면장력이 클수록 분자 간의 인력이 강하므로 증발하는 데 시간이 많이 소요된다. • 표면장력은 물의 냉각효과를 떨어뜨린다. • 물에 함유된 염분은 표면장력을 증가시킨다. • 표면장력의 단위는 N/m이다. • 다음은 물방울, 비눗방울의 표면장력 공식이다.

물방울	$\sigma = \dfrac{\triangle PD}{4}$ [여기서, $\triangle P$: 내부초과압력(내부압력－외부압력), D: 지름]
비눗방울	$\sigma = \dfrac{\triangle PD}{8}$ [여기서, $\triangle P$: 내부초과압력(내부압력－외부압력), D: 지름] ※ 비눗방울은 얇은 2개의 막을 가지므로 물방울의 표면장력의 0.5배

표면장력의 예	• 소금쟁이가 물에 뜰 수 있는 이유 • 잔잔한 수면 위에 바늘이 뜨는 이유

표면장력의 단위	SI 단위	CGS 단위
	$N/m = J/m^2 = kg/s^2$ $[1J = 1N \cdot m, \quad 1N = 1kg \cdot m/s^2]$	$dyne/cm$ $[1dyne = 1g \cdot cm/s^2 = 10^{-5}N]$

※ 1dyne : 1g의 질량을 $1cm/s^2$의 가속도로 움직이게 하는 힘으로 정의
※ 1erg : 1dyne의 힘이 그 힘의 방향으로 물체를 1cm 움직이는 일로 정의
  ($1erg = 1dyne \cdot cm = 10^{-7}J$이다) ← [인천국제공항공사 기출]

풀이

㉠ 물방울의 표면장력(σ) $= \dfrac{\triangle Pd}{4}$ [여기서, $\triangle P$: 내부초과압력, d: 물방울의 지름]

※ $1Pa = 1N/m^2$

ⓒ 이때 물방울의 내부압력이 외부압력보다 $98N/m^2$만큼 크게 되려면 내부초과압력($\triangle P$)이 $98N/m^2$가 되어야 한다.

ⓒ $d = \dfrac{4\sigma}{\triangle P} = \dfrac{4(0.098N/m)}{98N/m^2} = \rightarrow \therefore d = 0.004m = 4mm$

13

정답 ②

필수 비교	
베르누이 방정식	에너지보존법칙
연속방정식	질량보존법칙

ⓒ 베르누이 방정식
→ '흐르는 유체가 갖는 에너지의 총합(압력에너지+운동에너지+위치에너지)은 항상 보존된다'라는 에너지보존법칙을 기반으로 하는 방정식이다.
ⓒ 연속 방정식($Q_{체적유량} = A_1 V_1 = A_2 V_2$)
→ '질량보존법칙'을 기반으로 하는 방정식이다.

14

정답 ④

[펌프의 상사법칙]

유량(Q)	양정(H)	동력(L)
$\dfrac{Q_2}{Q_1} = \left(\dfrac{N_2}{N_1}\right)^1 \left(\dfrac{D_2}{D_1}\right)^3$	$\dfrac{H_2}{H_1} = \left(\dfrac{N_2}{N_1}\right)^2 \left(\dfrac{D_2}{D_1}\right)^2$	$\dfrac{L_2}{L_1} = \left(\dfrac{N_2}{N_1}\right)^3 \left(\dfrac{D_2}{D_1}\right)^5$

[송풍기의 상사법칙] [여기서, ρ: 밀도]

유량(Q)	양정(H)	동력(L)
$\dfrac{Q_2}{Q_1} = \left(\dfrac{N_2}{N_1}\right)^1 \left(\dfrac{D_2}{D_1}\right)^3$	$\dfrac{H_2}{H_1} = \left(\dfrac{N_2}{N_1}\right)^2 \left(\dfrac{D_2}{D_1}\right)^2 \left(\dfrac{\rho_2}{\rho_1}\right)^1$	$\dfrac{L_2}{L_1} = \left(\dfrac{N_2}{N_1}\right)^3 \left(\dfrac{D_2}{D_1}\right)^5 \left(\dfrac{\rho_2}{\rho_1}\right)^1$

풀이

ⓒ 유량(Q)은 다음과 같은 **상사법칙**을 따른다.

$\therefore \dfrac{Q_2}{Q_1} = \left(\dfrac{N_2}{N_1}\right)^1 \left(\dfrac{D_2}{D_1}\right)^3$

ⓒ 회전차의 지름(D)을 $\dfrac{1}{2}$배, 회전수(N)를 2배로 하면 다음과 같다.

→ $\dfrac{Q_2}{Q_1} = \left(\dfrac{N_2}{N_1}\right)^1 \left(\dfrac{D_2}{D_1}\right)^3 \rightarrow \dfrac{Q_2}{Q_1} = (2)^1 \left(\dfrac{1}{2}\right)^3 = 2\dfrac{1}{8} = \dfrac{1}{4}$

→ $Q_2 = \dfrac{1}{4} Q_1$의 관계식이 도출된다.

→ 즉, 유량은 $\dfrac{1}{4}$배가 되므로 $0.2m^3/s \times \left(\dfrac{1}{4}\right) = 0.05m^3/s$ 가 된다.

15

정답 ②

[파스칼의 법칙]

밀폐된 곳에 담긴 유체의 표면에 압력이 가하질 때, 유체의 모든 지점에 같은 크기의 압력이 전달된다는 법칙이다. $\left(\dfrac{F_1}{A_1} = \dfrac{F_2}{A_2}\right)$

풀이

㉠ $\dfrac{F_1}{A_1} = \dfrac{F_2}{A_2} \;\rightarrow\; \dfrac{F_1}{\frac{1}{4}\pi d_1^2} = \dfrac{F_2}{\frac{1}{4}\pi d_2^2} \;\rightarrow\; \dfrac{F_1}{d_1^2} = \dfrac{F_2}{d_2^2}$

㉡ $\dfrac{F_1}{d_1^2} = \dfrac{F_2}{d_2^2} \;\rightarrow\; \therefore\; F_2 = \dfrac{F_1}{d_1^2} d_2^2 = \dfrac{50\text{kN}}{(15\text{mm})^2}(30\text{mm})^2$

$\qquad = \dfrac{50\text{kN}}{(15\text{mm})(15\text{mm})}(30\text{mm})(30\text{mm}) = 50\text{kN}(2)(2) = 200\text{kN}$

16

정답 ③

[레이놀즈수(Re)]

	층류와 난류를 구분하는 척도로 사용되는 무차원수이다.			
레이놀즈수 (Re)	$Re = \dfrac{\rho V d}{\mu} = \dfrac{V d}{\nu} = \dfrac{관성력}{점성력}$ 레이놀즈수(Re)는 점성력에 대한 관성력의 비라고 표현된다.			
	ρ	V	d	ν
	유체의 밀도	속도, 유속	관의 지름(직경)	유체의 점성계수
	※ 동점성계수(ν) $= \dfrac{\mu}{\rho}$			

레이놀즈수 (Re)의 범위	원형관	상임계 레이놀즈수 (층류 → 난류로 변할 때)	4,000
		하임계 레이놀즈수 (난류 → 층류로 변할 때)	2,000~2,100
	평판	임계 레이놀즈수	500,000(5×10^5)
	개수로	임계 레이놀즈수	500
	관 입구에서 경계층에 대한 임계 레이놀즈수		600,000(6×10^5)
	원형관(원관, 파이프)에서의 흐름 종류의 조건		
	층류 흐름	레이놀즈수(Re) < 2,000	
	천이 구간	2,000 < 레이놀즈수(Re) < 4,000	
	난류 흐름	레이놀즈수 > 4,000	

※ 일반적으로 임계 레이놀즈수라고 하면 '하임계 레이놀즈수'를 말한다.

※ 임계 레이놀즈수를 넘어가면 난류 흐름이다.

※ 관수로 흐름은 주로 압력의 지배를 받으며, 개수로 흐름은 주로 중력의 지배를 받는다.

※ 관내 흐름에서 자유 수면이 있는 경우에는 개수로 흐름으로 해석한다.

풀이

$$Re = \frac{\rho Vd}{\mu} = \frac{Vd}{\nu} = \frac{관성력}{점성력}$$

① 레이놀즈수(Re)는 유체의 속도(V)에 비례한다.

② 레이놀즈수(Re)는 점성(μ)에 반비례한다.

③ 레이놀즈수(Re)는 관의 지름(d)에 비례한다.

17

정답 ③

• 길이가 L인 외팔보의 끝단(자유단)에 집중하중 P가 작용할 때의 최대굽힘(휨)모멘트(M_{max}) $= PL$

※ 최대 굽힘(휨)모멘트(M_{max})는 외팔보의 고정단(고정벽)에서 발생한다. 그 이유는 고정단(고정벽)에서 집중하중(P)이 작용하는 작용점까지의 거리가 가장 멀기 때문이다. 즉, 모멘트(M)는 힘과 거리의 곱이므로 거리가 가장 멀어야 최대굽힘(휨)모멘트(M_{max})를 구할 수 있다. 따라서 최대굽힘(휨)모멘트(M_{max})는 $P \times L = PL$이 되는 것이다.

※ 직사각형 단면의 단면계수(Z) $= \dfrac{bh^2}{6}$

풀이

㉠ 굽힘모멘트(M)와 굽힘응력(σ)의 관계

$M = \sigma Z$

㉡ 허용되는 굽힘응력 내에서 단면 폭을 설계해야 하므로 허용굽힘응력($\sigma_{허용}$)과 최대굽힘모멘트(M_{max})를 대입해야 한다.

㉢ 허용굽힘응력($\sigma_{허용}$) $= \dfrac{M_{max}}{Z} = \dfrac{PL}{\dfrac{bh^2}{6}} = \dfrac{6PL}{bh^2}$

㉣ $\sigma_{허용} = \dfrac{6PL}{bh^2} \rightarrow \therefore b = \dfrac{6PL}{\sigma_{허용}h^2} = \dfrac{6(40 \times 10^3 \text{N})(4,000\text{mm})}{(80\text{N/mm}^2)(200\text{mm})^2} = 300\text{mm} = 30\text{cm}$

[단, $1\text{MPa} = 1\text{N/mm}^2$이다.]

18

정답 ①

㉠ 축 방향 응력(길이 방향 응력, σ_s): $\dfrac{pD}{4t} = \dfrac{p(2R)}{4t} = \dfrac{pR}{2t}$

㉡ 후프 응력(원주 방향 응력, σ_θ): $\dfrac{pD}{2t} = \dfrac{p(2R)}{2t} = \dfrac{pR}{t}$

[여기서, p: 내압, D: 내경(안지름), t: 용기의 두께]

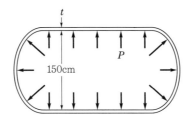

㉠ 더 넓은 범위에서 안정성을 확보할 수 있기 때문에 '큰 응력'을 기준으로 설계를 해야 한다.

㉡ 후프 응력이 축 방향 응력보다 크므로 후프 응력(σ_θ)을 기준으로 설계를 한다.

$$\sigma_\theta = \frac{pD}{2t}$$

㉢ 안전계수, 안전율(S)이 주어져 있으므로 허용응력($\sigma_{허용}$)을 구한다.

$$S = \frac{기준강도}{허용응력} = \frac{항복응력}{허용응력} \rightarrow 허용응력 = \frac{항복응력}{S} = \frac{300\text{MPa}}{2} = 150\text{MPa}$$

기준강도	설계 시에 **허용응력을 설정하기 위해 선택하는 강도**로 사용 조건에 적당한 재료의 강도를 말한다.

사용조건		기준강도
상온 · 정하중	연성재료	항복점 및 내력
	취성재료(주철 등)	극한강도(인장강도)
고온 · 정하중		크리프한도
반복하중		피로한도
좌굴		좌굴응력(좌굴강도)

㉣ 허용되는 응력 내에서 요구되는 최소두께를 선정해야 하므로 '$\sigma_{허용} = \sigma_\theta = \frac{pD}{2t}$'가 된다.

$$\rightarrow \sigma_{허용} = \frac{pD}{2t} \rightarrow t = \frac{pD}{2\sigma_{허용}}$$

㉤ ∴ $t = \frac{pD}{2\sigma_{허용}} = \frac{(1\text{MPa})(150\text{cm})}{2(150\text{MPa})} = 0.5\text{cm}$

19

정답 ⑤

[응력집중]

단면적이 급하게 변하는 부분, 모서리 부분, 구멍 부분 등에서 응력집중이 발생하며 이 부분들에서 **최대응력(σ_{max})**이 발생하게 된다.

$$\therefore \sigma_{max} = \alpha \times \left(\frac{P}{A}\right) = \alpha \times \frac{P}{(b-d)t}$$

[여기서, α: 응력집중계수, P: 작용하는 하중, b: 부재의 폭, d: 구멍의 지름, t: 두께]

풀이

㉠ $\sigma_{\max} = \alpha \times \left(\dfrac{P}{A}\right) = \alpha \times \dfrac{P}{(b-d)t}$ 를 사용한다.

㉡ ∴ $\sigma_{\max} = \alpha \times \dfrac{P}{(b-d)t} = 2 \times \dfrac{20{,}000\text{N}}{(80\text{mm} - 40\text{mm})20\text{mm}} = 50\text{N/mm}^2 = 50\text{MPa}$로 도출된다.

[단, $1\text{MPa} = 1\text{N/mm}^2$이다.]

20

정답 ⑤

[단면 성질]

① x축, y축에 대한 단면 2차 모멘트는 $I_x = \sum a_i y_i^2$, $I_y = \sum a_i x_i^2$으로 항상 (+)값을 가지며, 면적×거리^{2}의 합이므로 단위는 mm^4, cm^4, m^4 등으로 표시한다.

② 단면계수(section modulus, Z)는 도심축에 대한 단면 2차 모멘트를 도심축으로부터 최상단 또는 최하단까지의 거리로 나눈 값으로 단위는 mm^3, m^3 등으로 표시한다. 이때 단면계수는 굽힘을 해석하는데 있어 매우 중요한 값이다. '$M = \sigma_{\text{굽힘}}Z$'의 식을 통해 단면계수(Z)가 커질수록 굽힘응력의 값이 작아지는 것을 알 수 있다. 즉, 단면계수가 클수록 경제적인 단면이다.

③ 도심을 지나는 축에 대한 단면 1차 모멘트는 항상 0의 값을 갖는다.

④ 극관성모멘트(극단면 2차 모멘트)는 x축에 대한 단면 2차 모멘트 I_x와 y축에 대한 단면 2차 모멘트 I_y의 합으로 구할 수 있다. 즉, 극관성모멘트(I_p) $= I_x + I_y$이다. 원형 단면의 경우, 극관성모멘트(I_p)와 단면 2차 모멘트(I)는 $I_p = I_x + I_y = 2I$의 관계를 갖는다(원형 단면의 경우, I_x와 I_y가 서로 같다).

21

정답 ③

• 비틀림 강도는 극단면계수(Z_P)를 기준으로 하여 설계한다.
• 비틀림 강성은 GI_P를 기준으로 하여 설계한다.

풀이

㉠ 원형 단면(중실축, 속이 꽉 채워진 축)의 극단면계수(Z_P)는 $\dfrac{\pi d^3}{16}$이다.

㉡ 따라서 지름(d)을 2배로 하면, 극단면계수(Z_P)는 d^3에 비례하므로 8배가 된다.

㉢ 즉, 비틀림 강도는 8배가 됨을 알 수 있다.

※ 동일 재료이므로 전단응력(τ)은 같다.

22

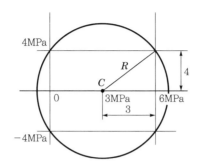

㉠ 해당 문제에서 주어진 값을 이용하여 모어원을 도시하면 위와 같다. 모어원의 반지름(R)이 최대전단응력(τ_{max})이므로 최대전단응력(τ_{max})은 5로 도출된다. 모어원의 반지름(R)은 직각삼각형에서 피타고라스 정리를 이용하면 된다.

$$R^2 = 4^2 + 3^2 = 25 \rightarrow R = \tau_{max} = 5$$

㉡ $R = \tau_{max} = 5$MPa이 도출된다.

㉢ 이때 전단응력에 파괴되는 응력이 15MPa이므로 이를 최대전단응력으로 나누면 $\dfrac{15\text{MPa}}{5\text{MPa}} = 3$이 된다.

즉, 받을 수 있는 최대하중은 작용되고 있는 하중의 3배이다.

※ 《기계의 진리》 유튜브에서 '모어원 영상 3개'를 모두 시청하여 모어원을 숙지하길 바란다.

23

• 굽힘응력(σ)과 굽힘모멘트(M)의 관계식

∴ $M = \sigma Z$ [여기서, Z: 단면계수]

풀이

㉠ 바깥지름이 d_2, 안지름이 d_1인 속이 빈 중공축의 단면계수(Z) = $\dfrac{\pi(d_2^4 - d_1^4)}{32d_2} = \dfrac{d_2^3 \pi \left(1 - \dfrac{d_1^4}{d_2^4}\right)}{32}$

㉡ '$M = \sigma_a Z$'의 식에 단면계수(Z)를 대입하면 다음과 같다.

㉢ $M = \sigma_a \dfrac{d_2^3 \pi \left(1 - \dfrac{d_1^4}{d_2^4}\right)}{32} = \sigma_a \dfrac{d_2^3 \pi \left(1 - \left[\dfrac{d_1}{d_2}\right]^4\right)}{32} = \sigma_a \dfrac{d_2^3 \pi (1 - x^4)}{32}$

㉣ $M = \sigma_a \dfrac{d_2^3 \pi (1 - x^4)}{32}$

㉤ $d_2^3 = \dfrac{32M}{\sigma_a \pi (1 - x^4)}$

㉥ ∴ $d_2 = \sqrt[3]{\dfrac{32M}{\sigma_a \pi (1 - x^4)}}$ 로 도출된다.

24

[압축 코일스프링]

[여기서, δ: 처짐량(변형량), n: 유효감김수, G: 전단탄성계수(횡탄성계수, 가로탄성계수), T: 비틀림모멘트, I_P: 극단면 2차 모멘트, l: 스프링의 길이, R: 코일의 반지름(반경), d: 스프링 재료(소선)의 지름(직경)]

처짐량(δ)	$$\delta = R\theta = \frac{8PD^3 n}{Gd^4}$$ [여기서, $R\theta$: 부채꼴의 호의 길이(처짐량)]
비틀림각(θ)	$$\theta = \frac{Tl}{GI_P}$$
스프링의 길이(l)	$$l = 2\pi Rn$$ ※ 반지름이 R인 코일을 스프링처럼 n번 감으면 원통 코일스프링이 된다. 이때 $2\pi R$은 반지름이 R인 코일의 원둘레이다. 이 둘레에 감김수(n)를 곱하면 스프링의 길이(l)가 된다.
비틀림에 의한 전단응력(τ)	$$\tau = \frac{T}{Z_P} = \frac{16PR}{\pi d^3} = \frac{8PD}{\pi d^3}$$ [여기서, T: 비틀림모멘트, $T = P_{하중}R$] ※ **최대전단응력**$(\tau_{\max}) = \dfrac{8PDK}{\pi d^3}$ [여기서, K: 왈(Wahl)의 응력수정계수]

풀이

㉠ 스프링 상수(k) $= \dfrac{P}{\delta}$ 이다. 이 식에 '$\delta = \dfrac{8PD^3 n}{Gd^4}$'을 대입한다.

㉡ $k = \dfrac{P}{\dfrac{8PD^3 n}{Gd^4}} = \dfrac{Gd^4}{8D^3 n}$ 으로 도출된다.

㉢ ∴ $k = \dfrac{Gd^4}{8D^3 n} = \dfrac{(80,000\text{N/mm}^2)(2\text{mm})^4}{8(10\text{mm})^3(40)} = 4\text{N/mm}$ 가 된다.

※ 단, $80\text{GPa} = 80 \times 10^3\text{MPa} = 80,000\text{N/mm}^2$이다. $(1\text{MPa} = 1\text{N/mm}^2)$

25

| 기준강도 | 설계 시에 **허용응력을 설정하기 위해 선택하는** 강도로 사용 조건에 적당한 재료의 강도를 말한다. |

사용조건		기준강도
상온 · 정하중	연성재료	항복점 및 내력
	취성재료(주철 등)	극한강도(인장강도)
고온 · 정하중		크리프한도
반복하중		피로한도
좌굴		좌굴응력(좌굴강도)

26

[오일러의 좌굴하중과 좌굴응력]

오일러의 좌굴하중 (임계하중, P_{cr})	$$P_{cr} = n\pi^2 \frac{EI}{L^2}$$ [여기서, n: 단말계수, E: 종탄성계수(세로탄성계수, 영률), I: 단면 2차 모멘트, L: 기둥의 길이]
오일러의 좌굴응력 (임계응력, σ_B)	$$\sigma_B = \frac{P_{cr}}{A} = n\pi^2 \frac{EI}{L^2 A}$$ ⊙ 세장비는 $\lambda = \dfrac{L}{K}$ 이다. ⓒ 회전반경은 $K = \sqrt{\dfrac{I_{\min}}{A}}$ 이다. ⓒ 회전반경을 제곱하면 $K^2 = \dfrac{I_{\min}}{A} \rightarrow K^2 = \dfrac{I_{\min}}{A}$ ⓔ $\sigma_B = n\pi^2 \dfrac{EI}{L^2 A} \rightarrow \sigma_B = n\pi^2 \dfrac{E}{L^2}\left(\dfrac{I}{A}\right) = n\pi^2 \dfrac{E}{L^2}(K^2)$ ⓜ $\sigma_B = n\pi^2 \dfrac{E}{L^2}(K^2)$ 에서 $\left(\dfrac{1}{\lambda^2} = \dfrac{K^2}{L^2}\right)$ 이므로 다음과 같다. $\rightarrow \therefore \sigma_B = n\pi^2 \dfrac{E}{L^2}(K^2) = n\pi^2 \dfrac{E}{\lambda^2}$ **따라서 오일러의 좌굴응력(임계응력, σ_B)은 세장비(λ)의 제곱에 반비례함을 알 수 있다.**

풀이

$$P_{cr} = n\pi^2 \frac{EI}{L^2}$$

[여기서, n: 단말계수, E: 종탄성계수(세로탄성계수, 영률), I: 단면 2차 모멘트, L: 기둥의 길이]

→ 단면 2차 모멘트와 탄성계수에 비례하고, 길이의 제곱 승에 반비례함을 알 수 있다.

27
정답 ②

[베벨기어]

<u>원뿔(원추)</u> 모양의 기어로 서로 직각 또는 둔각으로 만나 두 축 사이에 동력을 전달한다.

[기어의 분류]

두 축이 평행한 것	두 축이 <u>교차</u>한 것	두 축이 평행하지도 교차하지도 않은 엇갈린 것
스퍼기어(평기어), 헬리컬기어, 더블헬리컬기어(헤링본기어), 내접기어, 랙과 피니언 등	베벨기어, 마이터기어, 크라운기어, 스파이럴 베벨기어 등	스크류기어(나사기어), 하이포이드기어, 웜기어 등

28
정답 ②

- **스프링**: 탄성 성질을 이용하여 주로 충격을 완화하는 장치에 사용되는 기계요소이다.
- **브레이크**: 기계운동부분의 에너지를 흡수하여 그 운동을 정지시키거나 운동속도를 조절하여 위험을 방지하는 기계요소이다.
- **로프**: 상당히 긴 거리 사이의 동력 전달이 가능한 간접전동장치이다.
- **베어링**: 회전하는 축을 일정한 위치에서 지지하여 자유롭게 움직이게 하고 축의 회전을 원활하게 하는 축용 기계요소이다.
- **플라이휠(관성차)**
  제동 및 완충용 기계요소에 속하는 장치로 플라이휠의 역할은 다음과 같다.
  − 에너지를 비축 및 저장한다.
  − 큰 관성모멘트를 얻어 구동력을 일정하게 유지한다.

기계요소 종류	
결합용 기계요소	나사, 볼트, 너트, 키, 핀, 리벳, 코터
축용 기계요소	축, 축이음, 베어링
직접 전동(동력 전달)용 기계요소	마찰차, 기어, 캠
간접 전동(동력 전달)용 기계요소	벨트, 체인, 로프
제동 및 완충용 기계요소	브레이크, 스프링, 관성차(플라이휠)
관용 기계 요소	관, 밸브, 관이음쇠

> 참고
>
> <u>축용 기계요소는 동력 전달용(전동용) 기계요소에 포함</u>될 수 있다. 축은 기본적으로 <u>넓은 의미에서 동력을 전달하는 막대 모양의 기계 부품</u>이기 때문이다.

29
정답 ③

- **리벳 이음에서 강판의 효율**$(\eta) = 1 - \dfrac{d}{p}$

  [여기서, d: 리벳 구멍의 지름, p: 피치]

풀이

㉠ $\eta = 0.85 = 1 - \dfrac{d}{p} = 1 - \dfrac{d}{20}$

㉡ $\dfrac{d}{20} = 0.15 \rightarrow \therefore\ d = 0.15(20) = 3\text{mm}$

30

정답 ③

[각 금속의 결정구조에 속하는 금속의 종류_암기법]

BCC에 속하는 금속	Mo, W, Cr, V, Na, Li, Ta, $\delta - $Fe, $\alpha - $Fe 등
암기법	모우(MoW)스크(Cr)바(V)에 있는 나(Na)리(Li)타(Ta) 공항에서 델리($\delta - $Fe) 알리 ($\alpha - $Fe)가 (체)했다.
HCP에 속하는 금속	Zn, Be, $\alpha - $Co, Mg, Ti, Cd, Zr, Ce 등
암기법	아(Zn)베(Be)가 꼬(Co)마(Mg)에게 티(Ti)셔츠를 사줬다. 카(Cd)드 지(Zr)르세(Ce)
FCC에 속하는 금속	$\beta - $Co, Ca, Pb, Ni, Ag, Cu, Au, Al, $\gamma - $Fe 등
암기법	(면)먹고 싶다. 코(Co)카(Ca)콜라 납(Pb)니(Ni)? 은(Ag)구(Cu)금(Au)알(Al)

	체심입방격자 (Body-Centered Cubic, BCC)	면심입방격자 (Face-Centered Cubic, FCC)	조밀육방격자 (Hexagonal-Closed-Packed, HCP)
단위격자(단위세포) 내 원자수	2	4	2
배위수 (인접 원자수)	8	12	12
충전율(공간채움율)	68%	74%	74%

31

정답 ③

[금속간 화합물]

친화력이 큰 성분의 금속이 화학적으로 결합하면 각 성분의 금속과는 현저하게 다른 성질을 가지는 독립된 화합물을 만든다. Fe_3C(시멘타이트)가 대표적인 금속 간 화합물이다.

특징	• 전기저항이 크다. • 일반적으로 복잡한 결정 구조를 갖는다. • 경하지만 취약하다(단단하지만 잘 깨진다).

32

[뜨임(Tempering, 소려)]

담금질을 통해 물로 빠르게 급랭시켜 단단한 조직인 마텐자이트(M)를 만들어 놓았다. 하지만 마텐자이트(M) 조직은 취성이 커서 깨지기 쉽다. 따라서 실질적으로 사용하기 어렵기 때문에 적당히 다시 가열하여 조금은 연하지만 잘 깨지지 않는 성질의 조직으로 만드는데 이 작업이 뜨임이다. 살짝 뜨겁게 400~600℃ 정도로 유지시켰다가 공기 중에서 서서히 냉각시키면 마텐자이트(M) 조직의 불안정한 부분이 어느 정도 안정화되면서 취성이 감소되게 된다. 즉, 인성이 증가된다.

참고

• 각 열처리의 주목적 및 주요 특징

담금질	• 탄소강의 강도 및 경도 증대 • 재질의 경화(경도 증대) • **급랭(물 또는 기름으로 빠르게 냉각)**
풀림	• 재질의 연화(연성 증가) • 균질(일)화 • **노냉(노 안에서 서서히 냉각)**
뜨임	• 담금질한 후 강인성 부여(강한 인성), 인성 개선 • 내부응력 제거 • **공랭(공기 중에서 서서히 냉각)**
불림	• 결정 조직의 표준화, 균질화 • 결정 조직의 미세화 • 내부응력 제거 • **공랭(공기 중에서 서서히 냉각)**

※ 불림의 대표적인 '문제풀이공식법' → '**불미제표**'

불	미	제	표
불림	미세화	내부응력 제거	표준화

33

[스프링의 서징(surging) 현상]

코일스프링에 작용하는 진동수가 코일스프링의 고유진동수와 같아질 때, 고진동 영역에서 스프링 자체의 고유진동이 유발되어 고주파 탄성진동을 일으키는 현상이다.

34

[마찰용접]

선반과 비슷한 구조로 용접할 두 표면을 회전하여 접촉시켜 발생하는 마찰열을 이용하여 접합하는 용접방법으로, 마찰교반용접 및 공구마찰용접이라고 한다. 즉, 금속의 상대운동에 의한 열로 접합을 하는 용접이며 열영향부(Heat Affected Zone, HAZ)를 가장 좁게 할 수 있는 특징을 가지고 있다.

※ **열영향부(Heat Affected Zone, HAZ)**

용융점 이하의 온도이지만 금속의 미세조직 변화가 일어나는 부분으로 '변질부'라고도 한다.

[자주 출제되는 주요 용접의 키포인트 특징]

마찰용접	열영향부를 가장 좁게 할 수 있다.
전자빔용접	열 변형을 매우 작게 할 수 있다.
서브머지드아크용접	자동금속아크용접, 잠호용접, 유니언멜트용접, 링컨용접, 불가시아크용접, 케네디용접과 같은 말이며, 열손실이 가장 작다.

35 　　　　　　　　　　　　　　　　　　　　　　　　　　　정답 ③

탄소(C) 함유량이 증가할수록 증가하는 성질	• 비열과 전기저항이 증가한다. • 강도, 경도, 항복점이 증가한다. • 항자력이 증가한다.
탄소(C) 함유량이 증가할수록 감소하는 성질	• 용융점, 비중, 열전도율, 전기전도율, 열팽창계수가 감소한다. • 인성, 연성, 연신율, 단면수축률, 충격값이 감소한다.

36 　　　　　　　　　　　　　　　　　　　　　　　　　　　정답 ③

[파스칼의 법칙]

밀폐된 그릇에 들어 있는 유체에 압력을 가하면 유체의 모든 부분과 유체를 담고 있는 그릇의 모든 부분에

똑같은 크기의 압력이 전달되는 현상으로, 주로 **유압장치**에 응용되는 물리법칙이다. $\left(\dfrac{F_1}{A_1} = \dfrac{F_2}{A_2} \right)$

※ **부력**

'아르키메데스의 원리'이다.

37 　　　　　　　　　　　　　　　　　　　　　　　　　　　정답 ④

경도 시험	재료의 단단한 정도를 표시하는 **경도**를 측정하는 시험이다.
피로 시험	**장시간 반복하중**에 의한 파괴 및 파단의 저항력을 알아보는 시험이다.
충격 시험	재료의 **인성 및 취성**을 측정하는 시험이다.
비틀림 시험	**전단강도, 전단탄성계수** 등의 기계적 성질을 측정하기 위한 시험이다.
크리프 시험	**고온**에서 **연성재료**가 **정하중(일정한 하중, 사하중)**을 받을 때 **시간**에 따라 **점점** 증대되는 **변형**을 측정하는 시험이다.
인장 시험	시편(재료)에 작용시키는 **하중을 서서히 증가**시키면서 **여러 가지 성질(인장강도(극한강도), 항복점, 연신율, 단면수축률, 푸아송비, 탄성계수, 내력 등)**을 측정하는 시험이다.

38

정답 ⑤

- **마그네슘(Mg)**
  - 비중이 1.74로 실용금속 중에서 가장 가벼워 경량화 부품(자동차, 항공기) 등에 사용된다.
  - 기계적 특성, 주조성, 내식성, 내구성, 절삭성(피삭성) 등이 우수하다.
  - 용융점은 650℃이다.
  - 고온에서 발화하기 쉽다.
  - 알칼리성에 저항력이 크다.
  - 열전도율과 전기전도율은 알루미늄(Al), 구리(Cu)보다 낮다.
  - 비강도가 우수하여 항공기 부품, 자동차 부품 등에 사용된다.
  - 대기 중에서는 내식성이 양호하지만 산이나 염류(바닷물)에는 침식되기 쉽다.
  - 진동감쇠특성이 우수하다.
  - 조밀육방격자(HCP)이다.
    - → 조밀육방격자(HCP)이며 소성변형에 필요한 슬립계가 3개이기 때문에 냉간가공 시 가공성이 떨어진다. 즉, 냉간가공성이 나쁘다. 따라서 가공에 의한 성형을 하기 위해서 통상 300℃ 이상에서 열간가공을 실시한다.

※ **비강도**: 물질의 강도를 밀도로 나눈 값으로 같은 질량의 물질이 얼마나 강도가 센가를 나타내는 수치이다. 즉, 비강도가 높으면 가벼우면서도 강한 물질이라는 뜻이며 비강도의 단위는 Nm/kg이다.

- **구리(Cu)**
  - 비자성체이며 융점 이외에 변태점이 없으며 면심입방격자(FCC)이다.
  - 비중은 8.96이며 용융점은 1,083℃이다.
  - 내식성, 전기전도율이 우수하며 열과 전기의 양도체이다.
  - 주석, 아연, 니켈 등의 특수원소와 합금이 잘 된다.
  - 황산과 염산에 용해되며 습기, 탄산가스, 해수에 녹이 생긴다.
  - 표면에 녹색의 염기성 녹이 생겨 산화피막의 역할을 하기 때문에 내식성이 우수하지만 기계적 강도는 낮다.
  - 구리는 항복 강도가 낮아 상온에서 가공이 용이하다.
  - 인장강도는 가공도 70%에서 최대이며 600~700℃에서 30분간 풀림하면 연화된다.
  - 구리의 열간가공에 적합한 온도는 750~850℃이다.
  - 가공경화로 경도가 증가한다.
  - 공기 중에서는 표면이 산화되어 암적색으로 된다.

- **지르코늄(Zr)**
  - 고온강도와 연성이 우수하다.
  - 지르코늄 합금은 내열 효과가 우수하다.
  - 생체 친화적이므로 인공 치아, 수술 도구 등에 많이 사용된다.
  - 중성자 흡수율이 낮기 때문에 원자력용 부품 등에 사용된다.
  - 조밀육방격자(HCP)에 속한다.

- **몰리브덴(Mo)**
  - 고온에서의 강도 및 경도가 높다.
  - 강도, 내열성, 내식성 등을 향상시킨다.
  - 체심입방격자(BCC)이다.

- **알루미늄(Al)**
  - 순도가 높을수록 연하며 변태점이 없다.
  - 규소(Si) 다음으로 지구에 많이 존재하고 비중은 2.7이며 용융점은 660℃이다.
  - <u>면심입방격자(FCC)</u>이며 주조성이 우수하고 열과 전기전도율이 구리(Cu) 다음으로 우수하다.
  - 내식성, 가공성, 전연성이 우수하다.
  - 비강도가 우수하다. 그리고 표면에 산화막이 형성되기 때문에 내식성이 우수하다.
  - 공기 중에서 내식성이 좋지만 산, 알칼리에 침식되며 해수에 약하다.
  - 유동성이 적고 수축률이 크다.
  - 순수한 알루미늄(순알루미늄)은 단단하지 않으므로 대부분 합금으로 만들어서 사용한다.
  - 보크사이트 광석에서 추출된다.

※ **<u>수축률의 크기가 큰 순서</u>**: 알루미늄 > 탄소강 > 회주철(연할수록 수축률이 크다.)

39

[유압기기에 사용하는 유압작동유의 구비조건]
- 확실한 동력전달을 위해 비압축성이어야 한다(비압축성이어야 밀어버린 만큼 그대로 밀리기 때문에 정확한 동력 전달이 가능하다).
- 인화점과 발화점이 높아야 한다.
- 온도에 의한 점도 변화가 작아야 한다(점도지수가 커야 한다).
- 비열과 체적탄성계수가 커야 한다.
- 비중과 열팽창계수가 작아야 한다.
- 증기압이 낮고, 비등점이 높아야 한다.
- 소포성과 윤활성, 방청성이 좋아야 한다.
- 화학적으로 안정해야 한다.
- 축적된 열의 방출 능력이 우수해야 한다.
- 유연하게 유동할 수 있는 적절한 점도가 유지되어야 한다.

※ 비점은 비등점(끓는점)을 말한다. 비점이 커야 쉽게 증발하지 못한다.
※ 증기압이 높으면 쉽게 증발하기 때문에 증기압이 낮아야 한다.
※ 체적탄성계수가 커야 비압축성에 가깝다. 즉, 입력을 주면 압축되는 과정 없이 바로 출력이 발생할 수 있다.

40

[드릴링 가공]

드릴로 가공하는 가공방법으로 리이밍, 보링, 카운터싱킹 등의 가공을 할 수 있다.

리이밍(리밍)	리머라는 회전하는 절삭공구로 기존 구멍 내면의 치수를 정밀하게 만드는 가공방법이다.
보링	드릴로 이미 뚫어져 있는 구멍을 넓히는 가공으로, 편심을 교정하기 위한 가공이며 구멍을 축 방향으로 대칭을 만드는 가공이다.
카운터싱킹	나사머리의 모양이 접시모양일 때 테이퍼 원통형으로 절삭하는 방법이다. 즉, 접시머리나사의 머리를 묻히게 하기 위해 원뿔자리를 만드는 가공이다.
카운터보링	볼트 또는 너트의 머리 부분이 가공물 안으로 묻히도록 드릴과 동심원의 2단 구멍을 절삭하는 방법이다.
스폿페이싱	볼트나 너트 등의 머리가 닿는 부분의 자리면을 평평하게 만드는 가공방법이다.

※ <u>슬로팅(slotting)</u>: 판재의 중앙부에서 가늘고 긴 홈을 절단하는 작업이다.

41

[방전가공(Electric Discharge Machining, EDM)]

• 절연액 속에서 음극과 양극 사이의 거리를 접근시킬 때 발생하는 스파크 방전을 이용하여 공작물(일감)을 가공하는 방법이다. 공작물(일감)을 가공할 때 전극이 소모된다.

• 방전가공은 공작물(일감, 가공물)의 경도, 강도, 인성에 아무런 관계없이 가공이 가능하다. 왜냐하면 방전가공은 기계적 에너지를 사용하여 절삭력을 얻어 가공하는 공구절삭가공방법이 아니기 때문이다. 즉, 공구를 사용하지 않기 때문에 아크로 인한 기화폭발로 금속의 미소량을 깎아내는 특수절삭가공법이며, 소재제거율에 영향을 미치는 요인은 주파수와 아크방전에너지이다.

• 방전가공의 특징
  − 스파크 방전에 의한 침식을 이용한다.
  − 전도체이면 재료의 경도나 인성에 관계없이 어떤 재료도 가공할 수 있다.
    → 아크릴은 전기가 통하지 않는 부도체이므로 가공할 수 없다.
  − 전류밀도가 클수록 소재제거율은 커지나 표면거칠기는 나빠진다.
  − 콘덴서의 용량이 적으면 가공시간은 느리지만, 가공면과 치수정밀도가 좋다.
  − 절연액은 냉각제의 역할을 할 수도 있다.
  − 공구 전극의 재료로 흑연, 황동 등이 사용된다.
  − 공작물을 가공 시 전극이 소모된다.

• 방전가공 전극재료의 조건
  − 기계가공이 쉬우며, 열전도도 및 전기전도도가 높을 것
  − 방전 시 가공전극의 소모가 적어야 하며, 내열성이 우수할 것
  − 공작물보다 경도가 낮으며, 융점이 높을 것
  − 가공 정밀도와 가공속도가 클 것

42

정답 ③

- **게링법**: 프레스 베드에 놓인 성형 다이 위에 블랭크를 놓고, 위틀에 채워져 있는 고무 탄성에 의해 블랭크를 아래로 밀어 눌러 다이의 모양으로 성형하는 방법이다(단, 판 누르개의 역할을 하는 부판은 없다).

※ **마폼법**: 게링법과 비슷하나, 판 누르개의 역할을 하는 부판이 있다.

- **압출**: 재료를 용기 안에 넣고 높은 압력을 가해 다이 구멍으로 밀어내어 봉이나 관 등을 만드는 가공법이다.
- **코이닝(압인가공)**: 조각된 형판이 붙은 한조의 다이 사이에 재료를 넣고 압력을 가하여 표면에 조각 도형을 성형시키는 가공법으로 화폐, 메달, 배지, 문자 등의 제작에 이용된다. 즉, 소재면에 요철을 내는 가공법으로 상형·하형이 서로 관계가 없는 요철을 가지고 있으며 두께의 변화가 있는 제품을 만들 때 사용된다.
- **하이드로포밍**: 튜브 형상의 소재를 금형에 넣고 유체압력을 이용하여 소재를 변형시켜 가공하는 작업으로 자동차 산업 등에서 많이 활용하는 기술이다.
- **아이어닝**: 금속 판재의 딥드로잉 시 판재의 두께보다 펀치와 다이 간의 간극을 작게 하여 두께를 줄이거나 균일하게 하는 공정이다. 즉, 딥드로잉된 컵의 두께를 더욱 균일하게 만들기 위한 후속공정으로, 이어링 현상을 방지한다.

※ **헤밍**: 판재의 끝단을 접어 포개는 공정작업이다.

43

정답 ③

- **각도 측정기의 종류**: 사인바, 탄젠트바, 직각자, 콤비네이션 세트, 각도게이지, **수준기**, 광학식 각도계, 오토콜리메이터

※ **수준기**: 액체와 기포가 들어 있는 유리관 속에 있는 기포의 위치에 의하여 수평면에서 기울기를 측정하는 액체식 각도 측정기이다.

44

정답 ④

구분	냉간가공	열간가공
가공온도	재결정 온도 이하에서 가공한다(금속재료를 재결정시키지 않고 가공한다).	재결정 온도 이상에서 가공한다(금속재료를 재결정시키고 가공한다).
표면거칠기, 치수정밀도	우수하다(깨끗한 표면과 치수정밀도가 우수한 제품을 얻을 수 있다).	냉간가공에 비해 거칠다(높은 온도에서 가공하기 때문에 표면이 산화되어 정밀한 가공은 불가능하다).
균일성(표면의 치수정밀도 및 요철의 정도)	크다.	작다.
동력	많이 든다.	적게 든다.
가공경화	가공경화가 발생하여 가공품의 강도가 증가한다.	가공경화가 발생하지 않는다.

변형응력	높다.	낮다.
용도	연강, 구리, 합금, 스테인리스강(STS) 등의 가공에 사용한다.	압연, 단조, 압출가공 등에 사용한다.
성질의 변화	인장강도, 경도, 항복점, 탄성한계는 증가하고 연신율, 단면수축률, 인성은 감소한다.	연신율, 단면수축률, 인성은 증가하고 인장강도, 경도, 항복점, 탄성한계는 감소한다.
조직	미세화	초기에 미세화 효과 → 조대화
마찰계수	작다.	크다(표면이 산화되어 거칠어지므로).
생산력	대량생산에는 부적합하다.	대량생산에 적합하다.

※ 열간가공은 재결정 온도 이상에서 가공하는 것으로 금속재료의 재결정이 이루어진다. 재결정이 이루어지면 새로운 결정핵이 생기고 이 결정이 성장하여 연화(물렁물렁)된 조직을 형성하기 때문에 금속재료의 변형이 매우 용이한 상태(변형저항이 작은 상태)가 된다. 따라서 가공하기가 쉽고 이에 따라 가공시간이 짧아진다. 즉, 열간가공은 대량생산에 적합하다.

※ 열간가공은 재결정 온도 이상에서 가공하기 때문에 높은 온도에서 가공한다. 따라서 제품이 대기 중의 산소와 높은 온도에서 반응하여 제품의 표면이 산화되기 쉽다. 따라서 표면이 거칠어질 수 있다. 즉, 열간가공은 냉간가공에 비해 치수정밀도와 표면상태가 불량하며 균일성(표면거칠기)이 작다.

가공경화(변형경화, strain hardening)의 예

• 철사를 반복하여 굽혔다 폈다 하면 굽혀지는 부분이 결국 부러진다.

※ 이해
㉠ 냉간가공에서 가공경화 현상이 발생한다.
   • 철사를 가열하지 않고(비교적 낮은 온도에서) 반복하여 굽히게 되면 가공 부위가 점점 단단해지는 가공경화 현상이 발생하고 굽혀지는 변형에 대한 저항의 세기인 응력이 증가하게 된다. 이후 철사가 증가하는 응력에 견디지 못하는 순간에 도달하면 결국 끊어지게 된다.
㉡ **열간가공에서는 가공경화 현상이 발생하지 않는다.**
   • 열간가공은 철사를 재결정 온도 이상, 적당히 높은 온도까지 가열하고 굽히기 때문에 가공경화 현상이 발생하지 않는다. 즉, 재결정 온도 이상에서 가공하므로 철사 내부에서는 재결정이 일어난다. 따라서 철사 내부에 매우 연한 새로운 결정핵(신결정)이 생기면서 내부응력 제거, 연화된 조직을 형성하므로 철사는 쉽게 끊어지지 않고 얻고자 하는 원하는 형상(모양)으로 변형이 잘 된다.

45

정답 ②

[절삭가공에 대한 일반적인 설명]
• 절삭속도가 증가하면 절삭저항이 감소하여 표면조도가 양호하다.
• 절삭깊이를 작게 하면 구성인선이 적어져 표면조도가 양호하다.
   → 절삭깊이를 감소시키면 구성인선을 방지할 수 있으므로 표면조도가 양호하다.
• 경질재료일수록 절삭저항이 증가하여 표면조도가 불량하다.
• 절삭속도가 감소하면 구성인선이 증가하여 표면조도가 불량해진다.
• 공구의 윗면경사각을 크게 하면 구성인선이 적어진다.

[구성인선(빌트업에지, built-up edge)]

구성인선이란 절삭 시에 발생하는 칩의 일부가 날 끝에 용착되어 마치 절삭날의 역할을 하는 현상을 말한다.

발생 순서	발생 → 성장 → 분열 → 탈락의 주기를 반복한다(발성분탈). ※ **주의**: 자생과정의 순서는 '마멸 → 파괴 → 탈락 → 생성'이다.
특징	• 칩이 날 끝에 점점 붙으면 날 끝이 커지기 때문에 끝단 반경은 점점 커진다. → 칩이 용착되어 날 끝의 둥근 부분(nose, 노즈)이 커지기 때문이다. • 구성인선이 발생하면 날 끝에 칩이 달라붙어 날 끝이 울퉁불퉁해지므로 표면을 거칠게 하거나 동력손실을 유발할 수 있다. • 구성인선의 경도값은 공작물이나 정상적인 칩보다 상당히 크다. • 구성인선은 공구면을 덮어 공구면을 보호하는 역할도 할 수 있다. • 구성인선이 발생하지 않을 임계속도는 $120\text{m}/\text{min}(2\text{m}/\text{s})$이다. • 일감(공작물)의 변형경화지수가 클수록 구성인선의 발생가능성이 크다. • 구성인선을 이용한 절삭방법은 SWC이다. 은백색의 칩을 띠며 절삭저항을 줄일 수 있는 방법이다.

구성인선
방지법
	• 30° 이상으로 공구경사각을 크게 한다.
	  → **공구의 윗면경사각을 크게 하여** 칩을 얇게 절삭해야 용착되는 양이 적어진다.
	• **절삭속도를 빠르게 한다.**
	  → 고속으로 절삭한다. 고속으로 절삭하면 칩이 날 끝에 용착되기 전에 칩이 떨어져 나가기 때문이다.
	• **절삭깊이를 작게 한다.**
	  → 절삭깊이가 크다면 깎여서 발생하는 칩과 공구의 접촉면적이 넓어지기 때문에 오히려 칩이 날 끝에 용착될 가능성이 더 커져 구성인선의 발생 가능성이 높아진다. 따라서 절삭깊이를 작게 하여 공구와 칩의 접촉면적을 줄여 칩이 용착되는 가능성을 줄여 구성인선을 방지할 수 있다.
	• 윤활성이 좋은 절삭유를 사용한다.
	• 공구반경을 작게 한다.
	• 절삭공구의 인선을 예리하게 한다.
	• 마찰계수가 작은 공구를 사용한다.
	• 칩의 두께를 감소시킨다.
	• 세라믹 공구를 사용한다.
	  → 세라믹은 금속(철)과의 친화력이 없기 때문에 칩이 세라믹 공구의 날 끝에 달라붙지 않아 구성인선이 발생하지 않는다.

46

정답 ①

• 구동토크$(T) = \dfrac{Pq}{2\pi}$

[여기서, P: 작동유 압력, q: 1회전당 유량, Q(유량)$= q \times N$(회전수)]

풀이

㉠ 작동유 압력은 $300\text{N/cm}^2 = 3,000,000\text{N/m}^2$이다.

㉡ 1회전당 유량은 $80\text{cc/rev} = 80 \times 10^{-6}\text{m}^3/\text{rev}$이다.

㉢ $\therefore \ T = \dfrac{Pq}{2\pi} = \dfrac{(3,000,000)(80 \times 10^{-6})}{2(3)} = 40\text{N} \cdot \text{m}$ 로 도출된다.

47

정답 ②

상향절삭	• 커터날이 움직이는 방향과 공작물의 이송방향이 반대인 절삭방법이다. • 밀링 커터의 날이 공작물을 들어올리는 방향으로 작용하므로 기계에 무리를 주지 않는다. • 절삭날이 공작물을 들어올리는 방향으로 작용하므로 공작물의 고정이 불안정하며 떨림이 발생하여 동력손실이 크다. • 날의 마멸이 심하며 수명이 짧고 가공면이 거칠다. • 절삭날의 절삭방향과 공작물의 이송방향이 서로 반대이므로 백래시가 자연히 제거된다. 따라서 백래시 제거장치가 필요없다. • 절삭을 시작할 때 날에 가해지는 절삭저항이 점차적으로 증가하므로 날이 부러질 염려가 없다. • 절삭열에 의한 치수정밀도의 변화가 작다. • 칩이 잘 빠져나오므로 절삭을 방해하지 않는다.
하향절삭	• 커터날이 움직이는 방향과 공작물의 이송방향이 동일한 절삭방법이다. • 밀링 커터의 절삭작용이 공작물을 누르는 방향으로 작용하므로 기계에 무리를 준다. • 동력손실이 적으며 가공면이 깨끗하다. • 밀링 커터의 날이 마찰작용을 하지 않아 날의 마멸이 적고 수명이 길다. • 절삭날의 절삭방향과 공작물의 이송방향이 서로 같은 방향이므로 백래시 제거장치가 필요하다. • 절삭날이 절삭을 시작할 때, 절삭저항이 가장 크므로 날이 부러지기 쉽다. • 치수정밀도가 불량해질 염려가 있다.

48

정답 ③

[주물사]
주형을 만들기 위해 사용하는 모래로, 원료사에 점결제 및 보조제 등을 배합하여 주형을 만들 때 사용한다.

• **주물사의 구비조건**
 − 적당한 강도를 가지며 통기성이 좋아야 한다.
 − 주물 표면에서 이탈이 용이해야 한다.
 − 적당한 입도를 가져야 한다.
 − 열전도성이 불량하여 보온성이 있어야 한다.
 − 쉽게 노화되지 않아야 한다.
 − 복용성(값이 싸고 반복하여 여러 번 사용할 수 있음)이 있어야 한다.
 − 내화성이 크고, 화학반응을 일으키지 않아야 한다.
 − 내열성 및 신축성이 있어야 한다.

49

• 각속도$(w) = \dfrac{2\pi N}{60}$ [rad/s]

[여기서, N: 회전수(rpm)]

풀이

$$\therefore \ w = \frac{2\pi N}{60} = \frac{2(3)(240\text{rpm})}{60} = 24\text{rad/s}$$

50

[용수철 저울]

무게를 측정하는 기구이다. 무게는 질량이 지구 중력에 의해 나타나는 힘을 말한다.

• **중력단위 1kgf**

1kgf는 질량 1kg의 물체에 지구의 중력가속도$(g, 9.8\text{m/s}^2)$가 가해졌을 때의 힘을 말한다. 즉, 이때의 힘은 $F = ma$를 이용해서 구할 수 있다. 가속도(a)가 중력가속도(g)로 작용하므로 $F = mg$가 되며 이 때의 힘이 곧 물체의 무게이므로 $F = W = mg$로 표현할 수 있다. $W = mg = (1\text{kg})(9.8\text{m/s}^2) = 9.8\text{N}$ 이 된다. 따라서 $1\text{kgf} = 9.8\text{N}$이라는 관계가 도출된다.

※ 편의상 1kgf를 1kg으로 표시하여 사용하는 경우도 있다.

풀이

위 설명에 따라 질량이 25kg인 물체를 용수철 저울로 측정하였을 때 표시되는 무게는 그냥 25kgf이다. 이때 $25\text{kgf} = 25(9.8\text{N}) = 245\text{N}$이 된다.

Truth of Machine

실전 모의고사 정답 및 해설

01 제1회 실전 모의고사

01	④	02	③	03	④	04	①	05	①	06	③	07	③	08	③	09	④	10	③
11	③	12	①	13	②	14	①	15	④	16	①	17	③	18	①	19	②	20	④
21	②	22	②	23	④	24	③	25	③	26	④	27	③	28	⑤	29	④	30	②
31	③	32	③	33	④	34	④	35	⑤	36	①	37	④	38	③	39	③	40	④
41	③	42	③	43	④	44	④	45	①	46	①	47	②	48	③	49	③	50	③

01

정답 ④

• 굽힘(휨)모멘트(M)와 굽힘(휨)응력(σ)의 관계: $M = \sigma Z$

$$\rightarrow M_{\max} = \sigma Z \rightarrow \frac{PL}{4} = \sigma\left(\frac{bh^2}{6}\right) \rightarrow \therefore P = \sigma\left(\frac{bh^2}{6}\right)\left(\frac{4}{L}\right)$$

$$\rightarrow \therefore P = \sigma\left(\frac{bh^2}{6}\right)\left(\frac{4}{L}\right) = (50)\left(\frac{[200][600^2]}{6}\right)\left(\frac{4}{2,000}\right) = 1,200\text{kN}$$

※ 길이가 L인 단순보에 발생하는 최대굽힘(휨)모멘트$(M_{\max}) = \dfrac{PL}{4}$

※ 직사각형 단면의 단면계수$(Z) = \dfrac{bh^2}{6}$

02

정답 ③

• 길이 L의 외팔보에서 집중하중 P_1에 의한 자유단(끝단)의 처짐[최대처짐]: $\delta_1 = \dfrac{P_1 L^3}{3EI}$

• 길이 $2L$의 외팔보에서 집중하중 P_2에 의한 자유단(끝단)의 처짐[최대처짐]: $\delta_2 = \dfrac{P_2(2L)^3}{3EI} = \dfrac{8P_2 L^3}{3EI}$

→ 두 외팔보의 처짐이 같으므로

$$\delta_1 = \delta_2 \rightarrow \frac{P_1 L^3}{3EI} = \frac{8P_2 L^3}{3EI}$$

$$\therefore \frac{P_1}{P_2} = \frac{8L^3}{3EI}\left(\frac{3EI}{L^3}\right) = 8$$

03

정답 ④

• 변형량$(\delta) = \dfrac{PL}{EA}$

$$\delta = \frac{PL}{EA} \rightarrow \therefore E = \frac{PL}{\delta A} = \frac{(20 \times 10^3)(2)}{(4 \times 10^{-4})(0.2)} = 500,000,000\text{Pa} = 500\text{MPa}$$

04

- 곡률$(1/\rho)$과 곡률반지름(ρ)

$$\frac{1}{\rho} = \frac{M}{EI} \quad [\text{여기서, } M: \text{굽힘모멘트}, \ EI: \text{굽힘강성(휨강성)}, \ E: \text{탄성계수}, \ I: \text{단면 2차 모멘트}]$$

㉠ 원형 단면의 $I = \dfrac{\pi d^4}{64} = \dfrac{\pi(0.2^4)}{64}$

㉡ $\dfrac{1}{\rho} = \dfrac{M}{EI} \ \rightarrow \ \therefore \ M = \dfrac{EI}{\rho} = \dfrac{(200,000\times10^6)\left(\dfrac{\pi(0.2)^4}{64}\right)}{1,000\pi\,m} = 5,000\text{N}\cdot\text{m} = 5\text{kN}\cdot\text{m}$

05

- 푸아송비$(\nu) = \dfrac{\varepsilon_{가로}}{\varepsilon_{세로}} = \dfrac{\dfrac{\delta}{d}}{\dfrac{\lambda}{L}} = \dfrac{L\delta}{d\lambda} \ \rightarrow \ \therefore \ \nu = \dfrac{L\delta}{d\lambda} = \dfrac{(1,000\text{mm})(0.008\text{mm})}{(20\text{mm})(1\text{mm})} = 0.4$

  [여기서, ε: 변형률, L: 길이, λ: 길이변형량, d: 지름(직경), δ: 지름(직경)변형량]

- 종탄성계수(E)와 전단탄성계수(G)의 관계: $mE = 2G(m+1)$

  $\left[\text{단, } m\text{은 푸아송수이며 푸아송비}(\nu)\text{와 역수의 관계를 갖는다. }\left(\nu = \dfrac{1}{m}\right)\right.$

  $\rightarrow \ mE = 2G(m+1) \ \rightarrow$ 이 식에서 양변을 m으로 나누면 다음과 같다.

  $$E = 2G(1+\nu) \ \rightarrow \ \therefore \ G = \frac{E}{2(1+\nu)} = \frac{280\text{GPa}}{2(1+0.4)} = \frac{280\text{GPa}}{2(1.4)} = 100\text{GPa}$$

06

- 길이가 L인 단순보에 등분포하중(w)이 작용할 때의 최대굽힘(휨)모멘트$(M_{\max}) = \dfrac{wL^2}{8}$

  $\rightarrow$ 최대휨응력(최대굽힘응력, $\sigma_{\max}) = \dfrac{M_{\max}}{Z} = \dfrac{\dfrac{wL^2}{8}}{\dfrac{bh^2}{6}} = \dfrac{6wL^2}{8bh^2} = \dfrac{3wL^2}{4bh^2}$

  ※ 직사각형 단면의 단면계수$(Z) = \dfrac{bh^2}{6}$

- 직사각형 단면일 때, 보에 발생하는 최대전단응력$(\tau_{\max}) = \dfrac{3}{2}\dfrac{V_{\max}\,(\text{최대전단력})}{A\,(\text{보 단면의 단면적})}$

  $\rightarrow$ 최대전단응력$(\tau_{\max}) = \dfrac{3}{2}\dfrac{V}{A} = \dfrac{3}{2}\dfrac{\left(\dfrac{wL}{2}\right)}{(bh)} = \dfrac{3wL}{4bh}$ (단순보일 때 '최대전단력'은 각 지점의 반력의 크기와 같다. 각 지점의 반력 크기는 $0.5wL$이다.)

  $\rightarrow \ \sigma_{\max} = 2\tau_{\max}$ 이므로 $\dfrac{3wL^2}{4bh^2} = 2\left(\dfrac{3wL}{4bh}\right) \ \rightarrow \ \dfrac{3wL^2}{4bh^2} = \dfrac{3wL}{2bh} \ \rightarrow \ \therefore \ \dfrac{L}{h} = \dfrac{2}{1} = 2$

PART II 실전 모의고사 정답 및 해설

제1회 실전 모의고사　**331**

※ 원형 단면일 때, 보에 발생하는 최대전단응력$(\tau_{\max}) = \dfrac{4}{3} \dfrac{V_{\max}(\text{최대전단력})}{A(\text{보 단면의 단면적})}$

07

정답 ③

• 길이가 L인 외팔보에 등분포하중(w)이 작용할 때의 최대굽힘(휨)모멘트$(M_{\max}) = \dfrac{wl^2}{2}$

※ 먼저 다음 그림처럼 등분포하중(w)을 집중하중(wl)으로 변환시킨다. 이 집중하중(wl)이 작용하는 작용점의 위치는 등분포하중의 중앙점이므로 고정단(고정벽)으로부터 $0.5l$ 떨어진 위치이다.

※ 최대굽힘(휨)모멘트$(M_{\max})$는 외팔보의 고정단(고정벽)에서 발생한다. 그 이유는 고정단(고정벽)에서 집중하중(wl)이 작용하는 작용점까지의 거리가 가장 멀기 때문이다. 즉, 모멘트(M)는 힘과 거리의 곱이므로 거리가 가장 멀어야 최대굽힘(휨)모멘트$(M_{\max})$를 구할 수 있다. 따라서 최대굽힘(휨)모멘트 $(M_{\max})$는 $wL \times \dfrac{l}{2} = \dfrac{wl^2}{2}$ 이 되는 것이다.

※ 직사각형 단면의 단면계수$(Z) = \dfrac{bh^2}{6}$

→ 최대휨응력(최대굽힘응력, $\sigma_{\max}) = \dfrac{M_{\max}}{Z} = \dfrac{\dfrac{wl^2}{2}}{\dfrac{bh^2}{6}} = \dfrac{6wl^2}{2bh^2} = \dfrac{3wl^2}{bh^2}$

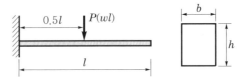

• 직사각형 단면일 때, 보에 발생하는 최대전단응력$(\tau_{\max}) = \dfrac{3}{2} \dfrac{V_{\max}(\text{최대전단력})}{A(\text{보 단면의 단면적})}$

→ 최대전단응력$(\tau_{\max}) = \dfrac{3}{2} \dfrac{V}{A} = \dfrac{3}{2} \dfrac{(wl)}{(bh)} = \dfrac{3wl}{2bh}$ (외팔보일 때 '최대 전단력'은 고정단에서의 반력의 크기와 같다. 고정단에서의 반력 크기는 wl이다.)

→ ∴ $\dfrac{\sigma_{\max}}{\tau_{\max}} = (\sigma_{\max}/\tau_{\max}) = \dfrac{\dfrac{3wl^2}{bh^2}}{\dfrac{3wl}{2bh}} = \dfrac{6wl^2 bh}{3wlbh^2} = \dfrac{2l}{h}$

08

정답 ③

※ 해당 문제처럼 어느 한쪽으로 치우져서 작용하는 편심하중(P)에 의한 응력(σ)을 구하는 문제는 편심하중(P)이 작용하는 면(윗면)의 도심을 지나는 x축과 y축에 각각 발생하는 편심모멘트(M_x, M_y)를 구해야 한다. 편심모멘트(M_x, M_y)는 편심하중(P)에 의해 발생하는 모멘트이다. 구한 편심모멘트 (M_x, M_y)를 이용하여 단주에 발생하는 최대응력$(\sigma_{\min})$과 최소응력$(\sigma_{\min})$을 구해야 한다.

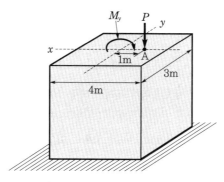

㉠ 윗면의 x축에 발생하는 편심모멘트(M_x)를 구한다. x축에 대해서는 편심하중(P)이 x축 위에 작용하고 있다. 따라서 x축과 편심하중(P)이 작용하는 작용점 사이의 거리가 0이다. **모멘트는 '힘(하중)×거리'이므로 x축에 대해서 발생하는 M_x는 0이다. 따라서 M_x는 고려하지 않는다.**

㉡ 윗면의 y축에 발생하는 편심모멘트(M_y)를 구한다. y축을 기준으로는 편심하중(P)이 A점에 작용하고 있다. 즉, y축과 편심하중(P)이 작용하는 위치(A) 사이의 거리가 '1m'이다. **거리가 존재하므로 모멘트의 값이 존재할 것이며 이는 y축에 대해서 편심모멘트(M_y)가 발생한다는 것이다. 모멘트는 '힘(하중)×거리'이므로 y축에 대해서 발생하는 M_y는 다음과 같다.**

$$\therefore \ M_y = PL = (10,000\text{kN})(1\text{m}) = 10,000\text{kN}\cdot\text{m}$$

※ **단, 편심모멘트(M_y)의 방향은 y축을 기준으로 우측에서 편심하중(P)이 작용하므로 y축을 기준으로 우측을 누른다. 따라서 y축을 회전축으로 하여 윗면이 회전하려고 할 것이다. 즉, 시계 방향이다.**

㉢ 단주에 발생하는 응력들을 알아본다.

ⓐ 첫 번째로 편심하중(P)에 의해서 편심모멘트(M_y)가 발생하므로 모멘트에 의한 **굽힘응력(σ_b)이** 발생하게 된다.

ⓑ 두 번째로 편심하중(P)이 애초에 단주의 윗면을 압축하는 방향(누르는 방향)으로 작용하고 있으므로 이에 의한 **압축응력($\sigma_{\text{압축}}$)이** 발생하게 된다**(압축응력은 부호가 $(-)$인 응력).**

㉣ 단주의 하단에 발생하는 최대응력($\sigma_{\max}$)을 구해 본다. 편심모멘트(M_y)가 시계 방향으로 작용하므로 다음 그림처럼 단주의 좌측 면은 땡겨지므로 늘어나려고 한다. 이에 따라 좌측 면에는 부호가 <u>$(+)$인</u> **굽힘응력이 작용한다.** 반대로 우측 면은 편심모멘트(M_y)에 의해서 눌려지므로 압축되려고 한다. 이에 따라 우측 면은 부호가 <u>$(-)$인</u> **굽힘응력이 작용한다.**

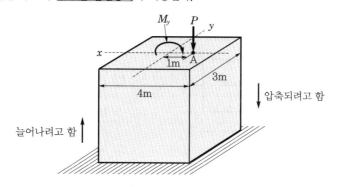

→ 굽힘응력$(\sigma_b) = \dfrac{M_y}{Z} = \dfrac{M_y}{\dfrac{bh^2}{6}} = \dfrac{6M_y}{bh^2}$

$= \dfrac{6(10,000\text{kN} \cdot \text{m})}{(3\text{m})(4\text{m})^2} = 1,250\text{kN/m}^2 = 1,250\text{kPa} = 1.25\text{MPa}$

(부호가 (+), 부호가 (−)인 굽힘응력의 크기는 모두 1.25MPa이다. 부호만 다를 뿐이다.)

ⓜ 단주의 하단에 발생하는 최소응력$(\sigma_{\min})$은 부호가 (+)인 굽힘응력의 크기에 ⓒ의 두 번째(ⓑ)인 '압축응력'을 고려한다(응력 크기만 고려하면 되므로 부호는 신경쓰지 않는다).

$※$ 압축응력$= \dfrac{P_{편심}}{A_{윗면의 \, 면적}} = \dfrac{10,000\text{kN}}{(4\text{m})(3\text{m})} = 833.3\text{kN/m}^2 = 833.3\text{kPa} = 0.833\text{MPa}$

(편심하중이 윗면에 작용하므로 윗면의 면적을 대입하여 계산한다.)

→ $\sigma_{\min} = +\sigma_b - \sigma_{압축응력} = 1.25\text{MPa} - 0.833\text{MPa} = 0.417\text{MPa}$

ⓗ 단주의 하단에 발생하는 최대응력$(\sigma_{\max})$은 부호가 (−)인 굽힘응력의 크기에 ⓒ의 두 번째(ⓑ)인 '압축응력'을 고려한다.

→ $\sigma_{\max} = -\sigma_b - \sigma_{압축응력} = -1.25\text{MPa} - 0.833\text{MPa} = -2.083\text{MPa}$

ⓢ ∴ $(\sigma_{\max} - \sigma_{\min}) = -2.083\text{MPa} - 0.417\text{MPa} = -2.5\text{MPa}$

$※$ 만약, x축에 대한 편심모멘트(M_x)와 y축에 대한 편심모멘트(M_y)가 동시에 발생하는 문제의 경우에는 M_x, M_y에 의한 굽힘응력을 각각 계산하여 처리해야 함을 명심해야 한다.

참고

$※$ 물론, 문제에서 구하라고 요구하는 것이 $(\sigma_{\max} - \sigma_{\min})$이므로 '$\sigma_{압축응력}$'을 구체적으로 계산할 필요는 없다. 그 이유는 $(\sigma_{\max} - \sigma_{\min})$을 계산하면 '$\sigma_{압축응력}$'이 상쇄되기 때문이다.

[단, $\sigma_{\max} = -\sigma_b - \sigma_{압축응력}$, $\sigma_{\min} = +\sigma_b - \sigma_{압축응력}$이다.]

∴ $\sigma_{\max} - \sigma_{\min} = -\sigma_b - \sigma_{압축응력} - (+\sigma_b - \sigma_{압축응력}) = -2\sigma_b = -2(1.25\text{MPa}) = -2.5\text{MPa}$

참고

$※$ 편심하중(P) 문제에 있어서 '단면계수(Z)에서 폭 b, 높이 h의 기준 설정방법'

(1) x축에 대해서 발생하는 편심모멘트(M_x)에 의한 굽힘응력 계산 시에는 다음 그림의 좌측처럼 x축을 수평으로 바라본 상태를 기준으로 한다. 이때의 폭이 b, 높이가 h이다.

(2) y축에 대해서 발생하는 편심모멘트(M_y)에 의한 굽힘응력 계산 시에는 다음 그림의 우측처럼 y축을 수평으로 바라본 상태를 기준으로 한다. 이때의 폭이 b, 높이가 h이다.

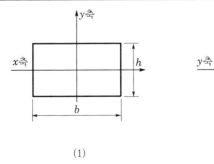

(1)　　　　　　　　(2)

09

정답 ④

- 푸아송비$(\nu) = \dfrac{\varepsilon_{\text{가로변형률}}}{\varepsilon_{\text{세로변형률}}} = \dfrac{\dfrac{\delta}{d}}{\dfrac{\lambda}{L}} = \dfrac{L\delta}{d\lambda}$

[여기서, L: 봉의 길이, d: 봉의 지름(직경), λ: 길이 변형량, δ: 지름 변형량]

$\rightarrow \nu = \dfrac{L\delta}{d\lambda} \rightarrow \therefore \delta = \dfrac{\nu d\lambda}{L} = \dfrac{(0.4)(100\text{mm})(2\text{mm})}{(2,000\text{mm})} = 0.04\text{mm (감소)}$

※ 봉에 인장하중(당기는 하중)을 가하면 길이는 늘어나지만 직경(지름)은 감소하게 된다.

10

정답 ③

- **평행축 정리**를 사용한다.
- **평행축 정리**: $I_x' = I_x + a^2 A$

[여기서, I_x: 도심을 지나는 x축에 대한 단면 2차 모멘트, a: 평행 이동한 거리, A: 단면적]

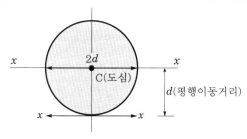

- 지름이 d인 원형 단면의 도심(C)를 지나는 x축에 대한 단면 2차 모멘트 $I_{x(d)} = \dfrac{\pi d^4}{64}$이다.

→ 문제에서는 지름이 $2d$인 원형 단면이므로 이에 대한 도심(C)를 지나는 x축에 대한 단면 2차 모멘트

$I_{x(2d)} = \dfrac{\pi(2d)^4}{64} = \dfrac{\pi d^4}{4}$이다.

→ 평행축 정리 '$I_x' = I_x + a^2 A$'를 이용한다. 구하고자 하는 것은 원의 원주면(하단부)에 접하는 x축에 대한 단면 2차 모멘트(I_{xx})이다. 따라서 도심(C)을 지나는 x축을 위 그림의 화살표 방향처럼 d만큼 평행 이동시켜야 한다. 다음과 같이 구하면 된다.

$\rightarrow \therefore I_{xx} = I_x + a^2 A = \dfrac{\pi d^4}{4} + d^2(\pi d^2) = \dfrac{\pi d^4}{4} + \pi d^4 = \dfrac{5\pi d^4}{4}$

> **참고**
>
> 위와 동일한 방법으로 평행축 정리를 사용하여 지름이 d인 원형 단면의 원주면(상단 및 하단부)에 접하는 x축에 대한 단면 2차 모멘트를 구하게 되면 다음과 같다.
>
> $\therefore I_{xx} = I_x + a^2 A = \dfrac{\pi d^4}{64} + \left(\dfrac{d}{2}\right)^2\left(\dfrac{\pi d^2}{4}\right) = \dfrac{\pi d^4}{64} + \dfrac{\pi d^4}{16} = \dfrac{5\pi d^4}{64}$

※ 지름이 d인 원형 단면의 원주면(상단 및 하단부)에 접하는 x축에 대한 단면 2차 모멘트는 공기업 기계직 전공필기시험에서 자주 나오는 문제이기 때문에 위 자체의 결론 값을 암기하는 것이 매우 편리하다. 출제되면 바로 답을 골라내어 시간 절약을 할 수 있기 때문이다.

※ 위 문제는 지름이 $2d$인 원형 단면에 대한 것으로 지름이 d인 원형 단면의 원주면(상단 및 하단부)에 접하는 x축에 대한 단면 2차 모멘트 '$I_{xx} = \dfrac{5\pi d^4}{64}$'를 암기하고 있으면 다음과 같이 바로 풀 수 있다.

$$\therefore I_{xx} = \frac{5\pi(2d)^4}{64} = \frac{5\pi d^4}{4} \text{(기존 식에서 } d \text{ 대신 } 2d \text{를 대입하면 된다.)}$$

11
정답 ③

[열기관]

연료를 연소시켜 발생한 열에너지를 일(역학적 에너지)로 바꾸는 장치이다.	
내연기관	• 실린더 안에서 연료를 연소시키는 기관 • 내연기관의 종류: 가솔린기관, 디젤기관, 제트기관, 석유기관, 로켓기관, 자동차 엔진
외연기관	• 실린더 밖에서 연료를 연소시키는 기관 • 외연기관의 종류: 증기기관, 증기터빈

※ 가스터빈은 개방 사이클의 가스터빈과 밀폐 사이클의 가스터빈으로 분류할 수 있다. 이때 개방 사이클의 가스터빈은 '내연기관'에, 밀폐 사이클의 가스터빈은 '외연기관'에 속한다. 단, 조건 없이 일반적으로 '가스터빈'이라 함은 내연기관에 속한 것을 말한다.

12
정답 ①

[디젤 사이클(압축착화기관의 이상 사이클)]

	2개의 단열과정+1개의 정압과정+1개의 정적과정으로 구성되어 있는 사이클로 정압하에서 열이 공급되고 정적하에서 열이 방출된다. 정압하에서 열이 공급되기 때문에 정압 사이클이라고도 하며 저속디젤기관의 기본 사이클이다.		
열효율 (η)	디젤 사이클의 열효율$(\eta) = 1 - \left(\dfrac{1}{\varepsilon}\right)^{k-1} \cdot \dfrac{\sigma^k - 1}{k(\sigma - 1)}$ [여기서, ε: 압축비, σ: 단절비(차단비, 체절비, 절단비, 초크비, 정압팽창비), k: 비열비] • 디젤 사이클의 열효율(η)은 압축비(ε), 단절비(σ), 비열비(k)의 함수이다. • 압축비(ε)가 크고 단절비(σ)가 작을수록 열효율(η)이 증가한다.		
압축비와 열효율		디젤 사이클(디젤기관)	오토 사이클(가솔린기관)
	압축비	$12 \sim 22$	$6 \sim 9$
	열효율(η)	$33 \sim 38\%$	$26 \sim 28\%$

13
정답 ②

문제 그림의 부피(V)−온도(T) 선도를 보니 선형적인 기울기(1차 함수 기울기)를 가지고 있다. 즉, 부피(V)와 온도(T)는 선형적으로 비례적인 관계를 갖는다는 것을 알 수 있다. 이상기체의 부피(V)와 온도(T)가 비례한다는 법칙은 '샤를의 법칙'이다. 따라서 주어진 이상기체는 '샤를의 법칙'을 따른다는 것을 알 수 있어야 한다.

→ 주어진 이상기체는 '샤를의 법칙'을 따르기 때문에 **압력(P)이 일정한 상태인 정압하에 있다. 따라서 이상기체의 나중 압력(P_2)은 초기 압력(P_1)과 같은 값인 500kPa이다.**

※ 샤를의 법칙: 압력(P)이 일정한 상태에서 기체의 부피(V)는 기체의 절대온도(T)에 비례한다는 법칙으로, '$\dfrac{V}{T} = k \ \rightarrow \ V = kT$ [여기서, k: 비례상수]'로 표현할 수 있다.

14

정답 ①

- 폴리트로픽(polytropic) 변화 관련 식: $\left(\dfrac{T_2}{T_1}\right) = \left(\dfrac{V_1}{V_2}\right)^{n-1} = \left(\dfrac{P_2}{P_1}\right)^{\frac{n-1}{n}}$

[여기서, T_1: 초기 온도, T_2: 나중 온도, V_1: 초기 부피(초기 체적), V_2: 나중 부피(나중 체적), P_1: 초기 압력, P_2: 나중 압력, n: 폴리트로픽 지수]

풀이

문제의 보기를 보니 압력(P)과 부피(V)로만 구성되어 있다. 따라서 폴리트로픽(polytropic) 변화 관련 식 $\left(\dfrac{T_2}{T_1}\right) = \left(\dfrac{V_1}{V_2}\right)^{n-1} = \left(\dfrac{P_2}{P_1}\right)^{\frac{n-1}{n}}$ 에서 온도(T)는 고려하지 않아도 된다.

즉, $\left(\dfrac{V_1}{V_2}\right)^{n-1} = \left(\dfrac{P_2}{P_1}\right)^{\frac{n-1}{n}}$ 만을 이용하여 문제에서 요구한 폴리트로픽 지수(n)를 구하면 된다.

㉠ $\left(\dfrac{V_1}{V_2}\right)^{n-1} = \left(\dfrac{P_2}{P_1}\right)^{\frac{n-1}{n}}$ 의 양변에 $\left(\dfrac{n}{n-1}\right)$ 승을 곱한다.

$\rightarrow \left(\dfrac{V_1}{V_2}\right)^{n-1 \times \left(\frac{n}{n-1}\right)} = \left(\dfrac{P_2}{P_1}\right)^{\frac{n-1}{n} \times \left(\frac{n}{n-1}\right)} \ \rightarrow \ \left(\dfrac{V_1}{V_2}\right)^{n} = \left(\dfrac{P_2}{P_1}\right)$

㉡ $\left(\dfrac{V_1}{V_2}\right)^{n} = \left(\dfrac{P_2}{P_1}\right)$ 의 양변에 자연로그 $\ln$을 취한다.

$\rightarrow \ln\left(\dfrac{V_1}{V_2}\right)^{n} = \ln\left(\dfrac{P_2}{P_1}\right) \ \rightarrow \ n\ln\left(\dfrac{V_1}{V_2}\right) = \ln\left(\dfrac{P_2}{P_1}\right) \ \rightarrow \ \therefore \ n = \dfrac{\ln\left(\dfrac{P_2}{P_1}\right)}{\ln\left(\dfrac{V_1}{V_2}\right)}$

15

정답 ④

[이상기체의 여러 열역학 과정]

등온과정	이상기체의 경우, 등온과정(온도가 일정한 과정)에서는 줄의 법칙에 의거하여 내부에너지 변화량($\triangle U$)과 엔탈피 변화량($\triangle H$)은 0이다.
	• **내부에너지 변화량($\triangle U$) $= mC_v\triangle T$** [여기서, m: 질량, C_v: 정적비열, $\triangle T$: 온도 변화] → 등온과정이므로 온도의 변화가 없어 $\triangle T = 0$이 된다. 따라서 $\triangle U = mC_v\triangle T = mC_v(0) = 0$이 된다.

PART II 실전 모의고사 정답 및 해설

	• 엔탈피 변화량($\triangle H$) $= m\,C_p\triangle T$ [여기서, m: 질량, C_p: 정압비열, $\triangle T$: 온도 변화] → 등온과정이므로 온도의 변화가 없어 $\triangle T = 0$이 된다. 　　따라서 $\triangle U = m\,C_p\triangle T = m\,C_p(0) = 0$이 된다. ※ 이상기체의 경우, 내부에너지 변화량($\triangle U$)과 엔탈피 변화량($\triangle H$)의 크기가 같은 과정은 등온과정이다. 그 이유는 이상기체의 등온과정에서 $\triangle U$, $\triangle H$가 둘 다 0으로 동일하기 때문이다.
정적과정	기체가 외부에 한 일(W)은 PdV이다. [여기서, P: 압력, dV: 부피 변화량] → 정적과정은 부피가 일정한 과정을 거쳐도 초기 부피와 나중 부피가 동일하다. 즉, 부피가 변하지 않으므로 부피변화량(dV)이 0이다. 따라서 기체가 외부에 한 일(W)은 $PdV = P(0) = 0$이 된다.
단열과정	단열과정이라는 것은 열이 차단되어 외부와의 열 출입이 없는 과정이다. 따라서 $\delta Q = 0$이다. → $\delta Q = dU + PdV$ → $0 = dU + PdV$ → ∴ $-dU = PdV$ 따라서 내부에너지 변화량(dU)의 크기와 기체가 외부에 한 일의 크기(PdV)는 서로 같음을 알 수 있다.

16

정답 ①

• Joule−Thompson 계수(μ) : $\left(\dfrac{\delta T}{\delta P}\right)_H$

Joule−Thompson 계수(μ)는 엔탈피(H)가 일정할 때 압력(P)에 따른 온도(T)의 변화를 나타내는 계수이다.

$$\rightarrow \therefore \mu = \left(\frac{\delta T}{\delta P}\right)_H = \left(\frac{[280-300\,℃]}{[2-10\mathrm{kgf/cm^2}]}\right) = \frac{-20\,℃}{-8\mathrm{kgf/cm^2}} = 2.5\,℃\cdot\mathrm{cm^2/kgf}$$

17

정답 ③

[증기 압축식 냉동 사이클(냉동기)의 기본 구성요소]

압축기	증발기에서 흡수된 저온·저압의 냉매가스를 압축하여 압력을 상승시켜 분자간 거리를 가깝게 함으로써 온도를 상승시킨다. 따라서 상온에서도 응축액화가 가능해진다. **압축기 출구를 빠져나온 냉매의 상태는 '고온·고압의 냉매가스'이다.**
응축기	압축기에서 토출된 냉매가스를 상온에서 물이나 공기를 사용하여 열을 방출함으로써 응축(액화)시킨다. **응축기 출구를 빠져나온 냉매의 상태는 '고온·고압의 냉매액'이다.**
팽창밸브	고온·고압의 냉매액을 교축시켜 저온·저압의 상태로 만들어 증발하기 용이한 상태로 만든다. 또한 증발기의 부하에 따라 냉매공급량을 적절하게 유지해준다. **팽창밸브 출구를 빠져나온 냉매의 상태는 '저온·저압의 냉매액'이다.**
증발기	저온·저압의 냉매액이 피냉각물체로부터 열을 빼앗아 저온·저압의 냉매가스로 증발된다. 즉, 냉매는 열교환을 통해 열을 흡수하여 자신은 증발하고, 피냉각물체는 열을 잃어 냉각이 되게 된다. 즉, 실질적으로 냉동의 목적이 달성되는 곳은 증발기이다. **증발기 출구를 빠져나온 냉매의 상태는 '저온·저압의 냉매가스'이다.**

냉동기의 부속 장치	
유분리기	압축기의 냉매 압축과정에서 냉매 중에 섞인 윤활유를 분리하기 위한 장치로 **압축기와 응축기 사이에 설치한다. 즉, 압축기의 출구 측에 설치한다.**

액분리기	• **액분리기**: 증발기에서 증발하지 않은 액체냉매를 분리하여 증발기 입구로 되돌려 보낸다.
	• **액백(리퀴드 백) 현상**: 냉동 사이클의 증발기에서는 냉매액이 피냉각물체로부터 열을 빼앗아 자신은 모두 증발되고 피냉각물체를 냉각시킨다. 하지만 실제에서는 모든 냉매액이 100%로 증발되지 않고 약간의 액이 혼합된 상태로 압축기로 들어가게 된다. 액체는 압축이 잘 되지 않기 때문에 압축기의 피스톤이 냉매(액이 혼합된 상태)를 압축하려고 할 때 피스톤을 튕겨내게 한다. 따라서 압축기의 벽이 손상되거나 냉동기의 냉동효과가 저하되는데 이 현상을 바로 액백 현상이라고 한다.
	⊙ **액백 현상의 원인**: 팽창밸브의 개도가 너무 클 때, 냉매가 과충전될 때, 액분리기가 불량할 때
	ⓒ **액백 현상의 방지법**
	  – 냉매액을 과충전하지 않는다.
	  – 액분리기를 설치한다(**증발기와 압축기 사이에 설치한다**).
	  – 증발기의 냉동부하를 급격하게 변화시키지 않는다.
	  – 압축기에 가까이 있는 흡입관의 액고임을 제거한다.

18 정답 ①

⊙ 이상적인 냉동 사이클은 역카르노 사이클이다. 역카르노 사이클은 기존 카르노 사이클을 역으로 작동시킨 것으로 기존 카르노 사이클의 구성(2개의 등온과정 + 2개의 단열과정)과 같다.

ⓒ 1냉동톤(1RT)은 0℃의 물 1ton을 24시간 동안에 0℃의 얼음이 되게 하는 능력이며, 3,320kcal/h의 열량을 피냉동 물체로부터 제거하는 능력이다.

ⓒ 이론적 냉동 사이클의 순서는 역카르노 사이클의 작동 순서를 말한다. 기존 카르노 사이클의 작동 순서와 반대이다. 따라서 '**단열압축(압축기) → 등온압축(응축기) → 단열팽창(팽창밸브, 팽창장치) → 등온팽창(증발기)**'이다.

ⓔ 성적 계수(ε)란 냉동기의 냉각 성능을 나타내는 값이며, 압축일량에 대한 증발기에서 흡수한 열량비로 나타낸다.

ⓜ 1제빙톤은 1.65RT이므로 1냉동톤(1RT)보다 크다.

19 정답 ②

• **재열 사이클(reheat cycle)**: 고압 증기터빈에서 저압 증기터빈으로 유입되는 증기의 건도를 높여 상대적으로 높은 보일러 압력을 사용할 수 있게 하고, 터빈 일을 증가시키며, 터빈 출구의 건도를 높이는 사이클이다.

터빈에서 증기가 팽창하면서 일한만큼 터빈 출구로 빠져나가는 증기의 압력과 온도는 감소하게 된다(일한만큼 증기 자신의 열에너지 및 엔탈피를 사용하므로 온도가 감소하는 것이다). 이때 온도가 감소하다보면 습증기 구간에 도달하여 증기의 건도가 감소할 수 있다. 건도가 감소하면 증기에서 일부가 물(액체)로 상태 변화하여 터빈 출구에서 물방울이 맺혀 터빈 날개를 손상시킴으로써 효율이 저하될 수 있다. 따라서 1차 터빈 출구에서 빠져나온 증기를 재열기로 다시 통과시켜 증기의 온도를 한번 더 높임으로써 터빈 출구의 건도를 높이는 것이 재열 사이클의 주된 목적이다(건도는 습증기의 전체 질량에 대한 증기의 질량으로 건도가 높을수록 증기의 비율이 높다).

- **기관의 열효율(효율, η)**은 공급된 에너지에 대한 유용하게 사용된 에너지의 비율로 입력 대비 출력이다. 따라서 공급된 열량(입력)과 외부로 한 일(출력)을 따지면 된다. 즉, 기관의 열효율(효율, η)은 다음과 같다.

$$\therefore \text{열효율}(\eta) = \frac{\text{외부로 한 일} - \text{펌프 소비일}}{\text{공급된 열량}} = \frac{W_{t1} + W_{t2} - W_P}{Q_B + Q_R} = \frac{1,500 + 2,000 - 500}{8,500 + 1,500} = 0.30$$

Q_B	'2~3' 구간의 엔탈피 차이가 보일러에 공급한 열량(Q_B)의 크기이다. $\therefore Q_B = H_3 - H_2 = 9,500\text{kJ} - 1,000\text{kJ} = 8,500\text{kJ}$ (외부에서 석탄을 태워 보일러에 열량을 공급했기 때문에 보일러 입구 2점보다 보일러 출구 3점의 엔탈피가 크다. 공급된 열량만큼 2점에 더해지기 때문이다.)
Q_R	'4~5' 구간의 엔탈피 차이가 재열기에 공급한 열량(Q_R)의 크기이다. $\therefore Q_R = H_5 - H_4 = 9,500\text{kJ} - 8,000\text{kJ} = 1,500\text{kJ}$ (재열기에 추가적인 열량을 더 공급했기 때문에 1차 터빈을 빠져나온 증기의 엔탈피(4점, 재열기 입구)보다 2차 터빈으로 들어가는 증기의 엔탈피(5점, 재열기 출구)가 더 크다. 재열기에 공급된 열량만큼 4점에 더해지기 때문이다.)
W_{t1}	'3~4' 구간의 엔탈피 차이가 1차 터빈에서의 증기 팽창일(W_{t1})의 크기이다. $\therefore W_{t1} = H_3 - H_4 = 9,500\text{kJ} - 8,000\text{kJ} = 1,500\text{kJ}$ (1차 터빈에서 증기가 일한만큼 자신의 엔탈피를 소모했을 것이다. 따라서 1차 터빈 출구(4점)가 1차 터빈 입구(3점)보다 엔탈피가 작다.)
W_{t2}	'5~6' 구간의 엔탈피 차이가 2차 터빈에서의 증기 팽창일(W_{t2})의 크기이다. $\therefore W_{t2} = H_5 - H_6 = 9,500\text{kJ} - 7,500\text{kJ} = 2,000\text{kJ}$ (2차 터빈에서 증기가 일한만큼 자신의 엔탈피를 소모했을 것이다. 따라서 2차 터빈 출구(6점)가 2차 터빈 입구(5점)보다 엔탈피가 작다.)
W_P	'1~2' 구간의 엔탈피 차이가 펌프를 구동시키기 위해 외부에서 투입된 펌프의 소비일(W_P)의 크기이다. $\therefore W_P = H_2 - H_1 = 1,000\text{kJ} - 500\text{kJ} = 500\text{kJ}$ (펌프를 구동시키기 위해서는 외부에서 일(에너지)이 투입되어야 한다. 따라서 펌프 출구(2점, 보일러 입구)에서의 엔탈피가 펌프 입구(1점, 응축기 출구)에서의 엔탈피보다 크다. 펌프에 공급된 일(에너지)만큼 2점에 더해지기 때문이다. 펌프의 소비일(W_P)은 소비되는 일이므로 출력 값에서 빼줘야 한다[문제에서는 펌프 일을 무시하라는 조건이 없으므로 고려해야 한다.].)

20

정답 ③

[습증기의 비엔탈피(h_x)]

$$h_x = h_L + x(h_v - h_L)$$

[여기서, h_x : 건도가 x인 습증기의 비엔탈피, h_L : 포화액체(포화수)의 비엔탈피(L : liquid),

　　h_v : 포화증기의 비엔탈피(v : vapor), x : 건도]

$$h_x = h_L + x(h_v - h_L) \rightarrow 400 = 200 + x(1{,}200 - 200)$$

$$\rightarrow 400 = 200 + x(1{,}000)$$

$$\rightarrow 200 = x(1{,}000) \rightarrow \therefore x = \frac{200}{1{,}000} = 0.2$$

21

정답 ②

마하수(Mach number, M): $\dfrac{V}{a} = \dfrac{\text{관성력}}{\text{탄성력}}$ [여기서, V: 물체의 속도, a: 소리의 속도(음속)]	
마하수(M) 관련 내용	• 마하수(M)를 알면 물체의 속도(V)가 음속(a)의 몇 배인지 알 수 있다. → 마하수(M)가 1이면 물체의 속도(V)와 음속(a)이 같다는 것이다. ※ 음속(소리의 속도)은 약 343m/s이다. ※ 빛의 속도는 약 $300{,}000\text{km/s}$이다.

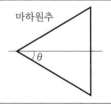

<table>
<tr><td>아음속</td><td>$M < 1$</td></tr>
<tr><td>음속</td><td>$M = 1$</td></tr>
<tr><td>초음속</td><td>$M > 1$</td></tr>
<tr><td>극초음속</td><td>$M > 5$</td></tr>
</table>

마하수(M) 관련 내용	※ 음속을 천음속이라고도 한다. 천음속은 유체의 속도가 아음속에서 초음속으로 전환되는 단계의 속도를 말한다. • 마하수(M)의 물리적 의미는 '탄성력에 대한 관성력의 비'로 코시수와 물리적 의미가 동일하다. • 마하수(M)는 유체의 흐름의 압축성 또는 비압축성 판별에 가장 적합한 무차원수이다. → 마하수(M)가 0.3보다 크면 압축성 효과를 갖는다.
마하수(M) −마하각 (θ)의 관계	$$\sin\theta = \frac{1}{M} = \frac{\alpha}{V}$$
압축성 판별	유체가 흐를 때 밀도가 변하면 압축성 유동(흐름)이고, 밀도가 변하지 않으면 비압축성 유동(흐름)에 해당된다. 일반적으로 유체가 빠르게 흐를 때 속도와 압력 또는 온도가 크게 변할 경우 밀도의 변화를 수반하게 되며, 이에 따라 압축성 유동(흐름)의 특성을 보이게 된다. 예를 들어, 유체 유동(흐름)의 속도가 마하수 0.3 이하(상온에서 대략 100m/s 내외)에서 밀도의 변화가 무시할 정도가 되기 때문에 비압축성 유동(흐름)에 해당된다. 그리고 속도가 그 이상(마하수가 0.3보다 크면)으로 빠르게 되면 압축성 유동(흐름)에 해당된다. 액체의 경우는 밀도의 변화가 크지 않으므로 대부분의 경우 비압축성 유동(흐름)에 해당된다. **따라서 '$0.3 < M < 1.0$'인 유동은 '아음속 압축성 유동(흐름)'이다.**

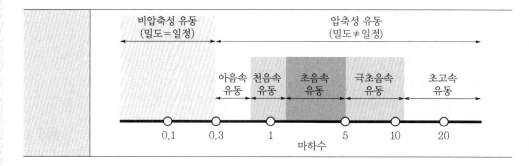

22

• 수평 원관에서의 하겐-푸아죄유(Hagen-Poiseuille) 방정식: $Q[\mathrm{m}^3/\mathrm{s}] = \dfrac{\triangle P\pi d^4}{128\mu L}$

　[여기서, Q: 체적유량, $\triangle P$: 압력강하, d: 관의 지름, μ: 점성계수, L: 관의 길이]

※ 완전발달 층류 흐름에만 적용이 가능하다(난류는 적용하지 못한다).

하겐-푸아죄유(Hagen-Poiseuille) 방정식을 유도하기 위한 기본 가정조건

• 유체는 연속이며 뉴턴 유체 및 비압축성 유체이어야 한다.
• 층류 흐름이어야 한다.

풀이

$Q[\mathrm{m}^3/\mathrm{s}] = \dfrac{\triangle P\pi d^4}{128\mu L}$ 식에서 체적유량(Q)과 관련된 연속방정식($Q = AV$)을 사용한다.

[여기서, A: 관의 단면적, V: 유체 흐름의 평균 속도]

$\rightarrow$ $Q = AV_{평균 속도} = \dfrac{\triangle P\pi d^4}{128\mu L}$ $\rightarrow$ $Q = \left(\dfrac{1}{4}\pi d^2\right)V_{평균 속도} = \dfrac{\triangle P\pi d^4}{128\mu L}$

　[여기서, A: 원관의 단면적]

$\rightarrow$ $\left(\dfrac{1}{4}\pi d^2\right)V_{평균 속도} = \dfrac{\triangle P\pi d^4}{128\mu L}$ $\rightarrow$ $\therefore$ $V_{평균 속도} = \dfrac{\triangle Pd^2}{32\mu L}$

평균속도($V_{평균속도}$)와 최대속도($V_{\max}$)의 관계	
원관	$V_{\max} = 2V_{평균속도}$
평판	$V_{\max} = 1.5V_{평균속도}$

$\rightarrow$ 위 표의 관계에 따라 원관이므로 $V_{\max} = 2V_{평균속도}$ 이다.

$\rightarrow$ $\therefore$ $V_{\max} = 2V_{평균속도} = 2\left(\dfrac{\triangle Pd^2}{32\mu L}\right) = \dfrac{\triangle Pd^2}{16\mu L} = \dfrac{\triangle P(2R)^2}{16\mu L} = \dfrac{\triangle PR^2}{4\mu L} = \left(\dfrac{\triangle P}{L}\right)\dfrac{R^2}{4\mu}$

※ 만약 평균속도로 계산하여 $\times 2$를 하지 않아서 답을 ③으로 선택하였다면 앞으로 주의해야 한다.

23

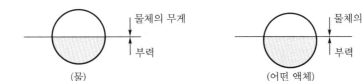

(물)   (어떤 액체)

※ <u>어떤 물체가 액체 속에 일부만 잠긴 채 뜨게 되면 물체의 무게(중력, mg)와 액체에 의해 수직 상방향으로 물체에 작용하게 되는 부력($\gamma_{액체}V_{잠긴 부피}$)은 힘의 평형 관계에 있게 된다. 이를 중성부력($mg=$부력)이 라 한다.</u> [단, 부력($\gamma_{액체}V_{잠긴 부피}$)은 $\rho_{액체}gV_{잠긴 부피}$와 같다.]

㉠ 물에 띄었을 때 공의 부피의 50%가 물속에 잠긴 상태

→ $\gamma_{물}V_{잠긴 부피}=\rho_{물}gV_{잠긴 부피}=(1{,}000\text{kg/m}^3)\text{g}(0.5\,V)$

    [여기서, g: 중력가속도, V: 공 전체 부피]

㉡ 어떤 액체에 띄었을 때 공의 부피의 80%가 액체 속에 잠긴 상태

→ $\gamma_{어떤 액체}V_{잠긴 부피}=\rho_{어떤 액체}gV_{잠긴 부피}=\rho_{어떤 액체}g(0.8\,V)$

㉢ '㉠'과 '㉡'에서 구한 부력의 크기 모두 물체의 무게(mg)와 같으므로 다음과 같이 식을 만들 수 있다.

→ $(1{,}000\text{kg/m}^3)\text{g}(0.5\,V)=\rho_{어떤 액체}g(0.8\,V)$ → $(1{,}000\text{kg/m}^3)(0.5)=\rho_{어떤 액체}(0.8)$

→ $500\text{kg/m}^3=\rho_{어떤 액체}(0.8)$ → $\therefore\ \rho_{어떤 액체}=\dfrac{500\text{kg/m}^3}{(0.8)}=625\text{kg/m}^3$

24

• 베르누이 방정식$\left(\dfrac{P_A}{\gamma}+\dfrac{V_A^2}{2g}+Z_A=\dfrac{P_B}{\gamma}+\dfrac{V_B^2}{2g}+Z_B\right)$을 사용한다.

→ A와 B점의 위치(높이)가 동일($Z_A=Z_B$)하므로 위치수두항(Z)은 상쇄된다.

$\dfrac{P_A}{\gamma}+\dfrac{V_A^2}{2g}=\dfrac{P_B}{\gamma}+\dfrac{V_B^2}{2g}$의 양변에 γ을 곱한다.

→ $P_A+\gamma\dfrac{V_A^2}{2g}=P_B+\gamma\dfrac{V_B^2}{2g}$ → $P_A+\rho\dfrac{V_A^2}{2}=P_B+\rho\dfrac{V_B^2}{2}$ [단, $\gamma=\rho g$이다.]

→ $P_A+\rho\dfrac{(3V_B)^2}{2}=P_B+\rho\dfrac{V_B^2}{2}$

→ $P_B-P_A=\rho\dfrac{(3V_B)^2}{2}-\rho\dfrac{V_B^2}{2}=\rho\dfrac{9V_B^2}{2}-\rho\dfrac{V_B^2}{2}=\rho\dfrac{8V_B^2}{2}=4\rho V_B^2=4(1{,}000\text{kg/m}^3)(0.1\text{m/s})^2$

→ $\therefore\ P_B-P_A=4\rho V_B^2=4(1{,}000\text{kg/m}^3)(0.1\text{m/s})^2=40\text{N/m}^2=40\text{Pa}$

※ <u>연속방정식($Q=AV$)을 통해 A지점과 B지점의 속도(V)를 비교한다. 같은 관에서 유체가 흐르기 때문에 흐르는 유량(Q)은 동일할 것이다. 이를 식으로 표현하면 다음과 같다.</u>

$Q=A_AV_A=A_BV_B$ → $(S)V_A=(3S)V_B$ → $\therefore\ V_A=3V_B\ (V_B=0.1\text{m/s})$

25

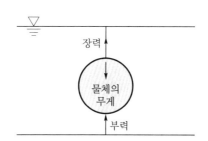

ⓐ 해당 문제를 해석하여 물체에 작용하는 힘들을 도시하면 위 그림과 같다. 위 힘들의 합력(알짜힘)은 0이다. 물체는 줄에 매달려 완전히 잠겨 정지상태에 있다고 볼 수 있기 때문이다.

ⓑ 아래 방향으로 작용하는 힘은 (−), 위 방향으로 작용하는 힘은 (+)로 잡는다.

→ $\sum F = +$장력$+$부력$-$물체 무게(중력)$= 0$ → 장력(T)$+$부력($\rho_{물} Vg$)$=$ 물체 무게(mg)

→ $T + \rho_{물} V_{물체의 잠긴 부피(전체 부피)} g = mg$

→ ∴ $T = mg - \rho_{물} V_{물체의 잠긴 부피(전체 부피)} g$

(편의상 $V_{물체의 잠긴 부피(전체 부피)} = V$라고 표현하겠다.)

→ ∴ $T = mg - \rho_{물} Vg = mg - \rho_{물} \left(\dfrac{m}{S_{물체}\rho_{물}}\right)g = mg - \left(\dfrac{m}{S_{물체}}\right)g$

→ ∴ $T = mg - \left(\dfrac{m}{S_{물체}}\right)g = (10\text{kg})(10\text{m/s}^2) - \left(\dfrac{10\text{kg}}{19.3}\right)(10\text{m/s}^2) ≒ 94.8\text{N} ≒$ 약 90N

(편의상 중력가속도(g)$= 10\text{m/s}^2$으로 계산한다.)

※ 단, 물체의 비중($S_{물체}$)이 19.3이다. ($S_{물체}$)$= \dfrac{\rho_{물체}}{\rho_{물}}$ 이므로 $\rho_{물체} = (S_{물체})\rho_{물}$이 된다.

$\rho_{물체} = (S_{물체})\rho_{물}$ → $\rho_{물체} = \dfrac{m}{V} = (S_{물체})\rho_{물}$ → $\dfrac{m}{V} = (S_{물체})\rho_{물}$ → ∴ $V = \dfrac{m}{(S_{물체})\rho_{물}}$

26

④ '$Re < 1$'이면 구에 대한 항력은 Stokes 법칙을 적용할 수 있다.

[구 주위에서의 유동]

레이놀즈수(Re)에 따라 항력계수(C_D)가 변한다.	
레이놀즈수(Re) 범위	특징
$Re < 1$	• 구 주위에 비압축성 및 '$Re < 1$'이면 박리가 생기지 않으며 마찰항력이 지배적이다. 이때의 **항력은 Stokes 항력법칙을 따른다**(Stokes 유동). • Stokes 항력법칙에 따라 항력계수(C_D)$= \dfrac{24}{Re}$
$1 \leq Re \leq 10^3$	• 레이놀즈수(Re)가 증가하면 항력계수(C_D)가 감소한다. • 유동박리가 발생하며 '항력 $=$ 마찰항력$+$압력항력'이다.
$10^3 \leq Re \leq 3 \times 10^5$	• 항력계수(C_D) 값이 거의 변화하지 않는다.
$Re \geq 3 \times 10^5$	• 항력계수(C_D) 값이 급격하게 감소한다.

27

정답 ③

[원관(파이프) 내의 단전발달 층류유동에서의 속도 분포 및 전단응력 분포]

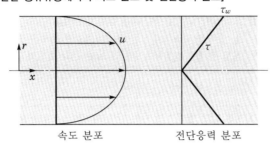

속도 분포	• 관 벽에서 0이며 관 중심에서 **최대**이다. • 관 벽에서 관 중심으로 **포물선 변화**를 나타낸다.
전단응력 분포	• 관 중심에서 0이며, 관 벽에서 **최대**이다. • 관 중심에서 관 벽으로 갈수록 **직선적(선형적)인 변화**를 나타낸다. ※ **수평 원관의 관 벽에서의 전단응력**$(\tau_{\max})$: $\dfrac{\triangle Pd}{4l}$ [여기서, $\triangle P$: 압력손실, d: 관의 직경, l: 관의 길이]

평균속도($V_{평균속도}$)**와 최대속도**($V_{\max}$)**의 관계**	
원관(원형관)	$V_{\max} = 2V_{평균속도}$
평판	$V_{\max} = 1.5V_{평균속도}$

28

정답 ⑤

㉠ 물체를 잡아 당기면 용수철이 늘어나면서 용수철 내부에 탄성력에 의한 탄성에너지가 저장되게 된다.

이때의 탄성에너지는 $\dfrac{1}{2}kx^2$이다. [여기서, k: 스프링 상수, x: 변형량]

㉡ 이후 가만히 물체를 놓게 되면 용수철의 탄성으로 인해 매달린 물체가 움직(운동)이게 되고 이에 따라

속도가 생기면서 물체가 가진 운동에너지가 생긴다. 이때의 운동에너지는 $\dfrac{1}{2}mV^2$이다.

[여기서, m: 물체의 질량, V: 속도]

㉢ 즉, 탄성에너지가 운동에너지로 변환되는 운동이므로 다음과 같이 식을 세울 수 있다.

$$\frac{1}{2}kx^2 = \frac{1}{2}mV^2 \rightarrow kx^2 = mV^2 \rightarrow \therefore V = \sqrt{\frac{kx^2}{m}} = \sqrt{\frac{(5)(0.1)^2}{0.2}} = 0.5\mathrm{m/s}$$

29

정답 ④

[상사법칙]

모형실험을 통해 원형에서 발생하는 여러 특성을 예측하는 수학적 기법을 말하며, 이론적으로 해석이 어려운 경우 실제 구조물과 주변 환경 등 원형을 축소시켜 작은 규모로 제작한 모형을 통해 원형에서 발생하는 현상 및 역학적인 특성을 미리 예측하고 설계에 반영하여 원형과 모형 간의 특성의 관계를 연구하는 기법이다.

상사법칙의 종류	기하학적 상사, 운동학적 상사, 역학적(동역학적) 상사
상사법칙 설명	• 원형과 모형은 닮은 꼴의 대응하는 각 변의 길이의 비가 같아야 **기하학적 상사를 만족**한다. • 모형과 원형에서 서로 대응하는 입자가 대응하는 시간에 대응하는 위치로 이동할 경우 **운동학적 상사를 만족**한다. • **역학적 상사**는 모형과 원형의 유체에 작용하는 상응하는 힘의 비가 전체 흐름 내에서 같아야 한다는 것을 의미한다. • 수리학적으로 완전한 **동역학적 상사가 성립**되기 위해서는 먼저 기하학적 상사와 운동학적 **상사가 성립**되어야 한다. • 수리실험 시 중력이 역학 시스템에서 가장 중요한 힘이라면 **프루드(Froude)수**가 모형과 원형이 동일한 것이 일반적이다.

30

정답 ②

• 다르시 관마찰계수와 패닝(Fanning) 마찰계수의 관계: $f_D = 4f_f$ [여기서, f_f: Fanning 마찰계수]

$\rightarrow \therefore f_D = 4(0.4) = 1.6$

• $\dfrac{\triangle P}{\gamma} = f_D \dfrac{l}{d} \dfrac{V^2}{2g}$

$\rightarrow \therefore \triangle P = (\gamma) f_D \dfrac{l}{d} \dfrac{V^2}{2g} = (9,800)(1.6)\left(\dfrac{l}{d}\right)\dfrac{(0.1^2)}{2(9.8)} = 8\left(\dfrac{l}{d}\right)$ **(다음 식에 대입한다.)**

• 수평 원관의 관 벽에서의 전단응력($\tau_{\max}$): $\dfrac{\triangle Pd}{4l}$

[여기서, $\triangle P$: 압력손실, d: 관의 직경, l: 관의 길이]

$\rightarrow \therefore \tau_{\max} = \dfrac{\triangle Pd}{4l} = \dfrac{\left(8\dfrac{l}{d}\right)d}{4l} = \dfrac{8l}{4l} = 2\text{Pa}$

다르시-바이스바흐 방정식 (Darcy-Weisbach equation)	일정한 길이의 원관 내에서 유체가 흐를 때 발생하는 마찰로 인한 압력 손실 또는 수두 손실과 비압축성 유체의 흐름의 평균속도와 관련된 방정식이다. → 직선 원관 내에 유체가 흐를 때 관과 유체 사이의 마찰로 인해 발생하는 직접적인 손실을 구할 수 있다. • $h_l = f_D \dfrac{l}{d} \dfrac{V^2}{2g}$ [여기서, h_l: 손실수두, f_D: 다르시 관마찰계수, l: 관의 길이, d: 관의 직경, V: 유속, g: 중력가속도]

	$\cdot \dfrac{\triangle P}{\gamma}=f_D\dfrac{l}{d}\dfrac{V^2}{2g}$ [여기서, $\triangle P=\gamma h_l$이며 $\triangle P$: 압력강하, γ: 비중량]
	★ 다르시-바이스바흐 방정식은 층류, 난류에서 모두 적용이 가능하나 하겐-푸 아죄유 방정식은 층류에서만 적용이 가능하다.
패닝(Fanning) 마찰계수	패닝 마찰계수는 **난류의 연구에 유용**하다. 그리고 비압축성 유체의 완전발달 흐름이면 **층류**에서도 적용이 가능하다. ※ 다르시 관마찰계수와 패닝 마찰계수의 관계 $f_D=4f_f$ [여기서, f_f: 패닝 마찰계수]

31

정답 ③

일반적으로 마찰력의 방향은 물체의 운동방향과 반대이나, 두 개의 물체가 포개져 있는 경우에는 마찰력이 물체의 운동방향과 같을 수도 있다.

| 벡터 | • **크기와 방향을 모두** 가지고 있는 물리량이다.
 • 벡터의 종류: 힘, 변위, 위치, 속도, 가속도, 운동량, 충격량(역적), 전계, 자계, 토크 등 |
| 스칼라 | • **크기만**을 가지고 있는 물리량이다.
 • 스칼라의 종류: 이동거리, 속력, 에너지, 전위, 온도, 질량, 길이, 면적, 부피 등 |

32

정답 ③

• **비에너지**$=h+\alpha\dfrac{V^2}{2g}$

[여기서, h: 수심, α: 에너지 보정계수, V: 흐름의 유속(속도), g: 중력가속도]

㉠ 연속방정식($Q_{\text{체적유량}}=AV$)을 이용하여 유속(V)을 구한다. A는 수로의 단면적이므로 수심과 폭을 곱한 값이다.

$\rightarrow Q=AV \rightarrow \therefore V=\dfrac{Q}{A}=\dfrac{6\text{m}^3/\text{s}}{(2\text{m})(3\text{m})}=1\text{m/s}$

㉡ **비에너지**$=h+\alpha\dfrac{V^2}{2g} \rightarrow \therefore h+\alpha\dfrac{V^2}{2g}=2m+(1)\dfrac{(1\text{m/s})^2}{2(10\text{m/s}^2)}=2.05\text{m}$

33

정답 ②

• **단진자의 주기**$(T)=2\pi\sqrt{\dfrac{L}{g}}$ [여기서, L: 실의 길이 또는 단진자의 길이, g: 중력가속도]

㉠ 추의 질량(m)과 주기는 관계가 없다.
㉡ 실의 길이(L)을 줄이면 주기가 짧아진다.
㉢ 추가 진동하는 진폭과 주기는 관계가 없다.

34

정답 ④

㉠ $(V\sin45°)\times2-20=0 \rightarrow \therefore V=\dfrac{20}{2\sin45°}=\dfrac{10}{\sin45°}=\dfrac{10}{\frac{\sqrt{2}}{2}}=\dfrac{20}{\sqrt{2}}=10\sqrt{2}$

㉡ 공이 떨어질 때까지 수평으로 날아간 거리

$$(d)=(V\cos45°)\times2=(10\sqrt{2})\left(\dfrac{\sqrt{2}}{2}\right)(2)=20\text{m}$$

35

정답 ⑤

㉠ $V=Rw$ [여기서, V: 선속력 및 선속도, R: 반지름, w: 각속도]

$\rightarrow \therefore w=\dfrac{V}{R}=V/R$

㉡ 토크(T)는 '**힘**×**거리**'이다.

$\rightarrow \therefore$ 원의 중심점에 대한 토크(T)는 거리가 존재하지 않으므로 0이다.

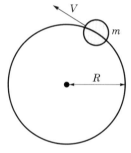

㉢ 각운동량(L)은 'mrV'이다. r은 원의 중심점과 물체 사이의 거리(회전 반지름)로 R이 된다.

$\rightarrow \therefore L=mRV$

㉣ 문제의 운동은 '등속원운동'이다. 등속원운동을 유지시키는 힘은 구심력이며 이 구심력의 방향은 원의 중심을 향한다. 이때의 구심가속도는 Rw^2이다. 힘은 가속도와 질량의 곱이므로 구심력은 다음과 같다.

$\rightarrow$ 구심력($F_{구심력}$)$=mRw^2$

※ 단, ㉠에서 $w=\dfrac{V}{R}=V/R$ 관계가 있으므로 위 식에 대입하여 식을 변형하면 다음과 같다.

$\rightarrow \therefore$ 구심력($F_{구심력}$)$=mRw^2=mR\left(\dfrac{V}{R}\right)^2=mR\left(\dfrac{V^2}{R^2}\right)=m\dfrac{V^2}{R}=mV^2/R$

㉤ 물체의 운동에너지는 $\dfrac{1}{2}mV^2=mV^2/2$이다.

36

정답 ①

• **단진자의 주기**(T)$=2\pi\sqrt{\dfrac{L}{g}}$ [여기서, L: 실의 길이 또는 단진자의 길이, g: 중력가속도]

㉠ $T=2\pi\sqrt{\dfrac{L}{g}}$

ⓒ 질량만 $5m$으로 했을 때의 주기(T_1)는 다음과 같다(질량과 주기는 관계가 없다).

$$\rightarrow T_1 = 2\pi\sqrt{\dfrac{L}{g}} = T$$

ⓒ 길이만 $4L$로 했을 때의 주기(T_2)는 다음과 같다.

$$\rightarrow T_2 = 2\pi\sqrt{\dfrac{4L}{g}} = (2)2\pi\sqrt{\dfrac{L}{g}} = (2)(T) = 2T$$

ⓔ 따라서 서로의 관계를 크기순으로 표현하면 $T_2 > T_1 = T$ 가 된다.

37

ⓐ '$F = ma$'의 본질적인 의미는 다음과 같다.

→ **질량이 m인 물체에 F라는 힘이 가해지면 이 물체는 반드시 등가속도(a)운동을 하게 된다.**

→ **즉, 해당 물체는 a라는 일정한 가속도를 가진 등가속도운동을 한다.**

$$\rightarrow F = ma \rightarrow \therefore a = \dfrac{F}{m} = \dfrac{8\text{N}}{2\text{kg}} = 4\text{m/s}^2$$

ⓑ 가속도(a)가 '$+4\text{m/s}^2$'라는 것은 1초(1s)마다 속도가 4m/s 씩 증가한다는 것을 의미한다.

→ 초기에 정지상태에 있으므로 물체의 초기 속도는 0m/s 이다. 8N이라는 힘이 2초 동안 작용하였으므로 2초(2s)가 지나면(2초 후) 속도가 8m/s 증가하였을 것이다. 따라서 2초(2s)가 지난 후의 물체의 속도는 8m/s 이다($0\text{m/s} \xrightarrow[\text{2초 후}]{} 8\text{m/s}$).

ⓒ 따라서 8m/s의 속도를 가진 물체는 이에 대한 운동에너지를 보유하게 되며 **이 운동에너지가 높이에 따른 위치에너지로 변환되면서 물체는 경사면을 따라 올라갈 것이다.** 이를 수식적으로 표현하면 다음과 같다.

운동에너지$\left(\dfrac{1}{2}mV^2\right) \xrightarrow[\text{변환}]{}$ 위치에너지(mgh)

$$\rightarrow \dfrac{1}{2}mV^2 = mgh \rightarrow \therefore h = \dfrac{V^2}{2g} = \dfrac{8^2}{2 \times 10^2} = 3.2\text{m}$$

[여기서, g : 중력가속도]

38

• **단진자의 진동수**(f) $= \dfrac{w}{2\pi} = \dfrac{1}{2\pi}\sqrt{\dfrac{k}{m}}$ $\left[\text{단}, w = \sqrt{\dfrac{k}{m}} \text{ 이다.}\right]$

ⓐ 스프링 상수가 k, 질량이 m인 물체의 진동수(f)는 다음과 같다.

$$\rightarrow f = \dfrac{1}{2\pi}\sqrt{\dfrac{k}{m}}$$

ⓑ 동일한 물체에 대해 스프링 상수가 $2k$일 때의 물체의 진동수(f')는 다음과 같다.

$$\rightarrow \therefore f' = \dfrac{1}{2\pi}\sqrt{\dfrac{2k}{m}} = \sqrt{2}\left(\dfrac{1}{2\pi}\sqrt{\dfrac{k}{m}}\right) = \sqrt{2}f$$

제1회 실전 모의고사　**349**

PART II 실전 모의고사 정답 및 해설

39

정답 ③

㉠ 초기 지면으로부터 20m 높이에 있을 때의 물체의 중력 퍼텐셜 에너지(위치에너지)는 다음과 같다.

→ 중력 퍼텐셜 에너지(위치에너지): $mgh = mg(20) = 20mg$

　　[여기서, m: 물체의 질량, g: 중력가속도, h: 높이]

㉡ 중력 퍼텐셜 에너지(위치에너지)와 운동에너지가 같아질 때이므로 초기 중력 퍼텐셜 에너지(위치에너지)의 절반 값을 중력 퍼텐셜 에너지(위치에너지)와 운동에너지가 각각 가져가게 될 것이다. 따라서 운동에너지는 초기 중력 퍼텐셜 에너지(위치에너지) 값인 $20mg$의 절반 값인 $10mg$가 될 것이다. 그리고 $10mg$라는 운동에너지를 가질 때의 속력은 다음과 같다.

→ 운동에너지$\left(\dfrac{1}{2}mV^2\right) = 10mg$ → ∴ $V = \sqrt{20g} = \sqrt{20 \times 10} = 10\sqrt{2}\,\mathrm{m/s}$

40

정답 ④

[자동차가 브레이크를 밟아 멈출 때까지 이동한 거리(S) 구하기]

속도(V)−시간(T) 그래프에서의 면적이 이동한 거리(S)이다. 따라서 면적을 구하면 다음과 같다.

→ 삼각형의 면적이므로 높이×밑변의 길이×$\dfrac{1}{2} = 30 \times 6 \times \dfrac{1}{2} = 90\mathrm{m}$

[가속도(a) 구하기]

자동차가 브레이크를 밟는 순간 자동차는 등가속도운동을 하게 된다. 다만, 브레이크를 밟았으므로 가속도의 부호가 (−)가 되어 1초(1s)마다 속도가 일정하게 감소하게 될 것이다.

속도(V)−시간(T) 그래프에서의 기울기는 가속도(a)이다. 따라서 가속도(a)는 다음과 같다.

※ 그래프에서의 기울기$\left(\dfrac{y\ \text{변화량}}{x\ \text{변화량}}\right) = \dfrac{\triangle y}{\triangle x}$이다.

→ ∴ 가속도(a) $= \dfrac{\triangle y}{\triangle x} = \dfrac{0-30}{6-0} = -5\mathrm{m/s^2}$

41

정답 ③

전도

- 액체나 기체 내부의 열 이동은 주로 대류에 의한 것이지만 **고체 내부는 주로 열전도에 의해서 열이 이동한다.** 즉, 금속막대의 한쪽 끝을 가열하면 가열된 부분의 원자들은 에너지를 얻어 진동하게 된다. 이러한 진동이 차례로 옆의 원자를 진동시켜 열전도가 일어난다. → 물체 내의 이웃한 분자들의 연속적인 충돌에 의해 열(Q)이 물체의 한 부분에서 다른 부분으로 이동하는 현상으로, **뜨거운 부분의 분자들은 활발하게 운동하므로 주변의 다른 분자들과 충돌하여 열을 전달**한다.

- 열전도에 의해 물체 내부에서 열이 전달되는 속도는 물질의 종류에 따라 큰 차이가 있다. 액체ㆍ기체는 고체에 비해 열전도가 매우 느리고, 그 일부에 가해진 열을 전체에 확산시키기 어렵다(집의 창문은 보통 이중창으로 되어 있다. 그 이유는 창문과 창문 사이에 공기라는 열 절연체를 사용하기 위함이다). 이처럼 물질마다 열을 전달하는 정도가 다른 것은 물질에 따라 열전도의 작용원리가 각각 다르기 때문이다. 이를 수치로 나타낸 것을 그 물질의 열전도도(k)라고 하며, 두께 1cm의 물질층 양면에 1℃의 온도차를 두었을 때 그 층의 1cm²의 넓이를 1초 사이에 통과하는 열량을 사용한다. 열전도도는 온도에 따라 다소 달라지지만 물질 종류에 따라 거의 정해진 값을 가지는 물질상수로 봐도 된다.

- 고체 내에서 발생하는 유일한 열전달이며 고체, 액체, 기체에서 모두 발생할 수 있는 열전달 현상이다(주로 고체 내에서 발생한다).
- 열전도

$$Q = kA\frac{dT}{dx}$$ [여기서, Q: 열전달률, k: 열전도도, A: 전열면적, dT: 온도차, dx: 두께]

- **열전도도가 큰 순서**: 고체 > 액체 > 기체

전도현상의 예	
뜨거운 물에 손을 넣으면 뜨겁게 느껴진다.	금속 한쪽 끝을 가열하면 전체가 뜨거워진다.
뜨거운 물에 넣은 숟가락이 점점 뜨거워진다.	청진기가 몸에 닿을 때 차갑게 느껴진다.

※ **비데만-프란츠의 법칙**: <u>금속의 열전도도(k)와 전기전도도 사이에는 비례관계</u>가 있으며 동일 온도일 때 금속의 열전도도와 전기전도도의 비는 금속 종류와 관계없이 일정한 값을 가진다.

고체에서의 전도	고체에서의 전도는 결정을 이루는 분자들의 진동의 조합과 자유전자의 이동에 의해서 일어난다. 금속은 일반적으로 전도성이 좋은 열전도체이다. 자유전자가 풍부하기 때문에 전기가 잘 흐르는 전도체는 전자가 쉽게 움직일 수 있어 좋은 열전도체이다.
액체·기체에서의 전도	기체 및 액체에서의 전도는 분자들의 충돌과 그들의 무작위 운동이 일어나는 동안의 확산에 의해서 일어난다. 기체는 넓은 분자간 거리로 인해 전도성이 낮으며, 공기는 열전도도가 낮은 대표적인 물질 중의 하나이다.

42

정답 ③

자연대류 및 강제대류와 관련이 있는 무차원수	
자연대류	자연대류에서 누셀트수는 그라쇼프수와 프란틀수의 함수로 표현된다. ※ **그라쇼프수**: 자연대류에서 점성력에 대한 부력의 비$\left(\dfrac{부력}{점성력}\right)$를 나타내는 값으로, 강제대류에서의 레이놀즈수와 비슷한 역할을 하는 무차원수이다.
강제대류	강제대류에서 누셀트수는 레이놀즈수와 프란틀수의 함수로 표현된다. ※ **난류에서 강제대류에 의한 열전달을 해석하는 데 사용하는 무차원수**: <u>스탠턴수, 레이놀즈수, 누셀트수</u>

43

정답 ④

자연대류 및 강제대류와 관련이 있는 무차원수	
자연대류	자연대류에서 누셀트수는 그라쇼프수와 프란틀수의 함수로 표현된다. ※ **그라쇼프수**: 자연대류에서 점성력에 대한 부력의 비$\left(\dfrac{부력}{점성력}\right)$를 나타내는 값으로, 강제대류에서의 레이놀즈수와 비슷한 역할을 하는 무차원수이다.
강제대류	강제대류에서 누셀트수는 레이놀즈수와 프란틀수의 함수로 표현된다. ※ **난류에서 강제대류에 의한 열전달을 해석하는 데 사용하는 무차원수**: <u>스탠턴수, 레이놀즈수, 누셀트수</u>

프란틀 (Prandtl)수	열전달에서 사용되는 운동량 확산도와 열 확산도의 비를 나타내는 무차원수를 말한다.
누셀트 (Nusselt)수	• 누셀트수(Nusselt number, Nu): $\dfrac{\text{대류계수}}{\text{전도계수}} = \dfrac{\text{전도 열저항}}{\text{대류 열저항}} = \dfrac{hL_c}{k}$ [여기서, h: 대류 열전달계수, k: **유체의 열전도도**, L_c: 특성길이] → **누셀트수**는 어떠한 유체층을 통과할 때 대류에 의해 일어나는 열전달의 크기와 같은 유체층을 통과할 때 전도에 의해 일어나는 열전달의 크기의 비를 말한다. ※ **두께가 L, 온도차가 $\triangle T = (T_2 - T_1)$인 유체층이 다음 그림과 같이 있다. 이 유체층을 통한 열전달 현상을 알아보자.** 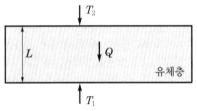 ㉠ 어떠한 유체층을 통과할 때 **대류**에 의해 일어나는 열전달의 크기 → $q_{대류} = h\triangle T$ (유체의 유동 및 이동이 존재할 때, 즉 유체유동이 포함된 전도현상) ㉡ 위 그림처럼 같은 유체층을 통과할 때 **전도**에 의해 일어나는 열전달의 크기 → $q_{전도} = k\dfrac{\triangle T}{L}$ (유체의 유동 및 이동이 없을 때) → ∴ $Nu = \dfrac{q_{대류}}{q_{전도}} = \dfrac{h\triangle T}{k\triangle T/L} = \dfrac{hL}{k}$ 로 도출이 된다. 누셀트수(Nu)가 커질수록 대류의 효과가 좋아진다는 것을 알 수 있다. 열전도도(k)는 재질마다 온도에 따른 값을 쉽게 구할 수 있기 때문에 누셀트수(Nu)를 알고 있으면 대류 열전달계수(h)를 쉽게 예측할 수 있다.

44

정답 ④

벽(고체)을 통해 열이 전달되므로 열전달 방식은 '전도'이다. 따라서 전도 열저항을 구하면 된다. 3개의 벽이 직렬로 연결되어 있으므로 각각의 전도 열저항값을 그대로 모두 더하면 직렬로 연결된 벽 전체의 열저항을 구할 수 있다.

A벽의 전도 열저항	B벽의 전도 열저항	C벽의 전도 열저항
$\dfrac{\triangle x_A}{k_A A}$	$\dfrac{\triangle x_B}{k_B A}$	$\dfrac{\triangle x_C}{k_C A}$

[여기서, $\triangle x$: 각 벽의 두께, k: 열전도도, A: 열이 통하는 방향과 수직인 면적]

∴ **직렬로 연결된 벽 전체의 열저항**: $\dfrac{\triangle x_A}{k_A A} + \dfrac{\triangle x_B}{k_B A} + \dfrac{\triangle x_C}{k_C A}$

㉠ $k_A = 3k_B = 2k_C$의 관계가 있으므로 $k_B = \dfrac{1}{3}k_A$, $k_C = \dfrac{1}{2}k_A$이다.

㉡ 초기에 각 벽의 두께는 모두 동일하므로 $\triangle x_A$, $\triangle x_B$, $\triangle x_C$를 모두 β로 한다.

㉢ '㉠, ㉡'을 기반으로 직렬로 연결된 벽 전체의 열저항을 구하면 다음과 같다.

∴ **직렬로 연결된 벽 전체의 열저항**(R): $\dfrac{\beta}{k_A A} + \dfrac{\beta}{\dfrac{1}{3}k_A A} + \dfrac{\beta}{\dfrac{1}{2}k_A A} = \dfrac{6\beta}{k_A A}$

㉣ 벽 C의 두께$(\triangle x_C)$만 초기 두께의 2배로 증가시켰을 때 벽 전체 열저항은 다음과 같다.

∴ **직렬로 연결된 벽 전체의 열저항**(R'): $\dfrac{\beta}{k_A A} + \dfrac{\beta}{\dfrac{1}{3}k_A A} + \dfrac{\beta \times (2)}{\dfrac{1}{2}k_A A} = \dfrac{8\beta}{k_A A}$

㉤ 따라서 처음(초기)의 벽 전체 열저항은 $\dfrac{6\beta}{k_A A}$이고, 조건을 변경했을 때의 벽 전체 열저항은 $\dfrac{8\beta}{k_A A}$이다.

→ $\dfrac{6\beta}{k_A A} \times (\quad)$배 $= \dfrac{8\beta}{k_A A}$ → ∴ $(\quad)$배 $= \dfrac{8\beta}{k_A A} \times \dfrac{k_A A}{6\beta} = \dfrac{4}{3}$가 되므로 $\dfrac{4}{3}$배가 된다.

45

정답 ①

① **열전도도가 큰 순서**: 고체 > 액체 > 기체

② **열전도 공식**(Fourier의 법칙)

$$Q = kA\dfrac{dT}{dx} \quad [\text{여기서, } Q: \text{열전달률, } k: \text{열전도도, } A: \text{전열면적, } dT: \text{온도차, } dx: \text{두께}]$$

→ 비례상수 k는 열전도도이며, 온도의 함수이다.

③ **금속의 열전도도는 온도에 따라 거의 일정하거나 약간 감소하며, 액체의 열전도도는 온도가 증가하면 감소한다. 또한 기체의 열전도도는 온도에 따라 급격하게 증가하는 경향이 있다.**

→ 액체의 경우, 온도가 증가하면 분자 간의 거리가 멀어지기 때문에 분자들의 충돌에 의한 열의 전달이 적어진다. 기체의 경우, 온도가 증가하면 분자들이 활발하게 움직이며 분자 간의 충돌이 많아져 열의 전달이 많아지게 된다.

④ **기체분자의 평균속력**$(V) = \sqrt{\dfrac{3RT}{M}}$ [여기서, M: 분자량, R: 기체상수, T: 절대온도]

→ 분자량(M)이 적을수록 기체분자의 평균속력(V)이 빨라지기 때문에 분자들이 서로 충돌하는 운동이 더 활발하게 진행되어 열전도도가 커진다. 빠른 분자가 느린 분자와 탄성 충돌을 하면서 서로 속도를 교환하며, 느려진 분자는 다시 외부의 열을 공급받아 다시 빨라진다. 이러한 과정을 통해 서로 충돌하는 운동이 활발해져 열전도도가 커진다.

46

정답 ①

[비오트(Biot, Bi)수]

$$비오트(Biot, Bi)수 = \frac{대류열전달}{열전도} = \frac{hL}{k}$$

- 비오트수는 외부 물체와 표면에서 일어나는 대류의 크기와 물체 내부에서 일어나는 전도의 크기의 비율이다.
- 유체 속에 물체가 잠겨 냉각될 때, 즉 열전달 과정이 과도 상태일 때 사용하는 무차원수이다. 이를 통해 물체의 표면과 내부 사이의 온도 강하의 정도를 알 수 있다.

특징	• 비오트수가 크면 물체 내에서의 온도 강하가 심하다. • 비오트수가 작으면 물체 내에서의 온도가 거의 일정하다. 비오트수가 작게 되면 물체를 하나의 덩어리로 온도가 일정하다고 가정할 수 있어서 시스템을 더욱 간단하게 만든다.	
	비오트(Bi)수에 따른 해석	
	$Bi < 0.1$	• 물체 내의 온도가 일정하다고 본다. • 고체 내부의 전도 저항이 유체의 대류 저항에 비해 작다.
	$Bi \ll 1$	비오트수가 1보다 아주 작은 경우는 내부 열저항이 무시된다(고체 내부의 온도 구배가 없다고 가정한다).
	$Bi \gg 50$	표면에서 대류에 의해 나갈 수 있는 열의 양이 전도에 의해 표면에 도달하는 열의 양보다 큰 것을 의미한다.
누셀트수 (Nu) 와의 비교	누셀트수(Nu) : $\frac{hL_c}{k}$	같은 유체층에서 일어나는 대류와 전도의 비이다.
	비오트수(Bi) : $\frac{hL_c}{k}$	외부 물체와 표면에서 일어나는 대류의 크기와 물체 내부에서 일어나는 전도의 크기의 비이다.

47

정답 ②

- **상온에서의 열전도도가 큰 순서:** 알루미늄 > 백금 > 물 > 공기

※ 단열이란 열을 차단하는 것으로, 열전도율 및 열전도도가 작을수록 열의 전도·전달되는 비율이 작아지기 때문에 차단 효율, 즉 단열 효율이 좋아진다. 단열재 및 보온재는 일정한 온도가 유지될 수 있도록 외부 열의 출입을 차단하거나 외부로의 열 손실을 막기 위한 건축용 재료이다. 열전도율 및 열전도도를 작게 하기 위해 대부분 다공질이 되도록 제작한다. 단열재는 열전도율 및 열전도도가 작아야 단열 효율이 우수하다.

※ **공기를 단열 재료로 많이 사용하는 이유:** 공기의 열전도율은 $0.025\mathrm{W/m \cdot K}$으로 단열 재료로 매우 성능이 좋다. 이 공기의 단열 성능을 우수하게 만들기 위해서는 반드시 밀폐되어 있어야 한다. 이를 위해 복층 유리 사이의 공기층을 만들거나, 단열재를 특정 물질의 구성재로 공기층을 가두는 방식으로 만든다.

48

③

[열전달 방식의 종류]

대류	• 대류는 뉴턴의 냉각법칙과 관련이 있으며 대류공식은 다음과 같다. $$Q = hA(T_w - T_f)$$ [여기서, h : 대류 열전달계수, A : 표면적, T_w : 유체의 온도, T_f : 벽의 온도] • 대류는 뜨거운 표면으로부터 흐르는 유체 쪽으로 열전달되는 것과 같이 유체의 흐름과 연관된 열의 흐름을 말한다(매질이 필요). **대류의 종류** <table><tr><td>자연대류</td><td>유체에 열이 가해지면 밀도가 작아져 부력이 생긴다. 이처럼 유체 내의 온도 차에 의한 밀도차만으로 발생하는 대류를 자연대류라 한다.</td></tr><tr><td>강제대류</td><td>펌프 및 송풍기 등의 기계적 장치에 의하여 강제적으로 열전달 흐름이 이루어지는 대류를 강제대류라 한다.</td></tr></table> ※ 자연대류에서의 열전달계수는 강제대류에서의 열전달계수보다 작다. ※ 대류 열전달계수는 유체의 종류, 유속, 온도차, 유로 형상, 흐름의 상태 등에 따라 변한다.
전도	• 전도는 푸리에 법칙과 관련이 있으며 전도공식은 다음과 같다. $$Q = kA\frac{dT}{dx}$$ [여기서, Q : 열전달률, k : 열전도도, A : 전열면적, dT : 온도차, dx : 두께] • 액체나 기체 내부의 열 이동은 주로 대류에 의한 것이지만 **고체 내부는 주로 열전도에 의해서 열이 이동한다.** 즉, 금속막대의 한쪽 끝을 가열하면 가열된 부분의 원자들은 에너지를 얻어 진동하게 된다. 이러한 진동이 차례로 옆의 원자를 진동시켜 열전도가 일어난다. → 물체 내의 이웃한 분자들의 연속적인 충돌에 의해 열(Q)이 물체의 한 부분에서 다른 부분으로 이동하는 현상으로 뜨거운 부분의 분자들은 활발하게 운동하므로 주변의 다른 분자들과 충돌하여 열을 전달한다(매질이 필요).
복사	• 복사는 공간을 통해 전자기파에 의한 에너지 전달(매질이 불필요)로, 슈테판-볼츠만의 법칙과 관련이 있다.

49

정답 ③

[대류 열전달계수가 큰 순서]
수증기의 응축 > 물의 비등 > 물의 강제대류 > 공기의 강제대류 > 공기의 자연대류

50

정답 ③

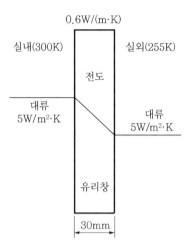

'대류 → 전도', '전도 → 대류', '대류 → 전도 → 대류' 등처럼 두 가지 이상의 열전달 현상이 복합·연속적으로 이루어지는 경우는 총열전달계수(U)를 구해야 한다.

- 총열전달계수(U) 구하는 방법: $\dfrac{1}{U} = \dfrac{1}{h} + \dfrac{dx}{k} + \dfrac{1}{h}$

  [여기서, h: 대류 열전달계수, k: 열전도도, dx: 열전달면 두께]

  → $\dfrac{1}{h}$ 은 대류 열저항, $\dfrac{dx}{k}$ 은 전도 열저항값이다.

  → $\dfrac{1}{U} = \dfrac{1}{h} + \dfrac{dx}{k} + \dfrac{1}{h} = \dfrac{1}{5} + \dfrac{0.03}{0.6} + \dfrac{1}{5} = 0.45 \rightarrow \therefore U = \dfrac{100}{45}\,\text{W/(m}^2 \cdot \text{K)}$

- 열손실속도(Q) 구하는 방법: $Q = UA\triangle T$

  [여기서, U: 총열전달계수, A: 전열면적, $\triangle T$: 온도차]

  → $\therefore Q = UA\triangle T = \left(\dfrac{100}{45}\right)(1)(300 - 255) = 100\text{W}$

02 제2회 실전 모의고사

01	③	02	②	03	④	04	②	05	②	06	②	07	②	08	②	09	③	10	①
11	①	12	③	13	②	14	②	15	④	16	③	17	③	18	④	19	④	20	③
21	②	22	④	23	④	24	③	25	②	26	③	27	②	28	④	29	②	30	③
31	②	32	④	33	④	34	③	35	②	36	④	37	③	38	③	39	④	40	②
41	④	42	①	43	①	44	③	45	④	46	①	47	④	48	②	49	②	50	④

※ 50번 관련 Bonus 문제: ①

01
정답 ③

비틀림 강도는 $T = \tau Z_p = \tau \dfrac{\pi d^3}{16}$ 으로 처리한다. 즉, 지름이 2배가 되므로 비틀림 강도는 8배가 됨을 알 수 있다.

※ 비틀림 강성은 GI_p로 처리해야 한다.

02
정답 ②

$H_2 + O = H_2O$ → 분자량 비가 2 : 16이므로 1 : 8이 된다. 즉, 산소 8kg이 필요하다.

※ 분자량
  질소 28, 산소 32, 공기 29, 탄소 12, 이산화탄소 44

03
정답 ④

스트라홀수 $= fd/V$이므로 관계가 없는 것은 압축력이다.

04
정답 ②

열용량의 단위는 [J/K]이다. 즉, 비열은 단위질량당 열용량으로 기호 C로 표시한다.

05
정답 ②

공기표준 사이클은 동작물질을 이상기체로 취급하는 공기라 생각하고 단순화한 사이클을 말한다. 공기표준 사이클을 해석하기 위해서는 동작물질의 연소과정은 가열과정으로 하고, 밀폐 사이클을 이루어야 한다.

06

정답 ②

[배관의 색깔]

물	증기	공기	가스	기름	산, 알칼리	전기
청색	진한 적색	백색	황색	진한 황적	회색	엷은 황적
W	S	A	G	O		

07

정답 ②

온도 변화에 의한 관이 신축하지 않으면 열응력이 발생한다. 이를 방지하고자 관로의 도중에 고무와 얇은 판으로 만들어진 슬리브이음, 신축밴드, 시웰이음, 파형이음 등을 사용한다. 즉, 열응력에 대응하기 위해 사용하는 이음은 신축이음이다.

- **나사이음**: 관의 끝에 가는 나사, 관용나사 등을 절삭하여 관이음을 한 것으로, 물, 기름, 가스 등의 일반 배관에 사용된다.
- **플랜지이음**: 관경이 크거나 유체의 압력이 큰 곳에 사용한다.

08

정답 ②

- **체크밸브**: 역지밸브이며, 유체를 한 방향으로만 흘러가게 한다(역류 방지).
- **볼밸브**: 개폐 부분에 구멍이 있는 공 모양의 밸브가 있어 이를 회전시켜 개폐한다(저압 및 가스 라인에 사용).
- **앵글밸브**: 유체의 흐름을 90도 바꾸어 주는 역할을 한다.
- **안전밸브**: 릴리프밸브이며, 배관 내 최고압력 도달 시 유체를 자동적으로 배출한다(스프링식, 중추식, 레버식 3종류가 있으며, 스프링식이 가장 많이 사용).

09

정답 ③

산소용접은 일반적으로 산소–아세틸렌용접을 말하며, 열영향부(HAZ)가 넓다.

10

정답 ①

- **유효온도**: 사람이 느끼는 추위와 더움을 온도, 습도, 기류의 3개 요소로 나타낸 것

11

정답 ①

공기가열기와 공기여과기는 공기조화장치이다. 보일러, 냉동기, 열펌프는 열원장치이다.

12

정답 ③

[몰리에르 선도]

- $H-S$ **선도**(세로축: 엔탈피, 가로축: 엔트로피)
  ① 증기에서는 $H-S$ 선도를 사용하며, $H-S$ 선도로는 포화수 엔탈피를 잘 알 수 없다.
  ② 증기의 교축 변화를 해석한다.

- $P-H$ 선도(세로축: 압력, 가로축: 엔탈피)

  냉동기에서는 $P-H$ 선도를 사용하며, 냉동기의 운전상태 등을 알 수 있다.

참고

- **교축열량계**: 등엔탈피 변화를 이용하여 증기의 건도를 측정하는 기구

13
정답 ②

리드(L) = n(나사의 줄수) · p(피치)이며, 리드란 나사를 1회전시킬 때 축 방향으로 전진하는 거리이다.

→ $L = 60/10 = 6\text{mm}$ → $6\text{mm} = 3 \cdot p$ → ∴ $p = 2\text{mm}$

14
정답 ②

- **초탄성 효과**: 탄성한도를 넘어 소성변형을 시킨 후에도 원래 상태로 돌아가는 성질

15
정답 ④

- 100℃에서 100℃로 만드는 데 필요한 열량: 539kcal/kg

  즉, 문제에서는 100℃에서 100℃이므로 539kcal/kg × 2kg = 1,078kcal

16
정답 ③

등가속도운동이라는 것은 가속도가 일정한 운동을 말한다. 즉, 속도가 시간에 대하여 선형적으로 증가하거나 감소하는 것을 의미한다.

17
정답 ③

크리프 현상은 전위와 관계가 없다.

참고

크리프 속도는 시간에 대한 변형률의 변화를 말한다. 즉, 변형률(y축)−시간(x축) 그래프에서 기울기를 말한다. 일반적으로 크리프 현상은 초기에는 시간에 따라 변형이 크다가 점점 변형이 0에 수렴하다가 결국 재료는 파괴된다. 즉, 크리프 현상의 마지막 단계에서는 크리프 속도가 0이 된다. 그 말은 변형률−시간 그래프에서 기울기가 0이라는 것을 의미하며, 크리프 속도가 0인 곳이 바로 크리프 한도가 된다. 크리프 한도는 시간에 따른 변형이 더 이상 없는 지점을 말한다.

※ **시간에 따른 3단계**: 천이 크리프(초기) → 정상 크리프(중기) → 가속 크리프(말기)

18
정답 ④

[냉매의 구비조건]
- 임계온도가 높고, 응고온도가 낮을 것
- 증기의 증발잠열이 크고, 액체의 비열은 작을 것
- 증발압력이 대기압보다 크고, 상온에서도 비교적 액화가 쉬울 것
- 비체적이 작고 점성이 작을 것, 불활성으로 안전할 것, 열전도율이 좋을 것

19

정답 ④

[물을 기준으로 구한다]

물의 밀도 $=1,000 \text{kg/m}^3$, 물의 비중량 $= 9,800 \text{N/m}^3$

→ 즉, 비중이 0.8인 액체의 밀도 $=1,000 \times 0.8 = 800 \text{kg/m}^3$, 비중량 $= 9,800 \times 0.8 = 7,840 \text{N/m}^3$

→ 비체적은 밀도의 역수값이므로 $\dfrac{1}{800} = 0.00125 \text{m}^3/\text{kg}$

20

정답 ③

③ 리밍의 가공 여유는 10mm당 0.05mm이다.

- **리밍:** 내면의 정밀도를 높이기 위해 내면을 다듬질하는 가공법
- **보링:** 보링봉에 공구를 고정하여 원통형의 내면을 넓히는 가공법

> 참고
> - 선삭(선반가공)으로는 키홈을 가공할 수 없다.

21

정답 ②

$R = \dfrac{\overline{R}}{m}$ [여기서, $\overline{R}$(일반기체상수) $=8.314 \text{kJ/kmol} \cdot \text{K}$, R : 기체상수, m : 분자량]

따라서 기체상수 (R)는 $\dfrac{\text{일반 기체상수}}{m(\text{분자량})}$ 가 된다. → $\dfrac{8.314 \text{kJ/kmol} \cdot \text{K}}{m(\text{분자량})}$

분자량은 산소 32, 질소 28, 공기 29, 이산화탄소 44이므로 질소의 기체상수가 가장 크다는 것을 알 수 있다.

22

정답 ④

[정상류의 압축일 크기]

정적 > 단열 > 폴리트로픽 > 등온 > 정압

23

정답 ②

- **액체 속:** 액체 속에서는 등온변화 취급을 하므로 $K = P$
- **공기 중:** 공기 중에서는 단열변화 취급을 하므로 $K = kP$

24

정답 ③

가스터빈은 내연기관이며, 실제 가스터빈은 개방 사이클이다.

25

정답 ②

초기 재료가 분말인 형태인 신속조형법은 선택적 레이저 소결법과 3차원 인쇄이다.

26

정답 ③

- **최대틈새**: $0.05 - (-0.03) = 0.08$
- **최대죔새**: $0.03 - (-0.01) = 0.04$
  축 또는 구멍의 치수에 따라 틈새와 죔새 둘 다 되므로 중간끼워맞춤!

[끼워맞춤 종류]
- **헐거운 끼워맞춤**: 항상 틈새가 생기는 끼워맞춤으로, 구멍의 최소치수가 축의 최대치수보다 크다.
  - **최대틈새**: 구멍의 최대허용치수 – 축의 최소허용치수
  - **최소틈새**: 구멍의 최소허용치수 – 축의 최대허용치수
- **억지 끼워맞춤**: 항상 죔새가 생기는 끼워맞춤으로, 축의 최소치수가 구멍의 최대치수보다 크다.
  - **최대죔새**: 축의 최대허용치수 – 구멍의 최소허용치수
  - **최소죔새**: 축의 최소허용치수 – 구멍의 최대허용치수
- **중간 끼워맞춤**: 구멍, 축의 실 치수에 따라 틈새 또는 죔새의 어떤 것이나 가능한 끼워맞춤이다.

27

정답 ②

- **엔트로피**: 열역학적으로 일로 변환할 수 없는 에너지의 흐름을 설명할 때 사용되는 상태함수이다.
- 열역학 제2법칙은 비가역을 명시하는 법칙이며, 그에 따라 엔트로피는 항상 증가한다.
- 절대 엔트로피와 관계가 있는 것은 열역학 제3법칙이다.

28

정답 ④

$W(일) = F(힘) \times L(거리) \rightarrow$ 여기서, $F = ma$ 이므로 MLT^{-2} 이다.
$\therefore W = MLT^{-2} \cdot L = M \cdot L^2 \cdot T^{-2}$

29

정답 ②

- **뉴턴유체**: 유체 유동 시 속도구배와 전단응력의 변화가 원점을 통하는 직선적 관계를 갖는 유체(유체의 속도구배와 전단응력이 선형적으로 비례하는 유체)를 말한다.

30

정답 ③

- **극한 강도**: 취성 재료가 상온에서 정하중을 받을 때의 기준 강도
- **항복점**: 연성 재료가 상온에서 정하중을 받을 때의 기준 강도
- **크리프 한도**: 연성 재료가 고온에서 정하중을 받을 때의 기준 강도

> **참고**
> - **크리프**: 연성 재료가 고온에서 정하중을 받을 때 시간이 지남에 따라 변형이 증대되는 현상
> - **피로**: 장시간 재료가 반복하중을 받으면 파괴되는 현상

31

정답 ②

- **유속측정**: 피토관, 피토정압관, 레이저 도플러 유속계, 시차액주계 등
- **유량측정**: 벤투리미터, 유동노즐, 오리피스, 로터미터, 위어 등
- 압력 강하를 이용하는 것: 벤투리미터, 노즐, 오리피스

32

정답 ④

$\phi = TL/GI_p = 32\,TL/G\pi d^4$이므로, 문제에서의 비틀림각은 결국 L/d^4에 비례한다.

$\rightarrow \dfrac{9}{81} \rightarrow \dfrac{1}{9}$ 배로 줄어들게 된다.

33

정답 ④

- **물림률**: $\dfrac{\text{접촉호의 길이}}{\text{원주피치}} = \dfrac{\text{물림길이}}{\text{법선피치}}$
- 기어가 연속적으로 회전하려면 물림률은 1보다 커야 하며, 물림률이 클수록 소음 및 진동이 적고 수명이 길다.

34

정답 ③

상태량은 어떤 상태가 변할 때 그 변화가 오직 최종 상태에 대응하는 양과 최초 상태에 대응하는 양으로만 구해지는 결과값을 말한다.

[기본 상태량, 열적 상태량]
- **기본 상태량**: 체적, 온도, 압력
- **열적 상태량**: 내부에너지, 엔탈피, 엔트로피

35

정답 ②

- **강도성 상태량**: 물질의 질량에 관계없이 그 크기가 결정되는 상태량(온도, 압력, 밀도, 비체적)
- **종량성 상태량**: 물질의 질량에 따라 그 크기가 결정되는 상태량(체적, 내부 에너지, 질량, 엔탈피, 엔트로피)

36

정답 ④

굽힘모멘트 = 굽힘응력 × 단면계수

$\rightarrow PL =$ 굽힘응력 $\times \dfrac{bh^2}{6}$

$\rightarrow$ 굽힘응력 $= \dfrac{6PL}{bh^2}$

즉, $\dfrac{6 \times 60 \times 100}{10 \times 5^2}$ 이므로 굽힘응력은 144kg/cm^2로 도출된다.

37

정답 ②

- 응력집중: 단면이 급격하게 변하는 부분, 모서리 부분, 구멍 부분에서 응력이 집중되는 현상
- 응력집중계수: $\dfrac{\text{노치부의 최대응력}}{\text{단면부의 평균응력}}$

[응력집중 완화 방법]
- 필릿 반지름을 최대한 크게 하며 단면 변화 부분에 보강재를 결합한다.
- 축단부에 2~3단의 단부를 설치하여 응력 흐름을 완만하게 한다.
- 단면 변화 부분에 숏피닝, 롤러압연처리, 열처리 등을 통해 응력집중 부분을 강화시킨다.
- 테이퍼지게 설계하며, 체결 부위에 체결수(리벳, 볼트)를 증가시킨다.

38

정답 ③

$$w = \frac{2\pi N}{60} = \frac{2 \times 3 \times 180}{60} = 18\text{rad/s}$$

39

정답 ②

✎ 암기

ANSI	API	KS	ASTM	AS
미국규격협회	미국석유협회	한국산업규격	미국재료시험협회	호주산업규격
JASO	BS	CEN	JIS	ASME
일본자동차기술협회	영국산업규격	유럽표준화위원회	일본산업규격	미국기계학회
DIN	CENELEC	NF	IEEE	ISO
독일산업규격	유럽전기기술표준위원회	프랑스산업규격협회	전기전자기술자협회	국제표준화기구

40

정답 ②

[등가속도운동 관련 공식]
- $V = V_0 + at$
- $S = V_0 t + 0.5at^2$
- $2aS = V^2 - V_0^2$

세 번째 공식을 사용한다면, $2aS = V^2 - V_0^2 \rightarrow 2 \times 10 \times 5 = V^2$이므로

$V^2 = 100 \rightarrow V = 10\text{m/s}$

41

정답 ④

- 제1각법: 눈 → 물체 → 투상
- 제3각법: 눈 → 투상 → 물체

42

정답 ①

[바로걸기, 엇걸기의 특징]
- 엇걸기(십자걸기＝크로스걸기)는 바로걸기(오픈걸기)보다 접촉각이 커서 더 큰 동력을 전달한다.
- 엇걸기의 너비는 좁게 설계한다. 또한 벨트에 비틀림이 발생하여 마멸이 발생하기 쉽다.
- 엇걸기는 비틀림에 대응하기 위해 축간거리를 벨트 너비의 20배 이상으로 해야 한다.

43

정답 ①

규격은 A, B, C, D, E, M형이 있고, M → E형으로 갈수록(M → A → B → C → D → E형으로 갈수록) 인장강도, 단면치수, 허용장력이 증가한다.

예 E형이 가장 인장강도, 단면치수, 허용장력이 크다.

44

정답 ③

로켓이 가스를 뿜으면 가스는 로켓을 밀어올린다. 이것은 제3법칙인 작용 반작용의 예이다.

🖉 **암기** ────────────────────────────────

- **뉴턴의 제1법칙**: 관성의 법칙
- **뉴턴의 제2법칙**: 가속도의 법칙
- **뉴턴의 제3법칙**: 작용 반작용의 법칙

45

정답 ④

$$\eta = 1 - \frac{T_3 - T_4}{T_1 - T_2} = 1 - \frac{650 - 250}{1,100 - 100} = 1 - \frac{400}{1,000} = 0.6$$

46

정답 ①

보일러에서 만들어진 과열증기의 온도는 대략 500℃ 이상이다. 그 과열증기가 터빈으로 들어가 단열팽창 과정을 통해 팽창하여 일을 발생시키게 된다. 이처럼 증기들이 팽창하여 일을 발생시키면 온도와 압력은 떨어지게 된다. 즉, 일을 한 만큼 온도와 압력이 떨어진다고 보면 된다. 따라서 실제 발전소에서는 온도와 압력이 떨어진 증기를 다시 재열기로 보내어 온도를 올린 후, 다시 터빈으로 보내 2차 팽창일을 얻어 열효율을 높인다(응축기에서는 열을 방출하고, 보일러에서 나오면 과열증기 상태가 되며, 펌프에서는 등엔트로피 압축과정을 거치게 된다).

47

정답 ④

일반 기체상수(8.314kJ/kmol · K)를 분자량(m)으로 나누어야 그 기체의 기체상수가 도출된다.

$$\frac{8,314}{4} = 2078.5\text{J/kmol} \cdot \text{K} = 2.0785\text{kJ/kmol} \cdot \text{K}$$

$$Q = C_V m \Delta T \rightarrow 118 = C_V \times 1 \times 30 \quad \therefore \ C_V = 3.93\text{kJ/kg} \cdot \text{K}$$

문제에서는 정압비열을 구해야 하므로 다음과 같은 관계식을 사용한다.

$$C_P - C_V = R, \ \text{즉} \ C_P - 3.93 = 2.0785 \quad \therefore \ C_P = 6.012\text{kJ/kg} \cdot \text{K}$$

48

정답 ②

① 역학적 에너지 보존법칙을 사용한다(운동에너지 + 위치에너지 = constant).

$$mgh_1 + \frac{1}{2}mv_1^2 = mgh_2 + mv_2^2 \, (m\text{은 공통이므로 신경쓰지 않는다.})$$

$$10 \times 10 + 0.5 \times 400 = 10 \times 5 + 0.5 \times V_2 \quad \therefore \ V_2 = 22.36 \text{m/s}$$

② 일정한 중력가속도를 받기 때문에 등가속도 법칙을 사용한다.

$$2aS = V^2 - V_0^2 \rightarrow 2 \times 10 \times 5 = V_2 - 400 \quad \therefore \ V = 22.36 \text{m/s}$$

49

정답 ②

[등가스프링 상수]

- 직렬: $\dfrac{1}{K_e} = \dfrac{1}{K_1} + \dfrac{1}{K_2} = \dfrac{K_1 + K_2}{K_1 K_2} \rightarrow K_e = \dfrac{K_1 K_2}{K_1 + K_2}$

- 병렬: $K_e = K_1 + K_2$

K_2와 K_3는 서로 직렬이므로 $\dfrac{1}{K_e} = \dfrac{1}{K_2} + \dfrac{1}{K_3} = \dfrac{1}{2} + \dfrac{1}{3} = \dfrac{5}{6} \rightarrow K_e = \dfrac{6}{5}$

K_1과 K_2와 K_3의 등가스프링 상수는 병렬이므로 $K_e = K_1 + K_2 \rightarrow \dfrac{6}{5} + 1 = 2.2$

주의

2개의 스프링 사이에 어떤 질점이 있다면, 그것은 병렬로 간주한다.

50

정답 ④

- **바우싱거 효과**: 금속 재료를 소성변형 영역까지 인장하중을 가하다가 그 인장의 반대 방향으로 하중을 가했을 때 항복점과 탄성한도 등이 저하되는 현상

[Bonus]

정답 ①

- **결합용 나사**: 삼각나사, 유니파이나사, 미터나사 등
- **운동용 나사**: 톱니나사, 볼나사, 사각나사, 사다리꼴나사, 둥근나사 등

나사의 효율이 낮아야 결합용으로 사용한다. 효율이 좋다는 것은 운동용, 즉 동력 전달에 사용한다는 의미이므로 효율이 낮아야 결합용(체결용) 나사로 사용할 수 있다.

03 제3회 실전 모의고사

01	④	02	⑤	03	⑤	04	③	05	④	06	④	07	⑤	08	③	09	⑤	10	②
11	②	12	④	13	⑤	14	④	15	⑤	16	②	17	⑤	18	④	19	③	20	②
21	④	22	⑤	23	④	24	④	25	⑤	26	④	27	④	28	⑤	29	②	30	⑤
31	④	32	②	33	①	34	④	35	①	36	④	37	②	38	④	39	②	40	⑤
41	⑤	42	④	43	①	44	④	45	⑤	46	⑤	47	⑤	48	③,④	49	④	50	③

01 정답 ④

- **강제환기**: 기계적 힘으로 환기를 하는 방식
- **자연환기**: 공기의 온도차 및 압력차에 의해 환기하는 방식
  ① 제1종 환기법: 강제급기 + 강제배기(실내압이 일정하며, 실내압의 조정이 가능하다. 보일러실 등 일반공조용)
  ② 제2종 환기법: 강제급기 + 자연배기(실내압이 (+)이며, 클린룸, 소규모 변전실, 창고 등에 사용)
  ③ 제3종 환기법: 자연급기 + 강제배기(실내압이 (−)이며, 화장실, 주방 등에 사용)
  ④ 제4종 환기법: 자연급기 + 자연배기

02 정답 ⑤

액체열은 정압하에서 0℃에서 포화온도까지 가열하는 데 필요한 열량이다.

03 정답 ⑤

[금속의 특징]
- 상온에서 고체이며, 고체 상태에서 결정구조를 갖는다. 단, 수은은 상온에서 액체이다.
- 전연성이 우수하여 가공하기 쉽다.
- 금속 특유의 광택을 지니며, 빛을 잘 반사한다.
- 열과 전기의 양도체이며, 비중과 경도가 크고 용융점이 높다.
- 대부분 금속은 응고 시 수축한다. 하지만 비스무트와 안티몬은 응고 시 팽창한다.

04 정답 ③

- **자기변태**: 상은 변하지 않고 자기적 성질만 변하는 변태 또는 결정구조는 변하지 않는 변태
- **동소변태**: 결정격자의 변화 또는 원자배열 변화에 따라 나타나는 변태

05

정답 ④

중립점(등속점)은 롤러의 회전 속도와 소재의 통과 속도가 같아지는 점을 말한다.
이 중립점은 마찰계수가 클수록 입구에 가까워지게 된다.

06

정답 ④

- **아공정주철**: 2.11~4.3% 탄소 함유
- **공정주철**: 4.3% 탄소 함유
- **과공정주철**: 4.3% 이상의 탄소 함유

07

정답 ⑤

[탄소함유량 증가에 따른 현상]
- 전기저항 증가, 비열 증가
- 비중 감소, 열팽창계수 감소, 열전도율 감소, 충격값 감소

08

정답 ③

- **표면정밀도 높은 순서**: 래핑 > 슈퍼피니싱 > 호닝 > 연삭
- **내면정밀도 높은 순서**: 호닝 > 리밍 > 보링 > 드릴링

09

정답 ⑤

비정질합금은 결정구조를 가지지 않고 아몰포스 구조를 가지고 있어 자기적 성질이 우수한 합금으로, 발전기, 변압기의 재료로 사용된다.

[비정질합금의 특징]
- 일반적인 금속에 비해 기계적 강도가 우수하고 뛰어난 내식성을 지니고 있다.
- 우수한 연자기 특성을 가지고 있다. 전기전도성은 우수하지 않다.
- 주조 시 응고 수축이 적고, 주물 제작했을 때 표면이 매끈하여 후가공이 필요없다.
- 열에 약하다. 열을 가하면 다시 보통의 결정 구조를 가진 금속으로 되돌아간다.
- 장시간 내버려두면 본연의 결정구조를 찾아 결정화가 된다. 이를 재결정화라고 한다.

10

정답 ②

- **골격목형**: 대형 파이프, 대형 주물일 때 사용되는 목형
- **현형**: 단체목형, 분할목형, 조립목형의 종류를 갖는 목형
- **부분목형**: 모형이 크고 대칭형상일 때 부분만 만들어서 사용되는 목형으로, 기어나 프로펠러의 제작에 사용
- **회전목형**: 회전체로 된 형상에 사용(풀리, 단차)
- **고르개 목형**: 가늘고 긴 굽은 파이프에 사용

11

정답 ②

원통도   진원도   평면도   위치도   대칭도

참고

• **모양공차(형상공차)**: 진원도, 원통도, 진직도, 평면도(데이텀이 필요없는 공차)
• **자세공차**: 직각도, 경사도, 평행도

12

정답 ④

[주물의 균열과 변형 방지법]
• 주물의 두께 차이를 작게 할 것
• 각 부의 온도 차이를 작게 할 것
• 각진 부분을 둥글게 라운딩 처리할 것
• 주물을 급랭하지 않을 것

※ 주형의 통기성을 좋게 하여 주형에서 가스 발생을 방지하는 것은 기공 방지법이다.

참고

• **기공**: 주형 내 가스 배출의 불량으로 인해 발생
• **수축공**: 쇳물의 부족으로 인해 발생(냉각쇠를 설치하여 수축공을 방지)

13

정답 ⑤

[용접봉과 모재 두께와의 관계식]

$$D = \frac{T}{2} + 1\text{mm}$$

[여기서, D: 용접봉의 지름(mm), T: 판의 두께(mm)]

14

정답 ④

[아크 길이가 너무 길 때]
• 아크가 불안정해진다.
• 아크열의 손실이 많아진다.
• 용접부의 금속 조직이 취약하게 되어 강도가 감소된다.
• 용착이 얕고 표면이 더러워진다.

[아크 길이가 너무 짧을 때]
• 용접을 연속적으로 하기 곤란해진다.
• 용착이 불량하게 된다.
• 아크를 지속하기 곤란해진다.

15

정답 ⑤

• **오버랩**: 전류 부족으로 인해 용접속도가 느려 비드가 겹쳐지는 현상

[오버랩의 원인]

• 용접전류 과소, 용접속도 과소, 아크 과소, 용접봉 불량

16

정답 ②

• **직류아크용접기**: 정류기식, 발전기식
• **교류아크용접기**: 가동코일형, 가동철심형, 가포화 리액터형, 탭전환형

17

정답 ⑤

[덧쇳물＝압탕＝라이저의 역할]

• 주형 내 쇳물에 압력을 가해 조직이 치밀해진다.
• 금속이 응고할 때 수축으로 인한 쇳물 부족을 보충해 준다.
• 주형 내 공기를 제거하며, 쇳물 주입량을 알 수 있다.
• 주형 내 가스를 배출시켜 수축공 현상을 방지한다.
• 주형 내 불순물과 용제의 일부를 밖으로 내보낸다.

18

정답 ④

• **콜슨합금**: Cu–Ni 합금에 소량의 Si를 첨가한 것으로, 강도와 도전율이 우수하여 전화선, 통신선 등에 많이 사용된다. 또한 담금질 시효경화가 크며, 일명 C합금이라고 불린다.

19

정답 ③

[목형 재료]

• **소나무**: 재질이 연하고 가공하기 쉬우며, 값이 싸고 수축이 크며, 변형되기 쉽다.
• **전나무**: 조직이 치밀하고 강하며, 건습에 대한 신축성이 작고, 비교적 값이 저렴하다.
• **미송**: 재질이 연하고 값이 싸며, 구하기 쉽다.
• **벚나무**: 재질이 치밀하고 견고하며, 균열이 적다.
• **박달나무**: 질이 단단하고 질겨 작고 복잡한 형상의 목형용으로 적합하다.
• **홍송**: 정밀한 목형 제작 시 사용된다.

20

정답 ②

• **굵은 실선**: 외형선
• **가는 실선**: 치수선, 치수보조선, 지시선, 파단선
• **가는 1점 쇄선**: 중심선, 기준선, 피치선
• **가는 파선**: 숨은선
• **가는 2점 쇄선**: 가상선, 무게중심선

21

정답 ④

- **베인펌프**: 회전자에 방사상으로 설치된 홈에 삽입된 베인이 캠링에 내접하여 회전하는 펌프
- **베인펌프 구성**: 입/출구 포트, 캠링, 베인, 로터
- **베인펌프에 사용되는 유압유의 적정점도**: 35centistokes(ct)

22

정답 ⑤

[KS 규격별 기호]

KS A	KS B	KS C	KS D	KS F	KS H	KS W
일반	기계	전기	금속	토건	식료품	항공

23

정답 ④

[화재의 종류]

A급 화재	B급 화재	C급 화재	D급 화재	E급 화재	K급 화재
일반	유류	전기	금속	가스	식용유

24

정답 ④

- **직접측정**: 버니어캘리퍼스, 하이트게이지, 마이크로미터
- **비교측정**: 다이얼게이지, 미니미터, 옵티미터, 전기마이크로미터, 공기마이크로미터
- **간접측정**: 사인바에 의한 각도 측정, 테이퍼 측정, 삼침법

25

정답 ⑤

[KS규격]
- **온도**: 20℃
- **기압**: 760mmhg(표준대기압)
- **습도**: 58%

26

정답 ⑤

[게이지 종류]
- **와이어게이지**: 철강선의 굵기 및 강판의 두께를 측정하는 데 사용
- **센터게이지**: 나사깎기 바이트의 각도를 측정하는 데 사용
- **반지름게이지**: 일감의 모서리 부분에 있는 라운딩 부분을 측정하는 데 사용
- **틈새게이지**: 조립 시 부품 사이의 틈새를 측정하는 데 사용
- **하이트게이지**: 높이 측정 및 금긋기에 사용(종류: HM, HB, HT)

27

정답 ④

[배관 부속장치]
- **소켓**: 배관의 길이를 연장하기 위해 사용
- **티**: 배관을 분리시킬 때 사용
- **레듀서**: 배관을 지름을 변경할 때 사용
- **니플**: 엘보, 소켓, 레듀서, 티 등을 연결할 때 사용
- **엘보**: 배관의 흐름을 90도 바꾸어 주는 데 사용

28

정답 ⑤

[화재의 종류]

A급 화재	• 일반 화재로 연소 후 재를 남기는 화재 • 목재, 종이, 플라스틱, 섬유 등으로 만들어진 각종 생활용품 등이 타는 화재 • 소화기 색깔: 백색
B급 화재	• 유류 화재로 연소 후 아무것도 남기지 않는 화재 • 휘발유, 경유, 알코올 등 인화성 액체에 대한 화재 • 소화기 색깔: 황색
C급 화재	• 전기 화재로 전기가 공급되는 상태에서 발생된 화재 • 전기적 절연성을 가진 소화약제로 소화해야 하는 화재 • 소화기 색깔: 청색
D급 화재	• 금속 화재로 건조사 피복에 의한 소화를 해야 하는 화재 • 소화기 색깔: 무색
E급 화재	• 가스 화재로 LPG, LNG, 도시가스로 인한 화재
K급 화재	• 식용유 화재로 식물성 또는 동물성 기름 및 지방 등의 가연성 튀김기름으로 인한 화재

29

정답 ②

- **셔틀밸브**: 출구 측 포트는 2개의 입구 측 포트관로 중 고압 측과 자동적으로 접속되며, 동시에 저압 측 포트를 막아 항상 고압 측의 유압유만을 통과시킨다.
- **스풀밸브**: 매뉴얼밸브라고 하며, 하나의 축 상에 여러 개의 밸브 면을 두어 직선운동으로 유로를 구성하여 오일의 흐름 방향을 변환시킨다.
- **체크밸브**: 한 방향의 유동만을 허용하여 역류를 방지한다(역지밸브).
- **전환밸브**: 유압회로에서 기름의 방향을 제어하는 밸브이다.
- **포핏밸브**: 밸브 몸체가 밸브시트의 시트 면에 직각 방향으로 이동하는 형식의 소형 밸브로, 구조가 간단하며, 짧은 거리에서 밸브를 개폐할 수 있다.

30

정답 ⑤

건도가 0.3이라는 것은 습증기 중 30%는 건조포화증기이고, 70%는 액체가 있다는 의미이다.

31

정답 ④

[유압 작동유의 구비조건]
- 확실한 동력 전달을 위해 비압축성이어야 한다(비압축성이어야 밀어버린 만큼 그대로 밀리기 때문에 정확한 동력 전달이 가능하다).
- 인화점과 발화점이 높아야 한다.
- 점도지수가 높아야 한다.
- 비열과 체적탄성계수가 커야 한다.
- 비중과 열팽창계수가 작아야 한다.
- 증기압이 낮고, 비등점이 높아야 한다.
- 소포성과 윤활성, 방청성이 좋아야 하며, 장기간 사용해도 안정성이 요구되어야 한다.

32

정답 ②

[유압 작동유에 공기가 혼입될 경우]
- 공동현상이 발생하며, 실린더의 작동 불량 및 숨돌리기 현상이 발생한다.
- 작동유의 열화가 촉진된다.
- 공기가 혼입되면 압축성이 증대되어 유압기기의 작동성이 떨어지게 된다.
- 윤활작용이 저하된다.

33

정답 ①

[유압 작동유의 점도가 너무 높은 경우]
- 동력 손실 증가로 기계효율의 저하, 소음이나 공동현상의 발생
- 내부마찰 증대에 의한 온도 상승, 유동저항의 증가로 인한 압력 손실의 증대
- 유압기기의 작동성이 떨어짐

[유압 작동유의 점도가 너무 낮은 경우]
- 기기 마모의 증대, 압력 유지 곤란
- 내부오일 누설의 증대, 유압모터 및 펌프 등의 용적효율 저하

34

정답 ①

- **리벳의 재료**: 연강, 두랄루민, 알루미늄, 구리, 황동, 저탄소강, 니켈

[주철의 특징]
- 탄소함유량이 2.11~6.68%이므로 용융점이 낮다. 따라서 녹이기 쉬워 틀에 넣고 복잡한 형상을 주조할 수 있다.
- 탄소함유량이 많으므로 강, 경도가 큰 대신 취성이 발생한다. 즉, 인성이 작고 충격값이 작다. 따라서 단조가공 시 해머로 타격하게 되면 취성에 의해 깨질 위험이 있다.
- 압축 강도가 우수하여 공작기계의 베드, 브레이크 드럼 등에 사용된다.
- 취성이 있기 때문에 가공이 어렵지만, 주철 내 흑연이 절삭유의 역할을 하므로 절삭성은 우수하다.
- 마찰 저항이 우수하다.
- 주철은 취성으로 인해 리벳팅할 때 깨질 위험이 있으므로 리벳의 재료로 사용될 수 없다.

35

정답 ①

[유압장치의 특징]
- 입력에 대한 출력의 응답이 빠르다.
- 소형장치로 큰 출력을 얻을 수 있다.
- 자동제어 및 원격제어가 가능하다.
- 제어가 쉽고 조작이 간단하며, 유량 조절을 통해 무단 변속이 가능하다.
- 에너지의 축적이 가능하며, 먼지나 이물질에 의한 고장의 우려가 있다.

36

정답 ④

- **점도지수**: 점도의 온도 변화에 대한 비율을 수량적으로 표시한 것

※ 점도지수가 크면 클수록 온도 변화에 대한 점도변화가 작다는 것을 의미한다.

※ 점도지수 공식: $V_I = \dfrac{L-U}{L-H} \times 100$

37

정답 ②

- **냉간가공**: 재결정온도 이하에서 진행하는 가공으로, 치수정밀도를 높이며, 깨끗한 가공면을 얻을 수 있고, 동시에 인장강도를 높일 수 있다. 다만, 인성 및 연신율은 감소된다.
- **열간가공**: 재결정온도 이상에서 진행하는 가공으로, 대부분의 금속은 재결정온도 이상에서 재결정이 완료되므로 무른 상태의 신결정이 생긴다. 따라서 성형하기가 쉽다. 그리고 가공경화가 되지 않는 특성으로 인해 작은 힘으로도 큰 변형을 요하는 가공은 주로 고온에서 실시된다.

38

정답 ④

[소성가공법 종류]
- **인발**: 금속의 봉이나 관을 다이에 넣어 축 방향으로 통과시켜 외경을 줄이는 가공법
- **압출**: 재료를 컨테이너에 넣고 한쪽에서 압력을 가하여 압축시켜 가공하는 방법(**예**: 가래떡)
- **전조**: 전조공구를 사용하여 나사, 기어, 볼 등을 성형하는 가공법
- **압연**: 재료를 회전하는 2개의 롤러에 통과시키면서 연신하여 판의 두께를 줄이는 가공법
- **프레스가공**: 판과 같은 재료를 절단하거나 굽혀서 제품을 가공하는 방법

39

정답 ②

- **연성**: 가느다란 선으로 늘릴 수 있는 성질을 말한다.
- **인성**: 충격에 대한 저항 성질을 말한다(인성＝충격값＝충격치).
- **전성**: 재료가 하중을 받으면 넓게 펼쳐지는 성질을 말한다.
- **경도**: 국부 소성변형 저항성을 말한다.
- **강도**: 외력에 대한 저항력을 말한다.

40
정답 ⑤

불가시아크용접 = 서브머지드용접 = 잠호용접 = 링컨용접 = 유니언멜트 = 자동금속아크용접

참고

[특수용접]
일렉트로슬래그용접, 테르밋용접, 고주파용접, 레이저용접, 플라즈마용접, 고상용접, 전자빔용접

[아크용접]
서브머지드용접, 불활성가스용접, 원자수소용접, 탄산가스용접, 스터드용접

41
정답 ⑤

• **프로젝션용접**: 전기저항용접에서 접합할 모재의 한쪽 판에 돌기를 만들어서 고정전극 위에 겹쳐놓고 가동 전극으로 통전과 동시에 가압하여 저항열로 가열된 돌기를 접합시키는 용접방법

참고1

• **전기저항용접법 중 겹치기 용접**: 점용접, 심용접, 프로젝션용접
• **전기저항용접법 중 맞대기 용접**: 업셋용접, 플래시용접, 맞대기심용접

참고2

프로젝션용접의 돌기는 두께가 두껍고 열전도율이 큰 곳에 만든다.

42
정답 ④

[불림의 목적]
• A_3, A_{cm}보다 30~50도 높게 가열한 후, 공기 중에서 냉각하여 소르바이트 조직을 얻는다.
• 강의 표준조직을 얻는다.
• 조직을 미세화하며 내부응력을 제거한다.

※ 상온 가공 후, 인성을 향상시키는 것은 풀림에 가깝다.

43
정답 ①

[베어링 합금 구비조건]
• 충분한 점성과 인성을 가질 것
• 마찰계수가 작고 저항력이 클 것
• 하중에 견딜 수 있는 내압력과 경도를 지닐 것
• 열전도율이 클 것(열을 발산시켜 과열을 방지할 수 있기 때문)
• 주조성과 절삭성이 우수할 것

44

정답 ④

[주물사의 구비조건]
• 주형 제작이 용이하고 적당한 강도를 가질 것
• 내열성 및 신축성이 있을 것
• 열전도성이 불량할 것 = 보온성이 있을 것
• 내화성이 크고 화학반응을 일으키지 않을 것
• 주물 표면에서 이탈이 용이할 것 = 붕괴성이 우수할 것
• 알맞은 입도 조성과 분포를 가질 것

45

정답 ⑤

[마텐자이트가 큰 경도를 갖는 원인]
• 초격자(규칙적인 격자 구조)
• 내부응력의 증가
• 무확산 변태에 따른 체적 변화
• 급랭

46

정답 ⑤

• **시퀀스밸브**: 주회로의 압력을 일정하게 유지하면서 조작의 순서를 제어하고 싶을 때 사용하는 밸브
• **감압밸브**: 유압회로에서 어떤 부분회로의 압력이 주회로의 압력보다 저압으로 만들어 사용하고자 할 때 사용하는 밸브
• **릴리프밸브**: 회로의 최고압력을 제한하는 밸브로서, 과부하를 제거해 주고 유압회로의 압력을 설정치까지 일정하게 유지시켜 주는 밸브
• **무부하밸브**: 회로 내 압력이 설정압력에 이르렀을 때 이 압력을 떨어뜨리지 않고 펌프송출량을 그대로 기름탱크에 되돌리기 위해 사용하는 밸브
• **카운터밸런스밸브**: 회로의 일부에 배압을 발생시키고자 할 때 사용하며, 한 방향의 흐름에는 설정된 배압을 주고 반대방향의 흐름을 자유흐름으로 만들어 주는 밸브

47

정답 ⑤

[뉴턴의 운동 제2법칙]
• 힘과 가속도와 질량과의 관계를 나타낸 법칙으로, $F = ma$를 운동방정식이라고 한다.
• 검사 체적에 대한 운동량 방정식의 근원이 되는 법칙이다.

48

정답 ③, ④

[플라이휠(관성차)의 역할]
• 큰 관성모멘트를 얻어 구동력을 일정하게 유지한다.
• 에너지를 비축한다.

49

• **원심주조법**: 회전하고 있는 주형에 쇳물을 부어 원심력으로 중공의 주물을 만드는 주조법

[원심주조법의 특징]
• 코어가 필요없고 치밀한 주물을 얻을 수 있다.
• 가스 빼기가 좋아 수축공 및 기공의 발생이 적다.
• 조직이 미세화된다.
• 실린더 라이너 및 피스톤 링 제작에 사용된다.

50

• **진원도 측정방법**: 3점법, 반경법, 직경법

참고
•**기어의 이 두께 측정방법**: 오우어 핀법, 활줄, 걸치기

04 제4회 실전 모의고사

01	①	02	④	03	④	04	③	05	④	06	③	07	④	08	③	09	③	10	②
11	④	12	④	13	②	14	③	15	②	16	④	17	③	18	②	19	①	20	②
21	①	22	④	23	①	24	④	25	④	26	①	27	②	28	③	29	②	30	③
31	②	32	④	33	④	34	②	35	④	36	④	37	③	38	④	39	③	40	④
41	④	42	①	43	②,④	44	모두 정답	45	②	46	③	47	②	48	②	49	④	50	④

01
정답 ①

- **열역학 제0법칙**: 고온 물체와 저온 물체가 만나면 열교환을 통해 결국 온도가 같아진다(열평형 법칙).
- **열역학 제1법칙**: 에너지는 여러 형태를 취하지만 총 에너지양은 일정하다(에너지보존법칙).
- **열역학 제2법칙**: 하나의 열원에서 얻어진 열을 모두 일로 바꾸는 기관은 존재하지 않는다.
- **열역학 제3법칙**: 절대 0도에서 계의 엔트로피는 항상 0이 된다.

02
정답 ④

[글레이징]
- 숫돌입자가 탈락하지 않고 마멸에 의해 납작해진 현상을 말한다.
- 결합도가 클 때 발생한다. 그 이유는 결합도가 크면 자생과정이 잘 발생하지 않아 입자가 탈락하지 않고 납작해지기 때문이다.
- 숫돌의 원주속도가 빠를 때 발생한다. 원주속도가 빠르면 숫돌을 구성하는 입자들이 원심력에 의해 조밀조밀모여 결합도가 강해지기 때문이다.

03
정답 ④

[공구재료의 구비조건]
- 공구경도가 피삭제보다 4~5배 커야 한다.
- 공작물과의 친화성이 적어야 한다.
- 열처리성, 성형성이 우수해야 한다.
- 절삭저항, 충격, 진동 등에 견딜 수 있는 충분한 강도를 가지고 있어야 한다.

04
정답 ③

목재의 수분함유량은 30~40%이며 10% 이하로 건조시켜 사용한다.

05
정답 ④

V-벨트의 영구신장률은 0.7% 이하이다.

06

$Q = hA(t_w - t_f) \rightarrow 30 \times 2 \times 40 = 2,400$ [여기서, t_w: 고체벽의 온도, t_f: 유체의 온도]

h는 대류 열전달계수로, 유체의 종류, 속도, 온도차, 유로의 형상, 흐름의 상태에 따라 달라진다.

07

[냉각속도에 따른 담금질 조직]
• 수중 냉각(급랭): 마텐자이트
• 기름 냉각(유랭): 트루스타이트
• 공기 중 냉각(공랭): 소르바이트
• 노중 냉각(노냉): 펄라이트

08

[자동하중브레이크]
윈치나 크레인 등에서 큰 하중을 감아올릴 때와 같은 정상적인 회전은 브레이크를 작용하지 않지만, 하중을 내릴 때와 같은 반대 회전의 경우에 자동적으로 브레이크가 걸려 하중의 낙하속도를 조절하거나 정지시킨다.

• **자동하중브레이크의 종류**: 웜, 나사, 원심, 로프, 캠, 코일 등

09

• **차축**: 굽힘모멘트만 받는 축이며, 동력을 전달하지 않는다.
• **플렉시블축**: 철사나 강선을 코일로 감은 것처럼 2~3중 감은 나사모양 축으로, 축이 자유롭게 움직일 수 있으며 축이 휠 수 있고, 직선축을 사용할 수 없을 때 사용한다.
• **스핀들축**: 주로 비틀림을 받으며 약간의 굽힘을 받는 축으로, 지름에 비해 비교적 짧은 축이다. 비틀림과 휨이 동시에 작용하나 주로 비틀림을 받는다. 또한 치수가 정밀하여 변형량이 적고 길이가 짧은 축으로, 주로 공작기계의 주축으로 사용된다.
• **전동축**: 굽힘과 비틀림을 모두 받는 축으로, 동력을 전달할 수 있다.

[전동축의 종류]
• **주축**: 전동기(모터)로부터 직접 동력을 받는 축
• **선축**: 주축으로부터 동력을 받아 동력을 분배하는 축
• **중간축**: 선축으로부터 동력을 받아 각각의 기계로 동력을 분배하는 축

10

질량유량[kg/s] = 밀도 × 단면적 × 속도, 비체적 = $\dfrac{1}{밀도}$

즉, 질량유량 = 단면적 × $\dfrac{속도}{비체적}$ 이므로, $70 \times \dfrac{10}{7} = 100$kg/s 이다.

11

[영구주형을 사용하는 주조법]
다이캐스팅, 가압주조법, 슬러시주조법, 원심주조법, 스퀴즈주조법, 반용융성형법, 진공주조법

[소모성 주형을 사용하는 주조법]
• 인베스트먼트법, 셀주조법 등
• 소모성 주형은 주형에 쇳물을 붓고 응고시킨 후 주물을 꺼낼 때 주형을 파괴한다.

12

정답 ④

ϕ: 직경, C: 모따기, R: 반지름(반경), t: 두께

13

정답 ②

• **로터미터**: 유량을 측정하는 기구로, 부자 또는 부표라고 하는 부품에 의해 유량을 측정한다.
• **마이크로마노미터**: 두 원관 속을 기체가 미소한 압력차로 흐르고 있을 때, 이 압력차를 측정한다.
• **레이저 도플러 유속계**: 유동하는 흐름에 작은 알갱이를 띄워서 유속을 측정한다.
• **피토튜브**: 국부유속을 측정할 수 있다.

> **참고**
> • **벤투리미터**: 압력강하를 이용하여 유량을 측정하는 기구로, 가장 정확한 유량을 측정한다.
>   – **상류 원뿔**: 유속이 증가하면서 압력이 감소하고 이 압력강하를 이용하여 유량을 측정한다.
>   – **하류 원뿔**: 유속이 감소하면서 원래 압력의 90%를 회복시킨다.
> • **피에조미터**: 정압을 측정하는 기구이다.
> • **오리피스**: 오리피스는 벤투리미터와 원리가 비슷하다. 다만, 예리하기 때문에 하류 유체 중 free-flowing jet을 형성하게 된다.

14

정답 ③

• **캠**: 회전운동을 왕복운동으로 변환하는 기구
• **실린더**: 내연기관 및 증기기관의 주요 구성품으로, 속이 빈 원통 모양의 것
• **크랭크축**: 크랭크와 연결되어 왕복운동과 회전운동 사이의 변환을 수행(압축기, 내연기관)
• **가솔린기관**: 오토 사이클을 기반으로 불꽃점화를 통해 운전되는 기관

15

정답 ②

• **터빈**: 열에너지 $\xrightarrow[\text{변환}]{}$ 기계에너지
• **디퓨저**: 속도에너지 $\xrightarrow[\text{변환}]{}$ 압력에너지 (압력수두 회복)
• **유압펌프**: 기계에너지 $\xrightarrow[\text{변환}]{}$ 유압에너지

PART II 실전 모의고사 정답 및 해설

제4회 실전 모의고사   **379**

16

정답 ④

[SI 기본단위 7가지]

A, K, mol, s, m, cd, kg

17

정답 ③

[겹치는 선 우선순위]

외형선 > 숨은선 > 절단선 > 중심선 > 무게중심선 > 치수보조선

18

정답 ②

- **흡수식 냉동기**: 증발잠열과 리튬브로마이드라는 물질의 흡수성을 이용하여 물이 증발할 때 온도가 내려가는 성질로 냉방을 하는 냉동기
- **흡수식 냉동기 사이클을 구성하는 기기**: 증발기, 흡수기, 응축기, 재생기
- **흡수식 냉동기 냉매 순환 경로**: 증발기 → 흡수기 → 열교환기 → 재생기 → 응축기 → 증발기

19

정답 ①

- **기화**: 액체 상태 → 기체 상태
- **액화**: 기체 상태 → 액체 상태
- **응고**: 액체 상태 → 고체 상태
- **승화**: 고체 상태 → 기체 상태 또는 기체 상태 → 고체 상태
- **융해**: 고체 상태 → 액체 상태

20

정답 ②

- 피치는 나사산과 나사산의 거리를 말한다.
- 비틀림각과 리드각을 더하면 90도가 된다.
- 리드는 나사가 1회전하여 축방향으로 나아가는 거리를 말한다.
- 유효지름은 수나사와 암나사가 접촉하고 있는 부분의 평균지름을 말한다.

21

정답 ①

[산업안전보건기준]

- 지름이 50mm 이상인 연삭숫돌이 근로자에게 위험을 미칠 우려가 있는 경우에는 그 부위에 덮개를 설치해야 한다.
- 작업을 시작하기 전에는 1분 이상 시운전을 해야 한다.
- 연삭숫돌을 교체한 후에는 3분 이상 시운전을 해야 한다.

22

정답 ④

- 초경합금의 절삭속도는 고속도강의 4배이다.
- 스텔라이트의 절삭속도는 고속도강의 2배이다.

- 고속도강의 담금질 온도(1차 경화)는 1,260~1,300도이다.
- 고속도강의 풀림 온도는 800~900도이다.
- 고속도강의 뜨임 온도(2차 경화)는 550~580도로 2차 경화로 불안정한 탄화물을 형성해 경화시키는 것이 목적이다.
- 고속도강의 일반적인 구성은 W(18%)-Cr(4%)-V(1%)-C(0.8%)이다.

23

정답 ①

[기계재료 표시기호]

SS	SWS	SV	SBB
일반구조용 압연강재	용접구조용 압연강재	리벳용 압연강재	보일러 및 압력용기용 탄소강
SF	SM	STC	SC
탄소강 단강품, 단조품	기계구조용 탄소강	탄소공구강	탄소주강품

24

정답 ④

[열역학 제3법칙의 표현 2가지]
- **네른스트**: 어떤 방법에 의해서도 물질의 온도를 절대 0도까지 내려가게 할 수 없다.
- **플랑크**: 모든 물질이 열역학적 평형상태에 있을 때 절대온도가 0에 가까워지면 엔트로피도 0에 가까워진다.

25

정답 ④

- **벤투리미터**: 압력강하를 이용하여 유량을 측정하는 기구로, 가장 정확한 유량을 측정한다.
  - 상류 원뿔: 유속이 증가하면서 압력이 감소하고 이 압력강하를 이용하여 유량을 측정한다.
  - 하류 원뿔: 유속이 감소하면서 원래 압력의 90%를 회복시킨다.

26

정답 ①

오리피스는 벤투리미터와 원리가 비슷하지만 예리하기 때문에 하류 유체 중에 free-flowing jet을 형성한다. 이 jet으로 인해 벤투리미터보다 오리피스의 압력강하가 더 크다.

27

정답 ②

- **면적식 유량계**: 압력강하를 거의 일정하게 유지하면서 유체가 흐르는 유로의 단면적이 유량에 따라 변하도록 하며, float의 위치로 유량을 직접 측정한다.
  (예 로터미터: 유량을 측정하는 기구로, 부자 또는 부표라고 하는 부품에 의해 유량을 측정한다.)

28

정답 ③

응력집중계수에 영향을 주는 것은 노치의 형상 및 작용하는 하중의 종류이다.
재질은 아무 상관이 없다.

※ 다만, 상용회전하는 축의 응력집중계수는 재질과 관련이 있다.

29

정답 ②

코르크의 푸아송비는 0이다. 푸아송수는 푸아송비의 역수이기 때문에 코르크의 푸아송수는 무한대가 된다. 참고로 고무는 푸아송비가 0.5이므로 체적 변화가 거의 없는 재료이다.

30

정답 ③

- **유압장치의 구성**
  - 유압발생부(유압을 발생시키는 곳): 오일탱크, 유압펌프, 구동용전동기, 압력계, 여과기
  - 유압제어부(유압을 제어하는 곳): 압력제어밸브, 유량제어밸브, 방향제어밸브
  - 유압구동부(유압을 기계적인 일로 바꾸는 곳): 엑추에이터(유압실린더, 유압모터)

- **유압기기의 4대 요소**: 유압탱크, 유압펌프, 유압밸브, 유압작동기(액추에이터)
- **부속기기**: 축압기(어큐뮬레이터), 스트레이너, 오일탱크, 온도계, 압력계, 배관, 냉각기 등

31

정답 ②

$$e = \frac{k}{L} \rightarrow \frac{4}{200} = 0.02$$

32

정답 ④

[시험방법]
- **피로시험**: 반복하중을 가했을 때, 파괴되기까지의 반복횟수를 구해서 피로한도를 구한다.
- **비틀림시험**: 재료에 비틀림을 가해 전단응력을 측정한다.
- **크리프시험**: 고온에서 연성재료에 정하중을 가했을 때 시간에 따라 재료가 변형되는 현상을 측정한다.
- **에릭센시험**: 얇은 금속판재의 변형능력을 측정하는 시험으로, 즉 연성능력을 측정한다(＝커핑시험).

33

정답 ④

[열간가공 설명]
열간가공은 재결정온도 이상으로 한 후 가공하는 것을 말한다. 즉, 이미 재결정이 이루어졌기 때문에 신결정이 생겼을 것이다. 신결정은 굉장히 무른 상태이기 때문에 재결정이 이루어지면 재료의 강도는 저하되고 연성이 증가하게 된다. 따라서 무른 상태이기 때문에 가공도가 커서 거친 가공에 적합하고, 동력이 적게 들며, 짧은 시간에 가공이 이루어질 수 있다.
또한 열간가공의 경우는 높은 온도에서 가공하기 때문에 표면의 산화가 발생한다. 따라서 열간가공의 마찰계수가 냉간가공보다 더 크게 된다.

34

정답 ②

$S-N$ 곡선에서 수평부분의 응력을 내구한도 또는 피로한도라고 한다[여기서, S: 응력, N: 반복횟수]. 반복횟수는 $10^6 \sim 10^7$이다.

35

정답 ④

훅의 법칙($\sigma = \varepsilon E$)은 비례한도 내에서 응력과 변형률이 비례한다는 법칙이며, 탄성계수 단위는 변형률은 무차원량이기 때문에 응력과 같은 단위를 가지게 된다. 또한 세로탄성계수는 영률을 말한다.

※ 연강의 경우는 비례한도와 탄성한도가 거의 일치!

36

정답 ④

- **비례구간**: 선형구간이라고도 하며, 응력과 변형률이 비례하는 구간으로, 훅의 법칙이 적용된다. 또한 이 구간의 기울기가 탄성계수 E이다.
- **변형경화**: 결정구조 변화에 의해 저항력이 증대되는 구간이다.
- **완전소성**: 인장력이 증가하지 않아도 강의 변화량이 현저히 증가하는 구간이다.
- **네킹구간**: 단면 감소로 인해 하중이 감소하는데도 불구하고 인장하중을 받는 재료는 계속 늘어나는 구간이다.

37

정답 ③

[줄날의 형식]
- **단목(홑줄날)**: 납, 주석, 알루미늄 등 연한 금속을 다듬질할 때
- **복목(두줄날)**: 일반다듬질용
- **귀목(라스프줄날)**: 목재, 가죽 등을 다듬질할 때
- **파목(곡선줄날)**: 특수 다듬질할 때

✍ 암기법
- 난 (일)(복)이 많다. (특)(파)원으로서
- 귀목은 귀를 생각하십시오. 귀는 가죽처럼 말랑말랑합니다. 나머지 단목!

38

정답 ④

- **방전가공의 종류**: 코로나가공, 아크가공, 스파크가공

✍ 암기법
(코) (아)파 (스)발!

39

정답 ③

점결함	선결함	면결함	체적결함
공공, 불순물, 침입원자, 이온쌍공극, 치환이온	전위	결정립계, 적층결함, 상경계	기공, 개재물, 균열, 다른 상

40

[KS 강재기호와 명칭]

SM	기계구조용 탄소강	GC	회주철	STC	탄소공구강
SV	리벳용 압연강재	SC	탄소주강품	SS	일반구조용 압연강재
HSS, SKH	고속도강	SWS	용접구조용 압연강재	SK	자석강
WMC	백심가단주철	SBB	보일러용 압연강재	SF	탄소강 단강품, 단조품
BMC	흑심가단주철	STS	합금공구강, 스테인리스강	SPS	스프링강
GCD	구상흑연주철	SNC	Ni-Cr 강재	SEH	내열강
STD	다이스강				

※ 고속도강은 high-speed steel로, 이를 줄여 '하이스강'이라고도 한다.

41

- **풀림**: 강을 적당한 온도로 가열하여 일정시간 유지한 후, 노 속에서 냉각(노냉)을 하는 작업
- **불림**: 조직 미세화, 내부응력 제거, 탄소강 표준조직 얻기

42

[탄소량이 증가할 때 발생하는 현상]

- 경도 증가, 취성 증가, 비열 증가, 전기저항 증가
- 인성 감소, 충격값 감소, 연신율 감소, 열팽창계수 감소, 전기전도도 감소, 용융점 감소

※ 탄소량이 많아지면 주철에 가까워지므로 경도가 증가하게 되지만, 깨질 위험이 커져 취성이 증대된다. 즉, 취성이 증대된다는 의미는 인성이 감소된다는 의미이며, 인성이 감소된다는 것은 충격값이 저하된다는 뜻과 동일하다. 그리고 기존 원자배열이 질서정연한 상태에서 탄소량이 증가하면 배열이 흐트러져 녹이기가 비교적 쉽기 때문에 용융점이 저하된다. 또한 경도가 증가되었으므로 단단하여 변형이 잘 안되니 연신율은 감소하게 된다.

※ 이 문제에서 탄소는 불순물로 이해하는 것이 좋다. 불순물이 많아지면 전기가 잘 흐르지 못하므로 전기저항이 증가하게 될 것이다.

43

[니켈의 특징]

- 담금질성을 증가시키며, 특수강에 첨가하면 강인성·내식성·내산성을 증가시킨다.
- 자기변태점은 358도이며, 358도 이상이 되면 강자성체에서 상자성체로 변한다.
- 니켈은 동소변태를 하지 않고 자기변태만 한다.
- 오스테나이트 조직을 안정화시킨다.

> 참고
> - **자기변태 원소**: Fe, Ni, Co(각각의 자기변태온도는 768도, 358도, 1,150도)
> - **동소변태 원소**: Fe, Co, Sn, Ti, Zr, Ce

44

정답 모두 정답

- **주철의 성장**: A_1 변태점 이상에서 가열과 냉각을 반복하면 주철의 부피가 커지면서 팽창하여 균열을 발생시키는 현상

[주철의 성장 원인]
- 불균일한 가열에 의해 생기는 파열 팽창
- 흡수된 가스에 의한 팽창에 따른 부피 증가
- 고용 원소인 Si의 산화에 의한 팽창(페라이트 조직 중 Si 산화)
- 펄라이트 조직 중 Fe_3C 분해에 따른 흑연화에 의한 팽창

[주철의 성장 방지법]
- C, Si량을 적게 한다. Si 대신 내산화성이 큰 Ni로 치환한다(Si는 산화하기 쉽다).
- 편상흑연을 구상흑연화시킨다.
- 흑연의 미세화로 조직을 치밀하게 한다.
- 탄화안정화원소(Cr, V, Mo, Mn)를 첨가하여 펄라이트 중의 Fe_3C 분해를 막는다.

  ※ **탄화안정화원소**: Cr, V, Mo, Mn

📎 암기법 --
Cr, V, Mo, Mn [크바몰망]

45

정답 ②

[실루민]
- Al-Si계 합금
- 공정반응이 나타나고, 절삭성이 불량하며, 시효경화성이 없다.

[실루민이 시효경화성이 없는 이유]
일반적으로 구리(Cu)는 금속 내부의 원자 확산이 잘 되는 금속이다. 즉, 장시간 방치해도 구리가 석출되어 경화가 된다. 따라서 구리가 없는 Al-Si계 합금인 실루민은 시효경화성이 없다.

참고 --
구리가 포함된 합금은 대부분 시효경화성을 가지고 있다고 보면 된다.

46

정답 ③

[알루미늄 방식법 중 양극산화처리법]
- 금속의 표면처리법의 하나로 알루마이트법이라고도 불린다. 알루미늄을 수산, 황산, 크롬산 등의 용액에 담궈 양극으로 하고 전해하면 양극산화로 인해 알루미늄 표면에 양극산화피막이 생성된다. 이에 따라 알루미늄 내식성이 향상될 뿐만 아니라 표면 경도도 향상된다.
- 알루미늄에 많이 적용되고, 여러 색상의 유기염료를 사용하여 소재 표면에 안정되고 오래 가는 착색피막을 형성하는 표면처리방법이다.
- **수산법**: 알루미늄 표면에 황금색 경질피막을 형성하는 방법

47

무차원수란 단위가 모두 생략되어 단위가 없는, 즉 차원이 없는 수를 말한다.
(예 변형률, 비중, 마하수, 레이놀즈수 등)

48

$PV = mRT$에서 정압이므로 P는 버린다.

→ $V = mRT$에서 mR은 문제에서 일정한 상수이므로 $V/T = $ constant가 된다.

즉, $\dfrac{V_1}{T_1} = \dfrac{V_2}{T_2} = \dfrac{3}{273} = \dfrac{V_2}{546} \rightarrow V_2 = 6$이므로 $\Delta V = 3\text{m}^3$

49

[주철에 나타나는 흑연 기본 형상]
편상, 성상, 유충상, 응집상, 괴상, 구상, 공정상, 장미상 등

50

$\dfrac{50,000}{3,320} = 15.06\text{RT}$

- 1냉동톤 정의: 0도의 물 1ton을 24시간 이내에 0도의 얼음으로 바꾸는 데 제거해야 할 열량 및 그 능력
- 1냉동톤[RT]: 3,320kcal/hr = 3.86kW
- 1미국냉동톤[USRT]: 3,024kcal/hr
- 1제빙톤: 1.65RT

05 제5회 실전 모의고사

01	④	02	③	03	③	04	②	05	②	06	③	07	③	08	②	09	③	10	①
11	②	12	③	13	③	14	④	15	①	16	③	17	②	18	④	19	④	20	④
21	③	22	③	23	③	24	③	25	③	26	③	27	④	28	④	29	④	32	③
30	모두 맞음	31	②	33	④	34	①	35	③	36	②	37	④	38	③	39	③	40	①
41	②	42	③	43	③	44	④	45	②	46	②	47	③	48	③	49	②	50	②

01

정답 ④

건도가 30%라는 의미는 증기가 30%, 액체가 70%라는 말이다. 따라서 70% 해당하는 액체만 건포화증기로 만드는 데 필요한 열량을 계산하면 된다. 즉, 포화액을 건포화증기로 바꾸는 데 필요한 열량이 증발잠열이므로, 증발잠열에 70%의 액체 비율을 곱하면 된다.

→ 600kcal × 0.7 = 420kcal

※ **증발잠열**: 온도 변화 없이 액체를 기체로 만드는 데 필요한 열량

02

정답 ③

[부력]

• 부력은 중력과 반대 방향으로 작용(수직 상방향의 힘)하며, 각기 다른 액체 속에 일부만 잠기게 넣으면 결국 부력은 물체의 무게[mg]와 동일하게 작용하여 물체가 액체 속에서 일부만 잠긴 채 뜨게 된다. 따라서 부력의 크기는 모두 동일하다. [부력 = mg]

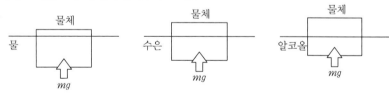

• 부력은 아르키메데스의 원리이다.
• 물체가 밀어낸 부피만큼의 액체 무게라고 정의된다.
• 어떤 물체에 가해지는 부력은 그 물체가 대체한 유체의 무게와 같다.
• 어떤 물체가 유체 안에 있으면 물체가 잠긴 부피만큼의 유체의 무게가 부력과 같다.
• 부력은 결국 대체된 유체의 무게와 같다.
• 부력이 생기는 이유는 유체의 압력차 때문이다. 구체적으로 유체에 의한 압력은 $P = rh$에 따라 깊이가 깊어질수록 커진다. 즉, 한 물체가 물속에 있다면 상대적으로 깊은 부분과 얕은 부분(윗면과 아랫면)이 생기며, 더 깊이 있는 부분이 더 큰 압력을 받아 위로 향하는 힘, 즉 부력이 생기게 되는 것이다.

※ 부력＝비중량(액체)×잠긴 부피
※ 공기 중에서 물체의 무게＝부력＋액체 중에서 물체의 무게

03

정답 ③

$Q = KA\dfrac{dT}{dx}$ [여기서, dT: 온도차, dx: 두께차]

$Q = KA\dfrac{dT}{dx} \rightarrow 100 = 10 \times A \times \dfrac{10}{0.25} \rightarrow A = 0.25$

동일한 열전달 면적에서 온도 차이 2배, 열전도율 4배, 벽의 두께 2배이므로

$Q = KA\dfrac{dT}{dx} \rightarrow Q = 40 \times 0.25 \times 200.5 \rightarrow Q = 400$

04

정답 ②

$\sigma = Pd/8 = 0.2 \times 5/8 = 0.125\text{kfg/m}$

주의

실제 시험에서 반경과 직경은 항상 조심!

• 물방울의 경우: $\sigma = Pd/4$ [단, P는 내부 초과압력이다.]
• 비눗방울의 경우: $\sigma = Pd/8$ [단, P는 내부 초과압력이며, 비눗방울은 얇은 막이 2개 생기기 때문에 $Pd/8$로 도출된다.)

05

정답 ②

$36\text{km/h} = 36,000\text{m}/3,600\text{s} = 10\text{m/s}$
$72\text{km/h} = 72,000\text{m}/3,600\text{s} = 20\text{m/s}$ 로 각각 변환시킨다.

4초 만에 10m/s에서 20m/s로 가속했다면, $10/4$이므로 $a($가속도$) = 2.5\text{m/s}^2$
즉, $F = ma = 2,000 \times 2.5 = 5,000\text{N}$ 으로 도출된다.

다음으로는 평균속력을 구하자. 등가속도운동이므로 평균속력은 $(10\text{m/s} + 20\text{m/s})/2$
즉, 평균속력은 15m/s로 도출된다.
결국, 가속하는 데 필요한 동력은 $H = F \cdot FV = 5,000 \times 15 = 75,000\text{W} = 75\text{kW}$

06

정답 ③

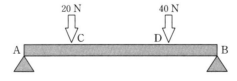

$(AC = 4\text{m}, CD = 8\text{m}, BD = 4\text{m})$

C점의 모멘트를 구하기 위해서는 먼저 C지점에서 보를 자르고 편리한 부분을 먼저 판단한다.
C점에서 자른 후 좌측과 우측을 확인하면 좌측은 A반력만 고려하면 되고, 우측은 D에 작용하는 40N의 하중과 B반력 2개를 고려해야 한다. 그렇기 때문에 하중이 작은 좌측을 고려하는 것이 편리할 것이다.

즉, A반력만 구하면 답은 쉽게 처리될 것이다. 그리고 C지점에서 자른 후 작용하는 반력모멘트는 서로 방향만 다를 뿐 크기는 동일하여 서로 상쇄되므로 보가 안정한 상태에 있는 것이다.

$$\sum M_B = 0 \rightarrow 4\text{m} \times 40\text{N} + 12\text{m} \times 20\text{N} - 16\text{m} \times R_A = 0 \rightarrow R_A = 25\text{N}$$
$$M_C = 4\text{m} \times 25\text{N} = 100\text{N} \cdot \text{m}$$

07
정답 ③

쇳물의 응고로 인한 수축이 발생하여 쇳물의 부족으로 수축공이 발생한다.
즉, 쇳물의 응고로 인한 수축은 수축공의 원인이다.

[주물의 기공 발생 원인]
• 용탕에 흡수된 가스
• 주형과 코어에서 발생하는 수증기
• 주형 내부의 공기
• 가스 배출의 불량 등

08
정답 ②

[쿠타-쥬코프스키의 정리]
• 평행흐름 V 속에 놓인 임의의 물체 둘레의 순환이 Γ일 때, 그 물체에 작용하는 양력은 항상 쿠타-쥬코프스키의 정리로 표시된다. 균일흐름 V 속에 놓인 임의의 형상을 가진 물체 둘레에 순환 Γ가 있을 때에도 그 단면의 단위 나비에 대해 양력 L이 발생한다.
• 야구, 정구, 골프 등의 공에 회전운동을 가하면 공이 커브를 이루는 것은 양력으로 인해 발생하는 것이다.

결국, 양력 $L = \sigma V \Gamma$이다. 이것을 '쿠타-쥬코프스키의 정리'라고 한다.

09
정답 ③

[주소의 의미 중 시험에 자주 출제되는 것]

G00	G01	G02	G03	G04	G32
위치보간	직선보간	원호보간(시계)	원호보간 (반시계)	일시정지 (휴지상태)	나사절삭기능

M03	M04	M06	M08	M09	
주축 정회전	주축 역회전	공구교환	절삭유 공급 on	절삭유 공급 off	

10
정답 ①

• **하이트게이지**: 높이측정 및 금긋기에 사용하며, 종류는 HT, HB, HM형이 있다.
• **스크레이퍼**: 더욱더 정밀한 평면으로 다듬질할 때 사용한다.
• **서피스게이지**: 금긋기 및 중심내기에 사용한다.
• **블록게이지**: 길이측정의 기구로 사용되며, 여러 개를 조합하여 원하는 치수를 얻을 수 있다.

※ **링깅**: 블록게이지에서 필요로 하는 치수에 2개 이상의 블록게이지를 밀착 접촉시키는 방법으로 조합되는 개수를 최소로 해서 오차를 방지하는 작업

11

[선반의 부속공구]
- **척**: 주축에 고정되어 일감을 고정하고 회전시키는 역할(척의 크기는 척의 바깥지름)
- **면판**: 주축에 부착되어 척으로 고정할 수 없는 큰 일감이나 불규칙한 일감을 고정하는 역할
- **방진구**: 가늘고 긴 일감을 가공 시 진동을 방지하며, 휨 또는 처짐을 방지($L \geq 20d$ 이상일 때 사용)
- **센터**: 공작물을 지지할 때 사용
- **돌림판**: 양센터 작업 시 주축의 회전을 일감에 전달하기 위해 사용
- **멘드릴(심봉)**: 중공의 일감 외경을 가공할 때 구멍과 외경이 동심원이 되게 하려고 사용

12

- 자유단조는 해머나 손공구를 사용하므로 제품의 형태가 간단하고 소량일 때 사용하며, 정밀한 제품에는 곤란하다.
- 형단조는 프레스를 사용하기 때문에 소형이고, 치수가 우수하며, 대량생산이 가능하다.

13

[IT 기본공차의 구분]
- 기본공차는 IT01부터 IT18까지 20등급으로 구분하여 규정되어 있다. IT01과 IT00에 대한 값은 사용 빈도가 적기 때문에 별도로 정하고 있다. 즉, 01, 00, 1~18까지 총 20등급이다.

14

- **압출**: 단면이 균일한 관이나 봉을 제작하는 방법으로, 압력을 가해 일정한 단면의 제품을 만든다(예 가래떡).

15

- **기공의 원인**: 가스 배출 불량
- **기공의 방지대책**: 쇳물의 주입 온도를 너무 높게 하지 말 것, 쇳물 아궁이를 크게 하고 덧쇳물을 붙여 압력을 가할 것, 주형의 통기성을 좋게 하여 가스 발생을 억제할 것, 주형 내의 수분을 제거할 것
- **수축공 원인**: 쇳물의 부족으로 발생
- **수축공 방지대책**: 덧쇳물을 붙여 쇳물 부족을 보충할 것, 쇳물 아궁이를 크게 할 것, 주물의 두께차로 인한 냉각속도를 줄이기 위해 냉각쇠를 설치하여 응고속도를 높일 것

※ 기공의 방지대책에도 덧쇳물을 붓는 것이 있지만, 덧쇳물을 붓는 것은 수축공 방지에 더 적합하기 때문에 답은 ①번이다.

16

정답 ③

[팁의 능력(규격)]
- 프랑스식(가변압식): 표준불꽃을 사용하여 1시간 동안 용접하는 경우 아세틸렌의 소비량을 L로 표시한다. 예를 들어 팁 100번, 팁 200번, 팁 300번이라는 것은 1시간 동안에 아세틸렌의 소비량이 100L, 200L, 300L라는 것을 의미한다.
- 독일식(불변압식): 연강판의 용접을 기준으로 하여 용접할 판 두께로 표시한다. 예로 팁 1번, 2번, 3번이라는 것은 연강판의 두께 1mm, 2mm, 3mm에 사용되는 팁을 의미한다.

17

정답 ②

[바하의 축 공식]
- 축 길이 1m에 대해 비틀림각은 0.25도 이내로 설계해야 한다.
- 축 길이 1m에 대해 처짐은 0.33mm 이내로 오도록 설계해야 한다.

18

정답 ③

[황동의 성질]
- 아연이 40%일 때 인장강도가 최대이며, 아연이 30%일 때 연신율이 최대이다.
- 열전도율과 전기전도율은 아연 34%까지는 강하하다가 그 이상이 되면 상승하면서 아연 50%에서 최대가 된다.

[청동의 성질]
- 청동은 주석 함유량이 증가할수록 강도, 경도는 증가한다. 주석이 20%일 때 강도, 경도가 최대이다.
- 청동의 연신율은 주석 4%에서 최대이고, 그 후로는 급격하게 감소한다.

19

정답 ④

- 체력: 탄성력, 자기력, 전기력, 관성력, 중력 등과 같이 물체의 체적 각부에 작용하고 있는 힘

20

정답 ④

- 플러그용접: 접합하고자 하는 모재의 한쪽에 구멍을 뚫고 용접하여 다른 쪽의 모재와 접합하는 용접방식이다.
- 슬롯용접: 플러그용접의 둥근 구멍 대신 가늘고 긴 홈에 비드를 붙이는 용접법이다.

플러그용접   슬롯용접

21

정답 ③

[NC 프로그램에서 사용하는 코드]

G	N	T	F	S	M
준비기능	전개번호	공구기능	이송	주축기능	보조기능

22

정답 ③

[유압펌프의 고장 원인]
- 오일이 토출되지 않는다.
- 소음 및 진동이 크다.
- 유량이 부족하다.

23

정답 ③

- **칩브레이커**: 작업자의 안전을 도모하기 위해 유동형 칩과 같은 연속형 칩을 짧게 끊어 주는 안전장치이다.
- **칩브레이커의 종류**: 평행형, 홈달린형, 각도형

24

정답 ③

[동력: 단위시간당 한 일]
- $1\text{kW} = 102\text{kg} \cdot \text{m/s} = 860\text{kcal/h}$
- $1\text{HP} = 76\text{kg} \cdot \text{m/s} = 641\text{kcal/h}$
- $1\text{PS} = 75\text{kg} \cdot \text{m/s} = 632\text{kcal/h}$

25

정답 ③

- **체크밸브**: 역류를 방지해 주는 밸브로, 역지밸브라고도 한다.

[체크밸브의 종류]
- **수평배관용 체크밸브**: 리프트식 체크밸브
- **수직배관용 체크밸브**: 스윙식 체크밸브
- **수격현상을 방지하기 위해 사용하는 체크밸브**: 스모렌스키 체크밸브

26

정답 ③

[동점성계수(ν)]
- 액체인 경우 → 온도만의 함수
- 기체인 경우 → 압력과 온도의 함수

27

정답 ④

[엔트로피]
- 가역에서는 등엔트로피 변화이고, 비가역에서는 엔트로피가 항상 증가한다.
- 가역 단열변화일 경우에는 엔트로피의 변화가 없다. 즉, 등엔트로피 변화이다.
- 가역현상이 존재할 수 없는 자연계에서는 엔트로피는 항상 증가한다(비가역이므로).
- 비가역 단열변화에서 엔트로피는 최초 상태와 최종 상태에 기인된다.
- 비가역 단열변화에서 엔트로피는 상태 전이 큰지 상태 후가 큰지 판단할 수 없다. 그 이유는 총 합성계의 엔트로피(엔트로피의 총합 = 시스템 + 주위)가 항상 증가하는 것이지, 상태 후가 상태 전보다 항상 크지 않기 때문이다. 예를 들어, 상태 전의 엔트로피가 +5이고 상태 후의 엔트로피가 −4라도 총합의 엔트로피는 +1로 증가하게 된다.

28

정답 ④

- **지그의 주요 구성요소:** 위치 결정구(locator), 클램프(clamp), 부시(bush), 몸체(body)

29

정답 ④

[증기원동소]
- **증기원동소:** 동작유체인 물을 증기로 증발시켜 그 에너지를 기계적인 일로 바꾸는 기관
※ 랭킨 사이클이 증기원동소의 이상 사이클이다.

- **과정:** 보일러(정압가열) − 터빈(단열팽창) − 복수기(정압방열) − 급수펌프(단열압축)

30

정답 ③

- **제백 효과:** 폐회로상의 양 금속 간에 온도차가 만들어지면 두 금속 간에 전위차가 생성되어 기전력이 발생한다. 이렇게 한쪽(냉접점)을 정확하게 0으로 유지하고 다른 한쪽(측정접점 또는 온접점)을 측정하려는 대상에 놓아두면, 기전력이 측정되어 온도를 알 수 있다. 이와 같이 서로 다른 금속도체의 결합을 열전대라고 한다.
- **펠티어 효과:** 서로 다른 두 금속이 2개의 접점을 갖고 붙어 있을 때, 전위차가 생기면 열의 이동이 발생한다(전자[열전]냉동기 원리).
- **톰슨 효과:** 단일한 도체 양 끝에 전류가 흐르면 열의 흡수나 방출이 발생한다.

31

정답 모두 맞음

[전도]
- 분자에서 분자로의 직접적인 열의 전달이다.
- 분자 사이의 운동에너지의 전달이다.
- 고체, 액체, 기체에서 발생할 수 있다.
- 고체 내에서 발생하는 유일한 열전달이다.

32

정답 ②

[열역학 제3법칙의 표현 2가지]
- **네른스트**: 어떤 방법에 의해서도 물질의 온도를 절대 0도까지 내려가게 할 수 없다.
- **플랑크**: 모든 물질이 열역학적 평형상태에 있을 때 절대온도가 0에 가까워지면 엔트로피도 0에 가까워진다.

33

정답 ④

수력반경$(Rh) = \dfrac{A}{P}$　[여기서, A: 유동 단면적, P: 접수길이]

※ **접수길이**: 물과 벽면이 접해 있는 길이

→ 수력반경$(Rh) = \dfrac{A}{P} = \dfrac{a^2}{4a} = \dfrac{a}{4}$

34

정답 ①

㉠ 주파수가 1Hz이므로 진동수 $f = 1$, 진동수의 역수인 주기 $T = 1\text{s}$

$f = \dfrac{w}{2\pi} \rightarrow w = 2\pi f = 2 \times 3 \times 1 = 6\text{rad/s}$

㉡ 0초일 때, 변위가 0이고 진폭이 10mm에 주기가 1s인 진동을 식으로 표현하면 다음과 같다.

$X(t) = 10\sin wt = 10\sin 2\pi t$

→ t에 0.5를 대입하면, $X(t) = 10\sin\pi = 0$

즉, 0.5초일 때 변위는 0이다.

35

정답 ③

열유속$(q) = K\dfrac{dT}{dx}$

즉, $dx = K\dfrac{dT}{q} = 0.05 \times \dfrac{25}{50} = 0.025\text{m} = 25\text{mm}$

36

정답 ②

속비$(i) = \dfrac{N_2}{N_1} = \dfrac{D_1}{D_2} = \dfrac{Z_1}{Z_2}$

중심거리$(C) = \dfrac{D_1 + D_2}{2} = \dfrac{m(Z_1 + Z_2)}{2}$

속비가 $\dfrac{1}{2}$ 이므로, $i = \dfrac{1}{2} = \dfrac{Z_1}{Z_2} \rightarrow Z_2 = 2Z_1 \rightarrow$ 도출된 식을 중심거리 식에 대입한다.

중심거리$(C) = \dfrac{D_1 + D_2}{2} = \dfrac{m(Z_1 + Z_2)}{2} = \dfrac{m(3Z_1)}{2} \rightarrow 240 = \dfrac{4 \times 3 \times Z_1}{2}$

→ $Z_1 = 40$개, $Z_2 = 2Z_1 = 2 \times 40 = 80$개

즉, 두 기어의 잇수의 차이는 40개이다.

37

정답 ④

위험속도를 판단하기 위해서는 처짐량을 알아야 한다. 중앙에 무게 W의 집중하중이 작용하고 있는 축의 최대처짐량은 다음과 같다. 축 양 끝에 각각 베어링이 지지되어 있는 단순보로 간주하기 때문이다.

$$\delta_{\max} = \frac{WL_3}{48EL}$$

여기서, 무게를 $\frac{1}{2}$배 감소시키고 길이와 단면 2차 모멘트를 각각 4배로 증가시키면

$$\delta_{\max} = \frac{WL_3}{48EL} = \frac{0.5 \times 4^3}{4} = 8 \rightarrow \text{즉, 처짐량은 8배가 된다.}$$

축의 위험속도$(N) = \frac{30}{\pi} \sqrt{\frac{g}{d_{\max}}} \rightarrow$ 나머지는 동일하므로 생략하고 처짐만 고려

$$N = \sqrt{\frac{1}{8}} = \frac{1}{2\sqrt{2}}$$

결국, 축의 위험속도는 $\frac{1}{2\sqrt{2}}$배로 변한다.

38

정답 ③

$P_e = T_t - T_s$ [여기서, P_e: 유효장력, T_t: 긴장측 장력, T_s: 이완측 장력]
즉, $P_e = 500 - 300 = 200\text{N}$
동력 $H = P_e V$이므로, $H = 200\text{N} \times 5\text{m/s} = 1,000\text{W} = 1\text{kW}$

문제에서는 PS로 물었으므로, $1\text{kW} = 1.36\text{PS}$

39

정답 ③

(가)　　　(나)　　　(다)　　　(라)

(가): 점용접, 심용접, 프로젝션용접
(나): 필릿용접
(다): 플러그용접, 슬롯용접
(라): 비드용접

40

정답 ①

축에 굽힘모멘트 M과 비틀림모멘트 T가 동시에 작용할 때, 상당 굽힘모멘트 M_e와 상당 비틀림모멘트 T_e를 고려해서 설계해야 한다.

$$Te = \sqrt{M_2 + T_2}, \quad M_e = \frac{1}{2}(T_e + M)$$

$$\rightarrow T_e = \sqrt{M_2 + T_2} = \sqrt{40,000^2 + 30,000^2} = 50,000$$

$$\rightarrow M_e = \frac{1}{2}(T_e + M) = \frac{1}{2}(50,000 + 40,000) = 45,000$$

41

정답 ②

$$\sigma = \frac{P}{A} = \frac{4P}{\pi d^2}$$

$$\sigma'' = \frac{4P}{\pi\left(\dfrac{d}{2}\right)^2} = \frac{16P}{\pi d^2}$$

즉, $\sigma'' = 4\sigma$의 관계를 갖는다는 것을 도출할 수 있다.

42

정답 ③

$$H[\text{kW}] = FV = 50 \times \frac{50 \times \dfrac{24}{120}}{0.4} = 25\text{kW}$$

43

정답 ③

$$\sigma_1 = \frac{pd}{2t} = \frac{1,200 \times 2,500}{2 \times 10} = 150\text{MPa}$$

$$\sigma_2 = \frac{pd}{4t} = \frac{1,200 \times 2,500}{4 \times 10} = 75\text{MPa}$$

원주 방향, 길이 방향 응력을 각각 구한 후, 2축 응력이 작용할 때의 모어원을 도출하여 최대전단응력(모어원의 반지름)으로 구해도 된다. 이것이 불편하다면, 용기에 작용하는 최대전단응력은 $\tau_{\max} = \dfrac{pd}{8t}$로 도출해도 된다.

$$\tau_{\max} = \frac{pd}{8t} = \frac{1,200 \times 2,500}{8 \times 10} = 37.5\text{MPa}$$

44

정답 ④

- 긴장측 장력(T_t), 이완측 장력(T_s)
- $H[\text{kW}] = P_e V/1,000$ [여기서, P_e: 유효장력]
- $P_e = T_t - T_s$

총 3개의 식을 사용해서 풀어본다.
먼저 긴장측 장력이 이완측 장력의 4배이므로 $T_t = 4T_s$
ⓒ $P_e = T_t - T_s = 4T_s - T_s = 3T_s$

$\textcircled{L}$ $H[\text{kW}] = P_e V/1{,}000 \rightarrow 30 = 3T_s(10)/1{,}000$ $T_s = 1{,}000\text{N}$

$\textcircled{C}$ $T_s = 1{,}000\text{N}$이므로 $T_t = 4{,}000\text{N}$

45
정답 ②

- **반발계수**: 변형의 회복 정도를 나타내는 척도이며, 0과 1 사이의 값이다.

$$\text{반발계수}(e) = \frac{\text{충돌 후 상대속도}}{\text{충돌 전 상대속도}} = -\frac{V_1' - V_2'}{V_1 - V_2} = \frac{V_2' - V_1'}{V_1 - V_2}$$

[여기서, V_1 = 충돌 전 물체 1의 속도, V_2 = 충돌 전 물체 2의 속도, V_1' = 충돌 후 물체 1의 속도, V_2' = 충돌 후 물체 2의 속도]

[첫번 째 방법]

$$e = \frac{V_2' - V_1'}{V_1 - V_2} \rightarrow 0.7 = \frac{V_2' - V_1'}{20 - 10} \rightarrow V_2' - V_1' = 7\text{m/s}$$

参고

보기에서 충돌 후 두 물체의 속도 차이가 7m/s인 것을 찾으면 된다.

[두번 째 방법＝충돌 후 두 물체의 속도식 활용]

$$V_1' = V_1 - \frac{m_2}{m_1 + m_2} \times (1 + e) \times (V_1 - V_2) = 20 - \frac{5}{15 + 5} \times 1.7 \times (20 - 10) = 15.75\text{m/s}$$

$$V_2' = V_2 - \frac{m_2}{m_1 + m_2} \times (1 + e) \times (V_1 - V_2) = 20 + \frac{5}{15 + 5} \times 1.7 \times (20 - 10) = 22.75\text{m/s}$$

46
정답 ②

- **기계적 성질**: 강도, 경도, 전성, 연성, 인성, 탄성률, 탄성계수, 항복점, 내력, 연신율, 굽힘, 피로, 인장 강도 등
- **물리적 성질**: 비중, 용융점, 열전도율, 전기전도율, 열팽창계수, 밀도, 부피, 온도, 비열 등
- **화학적 성질**: 내식성, 환원성, 폭발성, 생성엔탈피, 용해도, 가연성 등
- **제작상 성질**: 주조성, 단조성, 절삭성, 용접성

参고

힘과 관련된 성질은 모두 기계적 성질로 보면 된다.

47
정답 ③

- **델타메탈(철황동)**: 6.4황동 + Fe1~2%의 황동으로, 강도가 크고 내식성이 우수하여 광산기계, 선박기계에 사용된다. 특징으로는 내해수성이 강한 고강도 황동이다.
- **톰백**: Cu + Zn5~20%의 황동으로, 강도가 낮지만 전연성이 우수하여 금 대용품, 화폐, 메달에 사용되며, 황금색을 띤다.
- **길딩메탈**: Cu + Zn5%를 첨가하여 화폐, 메달, 소총의 뇌관 재료로 사용된다.
- **네이벌황동**: 6.4황동 + Sn1%의 황동으로, 용접용 파이프의 재료로 사용된다.

48

- **네이벌황동**: 6.4황동 + Sn1%의 황동으로, 용접용 파이프의 재료로 사용된다.
- **에드미럴티황동**: 7.3황동 + Sn1%의 황동으로, 열교환기, 증발기, 해군제복 단추의 재료로 사용된다. 특징으로는 소금물에도 부식이 발생하지 않고, 연성이 우수하다.
- **레드브레스**: Cu85% + Zn15%의 합금으로, 대표적인 무른 황동이다. 부드럽고 내식성이 좋아 건축용 금속 잡화, 전기용 소켓, 체결구 등으로 사용된다.
- **쾌삭황동**: 6.4황동 + Pb1.5~3%를 첨가한 황동으로, 납황동이라고도 한다. 절삭성이 우수하므로 정밀절삭가공을 요하는 나사, 볼트 등의 재료로 사용되며, Pb이 3% 이상이 되면 메지게 된다.

49

[저융점합금]
- 주성분은 납, 주석, 비스무트, 카드뮴 중에서 3~4가지를 조합하여 만든다.
- 용도로는 화재경보기의 자동스위치, 퓨즈 등에 사용된다.
- 통상적으로 저융점합금으로 불리기도 한다.
- 저융점합금은 주석의 용융점(231.9도) 이하의 용융점을 갖는 합금의 총칭이다.

50

[보일러 취급 시 이상현상]
- **포밍(물거품 솟음)**: 보일러수 중에 유지류, 용해 고형물, 부유물 등에 의해 보일러 수면에 거품이 생겨 올바른 수위를 판단하지 못하는 현상이다.
- **플라이밍(비수현상)**: 보일러 부하의 급변 수위 상승 등에 의해 수분이 증기와 분리되지 않아 보일러 수면이 심하게 상승하여 올바른 수위를 판단하지 못하는 현상이다.
- **캐리오버(기수 공발)**: 보일러수 중에 용해 고형물이나 수분이 발생 증기 중에 다량으로 함유되어 있으면 증기의 순도를 저하시킨다. 이에 따라 관내 응축수가 생겨 워터 해머링의 원인이 되고, 터빈이나 과열기 등의 여러 설비의 고장 원인이 되기도 한다.
- **수격작용**: 배관 말단에 있는 밸브를 급격하게 닫으면 배관 내를 흐르고 있던 유체의 흐름이 급격하게 감소하게 된다. 이에 따라 운동에너지가 압력에너지로 바뀌면서 배관 내에 탄성파가 왕복하게 되고, 결국 배관을 강하게 타격하여 배관 파열을 초래할 수 있다. 반대로 밸브를 급격하게 열 때도 수격작용이 발생한다.

01	③	02	③	03	③	04	②	05	④	06	②	07	①	08	③	09	③	10	②
11	②	12	②	13	②	14	①	15	②	16	④	17	②	18	③	19	④	20	①
21	④	22	③	23	①	24	①	25	④	26	②	27	①	28	①	29	①	30	①
31	③	32	④	33	②	34	③	35	④	36	②	37	②	38	③	39	②	40	②
41	②	42	③	43	②	44	①	45	②	46	④	47	④	48	③	49	②	50	①

01

정답 ③

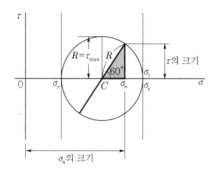

σ_x와 σ_y의 평균값은 $\dfrac{\sigma_x + \sigma_y}{2}$ 이므로 모어원의 중심(C)의 x좌표값을 말한다.

모어원의 중심(C)$= \dfrac{\sigma_x + \sigma_y}{2} \rightarrow x - y$ 좌표로 표현하면 $\left(\dfrac{\sigma_x + \sigma_y}{2}, 0 \right)$이다.

모어원의 반지름(R)은 모어원의 중심(C)에서 모어원의 임의의 원주 표면까지이다(반지름은 중심에서 임의의 원주 표면까지 다 동일하므로).

최대전단응력($\tau_{\max}$)은 모어원의 반지름(R)$= \dfrac{\sigma_x - \sigma_y}{2}$ 이다.

① 최대주응력(σ_1)의 크기는 $\dfrac{\sigma_x + \sigma_y}{2} + R$ 이다[크기는 **항상 원점(0,0)에서부터 떨어진 거리를 말한다**].

　→ 최대주응력의 크기는 σ_x와 σ_y의 평균값에 모어원의 반지름(R)을 더한 값이다. (○)

② 최대전단응력($\tau_{\max}$)의 크기는 모어원의 반지름(R)이므로 $\sigma_1 - C$가 된다.

　→ 최대전단응력의 크기는 최대주응력의 크기에서 원점에서 모어원의 중심까지의 거리를 **뺀** 값이다. (○)

③ 경사각이 30°라고 나와 있다. 따라서 모어원에서는 30°의 2배인 60°로 도시하여 모어원을 그려야 한다. 그려봤더니 경사각 30°에서의 전단응력(τ)의 크기는 모어원의 반지름(R)보다 작다는 것을 알 수 있다(그림 참조).

　→ 경사각 30°에서의 전단응력의 크기는 모어원의 반지름(R)의 크기보다 크다. (×)

④ 경사각 30°에서의 수직응력(σ_n)의 크기는 모어원의 중심(C)인 $\dfrac{\sigma_x + \sigma_y}{2}$의 값보다 크다는 것을 알 수 있다(그림 참조).

→ 경사각 30°에서의 수직응력의 크기는 σ_x와 σ_y의 평균값보다 크다. (○)

02
정답 ③

㉠ 유량(Q)이 $2,000\,\mathrm{m^3/s}$이므로 1초마다 $2,000\mathrm{m^3}$ 부피에 해당하는 물이 빠져나오고 있다는 것을 알 수 있다. 1시간(3,600초, 3,600s) 동안 빠져나간 물의 총 부피는 다음과 같이 구할 수 있다.

$2,000\mathrm{m^3/s} \times 3,600\mathrm{s} = 7,200,000\mathrm{m^3}$

※ 물의 밀도(ρ)$=1,000\mathrm{kg/m^3}$이다. 이것은 물 $1\mathrm{m^3}$의 부피에 해당하는 물의 질량이 $1,000\mathrm{kg}$이라는 것을 의미한다.

㉡ 1시간 동안 빠져나온 물 $7,200,000\mathrm{m^3}$의 부피에 해당하는 물의 질량을 구하면 다음과 같다.

물의 밀도(ρ)$=1,000\mathrm{kg/m^3} = 7,200,000,000\mathrm{kg}/7,200,000\mathrm{m^3}$

→ 즉, 물 $7,200,000\mathrm{m^3}$의 부피에 해당하는 물의 질량은 $7,200,000,000\mathrm{kg}$이다.

㉢ 1시간 동안 빠져나온 물의 무게를 구하라고 했으므로 W(무게)$=mg$를 사용한다.

W(무게)$=mg = 7,200,000,000\mathrm{kg} \times 10\mathrm{m/s^2} = 72,000,000,000\mathrm{N} = 72 \times 10^9\mathrm{N}$

03
정답 ③

파스칼 법칙의 예	유압식 브레이크, 유압기기, 파쇄기, 포크레인, 굴삭기 등
베르누이 법칙의 예	비행기 양력, 풍선 2개 사이에 바람 불면 풍선이 서로 붙음 등
베르누이 법칙의 응용	마그누스의 힘(축구공 감아차기, 플레트너 배 등)

04
정답 ②

$Q = dU + PdV$ [여기서, Q: 열량, dU: 내부에너지 변화량, $W = (PdV)$: 외부에 한 일의 양]

위의 식은 열량(Q)을 공급하면 기체의 내부에너지를 변화시키고 나머지는 외부에 일로 변환된다는 의미이다.

→ $80\mathrm{J} = dU + (100,000\mathrm{Pa} \times dV)$

압력(P)은 외부 기압과 피스톤 무게에 의한 압력을 모두 고려해야 한다.

$P = $ 외부압 $+ \dfrac{\text{무게}(mg)}{A} = 100,000\mathrm{Pa} + \dfrac{12\mathrm{kg} \times 10\mathrm{m/s^2}}{60 \times 10^{-4}\mathrm{m^2}} = 120,000\mathrm{Pa}$

부피(체적) 변화량(dV)$=AS$ [여기서, A: 피스톤 단면적, S: 피스톤 이동거리]

$dV = AS = 60\mathrm{cm^2} \times 5\mathrm{cm} = 300\mathrm{cm^3} = 300 \times 10^{-6}\mathrm{m^3}$

$80\mathrm{J} = dU + (120,000\mathrm{N/m^2} \times 300 \times 10^{-6}\mathrm{m^3})$ [단, $\mathrm{Pa} = \mathrm{N/m^2}$]

$m\,80\mathrm{J} = dU + 36\mathrm{N \cdot m} = dU + 36\mathrm{J}$ [여기서, $1\mathrm{N}1 \cdot 1\mathrm{m} = 1\mathrm{J}$]

$\therefore dU = 44\mathrm{J}$

05

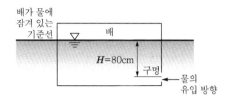

구멍에서 배출되는 물의 속도$(V) = \sqrt{2gH} = \sqrt{2 \times 10\text{m/s}^2 \times 0.8\text{m}} = 4\text{m/s}$

$Q[\text{m}^3/\text{s}] = AV = 20 \times 10^{-4}\text{m}^2 \times 4\text{m/s} = 0.008\text{m}^3/\text{s}$

즉, 1초(s)마다 물 0.008m^3가 배 안으로 유입되고 있다.

[필수 개념]

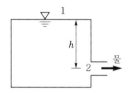

수면 위의 점 1에서는 $V_1 \approx 0$이다. 그리고 점 1과 점 2는 각각 대기압(P)을 동일하게 받고 있다.

베르누이 방정식 $\dfrac{P_1}{\gamma} + \dfrac{V_1^2}{2g} + Z_1 = \dfrac{P_2}{\gamma} + \dfrac{V_2^2}{2g} + Z_2$를 사용하여 토출구의 속도 V_2를 구해보자.

$\dfrac{P_1}{\gamma} + \dfrac{V_1^2}{2g} + Z_1 = \dfrac{P_2}{\gamma} + \dfrac{V_2^2}{2g} + Z_2$

$\dfrac{P}{\gamma} + Z_1 = \dfrac{P}{\gamma} + \dfrac{V_2^2}{2g} + Z_2$

$\dfrac{V_2^2}{2g} = Z_1 - Z_2 = h$

$V_2^2 = 2gh$

$V_2 = \sqrt{2gh}$

06

90°C의 물과 0°C의 얼음이 만나 어느 정도 시간이 흐르면 물과 얼음은 서로 열적 평형상태가 되어 평형온도 T에 도달하게 된다. 90°C의 물은 0°C의 얼음에게 열을 빼앗기기 때문에 90°C에서 평형온도 T로 내려가게 되고, 0°C의 얼음은 90°C의 물로부터 열을 빼앗아 물로 녹게 될 것이며 0°C의 물에서 평형온도 T로 상승하게 될 것이다. **열은 항상 고온체로부터 저온체로 이동한다.**
0°C의 얼음은 90°C의 물로부터 열을 빼앗아 물로 녹을 것이다. 그리고 평형온도 T까지 상승한다.
90°C의 물은 0°C의 얼음으로부터 열을 빼앗겨 평형온도 T까지 온도가 하강한다.

※ 0°C의 얼음이 90°C의 물로부터 얻은 열량 Q와 90°C의 물이 0°C의 얼음으로부터 **빼앗긴** 열량 Q는 서로 동일할 것이다. 그 열이 그 열이기 때문이다. 이를 수식으로 표현하면 다음과 같다.

질량을 m이라고 가정한다.

0℃의 얼음이 90℃의 물로부터 빼앗은(얻은) 열(Q)은 얼음이 물로 상 변화하는 데 필요한 열인 얼음의 융해열 A와 0℃의 물에서 평형온도 T까지 온도가 변화하는 데 필요한 현열로 쓰일 것이다. 이를 수식으로 표현하면 다음과 같다.

$$Q = mA + Cm(T-0) \ \cdots \ ①$$

90℃의 물은 0℃의 얼음으로부터 열을 빼앗겨 90℃에서 평형온도 T까지 온도가 떨어진다. 이를 수식으로 표현하면 다음과 같다.

$$Q = Cm(90-T) \ \cdots \ ②$$

물과 얼음 사이에서 이동한 열량 Q는 서로 같기 때문에 ① = ②가 된다.

$$mA + Cm(T-0) = Cm(90-T)$$

$$mA + CmT = 90Cm - CmT$$

$$mA + 2CmT = 90Cm \ \rightarrow \ A + 2CT = 90C \ \rightarrow \ 2CT = \frac{90C-A}{2C}$$

$$\therefore \ T = 45 - \frac{A}{2C}$$

※ 얼음을 물에 넣어서 녹은 상황이므로 섞었을 때의 평형온도 T가 곧 물의 온도이다.

07

경사면 위쪽 방향으로 F라는 힘을 가했을 때, 반대 방향으로 $mg\sin30°$의 힘이 작용하게 된다. 이때 가해준 F의 힘과 $mg\sin30°$의 힘이 서로 평형을 이루기 때문에 물체는 정지하고 있는 것이다(같은 방향의 힘만 생각한다).

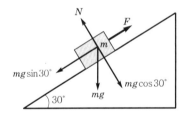

$$F = mg\sin30° = \frac{1}{2}mg$$

만약, 경사각이 60°로 바뀐다면 다음과 같다.

$mg\sin60° = \dfrac{\sqrt{3}}{2}mg$ 크기의 힘이 경사면 아래 방향으로 작용한다. 이때 물체를 정지시키려면 위쪽 방향으로 $\dfrac{\sqrt{3}}{2}mg$와 동일한 크기의 힘을 가해야 한다.

즉, $\dfrac{\sqrt{3}}{2}mg = \left(\dfrac{1}{2}mg\right)\sqrt{3} = F\sqrt{3} = \sqrt{3}\,F$라는 힘이 위쪽 방향으로 가해져야 한다.

08

정답 ③

벡터 (크기와 방향을 가지고 있는 물리량)	스칼라 (크기만 가지고 있는 물리량)
속도, 힘, 가속도, 전계, 자계, 토크, 운동량, 충격량 등	에너지, 온도, 질량, 길이, 전위 등

09

정답 ③

열기관의 열효율$(\eta) = \dfrac{출력}{입력} = \dfrac{W_일}{Q_1}$ [여기서, $W_일 = Q_1 - Q_2$, Q_1 : 공급열, Q_2 : 방출열]

$\eta = \dfrac{W_일}{Q_1} \to 0.4 = \dfrac{Q_1 - Q_2}{Q_1} = \dfrac{Q_1 - 9,000\text{J}}{Q_1}$

$0.4 Q_1 = Q_1 - 9,000\text{J} \to 0.6 Q_1 = 9,000\text{J}$

$\therefore Q_1 = 15,000\text{J}$

$W_일 = Q_1 - Q_2 = 15,000\text{J} - 9,000\text{J} = 6,000\text{J} = 6\text{kJ}$

즉, 매순환마다 고온체로부터 15,000J의 열을 공급받고, 외부로 6,000J의 일을 하며 남은 6,000J은 저온체로 방출하여 버려진다.

일률 $= \dfrac{W(한 일)}{t(시간, s)} \to 3\text{kW} = 3\text{kJ/s} = 3,000\text{J/s} = \dfrac{6,000\text{J}}{t} \to t = 2\text{s}\,(초)$

10

정답 ②

동일한 높이 h이기 때문에 각 물체가 갖는 초기 상태에서의 위치에너지값은 mgh로 동일하다. 이 위치에너지가 지면에 도달했을 때 모두 운동에너지로 변환된다. 그 이유는 지면에 도달했을 때에는 높이가 0이고, 점점 속도가 붙어 운동에너지가 커지기 때문이다. 이는 곧 위치에너지가 모두 운동에너지로 변환되었다는 의미이다.

$mgh(위치에너지) = \dfrac{1}{2}mV^2(운동에너지)$

$\therefore V(지면에 도달했을 때의 속도) = \sqrt{2gh}$

문제에서는 경사면을 벗어나는 순간(지면 도달)의 운동에너지를 물어봤기 때문에 지면 도달 시, (a)와 (b)의 운동에너지는 각각 mgh로 동일할 것이다. 따라서 $\dfrac{A}{B} = 1$이다.

11

정답 ②

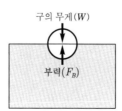

구의 무게(W)

부력(F_B)

구가 반만 잠긴 채 물 위에 떠서 정지해 있다는 것은 '**중성부력**' 상태라는 것을 말한다. 중성부력은 부력과 중력에 의한 물체의 무게가 서로 힘의 평형관계가 있다라는 것을 말한다(즉, 중력 = 부력).

양성부력	부력 > 중력 (물체가 점점 뜬다)
중성부력	부력 = 중력 (물체가 떠 있는 상태)
음성부력	부력 < 중력 (물체가 점점 가라앉는다)

㉠ 부력(F_B)의 크기 구하기

$$F_B = \gamma V_{\text{잠긴 부피}} = 9,800\text{N/m}^3 \times \left[\frac{4}{3} \pi (0.1\text{m})^3 \right] \frac{1}{2} \fallingdotseq 19.6\text{N}$$

$$\left[\text{여기서, } V_{\text{잠긴 부피}} = \left(\frac{4}{3} \pi r^3 \right) \frac{1}{2} \text{ (구의 반만 잠겼으므로)} \right]$$

㉡ 구(물체)의 무게 구하기

$$W = mg = m \times 9.8\text{m/s}^2$$

㉢ 부력(F_B)과 구(물체)의 무게가 서로 힘의 평형관계에 있으므로 다음과 같다.

$$F_B = W \rightarrow 19.6\text{N} = m \times 9.8\text{m/s}^2 \rightarrow \therefore m = 2\text{kg}$$

※ 물의 밀도(ρ) $= 1\text{g/cm}^3 = \dfrac{0.001\text{kg}}{10^{-6}\text{m}^3} = 1,000\text{kg/m}^3$

※ 물의 비중량(γ) $= 9,800\text{N/m}^3$

※ 구의 부피(V) $= \dfrac{4}{3} \pi r^3$

12

정답 ②

풀이 1) 베르누이 방정식 활용

점 ①은 수면, 점 ②는 구멍 중심을 기준으로 잡는다.

$$\frac{P_1}{\gamma} + \frac{V_1^2}{2g} + Z_1 = \frac{P_2}{\gamma} + \frac{V_2^2}{2g} + Z_2$$

점 ①은 수면이기 때문에 잔잔한 정지 상태이다. 따라서 $V_1 = 0\text{m/s}$ 이다.

$Z_1 - Z_2 = 5\text{m}$ 이다.

P_1과 P_2는 동일하게 대기압이 작용하고 있으므로 압력수두$\left(\dfrac{P}{\gamma} \right)$는 상쇄된다.

$$\rightarrow Z_1 - Z_2 = \frac{V_2^2}{2g} \rightarrow 5 = \frac{V_2^2}{2 \times 10} \rightarrow V_2^2 = 100 \rightarrow \therefore V_2 = 10\text{m/s}$$

즉, 물이 구멍에서 10m/s의 속도로 빠져나간다는 것을 알 수 있다.

질량(m) = 밀도(ρ) × 구멍의 단면적(A) × 빠져나가는 물의 속도(V_2) × 시간(t)

$\rightarrow 200\text{kg} = 1,000\text{kg/m}^3 \times 0.0001\text{m}^2 \times 10\text{m/s} \times \text{t}$

$\rightarrow \therefore t = 200\text{s} = 200$초 $= 3$분 20초

풀이 2) 간단한 사고의 활용

※ 물의 밀도(ρ): $1,000 \mathrm{kg/m}^3$(부피 $1\mathrm{m}^3$ 공간에 들어 있는 물의 질량이 $1,000\mathrm{kg}$이라는 의미)

따라서 물 $200\mathrm{kg}$은 부피 $\dfrac{1}{5}\mathrm{m}^3$에 해당한다는 것을 알 수 있다.

구멍의 면적은 $0.0001\mathrm{m}^2$이다.

구멍의 면적(A)은 $0.0001\mathrm{m}^2$이고 물 $200\mathrm{kg}$이 빠져나가려면 부피 $\dfrac{1}{5}\mathrm{m}^3$만큼 물이 빠져나가야 한다. 위 그림처럼 하나의 관으로 생각해보면 부피는 다음과 같다.

부피(V) = 면적(A) × 이동거리(S)

$\dfrac{1}{5}\mathrm{m}^3 = 0.0001\mathrm{m}^2 \times S \rightarrow \therefore S = 2,000\mathrm{m}$

즉, 하나의 관으로 보았을 때 빠져나간 물의 질량이 $200\mathrm{kg}$가 되려면 길이가 $2,000\mathrm{m}$인 관을 물이 이동해야 한다. 풀이 1)에서 빠져나가는 물의 속도는 $10\mathrm{m/s}$였다. $10\mathrm{m/s}$의 속도로 $2,000\mathrm{m}$를 이동하려면 $200\mathrm{m/s}(200\mathrm{s})$가 걸린다. 따라서 답은 3분 20초이다. [여기서, 이동거리(S) = 속도(V) × 시간(t)]

13

정답 ②

만유인력, 자기력, 전기력은 물체가 떨어져 있어도 작용하는 힘이다.

14

정답 ①

ㄱ. **전도:** 추운 겨울날 마당의 철봉과 나무는 온도가 같지만 손으로 만지면 철봉이 더 차게 느껴진다.

ㄴ. **전도:** 감자에 쇠젓가락을 꽂으면 속까지 잘 익는다.

ㄷ. **대류:** 난로는 바닥에, 냉풍기는 위에 설치하는 것이 좋다.

ㄹ. **복사:** 아무리 먼 곳이라도 열은 전달된다.

15

정답 ②

열은 항상 고온체에서 저온체로 이동하게 된다.

고열원계 입장에서 보면 $Q(250\mathrm{J})$라는 열이 저열원계로 이동하였으므로 $Q(250\mathrm{J})$를 잃은 셈이다. 따라서 고열원계의 엔트로피 변화를 구하면 다음과 같다.

$\triangle S_{고열원} = \dfrac{\delta Q}{T} = \dfrac{-250\text{J}}{500\text{K}} = -0.5\text{J/K}$ [열을 잃었으므로 (−)부호이다.]

저열원계 입장에서 보면 $Q(250\text{J})$라는 열을 고열원계로부터 받았으므로 $Q(250\text{J})$을 얻은 셈이다. 따라서 저열원계의 엔트로피 변화를 구하면 다음과 같다.

$\triangle S_{저열원} = \dfrac{\delta Q}{T} = \dfrac{250\text{J}}{250\text{K}} = 1\text{J/K}$ [열을 얻었으므로 (+)부호이다.]

∴ 총엔트로피 변화 $(\triangle S_{총합}) = \triangle S_{고열원} + \triangle S_{저열원} = -0.5\text{J/K} + 1\text{J/K} = 0.5\text{J/K}$

따라서 두 계의 총 엔트로피는 '**0.5J/K 증가**'했다.

16 　　　　　　　　　　　　　　　　　　정답 ④

미끄러지다가 정지한 이유는 도로의 마찰 때문이다. 즉, 도로에 마찰계수가 존재한다는 이야기와 같다. 결국, 운동하고 있는 자동차의 운동에너지가 마찰력에 의한 마찰일량으로 점점 변환되면서 자동차는 정지하게 된다. 이를 수식으로 표현하면 다음과 같다.

• 운동에너지 $= \dfrac{1}{2}mV^2$

• 마찰일량 $= f \times S = \mu mg \times S$ [여기서, f(마찰력) $= \mu mg$, S: 이동거리]

　운동에너지 $\xrightarrow[변환]{}$ 마찰일량

$\dfrac{1}{2}mV^2 = \mu mgS \;\rightarrow\; \dfrac{1}{2}V^2 = \mu gS \;\rightarrow\; \dfrac{1}{2}V^2 = \mu gd$

• 속력이 $2V$로 되었을 때는 다음과 같다.

$\dfrac{1}{2}mV^2 = \mu mgS \;\rightarrow\; \dfrac{1}{2}m(2V)^2 = \mu mgS \;\rightarrow\; 2mV^2 = \mu mgS \;\rightarrow\; 2V^2 = \mu gS$

※ 초기 상태에서 구한 '$\dfrac{1}{2}V^2 = \mu gd$'를 사용한다.

$2V^2 = \mu gS \xrightarrow[양변에 \,\times\, \frac{1}{4}]{} \dfrac{1}{2}V^2 = \dfrac{1}{4}\mu gS \;\cdots\; ㉠$

$\dfrac{1}{2}V^2 = \mu gd \;\cdots\; ㉡$

식 ㉠과 ㉡을 같게 만들어 계산한다. $\rightarrow \dfrac{1}{2}V^2 = \mu gd = \dfrac{1}{4}\mu gS \;\rightarrow\; \therefore\; S = 4d$

※ 혹시나 답 ①과 ②를 고르는 불상사가 없기를 바란다. 속력이 2배가 되었으므로 당연히 자동차의 제동거리는 길어질 것이다. 따라서 기존 d보다는 더 미끄러지면서 자동차가 멈출 것이다. 따라서 문제를 풀기 전에 이미 답 ①과 ②는 걸러야 한다.

17 　　　　　　　　　　　　　　　　　　정답 ②

응력비(R): 피로시험에서 하중의 한 주기에서의 최소응력과 최대응력 사이의 비율로 $\dfrac{최소응력}{최대응력}$으로 구할 수 있다.

응력진폭(σ_a)	평균응력(σ_m)	응력비(R)
$\sigma_a = \dfrac{\sigma_{max} - \sigma_{min}}{2}$	$\sigma_m = \dfrac{\sigma_{max} + \sigma_{min}}{2}$	$R = \dfrac{\sigma_{min}}{\sigma_{max}}$

[여기서, σ_{max} : 최대응력, σ_{min} : 최소응력]

평균응력(σ_m)이 240MPa이므로 $240 = \dfrac{\sigma_{max} + \sigma_{min}}{2}$가 된다. 즉, $\sigma_{max} + \sigma_{min} = 480$이다.

응력비(R)가 0.2이므로 $0.2 = \dfrac{\sigma_{min}}{\sigma_{max}}$가 된다. 즉, $\sigma_{min} = 0.2\sigma_{max}$의 관계가 도출된다.

$\sigma_{max} + \sigma_{min} = 480$, $\sigma_{min} = 0.2\sigma_{max}$을 연립하면 $\sigma_{max} + 0.2\sigma_{max} = 480$이다.

$1.2\sigma_{max} = 480$이므로 $\sigma_{max} = 400$, $\sigma_{min} = 80$이 도출된다.

18
정답 ③

① **마그누스 힘**: 유체 속에 있는 물체와 유체 사이에 상대적인 속도가 있을 때, 상대속도에 수직인 방향의 축을 중심으로 물체가 회전하면 회전축 방향에 수직으로 물체에 힘이 작용하는데 이 현상이 마그누스 힘 효과이다.

② **카르만 소용돌이 효과**: 축구공에 회전을 주지 않고 강하게 밀어 차면 마주 오던 공기가 공의 위와 아래로 갈리면서 뒤편으로 흘러 양쪽에 소용돌이가 생기는데 이 소용돌이의 크기가 다르면 기압의 차이도 달라지므로 진행 방향에 변화가 생긴다. 따라서 키퍼가 공의 진행 방향을 예측하기 어렵다(무회전 슛).

③ **자이로 효과**: 고속으로 회전하는 회전체가 그 회전축을 일정하게 유지하려는 성질이다.

④ **라이덴프로스트 효과**: 어떤 액체가 그 액체의 끓는점보다 훨씬 더 뜨거운 부분과 접촉할 경우 빠르게 액체가 끓으면서 증기로 이루어진 단열층이 만들어지는 현상이다.

19
정답 ④

절탄기(economizer)	보일러에서 나온 연소 배기가스의 남은 열로 보일러로 공급되고 있는 급수를 미리 예열하는 장치이다.
복수기(정압방열)	응축기(condenser)라고도 하며 증기를 물로 바꿔주는 장치이다.
터빈(단열팽창)	• 보일러에서 만들어진 과열증기로 팽창 일을 만들어내는 장치이다. • 터빈은 과열증기가 단열팽창되는 곳이며 과열증기가 가지고 있는 열에너지가 기계에너지로 변환되는 곳이라고 보면 된다.
보일러(정압가열)	석탄을 태워 얻은 열로 물을 데워 과열증기를 만들어내는 장치이다.
펌프(단열압축)	복수기에서 다시 만들어진 물을 보일러로 보내주는 장치이다.

20

정답 ①

깁스의 자유에너지의 변화량$(\triangle G) = \triangle H - T \triangle S$

$$= (-8,000) - 300(-30) = 1,000J = 1kJ$$

→ 깁스의 자유에너지 변화량이 양수라는 것은 그 반응계의 반응이 비자발적임을 의미한다.

[자유에너지(G)]

온도와 압력이 일정한 조건에서 화학반응의 자발성 여부를 판단하기 위해 주위와 관계없이 계의 성질만으로 나타낸 것이다.

자발적 반응	$\triangle S_{전체} > 0 \quad \rightarrow \quad \triangle G < 0$
평형 상태	$\triangle S_{전체} = 0 \quad \rightarrow \quad \triangle G = 0$
비자발적 반응	$\triangle S_{전체} < 0 \quad \rightarrow \quad \triangle G > 0$

[깁스의 자유에너지(깁스에너지)의 변화량]

$\triangle G > 0$: 역반응이 자발적이다.

$\triangle G = 0$: 반응 전후가 평형이다.

$\triangle G < 0$: 반응이 자발적이다.

21

정답 ④

비가역인 경우에 엔트로피는 증가한다.

22

정답 ③

시간에 따른 전단응력 변화는 나비에-스토크스식에 포함되지 않는다.

23

정답 ①

롤러지지		롤러지지(가동힌지)는 롤러로 인해 수평 방향으로는 이동할 수 있지만 수직 방향으로는 이동할 수 없다. 즉, 수직 방향으로 구속되어 있어 수직반력 1개가 발생한다.
힌지지지		힌지지지(부동힌지)는 힌지로 인해 보가 회전할 수 있지만 수평 방향과 수직 방향으로는 이동할 수 없다. 즉, 수평 방향과 수직 방향으로 구속되어 있어 수평반력과 수직반력 2개가 발생한다. ※ **힌지**: 핀 등을 사용하여 중심축을 기준으로 회전할 수 있도록 하는 구조의 접합부분이다.
고정지지		고정지지는 힌지가 없어 회전을 못하며, 수평·수직 방향으로 구속되어 있어 회전모멘트, 수평반력, 수직반력 3개가 발생한다.

24

정답 ①

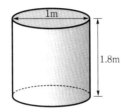

탱크에 가득 들어있는 물의 부피(V)는 Ah이다. [여기서, A: 원통의 밑면적, h: 원통의 높이]

$$V = Ah = \frac{1}{4}\pi d^2 h = \frac{1}{4}\pi \times 1^2 \times 1.8 = 0.45\pi\,[\mathrm{m}^3]$$

탱크 바닥에 내경 5cm(0.05m)의 관을 연결하여 1.2m/s의 평균 유속으로 물을 배출한다고 한다. 체적 유량(Q)을 계산해보자.

$$Q = AV = \frac{1}{4}\pi d^2\,V = \frac{1}{4}\pi \times 0.05^2 \times 1.2 = 0.00075\pi\,[\mathrm{m}^3/\mathrm{s}]$$

1초마다 $0.00075\pi\,[\mathrm{m}^3]$의 부피에 해당하는 물이 배출될 수 있다.

※ 탱크에 가득 들어있는 물의 부피 $= 0.45\pi\,[\mathrm{m}^3]$

$$t(시간) = \frac{0.45\pi\,[\mathrm{m}^3]}{0.00075\pi\,[\mathrm{m}^3/\mathrm{s}]} = 600\mathrm{s} = 600초 = 10분$$

25

정답 ④

열은 항상 고온에서 저온으로 이동한다. 즉, 전도는 **에너지가 많은 입자에서 에너지가 적은 입자로** 에너지가 전달되는 현상이다.

26

정답 ②

질량이 m인 물체가 높이 h에서 가지고 있는 위치에너지 값은 mgh이다. 이 에너지가 바닥에 떨어지면 모두 운동에너지로 바뀔 것이고 최종적으로 바닥에 있던 질량과 합쳐져 열평형이 이루어지므로 운동에너지가 최종적으로 열에너지로 변환될 것이다.

열(Q) $= cm\triangle T$ [여기서, c: 비열, m: 질량, $\triangle T$: 온도 변화]

$mgh = c(2m)\triangle T$ ($2m$이 되는 이유는 질량이 같은 물체 B와 합쳐지기 때문)

$\therefore \ \triangle T = \dfrac{gh}{2c}$ 가 도출된다.

27

정답 ①

[프란틀(Prandtl)수, Pr]

$$Pr = \frac{C_p \mu}{k} = \frac{운동량전달계수}{열전달계수} \ (\textbf{열전달계수에 대한 운동량전달계수의 비이다.})$$

• 대부분의 액체에서 프란틀수는 1보다 크다.
• 프란틀수는 액체에서 온도에 따라 변화 기체에서는 거의 일정한 값을 유지한다.

• 물의 프란틀수는 약 1~10 정도이며, 가스의 프란틀수는 약 1이다.

액체 금속	열이 운동량에 비해 매우 빠르게 확산하므로 프란틀수는 매우 작다. $Pr \ll 1$
오일	열이 운동량에 비해 매우 느리게 확산하므로 프란틀수는 매우 크다. $Pr \gg 1$

[누셀트(Nusselt)수, Nu]

$$N = \frac{hL}{k} = \frac{대류계수}{전도계수}$$

[여기서, h: 대류 열전달계수, L: 길이, k: 전도 열전달계수]

• **누셀트수는 같은 유체 층에서 일어나는 대류와 전도의 비율이다.**
• **누셀트수가 1이라는 것은 전도와 대류의 상대적 크기가 같다는 의미이다.**
• **누셀트수가 커질수록 대류에 의한 열전달이 커진다.**
• 누셀트수(Nu)는 **스탠턴수**(St) × **레이놀즈수**(Re) × **프란틀수**(Pr)로 나타낼 수 있으며, 스탠턴수 (St)가 생략되어도, 즉 **레이놀즈수**(Re) × **프란틀수**(Pr)만으로 누셀트수를 표현하여 해석하는 데 큰 무리가 없다.

28　　　　　정답 ①

[마하수(Mach number, M)]

㉠ $M = \dfrac{V}{a}$　[여기서, V: 물체의 속도, a: 소리의 속도(음속)]

물체의 속도가 음속의 몇 배인지 알 수 있는 무차원수이다.

$M = \dfrac{관성력}{탄성력}$ (탄성력에 대한 관성력의 비로 코시수와 물리적 의미 동일)

※ 마하 1이라고 하면 물체의 속도가 음속과 같다는 것이다.
※ 음속(소리의 속도)은 약 343m/s이다.
※ 빛의 속도는 300,000km/s이다.

아음속	$M < 1$	초음속	$M > 1$
음속	$M = 1$	극초음속	$M > 5$

※음속을 천음속이라고도 한다. 천음속은 유체의 속도가 아음속에서 초음속으로 전환되는 단계의 속도를 말한다.

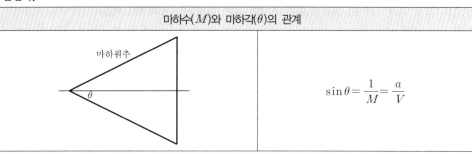

마하수(M)와 마하각(θ)의 관계

㉡ 마하수(M)는 유체의 흐름의 압축성 또는 비압축성 판별에 가장 적합한 무차원수이다. → 마하수가 0.3보다 크면 압축성 효과를 갖는다.

※ 유체가 흐를 때 밀도가 변하면 압축성 유동이고, 밀도가 변하지 않으면 비압축성 유동에 해당된다. 일반적으로 유체가 빠르게 흐를 때, 속도와 압력 또는 온도가 크게 변할 경우, 밀도의 변화를 수반하게 되며 압축성 유동의 특성을 보이게 된다. 예를 들어, 유체 유동의 속도가 마하수 0.3 이하(상온에서 대략 100m/s 내외)에서 밀도의 변화가 무시할 정도가 되기 때문에 비압축성 유동에 해당된다. 그리고 속도가 그 이상으로 빠르게 되면 압축성 유동에 해당된다. 액체의 경우는 밀도 변화가 크지 않으므로 대부분의 경우 비압축성 유동에 해당된다.

→ $0.3 < M < 1.0$인 유동은 아음속 압축성 유동이다.

29

[여러 가지 무차원수]

프란틀(Prandtl)수, Pr	$Pr = \dfrac{C_p \mu}{k} = \dfrac{운동량전달계수}{열전달계수}$ (열전달계수에 대한 운동량전달계수의 비)

<table>
<tr><td rowspan="13">프란틀(Prandtl)수,
Pr</td><td colspan="3">$Pr = \dfrac{C_p \mu}{k} = \dfrac{운동량전달계수}{열전달계수}$ (열전달계수에 대한 운동량전달계수의 비)</td></tr>
<tr><td colspan="3">• 대부분의 액체에서 프란틀수는 1보다 크다.</td></tr>
<tr><td colspan="3">• 프란틀수는 액체에서 온도에 따라 변화 기체에서는 거의 일정한 값을 유지한다.</td></tr>
<tr><td colspan="3">※ 물의 프란틀수는 약 1~10 정도이며 가스의 프란틀수는 약 1이다.</td></tr>
<tr><td>액체 금속</td><td colspan="2">열이 운동량에 비해 매우 빠르게 확산하므로 프란틀수는 매우 작다. $Pr \ll 1$</td></tr>
<tr><td>오일</td><td colspan="2">열이 운동량에 비해 매우 느리게 확산하므로 프란틀수는 매우 크다. $Pr \gg 1$</td></tr>
<tr><td colspan="3">※ 열경계층(δ_t): 유체의 흐름에서 온도구배가 있는 영역이다. 온도구배는 유체와 벽 사이의 열교환 과정 때문에 발생한다.</td></tr>
<tr><td colspan="3">프란틀수(Pr)에 따른 열경계층(δ_t)과 유동(속도)경계층(δ)의 관계</td></tr>
<tr><td>$Pr \gg 1$</td><td colspan="2">• 열경계층 두께(δ_t)가 유동경계층 두께(δ)보다 작다.
$\delta_t < \delta$
• 유동경계층이 열경계층보다 빠른 속도로 증가(확산)한다.</td></tr>
<tr><td>$Pr = 1$</td><td colspan="2">• 열경계층 두께(δ_t)와 유동경계층 두께(δ)가 같다.
$\delta_t = \delta$
• 유동경계층이 열경계층과 같은 속도로 증가(확산)한다.</td></tr>
<tr><td>$Pr \ll 1$</td><td colspan="2">• 열경계층 두께(δ_t)가 유동경계층 두께(δ)보다 크다.
$\delta_t > \delta$
• 유동경계층이 열경계층보다 느린 속도로 증가(확산)한다.</td></tr>
</table>

누셀트(Nusselt)수, Nu	$N = \dfrac{hL}{k} = \dfrac{대류계수}{전도계수}$ [여기서, h : 대류 열전달계수, L : 길이, k : 전도 열전달계수] • 누셀트수는 같은 유체 층에서 일어나는 대류와 전도의 비율이다. • 누셀트수가 1이면 전도와 대류의 상대적 크기가 같다. • 누셀트수가 커질수록 대류에 의한 열전달이 커진다.

	• 누셀트수(Nu)는 **스탠턴수**(St) × **레이놀즈수**(Re) × **프란틀수**(Pr)로 나타낼 수 있으며, 스탠턴수(St)가 생략되어도, 즉 **레이놀즈수**(Re) × **프란틀수** (Pr)만으로 누셀트수를 표현하여 해석하는 데 큰 무리가 없다.
비오트(Biot)수, Bi	$$Bi = \frac{hL}{k} = \frac{대류열전달}{열전도}$$ 유체 속에 물체가 잠겨 냉각될 때, 즉 열전달 과정이 과도 상태일 때 쓰는 상수이다. 이는 **물체의 표면과 내부 사이의 온도 강하의 정도를 알 수 있는 척도**가 된다. • **비오트수가 크다면 물체 내에서의 온도 강하가 심하다.** • **비오트수가 작으면 물체 내에서의 온도가 거의 일정하다.** 비오트수가 작게 되면 물체의 하나의 덩어리로 온도가 일정하다고 가정할 수 있어서 시스템을 더욱 간단하게 만든다. • **대부분 비오트수가 0.1보다 작을 때 물체 내의 온도가 일정하다고 본다.** • 비오트수가 1보다 아주 작은 경우 내부 열저항이 무시된다(고체 내부의 온도 구배가 없다고 가정). • 비오트수는 외부 물체와 표면에서 일어나는 대류의 크기와 물체 내부에서 일어나는 전도의 크기의 비율이다.
레이놀즈(Reynolds)수, Re	$$Re = \frac{\rho V d}{\mu} = \frac{관성력}{점성력}$$ 강제대류에서 유동 형태는 유체에 작용하는 점성력에 대한 관성력의 비를 나타내는 레이놀즈수에 좌우된다. 즉, **강제대류에서 층류와 난류를 결정하는 무차원수는 레이놀즈수이다.**
그라쇼프(Grashof)수, Gr	$$Gr = \frac{부력}{점성력}$$ 온도차에 의한 부력이 속도 및 온도분포에 미치는 영향을 나타내거나 자연대류에 의한 전열현상에 있어서 매우 중요한 무차원수이다.

3개 확실히 비교하여 숙지하기	
그라쇼프수	자연대류에서 유동 형태는 유체에 작용하는 점성력에 대한 부력의 비를 나타내는 그라쇼프수에 좌우된다. 즉, **자연대류에서 층류와 난류를 결정하는 무차원수는 그라쇼프수이다.** ※ 층류와 난류 사이에 유동이 변하는 영역에서의 그라쇼프수의 임계값은 10^9이다.
레이놀즈수	강제대류에서 유동 형태는 유체에 작용하는 점성력에 대한 관성력의 비를 나타내는 레이놀즈수에 좌우된다. 즉, **강제대류에서 층류와 난류를 결정하는 무차원수는 레이놀즈수이다.**
레일리수	자연대류에서 강도를 판별해주거나 유체층 속에서 **열대류가 일어나는지의 여부를 결정**해주는 매우 중요한 무차원수는 레일리수이다. ※ 대류 발생에 필요한 값(임계 레일리수): 약 10^3 ※ 레일리수(Ra) =그라쇼프수(Gr) × 프란틀수(Pr)

자연대류와 강제대류의 판별	
$\dfrac{Gr}{(Re^2)} \gg 1$	자연대류
$\dfrac{Gr}{(Re^2)} \ll 1$	강제대류
$\dfrac{Gr}{(Re^2)} \fallingdotseq 1$	복합대류

30 정답 ①

누셀트수(Nu)는 **스탠턴수**(St)$\times$ **레이놀즈수**(Re) $\times$ **프란틀수**(Pr)로 나타낼 수 있으며, 스탠턴수(St)가 생략되어도, 즉 **레이놀즈수**(Re) $\times$ **프란틀수**(Pr)만으로 누셀트수를 표현하여 해석하는 데 큰 무리가 없다.

31 정답 ③

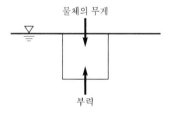

물체의 맨 위 표면이 수면과 같아지려면 물체 전체의 부피가 물에 잠겨야 한다.

물체의 부피 $= 0.1\mathrm{m} \times 0.1\mathrm{m} \times 0.1\mathrm{m} = 0.001\mathrm{m}^3$

물체의 위 표면이 수면과 같아지려면, '물체의 무게($W_{물체}$) + 위에 놓아야 할 금속의 무게($W_{금속}$)'와 완전히 물체가 잠겼을 때 수직 상방향으로 작용하는 부력(F_B)이 힘의 평형 관계에 있어야 한다. 이를 수식으로 표현하면 다음과 같다.

완전히 물체가 잠겼을 때 수직 상방향으로 작용하는 부력(F_B)의 크기는 잠긴 부피만큼에 해당하는 유체 (물)의 무게에 해당한다.

$W_{물체} + W_{금속} = F_B$

$m_{물체}g + m_{금속}g = \rho_{물}g V_{잠긴\ 부피}$

$m_{물체} + m_{금속} = \rho_{물} V_{잠긴\ 부피}$

밀도(ρ) $= \dfrac{V(부피)}{m(질량)}$ **이므로 물체의 질량**($m_{물체}$) $= \rho_{물체} V(부피)$**이다.**

$640\mathrm{kg/m}^3 \times 0.001\mathrm{m}^3 + \mathrm{m}_{금속} = 1{,}000\mathrm{kg/m}^3 \times 0.001\mathrm{m}^3$

$\therefore \ m_{금속} = 0.36\mathrm{kg} = 360\mathrm{g}$

32

정답 ④

풀이 1) 속도 – 시간 그래프 활용

성연이는 상공에서 뛰어내리므로 수직 하방향으로 작용하는 중력가속도의 영향을 받게 된다. 따라서 성연이의 운동 상태는 등가속도운동이다.

3,000m 상공에서 점프한 후, 2,000m 상공에서의 낙하 속도를 구하는 것이므로 성연이의 총이동거리는 1,000m이다. 위의 운동 상태를 속도(V)–시간(t) 그래프로 나타내면 다음과 같다.

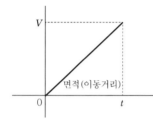

※ 속도–시간 그래프에서의 기울기는 가속도(a)이다.
※ 속도–시간 그래프에서의 삼각형 면적은 이동거리(S)이다.

$S = \dfrac{1}{2} Vt$, $a = \dfrac{V}{t}$ → $V = at$가 도출된다. $V = at$를 식 S의 V에 대입한다.

$S = \dfrac{1}{2} Vt = \dfrac{1}{2}(at)t = \dfrac{1}{2}at^2 = \dfrac{1}{2}gt^2$ [단, 중력가속도의 영향을 받으므로 $a = g$이다.]

$S = \dfrac{1}{2}gt^2$ → $1{,}000\text{m} = \dfrac{1}{2} \times 10\text{m/s}^2 \times t^2$ → $\therefore t = \sqrt{200}\ \text{초(s)} = 10\sqrt{2}\ \text{초(s)}$

즉, 3,000m 상공에서 2,000m 상공으로 낙하할 때까지 걸린 시간이 $10\sqrt{2}$ s이다.

이 문제는 결국 '1,000m 높이에서 물체를 자유 낙하시켰을 때 $10\sqrt{2}$ 초 후의 속도는 얼마인가?'와 같은 맥락이라는 것을 알 수 있다.

따라서 $V = at = gt = 10\text{m/s}^2 \times 10\sqrt{2}\ \text{s} = 100\sqrt{2}\ \text{m/s} ≒ 140\text{m/s}$로 구해진다($\sqrt{2}$는 대략 1.4이므로).

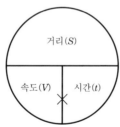

① 거리(S) = 속도(V) · 시간(t)
② 속도(V) = $\dfrac{거리(S)}{시간(t)}$
③ 시간(t) = $\dfrac{거리(S)}{속도(V)}$

풀이 2) 에너지의 변환 이용

초기에 성연이가 3,000m 상공에서 가지고 있는 위치에너지는 $mgh = m \times 10 \times 3{,}000 = 30{,}000\text{m}$ 이다. 그리고 2,000m 상공에서 가지고 있는 위치에너지는 $mgh = m \times 10 \times 2{,}000 = 20{,}000\text{m}$ 이다.

즉, 10,000m 이라는 위치에너지가 운동에너지로 변환되었다는 것을 의미한다. 역학적 에너지보존법칙에 의해 위치에너지와 운동에너지의 합은 항상 일정하기 때문이다. 구체적으로 말하면, 낙하하면서 속도가 중력가속도에 의해 점점 증가했을 것이며 이 말은 10,000m 이라는 위치에너지가 점점 낙하하면서 운동에너지로 모두 변환되었다는 것을 말한다. 이를 식으로 표현하면 다음과 같다.

$10{,}000\text{m} = \dfrac{1}{2}mV^2$ → $10{,}000 = \dfrac{1}{2}V^2$ → $V^2 = 20{,}000$ $\therefore V ≒ 140\text{m/s}$

33

정답 ②

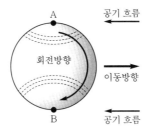

풀이 1) 간단한 생각★

- A 지점에서는 공의 회전 방향과 공기 흐름의 방향이 서로 반대이기 때문에 공기의 속도가 느려진다. 즉, 공기의 속도가 느려진다는 것은 공기가 머무는 시간이 길어 A 지점에서의 공기의 양이 B 지점보다 상대적으로 많아진다는 것이다.
- B 지점에서는 공의 회전 방향과 공기 흐름의 방향이 서로 같기 때문에 공기의 속도가 빨라진다. 즉, 공기의 속도가 빨라진다는 것은 공기가 머무는 시간이 짧아 B 지점에서의 공기의 양이 A 지점보다 상대적으로 적어진다는 것이다.
- 유체(기체 또는 액체)의 압력은 **유체의 양이 많을수록 크다.** 즉, A 지점에서의 공기량이 많기 때문에 A 지점의 압력이 B 지점의 압력보다 크다. 따라서 위에서 아래로 압력이 작용하여 공은 아래로 휘게 되는 것이며 이 압력 차이로 발생하는 힘이 바로 '마그누스 힘'이다. **마그누스 힘과 관련된 것은 위와 같은 상황 외에도 축구공 감아 차기, 플레트너 배 등이 있다. 그리고 '마그누스 힘'은 베르누이 방정식의 응용 현상이라고 보면 된다.**

※ 마그누스 힘: 유체 속에 있는 물체와 유체 사이에 상대적인 속도가 있을 때, 상대 속도에 수직인 방향의 축을 중심으로 물체가 회전하면 회전축 방향에 수직으로 물체에 힘이 작용하는데 이 현상이 마그누스 힘 효과이다.

풀이 2) 베르누이 방정식 응용

- A 지점에서의 회전 방향에 따른 속도 방향은 접선 방향이므로 오른쪽이다. 근데 공기의 흐름은 왼쪽으로 작용한다. 즉, A 지점에서 회전 방향에 따른 공기의 속도가 공의 진행 방향에 따른 공기의 흐름의 저항을 받아 느려지게 된다. 따라서 A 지점에서 속도는 공기저항에 의해 느리다.
- B 지점에서의 회전 방향에 따른 속도 방향은 접선 방향으로 왼쪽이다. 그런데 공기의 흐름도 왼쪽으로 작용한다. 즉, B 지점에서 회전 방향에 따른 공기의 속도가 공의 진행 방향에 따른 공기의 흐름과 같기 때문에 B 지점에서의 공기의 속도 흐름을 도와주는 꼴이 된다. 따라서 B 지점에서의 속도는 A 지점에서의 속도보다 빠르다는 것을 알 수 있다.

※ 베르누이 방정식 $\dfrac{P}{\gamma}+\dfrac{V^2}{2g}+Z=\text{constant}$

베르누이 방정식에 따르면, 압력과 속도는 항상 압력수두, 속도수두, 위치수두의 합이 일정하기 때문에 압력과 속도는 서로 반비례 관계를 갖는다. 즉, B 지점의 속도가 A 지점의 속도보다 빠르므로 압력은 A 지점보다 B 지점이 작다는 것을 알 수 있다.

속도	압력
$V_B > V_A$	$P_A > P_B$

→ 결론적으로 압력이 공의 A 지점이 B 지점보다 크므로 A에서 B 방향으로 누르는 힘이 발생하게 된다. 이 힘이 바로 마그누스 힘이다. 즉, 공은 아래쪽으로 굴절된다(휘어진다).

34

정답 ③

$$f_{진동수} = \frac{\omega}{2\pi}$$

주기와 진동수는 역수의 관계이다. → $f_{진동수} = \dfrac{1}{T_{주기}}$

따라서 $T_{주기} = \dfrac{2\pi}{\omega}$ 가 된다. $\left[단, \ \omega = \sqrt{\dfrac{g}{l}} \ \right]$

[여기서, ω: 각속도, l: 단진자의 길이, g: 중력가속도]

$$T_{주기} = \frac{2\pi}{\omega} = 2\pi \sqrt{\frac{l}{g}} = 2초가 \ 된다.$$

문제에서 중력가속도(g)가 지구의 $\dfrac{1}{4}$ 인 행성에 가져갔으므로 위의 식에 g 대신 $\dfrac{1}{4}g$를 대입하면 된다. 단진자의 길이 l은 변함이 없다.

$$T_{행성에서의 \ 주기} = \frac{2\pi}{\omega} = 2\pi \sqrt{\frac{l}{g}} = 2\pi \sqrt{\frac{l}{\frac{1}{4}g}} = 2\pi \sqrt{\frac{4l}{g}} = 4\pi \sqrt{\frac{l}{g}}$$

$$= 2 \times 2\pi \sqrt{\frac{l}{g}} = 2 \times 2초 = 4초$$

35

정답 ④

초기에 가진 물체의 운동에너지가 마찰력에 의한 마찰일량으로 변환되면서 정지한다.

• 운동에너지: $\dfrac{1}{2}mV^2$

• 마찰일량: $f \times S = \mu mg \times S$　[여기서, f(마찰력)$= \mu mg$, S =이동거리]

운동에너지 $\xrightarrow{변환}$ **마찰일량**

$$※ \ \frac{1}{2}mV^2 = \mu mgS \ \rightarrow \ \frac{1}{2}V^2 = \mu gS \ \rightarrow \ \frac{1}{2} \times 20^2 = 0.2 \times 10 \times S$$

$$\therefore \ S = 100\text{m}$$

36

정답 ④

[유량계의 종류]

차압식 유량계	오리피스, 유동노즐, 벤투리미터
유속식 유량계	피토관, 열선식 유량계
용적식 유량계	오벌 유량계, 루츠식, 로터리 피스톤, 가스미터
면적식 유량계	플로트형, 피스톤형, 로터미터, 와류식

※ **델타 유량계**: 유체의 와류에 의해 유량을 측정하는 유량계

37

물체 B의 무게에 의해 아래로 땡겨지면서 물체 A가 원운동을 하게 된다. 어떤 물체가 등속원운동을 할 수 있도록 유지시켜주는 힘이 바로 '구심력'이다. 다시 말해, 물체 B의 무게가 물체 A가 등속원운동을 하게 만드는 구심력이 된다는 의미이다.

$$m_B g = m_A \left(\frac{V^2}{R} \right) \rightarrow 8 \times 10 = 4 \times \frac{V^2}{0.2} \rightarrow \therefore V = 2\text{m/s} \ (\text{선속도})$$

구심가속도$(a_n) = \dfrac{V^2}{R} = \dfrac{2^2}{0.2} = 20\text{m/s}^2$

38

[풀이 1] 운동을 해석하기
물체의 운동 정도를 나타내는 물리량인 운동량이 처음엔 정지 상태이므로 0이다.
운동량: $\overrightarrow{P}(\text{kg} \cdot \text{m/s}) = m\overrightarrow{V}$
그 물체가 운동 과정 중에 어떤 시간(t) 동안 힘(F)를 누적하여 받았으므로 등가속도운동을 하면서 운동 상태가 바뀌어 속도 5m/s가 된 것이다. 즉, 나중 물체의 운동 정도를 타나내는 물리량인 운동량은 50이 된다. [※ $10\text{kg} \times 5\text{m/s} = 50\text{kg} \cdot \text{m/s}$]
위 내용을 수식으로 바꾸면 다음과 같다.
$0 + Ft$(누적된 힘의 양 = 충격의 정도) $= 50$
Ft(누적된 힘의 양 = 충격의 정도) $= 50$이라는 것을 알 수 있으며 이것이 바로 운동 과정 중에 물체가 받은 충격량(역적)이다. 또한 위와 같은 운동 해석을 통해 역적(충격량, $\overrightarrow{I}$)은 '**운동량의 변화량**'이라는 것을 알 수 있다.

※ $F = ma$**의 본질적인 의미**: 단순히 '질량과 가속도의 곱은 힘이다.'라는 것이다. 본질적인 의미는 질량 m인 물체에 F라는 힘이 가해지면 그 물체는 반드시 등가속도운동을 하게 된다는 것이다. 여기서 등가속도운동이라 함은 시간에 따라 점점 감속될 수도 있고 점점 가속될 수도 있다.

[풀이 2] 운동의 해석을 정형화시켜 만든 공식을 이용
역적(충격량, $\overrightarrow{I}$)은 '**운동량의 변화량**'으로 구할 수 있다.
운동량의 변화량($\triangle \overrightarrow{P}$): $m\overrightarrow{V_2} - m\overrightarrow{V_1}$
$m\overrightarrow{V_2} - m\overrightarrow{V_1} = (10 \times 5) - (10 \times 0) = 50\text{N} \cdot \text{s}$

※ 물리 및 동역학 등의 여러 가지 문제를 실제로 공부할 때, 정형화된 공식에다가 수치만 대입해서 계산 하는 방식의 공부는 추천하지 않고 [풀이 1]처럼 운동을 정확하게 해석하면서 푸는 것을 추천한다. 정형화된 공식에다가 수치만 대입해서 풀면 물리나 동역학 문제는 단순한 암기과목으로 전락하고 만다. 이렇게 공식만을 먼저 떠올리게 되면, 운동량, 충격량의 본질적인 의미를 모르고 지나칠 수도 있고 나 중에 시험에서 말만 바꾸거나 약간 난이도 높게 응용되어서 문제가 출제되면 손도 대지 못하는 상황이 발생할 수도 있다. 여러 문제를 해석하고 운동을 파악하고 물리적으로 어떤 의미를 갖는지, 이 공식은 어떤 의미를 갖는지 등을 분석하면서 공부를 해야 어떤 문제가 나와도 쉽게 풀 수 있고 스스로의 사고

력을 넓힐 수 있다.

※ 그럼 '공식은 중요하지 않나?'하는 질문이 있을 수 있다. 공식도 중요하다. 상황에 따라서 공식을 사용했을 때 빠르게 처리가 가능한 문제도 있다. 공식을 먼저 암기하기보다 운동 해석을 통해 이해를 하다 보면, 저절로 따라오는게 공식이라고 생각하자.

운동량	물체의 운동의 세기(운동 정도)를 나타내는 물리량이다. 즉, 이 값이 클수록 물체는 운동을 매우 크게 하고 있다는 것이다. 예를 들면, 질량이 엄청 크거나 속도가 매우 빠르거나, 질량과 속도가 매우 크거나 할 때 물체의 운동의 세기는 커지고 이에 따라 운동량도 커진다. 따라서 다음과 같이 식이 표현된다. $\vec{P}(\mathrm{kg \cdot m/s}) = m\vec{V}$ [여기서, $\vec{P}$: 운동량, m: 질량, $\vec{V}$: 속도] ※ 기호 위의 화살표는 벡터를 의미한다. 속도는 크기뿐만 아니라 방향도 있는 벡터량이다. 따라서 운동량도 벡터량이다.
충격량 (역적)	충격량은 말 그대로 충격의 정도를 나타낸다. 즉, t시간 동안 힘(F)이 얼마나 누적되었는지를 나타내는 물리량이라고 보면 된다. 따라서 다음과 같이 표현된다. $\vec{I}(\mathrm{N \cdot s,\ kg \cdot m/s}) = \vec{F}t$ [여기서, $\vec{I}$: 충격량, $\vec{F}$: 힘, t: 시간] 역적(충격량, $\vec{I}$)은 '운동량의 변화량'으로 구할 수 있다. 운동량의 변화량($\triangle \vec{P}$): $m\vec{V_2} - m\vec{V_1}$ ※ 운동량이 벡터량이기 때문에 운동량의 변화량인 '충격량'도 벡터이다. $\vec{I} = \vec{F}t = m\vec{a}t = m\dfrac{\vec{V_2}-\vec{V_1}}{t}t = m(\vec{V_2}-\vec{V_1}) = m\vec{V_2}-m\vec{V_1}$

39

정답 ②

등온과정에서는 절대일, 공업일, 열량이 모두 같다. 따라서 일은 다음과 같이 구하면 된다.

$$W = W_t = Q = P_1 V_1 \ln\left(\frac{V_2}{V_1}\right) = mRT \ln\left(\frac{V_2}{V_1}\right)$$

$$W = mRT \ln\left(\frac{V_2}{V_1}\right)$$

부피를 반으로 줄였으므로 $V_2 = \dfrac{1}{2}V_1$이 된다.

$$W = mRT \ln\left(\frac{\frac{1}{2}V_1}{V_1}\right) = mRT \ln\left(\frac{1}{2}\right) = mRT \ln\left(2^{-1}\right) = -mRT \ln 2 = 200 \mathrm{J}$$

∴ 부피를 $\dfrac{1}{8}$로 줄이면 $V_2 = \dfrac{1}{8}V_1$이 된다.

$$W = mRT \ln\left(\frac{\frac{1}{8}V_1}{V_1}\right) = mRT \ln\frac{1}{8} = mRT \ln\left(2^{-3}\right)$$
$$= -3mRT \ln 12 = -3 \times -200 \mathrm{J} = 600 \mathrm{J}$$

40

정답 ②

- **과열도**: 과열증기의 온도와 포화온도의 차이로, 이 값이 높을수록 완전가스(이상기체)에 가까워진다.

먼저, 섭씨(℃)로 답을 구해야 하므로 증기의 포화온도를 섭씨온도로 바꿔준다.

$T[K]_{절대온도} = T[C]_{섭씨온도} + 273.15$

$495 = T[C]_{섭씨온도} + 273.15$ $\therefore T[C]_{섭씨온도} = 495 - 273.15 = 221.85℃$

과열도 = 과열증기의 온도 - 포화온도 = $325℃ - 221.85℃ = 103.15℃$

41

정답 ②

관성력과 점성력만을 고려하라는 것을 통해 레이놀즈수(Re)를 이용해야 하는 것을 알 수 있다.

$(Re)_{모형} = (Re)_{원형}$

$\left(\dfrac{Vd}{\nu}\right)_{모형} = \left(\dfrac{Vd}{\nu}\right)_{원형} \rightarrow \left(\dfrac{V \times 0.1\text{m}}{\nu}\right)_{모형} = \left(\dfrac{2\text{m/s} \times 0.5\text{m}}{\nu}\right)_{원형}$

$\left(\dfrac{V(0.1\text{m})}{\nu}\right)_{모형} = \left(\dfrac{2\text{m/s} \times 0.5\text{m}}{\nu}\right)_{원형}$

$(V \times 0.1\text{m})_{모형} = (2\text{m/s} \times 0.5\text{m})_{원형}$ $\therefore V_{모형} = 10\text{m/s}$

모형의 안지름이 10cm(0.1m)가 되는 이유는 1/5로 축소된 모형이기 때문이다. 모형과 원형 간의 역학적 상사가 성립되려면 모형의 속도가 10m/s가 되어야 한다는 것을 알 수 있다. 모형에서의 유량(Q)을 구하라고 되어 있으므로 $Q_{모형} = AV = \dfrac{1}{4}\pi \times 0.1^2 \times 10 = \dfrac{1}{4} \times 3 \times 0.01 \times 10 = 0.075\text{m}^3/\text{s}$ 이다. 여기서, $1\text{L} = 0.001\text{m}^3$이므로 $Q_{모형} = 0.075\text{m}^3/\text{s} = 75\text{L/s}$ 이다.

42

정답 ③

[선형 스프링이 부착된 피스톤 - 실린더 장치의 팽창문제]

1) 실린더 내의 최종압력(P_2)

피스톤과 스프링의 변위	$x = \dfrac{\triangle V}{A} = \dfrac{V_2 - V_1}{A} = \dfrac{0.12 - 0.06}{0.3} = 0.2\text{m}$
최종상태에서 스프링에 부가된 힘	$F = kx = 120 \times 0.2 = 24\text{kN}$
최종상태에서 스프링에 작용하는 기체압력	$P_{spring} = \dfrac{F}{A} = \dfrac{24}{0.3} = 80\text{kPa}$
실린더 내의 최종압력(P_2)	$P_2 = P_1 + P_{spring} = 150 + 80 = 230\text{kPa}$

2) 기체가 한 전체 일(P-V 선도에서 과정곡선 밑의 면적)

$(0.12 - 0.06) \times 150 + \dfrac{1}{2}(0.12 - 0.06) \times 80 = 11.4\text{kJ}$

3) 스프링을 압축하기 위하여 스프링에 한 일

$$W = \frac{1}{2}kx^2 = \frac{1}{2} \times 120 \times 0.2^2 = 2.4\text{kJ}$$

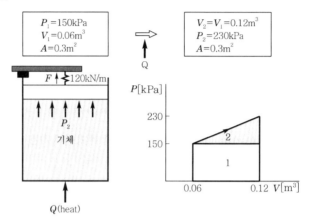

43

정답 ②

운동량 보존법칙($m_1 V_1 + m_2 V_2 = m_1 V_1' + m_2 V_2'$)을 활용한다.

충돌 전 미사일의 속력을 x라고 가정하고, V는 충돌 후 한 덩어리가 됐을 때의 속력이다.

$(0.01\text{kg})(x) + (0.2\text{kg})(0) = (0.01\text{kg} + 0.2\text{kg})(V)$

(충돌 후 한 덩어리가 되므로 충돌 후의 운동량 계산 시, 질량을 서로 더해줘야 한다)

$0.01x = 0.21V \rightarrow \therefore x = 21V$가 된다.

충돌 후 발생한 운동에너지가 마찰력에 의한 일량으로 변환되면서 정지하게 될 것이다.

※ 운동에너지: $\frac{1}{2}m V^2$

※ 마찰일량: $f \times S = \mu mg \times S$ [여기서, f(마찰력)$= \mu mg$, S=이동거리]

운동에너지 $\xrightarrow{변환}$ 마찰일량

※ $\frac{1}{2}m V^2 = \mu mgS \rightarrow \frac{1}{2}V^2 = \mu gS \rightarrow \frac{1}{2}V^2 = 0.4 \times 10 \times 8 \rightarrow \therefore V = 8\text{m/s}$ 이다.

즉, 충돌 후 한 덩어리가 됐을 때의 속력은 8m/s이다. $\therefore x = 21V$이므로 $x = 21V = 21 \times 8 = 168\text{m/s}$로 계산된다. 따라서 충돌 전 미사일의 속도는 $21 \times 8 = 168\text{m/s}$로 구해진다.

44

정답 ①

※ $Sc(\text{Schmidt}수) = \dfrac{\nu}{D_V} = \dfrac{\mu}{\rho D_V} = \dfrac{운동학점도}{분자확산도}$

→ 분자확산도에 대한 운동학점도를 의미하는 무차원수이다.

45

전자기파 전파에 의한 열전달 현상인 열복사의 파장 범위: $0.1 \sim 100 \mu m$

46

대류	뉴턴(Newton)의 냉각법칙
전도	푸리에(Fourier)의 법칙
복사	슈테판 – 볼츠만(Stefan–Boltzmann) 법칙

47

[프루드(Froude)수]

$$프루드수 = \frac{관성력}{중력} = \frac{V}{\sqrt{gL}}$$

[여기서, V: 속도, g: 중력가속도, L: 길이]

- 자유표면을 갖는 유동의 역학적 상사시험에서 중요한 무차원수이다(수력도약, 개수로, 배, 댐, 강에서의 모형실험 등의 역학적 상사에 적용).
- 개수로 흐름은 경계면의 일부가 항상 대기에 접해 흐르는 유체 흐름으로 대기압이 작용하는 자유표면을 가진 수로를 개수로 유동이라고 한다. 자유표면을 갖는 유동은 프루드수와 밀접한 관계가 있다.

48

[사고]

물체가 물에 떠 있다는 것은 정지상태로 가만히 있다는 의미이다. 즉, 물체에 작용하고 있는 모든 합력이 0이며 각각의 힘이 서로 평형 관계를 유지하고 있다는 것을 내포하고 있다. 물체에 작용하고 있는 힘은 부력과 물체 그 자체의 무게 2가지가 있다.

- 부력의 크기 $= \rho g V_{잠긴 부피}$ (물의 밀도 × 중력가속도 × 잠긴 부피)
- 물체의 무게 $= mg$ (질량 × 중력가속도)
- 부피 $= Ah$ (단면적 × 높이)

[사고의 수식 변환]

㉠ 부력(F_B)은 $\rho_물 g V_{잠긴부피}$이다. $V_{잠긴 부피}$는 물체의 아래 단면적(A)과 h의 곱으로 표현 가능하다.

$$F_B = \rho_물 g V_{잠긴 부피} = \rho_물 g A h$$

㉡ 물체의 무게는 mg이며 질량(m)은 $\rho_{물체} V_{전체 부피}$이다. 그리고 $V_{전체 부피} = AH$이므로 물체의 무게를 다음과 같이 표현이 가능하다.

$$mg = \rho_{물체} V_{전체 부피} g = \rho_{물체} A H g$$

부력(F_B)과 물체의 무게(mg)는 힘의 평형 관계에 있으므로 $F_B = mg$이다.

$$\rho_물 g A h = \rho_{물체} A H g$$

$$\rho_물 h = \rho_{물체} H$$

$$1{,}000\text{kg}/\text{m}^3 \times 0.03\text{m} = 600\text{kg}/\text{m}^3 \times H$$
$$\therefore H = 0.05\text{m} = 5\text{cm}$$

49

정답 ②

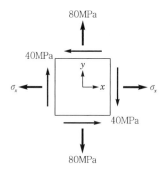

평면응력상태를 보면 y 방향으로 인장응력 80MPa이 작용하고 있으므로 $\sigma_y = +80$MPa이다.

평면응력상태를 보면 x 방향으로 인장응력 σ_xMPa이 작용하고 있으므로 $\sigma_x = +\sigma_x$MPa이다.

평면응력상태를 보면 2사분면과 4사분면으로 전단응력이 모이고 있으므로 τ_{xy}의 부호는 (−)부호이다. 따라서 $\tau_{xy} = -40$MPa이다.

※ 인장은 (+)부호이며 압축은 (−)부호이다.

※ σ_x는 얼마로 작용하는지 모르기 때문에 미지수 σ_x로 표현한 것이다.

※ 전단응력이 1사분면과 3사분면으로 모이면 (+), 2사분면과 4사분면으로 모이면 (−)이다.

위에서 해석한 평면응력상태를 모어원으로 도시하면 다음과 같다.

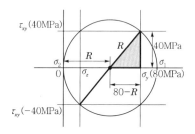

※ 최소주응력(σ_2)이 0MPa이므로 σ_2는 원점(0, 0)에 놓이게 된다.

ⓐ 모어원의 중심(C)은 $C = \dfrac{80 + \sigma_x}{2}$이다. 좌표로 표현하면 $C = \left(\dfrac{80 + \sigma_x}{2},\ 0 \right)$이다.

ⓑ 최대주응력(σ_1)은 위의 모어원에서 보듯이 원점부터 σ_1까지의 거리이다. 즉, 다음과 같다.

$\therefore \sigma_1 = C + R = 2R$ [단, 원점부터 C까지 거리가 모어원의 반지름(R)이다. $C = R$]

※ 모어원의 반지름(R)만 구하면 σ_1을 도출할 수 있다.

ⓒ 음영된 직각삼각형에서 피타고라스의 정리를 활용 → $(80 - R)^2 + 40^2 = R^2$ → $R = 50$

ⓓ $\sigma_1 = C + R = 2R = 2 \times 50 = 100$MPa

50

무게가 3,000kg이다. 이는 무게가 3,000kgf라는 것이다. 이것을 캐치해야 한다. 문제에서 kg은 질량의 단위가 아닌 무게를 나타내는 단위 kg = kgf이다. 편의상 kgf를 kg으로 사용하기도 한다.

※ **무게가 3,000kg = 3,000kgf라는 것을 통해 물체의 질량이 3,000kg이라는 것을 알 수 있다.**

$$\rightarrow \quad \rho(밀도) = \frac{m(질량)}{V(부피)} = \frac{3{,}000\text{kg}}{10\text{m}^3} = 300\text{kg/m}^3$$

07 제7회 실전 모의고사

01	④	02	③	03	③	04	④	05	②	06	①	07	④	08	④	09	③	10	③
11	④	12	③	13	③	14	③	15	②	16	④	17	정답없음	18	①	19	③	20	④
21	①	22	④	23	④	24	③	25	④	26	①	27	①	28	④	29	④	30	③

01

정답 ④

[절삭가공의 특징]

절삭가공의 장점	• 치수 정확도가 우수하다. • 주조 및 소성가공으로 불가능한 외형 또는 내면을 정확하게 가공이 가능하다. • 초정밀도를 갖는 곡면 가공이 가능하다. • 생산 개수가 적은 경우 가장 경제적인 방법이다.
절삭가공의 단점	• 소재의 낭비가 많이 발생하므로 비경제적이다. • 주조나 소성가공에 비해 더 많은 에너지와 많은 가공시간이 소요된다. • 대량생산할 경우 개당 소요되는 자본, 노동력, 가공비 등이 매우 높다(대량생산에는 부적합하다).

02

정답 ③

[나사 절삭 시 필요한 것]
• 하프너트(스플릿너트): 리드스크류(어미나사)에 자동이송을 연결시켜 나사깎기 작업을 할 수 있게 한다.
• 체이싱 다이얼: 나사 절삭 시 두 번째 이후의 절삭시기를 알려준다.
• 센터게이지: 나사 바이트의 각도를 검사 및 측정한다.

03

정답 ③

서랭 조직	페라이트(F), 펄라이트(P), 시멘타이트(C), 소르바이트(S)
급랭 조직	오스테나이트(A), 마텐자이트(M), 트루스타이트(T)

급랭(물로 냉각, 수냉)	발생 조직 → 마텐자이트(M)
유랭(기름으로 냉각)	발생 조직 → 트루스타이트(T)
노냉(노 안에서 냉각)	발생 조직 → 펄라이트(P)
공랭(공기 중에서 냉각)	발생 조직 → 소르바이트(S)

※ 유랭(기름으로 냉각)으로 발생되는 조직인 '트루스타이트'도 급랭 조직이다. 구체적으로 말하면, 담금질(quenching, 소입)은 변태점 이상으로 가열한 후, 물과 기름으로 급랭하여 재질을 경화시키는 작업이다. 따라서 '유랭'도 급랭으로 본다. 실제로 많은 열처리 회사에서 담금질을 할 때 물로만 냉각하거나 기름으로 하거나 또는 물에 기름을 섞어 냉각하기도 한다.

04

정답 ④

형상마찰: 유체를 수송하는 파이프의 단면적이 급격히 확대 및 축소될 때 흐름의 충돌이 생겨 소용돌이가 일어나 압력손실이 발생한다. 이와 같은 경우의 마찰을 **'형상마찰'**이라고 한다.

05

정답 ②

순수 알루미늄은 강도가 작다. 따라서 여러 금속들을 첨가하여 기계적 성질 등을 개선한 합금으로 주로 사용한다.

06

정답 ①

[압출결함]
- **파이프결함**: 압출과정에서 마찰이 너무 크거나 소재의 냉각이 심한 경우 제품 표면에 산화물이나 불순물이 중심으로 빨려 들어가 발생하는 결함이다.
- **셰브론균열(중심부균열)**: 취성균열의 파단면에서 나타나는 산 모양을 말한다.
- **표면균열(대나무균열)**: 압출과정에서 속도가 너무 크거나 온도 및 마찰이 클 때 제품 표면의 온도가 급격하게 상승하여 표면에 균열이 발생하는 결함이다.

[인발결함]
- **솔기결함(심결함)**: 봉의 길이 방향으로 나타나는 흠집을 말한다.
- **셰브론균열(중심부균열)**: 인발가공에서도 셰브론균열(중심부균열)이 발생한다.

07

정답 ④

항복점이 뚜렷하지 않은 재료에서 내력을 정하는 방법: 0.2%의 영구 strain(변형률)이 발생할 때의 응력으로 정한다.

강을 제외한 대부분의 연성 금속은 뚜렷한 항복점을 나타내지 않고 비례한도를 지나서 변형이 급격히 일어날 경우에 오프셋 방법을 통해 항복응력을 정한다.	
항복응력을 정의하는 방법	비례한도에서 곡선의 기울기와 평행하게 응력이 0인 상태로 내렸을 때, 0.2%의 영구 변형률을 가지게 되는 지점의 응력이나 0.5%의 총변형률에 해당하는 응력을 항복응력으로 정의한다.

08

정답 ④

누프 경도시험법: 한쪽 대각선이 긴 피라미드 형상의 다이아몬드 압입자를 이용해서 경도를 평가한다.

09

조파항력(wave drag): 초음속 흐름에서 충격파로 인하여 발생하는 항력이다.

[충격파(shock wave)]

정의	• 물체의 속도가 음속보다 커지면 자신이 만든 압력보다 앞서 비행하므로 이 압력파들이 겹쳐 소리가 나는 현상이다. • 기체의 속도가 음속보다 빠른 초음파 유동에서 발생하는 것으로 온도와 압력이 급격하게 증가하는 좁은 영역을 의미한다.
특징	• 비가역 현상으로 엔트로피가 증가한다. • 충격파의 영향으로 마찰열이 발생한다. • 압력, 온도, 밀도, 비중량이 증가하며 속도는 감소한다. • 매우 좁은 공간에서 기체입자의 운동에너지가 열에너지로 변한다. • 충격파의 종류에는 수직충격파, 경사충격파, 팽창파가 있다.
관련 내용	소닉붐: 음속의 벽을 통과할 때 발생한다. 즉, 물체가 음속 이상의 속도가 되어 음속을 통과하면 앞서가던 소리의 파동을 따라잡아 파동이 겹치면서 원뿔모양의 파동이 된다. 그리고 발생한 충격파에 의해 급격하게 압력이 상승하여 지상에 도달했을 때 그것이 '쾅' 하는 소리로 느껴지는 것이 소닉붐이다. ※ 요약: 음속을 돌파 → 물체 주변에 충격파 발생 → 공기의 압력 변화로 인한 큰 소음 발생

10

[쿠타-주코프스키 정리]

정의	물체 주위의 순환 흐름에 의해 생기는 양력, 즉 흐름에 놓여진 물체에 순환이 있으면 물체는 흐름의 직각 방향으로 양력이 생긴다. $L = \rho V \Gamma$ [여기서, ρ: 밀도, V: 속도, Γ: 와류의 세기]
특징	이론적으로 마그누스 힘을 쿠타-주코프스키 양력 정리로 설명할 수 있다. 축구공, 야구공, 골프공 등에 회전을 가했을 때, 공이 커브를 이루는 것은 양력으로 발생하는 것이다.

11

[베르누이 방정식]

정의	$$\frac{P}{\gamma} + \frac{v^2}{2g} + Z = \text{constant}$$ $\left[\text{여기서, } \frac{P}{\gamma}: \text{압력수두, } \frac{v^2}{2g}: \text{속도수두, } Z: \text{위치수두}\right]$ [베르누이 방정식 기본 가정] ① 유체입자가 같은 유선 상을 따라 이동한다. ② 정상류, 비점성, 비압축성이어야 한다.

↑ 위의 기본 가정하에서 압력수두 + 속도수두 + 위치수두의 합은 항상 일정하다. 즉, 에너지가 항상 보존된다는 것이다. 따라서 베르누이 방정식은 에너지 보존의 법칙이 기반으로 깔려있다.

※ 수두는 길이의 단위(m, 미터) 아닌가요? 어떻게 수두를 에너지로 보는 것인가요? 수두 보존의 법칙이 아닌가요?

■ Answer: 식을 변환해보자.

① $\dfrac{P}{\gamma}+\dfrac{v^2}{2g}+Z=C$ $\xrightarrow{\text{양변에 }\gamma\text{을 곱한다}}$ $P+\gamma\dfrac{v^2}{2g}+Z\gamma=C\gamma$

② $P+\gamma\dfrac{v^2}{2g}+Z\gamma=C\gamma \rightarrow P+\dfrac{\rho v^2}{2}+\rho gh=C$

($\gamma=\rho g$이며, Z는 위치수두인 높이이므로 h로 표현한다. 또한, C는 상수이므로 γ가 곱해지든 그냥 상수일 것이다. 따라서 C로 써도 무방하다.)

③ $P+\dfrac{\rho v^2}{2}+\rho gh=C$ $\xrightarrow{\text{양변에 }V(\text{부피})\text{를 곱한다}}$ $PV+\dfrac{\rho v^2}{2}V+\rho Vgh=C$

④ 이제 모두 좌변을 에너지 식으로 표현하였다.

→ $W=FS=PAS=PV$ (일 = 에너지)

→ $\dfrac{\rho v^2}{2}V=\dfrac{1}{2}mv^2$ (운동에너지) $\left[\text{여기서, }\rho(\text{밀도})=\dfrac{m(\text{질량})}{V(\text{부피})}\right]$

→ $\rho Vgh=mgh$ (위치에너지)

※ 결론: 좌변이 모두 에너지이므로 베르누이 방정식은 단순히 에너지보존법칙이라는 것을 알 수 있다. 즉, 유체가 흐를 때 가지고 있는 에너지의 총합은 항상 일정하다. 또한 베르누이 방정식은 유체의 입장에서 표현한 간단한 식일 뿐이다. 베르누이 방정식을 압력에 대한 식, 수두에 대한 식, 에너지에 대한 식으로 모두 다 변환할 수 있다.

■ 압력에 대한 식: $P+\dfrac{\rho v^2}{2}+\rho gh=C$

→ 유체가 흐르고 있을 때 어느 한 지점의 압력 P를 정의하기 위해서 그 지점에서 높이 h만큼 쌓여 있는 유체의 양을 고려해야 하며, 유체가 흐르면서 유출된 압력까지 고려해야 우리가 구하고자 하는 지점에서의 압력은 일정할 것이다. 이것이 바로 베르누이 방정식의 본질적인 의미이고 수평적인 압력과 수직적인 압력 모두를 고려한 방정식이라고 볼 수 있다.

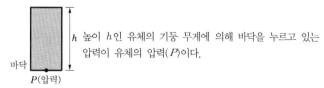

h 높이 h인 유체의 기둥 무게에 의해 바닥을 누르고 있는 압력이 유체의 압력(P)이다.

바닥

P(압력)

$P=\rho gh$ [단, $\gamma=\rho g$]

압력에 대한 식	$P+\dfrac{\rho v^2}{2}+\rho gh=C$
수두에 대한 식	$\dfrac{P}{\gamma}+\dfrac{v^2}{2g}+Z=C$
에너지에 대한 식	$PV+\dfrac{1}{2}mv^2+mgh=C$

[필수 비교]

베르누이 방정식	에너지보존법칙
연속 방정식	질량보존법칙

설명할 수 있는 예시	① 피토관을 이용한 유속 측정 원리 $\dfrac{P}{\gamma}+\dfrac{v^2}{2g}+Z=C$ 식에서 임의 지점에서의 위치와 압력만 알 수 있으면 v(속도)는 쉽게 측정될 수 있다. ② 유체 중 날개에서의 양력 발생 원리 $\dfrac{P}{\gamma}+\dfrac{v^2}{2g}+Z=C$ 이 식에서 보면 모든 합은 항상 일정하므로 P(압력)와 v(속도)는 **반비례 관계**에 있다는 것을 알 수 있다. P가 커지면 합이 일정해야 하므로 v는 작아져야 한다. → 비행기 날개 단면 위로 흐르는 유체의 흐름의 속도는 빠르다. 즉, 단면 위의 압력은 낮다. 하지만 날개 단면 아래로 흐르는 유체의 흐름의 속도는 느리다. 따라서 단면 아래의 압력은 높다. 결론적으로 아래의 압력이 위보다 높아 아래에서 위로 미는 힘(작용하는 힘)이 생기는 데 그것이 양력이다. 따라서 비행기가 뜰 수 있는 것이다. ③ 관의 면적에 따른 속도와 압력의 관계 $\dfrac{P}{\gamma}+\dfrac{v^2}{2g}+Z=C$ 이 식에서 보면 모든 합은 항상 일정하므로 P(압력)와 v(속도)는 **반비례 관계**에 있다는 것을 알 수 있다. P가 커지면 합이 일정해야 하므로 v는 작아져야 한다.
베르누이 법칙 응용	다음의 2가지는 반드시 알고 넘어가야 한다. ★ 2개의 가벼운 풍선이 천장에 매달려 있다. 풍선 사이로 공기를 불어 넣으면 2개의 공은 베르누이 법칙에 의해 달라붙게 된다. 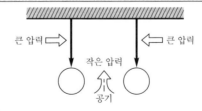 **1) 사고로 이해하기** 풍선 사이로 공기를 불어 넣으면 풍선 사이의 공기 흐름의 속도가 빨라지게 된다. 공기 흐름의 속도가 빠르다는 것은 공기가 머무는 시간이 짧아(=공기가 순간적으로 치워져)

공기의 양이 상대적으로 적어진다는 것이다. 유체(기체 또는 액체)의 압력은 유체의 양이 많을수록 크다. 즉, 풍선 사이의 공기의 양이 상대적으로 바깥 양쪽보다 적기 때문에 풍선 사이의 압력이 바깥 양쪽의 압력보다 상대적으로 작다는 것을 판단할 수 있다. 따라서 위 그림처럼 압력이 바깥쪽에서 안쪽으로 작용하기 때문에 풍선은 서로 달라붙게 된다.

2) 베르누이 방정식으로 이해하기

$$P + \frac{\rho v^2}{2} + \rho g h = C$$

→ 풍선 사이로 공기를 불어 넣으면 풍선 사이의 공기 흐름의 속도가 빨라지게 된다. 따라서 베르누이 방정식에 의거하여 속도와 압력은 반비례 관계를 갖기 때문에 풍선 사이의 공기 흐름의 속도가 빨라져 풍선 사이의 압력은 상대적으로 바깥 양쪽보다 낮아지게 된다. 결국, 바깥 양쪽의 큰 압력이 위 그림처럼 풍선 사이를 누르듯 작용하기 때문에 풍선이 달라붙게 된다.

마그누스의 힘

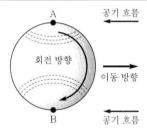

풀이 1) 간단한 생각*
A지점에서는 공의 회전 방향과 공기 흐름의 방향이 서로 반대이기 때문에 공기의 속도가 느려진다. 즉, 공기의 속도가 느려진다는 것은 공기가 머무는 시간이 길어 A지점에서의 공기의 양이 B지점보다 상대적으로 많아진다는 것이다.
B지점에서는 공의 회전 방향과 공기 흐름의 방향이 서로 같기 때문에 공기의 속도가 빨라진다. 즉, 공기의 속도가 빨라진다는 것은 공기가 머무는 시간이 짧아 B지점에서의 공기의 양이 A지점보다 상대적으로 적어진다는 것이다.

※ **결론**: 유체(기체 또는 액체)의 압력은 **유체의 양이 많을수록 크다.** 즉, A지점에서의 공기 양이 많기 때문에 A지점의 압력이 B지점의 압력보다 크다. 따라서 위에서 아래로 **압력이 작용하여 공은 아래로 휘게 되는 것이며 이 압력 차이로 발생하는 힘이 바로 '마그누스 힘'이다.** 마그누스 힘과 관련된 것은 위와 같은 상황 외에도 축구공 감아 차기, 플래트너 배 등이 있다. 그리고 '마그누스 힘'은 베르누이 방정식의 응용 현상이라고 보면 된다.

※ **마그누스 힘**: 유체 속에 있는 물체와 유체 사이에 상대적인 속도가 있을 때, 상대속도에 수직인 방향의 축을 중심으로 물체가 회전하면 회전축 방향에 수직으로 물체에 힘이 작용하는데 이 현상이 마그누스 힘의 효과이다.

풀이 2) 베르누이 방정식 응용
A지점에서의 회전 방향에 따른 속도 방향은 접선 방향이므로 오른쪽이다. 그런데 공기의 흐름은 왼쪽으로 작용한다. 즉, A지점에서 회전 방향에 따른 공기의 속도가 공의 진행

방향에 따른 공기의 흐름의 저항을 받아 느려지게 된다. 따라서 A지점에서 속도는 공기 저항에 의해 느리다. 하지만 B지점에서의 회전 방향에 따른 속도 방향은 접선 방향으로 왼쪽이다. 그런데 공기의 흐름도 왼쪽으로 작용한다. 즉, B지점에서 회전 방향에 따른 공기의 속도가 공의 진행 방향에 따른 공기의 흐름과 같기 때문에 B지점에서의 공기의 속도 흐름을 도와주는 꼴이 된다. 따라서 B지점에서의 속도는 A지점에서의 속도보다 빠르다는 것을 알 수 있다.

※ 베르누이 방정식 $\dfrac{P}{\gamma} + \dfrac{V^2}{2g} + Z = \text{constant}$

→ 베르누이 방정식에 따르면, 압력과 속도는 항상 압력수두, 속도수두, 위치수두의 합이 일정하기 때문에 압력과 속도는 서로 반비례 관계를 갖는다. 즉, B지점의 속도가 A지점의 속도보다 빠르므로 압력은 A지점보다 B지점이 작다는 것을 알 수 있다.

속도	압력
$V_B > V_A$	$P_A > P_B$

→ 결론적으로 공의 A지점이 B지점보다 압력이 크므로 A에서 B의 방향으로 누르는 힘이 발생하게 된다. 이 힘이 바로 마그누스 힘이다. 즉, 공은 아래쪽으로 굴절된다(휘어진다).

12

정답 ③

① 비딩(beading): 오목 및 볼록 형상의 롤러 사이에 판을 넣고 롤러를 회전시켜 홈을 만드는 공정으로 긴 돌기를 만드는 가공이다.

② 로터리 스웨이징(rotary swaging): 금형을 회전시키면서 봉이나 포신과 같은 튜브 제품을 성형하는 회전단조의 일종인 가공이다.

③ 버링(burling): 뚫려 있는 구멍에 그 안지름보다 큰 지름의 펀치를 이용하여 구멍의 가장자리를 판면과 직각으로 구멍 둘레에 테를 만드는 가공이다.

④ 버니싱(burnishing): 1차로 가공된 가공물의 안지름보다 다소 큰 강구(steel ball)를 압입 통과시켜서 가공물의 표면을 소성변형으로 가공하는 방법이다. 원통의 내면 다듬질 방법으로 구멍의 정밀도를 향상시킬 수 있으며 압축응력에 의한 피로강도 상승효과를 얻을 수 있다.

[가공 종류에 따른 분류*]
• **전단가공**: 블랭킹, 펀칭, 전단, 트리밍, 셰이빙, 노칭, 정밀블랭킹(파인블랭킹), 분단
• **굽힘가공**: 형굽힘, 롤굽힘, 폴더굽힘
• **성형가공**: 스피닝, 시밍, 컬링, 플랜징, 비딩, 벌징, 마폼법, 하이드로폼법
• **압축가공**: 코이닝(압인가공), 스웨이징, 버니싱

참고
• 스웨이징은 반지름 방향 운동의 단조 방법에 의한 가공법이다. 한국가스공사에서 '반지름 방향 운동의 단조 방법에 의한 가공은 무엇인가?'라고 출제된 적이 있다. 많은 준비생들이 인발을 선택해 틀리는 경우가 많았는데, **인발**은 다이 구멍에 **축 방향**으로 봉을 넣어 단면을 줄이는 가공이다. 반드시 구별해야 한다.

13

정답 ③

① 비가역적 상태가 많다면 엔트로피는 **증가**하게 된다.
② **슬라이딩**을 하면 **마찰**이 발생하게 된다. **마찰**은 비가역 현상의 대표적인 예시이므로 엔트로피가 **증가**하게 된다.

→ 비가역의 예시: 혼합, 자유팽창, 확산, 삼투압, 마찰, 열의 이동, 화학반응 등
③ 엔트로피(무질서도)는 자연 상태에서 항상 증가한다(세상의 모든 일은 무질서도가 증가하는 방향으로 일어난다). 즉, 자연 상태에서는 무조건 안정된 상태로 이동한다는 의미이다. 따라서 변화가 안정된 상태 쪽으로 일어나는 경우는 엔트로피가 증가하는 상황이다.
④ 냄새가 **확산**된다는 것은 비가역 현상의 대표적인 예시이므로 엔트로피가 증가하게 된다.

14

정답 ③

비오트수가 0.1보다 작을 때 물체 내의 온도가 일정하다고 가정할 수 있다.

15

정답 ②

① 열전도도의 크기는 고체 > 액체 > 기체 순서이다.
② 고체상의 순수 금속은 전기전도가 증가할수록 열전도도는 높아진다.
③ 기체의 열전도도는 온도 상승에 따라 증가한다.
④ 액체의 열전도도는 온도 상승에 따라 감소한다.

16

정답 ④

헬리셔트: 마모된 암나사를 재생하거나 강도가 불충분한 재료의 나사 체결력을 강화시키는 데 사용되는 기계요소이다.

17

정답 정답 없음

보기 모두 물질전달계수와 관련이 있다.

레이놀즈(Reynolds)수	$Re = \dfrac{관성력}{점성력}$
슈미트(Schmidt)수	$Sc = \dfrac{운동량계수}{물질전달계수}$
루이스(Lewis)수	$Le = \dfrac{열확산계수}{질량확산계수}$ → 질량확산계수(물질전달계수)이므로 루이스수도 물질전달계수와 관계가 있는 무차원수이다.
셔우드(Sherwood)수	$Sh = \dfrac{물질전달계수 \times 특성길이}{이종확산계수}$ ※ **셔우드수**는 레이놀즈수와 슈미트수의 함수로 표현이 가능하다.

	층류	$Sh = 0.664 Re^{\frac{1}{2}} Sc^{\frac{1}{3}}$
	난류	$Sh = 0.037 Re^{\frac{4}{5}} Sc^{\frac{1}{3}}$
	→ 따라서 **레이놀즈수도 물질전달계수와 관계가 있다.**	
프란틀(Prandtl)수	$Pr = \dfrac{\text{운동량전달계수}}{\text{열전달계수}}$ → **프란틀수는 물질전달계수와 관련이 없는 무차원수이다.**	

18
정답 ①

기어는 이와 이가 맞물려서 동력을 전달하기 때문에 미끄럼이 없다.
→ 정확한 속도비를 얻을 수 있다. → 정확한 속도비를 전달할 수 있다.

[로프전동]

정의	로프전동은 벨트전동장치와 비슷하지만 풀리의 링에 홈을 파고 여기에 로프를 물려서 마찰력으로 동력을 전달하는 장치이다.	
특징	• 두 축 사이의 거리가 매우 멀 때에도 동력을 원활하게 전달할 수 있다. • 로프전동장치는 전동장치 중에서 가장 먼 거리의 전동(동력 전달)이 가능하다.	
	와이어로프	50~100m
	섬유질로프	10~30m
	• 벨트전동에 비해 미끄럼이 적다. • 큰 동력을 전달하는 곳과 고속 회전에 적합하다. • 로프 수를 늘리면 더 큰 동력 전달도 가능하다. • 엘리베이터, 케이블카, 스키장 리프트, 공사현장 크레인 등에 사용한다.	

직접전동장치 (원동차와 종동차가 직접 접촉하여 동력 전달)	간접전동장치 (원동과 종동이 직접 접촉하지 않고 중간 매개체를 통해 간접적으로 동력 전달)
마찰차, 기어, 캠	벨트, 로프, 체인

전달할 수 있는 동력의 크기
체인 > 로프 > V벨트 > 평벨트 (체로브평)

19
정답 ③

운동량보존법칙($m_A V_A + m_B V_B = m_A V_A{'} + m_B V_B{'}$)을 사용한다.
ⓐ $m_A V_A + m_B V_B = m_A V_A{'} + m_B V_B{'}$
ⓑ $m_A(6) + m_B(0) = m_A V_A{'} + m_B(3)$ → $\therefore 6m_A = m_A V_A{'} + 3m_B$

ⓒ $e = \dfrac{V_B{}' - V_A{}'}{V_A - V_B} \rightarrow 1 = \dfrac{3 - V_A{}'}{6 - 0} \rightarrow \therefore V_A{}' = -3\text{m/s}$

완전탄성충돌이므로 **반발계수**$(e) = 1$이다. 또한 $V_A{}' = -3\text{m/s}$이므로 충돌 후 물체 A는 반대 방향으로 3m/s 속도로 운동하게 된다.

ⓓ ⓑ에서 구한 $6m_A = m_A V_A{}' + 3m_B$를 사용하여 식을 정리한다.

$6m_A = m_A V_A{}' + 3m_B$ 식에 '$V_A{}' = -3\text{m/s}$'를 대입한다.

$6m_A = m_A \times (-3) + 3m_B \rightarrow 9m_A = 3m_B$

$\therefore \dfrac{m_A}{m_B} = \dfrac{3}{9} = \dfrac{1}{3}$

충돌

1) 반발계수에 대한 기본 정의
- **반발계수**: 변형의 회복 정도를 나타내는 척도이며 0과 1 사이의 값이다.
- 반발계수$(e) = \dfrac{\text{충돌 후 상대속도}}{\text{충돌 전 상대속도}} = -\dfrac{V_1' - V_2'}{V_1 - V_2} = \dfrac{V_1' - V_2'}{V_1 - V_2}$

  [여기서, V_1: 충돌 전 물체 1의 속도, V_2: 충돌 전 물체 2의 속도, V_1': 충돌 후 물체 1의 속도, V_2': 충돌 후 물체 2의 속도]

2) 충돌의 종류
- **완전탄성충돌**$(e = 1)$: 충돌 전후의 전체에너지가 보존된다. 즉, 충돌 전후의 운동량과 운동에너지가 보존된다. [충돌 전후의 질점의 속도가 같다]
- **완전비탄성충돌(완전소성충돌**, $e = 0$): 충돌 후 반발되는 것이 전혀 없이 한 덩어리가 되어 충돌 후 두 질점의 속도는 같다. 즉 충돌 후 상대속도가 0이므로 반발계수는 0이 된다. 또한, 전체운동량은 보존이 되나 운동에너지는 보존되지 않는다.
- **불완전탄성충돌(비탄성충돌**, $0 < e < 1$): 운동량은 보존이 되나 운동에너지는 보존되지 않는다.

20
정답 ④

층류	• 유체입자들이 얇은 층을 이루어서 층과 층 사이에 입자 교환 없이 질서정연하게 미끄러지면서 흐르는 유동이다. • 주로 유량이 작을 때 발생한다.
난류	• 주로 유량이 증가할 때 유체입자의 흐름이 불규칙적으로 되면서 서로 붙어있던 유체입자들이 떨어져 여기저기 흩어지는 무질서한 유동이다. 따라서 유체입자는 무작위로 움직인다. • 난류를 박리를 늦춰준다.

※ **층류저층(점성저층, 층류막)**: 난류경계층 내에서 성장한 층류층으로 층류흐름에서 속도분포는 거의 포물선 형태로 변화하나 난류층 내의 벽면 근처에서는 선형적으로 변한다.

※ 층류저층의 경계층 두께(δ): $\dfrac{11.6\nu}{V\sqrt{\dfrac{f}{8}}}$ [여기서, f: 관마찰계수, ν: 동점성계수, V: 속도]

21

정답 ①

ⓐ 전단응력$(\tau) = \dfrac{F_{전단력}}{A_{전단\ 면적}} = \dfrac{V}{ab}$ ⓑ 전단변형률$(\gamma) = \dfrac{\tau}{G} = \dfrac{V}{abG}$

→ 수평변위$(\lambda_s,$ 미끄럼 변화량, 전단변형량, $d) = L\gamma = h\gamma = \dfrac{hV}{abG}$

전단응력(τ)에 의해 발생된 전단변형률(γ)을 도식화한 그림

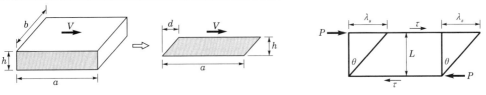

전단변형률$(\gamma) = \dfrac{미끄럼\ 변화량(전단변형량)}{원래의\ 높이} = \dfrac{\lambda_s}{L} = \tan\theta \approx \theta\,[\mathrm{rad}]$

[여기서, θ: 전단각(rad)]

※ **전단변형률**$(\gamma,$ 각변형률)은 전단응력(τ)에 의해 발생하는 것으로 전단응력이 작용하기 전 서로 직교하던 두 선분 사이에서 전단응력(τ)의 작용으로 발생한 각도 변화량이다.

22

정답 ④

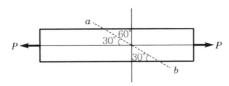

※ **단순응력(1축응력):** 특정 한 방향으로만 하중이 작용하고 있는 경우를 단순응력이라고 한다. 그림을 보면, x방향으로만 하중이 작용하고 있으므로 단순응력 상태이다.

→ $\sigma_x(x$방향으로 작용하는 응력)만 존재한다. 그리고 σ_x는 (+)부호이다. 양 옆으로 땡기는 인장하중이 작용하고 있기 때문이다. 양 옆으로 누르는 압축하중이 작용하고 있다면, 부호는 (−)가 된다.

• 단순응력 상태를 정확히 도시하면 위와 같이 된다. 경사각 60°에서 ab단면에 발생하는 법선응력(수직응력, σ_n)이 25Pa이라는 것도 해석할 수 있다. 이제 모어원을 그려보면 모든 것이 해결된다.

※ **모어원을 도시할 때에는 경사각$(\theta = 60°)$의 2배인 120°로 도시하고 반시계 방향으로 회전시킨다.**

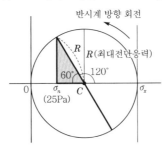

→ 모어원의 반지름(R)은 모어원의 지름(σ_x)의 절반이므로 $\frac{1}{2}\sigma_x$가 된다$\left(R = \frac{1}{2}\sigma_x\right)$.

→ 음영으로 나타낸 직각삼각형에서 $R\cos 60°$은 직각삼각형의 밑변의 길이이다.

※ 원점(0)에서 모어원의 중심(C)까지의 거리인 R에서 '직각삼각형의 밑변의 길이'를 **빼면** 원점(0)에서 부터 σ_n까지의 거리가 도출된다. 즉, 이 거리의 크기가 바로 법선응력(수직응력, σ_n)의 크기이다.

→ $R - R\cos 60° = \frac{1}{2}\sigma_x - \frac{1}{2}\sigma_x\left(\frac{1}{2}\right) = \frac{1}{4}\sigma_x$가 도출되며 이것이 σ_n의 크기이다.

→ $\frac{1}{4}\sigma_x = \sigma_n = 25\text{Pa} \rightarrow \sigma_x = 100\text{Pa}$

→ σ_x(x방향 응력, 인장하중 P에 의한 응력)$= \frac{P}{A}$

→ $\sigma_x = \frac{P}{A} \rightarrow 100\text{Pa}[\text{N/m}^2] = \frac{P}{10\text{m}^2} \rightarrow \therefore P = 1,000\text{N}$

→ 최대전단응력($\tau_{\max}$)은 모어원의 반지름(R)이다.

따라서 $\tau_{\max} = R = \frac{1}{2}\sigma_x = \frac{1}{2} \times 100\text{Pa} = 50\text{Pa}$이 된다.

23
정답 ④

※ **열역학 제3법칙**: 모든 물질이 열역학적 평형상태에 있을 때, 절대온도(t)가 0에 가까워지면 엔트로피도 0에 가까워진다. → $\lim_{t \to 0}\triangle S = 0$

※ 자발적이라는 것은 외부의 어떤 도움 없이 스스로 일어나는 반응 또는 과정을 말한다. 따라서 자발적으로 일어나는 반응 및 과정은 비가역적이며 열역학 제2법칙과 관련이 있다.

가역과정	$\triangle S_{우주(전체)} = \triangle S_계 + \triangle S_{주위} = 0$
비가역과정	$\triangle S_{우주(전체)} = \triangle S_계 + \triangle S_{주위} > 0$

24
정답 ③

[필수 숙지 내용]

레질리언스	비례한도(A점) 내에서 재료가 파단될 때까지 단위체적당 흡수할 수 있는 에너지로, 응력−변형률 선도에서 비례한도(A점) 아래 직각삼각형의 면적 값이다. 같은 말로는 변형에너지밀도, 최대탄성에너지, 단위체적당 탄성에너지라고 한다.	
인성	재료가 파단될 때까지 단위체적당 흡수할 수 있는 에너지로, 응력−변형률 선도 파단점(E점)까지 총 아래 면적이 인성값이다. 재료가 소성구간에서 에너지를 흡수할 수 있는 능력을 나타내는 물리량이며, 곡선 OABCDE 아래의 면적으로 표현된다.	
	인성	• 질긴 성질 • 충격에 대한 저항 성질 • 충격값과 비슷한 맥락의 의미

	취성	• 깨지는 성질 • 메지다, 여리다 • 인성의 반대 성질(인성이 크면 취성이 작다.)
극한강도		재료가 버틸 수 있는 최대응력값(D점)으로, 인장강도, 최대공칭응력과 같은 말이다.

25

정답 ④

단면적을 제외한 모든 조건이 동일하다.

ⓐ 신장량$(\lambda) = \dfrac{PL}{EA}$

→ 단면적(A)이 다르기 때문에 신장량(λ)도 다르다.

ⓑ 변형률$(\varepsilon) = \dfrac{\lambda(신장량)}{L(초기 길이)}$

→ 신장량(λ)이 다르기 때문에 변형률(ε)도 달라진다.

ⓒ 응력$(\sigma) = \dfrac{P}{A}$

→ 단면적(A)이 다르기 때문에 응력(σ)도 다르다.

ⓓ 단면적(A)은 다르다. 하지만 모든 조건이 동일하기 때문에 단면력으로 부재의 축력은 P로 동일하다.

26

정답 ①

액체의 온도를 50℃에서 100℃까지 올리는 데 필요한 열량을 먼저 구해보자.

액체는 1,000kg/hr로 공급되고 있다. 즉, 1시간당 1,000kg의 액체가 공급되고 있다.

모든 기준을 1hr(1시간)로 잡는다(계산 용이).

50°C에서 100°C까지 올리는 데 필요한 열량은 현열이고 현열은 다음과 같이 구한다.

$Q_{현열} = cm \triangle T = 0.5\text{cal/kg} \cdot ℃ \times 1,000\text{kg} \times 100℃ - 50℃ = 25,000\text{cal}$

즉, 1시간당 공급되는 1,000kg의 액체의 온도를 50℃에서 100°C로 올리는 데 필요한 열량은 25,000cal이다.

※ 25,000cal라는 열량은 과열증기가 공급해줄 것이다. 그렇다면, 25,000cal의 열량을 공급하기 위해서 필요한 과열증기의 양은 얼마일까?

→ 과열증기가 액체에 공급하는 열량은 500cal/kg이다. 즉, 과열증기 1kg당 액체에 공급하는 열량이 500cal라는 것이다. 따라서 25,000cal의 열량을 공급하기 위해서 1시간당 요구되는 과열증기의 양은 50kg이다.

→ $25,000\text{cal} = m \times 500\text{cal/kg} \rightarrow \therefore m = 50\text{kg}$

27

정답 ①

② 응집력이란 **동일한 분자 사이**에 작용하는 인력이다.

③ 부착력이 응집력보다 클 경우 모세관 안의 유체표면이 **상승**하게 된다.

④ 자유수면 부근에 막을 형성하는 데 필요한 **단위길이당 당기는 힘**을 표면장력이라고 한다.

28

정답 ④

다음 그림처럼 BMD(굽힘모멘트선도)를 도시하고 모멘트 면적법을 활용하여 처짐량을 도출할 수 있다.

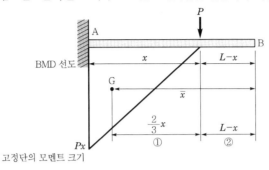

$$\theta = \frac{A_m}{EI}, \quad \delta = \frac{A_m}{EI}\overline{x}$$

[여기서, θ: 굽힘각, δ: 처짐량, A_m: BMD의 면적, $\overline{x}$: BMD의 도심까지의 거리]

ⓐ $A_m = \dfrac{1}{2}x(Px) = \dfrac{1}{2}Px^2$

ⓑ $\overline{x} = (L-x) + \dfrac{2}{3}x = L - \dfrac{1}{3}x$

[여기서, $\overline{x}$: 자유단(끝단)에서 BMD의 도심까지의 거리]

$$\rightarrow \delta_{\max(B점)} = \frac{1}{EI}\left(\frac{1}{2}Px^2\right)\left(L - \frac{1}{3}x\right) = \frac{Px^2}{6EI}(3L-x)$$

참고

① 길이가 L인 외팔보의 자유단(끝단)에 집중하중 P가 작용하고 있을 때 임의의 위치 x에서의 처짐량	$\delta_x = \dfrac{Px^2}{6EI}(3L-x)$
② 길이가 L인 외팔보에서 고정단으로부터 x 위치에 떨어진 지점에 집중하중 P가 작용하고 있을 때 자유단(끝단)에서의 최대처짐량	$\delta_{\max} = \dfrac{Px^2}{6EI}(3L-x)$

↑ 위의 두 경우는 x에 대한 의미만 다를 뿐, 처짐에 대한 일반식이 동일하므로 각 경우의 x에 대한 의미만 정확히 숙지하고 해당 상황에 맞춰 대입하여 원하는 처짐량을 빠르게 구할 수 있다.

예제 1) 길이가 L인 외팔보에서 끝단에 집중하중 P가 작용하고 있다. 이때 보의 중간에서의 처짐은?
[단, 종탄성계수는 E이며 단면 2차 모멘트는 I이다.] (한국지역난방공사 기출)

$$\delta_{x=\frac{L}{2}(보의 중간)} = \frac{P\left(\dfrac{L}{2}\right)^2}{6EI}\left(3L - \frac{L}{2}\right) = \frac{5PL^3}{48EI}$$

29

정답 ③

[주철의 인장강도 순서]

구상흑연주철 > 펄라이트가단주철 > 백심가단주철 > 흑심가단주철 > 미하나이트주철 > 합금주철 > 고급주철 > 보통주철

📎 암기법: (구)(포)역에서 (백)인과 (흑)인이 (미)친 듯이 (합)창하고 있다. (고)(통)이다.

📎 필수 암기: **인장강도**(단위: 25kgf/mm^2)

보통주철	고급주철	흑심가단주철	백심가단주철	구상흑연주철
10~20	25 이상	35	36	50~70

↑ 주철의 인장강도 순서를 물어보는 문제나 고급주철의 인장강도 범위를 물어보는 문제 등이 공기업에서 기출된 적이 있다.

30

정답 ③

어떠한 조건도 없을 때 (단순 비교 시)	열효율 비교	디젤기관(33~38%) > 오토기관[가솔린기관](26~28%)
	압축비 비교	디젤기관(12~22) > 오토기관[가솔린기관](6~9)
압축비 및 가열량이 동일할 때	열효율 비교	오토기관[가솔린기관] > 사바테기관 > 디젤기관
최고압력 및 가열량이 동일할 때	열효율 비교	디젤기관 > 사바테기관 > 오토기관[가솔린기관]

01	모두 정답	02	④	03	④	04	③	05	①	06	②	07	②	08	②	09	②④	10	④
11	④	12	④	13	③	14	①	15	④	16	③	17	④	18	③	19	②	20	④
21	④	22	정답 없음	23	②	24	①	25	③	26	④	27	②	28	②	29	③	30	①
31	①	32	정답 없음	33	③	34	③	35	④	36	④	37	④	38	③	39	④	40	④
41	모두 정답	42	②	43	③	44	③	45	②	46	①	47	①	48	③	49	①	50	③

01

정답 모두 정답

[유압장치의 특징]
- 입력에 대한 출력의 응답이 빠르다.
- 소형장치로 큰 출력을 얻을 수 있다.
- 자동제어 및 원격제어가 가능하다.
- 제어가 쉽고 조작이 간단하며 유량 조절을 통해 무단변속이 가능하다.
- 에너지의 축적이 가능하며, 먼지나 이물질에 의한 고장의 우려가 있다.
- 과부하에 대해 안전장치로 만드는 것이 용이하다.
- 비압축성이어야 정확한 동력을 전달할 수 있다.
- 오염물질에 민감하며 배관이 까다롭다.
- 에너지의 손실이 크다.

[유압장치의 구성]
- 유압발생부(유압을 발생시키는 곳): 오일탱크, 유압펌프, 구동용전동기, 압력계, 여과기
- 유압제어부(유압을 제어하는 곳): 압력제어밸브, 유량제어밸브, 방향제어밸브
- 유압구동부(유압을 기계적인 일로 바꾸는 곳): 액추에이터(유압실린더, 유압모터)

[유압기기의 4대 요소]
- 유압탱크
- 유압펌프: **기계**에너지를 **유압**에너지로 변환시켜주는 기기이다.
- 유압밸브
- 유압작동기(액추에이터): **유압**에너지를 **기계**에너지로 변환시켜주는 기기(**유압실린더, 유압모터**)이다.

[부속기기]
축압기(어큐뮬레이터), 스트레이너, 오일탱크, 온도계, 압력계, 배관, 냉각기 등

02

리드: 나사를 1회전시켰을 때 축 방향으로 나아가는 거리

$L = np = 2 \times 3 = 6\text{mm}$이고, $90°$ 회전시켰으므로 $6\text{mm} \times \dfrac{90°}{360°} = 1.5\text{mm}$

[여기서, n: 나사의 줄 수, p: 피치]

03

① 모어원을 통해 최대전단응력, 최대주응력, 최소주응력, 주응력의 방향을 알 수 있다.

② 주응력은 면에 작용하는 최대수직응력과 최소수직응력을 말한다.

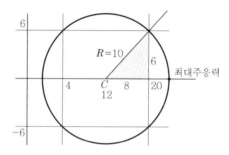

③ 음영 부분의 삼각형에서 피타고라스 정리를 통해 모어원의 반지름이 10인 것을 도출했다.

　　→ $C = (20 + 4)/2$이므로, 원의 중심은 원점으로부터 12 떨어져 있다.

　　즉, σ_1은 $C + R$이므로 $12 + 10 = 22$가 된다.

④ 최대전단응력의 크기는 최대수직응력과 최소수직응력의 **차이를 반으로 나눈 값**이다.

04

• 완전 복사체(흑체)로부터 에너지 방사속도: $\dfrac{q}{A} = \sigma T^4$

　[여기서, $\dfrac{q}{A}$: 단위면적당 전열량, σ: 슈테판–볼츠만 상수, T: 절대온도]

• 완전 복사체(흑체)에 의한 방출에너지: $W = \sigma T^4$

참고

• 흑체: 자신에게 쪼여지는 모든 복사선을 흡수하는 물체 또는 일정 온도에서 열적 평형을 이루고 복사만으로 열을 방출하는 물체
　– 흑체는 온도가 높을수록 에너지의 최댓값이 더 짧은 파장으로 이동한다.
　– 흑체는 가장 최고의 에너지를 방사한다.
　– 온도가 절대온도 0K 이상인 물체는 복사에너지를 방출한다.

05

정답 ①

[펌프의 비교회전도(η_s)]

한 회전차의 형상과 운전 상태를 상사하게 유지하면서 그 크기를 바꾸어 단위송출량에서 단위양정을 내게 할 때 그 회전차에 주어져야 할 회전수의 기준이 되는 것을 회전차의 비속도 또는 비교회전도라고 한다. **회전차의 형상을 나타내는 척도로 펌프의 성능이나 적합한 회전수를 결정하는 데 사용한다.**

$$n_s = \frac{n\sqrt{Q}}{H^{\frac{3}{4}}} \quad \text{[여기서, } n\text{: 펌프의 회전수, } Q\text{: 펌프의 유량, } H\text{: 펌프의 양정]}$$

위 식에서 H, Q는 일반적으로 특성 곡선상에서 최고효율점에 대한 값을 대입한다. 또한 양흡입일 경우에는 Q 대신 $Q/2$를 대입해서 사용한다.

06

정답 ②

[제어량에 의한 구분]
- **프로세스 제어(공정 제어)**: 제어량의 온도, 압력, 습도, 농도, 유량, 액면, 밀도 등의 플랜트나 생산공정 중의 상태량을 제어한다.
- **서보 제어**: 물체의 **위치, 방위, 자세** 등의 기계적 변위를 제어량으로 해서 목표값의 임의의 변화에 추종한다(비행기, 선박의 방향 제어, 추적용 레이더, 미사일 발사대의 자동위치 제어 등).
- **자동조정 제어(정치 제어)**: 전압, 주파수, 전류, 회전속도, 힘 등 전기적·기계적 양을 주로 제어하며 응답속도가 빨라야 한다(수차, 증기 터빈 등의 속도 제어, 압연기 등).

[제어 목표에 의한 구분]
- **정치 제어**: 시간에 관계없이 일정한 목표값을 제어한다(주파수, 전압, 속도 등).
- **추치 제어**: 목표치가 시간에 따라 변하는 제어이다.
  - **추종 제어**: 목표치가 시간적으로 임의로 변하는 경우의 제어이다(레이더, 미사일, 인공위성).
  - **프로그램 제어**: 미리 정해 놓은 프로그램에 따라 제어량을 변화시킨다(무인 엘리베이터, 무인 열차 운전).
  - **비율 제어**: 목표값이 다른 것과 일정한 비율 관계를 가지고 변화하는 경우를 제어한다(발전소 보일러의 자동연소 제어).

07

정답 ②

① 평형상태에서 시스템의 주요 변수는 시간이 아닌 온도이다.
② 내부에너지는 **분자의 운동 활동성**을 뜻하며, **물체가 가지고 있는 총에너지로부터 역학에너지와 전기에너지를 뺀 나머지 에너지**를 말한다.
③ 이상기체의 **내부에너지와 엔탈피**는 줄의 법칙에 의거하여 **온도만의 함수**이다.
④ 엔탈피는 **열의 함량**을 나타내며, 엔트로피는 **무질서도**를 나타낸다.

08

정답 ②

[제어량에 의한 구분]
- **프로세스 제어(공정 제어)**: 제어량의 온도, 압력, 습도, 농도, 유량, 액면, 밀도 등의 플랜트나 생산공정 중의 상태량을 제어한다.
- **서보 제어**: 물체의 **위치, 방위, 자세** 등의 기계적 변위를 제어량으로 해서 목표값의 임의의 변화에 추종한다(비행기, 선박의 방향 제어, 추적용 레이더, 미사일 발사대의 자동위치 제어 등).
- **자동조정 제어(정치 제어)**: 전압, 주파수, 전류, 회전속도, 힘 등 전기적·기계적 양을 주로 제어하며 응답속도가 빨라야 한다(수차, 증기 터빈 등의 속도 제어, 압연기 등).

09

정답 ②, ④

[액백(리퀴드 백) 현상]
냉동 사이클의 증발기에서는 냉매액이 피냉각물체로부터 열을 빼앗아 자신은 모두 증발되고 피냉각물체를 냉각시킨다. 하지만 실제에서는 모든 냉매액이 100%로 증발되지 않고 약간의 액이 남아 압축기로 들어가게 된다. 액체는 표면장력 등의 이유로 원래 형상을 유지하려고 하기 때문에 압축이 잘 되지 않아 압축기의 피스톤이 압축하려고 할 때 피스톤을 튕겨나게 한다. 따라서 압축기의 벽이 손상되거나 냉동기의 냉동효과가 저하되는데 이 현상을 바로 액백 현상이라고 한다.
- **원인**: 팽창밸브의 개도가 너무 클 때, 냉매가 과충전될 때, 액분리기 불량일 때
- **방지법**
  - 냉매액을 과충전하지 않는다.
  - 액분리기를 설치한다.
  - 증발기의 냉동부하를 급격하게 변화시키지 않는다.
  - 압축기에 가까이 있는 흡입관의 액고임을 제거한다.
  - 액백 현상을 방지하기 위해 액분리기는 **증발기와 압축기 사이**에 설치해야 한다.

10

정답 ④

[보온재의 구비조건]
- 사용온도에 견딜 수 있고 기계적 강도가 클 것
- 열전도율이 작을 것, 흡수성이 작을 것, 비중이 작을 것
- 다공성일 것, 장시간 사용해도 무리가 없을 것
- 내식성, 내구성, 내열성이 클 것

11

정답 ④

① **가는 파선**: 숨은선
② **가는 1점 쇄선**: 중심선, 기준선, 피치선
③ **가는 실선**: 치수선, 치수보조선, 골지름을 나타낼 때 사용
④ **굵은 실선**: 외형선

12

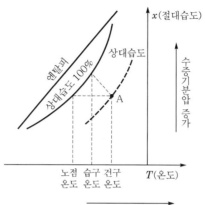

[습공기선도(공기선도)]
- 절대습도(x)와 건구온도(t)와의 관계 선도
- 건구온도, 습구온도, 노점온도, 절대습도, 상대습도, 수증기분압, 비체적, 엔탈피, 현열비, 열수분비를 알 수 있다.
- 공기를 냉각하거나 가열하여도 절대습도는 변하지 않는다.
- 공기를 냉각하면 상대습도는 높아지고 공기를 가열하면 상대습도는 낮아진다.
  → 습도를 해석하는 방법: A점 상태의 공기를 냉각하면 x축의 건구온도가 낮아지기 때문에 좌측으로 A점이 이동하게 될 것이다. 그렇게 되면 상대습도 100%선과 가까워지기 때문에 상대습도는 높아진다고 볼 수 있다.
- 습구온도와 건구온도가 같다는 것은 상대습도가 100%인 포화공기임을 뜻한다.
- 습구온도가 건구온도보다 높을 수는 없다.
  → A점에서 air washer를 이용하여 공기를 가습하게 되면 Y축의 절대습도가 증가하여 A점은 상방향으로 이동한다.

상태	건구온도	상대습도	절대습도	엔탈피
가열	↑	↓	일정	↑
냉각	↓	↑	일정	↓
가습	일정	↑	↑	↑
감습	일정	↓	↓	↓

참고

공기 가습법: air washer 이용법, 수분무 가습기법, 증기가습기법

13

- **냉간단조**: 코이닝, 콜드헤딩, 스웨이징 블록
- **열간단조**: 프레스, 업셋, 해머, 압연단조

14

- **절삭속도**: 공구와 공작물 사이의 상대속도이며 단위는 m/min이다.
- **이송속도**: 공작물이 1회전할 때마다 공구가 이동한 거리이며 단위는 mm/rev이다.
- **절삭깊이**: 공작물을 1회에 깎아내는 깊이이다.

15

- $101,325Pa = 1.01325bar \rightarrow 2.0265bar = 202,650Pa$
- $14.696psi = 101,325Pa$
- $540mmHg \rightarrow 101,325Pa : 760mmHg = x : 540mmHg \rightarrow 71,994Pa$
- $0.0712MPa = 71,200Pa$

[1atm, 1기압]

101,325Pa	10.332mH$_2$O	1013.25hPa	1013.25mb
1,013,250dyne/cm^2	1.01325bar	14.696psi	1.033227kgf/cm^2
760mmHg	29.92126inHg	406.782inH$_2$O	−

16

$C_v = 6kJ/kg \cdot K$, $R = 3kJ/kg \cdot K$이므로 다음과 같이 식을 도출할 수 있다.

$C_p - C_v = R \rightarrow C_p = R + C_v = 3 + 6 = 9kJ/kg \cdot K$

[여기서, C_p: 정압비열, C_v: 정적비열, R: 기체상수(기체상수는 열역학적 상태량이 아니다.)]

[비열비]

- 비열비는 정압비열과 정적비열의 비를 말한다. 즉, $k = \dfrac{C_p}{C_v}$이며 C_p는 C_v보다 항상 크므로 비열비는 항상 1보다 크다.
- 비열비는 분자를 구성하는 원자수에 관계되며 가스 종류에 상관없이 원자수가 같다면 비열비는 같다.
  - 1원자분자: $k = 1.66$ [Ar, He]
  - 2원자분자: $k = 1.4$ [O$_2$, CO, N$_2$, H$_2$, air]
  - 3원자분자: $k = 1.33$ [CO$_2$, H$_2$O, SO$_2$]

17

- **대기압**: $14.696psi = 101,325Pa$
- **게이지 압력**: $1,520mmHg = 202,650Pa$
- **절대압력**은 '대기압 +계기압'이므로 **절대압력** $= 101,325Pa + 202,650Pa = 303,975Pa$
  즉, 303,975Pa은 89.76inHg이다.

- **표준대기압**: 지구 전체의 국소대기압을 평균한 값을 표준대기압이라고 한다.
- **국소대기압**: 대기압은 지구의 위도에 따라 변하는데 이러한 값을 국소대기압이라고 한다.
- **계기압력(게이지압)**: 측정 위치에서 국소대기압을 기준으로 측정한 압력이다.
- **절대압력**: 완전진공을 기준으로 측정한 압력이다(대기압+계기압 = 대기압−진공압).
- **진공도** $= \dfrac{진공압}{대기압} \times 100\%$

18

[복합발전]

복합발전은 1차(가스터빈, 브레이턴 사이클) + 2차(증기터빈, 랭킨 사이클)로 구성되어 있다. 구체적으로 가스터빈의 3대 요소는 압축기, 연소기, 가스터빈으로 압축기에서 LNG연료를 압축시켜 고온·고압 상태로 만들고 연소기에서 LNG연료를 연소시킨다. 그리고 연소된 LNG가스는 가스터빈으로 들어가 가스터빈을 가동시키고 1차 팽창일을 얻게 된다. 여기서 1차 팽창일을 만들고 가스터빈을 나온 LNG가스의 온도는 대략 500℃ 이상이다. 이 열을 버리기 아까워 다시 배열회수보일러로 회수시킨 후, 이 열을 사용하여 **배열회수보일러에서 고온·고압의 증기를 만든다.** 그리고 이 고온·고압의 증기를 사용하여 2차 터빈(증기터빈)을 가동시켜 2차 팽창일을 얻는다.

- **배열회수보일러(Heat Recovery Steam Generator, HRSG)**: 화력발전소에서 가스터빈을 돌릴 때 배출되는 열에너지를 회수하여 다시 고온·고압의 증기로 만들어 증기터빈을 가동할 수 있도록 하는 복합화력의 핵심설비이다.
- 복합발전은 1차(가스터빈, 브레이턴 사이클) + 2차(증기터빈, 랭킨 사이클)로 구성되어 있으며 가스터빈의 3대 구성 요소는 압축기, 연소기, 가스터빈이다.

[탈황설비]

석탄 화력발전소에서 연도로 빠져나가는 배기가스 중의 황산화물을 제거하는 설비이다. 석회석 슬러리를 황산화물에 반응시켜 황산화물을 제거하며 부산물로 석고가 생성된다.

19

$$Q = AV \quad \rightarrow \quad 0.16\text{m}^3/\text{s} = \frac{1}{4}\pi(0.04)^2 V$$

$$\therefore \ V = 133.33\text{m/s}$$

[연속방정식]

- 쉽지만 자주 나오는 문제로 단위를 항상 조심해야 한다. 반지름인지 지름인지 구별하자!
- 흐르는 유체에 질량보존의 법칙을 적용한 것

① 질량유량: $\dot{m} = \rho A V$

② 체적유량: $Q = A V$

20

- 각운동량$(L) = mVr = Iw$

$$\left(\text{원판의 경우 } I = \frac{1}{2}mr^2, \text{ 구의 경우 } I = \frac{2}{5}mr^2\right)$$

- 질량이 M이고 반지름이 R인 구의 각운동량: $L = Iw = \left(\frac{2}{5}MR^2\right)\omega$

- 질량이 M이고 지름이 $4R$(반지름이 $2R$)인 구의 각운동량: $L = Iw = \frac{2}{5}M(2R^2)\omega_x$

우리가 구하고 싶은 것은 w_x이다. 동일한 각운동량을 가지고 있다고 문제에 언급되어 있으므로 다음과 같이 식을 도출할 수 있다(항상 반지름, 지름을 조심해야 한다).

$$\left(\frac{2}{5}MR^2\right)\omega = \frac{2}{5}M(2R)^2\omega_x \quad \rightarrow \quad \therefore \omega_x = \frac{1}{4}\omega$$

- **각운동량 보존법칙**: 피겨스케이팅 선수가 팔을 안쪽으로 굽히면 회전속도가 빨라지는 현상과 관계가 있는 법칙

21

① DNC(Distributed Numerical Control, **직접수치제어**): 중앙의 1대 컴퓨터에서 여러 대의 CNC 공작기계로 데이터를 분배하여 전송함으로써 동시에 여러 대의 기계를 운전할 수 있는 시스템이다.

② FMS(Flexible Manufacturing System, **유연생산시스템**): 하나의 생산 공정에서 다양한 제품을 동시에 제조할 수 있는 자동화 생산시스템으로 현재 자동차공장에서 하나의 컨베이어벨트 위에서 다양한 차종을 동시에 생산하는 시스템에 적용되고 있다. 또한 동일한 기계에서 여러 가지 부품을 생산할 수 있고, 생산일정의 변경이 가능하다. 하드웨어 기본요소는 작업스테이션, 자동물류시스템과 컴퓨터 제어시스템으로 구성된다.

③ CAM(Computer Aided Manufacturing, **컴퓨터응용생산**): 컴퓨터를 이용한 생산시스템으로 CAD에서 얻은 설계데이터로부터 종합적인 생산 순서와 규모를 계획해서 CNC 공작기계의 가공 프로그램을 자동으로 수행하는 시스템의 총칭이다.

④ CIMS(Computer Integrated Manufacturing System, **컴퓨터 통합 생산시스템**): 컴퓨터에 의한 통합적 생산시스템으로 컴퓨터를 이용해서 기술개발·설계·생산·판매 및 경영까지 전체를 하나의 통합된 생산체제로 구축하는 시스템이다.

22

[공기조화설비의 주요 구성장치]
열 운반 장치, 열원 장치, 공기처리 장치, 자동제어설비

23

[세라믹의 특징]
- 도기라는 뜻으로 점토를 소결한 것이며 알루미나 주성분에 Cu, Ni, Mn을 첨가한 것이다.
- 세라믹은 $1,200℃$까지 경도의 변화가 없다.

- 냉각제를 사용하면 쉽게 파손되므로 냉각제는 사용하지 않는다.
- 세라믹은 이온결합과 공유결합 상태로 이루어져 있다.
- 세라믹은 **금속과 친화력이 적어** 구성인선이 발생하지 않는다.
- 고온경도가 우수하며 열전도율이 낮아 내열제로 사용된다.
- 세라믹은 충격에 약하며, 금속산화물, 탄화물, 질화물 등 순수화합물로 구성되어 있다.
- 원료가 풍부하기 때문에 대량 생산이 가능하다.

참고 ┄┄
불순물에 가장 크게 영향을 받는 세라믹의 기계적 성질은 횡파단강도이다.

24
정답 ①

다음 표 중 M00, M03, M04, M05, M06, M08, M09는 매우 중요하다. 그 외에도 여유가 되면 모두 암기하자.

M코드	기능
M00	**프로그램 정지**
M01	선택적 프로그램 정지
M02	프로그램 종료
M03	**주축 정회전(주축이 시계방향으로 회전)**
M04	**주축 역회전(주축이 반시계방향으로 회전)**
M05	**주축 정지**
M06	**공구 교환**
M08	**절삭유 ON**
M09	**절삭유 OFF**
M14	심압대 스핀들 전진
M15	심압대 스핀들 후진
M16	Air Blow2 ON, 공구측정 Air
M18	Air Blow1, 2 OFF
M30	프로그램 종료 후 리셋
M98	보조프로그램 호출
M99	보조프로그램 종료 후 주프로그램 회기

[필수]

코드	종류	기능
G코드	준비기능	주요 제어장치들의 사용을 위해 공구를 준비시키는 기능
M코드	보조기능	부수장치들의 동작을 실행하기 위한 것으로 주로 ON/OFF 기능

F코드	이송기능	절삭을 위한 공구의 이송속도 지령
S코드	주축기능	주축의 회전수 및 절삭속도 지령
T코드	공구기능	공구 준비 및 공구 교체, 보정 및 오프셋량 지령

25
정답 ③

- **차압식 유량계:** 유체가 흐를 때 생기는 차압을 사용하여 유체의 유량을 측정하는 방식이다(벤투리미터, 오리피스, 유동노즐).
- **면적식 유량계:** 압력강하를 거의 일정하게 유지하면서 유체가 흐르는 유로의 단면적이 유량에 따라 변하도록 하며 float의 위치로 유량을 직접 측정한다(로터미터).

[유속측정]
피토관, 피토정압관, 레이저 도플러 유속계, 시차액주계 등
- **피토튜브:** 국부유속을 측정할 수 있다.
- **마이크로마노미터:** 두 원관 속을 기체가 미소한 압력차로 흐르고 있을 때, 이 압력차를 측정한다.
- **레이저 도플러 유속계:** 유동하는 흐름에 작은 알갱이를 띄워서 유속을 측정한다.

[유량측정]
벤투리미터, 유동노즐, 오리피스, 로터미터, 위어 등
- **벤투리미터:** 압력강하를 이용하여 유량을 측정하는 기구로 가장 정확한 유량을 측정할 수 있다.
  - 상류 원뿔: 유속이 증가하면서 압력이 감소하고 이 압력 강하를 이용하여 유량을 측정
  - 하류 원뿔: 유속이 감소하면서 원래 압력의 90%를 회복
- **오리피스:** 오리피스는 **벤투리미터와 원리가 비슷**하다. 다만, 예리하기 때문에 하류 유체 중에 free-flowing jet을 형성하게 된다.
- **로터미터:** 유량을 측정하는 기구로 부자 또는 부표라고 하는 부품에 의해 유량을 측정한다.
- **위어**
  - **삼각위어:** 개수로의 소유량 측정에 사용되며 비교적 정확한 유량을 측정할 수 있다.
  - **사각위어:** 개수로의 중유량 측정에 사용된다.
  - **예연(예봉위어) 및 광봉위어:** 개수로의 대유량 측정에 사용된다.

참고

압력강하를 이용하는 것은 벤투리미터, 노즐, 오리피스이다.

26
정답 ④

$$W_m = \frac{S_m}{S_P} W_P = \frac{7.2}{0.6} \times 3.5 = 42\text{kg}$$

[주물 금속의 중량 계산]

$$W_m = \frac{W_P}{S_P}(1-3\phi)S_m = \frac{S_m}{S_P} W_P$$

[여기서, W_m, S_m: 주물(moulding)의 중량 및 비중, W_P, S_P: 목형(pattern)의 중량 및 비중,
3ϕ: 주물의 체적에 대한 수축률은 길이 방향의 3배이다.]

27

정답 ④

$$HV = \frac{1.854P}{L^2} = \frac{1.854 \times 100}{3} = \frac{185.4}{9} = 20.6 \, \text{kgf/mm}^2$$

[여기서, L: 대각선 길이, P: 하중]

[경도시험법의 종류]

종류	시험 원리	압입자	경도값
브리넬 경도(HB)	압입자인 강구에 일정량의 하중을 걸어 시험편의 표면에 압입한 후, 압입국의 표면적 크기와 하중의 비로 경도를 측정한다.	강구	$HB = \frac{P}{\pi dt}$ [πdt: 압입면적, P: 하중]
비커스 경도(HV)	압입자에 1~120kgf의 하중을 걸어 자국의 대각선 길이로 경도를 측정하고, 하중을 가하는 시간은 캠의 회전속도로 조절한다.	136°인 다이아몬드 피라미드 압입자	$HV = \frac{1.854P}{L^2}$ [L: 대각선 길이, P: 하중]
로크웰 경도(HRB, HRC)	압입자에 하중을 걸어 압입 자국(홈)의 깊이를 측정하여 경도를 측정한다. – 예비하중: 10kgf – 시험하중: B스케일: 100kg C스케일: 150kg	– B스케일: $\phi 1.588$mm 강구(1/16인치) – C스케일: 120° 다이아몬드(콘)	$HRB: 130 - 500h$ $HRC: 100 - 500h$ [h: 압입깊이]
쇼어 경도(HS)	추를 일정한 높이에서 낙하시켜 이 추의 반발높이를 측정해서 경도를 측정한다.	다이아몬드 추	$H_s = \frac{10,000}{65}\left(\frac{h}{h_0}\right)$ [h: 반발높이, h_0: 초기 낙하체의 높이]
누프 경도(HK)	정면 꼭지각이 172°, 측면 꼭지각이 130°인 다이아몬드 피라미드를 사용하고 대각선 중 긴 쪽을 측정하여 계산한다. 즉, 한쪽 대각선이 긴 피라미드 형상의 다이아몬드 압입자를 사용해서 경도를 측정한다.	정면 꼭지각 172°, 측면 꼭지각 130°인 다이아몬드 피라미드	$HK = \frac{14.2P}{L^2}$ [L: 긴 쪽의 대각선 길이, P: 하중]

※ 누프 경도시험법은 '마이크로 경도시험법'에 해당된다.
※ 누프 경도시험법은 시편의 크기가 매우 작거나 얇은 경우와 보석, 카바이드, 유리 등의 취성재료들에 대한 시험에 적합하다.

28

정답 ②

- **크리핑 현상**: 벨트의 탄성에 의한 미끄럼으로 인해 벨트가 풀리의 림면을 기어가는 현상이다.
- **플래핑 현상**: 원동 풀리와 종동 풀리 사이의 **축간거리가 멀고 고속으로** 벨트가 운전될 때 벨트가 마치 파도를 치는 듯한 현상이다.

→ 위의 2가지 현상 때문에 종동 풀리는 **2~3%의 슬립**이 발생하고 원동 풀리에 비해 느린 운동을 하게 된다.

29
정답 ③

[냉동장치의 4대 요소]
- **압축기**: 증발기에서 흡수된 저온·저압의 냉매가스를 압축하여 압력을 상승시켜 분자 간 거리를 가깝게 함으로써 온도를 상승시킨다. 따라서 상온에서도 응축액화가 가능해진다.
- **응축기**: 압축기에서 토출된 냉매가스를 상온에서 물이나 공기를 사용하여 열을 방출시켜 응축시킨다.
- **팽창밸브**: 고온·고압의 액냉매를 교축시켜 저온·저압의 상태로 만들어 증발기의 부하에 따라 냉매공급량을 적절하게 유지해준다.
- **증발기**: 저온·저압의 냉매가 피냉각물체로부터 열을 빼앗아 저온·저압의 가스로 증발된다. 즉, 냉매는 열교환을 통해 열을 흡수하여 자신은 증발하고, 피냉각물체는 열을 빼앗겨 냉각된다. 따라서 **실질적으로 냉동의 목적이 이루어지는 곳은 증발기**이다.

참고

[증기압축식 냉동장치]
- 압축기를 사용하여 **냉매를 기계적으로 압축**하는 방식이다.
- 냉매순환경로는 **증발기 → 압축기 → 응축기 → 수액기 → 팽창밸브**이다.

[흡수식 냉동장치]
- 압축기를 사용하지 않고 **냉매의 증발에 의해 냉동**한다. 즉, **열적으로 압축**하는 방식이다.
- 냉매순환경로는 **증발기 → 흡수기 → 열교환기 → 발생기(재생기) → 응축기**이다.
- 증기압축식 냉동장치의 압축기 대신에 **흡수기와 재생기를 사용**한다.
- **발생기(재생기)는 고온의 열을 필요로 한다.** 그 이유는 흡수식 냉동기는 압축기를 사용하지 않으므로 소음과 진동이 적고, 재생기(발생기)에서 냉매와 흡수제를 유리(분리)시켜야 하므로 열이 필요하다. 따라서 열을 공급하기 위해 중유, 증기, 온수 등의 폐열을 이용한다. 또한 압축기 대신에 흡수기와 발생기 등을 사용하므로 설치면적과 중량이 늘어나게 된다.

30
정답 ①

$$\tau = \frac{P}{A} = \frac{P}{\pi dt} = \frac{30,000}{3 \times 100 \times 20} = 5 \text{kgf/mm}^2$$

[여기서, A: 강판이 전단되는 면적]

31
정답 ①

[윤활제의 종류]
- **고체윤활제**: 활석, 운모, 흑연 등
- **반고체윤활제**: 그리스 등
- **액체윤활제**
  - **동물성유**: 유동성과 점도가 우수한 윤활제
  - **식물성유**: 고온 상태에서 변질이 적고 내부식성이 우수한 윤활제

- **특수윤활제**
  - 극압유: 인, 황, 염소, 납 등의 극압제를 첨가한 윤활제로 압력이 강해지는 개소에 사용한다.
  - 실리콘유: 규소수지 중에 기름 형태인 것으로 내열성, 내한성이 우수하고 화학적으로 안정하지만 가격이 비싸다는 단점이 있다.
  - 부동성 기계유: 응고점이 $-50 \sim -35°C$이므로 낮은 온도에서 사용한다.

32

정답 정답 없음

[주철의 특징]
- **탄소함유량이 2.11~6.68%이므로 용융점이 낮**다. 따라서 **녹이기 쉬워** 틀에 넣고 복잡한 형상을 주조할 수 있다.
- 탄소함유량이 많아 강·경도가 큰 대신 **취성**이 발생한다. 즉, **인성이 작고 충격값이 작다.** 따라서 단조가공 시 해머로 타격하게 되면 취성에 의해 **깨질 위험**이 있다.
- **압축강도가 우수**하여 **공작기계의 베드, 브레이크 드럼** 등에 사용된다.
- **취성이 있기 때문에 가공이 어렵지만, 주철 내의 흑연이 절삭유의 역할을 하므로 절삭성은 우수하다.**
- **마찰저항이 우수**하다.
- 주철은 취성으로 인해 리벳팅할 때 깨질 위험이 있으므로 리벳의 재료로 사용될 수 없다.
- **주철은 담금질, 뜨임, 단조가 불가능하다.** 단조를 가능하게 하려면 가단(**단조를 가능**하게)주철을 만들어서 사용하면 된다.
- 주철은 탄소량이 매우 높기 때문에 용접하기 매우 곤란하다.

참고

[주철의 성장]
A_1 변태점 이상에서 가열과 냉각을 반복하면 주철의 부피가 커지면서 팽창하여 균열을 발생시키는 현상

- **주철의 성장 원인**
  - 불균일한 가열에 의해 생기는 파열 팽창
  - 흡수된 가스에 의한 팽창에 따른 부피 증가
  - 고용 원소인 Si의 산화에 의한 팽창(페라이트 조직 중 Si 산화)
  - 펄라이트 조직 중의 Fe_3C 분해에 따른 흑연화에 의한 팽창
- **주철의 성장 방지법**
  - C, Si량을 적게 한다. Si 대신에 내산화성이 큰 Ni로 치환한다(Si는 산화하기 쉽다).
  - 편상흑연을 구상흑연화시킨다.
  - 흑연의 미세화로 조직을 치밀하게 한다.
  - 탄화안정화원소(Cr, V, Mo, Mn)를 첨가하여 펄라이트 중의 Fe_3C 분해를 막는다.
    ※ 탄화안정화원소: Cr, V, Mo, Mn [크바몰방]

[주철에 나타나는 흑연의 기본 형상]
편상, 성상, 유충상, 응집상, 괴상, 구상, 공정상, 장미상 등

[탄소함량에 따른 주철의 분류]
- **아공정주철**: 2.11~4.3% 탄소 함유
- **공정주철**: 4.3% 탄소 함유
- **과공정주철**: 4.3% 이상의 탄소 함유

33

정답 ③

캠: 종동절의 요구되는 운동을 직접 접촉에 의해 전달하는 기계요소이며, 회전운동을 직선왕복운동으로 바꿔주는 기구이다. 용도로는 내연기관 밸브의 개폐, 인쇄기계, 공작기계, 방직기계, 재봉틀 등에 사용된다.

[캠의 압력각을 줄이는 방법]
• 기초원의 직경을 증가시킨다.
• 종동절의 전체 상승량을 줄이고 변위량을 변화시킨다.
• 종동절의 변위에 대해 캠의 회전량을 증가시킨다.
• 종동절의 운동 형태를 변화시킨다.
→ 캠의 압력각을 줄이는 방법은 공항, 에너지, 지방공기업 등에서 간혹 출제가 된다. 실제로 작년에도 출제되었다.

34

정답 ③

속도비: $i = \dfrac{N_2}{N_1} = \dfrac{D_1}{D_2} = \dfrac{Z_1}{Z_2}$,   축간거리$(C)$: $\dfrac{D_1 + D_2}{2}$

$\dfrac{N_2}{N_1} = \dfrac{D_1}{D_2}$ → $\dfrac{150}{300} = \dfrac{D_1}{D_2}$ → $300 D_1 = 150 D_2$ → $\therefore D_2 = 2 D_1$ ⋯ ①

$C = \dfrac{D_1 + D_2}{2}$ → $900 = \dfrac{D_1 + D_2}{2}$ → $\therefore D_1 + D_2 = 1,800$ ⋯ ②

식 ①과 식 ②를 연립하면 $3 D_1 = 1,800$

$\therefore D_1 = 600\text{mm},\ D_2 = 1,200\text{mm}$

35

정답 ④

[수격현상(워터해머링)]
배관 속의 유체 흐름을 급히 차단시켰을 때 유체의 운동에너지가 압력에너지로 전환되면서 배관 내에 탄성파가 왕복하게 된다. 이에 따라 배관이 파손될 수 있다.

• 원인
 – 펌프가 갑자기 정지할 때
 – 급히 밸브를 개폐할 때
 – 정상 운전 시 유체의 압력에 변동이 생길 때
• 방지
 – 관로의 직경을 크게 한다.
 – 관로 내의 유속을 낮게 한다(유속은 1.5~2m/s로 유지).
 – 관로에서 일부 고압수를 방출시킨다.
 – 조압수조를 관선에 설치하여 적정 압력을 유지한다(부압 발생 장소에 공기를 자동적으로 흡입시켜 이상 부압을 경감).
 – 펌프에 플라이휠을 설치하여 펌프의 속도가 급격하게 변화하는 것을 막는다(관성을 증가시켜 회전수

와 관 내 유속의 변화를 느리게 한다).
  – 펌프 송출구 가까이 밸브를 설치한다(펌프 송출구에 수격을 방지하는 체크밸브를 달아 역류를 막는 다).
  – 에어챔버를 설치하여 축적하고 있는 압력에너지를 방출시킨다.
  – 펌프의 속도가 급격히 변하는 것을 방지한다(회전체의 관성 모멘트를 크게 한다).

> **참고**
>
> [체크밸브]
>
> **역류를 방지해주는 밸브로 역지밸브라고도 불린다.**
> • 수평배관용 체크밸브: 리프트식 체크밸브
> • 수직배관용 체크밸브: 스윙식 체크밸브
> • 수격현상을 방지하기 위해 사용하는 체크밸브: 스모렌스키 체크밸브

36

정답 ④

• 냉각쇠(chiller)는 주물 두께에 따른 **응고속도 차이**를 줄이기 위해 사용한다. 어떤 주물을 주형에 넣어 냉각시키는 데 있어 주물 두께가 다른 부분이 있다면 두께가 얇은 쪽이 먼저 응고되면서 수축하게 될 것이다. 따라서 그 부분은 쇳물의 부족으로 인해 수축공이 발생하게 된다. 따라서 주물 두께가 두꺼운 부분에 냉각쇠를 설치하여 두꺼운 부분의 **응고속도를 증가**시킨다. 결국, 주물 두께 차이에 따른 응고속도를 줄일 수 있으므로 수축공을 방지할 수 있다.
• 냉각쇠는 종류로는 핀, 막대, 와이어가 있으며, 주형보다 열흡수성이 좋은 재료를 사용한다. 그리고 고온부와 저온부가 동시에 응고되도록, 또는 두꺼운 부분과 얇은 부분이 동시에 응고되도록 하는 목적으로 설치하는 것이다.
• **냉각쇠는 가스배출을 고려하여 주형의 상부보다는 하부에 부착해야 한다.** 만약, 상부에 부착한다면 가스는 주형 위로 배출되려고 하다가 상부에 부착된 냉각쇠에 의해 빠르게 냉각되면서 응축하여 가스액이 되고 그 가스액이 주물 내부로 떨어져 결함을 발생시킬 수 있다.

37

정답 ④

[헬리컬기어의 특징]
• 고속운전이 가능하며 축간거리 조절이 가능하고 소음 및 진동이 적다.
• 물림률이 좋아 스퍼기어보다 더 큰 동력 전달이 가능하다.
• 축 방향으로 추력이 발생하여 스러스트 베어링을 사용한다.
• 최소 잇수가 평기어보다 적으므로 큰 회전비를 얻을 수 있다.
• 기어의 잇줄 각도는 비틀림각에 상관없이 수평선에 30°로 긋는다.
• 더블헬리컬기어는 비틀림각의 방향이 **서로 반대이고 크기가 같은** 한 쌍의 헬리컬기어를 조합한 기어이다. 비틀림각의 방향을 서로 반대로 놓아 기존 헬리컬기어에서 발생하는 추력을 없앨 수 있다.
• 더블헬리컬기어는 **헤링본기어**라고도 부른다.

38

1냉동톤(냉동능력의 단위, kcal/hr): 0°C의 물 1ton을 24시간 이내에 0°C의 얼음으로 바꾸는 데 제거해야 할 열량 및 그 능력

→ A + B + C + D = 0 + 1 + 1,440 + 0 = 1,441 (∵ 24시간 = 1,440분)

참고
- **냉동능력:** 단위시간에 증발기에서 흡수하는 열량
- **냉동효과:** 증발기에서 냉매 1kg이 흡수하는 열량
- **1냉동톤(냉동능력의 단위, RT):** 0°C의 물 1ton을 24시간 이내에 0°C의 얼음으로 바꾸는 데 제거해야 할 열량 및 그 능력 → 3,320kcal/hr = 3.86kW [1kW = 860kcal/h, 1kcal = 4,180J]
- **1USRT(미국냉동톤):** 32°F의 물 1ton(2,000lb)을 24시간 동안에 32°F의 얼음으로 만드는 데 제거해야 할 열량 및 그 능력 → 3,024kcal/hr
- **제빙톤:** 25°C의 물 1톤을 24시간 동안에 −9°C의 얼음으로 만드는 데 제거해야 할 열량 또는 그 능력 (열손실은 20%로 가산) → 1.65RT

39

[잔류응력]
- 압축잔류응력은 피로한도, 피로수명을 향상시킨다.
- 외력을 가하고 제거해도 소재 내부에 남은 응력을 말한다.
- 상의 변화, 온도구배, 불균일 변형이 제일 큰 원인이다.
- 인장잔류응력은 응력부식균열을 발생시킬 수 있다.
- 잔류응력이 존재하는 표면을 드릴로 구멍을 뚫으면 그 구멍이 타원형상으로 변형될 수 있다.
- 풀림처리를 통해 잔류응력을 경감시킨다.
- 실온에서 장시간 이완 작용을 증가시키면 잔류응력을 경감시킬 수 있다.
- 소성변형을 추가하여 잔류응력을 경감시킨다.

40

선삭(선반가공), 밀링, 드릴링, 평삭(플레이너, 셰이퍼, 슬로터), 방전은 모두 소재의 미소량을 깎아 원하는 형상으로 만드는 절삭가공이다. 실제 2019년 한국중부발전 시험에 출제된 내용으로 꼭 숙지해야 한다.

41

브라인(brine): 냉동 시스템 외부를 순환하며 간접적으로 열을 운반하는 매개체이며 2차 냉매 또는 간접냉매라고도 한다. 구체적으로 상변화 없이 **현열인 상태**로 열을 운반하는 냉매이다. 그리고 브라인을 사용하는 냉동장치는 간접 팽창식, 브라인식이라고 한다.

[브라인의 구비조건(자주 출제!!)]
- 부식성이 없어야 한다.
- 열용량이 커야 한다.

- 응고점이 낮아야 한다.
- 점성이 작아야 하며, 비열과 열전도율이 커야 한다.
- 가격이 경제적이며 구입이 용이해야 한다.
- 불활성이어야 한다.
- 공정점(동결온도)이 낮아야 한다(냉매의 증발온도보다 5~6°C 낮을 것).
- Ph값이 중성이어야 한다(Ph 7.5~8.2).
- 누설 시 냉장품에 손상을 주지 않고, 금속에 대한 부식성이 없어야 한다.

참고

[브라인의 종류]
- 무기질 브라인
  - 염화칼슘: 제빙용 및 냉장용으로 가장 많이 사용되며 공정점은 −55°C로 저온용이다.
  - 염화나트륨: 냉장용, 냉동용으로 사용되며 가격이 저렴하고 공정점은 −21°C이다.
  - 염화마그네슘: 공정점이 약 −33°C이다.
- ※ 공정점: 두 물질을 용해시키면 농도가 짙을수록 응고점이 낮아지게 되지만 일정 농도 이상이 되면 다시 응고점은 높아지게 된다. 이때의 최저 동결온도(응고점)를 공정점이라고 한다.
- 유기질 브라인: 에틸알코올(초저온 동결용), 에틸렌글리콜(제상용), 프로필렌글리콜(식품동결용)

42
정답 ②

[공기압축기]
- 밀폐한 용기 속에 공기를 동력으로 압축하여 압력을 높이는 기계이다.
- 공기압축기 규격표시는 분당 공기의 토출량으로 표시하므로 단위는 m^3/min이다.

43
정답 ③

[NC 공작기계의 특징]
- 공구가 표준화되어 공구수를 줄일 수 있는 장점을 가지고 있다.
- 다품종 소량생산 가공에 적합하다.
- 공장의 자동화 라인을 쉽게 구축할 수 있다.
- 항공기 부품과 같이 복잡한 형상의 부품가공 능률화가 가능하다.
- 인건비 및 제조원가를 경감시킬 수 있다.
- 가공조건을 일정하게 유지할 수 있고 생산성이 향상되며 공구 관리비를 절감할 수 있다.
- 무인가공이 가능하며 생산제품의 균일화가 용이하다.
- 가공조건을 일정하게 유지할 수 있다.

44
정답 ③

[숏피닝]
숏피닝은 샌드블라스팅의 모래 또는 그릿 블라스팅의 그릿 대신에 경화된 작은 강구를 일감의 표면에 분사시켜 피로강도 및 기계적 성질을 향상시키는 가공방법이다.

[숏피닝의 특징]
• 숏피닝은 일종의 **냉간가공**법이다.
• 숏피닝 작업에는 청정작업과 피닝작업이 있다.
• 피닝은 표면에 강구를 고속으로 분사하여 표면에 **압축잔류응력**을 발생시키기 때문에 피로한도와 피로수명을 증가시켜 반복하중이 작용하는 부품에 적용시키면 효과적이다. 즉, **주로 반복하중이 작용하는 스프링에 적용시켜 피로한도를 높이는 것이 숏피닝이다.** 앞에 언급한 내용 자체가 2020년 교통안전공단 시험에 출제되었으므로 꼭 숙지해야 한다.
• **부적당한 숏피닝**은 연성을 감소시켜 균열의 원인이 될 수 있다.

[숏피닝의 종류]
• **압축공기식**: 압축공기를 노즐에서 숏과 함께 고속으로 분사시키는 방법으로 노즐을 이용하기 때문에 임의의 장소에서 노즐을 이동시켜 구멍 내면의 가공이 편리하다.
• **원심식**: 압축공기식보다 생산능률이 높으며 고속 회전하는 임펠러에 의해서 가속된 숏을 분사시키는 방법이다.

참고
• **숏피닝에 사용하는 주철 강구의 지름**: 0.5~1.0mm
• **숏피닝에 사용하는 주강 강구의 지름**: 평균적으로 0.8mm

45
정답 ②

• **비중**: 물질의 고유 특성이며 기준이 되는 물질의 밀도에 대한 상대적인 비를 말하기 때문에 무차원수이다.
• **액체의 경우** 1기압하에서 4℃ 물을 기준으로 한다.

$$S(비중) = \frac{어떤\ 물질의\ 비중량\ 또는\ 밀도}{4℃에서\ 물의\ 비중량\ 또는\ 밀도}$$

46
정답 ①

• 아래보기용접에 대한 위보기용접의 효율: 80%
• 아래보기용접에 대한 수평보기용접의 효율: 90%
• 아래보기용접에 대한 수직보기용접의 효율: 95%
• 공장용접에 대한 현장용접의 효율: 90%

$$용접부의\ 이음\ 효율 = \frac{용접부의\ 강도}{모재의\ 강도} = 형상계수(k_1) \times 용접계수(k_2)$$

종류	전자세 All Position	위보기(상향자세) Overhead Position	아래보기(하향자세) Flat Position	수평보기(횡향자세) Horizontal Position	수직보기(직립자세) Vertical Position
기호	AP	O	F	H	V

47

정답 ①

[진동의 종류]

감쇠자유진동	$m\ddot{x}+c\dot{x}+kx=F_n$
비감쇠자유진동	$m\ddot{x}+kx=F_n$
감쇠강제진동	$m\ddot{x}+c\dot{x}+kx=F(t)$
비감쇠강제진동	$m\ddot{x}+kx=F(t)$

[여기서, F_n: 초기하중, $F(t)$: 시간종속하중, c: 감쇠]

- 자유진동: 외력 없이 초기조건만으로 진동할 때
- 강제진동: 지진하중, 풍하중 등의 외력에 의해 진동할 때

48

정답 ③

- **청열 취성**: 200~300℃ 부근에서 인장강도나 경도가 상온에서의 값보다 높아지지만 여리게(메지다, 깨지다, 취성이 있다) 되는 현상이다. 파란색의 산화 피막이 표면에 발생되기 때문에 청열 취성이라고 부른다. 온도가 200~300℃에서 연강은 상온에서보다 **강도와 경도가 높아지지만**, 연신율이 낮아지고 부서지기 쉬운 성질을 갖게 된다. 청열 취성의 주된 원인은 질소(N)이며 산소가 조장한다. 그리고 청열 취성이 발생하는 온도에서 소성 가공은 피해야 한다.
- **적열 취성**: 강 속에 포함되어 있는 **황(S)은 일반적으로 망간(Mn)과 결합하여 황화망간(MnS)이 되어** 존재하게 된다. 여기서 황(S)의 함유량이 높아지면 황은 철(Fe)과 결합하여 황화철(FeS)이 되어 강 입자의 경계에 망상이 되어 분포하게 된다. 이와 같은 상태의 황은 950℃ 이상에서 강에 해로운 영향을 끼치는데, **황(S)이 원인이 되어 950℃ 이상에서 인성이 저하하는 현상은 망간(Mn)을 첨가하여 방지할** 수 있다.
- **상온 취성**: 인(P)이 원인이 되는 취성으로 인(P)을 많이 함유한 재료에서 나타난다. 구체적으로 인(P)이 펄라이트 속의 시멘타이트를 배척하여 페라이트를 집합시키는 작용을 하기 때문에 강의 입자를 조대화시켜 강의 강도, 경도, 탄성한계 등을 높이지만 연성, 인성을 저하시키고 취성이 커지게 된다. 이 영향은 강을 고온에서 압연이나 단조할 때는 거의 나타나지 않지만 **상온**에서는 자주 나타나기 때문에 상온 취성이라고 부른다. 즉, **인(P)이 원인이 되어 충격값 및 인성이 저하되는 현상이다.**
- **저온 취성**: 탄소강이 상온 부근이나 저온(−30~−20℃ 이하, −70℃)에서 충격치가 현저하게 저하되는 현상이다. 구체적으로 저탄소강이나 인(P)을 많이 함유한 강에서 나타난다. 또한 저온 취성은 재료가 상온보다 온도가 낮아질 때 발생하는 것으로, 경도나 인장강도는 증가하지만 연신율이나 충격값은 감소한다. 그리고 저온 취성은 **니켈(Ni)을 첨가하여 방지할** 수 있으며 뜨임(소려, tempering)을 하여 결정 구조를 향상시켜 방지할 수 있다.

참고

고온 취성: 크게 보면 고온 취성과 적열 취성을 같게 보는 경우도 있다. 하지만 고온 취성이 적열 취성을 포함하는 관계라고 보는 것이 가장 적합하다. 즉, **고온 취성은 구리(Cu)가 원인**이며 고온 취성 안에 적열 취성이 있다고 보는 것이 가장 맞는 표현이다.

49

정답 ①

- **응력집중**: 단면이 급격하게 변하는 부분, 모서리 부분, 구멍 부분에서 응력이 집중되는 현상
- **응력집중계수(형상계수)**: (노치부의 최대응력/단면부의 평균응력)으로 1보다 크다.

[응력집중 완화 방법]
- 필릿 반지름을 최대한 크게 하며 단면 변화 부분에 보강재를 결합하여 응력집중을 완화시킨다.
- 축단부에 2~3단의 단부를 설치해 응력 흐름을 완만하게 한다.
- 단면 변화 부분에 숏피닝, 롤러압연처리, 열처리 등을 통해 응력집중 부분을 강화시킨다.
- 테이퍼지게 설계하며, 체결부위에 체결 수(리벳, 볼트)를 증가시킨다.

50

정답 ③

[구성인선(빌드업 에지)]
- 날 끝에 칩이 달라붙어 마치 절삭날의 역할을 하는 현상을 말한다.
- 구성인선이 발생하면, 날 끝에 칩이 달라붙어 날 끝이 울퉁불퉁하게 된다. 따라서 표면을 거칠게 하거나 동력손실을 유발할 수 있다.
- 구성인선 방지법은 절삭속도 크게, 절삭깊이 작게, 윗면경사각 크게, 마찰계수가 작은 공구 사용, 30° 이상 바이트의 전면 경사각을 크게, 120m/min 이상의 절삭속도 사용 등이 있다.
  고속으로 절삭하면 칩이 날 끝에 용착되기 전에 칩이 떨어져 나가고 절삭깊이가 작으면 그만큼 날 끝과 칩의 접촉 면적이 작아져 칩이 날 끝에 용착될 확률이 작아진다. 그리고 윗면경사각이 커야 칩이 윗면에 충돌하여 붙기 전에 떨어져 나간다.
- 구성인선의 끝단 반경은 실제공구의 끝단 반경보다 크다(**칩이 용착되어 날 끝의 둥근 부분[노즈]가 커지므로**).
- 일감의 변형경화지수가 클수록 구성인선의 발생 가능성이 커진다.
- 구성인선의 경도값은 공작물이나 정상적인 칩보다 상당히 크다.
- 구성인선은 발생 → 성장 → 분열 → 탈락(발성분탈)의 과정을 거친다.
- 구성인선은 공구면을 덮어 공구면을 보호하는 역할도 할 수 있다.
- 구성인선을 이용한 절삭방법은 SWC이다. 칩은 은백색의 띠며 절삭저항을 줄일 수 있는 방법이다.
- 구성인선이 발생하지 않을 임계속도: 120m/min

참고
마멸 → 파괴 → 탈락 → 생성(마파탈생)은 **자생과정의 과정** 순서이다. 반드시 **구분**해야 한다.

09 제9회 실전 모의고사

01	③	02	④	03	③	04	①	05	④	06	④	07	②	08	④	09	①	10	④
11	①	12	②	13	③	14	③	15	①	16	③	17	②	18	④	19	④	20	④
21	④	22	①	23	③	24	③	25	②	26	④	27	④	28	②	29	①	30	③
31	③	32	③	33	④	34	③	35	④	36	③	37	②	38	③	39	④	40	③
41	③	42	①	43	③	44	③	45	④	46	①	47	④	48	③	49	④	50	③

01

정답 ③

베어링에 **레이디얼 하중(반경 방향 하중)**이 작용하고 있으므로

$$압력(p) = \frac{하중}{투영한 면적}$$

$$P = pdl = 0.35 \times 0.12 \times 0.2 = 8,400\text{N}$$

02

정답 ④

① **인발**: 봉재를 축 방향으로 다이 구멍에 통과시켜 직경을 줄이는 공정방법이다.
② **압연**: 열간 및 냉간에서 금속을 회전하는 두 개의 롤러 사이를 통과시켜 두께나 지름을 줄이는 공정방법이다.
③ **압출**: 단면이 균일한 봉이나 관 등을 제조하는 공정방법이다.
④ **스웨이징**: 압축가공의 일종으로 선, 관, 봉재 등을 공구 사이에 넣고 압축 성형하여 두께 및 지름 등을 감소시키는 공정방법으로, 봉 따위의 재료를 **반지름 방향**으로 다이를 왕복운동하여 지름을 줄이는 공정이다.

※ 실제 한국가스공사 시험 때 많은 분들이 인발을 선택하여 오답률이 높았던 문제이다. 반드시 인발과 구별하자. 스웨이징은 '반지름 방향'으로 왕복운동!

03

정답 ③

기공은 ICFTA에서 지정한 주물결함의 한 종류이다. 즉, 주물 표면결함에 들어가는 결함이 아니다.

[ICFTA에서 지정한 7가지 주물결함의 종류]
금속돌출, 기공, 불연속, 표면결함, 충전불량, 치수결함, 개재물
• **금속돌출**: fin(지느러미)
• **표면결함**: 스캡, 와시, 버클, 콜드셧, 표면굽힘, 표면겹침, scar

04

정답 ①

$$\delta_1 = \frac{6PL^3}{nbh^3E}$$

$$\delta_2 = \frac{6PL^3}{n(0.5b)(4h)^3E} = \frac{6PL^3}{32nbh^3E}$$ 가 구해진다. 즉, 처짐은 $\frac{1}{32}$ 배가 된다.

$$\rightarrow 64 \times \frac{1}{32} = 2\text{mm}$$

[외팔보형 판스프링]

굽힘응력: $\sigma = \dfrac{6PL}{Bh^2} = \dfrac{6PL}{nbh^2}$

처짐량: $\delta = \dfrac{6PL^3}{Bh^3E} = \dfrac{6PL^3}{nbh^3E}$ [여기서, n : 판수, $B = nb$]

[단순보형 겹판스프링]

굽힘응력: $\sigma = \dfrac{3PL}{2nbh^2}$

처짐량: $\delta = \dfrac{3PL^3}{8nbh^3E}$

• 외팔보형 겹판스프링의 공식에서 하중 $P \rightarrow \dfrac{P}{2}$, 길이 $L \rightarrow \dfrac{L}{2}$ 로 대입하면 위와 같은 식이 구해진다.

05

정답 ④

• **마하수**: 풍동실험에서 압축성 유동에서 중요한 무차원수이다. 속도/음속, 관성력/탄성력
• **코시수**: 관성력/탄성력

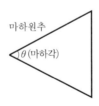

마하원추

θ (마하각)

• **마하수와 마하각의 관계**: $\sin\theta = \dfrac{1}{M} = \dfrac{a}{V}$ [여기서, a: 음속, V: 속도]

[마하수에 따른 유동]

• **초음속 유동**: 마하수가 1보다 큰 유동이며 물체의 속도는 압력파의 전파속도보다 빠르다.
• **음속 유동(천이음속 유동)**: 마하수가 1인 유동이며 물체의 속도와 음속이 같다.
• **아음속 유동**: 마하수가 1보다 작은 유동이며 물체의 속도는 압력파의 전파속도보다 느리다.
※ 압축성 효과는 마하수 M > 0.3이어야 발생한다.

06

정답 ④

[옥탄가]
- 연료의 내폭성, 노킹저항성을 의미한다.
- 표준연료의 옥탄가: $\dfrac{\text{이소옥탄}}{\text{이소옥탄} + \text{정헵탄}} \times 100$

📝 옥탄가 90 → 이소옥탄 90% + 정헵탄 10%
   즉, 90은 이소옥탄의 체적을 의미한다.

[세탄가]
- 연료의 착화성을 의미한다.
- 표준연료의 세탄가: $\dfrac{\text{세탄}}{\text{세탄} + (\alpha - \text{메틸나프탈렌})} \times 100$
- 가솔린기관에서는 옥탄가가 높아야 하며 디젤기관에서는 세탄가가 높아야 한다.
- 세탄가의 범위: $45 \sim 70$

07

정답 ②

비체적$(\nu) = \dfrac{V}{m} = \dfrac{0.08}{2} = 0.04\,\mathrm{m^3/kg}$

$\nu_x = \nu_L + (\nu_v - \nu_L)x$ [여기서, x: 건도]

[여기서, ν_x: 건도 x 상태에 있는 습증기의 비체적, ν_L: 포화액의 비체적, ν_v: 포화증기의 비체적]
$\rightarrow \nu_x = \nu_L + (\nu_v - \nu_L)x \rightarrow 0.04 = 0.02 + (2.02 - 0.02)x \rightarrow \therefore x = 0.01$

08

정답 ④

[기계 위험점 6가지]
- **절단점**: 회전하는 운동부 자체, 운동하는 기계 부분 자체의 위험점(날, 커터)
- **물림점**: 회전하는 2개의 회전체에 물려 들어가는 위험점(롤러기기)
- **협착점**: 왕복운동 부분과 고정 부분 사이에 형성되는 위험점(프레스, 창문)
- **끼임점**: 고정 부분과 회전하는 부분 사이에 형성되는 위험점(연삭기)
- **접선물림점**: 회전하는 부분의 접선방향으로 물려 들어가는 위험점(벨트-풀리)
- **회전말림점**: 회전하는 물체에 머리카락이나 작업봉 등이 말려 들어가는 위험점

> 참고
>
> **위험점의 5대 요소**: 함정, 충격, 접촉, 말림, 튀어나옴

09

정답 ①

[코일스프링의 제도]
- 스프링은 원칙적으로 **무하중**인 상태로 그린다.
- 하중과 높이(또는 길이), 처짐과의 관계를 표시할 때는 선도 및 항목표에 나타낸다.
- 특별한 단서가 없는 한 모두 오른쪽 감기로 도시하고 **왼쪽 감기를 도시할 때에는 감긴 방향 왼쪽**이라고

표시해야 한다.

- 코일 부분의 중간 부분을 생략할 때에는 생략한 부분을 **가는 1점 쇄선으로 표시하거나 가는 2점 쇄선으로 표시**한다.
- 스프링의 종류와 모양만을 도시할 때는 재료의 중심선만을 **굵은 실선**으로 그린다.
- 조립도나 설명도 등에서 코일스프링은 그 단면만으로 표시해도 좋다.

[겹판스프링의 제도]
- **무하중의 상태**로 그릴 때에는 **가상선**으로 표시한다.
- **모양만을 도시할 때는 스프링의 외형을 실선**으로 표시한다.
- 겹판스프링은 원칙적으로 **판이 수평인 상태**에서 그리며 하중이 걸린 상태에서 그릴 때는 하중을 평가한다.

> **참고**
>
> **[나사의 도시법]**
> - 수나사의 바깥지름과 암나사의 안지름을 표시하는 선은 **굵은 실선**으로 표시한다.
> - 수나사의 골지름과 암나사의 **골지름**은 **가는 실선**으로 표시한다.
> - 수나사와 암나사의 측면도시에서는 골지름을 **가는 실선**으로 표시한다.
> - 불완전 나사부의 골 밑을 표시하는 선은 축선에 대하여 30° **경사진 가는 실선**으로 표시한다.
> - **완전 나사부와 불완전 나사부의 경계는 굵은 실선**으로 표시한다.
> - 암나사의 나사 및 구멍은 120°의 **굵은 실선**으로 표시한다.
> - 수나사와 암나사의 끼워맞춤 부분은 **수나사를 기준**으로 하여 표시한다.
> ✓ Tip: 골지름이 들어가면 거의 대부분 가는 실선이다.

10　　　　　　　　　　　　　　　　　　　　정답 ④

[끼워맞춤 종류]
- **헐거운 끼워맞춤**: 항상 틈새가 생기는 끼워맞춤으로 구멍의 최소치수가 축의 최대치수보다 크다.
  - 최대틈새: 구멍의 최대허용치수 − 축의 최소허용치수
  - 최소틈새: 구멍의 최소허용치수 − 축의 최대허용치수
- **억지 끼워맞춤**: 항상 죔새가 생기는 끼워맞춤으로 축의 최소치수가 구멍의 최대치수보다 크다.
  - 최대죔새: 축의 최대허용치수 − 구멍의 최소허용치수
  - 최소죔새: 축의 최소허용치수 − 구멍의 최대허용치수
- **중간 끼워맞춤**: 구멍, 축의 실 치수에 따라 틈새 또는 죔새의 어떤 것이나 가능한 끼워맞춤이다.

11　　　　　　　　　　　　　　　　　　　　정답 ①

문제의 보기는 **테일러의 원리**에 대한 설명이다.

[통과측과 정지측]
- **구멍용 한계게이지**: 구멍의 **최소허용치수**를 기준으로 한 측정단면이 있는 부분을 **통과측**이라 하며, **구멍의 최대허용치수**를 기준으로 한 측정단면이 있는 부분을 **정지측**이라고 한다.
- **축용 한계게이지**: 축의 **최대허용치수**를 기준으로 한 측정단면이 있는 부분을 **통과측**이라 하며, 축의 **최소허용치수**를 기준으로 한 측정단면이 있는 부분을 **정지측**이라고 한다.

아베의 원리: 표준자와 피측정물은 동일 축선상에 있어야 한다는 원리이다.

[꼭 알아야 할 필수 내용]
테일러 블랭킹: 판재가공에서 모양과 크기가 다른 판재 조각을 레이저 용접한 후, 그 판재를 성형하여
최종 형상으로 만드는 기술이다.

12 　정답 ②

[가공방법 기호]

L(Lathe)	선반 가공	B(Boring)	보링 가공
M(Milling)	밀링 가공	FR(File Reamer)	리머 가공
D(Drill)	드릴 가공	BR(Broach)	브로치 가공
G(Grinding)	연삭 가공	FF	줄 다듬질
GH(Honing)	호닝 가공	SPLH(Liquid Honing)	액체호닝

[줄무늬 방향 기호(가공 후 가공 줄무늬 모양)]

=	투상면에 평행	M	여러 방향으로 교차 또는 무방향
⊥	투상면에 수직	C	중심에 대하여 동심원
X	투상면에 교차	R	중심에 대하여 방사상

- **표면정밀도 높은 순서:** 래핑 > 슈퍼피니싱 > 호닝 > 연삭 [래슈호연]
- **내면(구멍)의 정밀도가 높은 순서:** 호닝 > 리밍 > 보링 > 드릴링 [호리보드]

13 　정답 ③

① **디플렉터(전향기):** 펠톤 수차에서 수차의 부하를 급격하게 감소시키기 위해 니들밸브를 급히 닫으면
   수격현상이 발생할 수 있다. 즉, 수격현상을 방지하기 위해 분출수의 방향을 바꾸어주는 장치이다.
② **튜블러(원통형) 수차:** 10m 정도의 저낙차를 이용하며 조력발전용으로 사용된다.
③ **흡출관(draft tube):** 회전차에서 나온 물이 가지는 속도수두와 회전차와 방수면 사이의 낙차를 유효하
   게 이용하기 위하여 회전차 출구와 방수면 사이에 설치하는 관이다. 공동현상 발생 등을 방지하는 것
   을 목적으로 손실수두를 회수하기 위해서 설치한다. 구체적으로 반동수차의 경우, 수차와 방수면 사이
   에 6~7m 또는 4~6m 높이로 설치한다.
④ **노즐:** 펠톤 수차에서 노즐은 물을 버킷에 분사하여 충동력을 얻는 부분으로, 노즐로부터 분출되는 유량
   은 니들밸브로 제어하여 수차의 출력을 조절한다.

14

정답 ③

[밸브 기호]

일반밸브		게이트밸브	
체크밸브		체크밸브	
볼밸브		글로브밸브	
안전밸브		앵글밸브	
팽창밸브		일반 콕	

15

정답 ①

체심입방격자(BCC)	면심입방격자(FCC)	조밀육방격자(HCP)
Li, Na, Cr, W, V, Mo, α-Fe, δ-Fe	Al, Ca, Ni, Cu, Pt, Pb, γ-Fe	Be, Mg, Zn, Cd, Ti, Zr
강도 우수, 전연성 작음, 용융점 높음	강도 약함, 전연성 큼, 가공성 우수	전연성 작음, 가공성 나쁨

	체심입방격자(BCC)	면심입방격자(FCC)	조밀육방격자(HCP)
원자수	2	4	2
배위수	8	12	12
인접 원자수	8	12	12
충전율	68%	74%	74%

[단순입방구조(Simple Cubic structure, SC)]
- 단위세포 8개의 격자점에 각각 원자가 한 개 위치한 것으로 가장 기본적인 결정구조이다. 대표적으로 원자번호 84번의 폴로늄(Po)이 있다.
- 단순입방구조의 충전율은 52%, 배위수는 6개, 단위격자당 원자수는 1개이다.
→ 2019 한국전력기술에서 조밀육방격자의 충전율을 물어보는 문제가 출제되었다. 조만간 단순입방구조의 충전율, 배위수, 원자수 등을 물어보는 문제가 출제될 것이라 판단된다. 그래서 위의 문제를 수록하였으니 반드시 해당 관련 개념을 모두 숙지하는 것이 좋다.

참고

Co는 α-Co(조밀육방격자), β-Co(면심입방격자)이다.

16

- **스트레이너**: 물, 증기, 기름 등이 흐르는 배관 내의 유체에 혼입된 토사, 이물질 등을 제거하기 위해 보통 펌프의 흡입 측에 설치하여 펌프로 들어가는 이물질 등을 막는다.
- **스트레이너의 종류**: Y형, U형, V형 등

17

[공기실(air chamber)]
- 액체의 유출을 고르게 하기 위해서 공기가 들어 있는 방
- 일반적으로 액체는 팽창성, 압축성이 작으므로 그 속도를 급변하게 되면 충돌이나 압력강하 현상이 일어나게 된다. 이는 곧 수격현상을 일으키게 되고 이를 방지하기 위해 설치된 공기가 차 있는 곳을 공기실이라고 한다.
- 송출관 안의 유량을 일정하게 유지시켜 수격현상을 방지하도록 한다.

18

[주물 표면불량의 종류]
- 와시: 주물사의 결합력 부족으로 발생
- 스캡: 주형의 팽창이 크거나 주형의 일부 과열로 발생
- 버클: 주형의 강도 부족 또는 쇳물과 주형의 충돌로 발생

19

미스런(주탕불량): 용융금속이 주형을 완전히 채우지 못하고 응고된 것

20

- 벨트의 속도가 10m/s 이하이면 원심력을 무시해도 된다.
- 벨트를 엇걸기(십자걸기, 크로스걸기)하면 회전 방향을 반대로 할 수 있다.
- 축간거리를 $C = \dfrac{D_1 + D_2}{2}$ 처럼 구할 수 있는 것은 직접전동장치의 경우에만 가능하다.

[벨트전동의 특징]
- 구조가 간단하고 값이 저렴하며 비교적 정숙한 운전이 가능하다.
- 큰 하중이 작용하면 미끄럼에 의한 안전장치 역할을 할 수 있다.
- 접촉 부분에 약간의 미끄럼이 있기 때문에 정확한 속도비를 얻지 못한다.
- ✓ Tip: 이가 없는 전동장치들은 미끄럼으로 인해 정확한 속도비(속비)를 얻지 못하지만, 이가 있는 기어나 체인 등은 미끄럼이 없어 정확한 속도비(속비)를 얻을 수 있다. 즉, 정확한 속도비(속비)는 이의 유무에 따라 판단하면 된다.

참고
- **직접전동장치**: 직접 접촉을 통해 얻어지는 마찰로 동력을 전달하는 장치(마찰차, 기어, 캠)

• **간접전동장치**: 간접 접촉을 통해 얻어지는 마찰로 동력을 전달하는 장치(체인, 로프, 벨트)
※ 전달할 수 있는 동력의 크기가 큰 순서: 체인 > 로프 > V벨트 > 평벨트

21
정답 ④

[중립점(등속점, non-slip point)]
• 롤러의 회전속도와 판재가 통과하는 속도가 같아지는 지점으로 중립점에서는 **최대압력이 발생**한다.
• 중립점을 경계로 압연재료와 롤러의 **마찰력 방향이 반대**가 된다.
• 마찰이 증가하면 중립점은 **입구쪽에 가까워진다.**

22
정답 ①

[척의 종류]
• **단동척(independent chuck)**: 4개의 조가 단독으로 작동하여 불규칙한 모양의 일감을 고정한다.
• **연동척(universal chuck)**: 스크롤척(scroll chuck)이라고도 하며, 3개의 조가 동시에 작동한다. 원형, 정삼각형의 공작물을 고정하는 데 편리하다.
 – 고정력은 단동척보다 약하며 조(jaw)가 마멸되면 척의 정밀도가 떨어진다.
 – 단면이 불규칙한 공작물은 고정이 곤란하며 편심을 가공할 수 없다.
• **양용척(combination chuck, 복동척)**: 단동척과 연동척의 두 가지 작용을 할 수 있는 것이다.
 – 조(jaw)를 개별적으로 조절할 수 있다.
 – 전체를 동시에 움직일 수 있는 렌지장치가 있다.
• **마그네틱척(magnetic chuck)**: 원판 안에 전자석을 설치하며 얇은 일감을 변형시키지 않고 고정시킨다(비자성체의 일감 고정 불가). 마그네틱척을 사용하면 일감에 잔류 자기가 남아 탈자기로 탈자시켜야 한다.
• **콜릿척(collet chuck)**: 가는 지름의 봉재 고정하는 데 사용하며 터릿선반이나 자동선반에서 지름이 작은 공작물이나 각봉을 대량으로 가공할 때 사용한다. 주축의 테이퍼 구멍에 슬리브를 꽂고 여기에 척을 끼워 사용한다.
• **압축공기척(compressed air operated chuck)**: 압축공기를 이용하여 조를 자동으로 작동시켜 일감을 고정하는 척이다.
 – 고정력은 공기의 압력으로 조정할 수 있다.
 – 압축공기 대신에 유압을 사용하는 유압척(oil chuck)도 있다.
 – 기계운전을 정지하지 않고 일감의 고정하거나 분리를 자동화할 수 있다.

23
정답 ③

[보온재의 구분]
• 유기질 보온재: 펠트, 텍스류, 코크스, 기포성 수지 등
• 무기질 보온재: 펄라이트, 석면, 탄산마그네슘, 유리섬유, 암면, 규조토 등

24

정답 ③

[재생 사이클]

재생 사이클은 터빈으로 들어가는 과열증기의 일부를 추기(뽑다)하여 보일러로 들어가는 급수를 미리 예열해준다. 따라서 급수는 미리 달궈진 상태이기 때문에 보일러에서 공급하는 열량을 줄일 수 있다. 또한 기존 터빈에 들어간 과열증기가 가진 열에너지를 100이라고 가정하면 일을 하고 나온 증기는 일한 만큼 열에너지가 줄어들어 50 정도가 된다. 이때 50의 열에너지는 응축기에서 버려지고, 이 버려지는 열량을 미리 일부를 추기하여 급수를 예열하는 데 사용했으므로 응축기에서 버려지는 방열량은 자연스레 감소하게 된다. 그리고 $\eta = \dfrac{W_{\text{터빈일}}}{Q_{\text{보일러 공급열량}}}$ 효율 식에서 보일러의 공급열량이 줄어들어 효율은 상승하게 된다.

25

정답 ②

• **크리프**: 고온, 정하중 상태에서 장시간 방치하면 시간에 따라 변형이 증가하는 현상
• **경년 변화**: 재료의 성질이 시간에 따라 변화하는 현상 및 그 성질
• **탄성후기 효과**: 소성변형 후에 그 양이 시간에 따라 변화하는 현상 및 그 성질

> **참고**
> • **가공경화의 예**: 철사를 반복하여 굽히면 굽혀지는 부분이 결국 부러진다.
> • '가공경화의 예로 옳은 것은?'의 답이 '**철사를 반복하여 굽히는 굽혀지는 부분이 결국 부러진다**'라고 에너지공기업, 지방공기업 등에서 출제되었던 적이 많다. 앞으로도 나올 가능성이 있으니 꼭 숙지하는 것이 좋다.

26

정답 ④

동일한 물체가 동일한 유체 속에 잠겨 있다면 깊이에 상관없이 부력의 크기는 동일하다.

[부력]

• 부력은 **아르키메데스의 원리이다.**
• 물체가 밀어낸 부피만큼의 액체 무게라고 정의된다.
• 어떤 물체에 가해지는 부력은 그 물체가 대체한 유체의 무게와 같다.
• 어떤 물체가 유체 안에 있으면 물체가 잠긴 부피만큼의 유체의 무게가 부력과 같다.
• 부력은 **중력과 반대방향으로 작용(수직상방향의 힘)**하며, 한 물체를 각기 다른 액체 속에 각각 일부만 잠기게 넣으면 결국 부력은 물체의 무게[mg]와 동일하게 작용하여 물체가 액체 속에서 일부만 잠긴 채 뜨게 된다. 따라서 부력의 크기는 모두 동일하다[부력 = mg].
• 부력은 결국 대체된 유체의 무게와 같다.
• 부력이 생기는 이유는 유체의 압력차 때문이다. 구체적으로 유체에 의한 압력은 $P = rh$에 따라 깊이가 깊어질수록 커지게 된다. 즉, 한 물체가 물속에 있다면 상대적으로 깊은 부분과 얕은 부분(윗면과 아랫면)이 생기고 더 깊이 있는 부분이 더 큰 압력을 받아 위로 향하는 힘, 즉 부력이 생기게 된다.

27

정답 ④

[브로칭 가공 시 가공물에 따른 절삭속도]

강	열처리 합금	주철	황동	알루미늄
3m/min	7m/min	16m/min	34m/min	110m/min

28

정답 ②

체인의 평균속도: $V = \dfrac{\pi DN}{60,000} = \dfrac{pZN}{60,000}$ [여기서, $\pi D = pZ$]

$V = \dfrac{pZN}{60,000} \rightarrow p = \dfrac{60,000\,V}{ZN} = \dfrac{60,000 \times 4}{40 \times 300} = 20\text{mm} = 0.02\text{m}$

29

정답 ④

G04 코드에는 P, U, X가 있다. 단, U, X는 1이 1초이지만, P는 1,000이 1초이다.
예를 들어, G04 P1500은 CNC 선반에서 홈 가공 시 1.5초 동안 공구의 이송을 잠시 정지시키는 지령
방식이다.

[보충 문제]   정답 ①

NC 프로그램에서 사용하는 코드 중, G는 준비 기능이다. 그렇다면 G04에 포함되지 않은 것은?

[2019 수도권매립지관리공사 기출]

① G04 S1   ② G04 U1   ③ G04 X1   ④ G04 P1500

→ G04 코드에는 P, U, X가 있으므로 답은 ①이다. 꼭 숙지하자.

30

정답 ③

[결합제의 종류와 기호]

V	S	R	B	E	PVA	M
비트리파이드	실리케이드	고무	레지노이드	셸락	비닐결합제	메탈금속

• 유기질 결합제: R(고무), E(셸락), B(레지노이드), PVA(비닐결합제)
• 무기질 결합제: S(실리케이트), V(비트리파이드)
• 금속결합제: M(메탈)
※ 비트리파이드: 점토와 장석이 주성분인 결합제(다수의 공기업에서 출제된 비트리파이드! 꼭 암기)★

참고
[숫돌의 표시 방법]

숫돌입자	입도	결합도	조직	결합제
WA	46	K	m	V

[숫돌의 3요소]
- 숫돌입자: 공작물을 절삭하는 날로 내마모성과 파쇄성을 가지고 있다.
- 기공: 칩을 피하는 장소
- 결합제: 숫돌입자를 고정시키는 접착제

알루미나 (산화알루미나계_인조입자)	• A입자(암갈색, 95%): 일반강재(연강) • WA입자(백색, 99.5%): 담금질강(마텐자이트), 특수합금강, 고속도강
탄화규소계(SiC계_인조입자)	• C입자(흑자색, 97%): 주철, 비철금속, 도자기, 고무, 플라스틱 • GC입자(녹색, 98%): 초경합금
이 외의 인조입자	• B입자: 입방정 질화붕소(CBN) • D입자: 다이아몬드 입지
천연입자	• 사암, 석영, 에머리, 코런덤

※ 결합도는 E3-4-4-4-나머지라고 암기하면 편하다. EFG, HIJK, LMNO, PQRS, TUVWXYZ 순으로 단단해진다.
즉, EFG[극히 연함], HIJK[연함], LMNO[중간], PQRS[단단], TUVWXYZ[극히 단단]

※ 입도는 입자의 크기를 체눈의 번호로 표시한 것으로, 번호는 Mesh를 의미하고 입도가 클수록 입자의 크기가 작다.

구분	거친 것	중간	고운 것	매우 고운 것
입도	10, 12, 14, 16, 20, 24	30, 36, 46 54, 60	70, 80, 90, 100, 120, 150, 180	240, 280, 320, 400, 500, 600

위의 표는 암기하자. 중앙공기업과 지방공기업에 모두 출제되었다.

※ 조직은 숫돌입자의 밀도, 즉 단위체적당 입자의 양을 의미한다. C는 치밀한 조직, m은 중간, W는 거친 조직을 의미한다. 꼭 암기하자.
→ 공기업 기계직 기계의 진리 블로그에 로딩, 글레이징 현상 이해에 관련된 글을 업로드해 놓았으니 꼭 읽어서 해당 내용을 이해하고 숙지하는 것이 좋다.

31
정답 ③

진동의 3가지 기본 요소: 질량(m), 감쇠(c), 스프링 상수(k)

참고
- 진동 모드 해석을 통해 얻어진 도출값: 고유진동수, 모드 형상
- 진동 해석에 필요한 물성치: 탄성계수, 감쇠계수
- 조화 해석을 통해 얻어진 도출값: 주파수 응답 함수

32
정답 ④

- 더블헬리컬기어는 비틀림각의 방향이 **서로 반대**이고 **크기가 같은** 한 쌍의 헬리컬기어를 조합한 기어이다. 비틀림각의 방향을 서로 반대로 놓아 기존 헬리컬기어에서 발생하는 추력을 없앨 수 있다.
- 더블헬리컬기어는 **헤링본기어**라고도 부른다.

33

[진공펌프]
대기압 이하의 저압 기체를 흡입·압축하여 대기 중에 방출해서 용기 속의 진공도를 높이는 펌프이다.
- **저진공펌프**: 수봉식(너쉬 펌프), 루우츠형, 나사식, 유회전(게데형, 센코형, 키니형)
- **고진공펌프**: 터보분자, 오일확산, 크라이오
  → **고진공펌프 암기법**: 고속터미널(고터)에서 오크를 만났다.

> 참고
>
> 공기기계는 액체를 이용하는 펌프나 수차의 기본적 원리와 같다. 그러나 기계적 에너지를 기체에 주어서 압력과 속도에너지로 변환하는 송풍기 및 압축기가 있으며 반대로 기계적 에너지로 변환해주는 압축공기 기계가 있다.
> - 저압식 공기기계: 송풍기, 풍차
> - 고압식 공기기계: 압축기, 진공펌프, 압축공기기계

34

압연의 자립조건 = 스스로 압연이 가능하게 되는 조건
$\mu \geq \tan\theta$ [여기서, μ: 마찰계수, θ: 접촉각]

35

[압연 제품의 표면결함 종류]
- **웨이브에지**: 롤 굽힘이 원인이 되어 판의 가장자리가 물결모양으로 변형되는 결함
- **지퍼크랙**: 소재의 연성이 나쁜 경우, 평판의 중앙부가 지퍼자국처럼 일정한 간격으로 찍히는 결함
- **에지크랙**: 소재의 연성이 부족한 경우, 평판의 가장자리에 균열이 발생하는 결함
- **엘리게이터링**: 판재의 끝 부분이 출구부에서 양쪽으로 갈라지는 결함

36

[압력상승범위]
- 팬의 압력상승범위: 10kPa 이하
- 송풍기의 압력상승범위: 10~100kPa
- 압축기의 압력상승범위: 100kPa 이상

37

주물사: 주형을 만들기 위해 사용하는 모래로, 원료사에 점결제 및 보조제 등을 배합하여 주형을 만들 때 사용하는 모래이다.

[주물사의 구비조건]
- 적당한 강도를 가지며 통기성이 좋아야 한다.
- 주물 표면에서 이탈이 용이해야 한다.

- 적당한 입도를 가지며, **열전도성이 불량**하여 보온성이 있어야 한다.
- 쉽게 노화하지 않고 **복용성(값이 싸고 반복하여 여러 번 사용할 수 있음)**이 있어야 한다.

[주물사의 종류]

- **자연사 또는 산사**: 자연현상으로 생성된 모래로, 규석질 모래와 점토질이 천연적으로 혼합되어 있다. 수분을 알맞게 첨가하면 그대로 주물사로 사용이 가능하다. 보통 규사를 주로 한 모래에 **점토분이 10~15%**인 것을 많이 사용한다. 또한 내화도 및 반복 사용에 따른 내구성이 낮다.
- **생형사**: 성형된 주형에 탕을 주입하는 주물사로 규사 75~85%, **점토 5~13%** 등과 적당량의 수분이 들어가 있는 산사나 합성사이다. 주로 일반 주철주물과 비철주물의 분야에 사용된다.
- **건조사**: 건조형에 적합한 주형사로, 생형사보다 수분, 점토, 내열제를 많이 첨가한다. 균열 방지용으로 코크스가루나 숯가루, 톱밥을 배합한다. 주강과 같이 주입온도가 높고 가스의 발생이 많으며 응고속도가 빠르고 수축률이 큰 금속의 주조에서는 주형의 내화성, 통기성을 요하는 건조형사를 사용한다. 또한 대형주물이나 복잡하고 정밀을 용하는 주물을 제작할 때 사용한다.
- **코어사**: 코어 제작용에 사용하는 주물사로, 규사에 점토나 다른 점결제를 배합한 모래이다. 성형성, 내열성, 통기성, 강도가 우수하다.
- **분리사**: 상형과 하형의 경계면에 사용하며, 점토분이 없는 원형의 세립자를 사용한다.
- **표면사**: 용탕과 접촉하는 주형의 표면 부분에 사용한다. 내화성이 커야 하며, 주물 표면의 정도를 고려하여 입자가 작아야 하므로 석탄분말이나 코크스 분말을 점결제와 배합하여 사용한다.
- **이면사**: 표면사 층과 주형 틀 사이에 충전시키는 모래이다. 강도나 내화도는 그리 중요하지 않다. 다만, 통기도가 크고 우수하여 가스에 의한 결함을 방지한다.
- **규사**: 주성분이 SiO_2이며 점토분이 2% 이하이다. 그리고 점결성이 없는 규석질의 모래이다.
- **비철합금용 주물사**: 내화성, 통기성보다 성형성이 좋으며 소량의 소금을 첨가하여 사용한다.
- **주강용 주물사**: 규사와 점결제를 이용하는 주물사로 내화성과 통기성이 우수하다.

■ **점토의 노화온도**: 약 600℃
■ 주철용 주물사는 신사와 건조사를 사용한다.
■ **샌드밀**: 입도를 고르게 갖춘 주물사에 흑연, 레진, 점토, 석탄가루 등을 첨가해서 혼합 반죽처리를 한 후에 첨가물을 고르게 분포시켜 강도, 통기성, 유동성을 좋게 하는 혼합기이다.
■ **노화된 주물사를 재생하는 처리장치**: 샌드밀, 샌드블랜더, 자기분리기 등

38

정답 ③

스플라인이 전달할 수 있는 토크값은 $T = P\dfrac{d_m}{2}Z\eta = (h - 2c)l\, q_a \dfrac{d_m}{2}Z\eta$이다. P는 이 한 개의 측면에 작용하는 회전력이며, d_m는 평균 지름, h는 이의 높이, c는 모따기값, l은 보스의 길이, q_a는 허용면 압력, Z는 잇수, η는 접촉효율 등이다. 보통 η(접촉효율)은 이론적으로는 100%이지만 실제로는 절삭가공 정밀도를 고려하여 전달토크를 계산할 때, 전체 이의 75%가 접촉하는 것으로 가정하여 계산한다.

39

정답 ④

[KS 규격 표시]

KS A 일반(기본)	KS B 기계	KS C 전기	KS D 금속	KS E 광산	KS F 토건(건설)	KS G 일용품
KS H 식료품	KS I 환경	KS J 생물	KS K 섬유	KS L 요업	KS M 화학	KS P 의료
KS Q 품질경영	KS R 수송	KS S 서비스	KS T 물류	KS V 조선	KS W 항공	KS X 정보

40

정답 ③

- **용적형 펌프**: 왕복펌프(피스톤, 플런저 펌프), 회전펌프(기어, 베인, 나사)
- **비용적형 펌프(터보형 펌프)**: 원심(와권)펌프, 축류펌프, 사류펌프
- **특수형 펌프**: 와류펌프, 기포펌프, 제트펌프 등

41

정답 ③

- 유압펌프의 크기를 결정하는 것: 압력(P), 토출량(Q)
- 유압펌프의 토크 $T = \dfrac{PQ}{2\pi}$
- 펌프의 3가지 기본 사항: 유량(Q, m^3/min), 양정(H, m), 회전수(N, rpm)

42

정답 ①

[테일러의 공구수명식]

$VT^n = C$

- V는 절삭속도, T는 공구수명이며 공구수명에 가장 큰 영향을 주는 것은 절삭속도이다.
- C는 공구수명을 1분으로 했을 때의 절삭속도이며 일감, 절삭조건, 공구에 따라 변한다.
- n은 공구와 일감에 의한 지수로 세라믹 > 초경합금 > 고속도강의 순으로 크다.
- 테일러의 공구수명식을 대수선도로 표현하면 직선으로 표현된다.

→ 2020년 한국가스안전공사 시험에는 테일러의 공구수명식 자체를 물어보는 문제가 출제되었으니 꼭 숙지하길 바라며 위의 모든 내용도 당연히 숙지하자.

43

정답 ③

열용량을 통해 '계를 구성하는 물질이 얼마나 열에너지를 잘 축적하는가, 계를 구성하는 물질의 온도가 얼마나 쉽게 변하는가'를 판단할 수 있다.
- **열용량이 크면 온도가 쉽게 변하지 않는다.**
- **열용량이 크면 열에너지를 잘 축적한다.**

물질 A의 열용량: $\dfrac{200}{5} = 40\text{J/K}$, 물질 B의 열용량: $\dfrac{200}{10} = 20\text{J/K}$

44

정답 ③

금속재료시험에는 파괴시험(기계적 시험)과 비파괴시험이 있다.

- **파괴시험**: 재료에 충격을 주거나 파괴를 하여 재료의 여러 성질을 측정하는 시험으로 인장시험, 압축시험, 비틀림시험, 굽힘시험, 충격시험, 피로시험, 크리프시험, 마멸시험, 경도시험 등이 있다.
- **비파괴시험**: 재료를 파괴하거나 손상하지 않고 재료의 결함 유무 등을 조사하는 시험으로 육안검사(VT), 방사선탐상법(RT), 초음파탐상법(UT), 와류탐상법(ET), 자분탐상법(MT), 침투탐상법(PT), 누설검사(LT), 음향방출시험(AE) 등이 있다.

[표면결함 검출을 위한 비파괴검사와 내부결함 검출을 위한 비파괴검사]

표면결함	육안검사
	자분탐상법
	침투탐상법
내부결함	방사선투과법
	초음파탐상법

※ 내부결함 검사가 가장 어려운 방법: 액체침투법

※ 자분탐상법은 표면결함 검출을 위한 비파괴검사로 분류되지만, 표면 결함 및 표면 바로 밑의 결함을 검출할 수 있다.

※ 18-8형 STS강은 비자성체이므로 자분탐상법으로 결함을 관찰할 수 없다.

[금속조직검사]
1) 매크로검사(육안검사): 육안이나 10배 정도의 확대경을 사용한다.
2) 현미경 조직 검사: 금속의 내부 조직을 알아내는 데 가장 편리한 검사방법이다.
   - **현미경 조직 검사의 부식제**
     - 철강: 피크린산 알코올 용액
     - 니켈 및 그 합금: 질산, 초산 용액
3) 설퍼프린트법: 철강재료 중에 존재하는 유황(S)의 분포 상태를 검사하여 유황(S)의 편석을 검사한다. S의 편석 분류에는 정편석(SN), 역편석(SI), 중심부편석(SC), 주상편석(SCO), 점상편석(SD), 선상편석(SL)이 있다.

※ 인(P)의 편석은 포스포로 프린트 방법으로 검출한다.

45

정답 ④

[시퀀스 제어]
- 미리 정해진 순서나 일정한 논리에 의해 제어의 각 단계를 순차적으로 수행하는 방식이다.
- 어떠한 기계의 시동, 정지, 운전 상태의 변경이나 제어계에서 필요로 하는 목표값의 변경 등을 미리 정해진 순서에 따라 수행하는 것이다.
- **전기밥솥, 에어컨, 커피 자동 판매기, 컨베이어, 전기세탁기** 등

[시퀀스 제어의 구분]
- **유접점 회로**: 유접점 제어방식은 기계식인 릴레이, 타이머를 사용하는 제어방식으로, 릴레이 시퀀스 회

로라고도 한다.
- **무접점 회로**: IC, 트랜지스터 등 반도체 논리 소자를 사용하여 제어하는 방식으로 로직 시퀀스 회로라고도 한다. 충격과 진동에 강하지만 노이즈에 약하다. 그리고 응답속도가 빠르며 유접점 제어 방식보다 소형 및 경량이다.

[시퀀스 제어의 특징]
- 설치비용이 저렴하며 제어계의 구성이 간단하다.
- 조작이 쉽고 고도의 기술이 필요하지 않다.
- 취급정보가 이진정보(digital signal)이다.
- 회로구성이 반드시 폐 루프는 아니다.
- 되먹임(피드백) 요소가 없기 때문에 기준 입력과 비교할 수 없어서 조건 변화에 대처할 수 없다.

46 　　　　　　　　　　　　　　　　　　　　　　정답 ①

[절삭동력, L]

$$L = \frac{FV}{75 \times 60\eta}[\text{PS}] \rightarrow 8\text{PS} = \frac{F \times 480}{75 \times 60} \rightarrow F = 75\text{kgf}$$

- $L = \dfrac{FV}{60\eta}[\text{kW}]$

- $L = \dfrac{FV}{75 \times 60\eta}[\text{PS}] = \dfrac{FV}{102 \times 60\eta}[\text{kW}]$

　[여기서, F: 주 분력(kgf), V: 절삭속도(m/min), η: 효율]

47 　　　　　　　　　　　　　　　　　　　　　　정답 ④

[열전도율 및 전기전도율이 높은 순서]
Ag > Cu > Au > Al > Mg > Zn > Ni > Fe > Pb > Sb
→ 전기전도율이 클수록 고유저항은 낮아진다. 저항이 낮아야 전기가 잘 흐르기 때문이다.

[선팽창계수가 큰 순서]
Pb > Mg > Al > Cu > Fe > Cr [납마알구철크]
→ 선팽창계수는 온도가 1℃ 변할 때 단위길이당 늘어난 재료의 길이를 말한다.

48 　　　　　　　　　　　　　　　　　　　　　　정답 ③

- 일반배관용 탄소강관(SPP): 10kgf/cm^2 이하일 때 사용한다.
- 압력배관용 탄소강관(SPPS): 10~100kgf/cm^{2}일 때 사용한다.
- 고압배관용 탄소강관(SPPH): 100kgf/cm^{2}를 초과할 때 사용한다.
- 고온배관용 탄소강관(SPHT): 350℃ 이상일 때 사용한다.
- 저온배관용 탄소강관(SPLT): 0℃ 이하일 때 사용한다.

49

정답 ④

[브레이크 드럼을 제동하는 제동토크(T)]

$$T = \mu P \frac{D}{2} = f \frac{D}{2}$$

$T = 500\text{N}\cdot\text{m}$, $D = 500\text{mm}$이고 f(드럼의 접선 방향 제동력)은 $f = \mu P$

[여기서, μ: 브레이크 드럼과 볼록 사이의 마찰계수, P: 브레이크 블록에 작용하는 힘]

$$f = \frac{2T}{D} = \frac{2 \times 500}{0.5} = 2,000\text{N}$$

$f = \mu P \rightarrow 2,000 = \mu \times 5,000 \quad \therefore \mu = 0.4$

50

정답 ③

가단성: 재료가 외력에 의해 외형이 변형하는 성질을 말하며 **전성**이라고 한다.
• **전성**: 외부의 힘에 의해 넓고 얇게 잘 펴지는 성질
• **연성**: 외부의 힘에 의해 재료가 잘 늘어나는 성질

[상온에서 해머링의 경우, 가단성이 큰 순서]

금 > 은 > 알루미늄 > 구리 > 주석 > 백금 > 납 > 아연 > 철 > 니켈
• 가단성이 크면 인성이 크므로 큰 외력을 가해도 쉽게 균열이 생기거나 깨지지 않는다.
• 어떤 재료에 외력을 가했을 때 즉시 파괴되었다면 그 재료는 **가단성이 작은 재료**이다.
• 가단성은 재료가 균열을 일으키지 않고 재료가 겪을 수 있는 변형 능력이라고 봐도 된다.

10 제10회 실전 모의고사

01	③	02	②	03	①	04	②	05	③	06	④	07	③	08	③	09	③	10	④
11	①	12	④	13	④	14	②	15	②	16	③	17	④	18	②	19	③	20	②
21	①	22	④	23	②③④	24	④	25	①	26	④	27	②	28	①	29	①	30	④
31	④	32	④	33	③	34	④	35	④	36	③	37	①	38	②	39	④	40	④

01

정답 ③

- 기체의 점성은 온도가 증가함에 따라 증가한다(기체는 온도가 증가하면 분자의 운동이 활발해지고 이에 따라 분자끼리의 충돌에 의해 운동량을 교환하기 때문에 점성이 증가한다).
- 액체의 점성은 온도가 증가함에 따라 감소한다(액체는 온도가 증가하면 응집력이 감소하여 점성이 감소한다).
- 점성계수의 단위는 $N \cdot s/m^2$ 또는 $Pa \cdot s$ 이다.
- 동점성계수는 점성계수를 밀도로 나눈 값이며, 단위는 cm^2/s 이다.
- 동점성계수$(\nu) = \dfrac{\mu}{\rho}$

  $1poise = 0.1N \cdot s/m^2$ [점성계수 단위], $1stokes = 1cm^2/s$ [동점성계수 단위]

참고
- 푸아즈(poise)의 환산 단위: $dyne \cdot s/cm^2$
- 뉴턴의 점성법칙
  - 뉴턴의 점성법칙에 따라 전단응력$(\tau) = \mu \cdot \left(\dfrac{du}{dy}\right)$이다. 점도 μ가 증가할수록 전단응력도 비례해서 증가함을 알 수 있다. $\left[$단, $\dfrac{du}{dy}$는 속도구배를 나타낸다.$\right]$

02

정답 ②

전자기파 전파에 의한 열전달 현상인 열복사의 파장범위: $0.1 \sim 100\mu m$

03

정답 ①

[레이놀즈수]

$Re = \dfrac{\rho Vd}{\mu}$

층류와 난류를 구분해주는 척도로 물리적인 의미는 '관성력/점성력'이며 무차원수이다. 레이놀즈수는 무차원수이기 때문에 단위를 SI에서 영국단위계로 변환하여도 전체 값인 레이놀즈수는 변함이 없을 것이다.

04

ㄱ. 관성력에 비해 점성력이 커지면 레이놀즈수가 감소한다.

ㄴ. 점도가 감도할수록 위 정의에 따라 레이놀즈수는 증가한다.

ㄷ. 난류에서 층류로 전이가 일어나면 레이놀즈수는 감소한다(아래 수치 참조).

- 레이놀즈수$\left(Re = \dfrac{\rho \, Vd}{\mu}\right)$: 층류와 난류를 구분해주는 척도로 물리적인 의미는 '관성력/점성력'이며 무차원수이다.
  - 평판의 임계 레이놀즈: 500,000(50만) [단, 관 입구에서 경계층에 대한 임계 레이놀즈: 600,000]
  - 개수로 임계 레이놀즈: 500
  - 상임계 레이놀즈수(층류에서 난류로 변할 때): 4,000
  - 하임계 레이놀즈수(난류에서 층류로 변할 때): 2,000~2,100
  - 층류는 $Re < 2,000$, 천이구간은 $2,000 < Re < 4,000$, 난류는 $Re > 4,000$
  - → 일반적으로 임계 레이놀즈라고 하면, **하임계 레이놀즈수**를 말한다.

05

[Hagen-Poiseuille식]

체적유량$(Q,$ 부피유량$) = \dfrac{\triangle P \pi d^4}{128 \mu l}$ [하겐-푸아죄유 방정식] … 층류일 때만 가능하다.

[여기서, $\triangle P$: 압력강하, μ: 점도, l: 관의 길이, d: 관의 지름]

→ 조건에서 점도와 단위길이당 압력강하가 일정하므로 부피유량(Q)은 오로지 d^4에 비례한다는 것을 알 수 있다. 여기서 관의 반지름이 2배로 커지면 관의 지름도 2배로 커진다. 즉, 부피유량(Q)은 2^4에 비례하므로 16배 증가하게 된다.

06

- **전도**: 푸리에 법칙
- **복사**: 슈테판-볼츠만 법칙
- **대류**: 뉴턴의 냉각법칙

07

헬리서트(heli sert): 마모된 암나사를 재생하거나 강도가 불충분한 재료의 나사 체결력을 강화시키는 데 사용되는 기계요소

08

[어떤 조건도 없을 때]

- 열효율 비교: 가솔린기관 26~28%, 디젤기관 33~38%
- 압축비 비교: 가솔린기관 6~9, 디젤기관 12~22

[조건이 있을 때]

- 압축비 및 가열량이 동일할 때: 오토 사이클 > 사바테 사이클 > 디젤 사이클
- 최고압력 및 가열량이 동일할 때: 디젤 사이클 > 사바테 사이클 > 오토 사이클

09

[전도]

$$Q = KA\frac{dT}{dx} \quad [\text{여기서, } dT: \text{온도차, } dx: \text{두께}]$$

- 면적(A)을 증가시키면 열전달량(Q)이 증가, 즉 열전달속도가 빨라진다.
- 온도차 dT를 작게 하면 열전달량(Q)이 감소, 즉 열전달속도가 느려진다.
- 열전도도 K를 크게 하면 열전달량(Q)이 증가, 즉 열전달속도가 빨라진다.
- 벽면의 두께를 감소시키면 열전달량(Q)이 증가, 즉 열전달속도가 빨라진다.

10

$$\text{Froude수}(F_r) = \frac{V}{\sqrt{Lg}} = \frac{\text{관성력}}{\text{중력}} \quad [\text{여기서, } V: \text{속도, } L: \text{길이, } g: \text{중력가속도}]$$

적용범위: 자유표면을 갖는 유동(댐), 개수로 수면위배 조파저항 등

11

누셀트수(Nusselt number, Nu)는 물체 표면에서 대류와 전도 열전달의 비율로 다음과 같이 나타낼 수 있다.

- $N = \dfrac{\text{대류 열전달}}{\text{전도 열전달}} = \dfrac{hL}{k}$ [여기서, h: 대류 열전달계수, L: 길이, k: 전도 열전달계수]
- 누셀트수(Nu)는 **스탠턴수**(St)×**레이놀즈수**(Re)×**프란틀수**(Pr)로 나타낼 수 있으며, 스탠턴수가 생략되어도, 즉 **레이놀즈수×프란틀수**만으로 누셀트수를 표현하여 해석하는 데 큰 무리가 없다.

12

$$\nu = \frac{\epsilon_{\text{가로}}}{\epsilon_{\text{세로}}} = \frac{\dfrac{\delta}{d}}{\dfrac{\lambda}{L}} = \frac{L\delta}{d\lambda}$$

$$\rightarrow 0.25 = \frac{2D\delta}{D(0.2D)} \quad \therefore \delta(\text{지름변형량}) = \frac{1}{40}D$$

인장하중을 가했으므로 길이는 늘어나고 지름은 줄어든다.

$$\frac{A_{\text{변형 후}}}{A_{\text{변형 전}}} = \frac{\dfrac{1}{4}\pi\left(D - \dfrac{1}{40}D\right)^2}{\dfrac{1}{4}\pi(D)^2} = \frac{\dfrac{1}{4}\pi\left(\dfrac{39}{40}\right)^2 D^2}{\dfrac{1}{4}\pi D^2} = \left(\frac{39}{40}\right)^2$$

13

① 단위면적당 힘을 단위로 표현하면 N/m^2이므로 압력과 응력이 있다.
② 표면장력의 단위는 N/m 이다. 단위면적당 에너지의 단위는 $\text{J/m}^2 = \text{Nm/m}^2 = \text{N/m}$ 가 된다. 즉, 표면장력의 단위와 같음을 알 수 있다.

③ 유체의 기본 정의는 아무리 작은 전단력이라도 저항하지 못하고 연속적으로 변형하는 물질이다.

④ 파스칼(Pa)의 단위는 N/m^2이다. 이를 변환하면 다음과 같다.

$N/m^2 = kg(m/s^2)/m^2 = kg/m(s^2)$이 된다. [단, $F = ma$이므로 힘(N) = 질량(kg)·가속도(m/s^2)]

14

정답 ②

[이상기체 상태방정식 조건]
- 압력과 분자량이 작을 것
- 체적과 온도가 높을 것
- 분자 간 인력이 작용하지 않을 것
- 기체 분자 간 충돌 및 분자와 용기 벽과의 충돌은 완전탄성충돌일 것

15

정답 ②

- 레이놀즈수의 물리적 의미: $\dfrac{관성력}{점성력}$

- 그라쇼프수의 물리적 의미: $\dfrac{부력}{점성력}$

- 그라쇼프수의 물리적 의미의 역수: $\dfrac{점성력}{부력}$

즉, 문제의 조건에 따라 곱하면 $\dfrac{관성력}{점성력} \times \dfrac{점성력}{부력} = \dfrac{관성력}{부력}$이 되고 이 값을 역수시키면 $\dfrac{부력}{관성력}$이 된다. 여기에 관성력을 마지막으로 곱하면 '부력'이 된다. 이 부력과 가장 관련이 깊은 것은 아르키메데스의 원리이다.

[부력]
- 부력은 **아르키메데스의 원리**이다. 물체가 밀어낸 부피만큼의 액체 무게라고 정의된다.
- 어떤 물체에 가해지는 부력은 그 물체가 대체한 유체의 무게와 같다.
- 어떤 물체가 유체 안에 있으면, 물체가 잠긴 부피만큼의 유체의 무게가 부력과 같다.
- 부력은 중력과 반대방향으로 작용(**수직상방향의 힘**)한다.
- **부력은 결국 대체된 유체의 무게와 같다.**
- 어떤 물체가 물 위에 일부만 잠긴 채 떠 있는 상태라면 그 상태를 중성부력(부력 = 중력) 상태라고 한다. 따라서 일부만 잠긴 채 떠 있는 상태일 때에는 물체의 무게(mg)와 부력의 크기는 동일하며 서로 방향만 반대이다.
- 부력이 생기는 이유는 유체의 압력차 때문에 생긴다. 구체적으로 유체에 의한 압력은 $P = \gamma h$에 따라 깊이가 깊어질수록 커지게 된다. 즉, 한 물체가 물속에 있다면 상대적으로 깊은 부분과 얕은 부분(윗면과 아랫면)이 생긴다. 따라서 더 깊이 있는 부분이 더 큰 압력을 받아 위로 향하는 힘, 즉 부력이 생기게 된다.
  - **부력 = $\gamma_{액체} V_{잠긴\ 부피}$**
  - **공기 중에서의 물체 무게 = 부력 + 액체 중에서의 물체 무게**

16

정답 ③

로프전동장치는 축간거리를 매우 길게 하여 전동(동력을 전달)할 수 있다.
- 와이어로프의 축간거리 50~100m
- 섬유질로프의 축간거리 10~30m

참고
- **평벨트**: 축간거리 10m 이하에 사용
- **V벨트**: 축간거리 5m 이하에 사용

17

정답 ④

탄성에너지(U) $= \dfrac{1}{2} T\theta$

비틀림각은 $\theta = \dfrac{Tl}{GI_p}$[rad]이고 $I_p = \dfrac{\pi d^4}{32}$ 이므로 탄성에너지는 $1/d^4$에 비례함을 알 수 있다.

즉, 지름 d가 2배가 되면 탄성에너지는 1/16배가 된다.

18

정답 ②

동력은 기본적으로 단위시간당 얼마의 일을 했는지를 나타내는 수치이다.
- 동력(P) $=$ 일(W) $\div$ 시간(t), 일(W) $=$ 힘(F) $\times$ 거리(S) $\rightarrow$ 동력(P) $=$ 힘(F) $\times$ 거리(S) $\div$ 시간(t)
- 거리(S) $\div$ 시간(t) $=$ 속도(V) $\rightarrow$ 동력(P) $=$ 힘(F) $\times$ 속도(V)

$\rightarrow$ $\therefore$ 동력(P) $= \dfrac{100 \times 10}{2} = 500\text{J/s} = 500\text{W}$

19

정답 ③

[벨트전동장치의 전달동력]

$P[\text{kW}] = \dfrac{\mu Te\, V}{1,000}$

① 마찰계수가 클수록 전달동력은 크다.
② 유효장력(Te)이 클수록 전달동력은 크다.
③ 벨트의 속도가 클수록 전달동력은 크다.
④ 접촉각이 클수록 접촉되는 면적이 커져 마찰이 증가함으로 전달동력이 크다.

20

정답 ②

[체인의 전달동력]

$P[\text{kW}] = \dfrac{TV}{1,000}$

전달동력이 일정한 상태에서 체인장력(T)이 2배가 되면 속도는 0.5배가 된다.

21

정답 ①

[코일스프링의 처짐량]

$$\delta = \frac{8PD^3n}{Gd^4}$$

유효감김수(n)를 2배로 그리고 횡탄성계수(G)를 2배로 하면 처짐량은 위 식에 의거하여 1배임을 알 수 있다.

22

정답 ④

유니버설 조인트(훅조인트, 유니버설 커플링, 자재이음): 축이음 중 두 축이 어떤 각도로 교차하면서 그 각이 다소 변화하더라도 자유롭게 운동을 전달할 수 있는 기계요소

23

정답 ②,③,④

[좀머펠트수]

좀머펠트수는 차원이 없는 무차원수이다.

$$좀머펠트수(S) = \left(\frac{r}{\delta}\right)^2\left(\frac{\eta N}{p}\right) \quad [여기서, \ \delta: 틈새비, \ \eta: 베어링 정수(계수)]$$

좀머펠트수가 같다면 같은 베어링으로 간주한다.

24

정답 ④

응력–변형률 선도에서 알 수 없는 값: 안전율, 푸아송비, 경도

25

정답 ①

스코링: 고속하중의 기어에서 치면압력이 높아져 잇면 사이의 유막이 파괴되고 금속끼리 접촉하여 표면의 순간 온도가 상승해 눌어붙는 현상

26

정답 ④

[카르노 사이클의 열효율]

$$\eta = 1 - \frac{T_2}{T_1} = 1 - \frac{Q_2}{Q_1}$$

[여기서, T_1: 고열원의 온도, T_2: 저열원의 온도, Q_1: 고온체로부터 공급되는 열량, Q_2: 저온체로 방출되는 열량]

$$\rightarrow \eta = 1 - \frac{Q_2}{Q_1} \rightarrow 0.28 = 1 - \frac{Q_2}{100\text{kJ}}$$

$$\therefore Q_2 = 72\text{kJ}$$

PART II 실전 모의고사 정답 및 해설

27
정답 ②

이상기체 상태방정식($PV = mRT$)을 활용하면 된다. [단, $1L = 0.001m^3$]

$PV = mRT \rightarrow 90kPa \times 0.001m^3 = 0.001kg \times 0.287kJ/kg \cdot K \times T$

$\therefore\ T = 313.5K$

28
정답 ①

$$\triangle S = C_v \ln\left(\frac{T_2}{T_1}\right) = 0.654kJ/kg \cdot K \times \ln\left(\frac{-3+273}{27+273}\right) = 0.654kJ/kg \cdot K \times \ln\left(\frac{270}{300}\right)$$

$$= 0.654kJ/kg \cdot K \times \ln(0.9) = 0.654kJ/kg \cdot K \times -0.11 = -0.07194kJ/kg \cdot K$$

29
정답 ①

열역학 계산 문제를 풀 때에는 항상 문제의 조건을 확인하는 습관을 가져야 한다. 문제의 조건이라는 것은 '단열, 정압, 정적, 등온' 등을 말한다.

위 문제에서는 **일정온도(등온)**라는 조건이 있으므로

전달된 열량(Q) = 절대일($_1W_2$) = 공업일(W_t)인 것을 알 수 있다.

$$\rightarrow 절대일(_1W_2) = P_1 V_1 \ln\left(\frac{P_1}{P_2}\right) = P_1 V_1 \ln\left(\frac{V_2}{V_1}\right) = mRT \ln\left(\frac{P_1}{P_2}\right) = mRT \ln\left(\frac{V_2}{V_1}\right)$$

$$= 1kg \times 0.287KJ/kg \cdot K \times 200 + 273K) \times \ln\left(\frac{6V_1}{V_1}\right)$$

$$= 1kg \times 0.287kJ/kg \cdot K \times 473K \times \ln(6)$$

$$= 1kg \times 0.287kJ/kg \cdot K \times 473K \times 1.8 = 244.35kJ$$

등온 조건이므로 구해진 절대일 244.35kJ의 값이 바로 전달된 열량(Q)이다.

30
정답 ④

- **비열**: 어떤 물질 1g 또는 1kg을 1℃ 높이는 데 필요한 열량
- **현열**: 물체의 온도가 가열, 냉각에 따라 변화하는 데 필요한 열량, 즉 상변화는 일으키지 않고 오로지 온도변화에만 쓰이는 열
- **잠열**: 물체의 온도 변화는 일으키지 않고 오로지 상변화만 일으키는 데 필요한 열량
  (100℃의 물 1kg을 100℃의 증기로 상변화시키는 데 필요한 증발잠열: 539kcal)
  (0℃의 얼음 1kg이 0℃의 물로 상변화될 때 필요한 융해잠열: 80kcal)

31
정답 ④

과열증기는 건포화증기를 가열하여 온도만을 더욱 상승시킨 증기이다(압력은 그대로).

32

정답 ④

- 고온 열원의 온도 T_1이 일정하여 건조증기 구역에서 보일러를 작동하는 것이 불가능하다.
- 물−증기 2상의 혼합물에서 작동하여 액적(작은 액체방울)이 터빈 날개를 손상시킴으로써 터빈의 수명이 단축된다.
- 습증기를 효율적으로 압축하는 펌프(pump)의 제작이 어렵다.

33

정답 ③

[기본단위(base unit)]
기본단위는 물리량을 측정할 때 가장 기본이 되는 단위로 총 7가지가 있다.

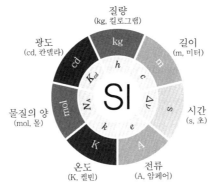

- 국제기본단위: 미터(m), 킬로그램(kg), 초(s), 암페어(A), 몰(mol), 칸델라(cd), 켈빈(K), 길이(m), 질량(kg), 시간(s), 전류(A), 물질의 양(mol), 광도(cd), 온도(K)

[유도단위(derived unit)]
기본단위에서 유도된 물리량을 나타내는 단위이다. 즉, 기본단위의 곱셈과 나눗셈으로 이루어진다.
- 기본단위를 조합하면 무수히 많은 유도단위를 만들 수 있다.
- J은 N · m이다[단, N은 $kg \cdot m/s^2$이므로 J은 $kg \cdot m^2/s^2$로 표현될 수 있다]. 즉, J은 기본단위인 kg, m, s에서 유도된 유도단위라는 것을 알 수 있다.
- N은 $kg \cdot m/s^2$이므로 기본단위인 kg, m, s에서 유도된 유도단위라는 것을 알 수 있다.

34

정답 ②

응력비(R): 피로시험에서 하중의 한 주기에서의 최소응력과 최대응력 사이의 비율로 $\dfrac{최소응력}{최대응력}$으로 구할 수 있다.

응력진폭(σ_a)	평균응력(σ_m)	응력비(R)
$\sigma_a = \dfrac{\sigma_{\max} - \sigma_{\min}}{2}$	$\sigma_m = \dfrac{\sigma_{\max} + \sigma_{\min}}{2}$	$R = \dfrac{\sigma_{\min}}{\sigma_{\max}}$
$\sigma_{\max}$: 최대응력, $\sigma_{\min}$: 최소응력		

→ 평균응력(σ_m)이 240MPa이므로 $240 = \dfrac{\sigma_{\max} + \sigma_{\min}}{2}$ 이 된다. 즉, $\sigma_{\max} + \sigma_{\min} = 480$이다.

→ 응력비(R)가 0.2이므로 $0.2 = \dfrac{\sigma_{\min}}{\sigma_{\max}}$ 이 된다. 즉, $\sigma_{\min} = 0.2\sigma_{\max}$의 관계가 도출된다.

→ $\sigma_{\max} + \sigma_{\min} = 480$, $\sigma_{\min} = 0.2\sigma_{\max}$을 연립하면 $\sigma_{\max} + 0.2\sigma_{\max} = 480$이다.

→ $1.2\sigma_{\max} = 480$이므로 $\sigma_{\max} = 400$이고, $\sigma_{\min} = 80$이다.

35　　　　　　　　　　　　정답 ④

윤활유의 역할: 마찰저감, 냉각, 응력분산, 밀봉, 방청, 세정, 응착방지

36　　　　　　　　　　　　정답 ③

종탄성계수(E, 세로탄성계수, 영률), 횡탄성계수(G, 전단탄성계수), 체적탄성계수(K)의 관계식
$mE = 2G(m+1) = 3K(m-2)$　[여기서, m : 푸아송수]
푸아송수(m)와 푸아송비(ν)는 서로 역수의 관계를 갖기 때문에 위 식은 다음처럼 변환된다.
$E = 2G(1+\nu) = 3K(1-2\nu)$　[여기서, ν : 푸아송비]
→ $E = 2G(1+\nu)$　[여기서, ν : 푸아송비]
→ $260 = 2(100)(1+\nu)$　$\therefore \nu = 0.3$

37　　　　　　　　　　　　정답 ①

1kW = 1.36PS이므로 전달동력 4PS = 2.94kW이다.
전달동력(H) = $T_e V$ [여기서, T_e : 유효장력]이고, $T_e = T_t$ (긴장측 장력) $- T_s$ (이완측 장력)이다.
전달동력(H) = $T_e V$ → 2,940W = $T_e \times 7.5$　$\therefore T_e = 392$N
이완측 장력(T_s) = 30kg = 294N이다.
[단, 힘의 단위일 때 1kgf = 1kg = 9.8N]
$T_e = T_t - T_s$ → 392N = $T_t - 294$N
$\therefore T_t = 686$N = 70kgf = 70kg

38　　　　　　　　　　　　정답 ②

올덤 커플링(oldham coupling): 두 축의 거리가 가깝고 중심선이 일치하지 않을 때 **각속도의 변화 없이 회전동력을 전달**할 때 사용하는 커플링이다.

※ 〈보기〉 **예**: 올덤커플링은 **동력의 변화없이 각속도를 전달**하고자 할 때 사용하는 커플링이다.

→ 위의 보기처럼 출제되면 틀린 보기이다. 실제로 2019년 서울주택도시공사(SH)에서 위의 보기처럼 출제되었으니 참고바란다.

39

- **푸아송비**$(\nu) = \dfrac{\text{가로변형률}}{\text{세로변형률}}$ → 세로변형률에 대한 가로변형률의 비이다.

- 응력집중은 단면적이 급하게 변하는 부분, 모서리 부분, 구멍 부분 등에서 응력이 집중되는 현상이다.

  $$\text{응력집중계수}(\alpha) = \dfrac{\text{노치부의 최대응력}}{\text{단면부의 평균응력}}$$

- 훅의 법칙은 비례한도 내에서 응력(σ)과 변형률(ε)이 비례하는 법칙이다. 즉, $\sigma = E\varepsilon$가 되며 E는 탄성계수이다. 마찬가지로 $\tau = G\gamma$에도 적용되므로 맞는 보기이다. [단, τ: 전단응력, G: 횡탄성계수(전단탄성계수), γ: 전단변형률]

- 가열끼움은 열응력을 이용한 대표적인 방법이다.

- **여러 금속의 푸아송비**

코르크	유리	콘크리트
0	0.18~0.3	0.1~0.2
강철(steel)	알루미늄	구리
0.28	0.32	0.33
티타늄	금	고무
0.27~0.34	0.42~0.44	0.5

※ 위 표의 수치는 공기업 및 공무원 시험에서 자주 출제되므로 반드시 암기해야 한다.

40

[스러스트 베어링]
- 축 방향으로 하중이 작용할 때 사용하는 베어링이다.
- 축 방향으로 작용하는 하중을 지지해주는 베어링이다.

[레이디얼 베어링]
- 축 반경 방향으로 하중이 작용할 때 사용하는 베어링이다.
- 축 반경 방향으로 작용하는 하중을 지지해주는 베어링이다.

11 제11회 실전 모의고사

01	②	02	③	03	③	04	④	05	③	06	②	07	④	08	④	09	④	10	②③
11	①②③	12	②	13	④	14	④	15	③	16	③	17	④	18	①	19	④	20	①
21	②	22	③	23	②	24	①	25	④	26	③	27	③	28	③	29	④	30	④
31	④	32	③	33	②	34	①	35	③	36	④	37	④	38	④	39	②	40	②

01

정답 ②

① 바로걸기의 경우, 한쪽은 180°보다 크고 다른 쪽은 180°보다 작다.
③ 엇걸기는 두 쪽 모두 180°보다 크다.
④ 초기장력에 대한 설명이다.

[벨트의 추가 설명]

- **벨트, 벨트풀리:** 일반 벨트전동은 이가 없다. 따라서 벨트와 벨트풀리가 접촉됐을 때 발생하는 마찰력을 이용하여 동력을 전달하는 기계요소가 벨트전동장치이다. 간접전동장치인 이유는 직접 원동풀리와 종동 풀리가 접촉하는 것이 아니라, 매개체인 벨트로 구동되기 때문이다.
  - 타이밍벨트는 벨트 안쪽 표면에 이가 있다. 따라서 기존 벨트전동보다 정확한 속비를 얻을 수 있다. 타이밍벨트는 자동차엔진, 사무용 기기 등에 사용된다. 참고로 V벨트는 밀링머신에 잘 사용된다.
  - 풀리의 구성: 림, 보스, 암

- **벨트와 벨트풀리의 특징**
  - 벨트풀리와 벨트 면 사이에서 미끄럼이 발생할 수 있으므로 정확한 회전비를 필요로 하는 동력이나 큰 동력의 전달에는 적합하지 않다.
  - 두 축 사이의 거리가 비교적 멀거나 마찰차, 기어 전동과 같이 직접 동력을 전달할 수 없을 때 사용한 다.

- **벨트 전동의 종류**
  - **평벨트:** 평평한 모양으로 두 축 사이의 거리가 멀 때 사용한다.
  - **V벨트:** 큰 속도비(1 : 7~10)로 운전이 가능하며 작은 장력으로 큰 회전력을 전달할 수 있다. 그리고 마찰력이 크고 미끄럼이 적어 조용하며 벨트가 벗겨질 염려가 적으며 바로걸기만 가능하다. 엇걸기로 하면 V홈이 파진 표면 쪽이 뒤집어지기 때문에 엇걸기는 불가능하다. V벨트의 효율은 90~95%이며, V벨트의 수명을 고려한 운전속도는 10~18m/s이다.

※ V벨트 특징을 나열한 것은 시험에 자주 출제된다. 이번 2020년 공기업 기계직 전공 필기시험에도 효율 수치에 대한 문제가 출제되었다.

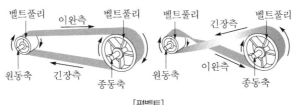

[평벨트]

[V벨트]

- **초기장력과 유효장력:** 일반 벨트 전동은 이가 없이 오로지 마찰력으로 전동하므로 운전 전에 미리 벨트에 장력을 가해 벨트가 팽팽해지도록 만들어야 풀리와 잘 붙는다. 그래야 마찰력이 더 많이 생기고 그 마찰력으로 동력을 전달할 수 있기 때문이다. 즉, 운전 전에 미리 벨트를 팽팽하게 만들기 위해 가해주는 장력이 바로 초기장력이며, 초기장력 = (긴장측 장력 + 이완측 장력)/2으로 구할 수 있다. 체인은 벨트처럼 마찰력으로 동력을 전달시키는 것이 아니라, 링크와 스프로킷 휠이 맞물려서 전동되기 때문에 미리 팽팽하게 해줄 필요가 없다. 즉, 이의 유무로 초기장력을 가해주냐 마느냐가 결정된다. 타이밍벨트는 초기장력이 어느 정도 필요하다. 그 이유는 벨트는 상대적으로 물렁물렁하며 이의 높이 자체도 높지가 않아 미리 당겨주는 것이 동력 전달에 용이하기 때문이다. 유효장력은 동력 전달에 필요한 회전력으로 '긴장측 장력－이완측 장력'으로 구할 수 있다.

02
정답 ③

기어, 체인은 마찰력이 아닌 이와 이가 맞물려서 그 힘으로 동력을 전달하는 장치이다.

[전동장치의 종류]
- **직접전동장치:** 마찰차, 기어, 캠
- **간접전동장치:** 벨트, 로프, 체인

03
정답 ③

- **코킹:** 리벳이음을 한 후 기밀을 유지하기 위해 정이라는 공구로 리벳머리, 판 이음부 등을 쳐서 틈새를 없애는 작업이다.
- **플러링:** 코킹 작업 후에 기밀을 더욱 완전하게 하기 위해 강판과 같은 두께의 플러링 공구로 완전히 밀착시키는 작업이다.

04
정답 ④

위험속도: 축이 가지고 있는 고유진동수와 축의 회전수가 같아질 때의 속도를 말한다.

05

정답 ③

가공경화: 재결정온도 이하에서 소성변형을 주게 되면(냉간가공하면 할수록) 변형 정도가 커지면서 변형에 대한 저항 성질인 내부응력이 증가하게 되고 단단해지는 성질을 말한다.

[가공경화의 예]
가공경화는 냉간가공에서만 발생하고 열간가공에서는 발생하지 않는다.
- **냉간가공**: 철사를 가열하지 않은 상태에서 철사를 구부렸다 폈다를 반복하면 가공한 부분이 단단해지는 가공경화 현상이 발생하고 변형에 의한 저항열로 온도가 증가하다 결국 철사가 끊어지게 된다.
- **열간가공**: 철사를 가열한 상태에서 철사를 구부렸다 폈다를 반복해도 가공경화 현상이 발생하지 않는다. 따라서 철사는 쉽게 끊어지지 않으며 원하는 형상으로 가공할 수 있다.

06

정답 ②

[몰리에르 선도]
- $H-S$ **선도**: 증기 흐름이나 유동을 해석할 때(세로축: 엔탈피, 가로축: 엔트로피)
- $P-H$ **선도**: 냉동기에 대한 여러 상태를 해석할 때(세로축: 압력, 가로축: 엔탈피)

07

정답 ④

- 열펌프의 성적계수(성능계수): $\dfrac{Q_1}{Q_1-Q_2}$

- 냉동기의 성적계수(성능계수): $\dfrac{Q_2}{Q_1-Q_2}$

즉, B－A는 $\dfrac{Q_1-Q_2}{Q_1-Q_2}$ 이므로 1이 된다.

08

정답 ④

엔탈피는 내부에너지와 유동에너지의 합으로 표현된다.
엔탈피$(H) = U + PV$
$H = U + (P_2 V_2 - P_1 V_1) = 0 + 1,000 \times 0.2 - 50 \times 2 = 100 \text{kJ}$

09

정답 ④

② 중심각이 120도인 위치에 2개의 키를 설치하는 것은 접선키이다.
③ 중심각이 90도인 위치에 2개의 키를 설치하는 것은 접선키의 일종은 케네디키이다.
④ 안장키는 오로지 마찰력으로만 회전력을 전달시켜 큰 토크 전달에는 부적합하다.

10

정답 ②,③

② 단위질량당 물질의 온도를 1℃ 올리는 데 필요한 열량은 **비열**이다. **열용량**은 물체의 온도를 1K만큼 상승시키는 데 필요한 열량으로 단위는 J/K이다.

③ 정압과정으로 시스템에 전달된 열량(Q) $= \triangle h - Vdp$에서 정압이므로 $dp = 0$이다.

　즉, $Q = \triangle h$이다. 따라서 시스템에 전달된 열량은 엔탈피의 변화량과 같다.

[상태량의 종류]
- **강도성 상태량**
  - 물질의 질량에 관계없이 그 크기가 결정되는 상태량이다.
  - 압력, 온도, 비체적, 밀도 등이 있다(**압온비밀**).
- **종량성 상태량**
  - 물질의 질량에 따라 그 크기가 결정되는 상태량. 즉 그 물질의 질량에 정비례 관계가 있다.
  - 체적, 내부에너지, 엔탈피, 엔트로피 등이 있다.

11
정답 ①,②,③

① 부력은 아르키메데스의 원리이다.
② 부력의 크기는 물체의 잠긴 부피에 해당하는 유체의 무게이다.
③ 부력은 중력의 영향을 받는 힘이다. 잠긴 부피에 해당하는 유체의 무게이므로 결국 유체의 질량×중력가속도로 표현이 되고 이는 중력의 영향을 받는다는 것을 내포하고 있다.
④ 떠 있는 상태이기 때문에 물체의 무게(mg)와 중력은 서로 힘의 평형 관계에 있다.

12
정답 ②

화력발전소의 기본 사이클의 순서(증기나 급수가 흐르는 순서)
- 급수펌프 → 보일러 → 과열기 → 터빈 → 복수기
- 절탄기 → 보일러 → 과열기 → 터빈 → 복수기

※ **절탄기***: 연도를 빠져나가는 배기가스의 열로 보일러로 들어가는 급수를 미리 예열하는 장치이다.

13
정답 ④

- 로딩(눈메움): 숫돌입자의 표면이나 기공에 칩이 채워져 있는 상태
- 글레이징(눈무딤): 숫돌입자가 탈락하지 않고 마멸에 의해 납작해지는 현상

14
정답 ④

[피로한도를 저하시키는 요인]

노치효과	단면치수나 형상이 갑자기 변하는 곳에 응력이 집중되고 피로한도가 급격하게 낮아진다.
치수효과	부재의 치수가 커지면 피로한도가 낮아진다.
표면효과	부재의 표면 다듬질이 거칠면 피로한도가 낮아진다.
압입효과	강압 끼워맞춤 등에 의해 피로한도가 낮아진다.
부식효과	부재의 부식에 의해 피로한도가 낮아진다. 예를 들어 산, 알칼리, 소금물에서 부식효과는 점점 증대된다.

15

정답 ③

[압출결함]

파이프결함	압출과정에서 마찰이 너무 크거나 소재의 냉각이 심한 경우 제품 표면에 산화물이나 불순물이 중심으로 빨려 들어가 발생하는 결함이다.
셰브론균열(중심부균열)	취성균열의 파단면에서 나타나는 산모양을 말한다.
표면균열(대나무균열)	압출과정에서 속도가 너무 크거나 온도, 마찰이 클 때 제품 표면의 온도가 급격하게 상승하여 표면에 균열이 발생하는 결함이다.

[인발결함]

솔기결함(심결함)	봉의 길이 방향으로 나타나는 흠집을 말한다.
셰브론균열(중심부균열)	인발에서도 셰브론균열이 발생한다.

16

정답 ③

[개량처리]

Al에 Si가 고용될 수 있는 한계는 공정온도인 약 577°C에서 약 1.6%이고 공정점은 12.6%이다. 이 부근의 주조 조직은 육각판의 모양으로 크고 거칠며 취성이 있어서 실용성이 없다. 이 합금에 나트륨이나 수산화나트륨, 플루오르화 알칼리, 알칼리 염류 등을 용탕 안에 넣고 10~50분 후에 주입하면 조직이 미세화되며 공정점과 온도가 14%, 556°C로 이동하는데 이 처리를 **개량처리**라고 한다.

[개량처리를 적용한 재료의 특징]
- Si(규소)의 함유량이 증가할수록 팽창계수와 비중은 낮아지며 주조성과 가공성도 나빠서 실용화가 어려워진다.
- 열간에서 취성이 없고 용융점이 낮아 유동성이 좋다.
- 용탕과 모래형 수분과의 반응으로 수소를 흡수하여 기포가 생기는 결점이 있다.
- 다이캐스팅에는 용탕이 급랭되므로 개량처리하지 않아도 미세한 조직이 된다.

17

정답 ④

① **플랭크 마모**: 절삭면과 평형하게 마모되는 현상
② **크레이터 마모**: 윗면경사각이 절삭에 의해 발생된 칩 등의 충돌로 오목하게 파이는 마모
③ **구성인선**: 절삭 칩이 날 끝에 붙어 마치 절삭날의 역할을 하는 현상
④ **치핑**: 절삭저항에 견디지 못하고 날 끝이 탈락하는 현상

18

정답 ①

플라스틱은 열에 약하기 때문에 녹이기 쉬워 성형성이 우수하며, 전기가 잘 통하지 않는다(전기절연성이 좋다). 플라스틱 재료의 일반적인 표면경도는 높지 않다.
→ 특수 플라스틱의 경우는 강철보다 단단한 것도 있지만, 일반적인 성질을 질문한 것이므로 답은 ①번이다.

19

정답 ④

기본적인 열의 이동 방향은 고온에서 저온으로 이동한다. 폭포수가 위에서 아래로 떨어지듯 에너지가 높은 곳에서 에너지가 낮은 곳으로 이동하게 된다.

20

정답 ①

유효장력은 동력 전달에 필요한 회전력으로 '긴장측 장력－이완측 장력'으로 구할 수 있다.

21

정답 ②

동일한 높이 h에서 굴러 내려오기 때문에 초기 위치에너지는 mgh로 동일하다. 이 위치에너지가 지면에 도달했을 때 모두 운동에너지로 변환되므로 A와 B의 운동에너지는 모두 mgh 크기로 동일하다. 따라서 A/B는 1이다.

22

정답 ③

동력(W) = 유효장력(T_e) × 속도(V)

[단, 유효장력(T_e) = 긴장측 장력(T_t) － 이완측 장력(T_s)]

문제에서 긴장측 장력 = 이완측 장력 × 3이므로 유효장력(T_e) $= 3T_s - T_s = 2T_s$

동력을 구하면 다음과 같다.

$40,000\text{W} = 2T_s \times 20\text{m/s}$ ∴ $T_s = 1,000\text{N}$

즉, 이완측 장력은 1,000N이 도출된다. 긴장측 장력은 이완측 장력의 3배이므로 3,000N임을 알 수 있다.

23

정답 ②

90℃의 물과 0℃의 얼음이 만나 어느 정도 시간이 흐르면 물과 얼음은 서로 평형상태가 되어 평형온도 T 상태가 된다. 90℃의 물은 0℃의 얼음에게 열을 빼앗기기 때문에 90℃에서 평형온도 T로, 0℃의 얼음은 90℃의 물로부터 열을 빼앗아 녹게 되고, 0℃의 물에서 평형온도 T로 상승할 것이다.

0℃의 얼음이 90℃의 물로부터 빼앗긴 열량 Q와 90℃의 물이 0℃의 얼음으로부터 얻은 열량 Q는 서로 동일할 것이다. 이를 수식으로 표현하면 다음과 같다.

- 0℃의 얼음이 90℃의 물로부터 빼앗은 열은 얼음이 물로 상변화하는 데 필요한 열인 얼음의 융해열 A와 0℃의 물에서 평형온도 T까지 온도가 변화되는 데 필요한 현열로 쓰일 것이다.

  → $Q = mA + Cm(T-0)$ [여기서, m : 질량]

- 90℃의 물은 0℃의 얼음으로부터 열을 빼앗겨 90℃에서 평형온도 T까지 온도가 변한다.

  → $Q = Cm(90 - T)$

즉, 물과 얼음 사이에서 이동한 열량 Q는 서로 같기 때문에 $mA + Cm(T-0) = Cm(90-T)$가 된다.

$A + CT = 90C - CT$

→ $2CT = 90C - A$

→ ∴ $T = 45 - A/2C$

24

[경도시험법]
브리넬 시험, 비커스 시험, 로크웰 시험, 쇼어 시험, 마이어 시험, 누프 시험 등

[충격시험]
- 아이조드 시험: 외팔보 상태에서 시험하는 충격시험기
- 샤르피 시험: 시험편을 단순보 상태에서 시험하는 샤르피 충격시험기

25

에반스 마찰차: 2개의 원추차 사이에 가죽 또는 강철제 링을 접촉시켜 회전비를 변화시키는 무단변속 마찰차이다.

[무단변속 마찰차의 종류]
에반스 마찰차, 구면 마찰차, 원판 마찰차(크라운 마찰차), 원추 마찰차(베벨 마찰차)
🖉 암기법 : (에)(구) (빤)(추) 보일라~

26

노치부 응력$(\sigma_{\max})$ = 응력집중계수$(\alpha) \times \dfrac{P}{A}$

A(단면적) $= (90-40) \times 20 = 1,000 \mathrm{mm}^2$

노치부 응력 = 응력집중계수$(\alpha) \times \dfrac{P}{A} = 2 \times \dfrac{30,000 \mathrm{N}}{1,000 \mathrm{mm}^2} = 60 \mathrm{MPa}$

안전율$(S) = \dfrac{\text{극한강도}}{\text{노치부 응력}} = \dfrac{150 \mathrm{MPa}}{60 \mathrm{MPa}} = 2.5$

27

[단판클러치]

T(토크) $= \mu P\left(\dfrac{D_m}{2}\right) = \mu P\left(\dfrac{D_1 + D_2}{4}\right)$

$\left[\text{여기서, } D_m : \text{평균지름}, \left(= \dfrac{D_1 + D_2}{2}\right), D_1 : \text{안지름}, D_2 : \text{바깥지름}, \mu : \text{마찰계수}\right]$

T(토크) $= \mu P\left(\dfrac{D_1 + D_2}{4}\right) \rightarrow 70 = 0.35 \times 2,000 \times \dfrac{D_1 + 0.26}{4}$

$\therefore D_1 = 0.14 \mathrm{m} = 140 \mathrm{mm}$

28

[키(key)의 전달동력, 회전력이 큰 순서]
세레이션 > 스플라인 > 접선키 > 성크키(묻힘키) > 반달키(우드러프키) > 평키 > 안장키(새들키) > 핀키(둥근키)

29

정답 ④

[압축 코일스프링의 처짐량(δ)]

$$\delta = \frac{8PD^3n}{Gd^4}$$

[여기서, P: 스프링에 작용하는 하중, D: 코일의 평균지름, n: 감김 수, G: 전단탄성계수(횡탄성계수), d: 소선의 지름]

문제에서는 n, D, d가 각각 2배가 증가한다고 되어 있으므로 다음 식에 대입해보면 된다.

$$\delta = \frac{8P(2D)^3(2n)}{G(2d)^4} = \frac{8PD^3n}{Gd^4}$$

결국, 처짐량(δ)은 처음과 같다는 것을 알 수 있다.

30

정답 ④

- **플러그용접**: 위 아래로 겹쳐진 판재의 접합을 위하여 한쪽 판재에 구멍을 뚫고, 이 구멍 안에 용가재(용접봉)를 녹여서 채우는 용접방법
- **슬롯용접**: 플러그 용접의 둥근 구멍 대신에 가늘고 긴 홈에 비드를 붙이는 용접법

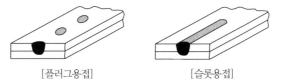

[플러그용접]　　　　　[슬롯용접]

31

정답 ④

$$P = \tau \frac{1}{4}\pi d^2 n$$

하중이 6ton이므로 6,000kgf라고 생각하면 된다. 1kgf = 9.8N이므로 하중은 58,800N이다.

τ(허용전단강도) $= 6 \text{kgf/mm}^2 = 58.8 \text{N/mm}^2$

$$P = \tau \frac{1}{4}\pi d^2 n \rightarrow 58,800\text{N} = 58.8\text{N/mm}^2 \times \frac{1}{4} \times \pi \times 12^2 \times n \rightarrow \therefore n = 8.846$$

n(리벳수)가 8.846이므로 최소 9개가 있어야 6ton의 하중을 버틸 수 있다.

32

정답 ②

긴장측 장력(T_t) = 100kgf = 980N, 이완측 장력(T_s) = 50kgf = 490N

[여기서, 1kgf = 9.8N]

T_e(유효 장력) $= T_t$(긴장측 장력)$- T_s$(이완측 장력)

T_e(유효 장력) $= 980\text{N} - 490\text{N} = 490\text{N}$

전달동력(H) $= T_e V = 490\text{N} \times 6\text{m/s} = 2,940\text{W} = 2.94\text{kW}$

단, 1kW = 1.36PS이므로 2.94kW = 1.36×2.94[PS] = 3.9884PS = 약 4PS가 도출된다.

33

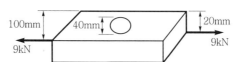

문제에서 제시된 상황을 그림으로 나타내면 위와 같다. 응력집중은 단면적이 급하게 변하는 부분, 모서리 부분, **구멍 부분** 등에서 발생한다.

$$\sigma_{\max} = \alpha\left(\frac{P}{A}\right) = \frac{P}{(b-d)t} = 2.4 \times \frac{9,000\text{N}}{(100-40) \times 20} = 18\text{N}/\text{mm}^2$$

34

$$\tau = \frac{Q}{\pi d H}, \quad \sigma = \frac{Q}{\frac{1}{4}\pi d^2} = \frac{4Q}{\pi d^2}$$

τ를 σ의 0.5배까지 허용한다고 나와 있으므로 $\tau = 0.5\sigma$가 된다.

$$\frac{Q}{\pi d H} = 0.5\left(\frac{4Q}{\pi d^2}\right) = \frac{2Q}{\pi d^2}$$

$$\therefore H = \frac{1}{2}d = 0.5d$$

35

T_e(유효장력) $= 1.5\text{kN}$이며 $T_t = 2T_s$이다.

$T_e = T_t$(긴장측 장력) $- T_s$(이완측 장력)이므로 $T_e = 2T_s - T_s = T_s$가 된다.

즉, T_s(이완측 장력) $= 1.5\text{kN}$이고, 긴장측 장력(T_t)은 2배인 3.0kN이 된다.

$$\sigma_a = \frac{T_t}{bt\eta} \quad [\text{여기서, } \sigma_a: \text{허용인장응력, } b: \text{벨트의 폭, } t: \text{벨트의 두께, } \eta: \text{이음 효율}]$$

$$5 = \frac{3000}{b \times 10 \times 0.8} \quad \rightarrow \quad \therefore b = 75\text{mm}$$

36

$$t = \frac{Pd}{2\sigma_a} + C \quad [\text{여기서, } t: \text{두께, } \sigma_a: \text{허용응력, } P: \text{압력, } d: \text{안지름, } C: \text{부식여유(여유치수)}]$$

위 식을 정리하면 압력 $P = \dfrac{2(t-C)\sigma_a}{d}$가 된다.

$$P = \frac{2(t-C)\sigma_a}{d} = \frac{2 \times (8-1) \times 80}{100} = 11.2\text{N}/\text{mm}^2$$

37

정답 ④

$$T(\text{토크}) = \mu P \left(\frac{D_m}{2} \right) Z = \mu P \left(\frac{D_1 + D_2}{4} \right) Z$$

$$\left[\text{여기서, } D_m : \text{평균지름} \left(\frac{D_1 + D_2}{2} \right), \ D_1 : \text{안지름}, \ D_2 : \text{바깥지름}, \ \mu : \text{마찰계수}, \ Z : \text{판의 수(마찰면 수)} \right]$$

$$T(\text{토크}) \ T = 0.25 \times 100 \times \left(\frac{80 + 120}{4} \right) \times 3 = 3,750 \, \text{kg} \cdot \text{mm}$$

38

정답 ④

$$\sigma_{VM} = \sqrt{\sigma_x^2 + \sigma_y^2 - \sigma_x \sigma_y + 3\tau_{xy}^2}$$
$$= \sqrt{2^2 + 4^2 - (2 \times 4) + 3(0^2)} = \sqrt{12} = 2\sqrt{3} \, \text{kg/mm}^2$$

39

정답 ②

기본 정정격하중: 가장 큰 하중이 작용하는 접촉부에서 전동체의 변형량과 궤도륜의 영구 변형률의 합이 전동체 지름의 0.0001이 되는 정지하중을 말한다.

40

정답 ②

[열역학 제0법칙_열평형의 법칙]
- 물질 A와 B가 접촉하여 서로 열평형을 이루고 있으면 이 둘은 열적 평형상태에 있으며 알짜열의 이동은 없다.
- 온도계의 원리와 관계된 법칙

[열역학 제1법칙_에너지보존의 법칙]
- 계 내부의 에너지의 총합은 변하지 않는다.
- 물체에 공급된 에너지는 물체의 내부에너지를 높이거나 외부에 일을 하므로 에너지의 양은 일정하게 보존된다.
- 열은 에너지의 한 형태로서 일을 열로 변환하거나 열을 일로 변환하는 것이 가능하다.
- 열효율이 100% 이상인 제1종 영구기관은 열역학 제1법칙에 위배된다(열효율이 100% 이상인 열기관을 얻을 수 없다).

[열역학 제2법칙_에너지의 방향성을 명시하는 법칙]
- 열은 항상 고온에서 저온으로 흐른다. 열은 스스로 저온의 물질에서 고온의 물질로 이동하지 않는다.
- 열기관에서 작동 물질이 일을 하게 하려면 그보다 더 저온인 물질이 필요하다(열은 항상 고온에서 저온으로 이동하기 때문에 열기관에서 더 저온인 물질이 필요하며 열이 이동해야만 공급된 열과 방출된 열의 차이만큼 외부로 일이 만들어지기 때문이다).
- 비가역성을 명시하는 법칙으로 엔트로피는 항상 증가한다.
- 절대온도의 눈금을 정의하는 법칙이다.
- 하나의 열원에서 얻어진 열을 모두 일로 바꾸는 기관은 존재하지 않는다.
- 열효율이 100%인 제2종 영구기관은 열역학 제2법칙에 위배된다(열효율이 100%인 열기관을 얻을 수

없다).

• 외부의 도움 없이 스스로 자발적으로 일어나는 반응은 열역학 제2법칙과 관련이 있다.

• 비가역의 예시: 혼합, 자유팽창, 확산, 삼투압, 마찰, 열의 이동, 화학반응 등이 있다.

참고
자유팽창은 등온으로 간주하는 과정이다.

[열역학 제3법칙]

• **네른스트**: 어떤 방법에 의해서도 물질의 온도를 절대 영도까지 내려가게 할 수 없다.

• **플랑크**: 모든 물질이 열역학적 평형상태에 있을 때 절대온도가 $0K$에 가까워지면 엔트로피도 0에 가까워진다($\lim\limits_{t \to 0} \triangle S = 0$).

12 제12회 실전 모의고사

01	④	02	③	03	③	04	④	05	②	06	②	07	①	08	②	09	①	10	③
11	④	12	③	13	④	14	②	15	④	16	②	17	②	18	④	19	②	20	④
21	④	22	③	23	④	24	②	25	③	26	②	27	③	28	②	29	②	30	③
31	④	32	②	33	④	34	④	35	③	36	④	37	②	38	③	39	②	40	④

01
정답 ④

에너지의 기본 단위는 줄(J)이다.
ㄱ. 압력과 부피는 기체가 한 일로 단위가 J로 도출된다. 즉, 에너지 차원이다.
ㄴ. 엔트로피의 단위는 J/K이며 절대온도의 단위는 K이므로 에너지 차원이 도출된다.
ㄷ. 열용량의 단위는 J/K이며 절대온도의 단위는 K이므로 에너지 차원이 도출된다.
ㄹ. 엔탈피의 단위는 J로 에너지 차원이다.

02
정답 ③

'재가열 사이클', 즉 재열기가 추가된 사이클임을 알 수 있다.
터빈 출구에서 빠져나온 증기는 일한만큼 온도가 떨어진다. 온도를 다시 증가시키기 위해서 터빈 출구에서
1차 팽창일을 하고 온도가 떨어진 증기를 다시 재열기로 투입시켜 온도를 올려 터빈 출구의 건도를 증가시
키고 열효율을 증가시킬 수 있다. 이것이 바로 재열 사이클이다.

03
정답 ③

연료 1kg이 연소되어 발열되는 열량은 10,000kcal이다. 이 중에서 30%가 유용한 일로 전환되므로
3,000kcal가 유용한 일이다. 이를 J로 변환시키면 1kcal = 4,180J이므로 12,540kJ이 된다.
500kg의 물체를 어떤 높이 h만큼 올리는 데 필요한 에너지는 그 물체가 어떤 높이 h에서 가지고 있는
위치에너지이다. 즉, 12,540kJ의 일이 물체가 가지고 있는 mgh(위치에너지)로 사용하면 된다. 즉,
12,540,000J $= mgh$ → 12,540,000J $= 500 \times 10 \times h$이므로 h(높이)는 2,508m가 된다.

04
정답 ④

세기성질(intensive property)은 강도성 상태량을 의미한다.
• **강도성 상태량(질량과 무관한 상태량)** : 압력, 온도, 비체적, 밀도, 비상태량, 표면장력 등
• **종량성 상태량(질량과 관계 있는 상태량)** : 엔트로피, 내부에너지, 엔탈피, 체적, 질량 등

05

정답 ②

열기관의 열효율: $1 - \dfrac{T_2}{T_1} = 1 - \dfrac{300}{500} = 0.4 = 40\%$

열효율은 기본적으로 '일/공급된 열'이다.

$0.4 = \dfrac{1,200}{\text{공급된 열}}$

공급된 열: 3,000

일(W) = 공급된 열 − 방출된 열(버려지는 열) → $1,200 = 3,000 -$ 방출된 열(버려지는 열)

∴ 방출된 열(버려지는 열)은 1,800이다.

06

정답 ②

[어떤 조건도 없을 때]
• 열효율 비교: 가솔린기관 26~28%, 디젤기관 33~38%
• 압축비 비교: 가솔린기관 6~9%, 디젤기관 12~22%

[조건이 있을 때]
• 압축비 및 가열량이 동일할 때: 오토 사이클 > 사바테 사이클 > 디젤 사이클
• 최고압력 및 가열량이 동일할 때: 디젤 사이클 > 사바테 사이클 > 오토 사이클

07

정답 ①

캔틸레버보는 외팔보이다.

다음 그림과 같이 굽힘모멘트선도(BMD)를 도시하고 모멘트 면적법을 활용하여 처짐량을 도출하면 된다.

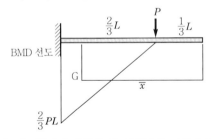

굽힘모멘트선도를 활용한 면적모멘트법에서 처짐각 및 처짐량은 다음과 같이 구할 수 있다.

① 처짐각: $\dfrac{A_m}{EI}$ [단, A_m: 굽힘모멘트선도의 면적]

② 처짐량: $\dfrac{A_m}{EI}(\bar{x})$ [단, A_m: 굽힘모멘트선도의 면적]

A_m(삼각형 면적): $\dfrac{2}{3}L \times \dfrac{2}{3}PL \times \dfrac{1}{2} = \dfrac{4}{18}PL^2 = \dfrac{2}{9}PL^2$

$\bar{x}$: $\dfrac{1}{3}L + \dfrac{2}{3}L \times \dfrac{2}{3} = \dfrac{7}{9}L$

처짐량 $= \dfrac{A_m}{EI}(\bar{x}) = \dfrac{\dfrac{2}{9}PL^2 \times \dfrac{7}{9}L}{EI} = \dfrac{14PL^3}{81EI}$ ∴ $\dfrac{14}{81}$

08

정답 ②

달톤(Dalton)의 분압법칙: 혼합기체의 전체 압력은 각 성분의 분압의 합과 같다.

09

정답 ①

[깁스의 자유에너지의 변화량]

$\triangle G = \triangle H - T \triangle S$

$\qquad = (-8,000) - 300(-30) = 1,000J = 1kJ$

→ 깁스의 자유에너지 변화량이 양수라는 것은 그 반응계의 반응이 비자발적임을 의미한다.

[자유에너지(G)]

온도와 압력이 일정한 조건에서 화학반응의 자발성 여부를 판단하기 위해 주위와 관계없이 계의 성질만으로 나타낸 것이다.

- **자발적 반응:** $\triangle_{전체} > 0 \quad \rightarrow \quad \triangle G < 0$
- **평형 상태:** $\triangle_{전체} = 0 \quad \rightarrow \quad \triangle G = 0$
- **비자발적 반응:** $\triangle_{전체} < 0 \quad \rightarrow \quad \triangle G > 0$

[깁스의 자유에너지(깁스에너지)의 변화량]

깁스의 자유에너지(깁스에너지)의 변화량($\triangle G$) > 0: 역반응이 자발적이다.
깁스의 자유에너지(깁스에너지)의 변화량($\triangle G$) = 0: 반응 전후가 평형이다.
깁스의 자유에너지(깁스에너지)의 변화량($\triangle G$) < 0: 반응이 자발적이다.

10

정답 ③

자동차가 가지고 있던 운동에너지가 모두 운동을 방해하는 마찰력에 의한 마찰일로 전환되면서 점점 속도가 줄어 정지한 것이다. 즉, 운동에너지가 모두 마찰력에 의한 일로 변환된 것이다. '운동에너지 → 마찰력에 의한 일'이며 이를 수식으로 표현하면 다음과 같다.

$\dfrac{1}{2}mv^2 = fS$ [여기서, f: 마찰력, S: 이동거리]

→ $\dfrac{1}{2} \times 1,000 \times 30^2 = f \times 90 \quad \therefore f = 5,000N$

11

정답 ④

운동량보존법칙을 활용한다.

운동량(P) = 질량(m)×속도(V)로 물체의 운동의 정도를 나타내는 수치화된 물리량이다. 즉, 운동량이 클수록 그 물체의 운동 정도(운동의 세기)는 크다는 것이다. 물리는 모든 것을 수치화하여 해석하기 쉽게 표현하는 것을 좋아하기 때문에 운동량이라는 것을 정의한 것이다.

충돌 전의 운동량 = $(60 \times 20) + (40 \times 0) = 1,200kg \cdot m/s$
충돌 후의 운동량 = $(60 \times 0) + (40 \times V) = 40V$
운동량보존법칙: 충돌 전후의 운동량의 합이 일정하다.
→ $1,200 = 40V$이므로 V는 30m/s가 된다.

수식으로는 위와 같지만 생각해보면 질량 60kg인 선수의 운동량 1,200이 나중에는 0이 되었다. 그 운동량은 어디로 간 것일까? 바로 질량 40kg의 선수에게 전달된 것이다. 즉, 잃어버린 운동량이 전달된 것을 알 수 있다.

12
정답 ③

각운동량보존법칙을 활용한다.
피겨스케이팅 선수가 회전하는 묘기를 할 때, 팔을 안 쪽으로 굽히는 이유는 무엇일까?
그 선수는 '각운동량보존법칙'을 이해하고 있는 것이다.

$$각운동량(L) = Iw \quad \left[여기서, \ I: \ 질량관성모멘트, \ \omega: \ 각속도\left(= \frac{2\pi \mathrm{N}}{60} \right) \right]$$

회전하는 물체가 회전 중심과의 거리가 가까워지면 각속도가 증가하여 빠르게 회전하게 되므로 각운동량보존법칙을 활용한다.

$$\rightarrow \ L = Iw = 5 \times \frac{2\pi \, (10)}{60}$$

$$\rightarrow \ L = Iw = 2 \times \frac{2\pi \, N}{60}$$

즉, 각운동량이 '보존'되므로 $50 = 2N$

$$\therefore \ N = 25 \mathrm{rpm}$$

13
정답 ④

열역학 제2법칙은 에너지 전환의 방향성과 비가역을 명시하는 법칙이다.
그리고 열역학 제2법칙에 따르면 일은 열로 100% 전환이 가능하나, 열은 일로 100% 전환이 불가능하다. 다시 말하면, 공급된 열로 100% 일로 전환이 불가능하므로 열효율이 100%인 제2종 영구기관은 존재할 수 없다는 것을 의미한다(열역학 제2법칙에 따르면).
① 비가역을 명시하므로 반응계만을 봤을 때 계 안에서 비가역성이 존재한다면 엔트로피는 감소하지 않는다.
② 제2종 영구기관은 존재할 수 없다.
③ 에너지의 방향성을 명시하는 보기이므로 옳다. 에너지는 항상 에너지가 높은 곳에서 낮은 곳으로 이동하게 된다. 예를 들어, 열은 고온체에서 저온체로 외부의 도움없이 스스로 이동하게 된다.
④ 단열팽창을 한다는 것은 외부에 부피가 팽창한만큼 일을 했다는 것이다. 즉, 일은 에너지고 에너지가 곧 일이니 일한만큼 기체 자신이 가지고 있던 에너지가 감소했을 것이다. 외부로 일한만큼 당연히 자기 에너지를 소모했기 때문이다. 기체가 가지고 있던 에너지는 기체분자의 운동에 의한 운동에너지와 기체 분자 간의 결합력을 나타내는 위치에너지의 총합을 의미한다. 만약 보기의 기체가 이상기체라면 분자 간의 인력이 존재하지 않기 때문에 위치에너지는 고려하지 않아도 된다. 즉, 기체가 가지고 있는 에너지는 운동에너지이다. 유도해도 되지만 다음 식은 꼭 알고 있는 것이 좋다.

$$기체의 \ 내부에너지(U) = \frac{3}{2} nRT = \frac{1}{2} mv^2$$

즉, 위 식에 의거하여 기체의 내부에너지는 온도에 비례한다. 자신이 가치고 있던 에너지를 일한만큼 소모했으므로 내부에너지가 감소할 것이고 이에 따라 온도가 감소할 것이다. → 이는 열역학 제2법칙과 관련이 없다.

14

정답 ②

진동에서 진동수(주파수, f)는 $f = \dfrac{w_n}{2\pi}$ 이다.

진동수(f)와 주기(T)는 서로 역수의 관계를 가지므로 진동주기(T)는 $\dfrac{2\pi}{w_n}$ 이다.

고유각진동수(w_n)는 $\sqrt{\dfrac{k}{m}}$ 이므로 결국 진동주기(T)는 $2\pi\sqrt{\dfrac{m}{k}}$ 가 된다.

문제에서는 주기(T)가 2배인 $2T$ 가 되므로 4개를 직렬로 연결하여 등가스프링상수값을 $k/4$로 만들어 주면 주기가 $2T$가 됨을 알 수 있다.

[스프링 직렬/병렬 연결 시 등가스프링상수 구하는 방법]

- **직렬 연결:** $\dfrac{1}{k_e} = \dfrac{1}{k_1} + \dfrac{1}{k_2} + \dfrac{1}{k_3} \cdots$
- **병렬 연결:** $k_e = k_1 + k_2 + k_3 \cdots$

15

정답 ④

충격량(역적, I): 물체의 충격 정도를 의미하는 물리량으로 벡터값이다. 충격량(Ft)은 운동량의 변화량($\triangle P = m_2 v_2 - m_1 v_1$)이다. 처음 야구공이 오른쪽으로 $+30$ 속도라면 다시 투수에게 되돌아 왔을 때는 -40이다. 이를 식으로 표현하면 다음과 같다.

$I = \triangle P = m_2 v_2 - m_1 v_1 \ \rightarrow\ Ft = m_2 v_2 - m_1 v_1 \ \rightarrow\ F \times 0.002 = 0.2(-40-30) = -14$

$\therefore F(\text{힘}) = 7{,}000\text{N}$

→ ($-$)부호의 의미는 반대로 힘이 작용한다는 뜻이다.

16

정답 ②

물체가 액체 위에 떠 있는 경우(정지한 상태)는 중성부력으로 중력에 의한 물체의 무게와 부력이 서로 평형관계에 있다는 것을 의미한다. 즉, **물체의 무게 = 부력의 크기**

물체의 무게 = 질량×중력가속도 = 물체의 밀도×부피×중력가속도

부력 = 유체의 비중량×잠긴 부피 = 유체의 밀도×중력가속도×잠긴 부피

물체의 밀도×부피×중력가속도 = 유체의 밀도×중력가속도×잠긴 부피

→ $600 \times 9.8 \times$ 부피 $= 800 \times 9.8 \times$ 잠긴 부피

즉, 잠긴부피/부피 $= 0.75$가 나온다. 다시 말해 잠긴 부피는 전체 부피의 75%라는 것을 의미한다. 따라서 액체 위로 드러나는 부분은 25%임을 알 수 있다.

17

정답 ②

원 궤도를 운동할 수 있게 유지시켜주는 힘이 구심력이다. 구심력이 곧 물체와 물체가 서로 잡아당기는 힘인 만유인력이다(구심력 = 만유인력).

$m\dfrac{v^2}{R} = \dfrac{GMm}{R^2}$

R은 물체와 물체 사이의 거리(지구 중심과 인공위성 중심 사이의 거리$=5R+R=6R$)이다.

위의 식을 기반으로 속력 $v = \sqrt{\dfrac{GM}{R}}$ 로 도출된다.

속력이 2배가 되려면 위 식에서 궤도반지름(R)은 1/4배가 되어야 한다. 즉, 두 물체 사이의 거리 $6R$이 1/4배가 되어야 하므로 $\dfrac{3R}{2}$이 도출된다. 인공위성과 지표면 사이의 거리이므로 지구반지름 R을 빼주면,

$$\frac{3}{2}R - R = \frac{1}{2}R = 0.5R$$

18

ㄱ. 열은 항상 외부의 도움 없이 스스로 고온에서 저온으로 이동한다. 자연현상이며 에너지의 방향성을 명시하는 열역학 제2법칙과 관련이 있다.

ㄴ. 대류는 기체나 액체의 매질이 직접 움직이면서 열을 전달하는 현상이다.

ㄷ. 복사는 절대온도의 4제곱에 비례한다.

ㄹ. 전도는 고체 내부의 분자들이 열을 받아 진동함으로써 인접한 원자를 충돌하고 에너지를 받은 원자가 연속적으로 인접한 원자들을 연속 충돌시켜 열을 전달하는 방식이다.

ㅁ. 1cal는 물 1g의 온도를 14.5℃에서 15.5℃로 올리는 데 필요한 열의 양으로 정의된다.

19

기본적으로 물이 얼음으로 되려면 열을 방출해야 한다. 열을 방출한다는 것은 열(에너지)을 잃었다는 의미이다. 즉, 부호는 (−)이다.

엔트로피 변화량 $\triangle S = \dfrac{\delta Q}{T} = \dfrac{-Q}{T}$

즉, 엔트로피 변화량이 음수이므로 엔트로피는 계속 감소한다는 것을 알 수 있다.

20

열기관의 열효율 $\eta = 1 - \dfrac{T_2}{T_1} = 1 - \dfrac{200}{800} = 0.75 = 75\%$

열기관에서 일 $W = Q_1(\text{공급된 열}) - Q_2(\text{방출된 열})$

$\eta = \dfrac{W}{Q_1}$ 이므로 $0.75 = \dfrac{Q_1 - Q_2}{Q_1} = 1 - \dfrac{Q_2}{Q_1} = 1 - \dfrac{1,000}{Q_1} \rightarrow Q_1 = 4,000\text{J}$ 이고

$W = Q_1 - Q_2 = 4,000 - 1,000 = 3,000\text{J}$

21

• **구상흑연주철에 첨가하는 원소:** Mg, Ca, Ce(마카세)

• **구상흑연주철의 조직:** 시멘타이트, 펄라이트, 페라이트(시펄 페버릴라!)

• **불소아이조직(소눈 조직)이 관찰되는 구상흑연주철:** 페라이트형 구상흑연주철

22

① 재결정이 발생하면 금속 내부에는 새로운 결정이 생긴다. 이 결정은 아주 작은 결정으로 무른 성질을 가지고 있으므로 연성은 증가하고 강도는 저하된다.

② 냉간가공은 재결정온도 이하에서 실시하고, 열간가공은 재결정온도 이상에서 실시하는 가공으로 그 기준이 되는 것은 재결정온도이다.

③ 텅스텐(W)의 재결정온도는 1,000~1,200℃, 금(Au)의 재결정온도는 200℃이다. 열량을 각각 투입하여 온도를 높이면 당연히 재결정온도가 낮은 금(Au)이 더 빠른 시간 내에 재결정온도에 도달하며 재결정이 이루어진다. 따라서 재결정온도가 낮을수록 재결정이 빨리 이루어지기 때문에 물렁한 상태가되어 가공하기 용이해지는 것이다.

④ 재결정온도 이상으로 장시간 유지하면 결정립이 점점 성장하여 커지게 된다.

※ 각 금속들의 재결정온도 수치는 꼭 암기해야 한다. 재결정온도의 순서를 비교하는 문제, 재결정온도 그 자체를 물어보는 문제는 공기업 기계직 전공시험에서 자주 출제되는 내용이다.

23

[부력]
- 부력은 아르키메데스의 원리이다.
- 물체가 밀어낸 부피만큼의 액체 무게라고 정의된다.
- 어떤 물체에 가해지는 부력은 그 물체가 대체한 유체의 무게와 같다.
- 어떤 물체가 유체 안에 있으면 물체가 잠긴 부피만큼의 유체의 무게가 부력과 같다.
- 부력은 중력과 반대방향으로 작용(**수직상방향의 힘**)한다.
- **부력은 결국 대체된 유체의 무게와 같다.**
- 어떤 물체가 물 위에 일부만 잠긴 채 떠 있는 상태라면 그 상태를 중성부력(부력 = 중력) 상태라고 한다. 따라서 일부만 잠긴 채 떠 있는 상태일 때에는 물체의 무게(mg)와 부력의 크기는 동일하며 서로 방향만 반대이다.
- 부력이 생기는 이유는 유체의 압력차 때문에 생긴다. 구체적으로 유체에 의한 압력은 $P = \gamma h$에 따라 깊이가 깊어질수록 커지게 된다. 즉, 한 물체가 물속에 있다면 상대적으로 깊은 부분과 얕은 부분(윗면과 아랫면)이 생긴다. 따라서 더 깊이 있는 부분이 더 큰 압력을 받아 위로 향하는 힘, 즉 부력이 생기게 된다.
- ✓ **부력** $= \gamma_{\text{액체}} V_{\text{잠긴 부피}}$
- ✓ **공기 중에서의 물체 무게 = 부력 + 액체 중에서의 물체 무게**

24

$1\text{L} = 0.001\text{m}^3$

토리첼리의 정리를 사용한다.

즉, 구멍에서 분출되는 속도 $V = \sqrt{2gh} = \sqrt{2 \times 10 \times 0.8} = 4\text{m/s}$

구멍의 단면적은 $10\text{cm}^2 = 10(10-4)\text{m}^2 = 10-3\text{m}^2$

연속방정식(질량보존의 법칙) $Q = AV$를 활용한다.

$Q = AV = 10^{-3} \times 4 = 0.004 \text{m}^3/\text{s}$의 체적유량이 도출된다. 즉, 구멍으로 1초당 0.004m^3의 물이 유입되고 있고 L로 변환하면 4L의 물이 1초당 유입되고 있음을 알 수 있다.

25
정답 ③

$Q = dU + W$ [단, $1\text{kcal} = 4,180\text{J}$]

$5\text{kcal} = 20,900\text{J}$

$20,900 = dU + 8,400$이므로 $dU = 12,500\text{J}$

26
정답 ②

$Q = dU + PdV \rightarrow 190 = dU + 20$

$\therefore du = +170\text{KJ}$(내부에너지의 변화가 (+)이므로 증가함을 알 수 있다.)

[부호(+, −) 결정하는 방법]

열(Q)이 계에 공급됐을 때	열(Q)이 계에서 방출됐을 때	계가 외부로 일을 할 때	계가 외부로부터 일을 받을 때 / 소비일
+	−	+	−

27
정답 ③

응력-변형률(stress-strain) 선도로부터 구할 수 없는 대표적인 3가지는 경도, 안전율(안전계수, S), 푸아송비(ν)이다.

28
정답 ②

[평벨트의 이음효율]
- 아교 이음(교착 이음, 접착제 이음): 75~90%
- 블랭킹 이음: 60~70%
- 엘리게이터 이음: 40~70%
- 리벳 이음: 50~60%
- 강선 이음(철사 이음): 60%
- 얽매기 이음(가죽끈 이음): 40~50%

29
정답 ②

열응력 $\sigma = E\alpha \triangle T$ [여기서, E: 종탄성계수, α: 선팽창계수, $\triangle T$: 온도차]

30

정답 ③

$PV^n = \text{constant}$

$n = \infty$	정적변화(isochoric)
$n = 1$	등온변화(isothermal)
$n = 0$	정압변화(isobaric)
$n = k$	단열변화(adiabatic)

31

정답 ④

① **전단응력**: 부재의 경사단면에 평행하게 작용하는 응력
② **진응력**: 재료를 인장시험할 때, 재료에 작용하는 하중을 변형 후의 단면적으로 나눈 응력
③ **인장응력**: 부재에 인장하중이 작용했을 때 부재에 발생하는 응력
④ **공칭응력**: 재료를 인장시험할 때, 재료에 작용하는 하중을 변형 전의 원래 단면적으로 나눈 응력

32

정답 ②

[용접이음의 장점]
• 이음효율(수밀성, 기밀성)을 100%까지 할 수 있다.
• 공정수를 줄일 수 있다.
• 재료를 절약할 수 있다.
• 경량화할 수 있다.
• 용접하는 재료에 두께 제한이 없다.
• 서로 다른 재질의 두 재료를 접합할 수 있다.

[용접이음의 단점]
• 잔류응력과 응력집중이 발생할 수 있다.
• 모재가 용접 열에 의해 변형될 수 있다.
• 용접부의 비파괴검사(결함검사)가 곤란하다.
• 진동을 감쇠시키기 어렵다.

[용접의 효율]

아래보기용접에 대한 위보기용접의 효율	80%
아래보기용접에 대한 수평보기용접의 효율	90%
아래보기용접에 대한 수직보기용접의 효율	95%
공장용접에 대한 현장용접의 효율	90%

[리벳이음의 장점]
• 리벳이음은 잔류응력이 발생하지 않아 변형이 적다.
• 경합금처럼 용접하기 곤란한 금속을 이음할 수 있다.
• 구조물 등에서 현장 조립할 때는 용접이음보다 쉽다.

[리벳이음의 단점]
- 길이 방향의 하중에 취약하다.
- 결합시킬 수 있는 강판의 두께에 제한이 있다.
- 강판 또는 형강을 영구적으로 접합하는 데 사용하는 이음으로 분해 시 파괴해야 한다.
- 체결 시 소음이 발생한다.
- 용접이음보다 이음 효율이 낮으며 기밀, 수밀의 유지가 곤란하다.

33
정답 ④

[체인의 특징]
- 동력을 전달하는 두 축 사이의 거리가 비교적 멀어 기어 전동이 불가능한 곳에 사용한다.
- 미끄럼이 없어 정확한 속도비를 얻을 수 있으며 큰 동력을 확실하고 효율적으로 전달할 수 있다(체인의 전동효율은 95% 이상이다. 참고로 V벨트의 전동효율은 90~95% 또는 95% 이상이다).
- 접촉각은 90° 이상이다.
- 소음과 진동이 커서 고속회전에는 부적합하며 윤활이 필요하다.
- 링크의 수를 조절하여 길이 조정이 가능하며 다축 전동이 가능하다.
- 탄성변형으로 충격을 흡수할 수 있다.
- 유지보수가 용이하다.
- 내유성, 내습성, 내열성이 우수하다(열, 기름, 습기에 잘 견딘다).
- 초기장력을 줄 필요가 없어 정지 시 장력이 작용하지 않는다.
- 고른 마모를 위해 스프로킷 휠의 잇수는 홀수 개가 좋다.
- 체인의 링크 수는 짝수 개가 적합하며 옵셋 링크를 사용하면 홀수 개도 가능하다.
- 체인 속도의 변동이 있다(속도변동률이 있다).

34
정답 ④

ㄱ. 엔탈피(H)는 내부에너지(U)와 유동에너지(PV)의 합으로 표현된다.
$$H = U + PV$$
ㄴ. 가역과정일 때 엔트로피는 일정하며 비가역과정일 때 엔트로피의 총합은 항상 증가한다.
ㄷ. 엔트로피는 무질서도를 의미한다. 기체는 분자와 분자 사이의 거리가 멀고 분자의 운동 활발성이 크기 때문에 무질서하다. 즉, 일반적으로 기체상태가 액체상태보다 엔트로피가 크다.
ㄹ. 가역과정은 변화된 물질이 외부에 아무런 변화도 남기지 않고 스스로 처음 상태로 되돌아오는 과정이고, 비가역과정은 어떤 계가 열역학적 과정을 통해 상태가 변해서 원래와는 다른 상태가 되었을 때 그 계가 스스로 원래 상태로 돌아가지 않는 경우의 과정이다.

35
정답 ③

- **제1종 영구기관**: 물체가 외부에 일을 하면 일한 만큼 에너지가 감소하므로 외부에서 에너지를 공급받지 않고서는 계속 일을 할 수 없다. 따라서 제1종 영구기관은 에너지보존법칙(열역학 제1법칙)에 위배되므로 제작이 불가능하다.
- **제2종 영구기관**: 에너지보존법칙(열역학 제1법칙)에 위배되지 않지만 효율이 100%인 열기관은 만들 수 없다. 즉, 제2종 영구기관은 에너지 흐름의 방향성(열역학 제2법칙)에 위배되므로 제작이 불가능하다.

36

구성인선: 절삭 시에 발생하는 칩의 일부가 날 끝에 용착되어 마치 절삭날의 역할을 하는 현상

[구성인선의 발생 순서]

발생 → 성장 → 분열 → 탈락의 주기를 반복한다(발성분탈).

[구성인선의 특징]
- 칩이 날 끝에 점점 붙으면 날 끝이 커지기 때문에 끝단 반경은 점점 커지게 된다(칩이 용착되어 날 끝의 둥근 부분[노즈]이 커지므로).
- 구성인선이 발생하면 날 끝에 칩이 달라붙어 날 끝이 울퉁불퉁해지므로 표면을 거칠게 하거나 동력손실을 유발할 수 있다.
- 구성인선의 경도값은 공작물이나 정상적인 칩보다 상당히 크다.
- 구성인선은 공구면을 덮어 공구면을 보호하는 역할도 할 수 있다.
- 구성인선이 발생하지 않을 임계속도는 120m/min이다.
- 일감(공작물)의 변형경화지수가 클수록 구성인선의 발생 가능성이 크다.
- 구성인선을 이용한 절삭방법은 SWC이다. 칩은 은백색을 띠며 절삭저항을 줄일 수 있는 방법이다.

[구성인선의 방지법]
- 절삭깊이가 크다면 깎여서 발생하는 칩과 공구의 접촉면적이 넓어지기 때문에 오히려 칩이 날 끝에 용착될 가능성이 더 커져 구성인선의 발생 가능성이 높아진다. 따라서 절삭깊이를 작게 하여 공구와 칩의 접촉면적을 줄여 칩이 용착되는 가능성을 줄여 구성인선을 방지할 수 있다.
- 공구의 윗면경사각을 크게 하여 칩을 얇게 절삭해야 용착되는 양이 적어진다. 따라서 구성인선을 방지할 수 있다.
- 30° 이상, 바이트의 전면 경사각을 크게 한다.
- 윤활성이 좋은 절삭유제를 사용한다.
- 고속으로 절삭한다. 고속으로 절삭하면 칩이 날 끝에 용착되기 전에 칩이 떨어져 나가기 때문이다.
- 절삭공구의 인선을 예리하게 한다.
- 마찰계수가 작은 공구를 사용한다.
- 120m/min 이상의 절삭속도로 가공한다.
- 칩의 두께를 감소시킨다.
- 세라믹 공구를 사용한다.
  - → 세라믹은 금속(철)과의 친화력이 없기 때문에 칩이 세라믹 공구의 날 끝에 달라붙지 않아 구성인선이 발생하지 않는다.

> **참고**
> 연삭숫돌의 자생과정의 순서인 '마멸 → 파괴 → 탈락 → 생성'(마파탈생)과 혼동하면 안 된다.

37

[열기관의 종류]
- **외연기관**: 실린더 밖에서 연료를 연소시키는 기관(증기기관, 증기터빈)
- **내연기관**: 실린더 안에서 연료를 연소시키는 기관(가솔린기관, 디젤기관, 제트기관, 석유기관, 로켓기관, 자동차 엔진)

38

[주철의 특징]

- 일반적으로 주철의 탄소함유량은 2.11~6.68%C이다.
- 압축강도는 크지만 인장강도는 작다.
- 용융점이 낮아 녹이기 쉬우므로 주형틀에 녹여 흘려보내기 용이하므로 유동성이 좋다. 따라서 주조성이 우수하며 복잡한 형상의 주물 재료로 많이 사용된다.
- 내마모성과 절삭성은 우수하지만 가공이 어렵다.
- 탄소강에 비하여 충격에 약하고 고온에서도 소성가공이 되지 않는다.
- 녹이 잘 생기지 않으며 마찰저항이 우수하고 값이 저렴하다.
- 탄소함유량이 많아 단단하므로 전연성이 작고 용접성이 불량하며 취성(메짐, 깨짐, 여림)이 크다.
- 주철 내의 흑연이 절삭유의 역할을 하기 때문에 주철을 절삭 시 일반적으로 절삭유를 사용하지 않는다.
- 주철 내의 흑연이 진동에너지를 흡수하기 때문에 감쇠능(진동을 흡수하는 성질)이 좋다.
- 용접, 단조가공, 담금질, 뜨임 등의 열처리 작업을 하기 어렵다.
- 공작기계의 베드, 기계구조물 등에 사용된다.
- 내식성은 있으나 내산성은 낮다.

> **참고**
>
> **감쇠능**: 진동을 흡수하여 열로서 소산시키는 흡수 능력을 말하며 내부마찰이라고도 한다.

39

카르노 사이클, 스털링 사이클, 에릭슨 사이클은 모두 등온가열·등온방열이지만, 브레이튼 사이클은 정압가열·정압방열이다.

40

[금속의 결정구조]

구분	체심입방격자	면심입방격자	조밀육방격자
원자 수	2	4	2
배위 수	8	12	12
인접 원자 수	8	12	12
충전율(채움율, 점유율)	68%	74%	74%

- **충전율**(Atomic Packing Factor, APF): 원자는 둥글기 때문에 공간을 꽉 채울 수 없다. 이때 원자가 차지한 부분을 구하기 위한 값이 충전율이다. 이는 원자가 차지한 부피를 전체 부피로 나누어 구하며, 원자로 채워진 공간에서 원자가 차지하는 공간의 분율이다. 보통 원자 결정구조의 충전율을 구할 때 사용되며 이 값이 작으면 밀도가 낮으므로 결합에너지가 작다는 의미이다.

01	①	02	④	03	③	04	④	05	④	06	③	07	④	08	②	09	①	10	③
11	①	12	②	13	①	14	②	15	④	16	③	17	④	18	②	19	④	20	①
21	②	22	②	23	③	24	④	25	④	26	④	27	③	28	①	29	②	30	④
31	④	32	④	33	④	34	④	35	②	36	①	37	②	38	①	39	④	40	③

01

정답 ①

액체	• 액체는 온도가 증가하면 응집력이 감소하여 점도가 감소한다. → 온도가 증가하면 분자와 분자 사이의 거리가 멀어지면서 인력이 감소하고, 이에 따라 응집력이 감소하여 끈끈함(점도)이 적어진다. • 점도의 단위: $N \cdot s/m^2$ • 1poise $= 0.1N \cdot s/m^2$
기체	• 기체는 온도가 증가하면 기체 분자들의 운동 활발성이 증가하여 분자들끼리 서로 충돌하며 운동량을 교환하면서 점도가 증가한다. → 온도가 증가하면 기체 분자들이 활발하게 운동하고, 그에 따라 서로 충돌하면서 운동량을 교환하게 되고 이에 따라 끈끈함(점도)이 증가한다. • 점도의 단위: $N \cdot s/m^2$ • 1poise $= 0.1N \cdot s/m^2$

동점도(동점성계수)	
정의	단위
점도를 밀도로 나눈 값으로 정의된다.	• 동점도 단위: m^2/s • 1stokes $= 1cm^2/s$

점도(점성) 관련 문제에서 이것은 실수하지 말자!
→ '유체는 온도가 증가하면 점도가 증가한다.'
→ '유체는 온도가 증가하면 점도가 감소한다.'
이 두 가지 모두 틀린 보기이다.
유체는 액체나 기체를 총칭하여 부르는 말이다. 기체일 경우는 온도가 증가할수록 점도가 증가하고, 액체일 경우는 온도가 증가할수록 점도가 감소하므로 유체의 온도가 증가하면 점도가 증가하는지 감소하는지 확정지을 수 없다. 반드시 점도 증감의 문제는 액체 또는 기체라고 분명하게 명시가 되어야만 성립한다는 것을 꼭 숙지하여 실수하지 않도록 하자.

02

정답 ④

- 한계게이지는 구멍용 한계게이지와 축용 한계게이지로 분류된다.
- 플러그 게이지는 구멍용 한계게이지에 속한다.

구멍용 한계게이지	• 구멍의 최소허용치수를 기준으로 한 측정단면이 있는 부분을 통과측이라고 하며, 구멍의 최대허용치수를 기준으로 한 측정단면이 있는 부분을 정지측이라고 한다. • 종류: 원통형 플러그 게이지, 판형 플러그 게이지, 평게이지, 봉게이지
축용 한계게이지	• 축의 최대허용치수를 기준으로 한 측정단면이 있는 부분을 통과측이라고 하며, 축의 최소허용치수를 한 측정단면이 있는 부분을 정지측이라고 한다. • 종류: 스냅게이지, 링게이지
테일러의 원리	통과측은 전 길이에 대한 치수 또는 결정량이 동시에 검사되고 정지측은 각각의 치수가 따로 검사되어야 한다. 즉, 통과측 게이지는 제품의 길이와 같은 원통상의 것이면 좋고 정지측은 그 오차의 성질에 따라 선택해야 한다.
아베의 원리	표준자와 피측정물은 동일축 선상에 있어야 오차가 작아진다.

[관련 문제]

정답 ③

다음 중 구멍용 한계게이지의 종류가 <u>아닌</u> 것은? [2020년 상반기 한국서부발전 기출]

① 판형 플러그 게이지 ② 평게이지 ③ 링게이지 ④ 원통형 플러그 게이지

03

정답 ③

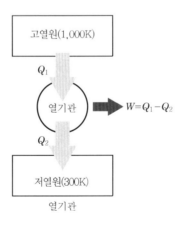

열기관

[카르노 열기관의 효율]

$$1 - \frac{T_2}{T_1} = 1 - \frac{300\text{K}}{1,000\text{K}} = 0.7 = 70\%$$

- 공급열량 50kJ이 카르노 열기관에 공급되고 카르노 열기관 효율이 70%이므로 카르노 열기관이 외부로 한 이론적인 일은 50kJ × 0.7 = 35kJ임을 알 수 있다.

- 문제에서 주어진 조건에 따라 출력(외부에 기관이 한 실제 일) = 공급열 − 방출열 = 50kJ − 30kJ = 20kJ이 된다.
- 이론적인 일 − 실제일 = 손실일 = 35kJ − 20kJ = 15kJ

참고

[효율]

효율이란 공급된 에너지에 대한 유용하게 사용된 에너지의 비율, 즉 입력 대비 출력이다.

$$열효율 = \frac{출력}{입력} \times 100\%$$

　　예 **발전소의 열효율** $= \dfrac{터빈일 − 펌프일}{보일러 공급열량}$

여기서, 입력이란 보일러에 공급한 열량이다. 석탄을 태워 보일러에 공급·입력시킨 에너지이기 때문이다. 출력은 공급한 열량으로 인해 과열증기가 발생하고 그것이 터빈 블레이드를 때려 동일축선상에 연결된 발전기가 돌아 생산된 전기, 즉 터빈 팽창일이 된다. 하지만 여기서 펌프를 구동시키려면 외부의 에너지, 즉 소비해야 하는 일이 필요하다. 따라서 펌프일을 빼줘야 한다.

[열기관]

연료를 연소시켜 발생한 열에너지를 일(역학적 에너지)로 바꾸는 장치

외연기관	• 실린더 밖에서 연료를 연소시키는 기관 • 종류: 증기기관, 증기터빈
내연기관	• 실린더 안에서 연료를 연소시키는 기관 • 종류: 가솔린기관, 디젤기관, 제트기관, 석유기관, 로켓기관, 자동차 엔진

→ 외연기관과 내연기관은 공기업 시험에 많이 출제되고 있다. 2020년 한국가스안전공사, 한국서부발전 등에서 '내연기관의 종류가 아닌 것은?' 또는 '외연기관의 종류가 아닌 것은?' 이런 식으로 출제가 되었다. 반드시 각 기관의 정의와 종류를 숙지하자.

[열기관의 열효율]

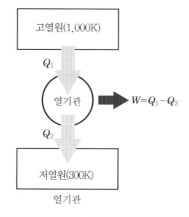

열기관

- 열기관에 공급된 열량 중 일로 전환된 비율로, 열기관의 열효율은 항상 1보다 작다.
- $열효율 = \dfrac{한 \ 일의양}{공급된 \ 열량} = \dfrac{W}{Q_1} = \dfrac{Q_1 - Q_2}{Q_1} = 1 - \dfrac{Q_2}{Q_1}$ 　[여기서, W(출력 = 일) $= Q_1 - Q_2$]

• 열기관에 공급된 Q_1에 비해 Q_2의 값이 작을수록 열기관의 효율이 높다.

04 정답 ④

반도체 기판에 사용되는 금속 3가지: Si(규소), Se(셀레늄), Ge(게르마늄)

✎ 암기법: 신(Si), 세(Se), 계(Ge)

05 정답 ④

[다이캐스팅]

• 복잡하고 정밀한 모양의 금형에 용융된 마그네슘 또는 알루미늄 등의 합금을 가압 주입하여 주물을 만드는 주조방법이다.
• 용탕이 금형 벽에서 빠르게 식는다.

※ 다이캐스팅에서 **가장 많이 틀린 보기로 나오는 것**은 다음과 같다.

• 주로 철금속 주조에 사용된다. (×)
  → 주로 비철금속 주조에 사용된다.
• 용융점이 높은 재료에 적용이 가능하다. (×)
  → 고온가압실식(납, 주석, 아연), 저온가압실식(알루미늄, 마그네슘, 구리) / 용융점이 낮은 재료에 적용이 가능하다.

참고
....

[다이캐스팅]

용융금속을 금형(영구주형) 내에 대기압 이상의 높은 압력으로 빠르게 주입하여 용융금속이 응고될 때까지 압력을 가하여 압입하는 주조법으로 다이주조라고도 하며, 주물 제작에 이용되는 주조법이다. 필요한 주조 형상과 완전히 일치하도록 정확하게 기계 가공된 강재의 금형에 용융금속을 주입하여 금형과 똑같은 주물을 얻는 방법으로, 그 제품을 다이캐스트 주물이라고 한다.

• **사용재료:** 아연(Zn), 알루미늄(Al), 주석(Sn), 구리(Cu), 마그네슘(Mg), 납(Pb) 등의 합금
  → 고온가압실식: 납(Pb), 주석(Sn), 아연(Zn)
  → 저온가압실식: 알루미늄(Al), 마그네슘(Mg), 구리(Cu)

• **특징**
  – 정밀도가 높고 주물 표면이 매끈하다.
  – 기계적 성질이 우수하며 대량생산이 가능하다.
  – 가압되므로 기공이 적고, 결정립이 미세화되어 치밀한 조직을 얻을 수 있다.
  – 기계 가공이나 다듬질할 필요가 없으므로 생산비가 저렴하다.
  – 가압 시 공기 유입이 용이하며 열처리하면 부풀어 오르기 쉽다.
  – 주형재료보다 용융점이 높은 금속재료에는 적합하지 않다.
  – 시설비와 금형 제작비가 비싸고 생산량이 많아야 경제성이 있다. 즉, 소량생산에는 비경제적이기 때문에 적합하지 않다.
  – 주로 얇고 복잡한 형상의 비철금속 제품 제작에 적합하다.

06
정답 ③

버킷 펌프(bucket pump)는 피스톤에 배수 밸브를 장치한 왕복 펌프의 일종이다.

07
정답 ④

• '숏피닝은 표면에 **인장잔류응력**을 발생시켜 피로한도와 피로수명을 향상시킨다.' → 틀린 보기
  → 숏피닝은 표면에 **압축잔류응력**을 발생시켜 피로한도와 피로수명을 향상시킨다.

※ 반복하중이 작용하는 기계 부품의 수명을 향상시키기 위해 적용하는 보편적인 방법은?(공기업 빈출 기출문제)

[피로]
반복하중이 장시간 작용하면 재료는 파괴될 수 있다. 즉, 반복하중이 작용하는 기계 부품의 피로한도를 향상시켜 반복하중에 대한 영향을 억제해야 한다. 이를 위해 적용하는 보편적인 방법이 '**숏피닝**'이다.

08
정답 ②

[숫돌의 표시방법]

숫돌입자	입도	결합도	조직	결합제
WA	46	K	m	V

[숫돌의 3요소]
• **숫돌입자**: 공작물을 절삭하는 말로 내마모성과 파쇄성을 가지고 있다.
• **가공**: 칩을 피하는 장소
• **결합제**: 숫돌입자를 고정시키는 접착제

알루미나 (산화알루미나계_인조입자)	• A입자(암갈색, 95%): 일반강재(연강) • WA입자(흑자색, 99.5%): 담금질강(마텐자이트), 특수합금강, 고속도강
탄화규소계(SiC계_인조입자)	• C입자(흑자색, 97%): 주철, 비철금속, 도자기, 고무, 플라스틱 • GC입자(녹색, 98%): 초경합금
이 외의 인조입자	• B입자: 입장정 질화붕소(CBN) • D입자: 다이아몬드 입자
천연입자	• 사암, 석영, 에머리, 코런덤

결합도는 E3-4-4-4-나머지라고 암기하면 편하다. EFG, HIJK, LMNO, PQRS, TUVWXYZ의 순으로 단단해진다. 즉 EFG(극히 연함), HIJK(연함), LMNO(중간), PQRS(단단), TUVWXYZ(극히 단단)!
입도는 입자의 크기를 체눈의 번호로 표시한 것으로, 번호는 Mesh를 의미하고 입도가 클수록 입자의 크기가 작다.

구분	거친 것	중간	고운 것	매우 고운 것
입도	10, 12, 14, 16, 20, 24	30, 36, 46, 54, 60	70, 80, 90, 100, 120, 150, 180	240, 280, 320, 400, 500, 600

위의 표는 암기해주는 것이 좋다. 설마 이런 것까지 알아야 되나 싶지만, **중앙공기업/지방공기업 다 출제되었다.**

조직은 숫돌입자의 밀도, 즉 단위체적당 입자의 양을 의미한다. C은 치밀한 조직, m은 중간, W는 거친 조직을 의미한다. 꼭 암기하자.

[결합제의 종류와 기호]

V	S	R	B	E	PVA	M
비트리파이드	실리케이드	고무	레지노이드	셸락	비닐결합제	메탈금속

- **유기질 결합제**: R(고무), E(셸락), B(레지노이드), PVA(비닐결합제)
- **무기질 결합제**: S(실리케이트), V(비트리파이드)
- **금속결합제**: M(메탈)

[숫돌의 자생작용]

마멸 → 파괴 → 탈락 → 생성의 순서를 거치며, 연삭 시 숫돌의 마모된 입자가 탈락하고 새로운 입자가 나타나는 현상이다. 숫돌의 자생작용과 가장 관련이 있는 것은 결합도이다. 너무 단단하며 자생작용이 발생하지 않아 입자가 탈락하지 않고 마멸에 의해 납작해지는 현상인 글레이징(눈무딤)이 발생할 수 있다.

09

정답 ①

'응력이 가장 크게 발생하는 곳은?'이라고 묻는 문제는 응력이 집중되는 곳은 어디인지를 물어보는 간단한 문제이다.

→ 구멍 근처, 모서리 부분, 단면이 급격하게 변하는 부분에서 응력이 집중된다. 따라서 구멍에서 가장 가까운 ㄱ에서 응력이 집중되며 가장 크게 발생하는 곳이므로 답은 ①로 도출된다.

- **응력집중**: 단면이 급격하게 변하는 부분, 모서리 부분, 구멍 부분에서 응력이 집중되는 현상
- **응력집중계수**: $\alpha = \dfrac{\text{노치부의 최대응력}}{\text{단면부의 평균응력}}$

[응력집중 완화방법]
- 필릿 반지름을 최대한 크게 하며 단면변화부분에 보강재를 결합한다.
- 축단부에 2~3단의 단부를 설치해 응력 흐름을 완만하게 한다.
- 단면 변화 부분에 숏피닝, 롤러압연처리, 열처리 등을 통해 응력집중 부분을 강화시킨다.
- 테이퍼지게 설계하며, 체결부위에 체결수(리벳, 볼트)를 증가시킨다.

10

정답 ③

성적계수$(\text{COP}) = \dfrac{Q_2}{W} = \dfrac{Q_2}{Q_1 - Q_2}$ [단, $W = Q_1 - Q_2$]

[여기서, Q_2: 저온체로부터 흡수하는 열량, Q_1: 고온체로 방출하는 열량]

$\rightarrow 2 = \dfrac{5\text{kW}}{Q_1 - 5\text{kW}}$

단, 저온부에서 1초당 5kJ의 열을 흡수하므로 $5\text{kJ/s} = 5\text{kW}$가 된다.

$2(Q_1 - 5\text{kW}) = 5\text{kW}$이므로 $Q_1 = 7.5\text{kW}$

11

정답 ①

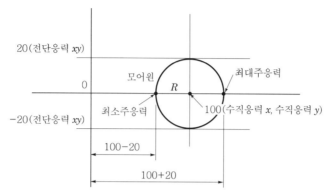

모어원의 반지름(R)은 20임을 바로 알 수 있다.

- 최대주응력(σ_1)의 값은 위 그림에서 보는 것처럼 원점(0, 0)에서 모어원의 중심(100, 0)까지의 거리 100에 모어원의 반지름(R)만큼을 더한 값이므로 $100+20=120$이 된다.
- 최소주응력(σ_2)의 값은 위 그림에서 보는 것처럼 원점(0, 0)에서 모어원의 중심(100, 0)까지의 거리 100에다가 모어원의 반지름(R)만큼을 빼준 값이므로 $100-20=80$이 된다.

※ 공식을 암기해서 푸는 것보다 모어원을 그려서 푸는 것이 훨씬 정확하며, 실수를 줄이고 빠르게 풀 수 있는 방법이다.

12

정답 ②

(가) **극한강도(인장강도 = 최대공칭응력)**: 재료가 파단하기 전에 가질 수 있는 최대응력
(나) **항복강도**: 0.05%에서 0.3% 사이의 특정한 영구변형률을 발생시키는 응력

13

정답 ①

$$P = \rho gh = 10{,}000\text{kg/m}^3 \times 10\text{m/s}^2 \times 0.75\text{m} = 75{,}000\text{N/m}^2 = 75{,}000\text{Pa} = 75\text{kPa}$$

14

정답 ②

$$h_x = h_L + x(h_V - h_L) = 500 + 0.6(2{,}000 - 500) = 1{,}400\text{kJ/kg}$$

[여기서, h_x: 건도가 x인 습증기의 엔탈피, h_L: 포화액체의 엔탈피, h_V: 포화증기의 엔탈피]

15

정답 ④

레이놀즈수 $Re = \dfrac{\rho Vd}{\mu}$

→ 밀도(ρ)에 비례하고, 점성계수(μ)에 반비례한다.

16

일(W)=힘(F)×거리(S) [단, 힘(W)=압력(P)×단면적(A)]

$W = PAS$ [단, $AS = V$(부피)], 즉 $W = PV$이므로

비체적의 변화=$0.4\text{m}^3/\text{kg} - 0.1\text{m}^3/\text{kg} = 0.3\text{m}^3/\text{kg}$

$\therefore W = 600\text{kpa} \times 0.3\text{m}^3/\text{kg} = 180\text{kJ/kg}$

→ 문제에서 구하는 일의 단위가 kJ/kg, 즉 단위질량당 일을 물어보았기 때문에 비체적에 대입한다.

17

[심용접(seam welding)]
- 점용접의 업그레이드로, 점용접을 연속적으로 하는 용접이다.
- 원판 모양으로 된 전극 사이에 용접 재료를 끼우고, 전극을 회전시키면서 용접하는 방법이다.
- 기체의 기밀, 액체의 수밀을 요하는 관 및 용기 제작 등에 적용된다.
- 통전 방법으로 단속 통전법이 많이 쓰인다.

18

[왕복대]
- 공구를 이송시키는 역할을 하며, 새들, 에이프런(자동이송기능, 나사절삭기능), 복식공구대, 공구대로 구성되어 있다.
- 왕복대는 베드 위에 설치된다.

19

[구성인선]
- 구성인선은 절삭 시에 발생하는 칩의 일부가 날 끝에 용착되어 마치 절삭날의 역할을 하는 현상이다.
- 구성인선은 발생 → 성장 → 분열 → 탈락의 주기를 반복한다(발성분탈).
- ※ 주의: 자생과정의 순서인 '마멸 → 파괴 → 탈락 → 생성(마파탈생)'과 혼동하면 안 된다.

- 칩이 날 끝에 점점 붙으면 날 끝이 커지기 때문에 끝단 반경은 점점 커지게 된다.
- 날 끝에 칩이 붙어 절삭날의 역할을 한다. 구성인선의 원인과 방지책은 암기가 아니고 이해해야 한다.
- 절삭깊이가 크다면 깎여서 발생하는 칩과 공구의 접촉면적이 넓어지기 때문에 오히려 칩이 날 끝에 용착할 확률이 더 커져 구성인선의 발생 가능성이 더 커지게 된다. 따라서 절삭깊이를 작게 하여 공구와 칩의 접촉면적을 줄여 칩이 용착되는 가능성을 줄여 구성인선을 방지해야 한다.
- 공구의 윗면경사각을 크게 하여 칩을 얇게 절삭해야 용착되는 양이 적어진다. 따라서 구성인선의 영향을 줄일 수 있다.
- 칩과 공구경사면상의 마찰을 작게 한다.
- 절삭유제를 사용한다.
- 가공재료와 서로 친화력이 있는 절삭공구를 선택하면 칩이 공구 끝에 더 잘 붙으므로 친화력이 있으면 안 된다.

20

[호닝]
- 원통 내면의 다듬질 가공에 사용된다.
- 회전운동과 축 방향의 왕복운동에 의해 접촉면을 가공하는 방법이다.
- 여러 숫돌을 스프링/유압으로 가공면에 압력을 가한 상태에서 가공한다.

> **참고**
>
> - **내면 구멍 가공 정밀도 높은 순서**: 호닝 > 리밍 > 보링> 드릴링
> - **표면 정밀도 높은 순서**: 래핑 > 슈퍼피니싱 > 호닝 > 연삭

21

[공동현상]
- 펌프와 흡수면 사이의 수직거리가 길 때 발생하기 쉽다.
- 침식 및 부식작용의 원인이 될 수 있다.
- 진동과 소음이 발생할 수 있다.
- 펌프의 회전수를 낮출 경우 공동현상 발생을 줄일 수 있다.
- 양흡입 펌프를 사용하면 공동현상 발생을 줄일 수 있다.
- 유속을 3.5m/s 이하로 설계하여 운전해야 공동현상을 방지할 수 있다.

22

[체인의 특징]
- 동력을 전달하는 두 축 사이의 거리가 비교적 멀어 기어 전동이 불가능한 곳에 사용한다.
- 미끄럼이 없어 정확한 속도비(속비)를 얻을 수 있으며, 큰 동력을 확실하고 효율적으로 전달할 수 있다 (체인의 전동효율은 95% 이상이다. 참고로 V벨트의 전동효율은 90~95% 또는 95% 이상이다).
- 접촉각은 90° 이상이다.
- 소음과 진동이 커서 고속회전에는 부적합하다.
  → **고속 회전하면 맞물려 있던 이와 링크가 빠질 수 있고 소음과 진동도 크게 발생할 수 있다(자전거 탈 때 자전거 체인을 생각하면 쉽다).**
- 윤활이 필요하다.
- 링크의 수를 조절하여 체인의 길이 조정이 가능하며 다축 전동이 가능하다.
- 탄성변형으로 충격을 흡수할 수 있다.
- 유지보수가 용이하다.
- 내유성, 내습성, 내열성이 우수하다(열, 기름, 습기에 잘 견딘다).
- 초기장력을 줄 필요가 없어 정지 시 장력이 작용하지 않고 베어링에도 하중이 작용하지 않는다.
- 고른 마모를 위해 스프로킷 휠의 잇수는 홀수 개가 좋다.
- 체인의 링크 수는 짝수 개가 적합하며 옵셋 링크를 사용하면 홀수 개도 가능하다.
- 체인 속도의 변동이 있다(속도변동률이 있다).
- **두 축이 평행할 때만 사용이 가능하다(엇걸기를 하면 체인 링크가 꼬여서 마모되거나 파손될 수 있다).**

23

동력$(P) = \gamma QH$ [여기서, γ: 비중량, Q: 유량, H: 낙차/양정]

$P = 1,000 \times 9.8 \times 0.5 \times 5$ [단, $1\text{kgf} = 9.8$이므로 N의 단위로 변환시켜 주기 위해 9.8을 곱함]

→ $P = 24,500\text{W} = 24.5\text{kW}$

→ 1kW $= 1.36\text{PS}$이므로 $24.5\text{kW} = 33.3\text{PS}$

24

슈퍼피니싱: 정밀 다듬질된 공작물 위에 미세한 숫돌을 접촉시키고 공작물을 회전시키면서 축 방향으로 진동을 주어 치수 정밀도가 높은 표면을 얻는 방법

25

[불응축가스가 발생하는 원인]

• 냉매 충전 전 계통 내의 진공이 불충분할 때
• 분해수리를 위해 개방한 냉동기 계통을 복구할 때 공기의 배출이 불충분할 때
• 냉매나 윤활유가 분해될 때
• 흡입가스의 압력이 대기압 이하로 내려가 저압부의 누설되는 개소에서 공기가 유입될 때
• 냉매나 윤활유의 충전 작업 시에 공기가 침입할 때
• 오일 탄화 시 발생하는 오일의 증기로 인하여

26

[이의 간섭]

기어전동에서 기어의 이 끝이 피니언의 이뿌리에 닿아 이뿌리를 파내어 기어의 회전이 되지 않는 현상

[이의 간섭을 방지하는 방법]

• 압력각을 크게(20° 이상) 한다.
• 기어의 이 높이를 줄인다.
• 기어의 잇수를 한계 잇수 이하로 감소시킨다.
• 피니언의 잇수를 최소 잇수 이상으로 증가시킨다.
• 기어와 피니언의 잇수비를 작게 한다.

27

칠드주철(냉경주철)은 보통주철의 쇳물을 금형에 넣고 표면만 급랭시켜 단단하게 만든 주철이다.

[주철의 특징]

• 일반적으로 주철의 탄소함유량은 $2.11 \sim 6.68\%\text{C}$이다.
• 압축강도는 크지만 인장강도는 작다.
• 용융점이 낮아 녹이기 쉬우므로 주형 틀에 녹여 흘려보내기 용이하여 유동성이 좋다. 따라서 주조성이 우수하며 복잡한 형상의 주물 재료로 많이 사용된다.
• 내마모성과 절삭성은 우수하지만 가공이 어렵다.

- 녹이 잘 생기지 않으며 마찰저항이 우수하고 값이 저렴하다.
- 탄소함유량이 많아 단단하므로 전연성이 작고 용접성이 불량하며 취성(메짐, 깨짐, 여림)이 크다.
- 탄소강에 비하여 충격에 약하고 고온에서도 소성가공이 되지 않는다.
- 주철 내의 흑연이 절삭유의 역할을 하기 때문에 주철을 절삭 시 일반적으로 절삭유를 사용하지 않는다.
- 주철 내의 흑연이 진동에너지를 흡수하기 때문에 감쇠능(진동을 흡수하는 성질)이 좋다.
- 용접, 단조가공, 담금질, 뜨임 등의 열처리 작업을 하기 어렵다.
- 용도로는 공작기계의 베드, 기계구조물 등에 사용된다.
- 내식성은 있으나 내산성은 낮다.
- ※ **감쇠능**: 진동을 흡수하여 열로서 소산시키는 흡수 능력을 말하며 내부마찰이라고도 한다.

28
정답 ①

[알루미늄]
- 순도가 높을수록 연하며 변태점이 없다.
- 규소(Si) 다음으로 지구에 많이 존재하고 비중은 2.7이며 용용점은 660℃이다.
- 면심입방격자(FCC)이며 주조성이 우수하고 열과 전기전도율이 구리(Cu) 다음으로 우수하다.
- 내식성, 가공성, 전연성이 우수하다.
- 비강도가 우수하며, 표면에 산화막이 형성되므로 내식성이 우수하다.
- 공기 중에서 내식성이 좋지만, 산, 알칼리에 침식되며 해수에 약하다.
- 보크사이트 광석에서 추출된다.
- 순수한 알루미늄은 단단하지 않으므로 대부분 합금으로 만들어서 사용한다.
- 유동성이 작고 수축률이 크다.

29
정답 ②

[크기 순서]
극한강도(인장강도) > 항복점 > 탄성한도 > 허용응력 ≥ 사용응력

30
정답 ④

① **담금질**(quenching, 소입): 재질의 조직이 **단단**하게 굳어지는 것이다.
② **불림**(normalizing, 소준): 강을 **표준**상태로 만들기 위한 열처리이다. 강을 단련한 후 오스테나이트의 단상이 되는 온도 범위에서 가열하고 **대기 속에 방치하여 자연 냉각**(공기 중에서 냉각, 공랭)하여 주조 또는 과열 조직을 **미세화**하고, 냉간가공 및 단조 등에 의한 **내부응력을 제거하며, 결정조직, 기계 및 물리적 성질 등을 표준화**시킨다.
③ **풀림**(annealing, 소둔): 단조, 주조, 기계 가공으로 발생하는 **내부응력을 제거**하며 상온 가공 또는 열처리에 의해 경화된 재료를 **연화하기 위한** 열처리이다.
④ **뜨임**(tempering, 소려): 강을 담금질하면 경도는 커지는 반면 메지기 쉬우므로 이를 적당한 온도로 재가열했다가 **강인성을 부여**하고 **내부응력을 제거**하기 위해 실시하는 열처리이다.

31

[금속의 특징]
- 수은을 제외하고 상온에서 고체이며 고체 상태에서 결정구조를 갖는다(수은은 상온에서 액체이다).
- 광택이 있고 빛을 잘 반사하며 가공성과 성형성이 우수하다.
- 연성과 전성이 우수하며 가공하기 쉽다.
- 열전도율, 전기전도율이 좋다(자유전자가 있기 때문).
- 열과 전기의 양도체이며 일반적으로 비중과 경도가 크며 용융점이 높은 편이다.
- 열처리를 하여 기계적 성질을 변화시킬 수 있다.
- 이온화하면 양(+) 이온이 된다.
- 대부분의 금속은 응고 시 수축한다[단, 비스무트(Bi)와 안티몬(Sb)은 응고 시 팽창한다].

32

[마그네슘의 특징]
- 비중이 1.74로 실용금속 중에서 가장 가벼워 경량화 부품(자동차, 항공기) 등에 사용된다.
- 기계적 특성, 주조성, 내식성, 내구성, 절삭성(피삭성) 등이 우수하다.
- 용융점은 650℃이며 조밀육방격자(HCP)이다.
- 고온에서 발화하기 쉽다.
- 알칼리성에 저항력이 크다.
- 열전도율과 전기전도율은 알루미늄(Al), 구리(Cu)보다 낮다.
- 비강도가 우수하여 항공기 부품, 자동차 부품 등에 사용된다.
- 대기 중에서 내식성이 양호하지만 산이나 염류(바닷물)에는 침식되기 쉽다.
- 회주철보다 진동감쇠특성이 우수하다.
- 소성가공성이 좋지 못하다.

> 참고
>
> **비강도**: 물질의 강도를 밀도로 나눈 값으로 같은 질량의 물질이 얼마나 강도가 센가를 나타내는 수치이다. 즉, 비강도가 높으면 가벼우면서도 강한 물질이라는 뜻이며 비강도의 단위는 $Pa \cdot m^3/kg$ 또는 $N \cdot m/kg$ 이다.

33

초소성이란 금속이 유리질처럼 늘어나는 특수현상을 말한다. 즉, 초소성 성질이 있는 합금인 초소성 합금은 파단에 이르기까지 수백 % 이상의 큰 신장률(연신율)을 얻을 수 있는 합금이다. 초소성 현상을 나타나는 재료는 공정 및 공석 조직을 나타내는 것이 많으며 Ti 및 Al계 초소성 합금이 항공기의 구조재로 사용되고 있다.

[초소성 합금의 종류와 최대 연신율]
- 비스무트(Bi): 1,500%
- 합금코발트(Co): 850%
- 합금은(Ag): 500%
- 합금카드뮴(Cd) 합금: 350%

34

정답 ③

주철 내의 흑연이 진동에너지를 흡수하기 때문에 감쇠능(진동을 흡수하는 성질)이 좋다.

35

정답 ②

변형에너지$(U) = \dfrac{1}{2}P\lambda$ $\left[$여기서, P: 하중, λ(변형량)$ = \dfrac{PL}{EA}\right]$

변형에너지$(U) = \dfrac{1}{2}P\lambda = \dfrac{P^2 L}{2EA}$

신장량(변형량)을 2배로 늘린다는 것은 λ(변형량)$ = \dfrac{PL}{EA}$에서 하중$(P)$이 2배로 되어 $2P$가 되었다는 것을 의미한다(문제에서 인장하중을 증가시켰다고 했고, 다른 조건은 언급되지 않았다).

변형에너지$(U) = \dfrac{1}{2}P\lambda = \dfrac{P^2 L}{2EA}$에 P 대신 2배가 증가된 $2P$를 대입하면 변형에너지$(U) \propto P^2$이므로 4배가 됨을 알 수 있다.

36

정답 ①

최대주응력설	$\sigma_y = \tau_{max}$	취성재료에 적용
최대변형률설	$\sigma_y = (1+\nu)\tau_{max}$	연성재료에 적용
최대전단응력설	$\sigma_y = 2\tau_{max}$	연성재료에 적용
전단변형에너지설	$\sigma_y = \sqrt{3}\,\tau_{max}$	연성재료에 적용
변형률에너지설	$\sigma_y = \sqrt{2(1+\nu)\tau_{max}}$	연성재료에 적용

[여기서, σ_y: 항복응력]

37

정답 ②

[냉각방법에 따른 발생 조직]

급랭(물로 냉각)	유랭(기름으로 냉각)	노냉(노 안에서 냉각)	공랭(공기 중에서 냉각)
마텐자이트	트루스타이트	펄라이트	소르바이트

38

정답 ①

[기어 문제]

- 서로 맞물려 돌아가는 기어이므로 전달되는 동력은 동일하다.
- 서로 맞물려 돌아가는 기어이므로 모듈(m)은 같다.
- 속도비$(i) = \dfrac{N_2}{N_1} = \dfrac{D_1}{D_2} = \dfrac{Z_1}{Z_2}$의 식을 활용한다.
- 속도비$(i) = \dfrac{D_1}{D_2} = \dfrac{100}{50} = 2 \;\rightarrow\;$ 속도비$(i) = \dfrac{N_2}{N_1} = 2 \;\rightarrow\; N_2 = 2N_1$

- 각속도$(\omega) = \dfrac{2\pi N}{60}$ 이므로 B(2)기어의 회전수가 A(1)기어의 회전수보다 2배 빠르므로 각속도도 B(2)기어가 2배 크다.

- 속도비$(i) = \dfrac{Z_1}{Z_2} = 2 \ \rightarrow \ Z_1 = 2Z_2$

따라서 A(1)기어의 잇수가 B(2)기어의 잇수보다 2배 많다.

→ 보통 1이 큰 기어, 2가 작은 기어(피니언)를 말한다.

39

정답 ④

특성	침탄법	질화법
경도	질화법보다 낮음	침탄법보다 높음
수정 여부	침탄 후 수정 가능	수정 불가
처리시간	짧음	긺
열처리	침탄 후 열처리 필요	열처리 불필요
변형	변형이 큼	변형이 작음
취성	질화층보다 여리지 않음	질화층부가 여림
경화층	질화법에 비해 깊음 (2~3mm)	침탄법에 비해 얇음 (0.3~0.7mm)
가열온도	900~950℃	500~550℃
시간과 비용	짧게 걸리고 저렴	오래 걸리고 비쌈 (침탄법보다 약 10배)

40

정답 ③

기어모양의 피니언공구를 사용하면 **내접기어의 가공**이 가능하다.

펠로즈 기어 셰이퍼	피니언 커터를 사용하여 내접기어를 절삭하는 공작기계
마그식 기어 셰이퍼	랙 커터를 사용하여 기어를 절삭하는 공작기계

PART

III

부 록

꼭 알아야 할 필수 내용

1 기계 위험점 6가지

① 절단점
회전하는 운동부 자체, 운동하는 기계 부분 자체의 위험점(날, 커터)

② 물림점
회전하는 2개의 회전체에 물려 들어가는 위험점(롤러기기)

③ 협착점
왕복 운동 부분과 고정 부분 사이에 형성되는 위험점(프레스, 창문)

④ 끼임점
고정 부분과 회전하는 부분 사이에 형성되는 위험점(연삭기)

⑤ 접선 물림점
회전하는 부분의 접선 방향으로 물려 들어가는 위험점(밸트-풀리)

⑥ 회전 말림점
회전하는 물체에 머리카락이나 작업봉 등이 말려 들어가는 위험점

2 기 호

- 밸브 기호

▷◁	일반밸브	▷◁	게이트밸브
▷◁	체크밸브	◁	체크밸브
▷◁	볼밸브	▶◁	글로브밸브
▷◁	안전밸브	△	앵글밸브
⊗	팽창밸브	▷○◁	일반 콕

- 배관 이음 기호

─┼─	나사 이음	─╫─	플랜지 이음
─●─	용접 이음	─╫╢─	유니온 이음

3 신축 이음

관 속 유체의 온도 변화에 따라 배관이 열팽창 또는 수축하는데, 이를 흡수하기 위해 신축 이음을 설치한다. 따라서 직선 길이가 긴 배관에서는 배관의 도중에 일정 길이마다 신축 이음쇠를 설치한다.

❖ 신축 이음의 종류

① 슬리브형(미끄러짐형): 단식과 복식이 있고 물, 증기, 가스, 기름, 공기 등의 배관에 사용한다. 이음쇠 본체와 슬리브 파이프로 구성되어 있으며, 관의 팽창 및 수축은 본체 속을 미끄러지는 이음쇠 파이프에 의해 흡수된다. 특징으로는 신축량이 크고, 신축으로 인한 응력이 발생하지 않는다. 직선 이음으로 설치 공간이 작다. 배관에 곡선 부분이 있으면 신축 이음재에 비틀림이 생겨 파손의 원인이 된다. 장시간 사용 시 패킹재의 마모로 누수의 원인이 된다.

② 벨로우즈형(팩레스 이음): 벨로우즈의 변형으로 신축을 흡수한다. 설치 공간이 작고 자체 응력 및 누설이 없다는 특징이 있다. 보통 벨로우즈의 재질은 부식이 되지 않는 황동이나 스테인리스강을 사용한다. 고온 배관에는 부적당하다.

③ 루프형(신축 곡관형): 고온, 고압의 옥외 배관에 사용하는 신축 곡관으로 강관 또는 동관을 루프 모양으로 구부려 배관의 신축을 흡수한다. 즉, 관 자체의 가요성을 이용한 것이다. 설치 공간이 크고, 고온 고압의 옥외 배관에 많이 사용한다. 자체 응력이 발생하지만, 누설이 없다. 곡률 반경은 관경의 6배이다.

④ 스위블형: 증기, 온수 난방에 주로 사용하는 스위블형은 2개 이상의 엘보를 사용하여 이음부 나사의 회전을 이용해 신축을 흡수한다. 쉽게 설치할 수 있고, 굴곡부에 압력이 강하게 생긴다. 신축성이 큰 배관에는 누설 염려가 있다.

⑤ 볼조인트형: 증기, 물, 기름 등의 배관에서 사용되는 볼조인트형은 볼조인트 신축 이음쇠와 오프셋 배관을 이용해서 관의 신축을 흡수한다. 2차원 평면상의 변위와 3차원 입체적인 변위까지 흡수하고, 어떤 형태의 변위에도 배관이 안전하고 설치 공간이 작다.

⑥ 플렉시블 튜브형: 가요관이라고 하며, 배관에서 진동 및 신축을 흡수한다. 구체적으로 플렉시블 튜브는 인청동 및 스테인리스강의 가늘고 긴 벨로즈의 바깥을 탄성력이 풍부한 철망, 구리망 등으로 피복하여 보강한 것으로, 배관 중 편심이 심하거나 진동을 흡수할 목적으로 사용된다.

❖ 신축 허용 길이가 큰 순서

루프형 > 슬리브형 > 벨로우즈형 > 스위블형

4 관 이음쇠 종류

① 관을 도중에서 분기할 때

Y배관, 티, 크로스티

② 배관 방향을 전환할 때

엘보, 밴드

③ 같은 지름의 관을 직선 연결할 때

소켓, 니플, 플랜지, 유니온

④ 이경관을 연결할 때

이경티, 이경엘보, 부싱, 레듀셔

※ 이경관: 지름이 서로 다른 관과 관을 접속하는 데 사용하는 관 이음쇠

⑤ 관의 끝을 막을 때

플러그, 캡

⑥ 이종 금속관을 연결할 때

CM어댑터, SUS소켓, PB소켓, 링 조인트 소켓

PART III 부록

5 수격 현상(워터 헤머링)

배관 속 유체의 흐름을 급히 차단시켰을 때 유체의 운동에너지가 압력에너지로 전환되면서 배관 내에 탄성파가 왕복하게 된다. 이에 따라 배관이 파손될 수 있다.

❖ 원인
- 펌프가 갑자기 정지될 때

- 급히 밸브를 개폐할 때

- 정상 운전 시 유체의 압력에 변동이 생길 때

❖ 방지
- 관로의 직경을 크게 한다.

- 관로 내의 유속을 낮게 한다(유속은 1.5~2m/s로 보통 유지).

- 관로에서 일부 고압수를 방출한다.

- 조압 수조를 관선에 설치하여 적정 압력을 유지한다.
  (부압 발생 장소에 공기를 자동적으로 흡입시켜 이상 부압을 경감한다.)

- 펌프에 플라이 휠을 설치하여 펌프의 속도가 급격하게 변화하는 것을 막는다.
  (관성을 증가시켜 회전수와 관 내 유속의 변화를 느리게 한다.)

- 펌프 송출구 가까이에 밸브를 설치한다.
  (펌프 송출구에 수격을 방지하는 체크밸브를 달아 역류를 막는다.)

- 에어챔버를 설치하여 축적하고 있는 압력에너지를 방출한다.

- 펌프의 속도가 급격히 변하는 것을 방지한다(회전체의 관성 모멘트를 크게 한다.).

6 공동 현상(캐비테이션)

펌프의 흡입측 배관 내의 물의 정압이 기존의 증기압보다 낮아져서 기포가 발생되는 현상으로, 펌프와 흡수면 사이의 수직 거리가 너무 길 때 관 속을 유동하고 있는 물속의 어느 부분이 고온일수록 포화 증기압에 비례하여 상승할 때 발생한다.

• 소음과 진동 발생, 관 부식, 임펠러 손상, 펌프의 성능 저하를 유발한다.

• 양정 곡선과 효율 곡선의 저하, 깃의 침식, 펌프 효율 저하, 심한 충격을 발생시킨다.

❖ 방지

• 실양정이 크게 변동해도 토출량이 과대하게 증가하지 않도록 주의한다.

• 스톱밸브를 지양하고, 슬루스밸브를 사용하며, 펌프의 흡입 수두를 작게 한다.

• 유속을 3.5m/s 이하로 유지시키고, 펌프의 설치 위치를 낮춘다.

• 마찰 저항이 작은 흡인관을 사용하여 흡입관 손실을 줄인다.

• 펌프의 임펠러 속도(회전수)를 작게 한다(흡입 비교 회전도를 낮춘다.).

• 펌프의 설치 위치를 수원보다 낮게 한다.

• 양흡입 펌프를 사용한다(펌프의 흡입측을 가압한다.).

• 관 내 물의 정압을 그때의 증기압보다 높게 한다.

• 흡입관의 구경을 크게 하며, 배관을 완만하고 짧게 한다.

• 펌프를 2개 이상 설치한다.

• 압축 펌프를 사용하고, 회전차를 수중에 완전히 잠기게 한다.

PART Ⅲ 설비

맥동 현상(서징 현상)

펌프, 송풍기 등이 운전 중 한숨을 쉬는 것과 같은 상태가 되어 펌프인 경우 입구와 출구의 진공계, 압력계의 지침이 흔들리고 동시에 송출 유량이 변화하는 현상이다. 즉, 송출 압력과 송출 유량 사이에 주기적인 변동이 발생하는 현상이다.

❖ 원인
• 펌프의 양정 곡선이 산고 곡선이고, 곡선의 산고 상승부에서 운전했을 때

• 배관 중에 수조가 있을 때 또는 기체 상태의 부분이 있을 때

• 유량 조절 밸브가 탱크 뒤쪽에 있을 때

• 배관 중에 물탱크나 공기탱크가 있을 때

❖ 방지
• 바이패스 관로를 설치하여 운전점이 항상 우향 하강 특성이 되도록 한다.

• 우향 하강 특성을 가진 펌프를 사용한다.

• 유량 조절 밸브를 기체 상태가 존재하는 부분의 상류에 설치한다.

• 송출측에 바이패스를 설치하여 펌프로 송출한 물의 일부를 흡입측으로 되돌려 소요량만큼 전방으로 송출한다.

8 축 추력

단흡입 회전차에 있어 전면 측벽과 후면 측벽에 작용하는 정압에 차이가 생기기 때문에 축 방향으로 힘이 작용하게 된다. 이것을 축 추력이라고 한다.

❖ 축 추력 방지법

• 양흡입형의 회전차를 사용한다.

• 평형공을 설치한다

• 후면 측벽에 방사상의 리브를 설치한다.

• 스러스트베어링을 설치하여 축추력을 방지한다.

• 다단 펌프에서는 단수만큼의 회전차를 반대 방향으로 배열하여 자기 평형시킨다.

• 평형 원판을 사용한다.

9 증기압

어떤 물질이 일정한 온도에서 열평형 상태가 되는 증기의 압력

- 증기압이 클수록 증발하는 속도가 빠르다.

- 분자의 운동이 커지면 증기압이 증가한다.

- 증기 분자의 질량이 작을수록 큰 증기압을 나타내는 경향이 있다.

- 기압계에 수은을 이용하는 것이 적합한 이유는 증기압이 낮기 때문이다.

- 쉽게 증발하는 휘발성 액체는 증기압이 높다.

- 증기압은 밀폐된 용기 내의 액체 표면을 탈출하는 증기의 양이 액체 속으로 재침투하는 증기의 양과 같을 때의 압력이다.

- 유동하는 액체 내부에서 압력이 증기압보다 낮아지면 액체가 기화하는 공동 현상이 발생한다.

- 액체의 온도가 상승하면 증기압이 증가한다.

- 증발과 응축이 평형상태일 때의 압력을 포화증기압이라고 한다.

냉동 능력, 미국 냉동톤, 제빙톤, 냉각톤, 보일러 마력

① **냉동 능력**

단위 시간에 증발기에서 흡수하는 열량을 냉동 능력[kcal/hr]

- 냉동 효과: 증발기에서 냉매 1kg이 흡수하는 열량
- 1냉동톤(냉동 능력의 단위): 0도의 물 1톤을 24시간 이내에 0도의 얼음으로 바꾸는 데 제거해야 할 열량 및 그 능력

② **1USRT**

32°F의 물 1톤(2,000lb)을 24시간 동안에 32°F의 얼음으로 만드는 데 제거해야 할 열량 및 그 능력

- 1미국 냉동톤(USRT): 3,024kcal/hr

③ **제빙톤**

25°C의 물 1톤을 24시간 동안에 −9°C의 얼음으로 만드는 데 제거해야 할 열량 또는 그 능력 (열손실은 20%로 가산한다)

- 1제빙톤: 1.65RT

④ **냉각톤**

냉동기의 냉동 능력 1USRT당 응축기에서 제거해야 할 열량으로, 이때 압축기에서 가하는 엔탈피를 860kcal/hr라고 가정한다.

- 1 CRT: 3,884kcal/hr

⑤ **1보일러 마력**

100°C의 물 15.65kg을 1시간 이내에 100°C의 증기로 만드는 데 필요한 열량

- 100°C의 물에서 100°C의 증기까지 만드는 데 필요한 증발 잠열: 539kcal/kg
- 1보일러 마력: $539 \times 15.65 = 8435.35$kcal/hr

❖ **용빙조**: 얼음을 약간 녹여 탈빙하는 과정
❖ **얼음의 융해열**: 0°C 물 → 0°C 얼음 또는 0°C 얼음 → 0°C 물 (79.68kcal/kg)

PART Ⅲ 부록

열전달 방법

두 물체의 온도가 평형이 될 때까지 고온에서 저온으로 열이 이동하는 현상이 열전달이다.

전도

물체가 접촉되어 있을 때 온도가 높은 물체의 분자 운동이 충돌이라는 과정을 통해 분자 운동이 느린 분자를 빠르게 운동시킨다. 즉, 열이 물체 속을 이동하는 일이다. 결국 고체 속 분자들의 충돌로 열을 전달시킨다(열전도도 순서는 고체, 액체, 기체의 순으로 작게 된다.).

• 고체 물체 내에서 발생하는 유일한 열전달이며, 고체, 액체, 기체에서 모두 발생할 수 있다.
• 철봉 한쪽을 가열하면 반대쪽까지 데워지는 것을 전도라고 한다.
• 매개체인 고체 물질, 즉 매질이 있어야 열이 이동할 수 있다.
• $Q = KA\left(\dfrac{dT}{dx}\right)$ (단, x: 벽 두께, K: 열전도계수, dT: 온도차)

대류

물질이 열을 가지고 이동하여 열을 전달하는 것이다.

• 라면을 끓일 때 냄비의 물을 가열하는 것, 방 안의 공기가 뜨거워지는 것
• 액체 또는 기체 상태의 물질이 열을 받으면 운동이 빨라지고 부피가 팽창하여 밀도가 작아진다. 상대적으로 가벼워지면서 상승하고, 반대로 위에 있던 물질은 상대적으로 밀도가 커 내려오는 현상을 말한다. 즉, 대류의 원인은 밀도차이다.
• $Q = hA(T_w - T_f)$ (단, h: 열대류 계수, A: 면적, T_w: 벽 온도, T_f: 유체의 온도)

복사

전자기파에 의해 열이 매질을 통하지 않고 고온 물체에서 저온 물체로 직접 열이 전달되는 현상이다. 그리고 온도차가 클수록 이동하는 열이 크다.

• 액체나 기체라는 매질 없이 바로 열만 이동하는 현상
• 태양열이 대표적 예이며, 태양열은 공기라는 매질 없이 지구에 도달한다. 즉, 우주 공간은 공기가 존재하지 않지만 지구의 표면까지 도달한다.

❖ **보온병의 원리**

• 열을 차단하여 보온병의 물질 온도를 유지시킨다. 즉, 단열이다(열 차단).
• 열을 차단하여 단열한다는 것은 전도, 대류, 복사를 모두 막는 것이다.
① 보온병 속 유리로 된 이중벽이 진공 상태를 유지하므로 대류로 인한 열 출입이 없다.
② 유리병의 고정 지지대는 단열 물질로 만들어져 있다.
③ 보온병 내부는 은도금을 하여 복사에 의한 열을 최대한 줄인다.
④ 보온병의 겉부분은 금속이나 플라스틱 재질로 열전도율을 최소화시킨다.
⑤ 보온병의 마개는 단열 재료로 플라스틱 재질을 사용한다.

무차원 수

레이놀즈 수	관성력 / 점성력	누셀 수	대류계수 / 전도계수
프루드 수	관성력 / 중력	비오트 수	대류열전달 / 열전도
마하 수	속도 / 음속, 관성력 / 탄성력	슈미트 수	운동량계수 / 물질전달계수
코시 수	관성력 / 탄성력	스토크 수	중력 / 점성력
오일러 수	압축력 / 관성력	푸리에 수	열전도 / 열저장
압력계 수	정압 / 동압	루이스 수	열확산계수 / 질량확산계수
스트라홀 수	진동 / 평균속도	스테판 수	현열 / 잠열
웨버 수	관성력 / 표면장력	그라쇼프스	부력 / 점성력
프란틀 수	소산 / 전도 운동량전달계수 / 열전달계수	본드 수	중력 / 표면장력

- 레이놀즈 수
  층류와 난류를 구분해 주는 척도(파이프, 잠수함, 관 유동 등의 역학적 상사에 적용)

- 프루드 수
  자유 표면을 갖는 운동의 역학적 상사 시험에서 중요한 무차원 수
  (수력 도약, 개수로, 배, 댐, 강에서의 모형 실험 등의 역학적 상사에 적용)

- 마하 수
  풍동 실험의 압축성 유동에서 중요한 무차원 수

- 웨버 수
  물방울의 형성, 기체-액체 또는 비중이 서로 다른 액체-액체의 경계면, 표면 장력, 위어, 오리피스에서 중요한 무차원 수

- 레이놀즈 수와 마하 수
  펌프나 송풍기 등 유체 기계의 역학적 상사에 적용하는 무차원 수

- 그라쇼프 수
  온도 차에 의한 부력이 속도 및 온도 분포에 미치는 영향을 나타내거나 자연 대류에 의한 전열 현상에 있어서 매우 중요한 무차원 수

- 레일리 수
  자연 대류에서 강도를 판별해 주거나 유체층 속에서 열대류가 일어나는지의 여부를 결정해 주는 매우 중요한 무차원 수

13 하중의 종류, 피로 한도, KS 규격별 기호

❖ 하중의 종류

① 사하중(정하중): 크기와 방향이 일정한 하중
② 동하중(활하중)
  • 연행 하중: 일련의 하중(등분포 하중), 기차 레일이 받는 하중
  • 반복 하중(편진 하중): 반복적으로 작용하는 하중
  • 교번 하중(양진 하중): 하중의 크기와 방향이 계속 바뀌는 하중(가장 위험한 하중)
  • 이동 하중: 작용점이 계속 바뀌는 하중(움직이는 자동차)
  • 충격 하중: 비교적 짧은 시간에 갑자기 작용하는 하중
  • 변동 하중: 주기와 진폭이 바뀌는 하중

❖ 피로 한도에 영향을 주는 요인

① 노치 효과: 재료에 노치를 만들면 피로나 충격과 같은 외력이 작용할 때 집중응력이 발생하여
  파괴되기 쉬운 성질을 갖게 된다.
② 치수 효과: 취성 부재의 휨 강도, 인장 강도, 압축 강도, 전단 강도 등이 부재 치수가 증가함에
  따라 저하되는 현상이다.
③ 표면 효과: 부재의 표면이 거칠면 피로 한도가 저하되는 현상이다.
④ 압입 효과: 노치의 작용과 내부 응력이 원인이며, 강압 끼워맞춤 등에 의해 피로 한도가 저하되
  는 현상이다.

❖ KS 규격별 기호

KS A	KS B	KS C	KS D
일반	기계	전기	금속
KS F	KS H	KS W	
토건	식료품	항공	

충돌

❖ 반발 계수에 대한 기본 정의

• 반발 계수: 변형의 회복 정도를 나타내는 척도이며, 0과 1 사이의 값이다.

• 반발 계수$(e) = \dfrac{충돌\ 후\ 상대\ 속도}{충돌\ 전\ 상대\ 속도} = -\dfrac{V_1' - V_2'}{V_1 - V_2} = \dfrac{V_2' - V_1'}{V_1 - V_2}$

$$\begin{pmatrix} V_1:\ 충돌\ 전\ 물체\ 1의\ 속도,\ V_2:\ 충돌\ 전\ 물체\ 2의\ 속도 \\ V_1':\ 충돌\ 후\ 물체\ 1의\ 속도,\ V_2':\ 충돌\ 후\ 물체\ 2의\ 속도 \end{pmatrix}$$

❖ 충돌의 종류

• 완전 탄성 충돌$(e=1)$
충돌 전후 전체 에너지가 보존된다. 즉, 충돌 전후의 운동량과 운동에너지가 보존된다.
(충돌 전후 질점의 속도가 같다.)

• 완전 비탄성 충돌(완전 소성 충돌, $e=0$)
충돌 후 반발되는 것이 전혀 없이 한 덩어리가 되어 충돌 후 두 질점의 속도는 같다. 즉, 충돌 후 상대 속도가 0이므로 반발 계수가 0이 된다. 또한, 전체 운동량은 보존되지만, 운동에너지는 보존되지 않는다.

• 불완전 탄성 충돌(비탄성 충돌, $0 < e < 1$)
운동량은 보존되지만, 운동에너지는 보존되지 않는다.

PART Ⅲ 후론

15 열역학 법칙

❖ **열역학 제0법칙 [열평형 법칙]**

물체 A가 B와 서로 열평형 상태에 있다. 그리고 B와 C의 물체도 각각 서로 열평형 상태에 있다. 따라서 결국 A, B, C 모두 열평형 상태에 있다고 볼 수 있다.

❖ **열역학 제1법칙 [에너지 보존 법칙]**

고립된 계의 에너지는 일정하다는 것이다. 에너지는 다른 것으로 전환될 수 있지만 생성되거나 파괴될 수는 없다. 열역학적 의미로는 내부 에너지의 변화가 공급된 열에 일을 빼준 값과 동일하다는 말과 같다. 열역학 제1법칙은 제1종 영구 기관이 불가능함을 보여준다.

❖ **열역학 제2법칙 [에너지 변환의 방향성 제시]**

어떤 닫힌계의 엔트로피가 열적 평형 상태에 있지 않다면 엔트로피는 계속 증가해야 한다는 법칙이다. 닫힌계는 점차 열적 평형 상태에 도달하도록 변화한다. 즉, 엔트로피를 최대화하기 위해 계속 변화한다. 열역학 제2법칙은 제2종 영구 기관이 불가능함을 보여준다.

❖ **열역학 제3법칙**

어떤 방법으로도 어떤 계를 절대 온도 0K로 만들 수 없다. 즉, 카르노 사이클 효율에서 저열원의 온도가 0K라면 카르노 사이클 기관의 열효율은 100%가 된다. 하지만 절대 온도 0K는 존재할 수 없으므로 열효율 100%는 불가능하다. 즉, 절대 온도가 0K에 가까워지면, 계의 엔트로피도 0에 가까워진다.

❖ **열역학 제4법칙**

온사게르의 상반 법칙이라고 한다. 즉, 작용이 있으면 반작용이 있다는 것으로, 빛과 그림자에 대한 이야기를 말한다.

이 문제집을 풀면서 **열역학 법칙**에 관해 나온 모든 표현들을
꼭 **이해**하고 **암기**하길 바랍니다.

⑯ 기타

❖ SI 기본 단위

차원	길이	무게	시간	전류	온도	몰질량	광도
단위	meter	kilogram	second	Ampere	Kelvin	mol	candella
표시	m	kg	s	A	K	mol	cd

❖ 단위의 지수

지수	10^{-24}	10^{-21}	10^{-18}	10^{-15}	10^{-12}	10^{-9}	10^{-6}	10^{-3}	10^{-2}	10^{-1}	10^{0}
접두사	yocto	zepto	atto	fento	pico	nano	micro	mili	centi	deci	
기호	y	z	a	f	p	n	μ	m	c	d	
지수	10^{1}	10^{2}	10^{3}	10^{6}	10^{9}	10^{12}	10^{15}	10^{18}	10^{21}	10^{24}	
접두사	deca	hecto	kilo	mega	giga	tera	peta	exa	zetta	yotta	
기호	da	h	k	M	G	T	P	E	Z	Y	

❖ 온도계의 예

현상	상태 변화	온도계 종류
복사 현상	열복사량	파이로미터(복사 온도계)
물질 상태 변화	물리적 및 화학적 상태	액정 온도계
형상 변화	길이 팽창, 체적 팽창	바이메탈, 이상기체, 유리막대 온도계
전기적 성질 변화	전기 저항 및 기전력	열전대, 서미스터, 저항 온도계

❖ 시스템의 종류

	경계를 통과하는 질량	경계를 통과하는 에너지 / 열과 일
밀폐계(폐쇄계)	×	○
고립계(절연계)	×	×
개방계	○	○

PART Ⅲ 부록

02 3역학 공식 모음집

1 재료역학 공식

① 전단 응력, 수직 응력

$$\tau = \frac{P_s}{A}, \ \sigma = \frac{P}{A} \ (P_s: \text{전단 하중}, \ P: \text{수직 하중})$$

② 전단 변형률

$$\gamma = \frac{\lambda_s}{l} \ (\lambda_s: \text{전단 변형량})$$

③ 수직 변형률

$$\varepsilon = \frac{\Delta l}{l}, \ \varepsilon' = \frac{\Delta D}{D} \ (\Delta l: \text{세로 변형량}, \ \Delta D: \text{가로 변형량})$$

④ 푸아송의 비

$$\mu = \frac{\varepsilon'}{\varepsilon} = \frac{\Delta l \cdot D}{l \cdot \Delta D} = \frac{1}{m} \ (m: \text{푸아송 수})$$

⑤ 후크의 법칙

$$\sigma = E \times \varepsilon, \ \tau = G \times \gamma \ (E: \text{종탄성 계수}, \ G: \text{횡탄성 계수})$$

⑥ 길이 변형량

$$\lambda_s = \frac{P_s l}{AG}, \ \Delta l = \frac{Pl}{AE} \ (\lambda_s: \text{전단 하중에 의한 변형량}, \ \Delta l: \text{수직 하중에 의한 변형량})$$

⑦ 단면적 변형률

$$\varepsilon_A = 2\mu\varepsilon$$

⑧ 체적 변형률

$$\varepsilon_v = \varepsilon(1-2\mu)$$

⑨ 탄성 계수의 관계

$$mE = 2G(m+1) = 3K(m-2)$$

⑩ 두 힘의 합성

$$F = \sqrt{F_1^2 + F_2^2 + 2F_1F_2\cos\theta}$$

⑪ 세 힘의 합성(라미의 정리)

$$\frac{F_1}{\sin\theta_1} = \frac{F_2}{\sin\theta_2} = \frac{F_3}{\sin\theta_3}$$

⑫ 응력 집중

$$\sigma_{\max} = \alpha \times \sigma_n \ (\alpha: \text{응력 집중 계수}, \ \sigma_n: \text{공칭 응력})$$

⑬ 응력의 관계

$$\sigma_\omega \leq \sigma_\sigma = \frac{\sigma_u}{S} \ (\sigma_\omega: \text{사용 응력}, \ \sigma_\sigma: \text{허용 응력}, \ \sigma_u: \text{극한 응력})$$

⑭ 병렬 조합 단면의 응력

$$\sigma_1 = \frac{PE_1}{A_1E_1 + A_2E_2}, \ \sigma_2 = \frac{PE_2}{A_1E_1 + A_2E_2}$$

⑮ 자중을 고려한 늘음량

$$\delta_\omega = \frac{\gamma l^2}{2E} = \frac{\omega l}{2AE} \ (\gamma: \text{비중량}, \ \omega: \text{자중})$$

⑯ 충격에 의한 응력과 늘음량

$$\sigma = \sigma_0\left\{1 + \sqrt{1 + \frac{2h}{\lambda_0}}\right\}, \ \lambda = \lambda_0\left\{1 + \sqrt{1 + \frac{2h}{\lambda_0}}\right\} \ (\sigma_0: \text{정적 응력}, \ \lambda_0: \text{정적 늘음량})$$

⑰ 탄성 에너지

$$u=\frac{\sigma^2}{2E},\ U=\frac{1}{2}P\lambda=\frac{\sigma^2 Al}{2E}$$

⑱ 열응력

$$\sigma=E\varepsilon_{th}=E\times\alpha\times\varDelta T\ (\varepsilon_{th}:\ 열변형률,\ \alpha:\ 선팽창\ 계수)$$

⑲ 얇은 회전체의 응력

$$\sigma_y=\frac{\gamma v^2}{g}\ (\gamma:\ 비중량,\ v:\ 원주\ 속도)$$

⑳ 내압을 받는 얇은 원통의 응력

$$\sigma_y=\frac{PD}{2t},\ \sigma_x=\frac{PD}{4t}\ (P:\ 내압력,\ D:\ 내경,\ t:\ 두께)$$

㉑ 단순 응력 상태의 경사면 전단 응력

$$\tau=\frac{1}{2}\sigma_x\sin 2\theta$$

㉒ 단순 응력 상태의 경사면 전단 응력

$$\sigma_n=\sigma_x\cos^2\theta$$

㉓ 2축 응력 상태의 경사면 전단 응력

$$\tau=\frac{1}{2}(\sigma_x-\sigma_y)\sin 2\theta$$

㉔ 2축 응력 상태의 경사면 수직응력

$$\sigma_n{}'=\frac{1}{2}(\sigma_x+\sigma_y)+\frac{1}{2}(\sigma_x-\sigma_y)\cos 2\theta$$

㉕ 평면 응력 상태의 최대, 최소 주응력

$$\sigma_{1,\ 2}=\frac{1}{2}(\sigma_x+\sigma_y)\pm\frac{1}{2}\sqrt{(\sigma_x-\sigma_y)^2+4\tau^2}$$

㉖ 토크와 전단 응력의 관계

$$T = \tau \times Z_p = \tau \times \frac{\pi d^3}{16}$$

㉗ 토크와 동력과의 관계

$$T = 716.2 \times \frac{H}{N} \ [\text{kg} \cdot \text{m}] \ 단, \ H[\text{PS}]$$

$$T = 974 \times \frac{H'}{N} \ [\text{kg} \cdot \text{m}] \ 단, \ H'[\text{kW}]$$

㉘ 비틀림각

$$\theta = \frac{TL}{GI_p} \ [\text{rad}] \ (G: \text{횡탄성 계수})$$

㉙ 굽힘에 의한 응력

$$M = \sigma Z, \ \sigma = E\frac{y}{\rho}, \ \frac{1}{\rho} = \frac{M}{EI} = \frac{\sigma}{Ee} \ (\rho: \text{주름 반경}, \ e: \text{중립축에서 끝단까지 거리})$$

㉚ 굽힘 탄성 에너지

$$U = \int \frac{M_x^2 dx}{2EI}$$

㉛ 분포 하중, 전단력, 굽힘 모멘트의 관계

$$\omega = \frac{dF}{dx} = \frac{d^2M}{dx^2}$$

㉜ 처짐 곡선의 미분 방정식

$$EIy'' = -M_x$$

㉝ 면적 모멘트법

$$\theta = \frac{A_m}{E}, \ \delta = \frac{A_m}{E}\overline{x}$$

(θ: 굽힘각, δ: 처짐량, A_m: BMD의 면적, $\overline{x}$: BMD의 도심까지의 거리)

㉞ 스프링 지수, 스프링 상수

$C=\dfrac{D}{d}$, $K=\dfrac{P}{\delta}$ (D: 평균 지름, d: 소선의 직각 지름, P: 하중, δ: 처짐량)

㉟ 등가 스프링 상수

$\dfrac{1}{K_{eq}}=\dfrac{1}{K_1}+\dfrac{1}{K_2}$ ➡ 직렬 연결

$K_{eq}=K_1+K_2$ ➡ 병렬 연결

㊱ 스프링의 처짐량

$\delta=\dfrac{8PD^3n}{Gd^4}$ (G: 횡탄성 계수, n: 감김 수)

㊲ 3각 판스프링의 응력과 늘음량

$\sigma=\dfrac{6Pl}{nbh^2}$, $\delta_{\max}=\dfrac{6Pl^3}{nbh^3E}$ (n: 판의 개수, b: 판목, E: 종탄성 계수)

㊳ 겹판 스프링의 응력과 늘음량

$\eta=\dfrac{3Pl}{2nbh^2}$, $\delta_{\max}=\dfrac{3P'l^3}{8nbh^3E}$

㊴ 핵반경

원형 단면 $a=\dfrac{d}{8}$, 사각형 단면 $a=\dfrac{b}{6}$, $\dfrac{h}{6}$

㊵ 편심 하중을 받는 단주의 최대 응력

$\sigma_{\max}=\dfrac{P}{A}+\dfrac{M}{Z}$

㊶ 오일러(Euler)의 좌굴 하중 공식

$P_B=\dfrac{n\pi^2EI}{l^2}$ (n: 단말 계수)

㉒ 세장비

$$\lambda = \frac{l}{K} \ (l : \text{기둥의 길이}) \qquad K = \sqrt{\frac{I}{A}} \ (K : \text{최소 회전 반경})$$

㉓ 좌굴 응력

$$\sigma_B = \frac{P_B}{A} = \frac{n\pi^2 E}{\lambda^2}$$

❖ 평면의 성질 공식 정리

	공식	표현	도형의 종류		
			사각형	중심축	중공축
단면 1차 모멘트	$\bar{y} = \dfrac{A_1 y_1 + A_2 y_2}{A_1 + A_2}$ $\bar{x} = \dfrac{A_1 x_1 + A_2 x_2}{A_1 + A_2}$	$Q_y = \int x\,dA$ $Q_x = \int y\,dA$	$\bar{y} = \dfrac{h}{2}$ $\bar{x} = \dfrac{b}{2}$	$\bar{y} = \bar{x} = \dfrac{d}{2}$	내외경 비 $x = \dfrac{d_1}{d_2}$ (d_1 : 내경, d_2 : 외경)
단면 2차 모멘트	$K_x = \sqrt{\dfrac{I_x}{A}}$ $K_y = \sqrt{\dfrac{I_y}{A}}$	$I_x = \int y^2\,dA$ $I_y = \int x^2\,dA$	$I_x = \dfrac{bh^3}{12}$ $I_y = \dfrac{hb^3}{12}$	$I_x = I_y$ $= \dfrac{\pi d^4}{64}$	$I_x = I_y$ $= \dfrac{\pi d_2^{\ 4}}{64}(1 - x^4)$
극단면 2차 모멘트	$I_p = I_x + I_y$	$I_p = \int r^2\,dA$	$I_p = \dfrac{bh}{12}(b^2 + h^2)$	$I_p = \dfrac{\pi d^4}{32}$	$I_p = \dfrac{\pi d_2^{\ 4}}{32}(1 - x^4)$
단면 계수	$Z = \dfrac{M}{\sigma_b}$	$Z = \dfrac{I_x}{e_x}$	$Z_x = \dfrac{bh^2}{6}$ $Z_y = \dfrac{hb^2}{6}$	$Z_x = Z_y$ $= \dfrac{\pi d^3}{32}$	$Z_x = Z_y$ $= \dfrac{\pi d_2^{\ 3}}{32}(1 - x^4)$
극단면 계수	$Z_p = \dfrac{T}{\tau_a}$	$Z_p = \dfrac{I_p}{e_p}$	−	$Z_p = \dfrac{\pi d^4}{16}$	$Z_p = \dfrac{\pi d_2^{\ 3}}{16}(1 - x^4)$

❖ 보의 정리

보의 종류	반력	최대 굽힘 모멘트 $M_{\max}$	최대 굽힘각 $\theta_{\max}$	최대 처짐량 $\delta_{\max}$
	–	M_0	$\dfrac{M_0 l}{EI}$	$\dfrac{M_0 l^2}{2EI}$
	$R_b = P$	Pl	$\dfrac{Pl^2}{2EI}$	$\dfrac{Pl^3}{3EI}$
	$R_b = \omega l$	$\dfrac{\omega l^2}{2}$	$\dfrac{\omega l^3}{6EI}$	$\dfrac{\omega l^4}{8EI}$
	$R_a = R_b = \dfrac{M_0}{l}$	M_0	$\theta_A = \dfrac{M_0 l}{3EI}$ $\theta_B = \dfrac{M_0 l}{6EI}$	$x = \dfrac{l}{\sqrt{3}}$일 때 $\dfrac{M_0 l^2}{9\sqrt{3}EI}$
	$R_a = R_b = \dfrac{P}{2}$	$\dfrac{Pl}{4}$	$\dfrac{Pl^2}{16EI}$	$\dfrac{Pl^3}{48EI}$
	$R_a = \dfrac{Pb}{l}$ $R_b = \dfrac{Pa}{l}$	$\dfrac{Pab}{l}$	$\theta_A = \dfrac{Pab(l+b)}{6lEI}$ $\theta_B = \dfrac{Pab(l+a)}{6lEI}$	$\delta_c = \dfrac{Pa^2 b^2}{3lEI}$
	$R_a = R_b = \dfrac{\omega l}{2}$	$\dfrac{\omega l^2}{8}$	$\dfrac{\omega l^3}{24EI}$	$\dfrac{5\omega l^4}{384EI}$
	$R_a = \dfrac{\omega l}{6}$ $R_b = \dfrac{\omega l}{3}$	$\dfrac{\omega l^2}{9\sqrt{3}}$	–	–

보의 종류	반력	최대 굽힘 모멘트 $M_{\max}$	최대 굽힘각 $\theta_{\max}$	최대 처짐량 $\delta_{\max}$
	$R_a = \dfrac{5P}{16}$ $R_b = \dfrac{11P}{16}$	$M_B = M_{\max}$ $= \dfrac{3}{16}Pl$	$-$	$-$
	$R_a = \dfrac{3\omega l}{8}$ $R_b = \dfrac{5\omega l}{8}$	$\dfrac{9\omega l^2}{128}$, $x = \dfrac{5l}{8}$일 때	$-$	$-$
	$R_a = \dfrac{Pb^2}{l^3}(3a+b)$	$M_A = \dfrac{Pb^2 a}{l^2}$ $M_B = \dfrac{Pa^2 b}{l^2}$	$a = b = \dfrac{l}{2}$일 때 $\dfrac{Pl^2}{64EI}$	$a = b = \dfrac{l}{2}$일 때 $\dfrac{Pl^3}{192EI}$
	$R_a = R_b = \dfrac{\omega l}{2}$	$M_a = M_b = \dfrac{\omega l^2}{12}$ 중간 단의 모멘트 $= \dfrac{\omega l^2}{24}$	$\dfrac{\omega l^3}{125EI}$	$\dfrac{\omega l^4}{384EI}$
	$R_a = R_b = \dfrac{3\omega l}{16}$ $R_c = \dfrac{5\omega l}{8}$	$M_c = \dfrac{\omega l^2}{32}$	$-$	$-$

PART Ⅲ 부록

2 열역학 공식

① 열역학 0법칙, 열용량

$Q = Gc\varDelta T$ (G: 중량 또는 질량, c: 비열, $\varDelta T$: 온도차)

② 온도 환산

$$C = \frac{5}{9}(F - 32)$$

$$T(\mathrm{K}) = T(\mathrm{℃}) + 273.15$$

$$T(\mathrm{R}) = T(\mathrm{F}) + 460$$

③ 열량의 단위

$1\,\mathrm{kcal} = 3.968\,\mathrm{BTU} = 2.205\,\mathrm{CHU} = 4.1867\,\mathrm{kJ}$

④ 비열의 단위

$$\left[\frac{1\,\mathrm{kcal}}{\mathrm{kg \cdot ℃}}\right] = \left[\frac{1\,\mathrm{BTU}}{\mathrm{lb \cdot ℉}}\right] = \left[\frac{1\,\mathrm{CHU}}{\mathrm{lb \cdot ℃}}\right]$$

⑤ 평균 비열, 평균 온도

$$C_m = \frac{1}{T_2 - T_1}\int C dT, \quad T_m = \frac{m_1 C_1 T_1 + m_2 C_2 T_2}{m_1 C_1 + m_2 C_2}$$

⑥ 일과 열의 관계

$Q = AW$ (A: 일의 열 상당량 $= 1\,\mathrm{kcal}/427\,\mathrm{kgf \cdot m}$)

$W = JQ$ (J: 열의 일 상당량 $= 1/A$)

⑦ 동력과 열량과의 관계

$1\,\mathrm{Psh} = 632.3\,\mathrm{kcal}, \; 1\,\mathrm{kWh} = 860\,\mathrm{kcal}$

⑧ 열역학 1법칙의 표현

$\delta q = du + Pdv = C_p dT + \delta W = dh + vdP = C_p dT + \delta Wt$

⑨ 열효율

$$\eta = \frac{정미\ 출력}{저위\ 발열량 \times 연료\ 소비율}$$

⑩ 완전 가스 상태 방정식

$PV = mRT$ (P: 절대 압력, V: 체적, m: 질량, R: 기체 상수, T: 절대 온도)

⑪ 엔탈피

$H = U + pv =$ 내부 에너지 + 유동 에너지

⑫ 정압 비열(C_p), 정적 비열(C_v)

$$C_p = \frac{kR}{k-1},\ C_v = \frac{R}{k-1}$$

비열비 $k = \dfrac{C_p}{C_v}$, 기체 상수 $R = C_p - C_v$

⑬ 혼합 가스의 기체 상수

$$R = \frac{m_1 R_1 + m_2 R_2 + m_3 R_3}{m_1 + m_2 + m_3}$$

⑭ 열기관의 열효율

$$\eta = \frac{\Delta Wa}{Q_H} = \frac{Q_H - Q_L}{Q_H} = 1 - \frac{T_L}{T_H}$$

⑮ 냉동기의 성능 계수

$$\varepsilon_r = \frac{Q_L}{W_C} = \frac{Q_L}{Q_H - Q_L} = \frac{T_L}{T_H - T_L}$$

⑯ 열펌프의 성능 계수

$$\varepsilon_H = \frac{Q_H}{W_a} = \frac{Q_H}{Q_H - Q_L} = \frac{T_H}{T_H - T_L} = 1 + \varepsilon_r$$

⑰ 엔트로피

$$ds = \frac{\delta Q}{T} = \frac{mcdT}{T}$$

⑱ 엔트로피 변화

$$\Delta S = C_V \ln \frac{T_2}{T_1} + R \ln \frac{V_2}{V_1} = C_P \ln \frac{T_2}{T_1} - R \ln \frac{P_2}{P_1} = C_P \ln \frac{V_2}{V_1} + C_V \ln \frac{P_2}{P_1}$$

⑲ 습증기의 상태량 공식

$$v_x = v' + x(v'' - v') \qquad\qquad h_x = h' + x(h'' - h')$$
$$s_x = s' + x(s'' - s') \qquad\qquad u_x = u' + x(u'' - u')$$

건도 $x = \dfrac{\text{습증기의 중량}}{\text{전체 중량}}$

(v', h', s', u': 포화액의 상대값, v'', h'', s'', u'': 건포화 증기의 상태값)

⑳ 증발 잠열(잠열)

$$\gamma = h'' - h' = (u'' - u') + P(u'' - u')$$

㉑ 고위 발열량

$$H_h = 8,100\,\text{C} + 34,000 \left(\text{H} - \frac{\text{O}}{8} \right) + 2,500\,\text{S}$$

㉒ 저위 발열량

$$H_c = 8,100\,\text{C} - 29,000 \left(\text{H} - \frac{\text{O}}{8} \right) + 2,500\,\text{S} - 600W = H_h - 600(9\text{H} + W)$$

㉓ 노즐에서의 출구 속도

$$V_2 = \sqrt{2g(h_1 - h_2)} = \sqrt{h_1 - h_2}$$

❖ 상태 변화 관련 공식

변화	정적 변화	정압 변화	정온 변화	단열 변화	폴리트로픽 변화
$p,\ v,\ T$ 관계	$v=C,$ $dv=0,$ $\dfrac{P_1}{T_1}=\dfrac{P_2}{T_2}$	$P=C,$ $dP=0,$ $\dfrac{v_1}{T_1}=\dfrac{v_2}{T_2}$	$T=C,$ $dT=0,$ $Pv=P_1v_1$ $=P_2v_2$	$Pv^k=c,$ $\dfrac{T_2}{T_1}=\left(\dfrac{v_1}{v_2}\right)^{k-1}$ $=\left(\dfrac{P_2}{P_1}\right)^{\frac{k-1}{k}}$	$Pv^n=c,$ $\dfrac{T_2}{T_1}=\left(\dfrac{v_1}{v_2}\right)^{n-1}$
(절대일) 외부에 하는 일 $_1\omega_2$ $=\int pdv$	0	$P(v_2-v_1)$ $=R(T_2-T_1)$	$P_1v_1\ln\dfrac{v_2}{v_1}$ $=P_1v_1\ln\dfrac{P_1}{P_2}$ $=RT\ln\dfrac{v_2}{v_1}$ $=RT\ln\dfrac{P_1}{P_2}$	$\dfrac{1}{k-1}(P_1v_1-P_2v_2)$ $=\dfrac{RT_1}{k-1}\left(1-\dfrac{T_2}{T_1}\right)$ $=\dfrac{RT_1}{k-1}$ $\left[\left(1-\dfrac{v_1}{v_2}\right)^{k-1}\right]$ $=C_v(T_1-T_2)$	$\dfrac{1}{n-1}(P_1v_1-P_2v_2)$ $=\dfrac{P_1v_1}{n-1}\left(1-\dfrac{T_2}{T_1}\right)$ $=\dfrac{R}{n-1}(T_1-T_2)$
공업일 (압축일) $\omega_1=$ $-\int vdp$	$v(P_1-P_2)$ $=R(T_1-T_2)$	0	ω_{12}	$k_1\omega_2$	$n_1\omega_2$
내부 에너지의 변화 u_2-u_1	$C_v(T_2-T_1)$ $=\dfrac{R}{k-1}(T_2-T_1)$ $=\dfrac{v}{k-1}(P_2-P_1)$	$C_v(T_2-T_1)$ $=\dfrac{P}{k-1}(v_2-v_1)$	0	$C_v(T_2-T_1)$ $=-_1W_2$	$-\dfrac{(n-1)}{k-1}{_1}W_2$
엔탈피의 변화 h_2-h_1	$C_p(T_2-T_1)$ $=\dfrac{kR}{k-1}(T_2-T_1)$ $=\dfrac{kv}{k-1}(P_2-P_1)$ $=k(u_2-u_1)$	$C_p(T_2-T_1)$ $=\dfrac{kR}{k-1}(T_2-T_1)$ $=\dfrac{kv}{k-1}(P_2-P_1)$	0	$C_p(T_2-T_1)$ $=-W_t$ $=-k_1W_2$ $=k(u_2-u_1)$	$-\dfrac{(n-1)}{k-1}{_1}W_2$
외부에서 얻은 열 $_1q_2$	u_2-u_1	h_2-h_1	$_1W_2-W_t$	0	$C_n(T_2-T_1)$
n	∞	0	1	k	$-\infty$에서 $+\infty$

변화	정적 변화	정압 변화	정온 변화	단열 변화	폴리트로픽 변화
비열 C	C_v	C_p	∞	0	$C_n = C_v \dfrac{n-k}{n-1}$
엔트로피의 변화 $s_2 - s_1$	$C_v \ln \dfrac{T_2}{T_1}$ $= C_v \ln \dfrac{P_2}{P_1}$	$C_p \ln \dfrac{T_2}{T_1}$ $= C_p \ln \dfrac{v_2}{v_1}$	$R \ln \dfrac{v_2}{v_1}$	0	$C_n \ln \dfrac{T_2}{T_1}$ $= C_v \dfrac{n-k}{n} \ln \dfrac{P_2}{P_1}$

❖ 열역학 사이클

1. 카르노 사이클 = 가역 이상 열기관 사이클

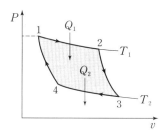 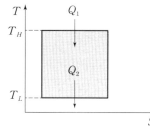

카르노 사이클의 효율

$$\eta_c = \frac{W_a}{Q_H} = \frac{Q_H - Q_L}{Q_H}$$

$$= \frac{T_H - T_L}{T_H} = 1 - \frac{T_L}{T_H}$$

2. 랭킨 사이클 = 증기 원동소 사이클의 기본 사이클

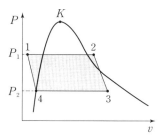 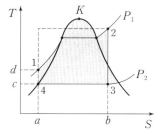

랭킨 사이클의 효율

$$\eta_R = \frac{W_a}{Q_H} = \frac{W_T - W_P}{Q_H}$$

터빈일 $W_T = h_2 - h_3$
펌프일 $W_P = h_1 - h_4$
보일러 공급 열량 $Q_H = h_2 - h_1$

3. 재열 사이클

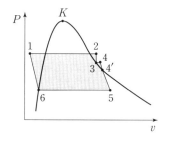 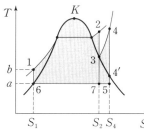

재열 사이클의 효율

$$\eta_R = \frac{W_a}{Q_H + Q_R} = \frac{W_{T_1} + W_{T_2} - W_P}{Q_H + Q_R}$$

터빈1의 일 $= h_2 - h_3$
터빈2의 일 $= h_4 - h_5$
펌프의 일 $= h_1 - h_6$
보일러 공급 열량 $Q_H = h_2 - h_1$
재열기 공급 열량 $Q_R = h_4 - h_3$

4. 오토 사이클 = 정적 사이클 = 가솔린 기관의 기본 사이클

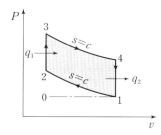 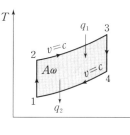

$$\eta_O = \frac{q_1 - q_2}{q_1} = 1 - \frac{q_2}{q_1}$$

$$= 1 - \frac{C_v(T_4 - T_1)}{C_v(T_3 - T_2)}$$

$$= 1 - \left(\frac{1}{\varepsilon}\right)^{k-1}$$

압축비 $\varepsilon = \dfrac{\text{실린더 체적}}{\text{연료실 체적}}$

5. 디젤 사이클 = 정압 사이클 = 저중속 디젤 기관의 기본 사이클

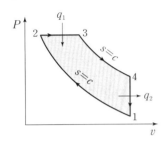
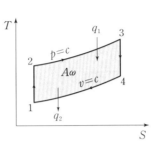

$$\eta_O = \frac{q_1 - q_2}{q_1} = 1 - \frac{q_2}{q_1}$$

$$= 1 - \frac{C_v(T_4 - T_1)}{C_P(T_3 - T_2)}$$

$$= 1 - \left(\frac{1}{\varepsilon}\right)^{k-1} \frac{\sigma^k - 1}{k(\sigma - 1)}$$

체절비 $\sigma = \dfrac{V_3}{V_2}$

6. 사바테 사이클 = 복합 사이클 = 고속 디젤 사이클의 기본 사이클

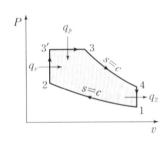
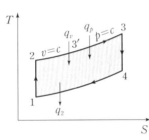

사바테 사이클의 효율

$$\eta_S = \frac{q_p + q_v - q_v}{q_p + q_v}$$

$$= 1 - \frac{q_v}{q_p + q_v}$$

$$= 1 - \frac{C_v(T_4 - T_1)}{C_P(T_3 - T'_3) + C_V(T'_3 - T_2)}$$

$$= 1 - \left(\frac{1}{\varepsilon}\right)^{k-1} \frac{\rho \sigma^k - 1}{(\rho - 1) + k\rho(\sigma - 1)}$$

7. 브레이튼 사이클 = 가스 터빈의 기본 사이클

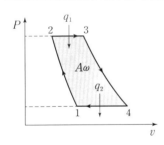
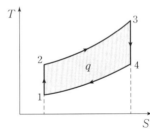

$$\eta_B = \frac{q_1 - q_2}{q_1}$$

$$= \frac{C_P(T_3 - T_2) - C_P(T_4 - T_1)}{C_P(T_3 - T_2)}$$

$$= 1 - \left(\frac{1}{\rho}\right)^{\frac{k-1}{k}}$$

압력 상승비 $\rho = \dfrac{P_{max}}{P_{min}}$

8. 증기 냉동 사이클

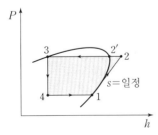
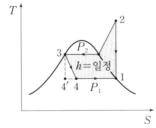

$$\eta_R = \frac{Q_L}{W_a} = \frac{Q_L}{Q_H - Q_L}$$

$$= \frac{(h_1 - h_4)}{(h_2 - h_3) - (h_1 - h_4)}$$

(Q_L: 저열원에서 흡수한 열량)

냉동 능력 $1\,\mathrm{RT} = 3.86\,\mathrm{kW}$

③ 유체역학 공식

① 뉴턴의 운동 방정식

$$F = ma = m\frac{dv}{dt} = \rho Q v$$

② 비체적(v)

단위 질량당 체적 $v = \dfrac{V}{M} = \dfrac{1}{\rho}$

단위 중량당 체적 $v = \dfrac{V}{W} = \dfrac{1}{\gamma}$

③ 밀도(ρ), 비중량(γ)

밀도 $\rho = \dfrac{M(\text{질량})}{V(\text{체적})}$

비중량 $\gamma = \dfrac{W(\text{무게})}{V(\text{체적})}$

④ 비중(S)

$$S = \frac{\gamma}{\gamma_\omega},\ \gamma_\omega = \frac{1{,}000\ \text{kgf}}{\text{m}^3} = \frac{9{,}800\ \text{N}}{\text{m}^3}$$

⑤ 뉴턴의 점성 법칙

$$F = \mu\frac{uA}{h},\ \frac{F}{A} = \tau = \mu\frac{du}{dy}\ (u: \text{속도},\ \mu: \text{점성 계수})$$

⑥ 점성계수(μ)

$$1\text{Poise} = \frac{1\ \text{dyne} \cdot \text{sec}}{\text{cm}^2} = \frac{1\ \text{g}}{\text{cm}\cdot\text{s}} = \frac{1}{10}\ \text{Pa}\cdot\text{s}$$

⑦ 동점성계수(ν)

$$\nu = \frac{\mu}{\rho}\ (1\ \text{stoke} = 1\ \text{cm}^2/\text{s})$$

⑧ 체적 탄성 계수

$$K = \frac{\Delta p}{\dfrac{\Delta v}{v}} = \frac{\Delta p}{\dfrac{\Delta r}{r}} = \frac{1}{\beta} \ (\beta: \text{압축률})$$

⑨ 표면 장력

$$\sigma = \frac{\Delta P d}{4} \ (\Delta P: \text{압력 차이}, \ d: \text{직경})$$

⑩ 모세관 현상에 의한 액면 상승 높이

$$h = \frac{4\sigma \cos \beta}{\gamma d} \ (\sigma: \text{표면 장력}, \ \beta: \text{접촉각})$$

⑪ 정지 유체 내의 압력

$P = \gamma h \ (\gamma: \text{유체의 비중량}, \ h: \text{유체의 깊이})$

⑫ 파스칼의 원리

$$\frac{F_1}{A_1} = \frac{F_2}{A_2} \ (P_1 = P_2)$$

⑬ 압력의 종류

$$P_{\text{abs}} = P_O + P_G = P_O - P_V = P_O(1-x)$$
(x: 진공도, P_{abs}: 절대 압력, P_O: 국소 대기압, P_G: 게이지압, P_V: 진공압)

⑭ 압력의 단위

$1\,\text{atm} = 760\,\text{mmHg} = 10.332\,\text{mAq} = 1.0332\,\text{kgf/cm}^2 = 101,325\,\text{Pa} = 1.0132\,\text{bar}$

⑮ 경사면에 작용하는 유체의 전압력, 전압력이 작용하는 위치

$$F = \gamma \overline{H} A, \ y_F = \overline{y} + \frac{I_G}{A\overline{y}}$$

(γ: 비중량, H: 수문의 도심까지의 수심, $\overline{y}$: 수문의 도심까지의 거리, A: 수문의 면적)

⑯ 부력

$F_B = \gamma V$ (γ: 유체의 비중량, V: 잠겨진 유체의 체적)

⑰ 연직 등가속도 운동을 받을 때

$$P_1 - P_2 = \gamma h \left(1 + \frac{a_y}{g}\right)$$

⑱ 수평 등가속도 운동을 받을 때

$$\tan \theta = \frac{a_x}{g}$$

⑲ 등속 각속도 운동을 받을 때

$$\Delta H = \frac{V_0^2}{2g}$$ (V_0: 바깥 부분의 원주 속도)

⑳ 유선의 방정식

$v = ui + vj + wk$ $ds = dxi + dyj + dzk$

$v \times ds = 0$ $\dfrac{dx}{u} = \dfrac{dy}{u} = \dfrac{dz}{w}$

㉑ 체적 유량

$Q = A_1 V_1 = A_2 V_2$

㉒ 질량 유량

$\dot{M} = \rho AV = \text{Const}$ (ρ: 밀도, A: 단면적, V: 유속)

㉓ 중량 유량

$\dot{G} = \gamma AV = \text{Const}$ (γ: 비중량, A: 단면적, V: 유속)

㉔ 1차원 연속 방정식의 미분형

$$\frac{d\rho}{\rho} + \frac{dv}{v} + \frac{dA}{A} = 0$$ 또는 $d(\rho AV) = 0$

㉕ 3차원 연속 방정식

$$\frac{\partial u}{\partial x}+\frac{\partial v}{\partial y}+\frac{\partial w}{\partial z}=0$$

㉖ 오일러 방정식

$$\frac{dP}{\rho}+VdV+gdz=0$$

㉗ 베르누이 방정식

$$\frac{P}{\gamma}+\frac{v^2}{2g}+z=H$$

㉘ 높이 차가 H인 구멍 부분의 속도

$$v=\sqrt{2gH}$$

㉙ 피토 관을 이용한 유속 측정

$v=\sqrt{2g\varDelta H}$ ($\varDelta H$: 피토관을 올라온 높이)

㉚ 피토 정압관을 이용한 유속 측정

$V=\sqrt{2g\varDelta H\left(\dfrac{S_0-S}{S}\right)}$ (S_0: 액주계 내의 비중, S: 관 내의 비중)

㉛ 운동량 방정식

$Fdt=m(V_2-V_1)$ (Fdt: 역적, mV: 운동량)

㉜ 수직 평판이 받는 힘

$F_x=\rho Q(V-u)$ (V: 분류의 속도, u: 날개의 속도)

㉝ 고정 날개가 받는 힘

$F_x=\rho QV(1-\cos\theta)$, $F_y=-\rho QV\sin\theta$

㉞ 이동 날개가 받는 힘

$$F_x = \rho Q V (1 - \cos \theta), \; F_y = -\rho Q V \sin \theta$$

㉟ 프로펠러 추력

$$F = \rho Q (V_4 - V_1) \; (V_4: \text{유출 속도}, \; V_1: \text{유입 속도})$$

㊱ 프로펠러의 효율

$$\eta = \frac{\text{출력}}{\text{입력}} = \frac{\rho Q V_1}{\rho Q V} = \frac{V_1}{V}$$

㊲ 프로펠러를 통과하는 평균 속도

$$V = \frac{V_4 + V_1}{2}$$

㊳ 탱크에 달려 있는 노즐에 의한 추진력

$$F = \rho Q V = P A V^2 = \rho A 2 g h = 2 A h \gamma$$

㊴ 로켓 추진력

$$F = \rho Q V$$

㊵ 제트 추진력

$$F = \rho_2 Q_2 V_2 - \rho_1 Q_1 V_1 = \dot{M_2} V_2 - \dot{M_1} V_1$$

㊶ 원관에서의 레이놀드 수

$$Re = \frac{\rho V D}{\mu} = \frac{V D}{\nu} \; (2{,}100 \text{ 이하: 층류}, \; 4{,}000 \text{ 이상: 난류})$$

㊷ 수평 원관에서의 층류 운동

유량 $Q = \dfrac{\varDelta P \pi D^4}{128 \, \mu L} \; (\varDelta P: \text{압력 강하}, \; \mu: \text{점성}, \; L: \text{길이}, \; D: \text{직경})$

㊸ 층류 유동일 때의 경계층 두께

$$\delta=\frac{5x}{\sqrt{Re}}$$

㊹ 동압에 의한 항력

$D=C_D\frac{\gamma V^2}{2g}A=C_D\times\frac{\rho V^2}{2}A$ (C_D: 항력 계수)

㊺ 동압에 의한 양력

$L=C_L\frac{\gamma V^2}{2g}A=C_L\times\frac{\rho V^2}{2}A$ (C_L: 양력 계수)

㊻ 스토크 법칙에서의 항력

$D=6R\mu V\pi$ (R: 구의 반지름, V: 속도, μ: 점성 계수)

㊼ 층류 유동에서의 관 마찰 계수

$$f=\frac{64}{Re}$$

㊽ 원형관 속의 손실 수두

$H_L=f\frac{l}{d}\times\frac{V^2}{2g}$ (f: 관 마찰 계수, l: 관의 길이, d: 관의 직경)

㊾ 수력 반경

$$R_h=\frac{A(\text{유동 단면적})}{P(\text{접수 길이})}=\frac{d}{4}$$

㊿ 비원형관에서의 손실 수두

$$H_L=f\times\frac{l}{4R_h}\times\frac{V^2}{2g}$$

(51) 버킹햄의 π정리

$\pi=n-m$ (π: 독립 무차원 수, n: 물리량 수, m: 기본 차수)

(52) 최량수로 단면

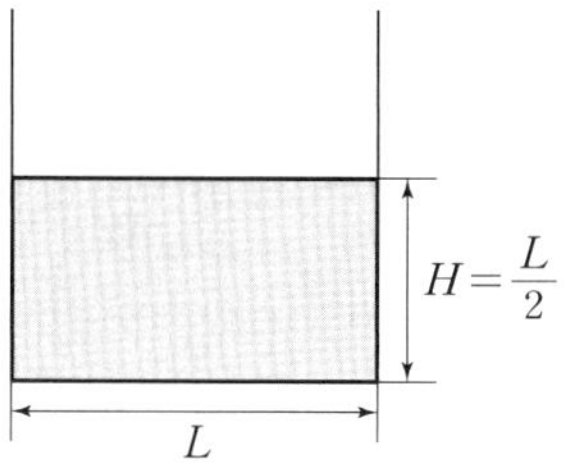

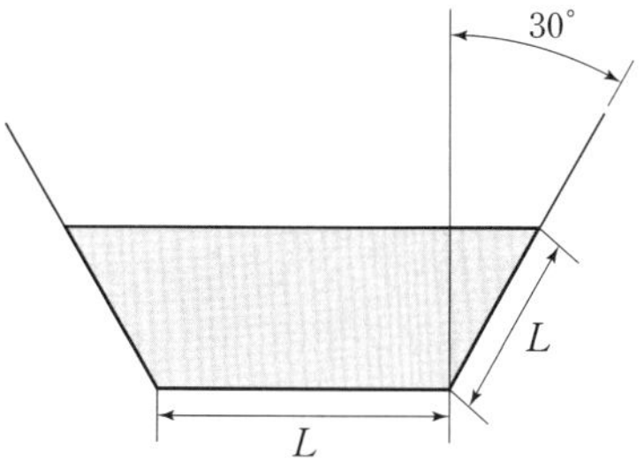

(53) 부차적 손실 수두

돌연 확대관의 손실 수두 $H_L=\frac{(V_1-V_2)^2}{2g}$

돌연 축소관의 손실 수두 $H_L=\frac{V_2^2}{2g}\left(\frac{1}{C_c}-1\right)^2$

관 부속품의 손실 수두 $H_L=K\frac{V^2}{2g}$

(K: 관 부속품의 부차적 손실 계수, C_c: 수축 계수)

(54) 음속

$a=\sqrt{kRT}$ (k: 비열비, R: 기체상수, T: 절대온도)

(55) 마하각

$\sin\phi=\frac{1}{Ma}$ (Ma: 마하 수)

PART III 부록

❖ 단위계

	구분	거리	질량	시간	힘	동력
절대 단위	MKS	m	kg	sec	N	$1\text{kW}=102\ \text{kgf}\cdot\text{m/s}$
	CGS	cm	g	sec	dyne	W
중력 단위계	공학 단위계	m cm mm	$\dfrac{1}{9.8}\ \text{kgf}\cdot\text{s}^2/\text{m}$	sec min	kgf	$1\,\text{PS}=75\ \text{kgf}\cdot\text{m/s}$

❖ 무차원 수

명칭	정의	물리적 의미	적용 범위
레이놀드 수	$Re=\dfrac{\rho VL}{\mu}$	$\dfrac{\text{관성력}}{\text{점성력}}$	• 점성이 고려되는 유동의 상사 법칙 • 관 속의 흐름, 비행기의 양력·항력, 잠수함
프라우드 수	$F_r=\dfrac{L}{\sqrt{Lg}}$	$\dfrac{\text{관성력}}{\text{중력}}$	• 자유 표면을 갖는 유동(댐) • 개수로 수면 위 배 조파 저항
웨버 수	$W_e=\dfrac{\rho LV^2}{\sigma}$	$\dfrac{\text{관성력}}{\text{표면장력}}$	표면장력에 관계되는 상사 법칙 적용
마하 수	$Ma=\dfrac{V}{C}$	$\dfrac{\text{속도}}{\text{음속}}$	풍동 문제, 유체 기체
코시 수	$Co=\dfrac{\rho V^2}{K}$	$\dfrac{\text{관성력}}{\text{탄성력}}$	—
오일러 수	$Eu=\dfrac{\varDelta P}{\rho V^2}$	$\dfrac{\text{압축력}}{\text{관성력}}$	압축력이 고려되는 유동의 상사 법칙
압력 계수	$P=\dfrac{\varDelta P}{\rho V^2/2}$	$\dfrac{\text{정압}}{\text{동압}}$	—

❖ 유체 계측

비중량 측정	비중병, 비중계, u자관
점성 측정	낙구식 점도계, 맥미첼 점도계, 스토머 점도계, 오스트발트 점도계, 세이볼트 점도계
정압 측정	피에조미터, 정압관
유속 측정	피트우트관$-$정압관 $V = C_v \sqrt{2gR\left(\dfrac{S_o}{S} - 1\right)}$ 시차 액주계, 열선 풍속계
유량 측정	벤츄리미터, 노즐, 오리피스, 로타미터 사각 위어 $Q = kH^{\frac{3}{2}}$ 삼각 위어$= V$, 놋치 위어 $Q = kH^{\frac{5}{2}}$

저자 소개	장태용

- 공기업 기계직 전공필기 연구소
- 전, 서울교통공사 근무
- 전, 5대 발전사(한국중부발전) 근무
- 전, 서울시설공단 근무
- 공기업 기계직렬 시험에 직접 응시하여 최신 경향 파악

에너지공기업편 | 실제 기출문제

기계의 진리

2024. 2. 7. 초 판 1쇄 인쇄
2024. 2. 14. 초 판 1쇄 발행

지은이 | 장태용
펴낸이 | 이종춘
펴낸곳 | BM (주)도서출판 성안당
주소 | 04032 서울시 마포구 양화로 127 첨단빌딩 3층(출판기획 R&D 센터)
　　　 10881 경기도 파주시 문발로 112 파주 출판 문화도시(제작 및 물류)
전화 | 02) 3142-0036
　　　 031) 950-6300
팩스 | 031) 955-0510
등록 | 1973. 2. 1. 제406-2005-000046호
출판사 홈페이지 | www.cyber.co.kr
ISBN | 978-89-315-1127-7 (13550)
정가 | 38,000원

이 책을 만든 사람들
기획 | 최옥현
진행 | 이희영
교정·교열 | 송소정
본문 디자인 | 신성기획
표지 디자인 | 임흥순
홍보 | 김계향, 유미나, 정단비, 김주승
국제부 | 이선민, 조혜란
마케팅 | 구본철, 차정욱, 오영일, 나진호, 강호묵
마케팅 지원 | 장상범
제작 | 김유석

www.cyber.co.kr
★★★
성안당 Web 사이트

■ 도서 A/S 안내

성안당에서 발행하는 모든 도서는 저자와 출판사, 그리고 독자가 함께 만들어 나갑니다.
좋은 책을 펴내기 위해 많은 노력을 기울이고 있습니다. 혹시라도 내용상의 오류나 오탈자 등이 발견되면 **"좋은 책은 나라의 보배"**로서 우리 모두가 함께 만들어 간다는 마음으로 연락주시기 바랍니다. 수정 보완하여 더 나은 책이 되도록 최선을 다하겠습니다.
성안당은 늘 독자 여러분들의 소중한 의견을 기다리고 있습니다. 좋은 의견을 보내주시는 분께는 성안당 쇼핑몰의 포인트(3,000포인트)를 적립해 드립니다.
잘못 만들어진 책이나 부록 등이 파손된 경우에는 교환해 드립니다.

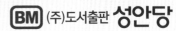

공기업 기계직 전공 대비

실제 기출문제 | 에너지공기업편

기계의 진리

★ 학습의 편의를 위해 [문제편]과 [정답 및 해설편]으로 분권하여 제작했습니다.

 문제편

정답 및 해설편

정가 : 38,000원

13550

ISBN 978-89-315-1127-7

http://www.cyber.co.kr

BM Book Multimedia Group

성안당은 선진화된 출판 및 영상교육 시스템을 구축하고
항상 연구하는 자세로 독자 앞에 다가갑니다.